The Princeton Companion to Mathematics

THE PRINCETON COMPANION TO MATHEMATICS

Korean translation copyright © 2015 by SEUNG SAN PUBLISHERS
Korean translation rights arranged with Princeton University Press,
through EYA (Eric Yang Agency)

The Princeton Companion to Mathematics 2

1판 1쇄 인쇄 2015년 2월 10일
1판 1쇄 발행 2015년 2월 23일

엮은이 티모시 가워스 외
옮긴이 권혜숭, 정경훈
펴낸이 황승기
마케팅 송선경
자문위원 신현용(한국교원대 수학과 교수)
기획 및 서문 번역 황대산
편집 김슬기, 최형욱, 박민재(KAIST 수리과학과), 황승기
디자인 김슬기

펴낸곳 도서출판 승산
등록날짜 1998년 4월 2일
주소 서울시 강남구 역삼2동 723번지 혜성빌딩 402호
대표전화 02-568-6111
팩시밀리 02-568-6118
웹사이트 www.seungsan.com
전자우편 books@seungsan.com

값 40,000원

ISBN 978-89-6139-059-0   94410
ISBN 978-89-6139-057-6   94410(전 2권)

이 도서의 국립중앙도서관 출판예정도서목록(CIP)은
서지정보유통지원시스템 홈페이지(http://seoji.nl.go.kr)와
국가자료공동목록시스템(http://www.nl.go.kr/kolisnet)에서 이용하실 수 있습니다.
(CIP제어번호: CIP2014037667)

THE PRINCETON COMPANION TO Mathematics

티모시 가워스 외 엮음
권혜승, 정경훈 옮김

승산

목차

PART VI 수학자들   **121**   **Mathematicians**

서문

1 이 책에 관하여

버트런드 러셀(Bertrand Russell)은 자신의 책『수학
원리(*The Principles of Mathematics*)』에서 순수수학
을 아래와 같이 정의하고 있다.

순수수학이란 '*p*는 *q*를 함의한다'와 같은 형식을 가
진 모든 명제의 모임이다. 이때 *p*와 *q*는 각각 하나 또
는 그 이상의 변수를 포함하는 명제이며, 각 변수는
양쪽 명제에서 동일한 의미를 갖는다. 또한 *p*와 *q*는
논리적 상수 이외에 다른 상수를 포함하지 않는다. 논
리적 상수란 다음과 같은 항(term)들로 정의할 수 있
는 모든 개념이다. 함의, 어떤 항과 그것을 포함하는
모임 사이의 관계, 항이 어떠하다(such that)는 개념, 관
계의 개념, (위와 같은 형식을 가진 명제들의 일반적
인 개념과 연관될지도 모르는) 그러한 더 많은 개념
들. 이들 외에도 수학은 그것이 다루는 명제들의 구성
요소가 아닌 별도의 개념을 이용한다. 바로 '참'의 개
념이다.

『*The Princeton Companion to Mathematics*』는 러
셀의 정의가 다루지 않는 다른 모든 것들에 관한 수
학책이라고 말할 수 있다.

러셀의 책은 1903년에 출간됐는데, 당시의 수학
자들은 수학의 논리적 근간에 대해 집중적으로 고
민했다. 그로부터 100년이 넘게 지난 오늘날 수학

을 러셀이 설명하는 형식적 체계로 이해할 수 있다
는 사실은 더는 새로운 생각이 아니며, 현대 수학자
들의 관심은 대체로 다른 종류의 문제에 더욱 치중
돼 있다. 너무도 많은 수학 논문이 발표돼 있어, 어
느 한 개인도 수학의 아주 작은 부분밖에 이해하지
못하는 시대에는, 단지 형식 기호를 어떻게 배열해
야 문법적으로 올바른 수학적 서술이 되는가를 따
지는 것 이상으로, 이들 중 어떤 수학적 서술이 더
흥미로운지를 이해하는 것이 중요하다.

물론 누구도 이런 이슈에 대해 완전히 객관적인
답을 줄 수는 없다. 수학자들은 어떤 문제가 더 의미
있는지에 대해 온당하게 서로 다른 의견을 가질 수
있다. 그러한 이유로 이 책은 러셀의 책보다 훨씬 덜
형식적으로 서술됐으며, 다양한 관점을 가진 여러
저자들에 의해 집필됐다. 그리고 '무엇이 수학적 서
술을 흥미롭게 만드는가?'라는 질문에 정확한 답을
제시하기보다는, 21세기 초에 수학자들을 사로잡
고 있는 주요 아이디어들을 소개하고 있다. 그리고
가능한 한 흥미롭고 접근성이 높은 방식을 사용하
고 있다.

2 이 책이 다루는 내용의 범주

이 책의 중심 주제는 현대의 순수수학이다. 여기에
는 설명이 조금 필요하다. '현대'라는 단어는 단지

이 책이 현대 수학자들이 지금 무엇을 연구하고 있는지에 관해 다룬다는 것을 의미한다. 예를 들어 지난 세기 중반에 빠르게 발전했고 지금은 이미 성숙 단계에 도달한 분야는 현재도 빠르게 발전하고 있는 분야에 비해 덜 다뤄질 개연성이 높다. 하지만 수학에서는 역사적 맥락 또한 중요하다. 오늘날의 어떤 수학 개념 하나를 이해하기 위해서는 보통 오래전에 발견된 여러 아이디어와 결과물을 먼저 알아야만 한다. 그리고 오늘날의 수학을 균형 잡힌 시각으로 바라보기 위해서는 현대 수학이 어떻게 현재의 모습에 도달했는지에 대해서 어느 정도의 지식을 습득하는 것이 필수적이다. 따라서 이 책은 역사적인 내용도 많이 다루고 있다. 이는 주로 오늘날의 수학을 좀 더 잘 설명하기 위해서이다.

'순수'라는 단어를 설명하는 것은 좀 더 복잡하다. 많은 이들이 이미 언급했듯이 '순수수학'과 '응용수학' 간의 경계는 다소 불분명하며, 현대 수학을 이해하는 데 역사적 지식이 어느 정도 필요한 것처럼 순수수학의 진가를 온전히 이해하기 위해서는 응용수학과 이론물리학에 대한 지식 또한 어느 정도 필요하다. 실제로 이들 분야는 순수수학에 여러 근본적인 아이디어를 제공했으며, 이를 통해 가장 흥미롭고, 가장 중요하고, 그리고 현재 가장 활발하게 연구되고 있는 순수수학의 여러 분야들을 태동시켰다. 이 책은 이처럼 다른 분야들이 순수수학에 끼친 영향이나 순수수학의 실용적이고 지적인 응용을 외면하진 않는다. 그럼에도 이 책은 그런 내용들을 비교적 제한적으로 다루고 있다. 어느 시점에 누군가는 좀 더 정확한 책 제목이 『*The Princeton Companion to Pure Mathematics*』여야 한다고 지적하기도 했다.

그 제목을 사용하지 않은 유일한 이유는 지금의 제목이 좀 더 멋지다는 사실뿐이었다.

책의 내용을 순수수학에 집중하기로 한 결정을 이끈 또 다른 이유는 이러한 결정이 앞으로 응용수학과 이론물리학을 주제로 한 비슷한 책이 출판될 가능성을 열어둘 것이라는 점이었다. 그러한 책이 나오기 전까지, 로저 펜로즈가 집필한『실체에 이르는 길(*The Road to Reality*)』(2005)은 수리물리학에 관한 여러 다양한 주제를 다루고 있으며, 이 책과 매우 비슷한 수준의 접근성을 가지고 있다. 또한 엘스비어(Elsevier) 출판사는 다섯 권짜리 수리물리학 백과사전을 출간하기도 했다.

3 이 책은 백과사전이 아니다

책 제목에서 사용된 '안내서(companion)'란 단어에 주목해야 한다. 이 책에는 참고서적의 성격도 분명히 있지만, 독자는 그에 대한 기대치를 낮출 필요가 있다. 독자가 특정 수학 주제에 관해 알아보고 싶을 때, 설사 그것이 중요한 주제라 할지라도 이 책에서는 찾지 못할 수도 있다. (다만 주제의 중요도가 높을수록 이 책에서 다뤄졌을 개연성이 크기는 하다.) 이런 면에서 이 책은 마치 사람으로서의 '동료(companion)'와도 같다. 즉, 정리된 내용 중에는 비어 있는 부분도 있고, 주제에 따라서는 보편적으로 동의되지 않는 관점 또한 포함하고 있다. 하지만 우리는 최소한 어느 정도의 균형을 추구하려고 노력했다. 이 책에는, 빠진 주제도 적지 않지만, 매우 광범위한 주제가 다뤄지고 있다. (이는 어떤 한 사람의 '동료'에게 현실적으로 기대할 수 있는 것보다는 훨씬 더 광범위하다.) 이런 종류의 균형을 달성하기 위해서 우리는 미국 수학회(American Mathematical Society)의 수학 주제 분류나, 4년 단위로 열리는 세계수학자대회(International Congress of Mathematicians)에서 섹션이 분류되는 방식 등 '객관적' 기준을 어느 정도 참고했다. 정수론, 대수학, 해석학, 기하학, 조합론, 논리학, 확률론, 이론컴퓨터과학, 그리고 수리물리학 등과 같은 광범위한 분야는 모두 다루고 있다. (비록 각 분야의 모든 하위 분야들이 포함되지는 않았다고 하더라도) 무엇을 다룰 것인가와 어느 정도의 분량을 다룰 것인가의 문제는 때로 불가피하게 편집 정책보다는 누가 원고 기고를 수락했느냐, 그리고 수락한 이후에 누가 실제로 원고를 제출했느냐, 원고를 제출한 이들이 원고 길이 제한을 지켰느냐 등의 우발적인 요소들에 의해 좌우됐다. 결과적으로 우리가 바랐던 만큼 충분히 다루지 못한 일부 분야가 있지만, 결국에는 완벽하지 못한 책을 출판하는 것이 완벽한 균형을 달성하기 위해 수년을 더 지체하는 것보다 낫다고 판단되는 시점이 도래했다. 우리는 미래에 이 책의 개정판이 나오기를 바란다. 그렇다면 이 책에 있을지도 모르는 결함들을 개선할 기회가 될 것이다.

이 책이 백과사전과 다른 또 한가지 특징은 내용이 '가나다' 순이 아닌 주제 단위로 정리돼 있다는 점이다. 이런 방식의 장점은 글들이 개별적으로 읽힐 수도 있지만, 주제별 묶음으로 읽힐 수도 있다는 점이다. 실제로 이 책의 구성은 앞커버에서 뒷커버까지 목차 순서대로 읽는 것이 터무니없지만은 않도록 구성돼 있다. 물론 매우 오랜 시간이 걸리겠지만 말이다.

4 이 책의 구성

이 책이 주제 단위로 정리돼 있다는 것은 무엇을 의미할까? 이 책은 8개의 부로 나눠져 있으며, 각각의 부는 서로 다른 주제와 목표를 지향하고 있다. I부는 기초에 해당하는 내용으로 구성돼 있는데, 수학에 대한 개요를 폭넓게 설명하고 수학적 배경이 상대적으로 적은 독자들을 위해 수학의 기본적인 개념 일부를 설명한다. 대략적으로 특정 분야가 아니라 모든 수학자들에게 필요한 배경지식에 해당하는 주제는 I부에 속한다. 예를 들어 군[I.3 §2.1]과 벡터공간[I.3 §2.3]이 이 분류에 해당된다.

II부는 역사적인 성격을 가진 에세이들의 모음이다. 그 목표는 현대 수학의 고유한 스타일이 어떻게 만들어졌는지를 설명하는 것이다. 오늘날의 수학자들이 수학을 어떻게 생각하는지와 200년 전 또는 그 이전의 수학자들이 수학을 어떻게 생각했는지에는 어떤 중요한 차이가 있을까? 한 가지는 증명이란 무엇인지에 대한 보편적인 기준이 정립됐다는 점이다. 이와 밀접하게 연관된 사실은 해석학(미적분학 및 미적분학이 확장되고 발전한 내용)이 엄밀한 기반 위에 놓여졌다는 점이다. 또 다른 주목할 만한 요소에는 숫자 개념의 확장, 대수학의 추상적 속성과 대부분의 현대 기하학자들이 전통적인 삼각형, 원, 평행선보다는 비유클리드 기하학을 연구한다는 사실 등이 있다.

III부는 비교적 짧은 글들로 구성돼 있는데, 각 글은 I부에서 다뤄지지 않은 중요한 수학적 개념을 설명한다. III부는 종종 언급되는걸 듣지만 잘 이해되지 않는 개념이 있을 때 찾아볼 만한 곳으로 의도됐다. 만약 다른 수학자(예를 들어 학회 강연자)가 당신이 심플렉틱 다양체[III.88], 비압축 오일러 방정식 [III.23], 소볼레프 공간[III.29 §2.4] 또는 아이디얼류군[IV.1 §7]의 정의를 알고 있다고 가정하고 강연을 진행했지만, 사실은 그것을 모른다고 인정하는 것이 당황스럽다면, 이들 개념에 관한 내용을 III부에서 찾아볼 수 있다.

III부의 글들이 단지 형식적인 정의만을 제공했다면 그다지 유용하지 않았을 것이다. 개념을 이해하기 위해서는 그것이 직관적으로 무엇을 의미하는지, 왜 중요한지, 왜 소개됐는지 등을 알아야 한다. 무엇보다도 그것이 꽤 보편적인 개념이라면, 독자는 적절한 (너무 단순하지도 너무 복잡하지도 않은) 예를 참고하고 싶어 할 것이다. 잘 선정된 예를 제시하고 설명하는 것이 그런 글이 포함해야 할 내용의 전부일 수도 있다. 좋은 예는 일반적인 정의보다 훨씬 더 이해하기가 쉽기 때문이다. 그리고 좀 더 경험이 많은 독자들은 그 예로부터 중요한 속성들을 추상화시킴으로써 일반적인 정의를 스스로 이끌어낼 수 있을 것이다.

III부의 또 다른 역할은 이 책의 심장이라고 할 수 있는 IV부를 위한 준비이기도 하다. IV부는 여러 다른 수학 분야에 대한 (III부의 글보다 훨씬 긴) 26장의 글로 구성된다. 예를 들어, IV부의 글은 그 글이 다루는 분야에 대한 핵심적인 아이디어들과 중요한 결과들을 설명하고, 가급적 형식에 얽매이지 않는 방식을 취하되, 너무 모호해서 의미가 불분명해지지는 않도록 할 것이다. 원래의 목표는 이 글들이 자기 전에 침대에서 읽을 만한 형식, 명료하고 충분히 기초적이어서 독자가 중간에 읽기를 멈추고 생각하지 않아도 읽으며 이해할 수 있도록 만드는 것이었

다. 그런 이유로 전문성과 설명 능력을 염두에 두고 저자들을 섭외했다. 하지만 수학은 쉬운 학문이 아니므로, 종국에는 애초의 목표였던 내용에 있어서의 완벽한 접근성은 지향해야 할 '이상'으로 두는 것에서 만족하고, 이를 모든 글의 장 하나하나에서 달성하는 것은 포기해야만 했다. 하지만 글이 이해하기 어려울 때조차도 해당 내용을 통상적인 교과서보다는 더 명확하고 덜 형식적인 방식으로 설명하고 있으며, 이는 종종 꽤 성공적이었다. III부에서와 마찬가지로, 여러 저자들은 이해를 돕는 예를 통해서 이를 달성했다. 저자들은 때로 좀 더 일반적인 이론을 이어서 설명하거나, 예가 이론을 스스로 설명하도록 유도하는 방식을 사용했다.

IV부의 많은 글들은 여러 수학적 개념에 대한 멋진 설명을 담고 있는데, 만약 여기에서 다뤄지지 않았더라면 III부에서 해당 개념 하나하나에 대한 글이 포함됐을 것이다. 원래는 중복을 완전히 피하고, III부에 이들 설명을 포함한 후에 이를 상호 참조하도록 할 계획이었다. 하지만 그와 같은 정리 방식은 독자들 입장에서는 다소 불편할 수 있어, 다음과 같이 절충했다. 어떤 개념이 책의 다른 부분에서 이미 적절히 설명되었다면 III부에서 그것을 다시 다루지 않고 간략한 설명과 상호 참조만을 포함시켰다. 이 방식을 따르면 독자는 어떤 개념을 빨리 찾기 위해서 III부를 활용할 수 있고, 그에 대한 더 자세한 설명이 필요한 경우에만 책의 해당 부분을 참조하면 된다.

V부는 III부를 보완하고 있다. V부 역시 중요한 수학적 주제들에 관한 짧은 글들로 구성돼 있지만, 이들은 수학 공부에 있어서 기본적인 개념이나 도

구들이라기보다는 수학 정리와 미해결 문제에 관한 글들이다. 책 전체와 마찬가지로 V부에 포함된 글들은 포괄적이라고 말하기는 어려우며, 몇 가지 기준에 따라 선별됐다. 가장 명백한 기준은 수학적 중요도이지만, 어떤 글들은 그 주제를 흥미롭고 접근 가능한 방식으로 논의하는 것이 가능하다는 이유로 선정됐고, 다른 글들은 무언가 특별한 점이 있어서 포함됐으며(예를 들어 4색정리[V.12]), 어떤 글들은 그와 밀접하게 관련된 IV부 글의 저자들이 일부 정리들을 추가로 논의하는 게 중요하다고 느꼈기 때문에 포함됐고, 어떤 글들은 여러 다른 글의 저자들이 배경지식으로 필요하다고 판단했기 때문에 포함됐다. III부와 마찬가지로 V부의 글들 중 일부는 자기완결적이지 않으며 간단한 설명과 다른 글들로의 상호 참조만을 포함한다.

VI부는 또 다른 역사적 내용으로 유명한 수학자들에 관해 다루고 있다. VI부는 짧은 글들로 구성돼 있는데, 각 글의 목적은 매우 기본적인 인물 정보(국적과 출생일 등)와 해당 수학자가 왜 유명한지를 설명하는 것이다. 원래의 계획은 현존하는 수학자들을 포함시키는 것이었지만, 결국 우리는 오늘날 활동하고 있는 수학자들 중 적절한 선택을 하는 일이 불가능하다는 결론에 이르렀다. 그래서 세상을 떠난 수학자들, 특히 주요 업적이 1950년 이전에 이뤄진 수학자들로 한정했다. 그 이후의 수학자들이 물론 (다른 부의 글에 언급되는 방식으로) 이 책에 등장하기는 한다. 그들을 개별적으로 소개하는 글은 없지만 색인을 참고함으로써 그의 업적을 대략적으로 살펴볼 수 있다.

앞의 여섯 개 부에서 순수 수학과 그 역사에 관해

주로 다룬 후, 마침내 VII부는 수학이 실용적인 측면과 지성적인 측면에서 다른 분야에 끼친 영향을 다룬다. VII부는 더욱 긴 글로 구성돼 있는데 그중 일부는 다양한 학문 분야에 관심을 가진 수학자들에 의해 집필됐으며, 일부는 수학을 많이 사용하는 다른 분야의 전문가들에 의해 집필됐다.

VIII부는 수학의 본질과 수학자의 삶을 산다는 것에 대한 포괄적인 생각들을 포함하고 있다. 이 부의 내용은 대체적으로 앞 부의 긴 글들에 비해 접근성이 높다. 그래서 마지막 부임에도 불구하고 어떤 독자들은 VIII부를 우선적으로 읽고 싶어 할지도 모른다.

III부와 V부에서는 글이 알파벳 순서로 정리돼 있고, VI부에서는 시간적 순서로 정리돼 있다. 수학자들에 관한 글을 그들의 출생일에 따라 정리하는 방식은 진지한 고민 끝에 결정됐다. 독자는 VI부를 순서대로 읽으면서 수학 역사에 대한 감을 얻게 될 것이다. 이런 방식은 어떤 수학자들이 현대 또는 근현대 수학자들인지를 명확히 보여줄 것이다. 그리고 수학자들의 상대적인 출생일을 추측해서 글을 찾는 방식의 작은 불편을 통해 작지만 가치 있는 무언가를 배우게 될 것이다.

다른 부에서는 글을 주제별로 정리하려 노력했다. 이는 특히 IV부에 해당되는데, 내용 정리 순서에 있어 두 가지 원칙을 지키려고 노력했다. 첫째, 서로 밀접하게 관련된 수학 분야들에 대한 글은 책에서 서로 가깝게 위치돼야 한다. 둘째, 글 A를 읽은 후에 글 B를 읽는 순서가 자연스럽다면 책에서도 글 A가 글 B보다 앞에 위치해야 한다. 이건 말은 쉽지만 실제로는 무척 까다로운 작업이었다. 왜냐하면 어떤 분야들은 단일 방식으로 분류하기가 매우 어렵기 때문이다. 예를 들어 산술기하학은 대수학일까, 기하학일까, 아니면 정수론일까? 셋 중 어느 방향으로도 설득력 있는 주장이 있으며, 이 중 하나로 결정한다는 것은 다소 인위적이다. 따라서 IV부의 내용 순서는 수학 분야의 분류 방식이라기보다는 우리가 생각할 수 있는 가장 적합한 순차적인 방식으로 이해돼야 할 것이다.

각 부 자체의 순서와 관련해서 말하자면, 우리의 목표는 학습의 관점에서 가장 자연스러운 순서로 만드는 것이었다. I부와 II부는 명백히 (서로 다른 관점에서) 기초적인 내용이다. III부가 IV부보다 먼저 위치한 이유는 수학의 어떤 분야를 이해하기 위해서는 먼저 관련 정의들부터 알아야 하기 때문이다. 하지만 IV부가 V부보다 앞에 위치한 이유는 정리의 진가를 알아보기 위해서는 그것이 수학의 해당 분야의 맥락에서 어떤 의미를 갖는지 이해하는 것이 중요하기 때문이다. VI부가 III~V부 다음에 위치한 이유는 어떤 유명한 수학자가 기여한 것의 진가를 이해하기 위해서는 수학 자체에 대해서 먼저 알아야 하기 때문이다. VII부가 책 후반부에 위치한 이유도 비슷하다. 수학이 타분야에 끼친 영향을 제대로 이해하기 위해서는 먼저 수학 자체를 이해해야 하기 때문이다. 그리고 VIII부의 반추적인 생각들은 일종의 에필로그로서 책을 마무리하기에 적합한 방식으로 보았다.

5 상호 참조

기획 단계에서부터 이 책에는 많은 상호 참조가 이뤄질 것으로 계획됐다. 서문에도 이 글꼴로 쓰여져 어디서 관련 글을 찾을 수 있는지가 표시된 상호 참조가 이미 몇 개 있었다. 예를 들어 참조 표시 **심플렉틱 다양체[III.88]**는 '심플렉틱 다양체'가 III부의 88장에서 다뤄진다는 것을 의미하며, 참조 표시 **아이디얼류 군[IV.1 §7]**은 독자에게 IV부의 1장 7절에서 해당 내용을 참고할 수 있다는 것을 알려준다.

우리는 즐겁게 읽을 수 있는 책을 만들기 위해 가능한 한 열심히 노력했으며, 상호 참조 기능을 이러한 즐거움에 기여하게끔 구성하겠다는 목표가 있었다. 이건 어쩌면 조금 엉뚱하게 들릴지도 모르겠다. 글을 읽다가 잠시 멈추고 다른 페이지를 찾아보는 일은 번거로울 수도 있으니 말이다. 하지만 우리는 각각의 글들이 가능한 한 자기완결적이기를 원했다. 따라서 만약 당신이 상호 참조 기능을 사용하고 싶지 않다면, 대체로 그럴 필요가 없을 것이다. 한가지 예외는 저자들이 이 책의 I부에 소개된 개념들을 독자들이 이미 알고 있다는 가정 하에서 원고를 작성할 것을 요청받았다는 점이다. 당신이 대학교 수학을 전혀 공부하지 않았다면, I부를 먼저 정독하고 나머지 부를 읽을 것을 추천한다. 그렇게 하면 나중의 글을 읽다가 다른 페이지를 참조해야 할 경우가 크게 줄어들 것이다.

때로는 어떤 글에서 새로운 개념이 소개되고 같은 글 내에서 그 개념이 설명될 것이다. 수학 글에서는 관례에 따라 새롭게 정의되는 단어는 고딕체로 (영어 원문에서는 이탤릭체로) 표기된다. 우리는 그러한 관례를 따르기는 했지만, 형식에 얽매이지 않은 글에서 무엇을 새로운 표현 또는 익숙치 않은 개념의 정의로 볼 수 있느냐가 항상 명확한 것은 아니다. 우리의 대체적인 정책은 만약 어떤 단어가 처음으로 사용됐고 어떤 식으로든 그 단어에 대한 설명이 뒤따른다면, 그 단어를 고딕체로 표현하는 것이었다. 우리는 새롭게 소개된 후에 설명이 이뤄지지 않은 단어 또한 고딕체로 표현했다. 이런 경우에는 글의 나머지를 이해하는 데 있어서 해당 단어를 이해하는 것이 필수적이지 않다는 뉘앙스로 이해하면 될 것이다. 좀 더 극단적인 경우에는 고딕체 대신에 인용부호가 사용되었다.

많은 글에는 말미에 짧은 '더 읽을 거리'가 포함돼 있다. 이는 말 그대로 더 읽을 만한 글에 대한 제안이다. 이는 어떤 분야에 대한 소개 논문 등에 수록되는 것과 같은 방대한 참고문헌으로 이해돼서는 안 된다. 이와 관련한 또 한 가지 사실은 이 책에서 다루는 내용을 처음 발견한 수학자를 언급하거나 해당 발견이 처음 소개됐던 논문을 언급하는 일이 이 책의 편집자들의 주요 관심사가 아니었다는 점이다. 원 논문에 관심이 있는 독자들은 '더 읽을 거리' 또는 인터넷을 통해 해당 논문을 찾을 수 있을 것이다.

6 이 책의 대상 독자

우리의 원래 계획은 이 책 내용 전체가 (미적분학을 포함한) 고등학교 수학 배경이 탄탄한 누구에게라도 접근 가능해야 한다는 것이었다. 하지만 이것이 비현실적인 목표라는 것은 곧 분명해졌다. 수학의 어떤 분야는 대학교 수준의 수학을 일부만 알아도 이해하기가 훨씬 더 쉬워져서, 그것을 더 쉬운 수준에서 설명하려고 시도하는 것이 실용적이지 않다.

다른 한편으로는 이러한 추가적인 경험 없이도 쉽게 설명될 수 있는 분야들이 있다. 그래서 결국 우리는 이 책의 내용이 전반적으로 동일한 수준의 난이도를 유지해야 한다는 생각을 포기했다.

그럼에도 불구하고 내용의 접근성은 우리의 최우선 목표 중 하나였으며, 책 전체에서 모든 수학적 개념을 실용적인 한도 내에서 가장 쉬운 수준에서 논의하려고 노력했다. 특히 편집자들은 자신들 스스로가 이해하지 못하는 어떠한 내용도 책에 들어가지 않게 하려고 더 열심히 노력했다. (이 기준은 생각 이상으로 커다란 제약이었다.) 어떤 독자들은 일부 글들이 너무 어렵다고 느낄 것이고, 다른 독자들은 너무 쉽다고 느낄 것이다. 하지만 우리는 고등학교 상급 수학 이상의 배경을 가진 독자들 모두가 이 책의 많은 부분을 즐길 수 있기를 기대한다.

서로 다른 수준의 수학적 배경을 가진 독자들이 이 책에서 무엇을 얻기를 기대할 수 있을까? 만약 당신이 대학 수준의 수학 강의를 수강하고 있다면, 아마도 상당히 어렵고도 익숙치 않은 내용에 직면할 것이며, 그 내용이 왜 중요한지와 해당 주제의 전체적인 맥락 등을 이해하지 못할 것이다. 그런 경우에 당신은 이 책을 통해 해당 분야에 대한 전반적인 시야를 어느 정도 넓힐 수 있다. 예를 들어 많은 이들이 '환(ring)'이 무엇인지를 알지만, 왜 '환'이 중요한지를 이해하는 사람은 상대적으로 많지 않다. 하지만 '환'이 중요한 매우 그럴듯한 이유가 있으며 이 내용을 환, 아이디얼, 모듈[III. 81]과 대수적 수[IV. 1]에서 읽을 수 있다.

학기 강의가 막바지에 다다르면, 당신은 어쩌면 수학 분야에서 연구 활동을 하는 것에 관심을 가질 수도 있다. 하지만 대학교 학부 강의를 통해 수학 연구가 어떤 것인지에 대해서 알게 되기는 매우 어렵다. 그러면 연구자 수준에서 당신이 흥미로워 할 만한 수학의 분야가 무엇일지를 어떻게 알 수 있을까? 이를 찾는 건 쉬운 일이 아니지만, 이런 결정을 올바르게 내리는 것은 환상에 사로잡혀서 대학원에 진학한 후에 결국 박사학위까지는 취득하지 못하는 결과와 수학 분야에서 성공적인 진로를 가게 되는 결과의 차이를 가져올 수 있다. 이 책은, 특히 IV부는 연구자 수준에서 여러 다른 수학자들이 어떤 문제들을 고민하고 있는지를 말해주며, 당신이 좀 더 올바른 결정을 내리는 것을 도와줄 수 있다.

만약 이미 연구활동을 하고 있는 수학자라면, 이 책을 당신의 동료 수학자들이 무엇을 연구하고 있는지를 이해하는 데 주로 사용할 수 있을 것이다. 대부분의 비수학자들은 수학이 얼마나 많이 세분화되고 전문화되었는지를 발견하고 크게 놀라곤 한다. 요즘에는 매우 뛰어난 수학자라도 다른 분야 수학자의 논문을 전혀 이해하지 못하는 일이 비일비재하다. (심지어는 자신의 연구분야와 깊은 관련이 있어 보이는 분야의 논문조차도 그렇다.) 이것은 그다지 바람직한 상황은 아니다. 수학자들 간의 소통 수준을 개선시키는 일은 중요하다. 이 책의 편집자들은 원고를 세심히 검토하는 과정에서 많은 것들을 배웠으며, 다른 많은 사람들도 이 책을 통해 그러한 기회를 갖기를 바란다.

7 이 책이 인터넷보다 나은 점은 무엇인가?

어떤 면에서 이 책의 성격은 위키피디아의 수학 섹션 또는 에릭 웨이스타인(Eric Weisstein)의 'Mathworld'(http://mathworld.wolfram.com/) 등과 같은 대형 수학 웹사이트와 유사하다. 특히 상호 참조 기능은 하이퍼링크와 비슷한 느낌이 있다. 그렇다면 이 책이 여타 수학 관련 웹사이트에서는 얻을 수 없는 이점을 가지고 있을까?

현재 시점에서 그 답은 '예스'이다. 만약 당신이 인터넷에서 수학적 개념에 대해 더 공부해 보려는 시도를 해 봤다면, 그것이 운에 좌우된다는 것을 알 것이다. 때로는 당신이 찾고 있는 정보를 주는 좋은 설명을 찾을 수 있을 것이다. 하지만 그런 설명을 찾지 못하는 경우도 많다. 위에서 언급한 웹사이트들은 분명히 유용하고 이 책에서 다루지 않는 내용에 있어 추천할 만하지만, 이 책이 쓰여진 시점에서 온라인 상의 대부분의 글들은 이 책의 글과는 다른 형식으로 쓰여져 있다. 어떤 주제에 대해 반추하고 논의하는 글보다는 더 딱딱하고 기본적인 사실들을 최소한의 분량으로 정리해 제공하는 것에 집중돼 있다. 그리고 인터넷에서 이 책의 I, II, IV, VII, VIII부에 포함된 글과 같은 긴 에세이는 찾을 수 없다.

어떤 사람들은 거대한 텍스트의 집합이 종이책에 담겨진 것 또한 이점이라고 생각할 것이다. 이미 언급된 바와 같이 이 책은 독립된 개별 글의 모음으로 구성된 것이 아니라 조심스럽게 기획된 순서로 정리돼 있으며, 종이책이 가진 (그리고 웹사이트에는 없는) 순차적 구조의 장점을 십분 활용하고 있다. 또한 종이책이라는 형태가 가능케 하는 훑어보기는 웹사이트를 둘러보는 것과는 전혀 다른 경험을 선사해 준다. 책의 목차를 통해 독자는 책 전체에 대한 내용을 파악할 수 있겠지만, 대형 웹사이트에서 독자는 대개 자신이 현재 보고 있는 페이지만을 의식할 수 있다. 모든 이들이 우리와 같은 의견에 동의하거나 이런 점이 중요한 이점이라고 생각하지는 않겠지만, 많은 사람들은 분명히 이에 동감할 것이며 이 책은 그들을 위해 쓰여졌다. 따라서 지금으로서는 이 책과 경쟁할 만한 웹사이트는 없어 보인다. 다시 말해 이 책은 현존하는 수학 웹사이트들과 경쟁 관계라기보다는 상호 보완적인 관계에 놓여 있다.

8 이 책은 어떻게 탄생하게 되었는가

『*The Princeton Companion to Mathematics*』는 2002년 당시 프린스턴 대학교 출판사의 옥스퍼드 사무실에 근무하고 있던 데이비드 아일랜드(David Ireland)에 의해 최초로 기획됐다. 책의 가장 중요한 특징들(책의 제목, 목차의 섹션별 분류 방식, 그리고 이들 섹션 중 하나는 주요 수학 분야에 대한 글로 정리돼야 한다는 기획 등)은 모두 그의 최초 기획안에 들어 있었다. 데이비드가 케임브리지로 나를 찾아와서는 자신의 제안을 상의하고 나에게 이 책의 편집을 맡아줄 수 있느냐고 물었을 때 나는 그 자리에서 승낙했다.

무엇이 나로 하여금 그런 결정을 내리게 만들었을까? 물론 나 혼자서 모든 작업을 하지는 않을 것이라고 그가 말했기 때문이기도 했다. (다른 편집자들은 물론이고 많은 기술적인 그리고 관리적인 지원이 있을 것이었다.) 하지만 좀 더 근본적인 이유는 이 책의 기획 방향이 내가 대학원생이었을때 스스로 구상했던 것과 매우 비슷한 것이었기 때문이었다. 당시에 나는 서로 다른 수학 분야의 주요 연구

주제에 관해 잘 쓰여진 에세이의 컬렉션을 구할 수 있다면 얼마나 좋을까 하는 생각을 했다. 그렇게 시작된 나의 작은 공상을 현실로 만들어낼 기회가 갑자기 눈앞에 생긴 것이었다.

우리는 처음부터 이 책이 수학의 역사적 맥락을 어느 정도 다루기를 원했고, 이 미팅이 있은 후 곧 데이비드는 준 배로우-그린(June Barrow-Green)에게 편집에 (특히 역사 부분을 중점으로) 동참할 수 있느냐고 의사를 타진했다. 무척 기쁘게도 준은 제안을 승낙했고 그녀를 통해 전 세계의 수학 역사학자들 거의 모두에게 연락을 취할 수 있었다.

그로부터 여러 미팅을 통해 이 책의 좀 더 세부적인 구성에 대한 논의가 이어졌고, 마침내 프린스턴 대학교 출판사에 공식적인 저술 제안이 이뤄졌다. 그들은 전문가 자문위원들을 통해 우리의 제안을 검토했으며, 일부 위원들은 이것이 벅찰 정도로 거대한 프로젝트라는 당연한 지적을 했지만, 대다수의 위원들은 열렬한 반응을 보여주었다. 이러한 열렬한 반응은 저자들을 섭외하는 단계에서도 이어졌다. 그들 중 많은 이들이 우리를 격려해 주었으며 이런 책이 준비되고 있다는 것이 무척 반갑다고 말해주었다. 또한 이런 긍정적인 반응은 수학자들이 어떤 허전함을 느끼고 있을 거라는 우리의 생각을 재확인시켜 주었다. 이 단계에서『*The Oxford Companion to Music*』의 편집자였던 앨리슨 레이섬(Alison Latham)의 조언과 경험으로부터 많은 도움을 받았다.

2003년 중에 데이비드는 프린스턴 대학교 출판사를 떠났으며 이 프로젝트에도 더 이상 관여하지 않게 됐다. 이건 큰 타격이었으며 우리는 이 책에 대

한 그의 비전과 열정을 그리워했다. 우리는 이 최종 결과물이 그가 애초에 구상했던 것에서 크게 벗어나지 않았기를 바란다. 하지만 같은 시기에 긍정적인 일들도 있었다. 프린스턴 대학교 출판사는 T&T Productions Ltd라는 회사를 프로젝트에 참여시키기로 결정했다. 이 회사는 계약서를 보내고, 일정을 관리하고, 파일을 받아 관리하는 등 일상적인 관리업무를 포함해 저자들이 제출한 파일로부터 책을 만드는 작업을 담당할 것이었다. 이런 업무 대부분은 샘 클라크(Sam Clark)가 맡았는데, 그는 이 업무에 탁월했을 뿐만 아니라 놀라울 정도로 유쾌한 사람이었다. 그는 수학의 전문 지식이 필요하지 않은 부분의 편집 작업에도 큰 역할을 해주었다(그는 전직 화학자로 대부분의 사람보다는 수학적 지식이 뛰어났다). 샘의 도움으로 세심하면서도 아름답게 편집 디자인된 책을 만들 수 있었다. 그가 없었다면 어떻게 이 작업을 끝낼 수 있었을지 상상하기 힘들다.

우리는 더 세부적인 기획과 프로젝트 진행을 논의하기 위해 정기적으로 미팅을 가졌다. 미팅은 프린스턴 대학교 출판사 옥스포드 사무실의 리처드 배질리(Richard Baggaley)에 의해 관리되고 진행됐다. 그는 2004년 여름까지 이 역할을 계속하다가 프린스턴의 새 레퍼런스 편집자로 임명된 앤 사바레세(Anne Savarese)에게 이 역할을 넘겨주었다. 리처드와 앤은 일정대로 진행되지 않고 있는 책의 섹션에 대해 편집자들에게 난감한 질의를 하는 등 매우 유용한 역할을 해주었다. 이는 우리로 하여금 (적어도 나에게는) 프로젝트 진행에 필요한 프로정신을 강제해 주었다.

2004년 초, 순진하게도 책 작업의 막바지에 와 있다고 생각했을때, (지금 돌이켜보면 작업 초기에 가까웠을 당시지만) 우리는 준의 도움에도 불구하고 내게 너무 많은 역할이 집중돼 있다는 것을 깨달았다. 이상적인 공동 편집자로 곧바로 떠오른 사람은 임레 리더(Imre Leader)였다. 그는 이 책이 추구하는 바를 이해하고 그것을 달성하는 데 필요한 아이디어를 가지고 있을 사람이었다. 그는 우리의 제안을 수락했고, 여러 원고를 의뢰하고 편집하는 등 바로 편집팀의 핵심적인 멤버가 되었다.

2007년 하반기에 우리는 실제로 막바지 단계에 있었는데, 추가적인 편집 인력이 우리가 미뤄왔던 힘든 작업들을 완료해 책을 실제로 끝내는 데 큰 도움이 되리라는 것이 명백해졌다. 조던 엘렌버그(Jordan Ellenberg)와 테렌스 타오(Terence Tao)가 도움을 주기로 동의했고 그들의 도움은 매우 귀중했다. 그들은 일부 글을 편집하고 직접 작성하기도 했으며, 내가 내 전문 분야 밖의 주제에 관해 (내가 심각한 오류를 저지르는 것을 그들이 잡아내줄 것이라는 안도감을 줌으로써) 짧은 글 여러 개를 쓰는 것을 가능하게 해주었다(그들의 도움이 없었다면 나는 심각한 오류 여럿을 저질렀을 것이다. 하지만 혹시라도 그들의 눈을 비껴간 오류가 있다면 그건 온전히 내 책임이다). 편집자들이 쓴 글들은 이름 없이 게재되었지만 저자 목록 끝에 있는 각주에 어떤 글이 어느 편집자에 의해 작성됐는지가 명시돼 있다.

9 편집 과정

자신이 연구하고 있는 내용을 비전문가나 다른 분야의 동료 수학자에게 설명해줄 인내심과 이해심을 가진 수학자를 찾는 일이 항상 쉽지는 않다. 너무도 자주 그들은 상대가 모르는 내용을 알고 있을 것이라고 가정하는데, 그 앞에서 당신이 완전히 헤매고 있다는 사실을 인정하는 것은 당황스러운 일이다. 어찌됐든 이 책의 편집자들은 이런 당황스러움을 직접 감내함으로써 독자들을 돕고자 노력했다. 이 책의 주요한 특징 중 하나는 편집 작업이 매우 활발했다는 사실이다. 우리는 원고를 의뢰하고 받아든 원고를 그냥 받아들이는 식으로 작업하지 않았다. 어떤 원고들은 완전히 폐기되고 편집자 의견을 바탕으로 새로 쓰여졌다. 다른 원고들은 상당한 변화를 필요로 했고, 이 작업은 때로 원저자들에 의해 또는 편집자들에 의해 수행됐다. 사소한 수정만 이뤄진 원고는 극히 소수였다.

이러한 취급을 받는 것에 대해 거의 대부분의 저자들이 보여준 인내심은 매우 기쁜 놀라움을 주었으며(때로는 되려 감사를 표현하는 이들도 있었다), 이 책을 준비하는 오랜 기간 동안 편집자들이 사기를 유지하는 데 도움을 주었다. 이제 우리는 감사를 되돌려 표현하고 싶으며, 그러한 모든 과정이 그만한 가치가 있었다고 저자들이 공감하기를 바란다. 이들 원고에 그렇게 엄청난 노력이 들어갔다는 점을 고려했을 때, 우리 모두의 노력이 상당한 성과를 거두지 않았다는 것을 상상하기 힘들다. 이 서문이 우리의 결과물이 얼마나 성공적인지에 대한 나의 생각을 말하는 지면은 아니지만, 내용의 접근성을 개선하기 위해 원고가 수정됐던 횟수와 수학에서 이런 종류의 간섭적인 편집이 매우 드물다는 점을 고려했을 때, 이 책이 바람직한 측면에서 특별하다는 것은 자명하다.

모든 작업이 얼마나 오래걸렸는지, 그리고 동시에 저자들의 수준을 보여주는 상징으로 기고자들의 상당수가 이 작업에 초청받은 이후로 주요 상을 수상하거나 특별한 직위를 수여받았다는 점을 들 수 있다. 또한 원고 작업 중 최소 3명의 저자가 부모가 되었다. 두 명의 저자 벤자민 얀델(Benjamin Yandell)과 그레이엄 앨런(Graham Allan)은 슬프게도 그들의 원고가 출판되기 전에 생을 마감했지만, 우리는 이 책이 작게나마 그들의 기념비가 되기를 희망한다.

10 감사의 글

초창기 편집 작업은 책을 기획하고 저자들을 섭외하는 일이었다. 이는 여러 사람의 도움과 조언 없이는 불가능한 일이었다. 도널드 앨버스(Donald Albers), 마이클 아티야(Michael Atiyah), 조던 엘렌버그(Jordan Ellenberg), 토니 가디너(Tony Gardiner), 세르규 클레이너만(Sergiu Klainerman), 배리 메이저(Barry Mazur), 커티스 맥멀렌(Curtis McMullen), 로버트 오맬리(Robert O'Malley), 테렌스 타오(Terence Tao), 그리고 애비 위그더슨(Avi Wigderson)은 모두 이 책의 최종 모습에 도움이 되는 조언을 주었다. 준 배로우-그린(June Barrow-Green)은 그녀의 업무를 수행하는 데 있어 제레미 그레이(Jeremy Gray)와 라인하트 지그문트-슐츠(Reinhard Siegmund-Schultze)의 큰 도움을 받았다. 마지막 몇 주 동안 비키 닐(Vicky Neale)은 매우 친절하게도 이 책의 몇몇 섹션을 교정해 주었고 색인 작업을 도와주었다. 그녀의 도움은 엄청났는데 우리들 스스로는 도저히 찾아내지 못했을 수많은 오류를 바로잡아 주었다. 그리고 수많은 수학자들과 수학 역사가들이 편집자들의 질문에 인내심을 갖고 답변해 주었다. 우리는 그들 모두에게 감사를 표한다.

나를 격려해 준 많은 분들께 감사드린다. 이는 실질적으로 저자 모두를 포함하며 내 직계 가족 중 많은 이들, 특히 내 아버지 패트릭 가워스(Patrick Gowers)를 포함한다. 이들의 지원은 눈앞의 태산 같아 보이는 업무의 위압감에도 불구하고 나로 하여금 계속 정진하게 해주었다. 또한 줄리 바라우(Julie Barrau)의 (직접적이지는 않더라도 똑같이 중요했던) 도움에도 감사한다. 이 작업의 마지막 몇 개월 동안, 그녀는 약속된 것보다 훨씬 많은 양의 집안일을 도맡아 주었다. 2007년 11월에 아들이 태어났던 점을 고려했을때 그녀와 그녀가 준 도움은 내 인생에 큰 차이를 가져다 주었다.

티모시 가워스(Timothy Gowers)

Graham Allan, *late Reader in Mathematics,*
University of Cambridge
THE SPECTRUM[III.86]

Noga Alon, *Baumritter Professor of Mathematics and*
Computer Science, Tel Aviv University
EXTREMAL AND PROBABILISTIC
COMBINATORICS[IV.19]

George Andrews. *Evan Pugh Professor in the*
Department of Mathematics, The Pennsylvania State
University
SRINIVASA RAMANUJAN[VI.82]

Tom Archibald. *Professor, Department of Mathematics,*
Simon Fraser University
THE DEVELOPMENT OF RIGOR IN
MATHEMATICAL ANALYSIS[II.5], CHARLES
HERMITE[VI.47]

Sir Michael Atiyah, *Honorary Professor,*
School of Mathematics, University of Edinburgh
WILLIAM VALLANCE DOUGLAS HODGE[VI.90],
ADVICE TO A YOUNG MATHEMATICIAN[VIII.6]

David Aubin, *Assistant Professor,*
Institut de Mathématiques de Jussieu
NICOLAS BOURBAKI[VI.96]

Joan Bagaria, *ICREA Research Professor,*
University of Barcelona
SET THEORY[IV.22]

Keith Ball, *Astor Professor of Mathematics,*
University College London
THE EUCLIDEAN ALGORITHM AND CONTINUED
FRACTIONS[III.22],
OPTIMIZATION AND LAGRANGE
MULTIPLIERS[III.64],
HIGH-DIMENSIONAL GEOMETRY AND ITS
PROBABILISTIC ANALOGUES[IV.26]

Alan F. Beardon, *Professor of Complex Analysis,*
University of Cambridge
RIEMANN SURFACES[III.79]

David D. Ben-Zvi, *Associate Professor of Mathematics,*
University of Texas, Austin
MODULI SPACES[IV.8]

Vitaly Bergelson, *Professor of Mathematics,*
The Ohio State University
ERGODIC THEOREMS[V.9]

Nicholas Bingham, *Professor, Mathematics Department,*
Imperial College London
ANDREI NIKOLAEVICH KOLMOGOROV[VI.88]

Béla Bollobás, *Professor of Mathematics,*
University of Cambridge and University of Memphis
GODFREY HAROLD HARDY[VI.73],
JOHN EDENSOR LITTLEWOOD[VI.79]
ADVICE TO A YOUNG MATHEMATICIAN[VIII.6]

Henk Bos, *Honorary Professor, Department of Science*
Studies,
Aarhus University; Professor Emeritus,
Department of Mathematics, Utrecht University
RENÉ DESCARTES[VI.11]

Bodil Branner, *Emeritus Professor, Department of*
Mathematics,
Technical University of Denmark
DYNAMICS[IV.14]

Martin R. Bridson, *Whitehead Professor of Pure*
Mathematics,
University of Oxford
GEOMETRIC AND COMBINATORIAL GROUP
THEORY[IV.10]

John P. Burgess, *Professor of Philosophy, Princeton*
University
ANALYSIS, MATHEMATICAL AND
PHILOSOPHICAL[VII.12]

Kevin Buzzard, *Professor of Pure Mathematics,*
Imperial College London
L-FUNCTIONS[III.47], MODULAR FORMS[III.59]

Peter J. Cameron, *Professor of Mathematics,*
Queen Mary, University of London
DESIGNS[III.14], GÖDEL'S THEOREM[V.15]

Jean-Luc Chabert, *Professor, Laboratoire Amiénois de*
Mathématique Fondamentale et Appliquée, Université de
Picardie
ALGORITHMS[II.4]

Eugenia Cheng, *Lecturer, Department of Pure*
Mathematics,
University of Sheffield
CATEGORIES[III.8]

Clifford Cocks, *Chief Mathematician,*
Government Communications Headquarters, Cheltenham
MATHEMATICS AND CRYPTOGRAPHY[VII.7]

Alain Connes, *Professor,*
Collège de France, IHES, and Vanderbilt University
ADVICE TO A YOUNG MATHEMATICIAN[VIII.6]

Leo Corry, *Director, The Cohn Institute for History and*
Philosophy of Science and Ideas, Tel Aviv University
THE DEVELOPMENT OF THE IDEA OF
PROOF[II.6]

Wolfgang Coy, *Professor of Computer Science,*
Humboldt-Universität zu Berlin
JOHN VON NEUMANN[VI.91]

Tony Crilly, *Emeritus Reader in Mathematical Sciences,*
Department of Economics and Statistics, Middlesex
University
ARTHUR CAYLEY[VI.46]

Serafina Cuomo, *Lecturer in Roman History, School of*
History,
Classics and Archaeology, Birkbeck College
PYTHAGORAS[VI.1], EUCLID[VI.2],
ARCHIMEDES[VI.3], APOLLONIUS[VI.4]

Mihalis Dafermos, *Reader in Mathematical Physics,*
University of Cambridge
GENERAL RELATIVITY AND THE EINSTEIN
EQUATIONS[IV.13]

Partha Dasgupta, *Frank Ramsey Professor of*
Economics,
University of Cambridge
MATHEMATICS AND ECONOMIC
REASONING[VII.8]

Ingrid Daubechies, *Professor of Mathematics,*
Princeton University
WAVELETS AND APPLICATIONS[VII.3]

Joseph W. Dauben, *Distinguished Professor,*
Herbert H. Lehman College and City University of New
York
GEORG CANTOR[VI.54], ABRAHAM
ROBINSON[VI.95]

John W. Dawson Jr., *Professor of Mathematics,*
Emeritus,
The Pennsylvania State University
KURT GÖDEL[VI.92]

Francois de Gandt, *Professeur d'Histoire des Sciences et*
de Philosophie, Université Charles de Gaulle, Lille
JEAN LE ROND D'ALEMBERT[VI.20]

Persi Diaconis, *Mary V. Sunseri Professor of Statistics*
and Mathematics, Stanford University
MATHEMATICAL STATISTICS[VII.10]

Jordan S. Ellenberg, *Associate Professor of*
Mathematics, University of Wisconsin
ELLIPTIC CURVES[III.21], SCHEMES[III.82],
ARITHMETIC GEOMETRY[IV.5]

Lawrence C. Evans, *Professor of Mathematics,*
University of California, Berkeley
VARIATIONAL METHODS[III.94]

Florence Fasanelli, *Program Director,*
American Association for the Advancement of Science
MATHEMATICS AND ART[VII.14]

Anita Burdman Feferman, *Independent Scholar and*
Writer,
ALFRED TARSKI[VI.87]

Solomon Feferman, *Patrick Suppes Family Professor*
of Humanities and Sciences and Emeritus Professor
of Mathematics and Philosophy, Department of
Mathematics, Stanford University
ALFRED TARSKI[VI.87]

Charles Fefferman, *Professor of Mathematics,*
Princeton University
THE EULER AND NAVIER-STOKES
EQUATIONS[III.23],
CARLESON'S THEOREM[V.5]

Della Fenster, *Professor, Department of Mathematics*
and Computer Science, University of Richmond, Virginia
EMIL ARTIN[VI.86]

José Ferreirós, *Professor of Logic and Philosophy of*
Science,
University of Seville
THE CRISIS IN THE FOUNDATIONS OF
MATHEMATICS[II.7],

JULIUS WILHELM RICHARD DEDEKIND[VI.50], GIUSEPPE PEANO[VI.62]

David Fisher, *Associate Professor of Mathematics, Indiana University, Bloomington*
MOSTOW'S STRONG RIGIDITY THEOREM[V.23]

Terry Gannon, *Professor, Department of Mathematical Sciences, University of Alberta*
VERTEX OPERATOR ALGEBRAS[IV.17]

A. Gardiner, *Reader in Mathematics and Mathematics Education, University of Birmingham*
THE ART OF PROBLEM SOLVING[VIII.1]

Charles C. Gillispie, *Dayton-Stockton Professor of History of Science, Emeritus, Princeton University*
PIERRE-SIMON LAPLACE[VI.23]

Oded Goldreich, *Professor of Computer Science, Weizmann Institute of Science, Israel*
COMPUTATIONAL COMPLEXITY[IV.20]

Catherine Goldstein, *Directeur de Recherche, Institut de Mathématiques de Jussieu, CNRS, Paris*
PIERRE FERMAT[VI.12]

Fernando Q. Gouvêa, *Carter Professor of Mathematics, Colby College, Waterville, Maine*
FROM NUMBERS TO NUMBER SYSTEMS[II.1], LOCAL AND GLOBAL IN NUMBER THEORY[III.51]

Andrew Granville, *Professor, Department of Mathematics and Statistics, Université de Montréal*
ANALYTIC NUMBER THEORY[IV.2]

Ivor Grattan-Guinness, *Emeritus Professor of the History of Mathematics and Logic, Middlesex University*
ADRIEN-MARIE LEGENDRE[VI.24], JEAN-BAPTISTE JOSEPH FOURIER[VI.25], SIMÉON-DENIS POISSON[VI.27], AUGUSTIN-LOUIS CAUCHY[VI.29], BERTRAND ARTHUR WILLIAM RUSSELL[VI.71], FRIGYES (FRÉDÉRIC) RIESZ[VI.74]

Jeremy Gray, *Professor of History of Mathematics, The Open University*
GEOMETRY[II.2], FUCHSIAN GROUPS[III.28], CARL FRIEDRICH GAUSS[VI.26] AUGUST FERDINAND MÖBIUS[VI.30], NICOLAI IVANOVICH LOBACHEVSKII[VI.31], JÁNOS BOLYAI[VI.34], GEORG BERNHARD FRIEDRICH RIEMANN[VI.49], WILLIAM KINGDON CLIFFORD[VI.55], ÉLIE JOSEPH CARTAN[VI.69], THORALF SKOLEM[VI.81]

Ben Green, *Herchel Smith Professor of Pure Mathematics, University of Cambridge*
THE GAMMA FUNCTION[III.31], IRRATIONAL AND TRANSCENDENTAL NUMBERS[III.41], MODULAR ARITHMETIC[III.58], NUMBER FIELDS[III.63], QUADRATIC FORMS[III.73], TOPOLOGICAL SPACES[III.90], TRIGONOMETRIC FUNCTIONS[III.92]

Ian Grojnowski, *Professor of Pure Mathematics, University of Cambridge*
REPRESENTATION THEORY[IV.9]

Niccolò Guicciardini, *Associate Professor of History of Science, University of Bergamo*
ISAAC NEWTON[VI.14]

Michael Harris, *Professor of Mathematics, Université Paris 7—Denis Diderot*
"WHY MATHEMATICS?" YOU MIGHT ASK[VIII.2]

Ulf Hashagen, *Doctor, Munich Center for the History of Science and Technology, Deutsches Museum, Munich*
PETER GUSTAV LEJEUNE DIRICHLET[VI.36]

Nigel Higson, *Professor of Mathematics, The Pennsylvania State University*
OPERATOR ALGEBRAS[IV.15], THE ATIYAH-SINGER INDEX THEOREM[V.2]

Andrew Hodges, *Tutorial Fellow in Mathematics, Wadham College, University of Oxford*
ALAN TURING[VI.94]

F. E. A. Johnson, *Professor of Mathematics, University College London*
BRAID GROUPS[III.4]

Mark Joshi, *Associate Professor, Centre for Actuarial Studies, University of Melbourne*
THE MATHEMATICS OF MONEY[VII.9]

Kiran S. Kedlaya, *Associate Professor of Mathematics, Massachusetts Institute of Technology*
FROM QUADRATIC RECIPROCITY TO CLASS FIELD THEORY[V.28]

Frank Kelly, *Professor of the Mathematics of Systems and Master of Christ's College, University of Cambridge*
THE MATHEMATICS OF TRAFFIC IN NETWORKS[VII.4]

Sergiu Klainerman, *Professor of Mathematics, Princeton University*
PARTIAL DIFFERENTIAL EQUATIONS[IV.12]

Jon Kleinberg, *Professor of Computers Science,*
Cornell University
THE MATHEMATICS OF ALGORITHM
DESIGN[VII.5]

Israel Kleiner, *Professor Emeritus,*
Department of Mathematics and Statistics, York
University
KARL WEIERSTRASS[VI.44]

Jacek Klinowski, *Professor of Chemical Physics,*
University of Cambridge
MATHEMATICS OF CHEMISTRY[VII.1]

Eberhard Knobloch, *Professor, Institute for Philosophy,*
History of Science and Technology, Technical University
of Berlin
GOTTFRIED WILHELM LEIBNIZ[VI.15]

János Kollár, *Professor of Mathematics, Princeton*
University
ALGEBRAIC GEOMETRY[IV.4]

T. W. Körner, *Professor of Fourier Analysis,*
University of Cambridge
SPECIAL FUNCTIONS[III.85], TRANSFORMS[III.91],
THE BANACH-TARSKI PARADOX[V.3], THE
UBIQUITY OF MATHEMATICS[VIII.3]

Michael Krivelevich, *Professor of Mathematics,*
Tel Aviv University
EXTREMAL AND PROBABILISTIC
COMBINATORICS[IV.19]

Peter D. Lax, *Professor, Courant Institute of*
Mathematical Sciences, New York University
RICHARD COURANT[VI.83]

Jean-François Le Gall, *Professor of Mathematics,*
Université Paris-Sud, Orsay
STOCHASTIC PROCESSES[IV.24]

W. B. R. Lickorish, *Emeritus Professor of Geometric*
Topology,
University of Cambridge
KNOT POLYNOMIALS[III.44]

Martin W. Liebeck, *Professor of Pure Mathematics,*
Imperial College London
PERMUTATION GROUPS[III.68], THE
CLASSIFICATION OF FINITE SIMPLE
GROUPS[V.7], THE INSOLUBILITY OF THE
QUINTIC[V.21]

Jesper Lützen, *Professor, Department of Mathematical*
Sciences, University of Copenhagen
JOSEPH LIOUVILLE[VI.39]

Des MacHale, *Associate Professor of Mathematics,*
University College Cork
GEORGE BOOLE[VI.43]

Alan L. Mackay, *Professor Emeritus,*
School of Crystallography, Birkbeck College
MATHEMATICS AND CHEMISTRY[VII.1]

Shahn Majid, *Professor of Mathematics,*
Queen Mary, University of London
QUANTUM GROUPS[III.75]

Lech Maligranda, *Professor of Mathematics,*
Luleå University of Technology, Sweden
STEFAN BANACH[VI.84]

David Marker, *Head of the Department of Mathematics,*
Statistics, and Computer Science, University of Illinois at
Chicago
LOGIC AND MODEL THEORY[IV.23]

Jean Mawhin, *Professor of Mathematics,*
Université Catholique de Louvain
CHARLES-JEAN DE LA VALLÉE POUSSIN[VI.67]

Barry Mazur, *Gerhard Gade University Professor,*
Mathematics Department, Harvard University
ALGEBRAIC NUMBERS[IV.1]

Dusa McDuff, *Professor of Mathematics,*
Stony Brook University and Barnard College
ADVICE TO A YOUNG MATHEMATICIAN[VIII.6]

Colin McLarty, *Truman P. Handy Associate Professor of*
Philosophy and of Mathematics, Case Western Reserve
University
EMMY NOETHER[VI.76]

Bojan Mohar, *Canada Research Chair in Graph Theory,*
Simon Fraser University; *Professor of Mathematics,*
University of Ljubljana
THE FOUR-COLOR THEOREM[V.12]

Peter M. Neumann, *Fellow and Tutor in Mathematics,*
The Queen's College, Oxford; *University Lecturer in*
Mathematics, University of Oxford
NIELS HENRIK ABEL[VI.33], ÉVARISTE
GALOIS[VI.41], FERDINAND GEORG
FROBENIUS[VI.58], WILLIAM BURNSIDE[VI.60]

Catherine Nolan, *Associate Professor of Music,*
The University of Western Ontario
MATHEMATICS AND MUSIC[VII.13]

James Norris, *Professor of Stochastic Analysis,*
Statistical Laboratory, University of Cambirdge
PROBABILITY DISTRIBUTIONS[III.71]

Brian Osserman, *Assistant Professor, Department of Mathematics, University of California, Davis*
THE WEIL CONJECTURES[V.35]

Richard S. Palais, *Professor of Mathematics, University of California, Irvine*
LINEAR AND NONLINEAR WAVES AND SOLITONS[III.49]

Marco Panza, *Directeur de Recherche, CNRS, Paris*
JOSEPH LOUIS LAGRANGE[VI.22]

Karen Hunger Parshall, *Professor of History and Mathematics, University of Virginia*
THE DEVELOPMENT OF ABSTRACT ALGEBRA[II.3], JAMES JOSEPH SYLVESTER[VI.42]

Gabriel P. Paternain, *Reader in Geometry and Dynamics, University of Cambridge*
SYMPLECTIC MANIFOLDS[III.88]

Jeanne Peiffer, *Directeur de Recherche, CNRS, Centre Alexandre Koyré, Paris*
THE BERNOULLIS[VI.18]

Birgit Petri, *Ph.D. Candidate, Fachbereich Mathematik, Technische Universität Darmstadt*
LEOPOLD KRONECKER[VI.48], ANDRÉ WEIL[VI.93]

Carl Pomerance, *Professor of Mathematics, Dartmouth College*
COMPUTATIONAL NUMBER THEORY[IV.3]

Helmut Pulte, *Professor, Ruhr-Universität Bochum*
CARL GUSTAV JACOB JACOBI[VI.35]

Bruce Reed, *Canada Research Chair in Graph Theory, McGill University*
THE ROBERTSON–SEYMOUR THEOREM[V.32]

Michael C. Reed, *Bishop-MacDermott Family Professor of Mathematics, Duke University*
MATHEMATICAL BIOLOGY[VII.2]

Adrian Rice, *Associate Professor of Mathematics, Randolph-Macon College, Virginia*
A CHRONOLOGY OF MATHEMATICAL EVENTS[VIII.7]

Eleanor Robson, *Senior Lecturer, Department of History and Philosophy of Science, University of Cambridge*
NUMERACY[VIII.4]

Igor Rodnianski, *Professor of Mathematics, Princeton University*
THE HEAT EQUATION[III.36]

John Roe, *Professor of Mathematics, The Pennsylvania State University*
OPERATOR ALGEBRAS[IV.15], THE ATIYAH–SINGER INDEX THEOREM[V.2]

Mark Ronan, *Professor of Mathematics, University of Illinois at Chicago; Honorary Professor of Mathematics, University College London*
BUILDINGS[III.5], LIE THEORY[III.48]

Edward Sandifer, *Professor of Mathematics, Western Connecticut State University*
LEONHARD EULER[VI.19]

Peter Sarnak, *Professor, Princeton University and Institute for Advanced Study, Princeton*
ADVICE TO A YOUNG MATHEMATICIAN[VIII.6]

Tilman Sauer, *Doctor, Einstein Papers Project, California Institute of Technology*
HERMANN MINKOWSKI[VI.64]

Norbert Schappacher, *Professor, Institut de Recherche Mathématique Avancée, Strasbourg*
LEOPOLD KRONECKER[VI.48], ANDRÉ WEIL[VI.93]

Andrzej Schinzel, *Professor of Mathematics, Polish Academy of Sciences*
WACŁAW SIERPIVŃSKI[VI.77]

Erhard Scholz, *Professor of History of Mathematics, Department of Mathematics and Natural Sciences, Universität Wuppertal*
FELIX HAUSDORFF[VI.68], HERMANN WEYL[VI.80]

Reinhard Siegmund-Schultze, *Professor, Faculty of Engineering and Science, University of Agder, Norway*
HENRI LEBESGUE[VI.72], NORBERT WIENER[VI.85]

Gordon Slade, *Professor of Mathematics, University of British Columbia*
PROBABILISTIC MODELS OF CRITICAL PHENOMENA[IV.25]

David J. Spiegelhalter, *Winton Professor of the Public Understanding of Risk, University of Cambridge*
MATHEMATICS AND MEDICAL STATISTICS[VII.11]

Jacqueline Stedall, *Junior Research Fellow in Mathematics,*
The Queen's College, Oxford
FRANÇOIS VIÈTE[VI.9]

Arild Stubhaug, *Freelance Writer, Oslo*
SOPHUS LIE[VI.53]

Madhu Sudan, *Professor of Computer Science and Engineering, Massachusetts Institute of Technology*
RELIABLE TRANSMISSION OF INFORMATION[VII.6]

Terence Tao, *Professor of Mathematics,*
University of California, Los Angeles
COMPACTNESS AND COMPACTIFICATION[III.9], DIFFERENTIAL FORMS AND INTEGRATION[III.16], DISTRIBUTIONS[III.18], THE FOURIER TRANSFORM[III.27], FUNCTION SPACES[III.29], HAMILTONIANS[III.35], RICCI FLOW[III.78], THE SCHRÖDINGER EQUATION[III.83], HARMONIC ANALYSIS[IV.11]

Jamie Tappenden, *Associate Professor of Philosophy,*
University of Michigan
GOTTLOB FREGE[VI.56]

C. H. Taubes, *William Petschek Professor of Mathematics,*
Harvard University
DIFFERENTIAL TOPOLOGY[IV.7]

Rüdiger Thiele, *Privatdozent, Universität Leipzig*
CHRISTIAN FELIX KLEIN[VI.57]

Burt Totaro, *Lowndean Professor of Astronomy and Geometry,*
University of Cambridge
ALGEBRAIC TOPOLOGY[IV.6]

Lloyd N. Trefethen, *Professor of Numerical Analysis,*
University of Oxford
NUMERICAL ANALYSIS[IV.21]

Dirk van Dalen, *Professor,*
Department of Philosophy, Utrecht University
LUITZEN EGBERTUS JAN BROUWER[VI.75]

Richard Weber, *Churchill Professor of Mathematics for Operational Research, University of Cambridge*
THE SIMPLEX ALGORITHM[III.84]

Dominic Welsh, *Professor of Mathematics,*
Mathematical Institute, University of Oxford
MATROIDS[III.54]

Avi Wigderson, *Professor in the School of Mathematics, Institute for Advanced Study, Princeton*
EXPANDERS[III.24], COMPUTATIONAL COMPLEXITY[IV.20]

Herbert S. Wilf, *Thomas A. Scott Professor of Mathematics,*
University of Pennsylvania
MATHEMATICS: AN EXPERIMENTAL SCIENCE[VIII.5]

David Wilkins, *Lecturer in Mathematics, Trinity College, Dublin* WILLIAM ROWAN HAMILTON[VI.37]

Benjamin H. Yandell, *Pasadena, California (deceased)*
DAVID HILBERT[VI.63]

Eric Zaslow, *Professor of Mathematics,*
Northwestern University
CALABI-YAU MANIFOLDS[III.6], MIRROR SYMMETRY[IV.16]

Doron Zeilberger, *Board of Governors Professor of Mathematics,*
Rutgers University
ENUMERATIVE AND ALGEBRAIC COMBINATORICS[IV.18]

Unattributed articles were written by the editors. In Part III, Imre Leader wrote the articles THE AXIOM OF CHOICE[III.1], THE AXIOM OF DETERMINACY[III.2], CARDINALS[III.7], COUNTABLE AND UNCOUNTABLE SETS[III.11], GRAPHS[III.34], JORDAN NORMAL FORM[III.43], MEASURES[III.55], MODELS OF SET THEORY[III.57], ORDINALS[III.66], THE PEANO AXIOMS[III.67], RINGS, IDEALS, AND MODULES[III.81], and THE ZERMELO-FRAENKEL AXIOMS[III.99]. In Part V, THE INDEPENDENCE OF THE CONTINUUM HYPOTHESIS[V.18] is by Imre Leader and THE THREE-BODY PROBLEM[V.33] is by June Barrow-Green. In part VI, June Barrow-Green wrote all of the unattributed articles. All other unattributed articles throughout the book were written by Timothy Gowers.

번역자

금종해   서울대학교 수학과를 졸업한 후, 1988년 미시간대학교 수학과에서 박사학위를 받았다. 2000년 9월부터 고등과학원 교수로 있으며, 미국 프린스턴대학교 초빙교수와 고등과학원 부원장을 역임했다. 2013년 9월부터 현재까지 고등과학원 원장으로 재직 중이다. 과학기술훈장과 제11회 한국과학상을 받았다.

정경훈   서울대학교 수학과를 졸업하고, 동 대학원에서 박사학위를 받았다. 포항공과대학교, 연세대학교, 미국 위스콘신대학교 등에서 박사 후 과정을 밟았다. 현재 서울대학교 기초교육원 강의교수로 재직 중이다. 옮긴 책으로는 『기하학과 상상력』, 『제타 함수의 비밀』이 있고, 저서로는 『오늘의 과학』(공저)이 있다.

권혜승   서울대학교 수학과를 졸업한 후 서울대학교 대학원 수학과에서 석사학위를 받았다. 미국 스탠퍼드대학교에서 박사학위를 받았으며, 캘리포니아대학교(산타크루즈 소재)에서 조교수를 역임했다. 2004년~2012년 8월까지 서울대학교 기초교육원 강의교수를 역임했다. 옮긴 책으로는 『수 과학의 언어』, 『미적분학 갤러리』, 『The Irrationals』(근간, 승산)가 있다.

박병철   1960년에 서울에서 태어나 연세대학교와 동 대학원 물리학과를 졸업하고 카이스트에서 물리학 박사학위를 받았다. 현재 대진대학교 초빙교수이며, 작가 및 번역가로 활동 중이다. 옮긴 책으로는 『엘러건트 유니버스』, 『파인만의 물리학 강의 1, 2』, 『평행우주』, 『멀티 유니버스』, 『무로부터의 우주』, 『퀀텀 유니버스』 등이 있다. 저서로는 어린이 과학동화 『라이카의 별』이 있다.

고등과학원 수학부 연구진

강현석   케임브리지대학교에서 미분기하학으로 박사학위를 받았다.

강효상   미시간대학교에서 미분기하학으로 박사학위를 받았다.

김명호   서울대학교에서 표현론으로 박사학위를 받았다.

김선광   포항공과대학교에서 함수해석학으로 박사학위를 받았다.
(현) 경기대학교 수학과 조교수

김영주   뉴욕시립대학교에서 쌍곡기하학으로 박사학위를 받았다.

김현규   예일대학교에서 표현론으로 박사학위를 받았다.

박윤경   한국과학기술원에서 정수론으로 박사학위를 받았다.

서애령   포항공과대학교에서 다변복소함수론으로 박사학위를 받았다.

석진명   포항공과대학교에서 편미분방정식과 변분론으로 박사학위를 받았다.

양민석   연세대학교에서 해석학으로 박사학위를 받았다.

원준영   포항공과대학교에서 대수기하학으로 박사학위를 받았다.

유환철   매사추세츠공과대학교에서 대수적 조합론으로 박사학위를 받았다.

이광우   캘리포니아대학교에서 대수기하학으로 박사학위를 받았다.

이승진   미시간대학교에서 대수적 조합론으로 박사학위를 받았다.

이은주   서울대학교에서 미분기하학으로 박사학위를 받았다.

이정연   서울대학교에서 정수론으로 박사학위를 받았다.

이준호   포항공과대학교에서 정수론으로 박사학위를 받았다.

임수봉   포항공과대학교에서 정수론으로 박사학위를 받았다.

전우진   서울대학교에서 위상수학으로 박사학위를 받았다.

정기룡   서울대학교에서 대수기하학으로 박사학위를 받았다.

조시훈   연세대학교에서 해석적 정수론으로 박사학위를 받았다.

조진석   서울대학교에서 위상수학으로 박사학위를 받았다.

최진원   일리노이대학교에서 대수기하학으로 박사학위를 받았다.

한강진   한국과학기술원에서 대수기하학으로 박사학위를 받았다.

현윤석   매사추세츠공과대학교에서 대수기하학으로 박사학위를 받았다.

황택규   한국과학기술원에서 심플렉틱 기하학으로 박사학위를 받았다.

옮 긴 이 _ 권 혜 승

PART V

정리와 문제들

Theorems and Problems

V.1 ABC 추측

매서(Masser)와 외스터를레(Oesterle)가 1985년에 제안한 ABC 추측(ABC conjecture)은 정수론에서 비롯된 대담하면서도 매우 일반적인 추측으로, 광범위한 중요 결과들을 포함한다. 이 추측의 아이디어는 대강 세 수가 모두 반복되는 소인수를 많이 가지고 어떤 두 수도 공통의 소인수를 가지지 않는다면, 어느 한 수가 다른 두 수의 합이 될 수 없다는 것이다(만약 어느 한 수가 다른 두 수의 합이고 어떤 두 수가 공통의 소인수를 가진다면 세 번째 수도 그 소인수를 공유할 것이다).

좀 더 정확하게, 양의 정수 n의 라디칼(radical)을 n을 나누는 모든 소수들의 곱으로 정의하자. 이때 각각의 다른 소수는 단 한 번만 포함된다. 예를 들어, $3960 = 2^3 \times 3^2 \times 5 \times 11$이므로, 그 라디칼은 $2 \times 3 \times 5 \times 11 = 330$이다. n의 라디칼을 $\mathrm{rad}(n)$이라 쓰자. ABC 추측은 모든 양의 실수 ϵ에 대해 어떤 상수 K_ϵ가 존재하여 a, b, c가 $a + b = c$를 만족하는 서로소인 정수이면 $c < K_\epsilon \, \mathrm{rad}(abc)^{1+\epsilon}$이 성립한다고 주장한다.

이 추측이 무엇을 뜻하는지 감을 잡기 위해, 페르마 방정식(Fermat equation) $x^r + y^r = z^r$을 생각해보자. 만약 양의 정수 x, y, z가 이 방정식의 해가 되고 공약수를 가진다면, 그 공약수로 세 수를 나누어도 여전히 해가 된다. 따라서 x, y, z, 그리고 그것들의 r 거듭제곱이 서로소라고 가정할 수 있다. $a = x^r, b = y^r, c = z^r$이라 놓자. 그러면

$$\mathrm{rad}(abc) = \mathrm{rad}(xyz) \leqslant xyz = (abc)^{1/r} \leqslant c^{3/r}$$

이 성립한다. 여기서 마지막 부등식은 c가 a나 b보다 더 크다는 사실로부터 도출된다. ϵ을 $\frac{1}{6}$이라 놓으면, ABC 추측은 우리에게 c가 $K(c^{3/r})^{7/6} = Kc^{7/2r}$보다 클 수 없는 상수 K를 준다. 만약 $r \geqslant 4$이면 $7/2r$은 1보다 작고, 따라서 페르마 방정식은 x, y, z가 서로소인 해를 많아야 유한한 개수만큼 가질 수 있다.

이것이 비슷한 종류의 수많은 결과 중 그저 하나에 불과함은 분명하다. 예를 들어, $2^r 3^s x^2$의 라디칼은 최대 $6x$이고, 이는 x^2보다 상당히 작기 때문에 방정식 $2^r + 3^s = x^2$이 오직 유한한 개수의 해만 가짐을 이끌어낼 수 있다. 그러나 ABC 추측은 이것만큼 자명하지는 않지만 그보다 더 중요한 다른 결과들을 가진다. 예를 들어, 봄비에리(Bombieri)는 ABC 추측이 로스의 정리[V.22]를 가져옴을 보였고, 엘키스(Elkies)는 그것이 모델 추측[V.29]을 가져옴을 보였으며, 그랜빌(Granville)과 스타크(Stark)는 ABC 추측을 강화시키면 (해석적 정수론[IV.2]에서 정의된) 지겔 영점(Siegel zero)이 존재하지 않음을 가져온다고 보였다. 그것은 또한 비록 증명되진 않았지만 초월이론(transcendence theory)에서 베이커(Baker)의 유명한 정리의 강력한 형태와, 페르마의 마지막 정리를 가져오는 모듈러 형식[III.59]에 대한 와일즈(Wiles)의 정리의 강력한 형태와 동치이다.

ABC 추측은 계산적 정수론[IV.3]에서 더 자세히 논의된다.

V.2 아티야-싱어 지표 정리

니겔 힉슨, 존 로 *Nigel Higson and John Roe*

1 타원 방정식

아티야–싱어 지표 정리(Atiyah-Singer index theorem)는 타원형(elliptic type) 선형 편미분방정식의 해의 존재성과 유일성에 관한 정리이다. 이 개념을 이해하기 위해 두 방정식

$$\frac{\partial f}{\partial x} + \frac{\partial f}{\partial y} = 0, \qquad \frac{\partial f}{\partial x} + \mathrm{i}\frac{\partial f}{\partial y} = 0$$

을 고려하자. 이 두 방정식은 오직 인수 $\mathrm{i} = \sqrt{-1}$만 다르지만 각각의 해는 매우 다른 성질을 가진다. $f(x, y) = g(x - y)$ 꼴의 함수는 모두 첫 번째 방정식의 해이지만, 두 번째 방정식에 대한 유사한 일반해 $g(x + \mathrm{i}y)$에서 g는 복소변수 $z = x + \mathrm{i}y$에 대한 복소해석적 함수[I.3 §5.6]여야 하고, 그런 함수는 매우 특별하다는 것이 이미 19세기에 알려져 있었다. 예를 들어 첫 번째 방정식의 유계인 해들은 무한 차원 집합이다. 하지만 복소해석학에서 리우빌의 정리[I.3 §5.6]는 두 번째 방정식의 유계인 해는 오로지 상수 함수뿐이라고 주장한다.

두 방정식의 해 사이의 차이는 방정식의 **기호**(symbol)들 간의 차이로 추적해 갈 수 있다. 이는 $\partial/\partial x$를 $\mathrm{i}\xi$로, $\partial/\partial y$를 $\mathrm{i}\eta$로 대체하여 얻는 실변수 ξ, η에 관한 다항식이다. 따라서 위의 두 방정식의 기호는 각각

$$\mathrm{i}\xi + \mathrm{i}\eta, \qquad \mathrm{i}\xi - \eta$$

이다. 방정식의 기호가 오직 $\xi = \eta = 0$일 때에만 0이라면 그 방정식을 **타원**(elliptic) 방정식이라 부른

다. 따라서 두 번째 방정식은 타원 방정식이지만 첫 번째 방정식은 타원 방정식이 아니다. 기본적인 정칙성 정리(regularity theorem)는 푸리에 해석[III.27]을 이용하여 증명할 수 있는데, 그것은 타원 편미분방정식이 (필요하다면 적절한 경계 조건하에서) 유한 차원인 해 공간을 가진다고 말한다.

2 타원 방정식의 위상과 프레드홀름 지표

이제 일반적인 1계 선형 편미분방정식

$$a_1 \frac{\partial f}{\partial x_1} + \cdots + a_n \frac{\partial f}{\partial x_n} + bf = 0$$

을 고려하자. 여기서 f는 벡터 함수이고 계수 a_j와 b는 복소행렬값을 가지는 함수이다. 이 편미분방정식의 기호

$$\mathrm{i}\xi_1 a_1(x) + \cdots + \mathrm{i}\xi_n a_n(x)$$

가 모든 0이 아닌 벡터 $\xi = (\xi_1, \cdots, \xi_n)$과 모든 x에 대해서 가역행렬(invertible matrix)이라면 이 편미분방정식은 **타원 방정식**이다. 정칙성 정리는 이 일반적인 경우에도 적용되고, 그것은 우리가 (적절한 경곗값 조건을 가지는) 타원 방정식에 대해 **프레드홀름 지표**(Fredholm index)를 형성하도록 해 주는데, 이것은 그 방정식의 일차 독립인 해들의 개수에서 **수반 방정식**(adjoint equation)

$$-\frac{\partial}{\partial x_1}(a_1^* f) - \cdots - \frac{\partial}{\partial x_n}(a_n^* f) + b^* f = 0$$

의 일차 독립인 해들의 개수를 뺀 것이다. 프레드홀름 지표를 소개하는 이유는 그것이 타원 방정식의 **위상 불변량**(topological invariant)이기 때문이다. 이

는 타원 방정식의 계수에 대한 연속적인 변형은 프
레드홀름 지표가 바뀌지 않는다는 뜻이다. (반대로
방정식의 일차 독립인 해들의 개수는 방정식의 계
수가 변하면서 변할 수 있다.) 따라서 프레드홀름 지
표는 타원 방정식 집합의 각각의 연결된 성분 상에
서 상수이다. 이것은 프레드홀름 지표를 계산하는
데 도움이 되도록 위상수학을 사용해 모든 타원방
정식 집합의 구조를 결정하는 가능성을 열어준다.
이 사실은 1950년대에 겔판트(Gelfand)에 의해 알려
졌다. 그것이 아티야-싱어 지표 정리의 근원이다.

3 예

어떻게 위상수학이 타원 방정식의 프레드홀름 지
표를 결정하는 데 쓰일 수 있는지 좀 더 자세히 알아
보기 위해서, 특별한 예를 하나 살펴보도록 하자. 계
수 $a_j(x)$와 $b(x)$가 x에 대한 다항함수로 a_j는 차수가
$m - 1$ 이하이고 b는 차수가 m 이하인 타원 방정식
을 생각하자. 그러면 식

$$\mathrm{i}\xi_1 a_1(x) + \cdots + \mathrm{i}\xi_n a_n(x) + b(x)$$

는 x와 ξ에 대한 차수가 m 이하인 다항식이다. 이
식에서 (x와 ξ에 대해 합쳐서) 정확히 차수 m을 가
지는 항들이 x나 ξ가 0이 아니기만 하면 가역행렬
을 정의한다고 가정함으로써, 타원 방정식이라는
가정을 강화하자. 또한 그 방정식이나 그것의 수반
방정식의 해 f 중에서

$$\int |f(x)|^2 \mathrm{d}x < \infty$$

라는 의미로 제곱적분가능한(square-integrable) 것만

고려하기로 하자. 이런 모든 추가적인 가정들은 경
계 조건의 한 유형이고(무한대에서 방정식과 그 해
의 움직임을 통제한다), 그것들이 함께 모여 프레드
홀름 지표가 잘 정의되도록 한다.

간단한 예는 방정식

$$\frac{\mathrm{d}f}{\mathrm{d}x} + xf = 0 \qquad (1)$$

이다. 이 상미분방정식의 일반해는 제곱적분가능한
함수 $e^{-x^2/2}$의 배수들로 이루어진 1차원 공간이다.
반대로 그 수반 방정식

$$-\frac{\mathrm{d}f}{\mathrm{d}x} + xf = 0$$

의 해는 함수 $e^{-x^2/2}$의 배수들로, 이는 제곱적분가
능하지 않다. 그러므로 이 미분방정식의 지표는 1이
다.

일반적인 방정식으로 돌아가서

$$\mathrm{i}\xi_1 a_1(x) + \cdots + \mathrm{i}\xi_n a_n(x) + b(x)$$

에서 차수가 m인 항들은 (x, ξ)-공간의 단위구면
(unit sphere)으로부터 $k \times k$ 가역 복소행렬들의 집
합 $\mathrm{GL}_k(\mathbb{C})$로 가는 함수를 결정한다. 게다가 그런 함
수는 모두 타원 방정식(우리가 이제까지 이야기했
던 것보다 더 일반적인 유형의 타원 방정식일 가능
성도 있지만, 프레드홀름 지표의 존재성을 보장하
는 기본적인 정칙성 정리가 적용되는 방정식)으로
부터 나온다. 구면 S^{2n-1}에서 $\mathrm{GL}_k(\mathbb{C})$로 가는 모든
함수들로 이루어진 공간의 위상 구조를 결정하는
것이 중요한 이유는 바로 이 때문이다.

보트(Bott)의 놀라운 정리가 이에 대한 대답을 제
공한다. 보트 주기성 정리(Bott periodicity theorem)

는 각 함수 $S^{2n-1} \to GL_k(\mathbb{C})$마다 보트 불변량(Bott invariant)이라고 부르는 정수를 대응시킨다. 또한 보트의 정리는 $k \geq n$이라면 그런 함수가 다른 함수로 연속적으로 변형될 수 있을 필요충분조건이 두 함수의 보트 불변량이 일치하는 것이라고 주장한다. $n = k = 1$인 특별한 경우에, 우리는 1차원인 원에서 0이 아닌 복소수로 가는 함수, 다르게 말하자면 $\mathbb{C}$ 안에서 원점을 지나지 않는 닫힌 경로를 다루고 있는데, 보트 불변량은 그저 고전적인 회전수(winding number)에 불과하고, 그런 경로가 원점 주위를 돌아가는 횟수를 측정한다. 그러므로 우리는 보트 불변량을 일반화시킨 회전수라고 생각할 수 있다.

이 절에서 고려 중인 유형의 방정식에 대하여 지표 정리는 타원 방정식의 프레드홀름 지표가 그 기호의 보트 불변량과 같다고 말한다. 예를 들어 위에서 고려한 간단한 예 (1)의 경우, 기호 $i\xi + x$는 (x, ξ)-공간의 단위원에서 $\mathbb{C}$의 단위원으로 가는 항등함수에 대응된다. 그 회전수는 1과 같고, 이는 우리가 계산한 지표와 일치한다.

지표 정리의 증명은 보트 주기성에 강하게 의존하면서 다음과 같이 진행된다. 타원 방정식은 보트 불변량에 의해 위상적으로 분류되며, 보트 불변량과 프레드홀름 지표는 유사한 대수적 성질을 가지고 있기 때문에, 단 하나의 예에 대해서 정리를 증명하기만 하면 된다. 바로 보트 불변량 1을 가지는 기호에 대응하는 것 말이다. 이 보트 생성자(Bott generator)는 예 (1)의 n차원 일반화로 표현할 수 있음이 밝혀졌고, 따라서 이 경우에 대한 계산에 의해 증명이 완성된다.

4 다양체 상의 타원 방정식

타원 방정식은 n변수 함수 f에 대해서뿐만 아니라, 다양체[I.3 §6.9] 위에서 정의된 함수에 대해서도 정의할 수 있다. 특별히 해석학을 적용하기 쉬운 방정식은 닫힌 다양체, 즉 크기가 유한하고 경계를 가지지 않는 다양체 상에서의 타원 방정식이다. 닫힌 다양체에 관해서, 타원 방정식에 대한 기본적인 정칙성 정리를 얻기 위해서 경계 조건을 특정할 필요가 없다(무엇보다 경계가 없으니 말이다). 결과적으로, 닫힌 다양체에서 모든 타원 편미분방정식은 프레드홀름 지표를 가진다.

아티야-싱어 지표 정리는 닫힌 다양체에서 타원 방정식을 고려하고, 그것은 우리가 앞 절에서 논의했던 지표 정리와 거의 같은 형태를 가진다. 기호로부터 위상적 지표(topological index)라 불리는 불변량을 만드는데, 이는 보트 불변량을 일반화시킨 것이다. 아티야-싱어 지표 정리는 타원 방정식의 위상적 지표가 그 방정식의 프레드홀름 혹은 해석적 지표(analytical index)와 같다고 말한다. 증명은 두 단계로 이루어진다. 첫 번째 단계에선 일반적 다양체 상의 타원 방정식을 그 위상적 지표나 해석적 지표의 변화 없이 구면 상의 타원 방정식으로 변환할 수 있게 해 주는 정리들을 증명한다. 예를 들어, 한 차원 더 높은 다양체 상의 타원 방정식에 대한 공통의 '경계'인 다른 다양체들 상의 두 타원 방정식은 같은 위상적 지표와 해석적 지표를 가져야 함을 보일 수 있다. 증명의 두 번째 단계에서 보트의 주기성 정리와 구체적 계산을 적용하여 구면 상의 타원 방정식의 위상적 지표와 해석적 지표를 밝힌다. 두 단계 내내 중요한 수단은 K-이론[IV.6 §6]으로, 이는 아티야와 히르체브루흐(Hirzebruch)에 의해 만들어진 대수적 위상수학의 한 분야이다.

아티야-싱어 지표 정리를 증명하는 데 K-이론을 이용했더라도, 그 최종 결과는 명시적으로 K-이론을 언급하지 않는 용어들을 가지고 번역될 수 있다. 이런 식으로 대강 다음과 같은 지표 공식을 얻는다.

$$\text{index} = \int_M I_M \cdot \text{ch}(\sigma).$$

여기서 항 I_M은 방정식이 정의되어 있는 다양체 M의 곡률[III.78]에 의해 결정되는 미분형식[III.16]이다. 항 ch(σ)는 방정식의 기호로부터 얻어지는 미분형식이다.

5 응용

지표 정리를 증명하기 위해 아티야와 싱어는 매우 광범위한 부류의 일반화된 타원 방정식들을 공부해야 했다. 그러나 그들이 맨 처음 염두에 두었던 응용은 이 글의 서두에서 소개한 간단한 방정식과 연관되어 있었다. 방정식

$$\frac{\partial f}{\partial x} + i\frac{\partial f}{\partial y} = 0$$

의 해는 정확히 복소변수 $z = x + iy$의 해석 함수들이다. 임의의 리만 곡면[III.79] 위에 이 방정식에 상응하는 것이 있고, 아티야-싱어 지표 공식을 이 경우에 적용하면 이 방정식은 리만-로흐 정리[V.31]라고 불리는 곡면의 기하학에 관한 기초적 결과와 동치이다. 그렇게 아티야-싱어 지표 정리는 리만 로흐 정리를 임의의 차원의 복소다양체[III.6 §2]로 일반화하는 방법을 제시한다.

아티야-싱어 지표 정리는 복소기하학 이외의 분야에서도 중요한 응용을 가진다. 가장 간단한 예가 다양체 M 상의 미분 형식에 관한 타원 방정식 dω + d*ω = 0과 관련된다. 프레드홀름 지표는 M의 오일러 지표(Euler characteristic)와 동일시할 수 있는데, 이는 M의 셀 분할(cell decomposition)에서 r차원 셀들의 개수를 부호를 번갈아 바꾸며 더한 값이다. 2차원 다양체에 대해 오일러 지표는 익숙한 값인 $V - E + F$이다. 2차원의 경우, 지표 정리는 가우스-보넷 정리(Gauss-Bonnet theorem)를 다시 만들어내는데, 이는 오일러 지표가 전 가우스 곡률(total Gauss curvature)의 배수임을 말해준다.

이 간단한 경우조차도, 다양체가 굽어져 있을 수 있는 방법에 위상적 제약을 주기 위해 지표 정리를 이용할 수 있다. 지표 정리의 많은 중요한 응용이 같은 방향으로 진행된다. 예를 들어, 히친(Hitchin)은 아티야-싱어 지표 정리를 더 정교하게 응용하여, 가장 약한 의미에서조차 양의 방향으로 굽어 있지 않음에도 구면과 위상동형(homeomorphic)인 9차원 다양체가 있다는 것을 보였다. (대조적으로, 보통 구면은 가능한 가장 강한 의미에서 양의 방향으로 굽어 있다.)

더 읽을거리

Atiyah, M. F. 1967. Algebraic topology and elliptic operators. *Communications in Pure and Applied Mathematics* 20:237-49.

Atiyah, M. F., and I. M. Singer. 1968. The index of elliptic operators. I. *Annals of Mathematics* 87:484-

530.

Hirzebruch, F. 1966. *Topological Methods in Algebraic Geometry*. New York: Springer.

Hitchin, N. 1974. Harmonic spinors. *Advances in Mathematics* 14:1-55.

V.3 바나흐-타르스키 역설

쾨르너 *T. W. Körner*

바나흐-타르스키 역설(Banach-Tarski paradox)은 3차원의 단위공을 유한한 개수의 서로소인 조각들로 분할한 다음, 조각들을 재조립하여 단위공 두 개를 만드는 방법이 있다고 말한다. 여기서 '재조립'은 조각들을 평행이동시키고 회전시켰을 때 그것들이 결국에는 여전히 서로소(disjoint)가 된다는 뜻이다.

이런 결과는 얼핏 보기엔 불가능해 보이고, 실제로 일관되게 모든 유계인 집합에 유한한 부피를 지정할 수 있다는 순진한 가정에 모순된다. 달리 말하면, 이 결과는 부피가 평행이동과 회전에 의해 영향을 받지 않고, 서로소인 두 집합의 합집합의 부피가 두 집합의 부피의 합이며, 단위공의 부피가 0보다 크도록 **모든** 유계인 집합에 부피를 지정하는 것은 불가능함을 보여준다. 그러나 우리가 이 순진한 가정을 버리고 나면 역설은 사라진다. 진정한 역설은 존재하지 않기 때문에, 우리는 그것을 바나흐-타르스키 **구성**(construction)이라 부를 것이다.

바나흐-타르스키 구성은 부피가 아니라 넓이에

관한 비탈리(Vitali)의 더 오래된 구성에서 유래한 것이다. l_θ를 극좌표계에서

$$l_\theta = \{(r, \theta) : 0 < r \leqslant 1\}$$

로 주어진 $\mathbb{R}^2$ 상의 선분이라 하자. 그런 선분들 전부의 합집합은 구멍 뚫린 단위원판 D_*(다시 말해서, 원점이 빠진 단위원판)임에 주목하자. 우리는 $\theta - \phi$가 π의 유리수 배수라면 l_θ와 l_ϕ가 같은 동치류(equivalence class)에 속한다고 말한다. 그리고 우리는 각 동치류로부터 정확히 하나의 대표 원소를 포함하는 l_θ의 집합들의 합집합인 E를 고려한다.

유리수는 가산 집합[III.11]이므로, $0 \leqslant x < 1$인 유리수 x를 수열 $x_1, x_2, \cdots$로서 번호 매길 수 있다. 만약

$$E_n = \{l_{\theta + 2\pi x_n} : l_\theta \in E\}$$

라고 쓴다면, 각각의 E_n은 원점을 중심으로 (각 $2\pi x_n$만큼) E를 회전시켜 얻어지고 E_n은 서로소이다(E는 각 동치류로부터 단 하나의 대표 원소만을 포함하기 때문이다). 그리고 E_n의 합집합은 D_*이다(E는 각 동치류로부터 나온 대표 원소를 모두 포함하기 때문이다).

이제 D_*를 택하고 그것을 집합 E_{2n}의 합집합으로 이루어진 F와, E_{2n+1}의 합집합으로 이루어진 G로 나누자. 각각의 E_{2n}을 회전시켜 E_n이 되게 할 수 있고, E_n의 합집합은 D_*이다. 비슷하게, 각각의 E_{2n+1}을 회전시켜 E_n이 되게 할 수 있고, E_n의 합집합 또한 D_*이다. 이런 식으로 구멍 뚫린 단위원판은 (하나의 특별한 집합의 회전으로부터 모두 다 얻어지는) 서로소인 조각들의 가산 집합으로 쪼갤 수 있

다. 이 조각들을 회전시키고 평행이동시켜 그 합집합이 D_*의 복제 두 개가 되는 서로소인 집합들을 만들 수 있다.

비탈리의 구성은 **선택 공리**[III.1]를 이용한다. (왜냐하면 우리는 각 동치류에서 그 대표 원소를 하나씩 선택하기 때문이다.) 그리고 바나흐-타르스키 구성도 마찬가지이다. 솔로베이(Solovay)는 우리가 선택 공리를 거부하면, $\mathbb{R}^3$에서 유계인 모든 집합에 일관된 방식으로 부피를 지정할 수 있는 **집합론의 모형**[IV.22 §3]이 존재함을 보였다. 그러나 대부분의 수학자들은 이런 논의로부터 나오는 자연스러운 교훈은 부피를 정의할 때 오직 제한된 집합들만을 고려해야 한다는 점이라는 데 동의할 것이다.

또한 바나흐-타르스키 구성은 마지막 예와도 밀접하게 관련되어 있는데, 이는 약간의 군론(group theory)을 필요로 한다. 나쁜 양상을 갖는 이 예를 소개하기 위해, 우선 좋은 양상을 갖는 예를 하나 고려해 보자. $f: \mathbb{R} \to \mathbb{R}$가 모든 x에 대해 $f(x) \geqslant 0$과 $f(x+1) = f(x)$를 만족하는 적당히 좋은 함수라고 가정하자(즉, f는 음이 아닌 값을 가지는 주기가 1인 주기함수이다). 모든 x에 대해

$$f(x+s) + f(x+t) - f(x+u) - f(x+v) \leqslant -1 \tag{1}$$

을 만족하는 실수 s, t, u, v가 존재한다고 가정하자. 모든 w에 대해 $\int_0^1 f(x+w)\,\mathrm{d}x = \int_0^1 f(x)\,\mathrm{d}x$이기 때문에, (1)의 양변을 0부터 1까지 적분하면

$$0 \leqslant \int_0^1 (-1)\,\mathrm{d}x = -1$$

을 얻는데, 이는 불가능하다. 따라서 (1)은 성립할 수 없다.

이제 a와 b에 의해 생성되는 **자유군**[IV.10 §2] G를 고려하자(이는 G가 a와 b로 생성되는 군이고 a와 b 사이에 자명하지 않은 어떤 관계도 성립하지 않는다는 뜻이다). G의 모든 원소는 가장 짧은 형태로 그 각각의 항이 a, a^{-1}, b 또는 b^{-1}인 수열의 곱으로 쓸 수 있다. $x = e$이거나 x의 가장 짧은 형태가 a 또는 a^{-1}로 끝나면 $F(x) = 1$, 그렇지 않으면 $F(x) = 0$이라 정의하자. 모든 $x \in G$에 대해 $F(x) \geqslant 0$임을 알 수 있고, 가능한 경우들을 죽 살펴보면, 모든 $x \in G$에 대해

$$F(xb) + F(xab) - F(xa^{-1}) - F(xb^{-1}a) \leqslant -1 \tag{2}$$

임을 확인할 수 있다. (1)이 $\mathbb{R}$에 대해 거짓이었음을 보일 수 있게 만들었던 평균을 취하는 논증은 G에서는 실패해야 하는데, 이는 (2)가 사실은 참이기 때문이다. 평균을 취하는 논증이 없다면, G에서 어떤 적절한 보편적인 적분도, 어떤 적절한 일반적인 '부피'도 존재할 수 없다.

이 예는 앞서 말했던 '역설들'과 확실한 가족 같은 유사성을 가진다. 3차원에서 회전들의 군 SO(3)을 고려하면, (특정한 조건이 성립하지 않는다면) 일반적으로 선택된 두 축에 대하여 일반적으로 선택된 두 회전 A와 B 사이에는 자명하지 않은 군 관계가 없다. 따라서 SO(3)은 앞 문단에서 고려했던 군 G의 복제를 포함한다. 바나흐-타르스키 구성은 이 사실을 이용한 하우스도르프(Hausdorff) 구성의 변형이다.

이 모든 문제들에 대한 아름다운 설명이 스탠 웨건(Stan Wagon)이 쓴 『바나흐-타르스키 역설(*The Banach-Tarski Paradox*)』(Cambridge University Press,

Cambridge, UK, 1993)에 나온다.

V.4 버치-스위너톤-다이어 추측

타원곡선[III.21]이 주어졌을 때 그것의 점들에 관한 이항 연산을 정의하는 자연스러운 방법이 있고, 이는 타원곡선을 아벨군[I.3 §2.1]으로 바꾼다. 더구나 곡선 위의 유리수 좌표를 갖는 점들은 이 군의 부분군(subgroup)을 형성한다. 모델의 정리(Mordell's theorem)는 이 부분군이 유한 생성된다(finitely generated)고 말해준다. (이런 결과들은 곡선 위의 유리점과 모델 추측[V.29]에 설명되어 있다.)

모든 유한 생성된 아벨군은 $\mathbb{Z}^r \times C_{n_1} \times C_{n_2} \times \cdots \times C_{n_k}$ 꼴의 군과 동형(isomorphic)이다. 여기서 C_n은 n개의 원소를 가지는 순환군(cyclic group)을 나타낸다. 수 r은 이 군에서 무한 위수를 가지는 독립인 원소들의 최대 개수를 측정하고, 타원곡선의 계수(rank)라 불린다. 모델의 정리는 모든 타원곡선의 계수가 유한하다고 말하지만, 계산하는 방법은 말해주지 않는다. 그것을 계산하는 것은 엄청나게 어려운 문제임이 밝혀졌다. 사실 너무 어려워서 버치(Birch)와 스위너톤-다이어(Swinnerton-Dyer)가 그에 관한 그럴듯한 추측(Birch-Swinnerton-Dyer conjecture)을 생각해낸 것만으로도 놀라운 성취로 여겨진다.

그들의 추측은 타원곡선 E의 계수를 그 곡선과 연관된 매우 다른 대상인 L-함수[III.47]와 관련짓는다. L-함수는 리만 제타 함수[IV.2 §3]와 비슷한 성질

을 갖는 함수이지만, L-함수는 각 소수 p에 대해 하나씩 주어진 일련의 수들 $N_2(E)$, $N_3(E)$, $N_5(E)$, $\cdots$에 관하여 정의된다. 여기서 수 $N_p(E)$는 타원곡선 E를 원소가 p개인 체[I.3 §2.2] 상의 곡선으로 간주했을 때 그 곡선 위의 점들의 개수이다. E의 L-함수의 성질 중 하나는 그것이 복소해석적[I.3 §5.6]이라는 점이다. (L-함수가 복소평면 전체에서 복소해석적 함수로 확장될 수 있다는 사실은 전혀 자명하지 않다. 이는 모든 타원곡선들이 모듈러(modular)라는 사실에서 나온다. 페르마의 마지막 정리[V.10]를 참조하라.) 버치와 스위너톤-다이어는 타원곡선과 관련된 군의 계수가 1에서 그 L-함수의 영점의 차수와 같다고 추측했다. (만약 L-함수가 1에서 함숫값 0을 가지지 않는다면, 그 차수는 0이라 정의한다.) 이는 미묘한 국소 대역 원리[III.51]로 생각할 수 있는데, 그것은 타원곡선에 대한 방정식의 유리수 해를 각 소수 p에 대한 mod p로의 해와 연관시키기 때문이다.

이 추측의 또 다른 놀라운 특징은 버치와 스위너톤-다이어가 그것을 고안한 당시에는 타원곡선에 대해 별로 알려진 것이 없었다는 점이다. 지금은 그들의 추측이 그럴듯하다고 생각할 만한 이유가 많이 있지만, 그 당시에는 무모한 것처럼 보였다. 그들은 여러 타원곡선들과 많은 소수 p에 대한 $N_p(E)$의 계산으로부터 모은 수치적 증거를 기반으로 추측했다. 다시 말하면, 다양한 타원곡선의 L-함수의 영점의 차수는 계산하기 너무 어려웠기 때문에, 계산하는 대신 근삿값에 기반하여 추측했다.

현재 버치-스위너톤-다이어 추측은 1에서 차수가 0 혹은 1인 영점을 가지는 L-함수를 갖는 곡선들

에 대해 증명되었다. 하지만 일반적 경우에 대한 증명은 아직 갈 길이 먼 듯하다. 이 문제는 클레이 수학 연구소(Clay Mathematics Institute)가 백만 달러의 상금을 내건 문제 중 하나이다. 이 문제와 이에 대한 더 자세한 논의는 산술기하학[IV.5]을 보라.

V.5 칼레손의 정리

찰스 페퍼먼 *Charles Fefferman*

칼레손의 정리(Carleson's theorem)는 $L^2[0, 2\pi]$에 속한 함수 f의 푸리에 급수[III. 27]가 거의 모든 곳에서 (almost everywhere) 수렴한다고 주장한다. 이 명제를 이해하고 그 중요성을 제대로 알기 위해서, 19세기 초반에 시작된 이 주제에 관한 역사를 따라가 보도록 하자. 푸리에[VI.25]의 위대한 아이디어는 [0, 2π] 같은 구간에서 '임의의' (복소)함수 f를 적절한 푸리에 계수(Fourier coefficient) a_n에 대하여 오늘날 푸리에 급수(Fourier series)라 부르는

$$f(\theta) = \sum_{n=-\infty}^{\infty} a_n e^{in\theta} \tag{1}$$

으로 전개할 수 있다는 것이었다. 푸리에는 계수 a_n에 대한 공식을 얻었고 흥미로운 특별한 경우에 (1)이 성립함을 보였다.

그 다음 중요한 진전은 디리클레[VI.36]에 의한, N번째 부분합 $S_N f(\theta)$에 대한 공식으로, 다음과 같이 정의된다.

$$S_N f(\theta) = \sum_{n=-N}^{N} a_n e^{in\theta}. \tag{2}$$

디리클레는 식 (1)의 정확한 의미가

$$\lim_{N \to \infty} S_N f(\theta) = f(\theta) \tag{3}$$

임을 인식하였다. 디리클레는 $S_N f$에 대한 그의 공식을 사용하여 어떤 상황하에서 식 (3)이 정말로 성립함을 증명했다. 예를 들어, f가 [0, 2π]에서 연속인 증가 함수이면, 모든 $\theta \in (0, 2\pi)$에 대해 식 (3)이 성립한다.

수십 년이 지나고서, 드 라 발레 푸생[VI.67]은 그 푸리에 급수가 단 하나의 점에서 발산하는 연속함수의 예를 발견했다. 더 일반적으로, 임의의 가산 집합 $E \subset [0, 2\pi]$가 주어졌을 때 그 푸리에 급수가 E의 모든 점에서 발산하는 연속함수 f가 존재한다. 상당히 제한된 상황에서만 푸리에가 주장한 원래 형태가 성립하는 듯한 결과이다.

르베그[VI.72]의 연구는 푸리에 해석학의 근본적 진전을 가져왔고 그것을 바라보는 관점을 획기적으로 변화시켰다. 우선 르베그의 아이디어를 대강 살펴보고 나서 그것이 푸리에 해석학에 미친 영향에 대해 알아보겠다.

르베그는 [0, 2π]에서 음이 아닌 함수 중 가장 병적인 것을 제외한 모든 함수에 적용될 수 있는 적분이라는 개념을 정의하고자 했다. 그는 집합 $E \subset [0, 2\pi]$의 측도[III.55]를 정의하는 것에서부터 시작했다. 대강 이야기하자면, $\mu(E)$라 쓰는 E의 측도는 만약 구간 [0, 2π]가 1cm당 1g의 무게를 갖는 철사로 만들어졌다면 '집합 E가 얼마나 무거운가'를 나타낸다. 예를 들어, 구간 (a, b)의 측도는 그 길이 $b - a$와 같다. 어떤 집합은 측도 0을 갖는데, 예를 들면 가산 집합이나 칸토어 집합[III.17]이 그러하다. 측도 0

인 집합은 무시할 만큼 작다고 간주한다.

측도에 대한 자신의 정의를 이용하여, 르베그는 $[0, 2\pi]$에서 '가측(measurable)' 함수 $F \geq 0$에 대해 르베그 적분(Lebesgue integral) $\int_0^{2\pi} F(\theta)\, d\theta$를 정의하였다. 가장 병적인 함수들을 제외한 모든 함수가 가측이지만, F가 너무 크면 $\int_0^{2\pi} F(\theta)\, d\theta$는 무한할 수 있다. 예를 들어, $\theta \in (0, 2\pi)$에 대해 $F(\theta) = 1/\theta$이면 F의 적분은 무한하다.

마지막으로, 주어진 실수 $p \geq 1$에 대해, 르베그 공간(Lebesgue space) $L^p[0, 2\pi]$는 $\int_0^{2\pi} |f(\theta)|^p\, d\theta$가 유한하다는 의미로, $[0, 2\pi]$에서 너무 크지 않은 모든 가측 함수로 이루어진다. (이 정의에 대한 약간의 기술적인 정정을 위해서 함수공간[III.29]을 참조하라.)

이제 푸리에 해석학에 대한 르베그 이론의 영향으로 넘어가자. 힐베르트 공간[III.37]이기도 한 르베그 공간 $L^2[0, 2\pi]$가 핵심적 역할을 한다. 만약 f가 $L^2[0, 2\pi]$에 속하면, 그 푸리에 계수 a_n은

$$\sum_{n=-\infty}^{\infty} |a_n|^2 < \infty \qquad (4)$$

를 만족한다. 반대로 (4)를 만족시키는 임의의 복소수 a_n의 수열은 $L^2[0, 2\pi]$에 속하는 함수 f의 푸리에 계수의 수열이 된다. 더구나 함수 f의 크기와 그 푸리에 계수 a_n은 프란셰렐 공식(Plancherel formula)

$$\frac{1}{2\pi}\int_0^{2\pi} |f(\theta)|^2\, d\theta = \sum_{n=-\infty}^{\infty} |a_n|^2$$

에 의해 관련 지어진다.

마지막으로, (식 2에서 나온) 부분합 $S_N f$((2)를 보라)는 L^2-노름 하에서 함수 f로 수렴한다. 다른 말로 하면, N이 무한대로 발산하면

$$\int_0^{2\pi} |S_N f(\theta) - f(\theta)|^2\, d\theta \longrightarrow 0 \qquad (5)$$

이 성립한다. 이는 우리에게 함수 f가 그 푸리에 급수의 합이라는 것이 정확히 무슨 뜻인지 알려준다. 이런 식으로, 우리는 푸리에 공식 (1)을 (3)에 나오는 더 자명한 해석을 사용하기보다 오히려 그것을 명제 (5)로 해석함으로써 정당화했다.

그러나 여전히 원래 주장을 곧이곧대로 받아들이고자 할 때 어느 범위까지 정당화할 수 있는지 알 수 있다면 좋을 것이다. 1906년, 루진(Luzin)은 f가 $L^2[0, 2\pi]$의 함수라면 측도 0인 집합 바깥의 모든 θ에 대해

$$\lim_{N \to \infty} S_N f(\theta) = f(\theta) \qquad (6)$$

라고 추측했다. 이것이 성립할 때, 우리는 f의 푸리에 급수가 거의 모든 곳에서 수렴한다고 말한다. 루진의 추측이 사실이라면, 그것은 19세기 초반 푸리에의 전망을 입증할 것이다.

수십 년 동안 루진의 추측은 거짓인 게 당연한 것처럼 보였다. 콜모고로프[VI.88]는 그 푸리에 급수가 어디에서도 수렴하지 않는 $L^1[0, 2\pi]$에 속하는 함수 f를 만들었다. 또한 콜모고로프, 셀리베르스토프(Seliverstov), 플레스너(Plessner)는 f가 $L^2[0, 2\pi]$의 함수일 때 거의 모든 곳에서

$$\lim_{N \to \infty} (S_N f(\theta) / \sqrt{\log N}) = 0$$

이라고 주장하는 정리를 보였는데, 삼십 년이 넘도록 이를 개선하려는 어떤 시도도 성공하지 못했다.

그래서 렌나르트 칼레손(Lennart Carleson)이 1966년에 루진의 추측이 참임을 증명했을 때 그것

은 커다란 놀라움으로 다가왔다. 칼레손의 증명의 핵심적 요소는 칼레손 극대 함수(Carleson maximal function)

$$C(f)(\theta) = \sup_{N \geqslant 1} |S_N f(\theta)|$$

를 다음을 증명함으로써 통제하는 것이다. $L^2[0, 2\pi]$에 속하는 모든 함수 f와 모든 $\alpha > 0$에 대해 f와 α에 무관한 상수 A가 존재해서

$$\mu(\{\theta \in [0, 2\pi] : C(f)(\theta) > \alpha\}) \leqslant \frac{A}{\alpha^2}\int_0^{2\pi}|f(\theta)|^2\mathrm{d}\theta \tag{7}$$

가 성립한다. 식 (7)이 루진의 추측을 가져옴을 보이는 것은 어렵지 않지만, 이 식을 증명하는 것은 매우 어렵다.

　칼레손의 결과가 발표되고 얼마 지나지 않아, 헌트(Hunt)가 모든 $p > 1$에 대해 $L^p[0, 2\pi]$에 속한 함수들의 푸리에 급수가 거의 모든 곳에서 수렴함을 증명했다. 콜모고로프의 반례는 그런 결과가 $p = 1$일 때 성립하지 않음을 보여준다.

　푸리에 해석학은 수학과 그 응용에서 유용성이 막대했다. (이에 관한 더 자세한 논의는 푸리에 변환[III.27]과 조화해석학[IV.11]을 보라.) 칼레손과 헌트의 정리는 이 주제의 시작점이었던 기본적 질문에 대해 알려진 가장 예리한 대답을 제공한다.

감사의 글. 이 글은 부분적으로 NSF 연구비 #DMS-0245242의 지원을 받았다.

코시의 정리

몇 가지 기본적인 수학의 정의[I.3 §5.6]를 보라.

V.6 중심 극한 정리

중심 극한 정리(central limit theorem)는 독립 확률 변수(independent random variable)들의 합을 다루는 확률에 대한 기본적 결과이다. $X_1, X_2, \cdots$을 독립 변수라 하고 그것들이 동일하게 분포되어 있다(identically distributed)고 가정하자. 또한 그것들이 평균(mean) 0, 분산(variance) 1을 가진다고 가정하자. 그러면 $X_1 + \cdots + X_n$은 평균 0, 분산 n을 가진다. (X_i가 독립적이기 때문에 분산이 n이다.) 그러므로 $Y_n = (X_1 + \cdots + X_n)/\sqrt{n}$은 평균 0, 분산 1을 가진다. 중심 극한 정리는 X_i의 확률분포에 상관없이 확률변수 Y_n은 표준 정규 분포(standard normal distribution)로 수렴한다고 말한다. 이로부터 임의의 평균과 분산을 가지는 확률 변수에 관한 유사한 결과를 이끌어내는 것은 쉽다. 자세한 내용은 **확률분포**[III.71 §5]에서 읽을 수 있다.

V.7 유한 단순군의 분류

마틴 리벡 *Martin W. Liebeck*

유한군(finite group) G의 정규 부분군(normal subgroup)이 항등원 부분군과 G 자기 자신뿐일 때 G를 단순군(simple group)이라고 부른다. 유한군 이론에서 단순군의 역할은 정수론에서 소수의 역할과 어느 정도 비슷하다. 소수 p의 인수가 1과 p 자신뿐인 것처럼, 단순군 G의 인자군(factor group)은 오직 항등군 1과 G 자기 자신뿐이다. 유사성은 좀 더 깊다.

모든 (1보다 큰) 양의 정수가 소수들의 곱인 것처럼, 모든 유한군은 다음과 같은 의미에서 단순군들로부터 '만들어진다'. H를 유한군이라 하고, H의 극대 정규 부분군(maximal normal subgroup) H_1을 고르자 (이는 H_1이 H 전체는 아니고, 그것이 H 전체가 아닌 어떤 더 큰 정규 부분군에도 포함되지 않는다는 뜻이다). 그런 다음 H_1의 극대 정규 부분군 H_2를 고르자. 그리고 이 과정을 계속해서 반복한다. 이는 부분군들의 수열 $1 = H_r < H_{r-1} < \cdots < H_1 < H_0 = H$를 만든다. 여기서 각각의 군은 그 다음 군의 극대 정규 부분군이고, 그 극대성 때문에, 각 인자군 $G_i = H_i/H_{i+1}$은 단순군이다(비록 소수들에 대한 상황과는 달리 일반적으로 같은 단순군들의 집합으로부터 몇 가지 다른 유한군들이 만들어질지라도). H가 단순군들의 집합 $G_0, G_1, \cdots, G_{r-1}$로부터 만들어진다고 말하는 것은 이런 의미에서이다.

어쨌건, 단순군이 유한군 이론의 핵심에 자리 잡고 있음은 분명 확실하고, 20세기 유한군 이론의 원동력 중 하나는 유한 단순군을 연구하고 궁극적으로 완전히 분류하는 것이었다. 이 분류는 결국 오랫동안 출판되어 나온 많은 연구 논문과 책을 통한, 백 명 이상의 수학자들의 노력이 있었기에 가능했다. 그중 가장 격정적이었던 시기는 1955년에서 1980년 사이였다. 당시에 이루어진 분류는 오랫동안의 협업을 통한 진정으로 기억될 만한 위업이었고, 대수학 역사상 가장 중대한 정리 중 하나이다.

분류 정리를 서술하기 위해, 유한 단순군의 몇몇 예들을 설명할 필요가 있다. 가장 자명한 것은 소수 위수를 가지는 순환군(cyclic group)이다. 이것들은 항등군과 그 전체 군을 제외하고는 부분군이 전혀 없기 때문에 확실하게 단순군이다. (예를 들면, 라그랑주의 정리(Lagrange's theorem)에 의해 모든 부분군의 크기는 원래 군의 크기의 인수여야 한다.) 그 다음으로 교대군(alternating group) A_n이 나온다. 여기서 A_n은 대칭군(symmetric group) S_n에 속한 모든 짝치환(even permutation)들로 이루어진 군으로 정의한다(치환군[III.68] 참조). 교대군 A_n은 $\frac{1}{2}(n!)$개의 원소를 가지고, $n \geq 5$이면 단순군이다. 예를 들어 A_5는 원소가 60개이고, 가장 작은 비가환(non-Abelian) 단순군이다.

그 다음 행렬들로 이루어진 몇몇 단순군들을 살펴보자. 정수 $n \geq 2$와 체(field) K에 대해 $SL_n(K)$는 그 성분들이 K에 속하면서 행렬식[III.15]이 1과 같은 모든 $n \times n$ 행렬들의 집합이라고 정의한다. 이는 행렬곱 하에서 군이 되고 특수 선형군(special linear group)이라 불린다. 체 K가 유한할 때 $SL_n(K)$는 유한군이다. 모든 소수 거듭제곱 q에 대해, 위수가 q인 체는 동형(isomorphism)인 것을 같은 것으로 간주할 때 유일하고, 대응하는 n차원의 특수 선형군은 $SL_n(\mathbb{F}_q)$로 나타낸다. 이 군은 일반적으로 단순군이 아닌데, $SL_n(\mathbb{F}_q)$의 스칼라 행렬들로 이루어진 부분군 $Z = \{\lambda I : \lambda^n = 1\}$이 정규 부분군이기 때문이다. 그러나 인자군 $PSL_n(\mathbb{F}_q) = SL_n(\mathbb{F}_q)/Z$는 $((n, q) = (2, 2)$ 또는 $(2, 3)$일 때를 제외하면) 단순군이다. 이것이 사영 특수 선형군(projective special linear group)들의 족이다.

다른 종류의 유한 단순 행렬군들의 족이 많이 있다. 아주 간략히 이야기한다면, J가 정칙(non-singular)인 대칭(symmetric) 혹은 왜대칭(skew-symmetric) $n \times n$ 행렬일 때, $A^{\mathsf{T}}JA = J$ 꼴의 방정식을 만족하는 행렬들 $A \in SL_n(\mathbb{F}_q)$의 군으로 정의되는 집합이 있다. 또다시 스칼라 행렬들의 부분군을 가지고 나누면, 이는 각각 유한 단순 행렬군들의 **사영 직교족**(projective orthogonal family)과 **심플렉틱족**(symplectic family)을 만든다. 유사하게 위수가 q인 유한군이 차수 2인 자기동형사상(automorphism) $\alpha \to \bar{\alpha}$를 가지면, 이는 $\bar{A} = (\bar{a}_{ij})$를 정의함으로써 행렬 $A = (a_{ij})$로 확장할 수 있다. 그리고 군 $\{A \in SL_n(\mathbb{F}_q) : A^T \bar{J} \bar{A} = I\}$를 스칼라 행렬들의 부분군을 가지고 나누면, 유한 단순군들의 **사영 유니터리족**(projective unitary family)이 만들어진다.

사영 특수 선형군, 심플렉틱군, 직교군, 유니터리군들의 족은 **고전적 단순군**이라 알려진 모임을 이룬다. 이것들은 모두 20세기 초반에 알려졌지만, 1955년이 되어서야 비로소 유한 단순군들의 더 많은 무한한 족들이 슈발레(Chevalley)에 의해 발견되었다. 각 단순 복소 리 대수(simple complex Lie algebra) L과 각 유한체 K에 대해, 슈발레는 K 위에서 L의 형태를 만들어 그것을 $L(K)$라 불렀고, 리 대수 $L(K)$의 자기동형사상군으로서 유한 단순군들의 족을 정의했다. 그 후 머지않아, 슈타인베르크(Steinberg), 스즈키(Suzuki), 리(Ree)가 슈발레의 구성의 변형들을 발견했고 단순군들의 더 많은 족들을 정의하여 **뒤틀린 슈발레 군**(twisted Chevalley group)이라 알려졌다. 슈발레 군과 뒤틀린 슈발레 군은 모든 고전적 군들을 포함하고, 이와 함께 10개의 다른 무한한 족도 포함하며, 이들의 모임은 **리 유형의 유한 단순군**(finite simple group of Lie type)으로 알려져 있다.

1966년까지 알려진 유한 단순군들은 소수 위수의 순환군과 교대군, 리 유형의 군, 1860년대에 마티외[VI.51]에 의해 발견된 다섯 개의 이상한 단순군들의 모임이 전부였다. 이것들은 n개 대상의 치환들의 군으로, $n = 11, 12, 22, 23, 24$이다. 마티외 군은 '산발군(speradic group, 산발적이라는 것은 그들이 알려진 어느 무한한 족에도 맞지 않는다는 의미이다)이라 불렸고 많은 이들이 아마도 더 이상의 유한 단순군은 발견되지 않으리라 생각했다. 그런 가운데 얀코(Janko)가 단 하나의 새로운 유한 단순군, 즉 여섯 번째 산발군의 존재를 보여주는 논문을 발표했을 때는 마치 폭탄이 떨어진 것만 같았다. 이 이후에 새로운 산발군들이 정기적으로 나타났고, 몬스터군[III.61]이 최후를 장식했다. 이는 원소가 무려 10^{54}개 가량인 놀라운 군으로 피셔(Fischer)가 예측했고 그리스(Griess)가 $196{,}884 \times 196{,}884$ 행렬들의 군으로 만들어냈다. 1980년까지 총 26개의 산발군이 알려졌다.

이 기간 동안 모든 유한 단순군을 분류하려는 프로그램은 엄청난 속도로 진행되고 있었고, 마침내 1980년대 초반에 최종적 분류 정리가 발표되었다.

모든 유한 단순군은 소수 위수의 순환군이거나 교대군, 리 유형의 군, 혹은 26개의 산발군 중 하나이다.

이 정리가 유한군 이론의 양상과 그 응용의 많은 분야를 바꾸어 놓았음은 놀랍지 않다. 이제 누구나 많은 문제들을 추상적으로 군에 관한 공리로부터 추론하기보다 오히려 단순군들의 (현재 알려진) 목록에 관한 연구로 축소시킴으로써 구체적인 방법으로 풀 수 있다.

(대략 10,000쪽가량의 논문 분량으로 추정되고,

약 500편의 연구 논문에 걸쳐 흩어져 있는) 분류 정리 증명의 엄청난 길이는 단 한 사람이 전체를 증명하는 것은 지극히 어려우며, 아마도 불가능했을 것임을 의미한다. 또한 그 도중에 잘못이 있을 가능성이 꽤 높음을 뜻한다. 다행스럽게도 그 결과가 발표된 이래로 군 이론가들로 구성된 여러 연구팀에서 이 분류 정리 증명의 많은 부분들에 대한 요약과 수정을 발표했고, 전체 증명을 포함한 여러 권으로 된 책 시리즈가 현재 완성단계에 있다.

V.8 디리클레의 정리

유클리드[VI.2]의 유명한 정리는 무한히 많은 소수가 있다고 주장한다. 그러나 이 소수들에 대해 더 많은 정보를 원한다면 어떨까? 예를 들어, $4n - 1$ 꼴의 소수는 무한히 많은가? 유클리드의 증명을 거의 직접적으로 변형하면 그런 소수가 무한히 많음을 보일 수 있고, 조금 더 어려운 변형을 통해 $4n + 1$ 꼴의 소수 또한 무한히 많음을 보일 수 있다. 그러나 유클리드의 증명의 변형만 가지고서는 이 방향으로의 일반적 결과, 만약 a와 m이 서로소(coprime)라면(즉, 최대공약수가 1이라면) $mn + a$ 꼴의 소수가 무한히 많음을 증명하는 데 충분하지 않다. 디리클레[VI.36]는 현재 디리클레 L-함수[III.47]라고 불리는, 리만 제타 함수[IV.2 §3]와 밀접하게 연관된 함수를 이용하여 이를 증명했다. m과 a가 최대공약수 1을 갖는다는 조건이 필요함은 분명하다. 왜냐하면 m과 a의 임의의 공약수는 $mn + a$의 약수일 것이기 때문이

다. 디리클레 정리는 해석적 정수론[IV.2 §4]에서 더 깊이 있게 논의된다.

V.9 에르고딕 정리들

비탈리 베르겔손 *Vitaly Bergelson*

z가 절댓값이 1인 복소수일 때 수열 $(z^n)_{n=0}^{\infty}$를 고려해 보자. 이 수열은 $z \neq 1$에 대해 수렴하지 않지만, 그것이 대체로 상당히 규칙적인 양상을 보여줌을 쉽게 알 수 있다. 실제로 기하급수의 합에 대한 공식을 이용하면, $z \neq 1$이라 가정할 때 임의의 $N > M \geq 0$에 대해

$$\left| \frac{z^M + z^{M+1} + \cdots + z^{N-1}}{N-M} \right|$$
$$= \left| \frac{z^M(z^{N-M} - 1)}{(N-M)(z-1)} \right| \leq \frac{2}{(N-M)|z-1|}$$

가 성립하고, 이는 $N - M$이 충분히 크다면 평균

$$A_{N,M}(z) = \frac{z^M + z^{M+1} + \cdots + z^{N-1}}{N-M}$$

이 작다는 걸 보여준다. 좀 더 형식적으로 다음의 식을 얻을 수 있다.

$$\lim_{N-M \to \infty} \frac{z^M + z^{M+1} + \cdots + z^{N-1}}{N-M} = \begin{cases} 0, & z \neq 1, \\ 1, & z = 1. \end{cases}$$
$$\tag{1}$$

이 단순한 사실은 폰 노이만의 에르고딕 정리(von Neumann's ergodic theorem)의 특별한 1차원 경우이다. 그 정리는 통계역학과 기체의 운동 이론에서 소위 말하는 준 에르고딕 가설(quasi-ergodic hypothesis)에 빛을 비춘 최초의 수학적 명제였다.

폰 노이만의 정리는 힐베르트 공간[III.37] 상의 유니터리 작용소[III.50 §3.1]의 거듭제곱의 평균적 양상과 관련된다. 만약 U가 힐베르트 공간 $\mathcal{H}$ 상에 정의된 작용소라면, 우리는 U에 $Uf = f$를 만족시키는 모든 벡터들, 즉 U에 의해 고정된 모든 벡터들 $f \in \mathcal{H}$로 이루어진 U-불변 부분공간(U-invariant subspace) $\mathcal{H}_{\text{inv}}$을 대응시킬 수 있다. P를 그 부분공간으로의 직교사영[III.50 §3.5]이라 하자. 그러면 폰 노이만의 정리는 모든 $f \in \mathcal{H}$에 대해,

$$\lim_{N-M \to \infty} \left\| \frac{1}{N-M} \sum_{n=M}^{N-1} U^n f - Pf \right\| = 0$$

이 성립한다고 말한다. 다시 말하면, 어떤 의미에서

$$\frac{1}{N-M} \sum_{n=M}^{N-1} U^n$$

이 직교사영 P로 수렴한다. (이것은 사실 폰 노이만[VI.91]이 공식화했던 것과는 다른 정리이지만, 설명하기엔 이편이 더 간단하다. 그는 유니터리 작용소들 $(U_\tau)_{\tau \in \mathbb{R}}$의 연속적 모임에 대하여 동치인 명제를 증명했다.)

폰 노이만 정리의 다양한 응용과 개선에 대해 논의하기 전에, 그 증명에 관해서 간략히 이야기하도록 하자. 폰 노이만의 원래 증명은, 마셜 스톤(Marshall Stone)에 의해 얻어진, 유니터리 작용소들의 1-매개변수군의 스펙트럼 이론 같은 정교한 장치를 사용했다. 시간이 지나면서 많은 다른 증명들이 나왔고, 그중 가장 간단한 리스[VI.74]에 의한 '기하학적' 증명을 아래에서 설명하겠다. 폰 노이만의 증명의 대강의 아이디어를 보여주기 위해, (스펙트럼 정리[III.50 §3.4]로부터 나오는) 힐베르트 공

간 $\mathcal{H}$ 상의 임의의 유니터리 작용소 U는 '범함수 모형(functional model)'을 가진다는 사실을 이용하는 것이 편리하다. 즉, 우리는 힐베르트 공간 $\mathcal{H}$를 어떤 유한 측도[III.55]에 관한 제곱적분가능한 모든 함수들(의 동치류)로 이루어진 함수공간으로 인식할 수 있다. 이때 거의 모든 x에 대해 $|\varphi(x)| = 1$인 가측인 복소함수 φ가 있어서, U는 곱셈 작용소(multiplication operator) $M_\varphi(f) = \varphi f$가 된다. 그런 범함수 모형으로 바꾼 후에, 폰 노이만 정리가 공식 (1)에 의해 표현된 것처럼 1차원 경우로부터 즉시 따라나온다는 것을 보이는 것은 어렵지 않다. 이 경우 불변 원소들의 공간으로의 직교사영은 함수 f를 $\varphi(x) = 1$이면 $g(x) = f(x)$이고, 그렇지 않으면 $g(x) = 0$인 함수 g로 보낸다는 것을 알 수 있다.

리츠의 증명은 U-불변 벡터들의 부분공간 $\mathcal{H}_{\text{inv}}$의 직교성분이 $Ug - g$ 꼴의 벡터들의 집합에 의해 형성된다는 관찰 사실에 기반한다. 이를 살펴보기 위해, 우선 $f \in \mathcal{H}_{\text{inv}}$라면,

$$\langle f, Ug \rangle = \langle U^{-1}f, g \rangle = \langle f, g \rangle$$

임에 주목하자. 이로부터 $\langle f, Ug - g \rangle = 0$이 나오고, 따라서 f는 $Ug - g$와 직교한다. 역으로 만약 $f \notin \mathcal{H}_{\text{inv}}$라면 $\langle f, Uf - f \rangle = \langle f, Uf \rangle - \langle f, f \rangle$이다. 이는 0보다 작은데, 코시-슈바르츠 부등식[V.19]과 $\|Uf\| = \|f\|$이지만 $Uf \neq f$라는 사실 때문이다. 특히 f는 $Uf - f$와 직교하지 않는다. 이렇게 $\mathcal{H}_{\text{inv}}$는 $Ug - g$ 꼴의 함수들로 생성된 $\mathcal{H}$의 (닫힌) 부분공간의 직교 여공간이다.

이제 $f \in \mathcal{H}_{\text{inv}}$이면 폰 노이만 정리의 결론은 자명하게 성립한다. 왜냐하면 그렇다면 $Pf = f$이고

모든 n에 대해 $U^n f = f$이기 때문이다. 한편, $f = Ug - g$라면 $Pf = 0$이다. 평균에 관해서, 우리는 $U^n f = U^{n+1} g - U^n g$임을 알고 있고, 이로부터 $\sum_{n=M}^{N-1} U^n f = U^N g - U^M g$가 따라 나온다. 모든 M과 N에 대해 $\|U^N g - U^M g\|$는 최대 $2\|g\|$이므로,

$$\frac{1}{N-M} \sum_{n=M}^{N-1} U^n f$$

의 크기가 최대 $2\|g\|/(N-M)$이고, 따라서 0으로 다가감을 알 수 있다. 따라서 정리는 이 경우에도 참이다. 정리가 성립하는 함수들의 집합이 $\mathcal{H}$의 닫힌 선형 부분공간임을 곧바로 확인할 수 있고, 따라서 정리의 증명은 끝이 난다.

폰 노이만의 정리, 그리고 비슷한 다른 결과들이 물리학과 관련된 이유는 종종 물리학적 계와 연관된 매개변수들의 발전과정을 유한한 d차원 부피를 가지는 부분집합 $X \subset \mathbb{R}^d$과 X에서 X로 가는 부피를 보존하는 변환(volume-preserving transformation)들의 연속적 집합 $(T_\tau)_{\tau \in \mathbb{R}}$을 가지고 표현하는 게 가능하기 때문이다. 이런 각각의 변환 T_τ에 $L^2(X)$ (X에서 제곱적분가능한 함수들의 힐베르트 공간)에서 공식 $(U_\tau f)(x) = f(T_\tau x)$에 의해 정의된 유니터리 사상 U_τ를 대응시킬 수 있다. 이 사상이 유니터리라는 사실은 변환 T_τ가 부피를 보존한다는 사실로부터 나온다. 또한 변환 T_τ가 τ에 연속적으로 의존한다는 사실로부터 U_τ도 τ에 연속적으로 의존함이 도출된다.

이제 논의를 단순화하기 위해 상황을 '이산화'할 것이다. 연속적 집합인 (T_τ)와 (U_τ)를 고려하는 대신, (예를 들면, $\tau_0 = 1$에 대해) 변환 $T = T_{\tau_0}$를 고정하자. 그리고 U가 그에 대응되는 유니터리 작용소라 하

자. 부피를 보존하는 변환 T는 에르고딕(ergodic)이라 가정하자. 이는 $T(A) \subset A$를 만족시키는 양의 부피를 가지는 적절한 진부분집합 $A \subset X$가 존재하지 않는다는 뜻이다. 이 가정이 $L^2(X)$의 원소 중 $Uf = f$를 만족시키는 유일한 원소가 상수함수라는 사실과 동치임은 쉽게 보일 수 있다. 폰 노이만의 정리로부터 임의의 $f \in L^2(X)$에 대해 평균

$$A_{N,M}(f) = \frac{1}{N-M} \sum_{n=M}^{N-1} U^n f$$

가 그 값을 항별 적분을 통해 찾아내기 쉬운 상수로 수렴함이 따라 나온다. 그것은 $(\int f \, dm)/\mathrm{vol}(X)$와 같다. 폰 노이만의 정리는 또한 $\lim_{N-M \to \infty} A_{N,M}(f)$가 항상 U-불변 함수임을 말해주기 때문에, 에르고딕이라는 가정이 $\lim_{N-M \to \infty} A_{N,M}(f)$에 의해 표현되는 시간 평균이 공간 평균 $(\int f \, dm)/\mathrm{vol}(X)$와 같기 위한 필요충분조건임을 알 수 있다.

또한 폰 노이만의 정리를 이용하여, 푸앵카레의 재귀 정리(Poincaré's recurrence theorem)라 부르는 푸앵카레[VI.61]의 고전적 정리를 강화할 수 있다. 이 결과는 X가 위에서처럼 유한한 부피를 가지는 집합이고, A가 0이 아닌 부피를 가지는 X의 부분집합이면, "A의 거의 모든 점들은 A로 무한히 자주 돌아온다"고 말한다. 다른 말로 하면, 무한히 많은 n에 대해 $T^n x \in A$가 성립하는 모든 점들 $x \in A$의 집합을 $\tilde{A}$라고 놓으면, A의 점들 중 $\tilde{A}$에 속하지 않는 점들의 집합의 측도는 0이다. 푸앵카레의 정리의 증명에서 중요한 단계는 어떤 양의 정수 n에 대해 $T^n x \in A$를 만족시키는 모든 점들 $x \in A$로 이루어진 집합 A_1에 대해 같은 결과를 증명하는 것이다. 왜 이것이 참인지 알아보기 위해, A에 속하지만 A_1에 속하지

않는 모든 점들의 집합을 B라고 하자. T는 부피를 보존하기 때문에, 집합 B, $T^{-1}B$, $T^{-2}B$, $\cdots$은 모두 같은 측도를 가진다. ($T^{-n}B$는 $T^n x \in B$를 만족시키는 모든 x들의 집합이라 정의한다.) X는 유한한 부피를 가지기 때문에, $T^{-m}B$와 $T^{-(m+n)}B$의 교집합이 양의 측도를 가지는 양의 정수 m과 n이 존재해야 하고, 이로부터 $B \cap T^{-n}B$의 측도 또한 양수임이 따라 나온다. 그러나 $x \in B$라면 $x \notin A_1$이고 따라서 $T^n x \notin A$이고 $T^n x \notin B$이다. 따라서 이는 모순이다.

이제 폰 노이만의 에르고딕 정리를 A의 특성 함수(characteristic function)와 같은 f(즉, $x \in A$일 때 $f(x) = 1$이고 그렇지 않으면 $f(x) = 0$)와 전처럼 T에 관해 정의된 U에 적용하자. 또한 집합 X가 부피 1을 가진다고 가정하고 μ는 X에서 정의된 측도라 하자. 그러면 $\langle f, U^n f \rangle = \mu(A \cap T^{-n}A)$임을 확인할 수 있다. 따라서

$$\langle f, A_{N,M}(f) \rangle = \frac{1}{N-M} \sum_{n=M}^{N-1} \mu(A \cap T^{-n}A)$$

가 나온다. 우리가 $N - M$을 무한대로 다가가게 하면, $A_{N,M}f$는 U-불변 함수 g로 다가간다. g가 U-불변이므로, 모든 n에 대해 $\langle f, g \rangle = \langle U^n f, g \rangle$이고 따라서 모든 N, M에 대해 $\langle f, g \rangle = \langle A_{N,M}(f), g \rangle$이고 마지막으로 $\langle f, g \rangle = \langle g, g \rangle$이다. 코시-슈바르츠 부등식에 의해, 이는 적어도 $(\int g(x)\,\mathrm{d}\mu)^2 = (\int f(x)\,\mathrm{d}\mu)^2 = \mu(A)^2$이다. 따라서

$$\lim_{N-M \to \infty} \frac{1}{N-M} \sum_{n=M}^{N-1} \mu(A \cap T^{-n}A) \geqslant (\mu(A))^2$$

이 나온다. 측도가 $\mu(A)$인 두 '무작위 집합'을 선택한다면, 그 교집합은 전형적으로 $(\mu(A))^2$일 것이고, 따라서 위의 부등식은 A와 $T^{-n}A$의 평균 교집합은

적어도 교집합의 '기댓값'만큼 클 것이라고 말하고 있다. 힌친(Khinchin)에 의한 이 결과는 푸앵카레 재귀의 특성에 대한 더욱 정확한 정보를 준다.

유니터리 작용소가 위와 같이 측도를 보존하는 변환에 관하여 정의될 때, 평균이 그저 L^2-노름(norm)에서 수렴하는가 수렴하지 않는가를 묻는 것보다 거의 모든 곳에서(almost everywhere) 수렴하는지, 즉 더 고전적인 의미에서 수렴하는지 묻는 것이 더 자연스럽다. (다른 맥락에서 연관된 질문에 대해서는 칼레손 정리[V.5]를 보라.) 대답은 "예"이고, 이는 폰 노이만 정리를 연구한 버코프[VI.78]에 의해 보여졌다. 그는 각각의 적분가능한 함수 f에 대해, 거의 모든 x에 대하여 $f^*(Tx) = f^*(x)$를 만족시키고 거의 모든 x에 대하여

$$\lim_{N \to \infty} \frac{1}{N} \sum_{n=0}^{N-1} f(T^n x) = f^*(x)$$

를 만족시키는 함수 f^*를 찾을 수 있음을 증명했다. 변환 T가 에르고딕이라 가정하고, $A \subset X$가 양의 측도를 가지는 집합이라 하고, $f(x)$를 A의 특성 함수라 하자. 버코프의 정리로부터 거의 모든 $x \in X$에 대해

$$\lim_{N \to \infty} \frac{1}{N} \sum_{n=0}^{N-1} f(T^n x) = \frac{\int f\,\mathrm{d}\mu}{\mu(x)} = \frac{\mu(A)}{\mu(x)}$$

가 성립한다. 식

$$\lim_{N \to \infty} \frac{1}{N} \sum_{n=0}^{N-1} f(T^n x)$$

가 $T^n x$가 집합 A에 들어가는 빈도수를 설명하기 때문에, 우리는 에르고딕 계에서 전형적인 점 $x \in A$의 상 $x, Tx, T^2 x, \cdots$이 공간에서 A가 차지하는 비율과

같은 빈도수를 가지고 A에 들어감을 알 수 있다.

폰 노이만과 버코프의 에르고딕 정리들은 여러 해에 걸쳐 많은 다른 방향으로 일반화되었다. 에르고딕 정리들의 이 광범위한 확장, 그리고 더 일반적으로 에르고딕 방법은 통계역학, 정수론, 확률론, 조화해석학, 조합론 같은 다양한 분야에서 인상적으로 응용되고 있다.

더 읽을거리

Furstenberg, H. 1981. *Recurrence in Ergodic Theory and Combinatorial Number Theory*. M. B. Porter Lectures. Princeton, NJ: Princeton University Press.

Krengel, U. 1985. *Ergodic Theorems*, with a supplement by A. Brunel. De Gruyter Studies in Mathematics, volume 6. Berlin: Walter de Gruyter.

Mackey, G. W. 1974. Ergodic theory and its significance for statistical mechanics and probability theory. *Advances in Mathematics* 12:178-268.

페르마-오일러 정리

모듈러 연산[III.58]을 보라.

V.10 페르마의 마지막 정리

많은 사람들이, 설사 수학자가 아닐지라도 **피타고라스 삼중쌍**(Pythagorean triple), 즉 $x^2 + y^2 = z^2$을 만족시키는 양의 정수들의 삼중쌍 (x, y, z)의 존재에 대해 알고 있다. 이것들은 그 길이가 정수인 변을 갖는 직각삼각형의 예를 만들고, 그중에서 가장 잘 알려진 것이 '(3, 4, 5) 삼각형'이다. 임의의 정수 m과 n에 대해, $(m^2 - n^2)^2 + (2mn)^2 = (m^2 + n^2)^2$이다. 이는 우리에게 무한히 많은 피타고라스 삼중쌍을 알려주고, 사실 모든 피타고라스 삼중쌍은 이런 형태의 삼중쌍의 배수이다.

페르마[VI.12]는 비슷한 삼중쌍이 더 높은 거듭제곱에 대해 존재하는가라는 매우 자연스러운 질문을 제기했다. 즉, 어떤 지수 $n \geq 3$에 대해 방정식 $x^n + y^n = z^n$의 양의 정수해가 존재하는가? 예를 들어 어떤 세제곱수를 다른 두 세제곱수의 합으로 나타낼 수 있는가? 더 정확히 말하자면, 페르마는 그것은 불가능하며 자신이 이를 증명했지만 여백이 부족해 적지는 못한다는 말을 남긴 것으로 유명하다. 이후 350년이 넘는 동안, 이 문제는 수학에서 가장 유명한 미해결 문제로 남아 있다. 이 문제를 해결하기 위해 쏟아 부은 엄청난 양의 노력을 생각하면, 실제로 페르마는 이를 증명하지 못했음을 거의 확신할 수 있다. 문제는 더할 나위 없이 어려워 보이고, 페르마보다 훨씬 나중에 개발된 기법을 사용해야만 풀 수 있는 듯하다.

페르마의 질문이 생각하기 쉬운 것이었다는 사실 때문에 이 문제가 흥미로운 것만은 아니다. 실제로, 1816년 **가우스**[VI.26]는 이 문제가 자신의 흥미를 끌기엔 너무 동떨어진 문제라는 걸 알았다고 편지에 썼다. 그 당시에는 그럴 법한 말이었다. 주어진 디오판토스 방정식이 해를 가지는지 아닌지를 결정하는 것은 종종 지극히 어렵고, 따라서 페르마의 마지막 정리와 비슷한 속성을 가지는 어려운 문제들을 만들어내는 것은 쉽다. 그러나 페르마의 마지막 정리는 가우스조차도 미리 예측했을 거라 기대할 수 없었던 방식으로 예외적이라 판명되었고, 이제 누구도 그것을 '동떨어진' 것이라고 말하지 않을 것이다.

가우스의 언급이 있었을 당시, 이 문제는 (오일러[VI.19]에 의해) $n = 3$일 때 해결되었고, (페르마에 의해, 가장 쉬운 경우인) $n = 4$일 때 해결되었다. 19세기 중반 쿠머[VI.40]의 연구에 의해 페르마의 마지막 정리와 더 일반적인 수학적 관심사 사이에 처음으로 진지한 연관성이 생겼다. 오일러가 알아낸 중요한 사실은 더 큰 환[III.81 §1]에서 페르마의 마지막 정리를 연구하는 것이 더 유익할 수 있다는 것이다. 왜냐하면 환을 적절하게 선택한다면 다항식 $z^n - y^n$을 인수분해할 수 있기 때문이다. 실제로 1의 n제곱근들을 $1, \zeta, \zeta^2, \cdots, \zeta^{n-1}$이라고 쓴다면, 그것을

$$(z - y)(z - \zeta y)(z - \zeta^2 y) \cdots (z - \zeta^{n-1}y) \quad (1)$$

라고 인수분해할 수 있다. 따라서 $x^n + y^n = z^n$이라면 우리는 1과 ζ에 의해 생성되는 환 안에서 x^n을 상당히 다르게 보이는 두 가지 방식(즉 (1)에 나오는 인수분해와 $xxx\cdots x$)으로 인수분해할 수 있고, 이 정보를 활용할 수 있음을 기대할 수 있다. 그러나 심각한 문제가 하나 있다. 1과 ζ에 의해 생성되는 환은 **유일 인수분해 성질**[IV.1 §§4-8]을 가지지 않는다. 따라서 이 두 인수분해를 마주할 때 모순에 가까워졌다는 느낌은 잘 성립되지 않는다. 쿠머는 더 높은 **상호법칙**[V.28]을 찾으려는 연관성 속에서 이 어려움을 마주하게 되었고 **아이디얼**[III.81 §2]이라는 개념을 매우 대략적으로 정의했다. 쿠머의 '아이디얼 수(ideal number)'를 추가하여 환을 확대하면 유일 인수

분해 성질이 회복된다. 이런 개념을 이용하여, 쿠머는 대응하는 환의 유수[IV.1 §7]의 인수가 아닌 모든 소수 p에 대하여 페르마의 마지막 정리를 증명할 수 있었다. 그는 그런 소수를 **정칙**(regular)이라 불렀다. 그 이후로 페르마의 마지막 정리를 **대수적 정수론**[IV.1]의 주된 흐름에 속했던 아이디어와 연결시켰다. 하지만 이 시도를 통해 문제를 해결하지는 못했다. 왜냐하면 (비록 쿠머 시대에는 알려져 있지 않았더라도) 정칙이 아닌 소수가 무한히 많기 때문이다.

더 복잡한 아이디어가 정칙이 아닌 소수에 대해 개별적으로 정칙이 아닌 소수들에 대해 사용될 수 있음이 밝혀졌고, 결국 임의의 주어진 n에 대해 페르마의 마지막 정리가 그 n에 대해 참인지 아닌지를 확인할 수 있는 알고리즘이 개발되었다. 20세기 후반까지 정리는 4,000,000까지의 모든 지수에 대해 보여졌다. 하지만 일반적인 증명은 매우 다른 방향으로부터 등장했다.

앤드루 와일즈(Andrew Wiles)의 최종적 증명에 관해서는 많이 언급되어 왔으므로, 여기서는 이에 대해 매우 간략히 이야기하겠다. 와일즈는 페르마의 마지막 정리를 직접적으로 연구하진 않았지만, 대신에 **시무라-타니야마-베유 추측**(Shimura-Taniyama-Weil conjecture)의 중요한 특별한 경우를 해결했는데, 이는 **타원곡선**[III.21]과 **모듈러 형식**[III.59]을 연결시킨다. 타원곡선과 연관이 있을지도 모른다는 첫 번째 단서는 이브 엘구아쉬(Yves Hellegouarch)가 $a^p + b^p$도 p거듭제곱이라면 타원곡선 $y^2 = x(x - a^p)(x - b^p)$이 상당히 이상한 성질을 가질 것임을 알아냈다. 게하르트 프라이(Gerhard

Frey)는 그런 곡선은 너무 이상해서 시무라-타니야마-베유 추측에 모순이 될 것임을 인지했다. 장-피에르 세르(Jean-Pierre Serre)는 이를 가져올 정확한 명제인 '입실론 추측(epsilon conjecture)'을 만들었고, 켄 리벳(Ken Ribet)이 세르의 추측을 증명했기 때문에 페르마의 마지막 정리가 시무라-타니야마-베유 추측의 결과임이 확립되었다. 와일즈는 별안간 매우 흥미를 가지게 되었고, 7년 동안의 집중적이고 거의 비밀스러운 연구 끝에 페르마의 마지막 정리를 증명하기 충분한 시무라-타니야마-베유 추측의 한 가지 경우에 대한 해답을 발표했다. 그런 다음 와일즈의 증명이 심각한 오류를 포함하고 있음이 드러났지만, 리처드 테일러(Richard Taylor)의 도움으로 그는 증명의 일부를 대체할 올바른 논증을 찾아낼 수 있었다.

시무라-타니야마-베유 추측은 "모든 타원곡선은 모듈러이다"라고 주장한다. 우리는 이것이 무엇을 뜻하는지에 대해 대략적으로 설명하고 글을 끝마치겠다. (조금 더 자세한 이야기는 산술기하학[IV.5]에서 찾아볼 수 있다.) 임의의 타원곡선 E와 각 양의 정수 n마다 하나씩 주어지는 수들의 수열 $a_n(E)$를 결부시킨다. 각 소수 p에 대해, $a_p(E)$는 타원곡선 위의 점들의 개수 (mod p)와 연관된다. 이 값들로부터 합성수 n에 대한 $a_n(E)$의 값들을 이끌어내는 것은 쉽다. 모듈러 형식은 상반평면(upper half-plane) 위에서 정의된 어떤 주기적 성질을 가지는 **복소해석적 함수**[I.3 §5.6]이다. 각각의 모듈러 형식 f는

$$f(q) = a_1(f)q + a_2(f)q^2 + a_3(f)q^3 + \cdots$$

꼴을 취하는 푸리에 **급수**[III.27]와 결부된다. 타원곡

선 E에 대해 유한개를 제외한 모든 소수 p에 대해 $a_p(E) = a_p(f)$를 만족시키는 모듈러 형식 f가 있다면 E를 **모듈러**(modular)라 부르자. 만약 어떤 타원곡선이 주어졌다면, 어떻게 이런 방식으로 곡선과 결부된 모듈러 형식을 찾는 일을 시작하는지 전혀 분명하지 않다. 그러나 이 현상이 미스터리한 것이었음에도 모듈러 형식을 찾는 것은 항상 가능한 듯했다. 예를 들어, E가 타원곡선 $y^2 + y = x^3 - x^2 - 10x - 20$이라면, 11을 제외한 모든 소수에 대해 $a_p(E) = a_p(f)$인 모듈러 형식 f가 존재한다. 이 모듈러 형식은 군 $\Gamma_0(11)$에 대하여 어떤 주기성을 만족시키는 (크기를 조정하면) 유일한 복소함수이다. 군 $\Gamma_0(11)$은 a, b, c, d가 정수이고, c가 11의 배수이며 **행렬식**[III.15] $ad - bc$가 1인 모든 행렬들 $\left(\begin{smallmatrix} a & b \\ c & d \end{smallmatrix}\right)$로 이루어진다. 이런 유형의 정의가 타원곡선과 연관되어야 한다는 것은 전혀 자명하지 않다.

와일즈는 모든 '반안정적인(semistable)' 타원곡선은 모듈러임을 증명했다. 이러한 타원곡선 각각이 모듈러 형식과 어떻게 결부되는지 보이는 것이 아니라, 모듈러 형식이 존재해야 함을 보장하는 교묘한 셈 논증을 이용해서 말이다. 시무라-타니야마-베유의 온전한 추측은 몇 년 후에 크리스토프 브뢰유(Christophe Breuil), 브라이언 콘래드(Brian Conrad), 프레드 다이아몬드(Fred Diamond), 리처드 테일러에 의해 완전하게 증명되어, 전 시대를 걸쳐 가장 유명한 수학적 성취 위에 또 다른 기쁨을 더했다.

V.11 고정점 정리들

1 소개

다음은 잘 알려진 수학 퍼즐의 변형이다. 런던에서 케임브리지까지 가는 기차 안에 탄 한 남자가 물 한 병을 가지고 있다. 병 속의 공기의 부피 대 병 자체 부피의 비가 정확히 그가 이미 지나간 거리 대 전체 거리의 비와 같아지는 순간이 적어도 한 번 있음을 증명하라. (예를 들어, 그가 런던에서 케임브리지까지 가는 길의 5분의 3인 지점에 있는 바로 그 순간 병은 5분의 2가 차 있고, 따라서 5분의 3이 비어 있을지 모른다. 우리는 병이 처음 여행을 시작할 때 가득 차 있거나 여행이 끝날 때 비어 있다고 가정하지 않았음에 주의하자.)

이런 종류의 질문을 처음 본다 해도 그 해답은 놀라울 만치 간단하다. 0과 1 사이의 x에 대해, 이미 지나간 거리의 비율이 x일 때 병 속의 공기의 비율을 $f(x)$라고 하자. 그러면 병 속의 공기의 비는 음수가 될 수 없고 병의 부피를 넘을 수 없기 때문에, 모든 x에 대해 $0 \leq f(x) \leq 1$이다. 이제 우리가 $g(x)$를 $x - f(x)$라 놓으면, $g(0) \leq 0$이고 $g(1) \geq 0$임을 안다. $g(x)$가 x에 따라 연속적으로 변하기 때문에 $g(x) = 0$, 즉 $f(x) = x$인 순간이 있어야 한다. 이것이 우리가 원하는 것이다.

우리가 막 증명했던 것은 모든 고정점 정리들 중 가장 단순한 것 하나를 약간 변형시킨 형태이다. 우리는 이를 더 형식적으로 다음과 같이 서술할 수 있다. 만약 f가 닫힌 구간 $[0, 1]$에서 자기 자신으로 가는 연속함수라면, $f(x) = x$인 x가 적어도 하나 존재해야 한다. 이때 x를 f의 고정점(fixed point)이라 부른다. (우리는 g가 $[0, 1]$에서 $\mathbb{R}$로 가는 연속함수이고, $g(0) \leq 0$, $g(1) \geq 0$을 만족시킨다면, $g(x) = 0$인 어떤 x가 존재해야 한다고 말하는 해석학에서 기본적 결과인 **중간값** 정리(intermediate value theorem)로부터 이 결과를 이끌어냈다.)

일반적으로 고정점 정리는 어떤 조건들을 만족시키는 함수가 고정점을 가져야 한다고 주장하는 정리이다. 그러한 정리들은 많이 있는데, 이 글에서는 그중 작은 표본에 대해서 이야기할 것이다. 전체적으로 그것들은 비구성적(nonconstructive) 속성을 지니는 경향이 있다. 정리들은 고정점을 하나 정의하거나 그것을 찾아내는 방법을 이야기해 주기보다 고정점이 존재함을 보여준다. 이것이 고정점 정리가 중요한 이유 중 하나이다. 왜냐하면 우리에게는 방정식을 구체적으로 풀 수 없을 때조차도 그 해가 존재함을 증명하고 싶은 방정식의 예가 많이 있기 때문이다. 곧 보게 될 것처럼, 이를 시작하는 한 가지 방법은 방정식을 $f(x) = x$ 꼴로 고쳐 쓰고서 고정점 정리를 적용하려고 노력하는 것이다.

2 브라우어르 고정점 정리

우리가 막 증명한 고정점 정리는 **브라우어르의 고정점 정리**(Brouwer's fixed point theorem)의 1차원 형태로, 이 정리는 B^n이 $\mathbb{R}^n$의 단위공(즉, $x_1^2 + \cdots + x_n^2 \leq 1$을 만족시키는 모든 $(x_1, \cdots, x_n)$들의 집합)이고 f가 B^n에서 B^n으로 가는 연속함수라면, f는 고정점을 가진다고 서술한다. B^n은 n차원의 꽉 찬 구이지만, 그 위상적 특징만이 중요할 뿐이고, 따라서 우리는 n차원 입방체(cube)나 단체(simplex) 같은 다른

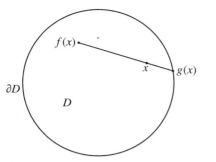

그림 1 만약 f가 고정점을 가지지 않는다면, 수축 g를 정의하는 데 그것을 이용할 수 있다.

형태를 택해도 된다.

2차원에서 이 정리는 닫힌 단위원판에서 그 자신으로 가는 연속함수는 고정점을 가져야 한다고 말한다. 다시 말하면, 탁자 위에 원형 고무판이 있고 그것을 집어 들어 당신이 원하는 만큼 그것을 접고 펼친 다음 시작했던 원 안에 다시 내려 놓는다면, 결국 전과 같은 장소에 놓이는 점이 항상 존재해야 할 것이다.

이 명제를 다시 공식화해 보는 과정은 왜 이 명제가 참인지를 이해하는 데 도움이 된다. $D = B^2$가 닫힌 단위원판이라 하자. 우리가 고정점이 없는 D에서 D로 가는 연속함수 f를 가지고 있다면, D에서 그 경계 ∂D로 가는 연속함수 g를 다음과 같이 정의할 수 있다. 각 x에 대해, $f(x)$에서 x로 가는 선분을 따라 직선을 계속 그리자. $g(x)$는 맨 처음 ∂D에 도달하는 점으로(그림 1 참조), $f(x) \neq x$이기 때문에 (그리고 오직 그렇기 때문에) 잘 정의된다. 만약 x가 이미 D의 경계에 있다면 $g(x) = x$이다. 따라서 모든 $x \in \partial D$에 대해 $g(x) = x$를 만족시키는 연속함수 $g : D \to \partial D$를 가지고 있다. 그런 함수를 D에서 ∂D로 가는 **수축(retraction)**이라고 부른다.

D에서 ∂D로 가는 연속적인 수축은 절대 존재할 수 없을 듯하다. 그것이 존재할 수 없음을 증명할 수 있다면, 우리는 고정점이 없는 D에서 D로 가는 연속함수가 존재한다는 가정에 모순을 얻게 될 것이고, 따라서 2차원에서 브라우어르의 고정점 정리를 증명하게 된다.

원판에서 그 경계로 가는 연속적인 수축이 존재할 수 없음을 증명하는 여러 가지 방법들이 있다. 여기서 우리는 두 가지 방법을 간략히 보이겠다.

우선 g가 그런 수축이라고 가정하자. 각각의 t에 대해, 반지름이 t인 원점을 중심으로 하는 원에 g를 제한시켜 생각하자. 그리고 이 원 위의 전형적인 점을 $te^{i\theta}$으로 나타내자. $g(te^{i\theta})$을 $g_t(\theta)$라 쓰자. $t = 1$일 때 반지름 t인 원은 ∂D이고 따라서 θ가 0에서 2π까지 움직여 감에 따라 $g_t(\theta) = e^{i\theta}$는 단위원을 한 바퀴 돌아간다. $t = 0$일 때, 반지름 t인 원은 단 하나의 점이고, 따라서 θ가 0에서 2π까지 움직여 감에 따라 $g_t(\theta)$는 그저 상수점 $g(0)$으로 단위원을 전혀 돌아가지 않는다. 그러므로 $t = 0$과 $t = 1$ 사이의 어디에선가 θ가 0부터 2π까지 갈 때 $g_t(\theta)$가 단위원 주위를 돌아가는 횟수에 변화가 있어야 한다. 그러나 함수 g_t는 함수들의 연속적으로 변하는 모임이고, g_t에서 작은 변화는 $g_t(\theta)$가 원 주위를 돌아가는 횟수에서 갑작스런 도약을 야기할 수 없다. (이 마지막 단계를 엄밀히 하기 위해서는 약간의 작업이 필요하지만, 기본적인 아이디어는 분명하다.)

두 번째 증명은 대수적 위상수학의 기본적 도구를 이용한다. 원판 위의 모든 곡선은 한 점으로 줄일 수 있기 때문에, 원판 D의 첫 번째 **호몰로지군**[IV.6 §4]은 자명하다. 단위원 ∂D의 첫 번째 호몰로지군은 $\mathbb{Z}$이다. D에서 ∂D로 가는 연속적인 수축 g가 있다면, 우리는 $g \circ h$가 ∂D에서 항등함수가 되는 연속함수 $h : \partial D \to D$와 $g : D \to \partial D$를 찾을 수 있다. (우리는 h가 ∂D의 점을 자기 자신으로 보내는 함수라 놓고 g는 연속적인 수축이라 놓는다.) 이제 위상 공간 간의 연속함수들은, 합성은 합성으로 가고 항등함수는 항등함수로 가는 방식에 의해, 호몰로지군 간의 **준동형사상**[I.3 §4.1]을 만들어낸다. (즉 위상공간과 연속함수의 **범주**[III.8]에서 군과 군 준동형사상의 범주로 가는 **함자**[III.8]가 있다.) 이는 $\psi \circ \phi$가 $\mathbb{Z}$에서 항등함수가 되는 준동형사상 $\phi : \mathbb{Z} \to \{0\}$과 $\psi : \{0\} \to \mathbb{Z}$가 존재해야 한다는 뜻인데, 이는 당연히 불가능하다.

두 증명 모두 더 높은 차원으로 일반화된다. (일단 어떻게 구면의 호몰로지군을 계산하는지 알고 나면) 두 번째는 직접적으로 일반화되고, 첫 번째는 n차원 구면에서 자기 자신으로 가는 연속함수의 **차수(degree)**라는 개념을 통해 일반화되는데, 이는 원에서 원으로 가는 함수가 '원 주위를 도는' 횟수라는 개념을 더 높은 차원에서 비슷하게 만들어낸 것이다.

브라우어르의 고정점 정리는 많은 응용을 가진다. 예를 들어, 다음 사실은 그래프 상의 확률 보행(random walk) 이론에서 중요하다. **확률 행렬(stochastic matrix)**은 음수가 아닌 성분들을 가지고 각 행의 성분들의 합이 1과 같은 $n \times n$ 행렬이다. 브라우어르의 고정점 정리는 그런 행렬은 어떤 성분도 음수가 아닌 **고유벡터**[I.3 §4.3]와 고윳값 1을 가진다는 것을 보이는 데 사용할 수 있다. 그 증명은 다음과 같다. 음이 아닌 성분들을 가지고 그 성분을 다

더하면 1이 되는 열 벡터들의 집합은 기하학적으로 말하자면, $(n-1)$차원 단체이다. (예를 들어, $n = 3$이라면, 이 집합은 꼭짓점 $(1, 0, 0)$, $(0, 1, 0)$, $(0, 0, 1)$을 가지는 $\mathbb{R}^3$ 상의 삼각형이다.) A가 확률 행렬이고 x가 이 단체에 속하면, Ax도 거기에 속한다. 함수 $x \mapsto Ax$가 연속이므로, 브라우어르의 정리는 $Ax = x$인 x를 하나 준다. 이것이 바로 우리가 원하는 고유벡터이다.

브라우어르 정리의 확장 중 하나로 카쿠타니 고정점 정리(Kakutani fixed point theorem)라 불리는 정리는, 존 내쉬(John Nash)가 '사회적 균형(social equilibrium)'이 존재함을 보일 때 사용했다. 어떤 가구도 개별적으로 소비하는 다양한 물품들의 양을 변경함으로써 그 복지를 향상시킬 수 없는 상황의 상태 말이다. 카쿠타니 정리는 닫힌 공 B^n에서 점들을 B^n의 다른 점들로 보내는 게 아니라 B^n의 부분집합들로 보내는 함수들을 고려한다. 만약 각 x에 대해 $f(x)$가 B^n의 공집합이 아닌 닫힌 볼록 집합이라면, 그리고 $f(x)$가 적절한 의미에서 연속적으로 변한다면, 그 정리는 $x \in f(x)$인 어떤 점 x가 존재해야 한다고 말한다. 브라우어르의 정리는 각 $f(x)$가 그저 한 점으로 이루어진 집합인 특별한 경우이다.

3 브라우어르 고정점 정리의 더 강력한 형태

이제까지 우리는 꽉 찬 구에서 자기 자신으로 가는 함수들에 대해 논의했지만, 다른 공간에서 연속함수가 고정점을 가지는지 아닌지에 대해 생각해 보는 것을 막을 건 아무것도 없다. 예를 들어, S^2를 (속이 비어 있는) 구면 $\{(x, y, z) : x^2 + y^2 + z^2 = 1\}$이

라 하고 f는 S^2에서 S^2로 가는 연속함수라 하자. f는 고정점을 가져야 하는가? 맨 처음에는 그렇다고 생각할지 모른다. S^2에서 S^2로 가는 자명한 함수로는 회전과 반사가 있는데, 이들은 둘 다 확실히 고정점을 가진다. 어떻게 그런 고정점을 '없앨' 수 있는지 알기 어렵다. 그러나 결국에는 고정점이 없는 함수의 단순한 예가 있음을 알게 된다. 이름하여 함수 $f(x) = -x$로, 이 함수는 각 점을 원점에 대해 반사시킨다.

이 예에 대한 당연한 반응은 우리가 바라던 결과가 거짓임을 알고서 우리 관심을 다른 것으로 돌리는 것이다. 그러나 다른 많은 수학적 상황에서 그렇듯이 이러한 태도는 잘못된 것인데, 회전의 고정점을 없애는 것이 불가능하다는 생각에는 중요한 올바른 무언가가 있기 때문이다. 회전을 가지고 시작하여 그것을 연속적으로 변형함으로써 고정점을 없애려 노력한다면, 실패할 운명에 처해 있다. 사실 어떤 의미에서 항상 정확히 두 개의 고정점이 존재할 것이다. 좀 더 일반적으로, S^2에서 S^2로 가는 임의의 연속함수를 택하여 그것을 연속적으로 변형시킨다면, 고정점의 개수를 바꿀 수 없다.

물론 이 마지막 두 명제는 그것을 곧이곧대로 받아들인다면 명백하게 거짓이고, 따라서 어떤 재해석이 필요하다. 첫째, 고정점의 개수가 유한하다고 가정해야 한다. 그러나 이는 대단한 가정이 아닌 것이, 임의의 연속 함수의 전형적인 소규모의 섭동(perturbation)이 오직 유한한 개수의 고정점을 가짐을 보일 수 있기 때문이다. 둘째, 우리는 적절한 가중치를 가지는 고정점의 개수를 세어야 한다. 이것을 정의하기 위해, $f(x) = x$라고 가정하고, t가 0

부터 1까지 가면서 작은 원에서 x 주위를 도는 점 $y(t)$를 상상하자. 우리는 고정점의 지표를 $y(t)$에서 $f(y(t))$로 가는 벡터에 의한 회전의 횟수라 정의하자. 이 회전이 $y(t)$가 x 주위를 도는 방향과 반대 방향으로 이루어진다면 음수로 취급하여 센다. (이 정의는 어떤 t에 대해 $f(y(t)) = y(t)$라면 문제가 있다. 하지만 다시 한번 소규모의 섭동을 만들어 이런 일은 생기지 않는다고 가정할 수 있다.) 그러면 모든 고정점의 지표의 합은 f를 연속적으로 변형한다면 변하지 않는 양이다.

따라서 회전을 연속적으로 변형한다면, 지표의 합은 항상 2일 것이다. 이로부터 적어도 하나의 고정점이 존재해야 함이 따라 나온다. 또한 회전을 연속적으로 변형하여 각각의 x를 $-x$로 보내는 함수가 되게 할 수 없음도 따라 나온다.

고정점의 지표 개념은 (앞서 언급한 차수의 개념을 이용하여) 상당히 직접적인 방식으로 더 높은 차원으로 일반화할 수 있다. 그리고 매우 일반적인 상황하에서 고정점의 지표합이 연속함수를 연속적으로 변형할 때 상수로 남아 있음을 보일 수 있다. 이로부터 다음과 같이 브라우어르의 고정점 정리가 따라 나온다. 우리는 $f_t(x) = (1 - t)f(x) + tg(x)$라 정의하고 t를 0부터 1까지 변화시켜서 임의의 연속함수 $f : B^n \to B^n$으로 임의의 다른 연속함수 $g : B^n \to B^n$으로 연속적으로 변형시킬 수 있다. 따라서 g를 단 하나의 고정점을 가지는 함수 $x \mapsto \frac{1}{2}x$로 택하자. (2차원인 경우에 쉽게 알 수 있는 것처럼) 이 고정점은 지표 1을 가지고, 따라서 f의 고정점의 지표의 합 또한 1이다.

일반적으로 (매끄러운 콤팩트 다양체[I.3 §6.9] 같이) 적절한 위상 공간 X에서 정의된 함수 f의 고정점의 지표의 합은 X의 호몰로지군에 미치는 f의 영향을 가지고 계산할 수 있다. 그 결과로 나오는 정리가 (약간 일반화된) 렙셰츠 고정점 정리(Lefschetz fixed point theorem)이다.

연속함수의 지표가 연속적 변형에 대해 불변량이라는 사실은 대수학의 기본정리[V.13]를 증명하는 데 쓸 수 있다. 예를 들어 다항식 $x^5 + 3x + 8$이 근을 가짐을 증명하는 문제를 생각하자. 함수 $x^5 + 4x + 8$이 x와 같다면 $x^5 + 3x + 8 = 0$이므로 이 문제는 $x^5 + 4x + 8$의 고정점에 대해 묻는 것과 마찬가지이다. 이제 다항식 x^5을 리만 구면[IV.14 §2.4] $\mathbb{C} \cup \{\infty\}$에서 정의된 것으로 생각하면, 그것은 0과 ∞에서 두 개의 고정점을 가진다. 게다가 이 두 점의 지표는 모두 5이다. (만약 x가 '작은 원' 위에서 0이나 ∞ 주위를 돈다면, x^5은 다섯 번을 돌아갈 것이기 때문이다.) 이제 다항식 $x^5 + (4x + 8)t$는 x^5에서 $x^5 + 4x + 8$까지의 연속적인 변형이고 , ∞에서 $x^5 + 4x + 8$은 지표가 5인 고정점을 가진다. 따라서 다른 고정점들이 있어야 하고, 그 점들의 지표를 더하면 5가 되어야 한다. 이것들이 $x^5 + 3x + 8$의 근이 되고, 그 지표는 그 근의 중복도이다.

4 무한차원 고정점 정리와 해석학에의 응용

우리가 브라우어르의 고정점 정리를 무한차원의 닫힌 공에서 정의된 연속함수로 일반화하고자 하면 어떻게 되겠는가? 대답은 다음 예에서 알 수 있듯이 "그렇게 할 수 없다"이다. B를 $\sum_n |a_n|^2 \leq 1$을 만족시키는 모든 수열 $(a_1, a_2, \cdots)$의 집합이라

하자. 이것이 우리의 닫힌 공이다. 즉 이는 힐베르트 공간[III.37] ℓ_2의 단위공이다. 무한 수열 $a = (a_1, a_2, \cdots)$이 주어졌을 때, 우리는 그 노름(norm) $(\sum_n |a_n|^2)^{1/2}$을 $\|a\|$라고 쓴다. 이제 함수 $f : (a_1, a_2, \cdots) \rightarrow ((1 - \|a\|^2)^{1/2}, a_1, a_2, \cdots)$을 고려하자. f는 연속이고 모든 a에 대해 $\|f(a)\| = 1$임을 확인하는 것은 쉽다. 따라서 만약 a가 고정점이라면, $\|a\| = 1$이어야 하고, 이로부터 우리는 $a_1 = 0$임을 알 수 있다. 이로부터 $a_2 = 0$, 따라서 $a_3 = 0$ 등등이 따라 나온다. 다시 말해 $a = 0$이다. 그러나 이는 조건 $\|a\| = 1$에 모순된다. 따라서 함수 f는 고정점을 갖지 않는다.

그러나 우리가 연속함수에 추가적인 조건들을 부여하면, 때때로 고정점 정리를 증명하는 것이 가능하고, 이 정리들 중 어떤 것은 중요한 응용을 가지는데, 특히 미분방정식의 해의 존재성을 성립시키는데 응용된다.

이런 유형의 쉬운 결과가 축약 사상 정리(contraction mapping theorem)이다. 이는 X가 (노름 공간과 바나흐 공간[III.62]에서 간단하게 논의된) 완비성(completeness)이라 알려진 성질을 가지는 거리공간[III.56]이고 f가 X에서 X로 가는 사상으로 X에 속하는 모든 x와 y에 대해 $d(f(x), f(y)) \leq \rho d(x, y)$를 만족시키는 $\rho < 1$이 존재한다면 f는 고정점을 가져야 한다고 말한다. 이를 증명하기 위해, 임의의 점 $x \in X$를 고르고 함수를 반복해서 적용하여 얻은 값 $x, f(x), f(f(x)), f(f(f(x)))$ 등등을 살펴본다. 이것들을 $x_0, x_1, x_2, \cdots$이라 놓으면, m과 n이 무한대로 감에 따라 $d(x_n, x_m)$이 0으로 다가감을 상당히 쉽게 보일 수 있고, 그러면 완비성 성질에 의해 수열 (x_n)은 반드시 극한을 가진다. 이 극한이 f의 고정점임

을 증명하는 것은 어렵지 않다.

더 복잡한 예로 샤우더 고정점 정리(Schauder fixed point theorem)를 들 수 있는데, 이는 X가 바나흐 공간이고 K가 X의 콤팩트[III.9] 볼록 부분집합이고, f가 K에서 K로 가는 연속함수이면, f는 고정점을 가진다고 말한다. 대략적으로 말하면, 이를 보이기 위해 K를 점점 더 큰 유한차원 집합 K_n을 가지고 근사시키고 f를 K_n에서 K_n으로 가는 연속함수 f_n에 의해 근사시킨다. 브라우어르의 고정점 정리는 각각의 n에 대해 $f_n(x_n) = x_n$을 만족시키는 수열 (x_n)을 준다. K가 콤팩트 집합이므로 수열 (x_n)은 수렴하는 부분수열을 가진다. 그 극한이 f의 고정점임을 보일 수 있다.

이 두 정리, 그리고 비슷한 속성을 가진 다른 정리들이 중요한 이유는 그 기본적 명제 때문이라기보다 그것의 응용 때문이다. 전형적인 응용이 미분방정식

$$\frac{d^2 u}{dx^2} = u - 10 \sin(u^2) - 10 \exp(-|x|)$$

는 $u(x)$가 모든 실수 x에 대해 정의되고 x가 $\pm\infty$로 감에 따라 0으로 다가가는 해 u를 가진다는 증명이다. 우리는 이 방정식을

$$\left(1 - \frac{d^2}{dx^2}\right)u = 10 \sin(u^2) + 10 \exp(-|x|)$$

라고 다시 쓸 수 있다. 좌변을 $L(u)$라 쓰면, 이 방정식은

$$u = L^{-1}((10 \sin(u^2) + 10 \exp(-|x|))$$

라고 또 다르게 쓸 수 있다. (작용소(operator) L^{-1}를 명시적으로 나타내는 것은 불가능하다.) 이제 X를 $\mathbb{R}$에서 정의된 $\pm\infty$에서 0으로 다가가는 연속함수들의 균등 노름(uniform norm)을 가지는 바나흐 공간이라 하면, 이 마지막 방정식의 우변이 X에서 X의 콤팩트 볼록 부분집합으로 가는 연속함수를 정의함을 보일 수 있다. 따라서 샤우더 고정점 정리에 의해, 이 매우 비선형인 방정식은 주어진 경계 조건을 만족하는 해를 가진다. 이 결과는 다른 어떤 방식으로도 증명하기 힘들다.

V.12 4색정리
보얀 모하르 Bojan Mohar

4색정리(four-color theorem)는 평면에(혹은 동등하게 2차원 구면 위에) 그려진 임의의 지도의 영역들을 칠할 때 공통의 경계를 갖는 임의의 두 영역을 다른 색으로 칠한다면 네 가지 색만 있으면 충분하다고 주장한다. 그림 1의 예는 서로 다른 네 가지 색들이 반드시 필요하다는 걸 보여준다. 왜냐하면 영역 A, B, C, D가 모두 서로 맞닿아 있기 때문이다. 이 결과는 프랜시스 거스리(Francis Guthrie)에 의해 1852년에 처음 추측되었다. 1879년에 켐페(Kempe)가 잘못된 증명을 제시했고, 이후 11년 동안 문제는 해결되었다고 믿어지다가, 1890년에 히우드(Heawood)가 증명에 잘못된 점이 있음을 지적했다. 그러나 히우드는 켐페의 기본적인 아이디어를 사용하면 적어도 다섯 가지 색이면 충분하다는 것을 올바르게 증명할 수 있음을 보였다. 우리는 아래에서 켐페의 아이디어를 간단히 요약할 것이다. 그 이후, 이 문제는

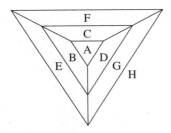

그림 1 8개 영역을 갖는 지도

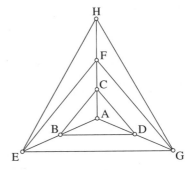

그림 2 그림 1에서 나온 지도의 그래프

이해하기 아주 쉬움에도 불구하고 매우 고집스럽게 미해결인 채 남아 있는 질문의 유명한 예 중 하나가 되었다. (이런 종류의 또 다른 문제로 **페르마의 마지막 정리**[V.10]가 있었다.)

현대 수학에서 지도 채색 문제는 보통 그래프 이론의 언어로 공식화된다. 우리는 임의의 지도에 그**래프**[III.34]를 하나 대응시킨다. 즉 그 그래프의 꼭짓점은 지도의 영역에 대응하고, 두 꼭짓점에 대응하는 영역이 경계의 일부분을 공유한다면 두 꼭짓점은 서로 인접하다(adjacent)고 말한다. 그림 2는 그림 1에서 나온 지도의 그래프를 나타낸 것이다. 평면 상의 임의의 지도의 그래프를 어떤 두 변도 서로 교차하지 않게끔 그릴 수 있음을 쉽게 보일 수 있다. 이러한 그래프들을 **평면** 그래프라고 부른다. 지도의 영역을 색칠하는 대신, 우리는 이제 대응하는 그래프의 꼭짓점을 색칠한다. 어떤 변에 의해 연결된 임의의 두 꼭짓점이 같은 색을 갖지 않는다면, 그 채색은 **적절하다**(proper)고 말한다. 이렇게 다시 공식화하고 나면, 4색정리는 모든 평면 그래프 G는 최대 네 가지 색을 가지고 적절하게 색칠할 수 있다고 서술된다.

여기 켐페와 히우드에 의한 5색정리의 간략한 증명이 있다. 여기서 증명은 모순을 이용한다. 따라서

우리는 그 결과가 거짓이라고 가정하고서 시작할 것이다. 이때 다섯 가지 색을 가지고 적절한 채색을 할 수 없는 최소 크기의 그래프 G가 존재해야 한다. **오일러 공식**[I.4 §2.2]은 꼭짓점의 개수를 V, 변의 개수를 E, 그려진 그래프에 의해 평면이 쪼개진 영역의 개수를 F라고 할 때 $V - E + F = 2$라고 말한다. 이 공식으로부터 G가 그래프에서 최대 5개의 이웃 (즉 변에 의해 v와 연결된 다른 꼭짓점들)이 있는 꼭짓점 v를 가짐을 이끌어내는 것은 어렵지 않다. 그래프에서 v를 제거하면 우리는 남은 것들의 적절한 채색을 찾을 수 있다. 왜냐하면 G가 정리에 대해 최소인 반례이기 때문이다. 만약 v가 5보다 적은 이웃을 가진다면 v 또한 색칠할 수 있다. 왜냐하면 피해야 할 색이 최대 4개가 있고 쓸 수 있는 색을 5개 가지고 있기 때문이다. 따라서 잘못될 수 있는 경우는 만약 v가 5개의 이웃을 가지고 있고 우리가 G의 나머지를 색칠할 때 그 5개 꼭짓점 모두가 다른 색을 가지게 되는 경우뿐이다.

v와 이웃한 꼭짓점들이 v의 주위를 시계방향으로 돌아가면서 빨강, 노랑, 초록, 파랑, 갈색으로 색칠되어 있다고 가정하자. 우리는 현재 상태 그대로

v를 색칠할 수 없다. 그러나 그래프의 나머지 부분의 채색을 조정함으로써 그렇게 하려고 노력할 수 있다. 예를 들면, 빨간색 꼭짓점을 초록색으로 다시 색칠하려고 할 수 있다. 그렇게 해서 빨간색을 v를 위해 사용할 수 있도록 자유롭게 한다. 물론 우리가 그렇게 하면, 다른 꼭짓점들을 다시 칠해야만 할 수도 있다. 하지만 우리는 다음과 같은 방법으로 새로운 채색을 찾아내는 시도를 할 수 있다. 우선 v의 빨간 이웃의 색을 초록색으로 바꾼다. 그런 다음 그 꼭짓점의 모든 초록 이웃을 빨간색으로 바꾸고, 그 꼭짓점들의 빨간 이웃을 모두 초록으로 바꾸고 이런 식으로 계속 해 나간다. 이 과정이 끝났을 때 잘못될 수 있는 유일한 가능성은 우리가 v의 초록 이웃을 빨간색으로 다시 칠하게 될지도 모른다는 것이다. 이 경우 우리는 결국 v를 위해 빨간색을 사용하는 데 자유롭지 않을 것이다. 이것이 일어나는 것은 v의 빨간 이웃으로부터 초록 이웃까지 빨강과 초록이 교대로 나타나는 꼭짓점들의 사슬이 존재하는 것과 필요충분조건이다. 그러나 이러한 상황이 발생한다면 우리는 비슷한 방식으로 v의 노란 이웃을 다시 파랑으로 칠하려 노력할 수 있다. 다시 한번, 우리를 멈출 수 있는 유일한 것은 v의 노란 이웃에서부터 파란 이웃까지 가는 노랑과 파랑 꼭짓점들이 교대로 나타나는 사슬이다. 그러나 그런 사슬은 존재할 수 없다. 왜냐하면 그것이 어떤 시점에 빨강/초록 사슬을 넘어야 하기 때문이다. 그리고 이는 그래프가 평면적이라는 사실에 모순된다.

4색문제로 다시 돌아오면, 독일 수학자 하인리히 헤슈(Heinrich Heesch)는 위의 증명의 더 복잡한 형태로 생각할 수 있는, 4색문제를 공략하기 위한 일반적인 방법을 제안했다. 그 아이디어는 '형태(configuration)'의 목록 C가 다음 성질들을 가짐을 밝히는 것이다. 우선 모든 평면 그래프는 C에 속하는 형태 X를 포함해야 한다. 둘째, C에서 나오는 형태 X를 포함하는 평면 그래프 G가 주어지고 최대 4색을 사용하는 G의 나머지 부분에 대한 적절한 채색이 주어졌을 때, 이 채색을 조정하여 G 전체에 대한 적절한 채색으로 확장하는 것이 가능하다. 위에 나온 5색정리의 증명에서, 5개 형태의 가장 단순한 목록이 있었다. 바로 그 꼭짓점으로부터 나오는 변을 하나, 둘, 셋, 넷, 혹은 다섯 개를 가지는 꼭짓점들 말이다. 이 단순한 목록은 4색문제를 해결하는 데 소용이 없었다. 하지만 헤슈는 형태들의 더 복잡한 목록을 이용하여 문제를 푸는 것이 가능할지도 모른다고 생각했다.

그런 목록이 1976년 케네스 아펠(Kenneth Appel)과 볼프강 하켄(Wolfgang Haken)에 의해 발견되었다. 그러나 이는 절대 이야기의 전부가 아니다. 왜냐하면 그들이 발견한 형태들의 목록은 '더 복잡하기만'한 것이 아니라 새로운 분야를 여는 훨씬 더 복잡한 것이었기 때문이다. 맨 처음으로 너무 길어서 인간이 확인할 수 없는 증명에 의해 주요 정리가 증명되었다. 이에 대한 이유는 부분적으로 그들의 목록 C가 약 1200개의 형태를 포함하고 있기 때문이었지만, 더 중요한 이유는 어떤 형태 X에 대해서 그래프의 나머지 부분의 채색을 X의 채색에 맞추기 위해 조정할 수 있음을 보이기 위해서는 수만 개의 경우를 확인할 필요가 있기 때문이었다. 그러므로 확인을 위해서 컴퓨터를 사용하는 것 말고는 다른 대안이 없었다. (헤슈는 그 스스로 목록을 제안했지만,

그의 형태 중 어떤 것들은 너무 많은 경우와 연관되어서 컴퓨터조차도 그것들을 모두 확인할 수 없었다.)

아펠과 하켄의 증명에 대한 다른 수학자들의 반응은 엇갈렸다. 어떤 이들은 그것을 수학 도구 상자에 새로운 강력한 수단이 추가된 것으로서 환영했다. 다른 이들은 관련된 컴퓨터 프로그램이 올바로 만들어졌고 컴퓨터가 제대로 작동했다고 믿어야 한다는 점을 불편해 했다. 그리고 실제로 그 증명에는 여러 가지 결함이 있음이 밝혀졌다. 비록 발견된 모든 결함이 결국에는 아펠과 하켄에 의해 1989년 논문에서 바로잡혔지만 말이다. 이런 종류의 결함이 존재할지도 모른다는 모든 의심은 1997년 로버트슨(Robertson), 샌더스(Sanders), 시모어(Seymour), 토머스(Thomas)가 비슷한 원리에 기반한 또 다른 증명을 개발했을 때 최종적으로 사라졌다. 증명 중 인간에 의해 확인될 수 있는 부분은 더 명확해졌고, 컴퓨터에 의해 확인된 부분은 증명을 독립적으로 확인할 수 있게 해 주는 잘 구조화된 데이터의 모임에 의해 뒷받침되었다. 여전히 사용된 컴파일러가 올바른지 그리고 하드웨어가 안정적인지에 의문을 제기할 수 있지만, 증명은 다른 플랫폼 상에서 다른 프로그래밍 언어와 운영체제를 사용할 때에도 확인되었다. 따라서 이 증명은 전형적인 인간이 직접 확인한 그리 길지 않은 증명에 비해 잘못될 가능성이 훨씬 작다.

그 결과, 현재 그 증명이 올바른지 아닌지를 걱정하는 수학자는 거의 없다. 그러나 다른 이유로 그것을 반대하는 이들이 많이 있다. 현재 우리가 그 정리가 참이라고 확신할 수 있을지라도, 우리는 여전히 그것이 왜 참이냐고 물을 수 있고, "수십만 가지의 경우들을 확인했고 그것들 모두가 괜찮다고 판명되었기 때문이다"라는 대답을 모든 사람들이 만족스러운 설명이라고 생각하는 것은 아니다. 그 결과, 만약 어떤 사람이 더 짧은 그리고 더 이해하기 쉬운 증명을 발견한다면, 많은 이들이 아펠과 하켄의 문제 해결과 비교해 볼 때 그것을 획기적인 진전이라고 여길 것이다. 불행히도 이것이 전 세계의 수학과로 여전히 많은 잘못된 증명들이 날아들고 있고 그중 일부는 켐페의 실수를 되풀이한다는 부작용을 가지고 있지만 말이다.

여러 훌륭한 문제들과 마찬가지로 이 4색문제는 새롭고 중요한 수많은 수학적 아이디어들의 발전을 촉발시켰다. 그래프 채색 이론은 특별히 심오하고 아름다운 연구 영역으로 진화했다. (극단적/확률적 조합론[IV.19 §2.1.1]과 젠슨과 토프트의 책(1995)을 보라.) 지도 채색 문제를 임의의 곡면으로 확장하는 것은 위상적 그래프이론의 발전을 가져왔고, 그래프의 평면성에 대한 질문은 그래프 마이너[V.32] 이론으로 축적되었다.

가장 많은 결과를 만들어낸 그래프 이론가 중 한 명인 윌리엄 터트(William T. Tutte)는 4색문제가 수학에 미친 영향에 대해 "4색문제는 빙산의 일각, 장차 중대한 결과를 초래할 조그마한 발단, 봄을 알리는 첫 뻐꾸기이다"라고 표현했다.

더 읽을거리

Appel, K., and W. Haken. 1976. Every planar map is four colorable. *Bulletin of the American Mathematical Society* 82:711-12.

———. 1989. *Every Planar Map Is Four Colorable.*
Contemporary Mathematics, volume 98. Providence,
RI: American Mathematical Society.

Jensen, T., and B. Toft. 1995. *Graph Coloring
Problems.* New York: John Wiley.

Robertson, N., D. Sanders, P. Seymour, and R.
Thomas. 1997. The four-colour theorem. *Journal of
Combinatorial Theory* B 70:2-44.

V.13 대수학의 기본 정리

복소수[I.3 §1.5]는 실수[I.3 §1.4]로부터 얻을 수 있는
것으로 생각할 수 있다. i라고 표기하는 새로운 수를
하나 소개하고, 그것을 방정식 $x^2 = -1$의 해로서,
혹은 동등하게 다항식 $x^2 + 1$의 근으로 규정할 때
말이다. 처음에 이는 인위적인 행동의 산물처럼 보
인다. 다른 다항식에 비해 $x^2 + 1$의 무엇이 그리 중
요한지는 자명하지 않다. 하지만 어떤 전문 수학자
도 그런 판단에 동의하지 않을 것이다. 대수학의 기
본 정리(fundamental theorem of algebra)는 복소수 체
계가 정말로 자연스럽다는, 그것도 지극히 자연스
럽다는 가장 좋은 증거 중 하나이다. 그것은 복소수
체계 내에서 모든 다항식이 근을 가진다고 말한다.
다른 말로 하면, 일단 수 i를 도입하면, 방정식 $x^2 +
1 = 0$을 풀 수 있을 뿐 아니라, 모든 다항방정식을 풀
수 있다(그 계수들 자체가 복소수일지라도). 따라서
복소수를 정의하면 우리가 집어 넣는 것보다 훨씬

더 많은 것을 얻게 된다. 이런 이유로 복소수는 인위
적으로 만들어낸 것이 아니라 훌륭한 발견처럼 보
인다.

많은 다항식들에 대하여 그것이 근을 가진다는
것은 어렵지 않게 알 수 있다. 예를 들어, 만약 어떤
양의 정수 d와 복소수 u에 대해 $P(x) = x^d - u$라면,
P의 근은 u의 d거듭제곱근일 것이다. u를 $re^{i\theta}$ 꼴로
쓸 수 있고, 그러면 $r^{1/d}e^{i\theta/d}$가 그런 근일 것이다. 이
는 다항식이 d거듭제곱근과 보통의 산술적 연산들
로 이루어진 공식으로 풀리면 복소수 체계에서 풀
릴 수 있다는 것을 의미하며, 여기에는 차수가 5 미
만인 모든 다항식이 포함된다. 그러나 5차방정식의
해결불가능성[V.21] 때문에, 모든 다항식을 이런 식
으로 다룰 수는 없고, 대수학의 기본 정리를 증명하
기 위해서, 덜 직접적인 증명을 찾아야만 한다.

사실 이는 실계수 다항식의 실근을 찾고 있을 때
조차도 참이다. 예를 들어, $P(x) = 3x^7 - 10x^6 + x^3
+ 1$이라면 우리는 x^7항이 무엇보다 가장 중요한 항
이기 때문에 x가 크고 양수라면 $P(x)$가 크고 양수이
고, 같은 이유 때문에 x가 크고 음수라면 $P(x)$가 크
고 음수임을 안다. 그러므로 어떤 점에서 P의 그래
프가 x축과 만나고, 이는 $P(x) = 0$인 어떤 x가 존재
한다는 뜻이다. 이 증명은 우리에게 x가 무엇인지
말해주지 않음을 주목하라. '덜 직접적'이라는 건 이
런 의미에서이다.

이제 다항식이 복소수근을 가진다는 것을 어떻게
보일 수 있는지 알아보기 위해, $P(x) = x^4 + x^2 - 6x
+ 9$라는 예를 살펴보자. 이 다항식은 $x^4 + (x - 3)^2$
라고 다시 쓸 수 있고, x^4과 $(x - 3)^2$은 둘 다 음이 아
니며 동시에 0일 수 없기 때문에 P는 실근을 가질

수 없다. 그것이 복소수근을 가짐을 보기 위해, 우리는 큰 실수 r을 고정하고 θ가 0과 2π 사이에서 변할 때 $P(re^{i\theta})$의 움직임을 살펴보는 것으로 시작하자. θ가 이런 방식으로 변할 때, $re^{i\theta}$는 복소평면에서 반지름 r인 원을 따라간다.

이제 $(re^{i\theta})^4 = r^4 e^{4i\theta}$이므로 $P(re^{i\theta})$의 x^4 부분은 반지름이 r^4인 원을 따라가지만 그것을 4번 돌아간다. 만약 r이 충분히 크다면, 나머지(즉, $(re^{i\theta} - 3)^2$)는 $(re^{i\theta})^4$과 비교해 보면 너무 작아서 $P(re^{i\theta})$의 움직임에 미치는 유일한 영향은 그것이 반지름이 r^4인 원으로부터 아주 약간 벗어나게 만드는 것이다. 이 작은 일탈은 $P(re^{i\theta})$의 경로가 0 주위를 4번 돌아가는 것을 멈추기에 충분하지 않다.

다음으로, r이 아주 작을 때 무슨 일이 생기는지 고려해 보자. 그러면 θ의 값이 무엇이건 간에 $(re^{i\theta})^4$, $(re^{i\theta})^2$, $(re^{i\theta})$은 모두 작기 때문에, $P(re^{i\theta})$는 9에 매우 가깝다. 그러나 이는 $P(re^{i\theta})$가 따라가는 경로가 전혀 0 주위를 돌지 않는다는 뜻이다.

임의의 r에 대해 우리는 $P(re^{i\theta})$가 따라가는 경로가 0 주위를 얼마나 여러 번 돌아가는지 물어 볼 수 있다. 우리는 방금 매우 큰 r에 대한 대답은 4번이고 매우 작은 r에 대해서는 0번이라는 것을 밝혔다. 따라서 어떤 중간값 r에 대해 대답이 바뀐다. 그러나 r을 점차적으로 줄인다면, $P(re^{i\theta})$이 지나가면서 만드는 경로는 연속적인 방식으로 바뀌고, 따라서 이 변화가 일어날 수 있는 유일한 방식은 어떤 r에 대해 경로가 0을 지나는 것뿐이다. 이는 우리가 찾고 있던 근을 준다. 왜냐하면 그 경로는 $P(re^{i\theta})$ 꼴의 점들로 이루어져 있고 이런 점들 중 하나가 0이기 때문이다.

위의 추론을 엄밀한 증명으로 바꾸기 위해서 약간의 주의가 필요하다. 그러나 그것은 가능하며, 그 결과로 나오는 증명을 임의의 다항식에 적용되는 증명으로 일반화하는 것은 어렵지 않다.

대수학의 기본 정리는 대개 가우스[VI.26] 덕분이라고 말해진다. 그는 1799년 그의 박사 논문에서 이를 증명했다. (위에서 개략적으로 보인 것과 다른) 그의 증명은 오늘날의 기준으로 보면 완벽하게 엄밀하지 않을지라도 믿을 만했고 거의 맞았다. 나중에 그는 세 가지 증명을 계속하여 더 내놓았다.

V.14 산술의 기본 정리

산술의 기본 정리(fundamental theorem of arithmetic)는 모든 양의 정수는 정확히 한 가지 방법으로 소수들의 곱으로 표현할 수 있다는 주장이다. 이 소수들은 원래 수의 소인수라고 불리며 곱 자체는 소인수분해이다. 몇 가지 예를 들어 보면, $12 = 2 \times 2 \times 3$, $343 = 7 \times 7 \times 7$, $4559 = 47 \times 97$이고 7187은 소수이다. 이 마지막 수는 '곱'이라는 단어를, 관련된 소수가 오직 하나 있는 경우를 포함하는 것으로 해석해야 한다는 걸 보여준다. '정확히 한 가지 방법으로'라는 구절은 소수들이 곱해지는 순서는 중요하지 않다는 뜻으로 이해해야 하고, 따라서 예를 들면 곱 47×97과 97×47을 다른 것으로 간주하지 않는다.

다음의 귀납적 과정은 주어진 양의 정수 n의 소인수분해를 찾을 수 있게 해 준다. 만약 n이 소수이면,

우리는 이미 소인수분해를 찾았다. 그렇지 않다면 p를 n의 가장 작은 소인수라고 하고 $m = n/p$라고 하자. m은 n보다 작기 때문에, 우리는 귀납법에 의해 m의 소인수분해를 찾는 방법을 안다. 그리고 이는 p와 함께 n에 대한 소인수분해를 만든다. 실질적으로, 이것이 의미하는 바는 우리가 수들의 수열을 만들었다는 것인데, 수열의 각 수는 그 전의 수를 가장 작은 소인수에 의해 나눈 것이다. 예를 들어, 수 168을 가지고 시작한다면, 수열은 168, 84, 42, 21로 시작한다. 이제 더 이상 2로 나눌 수 없지만, 3이 21의 인수이므로 수열의 다음 수는 7이다. 7은 소수이기 때문에 이 과정은 끝이 난다. 되돌아보면, $168 = 2 \times 2 \times 2 \times 3 \times 7$임을 보였음을 알게 된다.

일단 이 방법에 익숙해지면, 하나의 수가 확연히 다른 두 가지 소인수분해를 가진다는 것은 상상조차 하기 힘들다는 생각이 든다. 하지만 이 방법은 절대 소인수분해의 유일성을 확실하게 보장하지 않는다. 가장 작은 소인수 대신 가장 큰 소인수로 계속해서 나눈다고 가정하자. 왜 이것이 완전히 다른 소수들의 집합을 주지 않아야 하는가? 'n의 소인수분해'와 같은 문구를 사용하지 않는, 따라서 암묵적으로 증명하려고 착수한 것을 가정하지 않는 증명을 생각하기 어렵다.

상당히 정확한 방법으로 산술의 기본 정리가 자명하지 않음을 보이는 것이 가능하다. 바로 소인수분해라는 개념이 의미가 있지만 수들이 하나 이상의 소인수분해를 가질 수 있는 대수적 구조를 살펴보는 것에 의해서 말이다. $\mathbb{Z}(\sqrt{-5})$라 나타내는 이 구조는 정수 a와 b에 대해 $a + b\sqrt{-5}$ 꼴의 모든 수들의 집합이다. 그런 수들은 보통의 정수들처럼 더

하고 곱할 수 있다. 예를 들면,

$$(1 + 3\sqrt{-5}) + (6 - 7\sqrt{-5}) = 7 - 4\sqrt{-5}$$

와

$$
\begin{aligned}
(1 + 3\sqrt{-5})&(6 - 7\sqrt{-5}) \\
&= 6 - 7\sqrt{-5} + 18\sqrt{-5} - 21(\sqrt{-5})^2 \\
&= 6 + 11\sqrt{-5} + 21 \times 5 \\
&= 111 + 11\sqrt{-5}
\end{aligned}
$$

가 성립한다. 이 구조에서 우리는 수 $x = a + b\sqrt{-5}$의 유일한 인수가 ± 1과 $\pm x$라면 그 수를 소수처럼 생각할 수 있다. (이는 또한 우리가 소수라는 개념을 양의 정수에서 모든 정수까지 확장하고 싶다면 자연스러운 정의일 것이다.) 2와 3이 모두 소수임은 (비록 이제 인수에 대한 가능성이 더 많기 때문에 즉 각적으로 자명하지는 않을지라도) 상당히 쉽게 보일 수 있다. 두 개의 다른 소수들로 $1 + \sqrt{-5}$와 $1 - \sqrt{-5}$가 있다. 그러나 우리는 6을 2×3으로 쓸 수도 있고 $(1 + \sqrt{-5})(1 - \sqrt{-5})$로 쓸 수도 있다. 따라서 6은 두 가지 다른 소인수분해를 가진다. 이 점에 관한 논의를 더 보기 위해서는 대수적 수[IV.1 §§4-8]를 보라.

이 예가 보여주는 것은 만약 산술의 기본 정리에 대한 증명이 있다면 그것은 $\mathbb{Z}(\sqrt{-5})$는 가지지 않은 $\mathbb{Z}$의 어떤 특징을 이용해야 한다는 것이다. 덧셈과 곱셈은 두 구조에서 매우 유사한 방식으로 작동하기 때문에 그런 특징을, 혹은 적어도 관련된 특징이 아닌 것을 찾아내기는 그리 쉽지 않다. 정수에 대한 기본 원리에 상응하는 적절히 유사한 성질이 $\mathbb{Z}(\sqrt{-5})$에 결여되어 있음이 밝혀졌다. 즉 그 기본 원리란 m과 n이 정수라면 $0 \le r < |m|$이면서 $n = qm$

+ r이라고 쓸 수 있다는 것이다. 이 사실은 유클리드 알고리즘[III.22]의 토대가 되는데, 가장 일반적으로 주어지는 유일 인수분해에 대한 증명에서 중요한 역할을 한다.

미적분학의 기본 정리

기본적인 수학의 정의[I.3 §5.5]를 보라.

이차 상호법칙의 가우스 법칙

이차 상호법칙부터 유체론까지[V.28]를 보라.

V.15 괴델의 정리

피터 카메론 *Peter J. Cameron*

러셀의 역설(Russell's paradox)("자기 자신의 원소가 아닌 모든 집합들의 집합을 고려하자. 그것은 그 자신의 원소인가?")과 같은 수학의 토대에 관한 문제들에 대한 답으로, 힐베르트[VI.63]는 수학에서 어떤 주어진 부분의 무모순성(consistency)은 모순을 이끌어낼 수 없는 유한적인 방법에 의해 수립되어야 한다고 제안했다. 이렇게 일관성이 수립된 부분은, 그러고 나서야 모든 수학의 안전한 토대로서 사용할 수 있다.

'수학의 부분'의 한 예로 자연수들의 산술이 있는데, 이는 1차 논리[IV.23 §1]를 가지고 설명할 수 있다. 우리는 논리학 기호('not'과 'implies' 같은 연결자, 'for all' 같은 한정기호, 등호 기호, 변수에 대한 기호들, 그리고 구두점)와 비논리학 기호(고려 중인 수학의 분야에 적당한 상수, 관계, 그리고 함수를 위

한 기호)를 가지고 시작한다. 공식(formula)은 어떤 정확한 규칙에 따라 만들어진 기호들의 유한한 문자열이다. (규칙은 기호들을 기계적으로 인식하게 해 준다.) 우리는 공식들의 어떤 집합을 공리(axiom)로 고정하고, 또한 다른 공식들로부터 어떤 공식을 추론해낼 수 있게 해 주는 몇몇 추론 규칙(rule of inference)을 선택한다. 추론 규칙의 한 예가 연역 추론(modus ponens)이다. 만약 우리가 ϕ와 $(\phi \rightarrow \psi)$를 추론했다면, ψ를 추론할 수 있다. 정리(theorem)는 공리에서부터 시작한 추론들의 사슬(혹은 수형도)의 정점에 있는 공식이다.

자연수에 대한 공리는 페아노[VI.62]에 의해 만들어졌다(페아노 공리[III.67]를 보라). 비논리학 기호들은 0, '후행자 함수(successor function)', 덧셈, 곱셈이다. (마지막 두 개는 귀납적 공리에 의해 다른 것들을 가지고 정의될 수 있다. 예를 들면, 규칙 $x + 0 = x$와 $x + s(y) = s(x + y)$가 덧셈을 정의한다.) 결정적인 공리는 귀납법 원리(principle of induction)로, $P(n)$이 $P(0)$이 참이고 모든 n에 대해 $P(n)$이 $P(s(n))$을 가져오는 공식이라면, $P(n)$은 모든 n에 대해 참이라고 주장한다. 힐베르트의 구체적인 도전은 이 이론의 무모순성을 형식적으로 증명하는 것이었다. 즉 공리들로부터 1차 논리의 규칙들에 의해 어떤 모순도 나올 수 없음을 증명하는 것이었다.

힐베르트 계획은 괴델[VI.92]이 증명한 두 개의 주목할 만한 불완전성 정리(incompleteness theorem)로 인해 실패했다. 첫 번째 정리는 다음과 같이 서술된다.

페아노 공리로부터 참임도 거짓임도 증명될 수 없는

자연수에 관한 (1차) 명제들이 존재한다.

(이는 종종 앞에 '페아노의 공리가 무모순적이라면'이 붙어서 서술된다. 그러나 우리는 자연수의 존재를 받아들이기 때문에, 자연수에 의해 모형화되는 페아노의 공리가 무모순적이라는 것을 안다. 따라서 여기서 그러한 전제조건은 불필요하다. 우리가 그 무모순성이 확실하지 않은 어떤 공리들에 관해 이야기하고 있었다면 그런 전제조건을 포함시켰어야 할지라도 말이다.)

괴델의 증명은 길지만, 두 가지 단순한 아이디어에 기반한다. 첫 번째는 괴델 수 부여(Gödel numbering)로, 이는 각 공식이나 공식들의 수열을 체계적이고 기계적인 방식으로 자연수로써 부호화하는 방법이다.

공식 $\pi(m, n)$이 성립할 필요충분조건은 'n이 m의 증명'인 2변수 공식 $\pi(x, y)$가 존재함을 보일 수 있다는 것이다. 'n이 m의 증명'이라는 것은 m이 공식 ϕ의 괴델 수이고 n이 ϕ의 증명을 구성하는 공식들의 사슬의 괴델 수라고 말하는 것을 간단히 나타내는 방식이다. 약간 더 유연하게, 공식 $\omega(m, n)$이 성립할 필요충분조건은 m이 하나의 자유 변수를 갖는 공식 ϕ의 괴델 수이고, n이 $\phi(m)$의 증명의 괴델 수인 공식 $\omega(m, n)$이 존재하는 것이다. (자유 변수는 양이 명시되지 않은 변수이다. 예를 들어, $\phi(x)$는 공식 $(\exists y)y^2 = x$일 수 있고, 이 경우 x가 자유 변수이다. ϕ의 이런 선택에 대해 수 n은 ϕ의 괴델 수가 완전제곱수라는 증명의 괴델 수일 것이다.)

이제 $\psi(x)$를 공식 $(\forall y)(\neg\omega(x, y))$라 놓자. 만약 ϕ가 (자유 변수를 하나 가지는) 괴델 수가 m인 공식이라면, $\psi(m)$은 $\phi(m)$의 증명이 없다고 말해준다. ($\psi(m)$은 이를 간접적으로 말해준다. 즉 실제로 그것이 말하는 것은 그런 증명의 괴델 수인 y가 없다는 것이다.) p를 ψ의 괴델 수라 하고, ζ가 공식 $\psi(p)$라 하자.

이는 우리에게 자기지시(self-reference)라는 증명의 두 번째 아이디어를 가져다 준다. 공식 ζ는 그것이 그 자신의 증명불가능성을 주장하도록 조심스럽게 고안된다. 왜냐하면 $\psi(p)$는 공식 $\phi(p)$의 증명이 없다고 말해주기 때문이다. 여기서 ϕ는 괴델 수 p를 가지는 공식이다. 다시 말하면, 그것은 $\psi(p)$의 증명이 존재하지 않는다고 말한다. ζ가 그 자신의 증명불가능성을 주장하기 때문에, 그것은 증명할 수 없어야 한다. (왜냐하면 ζ의 증명은 ζ가 증명을 가지지 않는다는 증명일 것인데, 이는 터무니없다.) ζ는 그 증명불가능성을 주장하고 증명할 수 없기 때문에, 그것은 참이어야만 하고, 참이기 때문에 그것은 거짓이라 증명할 수 없다. (왜 ζ가 참이라는 이 증명이 ζ의 증명을 구성하지 않는지 의아해 할지 모른다. 대답은 이 증명이 ζ가 참임을 엄밀하게 보여주는 것일지라도, 그것은 페아노 산술에서 증명이 아니라는 것이다. 즉, 페아노 공리에서부터 시작하여 우리가 앞서 논의했던 종류의 추론의 규칙들을 이용하는 증명이 아니다.)

괴델 수 부여는 또한 괴델이 공리들의 무모순성을 1차 공식으로 간주할 수 있게 해 주었다. 이름하여, $(\forall y)(\neg(\pi(m, y)))$이다. 여기서 m은 공식 $0 = s(0)$ (혹은 임의의 다른 모순)의 괴델 수이다. 다음은 괴델의 두 번째 정리이다.

페아노 공리로부터 그것들이 무모순적이라는 것을 증명하는 것은 불가능하다.

이 정리들의 증명은 페아노 공리에 특정되는 것은 아니며, 자연수를 설명하는 데 충분할 만큼 강력한 기계적으로 인식 가능한 공리들의 임의의 (무모순적인) 체계에 적용된다. 따라서 참이지만 증명할 수 없는 명제를 새로운 공리로 첨가한다고 해서, 완전성을 간단히 회복시킬 수 없다. 왜냐하면 결과로 나오는 체계는 여전히 괴델의 정리를 적용하기에 충분할 만큼 강력하기 때문이다.

자연수의 완전한 공리화를 단순히 모든 참인 명제들을 공리로 채택함으로써 얻을 수 있을 것 같다. 그러나 괴델의 정리에 대한 한 가지 요구조건은 공리들이 어떤 기계적인 방법에 의해 인식될 수 있어야 한다는 것이다. (이는 증명을 시작할 때 공식 $\pi(x, y)$를 만들기 위해 요구된다.) 실제로, 우리는 이로부터 (그 이후에 튜링[VI.94]이 지적한 것처럼) 자연수에 대한 참인 명제들은 기계적으로 인식될 수 없음 (즉, 그것들의 괴델 수는 귀납적인 집합(recursive set)을 형성하지 않음)을 이끌어낼 수 있다.

괴델의 참이지만 증명할 수 없는 명제는 수학의 토대를 위해 중요하지만, 그것은 그 자체로서 흥미롭지는 않다. 나중에 패리스(Paris)와 해링턴(Harrington)이 페아노 공리로부터 증명할 수 없는 수학적으로 중요한 명제의 최초의 예를 주었다. 그들의 명제는 램지 정리[IV.19 §2.2]의 변형이다. 결과적으로 많은 다른 '자연적 불완전성'이 발견되었다.

물론, 페아노 공리의 무모순성은 더 강력한 체계에서 증명될 수 있다. 왜냐하면 우리는 그저 (증명할 수 없는) 무모순적인 명제를 추가할 수 있기 때문이다. 덜 자명하게, 자연수들의 모형은 집합론 내에서 구성될 수 있기 때문에, 페아노 산술학의 무모순성을 (ZFC라 알려진) 체르멜로-프렝켈 공리[IV.22 §3.1]로부터 증명할 수 있다. 물론, ZFC는 그 자체의 무모순성을 증명할 수 없지만, ZFC의 무모순성은 더 강력한 체계로부터(예를 들어, 도달 불가능한 기수[IV.22 §6] 같은 적당히 '큰' 기수의 존재를 주장하는 공리를 첨가하여) 얻어질 수 있다.

수학의 충분히 작은 부분에 대해 때로는 완전한 공리 체계(즉, 모든 참인 명제를 증명할 수 있게 해주는 체계)를 발견하는 것이 가능하다. 예를 들어, 후행자 함수, 그리고 덧셈 하나만 가지는 0을 포함하는 자연수에 관한 이론에 대해 이것이 가능하다. 그러므로 곱셈은 괴델의 논증의 핵심이다.

페아노 공리가 범주적(categorical)이지 않음을 아는 것은 더 쉽다. 자연수와 동형이 아닌 공리들에 대한 모형이 있다. 그런 산술의 비표준 모형(non-standard model of arithmetic)들은 무한히 큰 수(즉, 모든 자연수들보다 더 큰 수)를 포함한다.

괴델의 정리는 인간의 뇌가 결정론적인 기계인가 (이 경우, 우리가 형식적으로 증명할 수 없는 명제를 증명할 수 없다는 것을 미리 가정한다)에 대한 철학자들의 논쟁을 위한 전쟁터였다. 다행히도, 여기서는 여백이 부족해 더 자세히 적지는 못할 것 같다.

골드바흐 추측

가법 정수론의 문제와 결과들[V.27]을 보라.

V.16 그로모프의 다항식 증가 정리

G가 군이고 G의 모든 원소를 g_i와 그 역원들의 곱으로 표현할 수 있다는 의미로 $g_1, \cdots, g_k$가 G의 생성원(generator)이라면, 우리는 G의 원소들을 꼭짓점으로 택하고 h가 gg_i나 gg_i^{-1}와 같은 어떤 i가 존재한다면 g를 h에 연결함으로써 케일리 그래프(Cayley graph)를 정의할 수 있다.

각 r에 대해 γ_r이 항등원으로부터 거리가 최대 r인 원소들의 집합이라 하자. 즉, 생성원과 그 역원에 관하여 최대 r의 길이를 가지는 '단어(word)'로 쓸 수 있는 원소들의 집합이다. (예를 들면, $g = g_1 g_4 g_2^{-3}$이라면, 우리는 g가 γ_5에 속함을 안다.) G가 무한군이면, 집합 γ_r의 크기의 증가 속도는 G에 대해 많은 것을 말해 줄 수 있음이 밝혀졌다. 이는 특별히 그 증가가 지수적 증가보다 느릴 때 참이다. (증가는 항상 지수함수에 의해 위로 유계이다. 왜냐하면 생성원 $g_1, \cdots, g_r$에서 주어진 길이의 단어들은 최대 지수적으로 많이 존재하기 때문이다.)

G가 $g_1, \cdots, g_k$에 의해 생성되는 가환군이라면, γ_r의 모든 원소는 $\sum_{i=1}^{k} a_i g_i$ 꼴로, 여기서 $a_1, \cdots, a_k$는 $\sum_{i=1}^{k} |a_i| \leq r$인 정수들이다. γ_r의 크기는 최대 $(2r + 1)^k$임이 쉽게 따라 나온다. (그리고 약간 더 노력하면 이 한계를 향상시킬 수 있다). 따라서 r이 무한대로 감에 따라 γ_r의 증가 속도는 r에 관한 차수 k인 다항식에 의해 위로 유계이다. G가 $g_1, \cdots, g_k$에 의해 생성되는 자유군[IV.10 §2]이라면, 원소 g_i에 대한(그러나 그 역원에 대해서는 아닌) 길이 r인 모든 단어들은 G의 다른 원소들을 가져오고, 따라서 γ_r의 크기는 적어도 k^r이다. 즉 이 경우 증가 속도는

지수적이다. 더 일반적으로, G가 비가환 자유 부분군을 포함할 때마다 지수적 증가 속도가 나올 것이다.

이런 관찰들은 G가 가환군과 더 비슷할수록 증가 속도가 더 느려질 가능성이 크다는 것을 암시한다. 그로모프의 정리는 이 선상에서 주목할 만큼 정확한 결과이다. 그것은 집합 γ_r의 증가 속도가 r에 관한 다항식에 의해 위로 유계일 필요충분조건이 G가 유한한 지표를 갖는 멱영부분군(nilpotent subgroup)을 가지는 것이라고 말한다. 이 조건은 실제로 G가 어느 정도 가환군 같다고 말한다. 왜냐하면 멱영군은 '가환군과 가깝고' 유한 지표를 가지는 부분군은 '전체군과 가깝기' 때문이다. 예를 들어, 전형적인 멱영군은 하이젠베르크 군(Heisenberg group)으로, 대각선 아래는 0, 대각선에는 1, 대각선 위에는 정수를 가지는 모든 3×3 행렬들로 이루어진다. 그러한 임의의 두 행렬 X와 Y가 주어졌을 때, 곱 XY와 YX는 오직 오른쪽 위 코너에서만 다르고 '오차 행렬' $XY - YX$는 군의 모든 원소와 교환법칙이 성립한다. 일반적으로, 멱영군은 가환군으로부터 유한한 개수의 단계를 통해 통제된 방식으로 만들어진다.

그 정리에 관한 더 자세한 논의는 '멱영(nilpotent)'에 관한 정확한 정의를 포함하여, 기하적/조합적 군론[IV.10]에서 찾아볼 수 있다. 여기서 우리는 그로모프의 정리가 단단함 정리(rigidity theorem)의 아름다운 예라는 사실을 강조한다. 만약 (집합 γ_r의 증가 속도가 다항식이기 때문에) 군이 멱영군과 비슷한 방식으로 행동한다면, 매우 정확하고 대수적인 방식으로 실제로 멱영군과 관련되어야 한다. (그런 정리의 또 다른 예를 위해 모스토의 강한 단단함 정리

[V.23]를 보라.)

V.17 힐베르트의 영점정리

$f_1, \cdots, f_n$이 d개의 복소변수 $z_1, \cdots, z_d$에 관한 다항함수들의 모임이라 하자. 모든 복소수 d-순서쌍 $z = (z_1, \cdots, z_d)$에 대해

$$f_1(z)g_1(z) + f_2(z)g_2(z) + \cdots + f_n(z)g_n(z) = 1$$

을 만족하는 다항함수 $g_1, \cdots, g_n$의 또 다른 모임을 찾을 수 있다고 가정하자. 그러면 즉시 그런 d-순서쌍은 모든 f_i의 근일 수 없음이 따라 나온다. 왜냐하면 그렇지 않다면 좌변은 0과 같을 것이기 때문이다. 놀랍게도 그 역 또한 성립한다. 즉, 만약 다항함수 f_i가 동시에 모두 0이 되는 d-순서쌍이 없다면, 위의 항등식이 성립하는 다항함수 g_i를 찾을 수 있다. 이 결과가 **약한 영점정리**(weak Nullstellensatz)라 알려진 것이다.

짧은(그러나 영리한) 논증을 사용하여 약한 영점정리에서부터 **힐베르트의 영점정리**(Hilbert's Nullstellensatz)를 이끌어낼 수 있다. 이는 다시 한번 자명한 필요조건이 충분조건이 된다는 명제이다. h가 d개의 복소변수를 가지는 또 다른 다항 함수이고, 어떤 양의 정수 r과 다항함수들의 모임 $g_1, \cdots, g_n$에 대해 다항함수 h^r이 $f_1g_1 + f_2g_2 + \cdots + f_ng_n$ 꼴로 쓰일 수 있다고 가정하자. 모든 i에 대해 $f_i(z) = 0$일 때 $h(z) = 0$임이 즉시 따라 나온다. 힐베르트의 영점정리는 모든 i에 대해 $f_i(z) = 0$일 때 $h(z) = 0$이라면,

어떤 양의 정수 r과 다항함수들의 모임 $g_1, \cdots, g_n$이 존재하여 $h^r = f_1g_1 + f_2g_2 + \cdots + f_ng_n$이 성립한다고 말한다.

힐베르트의 영점정리는 대수기하학[IV.4 §§5, 12]에서 더 논의된다.

V.18 연속체가설의 독립성

실수는 비가산[III.11]이다. 하지만 실수가 '가장 작은' 비가산 집합을 형성하는가? 달리 말해, A가 임의의 실수들의 집합이라면 A는 가산이거나 아니면 A와 모든 실수들의 집합 사이에 일대일대응 함수가 존재하는 경우밖엔 없단 말인가? **연속체가설**(continuum hypothesis)(혹은 CH)은 이것이 실제로 참이라는 주장이다. 가산과 비가산이라는 개념은 **칸토어**[VI.54]에 의해 발명되었다. 그는 또한 CH를 공식적으로 만든 최초의 인물이다. 그는 그것이 참임을, 혹은 거짓임을 증명하기 위해 열심히 노력했고, 그 이후로도 많은 이들이 노력했지만 어느 누구도 성공하지 못했다.

점차적으로 수학자들은 CH는 보통의 수학과 '독립적', 즉 통상적인 집합론의 ZFC 공리[IV.22 §3.1]와 독립적일지도 모른다는 아이디어를 제공하게 되었다. 이는 ZFC 공리로부터 그것이 참이라고 증명할 수도, 거짓이라고 증명할 수도 없다는 뜻이다.

이 방향으로의 첫 번째 결과는 **괴델**[VI.92]에 의한 것으로, 보통의 공리들로는 CH가 거짓임을 증명할 수 없음을 보였다. 다시 말해서, CH를 가정함으

로써 모순에 도달할 수 없었다. 이를 위해 그는 모든 집합론의 모형[IV.22 §3.2] 안에 CH가 성립하는 모형이 존재함을 보였다. 이 모형은 '구성 가능한 모집단(constructible universe)'이라고 불린다. 대략적으로 말하자면, 그것은 공리들이 참이라면 '존재해야 하는' 그런 집합들로만 구성된다. 따라서 이 모형에서 실수들의 집합은 가능한 한 가장 작다. '가장 작은 비가산 크기'는 보통 $\aleph_1$이라 나타내고, 괴델의 구성에서 오직 셀 수 있을 만큼 많은 실수들만이 각 단계에서 나타나면서 실수들은 $\aleph_1$단계에서 나타난다. 이것으로부터 실수들의 개수는 $\aleph_1$이라는 걸 이끌어낼 수 있고, 이것이 정확하게 CH의 주장이다.

다른 방향은 폴 코헨(Paul Cohen)이 강제(forcing) 방법을 발명할 때까지 30년을 기다려야 했다. 어떻게 우리는 CH가 거짓이 되게 만들 수 있을까? (CH가 성립하는 것은 당연한) 집합론의 어떤 모형으로부터 시작하여, 우리는 그것에 어떤 실수들을 '추가'하려 한다. 사실 이제 그것들이 $\aleph_1$보다 더 많을 만큼 충분히 추가하려는 것이다. 그러나 어떻게 실수를 '추가'할 수 있을까? 우리는 결과물이 여전히 집합론의 모형임을 확실하게 할 필요가 있다. 그것만으로도 충분히 어려운데, 게다가 새로운 실수들을 추가할 때, $\aleph_1$의 값이 절대 바뀌지 않도록 해야 한다. (그렇지 않으면 '실수들의 개수가 $\aleph_1$'이라는 명제는 새로운 모형에서도 여전히 참일 것이기 때문이다.) 이는 개념적으로나 기술적으로나 극히 복잡한 일이다. 어떻게 이를 수행했는지 더 자세히 알고 싶다면 집합론[IV.22]을 보라.

V.19 부등식들

x와 y가 음수가 아닌 두 실수라 하자. 그러면 $(\sqrt{x} - \sqrt{y})^2 = x + y - 2\sqrt{xy}$는 음수가 아닌 실수이고, 이로부터 $\frac{1}{2}(x + y) \geq \sqrt{xy}$가 따라 나온다. 즉, x와 y의 산술 평균(arithmetic mean)은 적어도 기하 평균(geometric mean)만큼 크다. 이 결론은 수학적 부등식의 매우 단순한 예이다. 그것을 n개의 수로 일반화한 것을 AM-GM 부등식이라고 부른다.

어떤 수학 분야가 해석학의 향기를 조금이라도 풍긴다면 부등식은 매우 중요하다. 그런 분야에는 해석학뿐만 아니라 확률론, 조합론의 일부, 정수론과 기하학이 포함된다. 부등식은 해석학의 분야 중 더 추상적인 몇몇 분야에서는 덜 중요하다. 하지만 거기에서도 추상적인 결과를 적용하려고 하자마자 부등식이 필요하다. 예를 들어, 바나흐 공간[III.62] 간의 연속 선형 작용소[III.50]에 대한 정리를 증명하는 데 부등식이 항상 필요하지는 않을지 모른다. 하지만 특정한 두 바나흐 공간 간의 어떤 특정한 선형 작용소가 연속이라는 명제는 부등식으로 나타나고, 종종 매우 흥미로운 부등식이다. 우리는 지면의 제약상 아주 소수의 부등식에 대해서만 이야기할 수밖에 없다. 하지만 우리는 어떤 해석학자의 도구 상자에라도 들어 있을 가장 중요한 부등식 몇 가지를 포함시킬 것이다.

젠센 부등식(Jensen's inequality)은 또 다른 단순하지만 유용한 부등식이다. 함수 $f : \mathbb{R} \to \mathbb{R}$에 대하여 음수가 아닌 실수 λ와 μ가 $\lambda + \mu = 1$을 만족할 때 $f(\lambda x + \mu y) \leq \lambda f(x) + \mu f(y)$가 성립한다면 f는 볼록(convex)이라고 한다. 기하학적으로, 이는 함수의 그

래프 상의 모든 현들이 그래프의 위쪽에 놓여 있다고 말한다. 직접적인 귀납법 증명을 사용하여 이 성질이 n개의 수들에 대해 같은 성질을 가져옴을 보일 수 있다. 즉 모든 λ_i가 음이 아니고 $\lambda_1 + \cdots + \lambda_n = 1$일 때

$$f(\lambda_1 x_1 + \cdots + \lambda_n x_n) \leqslant \lambda_1 f(x_1) + \cdots + \lambda_n f(x_n)$$

이 성립한다. 이것이 젠센 부등식이다.

지수함수[III.25]의 이계 도함수는 양수이고, 이로부터 지수함수 그 자체가 볼록임이 따라 나온다. 만약 $a_1, \cdots, a_n$이 양의 실수이고 젠센 부등식을 수 $x_i = \log(a_i)$에 적용하면, 지수함수와 **로그함수**[III.25 §4]의 표준적 성질들을 이용하여

$$a_1^{\lambda_1} \cdots a_n^{\lambda_n} \leqslant \lambda_1 a_1 + \cdots + \lambda_n a_n$$

을 얻는다. 이는 **가중치 AM-GM 부등식**(weighted AM-GM inequality)이라 불린다. 모든 λ_i가 $1/n$과 같을 때, 보통 AM-GM 부등식이 따라 나온다. 젠센 부등식을 다른 유명한 볼록 함수에 적용하면 여러 개의 다른 잘 알려진 부등식이 나온다. 예를 들어, 그것을 함수 x^2에 적용하면, 우리는 부등식

$$(\lambda_1 x_1 + \cdots + \lambda_n x_n)^2 \leqslant \lambda_1 x_1^2 + \cdots + \lambda_n x_n^2 \quad (1)$$

을 얻는다. 이를 X가 유한 표본 공간 상의 **확률 변수**[III.71 §4]라면, $(\mathbb{E}X)^2 \leqslant \mathbb{E}X^2$이라고 해석할 수 있다.

코시-슈바르츠 부등식(Cauchy-Schwarz inequality)은 아마도 수학 모든 분야에서 가장 중요한 부등식일 것이다. V가 **내적**[III.37] $\langle \cdot, \cdot \rangle$을 가지는 실벡터 공간이라 가정하자. 내적은 모든 $v \in V$에 대해 $\langle v,$

$v \rangle \geqslant 0$이고, 등호는 $v = 0$일 때만 성립하는 성질이 있다. $\|v\|$를 $\langle v, v \rangle^{1/2}$라고 쓰자. x와 y가 V의 두 벡터로 $\|x\| = \|y\| = 1$이라면, $0 \leqslant \|x - y\|^2 = \langle x - y, x - y \rangle = \langle x, x \rangle + \langle y, y \rangle - 2\langle x, y \rangle = 2 - 2\langle x, y \rangle$이다. 따라서 $\langle x, y \rangle \leqslant 1 = \|x\| \|y\|$가 성립한다. 더구나 등식은 $x = y$일 때에만 성립한다. 음이 아닌 두 실수 λ와 μ에 대해 x에 λ를 y에 μ를 곱하여 벡터들의 일반적 순서쌍을 얻을 수 있다. 그러면 부등식의 양변은 $\lambda\mu$의 인수에 의해 늘어나고, 따라서 우리는 부등식 $\langle x, y \rangle \leqslant \|x\| \|y\|$가 일반적으로 성립하고, 등식은 x와 y가 비례할 때에만 성립한다고 결론 내릴 수 있다.

특정한 내적 공간은 이 부등식의 특별한 경우를 가져오는데, 그 자체도 종종 코시-슈바르츠 부등식이라고 불린다. 예를 들면, 내적 $\langle a, b \rangle = \sum_{i=1}^{n} a_i b_i$를 가진 공간 $\mathbb{R}^n$을 택한다면, 부등식

$$\sum_{i=1}^{n} a_i b_i \leqslant \left(\sum_{i=1}^{n} a_i^2 \right)^{1/2} \left(\sum_{i=1}^{n} b_i^2 \right)^{1/2} \quad (2)$$

을 얻는다. 복소수 스칼라에 대해 비슷한 부등식을 이끌어내는 것은 어렵지 않다. 단 우변에서 a_i^2와 b_i^2를 $|a_i|^2$과 $|b_i|^2$을 가지고 대신할 필요가 있다. 또한 부등식 (2)가 위의 부등식 (1)과 동치임을 증명하는 것은 그리 어렵지 않다.

횔더 부등식(Hölder's inequality)은 코시-슈바르츠 부등식의 중요한 일반화이다. 또다시 그것은 여러 가지 형태를 가진다. 하지만 부등식 (2)에 대응하는 것은

$$\sum_{i=1}^{n} a_i b_i \leqslant \left(\sum_{i=1}^{n} |a_i|^p \right)^{1/p} \left(\sum_{i=1}^{n} |b_i|^q \right)^{1/q}$$

로, 여기서 p는 구간 $[1, \infty)$에 속하고 q는 p의 **켤레 지표**(conjugate index)로 방정식 $1/p + 1/q = 1$을 만족시키는 수로 정의된다. (우리는 $1/\infty$는 0이라고 해석한다.) 만약 양 $(\sum_{i=1}^{n} |a_i|^p)^{1/p}$를 $\|a\|_p$라고 쓴다면, 이 부등식은 간단히 $\langle a, b \rangle \leqslant \|a\|_p \|b\|_q$라고 다시 쓸 수 있다.

각 수열 a에 대해, 위의 부등식에서 등호가 성립하는 또 다른 (0이 아닌) 수열 b를 찾아내는 것은 금방 풀 수 있는 연습문제이다. 또한 음수가 아닌 스칼라를 b에 곱한다면 부등식의 양변이 같은 방식으로 크기가 변한다. $\|a\|_p$는 $\|b\|_q = 1$인 모든 수열 b에 대한 $\langle a, b \rangle$의 최댓값임이 따라 나온다. 이 사실을 이용하여, 함수 $a \mapsto \|a\|_p$가 **민코프스키 부등식**(Minkowski's inequality) $\|x + y\|_p \leqslant \|x\|_p + \|y\|_p$를 만족시킴을 보이는 것은 쉽다.

이는 횔더 부등식이 매우 중요한 이유에 대한 아이디어를 준다. 일단 민코프스키 부등식을 갖게 되면, $\|\cdot\|_p$가 (그 기호가 암시하는 것처럼) $\mathbb{R}^n$에서 **노름** [III.62]임을 확인하는 것은 매우 쉽다. 이는 이 글을 시작할 때 언급했던 현상에 대한 훨씬 더 기본적 예이다. 그저 어떤 노름 공간이 노름 공간임을 보이기 위해, 우리는 실수에 관한 부등식을 증명해야만 했다. 특별히, $p = 2$인 경우를 살펴보면, **힐베르트 공간** [III.37]에 관한 전체 이론이 코시-슈바르츠 부등식에 달려 있음을 알게 된다.

민코프스키 부등식은 **삼각 부등식**(triangle inequality)의 특별한 경우이다. 이는 x, y, z가 거리공간 [III.56]의 세 점이라면, $d(a, b)$가 a와 b 사이의 거리를 나타낼 때, $d(x, z) \leqslant d(x, y) + d(y, z)$라고 말한다. 이와 같이 놓으면, 삼각 부등식은 동어반복

(tautology)이다. 왜냐하면 그것은 거리 공간의 공리들 중 하나이기 때문이다. 그러나 거리(distance)에 대한 특정한 개념이 실제로도 계량(metric)이 된다는 명제는 전혀 무의미하지 않다. 우리가 고려 중인 공간은 $\mathbb{R}^n$이고 $d(a, b)$를 $\|a - b\|_p$라고 정의한다면, 민코프스키 부등식이 이런 거리의 개념에 대한 삼각 부등식과 동치임을 쉽게 보일 수 있다.

위의 부등식들은 자연스러운 '연속적 유사 형태'도 가지고 있다. 예를 들어, 여기 횔더 부등식의 연속적 형태가 있다. $\mathbb{R}$에서 정의된 두 함수 f와 g에 대하여 $\langle f, g \rangle$를 $\int_{-\infty}^{\infty} f(x) g(x) \, dx$라고 정의하고 $(\int_{-\infty}^{\infty} |f(x)|^p)^{1/p}$을 $\|f\|_p$라 쓰자. 그러면 다시 한번, q가 p의 켤레 지표일 때, $\langle f, g \rangle \leqslant \|f\|_p \|g\|_q$가 성립한다. 또 다른 예는 젠센 부등식의 연속적 형태로, 이는 연속적 상황에서 f가 볼록이고, X가 확률변수라면, $f(\mathbb{E}X) \leqslant \mathbb{E}f(X)$가 성립한다고 서술된다.

우리가 이제까지 언급했던 모든 부등식들에서 우리는 두 양 A와 B를 비교해 왔고, A와 B의 비가 최대가 되는 극단적 경우들을 알아내는 것은 쉬웠다. 그러나 모든 부등식이 이렇지는 않다. 예를 들어, 실수들의 수열 $a = (a_1, a_2, \cdots, a_n)$에 대해 다음의 두 양을 고려하자. 첫째는 노름 $\|a\|_2 = (\sum_{i=1}^{n} a_i^2)^{1/2}$이다. 둘째는 ϵ_i가 1 또는 -1인 모든 2^n개의 수열 $(\epsilon_1, \epsilon_2, \cdots, \epsilon_n)$에 대한 $|\sum_{i=1}^{n} \epsilon_i a_i|$의 평균이다. (다시 말하면, 모든 i에 대해 우리는 무작위로 a_i에 -1을 곱할 것인지 아닌지를 결정한 다음 그 합의 절댓값의 기댓값을 택한다.) 첫 번째 값이 항상 두 번째 값보다 작지는 않다. 예를 들어, $n = 2$이고 $a_1 = a_2 = 1$이라 놓자. 그러면 첫 번째 수는 $\sqrt{2}$이고 두 번째 수는 1이다. 그러나 힌친 부등식(Khinchin's inequality)(좀 더 정확하게 말하자면 힌친의 부등식의 중요한 특별한 경우)은 첫 번째 값이 두 번째 값에 C를 곱한 값보다 크지 않은 상수 C가 존재한다는 놀라운 명제이다. 부등식 $\mathbb{E}X^2 \geqslant (\mathbb{E}X)^2$를 사용하여 첫 번째 값이 항상 적어도 두 번째 값만큼 크다는 것을 증명하는 것은 어렵지 않다. 따라서 상당히 달라 보이는 두 값들은 사실은 '상수배를 무시하면 동치'이다. 그러나 무엇이 가장 좋은 상수인가? 다시 말하면, 첫 번째 값이 두 번째 값보다 얼마나 더 클 수 있는가? 이 질문은 힌친이 원래 부등식을 증명한 이래 50년 이상 지난 후, 1976년에야 비로소 스타니슬로 샤렉(Stanisław Szarek)에 의해 대답이 주어졌다. 대답은 앞서 주어진 예가 극단적이라는, 즉 그 비는 절대 $\sqrt{2}$를 넘을 수 없다는 것이었다.

이 상황은 전형적이다. 가장 좋은 상수가 부등식 그 자체보다 훨씬 나중에 발견된 유명한 부등식의 또 다른 예로 하우스도르프-영 부등식(Hausdorff-Young inequality)이 있다. 이 부등식은 함수의 노름과 그 푸리에 변환[III.27]의 노름을 관련 짓는다. $1 \leqslant p \leqslant 2$이고 f는 $\mathbb{R}$에서 $\mathbb{C}$로 가는 함수로 노름

$$\|f\|_p = \left(\int_{-\infty}^{\infty} |f(x)|^p \mathrm{d}x \right)^{1/p}$$

이 존재하고 유한하다는 성질을 가진다고 가정하자. $\hat{f}$이 f의 푸리에 변환이라고 하고 q는 p의 켤레 지표라 하자. 그러면 p에만 의존하는(f에는 의존하지 않는) 어떤 상수 C_p가 존재하여 $\|\hat{f}\|_q \leqslant C_p\|f\|_p$가 성립한다. 다시 한번 언급하지만, 최상의 상수 C_p를 결정하는 것은 오랫동안 미해결 문제였다. 이 경우 '극단적' 함수가 가우스 함수, 즉 $f(x) = \mathrm{e}^{-(x-\mu)^2/2\sigma^2}$ 꼴의 함수들이라는 사실로부터 왜 그 결정이 어려

웠을지 짐작할 수 있다. 하우스도르프-영 부등식의 개략적 증명은 조화해석학[IV.11 §3]에서 찾을 수 있다.

기하학적 부등식(geometric inequality)으로 알려진 부등식의 중요한 부류가 있다. 여기서 비교하고자 하는 양들은 기하학적 대상들과 연관된 매개변수들이다. 그런 부등식 중 유명한 예가 브룬-민코프스키 부등식(Brunn-Minkowski inequality)으로, 다음과 같이 서술된다. A와 B가 $\mathbb{R}^n$의 두 부분집합이라 하고, $A + B$를 집합 $\{x + y : x \in A, y \in B\}$라고 정의하자. 그러면

$$(\mathrm{vol}(A + B))^{1/n} \geqslant \mathrm{vol}(A)^{1/n} + \mathrm{vol}(B)^{1/n}$$

이 성립한다. 여기서 $\mathrm{vol}(X)$는 집합 X의 n차원 부피(혹은 수학적으로 더 정확하게, 르베그 측도[III.55])를 나타낸다. 브룬-민코프스키 부등식은 비슷하게 유명한 (등주 부등식들의 큰 부류 중 하나인) $\mathbb{R}^n$에서의 등주 부등식(isoperimetric inequality)을 증명하는 데 사용할 수 있다. 대략적으로 말하면, 이는 주어진 부피를 가지는 모든 집합들 중에서 가장 작은 표면적을 가지는 것은 구면이라고 말한다. 왜 이것이 브룬-민코프스키 부등식으로부터 나오는지에 대한 설명은 고차원 기하학과 그것의 확률적 유사[IV.26 §3]에서 찾아볼 수 있다.

우리는 한 가지 부등식을 더 살펴보고 이 간략한 예시를 마치겠다. 그것은 바로 소볼레프 부등식(Sobolev inequality)으로 이는 편미분방정식의 이론에서 중요하다. f가 $\mathbb{R}^2$에서 $\mathbb{R}$로 가는 미분가능한 함수라고 가정하자. 이 함수의 그래프는 xy-평면 위에 놓여 있는 $\mathbb{R}^3$ 상의 매끄러운 곡면으로 볼 수

있다. 또한 f가 **콤팩트지지함수**(compactly supported function)라고 가정하자. 이는 (x, y)에서 $(0, 0)$까지의 거리가 M보다 멀다면 $f(x, y) = 0$이 성립하는 M이 존재한다는 뜻이다. 이제 어떤 L_p 노름으로 측정한 f의 크기를 다른 L_p 노름으로 측정한 **그래디언트**[I.3 §5.3] ∇f의 크기를 가지고 제한하고 싶다. 여기서 함수 f의 L_p 노름은

$$\|f\|_p = \left(\int_{\mathbb{R}^2} |f(x, y)|^p \mathrm{d}x\,\mathrm{d}y \right)^{1/p}$$

로 정의한다.

1차원에서 그런 제한은 불가능함이 분명하다. 예를 들면, 구간 $[-M, M]$ 내의 모든 곳에서의 값이 1이고, 더 넓은 구간 $[-(M + 1), M + 1]$의 바깥의 모든 곳에서 0이며, 그 사이에서 1부터 0까지 부드럽게 감소하는 미분 가능한 함수를 가질 수 있다. 그러면 M을 증가시켜도 도함수의 크기는 변하지 않을 것이다. 우리는 그저 도함수가 0이 아닌 두 부분을 더 멀리 떨어지게 움직일 것이다. 반면, M을 증가시킴으로써 우리는 f의 크기를 원하는 만큼 크게 증가시킬 수 있다. 그러나 2차원에서 함수의 '경계'는 그 함수의 크기가 커짐에 따라 커지기 때문에 이런 종류의 함수를 만들 수 없다. 소볼레프 부등식은 $1 \leq p < 2$이고 $r = 2p/(2 - p)$라면, $\|f\|_r \leq C_p\|\nabla f\|_p$가 성립한다고 말한다. 왜 이것이 그럴듯한지 보기 위해, $p = 1$이고 따라서 $r = 2$인 경우를 생각하자. f가 원점을 중심으로 하는 반지름 M인 원 내부의 모든 곳에서는 1이고, 반지름이 $M + 1$인 원의 외부의 모든 곳에서는 0인 함수라 하자. 그러면 M이 증가함에 따라, ($\|f\|_2^2$는 반지름이 M인 원의 넓이와 대략 같기 때문에) 노름 $\|f\|_2$가 M에 비례하여 증가하

고, ($\|\nabla f\|_1$은 원의 경계의 길이와 대충 비례하기 때문에) $\|\nabla f\|_1$도 그러하다. 이 개략적인 증명이 암시하는 것처럼, 평면에서 소볼레프 부등식과 등주 부등식 사이에는 밀접한 연관이 있다. 그리고 등주 부등식처럼, 소볼레프 부등식은 각 n에 대해 n차원 형태를 가진다. 이제 조건이 $1 \leq p < n$이고 r이 $np/(n - p)$로 바뀌는 것만 제외하면 같은 결과가 성립한다.

V.20 정지 문제의 해결불가능성

수학의 어떤 분야를 완전히 이해한다는 것은 무슨 뜻인가? 한 가지 가능한 대답은 그 분야의 문제들을 **기계적으로 풀 수 있을 때** 그것을 이해한다고 말하는 것이다. 예를 들어, 다음 질문을 고려해 보라. 짐의 나이는 어머니의 나이의 절반이고, 12년이 지나면 그의 나이는 어머니 나이의 5분의 3이 될 것이다. 그의 어머니는 현재 몇 살인가? '5분의 3'의 의미를 겨우 이해할 정도의 나이인 어린아이에게, 이것은 불가능할 정도로 어려운 문제일 것이다. 똑똑하고 조금 더 나이가 많은 아이는 열심히 생각해 본 후에 이 문제를 풀 수 있을지 모르는데, 아마도 어느 정도의 시행착오를 겪을 것이다. 그러나 그런 문제를 방정식으로 변환시키는 방법을 배우고 1차식 두 개로 이루어진 연립방정식을 푸는 방법을 아는 모든 이에게, 이 문제를 푸는 것은 순전히 판에 박힌 일이다. x를 짐의 나이라 하고 y를 어머니의 나이라 하자. 그러면 이 문제는 $2x = y$이고 $5(x + 12) = 3(y + $

12)라고 말한다. 두 번째 방정식을 다시 정리하면 $3y - 5x = 24$가 된다. 여기에 $y = 2x$를 대입하면 그 결과로 $x = 24$가 나오고 따라서 $y = 48$이다.

수학을 더 많이 배우면 배울수록, 전에는 어렵고 독창성이 필요한 것 같았던 문제들이 점점 더 이런 종류의 방식으로 판에 박힌 것이 된다. 그리고 결국에는 모든 수학을 궁극적으로 기계적인 절차로 환원시킬 수 있는지 묻고 싶은 유혹이 생긴다. 그리고 그것이 너무 많은 것을 바라는 게 아니냐고 생각할지라도, 여전히 연립방정식처럼 어떤 자연스러운 문제들의 부류에 대해 그런 질문을 할 수 있다. 어쩌면 충분히 '자연스러운' 부류에 속하는 문제는 무엇이든 풀 수 있는 기계적인 절차가 항상 존재할지 모른다. 비록 그 기계적 절차를 찾아내는 체계적인 방법이 반드시 존재하지는 않을지라도 말이다.

수 세기 동안 집중적으로 연구되었던 문제들의 한 종류가 **디오판토스 방정식**(Diophantine equation)에 관한 문제들이다. 디오판토스 방정식은 그 해가 정수여야 한다고 명시된 하나 혹은 그 이상의 변수들로 이루어진 방정식이다. 가장 유명한 디오판토스 방정식은 페르마 방정식 $x^n + y^n = z^n$이지만, 이는 그 변수 중 하나인 n이 지수로서 나타나기 때문에 조금 복잡하다. 우리가 관심사를 $x^2 - xy + y^2 = 157$과 같은 **다항 방정식**으로 제한시켰다고 가정하자. 그런 방정식이 정수해를 가지는지 가지지 않는지를 말해주는 체계적인 방법이 존재하는가?

방정식 $x^2 - xy + y^2 = 157$의 좌변은 $(x^2 + y^2 + (x - y)^2)/2$와 같다. 따라서 임의의 해 (x, y)는 $x^2 + y^2 \leq 314$를 만족시켜야 하는데, 이 부등식은 방정식을 푸는 과정을 단지 해 $x = 12$, $y = 13$(혹은 순서

를 바꿔도 된다)을 찾을 때까지 모든 가능성을 시도해 보는 간단한 일로 만들어준다. 그러나 해를 일일이 찾아보기가 항상 가능한 것은 아니다. 예를 들어, 방정식 $2x^2 - y^2 = 1$을 생각해 보라. 이는 대수적 수[IV.1 §1]에서 논의된 **펠 방정식**(Pell equation)의 특별한 경우이다. 펠 방정식은 **연분수**[III.22]를 이용하여 체계적으로 풀 수 있고, 이는 변수를 2개 가지는 차수가 2 이하인 모든 다항 방정식들의 체계적인 해법을 만들어낸다.

19세기 말까지, 이런 그리고 많은 다른 디오판토스 방정식들이 완전히 해결되었지만, 그것들 전부를 다루는 포괄적인 단일한 방법은 없었다. 문제가 이런 상태였기 때문에, **힐베르트**[VI.63]는 그의 23개 미해결 문제들의 유명한 목록 중 열 번째 문제로서, 변수의 개수와 상관 없이 모든 다항 디오판토스 방정식을 풀 수 있는 하나의 보편적인 절차가 존재하는가라는 질문을 포함시켰다. 그 이후 1928년에 그는 이전의 질문을 암시하는 더 일반적인 질문을 했다. 어떠한 수학적 명제의 참 혹은 거짓을 결정하기 위한 보편적인 절차가 존재하는가? 이 질문은 (독일어로 '결정 문제(decision problem)'를 뜻하는) Entscheidungsproblem이라고 알려졌다.

힐베르트는 두 질문 모두에 대한 대답을 "예"라고 예상했다. 혹은 적어도 그러기를 바랐다. 다시 말해서, 그는 그 당시의 수학자들이 연립방정식을 푸는 방법을 아직 다 배우지 못한 어린아이와 같은 처지이기를 바랐다. 적어도 이론상으로는 모든 수학 문제들을 체계적으로 그리고 타고난 지혜에 의존하지 않고서 해결하는 것이 가능한 새로운 시대가 시작될지도 모를 일이었다.

그런 견해를 뒷받침해 주는 증거는 그리 강력하지 않았다. 비록 어떤 종류의 문제들은 완전히 체계적으로 해결될 수 있었지만, 디오판토스 방정식을 포함한 다른 것들은 완고하게 저항했고, 수학적 연구에서 독창성의 역할은 그 어느 때보다 중요해 보였다. 그러나 힐베르트의 질문에 **부정적인 대답**을 하려고 하면 중요한 도전에 맞닥뜨리게 되었다. 특정한 일을 해내기 위한 체계적인 절차가 없다는 것을 엄밀하게 증명하기 위해서, '체계적인 절차'가 정말 무엇인지를 완벽하게 명확히 알고 있어야 한다.

오늘날 이에 대한 쉬운 대답이 존재한다. 즉 체계적인 절차는 컴퓨터가 작동하도록 프로그래밍할 수 있는 어떤 것이다. (엄밀히 말하자면, 컴퓨터가 가질 수 있는 저장 공간에 제한이 없다는 이상적인 가정도 해야 하기 때문에 이것은 과장된 단순화이다.) 우리가 연립방정식을 풀기 위해 너무 열심히 생각할 필요가 없다고 느끼는 것은 그것을 수행할 컴퓨터 프로그램을 고안해낼 수 있다는 사실을 반영한다. (비록 그 프로그램이 빠르고 수치적으로 안정적(robust)이기를 바란다면, 매우 흥미로운 문제를 마주하게 되겠지만 말이다. 수치해석학[IV.21 §4]을 참조하라.) 그러나 힐베르트는 컴퓨터가 존재하기 전에 그러한 질문을 했고, 따라서 1936년에 처치[VI.89]와 튜링[VI.94]이 독자적으로 우리가 오늘날 알고리즘[IV.20 §1]이라고 부르는 것의 개념을 공식화한 것은 놀라운 성취였다. 즉 그들 각각은 알고리즘이라는 개념의 정확한 정의를 제공했다. 그들의 정의는 상당히 달랐지만, 이후 동치임이 보여졌다. 이는 처치가 의미하는 알고리즘으로 할 수 있는 것은 무엇이든 튜링이 의미하는 알고리즘으로도 할

수 있고, 그 반대도 성립한다는 뜻이다. 튜링의 공식화는 현대적 컴퓨터의 디자인에 큰 영향을 미쳤는데, 이에 대해선 **계산 복잡도**[IV.20 §1.1]에서 논의하고, 처치의 것은 **알고리즘**[II.4 §3.2]에서 설명한다. 그러나 이 글의 목적을 위해서 우리는 이 단락을 시작할 때 사용한, 시대에 뒤처진 정의를 사용할 것이다.

일단 '알고리즘'에 대한 충분히 정확한 개념을 어떠한 것이라도 가지고 있으면, 힐베르트의 결정 문제에 대한 부정적 대답으로부터 그저 몇 걸음 떨어져 있을 따름임이 밝혀졌다. 이를 보기 위해, L이 (파스칼이나 C++ 같은) 어떤 프로그래밍 언어라고 상상하자. 어떤 기호들의 문자열이 주어졌을 때, 우리는 그것에 대해 다음과 같은 질문을 할 수 있다. 만약 컴퓨터에 L을 가지고 어떤 주어진 문자열을 프로그램으로 표현한다면 그 프로그램은 영원히 실행될 것인가 혹은 결국에는 정지할 것인가? 이것을 **정지 문제**(halting problem)라고 부른다. ('문제'라는 단어는 실제로 '문제들의 부류'라는 뜻임에 주의하자.) 정지 문제는 아주 수학적인 것처럼 보이지는 않지만 어떤 예들은 분명 수학적이다. 예를 들면, 어떤 프로그램을 재빨리 살펴본 후에 그 프로그램이 다음을 수행함을 알았다고 가정하자. 이 프로그램은 메모리의 한 부분 속에 짝수 n을 저장하는데, 맨 처음엔 6이라 놓는다. 그런 다음 n보다 작은 모든 홀수 m에 대해 m과 $n - m$이 둘 다 소수인지를 확인한다. 만약 어떤 m에 대해 대답이 "예"라면, 이 프로그램은 n에 2를 더하고 이 과정을 반복한다. 모든 m에 대한 대답이 "아니오"일 때 이 프로그램은 정지한다. 이 프로그램은 **골드바흐 추측**[V.27]이 거짓일

때에만 정지할 것이다.

튜링은 정지 문제를 해결하는 체계적인 절차가 없음을 증명하였다. (처치는 그가 만든 귀납적 함수 (recursive function)라는 개념에 대해 유사한 결과를 증명했다.) 튜링의 논증이 언어 L에 대해 어떻게 성립하는지 알아 보자. 이 경우, 어떤 기호의 문자열들이 언어 L의 정지하는 프로그램을 형성하고, 어떤 것이 그렇지 않은지를 인식하기 위한 체계적인 절차가 없음을 보인다. 증명은 귀류법이므로, 우리는 그런 절차가 있다는 가정에서부터 시작한다. 그것을 P라 부르자. 전형적인 프로그램이 입력값(input)을 필요로 하고 이것이 그 다음 양상에 영향을 미치는 대부분의 컴퓨터 언어처럼 L도 그렇다고 가정하자. 그러면 어떤 문자열의 순서쌍 (S, I)이 주어졌을 때, P는 입력값이 I라면 S가 정지하는 L의 프로그램인지를 말할 수 있을 것이다.

이제 P로부터 새로운 절차 Q를 만들어내자. 주어진 임의의 문자열 S에 대해, 우리는 순서쌍 (S, S)에서 P를 실행하여 Q를 얻는 것에서부터 시작한다. 만약 S에 자신을 입력값으로 줄 때 정지하지 않는다고 P가 판단하면, 우리는 Q가 정지하도록 한다. 그러나 S에 그 자신을 입력값으로 줄 때 정지한다고 P가 판단하면, 우리는 인위적으로 Q를 무한루프로 보내서 그것이 정지하지 않도록 한다. (별 상관은 없지만, S가 L에서 유효한 프로그램이 아니라면, Q가 정지한다고 하자.) 요약하자면, S가 입력값 S에 대해 정지한다면 Q는 S에 대해 정지하지 않고, S가 S에 대해 정지하지 않는다면 Q는 S에 대해 정지한다.

그러나 이제 S가 바로 Q를 위한 프로그램이라고 가정하자. Q는 입력값 S를 가지고 정지하는가? 만약 그렇다면, S는 입력값 S에 대해 정지해야 하므로, Q는 정지하지 않는다. 만약 그렇지 않다면, S는 입력값 S에 대해 정지하지 않고, 따라서 Q는 정지한다. 이는 모순이고, 따라서 Q를 만들어내는 절차 P는 존재할 수 없다.

그것은 힐베르트 문제의 일반적 형태를 해결한다. 임의의 수학적 명제의 참이나 거짓을 결정할 알고리즘은 존재하지 않는다. 그러나 이는 임의의 주어진 알고리즘에 대해, 상당히 인위적인 명제를 만들어냈기 때문에 그러하다. 우리는 아직 '주어진 디오판토스 방정식이 해를 가진다'와 같은, 더 특정한 그리고 더 자연스러운 명제들의 부류를 살펴본다면 어떻게 될지에 대한 질문에 대답할 수 없다.

하지만 놀랍게도 부호화(encoding)라 알려진 기법에 의해, 이런 종류의 특정한 질문들이 종종 일반적 질문과 동치임을 보일 수 있다. 예를 들면, (적절히 나타낸) 다각형 타일들의 집합을 그 입력값으로 가지고, 당신에게 평면을 오로지 그런 모양의 타일들만 이용하여 채우는 것이 가능한지를 말해주는 알고리즘은 없다. 우리는 어떻게 이를 아는가? 임의의 알고리즘이 주어졌을 때, 평면을 채울 타일들의 집합을 만들어내는 영리한 방법(이것이 부호화이다)이 존재할 필요충분조건은 그 알고리즘이 정지하는 것이다. 그러므로 타일들이 평면을 채울 수 있는지를 결정하기 위한 알고리즘이 있다면, 정지 문제를 풀기 위한 알고리즘이 존재해야 하며, 그것은 불가능하다.

알고리즘이 존재하지 않는 더 구체적인 문제의 또 다른 유명한 예는 군에 대한 단어 문제(word problem for groups)이다. 여기서는 당신에게 어떤 군에 대한 생성원들과 관계들의 집합을 주고 그 군이 자명한 군인지(즉 그것이 그저 항등원만을 포함하는지)를 묻는다. 또다시 이를 결정할 수 있는 알고리즘은 우리에게 정지 문제를 해결할 수 있는 알고리즘을 만들어 줄 것이고, 따라서 그런 것은 존재할 수 없다. 이것을 증명하는 데 사용된 부호화 과정은 평면을 타일로 채우기 위한 것보다 훨씬 더 어렵다. 군에 대한 단어 문제의 해결불가능성은 1952년에 표트르 노비코프(Pyotr Novikov)에 의해 증명된 유명한 정리이다. 이 문제에 대한 더 자세한 설명과 그 풀이를 위해서 기하적/조합적 군론[IV.10]을 보라.

마지막으로 힐베르트의 열 번째 문제는 어떤가? 이것은 1970년 유리 마티야세비치(Yuri Matiyasevich)에 의해 또 다른 유명하고 매우 어려운 정리가 되었다. 그는 마틴 데이비스(Martin Davis), 힐러리 푸트남(Hilary Putnam), 줄리아 로빈슨(Julia Robinson)의 연구를 기반으로 하였다. 마티야세비치는 두 매개변수 m과 n을 포함하는 10개의 방정식으로 이루어진 연립방정식을 만들어냈는데, 정수에서 그 해를 구하기 위한 필요충분조건은 m이 $2n$번째 피보나치 수인 것이다. 로빈슨의 연구로부터 정수 입력값을 가지는 임의의 알고리즘이 주어질 때, 매개변수 q를 포함하는 디오판토스 연립방정식이 존재하는데, 그것이 해를 가질 필요충분조건이 그 알고리즘이 q에서 정지하는 것임이 따라 나온다. 즉 정지 문제의 어떠한 예도 디오판토스 연립방정식으로 부호화할 수 있고, 따라서 디오판토스 방정식이 해를 갖는지 결정할 수 있는 일반적 알고리즘이 존재하지 않는다.

어떤 사람들은 이들 결과로부터 다른 교훈을 이끌어낸다. 어떤 수학자들의 견해에 따르면, 그것은 미래의 컴퓨터가 아무리 강력할지라도, 수학에서 인간의 창조성을 위한 자리가 항상 존재할 것임을 보여준다. 다른 이들은 비록 우리가 지금은 수학에서 모든 문제를 체계적으로 풀 수 없음을 알지라도, 대부분의 수학에 대한 영향은 매우 적다고 주장한다. 어떤 종류의 문제들은 때때로 정지 문제와 동치임을 알게 되지만, 그저 그럴 뿐이다. 여전히 다른 이들은 어떤 문제를 해결하는 알고리즘을 고안해내는 것은 보통 쉽지만 그것을 **효율적으로** 만드는 것이 훨씬 더 어렵다고 지적한다. 이 문제는 **계산 복잡도**[IV.20]에서 매우 자세하게 논의된다.

정지 문제의 해결불가능성에 대한 튜링의 논증은 괴델의 정리[V.15]와 밀접하게 연관된다. 그리고 두 증명 모두 가산집합과 비가산집합[III.11]에서 논의된 대각선 논법(diagonal argument)을 이용한다.

V.21 5차방정식의 해결불가능성
마틴 리벡 *Martin W. Liebeck*

모든 학생은 2차다항식 $ax^2 + bx + c$의 근의 공식, 이름하여 $(-b \pm \sqrt{b^2 - 4ac})/2a$를 잘 알고 있을 것이다. 아마도 3차다항식의 근의 공식도 존재한다는 사실은 덜 알려져 있을 것이다. 3차다항식을 $x^3 + ax^2 + bx + c$라고 쓰고 $y = x + \frac{1}{3}a$라 치환하여 식을 다시 쓰면 $y^3 + 3hy + k$ 꼴이 된다. 그러면 이 식의 근은

$$3\sqrt[3]{\tfrac{1}{2}\left(-k+\sqrt{k^2+4h^3}\right)}+3\sqrt[3]{\tfrac{1}{2}\left(-k-\sqrt{k^2+4h^3}\right)}$$

형태이다. 그리스인에게 2차방정식의 근의 공식이 알려져 있었던 반면, 3차방정식의 근의 공식은 16세기까지 발견되지 않았다. 같은 16세기에 4차방정식의 근의 공식도 발견되었다. 2차, 3차, 4차방정식의 근의 공식은 모두 원래 다항식의 계수들에 일련의 산술적 연산(덧셈, 뺄셈, 곱셈, 나눗셈)과 거듭제곱근(제곱근, 세제곱근 등)을 함께 적용하여 얻어진다. 그런 공식을 근에 대한 **거듭제곱근(radical)** 표현이라 부른다.

다음 단계는 당연히 자연스럽게 5차다항식이다. 그러나 어느 누구도 일반적 5차다항식의 근에 대한 거듭제곱근 공식을 발견하지 못한 채 수백 년이 지나갔다.

여기엔 그럴 만한 이유가 있었다. 그런 공식은 존재하지 않는다. 또한 차수가 5보다 큰 다항식에 대한 공식도 존재하지 않는다. (26세에 세상을 떠난) **아벨**[VI.33]이 19세기 초반 이 사실을 맨 처음으로 보였다. 그 이후 (20세에 세상을 떠난) **갈루아**[VI.41]는 공식이 존재하지 않음을 설명했을 뿐 아니라, 오늘날 연구의 주요 분야인 **갈루아 이론**(Galois theory)이라고 알려진, 대수학과 정수론의 전체 체계에 대한 토대를 마련한 완전히 새로운 방정식 이론을 만들었다.

갈루아의 핵심 아이디어 중 하나는 임의의 다항식 $f = f(x)$와 **군**[I.3 §2.1] $\text{Gal}(f)$(f의 갈루아 군)을 연관시키는 것이다. 이는 f의 근들을 치환하는 유한군이다. 이 군은 어떤 **체**[I.3 §2.2]들을 가지고 정의되는데, 그것들은 이 목적을 위해 다음과 같은 성질

을 가지는 복소수[I.3 §1.5] $\mathbb{C}$의 부분집합들 F로 생각할 수 있다. a, b가 F의 임의의 두 원소이면, $a + b$, $a - b$, ab, a/b(마지막 경우에서 0으로 나누는 것을 피하기 위해 $b \neq 0$이라 가정한다)가 모두 F에 속한다는 성질을 가진다. 이 성질을 표준적 수학 언어로 말하면 F는 덧셈, 뺄셈, 곱셈, 나눗셈이라는 보통의 산술적 연산 '하에서 닫혀 있다'. 예를 들어, 유리수 $\mathbb{Q}$는 체를 형성하고, $\mathbb{Q}(\sqrt{2}) = \{a + b\sqrt{2} : a, b \in \mathbb{Q}\}$도 그러하다. (이는 분명히 덧셈, 뺄셈, 곱셈에 대해 닫혀 있고, 또한 $1/(a + b\sqrt{2}) = a/(a^2 - 2b^2) - b\sqrt{2}/(a^2 - 2b^2)$이므로 나눗셈에 대해서도 닫혀 있다.) 유리수 계수를 가지는 n차 다항식 $f(x)$는 대수학의 기본 정리[V.13]에 의해 n개의 복소수 근을 가지는데, 그것들을 $\alpha_1, \cdots, \alpha_n$이라 하자. f의 분해체(splitting field)는 $\mathbb{Q}$와 모든 α_i를 포함하는 가장 작은 체라고 정의하고 $\mathbb{Q}(\alpha_1, \cdots, \alpha_n)$이라 쓴다. 예를 들어, 다항식 $x^2 - 2$는 근 $\pm\sqrt{2}$를 가지므로, 그 분해체는 위에서 정의한 $\mathbb{Q}(\sqrt{2})$이다. 조금 덜 자명한 것으로, $x^3 - 2$는 근 $\alpha, \alpha\omega, \alpha\omega^2$을 가지는데, 여기서 $\alpha = 2^{1/3}$은 2의 실수 세제곱근이고 ω는 $e^{2\pi i/3}$이다. 따라서 그 분해체는 $\mathbb{Q}(\alpha, \omega)$이고, 이는 $a_i \in \mathbb{Q}$를 가지는 모든 복소수 $a_1 + a_2\alpha + a_3\alpha^2 + a_4\omega + a_5\alpha\omega + a_6\alpha^2\omega$로 이루어진다. ($\omega^3 = 1$이므로 $(\omega - 1)(\omega^2 + \omega + 1) = \omega^3 - 1 = 0$이고, 따라서 $\omega^2 = -\omega - 1$이 성립하므로, 위의 식에서 ω^2을 포함시킬 필요가 없음을 유의하자.)

$E = \mathbb{Q}(\alpha_1, \cdots, \alpha_n)$을 다항식 f의 분해체라 하자. E의 **자기동형사상**(automorphism)은 덧셈과 곱셈을 보존하는 전단사 함수 $\phi : E \to E$이다. 다시 말하면, 모든 $a, b \in E$에 대해 $\phi(a + b) = \phi(a) + \phi(b)$와 $\phi(ab)$

$= \phi(a)\phi(b)$가 성립한다. 그런 함수는 필연적으로 뺄셈과 나눗셈도 보존하고, 모든 유리수를 고정한다. E의 모든 자기동형사상의 집합을 $\text{Aut}(E)$라 하자. 예를 들면, $E = \mathbb{Q}(\sqrt{2})$일 때 임의의 자기동형사상 ϕ는

$$2 = \phi(2) = \phi(\sqrt{2}\sqrt{2}) = \phi(\sqrt{2})\phi(\sqrt{2}) = \phi(\sqrt{2})^2$$

을 만족시키고, 따라서 $\phi(\sqrt{2}) = \sqrt{2}$ 혹은 $-\sqrt{2}$이다. 첫 번째 경우 모든 $a, b \in \mathbb{Q}$에 대해 $\phi(a + b\sqrt{2}) = a + b\sqrt{2}$인 반면, 두 번째 경우에는 $\phi(a + b\sqrt{2}) = a - b\sqrt{2}$이다. 둘 다 E의 자기동형사상이고, 이것들을 ϕ_1, ϕ_2라 부르면 $\text{Aut}(E) = \{\phi_1, \phi_2\}$이다.

E의 두 자기동형사상 ϕ, ψ의 합성 함수 $\phi \circ \psi$ 또한 자기동형사상이고, 따라서 그 역함수 ϕ^{-1}도 그러하다. 또한 모든 $e \in E$에 대해 $\iota(e) = e$라고 정의한 항등 함수 ι 또한 자기동형사상이다. 함수들의 합성은 결합법칙을 만족하는 연산이기 때문에, $\text{Aut}(E)$는 합성하에서 군을 이룬다. 분해체 E를 가지는 우리의 다항함수 $f(x)$의 갈루아 군 $\text{Gal}(f)$를 군 $\text{Aut}(E)$라고 정의하자. 이런 식으로, 예를 들면, $\text{Gal}(x^2 - 2) = \{\phi_1, \phi_2\}$이다. ϕ_1이 항등함수 ι인 반면, $\phi_2^2 = \phi_2 \circ \phi_2 = \phi_1$이고, 따라서 이는 그저 위수가 2인 순환군이다. 비슷하게, $f(x) = x^3 - 2$라면, 위에서처럼 분해체 $E = \mathbb{Q}(\alpha, \omega)$를 가지고, 임의의 $\phi \in \text{Aut}(E)$는 $\phi(\alpha)^3 = \phi(\alpha^3) = \phi(2) = 2$를 만족시키고, 따라서 $\phi(\alpha) = \alpha, \alpha\omega, \alpha\omega^2$이다. 비슷하게 $\phi(\omega)$는 ω이거나 ω^2이다. 일단 $\phi(\alpha)$와 $\phi(\omega)$를 명시하고 나면, $(\phi(a_1 + a_2\alpha + \cdots + a_6\alpha^2\omega) = a_1 + a_2\phi(\alpha) + \cdots + a_6\phi(\alpha)^2\phi(\omega)$이기 때문에) ϕ가 완전히 결정된다. 따라서 자기동형사상 ϕ에 대해 오직 여섯 개의 가능성만 존재한다.

이들 각각은 실제로 자기동형사상이라고 밝혀졌고, 따라서 $\text{Gal}(x^3 - 2)$는 크기가 6인 군이다. 사실 이 군은 대칭군[III.68] S_3과 동형인데, 이는 각 자기동형사상을 $f(x)$의 세 근의 치환으로 생각함으로써 보일 수 있다.

이제 갈루아 군이 정의되었으므로, 5차방정식의 해결불가능성을 가져오는 갈루아 정리의 근본적 결과들 중 일부를 서술할 수 있다. $G = \text{Gal}(f)$의 각 부분군 H는 고정체(fixed field) $H^\dagger$를 가진다. 이는 모든 $\phi \in H$에 대해 $\phi(a) = a$인 모든 수들 $a \in E$의 집합으로 정의된다. 갈루아는 H와 $H^\dagger$ 간의 연관이 G의 부분군들과 $\mathbb{Q}$와 E 사이에 놓인 체들(소위 말하는 E의 중간 부분체(intermediate subfield)들) 간의 일대일대응 관계를 준다는 것을 증명하였다. $f(x)$가 그 근에 대한 거듭제곱근 공식을 가질 조건은 어떤 특별한 종류의 중간 부분체를, 따라서 G의 어떤 특별한 부분군들을, 그리고 결과적으로 갈루아의 가장 유명한 정리를 가져온다. 즉 다항식 $f(x)$가 근에 대한 거듭제곱근 공식을 가질 필요충분조건은 $f(x)$의 갈루아 군 $\text{Gal}(f)$가 가해군(solvable group)인 것이다. (이는 $G = \text{Gal}(f)$가 각 i에 대해 G_i가 G_{i+1}의 정규 부분군[I.3 §3.3]이고 그 인자군(factor group) G_{i+1}/G_i가 가환인 부분군들의 수열 $1 = G_0 < G_1 < \cdots < G_r = G$를 가진다는 뜻이다.)

갈루아의 정리로부터 5차방정식을 풀 수 없음을 보이기 위해, $\text{Gal}(f)$가 가해군이 아닌 5차방정식 $f(x)$를 하나 만들어내면 충분하다. 그런 5차방정식의 예가 $f(x) = 2x^5 - 5x^4 + 5$이다. 우선 $\text{Gal}(f)$가 대칭군 S_5와 동형임을 보일 수 있다. 그 다음으로 S_5가 가해군이 아님을 보일 수 있다. 여기서 어떻게 증

명이 진행되는지 간략하게 소개하겠다. 우선 $f(x)$가 기약다항식임을(즉, 더 작은 차수의 두 유리다항식의 곱이 아님을) 보인다. 그런 다음, 위에서 관찰했던 것처럼, Gal(f)를 다섯 개의 근을 치환하는 S_5의 부분군으로 생각할 수 있다. $f(x)$의 그래프를 그려 보면, 그 근 중 세 개가 실수이고, 다른 둘은 켤레 복소수임을 쉽게 알 수 있고 이를 α_1, α_2라 부르겠다. 복소수 켤레함수 $z \to \bar{z}$는 항상 Gal(f)에서 자기동형사상과 대응하기 때문에, Gal(f)가 2-순환(cycle), 즉 $(\alpha_1\alpha_2)$를 포함하는 S_5의 부분군임이 따라 나온다. 또 다른 기본적인 일반적 사실은 기약다항식의 갈루아 군이 근들을 **추이적으로**(transitively) 치환한다는 것이다. 이는 임의의 두 근 α_i, α_j에 대해 α_i를 α_j로 보내는 Gal(f) 안의 자기동형사상이 존재한다는 뜻이다. 그러면 우리 군 Gal(f)는 다섯 개의 근을 추이적으로 치환하고 2-순환을 포함하는 S_5의 부분군이다. 이 시점에서 상당히 기초적인 군론으로부터 Gal(f)가 사실 S_5 전체임을 보일 수 있다. 마지막으로, S_5가 가해군이 아니라는 사실은 교대군(alternating group) A_5가 비가환 단순군(즉 항등 부분군과 A_5 자신을 제외한 정규 부분군을 가지지 않는 군)이라는 사실로부터 쉽게 나온다.

이런 아이디어들을 확장하여 그 갈루아 군으로 S_n을 갖는, 따라서 거듭제곱근에 의해 해결할 수 없는 차수 $n \geq 5$인 다항식들을 만들 수 있다. 2차, 3차, 4차다항식들에 대해 이 논증이 성립할 수 없는 이유는 S_4와 그것의 모든 부분군이 가해군이기 때문이다.

V.22 리우빌의 정리와 로스의 정리

$\sqrt{2}$가 무리수라는 명제는 유명한 정리 중 하나이다. 이는 $\sqrt{2} = p/q$를 만족시키는 정수 p와 q의 순서쌍이 존재하지 않음을, 혹은 마찬가지로 방정식 $p^2 = 2q^2$이 자명한 해 $p = q = 0$을 제외한 정수해를 가지지 않음을 뜻한다. 이를 증명하는 논증을 상당히 일반화할 수 있고, 실제로 만약 $P(x)$가 정수 계수를 가지고 최고차항의 계수가 1인 임의의 다항식이라면, 그 실근은 모두 정수이거나 아니면 모두 무리수이다. 예를 들어, $x^3 + x - 1$은 $x = 0$일 때 음수이고 $x = 1$일 때 양수이기 때문에, 이 다항식은 0과 1 사이에서 근을 가져야 한다. 그 근은 정수가 아니고, 따라서 무리수여야 한다.

일단 어떤 수가 무리수임을 증명했다면, 더 말할 수 있는 게 별로 없을 것 같다. 그러나 이는 전혀 사실이 아니다. 즉 주어진 무리수에 대해, 그것이 유리수에 **얼마나 가까운지** 물어 볼 수 있고, 그렇게 하자마자 대단히 흥미롭고 지극히 어려운 질문들이 나온다.

이 질문이 무엇을 의미하는지가 즉각 분명히 보이지는 않다. 모든 무리수는 유리수를 가지고 원하는 만큼 가깝게 근사시킬 수 있기 때문이다. 예를 들어 $\sqrt{2}$의 소수 전개는 $1.414213\cdots$으로 시작하고, 이는 $\sqrt{2}$가 유리수 $141421/100000$의 $1/100000$ 이내에 있다고 말해준다. 더 일반적으로, 임의의 양의 정수 q에 대해, 우리는 p를 $p/q < \sqrt{2}$를 만족시키는 가장 큰 정수라 할 수 있고, 그러면 p/q는 $\sqrt{2}$의 $1/q$ 이내에 있을 것이다. 다시 말하면, 우리가 정확도 $1/q$를 가지고 $\sqrt{2}$의 근삿값을 원할 때, q를 분모로 사용

한다면 원하는 근삿값을 얻을 수 있다.

그러나 이제 다음 질문을 할 수 있다. $1/q$보다 훨씬 더 좋은 정확도를 얻을 수 있는 분모 q가 존재하는가? 대답은 "예"임이 밝혀졌다. 왜 그런지 보기 위해, N이 양의 정수라 하고 수 $0, \sqrt{2}, 2\sqrt{2}, \cdots, N\sqrt{2}$를 고려하자. 이들 각각을 그 정수 부분인 m과 0과 1 사이에 있는 그 소수 부분인 α를 가지고, $m + \alpha$ 꼴로 쓸 수 있다. $N + 1$개의 수가 있기 때문에, 그 소수 부분 중 적어도 두 개는 서로의 $1/N$ 이내에 있어야 한다. 즉, $r\sqrt{2} = n + \alpha$, $s\sqrt{2} = m + \beta$라고 쓴다면, $|\alpha - \beta| \leq 1/N$이 성립하는 0과 N 사이의 두 정수 $s < r$을 찾을 수 있다. 따라서 $\gamma = \alpha - \beta$라고 놓으면, $(r - s)\sqrt{2} = n - m + \gamma$와 $|\gamma| \leq 1/N$이다. 이제 $q = r - s$이고 $p = n - m$이라 놓으면, $\sqrt{2} = p/q + \gamma/q$이고 따라서 $|\sqrt{2} - p/q| \leq 1/qN$이다. $N \geq q$이므로 $1/qN \leq 1/q^2$이고, 따라서 적어도 어떤 양의 정수 q에 대해 우리는 분모로 q를 써서 $1/q^2$의 정확도를 얻을 수 있다.

또 다른 논증을 통해 이보다 훨씬 더 개선시킬 수 없음을 보이겠다. p와 q가 임의의 양의 정수라 하자. $\sqrt{2}$가 무리수이기 때문에 p^2와 $2q^2$는 서로 다른 양의 정수이고, 따라서 $|p^2 - 2q^2| \geq 1$이 성립한다. 이를 인수분해하면, $|p - q\sqrt{2}|(p + q\sqrt{2}) \geq 1$임을 알 수 있다. 이제 양변을 q^2으로 나눌 수 있고 부등식 $|p/q - \sqrt{2}|(p/q + \sqrt{2}) \geq 1/q^2$을 얻는다. p/q가 2보다 작다고 가정해도 좋은데, 왜냐하면 그렇지 않으면 그것은 $\sqrt{2}$의 좋은 근삿값이 아니기 때문이다. 그러나 그렇다면 $p/q + \sqrt{2}$는 4보다 작고, 따라서 부등식은 $|p/q - \sqrt{2}| \geq 1/4q^2$임을 알려준다. 이런 식으로, q를 분모로 해서 $1/4q^2$보다 더 좋은 정확도를 가

질 수는 없다.

이 논증을 일반화하여 다음의 **리우빌의 정리** (Liouville's theorem)를 증명할 수 있다. x가 d차다항식의 무리수 근이고 p와 q가 정수라면, $|p/q - x|$는 $1/q^d$보다 훨씬 더 작아질 수 없다. $x = \sqrt{2}$일 때, $x^2 - 2 = 0$이고 $d = 2$라고 놓을 수 있기 때문에, 이 정리는 우리가 방금 전에 보였던 것으로 환원된다. 그러나 리우빌의 정리로부터 많은 비슷한 사실을 알 수 있는데, 예를 들면 $|p/q - \sqrt[3]{2}|$는 $1/q^3$보다 훨씬 더 작게 할 수 없다.

로스의 정리(Roth's theorem)는 1955년에 증명되었는데, 리우빌의 정리에 등장하는 지수 d를 거의 2까지 향상시킬 수 있다는 놀라운 주장이다. 정확히 말하자면, 임의의 다항식의 무리수 근 x와 임의의 수 $r > 2$이 주어졌을 때, 상수 $c > 0$이 존재하여 $|p/q - x|$가 항상 c/q^r보다 크거나 같다. (증명은 c가 양수라는 사실 이외에는 c에 관한 정보는 아무것도 주지 않는다. c가 r과 x에 어떤 식으로 의존하는지에 관해 이해하는 것은 중요한 미해결 문제이다.)

왜 이것이 리우빌의 정리보다 훨씬 더 심오한 결과인지 알기 위해, $\sqrt[3]{2}$의 예를 고려하자. $|p/q - \sqrt[3]{2}|$가 $1/q^3$보다 훨씬 더 작아지지 않는다는 증명은 p^3과 $2q^3$이 서로 다른 정수이고 따라서 적어도 1 이상 차이가 난다는 단순한 사실에 기반하고 있다. 로스의 정리처럼 상당히 더 좋은 결과를 증명하기 위해서는 훨씬 더 많은 것을 보여야 한다. p^3과 $2q^3$은 p와 q가 커짐에 따라 커지는 양만큼 차이가 남을 보여야 한다. 예를 들어, $r = \frac{5}{2}$일 때 로스의 정리를 증명하고 싶다면, p^3과 $2q^3$이 항상 $\sqrt{p}$와 비교할 수 있거나 $\sqrt{p}$보다 더 큰 양만큼 차이가 난다는 것을 보

일 필요가 있는데, 왜 그렇게 되는지는 전혀 자명하지 않다.

모델 추측

곡선 위의 유리점과 모델 추측[V.29]을 보라.

V.23 모스토의 강한 단단함 정리

데이비드 피셔 *David Fisher*

---

1 단단함 정리란 무엇인가?

전형적인 단단함 정리(rigidity theorem)는 어떤 대상들의 모임은 예상하는 것보다 훨씬 더 작다는 명제이다. 이 개념을 명확하게 하기 위해 특정한 유형의 공간들이 일반적으로 클 것이라고 예상하게 만드는 모듈라이 공간[IV.8]의 몇 가지 예를 살펴보자.

2 몇몇 모듈라이 공간

n차원 다양체[I.3 §6.9] 상의 평평한 계량(flat metric)은 유클리드 공간 $\mathbb{R}^n$ 상의 통상적인 거리와 국소적으로 등거리(locally isometric)인 계량[III.56]이다. 다시 말해서, 다양체의 모든 점 x에 대해 그 점을 포함하는 근방 N_x가 있어서 N_x에서 $\mathbb{R}^n$의 부분집합으로 가는 거리를 보존하는 전단사함수가 존재한다. 첫번째 예로서 원환면(torus) 상의 평평한 계량을 고려해 보자. 그저 2차원 원환면을 고려하겠지만, 논의할 현상들은 더 높은 차원에서도 생긴다.

2차원 원환면 $\mathbb{T}^2$ 상에 평평한 계량을 부여하는 가장 쉬운 방법은 그것을 $\mathbb{Z}^2$와 동형인 이산적 부분군, 혹은 격자(lattice)에 의한 $\mathbb{R}^2$의 몫[I.3 §3.3]으로 보는 방법이다. 실제로 모든 평평한 계량은 본질적으로 이런 방식으로 나옴을 어렵지 않게 알 수 있다. 그러나 어떤 격자를 고를 것인가 하는 선택이 뒤따른다. 당연한 선택은 $\mathbb{Z}^2$ 자체이다. 그러나 임의의 가역 선형 변환 A를 택하고 그것을 $\mathbb{Z}^2$에 적용하여 $\mathbb{R}^2/A(\mathbb{Z}^2)$로서 원환면을 정의할 수도 있고, 이는 다른 계량을 만든다. 여기서 "언제 A에 대한 두 선택이 같은 계량을 만드는가?"라는 자연스러운 질문이 나온다. 대개 A의 행렬식[III.15]이 1인 경우들만 연구한다. 왜냐하면 이로부터 일반적으로 무슨 일이 일어나는지 쉽게 추론할 수 있기 때문이다. 그런 모든 선형사상들의 군을 $SL_2(\mathbb{R})$이라 부른다.

A가 직교 선형사상이라면, 그것은 그저 격자 $\mathbb{Z}^2$를 회전시킬 뿐이고 따라서 $A(\mathbb{Z}^2)$는 $\mathbb{Z}^2$와 같은 계량을 만들어낸다. 조금 덜 자명한 사실은 이 계량을 만들어내는 다른 사상 A도 존재한다는 것이다. 즉 $\mathbb{R}^2$의 표준 기저에 대한 행렬 표현이 정수 성분을 가지고 행렬식이 1인 사상 말이다. 이런 사상 전체의 군을 $SL_2(\mathbb{Z})$라 부른다. 만약 A가 $SL_2(\mathbb{Z})$에 속하면, $A(\mathbb{Z}^2)$이 $\mathbb{Z}^2$과 같은 계량을 만드는 이유는 단순하다. $A(\mathbb{Z}^2)$가 실제로 $\mathbb{Z}^2$와 똑같기 때문이다.

대략적으로 말하자면, 우리가 금방 한 일은 $\mathbb{T}^2$ 상의 평평한 계량들의 공간을 $SL_2(\mathbb{Z}) \backslash SL_2(\mathbb{R}) / SO(2)$와 동일시하는 것이다. (이것은 집합 $SL_2(\mathbb{R})$에 대하여 B를 A에 $SO(2)$와 $SL_2(\mathbb{Z})$로부터의 행렬들의 곱을 곱하여 나타낼 수 있다면 두 사상 A와 B는 동치라고 간주할 때의 표시 방법이다.) 더 높은 차원에서, 비슷한 논의는 n차원 원환면 $\mathbb{T}^n$ 상의 평평한 계량들의 공간을 $SL_n(\mathbb{Z}) \backslash SL_n(\mathbb{R}) / SO(n)$과 동일시할 수 있음을 보여준다.

2차원으로 돌아와서, 원환면은 (그것이 '구멍'을 하나 가지고 있기 때문에) 종수(genus) 1인 곡면이다. 비슷하게 더 높은 종수를 가지는 곡면 상의 계량들의 모듈라이 공간을 만들어낸다. 하지만 이제 계량들은 평평하다기보다 **쌍곡**(hyperbolic)일 것이다. **균일화 정리**[V.34]는 임의의 콤팩트 연결곡면이 상수 **곡률**[III.13]을 만드는 계량을 가진다고 말한다. 종수가 2 이상일 때, 이 곡률은 음수여야 하고, 이 때문에 그 곡면은 등거리 변환들의 집합으로서 **쌍곡평면**[I.3 §6.6] $\mathbb{H}^2$에 작용하는 군 Γ에 의한 $\mathbb{H}^2$의 **몫**[I.3 §3.3]이어야 한다. (**푹스 군**[III.28]을 보라.)

역으로, 더 높은 종수를 가지는 곡면 상에 상수 곡률을 갖도록 하는 계량을 만들고 싶다면, 우리는 ($SL_2(\mathbb{R})$과 동형인) $\mathbb{H}^2$의 등거리 변환들의 군의 부분군 Γ를 택할 수 있고, 그 몫 $\mathbb{H}^2/\Gamma$를 고려할 수 있다. 이는 우리가 앞서 고려했던 몫 $\mathbb{R}^2/\mathbb{Z}^2$와 유사하다. 만약 Γ가 위수가 유한한 원소를 가지지 않고 각 x에 대해 x의 궤도(orbit)(Γ 안의 등거리 변환에 의한 x의 상(image)들의 집합)가 $\mathbb{H}^2$의 이산적 부분집합이라면, 이 공간은 다양체이다. 더욱이 만약 $\mathbb{H}^2$ 안에 **기본영역**(fundamental domain)이라 불리는, 평행이동들이 $\mathbb{H}^2$를 모두 덮는 콤팩트 영역이 존재한다면 다양체는 콤팩트이다. 이런 성질들을 가지는 군 Γ의 예를 만드는 상당히 간단한 방법이 두 가지 있다. 하나는 반사군(reflection group)을 사용하는 방법이고 또 하나는 정수론을 약간 이용하는 방법이다.

이제 우리는 이들 계량에 대해 같은 질문을 할 수 있다. 다시 말해서, 종수가 적어도 2인 곡면 S가 주어졌을 때, 얼마나 많은 쌍곡거리를 S 상에서 찾을

수 있을까? 대답은 $\mathbb{T}^2$에 대한 대답과 상당히 비슷하다. 예를 들어, 종수가 2라면, 그런 구조들의 6차원 연결공간이 존재한다. 이것은 좀 더 이해하기 어려운데, 공간이 ($SL_n(\mathbb{R})$처럼) **리 군**[III.48 §1]과 그 부분군으로부터 간단한 방식으로 만들어지지 않기 때문이다. 여기서 이 구조를 설명하지 않겠지만 그것은 서스턴(Thurston)의 논문(1997)이나 **모듈라이 공간**[IV.8]에서 찾을 수 있다.

3 모스토의 정리

마지막 두 종류의 예들에 대해 생각해 보면 자연스러운 질문이 나오게 된다. 3차원 콤팩트 쌍곡다양체는 어떠한가? 혹은 n차원 다양체는? 분명하게 하자면, n차원 콤팩트 쌍곡다양체는 n차원 쌍곡 공간 $\mathbb{H}^n$ 상의 등거리 변환들의 이산군 Γ에 의한 $\mathbb{H}^n$의 몫으로, 이때 Γ는 위수가 유한한 원소를 하나도 가지지 않으며 Γ에 대한 콤팩트 기본 영역이 존재한다. 이 설명이 주어졌을 때, 독자는 그런 군 Γ가 존재하는지 궁금할 것이다. 다시 한번 그것을 만들어내는 두 가지 쉬운 방법이 존재한다. 하나는 정수론을 약간 이용하는 방법이고 또 하나는 반사군을 이용하는 방법이다. (그러나 약간 놀랍게도, 반사군을 이용하는 방법은 제법 작은 차원에서만 유효하다.) 두 방법 모두 약간 기술적이고 따라서 여기서 그것을 살펴보지는 않을 것이다. 콤팩트 쌍곡다양체의 다른 예가 더 많이 존재한다. 특별히 3차원에서 그러한데, 3차원에서 '대부분의' 다양체는 **기하화 정리**[IV.7 §2.4]에 의해 쌍곡다양체이다.

여기서 우리는 쌍곡다양체들의 존재성보다는

이 글에서 주요 관심사였던 질문에 더 집중할 것이다. 만약 X가 $\mathbb{H}^n/\Gamma$꼴로 표현할 수 있는 다양체라면, X에 이런 구조를 부여하는 방법들은 얼마나 많은가? 이 질문은 Γ에서 $\mathbb{H}^n$의 모든 등거리 변환들의 군으로 가는 단사 준동형사상(injective homomorphism) 중에서 Γ의 상이 이산적이고 쌍대콤팩트(cocompact)인 것이 얼마나 많은가를 묻는 것과 동치이다. (어떤 군 G의 부분집합 X에 대해 $XK = G$가 성립하는 G의 콤팩트 부분집합 K가 존재하면 X를 **쌍대콤팩트**라 한다. 예를 들면, $\mathbb{Z}^2$는 $\mathbb{R}^2$의 쌍대콤팩트 부분집합이다. 왜냐하면 $\mathbb{R}^2 = \mathbb{Z}^2 + [0, 1]^2$이고 닫힌 단위 정사각형 $[0, 1]^2$는 콤팩트 집합이기 때문이다.) 우리가 본 것처럼, $n = 2$일 때 그런 준동형사상들의 연속체가 존재하고, 그것은 $\mathbb{H}^n$을 $\mathbb{R}^n$으로 대체해도 모든 차원에서 여전히 참이다. 따라서 $n \geq 3$일 때, $\mathbb{H}^n$에 대한 대답이 정확히 1이라는 것은 상당히 놀랍다. 이것이 모스토의 단단함 정리의 특별한 경우이다.

이 결과가 의미하는 것은 무엇인가? 우리가 다양체 M이 등거리 변환들로 이루어진 어떤 이산적인 쌍대콤팩트군에 의한 $\mathbb{H}^n$의 몫임을 알고 있다고 가정하자. M의 위상은 자기동형사상에 무관하게 군 Γ에 의해 완전히 결정된다. 그것은 그저 M의 기본군[IV.6 §2]일 따름이다. 우리가 막 서술한 결과는 다양체 M에 대한 이런 순전히 위상적 정보가 $\mathbb{H}^n/\Gamma$의 기하를(즉 거리 공간으로서 그것의 구조를) 완전하게 결정한다고 말해준다. 더 정확하게, 그것은 M으로부터 또 다른 쌍곡다양체 N으로 가는 임의의 위상동형사상(homeomorphism), 혹은 심지어 호모토피 동치(homotopy equivalence)도 어떤 등거리 변환

과 호모토픽하다고 말한다. 다시 말하면, 순전히 위상적 동치는 기하학적 동치로서 나타낼 수 있다.

완전한 모스토의 단단함 정리는 국소적 대칭 콤팩트 다양체라 불리는 대상들을 다룬다. 거리와 함께 다양체가 주어졌을 때, 모든 점에서 **중심 대칭**(central symmetry)이 국소적 등거리 사상이라면 그 다양체를 **국소적 대칭**(locally symmetric)이라고 한다. 어떤 점 m에서 중심 대칭은 형식적으로 m에서의 접공간(tangent space)에서 -1을 곱하는 것으로 정의할 수 있다. 그것을 m의 매우 작은 근방을 택하고 'm을 통과해 반사시키는 것'으로서 상상해 볼 수 있다. 모든 국소적 대칭 공간이 대칭 **공간**(symmetric space), 즉 모든 점에서 중심 대칭이 대역적 등거리 사상이 되는 공간의 몫임이 밝혀졌다. 분명히, 대칭 공간은 매우 큰 등거리 사상군을 가진다. **카르탕**[VI.69]의 연구는 결과로 나오는 등거리 사상군이 정확히 반단순(semisimple) 리 군[III.48 §1]임을 보였다. 우리는 이것들이 무엇인지 정확하게 말하지 않겠지만, 그것들은 $SL_n(\mathbb{R})$, $SL_n(\mathbb{C})$, $Sp_n(\mathbb{R})$ 같은 고전적인 행렬군들을 포함한다. 다른 예들도 역시 행렬군으로 나타낼 수 있는데, 복소 쌍곡 공간과 사원수 쌍곡 공간의 등거리 사상군을 포함한다.

일반적으로, 리 군 G와 이산적 부분군 Γ가 주어졌을 때, G 안에 Γ에 대한 콤팩트 기본 영역이 존재한다면 Γ가 쌍대콤팩트 격자라고 말한다. 카르탕의 정리는 임의의 국소적 대칭 콤팩트 공간이 몫 $\Gamma\backslash G/K$라는 결과를 갖는다. 여기서 G는 보편덮개(universal cover)의 등거리 사상군이고 K는 특정한 점을 고정시키는 등거리 사상들의 (필연적으로 콤팩트인) 집합이다. 모스토의 정리는 여기서 그것이

$\mathbb{H}^n/\Gamma$에 대해서 이야기했던 것과 마찬가지인 것을 말한다. 그런 다양체가 주어졌을 때, 그것을 $\Gamma \backslash G/K$로서 나타내는 유일한 방법이 존재한다. 혹은 마찬가지로, 그런 두 다양체 간의 임의의 위상동형사상은, 관련된 국소적 대칭 공간이 평평한 원환면이나 쌍곡면과 어떤 다른 국소적 대칭 다양체의 곱이 아니라면, 항상 등거리 사상과 호모토픽하다.

모스토가 어떻게 그런 현상을 발견했는지 물어보는 것은 당연하다. 그의 연구는 당연히 동떨어진 채 갑자기 일어난 일이 아니었다. 사실, 칼라비(Calabi), 셀베르그(Selberg), 베센티니(Vesentini), 그리고 베유 [VI.93]의 이전 연구에서 이미 모스토가 연구 중이었던 모듈라이 공간이 이산적임을 보였다. 다시 말해서 평평한 원환면이나 2차원 쌍곡다양체들과 달리, 더 높은 차원의 국소적 대칭 공간은 오직 국소적 대칭 거리들의 이산적 집합만 가질 수 있다. 모스토는 이 사실을 더 기하학적으로 이해하고자 하는 바람에서 자극을 받았다고 분명하게 말했다.

또 하나 중요하게 여길 만한 점은 모스토의 증명이 적어도 그의 정리만큼이나 놀랍다는 점이다. 그 당시, 국소적 대칭 공간에 관한 연구 혹은 마찬가지로 반단순 리 군과 그 격자에 관한 연구는 두 종류의 기법, 즉 순전히 대수적인 기법과 미분기하학에서 고전적인 방법들을 이용하는 또 다른 기법에 지배되었다. 모스토의 (오직 $\mathbb{H}^n$만을 위한) 원래 증명은 그 대신 준공형사상(quasi-conformal mapping)에 대한 이론과 동역학으로부터 나온 아이디어들을 사용한다. 그 분야의 또 다른 선도적 인물인 라구나단(Raghunathan)은 모스토의 논문을 처음 읽었을 때, 그 논문이 동명이인에 의해 쓰여진 것이

틀림없다고 생각했다고 말했다. 푸르스텐베르그(Furstenberg)와 마굴리스(Margulis)는 거의 동시에 같은 대상을 연구하기 위해 놀라운 동역학적 그리고 해석학적 아이디어를 비슷하게 사용했다. 이 아이디어들은 국소적 대칭 공간, 반단순 리 군, 그리고 관련된 대상들의 연구에 오랫동안 흥미로운 유산을 남겼다.

더 읽을거리

Furstenberg, H. 1971. Boundaries of Lie groups and discrete subgroups. In *Actes du Congrès International des Mathématiciens, Nice, 1970*, volume 2, pp. 301-6. Paris: Gauthier-Villars.

Margulis, G. A. 1977. Discrete groups of motions of manifolds of non-positive curvature. In *Proceedings of the International Congress of Mathematicians, Vancouver, 1974*, pp. 33-45. AMS Translations, volume 109. Providence, RI: American Mathematical Society.

Mostow, G. D. 1973. *Strong Rigidity of Locally Symmetric Spaces*. Annals of Mathematics Studies, number 78. Princeton, NJ: Princeton University Press.

Thurston, W. P. 1997. *Three-Dimensional Geometry and Topology*, edited by S. Levy, volume 1. Princeton Mathematical Series, number 35. Princeton, NJ: Princeton University Press.

V.24 $\mathcal{P}$ 대 $\mathcal{NP}$ 문제

$\mathcal{P}$ 대 $\mathcal{NP}$ 문제($\mathcal{P}$ versus $\mathcal{NP}$ problem)는 이론 컴퓨터 과학의 가장 중요한 미해결 문제이자 수학 전체에서 가장 중요한 문제 중 하나라고 널리 여겨진다. $\mathcal{P}$와 $\mathcal{NP}$는 가장 기본적인 계산 복잡도 종류[III.10]이다. $\mathcal{P}$는 입력값의 길이에 관한 다항식 시간 내에 실행될 수 있는 모든 계산 문제들의 종류이고, $\mathcal{NP}$는 입력값의 길이에 관한 다항식 시간 내에 올바른 답을 검증할 수 있는 모든 계산 문제들의 종류이다. 전자의 예로 두 n자리 정수의 곱셈이 있다. (비록 긴 곱셈을 이용한다 할지라도, 대강 n^2개의 산술적 연산들을 하면 된다.) 후자의 예로 n개의 꼭짓점을 가지는 그래프[III.34] 안에서, m개의 꼭짓점으로 이루어져 있고 그 안의 임의의 두 점이 항상 변으로 연결된 집합을 찾는 문제가 있다. 만약 그러한 m개의 꼭짓점이 주어진다면 그 꼭지점들의 $\binom{m}{2}$개의 쌍에 대해 각 쌍이 실제로 그래프의 변으로 이어진 것이 확실한지 확인해 보기만 하면 된다.

주어진 m개의 꼭짓점이 모두 연결되어 있는지 확인하는 것보다 모두 연결되어 있는 m개의 꼭짓점을 찾는 것이 훨씬 더 어려워 보인다. 이는 $\mathcal{NP}$에 속한 문제들은 $\mathcal{P}$에 속한 문제들보다 일반적으로 더 어려움을 암시한다. $\mathcal{P}$ 대 $\mathcal{NP}$ 문제는 $\mathcal{P}$와 $\mathcal{NP}$ 문제의 복잡도 종류가 정말로 다르다는 것에 관한 증명을 요구한다. 그 문제에 대한 자세한 논의를 위해 계산 복잡도[IV.20]를 보라.

V.25 (일반화된) 푸앵카레 추측

푸앵카레 추측(Poincaré conjecture)은 n차원 구면(n-sphere) S^n과 호모토피 동치[IV.6 §2]인 매끈한 콤팩트[III.9] n차원 다양체[I.3 §6.9]는 사실 S^n과 반드시 위상동형(homeomorphic)이어야 한다는 명제이다. 콤팩트 다양체는 어떤 m에 대해 $\mathbb{R}^m$의 유한한 영역에 놓여 있는 경계가 없는 다양체로 생각할 수 있다. 예를 들면, 2차원 구면과 원환면은 $\mathbb{R}^3$에 있는 콤팩트 다양체인 반면, 열린 단위원판이나 무한히 긴 원통은 그렇지 않다. (열린 단위원판은 내재적 의미에서는 경계를 가지지 않지만, 그것을 집합 $\{(x, y) : x^2 + y^2 < 1\}$로 생각하면 집합 $\{(x, y) : x^2 + y^2 = 1\}$을 그 경계로 가진다.) 어떤 다양체 안의 모든 고리(loop)를 연속적으로 한 점으로 수축시킬 수 있으면 그 다양체가 단순연결되었다(simply connected)고 한다. 예를 들어 차원이 1보다 큰 구면은 단순연결되어 있지만 원환면은 그렇지 않다. (원환면 '주위를 도는' 고리는 그것을 어떻게 연속적으로 변형하더라도 항상 원환면 주위를 돌 것이기 때문이다.) 그러므로 3차원에서의 푸앵카레 추측은 구의 두 가지 단순한 성질들인 콤팩트성과 단순연결성이 구를 특징짓기에 충분한가를 묻는다.

$n = 1$인 경우는 흥미롭지 않다. 실직선은 콤팩트하지 않고 원은 단순연결되어 있지 않으므로, 문제의 가정이 만족되지 않는다. $n = 2$인 경우, 푸앵카레[VI.61] 자신이 20세기 초반에 모든 콤팩트 2차원 다양체를 완전히 분류하고 그런 다양체들에 대한 그의 목록에서 오직 구만이 단순연결됨을 지적함으로써 그 문제를 해결했다. 한동안 그는 3차원인 경

우도 해결했다고 믿었다. 하지만 그는 후에 자신의 증명의 핵심적 주장 중 하나에 대한 반례를 발견했다. 1961년 스티븐 스메일(Stephen Smale)이 $n \geq 5$인 경우 그 추측을 증명했고, 1982년 마이클 프리드먼(Michael Freedman)이 $n = 4$인 경우를 증명했다. 그리하여 오직 3차원 문제만 미해결인 채 남게 되었다.

1982년 윌리엄 서스턴(William Thurston)은 그의 유명한 **기하화 추측**(geometrization conjecture)을 제안했다. 그것은 3차원 다양체들의 분류에 대한 제안이었다. 콤팩트 3차원 다양체는, 그 추측은 모든 콤팩트 3차원 다양체를 부분다양체로 자르는데, 각각의 부분 다양체에는 그것을 8개의 특별히 대칭적인 기하학적 구조 중 하나로 만들어주는 거리[III.56]를 줄 수 있다고 주장한다. 이들 구조 중 세 개가 유클리드 기하(Euclidean geometry), 구면 기하(spherical geometry), 쌍곡 기하(hyperbolic geometry)의 3차원 형태였다([I.3 §6]을 보라). 또 다른 것은 무한 '기둥' $S^2 \times \mathbb{R}$, 즉 2차원 구면과 무한 직선의 곱이다. (콤팩트가 아님에도 이것이 포함된 이유는 다양체를 잘라 만들어진 조각들은 그 조각에 포함되지 않는 경계를 가질 수도 있기 때문이다.) 유사하게 쌍곡 평면과 무한 직선의 곱을 택할 수 있고 그것이 다섯 번째 구조이다. 다른 세 가지는 설명하기 약간 더 복잡하다. 서스턴은 또한 소위 하켄 다양체(Haken manifold)라 불리는 경우에 이를 증명함으로써 자신의 추측에 대한 중요한 증거를 제시했다.

기하화 추측은 푸앵카레 추측을 내포한다. 그리고 둘 다 그리고리 페렐만(Grigori Perelman)에 의해 증명되었다. 그는 리처드 해밀턴(Richard Hamilton)이 시작했던 프로그램을 완성했다. 이 프로그램의 주요 아이디어는 리치 흐름[III.78]을 분석하여 문제들을 해결하는 것이었다. 풀이는 2003년에 발표되었고 이후 몇 년에 걸쳐 여러 전문가에 의해 주의 깊게 확인되었다. 더 자세한 내용에 대해서는 미분 위상수학[IV.7]을 보라.

V.26 소수 정리와 리만 가설

1과 n 사이에는 얼마나 많은 소수가 존재하는가? 이 질문에 대한 자연스러운 첫 반응은 1과 n 사이의 소수의 개수를 $\pi(n)$이라고 정의하고 $\pi(n)$에 대한 공식을 찾는 것이다. 그러나 소수는 어떤 분명한 패턴도 가지고 있지 않고 그런 공식은 전혀 존재하지 않음이 분명해졌다. ($\pi(n)$을 계산하는 데 실제로 아무 도움이 되지 않는 매우 인위적인 공식들을 제외하면 말이다.)

이런 종류의 상황에 대해 수학자들이 취하는 일반적인 태도는 대신에 좋은 **추정값**(estimate)을 찾는 것이다. 다시 말해서, 우리는 $f(n)$이 항상 $\pi(n)$에 대한 좋은 근삿값임을 증명할 수 있는 간단하게 정의된 함수 $f(n)$을 찾고자 노력한다. 맨 처음 가우스[VI.26]가 소수 정리(prime number theorem)의 현대적 형태를 가설로 만들었다. (비록 그보다 몇 년 앞서 르장드르[VI.24]도 밀접하게 연관된 가설을 만들었지만 말이다.) 그는 수치적 증거를 살펴보았는데, 그것은 n 근처에서 임의로 선택한 정수가 소수일 확률은 대충 $1/\log n$이라는 의미로, n 근처의 소수들의 '밀도'가 대략 $1/\log n$임을 시사했다. 이는 $\pi(n)$에 대하여 $n/\log n$이라는 추측된 근삿값, 혹은 조금 더 복잡한 근삿값

$$\pi(n) \simeq \int_0^n \frac{\mathrm{d}x}{\log x}$$

를 가져온다. 우변의 적분에 의해 정의된 함수를 (n의 '로그 적분(logarithmic integral)'이란 의미에서) $\mathrm{li}(n)$이라고 부른다. $\log 1 = 0$이기 때문에 그 적분을 해석하는 데 약간 주의가 필요하지만, 대신 2부터 n까지 적분해서 이 문제를 피해갈 수 있고, 이는 함수를 그저 양의 상수만큼 바꿀 뿐이다.

소수 정리는 1896년 아다마르[VI.65]에 의해, 그리고 드 라 발레 푸생[VI.67]에 의해 독립적으로 증명되었는데, n이 무한대로 감에 따라 두 함수의 비가 1로 다가간다는 의미로, $\mathrm{li}(n)$이 실제로 $\pi(n)$에 대한 좋은 근삿값이라고 말한다.

이 결과는 모든 시대를 통틀어 위대한 정리들 중 하나로 여겨지지만, 결코 그저 이것으로 이 이야기가 끝나지 않는다. 아다마르와 푸생의 증명은 **리만 제타 함수**[IV.2 §3] $\zeta(s)$를 사용했다. 리만 제타 함수는 s가 그 실수부가 1보다 큰 복소수일 때, $1^{-s} + 2^{-s} + 3^{-s} + \cdots$으로 정의된다. 이 식은 **복소해석적 함수**[I.3 §5.6]를 정의하고, 이는 (해석적 연속(analytic continuation)에 의해) 1에서 극점을 갖는 것을 제외하면, 복소평면 전체에서 복소해석적 함수로 확장될 수 있다. 이 함수는 모든 음의 짝수에서 '자명한 영점'이라 알려진 영점을 가진다. 리만은 소수 정리가 오직 '자명하지 않은 영점'만이, 그 실수부가 정확히 0과 1 사이에 있는 그런 복소수들로 이루어진 **임계대(critical strip)** 내부에 존재한다는 주장과

동치임을 증명했다. 그는 또한 수학에서 보통 가장 중요한 미해결 문제라고 간주되고 현재 리만 가설(Riemann hypothesis)이라 알려진 것을 공식화했다. 그것은 실제로 모든 자명하지 않은 영점들이 그 실수부로 $\frac{1}{2}$을 갖는다는 것이다. 제타 함수의 영점에 관한 이 주장은 소수 정리의 더 강력한 형태와 동치임이 보여졌다. 그것은 그저 $\pi(n)/\mathrm{li}(n)$이 1로 다가갈 뿐만 아니라, 모든 $n \geq 3$에 대해

$$|\pi(n) - \mathrm{li}(n)| \leq \sqrt{n}\log n$$

이라고 서술한다. $\mathrm{li}(n)$은 대략 $n/\log n$인데, 이는 $\sqrt{n}\log n$보다 훨씬 더 크기 때문에 오차 $|\pi(n) - \mathrm{li}(n)|$이 $\pi(n)$이나 $\mathrm{li}(n)$ 자체와 비교했을 때 지극히 작음을 의미한다.

리만 가설의 중요성은 소수의 분포에 관한 그 결론들을 넘어서 훨씬 멀리 나아간다. 정수론의 수많은 명제들이 그것으로부터 따라 나온다고 밝혀졌다. 이는 L-함수[III.47]의 더 넓은 부류에 적용한 리만 가설의 일반화를 고려할 때 특히 더 맞는 사실이다. 예를 들어, 디리클레 L-함수에 대한 리만 가설에 대응하는 주장들은 등차수열에서 소수의 분포에 대한 매우 좋은 추정값을 가져오고, 이로부터 그 이상의 많은 결과들이 따라 나온다.

소수 정리와 리만 가설은 해석적 **정수론**[IV.2 §3]에서 더 자세하게 논의된다.

V.27 가법 정수론의 문제와 결과들

4보다 큰 짝수는 모두 홀수인 두 소수들의 합인가? $p + 2$도 소수인 소수 p가 무수히 많이 존재하는 가? 충분히 큰 양의 정수는 모두 4개의 세제곱수들의 합인가? 이 세 가지 질문은 모두 정수론에서 유명한 미해결 문제들이다. 첫 번째는 **골드바흐 추측** (Goldbach conjecture), 두 번째는 **쌍둥이 소수 추측** (twin prime conjecture)(해석적 정수론[IV.2]에서 자세하게 다룬다)이라 불리고, 세 번째는 웨어링의 문제 (Waring's problem)의 특별한 경우로 나중에 논의할 것이다.

이 세 문제는 **가법 정수론**(additive number theory) 이라고 알려진 수학의 한 분야에 속한다. 이 분야가 무엇인지 일반적인 용어로 말하기 위해서, 몇 가지 간단한 정의를 하는 것이 유용하다. A가 양의 정수들의 집합이라고 가정하자. 그러면 A의 **덧셈집합** (sumset)은 $A + A$라고 나타내는데, (같은 것도 허용되는) x와 y가 둘 다 A에 속할 때 모든 $x + y$들의 집합이다. 예를 들어, A가 $\{1, 5, 9, 10, 13\}$이라면 $A + A$는 $\{2, 6, 10, 11, 14, 15, 18, 19, 20, 22, 23, 26\}$이다. 비슷하게, **뺄셈집합**(difference set)은 $A - A$로 나타내고, x와 y가 모두 A에 속할 때 모든 $x - y$들의 집합이다. 위의 예에서, $A - A = \{-12, -9, -8, -5, -4, -3, -1, 0, 1, 3, 4, 5, 8, 9, 12\}$이다.

이 언어를 사용하여, 세 문제 중 두 문제를 매우 간단하게 서술할 수 있다. P가 모든 홀수 소수들의 집합이라 하고, C는 모든 세제곱수들의 집합이라 하자. 그러면 골드바흐 추측은 $P + P$가 집합 $\{6, 8, 10, 12, \cdots\}$라는 명제이고, 웨어링의 문제의 특별한 경우는 충분히 큰 정수가 모두 $C + C + C + C$에 속하는지를 묻는다. 쌍둥이 소수 추측은 약간 더 복잡하다. 그것은 그저 2가 $P - P$에 속할 뿐 아니라 '무한히 여러 번' 포함된다고 서술한다. (비슷한 방식으로, 만약 A가 앞 문단에 나온 집합이라면, $A - A$는 수 4를 세 번 포함한다.)

이 문제들은 어렵기로 악명이 높다. 그러나 놀랍게도, 처음 볼 때 이 문제들만큼이나 어려워 보이지만 이미 해결된, 이와 밀접하게 관련된 문제들이 있다. 예를 들면, **비노그라도프의 세 소수 정리** (Vinogradov's three-primes theorem)는 모든 충분히 큰 홀수는 세 홀수 소수의 합이라는 명제이다. '충분히 큰'이라는 말이 없다면, 이는 9 이상인 모든 홀수가 세 홀수 소수들의 합인지를 묻는 **삼중 골드바흐 문제**(ternary Goldbach problem)에 대한 대답일 것이다. (얼마나 커야 '충분히 큰' 것일까? 최근까지 그 수가 대략 7,000,000자릿수이기를 요구했지만, 2002년에 이것이 1,500자릿수 이하까지 줄어들었다.) 웨어링의 문제에 관해서는, 모든 충분히 큰 양의 정수는 세제곱수 7개의 합이라는 것이 알려져 있다. 더 일반적으로, 임의의 k에 대해, 충분히 큰 정수는 많아야 $100k$개의 k거듭제곱수들의 합으로 쓸 수 있는 것처럼 보인다. (여기서 100은 그저 임의로 선택된 꽤 큰 수이다. 심지어 $4k$개의 k거듭제곱수들도 충분할지 모른다.) 그리고 비록 이에 대한 증명은 오늘날 수학적 기술의 가장 끝에 머물긴 하지만, $k \log k$개보다 조금 더 많은 k거듭제곱수들이면 충분하다는 것이 보여졌다. $\log k$는 매우 느리게 증가하는 함수이기 때문에, 이 결과는 어떤 의미에서 그 문제에 대한 해답으로부터 그리 멀리 떨어져 있지 않다.

어떻게 이와 같은 결과들을 얻는가? 그 증명들 중 어떤 것은 상당히 복잡해서 우리는 여기서 완전한 해답을 줄 수 없다. 하지만 적어도 많은 증명에 근본이 되는 아이디어를 하나 설명할 수 있다. 이름하여 **지수합**(exponential sum)을 이용하는 것이다. 비노그라도프의 세 소수 정리의 증명의 시작 부분을 살펴봄으로써 그것을 묘사하겠다.

이제 우리가 매우 큰 홀수 n을 가지고 있고 그것이 세 홀수 소수들의 합임을 증명하고 싶다고 상상하자. 여기 강력하게 이것이 불가능할 거라고 생각하게 만드는 주장이 있다. 만약 n이 알려져 있는 가장 큰 소수보다 3배 이상 더 큰 수라면, 새로운 소수를 찾아내지 않고서는 더해서 n이 되는 세 소수를 만들어낼 수 없으리라는 것은 거의 확실하다. 우리는 n을 놀라울 만치 크게, 말하자면 $10^{10^{100}} + 1$로 선택할 수 있다. 그러면 $\frac{1}{3}n$은 이제껏 발견되었거나 언젠가 발견될 가능성이 큰 어떤 소수보다도 훨씬 더 클 것이다.

하지만 이 주장에는 결점이 있고 무엇이 잘못되었는지에 대한 단서는 '만들어내다'라는 단어 안에 놓여 있다. 우리는 세 소수가 존재함을 보이기 위해 그것들을 **만들어낼** 필요가 없다. 유클리드가 소수가 무한히 많음을 보이기 위해서 소수들의 무한 수열을 명기할 필요가 없었던 것과 마찬가지로 말이다. (소수가 무한히 많다는 증명은 [IV.2 §2]에 나와 있다.) 그러나 혹자는 이렇게 물을지도 모르겠다. 더해서 n이 되는 세 홀수 소수를 실제로 찾아내는 것 외에 어떤 대안이 가능하겠는가?

이 질문에 대해서는 아름다울 정도로 단순한 대답이 존재한다. 우리는 $p_1 + p_2 + p_3 = n$을 만족시키는 홀수 소수들의 삼중쌍 p_1, p_2, p_3의 개수를 세려고, 아니 오히려 **추정하려고** 시도할 것이다. 만약 우리가 얻고자 하는 추정이 상당히 크다면, 게다가 그것이 상당히 정확함을 보일 수 있다면, 그런 삼중쌍의 실제 개수 또한 상당히 커야만 한다. 이는 그런 삼중쌍이 존재함을 내포하고, 그것들 중 하나를 '만들어낼' 필요가 없을 것이다.

그러나 우리의 대답은 즉시 다음의 어려워 보이는 질문을 제기한다. "어떻게 우리가 그런 삼중쌍의 개수를 추정하겠는가?" 바로 여기서 지수합이 등장한다. 우리는 셈 문제를 어떤 적분을 추정하는 문제로 재공식화하기 위해 **지수함수**[III.25]의 성질을 이용할 것이다.

이 분야의 관행에 따라 $e^{2\pi i x}$ 대신에 $e(x)$라고 쓰자. 우리가 이용하려는 함수 $e(x)$에 관한 두 가지 기본적 성질은 $e(x + y) = e(x)e(y)$와 $\int_0^1 e(nx)\,dx$의 값이 $n = 0$일 때 1이고 n이 임의의 다른 정수일 때 0이라는 것이다. 또한 $\sum_{p \le n}$이라고 쓰는 것은 n 이하의 모든 홀수 소수들에 대해 더하는 것이라는 관행을 따른다고 하자. 이제 함수 $F(x)$를 공식 $F(x) = \sum_{p \le n} e(px)$를 가지고 정의하자. 즉, q가 n 이하의 가장 큰 소수일 때

$$F(x) = e(3x) + e(5x) + e(7x) \\ + e(11x) + \cdots + e(qx)$$

이다. 이는 지수들의 합이며, 여기서 '지수합'이라는 표현이 나온 것이다. 그 다음으로 이 함수의 세제곱을 생각한다.

$$F(x)^3 = (e(3x) + e(5x) + e(7x) + \cdots + e(qx))^3.$$

우변을 곱해서 전개할 때, 3과 q 사이의 소수들 p_1, p_2, p_3에 대해 $e(p_1 x)\, e(p_2 x)\, e(p_3 x)$ 꼴의 모든 항들의 합을 얻게 된다.

우리가 살펴보려는 적분은 $\int_0^1 F(x)^3 e(-nx)\,\mathrm{d}x$이다. 앞 문단의 논의로부터, 우리는 이것이

$$\int_0^1 e(p_1 x)\, e(p_2 x)\, e(p_3 x)\, e(-nx)\,\mathrm{d}x$$

꼴의 모든 적분들의 합임을 안다. 이제 $e(x)$의 첫 번째 기본 성질은 우리에게 이 마지막 적분이

$$\int_0^1 e((p_1 + p_2 + p_3 - n)x)\,\mathrm{d}x$$

와 같고, 두 번째 성질은 그 적분이 $p_1 + p_2 + p_3 = n$일 때 1이고 그렇지 않으면 0이라고 말해준다. 따라서 우리가 n 이하의 홀수 소수들의 모든 가능한 삼중쌍 p_1, p_2, p_3에 대해 더할 때, 더해서 n이 되는 삼중쌍에서는 1, 모든 다른 삼중쌍에서는 0이 더해지게 된다. 다시 말하면, 적분 $\int_0^1 F(x)^3 e(-nx)\,\mathrm{d}x$는 정확히 n을 세 홀수 소수들의 합으로 쓰는 방법의 가짓수와 똑같다.

이는 문제를 적분 $\int_0^1 F(x)^3 e(-nx)\,\mathrm{d}x$를 추정하는 문제로 '환원'시킨다. 그러나 오히려 함수 $F(x)$가 분석하기 더 어려워 보인다. $\sum_{p \leq n} e(px)$와 같이 소수가 지수와 혼합되어 있는 식을 추정하는 것은 정말로 실현 가능한가?

놀랍게도 실현 가능하다. 세부적인 내용은 복잡하지만, 어떤 지수합을 확실하게 추정할 수 있는지 잠시 생각해 보고 나면 그것이 가능하다는 사실에 대한 신비로움이 줄어든다. 우리가 $\sum_{a \in A} e(ax)$ 꼴의 합을 다룰 수 있는 정수들의 집합 A가 적어도 **몇** 개는 존재하는가? 그렇다. 등차수열들이 있다. A가

집합 $\{s, s+d, s+2d, \cdots, s+(m-1)d\}$, 즉 길이가 m이고 s에서 시작하여 공차 d를 가지는 등차수열이라고 가정하자. 그러면, $e(x)$의 기본 성질들을 이용하여, $\sum_{a \in A} e(ax)$가

$$e(sx) + e((s+d)x) + \cdots + e((s+(m-1)d)x)$$
$$= e(sx) + e(dx)e(sx) + \cdots + e((m-1)dx)e(sx)$$
$$= e(sx)(1 + e(dx) + e(dx)^2 + \cdots + e(dx)^{m-1})$$

임을 알 수 있다. 이 마지막 식은 $e(sx)$에서 시작하여 공비 $e(dx)$를 가지는 등비수열의 합이다. 표준 공식과 $e(x)$의 기본 성질들을 이용하여, 우리는

$$\sum_{a \in A} e(ax) = \frac{e(sx) - e((s+dm)x)}{1 - e(dx)}$$

임을 이끌어낸다. 그런 식들은 보통 작다는 걸 보일 수 있기 때문에 유용하다. 예를 들면, $|1 - e(dx)|$가 적어도 어떤 상수 c만큼 크다고 가정하자. $|e(sx) - e((s+dm)x)| \leq 2$임을 알고, 따라서 우변의 크기는 최대 $2/c$이다. 만약 c가 너무 작지 않다면, 이는 합 $\sum_{a \in A} e(ax)$에서 엄청난 양의 소거가 있음을 보여준다. 우리는 절댓값이 1인 m개의 수들을 다함께 더했고 절댓값이 $2/c$보다 크지 않은 수를 하나 얻었다.

어떤 x값에 대해, 이 간단한 관찰은 합

$$\sum_{p \in P} e(px)$$

를 추정하는 데 도움이 된다. 우리가 해야 하는 것은 P에 대한 합을 등차수열에 대한 합의 조합으로 나타내는 것이고, 이는 매우 자연스러운 일이다. 왜냐하면 P는 (14, 21, 28, 35, 42, ⋯ 같은) 등차수열에 놓여 있지 않은 n까지의 모든 그런 정수들로 이루어져

있기 때문이다. 그러므로 우리는 합 $\sum_{t=1}^{n} e(tx)$를 택하여 시작할 수 있다. 여기에서 모든 짝수로부터 나오는 $\sum_{t \leqslant n/2} e(2tx)$를 빼야만 한다. 또한 3을 제외한 3의 배수들로부터 나오는 값들을 빼야 한다. 이 값은 $\sum_{1 < t \leqslant n/3} e(3tx)$이다. 이제 6의 배수들로부터 나오는 값들을 두 번 뺐으므로 $\sum_{t \leqslant n/6} e(6tx)$를 더하여 이를 바로잡아야 한다.

이 과정은 계속될 수 있고, 소수들에 대한 합을 등비수열에 대한 합들의 조합으로 분해하는 방법을 가져온다. x가 작은 분모를 가지는 유리수에 가깝지 않다면, 대부분의 공비는 1에서 한참 떨어져 있고, 따라서 수열에 대한 합 대부분은 작다. 불행히도, 그것들이 너무 많아서 이 단순한 증명은 유용한 추정을 가져오지 못한다. 하지만 유용한 추정을 가져오는 비슷한 종류의 더 복잡미묘한 증명이 있다.

만약 x가 작은 분모를 가지는 유리수에 가깝다면 무슨 일이 벌어지는가? 예를 들어, 합 $\sum_{p \leqslant n} e(p/3)$에 대해 무슨 말을 할 수 있는가? 여기서 더 직접적인 방법들을 사용한다. 대략 모든 소수들의 절반 정도가 1 (mod 3)이고 절반 정도가 2 (mod 3)이라고 알려져 있고([IV.2 §4]를 보라), 이는 그 합이 대략 $(|P|/2)(e(p/3) + e(2p/3))$임을 말해준다. 여기서 $|P|$는 집합 P의 크기를 나타낸다.

매우 비슷한 이유들 때문에, 웨어링의 문제에서 $G(x) = \sum_{t=0}^{m} e(t^k x)$와 같은 지수합들에 대해 알고 싶어 하게 된다. 또다시, 때때로 이것들을 등비수열의 합으로 환원시킴으로써 추정할 수 있다. $k = 2$인 경우 이를 보이기 가장 쉽다. 아이디어는 $G(x)$를 직접 살펴보는 것이 아니라 $|G(x)|^2$을 살펴보는 것이다. 금방 계산해 보면 이는 $\sum_{t=0}^{m} \sum_{u=0}^{m} e((t^2 - u^2)x)$

와 같다. 이제 $t^2 - u^2 = (t + u)(t - u)$이고, 따라서 $v = t + u, w = t - u$라 놓아서 변수변환을 할 수 있다. 그러면 합 $\sum_{(v, w) \in V} e(vwx)$가 되는데, 여기서 V는 (각각 t, u와 같은) $(v + w)/2$와 $(v - w)/2$가 둘 다 0과 m 사이에 있는 (v, w)값들의 집합이다. 각각의 v에 대해, 가능한 w의 값들의 집합은 등차수열이고, 따라서 $|G(x)|^2$을 각각의 v에 대해 하나씩 나오는 등비수열의 합들의 합으로 분해했다.

이제까지 우리는 소위 말하는 가법 정수론의 **직접 문제**(direct problem)들을 살펴보았다. 이것들은 어떤 집합을 명기한 다음 그 덧셈집합이나 뺄셈집합을 이해하려고 노력하는 문제이다. 우리는 그 주제를 수박 겉핥기 식으로 다루었다. 다른 관련된 결과나 기법들은 [IV.2]에서 논의된다(특히 §7, §9, §11을 보라).

직접 문제는 오랜 역사를 가지지만, 최근에 **역 문제**(inverse problem)라 불리는 다른 부류의 문제들 또한 연구의 중요한 초점이 되었다. 이 문제들은 다음의 폭넓은 질문에 관심을 가진다. 만약 덧셈집합이나 뺄셈집합에 관한 정보가 주어진다면, 어떻게 원래 집합을 유추해낼 수 있는가? 우리는 이런 종류의 가법 정수론의 핵심 중 하나인 **프라이먼의 정리**(Freiman's theorem)라 불리는 정리를 서술하면서 글을 끝마치겠다.

A가 정수들로 이루어진 크기가 n인 집합이라면 $A + A$의 크기는 $2n - 1$과 $n(n + 1)/2$ 사이에 있어야 함을 증명하는 건 어렵지 않다. (A가 등차수열이라면 첫 번째 경우가 생기고, 만들 수 있는 합이 모두 다 다르다면 두 번째 경우가 생긴다.) $A + A$의 크기가 최대 $100n$이라면, 혹은 더 일반적으로 n이 무한

대로 갈 때 고정된 채 남아 있는 어떤 상수 C에 대해 최대 Cn이라면 A에 대해 무엇을 말할 수 있을까?

A가 P의 부분집합이 되는 최대 $50n$인 크기를 가지는 등차수열 P를 찾을 수 있다고 가정하자. 그러면 $A + A$는 $P + P$의 부분집합이고, 그 크기는 최대 $100n - 1$이다. 따라서 만약 A가 어떤 등차수열 P의 2%를 이룬다면 $A + A$는 그 크기가 최대 $100n$이다. 그러나 그런 집합을 만드는 다른 방법들도 있다. 예를 들어, A가 일곱 자리까지의 수들 중 끝에서부터 3, 4, 5번째 자릿수가 0인 수들 전부로 이루어졌다고 가정하자. 즉, 3500026이나 9900090 같은 수들로 이루어졌다고 가정하자. 이런 수들은 $100 \times 100 = 10000$개가 있다. 우리가 그중 두 개를 함께 더하면, 13800162나 14100068과 같이, 0과 198 사이의 수들 다음에 두 개의 0이 따라 나오고, (만약 필요하다면 세 자릿수로 만들기 위해 앞에 0을 써 넣은) 0과 198 사이의 두 번째 수가 그 다음에 나오는 형태로 이루어진 수를 얻는다. 이런 수들은 199×199개가 있고, 이는 40000개보다 적다. 그러므로 $A + A$의 크기는 A의 크기의 네 배보다 작다. 그러나 A는 어떤 등차수열 P의 2%를 이루지 않는다. 그런 수열은 공차 1을 가지고 수 0과 9900099를 둘 다 포함해야만 할 것인데, 10000은 9900100의 2%에 턱없이 모자라기 때문이다.

그러나 A는 상당히 구조화된 집합이며 2차원 등차수열의 한 예이다. 대략적으로 말하자면, 보통의 혹은 1차원 등차수열은 수 s를 가지고 시작하여 공차라 불리는 또 다른 수 d를 반복적으로 더해서 만드는 수열이다. 2차원 등차수열은 2개의 '공차' d_1과 d_2를 사용하여 만든다. 즉, 시작하는 수 s를 가지고

있고, a가 0과 $m_1 - 1$ 사이에 b가 0과 $m_2 - 1$ 사이에 있어야 한다고 명시하면서 $s + ad_1 + bd_2$ 꼴의 수들을 살펴본다. 우리의 집합 A는 $s = 0$, $d_1 = 1$, $d_2 = 100000$과 $m_1 = m_2 = 100$인 2차원 수열이다.

비슷한 방식으로 고차원 수열도 정의할 수 있다. P가 r차원 수열이라면, $P + P$의 크기가 2^r 곱하기 P의 크기보다 작음을 보이는 것은 어렵지 않다. 그러므로 A가 P의 부분집합이고 P의 크기가 최대 C 곱하기 A의 크기라면, $A + A$의 크기는 최대 $P + P$의 크기이고, 이는 최대 $2^r C$ 곱하기 A의 크기이다.

이는 A가 저차원 등차수열의 커다란 부분집합이라면, A가 작은 덧셈집합을 가짐을 말해준다. 프라이먼의 정리는 이것이 작은 덧셈 집합을 가지는 유일한 집합이라는 놀라운 명제이다. 즉, $A + A$가 A보다 훨씬 더 크지 않다면, A를 포함하고 A보다 훨씬 더 크지 않은 어떤 저차원 등차수열이 존재해야 한다. 지수합은 이 정리의 증명을 위해서도 필수적이다. 프라이먼의 정리는 지금까지 많이 응용되어 왔고, 앞으로도 더 많이 응용될 것이다.

V.28 이차 상호법칙부터 유체론까지

키란 케들라야 *Kiran S. Kedlaya*

이차 상호법칙(law of quadratic reciprocity)은 오일러[VI.19]에 의해 발견되었고 (그것에 **황금 정리**(theorema aureum)라는 이름을 붙인) 가우스[VI.26]에 의해 처음으로 증명된 법칙으로 정수론의 꽃으로 간주되는데, 그것에는 그럴 만한 이유가 있다. 그 명제

는 창의적인 학생이라면 충분히 재발견할 수 있는 반면(실제로 그것은 아놀드 로스(Arnold Ross) 수학 여름학교에서 수십 년 동안 정기적으로 재발견되어 오고 있다), 아무 도움 없이 증명을 알아내는 학생은 드물다.

그 법칙은 르장드르[VI.24]에 의한 공식화에서 가장 편리하게 서술된다. 소수 p로 나누어떨어지지 않는 정수 n에 대해 n이 어떤 완전제곱수와 법(modulo) p로 합동이라면, $(\frac{n}{p}) = 1$이라고 쓰고, 그렇지 않으면 $(\frac{n}{p}) = -1$이라고 쓰자. 그러면 이차 상호법칙은 다음과 같이 서술된다. (소수 2는 따로 다루어야 한다.)

정리(이차 상호법칙). p와 q가 2가 아닌 서로 다른 소수라고 가정하자. p와 q가 둘 다 법 4로 3과 합동이라면 $(\frac{p}{q})(\frac{q}{p}) = -1$이고, 그렇지 않다면 $(\frac{p}{q})(\frac{q}{p}) = 1$이다.

예를 들어, $p = 13$이고 $q = 29$라면 $(\frac{p}{q})(\frac{q}{p}) = 1$이다. 29는 법 13으로 완전제곱수 16과 합동이기 때문에, 13은 법 29로 어떤 완전제곱수와 합동이어야만 하고, 실제로 $100 = 3 \cdot 29 + 13$이다.

이 명제는 단순하지만 신비롭기도 하다. 왜냐하면 그것은 다른 소수들을 법으로 한 합동이 서로 독립적으로 행동할 거라는 우리의 직관에 반하기 때문이다. 예를 들면, 중국인의 나머지 정리(Chinese remainder theorem)는 (적절하게 정확한 의미로) 임의의 정수가 짝수인지 홀수인지를 아는 것이 그것이 법 3으로 어떤 특정한 나머지를 가지도록 편향되게 하지 않는다고 주장한다. 정수론 학자들은 이 상황을 설명하는 데 기하학적인 언어를 사용하기를 좋아한다. 하나의 소수(혹은 하나의 소수의 거듭제곱)를 법으로 한 합동과 연관된 현상들을 국소적 현상으로서 언급하면서 말이다. (수론에서의 국소성과 대역성[III.51]을 보라.) 중국인의 나머지 정리는 한 점에서 국소적 현상은 다른 점에서 국소적 현상에 영향을 미치지 않기 때문에, 한 점에서 국소적 현상은 정말로 국소적이라고 말하는 것이라고 해석될 수 있다. 그러나 입자 물리학자가 우주의 움직임을 외따로 떨어진 개별적인 입자들을 분석하여 설명할 수 없는 것처럼, 정수들의 움직임을 외따로 떨어진 개별적인 소수들을 살펴봄으로써 이해할 수 있기를 바랄 수는 없다. 그러므로 이차 상호법칙은 서로 다른 두 소수를 함께 묶는 '근본적 힘'이라는 걸 증명하면서 대역적 현상의 최초로 알려진 예들 중 하나로서 나온다. 국소성과 대역성 간의 상호작용은 정수론을 현대적으로 이해하는 과정에서 완전하게 만들어졌지만, 이차 상호법칙이라는 현상은 국소성과 대역성 간의 상호작용이 처음으로 밝혀진 곳이다.

이차 상호법칙의 근본적 속성을 보여주는 또 다른 징후는 그것이 많은 다른 기법들을 이용한 여러 증명을 가진다는 점이다. 가우스 스스로 평생 동안 8개의 증명을 고안해냈고, 오늘날 수십 가지 증명이 가능하다. 이들은 일반화의 많은 방향을 암시한다. 여기서 우리는 역사적으로 유체론으로 이끄는 일반화의 방향에 초점을 맞출 것이다. 이 때문에 우리가 빼 놓을 수밖에 없는 많은 흥미진진한 측면들 중에 가우스 합(Gauss sum) 이론과 그것의 놀랄 만치 다양한 범위의 응용이 있다. 그런 예로 버치-스위너톤-다이어 추측[V.4]에 대한 콜리바긴(Kolyvagin)의 연구와 암호론[VII.7]에서의 정수론의 이용, 그리고 컴퓨터 과학의 다른 분야에서의 응용이 있다.

오일러는 완전 세제곱수와 네제곱수에 대한 상호 법칙을 찾았지만, 그 성공은 제한적이었다. 가우스는 정수들의 환에서 빠져 나와야만 그것들을 적절하게 이해할 수 있음을 인식함으로써 그런 법칙들을 공식화하는 데 성공했다. (하지만 그것들을 증명하지는 못했다. 나중에 아이젠슈타인(Eisenstein)이 그 법칙들을 증명했다.)

이를 네제곱수에 대해 구체적으로 살펴보자. p와 q가 둘 다 법 4로 1과 합동인 소수라 하자. 법 q로 네제곱수와 합동인 p와 법 p로 네제곱수와 합동인 q 사이의 상호법칙은 p와 q를 가지고 쉽게 서술할 수 없다. 대신, 우리는 페르마[VI.12]의 결과를 상기해서 $p = a^2 + b^2$, $q = c^2 + d^2$이라고 쓸 수 있다. 여기서 순서쌍 (a, b)와 (c, d) 각각은 부호와 순서를 바꾸는 것을 제외하면 유일하다. 다시 말해서, (현재 가우스 정수(Gaussian integer)라고 부르는) 그 실수부와 허수부가 정수인 복소수들의 환에서 $p = (a + bi)(a - bi)$와 $q = (c + di)(c - di)$가 만족된다.

가우스는 르장드르 기호(Legendre symbol)와 유사한 것을 다음과 같이 정의했다. 오일러는 이미

$$\left(\frac{n}{p} \right) \equiv n^{(p-1)/2} \pmod{p}$$

임을 알고 있었다. 페르마의 소정리[III.58]에 의해 우변을 제곱하면 1이 된다. 방정식 $x^2 = 1$은 이 두 근만 가지므로 위 식의 우변은 1 혹은 -1이 됨을 알 수 있다. 가우스는

$$\left(\frac{c + di}{a + bi} \right)_4$$

가 성립하는 법 4에 대한 k의 유일한 선택에 대하여

비슷하게

$$i^k \equiv (c + di)^{(a^2 + b^2 - 1)/4}$$
$$= (c + di)^{(p-1)/4} \pmod{a + bi}$$

를 i^k라고 정의했다. 여기서 두 정수의 차가 가우스 정수에 의한 $a + bi$의 배수라면 두 정수가 mod $a + bi$로 합동이라고 말한다. 다시 한번 페르마의 소정리로부터 그런 k가 존재함을 안다. 만약 $(c + di)^p$을 전개하면, 모든 이항 계수들은 맨 처음 것과 맨 마지막 것을 제외하면 p의 배수이므로, $c^p + (di)^p$을 얻는데, 페르마의 정리와 p가 1과 법 4로 합동이라는 가정에 의해 이것은 $c + di$와 같다. 따라서 $(c + di)^{p-1} \equiv 1$이어야 한다. (다른 식으로, 가우스 정수 mod $a + bi$가 위수 $p - 1$인 군을 형성함을 보이고 라그랑주의 정리(Lagrange's theorem)를 적용함으로써 이를 증명할 수도 있다.)

상호법칙을 서술하기 전에, a, b, c, d의 선택에서 모호함을 제거해야 한다. 우리는 a와 c가 홀수여야 하고, $a + b - 1$과 $c + d - 1$이 4로 나누어떨어져야 한다고 요구한다. (여전히 b와 d의 부호를 뒤집을 수 있음을 주의하자.)

정리(사차 상호법칙). p, q, a, b, c, d가 위와 같을 때, p와 q가 둘 다 법 8로 5와 합동이면,

$$\left(\frac{a + bi}{c + di} \right)_4 \left(\frac{c + di}{a + bi} \right)_4 = -1$$

이 성립하고, 그렇지 않으면

$$\left(\frac{a + bi}{c + di} \right)_4 \left(\frac{c + di}{a + bi} \right)_4 = 1$$

이 성립한다.

1의 n번째 원시근(primitive root)에 의해 생성되는 환을 가지고 작업함으로써 이것처럼 보이는 n차 상호법칙을 찾기를 기대할지 모른다. (보통의 정수나 가우스 정수는 둘 다 유일 인수분해 성질을 가지는 반면에) 이 환은 **유일 인수분해 성질**[IV.1 §§4-8]을 가지지 않기 때문에 문제가 복잡해진다. 이는 오직 쿠머[VI.40]의 **아이디얼**[III.81 §2]('아이디얼 수(ideal number)'의 준말) 이론에 의해서만 해결된다. 아이디얼은 주어진 수의 모든 배수들의 집합의 전형적인 성질들을 가지는 집합이지만, 더 일반적일 수 있다. (비록 아이디얼이 어떤 수의 모든 배수들의 집합 **일지라도**, 그 수는 유일하지 않다. 왜냐하면 그것에 단위를 곱할 수 있기 때문이다. 예를 들어, 2와 −2 둘 다 모든 짝수들의 아이디얼을 생성한다.) 쿠머의 이론을 이용하여, 쿠머와 아이젠슈타인은 더 높은 거듭제곱에 대하여 이차 상호법칙의 광범위한 일반화를 공식화할 수 있었다.

힐베르트[VI.63]는 그런 다음 이것들이 어떤 종류의 최대한 일반적인 상호법칙의 한 부분으로서 잘 맞아 들어가야 함을 인식했다. 그는 또한 **노름 나머지 기호**(norm residue symbol)를 가지고 이차 상호법칙 자체를 재공식화한 것에 영감을 얻어서, 이 법칙에 대한 후보를 하나 제공했다. 어떤 소수 p에 대해, 그리고 임의의 0이 아닌 정수 m과 n에 대해, 모든 충분히 큰 k에 대하여 방정식 $mx^2 + ny^2 \equiv z^2 \pmod{p^k}$이 x, y, z가 모두 p^k로 나누어떨어지지는 않는 해를 가지면 노름 나머지 기호 $(\frac{m,n}{p})$은 1과 같고, 그렇지 않으면 그 기호는 −1과 같다. 다시 말해서, 방정식 $mx^2 + ny^2 = z^2$이 p진수[III.51]에서 해를 가지면 기호는 1과 같다.

이차 상호법칙에 대한 힐베르트의 공식화는 임의의 0이 아닌 m과 n에 대해,

$$\prod_p \left(\frac{m,n}{p}\right) = 1$$

로, 여기서 모든 소수와 소수 $p = \infty$에 대하여 곱을 취한다. 후자에 대해서는 설명이 필요하다. 우리는 m과 n이 둘 다 음수가 아닐 때에만, 즉 방정식 $mx^2 + ny^2 = z^2$이 실수에서 근을 가질 때에만 $(\frac{m,n}{\infty}) = 1$이라고 쓴다. 이는 '모든 소수'에 대해 명시된 조건들도 소위 말하는 무한 소수를 처리해야 한다는 일반적인 규칙성과 잘 맞아떨어진다.

고정된 m과 n에 대해 유한히 많은 값을 제외한 모든 p에 대해서 $(\frac{m,n}{p}) = 1$이라는 사실 덕분에, 비로소 힐베르트의 곱이 의미를 가진다는 것 또한 명확히 해야 한다. 이것은 일반적으로 대략 절반 정도의 정수들이 mod p^k로 제곱잉여(quadratic residue)이므로, 방정식 $mx^2 + ny^2 = z^2$을 푸는 것이 쉽기 때문이다. 어려움은 오직 m이나 n과의 곱이 이러한 많은 제곱잉여들을 동일시할 때만 나온다. 예를 들어, m과 n이 (양의) 소수라면, 오직 그들 두 소수가 곱에 기여한다. 결과로 나오는 두 인수들은 $(\frac{m}{n})$과 $(\frac{n}{m})$과 관련될 수 있는데, 이 관계는 우리를 다시 이차 상호법칙으로 이끈다.

이 공식화를 이용하여, 힐베르트는 임의의 수체[III.63] 상에서 이차 상호법칙의 형태를 서술하고 증명할 수 있었는데, 거기서 기호들의 대응되는 곱을 (어떤 '무한 소수'들과 함께) 수체의 소아이디얼(prime ideal) 상에서 정량화했다. 힐베르트는 또한 임의의 수체 상에서 고차 상호법칙을 추측했다. 그 추측은 하세(Hasse), 타카기(Takagi), 그리고 마지

막으로 아틴[VI.86]에 의해 공략되었고, 아틴은 일반 상호법칙을 서술했다. 그 명제는 여기 포함시키기에는 너무 기술적이다. 수체 K에 관한 아틴의 상호법칙은, 그 대칭들의 군(갈루아 군[V.21])이 가환이며 K를 포함하는, 즉 K의 **아벨 확대**(Abelian extension)를 통해 어떤 노름 나머지 기호를 묘사한다는 정도로 설명을 제한하겠다.

Q의 아벨 확대는 설명하기 쉽다. 크로네커-베버 정리(Kronecker-Weber theorem)는 그것들이 모두 1의 근에 의해 생성되는 체에 포함된다고 주장한다. 이는 고전적 상호법칙에서 1의 근들의 역할을 설명한다. 그러나 임의의 수체 K의 아벨 확대는 다소 더 어렵다. 그것들은 적어도 체 K 자체의 구조를 가지고 분류될 수 있다. 이것이 흔히 **유체론**(class field theory)이라 불리는 것이다.

그러나 K의 아벨 확대의 생성원들을 명시적으로 구체화하는 문제(힐베르트의 열두 번째 문제)는 어떤 특별한 경우들을 제외하고서 거의 미해결인 채 남아 있다. 예를 들면, 타원 함수[V.31] 이론은 복소수 곱(complex multiplication) 이론을 통해 이 문제를 $d > 0$일 때 $\mathbb{Q}(\sqrt{-d})$ 꼴의 체에 대하여 해결한다. 몇몇 추가적 예들이 **모듈러 형식**[III.59]에 대한 시무라의 연구로부터 나왔고, 시무라 **상호법칙**(Shimura reciprocity law)을 가져왔다.

이 마지막 예는 상호법칙에 대한 이야기가 아직 완전하지 않음을 보여준다. 명확한 유체론의 새로운 예는 이전에 가려져 보이지 않았던 또 다른 상호법칙을 드러낼 것이다. 베르톨리니(Bertolini), 다몽(Darmon), 다스굽타(Dasgupta)에 의해 이 방향에서 흥미진진한 새로운 추측들이 제기되었는데, 그들은 p진 해석학을 이용하여 아벨 확대의 새로운 구성을 제안했다. 이것들은 앞서 언급한 타원 함수를 이용한 구성과 유사한데, 거기서 특별한 값에서 초월 함수의 값을 계산한다. 처음엔 결과로 나오는 복소수가 어떤 특별한 성질들을 가지리라 기대할 만한 이유가 없어 보인다. 하지만 그것이 사실은 바탕체(base field)의 적절한 아벨 확대를 생성하는 대수적 수임이 밝혀졌다. 개별적 예에서 컴퓨터 계산을 이용하여 그 구성이 알맞는 체의 특별한 생성원으로 p진적으로 수렴하는 것 같음을 확인할 수 있는 반면, 증명은 현재 우리가 다다를 수 없는 범위에 있는 듯하다.

더 읽을거리

Ireland, K., and M. Rosen. 1990. *A Classical Introduction to Modern Number Theory*, 2nd edn. New York: Springer.

Lemmermeyer, F. 2000. *Reciprocity Laws, from Euler to Eisenstein*. Berlin: Springer.

V.29 곡선 위의 유리점과 모델 추측

$x^3 + y^3 = z^3$과 같은 디오판토스 방정식(Diophantine equation)을 연구하고 싶다고 가정하자. 우리가 알 수 있는 간단한 사실은 이 방정식의 정수해들에 관한 연구는 $a^3 + b^3 = 1$의 유리수해들에 관한 연구나 마찬가지라는 점이다. 실제로, $x^3 + y^3 = z^3$을 만족

하는 정수 x, y, z를 가지고 있다면, $a = x/z, b = y/z$라고 놓아서 $a^3 + b^3 = 1$을 만족시키는 유리수들을 얻을 수 있다. 반대로, $a^3 + b^3 = 1$을 만족시키는 유리수 a와 b가 주어졌을 때, 우리는 그것들의 분모의 최소공배수 z를 a와 b에 곱하여 $x = az, y = bz$라 놓아서 $x^3 + y^3 = z^3$를 만족하는 정수 x, y, z를 얻을 수 있다.

이렇게 하면 좋은 점이 변수의 개수를 하나 줄이고 우리 관심을 곡면 $x^3 + y^3 = z^3$보다 더 단순한 대상인 평면 곡선 $u^3 + v^3 = 1$에 집중시킨다는 것이다. 하나 혹은 그 이상의 다항방정식에 의해 정의되는 이런 종류의 곡선을 **대수적 곡선(algebraic curve)**이라 부른다.

이 곡선 위의 유리점들에 관심이 있을지라도, 이 곡선을 많은 표현들을 가지는 추상적 대상으로 간주하는 것이 도움이 될 수 있다. (이 관점에 대한 더 자세한 설명을 위해 **산술기하학[IV.5]**을 보라.) 예를 들면, u와 v를 복소수로 생각한다면, '곡선' $u^3 + v^3 = 1$은 2차원적 대상이 되고, 이는 곡선이 진짜 흥미로운 기하학을 가지기 시작했다는 뜻이다. 정확히 말해서, $\mathbb{R}^4$에 놓인 2차원 **다양체[I.3 §6.9]**로 간주할 수 있다. 복소수의 관점에서 이것은 $\mathbb{C}^2$의 1차원 부분 집합이지만, 어떤 관점에서이건 잠재적으로 흥미로운 위상을 가진다. 예를 들어 우리가 곡선을 $\mathbb{C}^2$의 부분집합이 아니라 **복소사영평면[I.3 §6.7]**의 부분집합으로 생각함으로써 **콤팩트화[III.9]**한다면, 이것은 콤팩트 곡면으로 바뀐다. 이런 식으로 이것은 종수[III.33]를 가져야 한다. 종수란, 대략적으로 말해서 구멍이 얼마나 많은지 말해준다.

놀랍게도, 곡선의 종수라는 이 기하학적 정의가 곡선 위의 유리점들이 얼마나 많은가라는 대수적 질문과 매우 밀접하게 연관되어 있음이 밝혀졌다. 예를 들어, 디오판토스 방정식 $x^2 + y^2 = z^2$에 대응하는 곡선 $u^2 + v^2 = 1$을 생각하자. 서로의 배수가 아닌 피타고라스 삼중쌍이 무한히 많이 존재하기 때문에, 곡선 $u^2 + v^2 = 1$ 상의 유리점들도 무한히 많다. 이 곡선의 종수를 계산하기 위해, 우선 이 식을 $(u + iv)(u - iv) = 1$로 다시 쓰자. 이는 함수 $(u, v) \mapsto u + iv$가 이 곡선으로부터 0이 아닌 모든 복소수들의 집합 $\mathbb{C} \setminus \{0\}$으로 가는 위상동형사상(homeo-morphism)임을 보여준다. 여기서 $\mathbb{C} \setminus \{0\}$은 그 자체가 두 점을 뺀 구면과 위상동형이다. 콤팩트화는 이 점들을 추가하여 종수 0인 곡면을 만들고, 따라서 우리는 곡선 $u^2 + v^2 = 1$이 종수 0을 가진다고 말한다. 종수 0인 곡선은 항상 유리점을 가지지 않거나 무한히 많은 유리점을 가짐이 밝혀졌다.

일반적으로 종수가 더 클수록 유리점을 찾기는 더 어렵다. 종수가 1인 곡선을 **타원곡선[III.21]**이라 부른다. 타원곡선이 무한히 많은 유리점을 가질 수도 있지만, 그런 점들의 집합은 매우 제한된 구조를 가짐이 밝혀졌다. 이를 설명하기 위해, $y^2 = ax^3 + bx^2 + cx + d$ 꼴(임의의 타원곡선을 표현할 수 있는 꼴)의 타원곡선 E를 생각하자. 우리가 그것을 $\mathbb{R}^2$의 곡선으로 생각하면, 우리는 E 위에서의 이항 연산을 다음과 같이 정의할 수 있다. E 위의 임의의 두 점 P와 Q에 대해 P, Q를 지나는 직선을 L이라고 하자 (여기서 P = Q라면 이것을 P에서의 곡선에 대한 접선으로 정의하자). 일반적으로 L은 E와 세 점에서 만나고, 그중 두 점이 P와 Q이다. R′을 세 번째 점이라 하고, R은 x축에 대한 R′의 반사라 하자. (E는 y^2

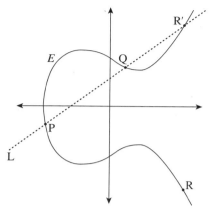

그림 1 타원 곡선에 대한 군 법칙

$= f(x)$ 형태를 가지므로 R 또한 E에 속한다.) P와 Q 로부터 R을 만들어내는 것을 그림 1에 그려 놓았는데, 이렇게 E의 점들에 대한 이항 연산을 정의한다. 놀랍게도 이 이항 연산은 E를 가환군으로 만든다. 적어도 무한대에도 한 점이 있고 무한에서 그 점이 E와 임의의 수직선과의 교점이라는 관행을 받아들인다면 말이다. P를 지나는 수직선은 x축에 대한 P의 반사 P′에서 E와 만나기 때문에, 무한대에서의 점은 군에서의 항등원이다. 그리고 우리가 x축에 대해 P′을 반사시키면 다시 P를 얻는다.

타원곡선의 '군 법칙'에 관한 공식, 즉 P와 Q의 좌표들을 가지고 R의 좌표에 대한 공식을 만드는 것은 수고스럽지만, 기본적으로 단순 계산을 통해 나온다. 일단 그렇게 하고 나면, P와 Q가 유리수 좌표를 가지면 R도 유리수 좌표를 가짐은 분명해진다. 그러므로 타원곡선 E 위의 모든 유리점의 집합은 부분군을 형성한다. 이 단순한 사실을 사용하여 대응하는 디오판토스 방정식에 대해 아주 큰 해를 비교적 쉽게 만들어낼 수 있다. 예를 들면, 작은 해를 가지고 시작하여 그것을 유리점 P와 관련짓고, 그런 다음 이항 연산에 대한 공식을 이용하여 2P를 계산하고, 그 후 4P, 그리고 8P 등등을 계산한다. 어떤 n에 대해 $nP = 0$이 아니라면, 금세 분자와 분모가 매우 큰 유리수 좌표를 가지는 곡선 위의 점을 얻게 된다. 이런 식으로 나오는 해의 종류에 대한 아이디어를 얻기 위해, 타원곡선 $y^2 = x^3 - 5x$를 택하고 P가 점 $(-1, 2)$라 하자. ($2^2 = (-1)^3 - 5(-1)$ 이기 때문에 이 점은 곡선 위에 있다.) 군 법칙을 이용하여 5P를 계산하면, 점 $(-5248681/4020025,$ $16718705378/8060150125)$를 얻는다. 일반적으로, 점 nP를 표현하는 데 필요한 자릿수는 n에 대해 지수적으로 증가한다.

20세기 초, **푸앵카레**[VI.61]는 타원곡선 위의 유리점들의 부분군이 유한 생성된다고 추측했다. 이 추측은 1922년 루이스 모델(Louis Mordell)에 의해 증명되었다. 따라서 종수가 1인 곡선은 무한히 많은 유리점을 가질지라도, 다른 모든 점을 만들어내는 데 사용할 수 있는 점들의 유한한 집합이 존재한다. 이는 유리수 해 집합의 구조가 제한된다는 뜻이다.

모델은 종수가 적어도 2인 곡선이 오직 유한한 개수의 점들을 포함한다고 추측했다. 이는 놀라운 추측이었다. 만약 이것이 참이라면, 매우 광범위한 디오판토스 방정식에 적용될 것이고, 그 모두가 (배수를 무시하면) 많아야 유한한 개수의 해들을 가짐을 증명한다. 이로부터 나오는 많은 결과 중 하나가 모든 $n \geq 3$에 대해 페르마 방정식 $x^n + y^n = z^n$은 x, y, z가 서로소인 해를 무한히 많이 가지지 못한다는 것이다. 그러나 매우 일반적인 추측을 만들어내는 것과 그것을 증명하는 것은 완전히 별개의 문제이고, 정수론의 많은 다른 추측들처럼 오랫동안 그 누구도 모델의 추측을 증명할 수 없으리라는 것에 대체로 동감하였다. 그러므로 게르트 팔팅스(Gerd Faltings)가 1983년 이 추측을 증명한 것은 매우 놀라운 일이었다.

팔팅스의 증명의 결과로서, 디오판토스 방정식에 대한 우리의 지식은 큰 진전을 이루었다. 그 정리는 결과적으로 다양한 다른 증명들을 가져왔고, 그중 어떤 것은 팔팅스의 증명보다 더 간단했다. 그러나 이 증명들이 놀라운 만큼, 여기엔 몇 가지 제약이 있다. 하나는 이것들이 **비효과적(ineffective)**이라는 것이다. 즉, 비록 팔팅스의 정리가 어떤 곡선들은 유한한 개수의 유리점을 가진다고 말하긴 하지만, 알려진 증명 중 어느 것도 그런 점들의 좌표의 분자와 분모의 크기에 대한 한계를 주지 않는다. 따라서 우리는 그런 점들을 전부 다 찾았는지 아닌지를 알아낼 방법이 없다. 팔팅스의 정리의 이런 측면은 정수론에서 일반적이다. 즉 실직적이지 않은 것으로 유명한 정리의 또 다른 예는 로스의 정리[V.22]이다. 이 정리들의 실질적인 형태를 찾는 것은 한층 더 놀라운 획기적인 사건이 될 것이다. (ABC 추측[V.1]의 변형은 이 결과들의 실질적인 형태를 만들어줄 것이다. 그러나 팔팅스가 증명하기 전에는 모델의 추측의 증명이 요원한 일인 것처럼 여겨졌듯이, 현재 ABC 추측의 증명은 요원한 일처럼 보인다.)

이 글의 서두에서 우리는 방정식 $x^3 + y^3 = z^3$을 단순화하여 곡면보다 곡선을 살펴보았다. 그러나 분명 항상 그렇게 할 수는 없다. 예를 들면, 방정식 $x^5 + y^5 + z^5 = w^5$에 대해 같은 과정을 적용하면, 이차원 곡면 $t^5 + u^5 + v^5 = 1$을 얻는다. 차원이 1보다

큰 (대수)다양체(variety, 즉 다항 방정식에 의해 정의된 집합) 위의 유리점에 대한 우리의 지식은 매우 제한되어 있다. 그러나 최소한 종수가 적어도 2인 곡선이라는 개념과 유사하게 쓰일 수 있는 '일반적인 유형의 다양체'의 정의가 존재한다. 그런 다양체가 오직 유한한 개수의 유리점들만 포함하리라 기대할 수 없지만, 서지 랭(Serge Lang)은 더 높은 차원에서 모델 추측과 유사한 추측을 주장했는데, 이는 다음과 같다. 일반적 유형의 다양체 X 위의 유리점은 모두 유한한 개수의 더 낮은 차원의 X의 부분다양체들의 합집합에 포함되어야 한다. 이 추측은 실제로 현재 방법들로는 증명할 수 없다고 간주되고, 심지어 보편적으로 그러하리라고 받아들여지지도 않고 있다.

V.30 특이점 해소

거의 모든 중요한 수학적 구조는 동치(equivalence)에 관한 개념과 함께 나온다. 예를 들어, 우리는 두 군[I.3 §2.1]이 동형[I.3 §4.1]이면 동치인 것으로 간주하고, 두 위상공간[III.90]은 하나에서 또 다른 것으로 가는 연속함수가 존재하고 그 역함수도 연속이면(이 경우 두 공간이 위상동형(homeomorphic)이라고 말한다) 동치인 것으로 간주한다. 일반적으로, 어떤 대상을 그것과 동치인 것으로 대체했을 때 우리가 관심을 갖는 성질들이 영향을 받지 않는다면 동치라는 개념은 유용하다. 예를 들어, G가 유한 생성

된 가환군(finitely generated Abelian group)이고 H가 G와 동형이면, H도 유한·생성된 가환군이다.

대수적 다양체[IV.4 §7]에 대한 유용한 동치 개념이 쌍유리 동치(birational equivalence)의 개념이다. 대략적으로 말하자면 두 다양체 V와 W에 대해 V에서 W로 가는 유리 사상(rational map)이 있고 그것이 유리 역사상을 가진다면, V와 W는 쌍유리 동치라고 말한다. 만약 V와 W가 어떤 좌표계에서 방정식들의 해집합으로 나타난다면, 이들 유리 사상은 V의 점들을 W의 점들로 보내는 좌표들에 대한 유리 함수일 뿐이다. 그러나 V에서 W로 가는 유리 사상이 문자 그대로 V에서 W로 가는 함수가 아님을 이해하는 것은 중요하다. 왜냐하면 V의 어떤 점들에서 정의되지 않는 것이 허용되기 때문이다.

예를 들어 어떻게 우리가 무한 원기둥 $\{(x, y, z) : x^2 + y^2 = 1\}$을 원뿔 $\{(x, y, z) : x^2 + y^2 = z^2\}$로 보낼 수 있는지 생각해 보자. 자명한 사상은 $f(x, y, z) = (zx, zy, z)$일 것이고, 사상 $g(x, y, z) = (x/z, y/z, z)$를 이용하여 이것의 역사상을 구하려 할 수 있다. 그러나 g는 $(0, 0, 0)$에서 정의되지 않는다. 그럼에도 불구하고 원기둥과 원뿔은 쌍유리 동치이고, 대수 기하학자들은 g가 점 $(0, 0, 0)$을 원 $\{(x, y, z) : x^2 + y^2 = 1, z = 0\}$으로 '폭발시킨다(blow up)'고 말할 것이다.

쌍유리 동치에 의해 보존되는 다양체 V의 주요 성질은 소위 말하는 V의 함수체(function field)로, V 상에서 정의된 모든 유리함수들로 이루어진다. (이것이 정확히 무엇을 뜻하는지 완벽하게 명확하진 않다. 즉 어떤 책에서 V는 다항함수들의 비에 대해 이야기할 수 있는 $\mathbb{C}^n$ 같은 더 큰 공간의 부분집합이고, 그러면 V에서 정의된 유리함수의 한 가지 가능한 정의는 그런 비들의 동치류라고 정의하는 것으로, 여기서는 두 비가 V에서 같은 값들을 취하면 동치인 것으로 간주한다. 이 동치관계에 대한 더 심도 있는 논의를 위해서 산술기하학[IV.5 §3.2]과 양자군 [III.75 §1]을 보라.)

히로나카(Hironaka)의 유명한 정리는 1964년에 증명되었는데, (표수(characteristic)가 0인 체 위에서) 모든 대수 다양체는 특이점이 없는 대수 다양체와 쌍유리동치임을 말해준다. 단, 그 정리가 흥미롭고 유용하기 위해서 필요한 쌍유리동치에 대한 어떤 기술적 조건을 가지고서 말이다. 앞에서 주어진 예가 단순한 보기이다. 원뿔은 $(0, 0, 0)$에서 특이점을 가지지만 원기둥은 모든 곳에서 매끈하다. 히로나카의 증명은 200쪽이 훨씬 넘을 만큼 길지만, 그의 증명은 이후 여러 저자들에 의해 상당히 단순화되었다.

특이점 해소에 관한 더 많은 논의를 위해, 대수기하학[IV.4 §9]을 보라.

리만 가설

소수 정리와 리만 가설[V.26]을 보라.

V.31 리만-로흐 정리

리만 곡면[III.79]은 (이런 종류의 표현을 쓸 때의 통상적인 의미에서) '국소적으로 $\mathbb{C}$처럼 보이는' 다양체[I.3 §6.9]이다. 다시 말해서, 모든 점은 전단사 함수에 의해 $\mathbb{C}$의 열린 부분집합으로 가는 근방을 가지고, 그런 두 근방이 서로 겹치는 곳에서 '추이 함수(transition function)'는 복소해석적[I.3 §5.6]이다. 리만 곡면은 하나의 복소 변수에 대한 복소해석적 함수(즉 복소 미분가능한 함수)라는 개념이 의미 있도록 하는 가장 일반적인 종류의 집합으로서 생각할 수 있다.

미분가능성이라는 정의는 국소적이다. 어떤 함수가 미분가능할 필요충분조건은 각 점 z에서 특정한 조건이 성립하는 것이고, 그 조건은 오직 z에 매우 가까운 점에서 f의 양상에만 의존한다. 그러나 복소해석학의 놀라운 점 중 하나는 복소해석적 함수의 기본적 정의가 사람들이 예상하는 것보다 훨씬 더 대역적이라는 것이다. 실제로, 단 하나의 점 z의 작은 근방에 속한 모든 점에서 복소해석적 함수 $f : \mathbb{C} \to \mathbb{C}$의 값들을 안다면, $\mathbb{C}$의 모든 점에서 그 함숫값을 추론할 수 있다. 그리고 $\mathbb{C}$를 임의의 다른 (연결된) 리만 곡면으로 대체하더라도 마찬가지로 성립한다.

여기 복소해석적 함수들의 대역적 본성의 두 번째 예시가 있다. 가장 기본적인 리만 곡면 중 하나가 소위 말하는 **리만 구면(Riemann sphere)** $\hat{\mathbb{C}}$로, 이는 $\mathbb{C}$에 '무한점(point at infinity)'을 추가하여 얻어진다. 함수 $f : \hat{\mathbb{C}} \to \mathbb{C}$가 다음 조건을 만족시키면 복소해석적이라고 말한다.

- f가 $\mathbb{C}$의 모든 점에서 미분가능하다.
- 어떤 방향에서건 $z \to \infty$일 때 $f(z)$는 극한 w로 다가간다.
- w는 ∞에서 f의 값이다.

그렇다면 어떤 것들이 $\hat{\mathbb{C}}$에서 $\mathbb{C}$로 가는 복소해석적 함수인가? 복소해석적 함수 f는 연속이고, 이로부터 $z \to \infty$일 때 $f(z)$가 어떤 극한으로 다가가면, f는 $\mathbb{C}$에서 유계임이 따라 나온다. 그러나 **리우빌[VI.39]**의 잘 알려진 정리는 모든 $\mathbb{C}$에서 정의된 유계인 복소해석적 함수는 상수함수여야 한다고 말한다. 따라서 $\hat{\mathbb{C}}$에서 $\mathbb{C}$로 가는 복소해석적 함수는 상수함수뿐이다!

$\hat{\mathbb{C}}$에서 $\mathbb{C}$로 가는 함수를 고려하는 것은 조금 인위적이라고 생각할 수도 있다. 왜 $\hat{\mathbb{C}}$에서 $\hat{\mathbb{C}}$으로 가는 함수는 살펴보지 않는가? 그런 함수들은 **극점(pole)** 이라 불리는 점들 $z_1, \cdots, z_k$의 유한 집합에서 무한대로 발산하는 것이 허용되고, $z \to \infty$일 때 어떤 극한으로 수렴해야 하는 $\mathbb{C}$에서 $\mathbb{C}$로 가는 함수와 동등하다. (이 극한은 무한점일 수도 있다. $|z|$를 충분히 크게 함으로써 $|f(z)|$를 임의로 크게 만들 수 있다면 '$z \to \infty$일 때 $f(z) \to \infty$이다'라고 말한다. $|z|$가 크지만 e^z은 작을 수 있기 때문에 e^z 같이 어떤 익숙한 함수들은 제외됨을 유의하자.) 이 성질을 가지는 함수를 **유리형(meromorphic)** 함수라고 부른다. 전형적인 예가 z나 z^2, 혹은 $(1 + z)/(1 - z)$, 또는 실제로 z에 대한 임의의 유리함수이다. 실제로 $\hat{\mathbb{C}}$에서 $\hat{\mathbb{C}}$으로 가는 유리형 함수가 유리함수임을 보일 수 있다.

유리형 함수라는 개념은 다른 리만 곡면 상에서도 의미를 가진다. 그것을 함숫값이 무한대로 발산하는 고립점들의 집합을 제외한 곳에서 복소해석적인 함수들로 생각할 수 있다. (만약 함수가 $\mathbb{C}$에서 정의된다면, 그런 점들이 무한히 많을 수 있지만, $\hat{\mathbb{C}}$ 같은 **콤팩트[III.9]** 곡면은 모두 서로 고립된 점들을 무한히 많이 포함할 수 없고, 따라서 콤팩트 곡면에서 유리형 함수는 많아야 유한한 개수의 극점만을 가진다.)

고려하는 리만 구면이 원환면(torus)인 경우는 특히 중요한 예이다. 원환면은 u/v가 실수가 아닌 두 복소수 u와 v에 의해 생성되는 격자에 의한 $\mathbb{C}$의 몫[I.3 §3.3]으로 간주할 수 있다. 그러면 원환면 상에 정의된 함수들과 모든 z에 대해 $f(z + u)$와 $f(z + v)$가 둘 다 $f(z)$와 같다는 의미에서 $\mathbb{C}$ 상에 정의된 이중 주기적(doubly periodic) 함수들 f 사이에 일대일 대응이 존재한다. 리우빌 정리는 또다시 그런 함수가 복소해석적이면 상수함수임을 말해준다. 그러나 이중 주기적 유리형 함수의 경우에는 흥미로운 예들이 있다. 그런 함수들을 타원 함수(elliptic function)라 부른다.

여기서조차도, 타원 함수들의 존재가 매우 제한적이라는 데서, 복소해석적 함수들의 대역적 본성, 혹은 '단단함(rigidity)'이 잘 나타난다. 실제로 바이어슈트라스 P-함수(Weierstrass P-function)라고 부르는 하나의 함수 $\mathfrak{p}$를 정의할 수 있는데, 주어진 생성원의 순서쌍 u와 v에 관한 다른 어떤 타원 함수도 바로 이 함수 $\mathfrak{p}$와 그 도함수의 유리함수로서 표현될 수 있다는 성질을 가진다. (생성원 u와 v에 대한) 바이어슈트라스 함수는

$$\mathfrak{p}(z) = \frac{1}{z^2} + \sum_{(n,m) \neq (0,0)} \left(\frac{1}{(z - mu - nv)^2} - \frac{1}{(mu + nv)^2} \right)$$

에 의해 주어진다. 이중 주기성은 정의의 일부인 셈이고, $\mathfrak{p}$는 u와 v에 의해 생성된 격자 안의 모든 점에서 극점을 가짐에 주목하자. 우리가 $\mathfrak{p}$를 원환면 상의 함수로 생각한다면, 이 함수는 그저 하나의 극점

을 가진다. 이 극점 근처에서 $\mathfrak{p}$는 z가 0으로 다가갈 때 함수 $1/z^2$이 무한대로 다가가는 것과 같은 속도로 무한대로 다가간다. 따라서 그 극점이 차수(order) 2를 가진다고 말한다. 더 일반적으로, 만약 f가 $1/z^k$과 같은 속도로 무한대로 다가간다면, 그 결과 나오는 극점은 차수 k를 가진다고 한다.

콤팩트 리만 곡면 S를 택하고 그것으로부터 점 z_1, $\cdots$, z_r의 유한 집합을 택한다고 가정하자. 양의 정수들의 수열 d_1, $\cdots$, d_r이 주어졌을 때, 그 극점이 z_1, $\cdots$, z_r이고 각 i에 대해 z_i에서 극점의 차수가 최대 d_i인 S 상에서 정의된 유리형 함수 f를 찾을 수 있는가? 이제까지 언급했던 결과들로부터 이것이 가능하겠지만 아마도 그런 함수들이 아주 많지는 않을 거라고 예상할 수 있다. 그런 함수들의 일차 결합은 조건을 만족하는 또 다른 함수를 만들기 때문에, 우리가 관심을 가지는 함수들의 집합은 벡터 공간[I.3 §2.3]을 만든다. 따라서 우리는 '얼마나 많은' 함수들이 존재하는가를 이 공간의 차원을 조사함으로써 정량화하기를 희망할 수 있다.

지금쯤이면 예상할 수 있듯이, 이 공간의 차원은 유한하다고 밝혀졌다. 리만[VI.49]은 극점들이 단순(simple) 극점이어야 한다면(즉 $i = 1, 2, \cdots, r$에 대해 $d_i = 1$을 요구한다면), 대략적으로 말해서 곡면이 가지는 구멍의 개수를 뜻한다고 이야기할 수 있는 곡면의 종수[III.33] g에 대해, 차원 l은 적어도 $r - g + 1$임을 증명했다. 이 결과를 리만 부등식(Riemann's inequality)이라고 부른다. 로흐(Roch)의 기여는 l과 $r - g + 1$ 사이의 차를 또 다른 함수의 공간의 차원으로서 해석한 것이었다. 이는 종종 차원 l을 정확하게 계산할 수 있게 해 준다. 예를 들면, 어떤 상황하

에서 로흐에 의해 발견된 함수 공간의 차원이 0임을 보일 수 있고, 그렇다면 $l = r - g + 1$이다. 특별히, $r \geq 2g - 1$일 때 그러하다.

우리가 던졌던 원래 질문은 극점들을 단순 극점으로 제한하지 않았기 때문에 더 일반적이다. 오히려, 우리는 z_i에서 극점의 차수가 최대 d_i이기를 원했다. 하지만 결과는 그대로 일반화되고, l은 이제 적어도 $d_1 + \cdots + d_r - g + 1$이고, 또다시 그 차이는 정의할 수 있는 함수들의 어떤 특정한 공간의 차원과 같다. 심지어 '차수가 최대 d_i인 극점'을 적어도 $-d_i$인 중복도를 가지는 0을 뜻하는 것으로 해석하여, d_i 중 어떤 것이 음수인 경우를 고려할 수도 있다.

리만-로흐 정리는 콤팩트 곡면 상의 복소해석적이거나 유리형인 함수들의 공간의 차원을 계산하기 위한 기본적 수단이다. (보통 그 공간들이 어떤 대칭성 조건을 만족하도록 하는 것과 동치이다.) 매우 간단한 예를 가지고 시작하자. 리만 구면 상에서 정의된 0과 1에서 최대 단순 극점을 가지는 모든 유리형 함수가 $a + b/z + c/(z - 1)$ 꼴을 취해야 함을 보이는 것은 어렵지 않다. 이는 3차원 공간이고, 그것은 리만 로흐 정리가 예측하는 것이다. 더 복잡한 예로서 바이어슈트라스 $\wp$-함수를 생각해 보자. 앞에서 이 함수는 $\mathbb{C}$에서 정의된 이중 주기 유리형 함수로 u와 v에 의해 생성되는 격자에 속하는 각 점에서 차수 2인 극점을 가짐을 보았다. 그런 함수의 존재성(과 본질적인 유일성)은 리만-로흐 정리의 도움을 받아 더 추상적으로 증명할 수 있다. 이 증명은 리만-로흐 정리가 그런 함수들의 공간이 2차원이라고 말해 주므로, 그것들은 모두 단일한 함수 $\wp$와 상수함수들

로부터 만들어질 수 있다. 비슷하게, 리만-로흐 정리는 **모듈러 형식**[III.59]으로 이루어진 공간의 차원을 계산하는 데 사용할 수 있다.

리만-로흐 정리는 여러 차례 재공식화되고 일반화되어 왔다. 이는 계산을 위한 수단으로서 그 정리를 훨씬 더 유용하게 만들었고, 대수기하학에서 핵심적 결과가 되었다. 예를 들어 히르체브루흐(Hirzebruch)는 더 높은 차원에서의 일반화를 찾아냈고, 이는 그로텐디크에 의해 스킴[IV.5 §3]과 '층(sheaf)'과 같은, 대수기하학에서의 선진적 개념들에 대한 명제들로 한층 더 일반화되었다. 히르체브루흐의 일반화는 곡선에 대한 고전적 결과들과 마찬가지로, 순전히 위상 불변량을 가지고 해석적으로 정의된 양을 표현한다. 그리고 바로 이러한 특징이 리만-로흐 정리와 히르체브루흐의 일반화를 비롯한 결과들을 중요하게 만든다. 마찬가지로 말할 수 있는 또 다른 일반화로 아티야-싱어 지표 정리[V.2]가 있는데, 이 역시도 여러 차례 일반화되었다.

V.32 로버트슨-시모어 정리
브루스 리드 Bruce Reed

그래프(graph) G는 꼭짓점(vertex)들의 집합 $V(G)$와 변(edge)들의 집합 $E(G)$로 이루어진 수학적 구조로, 여기서 각 변은 한 쌍의 꼭짓점들을 연결한다. 그래프는 추상적인 방법으로 많은 다른 네트워크들을 나타내는 데 사용할 수 있다. 예를 들어, 꼭짓점들은 도시를 나타낼 수 있고, 변은 도시를 연결하는 고속

도로를 나타낼 수 있다. 비슷하게, 우리는 그래프를 군도의 어떤 섬들이 다리로 연결되었는지를 나타내거나 전화 네트워크상의 전화선들을 나타내는 데 사용할 수 있다. 그래프들 중에서 특별히 '좋은' 그래프들의 모임이 존재한다. 그런 모임 중 하나가 사이클(cycle)들의 모임이다. k-사이클은 원 둘레에 놓여져 있는 k개 꼭짓점들의 집합으로 각 점들은 그 바로 전과 후에 있는 점들과 하나의 변으로 연결되어 있다. 또 다른 예가 완전그래프(complete graph)들이다. 차수 k의 완전그래프는 k개 꼭짓점으로 이루어져 있고, 모든 순서쌍이 연결되어 있다.

그래프 이론에서, 특히 그래프들의 모임이 관련되었을 때 마이너(minor)라는 개념이 중요하다. 그래프 G가 주어졌을 때, G의 마이너는 축약(contraction)과 삭제(deletion)라고 알려진 두 종류의 연산들을 차례로 변에 적용하여 얻을 수 있는 그래프이다. 두 꼭짓점 x와 y를 연결하는 변을 축약하기 위해, x와 y를 하나의 꼭짓점으로 '융합시키고' 이전에 x나 y에 연결되었던 모든 꼭짓점들과 그것을 연결한다. 예를 들어, 9-사이클의 한 변을 축약하면, 8-사이클을 얻을 것이다. 변의 삭제는 누구나 추측하는 것을 뜻한다. 예를 들어 9-사이클로부터 한 변을 삭제하면, 아홉 개의 꼭짓점들과 여덟 개의 변을 가지는 경로(path)를 얻을 것이다.

어떤 그래프 H가 G의 마이너일 필요충분조건은 다음을 만족하는 서로소인 G의 부분집합들이 존재해, H의 각 꼭짓점마다 부분집합을 하나씩 대응시킬 수 있는 것임을 확인하기는 어렵지 않다. (1)그것들은 각각 연결되어 있어야 하는데, 다시 말해 하나의 부분집합 안의 임의의 두 꼭짓점은 그 부분집합

안에서 경로로 연결되어야 하며, (2)H에서 변으로 연결되어 있던 두 꼭짓점에 대응하는 G의 부분집합들은 서로 변으로 연결되어야 한다. 예를 들면, 그래프가 3-사이클(혹은 삼각형)을 마이너로 가질 필요충분조건은 그것이 사이클을 하나 포함하고 있는 것이다.

어떻게 마이너라는 개념이 자연스럽게 등장할 수 있는지 보여주는 예를 위해, 어떤 그래프가 (그것을 변들이 서로 교차하지 않는 방식으로 평면상에 그릴 수 있다는 의미로) 평면그래프(planar graph)라면, 그것의 임의의 마이너도 그러함에 주목하자. 이것을 가리켜 평면그래프는 마이너에 대해 닫혀 있다(minor closed)고 표현할 수 있다. 이제, 어떤 그래프가 평면그래프인지 말해주는 쿠라토프스키(Kuratowski)의 정리가 있다. 이 정리의 한 가지 형태는 다음과 같은 명제이다. 어떤 그래프가 평면그래프일 필요충분조건은 마이너로 K_5나 $K_{3,3}$을 가지지 않는 것이다. 여기서 K_5는 차수가 5인 완전그래프를 나타내고, $K_{3,3}$은 세 꼭짓점들의 두 집합으로 이루어져 있고, 한 집합의 모든 꼭짓점들이 다른 집합의 모든 꼭짓점들과 연결된 완전이분그래프(complete bipartite graph)를 나타낸다. 따라서 평면그래프들의 모임은 두 허용되지 않는 마이너(forbidden minor)에 의해 특징 지어진다.

쿠라토프스키의 정리는 어떤 그래프들이 평면에 임베드될 수 있는지 말해준다. 다른 곡면에 대해서 어떤 일이 일어나는가? 예를 들면, 임의의 d에 대해 d개의 구멍이 뚫린 원환면에 그려질 수 있는 그래프가 마이너에 대해 닫혀 있음을 보이는 것은 쉽다. 하지만 이 경우 허용되지 않는 마이너의 유한 집합이

존재하는가? 이를 다른 방식으로 서술하자면, 어떤 그래프가 d개의 구멍이 뚫린 원환면으로 임베드될 수 없게 방해하는 제약들의 집합은 오직 유한한가?

로버트슨-시모어 정리의 특별한 경우는 이 질문에 대한 대답이 임의의 곡면에 대해 "예"라고 서술한다. 그러나 그 정리 자체는 훨씬 더 일반적이다. 그 정리는 마이너에 대해 닫혀 있는 **임의의** 그래프 모임에 대해, 허용되지 않는 마이너들의 유한 집합이 존재한다고 서술한다. 다시 말해서, 마이너에 대해 닫혀 있는 임의의 모임 G에 대해, 그래프 G_1, $\cdots$, G_k가 존재하여 그래프 G가 G에 속할 필요충분조건이 G가 어떤 G_i도 마이너로 가지지 않는 것이다. 모든 그래프들의 모임이 마이너 관계에 의해 '준정렬(well-quasi-ordered)'이라고(이 정리와 동치임을 쉽게 알 수 있는) 또다른 형태로 표현할 수 있다. 이는 그래프들의 임의의 수열 G_1, G_2, $\cdots$이 주어졌을 때, 나중에 나오는 항의 마이너인 항이 항상 존재해야만 한다는 뜻이다.

그래프에 주어진 마이너가 존재하는지 확인하는 것은 합리적인 수준으로 빠르다는 것이 밝혀졌다. 따라서 로버트슨-시모어 정리의 놀라운 부산물 중 하나는, 어떤 마이너에 대해 닫혀 있는 그래프들의 모임이 주어졌을 때, 어떤 그래프가 그것에 속하는지 아닌지를 확인하는 효율적인 알고리즘이 존재한다는 것이다. 이는 경로 문제와 그와 비슷한 문제에 광범위하게 응용되고 있다.

로버트슨-시모어 정리의 실제 증명은 엄청나다. 그것은 22개의 논문으로 계속 이어져 출판되었다. 흥미롭게도 이제 우리가 설명할 것처럼, 주어진 곡면에 임베드될 수 있는 그래프들의 경우가 핵심적

역할을 한다고 판명되었다.

따라서 로버트슨-시모어 정리의 놀라운 부산물 중 하나는, 어떤 마이너에 대해 닫혀 있는 그래프들의 모임이 주어졌을 때, 어떤 그래프가 그것에 속하는지 아닌지를 확인하는 효율적인 알고리즘이 존재한다는 것이다. 위에서 언급된 그래프들의 수열을 고려하는 형태의 정리를 생각하자. 따라서 모순을 얻기 위해 '나쁜' 수열, 즉 어떤 G_i도 그 뒤에 나오는 G_j의 마이너가 아닌 수열 G_1, G_2, $\cdots$을 가지고 있다고 가정할 수 있다. 첫 번째 그래프 G_1의 꼭짓점의 개수를 k라 하자. 나중에 나오는 어떤 G_i도 G_1을 마이너로 가지지 않기 때문에, 분명히 G_2, G_3, $\cdots$ 중 어느 것도 크기 k의 완전그래프 마이너를 가지지 않아야 한다. (그렇지 않으면 우리는 어떤 변들을 제거하여 G_1을 얻을 수 있다.) 이 때문에, 로버트슨과 시모어는 크기가 k인 완전그래프 마이너를 가지지 않는 그래프들의 모임을 연구했다. 그들은 또한 크기가 k인 완전그래프 마이너를 가지지 않는 모든 그래프는, (k의 값에 의존하는) 어떤 고정된 곡면에 '거의 임베드할 수 있는' 그래프들로부터 특정한 방식을 통해 만들어질 수 있음을 보였다. 이는 (정확하게 표현할 수 있는) 특정한 의미에서 그래프가 곡면에 임베드할 수 있는 그래프로부터 멀지 않음을 뜻한다. 매우 심오한 증명에 의해, 그들은 그런 그래프들 전부의 집합(주어진 곡면에 대하여, 거의 임베드할 수 있는 그래프로부터 만들어낼 수 있는 그래프들)이 유한한 개수의 허용되지 않는 마이너들을 가진다고 보일 수 있었고, 따라서 정리를 증명할 수 있었다.

V.33 3체문제

3체문제(three-body problem)는 다음과 같이 간단히 서술할 수 있다. 세 질점이 상호 중력의 영향을 받으며 공간 상에서 움직인다. 그 질점들의 초기 위치와 속도가 주어졌을 때, 그것들의 이후 움직임을 결정하라. 처음에는 이것이 어려운 문제라는 것이 놀랍게 다가올지 모른다. 왜냐하면 유사한 2체문제는 상당히 간단하게 풀 수 있기 때문이다. 좀 더 정확하게, 어떤 초기 조건이 주어졌을 때 우리는 기본 함수들(elementary functions)(지수함수[III.25]와 삼각함수[III.92] 같은 몇몇 표준 함수들과 함께 산술의 기본 연산을 가지고서 만들 수 있는 함수들)을 가지고서, 질점들의 그 이후의 위치와 속도를 말해주는 공식을 적을 수 있다. 그러나 3체문제는 복잡한 비선형 문제이고 이런 식으로는 해결할 수 없다. 비록 우리가 '표준 함수들'의 집합을 어느 정도 더 크게 확장할 준비가 되었다 할지라도 말이다. 뉴턴[VI.14] 스스로도 정확한 해가 "내가 실수한 것이 아니라면 어떤 인간 이성의 힘도 넘어 선다"고 추측했다. 한편 힐베르트[VI.63]는 그의 유명한 파리에서의 연설(1900)에서 그 문제를 페르마의 마지막 정리[V.10]와 유사한 카테고리에 넣었다. 3체문제는 임의의 개수의 물체들로 확장될 수 있고, 일반적 경우에 그것은 n체문제로 알려져 있다.

입자 P_2에 작용하는 입자 P_1의 중력은 크기 $k^2 m_1 m_2 / r^2$를 가짐을 기억하자. 여기서 k는 가우스 중력 상수(Gaussian gravitational constant)이고, P_i는 질량 m_i를 가지고 두 입자 사이의 거리는 r이다. P_2에 작용하는 이 힘의 방향은 P_1을 향한다. (그리고 P_1에 작용하는 P_2 방향의 같은 크기의 힘이 존재한다.) 또한 뉴턴의 두 번째 법칙, 즉 '힘은 질량 곱하기 가속도와 같다'를 기억하자. 이 두 법칙으로부터 우리는 3체문제에 대한 운동 방정식을 쉽게 이끌어낼 수 있다. 입자들을 P_1, P_2, P_3라고 하자. P_i의 질량을 m_i, P_i와 P_j 사이의 거리를 r_{ij}, P_i의 위치의 j번째 좌표를 q_{ij}라 쓰자. 그러면 운동 방정식은 다음과 같다.

$$\left.\begin{aligned}
\frac{d^2 q_{1i}}{dt^2} &= k^2 m_2 \frac{q_{2i}-q_{1i}}{r_{12}^3} + k^2 m_3 \frac{q_{3i}-q_{1i}}{r_{13}^3}, \\
\frac{d^2 q_{2i}}{dt^2} &= k^2 m_1 \frac{q_{1i}-q_{2i}}{r_{12}^3} + k^2 m_3 \frac{q_{3i}-q_{2i}}{r_{23}^3}, \\
\frac{d^2 q_{3i}}{dt^2} &= k^2 m_1 \frac{q_{1i}-q_{3i}}{r_{13}^3} + k^2 m_2 \frac{q_{2i}-q_{3i}}{r_{23}^3}.
\end{aligned}\right\} \quad (1)$$

여기서 i는 1에서 3까지의 값을 취한다. 따라서 모두 9개의 방정식이 있고, 이것들은 위의 간단한 법칙으로부터 이끌어져 나온다. 예를 들면, 첫 번째 방정식의 좌변은 P_1의 가속도의 i번째 방향의 성분이고, 우변은 P_1에 작용하는 힘의 이 방향 성분을 m_1으로 나눈 것이다.

$k^2 = 1$이 되도록 그 단위들을 선택한다면, 그 계의 위치 에너지 V는

$$V = -\frac{m_2 m_3}{r_{23}} - \frac{m_3 m_1}{r_{31}} - \frac{m_1 m_2}{r_{12}}$$

로 주어진다.

$$p_{ij} = m_i \frac{dq_{ij}}{dt}, \qquad H = \sum_{i,j=1}^{3} \frac{p_{ij}^2}{2m_i} + V$$

라 놓으면, 우리는 방정식들을 해밀턴 형식[IV.16 § 2.1.3]으로

$$\frac{dq_{ij}}{dt} = \frac{\partial H}{\partial p_{ij}}, \qquad \frac{dp_{ij}}{dt} = -\frac{\partial H}{\partial q_{ij}} \quad (2)$$

라고 다시 쓸 수 있는데, 이는 18개의 1계 미분 방정

식들의 집합이다. 이 집합은 이용하기 더 쉽기 때문에, 현재 일반적으로 (1)보다 (2)를 더 선호한다.

연립미분방정식의 복잡성을 줄이는 표준적 방법은 그것을 위한 **대수적 적분(algebraic integral)**, 즉 임의의 주어진 해에 대해 상수인 채 남아 있고, 변수들 간의 대수적 의존성을 나타내는 적분으로써 나타낼 수 있는 양을 찾아내는 것이다. 이는 우리가 변수들 중 어떤 것을 다른 것으로 표현함으로써 변수들의 개수를 감소시킬 수 있게 해 준다. 3체문제는 10개의 독립적 대수적 적분을 가진다. 그중 6개는 질량 중심의 움직임에 대해(3개는 위치 변수에 대해서 그리고 3개는 운동량 변수에 대해서) 이야기해 주고, 3개는 각운동량 보존을 나타내고, 나머지 하나는 에너지 보존을 나타낸다. 이 10개의 독립적 적분은 18세기 중반 오일러[VI.19]와 라그랑주[VI.22]에게 알려져 있었고, 1887년 라이프치히의 천문학 교수인 하인리히 브룬스(Heinrich Bruns)가 다른 것들이 없음을 증명했다. 그 결과는 2년 후에 푸앵카레[VI.61]에 의해 더 개선되었다. 이 10개의 적분을 '시간의 제거'와 '마디점의 제거'(야코비[VI.35]에 의해 최초로 명확하게 만들어진 절차)와 함께 이용하여, 원래 18개의 방정식으로 이루어진 연립방정식은 6개의 방정식으로 이루어진 연립방정식으로 줄일 수 있지만, 더 이상 줄일 수는 없다. 따라서 (2)의 일반적 해는 단순한 공식에 의해 표현할 수 없다. 우리가 바랄 수 있는 최상의 해는 무한 급수 형태로 쓰인 해이다. 제한된 시간 동안 충분히 유효한 급수를 찾는 것은 어렵지 않다. 문제는 초기 배치나 시간의 길이에 상관없이 유효한 급수를 찾는 것이다. 또한 충돌에 대한 질문도 있다. 문제의 완전한 해는, 어떤 초기 조건이 이중 그리고 삼중 충돌을 가져오는지 결정하는 것을 포함하여, 물체들의 모든 가능한 움직임을 감안해야 한다. 충돌은 미분방정식에서 특이점에 의해 설명되기 때문에, 완전한 해를 찾기 위해 특이점을 이해해야 한다는 뜻이다.

이는 사람들이 생각하는 것보다 더 흥미로운 문제임이 드러났다. 방정식으로부터 충돌이 특이점을 가져온다는 것은 자명하지만, 어떤 다른 종류의 특이한 양상이 존재하는지는 분명하지 않다. 3체문제의 경우에, 1897년 팽르베(Painlevé)가 충돌이 유일한 특이점이라는 대답을 제시했다. 그러나 물체가 세 개보다 많을 때 다른 대답이 등장했다. 1908년 스웨덴의 천문학자 휴고 폰 지펠(Hugo Von Zeipel)은 **비충돌 특이점(noncollision singularity)**은 오직 입자들의 계가 유한 시간 내에 무한하게 될 때에만 일어날 수 있음을 보였다. 그런 특이점의 좋은 예를 1992년 지홍 시아(Zhihong Xia)가 5체문제에 대해 발견했다. 이 경우 두 쌍의 물체들이 있고, 각 쌍을 이루는 물체는 같은 질량을 가지며, 다섯 번째 물체는 매우 작은 질량을 가진다. 두 쌍은 서로 xy평면의 반대편에 있으면서 반대 방향으로 회전하는데, 한 쌍을 이루는 물체들은 xy평면과 평행한 이심률(eccentricity)이 매우 큰 궤도를 따라 움직인다. 그런 다음 다섯 번째 물체가 이 계에 추가된다. 그것의 움직임은 z축 상으로 제한되고 두 쌍 사이에서 진동한다. 시아는 다섯 번째 입자의 운동이 두 쌍을 xy평면으로부터 멀어지도록 만들지만, 또한 그 입자는 두 쌍과 충돌할 것처럼 점점 더 가까워지므로, 결과적으로 이 입자의 가속도가 점점 더 폭발적으로 커져서 두 쌍을 유한한 시간 안에 무한대로 가게 한다는 것을 보였다.

이 문제를 일반적인 상황에서 풀려고 노력할 수도 있지만, 흥미로운 특수해(particular solution)를 찾아볼 수도 있다. 기하학적 배치가 상수로 남아 있는 해를 중심 배치(central configuration)라고 정의하자. 그것의 첫 번째 예는 오일러에 의해 1767년에 발견되었는데, 물체들이 항상 직선상에 놓여 있고 일정한 각속도로 그것들의 공통 질량 중심 주위를 원이나 타원 상에서 회전하는 해였다. 1772년 라그랑주는 물체가 항상 질량 중심 주위를 일정하게 회전하는 정삼각형의 꼭짓점에 있는 해를 발견했다. 이런 해들에 대한 거의 모든 초기 조건들의 집합에 대해, 삼각형은 회전하면서 크기가 변하고 따라서 각 물체가 타원을 그리도록 한다.

그러나 특수해들을 발견하고 한 세기 동안 그 문제에 대해 끊임없는 연구가 진행되었음에도 불구하고, 19세기 수학자들은 일반해를 찾을 수가 없었다. 실제로 이 문제는 너무 어렵다고 간주되어, 1890년 푸앵카레는 어떤 중요한 새로운 수학의 발견 없이는 그것이 불가능할 것이라 생각한다고 선언하기에 이르렀다. 그러나 푸앵카레의 예상과는 달리, 채 20년이 지나지 않아 핀란드의 젊은 수리 천문학자 칼 순드만(Karl Sundman)은 오직 그 당시 존재하는 수학적 기법만을 이용하여 수학적으로 문제를 '해결하는' 균등수렴하는 무한 급수를 얻음으로써 수학계를 놀라게 만들었다. 순드만의 급수는 $t^{1/3}$의 거듭제곱에 관한 급수로, 각 운동량이 0인 무시할 만한 초기 조건들의 집합을 제외하고서 모든 실수 t에 대해 수렴한다. 이중 충돌을 다루기 위해, 순드만은 정칙화(regularization) 기법, 혹은 해를 충돌 이후까지

해석적으로 확장하는 기법을 사용했다. 그러나 그는 삼중 충돌을 다룰 수 없었다. 왜냐하면 그런 충돌이 일어나기 위해서는 각운동량이 0이어야 하기 때문이다.

비록 그것이 놀라운 수학적 성취이긴 했지만, 순드만의 해는 해결되지 못한 많은 질문을 남겨 두었다. 그것은 그 계의 양상에 대한 어떤 정량적 정보도 제공하지 않고, 더 나쁜 것은 그 급수가 너무 느리게 수렴하기 때문에 실질적으로 사용할 수 없다는 점이다. 어떤 적절한 시간 동안 물체들의 운동을 결정하는 것은 $10^{8000000}$개의 항 같은 것들의 합을 요구하는데, 그 계산은 명백히 비현실적이다. 그러므로 순드만은 여전히 할 일을 충분히 많이 남겨 두었고, 그 문제(그리고 연관된 n체문제)에 대한 연구는 현재까지도 계속되고 있으며, 흥미진진한 결과들이 계속해서 나타나고 있다. 최근의 한 예는 일반적인 n체문제에 대해 수렴하는 멱급수 해로서 1991년에 돈 왕(Don Wang)에 의해 발견되었다.

3체문제 그 자체가 너무도 다루기 힘들다는 것이 드러났기 때문에, 단순화시킨 형태들이 발전했고 그중 가장 유명한 것이 오일러에 의해 처음 연구되었던, 오늘날 제한된 3체문제(푸앵카레가 이름 붙였다)라고 알려진 것이다. 이 경우, 물체들 중 두 개(행성)는 원형 궤도를 따라 상호 중력의 영향하에서 그들의 공통 질량 중심 주위를 돈다. 반면 세 번째 물체(소행성)는 다른 두 물체에 가하는 힘을 무시할 수 있을 정도로 질량이 작다고 가정하는데, 행성들에 의해 정의된 평면 상에서 움직인다. 이 공식화의 좋은 점은 행성들의 움직임을 2체문제로 취급할 수 있고 따라서 그것이 이미 알려져 있다는 점이다. 오

직 소행성의 움직임을 탐구하는 것만 남아 있고, 섭동 이론(perturbation theory)을 이용하여 조사할 수 있다. 제한된 공식화가 인위적으로 보일지라도, 예를 들면 태양의 존재가 주어졌을 때 지구 주위를 도는 달의 움직임을 결정하는 문제처럼, 실제 물리적 상황에 좋은 근사를 제공한다. 푸앵카레는 제한된 3체문제에 대해 광범위하게 서술했고, 그는 그 문제를 공략하기 위해 개발했던 기법들로부터 수학적 카오스를 발견했으며, 또한 현대적 **동역학계[IV.14]** 이론의 토대를 놓았다.

서술하기 단순하다는 문제로서 내재적 매력은 차치하더라도, 3체문제는 잠재적 해결자들을 매혹시키는 원인이 되는 그 이상의 특징을 가지고 있다. 그것은 바로 태양계의 안정성에 관한 근본적 질문과의 은밀한 연관이다. 그 질문은 행성계가 항상 그것이 지금과 같은 형태를 유지할 것인가, 혹은 결국 행성들 중 하나가 탈출하거나 혹은 더 나쁘게 충돌을 경험할 것인가 묻는다. 태양계의 천체들은 대략 구형이고 그 크기가 그들 사이의 거리와 비교했을 때 극히 작기 때문에, 그것들을 점 질량으로 간주할 수 있다. 태양풍이나 상대론적 효과 같은 모든 다른 힘들을 무시하고 오직 중력만을 고려하면, 태양계는 하나의 큰 질량과 여덟 개의 작은 질량을 가지는 9체문제로 모형화할 수 있고, 그에 대한 연구를 할 수 있다.

오랫동안 3체문제에 대한 해를 찾아내려는 시도는 풍부한 연구를 낳았다. 그 결과, 3체문제의 중요성은 그 문제 자체뿐 아니라 그것이 만들어낸 수학적 진보에 내재한다. 이것의 주목할 만한 예가 **KAM 이론**의 발전으로, 이는 섭동 해밀턴 계를 적분하고 무한 시간에 대해 유효한 결과를 얻기 위한 방법을 제공한다. 이것은 1950년대와 1960년대에 콜**모고로프[VI.88]**, 아르놀트(Arnold), 모저(Moser)에 의해 개발되었다.

서스턴의 기하화 추측

푸앵카레 추측[V.25]을 보라.

V.34 균일화 정리

균일화 정리(uniformization theorem)는 리만 곡면 [III.79]에 대한 놀라운 분류이다. 한 곡면에서 다른 곡면으로 가는 **복소해석적 함수[I.3 §5.6]**가 존재하고 그것이 복소해석적 역함수를 가지면 두 곡면은 **쌍정칙 동치(biholomorphically equivalent)**이다. 만약 리만 곡면이 단순연결[III.93]되어 있다면, 균일화 정리는 그것이 구면, 유클리드 평면, 혹은 **쌍곡평면[I.3 §6.6]**과 쌍정칙 동치라고 서술한다. 이 세 공간은 모두 리만 곡면으로서 바라볼 수 있고, 특히 모두 대칭적이다. 그것들은 (각각 양수, 0, 음수인) 상수 곡률 [III.78]을 가진다. 더 일반적으로, 그런 공간 속의 임의의 두 점 x와 y가 주어졌을 때 x를 y로 보내는 공간의 대칭사상을 찾을 수 있고, x에서의 작은 화살표가 y에서 임의의 원하는 방향을 가리키는 걸 보장할 수 있다. 대강 말해서 이들 공간은 '모든 점에서 똑같이 보인다'.

$\mathbb{C}$ 전체가 아닌 $\mathbb{C}$의 열린 부분집합은 구면이나 $\mathbb{C}$와 쌍정칙 동치일 수 없음을 보일 수 있다. 그러므로 균일화 정리에 의해, $\mathbb{C}$ 전체가 아닌 $\mathbb{C}$의 단순연결된

열린 부분집합은 쌍곡평면과 쌍정칙 동치여야 한다. 이는 임의의 그러한 집합에서 그 경계가 얼마나 정칙적이지 않은지와 상관없이 임의의 또다른 그런 집합으로 가는 쌍정칙 사상이 있음을 증명한다. 이 결과를 리만 사상 정리(Riemann mapping theorem)라고 부른다. 쌍정칙 사상은 공형(conformal)이다. 즉한 집합에서 두 곡선이 이루는 각이 θ라면, 다른 집합에서 그 상들이 이루는 각 또한 θ이다. 따라서 리만 사상 정리는 임의의 단순폐곡선의 내부를 각을 보존하는 방식으로 열린 단위원판으로 보낼 수 있음을 의미한다. 쌍곡 평면의 주요 모형 중 하나가 푸앵카레의 원판 모형임을 상기하자. 따라서 원판 상의 쌍곡 거리(hyperbolic metric)는 균일화 정리에 의해 주어진 쌍정칙 사상과 함께 $\mathbb{C}$의 임의의 단순연결된 열린 진부분집합 상의 쌍곡거리를 정의하는 데 사용될 수 있다.

리만 곡면이 단순연결되어 있지 않다면, 그것은 적어도 단순연결된 곡면, 즉 그것의 보편덮개[III.93]의 몫[I.3 §3.3]이다. 예를 들면, 원환면은 (위상적으로는 동치이나 쌍정칙적으로는 동치가 아닌 많은 가능한 방법으로) 복소평면의 몫이다. 그런 식으로, 균일화 정리는 우리에게 일반적 리만 곡면은 구면, 유클리드 평면, 혹은 쌍곡 평면의 몫임을 말해준다. 그런 몫이 어떨 것 같은지 더 자세히 알고 싶다면 푹스 군[III.28]을 보라.

웨어링의 문제
가법 정수론의 문제와 결과들[V.27]을 보라.

V.35 베유 추측
브라이언 오서먼 *Brian Osserman*

베유 추측(Weil conjecture)은 20세기 대수기하학[IV.4]의 핵심적 대표작 중 하나로 간주된다. 그 증명은 극적인 승리였을 뿐 아니라 그 분야에서 놀랄 만큼 많은 근본적인 진전을 가져온 원동력이었다. 베유 추측은 매우 기본적인 문제를 다룬다. 바로 유한체[I.3 §2.2] 상의 연립 다항방정식의 해의 개수를 세는 방법 말이다. 이를테면 궁극적으로 유리수체 상의 해에 대해 더 관심을 가질지라도, 문제는 유한체 위에서 훨씬 더 다루기 쉽고, 버치-스위너톤-다이어 추측[V.4]과 같은 국소성-대역성 원리[III.51]는 두 경우 간에 비록 미묘할지라도 강한 관계를 성립시킨다.

더구나 베유 추측과 명백히 드러나지 않는 관련을 가지는 기본적 질문들도 몇몇 존재한다. 이들 중 가장 유명한 것이 라마누잔 추측(Ramanujan conjecture)으로, 이는 모듈러 형식[III.59]의 가장 근본적 예 중 하나인 $\Delta(q)$의 계수와 관련이 있다. 우리는 $\Delta(q)$에 대한 공식으로부터 다음과 같이 함수 $\tau(n)$을 얻는다.

$$\Delta(q) = q \prod_{n=1}^{\infty} (1-q^n)^{24} = \sum_{n=1}^{\infty} \tau(n) q^n.$$

라마누잔[VI.82]은 임의의 소수 p에 대하여 $|\tau(p)| \leq 2p^{11/2}$이 성립한다고 추측했다. 이는 p를 24개의 완전제곱수들의 합으로 쓰는 방법들의 개수에 대한 명제와 밀접하게 관련되어 있다. 아이힐러(Eichler), 시무라(Shimura), 쿠가(Kuga), 이하라(Ihara), 들리뉴(Deligne)의 연구는 사실 라마누잔의 추측이 베유 추

측의 결과임을 보였고, 따라서 1974년 베유 추측에 대한 들리뉴의 증명은 라마누잔 추측 또한 해결했다.

우리는 베유[VI.93] 이전의 발전의 역사를 간략히 요약하면서 시작하여 그의 추측에 관한 명제를 좀 더 정확하게 서술해 나가겠다. 마지막으로, 우리는 그 증명의 기초가 되는 아이디어들의 개요를 설명할 것이다.

1 상서로운 서막

고전적 제타 함수[IV.2 §3]에 관한 리만[VI.49]의 중대한 연구에서부터 시작하자. 제타 함수는 합

$$\zeta(s) = \sum_n \frac{1}{n^s}$$

로 정의됨을 상기하자. 오일러[VI.19]는 이 함수를 s의 실숫값에 대하여 연구했지만, 리만은 1859년 그의 획기적인 여덟 쪽짜리 논문에서 이를 훨씬 더 확장시켰다. 그는 또한 복소숫값들을 살펴보았고 따라서 복소해석학의 풍부한 자원을 마음대로 사용했다. 특별히, $\zeta(s)$를 정의하는 위의 합이 그 실수부 $\mathrm{Re}(s)$가 1보다 더 큰 복소수 s에 대해서만 수렴할지라도, 리만은 그 함수 자체가 $s = 1$인 점을 제외한 전체 복소평면에서 정의된 해석적 함수로 확장될 수 있음을 보였다. 그 함수는 $s = 1$에서 무한대로 발산한다. 또한 그는 $\zeta(s)$가 $\zeta(s)$를 $\zeta(1 - s)$와 연관시키는 어떤 함수 방정식을 만족시킴을 보였다. 이것은 직선 $\mathrm{Re}(s) = \frac{1}{2}$ 주변에서 중요한 종류의 대칭성을 가져왔다. 가장 유명하게(혹은 가장 악명 높게) 그는 쉽게 분석되는 음의 실수축 상의 '자명한 영점'

을 제외하고, $\zeta(s)$의 모든 영점은 직선 $\mathrm{Re}(s) = \frac{1}{2}$ 상에서 나온다는 가설을 만들었고, 이는 오늘날 리만 가설[I.4 §3]이라 알려져 있다. 리만은 소수들의 분포를 분석하기 위해서 $\zeta(s)$를 연구하게 되었지만, 이 선견지명을 실현시키는 것은 이후 저자들(아다마르[VI.65], 드 라 발레 푸생[VI.67], 판 코흐(Van Koch))에게 돌아갔다. 그들은 제타 함수를 이용하여 소수의 점근적 분포를 결정하는 소수정리[I.4 § 6.2]를 증명했고, 또한 리만 가설이 소수정리에서 오차항에 대한 특별히 강한 상계와 동치임을 보였다.

맨 처음 볼 때, 리만 가설은 전적으로 특별하고 유일무이한 추측처럼 보일지 모른다. 하지만 오래지 않아 데데킨트[VI.50]는 리만 가설을 제타 함수들의 전체 집합으로 일반화했고, 그렇게 함으로써 그 이상의 일반화로 나아가는 문을 열어젖혔다. 복소수를 -1의 제곱근, 즉 다항식 $x^2 + 1$의 근을 포함시킴으로써 실수로부터 얻어지는 것으로서 생각할 수 있는 것처럼, 수체[III.63]라는 대수적 정수론[IV.1]에서 연구하는 근본적 대상을 유리수체 $\mathbb{Q}$로부터 더 일반적인 다항식들의 근을 포함시킴으로써 얻을 수 있다. 각 수체 K에 대해 우리는 정수들의 환 $\mathcal{O}_K$를 가지는데, 이는 고전적 정수들의 집합 $\mathbb{Z}$와 같은 성질들을 많이 가진다. 이 관찰 결과에서 시작하여, 데데킨트는 그런 환 각각에 대해 하나씩, 제타 함수의 더 일반적 종류를 정의했고, 현재 그의 이름을 따서 데데킨트 제타 함수라 불린다. 고전적 제타 함수 $\zeta(s)$는 $\mathcal{O}_K = \mathbb{Z}$인 경우의 데데킨트 제타 함수였다. 그러나 데데킨트 제타 함수에 대한 함수 방정식의 존재성은 곧장 보일 수 있는 쉬운 것이 아니었다. 그 문제는 미해결인 채로 남아 있다가, 1917년에 비로

소 헤케(Hecke)에 의해 해결되었다. 그는 동시에 데
데킨트 제타 함수가 복소평면까지 확장될 수 있음
을 보였고, 따라서 리만 가설이 그 함수들에 대해서
도 의미가 있음을 분명히 보였다.

그런 아이디어의 기운이 감도는 가운데, 오래
지 않아 기하학이 무대에 등장했다. 아틴[VI.86]은
1923년 박사 논문에 유한체 상의 특정한 곡선들에
대한 제타 함수와 리만 가설을 처음으로 도입했다.
여기서 그는 그런 곡선 상의 다항 함수들의 환이 바
로 데데킨트가 자신의 제타 함수를 정의하는 데 사
용했던 정수 환의 성질들을 정확하게 공유함에 주
목했다. 아틴은 곧 첫째로 자신의 새로운 제타 함수
들이 데데킨트의 제타 함수들과 매우 유사함을 알
아차렸고, 둘째로 그것들이 종종 더 다루기 쉬움을
알아차렸다. 그가 많은 특정한 곡선들에 대해 리만
가설이 성립함을 명시적으로 확인할 수 있었다는
사실은 두 가지 관찰 결과에 대한 증거를 제공했다.
두 상황 간의 차이는 다음과 같이 구체화할 수 있다.
수체의 경우에 제타 함수가 소수의 개수를 세는 것
으로 생각할 수 있는 반면, 함수체의 경우 제타 함수
는 주어진 곡선 위의 점의 개수를 세는 더 기하학적
인 데이터를 가지고 나타낼 수 있다. 1931년 논문에
서 슈미트(F. K. Schmidt)는 아틴의 연구를 일반화
했고, 이 기하학을 그런 제타 함수들에 대한 함수 방
정식의 강력한 형태를 증명하는 데 적용했다. 그런
다음, 1933년 하세(Hasse)는 유한체 위에서 타원곡
선[III.21]이라는 특별한 경우에 리만 가설을 증명했
다.

2 곡선의 제타 함수

이제 우리는 유한체 상의 곡선과 연관된 제타 함수
들의 정의와 성질들에 대하여, 슈미트와 하세의 정
리들과 함께, 더 자세하게 이야기하겠다. $\mathbb{F}_q$가 q개
의 원소를 가지는 유한체를 나타낸다고 하자. 여기
서 q는 어떤 소수 p와 어떤 양의 정수 r에 대해 $q = p^r$이다. 가장 간단한 경우는 $q = p$일 때이고, $\mathbb{F}_p$는
그저 법 p인 정수들의 체이다. 더 일반적으로, 우리
는 마치 수체를 얻기 위해 $\mathbb{Q}$에 하듯이 $\mathbb{F}_p$에 다항식
들의 근들을 추가하여 $\mathbb{F}_q$를 얻을 수 있다. 사실, 차
수가 r인 단일한 기약 다항식의 근 하나면 충분할
것이다.

아틴은 평면에서 곡선들의 특정한 종류를 연구했
다. 여기서 '평면'은 $\mathbb{F}_q^2$, 즉 $\mathbb{F}_q$에 속하는 x와 y를 가
지고 만든 모든 순서쌍 (x, y)의 집합을 의미한다. 곡
선 $\mathbb{C}$는 단순히 $\mathbb{F}_q$ 안에서 계수를 가지는 어떤 다항
식 $f(x, y)$가 0이 되는 점들의 부분 집합이다. 물론,
F가 $\mathbb{F}_q$를 포함하는 임의의 체라면, 계수들 또한 F
안에 있어야 하고, 따라서 같은 방정식 $f(x, y) = 0$에
의해 정의되는 더 큰 '평면' F^2 안의 곡선 $C(F)$에 대
하여 이야기하는 것이 말이 된다. F도 유한체라면,
$C(F)$ 또한 분명히 유한하다. $\mathbb{F}_q$를 포함하는 유한
체 F는 어떤 $m \geq 1$에 대해 체 $\mathbb{F}_{q^m}$이 된다. 각 $m \geq 1$
에 대해 $N_m(C)$를 곡선 $C(\mathbb{F}_{q^m})$에 속하는 점들의 개
수라고 정의하자. 수열 $N_1(C), N_2(C), N_3(C), \cdots$이 우
리가 이해하고자 하는 것이다.

평면 곡선 C가 주어졌을 때, C의 다항 함수들의 환
$\mathcal{O}_C$를 정의할 수 있다. 이는 단순히 C에서 같은 값
을 취하는 두 함수는 같은 것으로 간주하는 **동치관
계**[I.2 §2.3]를 법으로 한, 평면 상의(즉, 이변수) 다항

함수들의 환일 뿐이다. 형식적으로, $\mathcal{O}_C$는 그저 **몫**[I.3 §3.3] 환 $\mathbb{F}_q[x, y]/(f(x, y))$이다. 아틴이 알아낸 기초적 결과는 데데킨트 제타 함수의 정의가 C와 연관된 제타 함수 $Z_C(t)$를 만들면서, 환 $\mathcal{O}_C$에도 똑같이 잘 적용될 수 있다는 것이었다. 그러나 기하학적 상황에서 동치이면서 더 기초적인 다음 공식을 얻는데, 이는 $Z_C(t)$를 유한체 상의 점들의 개수와 명확하게 연관시킨다.

$$Z_C(t) = \exp\left(\sum_{m=1}^{\infty} N_m(C) \frac{t^m}{m} \right). \qquad (1)$$

슈미트는 아틴의 정의를 유한체 상의 모든 곡선들로 일반화했고, 그가 계산할 수 있는 경우에 아틴의 관찰 결과가 옳음을 증명하면서, 곡선들에 대한 제타 함수를 우아하게 설명했다. 슈미트의 정리의 가장 좋은 형태는 추가적인 두 조건을 만족시키는 곡선들에 적용된다. 첫 번째 조건은 평면 상의 곡선 C를 고려하기보다는 **사영**(projective) 곡선을 고려함으로써 그것을 '콤팩트화'하고 싶을 것이라는 것이다. 이는 '무한점들'을 추가하여 $N_m(C)$를 약간 더 증가시키는 것으로 생각할 수 있다. 둘째, C 상의 **매끈함**(smoothness)이라는 기술적 조건을 부과하고 싶을 텐데, 이는 C가 다양체[I.3 §6.9]이기를 요구하는 것과 유사하다.

슈미트의 결과를 서술하기 위해, 매끈한 사영 곡선 C의 **종수**[IV.4 §10]라는 개념이 있음을 상기하자. 이는 C 상의 미분 형식들을 모아 놓은 공간의 차원 g라고 정의할 수 있다. 혹은 C가 복소곡선이라면, C 상의 해석적 위상으로부터 얻어지는 공간에서 '구멍들의 개수'로 정의할 수 있다. 대수기하학의 특정한 고전적인 결과들을 더 일반적인 체로 확장함으로써, 슈미트는 종수 g인 $\mathbb{F}_q$ 상의 매끈한 사영 곡선 C에 대해, 정수 계수를 갖는 차수 $2g$인 다항식 $P(t)$가 있어서

$$Z_C(t) = \frac{P(t)}{(1-t)(1-qt)} \qquad (2)$$

가 성립한다고 증명했다. 더 나아가, 그는 치환 $t \mapsto 1/qt$에 대한 함수 방정식을 증명했다. $t = q^{-s}$라 놓으면, 이것은 리만의 원래 연구에서처럼, 치환 $s \mapsto 1 - s$에 대한 함수 방정식을 준다. 그렇다면 C에 대한 리만 가설은 $Z_C(q^{-s})$의 근은 모두 $\mathrm{Re}(s) = \frac{1}{2}$을 만족한다, 혹은 마찬가지로 $P(t)$의 근은 모두 $q^{-1/2}$과 같은 노름(norm)을 가진다는 명제이다. 이것이 모든 $m \geq 1$에 대해, $|N_m(C) - q^m + 1| \leq 2g\sqrt{q^m}$이라는 주장과 동치임은 기초적인 사실이다.

곡선의 제타 함수의 기하학적 본성을 조사하는 데 있어서 다음 단계는 F가 $\mathbb{F}_{q^m}$을 포함하는 유한체라면 좌표가 $\mathbb{F}_{q^m}$에 속하는 점들은 **프로베니우스 사상**(Frobenius map)이라 불리는 사상의 고정점이라는 관찰 결과이다. 프로베니우스 사상은 점 $(x, y) \in F^2$를 점 (x^{q^m}, y^{q^m})으로 보내는 사상 ϕ_{q^m}으로, 그 결과는 $t \in \mathbb{F}_{q^m}$이면, $t^{q^m} = t$라는 페르마의 소정리 [III.58]의 간단한 확장이다. 게다가 그 역도 성립한다. 즉, F가 $\mathbb{F}_{q^m}$을 포함하는 체이고 $t \in F$가 $t^{q^m} = t$를 만족시킨다면, $t \in \mathbb{F}_{q^m}$이다. 이는 임의의 체에서 그리고 특별히 F에서 다항식 $t^{q^m} - t$가 많아야 q^m개의 근을 가질 수 있기 때문이다. 따라서 점 $(x, y) \in F^2$가 ϕ_{q^m}의 고정점일 필요충분조건이 $(x, y) \in \mathbb{F}_{q^m}^2$임을 금방 알 수 있다. 게다가, 만약 s, t가 $\mathbb{F}_{q^m}$을 포함하는 임의의 체 안에 속한다면, $(s+t)^{q^m} = s^{q^m} + t^{q^m}$임도 기본적이다. $f(x, y)$의 계수들이 $\mathbb{F}_{q^m}$ 안

에 있으므로, $f(x, y) = 0$이라면

$$f(\Phi_{q^m}(x, y)) = f(x^{q^m}, y^{q^m}) = (f(x, y))^{q^m} = 0$$

이 성립하고, 따라서 Φ_{q^m}이 C에서 그 자신으로 가는 함수가 됨을 알 수 있다. 그러므로 더 일반적으로 C에서 그 자신으로 가는 함수들의 고정점에 대해 무슨 말을 할 수 있는지를 분석함으로써 $C(\mathbb{F}_{q^m})$에 대해 알아내기를 희망할 수 있다. 하세는 성공적으로 이런 관점을 적용하여, 타원곡선들의 경우에 해당하는 $g = 1$인 경우 리만 가설을 증명했다. 그뿐 아니라, 이런 관점이 남은 이야기에도 잘 반영됨을 볼 텐데, 이는 베유가 베유 추측을 만들도록 영감을 주었을 뿐 아니라, 궁극적으로 이를 증명하는 데 사용된 기법들을 제안했다.

3 베유로 들어가기

1940년과 1941년에, 베유는 유한체 상의 곡선들에 대한 리만 가설의 두 가지 증명을 제시했다. 혹은, 좀 더 정확하게 말하자면 그는 두 가지 증명을 설명했다. 그것들 둘 다 대수학에서 기본적인 사실들에 의존했는데, 이는 해석적 방법에 의해 복소수 상의 다양체에 대해서는 증명되었으나 임의의 바탕체(base field)의 경우에는 엄밀하게 증명되지 않았다. 베유는 주로 이 결함을 해결하기 위해서 『대수기하학의 기초(*Foundations of Algebraic Geometry*)』를 썼다. 이 책은 1948년에 나왔고 그의 이전 증명을 모두 엄밀하게 만들어 주었다.

베유의 책은 **추상적 대수다양체**의 개념을 처음으로 도입하면서, 대수기하학의 분수령이 되었다. 이

전에, 다양체는 아핀 공간이나 사영공간에서 항상 대역적 대상이었다. 베유는 그에 상응하는 개념을 국소적으로 정의한다면 유용할 것임을 알아챘고, 따라서 추상적인 대수다양체를 소개했다. 위상수학에서 다양체를 아핀 공간의 열린 부분집합들을 함께 붙여서 얻는 것과 거의 같은 방식으로, 아핀 대수다양체들을 함께 붙이면 대수다양체가 만들어진다. 추상적인 다양체라는 개념은 베유의 증명을 공식화하는 데 근본적 역할을 했고, 또한 그로텐디크의 엄청나게 성공적인 스킴[IV.5 §3] 이론의 중요한 전조였다.

그 다음해 《미국 수학회지(*Bulletin of the American Mathematical Society*)》에 나온 획기적인 논문에서 베유는 더 나아가 유한체 상의 고차원 다양체 V와 결합된 제타 함수 $Z_V(t)$를 연구했고, 공식 (1)을 정의로 택했다. 이러한 배경하에서 상황은 더 복잡했지만, 그럼에도 불구하고 베유가 추측한 양상은 놀라울 만치 유사했고, 곡선에 대한 경우의 매우 자연스러운 확장이었다.

(i) $Z_V(t)$는 t에 대한 유리 함수이다.

(ii) 더 명확하게, $n = \dim V$라면, 우리는

$$Z_V(t) = \frac{P_1(t) P_3(t) \cdots P_{2n-1}(t)}{P_0(t) P_2(t) \cdots P_{2n}(t)}$$

라고 쓸 수 있다. 여기서 $P_i(t)$의 근은 각각 노름이 $q^{-i/2}$인 복소수이다.

(iii) $P_i(t)$의 근은 치환 $t \mapsto 1/q^n t$ 하에서 $P_{2n-i}(t)$의 근과 서로 교환된다.

(iv) V가 C의 부분체 상에서 정의된 다양체 $\tilde{V}$의 법 p로의 축소라면, $b_i = \deg P_i(t)$는 보통의 위

상을 이용한 $\hat{V}$의 i번째 베티 수(Betti number)이다.

(ii)의 마지막 부분은 리만 가설이라고 알려져 있는 반면, (iii)는 치환 $t \mapsto 1/q^n t$에 대한 함수 방정식을 준다. 베티 수는 **대수적 위상수학**[IV.6]에서 잘 알려진 불변량이다. 만약 우리가 곡선들의 경우에 슈미트의 정리 (2)로 돌아간다면, $1 - t$, $P(t)$, $1 - qt$의 차수 $1, 2g, 1$은 정확히 종수 g인 복소곡선의 베티 수이다.

4 증명

베유의 추측은 $V(\mathbb{F}_{q^m})$을 $\varPhi_{q^m}$의 고정점들의 집합으로 간주함으로써 나오는 매우 직관적인 위상적 그림에서 영감을 얻었다. 잠시 $\varPhi_{q^m}$이 오직 유한체 상에서만 의미가 있음을 잊어 버리고, V가 복소수 상에서 정의되었다고 상상하면, 복소위상수학을 이용함으로써 **렙셰츠 고정점 정리**[V.11 §3]에 의한 $\varPhi_{q^m}$의 고정점을 연구할 수 있고, **코호몰로지군**[IV.6 §4] 상의 $\varPhi_{q^m}$의 작용에 관한 공식을 얻는다. 사실 (ii)에서 인수분해(그리고 특별히 (i)에서 주장한 유리성)를 거의 즉각적으로 추론해낼 수 있는데, 각 인수 $P_i(t)$는 i번째 코호몰로지군 상의 프로베니우스 사상의 작용에 대응한다. 그리고 또한 V의 i번째 베티 수에 의해 주어진 $\deg P_i(t)$를 가질 것이다. 더 나아가, 함수 방정식은 **푸앵카레 쌍대성**[III.19 §7]이라 알려진 개념으로부터 나올 것이다.

오래지 않아 그런 코호몰로지를 이용한 증명은 그저 동기부여 이상을 넘어섬이 분명해졌다. 고전적인 위상수학 이론의 성질들을 흉내내고 베유 추측을 증명할 수 있게 하는 유한체 상의 대수다양체에 대한 코호몰로지 이론이 존재할 수 있다. 그런 코호몰로지 이론은 이제 **베유 코호몰로지**(Weil cohomology)라고 알려져 있다. 세르(Serre)는 그런 이론을 발전시키려고 진지하게 시도한 최초의 인물이었지만, 그는 오직 제한된 성공만을 거두었다. 1960년, 드워크(Dwork)는 p진 해석학[III.51]을 이용하여 그 추측의 (i)과 (iii) 부분을 증명하는 간단한 우회로를 제공했다. 즉, 유리성과 함수 방정식 말이다. 그 뒤 곧이어, 세르의 언급을 토대로 하고 아틴과의 협업을 통해, 그로텐디크는 베유 코호몰로지를 위한 후보인 **에탈 코호몰로지**(étale cohomology)를 제안하고 발전시켰다. 사실, 그는 베유 추측이 거의 즉각적으로 따라나올 방식으로 베유 코호몰로지에 대해 바라는 성질들의 목록을 실제로 확장시킬 수 있음에 주목했다. 이 성질들은 고전적인 경우에 알려져 있었지만 극히 어려웠고, '어려운 렙셰츠 정리'를 포함했다. 낙관주의에 휩싸여, 그로텐디크는 그것들을 '표준적 추측'이라 불렀고, 베유 추측은 그것들을 통해 궁극적으로 증명될 것이라고 전망했다.

그러나 그 이야기의 마지막 부분은 전적으로 그로텐디크의 계획을 따라 진행되지 않았다. 그의 학생 들리뉴는 그 문제에 대해 연구하기 시작했고, 결국 다양체의 차원에 대한 귀납법을 이용하여 상당히 미묘하고 복잡한 증명을 완성할 수 있었다. 에탈 코호몰로지는 들리뉴의 증명에서 절대적으로 핵심적인 역할을 했지만, 그는 또한 다른 아이디어들도 그 그림 속에 도입했고, 그중 가장 주목할 만한 것은 라마누잔 추측에 대한 랜킨(Rankin)의 연구와 함께,

렙세츠의 고전적인 기하학적 구성이다. 결국, 그는 그의 연구로부터 어려운 렙세츠 정리를 결론으로 이끌어낼 수 있었지만, 표준적 추측의 나머지 부분은 오늘날까지 여전히 미해결로 남아 있다.

감사의 말. 유익한 응답을 해 준 키란 케들라야(Kiran Kedlaya), 니콜라스 카츠(Nicholas Katz), 장-피에르 세르에게 감사의 말을 전하고 싶다.

더 읽을거리

Dieudonné, J. 1975. The Weil conjectures. *Mathematical Intelligencer* 10:7-21.

Katz, N. 1976. An overview of Deligne's proof of the Riemann hypothesis for varieties over finite fields. In *Mathematical Developments Arising from Hilbert Problems*, edited by F. E. Browder, pp. 275-305. Providence, RI: American Mathematical Society.

Weil, A. 1949. Numbers of solutions of equations in finite fields. *Bulletin of the American Mathematical Society* 55: 497-508.

옮긴이 _ 정경훈

PART VI

수학자들

Mathematicians

VI.1 피타고라스

출생: 이오니아 사모스(현 그리스 사모스)?, 기원전 569년경
사망: 마그나 그라에키아 메타폰툼(현 이탈리아 메타폰토)?,
        기원전 494년경
통약 불가능성, 피타고라스의 정리

가장 규정하기 힘든 고대 인물 중 한 명인 피타고라스는 그가 이룬 수학적 성취뿐 아니라, 황금 넓적다리를 지녔다는 주장이나 누에콩을 먹는 것을 금지한 처방을 내렸던 것으로도 유명하다. 그에 관한 것 중 역사적 사실로 받아들여지는 것은 거의 없지만, 그가 기원전 6세기경 그리스령 이탈리아 남부에서 살았으며, 그의 신념뿐만 아니라 식습관 및 행동 법규를 공유한 추종자 집단인 피타고라스학파를 세웠다는 것은 비교적 확신할 만한 사실로 여겨진다. 외부인에게 비밀을 누설한 소수 피타고라스학파가 그에 상응하는 처벌을 받았다는 일화를 볼 때 피타고라스학파가 완전히 동질적인 집단은 아니었음을 알 수 있다.

기원전 5세기 후반의 절정기가 지난 후 피타고라스학파는 자취를 감춘다. 이는 그들이 여러 도시국가에서 공적 업무에 관여하게 되었기 때문으로 추정된다. 그렇지만 우주와 영혼에 대한 피타고라스학파의 이론은 아주 오랜 기간 지속되어, 그들의 영향력은 플라톤(Plato), 아리스토텔레스(Aristotle) 및 후대 저자들에게서도 감지된다. 기원전 3세기부터 고대 후반까지도 피타고라스의 이름으로 또는 그의 직속 계승자라고 주장하는 이들이 일련의 저서들을 저술했다. 실제로 역사학자들은 신플라톤학파와도 연계되어 있는 신피타고라스학파의 철학 사조에 대해 때때로 논의한다.

피타고라스와 피타고라스학파는 보통 직각삼각형의 빗변의 길이의 제곱이 다른 두 변의 길이의 제곱의 합과 같다는 정리와 연계되어 거론된다. 사실 이 정리가 표현하는 수학적 성질을 피타고라스 시대보다 훨씬 이전 시대인 메소포타미아에서도 알고 있었다는 증거가 있다. 또 이 정리를 피타고라스의 공으로 돌리는 고대 자료들도 후대의 것으로 별로 신뢰성이 없는 데다 실제 증명은 유클리드의 『원론(Elements)』에 와서야 찾을 수 있다. 증명 자체는 유클리드[VI.2]보다 이전에 나왔겠지만, 이를 피타고라스와 연계할 확고한 증거는 없다.

마찬가지로 정사각형의 한 변의 길이와 대각선의 길이가 통약 불가능하다*는 사실의 발견도 보통 피타고라스학파의 공으로 돌리지만, 그보다 먼저 메소포타미아에서 발견되었으며 그리스 저술에 최초로 완벽한 증명이 나온 것은 후대의 일이다.

피타고라스의 진정한 수학적 공헌은 따로 있다. 아리스토텔레스는 "만물은 수"라는 이론을 피타고라스학파의 공으로 돌렸다. 이에 대해서, 어떤 실체를 이해하려고 할 때, 그 실체가 바탕에 기하학적 구조를 갖고 있는지(플라톤의 『티마이오스(Timaeus)』**) 단순히 '비례적으로' 질서가 있는 것처럼 보일 뿐인지 파악하는 열쇠를 수학이 제공한다고 그들이 믿고 있었다는 해석이 있다. 피타고라스학파가 음악적 조화와 어울림을 수의 비율로 정식

---

* 두 수(길이)가 통약가능하다(commensurable)는 것은 현대적으로 표현하면, 두 수의 비가 유리수라는 뜻이다. 즉, 정사각형의 대각선의 길이와 한 변의 길이의 비 $\sqrt{2}$ 가 유리수가 아니라는 뜻이다-옮긴이
** 플라톤의 대화편의 하나로, 피타고라스학파의 천문학자가 주인공이다-옮긴이

화하는 데 강한 흥미를 보였다는 것은 그들의 공적으로 돌릴 만하다. 예를 들어 연주자가 현을 뜯어 조화로운 소리가 날 때를 수학적으로 표현할 수 있는 특정한 점을 뜯을 때라는 사실과 관계 지었다. 현을 뜯는 지점 사이의 수학적 비례를 깨트리면 나오는 소리가 불안정해진다는 것이다. 피타고라스학파에 따르면 천체들은 자체로 수학적인 까닭에 질서정연한 배열을 이루며, 그 때문에 아름다운 소리를 낸다고 한다. "수학을 이해하라, 그러면 실체의 구조를 완전히 이해할 수 있다"는 통찰이야말로 어쩌면 피타고라스의 진정한 유산일 것이다.

더 읽을거리

Burkert, W. 1972. *Lore and Science in Ancient Pythagoreanism*. Cambridge, MA : Harvard University Press. (Revised English translation of 1962 *Weinsheit und Wissenschaft: Studien zu Pythagoras, Philolaos und Platon*. Nürnberg : H. Carl.)

Zhmud, L. 1997. *Wissenschaft, Philosophie und Religion im frühen Pythagoreismus*. Berlin : Akademie.

세라피나 쿠오모(Serafina Cuomo)

VI.2 유클리드

출생: 이집트 알렉산드리아?, 기원전 325년경
사망: 알렉산드리아?, 기원전 265년경
연역법, 공준, 귀류법

유클리드의 생애에 대해서는 알려진 게 없다. 사실 요즘에는 그의 대표작인 『원론』조차 다소 엉성한 모음집으로 여겨진다. 저자의 목소리가 강하지 않으며, 유클리드의 독창적인 기여가 있었다 해도 그것을 명확히 구분할 방법이 없기 때문이다. 아마도 『원론』은 프톨레마이오스(Ptolemy) 왕조 통치하에 알렉산드리아의 문화적 분위기 속에서, 당대의 수학적 지식을 체계화하려는 목적으로 몇몇 수학 영역에서 쓰여진 책이었을 것이다.

『원론』은 (선분으로 이루어진 도형과 넓이가 같은 정사각형을 만든다든지, 호를 이등분한다든지, 원에 다각형을 내접하거나 외접한다든지, 기하 평균을 구하는 등의) 평면 기하와 공간 기하(예를 들어, 두 공 사이의 부피비, 다섯 가지 정다면체), 그리고 상대적으로 쉬운 산술(예를 들어, 짝수나 홀수의 성질이나 소수(prime number) 이론)부터 더 복잡한 산술(예를 들어, 길이나 길이의 제곱이나 거듭제곱이 통약 가능한지 불가능한지의 문제)까지 다룬다.

우리는 제목에서 이 책의 기본적인 특성을 가늠해 볼 수 있다. 이 책은 수학적 대상들(예를 들어, 점, 직선, 부등변 삼각형)의 정의와 공준(예를 들어, 모든 직각은 서로 같다)과 공리(예를 들어, 전체는 부분보다 크다)로부터 시작한다. 이러한 초기 전제들은 논증하지 않았음에도 어떤 공준은 다른 것들로부터 연역 가능한가 하는 논쟁을 낳았고, 후에 비유클리드 기하학에 이르게 됐다. 이 책은 공리적 연역법이라고 이름 붙은 형식을 사용하여, 구체적이기보다는 일반적인 경향을 띠는 증명을 한다. 정형화된 표현들을 제한적으로 사용하고, 문자를 사용한 도형을 참고토록 하여, 논증하지 않은 전제들 혹은 기존의 증명이나 배중률과 같은 아주 단순한 개념들에 기대어 각 단계를 정당화한다. 명제가 참임을 직접 보이는 대신, 그 역이 모순임을 보이는 **귀류법**을 써서 증명을 달성하는 경우도 종종 눈에 띈다.

색다르고, 덜 추상적이고, 예증적인 절차를 드러내는 부분도 있다. 예를 들어, 두 삼각형의 넓이가 언제 같은지에 대한 판단기준을 세우는 도중에, 한 도형을 다른 도형 위에 '겹쳐 놓도록' 지시하여 두 넓이가 정말로 같다는 것을 실질적으로 검증하라고 독자에게 요청하기도 한다. 이처럼 정신적 조작에 호소하는 것은, 다른 저서들에서 발견되는 논리적인 단계적 방법과는 사뭇 다르다. 제10권은 피타고라스학파 수학의 흔적인 홀수와 짝수에 대한 명제들을 포함하고 있고, 조약돌의 도움을 받아 설명하고 있다. 산술과 기하가 공존한다는 자체가 몇몇 역사학자들에겐 곤혹스러운 일이어서 역사학자들은 '기하학적 대수학'이라는 개념을 제안하기도 했다. 외견상으로는 선분들로 만든 정사각형이나 직사각형을 다룬 제2권이 사실 현대적 방정식의 조짐을 보이기 때문이었다.

천문학, 광학, 음악에 대한 저작과 더불어, 이미 주어진 몇 가지 요소에 근거하여 기하학 문제를 푸는 방법을 다룬 『자료론(Data)』 역시 유클리드의 저작으로 여겨진다. 하지만 그의 저작 『원론』과 그의 명성은 떼려야 뗄 수 없는 관계이다. 어쩌면 저자의 강력한 목소리가 부재한다는 사실 자체가 고대로부터 다른 수학자들이 보충하고, 추가하고, 비판하고, 논평하기 용이하게 만든 요인일 것이다. 이러한 유연성이 원론을 온 시대를 통틀어 가장 인기 있는 수학책으로 만든 것이다(이 책이 수학의 초기 발달에 미친 영향에 대해서는 기하학[II.2], 추상대수학의 발전[II.3], 증명의 발달사[II.6]를 보라).

더 읽을거리

Euclid. 1990-2001. *Les Éléments d'Euclide d'Alexandrie; Traduits du Texte de Heiberg*, general introduction by M. Caveing, translation and commentary by B. Vitrac, four volumes. Paris: Presses Universitaires de France.

Netz, R. 1999. *The Shaping of Deduction in Greek Mathematics. A Study in Cognitive History*. Cambridge: Cambridge University Press.

세라피나 쿠오모

VI.3 아르키메데스

출생: 마그나 그라에키아, 시라쿠사(현 이탈리아 시러큐즈),
      기원전 287년경
사망: 시라쿠사, 기원전 212년경
원의 넓이, 중력의 중심, 소진법, 공의 부피

아르키메데스의 삶은 그의 과학적 업적만큼이나 극적이다. 아르키메데스에 대한 다양한 자료들은 그가 배를 건조했고, 우주론 모형을 만들었으며, 대형 쇠뇌를 만들어 2차 포에니 전쟁 중 고향 시라쿠사를 방어했음을 증언한다. 로마 포위군은 결국 속임

수를 써서 도시를 점령했고, 아르키메데스는 뒤따른 약탈 과정 중에 살해됐다. 그의 가장 유명한 발견을 기려, 그의 무덤엔 원기둥에 내접한 구체가 새겨져 있다는 전설이 전해진다. 실제로 『구와 원기둥에 대하여(*Sphere and Cylinder*)』의 제1부는 공의 부피가 공에 외접하는 원기둥의 부피의 3분의 2라는 증명에서 절정을 이룬다. 곡선을 경계로 하는 영역의 부피를 정확히 구하는 데 흥미를 가졌다는 사실은 그가 원의 넓이와 공의 부피를 발견했다는 사실 및 나선, 원뿔 곡선체, 포물체, 『포물선의 구적법(*Quadrature of the Parabola*)』에 대한 논문들에 의해 입증된다.

아르키메데스의 방법은 공리적 추론이라는 뼈대를 따르고 있음에도 어떤 독특함이 있다. 굽은 도형에 대한 많은 정리가 소진법[II.6. §2]이라 불리는 방법을 사용한다.

원의 넓이를 구하는 문제를 예로 들어 보자. 아르키메데스는 원의 넓이와 어떤 직각삼각형의 넓이가 같음을 보여 문제의 답을 구한다. 삼각형의 넓이를 구하는 방법은 알고 있으므로, 답을 모르는 문제를 답을 아는 문제로 '귀착'하여 해결한 것이다. 아르키메데스는 두 넓이가 같음을 직접 보이는 대신, 원의 넓이가 삼각형의 넓이보다 클 수도 작을 수도 없으므로 나머지 가능성, 즉 같다는 가능성만 남음을 증명한다. 이때뿐만 아니라 일반적으로도 연구 중인 굽은 도형에 다각형을 내접하거나 외접시킨 뒤 점점 가깝게 만드는 방식으로 목표를 성취한다. 점점 더 가까운 근사법으로부터 실제로 굽은 도형과 다각형이 동등한 넓이를 가진다는 사실로 도약하는 것은, 남은 두 가지 가능성을 배제하는 간접적 방법을 써야만 가능하다. 이런 논증은 보통 유클리드에게서도 발견되는 도움 정리를 쓰는데, 어떤 양에서 출발하여 기껏해야 그보다 절반인 양으로 대치하고 이를 계속 반복하면 남는 양은 원하는 만큼 작게 만들 수 있다는 개념의 보조정리이다.

아르키메데스는 천문과 산술을 다룬 『모래알을 세는 사람(*The Sand-Reckoner*)』을 포함하여, 평면 도형의 무게중심과, 유체에 잠긴 물체에 대해서도 저술했다.

아르키메데스는 무엇보다 고대 그리스 수학자들의 사고방식을 이해하는 데 독특한 통찰력을 제공해 준다. 그의 저서 『구와 원기둥에 대하여』의 제2부는 주어진 입체를 구성하는 문제를 다루고 있고, 다수의 증명이 분석과 종합 두 부분으로 이루어져 있다. '분석'에서는, 수립하려는 결과를 증명한 것으로 간주한 뒤 그것으로부터 결과를 이끌어내어 이미 다른 곳에서 증명한 결과에 도달하게끔 한다. 그런 뒤에 이 과정을 역으로 재구성('종합')한다. 최근에 에라토스테네스(Eratosthenes)에게 보낸 서신에서 재발견된 『방법(*Method*)』에는 그가 자신의 가장 잘 알려진 결과에 도달했음이 드러나 있다. 예를 들어 포물선 조각의 넓이를 구할 때는 개입된 두 대상, 즉 포물선 조각과 삼각형이 무한개의 박편과 선분으로 분리돼 있다고 상상한 뒤, 이들이 지레의 양끝에서 서로 균형을 이루며 놓여 있도록 하여 구한다. 아르키메데스는 이런 발견적 과정이 엄밀한 증명이 아니라고 강조했지만, 『방법』을 통해 이 위대한 수학자의 정신세계를 일별할 수 있다는 점에서, 오히려 저서의 가치만 더 높아졌을 뿐이다.

더 읽을거리

Archimedes. 2004. *The Works of Archimedes: Translation and Commentary. Volume 1: The Two Books On the Sphere and the Cylinder*, edited and translated by R. Netz. Cambridge: Cambridge University Press.

Dijksterhuis, E. J. 1987. *Archimedes*, with a bibliographical essay by W. R. Knorr. Princeton, NJ: Princeton University Press.

세라피나 쿠오모

VI.4 아폴로니우스

출생: 팜필리아 페르게(현 터키 베르게), 기원전 262년경
사망: 이집트 알렉산드리아?, 기원전 190년경
원뿔곡선, 추가 조건(diorism)*, 자취 문제

───────────────

『원뿔곡선론(*Conics*)』은 총 여덟 권으로 구성되어 있는데 현재 남아 있는 건 일곱 권뿐이다. 이 책은 그리스 수학을 대표하는 다른 걸작들보다 훨씬 소수의 독자를 보유하고 있는데, 이는 내용이 복잡하고, 요약하기 힘들며, 현대의 대수 용어로 잘못 번역되기 쉽기 때문이다. 베르게의 아폴로니우스는 산술과 천문학에 대해서도 썼지만, 이들 작품은 현재까지 한 권도 남아 있지 않다. 남아 있는 책 중 여섯 권의 서문을 보면, 아폴로니우스가 수학계에서 상당히 존경받는 일원이었음을 알 수 있다. 서문에서

그는 『원뿔곡선론』의 다양한 판본이 읽히고 있음을 언급하며, 최종판에서는 동료들의 피드백을 반영하겠다고 알린다. 포물선, 쌍곡선, 타원은 자체로도 흥미로울 뿐만 아니라, 각의 삼등분 문제나, 입방체를 두 배로 만드는 문제의 해답에 필요한 보조 곡선으로 이용될 수 있기 때문에 전 시대에도 알려져 있었지만(아르키메데스에서도 원뿔곡선은 발견된다), 최초로 이들 곡선을 조직적으로 설명한 사람은 아폴로니우스이다.

아폴로니우스는 『원뿔곡선론』의 처음 네 권이 주제의 입문이라고 선언했고, 실제로도 원뿔 및 각 부분을 정의하는 것부터 시작한다. 포물선, 쌍곡선, 타원은 후반부에서 논의하는데, 이들 곡선이 나오게 된 기원(원뿔이나 원뿔형 곡면을 다양한 각도로 평면으로 절단하여 얻는다)인 성질들에 딸려 기술하며, 이어지는 세 권의 책에서 더 엄밀하게 탐구한다. 이 책들은 접선, 점근선, 축에 대한 정리들과, 주어진 자료를 가지고 원뿔 곡선을 구성하는 문제에 대한 정리들을 포함하며, 원뿔 곡선들이 어떤 조건하에서 한 평면에서 만나는지도 설명하고 있다.

입문서가 아닌 나머지 두 권은 아랍어본만 남아 있는데, 원뿔 곡선 내의 최대 및 최소 직선을 다루며, 주어진 원뿔 곡선과 같거나 닮은 원뿔 곡선을 작도하는 문제(모든 포물선은 닮았다는 정리를 포함하여)를 논의한다. 또한 '추가 조건 정리'들을 포함하고 있는데, 추가 조건 정리란 작도 가능성이나 기하학적 도형의 성질의 유효성에 제한을 두거나, 애초부터 알려진 위치나 대상의 수효에 제한을 둔 명제들을 말한다. 사실 『원뿔곡선론』에서 다수의 명제가 자취, 즉 특정한 종류의 성질을 공유하는 점들로

───────────────

* 어떤 명제나 정리가 그 자체로는 성립하지 않지만, '추가 조건'을 주어 몇 개인지, 얼마나 크거나 작은지 등 '가능성의 제한'을 두는 일을 말함−옮긴이

구성된 기하학적 도형에 대한 것들이다. 아폴로니우스는 유클리드[VI.2]가 세 선분이나 네 선분으로 된 자취(세 선분이나 네 선분으로 이루어진 도형이 특정한 성질을 갖도록 배열한 것)를 작도하는 문제에 대해 해답을 전부 주지 않았다고 비판한다.

일반적인 언명, 문자를 사용한 그림, 논증하지 않는 전제나 기존의 증명에 호소하여 각 단계를 정당화하는 등 아폴로니우스의 설명 방식은 공리-연역적 틀 안에 있었다고 할 수 있다. 그는 간접적인 방법이 아닌, 복잡한(그리고 강력한) 비례론의 진정한 달인이었던 것이다. 그러면서도, 그의 명제들은 어떤 직선이 원뿔 곡면의 내부에 떨어지는지, 외부에 떨어지는지, 꼭짓점에 떨어지는지와 같은 여러 가지 세부적인 경우를 고려하는 경향을 띤다. 달리 말하면 아폴로니우스는 거의 유희적인 열정으로, 다양한 상황하에서 수학적 대상과 성질의 가능성을 탐구하는 문제를 조직적인 접근법으로 묶어낸 것이다.

더 읽을거리

Apollonius. 1990. *Conics, books V-VII. Arabic Translation of the Lost Greek Original in the Version of the Banu Musa*, edited with translation and commentary by G. J. Toomer, two volumes. New York: Springer.

Fried, M. N., and S. Unguru. 2001. *Apollonius of Perga's Conica: Text, Context, Subtext*. Leiden: Brill.

세라피나 쿠오모

VI.5 아부 자파르 무하마드 이븐 무사 알콰리즈미

출생: 미상, 800년
사망: 미상, 847년
산술, 대수

알콰리즈미 혹은 그의 조상들의 출생지는 콰리즈미이다(현 우즈베키스탄의 호레즘 지역으로 히바(Khiva)라고도 알려져 있다). 그는 생의 대부분을 바그다드의 지혜의 전당에서 보냈다. 그곳에서 그는 천문학, 수학, 지질학에 대한 저술 활동을 하며 학자로서 생활했다. 그가 저술한 수학 저서는 현재 두 권만 남아 있는데, 하나는 산술, 다른 하나는 대수에 대한 것이다.

산술에 대한 저술은 아랍어로는 남아 있지 않고 오직 라틴 번역본을 통해서만 알려져 있는데, 이는 그의 책이 인도 숫자 및 이들 숫자를 이용한 계산 방법을 서방 세계로 전달한 수단이었음을 의미한다. 이 방법이 인도의 저술에 기반을 두었음이 분명함에도, 유럽에서는 이런 기법을 알콰리즈미의 이름과 연관을 지어 '알고리슴'이라는 용어를 만들어 사용했다. (이로부터 현대 용어 '알고리즘'이 나왔다.)

알콰리즈미의 『완성과 균형에 의한 계산에 관한 모든 것을 담은 책(al-Kitāb al-mukhtasar fī hisāb al-jabr wa'l-muqābala)』은 이슬람 수학자들의 대수라는 과목의 출발점이었다. 기초적이고 실용적인 수학에 대한 이 책은 3부로 구성돼 있다. 각 부는 방정식의 풀이, 실질적인 구적법, 그리고 복잡한 이슬람 법률에서 비롯된 유산 분배에 대한 문제로 이루어져 있다. 대수적 기호는 사용하지 않고 숫자를 포함해 모든 것이 말로 표현돼 있다. 자릿값 체계(기수법)에 대한 간단한 논의로부터 시작하여 1차 및 2차 방정식들을 다룬다. 이 책의 놀라운 점은 전 세대와는 달리 이런 방정식을 단순히 문제를 푸는 수단으로만 간주하는 것이 아니라, 방정식 그 자체를 연구하여 여섯 종류로 분류하고 있다는 점이다. 현대적 표기법으로는 a, b, c가 자연수일 때, 다음 여섯 종류다.

$$ax^2 = bx, \quad ax^2 = b, \quad ax = b,$$
$$ax^2 + bx = c, \quad ax^2 + c = bx, \quad ax^2 = bx + c.$$

서로 다른 종류로 나눌 필요가 있었던 것은 음수나 0을 계수로 간주하지 않았기 때문이다. 알콰리즈미는 자신의 방법이 효과적이라는 것을 증명했을 뿐만 아니라(이것만으로도 당시에는 표준적 방법이 아니었다), 그가 내놓은 증명들은 기하학적이었다. 즉, 그리스 시대의 수학적 관점으로 보면 고전적 증명이 아니었지만, 자신의 방법이 유효함을 기하학적으로 설명한 것이다.

　아랍어 책 제목의 핵심 단어인 '알-자브르'(al-jabr, '완성' 혹은 '복구')는 모든 항을 표준형으로 복구하는 것을 일컫는데, 후에 서방 세계에서 '알지브라 (algebra, 대수)'라고 흔히 쓰이게 되었다. 하지만 알콰리즈미의 저서가 가장 먼저 그 용어를 사용한 이슬람 저서라는 확신은 없다.

VI.6 피사의 레오나르도 (피보나치)

출생: 이탈리아 피사, 1170년경
사망: 이탈리아 피사, 1250년경
피사 상인의 아들, 북아프리카에서 무슬림 선생에게 수학을 배우고 지중해 지방을 여행하며 이슬람 학자들과 교류했다. 교직과 그 외 봉사에 대한 공로로 1240년 피사 시로부터 연금을 수여 받았다.

대수학에 대한 초기 유럽 저술가 중 한 명인 피보나치는 대표작 『산반서(*Liber Abaci*)』로 유명하다. 1202년에 처음 출간된 이 책은 인도 아라비아 숫자를 유럽에 퍼뜨리는 데 큰 기여를 했다. 이 책은 인도 아라비아 숫자를 계산하는 규칙을 다루고 있을 뿐만 아니라, 다양한 종류의 문제를 상당수 다루고 있다. 그중 가장 잘 알려진 것이 '토끼 문제'이다. 새끼 토끼 한 쌍이 태어난 지 두 달이 지난 후부터 출산할 경우, 매달 각 쌍이 새로 한 쌍의 새끼를 낳는다면 토끼 한 쌍으로 시작하여 1년 뒤에는 토끼가 몇 쌍이 되겠느냐는 문제이다. n번째 달의 토끼 쌍의 수 F_n은 지난달의 토끼 쌍의 수와 번식할 수 있는 토끼 쌍의 수의 합이고, 번식할 수 있는 토끼 쌍의 수는 그보다 한 달 전의 토끼 쌍의 수와 같다. 따라서 다음 관계식 $F_n = F_{n-1} + F_{n-2}$를 얻는다. $F_0 = 0$과 $F_1 = 1$에서 시작하면, 피보나치 수 0, 1, 1, 2, 3, 5, 8, 13, …으로 이루어진 수열을 얻는다. $\phi = (1 + \sqrt{5})/2$가 황금비일 때 $\lim_{n \to \infty} F_{n+1}/F_n = \phi$임을 보일 수 있다.

더 읽을거리

Berggren, J. L. 1986. Episodes in the Mathematics of
　Medieval Islam. New York: Springer.

VI.7 지롤라모 카르다노

출생: 이탈리아 파비아, 1501년
사망: 이탈리아 로마, 1576년
밀라노의 수학 교사(1534-43), 파비아의 의학교수(1543-60),
볼로냐의 의학 교수(1562-70), 이단 혐의로 투옥(1570-71).

유럽 대수학의 기초를 쌓은 카르다노의 뛰어난 논문 『위대한 술법(*Ars Magna*)』(1545)은 출간된 이후 1세기가 넘도록 대수학에 대한 가장 포괄적이고 체계적인 연구서였다. 모든 내용이 카르다노의 연구는 아니었지만 이 논문은 3차와 4차방정식을 푸는 방법을 포함하여 많은 새로운 발상을 수학 기호를 사용하지 않고서 기술했다. 방정식의 근과 계수 사이에 관계가 있다는 것을 깨달은 것이 카르다노의 뛰어난 직관인데, 이 점만큼은 유례가 없다. 또한 동시대인들보다 훨씬 유연한 사고를 발휘하여 음수의 제곱근을 고려하기도 했다. 카르다노는 c, d가 양수일 때(c가 음수인 기약인 경우(casus irreducibilis)는 풀 수 없었다) $x^3 + cx = d$ 꼴의 3차 방정식을 푸는 '카르다노의 공식'으로 오늘날 기억되고 있다.

차, 3차, 4차방정식을 조직적으로 다루고 있으며, 진보된 수학 기호를 썼고(지수 기호가 들어 있는 최초의 인쇄본이다) 디오판토스(Diophantus)의 연구의 중요성을 널리 퍼뜨린 역할을 한 것으로 유명하다. 무엇보다도 『대수학』을 유명하게 만든 것은 카르다노의 공식을 적용할 때 복소수해 혹은 '불가능한' 해가 나오는 것처럼 보여 기약인 경우로 불렀던 특수한 3차방정식까지 풀었다는 점이었다. 카르다노는 2차방정식을 풀 때 오늘날 우리가 복소수라 부르는 수($a + b\sqrt{-1}$ 꼴의 수)가 나올 수 있다는 것을 알고 있었다. 봄벨리는 3차방정식을 풀 때 처음에는 복소수 근으로 보이지만, 실은 허수 부분이 서로 상쇄되어 실근일 수도 있다는 중요한 사실을 발견했다. 『대수학』은 최초로 복소수를 광범위하게 다룬 책으로, 복소수 사이의 기본 사칙연산의 규칙을 제시했다.

VI.8 라파엘 봄벨리

출생: 이탈리아 볼로냐, 1526년
사망: 이탈리아 로마로 추정, 1572년 이후
훗날 멜피의 주교가 되는 로마 귀족 알레산드로 루피니(Alessandro Rufini)의 기술자 겸 건축가

봄벨리가 그의 저서 『대수학(*Algebra*)』(1572)을 쓰게 된 동기는 교육 수준이 높지 않은 독자들도 카르다노[VI.7]의 『위대한 술법』(1545)에 접근하기 쉽도록 만들고자 하는 마음에서 비롯됐다. 『대수학』은 2

VI.9 프랑수아 비에트

출생: 프랑스 퐁트네 르 콩트, 1540년
사망: 프랑스 파리, 1603년
삼각법, 대수적 해석학, 고전적인 문제, 방정식의 수치해

비에트는 1560년 푸아티에 대학에서 법학으로 학사 학위를 받았지만, 지방 귀족 가문 여식인 파르트네의 카트린느(Catherine de Parthenay)의 교육을 감독하기 위해 1564년부터 1568년까지 직장을 그만두었다. 그의 초창기 과학 저술은 카트린느에게 강의한 내용을 담고 있다. 정치적, 종교적 이유로 파리 법정에서 추방됐던 1584년부터 1589년 사이의 기간을 제외하면 그는 남은 생을 고위 관청에서 보냈

다. 일생 중 공직으로부터 자유로이 수학에 헌신할
수 있었던 건 추방됐던 시기뿐이었다.

1591년 『해석학 기술 개론(*In Artem Analyticem Isa-goge*)』을 필두로 1590년대에 비에트의 가장 잘 알려진 저술들이 뒤따라 출간되기 시작했다. 『서설』에서 비에트는 고전적인 그리스 기하학과, 이슬람 근원의 대수적 방법을 결합하기 시작하여, 기하학의 대수적 접근법의 기초를 놓는다. 그는 방정식에서의 기호(전통적으로 미지수, 제곱수, 세제곱수에는 *R, Q, C*나 그 변형 기호를 썼다)가 숫자를 나타낼 수도 있고 기하학적 양을 나타낼 수도 있다고 보았으며, 따라서 기하학적 문제를 분석하고 푸는 데 강한 잠재력을 지닌 도구임을 알았다.

비에트는 파푸스(Pappus)의 4세기 초반의 저서 『수학집성(*Synagoge*)』을 독파함으로 해석학에 대한 이해를 다졌다. 이 책은 해석학을 '답이 이미 알려져 있는 것으로 간주한 상태에서 문제를 탐구하는 방법'이라고 묘사하는데, 이는 우리가 해를 기호로 표현한 뒤 그 기호를 포함한 조작을 통해 해답을 제시하는 방법과 비슷하다. 모르는 양이든 이미 알고 있는 양이든 동등한 지위를 갖는 것으로 간주하여, 이미 진술된 조건으로부터 방정식을 만들고(비에트가 조사(zetetics)라 불렀던 과정) 미지의 양을 주어진 양을 써서 풀어(해석(exegetics)하여) 목적을 이루는 것이 대수학이다. 비에트에게 있어 기하학적 문제의 마지막 단계는 해를 구체적으로 구성하는 것이었으므로, 앞선 대수적 분석으로부터 기하학적인 종합을 이끌어내는 것을 뜻한다.

『복원된 수학적 해석에 관한 연구(*Opus Restitutae Mathematicae Analyseos, seu Algebra Nova*)』는 주로 1593년 전후에 쓰이거나 출간된, 방정식을 세우고 해당하는 기하학적 작도를 하는 데 필요한 기법을 다룬 몇 개의 추가 논문들로 구성돼 있다. 이 책에서 비에트는 미해결 수학문제를 남김없이 풀어내겠다는(nullum problema non solvere) 야심이 드러나는 그의 유명한 희망을 피력한다. 17세기 내내 대수학은 '분석 기술(analytic art)' 혹은 '해석학(analysis)'이란 용어로 알려졌다.

모든 방정식을 대수적으로 풀 수는 없다는 것을 인식한 비에트는 해의 근사를 반복하여 수치적으로 구하는 방법을 전개한다. 유럽에 이런 기법이 등장한 것은 이때가 처음이다. 이는 실용적 목적이라는 측면에서도, 방정식의 근과 계수 사이의 관계를 신속하고도 깊이 이해하는 데 이르도록 했다는 점에서도 중요하다.

기술적인 그리스식 용어를 선호한 면이 있었기 때문에 비에트의 문체는 장황했으며 때로는 모호했다. 하지만 대수학 논문에서 그는 몇 가지 원시적인 표기법을 고안했다. 방정식을 푸는 공식을 제시할 때는 일반적인 경우를 대표하도록 특정한 예를 제시하는 방법이 오랜 전통이었는데, 비에트는 알려진 양은 자음 *B, C,* … 등으로, 미지의 양은 모음 *A, E,* …로 대체하는 과정을 거쳐 숫자를 문자, 즉 '기호(species)'로 대체했다. 하지만 거듭제곱에 대한 단순하거나 체계적인 표기법은 없었고, 제곱이나 세제곱에 대해서는 'quadratus'와 'cubus'라는 용어를 썼으며 '더하다', '같다' 등등의 연결사 역시 말로 썼기 때문에, 비에트의 대수 역시 기호가 중심인 것은 아니다.

비에트의 저술을 처음으로 깊게 연구한 사람 중

한 명인 영국의 토머스 해리엇(Thomas Harriot)은 1600년 직후 비에트의 수치적 방법을 철저히 연구하여, 다항식을 1차 인수들과 2차 인수들의 곱으로 쓸 수 있다는 것을 발견함으로써 방정식을 이해하는 데 중요한 돌파구를 마련했다. 또한 해리엇은 사실상 현대적이라 할 수 있는 대수 기호를 써서 비에트의 저술 상당수를 퇴고했다. 1620년대 프랑스에서 비에트의 연구는 페르마[VI.12]에게 깊은 영향을 미쳤다. 반면 데카르트[VI.11]는 1630년대 대단히 유사한 아이디어를 개발했음에도, 비에트나 해리어트의 저술을 읽은 적이 없다고 부인했다.

비에트와 그의 직속 후계자들은 유한 차수의 방정식만을 다뤘다. 훨씬 나중인 17세기에 들어서 '해석학'은 뉴턴[VI.14]의 연구와 더불어 오늘날 무한급수라고 부를 만한 무한 차수 방정식을 포함하도록 확장되어, 현대적인 의미에 더 가까워졌다.

자클린 스테달(Jacqueline Stedall)

VI.10 시몬 스테빈

출생: 벨기에 브뤼허, 1548년
사망: 네덜란드 헤이그, 1620년
오라녜 공작 나사우 가문 마우리츠(Maurice of Nassau, Prince of Orange)의 수학 및 과학 개인 교사

시몬 스테빈은 벨기에 북부 플랑드르 지방 출신의 수학자 및 기술자로, 소수(decimal fraction)에 대한 연구로 기억되고 있다. 그는 소수 표기법을 최초로 사용한 사람은 아니지만(소수 표기법은 10세기에 이슬람 수학자 알우클리디시(al-Uqlīdisī)의 저술에서 발견된다), 1585년에 출간되고 1608년에『십중

일: 십분의 일의 기술 또는 십진 산술 교본(*Disme: The Art of Tenths, or Decimall Arithmetike Teaching*)』이라는 제목으로 영역된 그의 소책자『십분의 일(*De Thiende*)』덕분에 소수표기법이 유럽에 널리 채택되었다. 하지만 스테빈이 오늘날 우리가 쓰는 기호를 사용한 것은 아니었다. 십분의 일의 거듭제곱을 가리키는 지수 주위로 동그라미를 그려, 예를 들어 7.3486을 7⓪3①4②8③6④로 썼다. 그는『십분의 일』을 통해 십진 소수 이용법을 설명할 뿐만 아니라, 중량이나 측량, 동전의 주조에 사용해야 한다며 그 용법을 옹호하기도 했다.

VI.11 르네 데카르트

출생: 프랑스 라 하예(현재는 데카르트 시), 1596년
사망: 스웨덴 스톡홀름, 1650년
대수, 기하, 해석기하, 수학의 기초

1637년 데카르트는『기하학(*La Geometrie*)』을 자신의 철학 논문인「방법서설(*Discours de la Methode*)」에 '에세이' 형태로 덧붙여 출간했다. 현재 남아 있는 그의 수학 출판물은 이것뿐인데, 1650년부터 1700년 사이에 출간된 근대 저서 중『기하학』보다 더 수학의 발달에 기여한 수학 저서는 없다.『기하학』은 해석기하학의 바탕이 되었고, 대수학과 기하학을 결합하는 길을 마련했으며, 50년 후 미분과 적분의 발달을 가능케 했다.

데카르트는 라 플레슈의 예수회 대학에서 교육을 받았다. 20대 초반에는 유럽을 여행했고, 1628년부터 1649년까지는 네덜란드에서 살다가, 크리스티

나 여왕(Queen Christina)의 초청을 받아 스웨덴으로 떠나는 등 생애 대부분을 프랑스 외부에서 보냈다. 어릴 때부터 지식의 확실성이라는 철학적 주요 관심사와 관련하여 수학에 관심을 가졌다. 1619년 산술과 기하학에서 자극 받은 것이 분명히 드러나는 한 편지에서 그는 자연 철학의 모든 문제를 푸는 방법을 간략하게 묘사했다. 그의 아이디어는 수학에서 영감을 받은 문제 풀잇법을 바탕으로 철학을 개발할 수 있고 개발해야 한다는 열정적인 확신으로 급속히 나아갔다. 『기하학』은 해석기하학을 위한 교재가 아니라 데카르트의 철학 프로그램의 수학적인 부분으로 싹튼 것이다. 데카르트는 일반적인 원리라고 할 만한 것은 거의 내놓지 않았으며 자신의 아이디어를 예를 통해 설명했다.

데카르트는 좌표와 곡선의 방정식을 설명할 때 고전적 문제인 파푸스(Pappus)의 문제를 이용하여, 곡선을 정의하는 성질을 방정식으로 쓸 수 있음을 보여준다. 직교 좌표축뿐만 아니라 기울어진 좌표축에도 좌표 x와 y를 도입했고 항상 풀려는 문제에 맞춰서 적용했다. 또한 미지수는 x, y, z로, 결정되지 않은 고정된 양은 a, b, c로 나타내는 방식을 도입했고 이는 현재 상당히 일반적으로 이용되고 있다.

데카르트에게 기하학적 문제는 기하학적 해답을 주어야 했다. 방정식은 잘 해 봐야 문제를 대수적으로 재서술한 것에 불과했으므로, 개별점이나 곡선을 작도해야 답이라 할 수 있었다. 네 개의 직선에 대한 파푸스 정리의 특별한 경우처럼 방정식이 2차식이면, 모든 고정된 y값에 대해 x좌표는 2차방정식의 근이었다. 데카르트는 책의 초반부에서 그런 근을 어떻게 (자와 컴퍼스로) 작도할 수 있는지에

르네 데카르트

대해 설명했다. 그리하여 곡선은 일련의 y값을 고르고 대응하는 x와 곡선 위의 점을 작도하여 '점별로' 작도할 수 있었다. 점별 작도는 전체 곡선을 만들어내지는 못한다. 따라서 데카르트는 파푸스의 문제에서 방정식을 이용하여 해곡선이 원뿔곡선(conic section)임을 보이고, 원뿔곡선의 축의 위치와 매개변숫값과 같은 본성을 결정하는 법을 설명한다. 이는 상당히 인상적인 결과인데, 사실 대수적으로 정의된 곡선 부류를 최초로 분류한 사례이기 때문이다.

데카르트가 곡선과 방정식을 다룬 방법과 현대 해석기하학이 다루는 방법 사이에는 세 가지 중요한 차이가 있다. 데카르트는 직교 좌표계뿐만 아니라 기울어진 좌표계도 다뤘다. 그는 방정식을 곡선을 정의하는 것으로 보지 않고, 축이나 접선 등뿐만 아니라 곡선 자체를 작도하는 문제를 제기하는 것으로 보았다. 또한 평면 자체를 실수의 순서쌍으로 규정되는 점의 집합으로 간주하지 않았는데, 데카르트에게 x와 y는 차원이 없는 수들이 아니라 선분

의 길이였을 뿐이다. (따라서 $\mathbb{R}^2$를 '데카르트 평면'이라 부르는 것은 시대착오적이다.)

데카르트는 자신의 방법을 (보통은 직선이 네 개 이상인 파푸스 문제와 관련하여) 임의의 차수의 다항 방정식으로 확장할 수 있다고 (지나치게 낙관적으로) 보았고, 그러므로 원칙적으로 모든 기하학적 작도 문제를 풀 수 있음을 보였다고 생각했다. 고차 작도를 위해선 새로운 대수적 기교가 필요했다. 『기하학』의 상당수 절은 일반적인 다항방정식과 그 근에 대한 이론으로 구성돼 있다. 이런 절들은 다항식의 양근과 음근의 개수에 대한 '부호 규칙'과, 다양한 변환 규칙, 다항식이 기약인지 검사하는 방법들을 다룬다. 증명은 생략했는데, 그의 결과는 사실상 모든 다항식은 근본적으로 일차 인수 $x - x_i$(여기에서 x_i는 양수일 수도, 음수일 수도, '가상의 수'일 수도 있었다)의 곱으로 쓸 수 있다는 확신에 근거한 것이다.

따라서 그가 『기하학』을 쓴 주된 목적은 해석기하학이 아니었다. 오히려 이 논문의 목적은 기하학적 문제를 푸는 보편적인 방법을 제시하는 것이었으며, 그러기 위해서 데카르트는 두 가지 절박한 방법론적 문제에 대답해야 했다. 첫 번째는 자와 컴퍼스로 작도할 수 없는 기하학적 문제를 푸는 방법이었고, 두 번째는 기하학에서 대수학을 분석적(즉, 해를 찾는) 도구로 이용하는 방법이었다.

첫 번째 문제를 위해, 데카르트는 점차 좀 더 복잡한 곡선들을 작도의 수단으로 허용했다. 데카르트는 이런 곡선들의 방정식을 통해 작도한 곡선들 중에서 문제에 가장 적합한 것, 특히 가장 낮은 차수의 간단한 것을 고르는 데 대수학을 이용하면 도움이 된다고 확신했다.

두 번째 문제는 대수학을 기하학에 사용하는 문제에 대해 당시 느꼈던 심각한 개념적 난관을 다루고 있다. 대수적 연산을 기하학으로 옮기는 일은 중요한 문제였는데, 기하학에서 곱셈은 보통 차원과 관련하여 해석되었기 때문이다. 예를 들어 두 길이의 곱은 넓이를 나타내야만 했고, 세 길이의 곱은 부피여야만 했던 것이다. 하지만 그때에도 대수학은 대부분 세 개 이상의 인수를 갖는 곱을 일상적으로 다루고 있었다. 따라서 대수 연산을 일관되면서도 제한적이지 않게 기하학적으로 해석할 필요가 있었다. 데카르트는 실제로 그런 재해석을 제공했다. 데카르트는 곱하더라도 더 이상 차원이 높아지지 않고, 비동차 항들도 방정식에서 허용이 되도록 단위 길이를 도입했다.

1637년에 데카르트는 철학과 수학을 연결하려는 초창기의 시도를 포기했다. 하지만 확실성에 대해서는 여전히 사로잡혀 있었다. 데카르트의 작도 개념은 곡선의 사용을 포함하고 있었으므로, 인간의 정신이 기하학적으로 받아들일 수 있을 만큼 충분히 명료하게 이해되는 곡선이 어떤 것들인지 고려해야만 했다. 데카르트의 답은 모든 대수적 곡선('기하학적 곡선'이라 불렀다)을 허용하고, 다른 것들('기계론적인 곡선'이라 불렀다)은 허용하지 말자는 것이었다. 17세기 수학자 중에서 기하학에 이렇게 엄격한 제한을 두자는 데카르트를 따른 이들은 거의 없었다. 데카르트의 『기하학』에 대한 일반적인 수용 태도는 이렇다. 수학자 독자들은 철학적이고 방법론적인 면은 대부분 무시했지만, 기술적이었던 수학적 관점은 열렬히 받아들이고 이용했다.

더 읽을거리

Bos, H. J. M. 2001. *Redefining Geometrical Exactness: Descartes' Transformation of the Early Modern Concept of Construction.* New York: Springer.

Cottingham, J., ed. 1992. *The Cambridge Companion to Descartes.* Cambridge: Cambridge University Press.

Shea, W. R. 1991. *The Magic of Numbers and Motion: The Scientific Career of René Descartes.* Canton, MA: Watson Publishing.

헹크 보스(Henk J. M. Bos)

VI.12 피에르 페르마

출생: 프랑스 보몽-드-로마뉴, 160?년
사망: 프랑스 카스트르, 1665년
정수론, 확률론, 변분 원리, 구적법, 기하학

페르마는 일생을 남부 프랑스에서 법관으로 지내며 구적법부터 광학, 기하학부터 정수론까지 당대의 수학적 주제 대부분에 결정적인 기여를 했다. 페르마의 초기 삶에 대해선, 그의 생일조차 불분명할 정도로 거의 알려져 있지 않지만, 1629년에 그는 보르도에 거주하는 비에트[VI.9]의 과학적 상속자들과 긴밀하게 연락하고 있었다. 페르마의 연구를 보면 그가 당대의 수학뿐만 아니라 고대의 지식을 철저히 습득했음을 알 수 있는데, 특히 르네 데카르트[VI.11], 질 페르손 드 로베르발(Gilles Personne de Roberval), 마랭 메르센(Marin Mersenne), 베르나르 프레니클(Bernard Frenicle), 존 월리스(John Wallis), 크리스티안 하위헌스(Christiaan Huygens) 등과 서신을 나누며 수학 정보와 문제들을 교환했다.

근대 초기에 대수를 이용하여 기하 문제를 푸는 것은 중대한 주제였다. 비에트를 비롯한 페르마 이전의 대수학자들은 '결정적인' 문제들(해의 개수가 유한한 문제들)을 미지수가 하나인 방정식을 이용하여 다시 쓰고 풀었다. 데카르트의 『기하학』이 출간된 1637년, 파리에서 회람된 『평면 및 입체 자취 개론(*Ad Locos Planos et Solidos Isagoge*)』이라는 원고에서 몇 가지 제약 조건에 의해 정의되는 점들의 집합(보통은 곡선)인 자취의 작도와 관련한 비결정적 문제를 다루고 푸는 일반적 방법이 제시됐다. 페르마는 이런 자취의 점들을, 방정식과 관련된 두 개의 좌표와 (현대의 x, y좌표와는 다른 방식을 선택했지만) 동일시했다. 더욱이 찾고자 하는 자취가 직선, 포물선, 타원 등일 경우, 대응하는 방정식의 표준형도 제시했다.

또한 대수적 해석학을 이용해 주어진 점에서의 곡선에 대한 접선이나 법선을 구하고, 질량 중심을 결정하는 문제를 포함한 극값 문제를 풀었다. 페르마가 사용한 방법은 극점 근처에서는 어떤 대수적 표현이 같은 값을 두 번 이상 갖는다는 원리에 기대고 있다. 비록 순수한 대수적 절차를 취했지만, 페르마의 계승자들은 이를 미분기하적 관점에서 보는 경향을 보이며 페르마를 미적분의 선구자로 내세웠다. 페르마는 (1660년경 데카르트 추종자들과의 논쟁의 틀 안에서) 광학에서의 굴절 법칙을 증명하는 문제를 포함한 다양한 문제에 이 방법을 적용했다. "자연은 최단 시간으로 작용한다"는 원리에 기초한 분석법을 사용하여, 문제를 극값 문제로 표현한 뒤 자신의 방법으로 풀 수 었었다. 굴절 문제는 복잡한 물리적 문제 중 철저하게 수학적인 방식으로 다뤄진 초창기 문제 중 하나인데, 페르마의 접근법은 훗날 **변분법[III.94]**에 이르게 된다.

예를 들어 아르키메데스와 같은 좀 더 고전적인 기교에도 완벽히 숙달돼 있음을 볼 수 있는데, 페르마는 이를 구적법과 같은 종류의 기하 문제를 다루는 데 이용했다.

이러한 다재다능함은 정수론에 대한 연구에서도 나타난다. 그는 디오판토스 방정식을 분석할 때 기존에는 풀 수 없다고 여겨진 경우의 해를 얻거나 이미 알려진 해로부터 새로운 해를 구하기 위해, 자신의 대수적 접근법을 쓰기도 썼다. 다른 한편으로는 정수에 대한 이론적 연구를 옹호했는데, 당시 방정식에 적용할 수 있었던 대수 이론이 부족했기 때문이다. 예를 들어 그는 $a^n \pm 1$ 꼴의 수나 다양한 N에 따른 $x^2 + Ny^2$ 꼴의 수에 대한 약수의 일반적 성질을 밝혔는데, 그중 하나가 지금은 유명한 **페르마의 소정리[III.58]**이다. 페르마는 특히 자연수에 대한 문제를 다루는 방법인 무한강하법(method of infinite descent)을 고안했다. 무한히 감소하는 자연수 수열을 구성하는 것은 불가능하다는 사실에 근거한 이 방법을 이용하여 $a^4 - b^4 = c^2$이 자명하지 않은 정수해를 갖지 않음을 증명했다. 이는 그가 자신이 보던 책의 여백에 진술한 것으로 유명한 **마지막 정리[V.10]**의 특별한 경우이다. 페르마의 마지막 정리란 $n > 2$일 때 $a^n + b^n = c^n$은 자명하지 않은 정수해를 갖지 않는다는 것을 말하는데, 1995년에 앤드루 와일즈(Andrew Wiles)가 최초로 일반적인 경우에 대한 증명을 제시했다.

1654년 페르마는 '공정한 게임'에 관한 아이디어와 게임이 도중에 중단될 경우 판돈을 어떻게 재분배해야 하는지에 대해 **파스칼[VI.13]**과 서신을 교환했다. 이 편지들로부터 기댓값이나 조건부확률과 같은 확률론에서의 중요한 개념들이 도입되었다.

더 읽을거리

Cifoletti, G. 1990. *La Méthode de Fermat, Son Statut et Sa Diffusion. Société d'Histoire* des Science et des Techniques. Paris: Belin.

Goldstein, C. 1995. *Un Théoréme de Fermat et Ses Lecteurs*. Saint-Denis: Presses Universitaires de Vincennes.

Mahoney, M. 1994. *The Mathematical Career of Pierre de Fermat(1601-1665)*, second revised edn. Princeton, NJ: Princeton University Press.

캐서린 골드스타인(Catherine Goldstein)

VI.13 블레즈 파스칼

출생: 프랑스 클레르몽페랑, 1623년
사망: 프랑스 파리, 1662년
과학자 및 신학자

파스칼은 현재 그의 이름을 딴 산술 삼각형을 최초로 체계적으로 연구했다. 사실 이 삼각형 자체는 이미 발견돼 있던 것으로, 특히 중국 수학자 주세걸(朱世傑, 1303)의 연구에서도 찾아볼 수 있다. '파스

칼의 삼각형'은

$$
\begin{array}{c}
1 \\
1 \quad 1 \\
1 \quad 2 \quad 1 \\
1 \quad 3 \quad 3 \quad 1 \\
1 \quad 4 \quad 6 \quad 4 \quad 1
\end{array}
$$

· · · · · ·

과 같이 각 수들이 바로 위에 위치한 두 수의 합이 되게끔 삼각형의 형태로 수를 배열한 것으로, $n + 1$ 번째 줄의 $k + 1$번째에 이항계수 $\binom{n}{k}$를 기하학적으로 늘어 놓은 것이다. 여기서 $\binom{n}{k}$는 크기가 n인 집합에서 크기가 k인 부분집합을 고르는 방법의 수로 다음과 같다.

$$
\binom{n}{k} = \frac{n!}{k!\,(n-k)!}.
$$

$n \geq 0$과 $0 \leq k \leq n$인 정수에 대해 $(a + b)^n$을 이항 전개할 때 $a^k b^{n-k}$의 계수가 $\binom{n}{k}$이기도 하다. 파스칼은 저서 『산술 삼각형론(*Traité du Triangle Arithmétique*)』(1654년에 출간되었으나 1665년에 배포함)에서 확률론에서 발생하는 조합론적 계수와 이항계수와의 연결고리를 최초로 밝혔다. 『산술 삼각형론』은 수학적 귀납법을 명시적으로 진술한 것으로도 유명하다.

파스칼은 원뿔 곡선에 내접한 임의의 육각형에서 마주보는 변 세 쌍을 연장했을 때 서로 만나면 이 세 교점은 한 직선 위에 있다는 사영기하의 정리(1640)로 유명하며, 덧셈과 뺄셈 두 가지 기능을 지닌 기계식 계산기(1645)를 발명한 수학자로도 잘 알려져 있다.

VI.14 아이작 뉴턴

출생: 잉글랜드 울소프, 1642년
사망: 잉글랜드 런던, 1727년
미적분, 대수, 기하, 역학, 광학, 수리 천문학

뉴턴은 1661년에 케임브리지 대학 트리니티 칼리지에 입학했다. 그는 성장기의 대부분을 케임브리지에서 보냈다. 처음엔 학생이었고, 후에 선임 연구원이 되었으며, 1669년부터는 루커스 수학 교수가 되었다. 그가 루커스 좌에 선출될 수 있었던 건, 그 명성 높은 자리의 초대 선출자이자, 뉴턴의 멘토였던, 재능 있는 수학자이자 신학자인 아이작 배로우(Isaac Barrow)가 힘을 썼기 때문이다. 1696년 뉴턴은 런던으로 옮겨 조폐국장 자리를 맡았고, 1702년에 교수직에서 사임했다.

수학에 대한 뉴턴의 관심은 1664년부터 시작된 것으로 보인다. 이 시기에 뉴턴은 독학으로 비에트[VI.9]의 논문들(1646), 오트레드(Oughtred)의 『수학의 열쇠(*Clavis Mathematicae*)』(1631), 데카르트[VI.11]의 『기하학(*Le Géométrie*)』(1637), 월리스의 『무한 산술(*Arithmetica Infinitorum*)』(1656) 등을 읽었고, 데카르트의 저술을 통해 평면 곡선을 미지수가 두 개인 대수 방정식으로 나타낼 수 있어 대수학을 기하학에 연결할 수 있다는 점이 유용하다는 것을 익혔다. 하지만 데카르트는 『기하학』에서 허용되는 곡선의 범주를 '기하학적인 곡선(즉 대수적 곡선)'만 허용하고 '기계론적인 곡선(즉 초월 곡선)'은 허용하지 않도록 엄격히 제한했다. 당대의 많은 사람들처럼 뉴턴은 그런 제한을 극복하고 기계론적인 곡선을 다루는 '새로운 분석'도 가능하다고 여겼다. 뉴턴은 그에 대한 해답을 무한급수에서 찾아냈다.

아이작 뉴턴

뉴턴은 월리스의 연구로부터 무한급수를 다루는 법을 배웠다. 월리스의 기법에 공을 들이던 그는 1664년 겨울에 자신의 최초로 뛰어난 수학적 발견인 분수 지수에 대한 이항 정리를 얻는다. 이 정리로부터 (요즘에는 대수 법칙을 적용할 수 있는 '해석학적' 표현을 줄 수 있는) 초월 곡선을 포함하는 더 넓은 범위의 '곡선'을 거듭제곱 급수로 전개하는 방법을 얻었다. 친숙한 라이프니츠식 표기법으로 $\int x^n \, dx = x^{n+1}/(n+1)$로 표현할 수 있는 관계식은 월리스의 연구로부터 뉴턴도 알고 있었던 사실인데, 다양한 곡선들을 항마다 거듭제곱 급수로 전개하여 '네모지게' 할 수 있었다. (17세기에 곡선으로 이루어진 도형을 네모지게 한다는 것은, 이 도형과 같은 넓이를 갖는 정사각형을 찾는 것을 의미했다.)

몇 달 후 뉴턴은 놀라운 직관으로 동시대인들이 다루는 대부분의 문제를 두 가지 부류로 축소할 수 있음을 깨닫는다. 하나는 곡선의 접선을 찾는 문제들이었고, 다른 하나는 곡선이 둘러싸는 영역의 넓이를 찾는 문제들이었다. 뉴턴은 기하학적 양

(magnitude)을 연속적인 운동이 만들어내는 것으로 여겼다. 예를 들어, 한 점의 운동은 곡선을 만들어내고, 곡선의 운동은 곡면을 만들어낸다. 이러한 것들을 '유량(fluent)'이라 불렀고, 이런 흐름의 순간 변화율을 '유율(fluxion)'이라 불렀다. 뉴턴은 운동학적 모형에 대한 직관에 기초하여, 오늘날 미적분학의 기본정리[I.3 §5.5]로 알려진 사실을 서술했다. 즉, 접선을 구하는 문제와 넓이를 구하는 문제가 서로 역의 관계에 있음을 증명했다. 현대적 용어로 말하면 뉴턴은 곡선으로 둘러싸인 영역의 넓이를 계산하는 방법인 구적법의 문제를 원시함수, 즉 부정적분을 찾는 문제로 귀착시킨 것이다. 뉴턴은 '곡선 목록(적분표)'을 만들었고, 치환적분 및 부분적분에 준하는 기술을 사용했다. 정-유율법(미분)과, 역-유율법(적분) 모두에 적용할 수 있는 효율적인 알고리즘도 개발했다. 뉴턴은 알려진 모든 곡선의 접선과 곡률을 계산할 수 있었고, 많은 종류의 (요즘 용어로) 상미분방정식의 적분을 계산할 수 있었다. 이런 수학적 도구를 사용하여 뉴턴은 3차곡선의 성질을 탐구할 수 있었고, 그 종류가 모두 72가지임을 분류해냈다.* 급수, 정유율법, 역유율법에 대한 결과는 『곡선 구적법(De Quadratura Curvarum)』에 실려 있고, 3차곡선에 대한 연구는 『차수가 3인 곡선의 분류(Enumeratio Linearum Tertii Ordinis)』에 실려 있다. 두 연구 결과 모두 『광학(Opticks)』(1704)의 부록에 들어 있다. 대수학에 대한 강의를 모은 『보편 산술(Arithmetica Universalis)』은 1707년에 출판되었다.

1704년 이전까지 뉴턴은 출판을 꺼리는 성향을

* 6가지 종류를 빠뜨렸음이 밝혀졌다―옮긴이

보였기 때문에, 유율법에 대한 발견을 책으로 출판하기보다는 서신이나 원고를 통해 알렸다. 그러는 사이 라이프니츠[IV.15]가 뉴턴보다는 뒤늦게, 하지만 독자적으로 미분법 및 적분법을 발견했고, 1684~1686년에 일찌감치 책으로 출판했다. 뉴턴은 라이프니츠가 자신의 아이디어를 도용했다고 확신했고, 1699년부터 아이디어의 우선권을 두고 라이프니츠와 격렬한 다툼을 벌였다.

1670년대 초반 뉴턴은 젊은 시절 연구의 특징이었던 기호 선호성과 거리를 두기 시작했다. 그는 발견에 숨은 기하학적 방법을 복원하겠다는 희망을 품고 기하학으로 눈을 돌리는데, 이것은 고대 그리스인들에게 '분석법'으로 알려진 것이다. 사실 뉴턴의 걸작『프린키피아(*Philosophiae Naturalis Principia Mathe-matica*)』(자연철학의 수학적 원리)를 지배하는 것은 기하학이다. 1687년에 출판된 이 저술에서 뉴턴은 자신의 중력 이론을 제시한다. 뉴턴은 과거의 방법이, 자신이 데카르트식 분석법이라고 부른 현대적 기호를 쓰는 방식보다 우월하다고 확신했다. 과거의 방법을 재발견하려는 시도 속에서 뉴턴은 사영기하적 요소를 발달시켰다. (이는 고대인들이 원뿔곡선과 관련한 복잡한 문제를 사영변환을 이용하여 풀 수 있었다는 생각에서 싹텄다.) 파푸스의 자취 문제에 대한 그의 해답은 중요한 결과인데, 이는『프린키피아』제1권에 등장한다. 여기에서 뉴턴은 주어진 두 직선과의 거리의 곱이, 역시 주어진 세 번째 및 네 번째 직선과의 거리의 곱에 비례하는 점들의 자취가 원뿔곡선임을 보인다. 그런 뒤 사영변환을 적용하여, $m + n = 5$인 경우에 주어진 n개의 점을 지나며 주어진 m개의 직선에 접하는

원뿔곡선을 규명한다.

『프린키피아』는 수학적 결과들을 풍부히 담고 있다. 제1권에서 뉴턴은 '최초와 최종 비율의 방법'[*]을 제시하고, 접선, 곡률, 곡선으로 둘러싸인 영역의 넓이를 구하기 위해 기하학적 극한 과정을 채택한다. 영역의 넓이를 구하는 문제는 오늘날 리만 적분[I.3.§5.5]이라 부르는 것의 기본 구성요소를 담고 있다. 또한 '계란형'은 대수적으로 적분할 수 없음을 보인다. 소위 케플러(Kepler) 문제를 다루면서 뉴턴은 d와 z가 주어진 경우 뉴턴-랩슨 방법[II.4 §2.3]과 동등한 기교를 써서 $x - d \sin x = z(d, z$는 주어진다)의 해의 근삿값을 구한다. 제2권에서는 최소 저항을 갖는 입체 문제를 공략하면서 변분법[III.94]을 소개한다. 또한 제3권에서는 혜성의 궤적을 다루면서 스털링(Stirling), 베셀(Bessel), 가우스[VI.26]와 같은 수학자들의 연구에 영향을 줄 보간법을 제시한다. 자신의 걸작을 통해 뉴턴은 자연철학에 수학을 얼마나 생산적으로 응용할 수 있는지 보여줬다. 가장 주목할 만한 연구인 달의 운동, 춘분점의 세차 운동, 조수에 대한 연구는 매우 큰 영향력을 행사하여 18세기의 섭동 이론에도 자극을 주었다.

더 읽을거리

Newton, I. 1967-81. *The Mathematical Papers of Isaac Newton*, edited by D. T. Whiteside et al., eight volumes. Cambridge: Cambridge University Press.

Pepper, J. 1988. Newton's mathematical work. In *Let*

---

[*] 오늘날의 극한 개념과 비슷하다–옮긴이

Newton Be! A New Perspective on His Life and Works, edited by J. Fauvel, R. Flood, M. Shortland, and R. Wilson, pp.63-79. Oxford: Oxford University Press.

Whiteside, D. T. 1982. Newton the mathematician. In *Contemporary Newtonian Research*, edited by Z. Bechler, pp. 109-27. Dordrecht: Reidel. (Reprinted, 1996, in *Newton. A Critical Norton Edition*, edited by I. B. Cohen and R. S. Westfall, pp. 406-13. New York/London: W. W. Norton & Co.)

니콜로 구이치아르디니(Niccolò Guicciardini)

VI.15 고트프리트 빌헬름 라이프니츠

출생: 독일 라이프치히, 1646년
사망: 독일 하노버, 1716년
미적분, 선형방정식 이론과 소거 이론, 논리학

미적분의 발명으로 수학자들 사이에서 유명한 유명한 라이프니츠는 법학을 전공한 법학박사로, 독학으로 수학을 공부한 보편적인 사상가였다. 1676년 브라운슈바이크-뤼네부르크의 요한 프리드리히 공작(Duke Johann Friedrich)을 위해 하노버에서 고문 및 도서관장의 자리를 맡았고, 사망할 때까지 업무를 수행했다. 그는 수학 이외에도 기술, 사료편찬, 정치, 종교, 철학 문제들에 몰두했다. 라이프니츠의 철학은 현실을 현상의 세계와 실체의 세계 두 영역으로 구별한다. 자신의 철학을 전개하면서 '가능한 세계 중 가장 나은 세계'가 현실 세계라고 선언하기

에 이른다. 1700년 베를린에 새로 건립된 브란덴부르크 과학회의 초대 회장으로 임명됐다.

라이프니츠의 수학적 아이디어와 저술의 대부분은 생존 당시에는 출간되지 않았다. 그 때문에 그의 수학적 결과의 상당수는 사후 몇 년 후에 재발견되었고, 현재 그가 쓴 수학 논문의 1/5 정도가 출간되었다. 라이프니츠는 항상 기교적이고 세밀한 것보다는, 유추와 귀납적인 추론을 이용하여 혁신적인 기법을 개발하는 일반적이고 보편적인 방법론을 더 흥미로워 했다. 동일한 이유 때문에 라이프니츠는 중요한 수학 표기법의 창안자가 됐다. 그는 적절한 기호의 사용이 수학적 발견을 얼마나 촉진할 수 있는지 알고 있었다.

무한소 기하학은 라이프니츠의 초기 수학연구 논문 중 하나였다. 1675에서 1676년 사이에 썼으나 1993년에야 출판된 이 논문에서 자신만의 '양자(quanta)' 개념을 이용해 무한에 대해 설명했다. 라이프니츠의 시각에서는 불가분량뿐만 아니라 실무한도 단어의 정확한 의미상 양(quantity)이 아니었으므로, 그들을 수학적인 대상으로 간주하지 않았다. 따라서 라이프니츠는 '무한히 작은' 또는 '무한히 큰'이라는 용어를 썼다. 이 용어는 비록 변하는 양을 가리키지만 그래도 양(quantity)을 나타내므로 수학으로 다룰 수 있다는 것이다. 이 논문에 나오는 결과 중에는 연속함수의 (오늘날 용어로) 리만 적분[I.3 §5.5]이 존재한다는 것을 소구간들 내 함수의 사잇값들을 이용하여 아르키메데스[VI.3] 스타일로 엄밀히 증명한 것도 있다. 라이프니츠는 이런 결과 중 아주 일부만을 출간했는데, 그나마도 1682년의 $\pi/4$에 대한 교대급수, 1691년의 추가 결과들처럼 상당수를 증

고트프리트 빌헬름 라이프니츠

명 없이 출간했다. 1713년에는 개인 서신을 통해 요한 베르누이[VI.18]와 교대급수 판정법을 논의했다.

　출간된 해는 1684년이지만, 라이프니츠가 자신의 미분법 및 적분법을 발명한 해는 1675년이다. 라이프니츠의 미적분은 어떤 변수(양)가 서로 무한히 가까워지는 값들의 수열 위에서 변할 때, 수열에서의 인접하는 두 값의 차, 즉 미분(differential)은 그 자체가 양이기 때문에 일반적인 방법을 써서 계산할 수 있다는 핵심 개념에 기반하고 있다. 미분은 양에 양을 대응하는 연산자 'd'로 표현했다. 예를 들어 x가 길이가 변하는 선분을 가리키면, dx도 길이가 변하는 아주 짧은 선분을 가리켰다. 적분은 합을 의미했다. 그가 사용한 기호 d와 ∫은 지금도 사용되고 있다. 라이프니츠는 표준 미분법칙인 연쇄 법칙, 곱의 법칙 등을 이끌어냈고, 곡선족의 미분과, 적분 기호 하의 미분과, 다양한 종류의 미분방정식에 자신의 미적분을 이용했다.

　라이프니츠는 '조합론적 기법'을 일반적인 질적 과학으로 여겼는데, 이는 현대의 조합론적 분석과 일치하진 않으며 조합론과 대수를 포함한다. 라이프니츠는 이를 '논리의 독창적 부분'으로 여겼다. 여기에서 라이프니츠는 방정식의 해의 거듭제곱의 합을 기본 대칭 함수를 이용하여 나타내는 지라르(Girard)의 공식을 발견했고, 대칭 다항식은 거듭제곱의 합으로 귀결된다는 소위 웨어링의 공식을 발견했다(1762년에 웨어링[VI.21]이 재발견한다). 라이프니츠는 선형 연립방정식과 소거 이론 문제를 풀기 위해 이중 및 다중 첨자를 발명했다. 1678년에서 1713년 사이 라이프니츠는 행렬식[III.15] 이론의 기초를 놓았다. 보통 크라메르(Cramer)의 공식이라 불리는 방법은, 연립방정식을 현재 용어로 행렬식을 써서 푸는 방법인데, 이는 1750년 크라메르가 출간했지만 사실 1684년 라이프니츠가 발견했다(이 역시 본인은 출판하지 않았다). 라이프니츠는 지금은 오일러[VI.19], 라플라스[VI.23], 실베스터[VI.42]의 공적으로 돌리고 있는 선형방정식의 이론과 소거 이론에서의 몇 가지 정리 또한 (증명 없이) 서술했다.

　라이프니츠는 가법적 정수론에 수학적 흥미를 느꼈다. 1673년에 자연수의 삼중 분할의 수를 구하는 점화식을 발견했고(1976년 출판되었다), 지금은 오일러의 업적이라 불리는 몇 가지 추가 점화식도 발견했다. 그는 또한 공간에서의 위치를 표현하기 위한 위치 계산법(calculus situs)에 필요한 형식적 방법을 개발했다. 도형의 정의를 이 계산법의 용어로 완전히 표현할 수 있으면, 이 도형의 성질은 이 계산법으로 완전히 찾을 수 있다는 방법을 말하는데, 이는 현대의 기하학 및 위상수학의 개념과 밀접한 관련이 있다.

라이프니츠는 보험 이론의 개척자 중 한 명이다. 그는 인간의 생명에 대한 수학적 모형을 이용하여 개인이나 집단의 종신 연금의 구매가를 계산했고, 이렇게 검토한 것을 국가의 부채 청산에 적용했다.

과학 연구에 종사하기 시작한 때부터 라이프니츠는 논리학에 깊은 흥미를 보였다. 그는 일반 과학을 창조적인 기술이라 여겼고, 충분한 자료와 적절한 보편 언어나 저술이 있는지를 통해 과학을 판단했다. 하지만 라이프니츠의 '보편 지표(characteristica universalis)'와 후속 논리 계산은 단편적인 계획으로만 그쳤다. 라이프니츠는 '논리 계산틀(calculus ratiocinator)'로 진리를 형식 연역하려고 했다. 라이프니츠가 계산의 형식화에 흥미를 보였다는 점을 생각해 보면, 그가 최초의 사칙연산 계산기를 만들었다는 사실은 그리 놀라운 일이 아니다. 이 기계 장치를 만들기 위해 새로운 기술 장치를 두 종류 만들었는데, 하나는 톱니 제동장치(pinwheel, 1676년 이전)이고, 다른 하나는 유단 드럼(stepped drum, 1693년 혹은 그 이전)이다.

더 읽을거리

Leibniz, G. W. 1990-. *Sämtliche Schriften und Briefe, Reihe 7 Mathematische Schriften*, four volumes (so far). Berlin: Akademie.

에버하르트 노블록(Eberhard Knobloch)

VI.16 브룩 테일러

출생: 잉글랜드 미들섹스 에드먼턴, 1685년
사망: 잉글랜드 런던, 1731년
왕립 학회 사무국장(1714-18)

테일러는 자신의 이름을 딴 정리의 첫 발견자는 아니지만(1671년 제임스 그레고리((James Gregory)가 처음 발견했다), 처음으로 출간한 사람이고 이 정리의 중요성과 응용력을 처음으로 이해했던 사람이다. 적당한 조건을 만족하는 모든 함수는 (지금은) 테일러 급수라 부르는 형태로 표현할 수 있다는 이 정리는 『정유율법 및 역유율법에서의 증분법(*Methodus Incrementorum Directa et Inversa*)』(1715)에 처음 출간되었다. 이 책을 통해서 테일러는 현대적 표기법으로 다음처럼 나타낼 수 있는 급수를 제시했다.

$$f(x + h)$$
$$= f(x) + \frac{f'(x)}{1!}h + \frac{f''(x)}{2!}h^2 + \frac{f'''(x)}{3!}h^3 + \cdots.$$

테일러는 수렴성과 나머지 항을 고려하지 않고, 함수를 이런 급수로 유효하게 표현할 수 있는지도 고려하지 않는 등 엄밀성의 문제에 주의를 기울이지는 않았지만, 이 급수를 유도한 것은 당대의 표준에서 궤를 벗어나는 것은 아니었다. 테일러는 방정식의 해의 근삿값을 구하고 미분방정식을 푸는 데 이 정리를 이용했다. 함수들을 급수로 전개하는 것이 쓸모가 있다는 것은 알았지만, 이런 면에서의 중요성을 완전히 이해했던 것 같지는 않아 보인다.

테일러는 진동하는 현의 문제에 대한 공헌(위의 논문과 초기 논문에서 논의했다)과 직선 원근법에 대한 이론서(1715)로도 알려져 있다.

VI.17 크리스티안 골드바흐

출생: 독일 쾨니히스베르크(현 러시아의 칼리닌그라드),
　　1690년
사망: 러시아 모스크바, 1764년
상트페테르부르크 궁정 과학 아카데미 수학과 교수(1725-28), 모스크바 제정 러시아 황태자 표트르 2세(Tsarevitch Peter II)의 가정 교사(1728-30), 상트페테르부르크 제국 과학 아카데미 총무 및 교무처장(1732-42), 외무부 장관(1742-64)

골드바흐는 2보다 큰 모든 짝수는 두 소수의 합이라는 추측, 즉 그의 이름을 딴 골드바흐 추측으로 기억되고 있다. 이 추측은 2보다 큰 모든 정수가 소수 세 개의 합이라는 골드바흐의 질문에 대한 1742년 오일러[VI.19]의 답신에서 처음으로 등장했다(골드바흐는 1도 소수로 간주했다). 골드바흐의 추측은 모든 홀수는 소수이거나 세 소수의 합이라는 더 약한 추측과 함께, 1770년에 웨어링[VI.21]의 저서에서 누구의 추측인지는 언급되지 않은 채 처음으로 출간되었다. 두 추측 모두 미해결로 남아 있다. 하지만 비노그라도프(Vinogradov)는 충분히 큰 소수는 세 개의 소수의 합임을 증명했다. **가법 정수론의 문제와 결과들[V.27]**을 참고하라.

VI.18 베르누이 가문

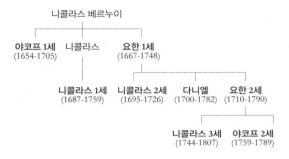

출생: 다니엘(네덜란드 흐로닝언)만 제외하고 모두 스위스 바젤 출생
사망: 야코프 2세, 니콜라스 2세(모두 러시아 상트페테르부르크), 요한 3세(베를린)만 제외하고 모두 바젤에서 사망. 굵게 표시하지 않은 구성원은 수학자가 아니었다.

베르누이 가문은 계몽주의 시대 동안 수학의 발달에 놀라운 역할을 해냈다. 이 가문의 중요성은 대단하여 1715년 라이프니츠[VI.15]는 수학 활동을 묘사하기 위해 '베르누이스럽다'라는 신조어를 만들기도 했다. 가문 중 도합 여덟 명이 수리 과학(물리학, 특히 역학과 유체 역학을 포함하여)에 헌신했는데, 바젤 대학의 수학과장직은 1687년부터 1790년까지 이 가문 사람인 야코프(1687~1705), 다음으로는 그의 동생 요한(1705~1748), 마지막으로는 요한의 아들 요한 2세(1748~1790)가 차례대로 물려받았다. 18세기 동안 베르누이 가문은 파리 과학 아카데미 회원들이었고, 각자 여러 번에 걸쳐 명망 높은 상을 탔다. 베를린, 상트페테르부르크를 포함한 여러 학교에서도 마찬가지였다.

　이 가문의 기원은 스페인령 네덜란드로 도망쳤던 칼뱅주의 상인까지 거슬러 올라간다. 바젤에 최초로 정착한 베르누이 가문 사람은 약제사였던 야코프였는데 1622년에 바젤의 시민이 되었다. 그의 손자였던 야코프 1세는 바젤에서 철학과 신학을 공부하다가, 아버지의 바람과는 달리 수학으로 전향했는데, 이런 일은 베르누이 가문에서 전형적으로 일어나는 일이었다. 베르누이 가문의 많은 사람은 의학이나 법학 등 다른 분야에서 경력을 쌓으라는 가문의 압력에도 불구하고 수학을 공부했다. 1676년 신학 학위를 받았던 야코프는 유학길에 올라 처음에는 프랑스로 갔다가, 네덜란드를 거쳐 마지막에는 영국으로 갔다. 이 여정 중에 니콜라스 말브랑슈(Nicolas Malebranche), 잔 후데(Jan Hudde) 등을 만나, 데카르트주의 및 이 주의의 저명한 대표자들과 교류했다. 1677년 야코프는 일기 『묵상』을 쓰기 시작했는데, 자신의 수학적 직관과 생각을 일기에 많이 적어 넣었다.

바젤 대학의 수학과장직을 맡으면서 야코프는 미분에 대한 라이프니츠의 초기 소논문을 연구하여, 동생 요한 1세와 함께 이 방법론의 강력함을 처음으로 깨달았다. 1690년 라이프치히의 『학술기요(Acta Eruditorum)』에 게재한 상수 기울기를 갖는 곡선에 대한 연구 논문에서 야코프는 '적분'이라는 용어를 처음으로 현재의 수학적 의미로 사용했다. 이때부터 야코프는 그의 곡선 연구를 통해 라이프니츠의 방법에 정통함을 보여주는데, 무엇보다도 현수선, 구부러진 탄성 막대의 형태, 바람에 의해 부푼 돛의 모양, 포물 나선 및 로그 나선을 연구했다. 또한 지금은 그의 이름을 딴 미분방정식 $y' = p(x)y + q(x)y^n$을 풀었다. 하지만 야코프는 조카 니콜라스 1세가 그의 사후 1713년에 짧은 서문을 붙여 출간한 『추측술(Ars conjectandi)』로 가장 잘 알려져 있다. 이 저서에는 실험을 많은 횟수로 반복하면 어떤 사건이 일

어날 상대 도수는 그 사건의 확률과 거의 같다는 상식적인 원리(이미 카르다노[VI.7]와 핼리(Halley)의 관심을 끈 바 있다)를 수학적으로 올바르게 다루려는 시도가 담겨 있다. 푸아송[VI.27] 이후로는 (약한) 큰 수의 법칙[III.71 §4]이라 알려진 베르누이의 정리 덕에 최초로 확률론과 통계 사이의 연결 고리가 만들어졌다. 같은 책에서 베르누이는 현재 그의 이름을 딴 유리수 수열 $B_0, B_1, \cdots$을 소개하는데, 멱급수 전개

$$\frac{t}{e^t - 1} = \sum_{k=0}^{\infty} B_k \frac{t^k}{k!}$$

에서 $t^k / k!$의 계수로 정의한다. 야코프는 이 수를 B_{10}까지 계산한다.

수학에 헌신하기 전까지는 의학을 공부해야만 했던 요한은 형 야코프에게서 수학 훈련을 받았고, 야코프와 더불어 새로운 라이프니츠 식의 미적분을 역학에 다양하게 응용하는 방법을 개발했다. 오랜 학문적 도정을 거쳐 1691~1692년에 파리에 갔다가 기욤 드 로피탈(Guillaume de l'Hôpital)의 개인 교습 선생이 되었다. 이 교습은 로피탈의 유명한 『무한소 해석(Analyse des Infiniment Petits)』(1696)의 기초가 되었다. 미적분에 대한 이 최초의 교재에는 요한이 자신의 학생과 서신으로 상의했던 로피탈의 법칙이 들어 있다. 1695년 요한은 바젤을 떠나 네덜란드의 흐로닝언 대학 수학과 교수직을 맡았다.

야코프와 요한 형제 사이의 우호적인 공동연구는, 요한의 연구가 눈에 띄게 늘어나면서 끝없는 논쟁과, 우선권 다툼과, 공공연한 비난의 연속으로 변모했다. 둘은 최속 강하선(최단 강하선) 문제의 해답과, 주어진 길이를 갖는 곡선이 둘러싸는 영역의

넓이를 최소화하는 문제와 관련된 복잡한 등주 부등식 문제를 두고 열띤 다툼을 벌였다. 이 쓰라린 싸움은 결국 흥미로운 수학적 결과인 **변분법**[III.94]을 탄생시켰다. 야코프가 사망한 후 요한은 바젤 대학의 수학과장직을 물려받아 그곳에서 일생을 마칠 때까지 학생들을 가르치며, **오일러**[VI.19]를 포함한 유럽 전역의 학생들을 끌어들였다.

요한이 수학에서 이룬 가장 중요한 성취는 적분법을 발달시켰다는 것이다. 유리함수의 적분에 대한 일반적인 이론과, 미분방정식의 해에 대한 새로운 방법을 개발했다. 또한 무한소 해석학을 확장하여 **지수함수**[III.25]를 다뤘다.

요한이 라이프니츠와 (대략 25년 동안) 나눈 서신은 수학적 발명과 논쟁의 실험실로 볼 만하다. **뉴턴**[VI.14]은 미적분을 훔쳤다며 라이프니츠를 상대로 우선권 논쟁을 벌이면서, 라이프니츠의 편에서 싸운 요한 역시 비난했다. 각 진영에서 상대에게 어려운 문제로 공격할 때, 요한은 아들 니콜라스 2세와 함께 곡선 모임의 직교 궤적에 대한 이론을 만들 기회를 얻었다. 또한 요한은 해석적 역학의 기원과 수리물리학에서 우뚝 솟은 인물이기도 한데, 무엇보다도 중심력(central force), 항해 이론, 통계 원리에 대한 문제들에 주목할 만한 공헌을 했다.

니콜라스 1세는 1709년 법학 박사 학위를 받기 전에 바젤 대학에서 숙부였던 야코프와 같이 수학을 공부했다. 파두아에서 한때 갈릴레오가 앉았던 과장직에도 올랐던 수학 교수였으나, 나중에 바젤에서 논리학으로 교수가 됐다. 니콜라스는 수학 중에서 무한급수와, 확률론을 법과 관련된 문제에 응용하는 데 흥미를 보였다. 1713년에 그는 도박 게임에 기원을 둔 악명 높은 상트페테르부르크의 역설을 만들어낸다. 베드로가 공정한 동전을 던지는데, 처음에 앞면이 나오면 바울에게 금화 한 개를 주고, 두 번째 던질 때 앞면이 처음으로 나오면 금화 두 개를, 일반적으로 n번째 던질 때 앞면이 처음으로 나오면 2^{n-1}개를 주기로 한다고 하자. 바울이 받을 수 있는 금액의 기댓값($E = \frac{1}{2}1 + \frac{1}{4}2 + \frac{1}{8}4 + \cdots + \frac{1}{2^n}2^{n-1} + \cdots$)을 평범하게 계산하면 무한히 크다. 그렇지만 '충분히 이성적인 사람'이라면, 이런 예상을 근거로 적당히 높은 금액을 걸고 바울에게서 이 게임의 권리를 사지는 않을 것이다. 수학적 분석의 결과는 분명히 상식에 어긋나므로 역설이라는 것이다. 니콜라스의 사촌인 다니엘은 상트페테르부르크(역설의 이름은 여기에서 나왔다)에 머무르던 당시 이 역설에 대해 논의했다. 다니엘은 수학적인 것과 도덕적인 것 두 가지로 기댓값을 구분하는 전략을 펼쳤다. 후자의 기댓값은 위험 불사형인지(예를 들어 부유한지) 개인 성향을 고려해야 한다는 것이다.

다니엘은 기본적으로는 물리학자였고, 유명한 『유체동역학(*Hydrodynamica*)』(1738)의 저자였지만, 리카티(Riccati) 방정식 $y' = r(x) + p(x)y + q(x)y^2$의 해를 얻었고, 진동하는 현의 문제에도 관여했다.

바젤의 오토 슈피스(Otto Spiess)는 베르누이 가문의 연구물과 서신을 담은 총서를 1955년부터 발간하기 시작했다. 이 프로젝트는 현재에도 진행 중이다.

더 읽을거리

Cramer, G., ed. 1967. *Jacobi Bernoulli, Basileensis,*

Opera, two volumes. Brussels : Editions Culture et Civilization. (Originally published in Geneva in 1744.)

―――. 1968. *Opera Omnia Johannis Bernoulli*, four volumes. Hildesheim : Georg Olms. (Originally published in Lausanne and Geneva in 1742.)

Spiess, O., ed. 1955-. *The Collected Scientific Papers of the Mathematicians and Physicists of the Bernoulli Family.* Basel : Birkhäuser.

진 파이퍼(Jeanne Peiffer)

레온하르트 오일러

VI.19 레온하르트 오일러

출생: 스위스 바젤, 1707년
사망: 러시아 상트페테르부르크, 1783년
해석학, 급수, 합리역학, 정수론, 음악 이론, 수리 천문학, 변분법, 미분방정식

오일러는 수학사상 가장 영향력 있고 다작을 했던 수학자 중 한 명이다. 최초 출간 논문은 1726년 역학에 대한 논문이며, 최종 논문은 사후 79년이 지난 1862년에 출간된 모음집이었다. 오일러의 이름이 들어 있는 논문의 수는 800편이 넘는데, 그중 300편 정도가 사후에 나왔고, 책도 스무 권이 넘는다. 오일러의 『전집(*Opera Omnia*)』은 80권이 넘는다.

오일러는 수론에서 n보다 작은 양수 중에서 n과 서로소인 것의 개수를 나타내는 오일러의 파이 함수 $\phi(n)$을 도입했고, n이 $a^{\phi(n)} - 1$의 약수라는 페르마-오일러 정리[III.58]를 증명했다.[*] 오일러는 n과 서로소인 수들의 나머지들이 곱셈에 대해 오늘날

군(group)이라고 부르는 것을 이룸을 보였고, 2차 및 고차 나머지에 대한 이론으로 확장했다. 오일러는 n = 3인 경우 페르마의 마지막 정리[V.10]를 증명했다. 차수가 n인 실계수 다항식은 실계수 1차 인수와 2차 인수의 곱이며 따라서 n개의 복소근을 갖는다고 진술했지만, 완전한 증명은 하지 못했다. 오일러는 주어진 자연수를 양의 정수의 합으로 쓰는 방법의 개수를 묻는 노데(Naudé)의 분할 문제를 다루면서 생성함수[IV.18 §2.4, 3]를 최초로 사용한 사람이다. 자연수 n에 약수의 합을 대응하는 함수 $\sigma(n)$을 도입했으며, 이 함수를 이용하여 당시 알려진 우애수(두 수 m, n이 우애수라는 것은 m의 진약수의 합이 n이고, 반대도 성립할 때를 말한다)의 개수를 3개에서 100개 이상까지 늘렸다. 오일러는 $4n + 1$ 꼴의 소수는 유리수 두 개의 제곱의 합임을 증명했다. 나중에 라그랑주[VI.22]가 이 결과를 개선하여 이런 수는

[*] a가 n과 서로소일 때-옮긴이

정수 두 개의 제곱의 합임을 증명한다. 오일러는 다섯 번째 페르마 수 $F_5 = 2^{2^5} + 1$을 인수분해하여 $F_n = 2^{2^n} + 1$ 꼴의 모든 수가 소수라는 페르마[VI.12]의 예상을 논박했다. 오일러는 2변수 2차형식 $x^2 + y^2$, $x^2 + ny^2$, $mx^2 + ny^2$을 철저히 연구했으며 이차 상호법칙[V.28]의 한 형태를 증명했다.

오일러는 수론에 해석학적 방법을 최초로 이용한 사람이다. 1730년대에 소위 오일러-마스케로니(Mascheroni) 상수

$$\gamma = \lim_{n \to \infty} \left[\left(\sum_{k=1}^{n} \frac{1}{k} \right) - \log n \right]$$

을 소수점 이하 여러 자리까지 계산했으며, 이 상수의 여러 성질을 발견했다. 마스케로니는 1790년대에 이 상수에 대한 성질을 몇 개 추가했다. 또한 오일러는 오늘날 리만 제타함수라 부르는 함수의 합-곱 공식

$$\zeta(s) = \sum_{n=1}^{\infty} \frac{1}{n^s} = \prod_{p\text{는 소수}} \frac{1}{1 - p^{-s}}$$

을 발견했고, s가 양의 짝수일 때 함숫값을 구했다.

오일러는 해석학에서 현대 미적분학 교육 과정의 모습을 빚는 데 지대한 영향을 미쳤다. 또한 그는 미분방정식과 변분법[III.94]의 해를 구할 때 체계적인 접근법을 취한 첫 번째 인물이었다. 그는 '오일러의 필요조건'이라고도 부르고, 때로는 '오일러-라그랑주 방정식'이라고도 부르는 미분방정식을 발견했다. 이는 J가 적분방정식 $J = \int_a^b f(x, y, y') \, \mathrm{d}x$ 꼴로 주어진 경우, J를 최대화하거나 최소화하는 함수 $y(x)$가 만족해야 하는 다음 미분방정식을 말한다.

$$\frac{\partial f}{\partial y} - \frac{\mathrm{d}}{\mathrm{d}x} \left(\frac{\partial f}{\partial y'} \right) = 0.$$

오일러는 이 조건을 충분조건이라고도 생각했음이 분명하다. 경력의 초창기에 미분방정식을 풀 때 적분인자를 이용하는 법을 개척했는데, 거의 동시에 출간된 클레로(Clairaut)의 해답이 더 완전하고 더 널리 읽혔으므로 보통은 클레로의 혁신이라 부른다. 오늘날 푸리에 급수[III.27]나 라플라스 변환[III.91]이라 부르는 것을 최초로 연구에 이용한 사람도 오일러이다. 그는 라플라스[VI.23]나 푸리에[VI.25]가 수학을 연구하기 시작할 때보다 한 세대 이상 앞선 것인데, 물론 그들은 오일러보다 이 분야를 훨씬 더 발달시켰다.

오일러 최고의 연구의 상당수가 급수와 관련돼 있다. 최초로 널리 찬사를 받은 오일러의 연구 결과는 당대 가장 유명한 미해결 문제 중의 하나인 70년 묵은 '바젤 문제'를 해결한 것이다. 바젤 문제는 정수의 제곱의 역수의 합, 즉 $\zeta(2)$의 값을 구하는 문제를 말한다. 오일러는

$$\sum_{n=1}^{\infty} \frac{1}{n^2} = \frac{\pi^2}{6}$$

임을 보였다. (증명의 개요는 π[III.70]를 보라.)

그는 오일러-매클로린(Maclaurin) 급수를 개발하여 급수와 적분 사이의 관계를 공고히 했다. 오일러-마스케로니 상수의 존재성은 이 연구 도중에 도출되었다. 오일러는 자신이 '급수의 보간법'이라 부른 기법을 써서 감마함수[III.31]와 베타함수를 만들어냈다. 또한 연분수[III.22]를 최초로 철저히 연구하였고, 로그함수[III.25 §4]와 삼각함수표를 소수점 이하 20자리까지 정확하고 효율적으로 계산하는 급

수를 유도하였다.

그는 최초로 복소수를 이용한 미적분을 하였고, 음수와 복소수의 로그를 연구했다. 이 연구로 인해 달랑베르[VI.20]와 길고도 격렬한 논쟁에 이르게 된다.

식 $e^{i\theta} = \cos\theta + i\sin\theta$를 처음 증명했거나, $e^{\pi i} = -1$을 처음 안 사람은 오일러가 아니지만, 전 세대 수학자들보다 이 사실을 훨씬 많이 이용하였으므로 뒤의 식은 일반적으로 오일러의 항등식이라 부른다.

그래프에 오일러 경로가 존재할 필요조건을 찾아내어 소위 쾨니히스베르크의 다리 문제라는 것을 해결하였기 때문에 그래프이론과 위상수학의 선구자로 여겨지고 있다. 이 문제는 그래프 위에 모든 모서리를 정확히 한 번씩만 지나는 경로가 존재하는지 판단하는 문제를 말한다. 오일러는 '평면들에 의해 유계'인 다면체, 즉 오늘날 '볼록' 다면체라 부르는 것에서 V가 꼭짓점의 개수, E가 모서리의 개수, F가 면의 개수일 때 $V - E + F = 2$라는 사실을 발견했고, 오류가 있는 증명을 내 놓았다. (오일러의 증명에 어떤 오류가 있는지는 리치슨(D. Richeson)과 프랜시스(C. Francese)의 『다면체 공식에 관한 오일러의 증명 속 오류(The flaw in Euler's proof of his polyhedral formula)』를 참고하라).

오일러는 타원적분에 대한 일반적인 덧셈 정리의 한 형태를 증명했고, 탄성 곡선을 완전히 분류했다. 당시 스위스를 통치했던 프러시아의 프리드리히 대왕(Frederick the Great of Prussia)의 명령으로 수력학을 연구하여 펌프와 분수를 설계했고, 정부 발행 복권과 관련된 확률과 조합의 수를 계산했다.

삼각형에서 수심(orthocenter), 중심, 외심이 지나는 직선을 오일러 직선이라 부른다. 미분방정식의 수치적 해를 주는 알고리즘으로 오일러의 방법이 있다. 오일러 미분방정식[III.23]은 유체 흐름의 연속성을 묘사하는 편미분방정식을 말한다.

오일러는 달과 행성의 이론을 이용하여 바다에서 경도를 알아내는 문제를 풀려고 노력했다. 혜성의 궤도를 계산하면서, 관측 자료를 다루는 통계학으로의 첫걸음을 뗐다.

1727년 상트페테르부르크의 표트르 대제 제국 과학원에 연구차 스위스를 떠난다. 1741년 베를린의 프리드리히 대왕 아카데미로 옮겼다가, 1766년 예카테리나 대제의 등극과 함께 상트페테르부르크로 되돌아간다. 오일러는 일생의 마지막 15년을 맹인으로 보냈는데, 그럼에도 그동안 300편이 넘는 논문을 썼고, 파리 아카데미의 연례 경연 대회에서 12번이나 수상했다.

1755년부터 1770년 사이에 네 권으로 출판한 일련의 미적분학 책은 최초의 성공적인 미적분 교재였다. 산술(1738), 대수(1770), 미적분을 이해하기 위해 필요하다고 여겼던 수학에 대한 교재인『무한해석 개론(Introductio in Analysin Infinitorum)』(1748)을 포함하여 완전한 수학 교재 시리즈의 절정을 이룬다.

두 권짜리『역학(Mechanica)』(1736)에서 처음으로 질량점의 역학을 미적분에 기초하여 다루었다. 이 책 이후 회전을 포함한 강체 운동에 대한 두 권짜리 저서『천체 운동 이론(Theoria Motus Corporum)』(1765)을 출간했다.

그 외에도 변분법을 최초로 통합하여 다룬『최

소 및 최대 성질을 갖는 곡선을 찾는 방법(*Methodus Inveniendi Lineas Curvas maximi minimive proprietate gaudentes*)』(1744)과, 음악의 물리에 대한 책으로 음의 높이의 이론에 최초로 로그를 사용한『새 음악 이론을 위한 시도(*Tentamen Novae Theoriae Musicae*)』(1739), 천체 역학과 달의 운동에 대한 세 권의 책, 배를 만드는 이론서 두 권, 광학에 대한 책 세 권, 탄도학에 대한 책 한 권 등이 있다.

현대적 함수[I.2 §2.2] 개념은 수학의 기본적인 대상으로, 오일러로부터 비롯됐다. 오일러는 기호 e, π, i 등과 합의 기호 Σ, 유한한 차를 나타내는 Δ를 표준화했다.

세 권짜리『독일 왕녀에게 보낸 편지』(1768~1771)는 일류 과학자가 쓴 최초의 대중 과학 연구서로도, 과학 철학에 대한 중요한 연구서로도 여겨지고 있다.

라플라스는 "오일러를 읽고 또 읽어라. 그는 우리 모두의 스승이다"라는 조언을 한 것으로 알려져 있다. 어쩌면 라플라스가 한 말이 아닐 수도 있지만 잘못 인용된 발언이라 해도 이 충고의 가치는 변함이 없다.

더 읽을거리

Bradley, R. E, and C. E. Sandifer, eds. 2007. *Leonhard Euler: Life, Work and Legacy.* Amsterdam : Elsevier.

Dunham, W. 1999. *Euler: the Master of Us All.* Washinton, CD : Mathematical Association of America.

Euler, L. 1984. *Elements of Algebra.* New York : Springer. (Reprint of 1840 edition. London : Longman, Orme, and Co.)

――――. 1988, 1990. *Introduction to Analysis of the Infinite*, books I and II, translated by J. Blanton. New York : Springer.

――――. 2000. *Foundations of Differential Calculus*, translated by J. Blanton. New York : Springer.

Richeson, D., and C. Francese. 2007. The flaw in Euler's proof of his polyhedral formula. *American Mathematical Monthly* 114(1) : 286-96.

에드워드 샌디퍼(Edward Sandifer)

VI.20 장르롱 달랑베르

출생: 프랑스 파리, 1717년
사망: 프랑스 파리, 1783년
대수, 무한소 미적분, 수리 역학, 유체 역학, 천체 역학, 인식론

달랑베르는 일생을 파리에서 보냈고, 프랑스 아카데미와 왕립 과학 아카데미의 가장 영향력 있는 회원이었다. 드니 디드로(Denis Diderot)와 공동으로 작업한 28권짜리 프랑스어『백과전서(*Encyclopédie*)』의 과학 편집자로 유명해졌으며, 수학과 과학에 관한 다수의 글을 도맡았다.

달랑베르는 콰트르-나시옹 얀센주의 칼리지의 학생으로, 문법, 웅변술, 철학 등 보통의 교과 과정을 따랐는데, 교과과정은 철학에는 데카르트의 과학과, 약간의 수학 및 운명 예정설, 자유 의지, 신의 은총 등에 대한 불꽃 튀는 논쟁의 틀을 가진 신학을 상당수 포함하고 있었다. 얀센주의 교사들 사이의

계속되는 논쟁의 분위기와 끝없는 형이상학적 논쟁에 넌더리가 난 달랑베르는 법학 과정을 수료한 직후 개인적으로 열정을 품었던 '기하학(수학)'에 헌신하기로 결심한다.

달랑베르가 프랑스 아카데미로 맨 처음 보낸 투고는 곡선의 해석 기하, 적분, 유체의 저항, 특히 유체 속으로 들어가는 원반의 감속 및 굴절 문제와 관련된 것인데, 이는 빛의 굴절에 대한 데카르트의 설명과 연관이 있다. 달랑베르는 뉴턴[VI.14]의 『프린키피아』를 자세히 읽었는데, 제1권의 몇 구절에 남긴 코멘트를 보면 뉴턴의 종합적 기하보다는 자신의 분석적 방법을 선호했음이 분명히 드러난다.

달랑베르는 『역학론(Traité de Dynamique)』(1743)으로 지식인들 사이에서 유명해진다. 엄선한 소수의 원리인 관성, 운동의 합성(즉, 두 힘이나 일이 내는 효과의 합), 평형 상태 등을 바탕으로 체계적이고 엄밀한 역학 이론을 세우는 동시에 형이상학적인 논증은 피하려고 애썼다. 가장 주목할 만한 점은, 오늘날 '달랑베르의 원리'로 알려진 중요한 원리를 제안했다는 것이다. 이로 인해 나란한 절편들의 합으로 여겼던 복합 진자, 진동 막대, 현, 회전체를 포함하여 심지어 유체에 이르기까지 제약조건을 갖는 계에 대한 연구를 단순화할 수 있었다. 이 원리에 깔린 핵심 생각은 동역학(dynamics)의 문제를 정역학(statics) 문제로 귀결하자는 것이다. 대략적으로 말하면 겉보기 힘과, 가속도와 질량의 곱의 음의 값인 '운동학적 반작용'을 도입하는 것이다. 그렇게 함으로써 정역학적 기교가 동역학 문제에 영향력을 발휘할 수 있게 되었다.

다른 저서들과 수기에는 유체 이론, 편미분방정식, 천체 역학, 대수학, 적분론에서 대단히 혁신적인 전개가 담겨 있다. 달랑베르는 허수의 중요성과 유용성에 대해 많은 생각을 했다.

『기류의 일반적인 원인에 대한 고찰(Réflexions sur la Cause Générale des Vents)』(1747)과 『적분론 연구(Recherches sur le Calcul Intégral)』(1748)에서 달랑베르는 $a + bi$ 꼴(여기서 $i = \sqrt{-1}$)의 수들에 보통의 덧셈, 뺄셈, 곱셈, 나눗셈, 지수 연산을 부여해도 여전히 같은 꼴임을 관찰한다. 달랑베르는 실계수 다항식에 대해 허근은 항상 켤레로 짝을 지어 나온다는 것을 증명했고, 실계수 다항식이 실근을 갖지 않더라도 복소수 근은 항상 존재함을 증명한다. 하지만 엄밀성은 다소 부족했고(예를 들어 그는 근의 존재를 상정했다) 대수학의 기본 정리[V.13]를 증명한 것은 아니다.

뉴턴주의 과학은 1740년대 말에 위기를 맞이한다. 이들의 위기는 달랑베르, 클레로, 오일러[VI.19]가 각각 독립적으로 뉴턴의 중력 이론이 달의 운동을 설명하지 못한다는 결론에 이르면서부터 시작되었다. 1747년 이 문제를 해결하는 다양한 가능성을 논의하고(추가 힘을 가정하거나, 달의 모양이 대단히 불규칙하기 때문이라거나, 지구와 달 사이에 와류 같은 것이 있다거나) 천체 역학과 행성 섭동에 대한 기나긴 연구를 제시했는데, 근래에 와서야 재발견되어 2002년에 출간되었다. 1749년에는 이 문제를 수학적으로 개선한 분석을 통해 뉴턴의 이론이 옳다는 것을 보인다. 달랑베르의 천체 역학에 대한 광범위한 연구의 나머지는 『지축과 세차에 대한 연구(Recherches sur la Précession des Équinoxes et sur la nutation de l'axe de la terre, dans le systeme

Newtonien)』(1749)와 『천체계의 중요한 다른 점들에 대한 연구(*Recherches sur Différents Points du Systéme du Monde)』*(1754~1756) 및, 8권짜리 『수학 소논문집(*Opuscules mathematiques)』*(1761~1783) 등을 통해 출간되었다.

1747년 달랑베르는 진동하는 현에 대한 중요한 문제를 다룬 논문 『장력을 갖는 현이 진동할 때의 곡선에 대한 연구(*Recherches sur la Courbe que Forme une Corde Tendue Mise en Vibration)』*(1749)를 내놓는다. 이 논문에는 파동방정식[I.3 §5.4]의 해가 담겨 있다. 이는 당시 새로운 도구였던 편미분방정식의 최초의 해였는데, 달랑베르는 이미 1747년 『기류의 일반적인 원인에 대한 고찰』에서 편미분방정식을 사용했다. 이 논문으로 인해 해답의 일반적인 꼴과, 일반적인 함수의 개념이 무엇인지에 대해 오일러 및 다니엘 베르누이[VI.18]와 기나긴 논쟁에 이르게 됐다.

달랑베르는 『백과전서』(1751~1765)에 대한 작업과, 과학에 엄밀한 기초를 놓으려는 노력으로 인해 철학 분야에도 발을 디디는데, 철학에 관한 그의 기여는 주로 다양한 과학을 분류하는 것과 관련되어 있다. 또한 데카르트[VI.11], 로크(Locke), 콩디야크(Condillac)가 제안한 계통을 따라 인식론(감각론)을 연구하기도 했다.

더 읽을거리

D'Alembert, J. le R. 2002. *Premiers Textes de Mécanique Céleste*, edited by M. Chapront. Paris: CNRS.

Hankins, T. 1970. *Jean d'Alembert, Science and the Enlightenment*. Oxford: Oxford University Press.

Michel, A., and M. Paty. 2002. *Analyse et Dynamique. Études sur l'Oeuvre de d'Alembert*. Laval, Québec: Les Presses de l'Université Laval.

프랑수아 드 간트(Francois de Gandt)

VI.21 에드워드 웨어링

출생: 잉글랜드 슈루즈버리, 1735년경
사망: 잉글랜드 슈루즈버리, 1798년
케임브리지 대학 루커스 수학 석좌 교수(1760-98)

18세기 후반 영국의 선두적인 수학자 웨어링은 수준 높고 난해한 해석학 책을 여러 권 썼다. 최초의 저서 『해석론 모음집(*Miscellanea Analytica)』*(1762)은 정수론과 대수방정식을 다루는데, 웨어링이 고안한 결과를 많이 담겨 있으며, 『대수론(*Meditationes Algebraicae)』*(1770)에서 더욱 확장한다. 후자의 책에 오늘날 웨어링의 문제로 알려진 문제가 들어 있다(모든 자연수는 아홉 개 이하의 세제곱의 합으로 쓸 수 있고, 열아홉 개 이하의 네제곱의 합으로 쓸 수 있는 등 지수에 따라 거듭제곱의 합으로 쓸 수 있는 개수가 정해진다). 1909년 힐베르트[VI.63]가 긍정적인 해답을 내놓았고, 1920년대 하디[VI.73]와 리틀우드[VI.79]의 중요한 연구를 낳았다. 『대수론』에는 2보다 큰 짝수는 소수 두 개의 합으로 쓸 수 있다는 골드바흐의 예상이 최초로 실려 있다. 또한 p가 소수일 때 $(p-1)! + 1$은 p의 배수라

는 윌슨(Wilson)의 정리도 들어 있는데, 이는 라그랑주[VI.22]가 증명했다.

웨어링의 문제와 골드바흐의 예상은 **가법 정수론의 문제와 결과들[V.27]**에서 다뤄진다.

VI.22 조제프 루이 라그랑주

출생: 이탈리아 토리노, 1736년
사망: 프랑스 파리, 1813년
수론, 대수, 해석학, 고전 역학 및 천체 역학

1766년에 라그랑주는 훗날 토리노 과학 아카데미가 될 기관의 창립자였지만, 고향 토리노를 떠나 베를린 과학 아카데미의 수학과장직을 맡았다. 1787년엔 파리로 떠나 과학 아카데미의 재향군인 연금관리인(pensionnaire veteran) 자리를 맡는다. 파리에서는 1794년 세워진 에콜 폴리테크니크(École Polytechnique)에서 강의했고, 현대 미터법을 만든 위원회의 회원이기도 했다.

라그랑주가 극값 조건을 만족하는 곡선을 찾는 오일러의 방법을 간단하게 만들 새로운 형식적 방법을 찾았다며 오일러[VI.19]에게 편지를 썼을 때, 그의 나이는 겨우 19세에 불과했다. 라그랑주의 방법론은 곡선의 국소 무한소 변환을 주는 좌표의 독립적인 변분량을 표시하기 위해 새로운 미분 연산자 δ를 도입하는 것이었다.

이러한 형식적 방법론을 통해 **변분법[III.94]**의 기본 방정식으로 오늘날 오일러-라그랑주 방정식이라 부르는 미분방정식을 유도했다. 예를 들어 함수 $y = y(x)$가 다음과 같은 꼴

$$\int_a^b f(x, y, y')\,\mathrm{d}x$$

의 정적분을 최대화하거나, 최소화한다고 가정하자 (여기서 $y' = \mathrm{d}y/\mathrm{d}x$). 오일러-라그랑주 방정식은 이 함수가 만족해야 하는 다음의 필요조건을 말한다.

$$\frac{\partial f}{\partial y} - \frac{\mathrm{d}}{\mathrm{d}x}\left(\frac{\partial f}{\partial y'}\right) = 0.$$

이는 라그랑주의 환원주의를 보여주는 전형적인 예다. 일생 동안 라그랑주는 해석학의 주요 문제를 표현하고 풀기 위해 적절한 형식적 방법을 찾아 다녔다.

라그랑주는 토리노 과학 아카데미에서의 연구를 모은 『토리노 잡록(Miscellanea Taurinensia)』 제2권(1760~1761)에 게재한 소논문에서 자신의 δ-형식화 기법을 공개적으로 제시했다. 이 소논문과 똑같은 형식적 기법을 쓴 다른 논문을 묶어 (기존에 모페르튀(Maupertuis)와 오일러가 유도했던) 최소 작용의 원리를 일반화하여 형식화했다. 그 결과 중심과의 거리에 의존하는 중심력에 의해 끌어당겨지는 물체들의 계의 운동방정식을 이끌어낼 수 있었다.

한편 『토리노 잡록』 제1권(1759)에는 진동하는 현의 문제에 대한 새로운 접근법을 보여주는 소논문을 게재했다. 여기에서 최초로 현을 n개의 입자로 이루어진 이산계로 나타낸 후, n을 무한대로 키우는 방식을 취한다. 이 방법을 이용하여, 진동하는 현의 문제에서 '연속함수'(즉, 하나의 방정식으로 쓸 수 있는 곡선)만을 해로 간주했던 **달랑베르[VI.20]**에 비해, '연속' 및 '불연속' 모두를 포괄하는 광범위한 종류의 '함수'를 허용한 오일러가 옳았음을 논증한다.

라그랑주는 이 소논문들에서 고전 역학의 기초

에 대해 대단히 일반적인 계획을 수립했다. 연속적인 계를 이산적인 계의 극한 경우로 해석하는 방법과, 미지수 계수 결정법, 즉 계수 $a_i (i = 0, \cdots, n)$가 어떤 미지수에 의존하는 x에 대한 다항식 $P(x)$에 대해 주어진 구간의 모든 x에 대해 $P(x) = 0$일 때, $\{a_i = 0\}_{i=0}^{i=n}$들의 연립방정식을 이끌어내어 미지수를 결정하는 방법에 근거를 둔 계획이었다. 라그랑주는 이 방법을 (독립) 변수가 여러 개인 다항식의 합인 경우까지 확장하고, 오일러, 달랑베르 및 기타 여러 수학자들을 따라 거듭제곱 급수일 때도 이용했다. 달의 운동에 대한 두 편의 소논문(1764, 1780)에서 이러한 계획을 더 다듬고, 나중에 『해석역학(*Méchanique Analitique*)』(1788)에서 실현한다. 이때 최소 작용의 원리를 변분법으로 나타낼 수 있는 베르누이의 '가상 속도'의 원리를 일반화한 것으로 대체했다. 지금은 일반화된 좌표(즉, 물체의 위치를 완전히 규정하는 이산계의 배위 공간 내에서 서로 독립인 좌표)라고 알려진 φ_i를 이용하여 그의 이름을 딴 다음 방정식들을 유도한다.

$$\frac{d}{dt}\left(\frac{\partial T}{\partial \varphi_i}\right) - \frac{\partial T}{\partial \varphi_i} + \frac{\partial U}{\partial \varphi_i} = 0.$$

여기에서 T와 U는 각각 해당하는 계의 운동에너지와 퍼텐셜(위치)에너지이다.

『해석역학』은 뉴턴[VI.14]의 『프린키피아』보다 한 세기 뒤에 나왔으며, 역학에 대한 순수 해석학적 접근법이 최고조에 다다른 저술이다. 서문에서 라그랑주는 그 책에서는 그림을 찾을 수 없으며 모든 문제를 '정칙 및 균등 수열로 개진한 대수적 조작'으로 귀결시켰다고 자랑스럽게 말한다.

라그랑주는 1770년대와 1780년대에 발간한 연구를 통해 섭동이론과 3체문제[V.33]에 근본적으로 기여한다. 이 방법론은 훗날 **라플라스**[VI.23]가 『천체역학(*Méchanique Céleste*)』에서 더 발전시켜 물리적 천문학에서의 수학 연구의 근간을 이루게 된다.

미지수 계수 결정법이나 이를 거듭제곱 급수까지 확장한 방법도 미적분에 대한 라그랑주의 접근법에 깔려 있는 중요한 기법이었다. 그는 《베를린 아카데미 프로시딩》(1768)에 실린 소논문에서 이 기법을 이용하여 대수적 방정식론에 미적분을 연결하는 중요한 결과인 라그랑주 역변환 정리를 증명한다. 이는 방정식 $\varphi(p)$가 x에 대한 임의의 함수일 때 방정식 $t - x + \varphi(x) = 0$의 근 p의 함수 $\varphi(p)$는 $\psi(t)$와 $\psi(t)$의 테일러 전개를 이용한 급수로 전개할 수 있다는 정리이다. ($x, \varphi(x), \psi(t)$가 만족해야 할 정확한 조건은 훗날 코시[VI.29]와 로슈(Roché)가 명확히 밝혀냈다.)

1772년의 소논문에서 라그랑주는 거듭제곱 급수 이론으로 돌아와 함수 $f(x + h)$를 h에 대해 거듭제곱 급수로 전개할 수 있으면, 그 급수는 다음 꼴이어야 함을 증명했다.

$$\sum_{i=0}^{\infty} f^{(i)}(x)\frac{h^i}{i!}.$$

단, f'을 f로부터 유도한 방법과 마찬가지로 각 i에 대해 $f^{(i+1)}$는 $f^{(i)}$로부터 유도한 함수(도함수)이다. 따라서 함수의 거듭제곱 급수 전개는 유일하며 테일러 전개뿐이라는 것을 증명하기 위해서는 무한소 논법을 이용하여 $f' = df/dx$임을 증명하기만 하면 된다. 『해석함수론(*Théorie des Foncions Analytiques*)』(1797)에서 미분에 호소하지 않고도 임의의 함수 $f(x + h)$는 거듭제곱 급수로 전개할 수 있음을 증명(이라기보다는 증명했다고 주장)하고, 이런 급수에서 $h^i/i!$의 계수에 적용되는 형식적 관계를 미분으로 해석할 것을 제안한다. 다시 말해서, 기존에는 미분을 정말로 나눈 몫으로 이해했던 임의의 차수의 미분(즉, $y = f(x)$일 때, $d^i y/d x^i$) 대신, 이런 계수들을 내놓는 도함수로 정의하자고 제안한 것이다. 또한 테일러급수의 나머지 항을 오늘날 라그랑주 나머지 항이라 부르는 형태로 쓸 수 있음을 증명했다.

대수 방정식론에서 얻어낸 중요한 결과들은 1770년과 1771년에 쓴 다소 긴 논문에서 제시하는데, 여기에서 2, 3, 4차방정식을 푸는 공식을 근들 사이의 치환을 분석하여 얻어낸다. 이 연구는 훗날 아벨[VI.33]과 갈루아[VI.41]의 연구의 출발점을 이룬다. 같은 논문에서 오늘날 그의 이름을 딴 정리, 즉 유한군의 부분군의 위수는 군의 위수의 약수라는 정리의 특별하지만 자명하진 않은 경우를 써놓았다.

라그랑주는 수론에서도 중요한 결과를 얻었다. 그중 가장 의미 있는 결과는 다음 두 가지라고 할 수 있다. (다른 누구보다도) 페르마[VI.12]가 앞서 연구했고, 오일러도 증명하려고 했던 예상, 즉 모든 자연수는 기껏해야 네 개의 제곱수의 합이라는 사실(1770)을 증명한 것과, 최초 윌슨이 추측했고 웨어링[VI.21]이 증명 없이 출간했던 윌슨의 정리, 즉 n이 소수이면 $(n-1)! + 1$은 n의 배수라는 것을 증명한 결과(1771)가 그것이다.

더 읽을거리

Burzio, F. 1942. *Lagrange*. Torino : UTET.

마르코 판사(Marco Panza)

VI.23 피에르-시몽 라플라스

출생: 프랑스 보몽-엉-오주, 1749년
사망: 프랑스 파리, 1827년
천체 역학, 확률론, 수리물리

라플라스는 그의 이름을 딴 기본적으로 중요한 많은 수학적 개념으로 후에 수학자들에게 널리 알려졌다. 라플라스 변환[III.91], 라플라스 전개,* 라플라스 각, 라플라스 정리, 라플라스 함수, 역 확률, 생성 함수[IV.18, §§2.4, 3], 선형 회귀법을 이용한 가우스/르장드르의 최소 제곱 오차 법칙의 유도, 라플라스 연산자[I.3 §5.4] 혹은 퍼텐셜 함수가 그중에 포함돼 있다. 그는 천체 역학(라플라스의 신조어였다)과 확률론 분야를 개발했는데, 개발 과정에서 수학을 도구로 사용했고 발전시켰다. 라플라스에게 있어 천체 역학과 확률론은 완전히 결정된 우주라는 통일된 세계관을 실현케 하는 상호보완적인 도구였다. 천체 역학은 세상을 뉴턴의 체계로 보는 것이 정당함을 입증했다. 확률은 자연계의 우연한 작용을 측정하는 것이 아니라(우연이란 없기 때문에) 인간이 무지로 인해 원인을 알 수 없는 것을 측정하는 방법이며, 계산을 통해 사실상 확실한 것으로 환원할 수

---

* 흔히 행렬식의 '여인자 전개(cofactor expansion)'라 부르는 것을 말한다-옮긴이

있다고 보았다. 라플라스가 과학사에서 중요한 세 번째 이유는, 19세기 초반 20년 동안 물리학을 수학화했다는 것이다. 소리의 속도, 모세관 현상, 기체의 굴절률 등을 몇 가지 형식화한 것을 제외하면, 이 분야에서 라플라스는 주요 공헌자라기보다는 선동자이며 후원자의 역할을 했다.

라플라스는 위의 개념의 상당수를 확률론적 맥락에서 제시했다. 차분방정식, 미분방정식, 적분방정식을 푸는 방법론으로 훗날 라플라스 변환으로 알려진 방법론에 대한 최초의 조짐은 「급수에 대한 소논문(*Mémoire sur les suites*)」(1782a)에 나오는데, 여기에서 생성함수를 도입한다. 라플라스는 생성함수를 함수를 급수 전개하거나 합을 구하는 데 관련된 문제를 풀 때 선택하는 접근법으로 여겼다. 몇 년 후『확률 해석 이론(*Théorie Analytique des Probabilités*)』(1812)을 저술할 때 해석학적 부분 전체를 생성함수의 이론보다 부차적인 것으로 치부하고, 주제 전체를 응용 분야로 취급했다. 하지만 초기 소논문에서는 생성함수를 자연 문제에 적용할 수 있기를 기대한다고 강조했다.

좀 더 초창기의 논문 「사건의 원인 확률에 관한 소고(*Mémoire sur la probabilité des causes par les événements*)」(1774)에서 라플라스는 훗날 베이즈 통계학[III.3]으로 불리는 분석을 가능케 하는 정리를 진술했다. 토머스 베이즈(Thomas Bayes)가 11년 전 같은 정리에 이미 도달했으나 이론을 더 발전시키지는 못했다. 30여 년의 추가 연구를 통해, 역의 확률을 발전시켜 통계적 추론, 철학적 인과 관계, 과학적 오류의 추산, 증거의 신뢰성의 정량화, 입법부와 사법부의 절차에서 최적의 투표 규칙의 기반을 쌓

았다는 것은 라플라스가 앞선 것이다. 원래 라플라스가 이 접근법에 끌린 것도 인간사에 응용할 수 있었기 때문이다. 확률이라는 단어가 게임과 우연에 대한 이론에서의 기본량일 뿐만 아니라, 자체로 주제가 된 것은 일련의 논문, 특히 「확률에 대한 소고(*Mémoire sur les probabilités*)」(1780)에서였다.

라플라스는 인과 관계에 대한 위의 논문에서 처음으로 오차 이론을 다루었다. 동일한 현상에 대한 일련의 천체 관측값으로부터 가장 적절한 평균값을 추정하는 문제였다. 또한 라플라스는 위의 논문 「확률에 대한 소고」에서 오차 한계가 관측 횟수와 관련이 있다는 것도 밝혀냈다. 「왕국의 인구 결정을 위한 시도(*Essai pour connaître la population du Royaume*)」(1783~1791)에서 라플라스는 인구학에의 응용으로 전환했다. 인구 조사 자료가 없는 상황에서 인구의 대략적인 규모를 추정하기 위해, 특정 시점에서 출생자의 수에 적용할 승수(multiplier)를 결정할 필요가 있었다. 라플라스는 오차 확률을 주어진 한계 내로 떨어트리기 위한 표본의 수를 구하라는 구체적인 문제를 해결했다.

이후 라플라스는 확률적 조사는 제쳐두었다. 25년이 지난 후에야 종합적인 저서 『확률론의 해석적 이론(*Théorie Analytique des Probabilités*)』을 준비하면서 이 문제로 다시 돌아온다. 1810년에는 많은 수의 관측으로부터 평균값을 얻어내는 문제로 돌아가는데, 평균값이 주어진 한계 내에 떨어질 확률에 대한 문제로 해석하였다. 무수히 많은 횟수의 관측에서 양의 오차와 음의 오차가 동등하게 일어날 수 있다고 할 때, 관측값들의 평균은 정확히 어떤 값으로 수렴한다는 큰 수의 법칙을 증명한다. 이런 분석

으로부터 오차에 대한 최소 제곱의 법칙이 나왔다. 이 법칙에 대한 발견의 우선권을 두고 당시 가우스[VI.26] 및 르장드르[VI.24]와 폭발 직전까지 다툼을 벌였다.

『천체역학 논문집(Traité de Mécanique Céleste)』(1799~1825)(전5권)에 담긴 장기간의 조사와, 2부작 「목성과 토성에 대한 소논문(Mémoire sur la Théorie de Jupiter et de Saturne)」(1788)에서 행성 천문학 분야에서의 그의 가장 유명한 발견을 실증했다. 현재 목성의 궤도 운동이 가속되고 있고, 토성의 궤도 운동이 감속되는 것은 둘 사이의 중력으로 인한 영향이며, 이런 영향은 누적되지 않으며 수백 년을 주기로 갖는다는 것을 입증한다. 이 현상 및 다른 현상에 대한 분석을 통해, 수백 년에 걸친 행성 운동에 관한 영년 부등식(secular inequality)이 나왔다. 이로 인해 이런 현상들은 중력 법칙으로부터 벗어난 것이 아니며, 오히려 뉴턴[VI.14]이 연구했던 태양과 행성 사이의 인력 이상으로 중력 법칙을 확장할 수 있다는 증거가 되었다. 하지만 달의 가속이 시간을 두고 자가 교정을 한다는 사실은 결코 증명하지 못했다.

행렬식의 이론에 나오는 라플라스 전개는 목성-토성의 이심률과 궤도의 경사도를 분석한 「세계의 체계에 대한 적분 연구(Recherches sur le calcul intégral et sur le systéme du monde)」(1776)에서 배경으로 처음 등장한다. 이를 제외하면 수학에서의 라플라스의 독창성은 행성 운동에 대한 분석보다는 확률론의 발달에서 더욱 두드러지게 나타난다. 라플라스의 추동력과 능력과 긴 경력 동안 훨씬 중요했을 계산에서의 기교를 천문학 연구가 증거하고

있다. 라플라스는 빠르게 수렴하는 급수를 찾아내는 데 선수였으며, 다수의 물리적 현상을 수학적으로 표현하는 항을 포괄하는 수식을 얻는 것과, 해답에 도달하기 위해 불편한 양을 무시하는 걸 정당화하는 데도 능했고, 자신의 결과를 가능한 한 최대로 일반화하는 데도 능숙했다.

라플라스 행성 천문학에서 회전타원체가 외부점이나 내부점에 미치는 인력에 관한 문제에 수학적인 문제가 가장 풍부하게 집중돼 있음이 입증되었다. 「회전체의 인력과 행성의 모양 이론(Théorie des attractions des sphéroïdes et de la figure des planétes)」(1785)에서 지금은 라플라스 함수라 불리는 형태로 르장드르 다항식[III.85]을 사용했다. 또한 절단면들에 대해 동일한 초점을 갖는 모든 타원체는, 주어진 점을 각자의 질량에 비례하는 힘으로 끌어당긴다는 정리도 증명했다. 주어진 점에 미치는 회전타원체의 인력에 대한 방정식을 발달시키면서 라플라스 각이 드러났다. 라플라스는 이런 분석을 할 때 극좌표를 이용했다. 라플라스는 극방정식을 「토성의 고리 이론에 대한 소논문(Mémoire sur la théorie de l'anneau de Saturne)」(1789)에서 데카르트 좌표계의 방정식으로 변환했다. 1828년 조지 그린은 푸아송이 이 식을 정전기력 및 자기력에 적용한 것을 퍼텐셜 함수라 불렀고, 이 용어는 이후 고전 물리학에서 사용됐다.

더 읽을거리

The memoirs cited in this article can be found in the bibliography of C.C. Gillispie's Pierre-Simon Laplace: A Life in Exact Science(Princeton

University Press, Princeton, NJ, 1997).

For the mathematical content of Laplacian physics, see pp. 440-55 (and elsewhere) of I. Grattan-Guinness's Convolutions in French Mathematics (Birkhauser, Basel, 1990, three volumes).

찰스 길리스피(Charles C. Gillispie)

VI.24 아드리앙-마리 르장드르

출생: 프랑스 파리, 1752년
사망: 프랑스 파리, 1833년
해석학, 인력 이론, 기하학, 정수론

르장드르는 파리에서 그의 경력을 쌓았으며 상당량의 독립적인 수입을 가졌던 것으로 보인다. 1787년부터 파리에 거주했던 라그랑주[VI.22]나 라플라스[VI.23]보다 약간 젊었으나, 수학적인 관심이 상대적으로 넓었음에도 이들의 명성에는 상당히 못 미쳤다. 직책은 비교적 수수했으나, 1799년 라플라스로부터 에콜 폴리테크니크(École Polytechnique) 졸업심사관직을 넘겨받았고, 1816년 은퇴할 때까지 그 자리를 지켰다. 또한 1813년에는 경도국(Bureau des Longitudes)에서 라그랑주의 후임자가 되었다.

르장드르의 초기 연구는 지구의 모양 및 지구 위의 한 점에 미치는 외부 인력에 대한 것이었다. 이에 관련한 미분방정식의 해는 그의 이름을 딴 함수의 성질을 연구하는 계기가 됐는데, 19세기 이 함수에 누구의 이름을 붙여야 하는지에 대한 문제로 라플라스와 경쟁했다. 해석학에서의 그의 또 다른 주요 관심사는 타원적분에 관한 것이었으며, 이는 그

가 가장 오랫동안 연구한 주제였다. 그는 이 주제에 관해 『논문집(Traite)』(1825~1828)에 상당히 길게 저술했다. 하지만 1829~1832년의 부록에서 자신의 이론이 야코비[VI.35]와 아벨[VI.33]의 역-타원함수 때문에 빛을 잃었음을 인정했다. 르장드르는 또한 베타함수와 감마함수[III.31]처럼 적분으로 정의되는 함수들 및 미분방정식의 해, 변분법[III.94]에서의 최적화 문제도 포함하는 연구를 했다.

르장드르는 1789년에 발견한 회전타원체 삼각형(즉, 회전타원체 위에 그린 삼각형)에 관련한 아름다운 정리로 수치적 수학에 기여했는데, 이는 1790년대 들람브르(J. B. J. Delambre)가 삼각측정법에 이용했고 미터 규격의 제정에 이르게 된다. 수치적 결과 중 가장 유명한 것은 가장 적합한 곡선을 찾는 최소제곱 판별법에 대한 결과인데, 1805년 혜성의 궤도를 결정하는 문제와 관련하여 제안된 것이다. 르장드르에게 있어 이 판별법은 단순하게 최소화 문제였으며 확률론과는 관련을 짓지 못했는데, 머지않아 라플라스[VI.23]와 가우스[VI.26]가 실행에 옮겼다.

르장드르의 『수론에 대한 소고(Essai sur la Théorie des Nombres)』(1798)는 이 주제에 대한 최초의 단행본이다. 연분수[III.22]와 방정식론에 대해 간단히 살펴본 후 르장드르는 대수적 지류인 다양한 디오판토스 방정식의 풀이에 집중한다. 정수의 많은 성질 중에서 르장드르는 이차 상호법칙[V.28]을 강조하고, 이차 형식이나 몇 가지 고차 형식에 관련하여 다양한 분할 정리를 증명한다. 1808년과 1830년에 확장판이 나오지만 개정된 것은 거의 없는데, 젊은 가우스의 『산술에 관한 연구(Disquisitiones

Arithmeticae)』(1801)의 증명법으로 인해 곧 빛을 잃고 만다.

　그는 교육을 목적으로 유클리드 기하학[I.3 §6.2]을 다루는『기하학 원론(*Elements de Géométrie*)』(1794)을 저술했는데, 그리스식 증명 표준과 구성과 형태를 모방했다. 평행선 공준의 대안, π의 근삿값과 같은 수치적 문제, 평면 삼각법이나 구면 삼각법을 길게 요약하며 유클리드가 관심을 두지 않았던 면도 다루었다. 1823년까지 11판을 더 냈고 사후 1839년까지 개정판도 더 나왔다(재간행도 뒤따랐다). 이 책은 이후의 수학 교육에 대단한 영향력을 미쳤다.

더 읽을거리

de Beaumont, E. 1867. *Eloge Historique de Adrien Marie Legender*. Paris : Gauthier-Villars.

아이버 그래턴-기네스(Ivor Grattan-Guinness)

VI.25 장-밥티스트 조제프 푸리에

출생: 프랑스 오세르, 1768년
사망: 프랑스 파리, 1830년
해석학, 방정식, 열 이론

푸리에는 수학자로서는 드물게 뛰어난 비수학적 경력을 추구했다. 그는 보나파르트 장군의 이집트 원정(1798~1801)에 민병대원으로 참여했는데, 그의 참전을 중요하게 여긴 제1집정관(Napoleon)이 1802년 그를 그레노블의 지사로 임명하였고, 1810년대 중반 나폴레옹 황제가 몰락할 때까지 그 자리를 유지했다. 그 후 파리로 옮겨 와, 1822년 파리 과학 아카데미의 종신 서기로 임용될 수 있었다.

　지사직은 상당히 많은 업무를 요하는 자리였고, 푸리에 또한 이집트학에 적극적이었다. 그의 가장 뚜렷한 성과는 그레노블 출신의 십대 소년 장 샹폴리옹(Jean Champollion)을 발굴한 것인데, 이 소년은 훗날 로제타석을 해독했으며 이집트학을 세우는 데 기여했다. 어쨌거나 푸리에는 자신의 과학적 업적 대부분을 1804년에서 1815년 사이에 만들어냈다. 연속적인 고체에서의 열의 확산을 수학적으로 연구하는 것이 그의 동기였는데, 이 목적으로 만든 '확산 방정식'은 자체로도 참신했을 뿐만 아니라, 역학 이외의 물리적 현상 중에서 최초로 광범위하게 수학적으로 다룬 것으로 자리매김했다. 이 미분방정식을 풀기 위해 푸리에는 무한 삼각급수를 사용할 것을 제안했다. 이 급수는 이미 알려져 있었지만 보잘것없는 상태였다. 푸리에는 계수에 대한 공식뿐만 아니라, 수렴하기 위한 조건들과, 특히 표현가능성, 즉 어떻게 주기 급수가 일반적인 함수를 표현하는지를 포함하여 많은 성질을 (재)발견했다. 원통 속에서의 확산을 연구하면서 당시에는 거의 연구되지 않았던 베셀 함수 $J_0(x)$의 많은 성질을 발견했다.

　푸리에는 자신의 발견을 1807년 프랑스 학사원의 과학계에 제출했다. 라그랑주[VI.22]는 이 급수를 좋아하지 않았던 반면, 라플라스[VI.23]는 물리적 모형화에 실망했다. 하지만 라플라스는 무한한 물체에 대한 확산 방정식의 해를 구하는 단서를 제시했고, 푸리에는 1811년에 이런 물체에 대한 역변환 공식과 적분해를 구할 수 있었다.『열 해석 이론(*Théorie Analytique de la Chaleur*)』(1822)이 그의 주요 출판물인데, 이 책은 젊은 수학자들에게 지대한 영향을 미쳤다. 예를 들어 디리클레[VI.36]가 1829년 급수의 수렴성에 대해 최초로 만족스럽게 증명했고, 나비에(C. L. M. H. Navier)는 1825년에 이를 유체 역학에 이용했다. 라플라스의 분자주의 물리 원리와 라그랑주의 해법을 따라 이론 전체를 다시 유도하려고 했지만, 결국 몇 가지 특수한 경우만 더하는 데 그치고 만 푸아송[VI.27]과의 관계는 별로 화목하지 못했다.

푸리에는 다른 수학 분야도 연구했다. 10대 시절에 그는 다항방정식의 양근 및 음근의 개수에 대한 데카르트[VI.11]의 부호 규칙을 최초로 증명했다. (그가 사용한 귀납적 방법이 지금은 표준이 됐다.) 또한 주어진 구간에서의 근의 개수의 상계를 하나 발견했는데, 스텀(J. C. F. Sturm)이 이를 개선하여 1829년 정확한 개수를 구하였다. 당시 푸리에는 방정식에 대한 책을 탈고하려 했는데, 나비에의 덕택에 사후인 1831년에 출간되었다. 요즘 명칭으로 선형 계획법[III.84]에 대한 기본 이론이 새로운 내용의 주요한 부분이다. 명망과 옹호에도 불구하고 추종자는 거의 얻지 못했고(나비에는 추종자였다), 한 세기가 넘게 이론이 정체돼 있었다. 푸리에는 수리 통계학에 대한 라플라스의 연구를 몇 가지 이어 받아 정규분포[III.71 §5]의 중요성을 탐구하기도 했다.

더 읽을거리

Fourier, J. 1888-90. *Oeuvres Complètes*, edited by G. Darboux, two volumes. Paris : Gauthier-Villars.

Grattan-Guinness, I., and J. R. Ravetz. 1972. *Joseph Fourier*. Cambridge, MA : MIT Press.

아이버 그래턴-기네스

VI.26 칼 프리드리히 가우스

출생: 독일 브라운슈바이크, 1777년
사망: 독일 괴팅겐, 1855년
대수, 천문학, 타원함수 이론을 비롯한 복소함수론, 미분방정식, 미분 기하, 토지 측량, 수론, 퍼텐셜 이론, 통계학

가우스는 15세 때 비범한 수학적 능력으로 브라운슈바이크 공작의 이목을 끌었다. 공작은 교육비를 지원했고, 그를 가난으로부터 벗어나게 해 주었다. 일생 동안 가우스는 국가에 대한 충성심과, 유용한 일을 하려는 강한 욕망을 느꼈고, 이 때문에 전문 천문학자가 되었다. 1801년에 가우스는 최초로 발견된 소행성이었던 세레스가 태양 뒤로 사라진 후 재관측에 성공한 최초의 사람이 됐다. 가우스는 직접 고안했지만 출판하지는 않았던 참신한 방법인 최소제곱법으로 초기 관측값을 통계적으로 분석하여 세레스가 어디에서 다시 나타날지 예견했다. 그 뒤에도 몇 년 동안 다른 소행성들의 궤도를 분석하는 데 도움을 주었다. 또한 천체역학과 지도 제작법에 대한 광범위한 저술을 했고, 전신술에 대해 중요한 연구를 했다.

그럼에도 가우스는 항상 순수수학자로 기억될 것이다. 1801년에 가우스는 현대 대수적 수론을 만들어낸 책인 『산술에 관한 연구(*Disquisitiones Arithmeticae*)』를 출판한다. 그는 이 책에서 처음으로 이차 상호법칙[V.28]을 엄밀하게 증명하며, 몇 년

칼프리드리히 가우스

에 걸쳐 일곱 가지 증명을 더 찾아낸다. 나중에 가우스는 이 정리를 높은 차수까지 확장하는데, 이를 위해 1831년에 가우스 정수(m, n이 정수이고, $i = \sqrt{-1}$일 때 $m + ni$ 꼴의 수)를 도입한다. 그는 미분방정식에서 중요한 연구인 초기하(hypergeometric) 방정식을 주로 연구했다. 초기하 방정식은 매개변수가 3개이고 특이점이 2개인 2계 선형 미분방정식으로, 그것의 해는 해석학에서 익숙한 많은 함수와 관련되어 있다. 가우스는 이 방정식이 타원함수[V.31]에 대한 새로운 이론에 중요한 역할을 한다는 것을 보이지만 대부분의 연구를 출판하지 않았기 때문에, 아벨[VI.33]과 야코비[VI.35]의 극적이면서도 급속히 발전해 가던 논문들에 거의 영향을 주지 못했다. 미출간된 이 연구에서 가우스가 복소변수 복소함수에 대한 이론을 만들 필요가 있다는 걸 최초로 깨달은 수학자임이 드러났다. 가우스는 대수학의 기본정리[V.13]를 네 가지 방법으로 증명했다. 1820년대에는 실제 우주 공간이 유클리드 공간이

아닐 수도 있음을 납득했지만, (천문학자들과 그 생각에 공감/동의하는 사람들로 대부분 이루어진) 동료 집단에만 자신의 생각을 알렸기 때문에, **보여이**[VI.34]와 **로바체프스키**[VI.31]의 훨씬 자세한 연구는 1830년대 초반에 독립적으로 출간된다. 따라서 비유클리드 공간을 수학적으로 최초로 자세하게 묘사한 공적을 보여이와 로바체프스키에 돌리는 것은 정당하다(이에 대한 논의는 기하학[II.2 §7]을 참조하라). 1827년에 가우스는 『굽은 곡면에 대한 일반적인 연구(*Disquisitiones Generales Circa Superficies Curvas*)』를 썼는데, 이 책에서 곡면의 내재적 (가우스) 곡률을 처음으로 제기하여 미분기하학을 재정립했다.

가우스는 통계학에서 **정규분포**[III.71 §5]를 최초로 발견한 두세 사람 중 한 명이다. 그는 오차 분석의 전문가로 천문학에서의 정확도를 지질 측량의 수준으로 만들었다. 그러한 맥락에서 정확한 광선을 내고 정밀한 측량이 가능하도록 망원경에 거울을 덧붙인 회광기(heliotrope)를 발명했다.

가우스의 연구는 단순히 그 양만으로도 압도적이다. 『전집(*Werke*)』은 열두 권에 달하며, 몇 권의 책이 더 있는데 그중 『산술에 관한 연구』가 압권이다.

진정으로 독창적인 수학자이자 과학자였던 가우스지만, 한편으로 그의 취향과 견해는 보수적이었다. 첫 번째 결혼 생활은 1809년 아내가 사망하여 4년 만에 끝났고, 그 후 재혼했다. 가우스의 후손 중 상당수가 현재 미국에 거주하고 있다.

가우스는 '수학의 왕자'라 불린 최후의 위대한 수학자로, 숨결만으로도 존경받지만 식견에 깊이가 있는 것은 물론 아이디어도 풍부하여 찬탄을 금

할 수 없다. 수학의 중요성에 대한 가우스의 관점은 "수학은 과학의 여왕이며, 정수론은 수학의 여왕이다"(직접 한 말이다)라는 자주 인용되는 말과, "수학은 과학의 여왕이자 종이다"라는 예언적인 언급에 잘 담겨 있다.

더 읽을거리

Dunnington, G. W. 2003. *Gauss: Titan of Science*, new edition with additional material by J. J. Gray. Washington, DC: Mathematical Association of America.

제러미 그레이(Jeremy Gray)

VI.27 시메옹-드니 푸아송

출생: 프랑스 피티비에르, 1781년
사망: 프랑스 파리, 1840년
해석학, 역학, 수리물리학, 확률론

1800년 에콜 폴리테크니크를 우수한 성적으로 졸업한 푸아송은 졸업 후 바로 조교에 임명되었다가, 그 후 교수 및 졸업 사정관직을 맡아 사망할 때까지 그 자리에 있었다. 또한 프랑스 파리 대학 과학원의 창립자 겸 역학 교수였으며, 1830년부터는 대학 운영위원회의 일원으로 활동했다.

푸아송의 연구 논문은 라그랑주[VI.22] 라플라스[VI.23]가 수립한 전통을 고수하는 것들이 주를 이루고 있다. 라그랑주와 마찬가지로 이론을 대수적으로 다루는 걸 좋아했고, 가능하다면 급수와 변분법에 의존했다. 1810년대 중반부터는 푸리에[VI.25](특히 삼각급수와 푸리에 적분을 써서 미분방정식을 푸는 것)와 코시[VI.29](실변수 해석에 극한을 이용한 새로운 접근법과, 복소변수 해석학의 혁신)의 새로운 이론에 도전하기 시작했다. 푸아송의 전체적인 성취는 이들보다는 상당히 적은데, 중요하고 새로운 것으로는 급수 내에 푸리에 급수를 담은 '푸아송 적분'과 합의 공식이 있다. 또한 미분방정식, 차분방정식, 혼합방정식의 일반해 및 특이해도 연구했다.

물리에서는 모든 물리적 현상이 분자적이며, 각 분자가 주변 전체에 미치는 작용의 누적을 수학적으로는 적분의 용어로 쓸 수 있다는 라플라스의 주장*을 정당화하려고 애썼다. 이런 접근법을 1820년대에 열 확산과 탄성체 이론에 적용했지만, 적분 대신 합을 이용하기로 결심했고, 이런 (푸리에 이론의) 대안을 특히 모세관 이론(1831)에 공들여 적용했다. 흥미롭게도 푸아송이 물리에 미친 가장 중요한 업적인 정전기학(1812~1814)과 자성체 및 자화 과정(1824~1827)에 대한 이론에서는 분자주의가 지배적인 경향으로 나타나진 않는다. 이 주제에 대한 수학적인 기여로는, 라플라스 방정식을 오늘날 푸아송 방정식(대전된 물체나 전하 영역 내부의 점들에서의 퍼텐셜을 다루는 방정식)(1814)이라 부르는 것으로 개선한 것과 발산 정리(1826)를 들 수 있다.

1808년과 1810년 사이에 푸아송과 라그랑주는

---

* 분자주의(molecularism)라 부른다-옮긴이

역학에서 푸아송-라그랑주 괄호(bracket)* 이론을 개발한다. 푸아송의 동기는 행성계가 안정적이라는 것을 증명하려는 라그랑주의 탁월한 시도를 행성들의 질량에서 2차항까지 확장하겠다는 것이었다. 훗날의 연구에서 푸아송은 섭동 이론의 다른 측면뿐만 아니라, 이 (1차) 문제를 구체적으로 연구했다. 또한 훗날 레온 푸코(Leon Foucault)가 1851년에 긴 진자를 제안하도록 고취시키게 될 유명한 분석을 하면서, 이동하는 좌표계를 이용하여 회전하는 물체를 분석했다(1839). 그의 가장 널리 알려진 저서 중에는 중요하고도 광범위한 『역학 논문(*Traité de Mécanique*)』(전2권)(1811년 판과 1833년 판이 있다)이 있는데, 정역학에서의 짝힘(couple force)에 대한 루이 푸앵소(Louis Poinsot)의 아름다운 최신 이론(1803)을 담을 공간이 충분치 않았다. 1810년대 중반에는 코시와 경쟁적으로 심부 유체 역학(deep-body fluid dynamics)을 연구했다.

푸아송은 확률론과 수리통계학에 대한 라플라스의 연구를 이어받은 당대의 몇 안 되는 사람 중 한 명이었다. 그의 이름을 딴 푸아송 분포뿐만 아니라(1837, 거의 스치듯), 이른바 코시(1824)와 레일리(1830) 분포에 이르는 다양한 **확률분포**[III.71]를 연구했다. 또한 **중심 극한 정리**[III.71 §5]의 증명들을 검토했을 뿐만 아니라, **큰 수의 법칙**[III.71 §4]을 제시하였다(푸아송이 이름을 붙였다). 법정 사건에서 세 명의 판사가 옳은 결정을 내릴 확률을 정하는 오래된 문제(1837)에 대한 것이 주된 응용이었다.

* 라그랑주 괄호는 지금은 거의 사용되지 않고, 주로 푸아송 괄호라 부른다-옮긴이

더 읽을거리

Grattan-Guinness, I. 1990. *Convolutions in French Mathematics 1800-1840*. Basel: Birkhäuser.

Métivier, M., P. Costabel, and P. Dugac, eds. 1981. *Siméon Denis Poission et la Science de son Temps*. Paris: École Polytechnique.

아이버 그래턴-기네스

VI.28 베른하르트 볼차노
출생: 체코 프라하, 1781년
사망: 체코 프라하, 1848년
프라하에서 가톨릭 신부 및 신학 교수(1805-1819)

볼차노는 해석학과 관련된 분야에서 가장 '올바른' 혹은 가장 적절한 증명과 정의를 찾아내는 문제에 관심이 있었다. 그는 처음으로 엄밀하게 연속함수의 개념을 정의한 사람 중 한 명으로, 1817년 초기 형태의 연속함수에 대한 중간값 정리를 증명했고, 그 도중에 다음과 같은 중요한 보조정리를 증명했다. 변수 x의 모든 값에는 적용되지 않는 성질 M이 특정한 수 u보다 작은 모든 수에 대해서는 적용된다면, 자신보다 더 작은 x는 모두 성질 M을 만족한다는 주장을 할 수 있는 것들 중에 최댓값 U가 존재한다. 이 표현 속에서 u는 성질 M을 만족하지 않는 수들의 집합의 하계이다(공집합이 아니다). 따라서 볼차노의 보조정리는 요즘의 '최대 하계' 공리라 부르는 것(혹은 이와는 동치지만 더 일반적으로 쓰이는 '최소 상계' 공리)과 동치이다. 이는 또한 $\mathbb{R}$ 혹은 더 일반적으로 $\mathbb{R}^n$내의 모든 유계 무한집합은 집적점을 갖

는다는 볼차노-바이어슈트라스 정리와도 동치이다. 바이어슈트라스[VI.44]가 볼차노-바이어슈트라스 정리를 재발견했을 수도 있지만, 볼차노가 1817년에 사용한 반복 이분법에 의한 증명 기교를 알고 있었으며, 그에 영향을 받았을 가능성도 있다.

1830년대 초반에는 연속함수는 몇 개의 고립점을 제외하면 미분가능하다고 널리 믿어지고 있었다. 하지만 이 당시 볼차노가 반례를 구성했고(출판하지는 않았지만), 잘 알려져 있는 바이어슈트라스의 반례보다 삼십 년 이상 앞섰음이 입증됐다.

볼차노는 놀랄 만큼 다양한 직관과 시대를 한참 앞서는 성공적인 증명 기교를 지녔는데, 이런 그의 능력은 해석학, 위상수학, 차원 이론, 집합론에서 두드러지게 나타난다.

VI.29 오귀스탱 루이 코시

출생: 프랑스 파리, 1789년
사망: 프랑스 소, 1857년
실해석학 및 복소해석학, 역학, 수론, 방정식과 대수

에콜 폴리테크니크와 국립토목학교(1805~1810)에서 도로 및 교량 공학자로 훈련 받은 코시는 1830년까지 학계에서의 경력을 프랑스 이공과대학과 파리 과학원에서 쌓았고, 그해 프랑스 혁명으로 폐위된 황실과 함께 프랑스를 떠났다. 그는 1838년이 되어서야 고국으로 돌아올 수 있었고, 이후 파리 과학원에서 학생들을 가르쳤다.

순수수학 및 응용 수학에 대한 코시의 많은 기여 중에서 가장 잘 알려진 것은 해석학에서 찾을 수 있다. 코시는 실변수 해석학의 기초에서, 기존의 접근법을 지금은 표준이 된 이론으로 송두리째 (훨씬 발달된 형태로) 바꿔 놓았다. (i)명쾌한 극한 이론을 정할 것 (ii)일반적인 용어로 주의 깊게 정의를 표현할 것 (iii)함수의 미분을 차분의 몫의 극한값으로 정의하고, 적분을 분할합의 극한값으로 정의하며, 함수의 연속성을 매개변수로 수렴하는 모든 수열의 극한값에 대응하는 함숫값과 각 함숫값의 극한값이 일치한다는 것으로 정의하고, 수렴하는 무한급수의 합은 부분합의 극한값으로 정의한다. 이 모든 것에서 중요한 요소를 이루는 아이디어는 (iv)극한값이 존재하지 않을 수도 있으므로 존재성을 주의 깊게 정당화해야 한다는 것이다. 비슷하게 (v)미분방정식의 해의 존재성은 가정하는 것이 아니라 증명해야 한다.

코시의 접근법은 해석학에 새로운 수준의 엄밀성을 가져왔다. 예를 들어, 최초로 미적분의 기본 정리[I.3 §5.5]가 함수의 조건에 따라 좌우되는 진정한 정리가 되었다. 하지만 극한에 대한 이런 강조 때문에 초보자들에게는 어려운 이론이 되었다. 특히 1816년부터 1830년까지 『해석학 개론(Cours d'Analyse)』(1821)과 『무한소 미적분 개요(Résumé)』(1823)를 통해 광범위한 출간 활동을 보였고, 에콜 폴리테크니크에서도 이런 방식으로 가르쳤는데 교수진이나 학생들은 선호하지 않았다. 그의 교육 방법은 프랑스에서든 외국에서든 대단히 천천히 표준적인 교육과정으로 정착됐다.

그가 복소변수 해석학을 창조하기 시작한 1814년부터 코시의 또 다른 주요 혁신이 시작됐다. 처음에는 피적분 함수는 복소함수이더라도 적분의 극한

값은 실수였다. 하지만 1825년부터는 이 값도 복소수가 되었고, 이런 형태로 다양한 모양의 닫힌 영역 위에서 함수의 유수에 대한 많은 정리들을 발견했다. 코시로서는 드물게 이론의 진전은 더뎠고, 1840년대 중반에 와서야 복소평면의 용어로 이론을 제시했다. 또한 다양한 종류의 거듭제곱 급수로 전개하는 것을 포함하여 일반적인 복소함수론을 연구했다.

코시가 응용 수학에서 거둔 단일 성과 중에서 특히 선형 탄성 이론이 중요한데, 1820년대에는 응력 대 변형률 모형을 이용하여 다양한 종류의 곡면과 고체의 움직임을 분석했고, 훗날 (에테르) 광학의 양상들을 연구하는 데 적용했다. 1810년대에는 심부 유체 역학을 공부하여, 푸리에 적분해를 발견했다. 이 분야를 포함한 분야에서 이론의 질이나 발달 연대표 모두에서 코시는 푸리에 및 (특히) 푸아송과 경쟁 관계에 있었다.

에콜 폴리테크니크에서의 강의를 기반으로 미분방정식의 특이해와 일반해를 구해, 기초 역학에 기여하기도 했고, 방정식 이론, 특히 군론을 일으키는 데 도움이 된 방법들에도 기여했다. 또한 대수적 수론, 천체 역학에서의 섭동 이론에도 기여했다. 1829년 이차 형식에 대한 탁월한 논문을 저술했는데, 만약 그가 이 논문의 중요성을 인식했더라면 행렬에 대한 스펙트럼 이론이 그에 의해 도출되었을 것이다.

더 읽을거리

Belhoste, B. 1991. *Augustin-Louis Cauchy. A Biography*. New Yokr: Springer.

Cauchy, A. L. 1882~1974. *Oeuvres Complètes*, twelve volumes in the first series and fifteen in the second. Paris: Gauthier-Villars.

아이버 그래턴-기네스

VI.30 아우구스트 페르디난드 뫼비우스

출생: 작센 슐프포르타, 1790년
사망: 독일 라이프치히, 1868년
천문학, 기하학, 정역학

뫼비우스는 짧은 기간 동안 가우스[VI.26]에게 가르침을 받았고, 생의 대부분을 라이프치히 대학에서 천문학자로 일했다. 뫼비우스의 가장 탁월한 수학적 성과는 사영기하를 연구하는 데 대수적 방법을 도입한 『중력 중심 계산법(*Der barycentrische Calcul*)』(1829)이다. 이 과정에서 어떻게 점들을 좌표들의 동차 삼중쌍으로 표현할 수 있고 직선들을 선형방정식으로 묘사할 수 있는지 보였으며, 교차비(cross-ratio)를 도입하였고, 평면에서 점과 직선 사이의 쌍대성을 대수적으로 다룰 수 있음을 보였다. 또한 사영기하에 데카르트 기하학에서의 모눈종이에 해당하는 **뫼비우스 그물**을 도입하였다. 이 연구가 놀라운 것은 몇 년 전에 사영기하학을 근본적으로 재창조한 퐁슬레의 연구에 대해 그가 거의 알지 못했기 때문이다. 결국 뫼비우스의 연구는 1832년의 사영기하학에 대한 야콥 슈타이너(Jakob Steiner)의 종합적 취급과, 1830년대 대수곡선에 대한 플뤼커(Plüker)의 두 권의 책에 가려 한동안 빛을 잃었다. 하지만 뫼비우스의 방법은 단순하면서도 일반적이어서, 사영기하학을 엄밀한 주류 주제로 세우는 데 대단히 중요했다.

1830년대 뫼비우스는 정역학의 기하학적 이론과 힘의 합성에 대한 이론을 개발했는데, 평면기하에서의 쌍대성에서는 반드시 원뿔곡선이 나오지만, 공간에서의 쌍대성에서는 그럴 필요가 없다는 것을 보인 것과 관련이 있다. 공간에서 점과 평면의 쌍대성에 대해 연구를 하다가 공간에서의 모든 직선들의 집합을 고려하게 됐다(4차원 공간을 이룬다). 이로 인해 보통의 3차원 공간을 4차원 공간으로 볼 수 있다고 생각할 수 있게 되었고, 교육학자 루돌프 슈타이너(Rudolf Steiner)는 대단히 기뻐했다. 목조르기라고 보았던 전통적인 가르침을 깨트리는 방향을 지향하는 것이 슈타이너의 철학이었기 때문이다.

뫼비우스는 단면 곡면 혹은 무향 곡면인 **뫼비우스의 띠**[IV.7 §2.3]로도 기억되지만, 그런 곡면을 1858년 7월에 발견하여(출판은 1861년에 했다) 처음으로 묘사한 수학자는 그와 같은 독일 출신 수학자인 리스팅(J. B. Listing)이다. 뫼비우스는 1858년 9월에 발견하여 1865년에 출간했다. 또한 뫼비우스는 원에 대한 반전(inversion)을 연구했던 가장 중요한 수학자였는데, 이러한 변환을 뫼비우스 변환이라 부르기도 하는 이유는 그가 1855년에 쓴 논문 때문이다.

더 읽을거리

Fauvel, J., R. Flood, and R. J. Wilson, eds. 1993.
Möbius and His Band. Oxford : Oxford University Press.

Möbius, A. 1885-87. *Gesammelte Werke*, edited by R. Baltzer (except volume 4, edited by W. Scheibner and F. Klein), four volumes. Leipzig : Hirzel.

제러미 그레이

VI.31 니콜라이 이바노비치 로바체프스키

출생: 러시아 노브고로트(과거 고리키) 니즈니, 1792년
사망: 러시아 카잔, 1856년
비유클리드 기하

로바체프스키는 가난한 집안에서 태어났지만, 그의 어머니는 그를 1800년에 지방 김나지움(고등학교)에 장학생으로 입학시켰다. 1805년에 김나지움은 카잔 신(新)대학의 모태가 되었고, 1807년 로바체프스키는 그곳에서 연구를 시작했다. 대학은 마르틴 바르텔스(Martin Bartels)*를 수학과 교수로 임용했는데, 바르텔스는 로바체프스키를 잘 가르쳤을 뿐만 아니라, 당국으로부터 무신론자로 의심받아 곤경에 빠진 로바체프스키를 지켜냈다. 결국 로바체프스키는 박사 학위 대신 석사 학위를 받고 졸업했고, 전문 수학자로서의 경력을 시작했다.

1826년 대학 개편 이후 로바체프스키는 「평행선의 이론에 대한 엄밀한 설명을 담은 기하학의 원리에 대해」라는 제목의 공개 강연을 했다. 현재 이 강연의 원고는 존재하지 않지만, 이 강연은 로바체프

---

* 브라운슈바이크에서 가우스의 튜터였다–옮긴이

스키가 비유클리드 기하학을 자각한 출발점이었을 것이다. 로바체프스키는 곧 카잔 대학의 학장으로 선출되어 1830년의 콜레라 창궐로부터 대학을 지키고, 1841년의 화재 이후의 재건과, 도서관 및 여타 시설을 확장하는 등 30년 동안 탁월하게 대학을 이끌어나갔다.

1830년대엔 그의 주요 업적인 '유클리드 기하학과 비교하여 단 한 가지 면만 다른 기하학'에 대해 저술했다. 로바체프스키는 이를 가상 기하학이라 불렀는데 현재는 비유클리드 기하학이라 불린다. 이 새로운 기하학에서는, 평면에 주어진 직선과 이 직선 위에 놓여 있지 않은 점에 대해, 주어진 직선에 접근하는 두 직선이 (각 방향으로 하나씩) 존재하며, 그 점을 지나며 처음 직선과 만나는 직선들과 만나지 않는 직선들은 앞의 두 직선에 의해 분리된다. 로바체프스키는 준 직선에 대해 이 두 직선을 **진성 평행선**이라 불렀다. 이러한 정의에서 출발하여 삼각형에 대해 새로운 삼각법 공식을 만들었고, 삼각형이 대단히 작을 경우 이 공식들이 평면 유클리드 삼각법의 공식들로 가까워진다는 것을 보였다. 이 결과를 3차원의 기하를 묘사하도록 확장하여, 자신의 새로운 기하학이 공간 기하학을 이룰 수도 있음을 명백히 하였고, 자신의 가상 기하학이 유클리드 기하학보다 공간을 더 정확히 설명하는지 결정하기 위해, 별의 연주 시차를 측정하려고 시도했지만 결론을 내지 못했다.

이러한 결론을 러시아어로 《카잔 대학 잡지(*Journal of Kazan University*)》에 긴 논문으로 출판했지만, 그보다 더욱 유명했던 상트페테르부르크 대학의 수학자 오스트로그라드스키(Ostrogradskii)

의 가차 없고 적대적인 비평만 이끌어내고 말았다. 1837년 독일 잡지에 프랑스어로, 1840년 소책자에 독일어로, 1855년 다시 프랑스어로 출판했지만, 거의 효과가 없었다. 1840년 가우스[VI.26]가 이 소책자의 진가를 알아보아 1842년 로바체프스키를 괴팅겐 과학 아카데미의 통신 회원으로 삼았지만, 그의 연구가 인정받은 시기는 일생 동안 이때가 유일했다.

로바체프스키의 말년은 끔찍한 재정적, 정신적 쇠퇴로 얼룩져 있다. 가정 혼란이 너무도 극심하여 로바체프스키의 전기 작가는, 족히 15명에서 심지어는 18명까지 이를 수도 있었던 자녀의 수마저도 파악하지 못했다.

더 읽을거리

Gray, J. J. 1989. *Ideas of Space: Euclidean, Non-Euclidean, and Relativistic*, second edn. Oxford: Oxford University Press.

Lobachetschefskij, N. I. 1899. *Zwei geometrische Abhandlungen*, translated by F. Engel. Leipzig: Teubner.

Rosenfeld, B. A. 1987. *A History of Non-Euclidean Geometry: Evolution of the Concept of a Geometirc Space*. New York: Springer.

VI.32 조지 그린

출생: 잉글랜드 노팅엄, 1793년
사망: 잉글랜드 노팅엄, 1841년
방앗간 주인, 케임브리지 키즈(Caius) 칼리지의 선임연구원(1839-1841)

그린은 수학을 독학으로 배웠고, 그의 주요 업적인 『해석학의 전기학 및 자기학에 응용에 대한 소론(*An Essay on the application of Mathematical Analysis to the Theories of Electricity and Magnetism*)』(1828)을 자비 출판한 이후인 40세의 나이에 케임브리지 대학에 입학했다. 이 연구는 '퍼텐셜 함수'(그린 자신이 명명했다)의 중심적 역할을 강조하며 시작하는데, 지금은 그의 이름을 딴 정리의 3차원 버전을 증명하였고, 리만[VI.49]이 훗날 1860년에 그린 함수라 부르게 될 개념을 도입한다. 이 『소론』은 1845년 훗날 켈빈 경(Lord Kelvin)이 되는 윌리엄 톰슨(William Thomson)이 발견하고, 《순수와 응용 수학을 위한 잡지(*Journal für die reine und angewandte Mathematik*)》에 재출간한 후(1850~1854)에야 널리 알려졌다.

그린은 (현대적 표기로) 다음과 같이 서술되는 정리를 그의 방식으로 증명했다.

$$\iiint U\Delta V\, \mathrm{d}v + \iint U\frac{\partial V}{\partial n}\mathrm{d}\sigma$$
$$= \iiint V\Delta U\, \mathrm{d}v + \iint V\frac{\partial U}{\partial n}\mathrm{d}\sigma.$$

여기에서 U와 V는 x, y, z에 대해 연속이며, 입체의 어느 점에서도 도함수가 무한이 아닌 함수들이고, n은 곡면과 수직이고 입체 내부로 향하는 법벡터이며, $\mathrm{d}\sigma$는 면적소이다. 지금은 그린의 정리로 알려져 있는 위 정리의 평면 버전은 1846년에 코시[VI.29]가 먼저 출간했는데, (현대적 용어로는) 다음과 같이 진술할 수 있다. 양의 방향을 갖고 조각적 연속인 경계 곡선 C를 갖는 닫힌 평면 영역을 R이라 하자. R을 포함하는 열린 영역에서 정의될 수 있고 연속인 편도함수를 갖는 $P(x, y)$, $Q(x, y)$에 대해 다음이 성립한다.

$$\int_C (P\, \mathrm{d}x + Q\, \mathrm{d}y) = \iint_R \left(\frac{\partial Q}{\partial x} - \frac{\partial P}{\partial y} \right) \mathrm{d}x\, \mathrm{d}y.$$

하지만 이 정리보다 어떤 2차 미분방정식을 풀기 위해 그린이 개발한 강력한 기법이 더 독창적이다. 본질적으로 그린은 '퍼텐셜 함수'를 찾으려 했고, 이 함수가 만족해야 할 조건을 진술했다. 입체 내부의 성질과 그 입체의 경계면의 성질을 관련짓는 것이 퍼텐셜 이론의 중심 문제임을 인식한 것이 위대한 통찰이었다. 오늘날에도 경계 조건을 갖는 비동차 미분방정식과 편미분방정식의 해를 구하는 데 그린 함수가 광범위하게 이용된다.

VI.33 닐스 헨리크 아벨

출생: 노르웨이 피뇌이, 1802년
사망: 노르웨이 프롤란트, 1829년
방정식론, 해석학, 타원함수, 아벨 적분

아벨은 짧았던 생애 내내 극심한 가난에 시달렸지만 성공적인 삶을 살았으며 생전에 사람들에게 합당한 인정을 받았다. 노르웨이 교회의 성직자였고, 한때는 정부 각료였던 부친이 욕심을 지나치게 부린 나머지, 그가 죽은 후 아벨의 가족은 궁핍한 생활에 처하게 되었다. 아벨은 재학 시절부터 이례적인 지적 재능을 인정 받아 학업을 끝마칠 수 있었고, 특히 수학을 더 공부하는 데 필요한 자금을 얻을 수 있었다. 그는 22세 때 2년 간 유럽에서 공부할 수 있는 장학금을 받았는데, 이 기간 동안 베를린과 파리에서 공부했고, 베를린에서 《순수와 응용 수학을 위한 잡지》('크렐레 잡지'라고도 부른다)를 막 창간한 공학자 아우구스트 크렐레(Auguste Crelle)를 만나 친구가 되었다. 아벨의 수학 연구물 대부분이 잡지의 처음 네 권을 통해 출간되었다. 1826년부터 1829년 사망할 때까지 아벨은 절약하며 가난을 버텼고, 학생들을 가르치며 약간씩 돈을 벌었지만, 얼마 안 되는 수입마저 어머니와 동생을 부양하는 데 써야만 했다. 베를린 대학의 교수로 임용되었다는 소식이 노르웨이로 전해진 지 며칠도 안 돼서 그는 27세의 나이에 폐결핵으로 사망했다.

아벨의 중요한 수학적 공헌은 세 가지 영역에 걸쳐 있다. 첫 번째는 방정식에 대한 이론이다. 그는 1770년에 라그랑주[VI.22]가 출판하고 1815년에 코시[VI.29]가 출판한 아이디어에 영향을 받았는데, 그 아이디어는 방정식의 해를 함수의 형태로 쓰고 해를 치환(permute)했을 때 함수들이 어떻게 변하는지에 대한 것이었다. 라그랑주는 5차방정식을 고전적인 용어로 풀 수 없을 거라고 암시했고, 파올로 루피니(Paolo Ruffini)는 비록 동시대인들을 설득하는 데는 실패했지만 1799년부터 1814년까지 이를 증명하기 위해 많은 노력을 기울였다. 그의 최초의 성공적 증명은 차수가 5인 다항방정식에 대해서는 계수들에 대해 보통의 사칙연산과 거듭제곱근만을 취하여 구하는 공식이 존재하지 않는다는 사실에 대한 수용 가능한 증명을 한 것이었다. 이는 1824년에 크리스티나(오슬로)에서 자비로 출간한 짧은 소책

자에서 프랑스어로 처음 소개되었다. 하지만 아벨이 베를린에 도착하자 크렐레가 이를 독일어로 번역하여 자신의 잡지 제1권에 출간했고, 또한 1826년에는 4보다 차수가 큰 다항식을 모두 다루며 더 완전하고 자세히 다룬 설명도 출간한다.

몇 년 후 아벨은 다시 방정식 연구로 돌아와, 1829년에 두 가지 특별한 조건을 만족하는 방정식의 부류에 대해 긴 논문을 출판한다. 처음 요구 조건은 방정식의 모든 근을 다른 근들의 함수로 표현할 수 있다는 것이고, 둘째 요구 조건은 이 함수들이 가환적이어야(현대적 용어로, 방정식의 갈루아 군[V.21]이 가환군이어야) 한다는 것이었다. 아벨은 이러한 방정식에 대해 다양한 정리를 증명했는데, 가장 놀라운 점은 이들을 거듭제곱근만으로 풀 수 있었다는 것이다. 이는 가우스[VI.26]의 『산술에 관한 연구』 제7부에서 묘사한 아이디어를 한껏 확장한 것으로, 가우스는 두 조건을 모두 만족하는 특별한 경우인 원분다항식만을 조직적으로 다루었던 것이다. 이 연구를 기려 훗날 교환법칙이 성립하는 군에 '아벨군'이라는 이름을 붙였다. 하지만 아벨이 당대에는 아직 알려져 있지 않았던 군론에 전혀 의존하지 않고 방정식론의 결과에 도달했다는 것을 이해하는 것이 중요하다.

또한 아벨은 수렴성에 대한 이론에도 중요한 기여를 했다. 100년이 넘는 시간 동안 여러 중요한 생각들이 미적분의 근간의 연구를 위해 바쳐졌지만, 현대적인 엄밀성이 출현한 것은 볼차노[VI.28]와 코시 등의 저작이 나온 후였다. 1820~1821년의 코시의 강의에서 수렴성이 다소 주목을 받긴 했지만, 일반적인 급수, 특히 거듭제곱 급수는 여전히 잘 이해

되지 못했다. 양의 정수가 아닌 지수에 대한 이항정리에 대한 적절한 증명과 거듭제곱 급수로 정의된 함수의 변수가 수렴반지름으로 다가갈 때의 연속성에 대한 통찰로 지금은 아벨의 극한 정리라 부르는 것이 그의 또 다른 기여이다.

하지만 아벨의 가장 위대한 발견은 해석학과 대수기하가 함께 들어 있는 영역일 것이다. 그가 이 분야에 남긴 유산을 몇 개의 단어로 압축하자면, 첫째는 새롭고 생산적인 접근법을 취했던 타원함수[V.31]의 이론이고, 둘째는 타원함수를 광범위하게 확장한 것으로 지금은 아벨함수와 아벨적분으로 부르는 것들이다. 이 분야에서 아벨은 야코비[VI.35]와 우선권을 다퉜다. 당연히 전부는 아니지만 대부분의 아벨의 연구는 두 편의 소논문에 들어 있다. 첫 번째는 2부작으로 나눠 출판했는데, 1828년과 1829년 《크렐레 잡지》에 200쪽을 웃돌게 실린 「타원함수 연구(*Recherches sur les fonctions elliptiques*)」와 「타원함수에 대한 정밀한 이론(*Précis d'une théorie des fonctions elliptiques*)」이다. 두 번째는 「어떤 광범위한 초월함수의 일반적 원리에 대한 소논문(*Mémoire sur une propriété générale d'une classe très étendue de fonctions transcendantes*)」이라는 제목을 단 것으로 1826년 파리 과학 아카데미에 제출된 것이다. 코시의 책상에 놓여 있기는 했지만, 아벨이 사망한 후에야 읽혔다. 파리 아카데미는 1841년에 이 논문을 출간했다. 하지만 원고 자체는 리브리(G. Libri)가 훔친 뒤 분실됐다가, 1952년과 2000년에 비고 브륀(Viggo Brun)과 안드레아 델 센티나(Andrea del Centina)가 일부를 재발견했다.

1830년 6월 파리 아카데미는 (사망한) 아벨과 야코비에게 공동으로 타원함수 연구에 대한 공로를 인정해 대상을 수여했다.

더 읽을거리

Del Centina, A. 2006. Abel's surviving manuscripts including one recently found in London. *Historia Mathematica* 33 : 224-33.

Holmboe, B., ed. 1839. *Oeuvres Complètes de Niels Henrik Abel*, two volumes. (Second edn. : 1881, edited by L. Sylow and S. Lie. Christiania : Grøndahl & Søn.)

Ore, O. 1957. *Niels Henrik Abel: Mathematician Extraordinary*. Minneapolis, MN : University of Minnesota Press. (Reprinted, 1974. New York : Chelsea).

Stubhaug, A. 1996. *Et Foranskutt Lyn: Niels Henrik Abel Og Hans Tid*. Oslo : Aschehoug. (English translation : 2000, *Niels Henrik Abel and His Times: Called Too Soon by Flames Afar*, translated by R. H. Daly. New York : Springer.)

VI.34 야노시 보여이

출생: 헝가리, 트랜실바니아 클라우센부르크(현 루마니아 클루지), 1802년
사망: 헝가리, 마로스바사르헬리(현 루마니아 티르구-무레스), 1860년
비유클리드 기하

야노시 보여이의 아버지 파르카스 보여이(Farkas

Bolyai)는 유클리드[VI.2]의 『원론』의 첫 여섯 권과, 오일러[VI.19]의 『대수학』을 이용하여 집에서 그에게 수학을 가르쳤다. 1818에서 1823년 사이 야노시는 빈(비엔나)의 왕립 공학 아카데미에서 공부했다. 10년 동안 오스트리아군에서 공학자로 복무했고, 거의 반환자가 되어 연금생활자로 제대했다. 그는 평행선 공준을 증명하려고 시도했던 아버지의 영향을 받았는데, 아버지의 충고와는 상당히 다른 방식으로 증명을 시도했다. 하지만 1820년 보여이는 방향을 전환해 평행선 공준과 독립인 기하가 있을 수도 있다는 것을 입증하려고 시도한다. 1823년경 자신이 성공했다고 믿고, 후속 논의를 많이 거친 후, 보여이 부자는 아버지가 1832년에 쓴 두 권짜리 기하학 책에 아들의 아이디어를 28쪽짜리 부록으로 출간했다.

보여이는 이 부록에서 평면에 주어진 직선과 이 직선에 있지 않은 점을 지나며 주어진 직선과 만나지 않는 직선이 많다는 평행선에 대한 새로운 정의로부터 출발한다. 이러한 직선들 중에 두 개가 주어진 직선의 점근선인데 (각 방향으로 하나씩) 보여이는 이 둘을 주어진 점을 지나며 주어진 직선에 대한 '진성 평행선들'이라 불렀다. 보여이는 2차원과 3차원 기하학에서 이 가정으로부터 나오는 많은 결과를 유도해 나갔고, 새로운 삼각법에 대한 공식들을 구했다. 삼각형이 대단히 작을 경우 이 공식들이 익숙한 평면 유클리드 기하의 공식으로 귀결된다는 것을 보였다. 또한 자신의 3차원 기하학 내에서 유클리드 기하를 띠는 곡면도 발견한다. 보여이는 논리적으로 두 개의 기하학이 있다고 결론짓고, 어느 쪽이 현실에 대응하는지에 대한 결론은 유보했다.

또한 자신의 새로운 기하학에서 주어진 원과 동일한 넓이를 갖는 사각형을 작도할 수 있음을 보여, 유클리드 기하학에서는 불가능하다고 널리 여겨졌던 (훗날 옳다고 증명된) 사실에 반하는 성과를 올렸다.

이 책의 사본을 받은 가우스[VI.26]는 1832년 3월 6일 결국 답장을 통해 "이 연구를 칭찬하는 것은 결국 나 자신을 칭찬하는 셈이기 때문에 칭찬할 수 없다"고 말하며, 비록 "이토록 놀라운 방법으로 나보다 앞선 이가 바로 내 옛 친구의 아들이라는 점이 대단히 기쁘다"고는 했지만, 부록에 실린 방법과 결과는 지난 35년 동안의 자신의 연구와 일치한다는 주장을 계속한다. 야노시의 아이디어가 합당하다는 이런 지지글에 아버지는 기뻐했지만 아들은 극도로 화를 내어, 몇 년 동안 부자 사이가 틀어진다. 결국 1856년에 아버지가 사망할 때까지 그들의 불편한 관계는 지속되었다.

야노시 보여이는 사실상 위에서 언급한 것 이외에는 거의 출간하지 않은 데다, 그의 발견도 일생 동안 인정을 받지 못했다. 사실 가우스 외에 누가 읽었는지조차 불분명하지만, 가우스가 남긴 구체적인 언급 때문에 수학자들이 다시 보게 되었고, 1867년에 호웰(Hoüel)이 프랑스어로 번역한 뒤 1896년에 영어로도 번역됐다(1912년과 2004년에 재출간됐다).

더 읽을거리

Gray, J. J. 2004. *János Bolyai, Non-Euclidean Geometry and the Nature of Space*. Cambridge,

MA : Burndy Library, MIT Press.

제러미 그레이

VI.35 칼 구스타프 야코프 야코비

출생: 독일 포츠담, 1804년
사망: 독일 베를린, 1851년
함수론, 수론, 대수, 미분방정식, 변분법, 해석적 역학, 섭동이론,
수학사

야코비는 부유하고 교육을 잘 받은 유대인 가문에서 자크 시몬 야코비라는 이름으로 성장했다. 1821년 베를린 대학 1년차에 세례를 받았는데, 아마도 유대인들이 학계에서 무자격자 취급을 받았던 시절에, 그가 학계 경력을 쌓을 수 있게 하기 위해서였을 것이다. 야코비는 유명한 문헌학자 보에크(Boeckh)로부터 고전문학을, 헤겔(Hegel)로부터는 철학을 배웠다. 당시 베를린 수학과 교수진이 평범했던 탓에 시간이 얼마간 지난 후 가장 좋아하는 과목이 된 수학을 독학했다. 그는 오일러[VI.19]와 라그랑주[VI.22], 라플라스[VI.23]와 가우스[VI.26]는 물론 파푸스나 디오판토스와 같은 그리스 수학자들의 저작을 읽었다. 1825년 야코비는 함수론에 대해 라틴어로 쓴 논문으로 박사학위를 받았다. 부록에 실었던 「논쟁(disputatio)」에는 라그랑주의 함수론과 자신의 해석 역학에 대한 날카로운 비평이 포함돼 있다. 이듬해 야코비는 쾨니히스베르크 대학으로 가고, 1829년 정교수가 된다. 1834년 물리학자 노이만(F. E. Neumann)과 함께 '쾨니히스베르크 수리물리학 세미나'를 열었는데, 이 세미나를 기반으로 발전된 연구와 교육 사이의 밀접한 관계 때문에, 쾨니히스베르크는 과학계에서 독일어 사용권 지역의 수학 및 물리학에서 가장 성공적이고 영향력 있는 교육 기관이 된다. 1844년경 건강악화 및 베를린 과학 아카데미 부임 건으로 쾨니히스베르크를 떠나던 당시, 야코비는 가우스 이후 가장 중요한 수학자로 인정받고 있었다. 베를린에서의 7년 동안의 방대한 연구 도중 천연두에 걸려 급사했다.

일생 동안 야코비는 순수수학의 옹호자로, 수학적 사고는 인간의 지성을 발달시키며, 이를 인류 자체를 진보시키는 수단이라고 인식했다. 최초의 논문은 1827년에 출간했는데, 가우스의 『산술에 관한 연구』에서 영향을 받아 수론(3차 잉여류)에 투자한 것이다. 추가로 고차 잉여류, 원의 분할(정다각형의 작도), 이차 형식 및 관련된 주제를 연구했다. 정수론에서 야코비의 결과 중 상당수는 『표준 산술(Canon Arithmeticus)』(1839)에 실려 있다. 야코비와 가우스가 가분성(divisibility)을 대수적 수까지 확장한 것은 훗날 쿠머[VI.40]를 비롯한 이들의 대수적 정수론으로 가는 길의 초석이 되었다.

야코비의 (클라인[VI.57]의 표현으로) "가장 독창적인 성취"는 타원함수[V.31] 이론에 대한 기여인데, 이는 1827년에서 1829년 사이에 아벨[VI.33]과의 경쟁 속에서 발전했다. 르장드르[VI.24]의 연구로부터 시작한 야코비의 접근법은 해석학적이었고, 타원함수의 변환, 예를 들어 이중 주기성과 같은 성질이나 역함수의 소개에 집중돼 있다. 야코비가 타원함수에 대해 연구한 것들은 『타원함수론의 새로운 기초(Fundamenta Nova Theoriae Functionum Ellipticarum)』(1829)에서 정점에 달한다. 그는 아벨과 함께 19세기 후반에 출현한 복소함수론의 창시

자로 평가되어야 한다. 특히 디오판토스 방정식에 타원함수를 응용한 연구는 해석적 정수론의 발달에 중요해졌다. 야코비가 대수에 기여한 것은 행렬식('야코비' 행렬식) 이론에 대한 연구가 포함돼 있는데, 이 행렬식과 역함수와의 관계, 이차 형식('실베스터의 관성 법칙')과 다중 적분의 변환에의 응용을 포함하고 있다.

야코비의 수리물리 연구에도 '순수수학'이라는 도장이 찍혀 있다. 오일러와 라그랑주의 해석학적 전통을 따른 야코비는 역학의 기초를 추상적이고 형식적 방식으로 제시했으며, 보존법칙[IV.12 §4.1]과 공간의 대칭성의 관계 및 변분 원리의 통합적인 역할에 특히 주목했다. 미분방정식의 이론 및 변분법[III.94] 사이의 밀접한 관계 속에서 야코비가 이룩한 것에는 지금은 '야코비-푸아송 정리'라고 부르는 것, '최종 승수의 원리', 해밀턴[VI.37]의 변환에 의한 운동의 정준방정식[IV.16 §2.1.3]의 적분 이론('해밀턴-야코비 이론'), 최소 작용의 원리('야코비 원리')의 시간 비의존성 형식화 등이 포함돼 있다. 이런 분야에 대한 야코비의 접근법과 그가 얻어낸 결과들은 강의를 기반으로 한 종합적인 두 권의 책『역학 강의 (Vorlesungen über Dynamik)』(1866)와『해석 역학 강의(Vorlesungen über Analytische Mechanik)』(1996년까지 미출간)에 기록돼 있다. 첫 번째 책은 19세기 마지막 30여 년 간 독일 수리물리학의 발달에 지대한 영향을 미쳤다. 두 번째 책에서는 역학 원리를 경험적 관찰이나 선험적 추론에 근거한 강고한 법칙으로 이해했던 전통 방식에 대한 야코비의 비평이 드러나 있으며 '관습적인' 관점과 강력하게 대비되는 관점을 보여주고 있어, 헤르츠(H. Hertz)와

푸앵카레[VI.61]가 강력한 지지를 표명하기 전까진 과학계나 철학계에서 50여 년이 넘도록 인기를 끌지 못했다.

야코비는 새로운 수학적 발달을 증진하였을 뿐만 아니라, 수학사도 연구했다. 구체적으로 고대 정수론을 연구했는데, 폰 훔벨트(A. von Humboldt)의 대작『코스모스(Kosmos)』(1845~1862)의 역사 부분을 조언했고, 오일러의 연구물을 출간하려는 세밀한 계획도 세웠다.

더 읽을거리

Koenigsberger, L. 1904. *Carl Gustav Jacob Jacobi*. Festschrift zur Feier des hundertsten Wiederkehr seines Geburtstages. Leipzig : Teubner.

헬무트 펄트(Helmut Pulte)

VI.36 페터 구스타프 르죈 디리클레

출생: 프랑스 제국(현 독일) 뒤랑, 1805년
사망: 독일 괴팅겐, 1859년
수론, 해석학, 수리물리, 유체동역학, 확률론

독일 대학의 낮은 수학 교육 수준에 자극을 받은 디리클레는 파리에서 공부했고, 그곳에서 선도적인 프랑스 수학자들과 교류했다. 특히 라크로아(Lacroix), 푸아송[VI.27], 푸리에[VI.25] 등이 특별히 그의 관심을 끌었다. 1827년 디리클레는 브레슬라우 대학에서 자리를 잡는다. 이듬해 군사관학교의

교수로 임용되어 베를린으로 이주하여, 이곳 대학에서의 강의가 허락되었다. 1831년 대학 교수가 되었고 그 후 1855년까지 두 기관에서 계속 겸직하다가, 괴팅겐 대학에서 가우스[VI.26]의 후계자로 임용되었다.

디리클레가 주로 관심을 가진 분야는 수론이었다. 수론을 수학 분야로 만든 저작인 가우스의 선구적인『산술에 관한 연구』(1801)가 그를 인도하는 별이었는데, 디리클레는 일생 동안 이 책을 연구했다. 그는 이 책을 완전히 이해한 최초의 수학자였을 뿐만 아니라, 아이디어를 발전시킴은 물론 문제점들을 짚어내고 증명들을 개선했다.

1825년에 나온 최초의 출판물로 디리클레는 국제적인 저명인사가 된다. $x^5 + y^5 = Az^5$ 꼴의 디오판토스 방정식을 다룬 이 논문은 $n = 5$인 경우에 대해 페르마의 마지막 정리[V.10]를 검증하는 실속 있는 결과를 낳았는데, 몇 주 후 르장드르[VI.24]가 이 경우의 완전한 증명을 내놓을 때 그의 논문을 이용했다. 1837년 출간한 논문에서 디리클레는 해석적 방법을 정수론에 적용하는 새롭고 혁신적인 아이디어를 들고 나왔다. 그는 현재 디리클레 L-급수로 불리는 전개를 도입한다. 다음 꼴로 주어진 급수

$$L(s, \chi) = \sum_{n=1}^{\infty} \frac{\chi(n)}{n^s}$$

에서 $\chi(n)$이 k를 법으로 하는 디리클레 지표(Dirichlet character modulo k)일 때, 즉 χ가 정수 위에서 정의된 주기 k인 0이 아닌 함수로 모든 a, b에 대해 $\chi(ab) = \chi(a)\chi(b)$가 성립한다는 뜻에서 완전히 곱셈적인 (multiplicative) 복소함수일 때를 말한다. 디리클레는 이 L-급수를 이용하여 a, b가 서로소인 정수일

때 등차수열 $\{an + b : n = 0, 1, \cdots\}$에는 무한히 많은 소수가 들어 있음을 보였다. 1838년과 1839년에 출간된 이어지는 두 편의 논문에서 디리클레는 자신의 새로운 방법을 이용하여 무엇보다도 2원 이차 형식의 유수 공식을 구한다. 즉, 주어진 판별식 (determinant)을 갖는 형식의 적절한 모임의 개수를 구한다. 이 세 편의 논문이 해석적 정수론[IV.2]의 시작이라고들 말한다.

디리클레는 대수적 수체(algebraic number field)의 단위원소가 이루는 가환군에 대한 단위원소 정리[III.63]로 연구의 정점을 이루며, 대수적 정수론에 중대한 기여를 했다. 디리클레로부터 비롯된 다른 결과들(예를 들어, 상자 원리(Schubfachprinzip), 쌍2차 상호율에 대한 연구, 가우스 합에 대한 결과)과 함께 이러한 기여는 옛 제자였던 데데킨트[VI.50]가 1863년에 출판한 영향력 있는 저술『수론 강의 (Vorlesungen über Zahlentheorie)』에 집성돼 있다.

그는 파리에서 공부했던 시절 푸리에[VI.25]와의 긴밀한 접촉에 고무되어 해석학과 수리물리 및 이들 사이의 관계에도 주된 흥미를 보였다. 1829년 세상을 뒤흔든 논문에서 디리클레는 주어진 조건하에서 푸리에 급수의 수렴성에 대한 최초의 엄밀한 증명을 제시했을 뿐만 아니라, 지금은 고전에 오르고 19세기 수많은 해석학 연구의 기본이 된 방법과 개념(예를 들어 급수의 조건수렴성의 중요성에 대한 통찰과, 함수 개념의 발달에 영향을 끼친 디리클레 함수)을 이용했다. 또한 디리클레는 함수를 구형함수(Kugelfunktionen)로 전개하는 문제뿐만 아니라 다중적분을 구하는 일에도 몰두하여 이 결과들을 수리물리 문제에 적용했다. 수리물리에서는 열,

유체, 타원체의 인력, n체문제, 퍼텐셜 이론 등을 포함한 논문으로 주로 기여하였다. 최초의 경곗값 문제(영역의 경계에서 미리 주어진 값을 가지며 영역 내에서 타원형 편미분방정식을 만족하는 해를 찾는 '디리클레 문제')는 이미 푸리에와 다른 이들도 다루었지만, 디리클레는 이런 해들이 유일함을 증명했다. 또한 디리클레의 원리[IV.12 §3.5](타원형 편미분방정식[IV.12 §2.5]의 경곗값 문제를 변분법[III.94]의 문제로 떨어트려 푸는 방법)는 퍼텐셜 이론에 대한 강의에서 도입한 것으로, 가우스가 도입한 방법을 강화한 것이다. 해석학에 대한 디리클레의 연구와 관련된 것으로는 확률 및 오차론에 대한 기여가 있는데, 특히 확률론적 극한 정리를 다루는 새로운 방법을 개발했다.

디리클레는 증명의 정확함과 우아함, 수업, 수학 스타일로도 수학을 더 발달시키는 데 영향을 끼쳤다. 친구 야코비[VI.35]와 함께 독일 대학에서 최신 연구에 대한 강의와 세미나를 도입하는 신세기를 선도했고, 베를린 수학의 황금기를 열었다. 비록 디리클레에게는 독자적인 수학 학파는 없었지만, 누구보다도 특히 데데킨트, 아이젠슈타인(Eisenstein), 크로네커[VI.48], 리만[VI.49] 등의 연구에서 그의 영향력을 발견할 수 있다.

더 읽을거리

Butzer, P. -L., M. Jansen, and H. Zillers. 1984. Zum bevorstehenden 125. Todestag des Mathematikers Johann Peter Gustsav Lejeune Dirichlet(1805~1859), Mitbegründer der mathematischen Physik im deutschsprachigen Raum. *Sudhoffs Archiv* 68 : 1-20.

Kronecker, L., and L. Fuchs, eds. 1889~97. *G. Lejeune Dirichlet's Werke*, two volumes. Berlin : Reimer.

울프 하스하겐(Ulf Hashagen)

VI.37 윌리엄 로완 해밀턴

출생: 아일랜드 더블린, 1805년
사망: 아일랜드 더블린, 1865년
변분법, 광학, 동역학, 대수, 기하

해밀턴은 더블린의 트리니티 칼리지에서 교육을 받았다. 1827년 졸업한 지 얼마 안 되어 아일랜드의 천문학 교수 및 왕립 천문학자로 임용되었고 일생 동안 그 자리를 지켰다.

그는 최초의 논문 「광선계에 대한 이론: 1부(*Theory of systems of rays: part first*)」(1828)를 학부 시절에 썼다. 이 논문에서 해밀턴은 굽은 곡면에 반사된 빛이 만드는 초점과 화선(caustics)을 연구하는 새로운 방법을 개발했다. 해밀턴은 그 후 5년 간 광학에 대한 자신의 접근법을 발전시켜, 원래 논문에 세 편의 부록을 대폭 덧붙여 출간했다. 광학계의 성질은 어떤 '특성 함수', 즉 광선의 최초 및 최종 좌표의 함수로 빛이 그 계를 통과하는 시간을 재는 어떤 함수가 완전히 결정함을 보였다. 1832년 해밀턴은 2축 결정(crystal)에 특정한 각도로 떨어지는 빛이 반사되면 방출되는 빛이 속이 빈 원뿔 모양을 이룰 거라고 예측했다. 이 예측은 친구이자 동료인 험프리 로이드(Humphrey Lloyd)가 검증했다.

해밀턴은 자신의 광학적 방법을 동역학 연구에 적용했다. 「동역학에서의 일반적 방법에 대해(*On a*

general method in dynamics)』(1834)라는 논문에서 해밀턴은 인력 및 척력이 미치는 질점으로 이루어진 계의 동역학은 어떤 미분방정식을 만족하는 해로 오늘날 해밀턴-야코비 함수[IV.12 §2.1]라고 부르는 함수가 완전히 결정함을 보였다. 이어지는 논문「동역학에서의 일반적 방법에 대한 두 번째 논문(Second essay on a general method in dynamics)」(1835)에서 동역학계의 주함수(principal function)를 도입하고, 이러한 계의 운동방정식을 해밀턴 형식[IV.16 §2.1.3]으로 제시하고, 이런 설정에 섭동 이론의 방법들을 적용했다.

1843년에 해밀턴은 사원수[III.76] 체계를 발견했다. 그해 10월 16일 해밀턴이 더블린 근처의 로열 운하의 강둑을 따라 걷고 있을 때, 이 체계의 기본식이 섬광처럼 떠올랐다. 그 후 해밀턴의 수학 연구는 대부분 사원수와 관련돼 있다. 이 연구 대부분을 현대 벡터 해석학의 용어로 옮기는 것은 어렵지 않은데, 사실 벡터 대수와 벡터 해석학의 기본 개념과 결과의 상당수가 사원수에 대한 해밀턴의 연구로부터 출현한 것이다. 해밀턴은 사원수를 발견한 직후 3년 동안 출간한 일련의 짧은 논문들을 통해 사원수 방법론을 동역학 연구에 적용했다. 하지만 사원수에 대한 해밀턴의 연구 대부분은 기하학 문제 연구에 응용하는 것과 관련돼 있다. 특히 차수가 2인 곡면의 연구가 그렇고, 말년에는 곡선과 곡면의 미분기하학에 응용했다. 이 연구의 대부분은 두 권의 책 『사원수 강의(Lectures on Quaternions)』(1853)와 『사원수 원론(Elements of Quaternions)』(사후 1866년에 출간)에서 찾을 수 있다.

더 읽을거리

Hankins, T. L. 1980. *Sir William Rowan Hamilton*, Baltimore, MD: Johns Hopkins University Press.

데이비드 윌킨스(David Wilkins)

VI.38 오거스터스 드 모르간

출생: 인디아 마두라 (현 마두라이), 1806년
사망: 영국 런던, 1871년
런던 유니버시티 칼리지 수학과 교수(1828-31, 1836-66),
런던 수학회 초대 회장(1865-1866)

수학의 여러 분야와 수학사에서 다작을 남긴 드 모르간은 수리논리의 발달에 중요하면서도 독창적인 기여를 했다. 특히 현재는 드 모르간의 법칙으로 부르는 것으로 기억되고 있는데, 이 논문은 1858년에 출간된 《케임브리지 철학회보(Transactions of the Cambridge Philosophical Society)》에 처음으로 수록되었다. 이 '법칙'은 집합론의 표기법을 써서 다음처럼 기술할 수 있다. ∪이 합집합, ∩이 교집합, 위첨자 c가 집합 X에 대한 여집합을 나타낼 때, A, B가 집합 X의 부분집합이면 $(A \cap B)^c = A^c \cup B^c$와 $(A \cup B)^c = A^c \cap B^c$가 성립한다.

VI.39 조제프 리우빌

출생: 프랑스, 생트 오메르, 1809년
사망: 프랑스, 파리, 1882년
임의의 차수 미분, 닫힌 형식의 적분, 스텀-리우빌 이론, 퍼텐셜 이론, 역학, 미분기하, 이중주기 함수, 초월수, 이차 형식

리우빌은 코시[VI.29]와 에르미트[VI.47] 사이 세대

의 선도적인 프랑스 수학자였다. 자신의 모교인 에콜 폴리테크니크에서 해석학과 역학을 가르치다가 1851년 프랑스 대학의 교수가 되었다. 또한 1857년부터는 소르본에서 교수가 되었고, 파리 과학 아카데미와 경도국의 교수가 되었다. 1836년 《순수 및 응용 수학 잡지(*Journal de Mathématiques Pures et Appliquées*)》를 창간했는데 잡지는 현재까지도 발간되고 있다.

리우빌의 광범위한 연구는 보통 물리학으로부터 자극을 받았다. 예를 들어 임의의 복소수 k에 대해 $(d/dx)^k$ 꼴의 미분 작용소 이론에 대한 초창기 연구는 앙페르(Ampere)의 전기 역학에서 기원한다. 유사하게 1836년경 친구 스텀(C. F. Sturm)과 함께 개발한 스텀-리우빌 이론은 열의 전도 이론으로부터 자극을 받았다. 스텀-리우빌 이론은 주어진 경곗값 조건을 만족하는 자명하지 않은 해(고유함수)가 존재하도록 잘 선택해야만 하는 매개변수가 포함된 자기 수반 2차 미분방정식을 다룬다. 리우빌은 임의의 함수가 고유함수를 이용해서 수렴하는 '푸리에 전개'를 가짐을 증명함으로써 이 이론에 큰 기여를 했다. 스텀-리우빌 이론은 좀 더 정성적인 미분방정식 이론으로 가는 중요한 단계였고, 일반적인 미분 작용소 모임에 대한 최초의 스펙트럼 이론이었다.

1844년 리우빌은 초월수[III.41]가 존재함을 최초로 증명했는데, 그중 잘 알려진 예가 $\sum_{n=1}^{\infty} 10^{-n!}$이다. 유사한 맥락에서 이미 1830년대에 리우빌은 e^t/t와 같은 초등함수의 적분은 초등형식(혹은 닫힌 형식)으로, 즉 대수함수, 지수함수, 로그함수로 표현할 수 없음을 보였다. 특히 타원적분이 초등함수가 아님을 증명했다.

1844년 무렵 리우빌은 타원함수[V.31](타원적분의 역)에 대해, 이중주기 복소함수에 대한 조직적인 연구에 근거하자며 완전히 새로운 접근법을 제안했는데, 특히 이런 함수는 상수 함수가 아닌 경우 특이점을 가져야 한다는 관찰에 근거한 것이다. 코시는 이 정리를 듣자마자 즉각 유계인 복소해석적 함수는 상수 함수여야 한다는 정리로 일반화했다. 오늘날 이 정리는 리우빌의 정리라 부른다.

역학에서 리우빌의 이름은 어떤 계가 해밀턴 방정식[III.88 §2.1]을 따르며 움직일 경우 상(phase) 공간에서의 부피는 상수라는 정리와 관련되어 있다. 사실, 리우빌은 일반적인 종류의 미분방정식의 해로부터 만들어지는 어떤 행렬식[III.15]이 상수임을 증명했다. 이 정리를 야코비[VI.35]가 해밀턴 방정식에 적용하여 통계 역학에서 중요하다는 것을 지적했다(볼츠만(Boltzmann)이 이 행렬식을 위상 공간의 부피로 해석했다).

리우빌은 역학과 퍼텐셜 이론에 중요한 기여를 많이 했다. 예를 들어 야코비는 축을 중심으로 회전하는 유체 행성의 각운동량이 충분히 클 경우, 회전 기준계 내에 평형 상태에는 회전타원면과, 축이 셋인 타원면 두 가지 모양만이 가능함을 예상했다. 리우빌은 야코비가 옳음을 증명하고, 더 나아가 후자만이 안정적 평형상태라는 놀라운 결과를 증명했다. 리우빌은 결과만을 출간했는데, (최소한 각운동량이 너무 크지 않은 경우) 이에 대한 검증은 랴푸노프(Lyapunov)와 푸앵카레[VI.61]에게 남겨졌다.

방정식의 해결가능성[V.20]에 대한 갈루아[VI.41] 이론의 중요성을 최초로 인지한 수학자였던 리우빌은 자신이 창간한 잡지에 갈루아의 중요한 논문들을 출간함으로써 대수학에 상당한 공헌을 했다.

더 읽을거리

Lützen, J. 1990. *Joseph Liouville 1809-1882: Maser of Pure and Applied Mathematics*. Studies in the History of Mathematics and Physical Sciences, volume 15. New York : Springer.

제스퍼 뤼첸(Jesper Lützen)

VI.40 에른스트 에두아르트 쿠머

출생: 브란덴부르크 조라우(현 폴란드 자리), 1810년
사망: 독일 베를린, 1893년
라이그니츠(현 폴란드 레그니차) 김나지움 교사(1832-1842),
브레슬라우(현 폴란드 브로츠와프) 수학과 교수(1842-1855),
베를린(1855-1882)

쿠머의 초창기 연구는 함수론에 대한 것으로 이 분야에서 일반화된 초기하급수(hypergeometric series, 인접하는 계수의 비가 유리함수인 멱급수)에 대해 중요한 공헌을 한다. 가우스[VI.26]의 초창기 연구를 뛰어넘은 쿠머는 a, b, c가 상수일 때 초기하 미분방정식

$$x(x-1)\frac{d^2 y}{dx^2} + (c - (a + b + 1)x)\frac{dy}{dx} - aby = 0$$

의 해를 체계적으로 계산했을 뿐만 아니라, 초기하 함수와 예를 들어 타원함수[V.31]와 같은 해석학의 새로운 함수를 연관지었다.

　　브레슬라우로 옮긴 후 쿠머는 정수론 연구를 시

작하였고, 이 분야에서 '아이디얼 소인수분해' 이론을 만들어 최대의 성공을 이뤘다(1845~1847). 쿠머의 이론은 아이디얼[III.81 §2]에 대한 최초의 기여라고 설명되지만, 훗날 데데킨트[VI.50]의 뒤따르는 연구와는 사뭇 다른 알고리즘적 접근법을 취했다. 쿠머의 원래 목적은 이차 상호법칙[V.28]을 고차로 확장하는 것이었는데, 1859년 이 목적을 성취했다. 이 연구의 추후 결과로 쿠머는 100보다 작은 모든 소수 지수에 대해(4차에 대해서는 이미 알려져 있으므로, 100보다 작은 모든 지수에 대해) 페르마의 마지막 정리[V.10]를 증명할 수 있었다.

　　경력 3기에 이르러 쿠머는 대수기하학으로 방향을 전환한다. 광선계와 기하학적 광학에 대한 해밀턴[VI.37]과 야코비[VI.35]의 연구를 계속하여, 16개의 마디점(node point)을 갖는 4차 곡면의 발견에 이르렀다(지금은 그의 이름이 붙어 있다).

VI.41 에바리스트 갈루아

출생: 프랑스 부르-라-렌, 1811년
사망: 프랑스 파리, 1832년
방정식론, 군론, 갈루아 이론, 유한체

갈루아는 열한 살 때까지는 집에서 공부한 뒤, 파리의 루이 대왕 콜레지(중등, 고등학교)에 입학하여 6년 간 다녔다. 그곳에서의 시간은 갈루아 본인과 선생님들에겐 힘든 시간이었지만, 수학적인 면에서는 훌륭한 시기였는데 , 이 시기에 그는 당대의 표준 교재와는 별도로 라그랑주[VI.22]와 가우스[VI.26]

와 코시[VI.29]의 앞선 논문들을 읽었다. 1828년 6월에 에콜 폴리테크니크 조기 입학시험을 치렀으나 낙방했다. 1829년 7월에 아버지가 자살하고, 갈루아는 또 한 번 에콜 폴리테크니크 입학에 실패했다. 1829년 10월 준비학교(훗날 고등사범학교로 불린다)에 들어가지만 1830년 12월 당국과의 정치적 차이에서 발생하는 용납 불가능한 행동을 했다는 이유로 학교에서 쫓겨났다. 1831년 바스티유 기념일에 또다시 당국을 조롱했다는 이유로 체포되어 8개월 간 감옥에 수감됐다. 1832년 4월말에 석방되지만, 무슨 이유에선지 결투에 휘말렸다. 5월 29일에 자신의 논문을 다시 손 봐서 발견한 내용의 요약본을 편지에 담아 친구 오귀스트 슈발리에(Auguste Chevalier)에게 보냈다. 다음날 갈루아는 결투에 임했고 1832년 5월 31일 갈루아는 사망했다. 갈루아를 다루는 많은 글들이 쓰였지만 20세라는 젊은 나이에 세상을 떠난 갈루아는 역사가들이 작업할 만한 실질적 증거를 거의 남기지 않았다. 이야기가 아무리 풍부하다 해도 갈루아를 다룬 전기는 그의 삶에 낭만적인 이야기를 꾸며 넣어 윤색한 것이 대부분이다.

갈루아의 수학 연구를 담은 주요 논문은 네 편이며, 덜 중요하고 짧은 것은 여러 편 있다. 첫 번째 논문은 1830년 4월에 출간된 「수에 대한 이론(Sur la théorie des nombres)」으로, 갈루아 체에 대한 이론을 다루고 있다. 갈루아 체란, 소수 p를 법으로 하는 정수 잉여류 환에 p를 법으로 하는 어떤 기약다항식의 근을 더해 얻는 체로 복소수체와 유사하다. 이 논문은 훗날 유한체론의 기본 바탕을 이루는 것을 대부분 담고 있다.

갈루아는 결투 전날 슈발리에게 보낸 세 통의 편지에서 세 편의 소논문에 대해 언급했다. 그중 첫 번째는 현재 「첫 번째 소논문(Premier Mémoire)」이라 불리는데, 논문의 제목은 「다항식을 거듭제곱근으로 분해할 수 있는 조건에 대해(Sur les conditions de résolubilité des équations par radicaux)」이다. 갈루아는 방정식의 이론에 대한 논문을 5월 25일과 6월 1일 파리 아카데미에 보냈으나 지금은 유실되었다. 그 논문의 심사관이었던 코시의 조언에 따라 1830년 1월에 갈루아가 투고를 취소했을 가능성이 크다. 1830년 2월 수학 대상이 걸린 경쟁 부문에 재투고하지만, 이 논문은 푸리에[VI.25]의 사망과 함께 불행하게도 수수께끼처럼 사라졌다. (상은 사망한 아벨[VI.33]과 야코비[VI.35]가 공동수상한다.) 푸아송[VI.27]의 권유대로 갈루아는 1831년 1월에 아카데미에 자신의 아이디어를 세 번째로 제출한다. 세 번째 제출한 이 논문은 아카데미의 심사관이었던 푸아송과 라크로아(Lacroix)가 읽었으며 1831년 4월에 게재가 거절되었다. 이것이 현재 남아 있는 「첫 번째 소논문」이다. 이 놀라운 논문에서 갈루아는 지금은 방정식의 갈루아 군이라 부르는 것을 도입하고, 거듭제곱근을 이용하여 방정식을 풀 수 있다는 것을 이 군의 어떤 성질로 정확히 규명할 수 있는지를 보인다. 방정식의 이론을 현재 갈루아 이론[V.21]이라 부르는 것으로 전환케 한 것은 이 「첫 번째 소논문」이다.

「두 번째 소논문(Second Mémoire)」 역시 남아 있다. 하지만 갈루아는 이 논문을 완성하지 못했고, 논문의 내용이 모두 옳은 것도 아니다. 하지만 현시대의 군론으로 인식되는 것의 여러 방면에 초점을 맞춘 흥미로운 논문이다. 군론의 용어를 쓸 경우 이 논문의 중요한 정리는, 모든 원시 가해 치환군(primitive soluble permutation group)은 소수의 거듭제곱을 위수로 가지며 유한 소체(prime field) $\mathbb{F}_p$ 위의 아핀 변환군으로 나타낼 수 있다는 것이다. 여기에는 $\mathbb{F}_p$ 위에서의 2차원 선형군에 대한 불완전한 연구가 들어 있다. 갈루아가 적분과 타원함수 [V.31]에 대한 이론이라고 표현한 「세 번째 소논문(*Troisiéme Mémoire*)」은 어디서도 찾아볼 수가 없다.

첫 번째 소논문을 이루는 「수론에 대하여」와 「두 번째 소논문」, 그리고 슈발리에에게 보낸 편지로 이루어진 갈루아의 주요 업적은 1846년에 리우빌 [VI.39]에 의해 출판되었다. 부르그네(Bourgne)와 아즈라(Azra)는 갈루아가 쓴 것으로 알려진 파편적인 글들을 모두 모아 1962년에 출간했다.

갈루아가 남긴 유산은 막대하다. 갈루아의 아이디어는 곧장 추상대수학[II.3 §6]으로 이어지는데, 19세기에 추상적인 체에 대한 개념이 발달하면서 유한체론의 대부분이 이미 그의 첫 번째 논문에서 예견됐음이 밝혀졌다. 「첫 번째 소논문」의 내용으로부터 바로 갈루아 이론이 발전했으며, 「첫 번째 소논문」과 「두 번째 소논문」의 아이디어로부터 발전한 군론을 1845년 코시가 일련의 논문으로 출간했다.

더 읽을거리

Bourgne, R., and J.-P. Azra, eds. 1962. *Écrits et Mémoires Mathématiques d'Évariste Galois*. Paris: Gauthiers-Villars.

Edwards, H. M. 1984. *Galois Thoery*. New York: Springer.

Taton, R. 1983. Évariste Galois and his contemporaries. *Bulletin of the London Mathematical Society* 15:107-18.

Toti Rigatelli, L. 1996. *Évariste Galois 1811-1832*, translated from the Italian by J. Denton. Basel: Birkhäuser.

피터 노이만

VI.42 제임스 조지프 실베스터
출생: 영국 런던, 1814년
사망: 영국 런던, 1897년
대수

유대인이었던 실베스터는 1837년 케임브리지의 성 존스 칼리지의 학위를 받지도 못했고, 영국 성공회 대학의 자리에 지원하지도 못했다. 이러한 사회적 제재로 인해 그는 개인적 목표를 수학 연구가로 바꿔야 했다. 1840년대와 1850년대 런던에서 법정 서기로 일하다가 영국 법정 시험을 통과하여 변호인 자격을 얻었다. 1870년대에는 6년 정도 취직이 되지 않았지만, 영국과 미국에서 자연철학과 수학에서 여러 차례 교수직을 맡았다. 1876년부터 1883년까지 메릴랜드 주 볼티모어에 위치한 존스 홉킨스 대학 수학과에서 처음으로 교수가 되었다는 것이 가장 주목할 만한 점이다. 1871년에 제정된 법에 따라 마침내 영미권에 속하지 않은 사람들도 옥스퍼드나 케임브리지의 교수직을 지닐 수 있게 되었고, 1883년에 실베스터는 옥스퍼드의 새빌(Savil) 기하학 석좌 교수직을 맡을 수 있었다. 건강이 악화되어 1894년 은퇴할 때까지 그 자리에서 학생들을 가르쳤다. 존스 홉킨스 대학에서 시작한 프로그램 덕에 실베스터는 미국 연구자 수학사에서 중추적인 자리에 위치하는데, 사실 그는 이미 1860년대 초반에 수학 업적으로 국제적 명성을 떨쳤다.

실베스터는 1830년대 후반에 언제 두 다항방정식이 공통근을 갖는지 판별하는 문제에 대한 연구로 연구계라는 전장에 들어섰다. 자연스럽게 그의 연구는 행렬식의 이론에 대한 문제뿐만 아니라, 주어진 두 실수 사이에 있는 다항방정식의 해의 개수를 판별하는 찰스 프랑수아 스텀의 알고리즘 중간에 발생하는 수식을 대수적으로 분석하는 뚜렷하고, 진취적이며, 지각 있는 대수적 해석학에까지 이르렀다(1839, 1840). 실베스터는 두 다항방정식이 공통근을 갖는지 검출하기 위해 **행렬식[III.15]**의 용어를 써서 표현한 새로운 판별법(자신이 투석 소거법이라 부른 방법)을 통해 연구했다.

이어지는 중요한 연구는 1850년대에 당시 케일리[VI.46]와 함께 불변식의 이론을 공식화하면서 시작되었다. 이 연구에는 조금 더 일반적인 '공불변식(covariant)'의 이론도 포함돼 있다. 좀 더 구체적으로 말하면, 실베스터와 케일리는 특정 차수의 주어진 2원 형식에 대해 이 형식의 불변식과 공불변식을 구체적으로 찾아내고 이들 사이의 대수적 관계인 연접성(syzygy)을 찾아내는 기교를 개발했다. 실베스터는 두 편의 중요한 논문 「형식의 계산 원리에 대해(*On the principles of the calculus of forms*)」(1852)와 「두 유리정함수의 연접 관계 이론에 대해(*On a theory of the syzygetic relations of two rational*

integral functions)」(1853)를 통해 이 문제들과 씨름했다. 두 번째 논문에서 다른 어떤 결과보다도 실베스터의 관성 법칙, 즉 $Q(x_1, \cdots, x_n)$이 계수가 r인 실이차 형식[III.73]일 때 유일하게 결정되는 어떤 p에 대해 Q를 $x_1^2 + \cdots + x_p^2 - x_{p+1}^2 - \cdots - x_r^2$로 보내주는 비특이 선형 변환이 존재함을 증명했다.

실베스터는 1864년과 1865년 다항방정식의 양의 해와 음의 해의 개수의 상계를 결정하는 **뉴턴[VI.14]**의 규칙을 최초로 증명하여 수학계를 놀라게 했다(뉴턴은 서술하기만 했다). 하지만 그 후 휴직에 들어갔고 볼티모어로 이주하면서야 끝난다. 그곳에 있는 동안 불변식론, 특히 차수가 2인 것에서, 3인 것, 4인 것으로 이차 형식을 귀납적으로 결정하고, 주어진 형식과 관련한 최소 생성 집합 내의 공불변식의 개수를 결정하는 문제로 돌아간다. 1868년 파울 고르단(Paul Gordan)은 이 수가 항상 유한임을 증명했고, 이 과정에서 차수가 5인 이차 형식과 관련된 최소 공불변식 생성집합의 수가 무한하다는 것을 보였다는 케일리의 초기 주장이 틀렸음을 증명했다. 1879년까지 실베스터는 차수가 2인 것부터 10인 것까지 이차 형식의 공불변식의 최소 생성 집합을 구체적으로 계산했다. 실베스터는 케일리가 임의의 차수에 대해 주어진 이차 형식과 관련된 일차독립인 공불변식의 최대 개수에 대한 정리를 증명할 때 심각한 오류를 저질렀음을 알아채고 그 부분을 보충했다(1878).

실베스터는 《미국수학회지(*American Journal of Mathematics*)》의 창간 편집자였고, 불변식 이론의 상당수와 분할에 대한 결과들(1882), 3차 곡선의 유리점에 대한 결과들(1879~1880), 행렬 대수(1884)

에 대한 것들을 회지에 게재했다.

더 읽을거리

Parshall, K. H. 1998. *James Joseph Sylvester: Life and Work in Letters*. Oxford: Clarendon.

————. 2006. *James Joseph Sylvester: Jewish Mathematician in a Victorian World*. Baltimore, MD: Johns Hopkins University Press.

Sylvester, J. J. 1904-12. *The Collected Mathematical Papers of James Joseph Sylvester*, four volumes. Cambridge: Cambridge University Press. (Reprint edition published in 1973. New York: Chelsea.)

카렌 헝거 파셜(Karen Hunger Parshall)

VI.43 조지 불

출생: 영국 링컨, 1815년
사망: 아일랜드 공화국 코크, 1864년
불 대수, 논리학, 작용소 이론, 미분방정식, 차분방정식

불은 고등학교나 학부, 대학원을 다니지 않고 거의 독학으로 공부했다. 부친은 가난한 제화공이었는데, 신발보다는 망원경과 과학 장비 만드는 일에 더 관심을 보였다. 그 결과 아버지의 사업은 망했고 불은 14세의 나이에 학교를 떠나 그의 부모와 누이, 그리고 두 남동생을 부양하기 위해 초등학교 교사로 일해야만 했다. 10세에 라틴어와 고대 그리스어에 통달했고, 16세에는 프랑스어, 이탈리아어, 스페인어, 독일어를 유창하게 읽고 말할 수 있었다. 아버지로부터 역학, 물리학, 기하학, 천문학에 대한 흥미를 물려받았고, 아버지와 함께 기능성 과학 장비를 만들기도 했다. 그 후 20세의 나이에 수학으로 전환하여 미적분학과 선형계에 대한 독창적인 연구물을 출판했다. 선형 변환에 대한 독창성이 풍부한 두 편의 논문(1841, 1843)을 써서 불변식 이론의 출발점을 제공했지만, 그 주제의 발전은 케일리[VI.46]나 실베스터[VI.42]와 같은 이들에게 남겨 놓았다. 1844년 해석학에서의 작용소에 대한 논문으로 왕립 학회 금메달을 수상했는데, 이는 학회가 수학 분야에 수여한 최초의 금메달이었다. 이 논문은 작용소[III.50]의 개념을 (최초인지에 대한 논란은 있지만) 명확히 정의했을 뿐만 아니라, 불의 후속 아이디어에 미친 영향 때문에도 중요하다. 불에게 있어 작용소란 미분(D라고 표기했다)과 같은 미적분의 연산(작용)이었고, 자체로 수학적 대상이었다. D의 함수들로부터 유도되는 법칙들과 불이 만든 논리 대수의 법칙 사이에는 분명한 유사성이 있는데, 이에 대해선 아래에서 논의하겠다.

불은 한때 성직자가 되기를 희망했으나 가족 상황 때문에 그럴 수 없었다. 창조에 대한 경외심에서 불은 하느님의 최고의 성취로 여겼던 인간의 정신의 작동 방식에 관심을 가지게 됐다. 그에 앞서 아리스토텔레스와 라이프니츠[VI.15]가 그랬던 것처럼, 불은 뇌가 어떻게 정보를 처리하고 이 정보를 어떻게 수학적인 형태로 표현하는지 설명할 수 있기를 갈망했다. 1847년『논리의 수학적 분석(*A Mathematical Analysis of Logic*)』이라는 책을 출판하여 자신의 목표를 향해 첫걸음을 디디지만, 이 책은

그다지 널리 읽히지 않았고 이로 인해 수학계에서의 영향력은 아주 미약했다.

1849년 불은 코크의 퀸즈 칼리지의 수학과 교수로 임용됐다. 그곳에서 『사고의 법칙에 대한 연구(*Investigation of the Laws of Thought*)』(1854)라는 제목으로 자신의 아이디어를 확장하여 개정한 책을 출판하여 새로운 종류의 대수인 논리 대수를 도입하였는데, 이것이 지금은 불 대수라 부르는 것으로 진화했다. 언어에 대한 초창기 연구로부터 불은 매일 하는 말에 숨은 수학적 구조가 있음을 깨닫는다. 예를 들어, 유럽 남자들의 모임과 유럽 여자들의 모임을 함께 하면(즉, 합하면) 유럽 남자와 여자들의 모임과 동일하다는 것이다. 대상의 모임, 혹은 집합을 나타내는 기호를 사용하면 위의 진술을 $z(x + y) = zx + zy$라 쓸 수 있다(여기에서 문자 x, y, z는 각각 남자의 모임, 여자의 모임, 모든 유럽인의 모임을 나타낸다). 여기서 합은 남자와 여자의 모임처럼 서로소인 경우에만 합한 모임으로 이해할 수 있고, 곱은 공통부분으로 이해할 수 있다.

불 대수의 주요한 법칙으로는 교환법칙, 분배법칙과 더불어, 불이 '기본 쌍대 법칙'이라 부른 법칙으로 $x^2 = x$로 표현할 수 있는 법칙이 있다. 이 법칙은 모든 흰색 양의 모임과 흰색 양의 모임의 공통부분을 취하면 여전히 흰색 양의 모임이라고 해석할 수 있다. 다른 법칙들은 보통의 수치적 대수에도 적용할 수 있는 것과 달리 이 법칙은 x가 0이나 1인 경우에만 적용된다.

불은 잘 정의된 대상의 집합 혹은 모임에 대한 연구가 정확한 수학적 해석이 가능하며 수학적 분석에 실로 중요하다는 것을 보임으로써 수학적 전통을 깨뜨렸다. 가장 단순한 경우 불의 접근법은 고전적인 논리를 수학적 기호의 꼴로 귀착시킬 수 있다. 0과 1을 각각 '무(nothing)'와 '전체(universe)'를 나타내기로 하고, 모임 x가 아닌 것을 $1 - x$로 나타내면 쌍대 법칙으로부터 $x(1 - x) = 0$이라는 법칙을 이끌어낼 수 있는데, 주어진 성질을 갖는 동시에 그런 성질을 갖지 않는 것은 불가능하다는 사실(모순의 원리라고도 알려져 있다)을 나타내게 된다. 불은 자신의 계산법을 확률론에도 적용했다.

불의 대수는 1939년 섀넌(Shannon)이 디지털 스위치 회로를 표현하는 데 적합한 언어라는 것을 밝힐 때까지는 잘 알려져 있지 않았다. 그 후 불의 대수는 현대의 전자공학과 디지털 컴퓨터 기술의 발달에서 필수적인 도구가 되었다.

불은 또한 미분방정식, 차분방정식, 작용소 이론, 적분 등의 수학에도 기여했다. 미분방정식에 대한 교재들(1859)과 유한 차분방정식에 대한 교재(1860)는 독창적인 연구를 많이 담고 있으며 지금도 출판되고 있지만, 그럼에도 불은 대개는 기호 논리의 아버지이며 컴퓨터 과학의 창립자의 한 명으로 더 널리 기억되고 있다.

더 읽을거리

MacHale, D. 1983. *George Boole, His Life and Work*. Dublin: Boole Press.

데스 맥헤일(Des MacHale)

VI.44 카를 바이어슈트라스

출생: 독일 오스텐펠트, 1815년
사망: 독일 베를린, 1897년
해석학

바이어슈트라스는 본 대학에서 금융과 행정을 공부하며 경력을 시작했으나, 그의 진짜 관심은 수학이었으므로 교과 과정을 다 끝마치지 않았다. 교사 자격을 얻어 김나지움에서 14년 동안 학생들을 가르쳤다. 그는 거의 40세가 되어 인생의 전환점을 맞았다. 아벨 함수에 대한 논문을 발표하여, 초타원적분의 반전문제를 풀었는데, 이때 발표한 논문이 수학계를 뒤흔들어 놓았던 것이다. 얼마 뒤 베를린 대학에서 교수직 제안이 왔다. 바이어슈트라스는 자신에게 대단히 엄격한 표준을 요구했고, 그 결과 그다지 많은 논문을 쓰지 않았다. 그의 아이디어와 명성은 온 세계의 학생들과 수학자들을 끌어들인 뛰어난 강의를 통해 퍼져 나갔다.

바이어슈트라스는 '현대 해석학의 아버지'로 묘사되어 왔다. 그는 이 주제에서 미적분학, 미분 및 적분방정식, **변분법[III.94]**, 무한급수, 타원함수 및 아벨 함수, 실해석학 및 복소해석학 등 모든 분야에 기여했다. 그의 연구는 기초에 대한 주목, 꼼꼼한 논리적 합리화로 특징 지을 수 있다. '바이어슈트라스의 엄밀함'은 가장 엄밀한 표준을 가리키게 됐다.

17세기와 18세기의 미적분학은 발견적 방법이었고, 논리적 기반이 부족했다. 19세기에는 다양한 수학 분야의 기초를 검토하는 일을 포함하여 엄밀한 정신이 수학계를 선도했다. 1820년대 **코시[VI.29]**가 미적분에서 이를 시작했다. 하지만 그의 접근법은 극한과 연속성을 말로 정의하고, 무한소를 빈번하게 사용했고, 다양한 극한값의 존재성을 증명하는데 기하학적 직관에 호소하는 등 몇 가지 중요한 기초적 문제가 있었다.

바이어슈트라스와 특히 **데데킨트[VI.50]**는 이런 만족스럽지 못한 상황을 개선하기로 결심하고, 데데킨트의 표현대로 '순전히 산술적인' 방식으로 정리를 수립하자는 목표에 착수한다. 이런 목적을 위해 바이어슈트라스는 극한[I.3 §5.1]과 연속성[I.3 §5.2]에 대해 정확한 $\epsilon-\delta$ 정의를 만들었는데, 이것은 오늘날에도 사용되고 있다. 이로 인해 백여 년 후 **로빈슨[VI.95]**에 이르기까지 무한소는 해석학에서 추방당했다. 데데킨트와 **칸토어[VI.54]**의 접근법이 더 편리하긴 하지만, 바이어슈트라스는 유리수를 기초로 실수를 정의했다. 그럼으로써 '해석학의 산술화'(**클라인[VI.57]**이 사용한 용어)에 큰 역할을 했다. 실해석학에 미친 놀라운 기여 중에는 균등수렴성을 도입한 것과(자이델(P. L. Seidel)도 독립적으로 도입했다), 모든 곳에서 연속이지만 모든 곳에서 미분 불가능한 함수의 예를 만든 것이다(코시와 당대인들은 연속함수는 고작해야 고립점들만 제외하면 미분 가능하다고 믿었다).

코시의 뒤를 이어 **리만[VI.49]**과 바이어슈트라스 모두 복소함수론의 기초를 놓았지만, 이 주제에 대해 기본적으로 다른 접근법을 취했다. 리만의 대역적이고 기하학적인 개념은 리만 곡면[III.79]의 개념과 디리클레의 원리[IV.12 §3.5]에 근거한 반면, 바이어슈트라스의 국소 대수적 이론은 거듭제곱 급수와 해석적 연속[I.3 §5.6]에 근거를 두고 있다. 그는 "함수론의 원리를 숙고할수록(나는 실제로 끊임없이 그래 왔다) 단순한 대수적 진실에 기반을 두어야 한다는 확신을 갖게 된다"고 슈바르츠(H. A. Schwarz)에게 보내는 편지에서 주장했다. 바이어슈트라스는 디리클레의 원리가 수학적인 기반이 탄탄하지 않다고 날카롭게 비판하였고, 그에 대한 반례를 만들어냈다. 이후 20세기 초반에 이르기까지 복소해석학에서 그의 접근법이 지배적인 방법이 된다. 클라인은 수학에 대한 바이어슈트라스의 일반적 접근법을 이렇게 언급한다. "그는 무엇보다도 논리학자이다. 느리게, 체계적으로 한 단계씩 진행한다. 그가 연구할 때는 명확한 형태를 얻으려고 노력한다."

바이어슈트라스의 이름은 여러 가지 개념 및 결과와 결부돼 있다. 그중에는 연속함수를 다항식으로 균등 근사할 수 있다는 바이어슈트라스 근사 정리, 실수의 유계와 무한 부분집합은 극한점(limit point)을 갖는다는 볼차노-바이어슈트라스 정리, 전해석적 함수(entire function)를 '소인수함수'들의 곱으로 표현하는 바이어슈트라스 분해 정리, 해석함수는 고립된 본질적 특이점(isolated essential singularity)의 모든 근방에서 주어진 임의의 복소수에 얼마든지 가까운 값을 갖는다는 카소라티(Casorati)-바이어슈트라스 정리, 급수의 수렴성의 비교판정법과 관련된 바이어슈트라스 M-판정법, 그리고 차수가 2인 타원함수[V.31]의 예인 바이어슈트라스 p-함수가 있다.

바이어슈트라스는 아벨 함수에 대한 연구를 가장 자랑스러워 했으며, 19세기 그의 명성의 상당수는 이에 의거한다. 하지만 이 분야에서의 바이어슈트라스의 결과의 중요성은 그때에 비해 현재는 그리 크지 않다. 우리에게 바이어슈트라스의 중요한 유산은 높은 수준의 엄밀성을 유지하려는 가혹한 고집과, 수학적 개념이나 정리의 바탕에 깔린 기본적

인 아이디어를 추구한 것이다.

더 읽을거리

Bottazzini, U. 1986. *The Higher Calculus: A History of Real and Complex Analysis from Euler to Weierstrass*. New York: Springer.

이스라엘 클레이너(Israel Kleiner)

VI.45 파프누티 체비쇼프

출생: 러시아 오카토보, 1821년
사망: 러시아 상트페테르부르크, 1894년
상트페테르부르크 수학과 조교수, 부교수, 정교수(1847-82), 포병대 위원(1856년), 교육부 과학 위원(1856)

와트(Watt)의 평행사변형(증기기관에 사용된 연동 장치)과 회전 운동을 직선 운동으로 변환하는 문제에 매혹된 체비쇼프는 이음매(hinge)의 역학 이론을 깊게 연구하기 시작했다. 특히 체비쇼프는 주어진 범위 내에서 직선으로부터 편차가 최소인 연동장치를 찾으려 했다. 이는 이미 선택된 함수 무리에서 주어진 함수를 가장 근사하는 것, 즉 이미 지정된 변숫값에 대해 절대 오차를 가장 적게 만드는 것을 찾는 수학 문제에 대응한다. 이런 맥락에서 특히 다항식으로 함수를 근사하는 문제를 고려하면서 체비쇼프는 지금은 그의 이름을 딴 다항식들을 발견한다([III.85] 참조). 이 다항식들은 그의 소논문 「평행사변형으로 알려진 역학 이론(*Théorie des mécanismes connus sous le nom de parallélogrammes*)」(1854)을 통해 처음 출간되는데, 직교 다항식 이론에 대한 중

대한 기여가 시작을 이룬 것이다.

1종 체비쇼프 다항식은 $n = 0, 1, 2, \cdots$에 대해 $T_n(\cos\theta) = \cos(n\theta)$로 정의된다. 이 다항식들은 $T_0(x) = 1$, $T_1(x) = x$와 점화 관계식 $T_{n+1}(x) = 2xT_n(x) - T_{n-1}(x)$를 만족한다. $U_n(\cos\theta) = \sin((n+1)\theta)/\sin\theta$를 만족하는 2종 체비쇼프 다항식은 $U_0(x) = 1$과 $U_1(x) = 2x$, 점화 관계식 $U_{n+1}(x) = 2xU_n(x) - U_{n-1}(x)$를 만족한다.

체비쇼프는 정수론에도 중대한 영향을 미쳤는데, 소수정리[V.26]를 증명하는 데 가까이까지 갔다. 확률론에서는 체비쇼프 부등식으로 기억되고 있다. 이는 단순한 결과지만 수없이 응용되고 있다.

VI.46 아서 케일리

출생: 잉글랜드 리치몬드, 1821년
사망: 잉글랜드 케임브리지, 1895년
대수학, 기하학, 수리 천문학

그의 경력이 시작되던 때인 1840년대에, 그는 훗날의 많은 연구를 특징짓는 토대를 놓았다. 최초의 학부 논문 「위치의 기하학에 대한 정리(*On a theorem in the geometry of position*)」(1841) 중 참신했던 것은, 세로선 사이에 배열을 놓는, 지금은 표준이 된 행렬식[III.15]의 표기법이며 케일리-멩거(Menger) 행렬식의 도입이었다. 해밀턴[VI.37]의 사원수[III.76] 발견(1843)을 뒤따라 케일리는 3차원에서의 회전을 간결하게 사상 $x \to q^{-1}xq$로 표현하여 케일리-클라인 변수를 낳는 결과에 이르렀다. 비결합 수체계인 8원수(케일리 수[III.76])와, 곡선의 교점을 구하고(케일리-바하라흐(Bacharach) 정리), 케일리 쌍대(Cayleyan)로 부르는 쌍대 곡선의 윤곽을 잡았다. 주요 논문에서 케일리는 다중선형 행렬식 이론을 묘사하고 타원함수[V.31]를 이중 무한곱으로 나타냈다. 조지 샐먼(George Salmon)과 협력하여 3차 곡면에 놓인 유명한 27개의 직선을 탐구했다. 하지만 초창기 가장 중요한 연구는 불변식론에 내디딘 첫걸음들(1845, 1846)로 그는 이 분야에서 명성을 날렸다.

1849년에서 1863년 사이, 런던 법정 변호사 자격자로 활동하던 케일리는 자신의 영역을 넓혀 나갔는데, 다양한 주제를 넘나들었던 과학계의 다른 신사들과는 달리 자신의 활동을 오직 수학으로만 제한했다. 그것도 대부분 순수수학이었다. 케일리는 작용소의 미적분을 기본으로 하여 치환군[III.68]을 일반화하고, 행렬이 표기상 도구로써만 유용한 것이 아니라 자체로도 연구 주제를 이룸을 알았다. 그다지 흥분을 잘하는 사람이 아니었지만 케일리-해밀턴 정리의 발견이 "대단히 놀랍다"며 수세대 수학자들이 자신과 기쁨을 함께 나누어야 한다고 선언했다. 그는 어떤 이차 형식을 불변으로 하는 선형 변환들을 기술해야 하는 케일리-에르미트 문제의 해를 구하는 과정에서 행렬 대수를 이용했다. 이 해의 특별한 경우로부터 케일리의 직교 변환 $(I - T)(I + T)^{-1}$가 나왔다. 1850년대에 케일리가 관찰한 사원수, 행렬, 군론 사이의 연관 관계는 수학을 조직화하려는 염원을 직설적으로 보여준다.

1850년대 케일리는 유리동차함수(quantics, 지금은 다중선형 동차 대수형식이라 부른다)라고 이름 붙인 대수적 형식에 대한 유명한 논문에 착수하여, 이차 형식의 공불변식의 일반적인 꼴에 대한 케일리 공식과 이들을 세는 케일리 법칙을 발견한다. 『여섯 번째 소논문(*Sixth Memoir*)』(1859)에서 유클리드 기하[I.3 §6.2]를 (그 역이 아니라) 사영기하[I.3 §6.7]의 일부로 논증했다. 클라인은 사영 계량(metric)이라는 아이디어(케일리[VI.57]의 절댓값)를 1870년대 비유클리드 기하학을 분류하는 통합적이고 개념적인 아이디어로 보았다.

1858년부터 25년 동안 케일리는 《왕립 천문학회 월간보(*Monthly Notices of the Royal Astronomical Society*)》의 편집자직을 맡았다. 행성의 타원 운동론에서, 근면한 집중을 요하는 세밀한 계산 작업으로 천문학에 기여하였다. 달의 운동에 대한 이론은 주목할 만한데, 긴 계산을 통해 1853년 존 코치 애덤스(John Couch Adams)가 수립했던 달의 가속도값을 올바로 계산하여 영국 대 프랑스 간의 논쟁을 종결하는 데 도움을 주었다.

케일리는 1863년에 케임브리지의 순수수학 새들러리아(Sadleiria) 창립 교수로서 학계에 복귀했다. 1868년에 파울 고르단이 2원 유리동차함수의 불변식과 공불변식을 유한 기저로 표현할 수 있음을 증명하여 불변식 이론가들을 깜짝 놀라게 했다. 이는 케일리의 초창기 결과를 반박한 것이었지만, 케일리는 이에 굴하지 않고 차수가 5인 2원 형식의 기약 불변식과 공불변식의 목록을 나열하여, 이들 사이를 연결하는 연접을 완결했다.

매듭이론, 프랙탈, 동적 프로그래밍, 군론(유명한 케일리 정리) 등 순수수학에서의 많은 발달이 1870년대와 1880년대의 짧은 메모로 거슬러 올라간다. 그래프이론에서는 꼭짓점의 개수가 n인 표지된 수형도(labelled tree)의 개수가 n^{n-2}라는 케일리의 그

래프 정리로 알려져 있다. 케일리는 수형도 그래프에 대한 이론적 지식을 유기화학에서 이성질체의 개수를 세는 문제에 결실을 맺게 하고, 여러 가지 경우 화학자들이 발견했던 화학 합성물이 실제로 존재하는지에 대한 문제를 환기시켰다. 생의 마지막 10년 동안 케일리는 자신의 『수학 논문집(*Collected Mathematical Papers*)』을 13권이라는 거대한 부피로 케임브리지 대학 출판부를 통해 발간하여 오늘날의 수학자들과의 중요한 접점을 이루는 작업을 꾀했다.

더 읽을거리

Crilly, T. 2006. *Arthur Cayley: Mathematician Laureate of the Victorian Age*. Baltimore, MD: Johns Hopkins University Press.

토니 크릴리(Tony Crilly)

VI.47 샤를 에르미트

출생: 프랑스 모젤 디외즈, 1822년
사망: 프랑스 파리, 1901년
해석학(타원함수, 미분방정식), 대수(불변식론, 이차형식), 근사 이론

에콜 폴리테크니크에 입학하길 갈망했던 많은 이들처럼 에르미트도 특별 예비 학교에 다녔는데, 그를 앙리 4세 학교와 루이 대왕 고등학교를 다녔다. 진지하게 수학을 공부하기 시작하며 라그랑주[VI.22]와 르장드르[VI.24]의 연구에 심취하여 거듭제곱근으로 방정식을 푸는 문제에 흥미를 보였다. 1842년

에콜 폴리테크니크 입학이 허가된 후, 그 해 말 최초의 의미 있는 독창적 연구를 완성한다. 타원함수[V.31] 이론에서 야코비[VI.35]의 결과를 확장한 것이었다. 이 결과들을 야코비에게 보냈는데, 야코비는 그가 보낸 결과들에 대단히 호의적으로 반응했다. 이 성취로 인해 그는 파리에서 인정받게 되었을 뿐만 아니라, 야코비와 타원함수 및 수론에 대한 편지 교환으로 경력을 쌓는 시발점이 된다.

하지만 에르미트는 자신의 능력에 어울리는 자리를 찾기 위해 고생했는데, 거의 10년 동안 파리 근방에서 수업 조교와 채점관직을 맡으며 이 시기를 견뎌냈다. 에르미트의 연구는 수론, 특히 이차 형식의 산술로 바뀌는데, 가우스[VI.26]와 라그랑주를 따라 어떤 형식이 언제 선형 변환을 거쳐 다른 형식으로 변환되는지를 연구했다. 이런 맥락에서 그의 이름을 딴 에르미트 행렬[III.50 §3]이 나오게 된다. 에르미트는 이차 형식의 불변식에 관심을 가졌고, 자신의 연구를 다항식의 근의 위치를 찾는 문제에 적용했다. 이런 노력의 결과, 리우빌[VI.39]과 코시[VI.29]의 지지를 받아 1856년 파리 과학 아카데미에 임용되었다. 이후 곧장 1858년 일반적인 5차 다항방정식의 해를 타원함수로 표현하는 수단을 발견하여 국제적으로 널리 인정받게 된다.

1869년 마침내 파리 과학원의 교수직을 얻은 에르미트는 한 세대의 수학자들에게 영향력 있는 멘토가 된다. 가장 잘 알려진 제자로는 태너리(J. Tannery), 푸앵카레[VI.61], 피카르(E. Picard), 아펠(P. Appell), 구르사(E. Goursat) 등이 있다. 에르미트의 가족 관계도 인상적인데, 그의 처남 조제프 베르트랑(Joseph Bertrand)은 파리 과학 아카데미의 종신 총

무였으며, 피카르는 그의 사위였고, 아펠은 베르트랑의 딸과 결혼하였고, 그들의 딸은 보렐[VI.70]과 결혼한다. 국제적 교류 증진을 옹호했기 때문에 독일의 연구가 이전보다 프랑스에 훨씬 잘 알려지게 된다. 이 기간 에르미트는 연분수[III.22]를 이용하여 'e'가 초월수[III.41]임을 증명한다. 이 방법은 근사 이론에서의 (에르미트 다항식의 발견을 포함한) 초기 성과에 근거한 것이다. 그가 수학계에 미친 영향은 사망 때까지도 매우 강력했다.

더 읽을거리

Picard, É. 1901. L'oeuvre scientifique de Charles Hermite. *Annales Scientifiques de l'École Normale Supérieure(3)*18:9-34.

톰 아치볼드(Tom Archibald)

VI.48 레오폴드 크로네커
출생: 셀레지아 리그니츠(현 폴란드), 1823년
사망: 독일 베를린, 1891년
대수, 수론

19세기 후반을 군림한 수학자 중 한 명인 크로네커는 오늘날 구성주의 관점과 수론에서의 기여로 가장 잘 알려져 있다. 디리클레[VI.36]의 지도하에 1845년 박사 학위 논문을 마친 크로네커는 가문의 부동산을 관리하기 위해 베를린을 떠났다. 그는 수학과 멀어졌고 장인의 은행 사업까지 맡게 된다. 크로네커는 부유해졌고 베를린으로 돌아가 학계에

서 자리를 잡지 않고도 마음껏 수학에 집중할 수 있었다. 1855년 크로네커의 전 학교 교사였고 과학적으로 가까운 친구였던 에른스트 에두아르트 쿠머[VI.40]도 베를린으로 와 1893년 사망할 때까지 그곳에 머물렀다. 1861년 크로네커는 베를린 과학 아카데미의 회원이 되었고 베를린 대학에서 교직 과정을 시작했다. 크로네커는 1870년대에 바이어슈트라스와 논쟁을 벌이기 전까지 베를린의 동료들 (특히 쿠머와 바이어슈트라스[VI.44])과의 교류를 중요시했다. 당시 바이어슈트라스는 다른 이들에게 크로네커를 격렬하게, 심지어는 반유대주의적으로 불만을 표하게 된다. 쿠머가 1883년 은퇴한 후에 그 자리는 크로네커가 차지했고, 논문 출판이 빈번해졌으며 수업 활동도 강화한다. 이 마지막 활동적이던 시기는 그의 아내가 사망한 후 그도 사망하면서 짧게 끝난다.

크로네커는 수학적 통찰력이 독창적인 것으로 유명하다. 그의 영향력은 1860년대와 1870년대에 접어들수록 점점 커져 갔다. 1868년 한때 가우스[VI.26]가 맡았던 괴팅겐 교수직 제안이 들어 왔고, 파리 아카데미에도 선출됐다. 1870~1871년 프랑스-프러시아 전쟁 후 크로네커는 스트라스부르크에 새로 연 독일 대학에 수학자들을 추천해 달라는 초청을 받는다. 또한 1880년에 《순수와 응용 수학을 위한 잡지》(크렐레 잡지로도 알려져 있다)의 편집자가 된다. 크로네커는 불완전하거나 미출간되었거나 이해할 수 없는 증명을 자주 비판했는데, 조르당[VI.52]은 그가 이룬 결과들에 대한 동료들의 '부러움과 절망'에 대해 얘기하기도 했다. 말년에 와서야 자신의 구성주의적 방법론에 거리낌이 없어졌

다. 바이어슈트라스와의 논쟁의 일부는 적어도 이로 인해 시작됐고, 훗날 힐베르트[VI.63]가 크로네커를 '숨은 독재자(Verbotsdiktator)'로 부르는 계기가 됐다. 일반적으로는 상냥하고 친절했던 크로네커는 자신의 수학적 아이디어를 변호하고 우선권을 주장하는 데는 냉정했다.

1850년대 초 해결 가능한 대수 방정식에 대한 최초의 연구에서 크로네커-베버(Weber) 정리(오늘날의 용어로 유리수체의 유한 갈루아 확대체의 갈루아군[V.21]이 가환이면 단위근(root of unity)이 생성하는 체에 포함된다는 정리로, 1896년에 힐베르트가 최초로 정확히 증명했다)뿐만 아니라, 허수 2차체의 아벨 확대체까지 확장했다고 주장하는데, 훗날 이를 가리켜 '젊은 날의 꿈(liebster Jugendtraum)'이라고 부른다. 이 꿈은 1900년 힐베르트가 잘못 해석하여 12번째 문제에 들어가는데 오늘날 유체론[V.28]과 복소곱 이론의 일부를 이룬다. 대수, 해석, 산술 사이의 이와 같은 연관성은 크로네커의 훗날의 연구에 스며 있다. 크로네커의 중요한 결과에는 타원함수[V.31]의 이론에서의 유수 관계 및 극한 공식과, 유한생성 가환군의 구조 정리, 이차 형식론에 대한 것이 포함돼 있다.

1850년대 후반, 크로네커는 대수적 정수론을 연구하기 시작하지만, 1881년이 돼서야 학위 50주년을 맞은 쿠머에게 헌정한 「대수다양체의 산술 이론의 기본 특징(*Grundzüge einer arithmetischen Theorie der algebraischen Grössen*)」을 출판한다. 이 수학적 언약에는 (불완전하지만) 대수적 수와 대수 함수의 통합된 산술 이론이 들어 있다. 이 책에서는 유체론의 여러 면뿐만 아니라, 차원이 2 이상일 때

의 산술기하론을 연구 과제로 개략적으로 제시하고 있다. 크로네커의 '인자(divisor)'는 데데킨트 정역에서는 데데킨트의 '아이디얼'과 동등하지만, 일반적인 경우에는 훨씬 제한적이다. 베버, 헨젤(K. Hensel), 쾨니히(G. König) 등과 같은 수학자들은 「특징」을 이어 받아 자신들의 연구를 개진했다.

좀 더 일반적인 수준에서 크로네커는 순수수학의 완전한 산술화가 가능한지, 즉 순수수학을 자연수의 용어로 효과적으로 유한번에 회귀할 수 있는지를 질문한다. 이를 위해 크로네커는 미지수와 동치 관계를 도입하는데, 이 방법은 가우스 시대로 거슬러 올라가는 방법이었다. 예를 들어 유리수의 유한 확대체인 경우 크로네커는, 다항식을 기약방정식 $f(x) = 0$을 법으로 하여 구체적으로 계산했지, 그 근을 덧붙이는 방식을 취하지는 않았다.

더 읽을거리

Kronecker, L. 1895-1930. *Werke*, five volumes. Leipzig: Teubner.

Vlǎdut, S. G. 1991. *Kronecker's Jugendtraum and Modular Functions*. New York: Gordon & Breach.

노버트 샤파쳐 & 비르기트 페트리
(Norbert Schappacher and Birgit Petri)

VI.49 게오르크 프리드리히 베른하르트 리만

출생: 독일 단넨베르크 근방 브레제렌즈, 1826년
사망: 이탈리아 셀라스카, 1866년
실해석학 및 복소해석학, 미분방정식, 미분기하, 열의 분포, 수론, 충격파의 전파, 위상수학

리만은 가난한 목회자의 가문에서 태어나 괴팅겐에서 수학을 공부했고, 그곳에서 교수가 되었다. 1862년부터 건강이 악화되었고 39세의 나이에 흉막염으로 이탈리아 마기오레 호수 근처에서 사망했다.

19세기 중반, 알고리즘에서 개념적인 사고로의 전환에 있어 리만보다 더 이 흐름에 관여한 수학자는 없다. 1851년의 박사 논문과, 아벨 함수에 대한 논문 몇 편(1857)에서 해석함수[I.3 §5.6]를 코시-리만 방정식[I.3 §5.6]을 써서 적절히 정의하고, 이를 조화함수[IV.24 §5.1] 이론과의 밀접한 관련을 써서 연구해야 한다는 관점을 개진했다. 학위 논문에서 리만은 놀라운 리만 사상정리[V.34]의 증명을 간략히 제시했다. 이 정리는 X와 Y가 복소평면 내의 단순연결 열린 부분집합으로 평면 전체가 아닌 경우, 둘 사이에 해석적인 역함수를 갖는 해석함수가 존재함을 말한다. 예를 들어, 평면 내에 자신과는 만나지 않는 폐곡선을 아무렇게나 그리고, D를 그 곡선의 내부라 할 때, D는 열린 단위원판과 쌍해석 동형이다. 1857년의 논문에서 리만 곡면[III.79]을 정의하고, 이를 어떻게 위상수학적으로 분석하는지 보이고, 리만 부등식의 개요를 제시했다. 이는 제자 구스타프 로흐(Gustav Roch)가 1864년 리만-로흐 정리[V.31]로 개선했다. (리만-로흐 정리는 복소해석학뿐만 아니라 대수기하학에서도 대단히 중요하여, 주어진 리만 곡면 위에 미리 주어진 개수의 극을 갖는 유리

게오르크 프리드리히 베른하르트 리만

형 함수 공간의 차원을 결정하는 정리이다.) 1857년 리만은 미분방정식의 이론, 특히 초기하 방정식의 중요한 경우를 복소함수까지 확장한다. 1859년 복소함수론의 깊고도 새로운 아이디어를 (리만) 제타함수를 연구하는 데 이용하고, 이 함수의 복소근의 위치와 관련한 유명한 예상인 **리만 가설**[IV.2 §3]을 제안한다. 이 예상은 현재까지도 미해결로 남아 있다.

이 아이디어로 수학자들은 평면이나 평면의 부분집합이 아닌 영역 위에서 정의된 복소함수를 연구할 수 있게 되었다. 이로 인해 대수적 함수와 대수 곡선을 기하학적으로 연구하는 길이 열렸고, 대수적 함수(아벨 함수의 이론과 다변수 세타 함수)의 적분을 연구하는 데 결정적임이 입증됐다. 리만 제타함수를 연구함으로써 복소함수들의 새로운 성질을 발견했을 뿐만 아니라, 최근에는 동역학을 포함한 다른 수학 분야에서도 수많은 다른 종류의 제타

함수를 이용하기에 이르렀다.

1854년 리만은 멘토였던 **디리클레**[VI.36]의 자극을 받아 **리만 적분**[I.3 §5.5]의 개념을 정식화하였고, 이로 인해 디리클레는 삼각급수의 수렴성에 대해 심오한 연구를 할 수 있게 됐다. 디리클레는 실함수가 대단히 제한적인 조건들을 만족할 경우에만 푸리에 급수로 적절히 표현할 수 있음을 증명할 수 있었다. 이로부터 어떤 종류의 함수가 그런 조건들을 만족하지 않으며, 이런 함수는 어떻게 연구할지에 대한 질문이 남게 됐다. 리만은 적분의 개념을 재정립했고, 함수의 연속성 여부나, 연속성이 실패하는 양식뿐만이 아니라 진동의 양상도 푸리에 급수 표현의 정확성에 영향을 줌을 보일 수 있었다. 리만 적분은 적분에 대한 지배적인 정의로 남아 있다가, 1902년 이후 함수의 행동이 푸리에 급수에 미치는 행동 양식을 더 잘 담아내도록 조정된 **르베그 적분**[III.55]으로 대치됐다.

그는 1854년에 한 강연(하지만 사후인 1868년에 출간되었다)에서 기하학을 **리만 계량**[I.3 §6.10]을 갖는 공간(리만은 **다양체**[I.3 §6.10]라고 부른 점의 집합)에 대한 연구라고 완전히 재정립하고, 그 공간의 기하학적 성질은 내재적인 것들이라는 논증을 펼쳤다. 2차원에는 곡률이 상수인 공간이 세 개임을 언급하고, 상수 곡률을 갖는다는 것을 어떻게 고차원으로 확장할 수 있는지 보여 주었다. 짧게 언급했지만 비유클리드 기하학의 계량을 최초로 논문에 쓴 사람이 리만이다(비유클리드 기하학을 정당화했던 벨트라미(Beltrami)의 1868년 논문보다 10년 이상 앞선다). 이 강연으로 리만은 독일 대학의 강단에도 설 수 있는 권리를 얻었다.

리만은 충격파에 대해 중요한 연구를 하여 복소함수론의 방법을 최소곡면[III.94 §3.1]의 연구에 적용했다는 영광을 바이어슈트라스[VI.44]와 공유하게 됐다. 이 과정에서 리만은 공간에서 주어진 곡선을 생성하고 넓이가 최소인 곡면을 찾는 플라토 (Plateau) 문제에 대해 몇 가지 새로운 해를 찾아냈다.

뛰어난 복소해석학자인 라르스 알포르스(Lars Ahlfors)는 한때 리만의 복소해석학이 "미래로 보내는 암호 수준"으로 이루어져 있고, 리만 사상 정리는 "이를 증명하려는 어떤 현대적 방법도 무력하게 하는" 형태로 주어졌으며, 리만의 표현은 정확하다기보다는 비전 있는 것이었다고 묘사한 바 있다. 하지만 리만의 비전은 복소함수론에 기하학적 설정을 부여했고, 알포르스의 연구 자체가 지적하듯 처음 쓰인 이래로 그 생명력은 150년 이상 지속되었다.

더 읽을거리

Laugwitz, D. 1999. *Bernhard Riemann, 1826-1866. Turning Points in the Conception of Mathematics*, translated by A. Shenitzer. Boston, MA/Basel: Birkhäuser.

Riemann, G. F. B. 1990. *Gesammelte Werke, Collected Works*, edited by R. Narasimhan, third edn. Berlin: Springer.

제러미 그레이

VI.50 율리우스 빌헬름 리하르트 데데킨트

출생: 독일 브라운슈바이크, 1831년
사망: 독일 브라운슈바이크, 1916년
대수적 정수론, 대수 곡선, 집합론, 수학의 기초론

데데킨트는 일생의 대부분을 자신의 고향이자 가우스[VI.26]의 고향인 독일 브라운슈바이크의 공과 대학에서 교수로 보냈고, 1858~1862년에는 취리히의 폴리테크니쿰(Polytechnikum, 나중에 취리히 연방 공대(ETH)로 알려지게 된다)의 교수로 지냈다. 데데킨트는 괴팅겐 대학에서 가우스의 마지막 박사 학위 지도 학생으로 수학 교육을 받았고, 곧이어 디리클레[VI.36]와 리만[VI.49]의 학생이 되었다. 클라인[VI.57]이 "사색하는 본성"이 있다고 했듯 데데킨트는 내성적이었으며, 미혼으로 지내며 어머니 및 누이와 같이 살았다. 그럼에도 엄선한 동시대인들 (특히 칸토어[VI.54]와 프로베니우스[VI.58])과의 잦은 서신 교환을 통해 그들에게 영향을 미쳤다.

현대 집합론, 특히 수학적 구조 개념 탄생의 주요 인물인 데데킨트는 실수 체계[I.3 §1.4]의 기초에 대한 연구로 가장 잘 알려져 있다. 하지만 그의 주요한 기여는 대수적 정수론이었다. 사실 현대 정수론을 정수환의 아이디얼 이론으로 제시하여 (대수적 수 [IV.1 §§4-7]를) 우리가 아는 형태로 빚은 사람이 바로 데데킨트이다. 이는 1871년 디리클레의 『수론 강의』를 데데킨트가 편집한 '부록 X'에서 처음 공개되는데, 이 부록에서 데데킨트는 대수적 수의 환에 대해 아이디얼을 소아이디얼로 유일 분해한다. 이 과정에서 체[I.3 §2.2]와 환, 아이디얼, 모듈[III.81]의 개념을 고안하는데, 항상 복소수의 특정한 맥락하에서만 그렇게 한다. 또한 대수(갈루아 이론)와 정수론의 맥락에서 데데킨트는 몫 구조, 동형사상, 준동형사상, 자기동형사상을 이용하여 체계적인 연구를 시작했다.

디리클레의 『수론 강의』(1879, 1894) 다음 판들에서 데데킨트는 자신의 아이디얼 이론을 좀 더 순수한 집합론적 이론으로 다듬었다. 1882년 베버와 함께 대수적 함수의 체의 아이디얼 이론을 내놓았고, 이로 인해 대수적 곡선에 대한 리만의 결과를 리만-로흐 정리[V.31]까지 엄밀하게 다룰 수 있게 된다. 이 연구로 인해 현대 대수기하학으로 이르는 길이 깔렸다.

대수와 정수론에서의 데데킨트의 연구와 긴밀하게 연관된 것은 실수 체계의 구성에 대한 묘사이다. 1858년에 데데킨트는 유리수 집합에 오늘날 '데데킨트 절단(Dedekind cut)'으로 알려진 것을 이용하여 실수의 정의를 고안한다(1872년에 출간된다). 1870년대에는 자연수를 '단순 무한' 집합으로 순수하게 집합론만으로 정교하게 정의하여, 데데킨트-페아노 공리계[III.67]를 확고히 했다(1888년에 출간된다). 더 발달된 연구에서와 마찬가지로 이 연구에서도 집합, 구조, 사상이 순수수학의 기초 및 기본적인 구성 재료를 이룬다. 이로 인해 논리학의 개념에 비추어 볼 때 데데킨트는 (지금은 자리를 내주었지만) "산술(대수, 해석학)은 논리의 일부"라는 관점을 취하게 됐다. 현대적 관점에서 볼 때, 데데킨트의 기여만으로도 **집합론**[IV.22]은 고전 수학의 바탕이 되기에 충분했다. 따라서 데데킨트는 집합론을 이용하여 현대 수학을 재구성하는 데 누구보다도 큰 기여를 한 것이다.

더 읽을거리

Corry, L. 2004. *Modern Algebra and the Rise of Mathematical Structures*, second revised edn. Basel: Birkhäuser.

Ewald, W., ed. 1996. *From Kant to Hilbert: A Source Book in the Foundations of Mathematics*, two volumes. Oxford: Oxford University Press.

Ferreirós, J. 1999. *Labyrinth of Thought. A History of Set Theory and Its Role in Modern Mathematics*. Basel: Birkhäuser.

호세 페레이로스(José Ferreirós)

VI.51 에밀 레오나르드 마티외

출생: 프랑스 메스, 1835년
사망: 프랑스 낭시, 1890년
에콜 폴리테크니크에서 수학, 추이 함수에 대한 논문으로 이학 박사(1859), 브장송(1869-74) 및 낭시(1874-90) 수학과 교수

마티외는 그의 이름을 딴 함수로 유명한데, 이 함수는 타원형 막의 진동에 관한 2차원 파동방정식을 푸는 과정에서 발견된 것이다. 이 함수들은 초기하함수의 특별한 경우로, 물리 문제에 따라 좌우되는 상수 a와 q에 대해 **마티외 방정식**

$$\frac{d^2u}{dz^2} + (a + 16q\cos 2z)u = 0$$

의 특수해를 말한다.

또한 마티외는 다섯 개의 마티외 군을 발견한 것으로 유명하다. 이 군들은 최초로 발견된 **산발 단순군**[V.7](알려진 무한 단순군 족에 들어맞지 않는다는 뜻)이다. 산발 단순군은 도합 26개인 것으로 알

려져 있는데, 마티외가 발견한 이후 여섯 번째 군을 발견하기까지 거의 100년 이상의 시간이 걸렸다.

VI.52 카미유 조르당

출생: 프랑스 리옹, 1838년
사망: 이탈리아 밀라노, 1922년
1885년까지 명목상 공학자, 에콜 폴리테크니크와 프랑스 대학의 수학 교사(1873-1912)

조르당은 시대를 선도하는 군론가였다. 치환군 [III.68]에 대한 초창기 결과를 모두 모으고 갈루아 [VI.41]의 아이디어를 종합한 그의 어마어마한 논문 『치환과 대수 방정식에 대한 논문(*Traité des Substitutions et des Équations Algébriques*)』(1870)은 수년 동안 군론 연구자들에게 초석의 역할을 했다. 이『논문』중에서 조르당이 선형 치환(현재는 행렬의 형태로 $y = Ax$라 쓴다)이라 불렀던 주제에 대한 부분에 오늘날 행렬의 **조르당 표준형**[III.43]이라 부르는 것의 정의가 정리돼 있다(비록 1868년 바이어슈트라스 [VI.44]가 이미 이와 동등한 표준형을 정의했지만).

위상수학에서는 특히 현재 **조르당 곡선 정리**라 부르는 것을 연구한 것으로 잘 알려져 있다. 이 정리는 평면의 단순 폐곡선은 평면을 서로소인 두 영역 내부와 외부로 분리한다는 진술로, 그의 영향력 있는 저서인 『해석학 강의(*Cours d'Analyse*)』(1887)에 처음 나온다. 당연해 보이는 정리지만 조르당이 인식했던 대로 증명은 어려우며, 그가 했던 증명도 부정확하다. (매끈한 곡선인 경우 증명은 상대적으로 쉬운데, 코흐(Koch)의 눈송이 곡선처럼 어느 곳에서도 매끈하지 않은 곡선을 다룰 때 어려움이 있다.)

이 정리는 1905년 오스왈드 베블런(Oswald Veblen)이 최초로 엄밀하게 증명했다. 조르당-쇤플리스(Schönflies) 정리로 알려진 더 강력한 형태의 정리가 있는데, 평면이 내부와 외부 둘로 나뉠 뿐만 아니라, 평면의 표준 원의 내부 및 외부와 각각 위상동형이라는 것이다. 원래 정리와는 달리 강력한 형태의 이 정리는 고차원으로 일반화할 수 없는데, 알렉산더의 유명한 뿔 달린 공이 이 정리의 반례이다.

VI.53 소푸스 리

출생: 노르웨이 (서부) 노르드피오르데이드, 1842년
사망: 노르웨이 오슬로, 1899년
변환군, 리 군, 편미분방정식

리는 26세 때 자신의 표현으로 "수학자로 닻을 내린" 발견을 한다. 그 전에는 그는 기본적으로 관측 천문학자가 되고 싶어 했다. 나중에 자신의 경력을 회고하던 리는 어떠한 형식적 지식이나 교육보다도 '생각의 대담함' 덕에 일류 수학자들 사이에서 자리 잡을 수 있었다고 말했다. 30년이 넘는 경력 동안 거의 8,000쪽의 논문을 쓴 그는 당대 가장 생산적인 수학자 중 한 명이었다.

리는 1865년 오슬로의 대학에서 일반 과학으로 졸업했지만, 수학에 특별한 소질을 보이진 않았다. 1868년에 와서 샬(Chasles), 뫼비우스[VI.30], 플뤼커(Plücker)의 연구를 주제로 한, 덴마크의 기하학자 히에로니무스 초이텐(Hieronymus Zeuthen)의 강의에 참석했다가 현대기하학에 감명을 받게 되었다. 퐁슬레의 사영기하학 연구와 플뤼커의 직선기하학

을 연구했고, '허수 기하학', 즉 복소수 위에서의 기하학에 대해 학위 논문을 썼다. 1869년 가을에 베를린, 괴팅겐, 파리를 여행하던 중 만난 수학자들과 일생 동안 친구와 동료로 지냈다. 베를린에서는 **클라인**[VI.57]을 만났고, 괴팅겐에서는 클렙슈(Clebsch)를, 파리에서는 클라인과 같이 다르부(Darboux)와 **조르당**[VI.52]을 만난다. 다르부는 자신의 곡면 이론을 통해, 조르당은 군론 지식과 **갈루아**[VI.41]에 대한 연구를 통해 특히 그에게 영향을 미쳤고, 그 결과 리와 클라인은 기하학을 연구하는 데 있어 군론의 가치를 인식하게 된다. 리와 클라인은 소위 리의 선-구 변환이라 부르는 것(직선을 구로 변환하는 변환으로 주 접곡선(principal tangent curve)을 곡률선으로 변환하는 접촉 변환을 말하는데, 이에 대해 불변인 기하학적 대상을 연구한다)을 포함한 기하학적 주제로 세 편의 공동 논문을 펴낸다.

클라인이 훗날 자신의 유명한 '에를랑겐 프로그램(Erlangen Program)'(기하학을 군 작용에 대해 불변인 성질을 갖는 것으로 특징짓는 것)으로 발달하게 될 것을 준비하던 때, 리도 그와 함께 연구했다. 이 연구 때문에 훗날 둘 사이에 깊은 균열이 생긴다. 우정은 무관심과 적개심으로 변했고, 1893년 리가 "나는 클라인의 학생이 아니며, 그 반대도 아니다. 물론 후자가 더 진실에 가깝지만"이라는 말을 하면서 극에 달한다.

리는 생애 첫 세계 여행에서 돌아와 오슬로로 거처를 옮겼고, 1872년 대학에서는 그를 위해 특별히 수학과에 직책을 만들어 준다. 1870년대 초반 리는 자신의 선-구 변환을 더 일반적인 접촉 변환으로 전환하는 연구를 한다. 1873년부터 리는 연속 변환

군(오늘날 리 군[III.48 §1]으로 알려져 있다)을 체계적으로 연구하기 시작하는데, 리 대수[III.48 §§2, 3]를 분류하고 이를 미분방정식의 해를 찾는 데 적용하는 것이 목적이었다. 또한 극소곡면[III.94 §3.1]에 대한 연구물도 출판한다. 하지만 노르웨이에는 과학적 환경이 없었으므로 그는 극심한 외로움을 느꼈다. 1884년 라이프치히의 클라인과 그의 동료 아돌프 메이어(Adolf Mayer)가 자신들의 학생이던 프리드리히 엥겔(Friedrich Engel)을 보내 같이 공부하고, 리의 새로운 아이디어를 공식화하고 집필하도록 돕게 하려고 애썼다. 엥겔과 리가 함께 시작한 연구는 세 권으로 구성된 『변환군의 이론(*Theorie der Transformationsgruppen*)』(1888~1893)으로 결실을 맺는다. 1886년 리는 괴팅겐으로 자리를 옮긴 클라인의 후임으로 라이프치히 대학 교수직을 수락했고, 라이프치히에서 선도적인 수학자가 되고 유럽 수학계에서 중심인물이 된다. 미국과 프랑스는 장래가 촉망되는 새로운 학생들을 그에게 보내 공부하게 했다. 가르치는 것과 별도로 변환군과 미분방정식에 대한 연구를 계속하여, 소위 헬름홀츠(Helmholtz)의 공간 문제(공간의 기하학을 변환군의 용어로 특징짓는 문제)를 해결한다. 리는 사망하기 직전인 1898년에 오슬로로 돌아가 자신을 위해 특별히 마련된 직위에 오른다.

리가 미분방정식 연구 도중에 시작하고 발전시킨 변환군의 이론은 리 군과 리 대수라는 자체 분야로 성장했고, 오늘날 이 이론은 많은 수학 및 수리물리 분야에 스며들어 있다.

더 읽을거리

Borel, A. 2001. *Essays in the History of Lie Groups and Algebraic Groups*. Providence, RI: American Mathematical Society.

Hawkins, T. 2000. *Emergence of the Theory of Lie Groups*. New York: Springer.

Laudal, O. A., and B. Jahrien, eds. 1994. *Proceedings, Sophus Lie Memorial Conference*. Oslo: Scandinavian University Press.

Stubhaug, A. 2002. *The Mathematician Sophus Lie*. Berlin: Springer.

아릴드 슈투브하우크(Arild Stubhaug)

VI.54 게오르크 칸토어

출생: 러시아 상트페테르부르크, 1845년
사망: 독일 할레, 1918년
집합론, 초한수, 연속체가설

칸토어는 러시아에서 태어났지만 프러시아에서 교육을 받으며 자랐고 할레 대학의 수학과 교수로 경력을 쌓았다. 그는 베를린 대학과 괴팅겐 대학에서 크로네커[VI.48], 쿠머[VI.40], 바이어슈트라스[VI.44]와 함께 공부했으며 1867년 베를린 대학에서 박사 학위를 받았다. 그의 학위 논문 「2급 부정 방정식에 대해(*De aequationibus secundi gradus indeterminatis*)」는 라그랑주[VI.22], 가우스[VI.26], 르장드르[VI.24]가 선구적으로 연구한 디오판토스 방정식에 대한 정수론을 다루고 있다. 이듬해 할레 대학 수학과의 직책을 수락하고 학계 경력의 전부를 그곳에서 보냈다. 그곳에서도 『교수 자격 취득 논문』은 정

수론에 투자했는데, 3원 이차 형식의 변환을 다뤘다.

할레에서 삼각급수에 대한 어려운 문제를 풀고 있던 칸토어의 동료 에두아르트 하이네(Eduard Heine)는

$$f(x) = \tfrac{1}{2}a_0 + \sum_{n=1}^{\infty} (a_n \sin nx + b_n \cos nx)$$

꼴의 삼각급수가 주어진 함수를 유일하게 표현하는 조건을 결정하는 문제로 칸토어의 흥미를 끌었다. 다시 말해 서로 다른 삼각급수가 같은 함수를 표현할 수 있느냐는 문제다. 1870년 하이네는 $f(x)$가 일반적으로 연속인 경우(즉, 유한개의 불연속점을 제외하고 연속인데, 하이네는 이 점들에서 함숫값이 유한일 필요는 없다고 덧붙였다) 삼각급수가 f로 균등수렴한다는 것을 주장할 수만 있다면, 이 표현이 유일함을 증명했다. 칸토어는 훨씬 일반적인 결과를 정립할 수 있었다. 1870년부터 1872년까지 다섯 편의 논문을 통해 칸토어는 무한개의 예외점을 허용하더라도, 이런 예외점(즉, 연속이 되지 못한 점)이 함수의 정의역에서 칸토어의 표현으로 '제1종 점집합'을 구성하도록 특별한 방식으로 분포돼 있는 경우, 그런 표현이 유일함을 보일 수 있었다. 이와 점집합에 대한 연구로부터 결국 칸토어는 훨씬 더 추상적이고 강력한 집합론과 초한수 이론으로 나아가게 됐다.

집합 P가 제1종 점집합이라는 것은 이 집합의 도집합(derived set, P의 도집합 P'은 P의 극한점의 집합)의 열에 대해 n번째 도집합 P^n이 유한집합인 n이 존재할 때, 특히 $n+1$번째 도집합이 공집합, 즉 $P^{n+1} = \varnothing$일 때를 말한다. 그는 무한 선형 점집합

에 대해 추가 연구를 하다가 결국 1880년대 초한수 집합론을 창안하는 데 이르게 된다. (이에 대한 더 자세한 내용은 **집합론**[IV.22 §2]을 참조하라.)

이에 앞서 칸토어는 우선 몇 편의 논문을 통해 삼각급수 및 실수의 구조에 대한 자신의 이론으로부터 파생하는 결과를 탐구하기 시작하는데, 그 중 하나가 수학에서 근본적인 혁명을 가져왔다. 이런 논문 중 최초의 것은 1874년에 「모든 대수적 실수의 모임의 어떤 성질(*Über eine Eigenschaft des Inbegriffes aller reellen algebraischen Zahlen*)」이라는 다소 밋밋해 보이는 제목으로 출간되었다. 이 논문에서 칸토어는 대수적 실수의 집합이 가산 무한[III.11]임을 증명한다. 이에 반하여 실수 전체의 집합은 가산이 **아니며**, 따라서 자연수 집합처럼 가산인 무한집합보다 더 높은 등급의 무한집합이라는 것이 이 논문의 혁명적인 결과였다. 1891년 다시 이 결과로 돌아와, 세상을 뒤흔든 대각화 방법이라는 새로운 접근법으로 실수 집합이 비가산 무한집합임을 직접 증명한다. 이 시기 두 번째로 중요한 칸토어의 논문은 1878년에 나온 「집합체 이론에 대한 기고(*Ein Beitrag zur Mannigfaltigkeitslehre*)」로, 차원의 불변성을 증명하는 논문이다. 부분적으로는 틀린 논증을 펴고 있으며 1911년 **브라우어르**[VI.75]가 최초로 정확히 증명한다.

1879년과 1884년 사이 칸토어는 집합에 대한 자신의 새로운 생각의 기본 요소를 개괄할 목적으로 여섯 편의 논문을 출간했다. 우선 어떤 집합이 제1종 집합이 아니면 어떻게 되는지 고려하기 위해, 그런 집합을 식별하기 위해 필요한 무한 첨자를 나타내는 기호를 도입한다. 예를 들어 어떤 집합 P가 '제2종' 집합이라는 것은 P의 n번째 도집합 P^n이 유한인 n이 없을 때를 말한다. 이 경우 P의 모든 도집합 (즉, P', P'', $\cdots$, P^n, $\cdots$)의 교집합 역시 무한집합인데 이를 P^{∞}라고 나타냈다. 이 집합은 무한집합이므로 역시 도집합 $P^{\infty+1}$을 갖고, 이로부터 제2종 집합의 도집합의 열 P^{∞}, $P^{\infty+1}$, $\cdots$, $P^{\infty+n}$, $\cdots$, $P^{2\infty}$, $\cdots$를 얻는다.

무한 선형 집합에 대한 최초의 논문들에서 도집합에 대한 이런 첨자들은 서로 다른 집합을 구별하는 도구로서의 '무한 기호'에 불과했다. 하지만 1883년 출판한 『일반적 집합론 기초(*Grundlagen einer allgemeinen Mannigfaltigkeitslehre*)』에서 이 기호들은 최초의 초한수(초한 서수(transfinite ordinal number))가 된다. 이런 수는 자연수 1, 2, 3, $\cdots$의 열을 나타내는 초한 서수인 ω로 시작하는데, 모든 유한 자연수들이 다 나온 후의 최소의 무한 서수로 생각할 수도 있다. 『기초』에서 칸토어는 이런 수들에 대한 초한 산술의 기본적인 특징을 고안했을 뿐만 아니라, 이 새로운 수들을 자세하게 철학적으로 방어한다. 그는 자신이 도입하는 것들의 혁명적 특성을 알았기 때문에, 다른 수단으로는 얻을 수 없는 정확한 수학 결과들을 성취하는 데 이런 새로운 개념들이 필요함을 논증했다.

하지만 칸토어의 가장 잘 알려진 수학적 창조물은 초한 기수(transfinite cardinal number)들로, 1890년대에 히브리 문자 알레프를 써서 나타냈다. 이들은 두 편의 논문(1895, 1897)을 통해 완전히 연구하는데 이들이 「초한 집합론의 기초에 대한 기고(*Beiträge zur Begründung der transfiniten Mengenlehre*)」를 구성하고 있다. 《수학연보(*Mathe-*

matische Annalen》에 실린 두 편의 논문에서 칸토어는 초한 서수와 초한 기수에 대한 연산을 포함한 연구를 시작했을 뿐만 아니라, 순서의 타입에 대한 이론, 즉 자연수, 유리수, 실수 집합을 자연스러운 순서로 고려할 때 나타나는 다른 성질 역시 설명한다. 또한 여기에서 (증명하지는 못했지만) 유명한 **연속체가설**[IV.22 §5], 기수가 $\aleph_0$인 가산 무한집합인 자연수의 집합 $\mathbb{N}$보다 다음으로 큰 기수를 갖는 집합이 실수의 집합 $\mathbb{R}$이라고 진술한다. 칸토어는 연속체가설을 $2^{\aleph_0} = \aleph_1$이라고 대수적으로 표현했다.

말년에 칸토어는 해외 대학들로부터 명예 학위를 받았으며, 수학에 대한 위대한 기여로 왕립 학회의 코플리 메달도 받았지만, 집합론에는 수습하기에는 그의 능력을 넘어서는 문제들이 있었다. 많은 수학자들에게 가장 꺼림칙했던 것은 집합론의 '자가당착', 즉 부랄리-포르티(Burali-Forti)나 러셀[VI.71]과 같은 이들이 내놓은 역설이었다. 1897년 부랄리-포르티는 **모든** 서수의 모임에서 발생하는 역설을 내놓는다. 그런 모임의 서수는 모든 서수의 모임보다 더 큰 서수를 가져야만 하기 때문이다. 1901년 러셀은 자신을 원소로 갖지 않는 모든 모임을 모은 모임은 자신을 원소로 갖는지 갖지 않는지에 대한 역설을 발견한다(수학 기초의 위기[II.7 §2.1] 참조). 칸토어 자신은 모든 초한 서수나 초한 기수를 모았을 때 그것의 서수나 기수가 무엇인지 생각할 때 발생하는 모순을 알고 있었다. 그런 모임은 너무 큰 것으로 간주하여 아예 집합이 아니며 '조화롭지 않은 집합체'라고 부른 것이 칸토어가 채택한 해답이었다. 체르멜로(Zermelo)와 같은 이들은 모순 가능성을 제거하려는 노력으로 집합론을 공리화하기 시작했다.

20세기 칸토어의 연구를 보완하는 가장 중요한 결과는 **체르멜로-프렝켈 공리계**[IV.22 §3]와 연속체가설이 모순을 이루지 않음을 보인 괴델[VI.92]의 연구와, 나중에 체르멜로-프렝켈 공리계와 연속체가설이 독립임을 보여 마침내 연속체가설을 증명할 수 없음을 확립한 폴 코헨(Paul Cohen)의 연구 두 가지이다.

수학사에서 칸토어가 남긴 유산은 진정으로 혁명적이었다. 무엇보다도 칸토어의 초한 집합론은 수학자들에게 최초로 무한의 개념을 주의 깊고 정확하게 다루는 방법을 제공했다.

더 읽을거리

Dauben, J. W. 1990. *Georg Cantor. His Mathematics and Philosophy of the Infinite*. Princeton, NJ: Princeton University Press. (First published in 1978 by Harvard University Press.)

―――. 2005. Georg Cantor and the battle for transfinite set theory. In *Kenneth O. May Lectures of the Canadian Society for History and Philosophy of Mathematics*, edited by G. Van Brummelen and M. Kinyon, pp. 221-41. New York: Springer.

―――. 2005. Georg Cantor. Paper on the "Foundations of a general set theory"(1883). In *Landmark Writings in Western Mathematics 1640-1940*, edited by I. Grattan- Guinness, pp. 600-12. London: Routledge.

Tapp, C. 2005. *Kardinalität und Kardinäle. Wissenschaftshistorische Aufarbeitung der Korrespondenz zwischen Georg Cantor und katholischen Theologen seiner Zeit*. Stuttgart: Franz Steiner.

조셉 다우벤(Joseph W. Dauben)

VI.55 윌리엄 킹던 클리포드

출생: 잉글랜드 엑세터, 1845년
사망: 포르투갈 마데이라, 1879년
기하학, 복소함수론, 수학의 대중화

클리포드는 1863년에 케임브리지의 트리니티 칼리지에 입학했다. 1867년에 차석으로 졸업했으며, 훨씬 더 까다로운 스미스 상 시험에서도 차석을 차지했다. 1868년에 트리니티의 특별 연구원이 되고, 1871년에 그곳을 떠나 런던의 유니버시티 칼리지 응용수학과의 교수가 되었다. 1879년 결핵으로 사망하였다.

대단히 다재다능했던 수학자로 당대 최고의 수학자들의 존중을 받았던 클리포드는 기하학에 애정을 보였다. 사영기하나 미분기하뿐만 아니라 고전적인 유클리드 기하에서도 새로운 결과를 증명하는 등 넓은 범위를 다뤘다. 그는 미분기하에 대한 리만[VI.49]의 연구를 최초로 이해한 영국 수학자였고, 리만의 논문 「기하학의 기초에 놓인 가설에 대해」를 1873년 번역하여 출간했다. 리만이 근본적으로 재정립한 기하학을 옹호했고, 물리적 공간의 곡률이 물질의 운동을 설명할지도 모른다는 추측으로까지 나가기도 한다. 또한 리만-로흐 정리[V.31]를 의미 있게 응용했으며, 리만 곡면[III.79]을 표준적인 방식으로 어떻게 단순한 조각으로 쪼개는지 보여주

어, 리만 곡면의 복잡한 위상수학적 본질을 분석한 최초의 사람들 중 한 명이었다. 평면 기하와 국소적으로는 동등하지만 위상수학적으로는 다른 기하학을 연구한 최초의 사람이기도 하다(이는 평평한 원환면(torus)을 말하는데, 훗날 이를 더 자세히 연구한 클라인[VI.57]의 이름을 따 오늘날엔 클리포드-클라인 공간 형식으로 부른다). 대수에서는 이중사원수(사원수와 같지만, 복소수를 계수로 갖는다)를 발명했다.

클리포드는 건강이 악화되기 전까지는 훌륭한 강의자로 인정받았고, 성공적인 수학의 보급가였으며 수필 작가였다. 또한 기하학이 경험의 문제이며 선험적인 진실이 아니라는 관점을 강력하게 채택했다. 그는 헉슬리(T. H. Huxley)의 친구였고, 철학에서는 인본주의에 찬성했다.

더 읽을거리

Clifford, W. K. 1968. *Mathematical Papers*, edited by R. Tucker. New York: Chelsea. (First published in 1882.)

제러미 그레이

VI.56 고틀로프 프레게

출생: 독일 비스마르, 1848년
사망: 독일 바드 클라이넨, 1925년
논리, 수학의 기초, 역설

프레게는 현대 논리학의 선구자로, 현대의 논리의 특질들은 그의 저술에서 처음 나타난다. 프레게의

연구는 수학의 기초 이외의 분야, 특히 언어 철학에도 상당한 영향을 미쳤다.

프레게는 예나와 괴팅겐에서 공부하였고, 1873년 에른스트 쉐링(Ernst Schering)에게서 박사 학위를 받았다. 박사 논문은 기하에서 가상 원소의 공간 표현에 대해 다루고 있고, 1847년 예나에서 교수임용 자격시험 때 쓴 논문으로부터 오늘날 '반복 이론(iteration theory)'이라 부르는 것의 기본적인 세부 사항이 나왔다. 초기 연구에서는 다가올 혁명적인 연구의 명백한 전조(산술도 어떤 면에서는 논리적이며, 기하학은 공간에 대한 직관에 기초하기 때문에 근본적으로 다르고 덜 일반적이라는 확신)는 보이지 않지만, 지나고 나서 보면 초창기의 관례적인 수학 연구에서조차 면면히 흐르는 기초론적 주제를 포착할 수 있다. 초창기 연구 분야의 몇몇 부분에서 현저하게 그런 관심과 우려를 보이고 있는데, 예를 들어 시각적 표현의 역할이 논란의 여지가 있었던 플뤼커의 직선 기하와 리만[VI.49]의 복소해석학에서 그랬다. 프레게는 논리적 원리로부터 엄밀하게 산술과 해석학을 유도하여 이런 논란을 해소하려고 했다. 그의 동기는 확실성에 대한 욕구였다기보다는 오히려 '빈틈없는' 증명만이 과학의 근본 원리를 드러낼 수 있다는 믿음이었다.

프레게의 핵심 논리 저작인 『개념기호법(*Begriffsschrift*)』(1879)과 『산술의 기본 법칙(*Grundgesetze der Arithmetik*)』(제1권(1893), 제2권(1903))에서 처음 드러난 현대 논리학의 특질들은 다음과 같다.

(i) 추론들을 명제의 정량화된 논리 내에서 분석했고, 관계들뿐만 아니라 주관적인 술어 형태의 명제들로까지 확장했다. 오늘날 프레게의 논리 체계를 고계 술어 계산이라 부른다.

(ii) "모든 A는 B이다"와 같은 삼단논법적인 형태를 "모든 x에 대해, x가 A이면 x는 B이다"처럼 양화 조건문으로 해석하여, 어떤 명제의 근원적인 논리 형태는 표층 문법과 다를 수도 있음을 암시적으로 나타냈는데, 지금은 너무나도 표준적이어서 피할 수 없는 것처럼 보인다.

(iii) 언어의 문법(구문론)을 명시적으로 나열하고, 추론은 문장의 형태에 따라 명시적으로 진술한 규칙에 의해 수행했다.

(iv) 추론 규칙과 공리를 구별했고, 귀결 관계(논리적 귀결)와 조건문을 구별했다.

(v) '함수'는 무정의 원시 개념으로 받아들였다. (이 주장은 논쟁을 촉발했다. 프레게의 스승 중 한 명이었던 알프레트 클렙슈를 비롯한 당대의 수학자 몇 명은 함수의 개념이 너무 모호해서 기본적인 구성 요소가 될 수 없다고 여겼다.) 함수와 함수의 인자가 될 수 있는 것(객체라 불렀다)을 엄격하게 구분했다.

(vi) 한정사(quantifier)들을 반복 사용할 수 있어서 점별 수렴과 균등 수렴의 차이점과 같은 것을 논리적으로 표현할 수 있었다.

하지만 참신함을 단순하게 나열하는 것만으로는 유사한 목적으로 쓰인 저작, 예를 들어 더 뒤에 나온 화이트헤드와 러셀[VI.71]의 『수학원리(*Principia Mathematica*)』와 견주었을 때 드러나는 프레게의 명료하고 예리한 논리적 글쓰기를 온전히 표현할 수 없을 것이다. 수십 년이 지난 후에야 논리학자들이 정확함과 명료성에서 프레게의 표준에 근접할 수 있었다. 하지만 표기법은 당대의(그리고 지금까지도) 독자들이 다루기에는 불편했다. 예를 들어 "q가 아니면, 모든 v는 F이다"와 같은 문장($\neg q \Rightarrow (\forall v)F(v)$)은 프레게의 표기법으로는 다음과 같다.

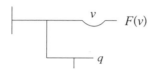

(여기에서 —— 는 부정을 의미하고, ——v—— 는 전칭 한정사이며, 긴 세로선은 조건문을 말한다.)

프레게는 격식을 차리지 않은 논문인 『산술의 기초(Grundlagen der Arithmetik)』(1884)를 썼는데, 이는 1950년 영어로 번역된 이후 영어권 철학에 엄청난 영향을 미쳤다. 여기서 다루는 수 개념에서 프레게의 기획이 내부로부터 무너질 수도 있다는 긴장이 최초로 엿보인다. 프레게는 수의 정의가 '받아들여지기' 위해 만족해야만 하는 조건들을 설정한다. 하지만 이를 형식화하면 러셀의 역설(모든 집합의 집합은 자신의 원소일 수 없다)과 비슷한 종류의 모순에 도달한다. 프레게는 러셀이 1903년에 편지로 경고할 때까지 이 문제를 눈치 채지 못했다. "산술이 무너졌다"고 한 프레게의 반응은 여러 가능한 공리계 중 하나가 실패한 것치고는 과잉 반응이라 받아들여진다. 하지만 프레게의 관점에서, 이 문제는 특정한 공리들 때문이 아니었다. 논리적으로 적절할 만큼 약화시키면 생각의 본성에 바탕을 두고 있다고 여겼던 원리를 몇 가지는 위반할 수밖에 없어 보였던 것이다. 종종 바로크풍 형이상학의 개념을 썼던 프레게에 동의하지 않는 많은 논리학자들이 최근 프레게의 체계를 자연스럽고 모순이 없게 약화시키면, 프레게가 재구성하려고 했던 수학을 유도할 수 있음을 증명했다.

1903년 이후 프레게의 생에 개인적인 비극이 찾아 와서, 10년이 넘도록 진지한 연구를 진행하지 못했다. 1918년에 일련의 철학 논문으로 글쓰기를 재개했지만, 수학에 대한 연구로는 논리가 아니라 기하학 위에 산술을 세우겠다며 날림으로 쓴 한 편의 짧은 글만 남아 있고, 이는 프레게가 자신의 논리 프로그램이 실패했다는 결론을 내렸음을 보여준다.

더 읽을거리

특별히 자세한 프레게의 산술 기초의 '신-프레게 주의적' 재구성의 예는 존 부르게스의 『프레게 고치기(Fixing Frege)』(Princeton University Press, Princeton, NJ, 2005)이다. 논리에 관한 프레게의 철학을 재구성함에 있어 기술적인 세부사항을 다룬 많은 고전적인 논문들은 『프레게의 수학 철학(Frege's Phiosophy of Mathematics)』(Harvard University Press, Harvard, MA, 1995)에서 재발행되었다.

제이미 타펜던(Jamie Tappenden)

VI.57 크리스티안 펠릭스 클라인

출생: 독일 뒤셀도르프, 1849년
사망: 독일 괴팅겐, 1925년
고차원 기하, 함수론, 대수 방정식론, 교육학

클라인은 원래 물리학자가 되려고 했지만 본 대학의 율리우스 플뤼커와 함께 수학과 물리를 공부하다가 수학으로 방향을 바꿨고, 1868년 직선 기하에 대한 논문으로 박사 학위를 받았다. 1868년 플뤼커가 사망하자 알프레드 클렙슈와 함께 공부하기 위해 괴팅겐으로 가서 수학만 연구했다. 1869~1870년에는 베를린에 몇 달 간 머무르며 바이어슈트라스[VI.44] 및 쿠머[VI.40]와 같이 공부하다가 리[VI.53]와 합류해 에르미트[VI.47]를 만나기 위해 파리로 여행을 떠난다. 1871년에 괴팅겐 대학 교수임용 자격시험을 통과한 후, 에를랑겐, 뮌헨, 라이프치히에서 잇달아 자리를 잡았다가, 1886년 괴팅겐으로 다시 돌아와 건강 악화로 1913년에 은퇴할 때까지 그 자리를 지켰다. 1875년에는 철학자 게오르크 빌헬름 프리드리히 헤겔의 손녀인 안나 헤겔(Anna Hegel)과 결혼한다.

1872년에 클라인은 기하학의 개념을 창의적으로 통합하는 유명한 '에를랑겐 프로그램'을 내놓는다. 그는 어떻게 사영기하[I.3 §6.7]로부터 유클리드 기하[I.3 §6.2]를 연역할 수 있는지 보여준 케일리[VI.46]의 1859년의 논문을 기초로 하여, 파리에 있을 때 조르당[VI.52]으로부터 배운 군론에 대한 지식을 적용하여 모든 기하학의 계층을 만들었다. 클라인은 각 기하학을 변환군으로 특징지을 수 있고, 이를 이용하여 분류할 수 있음을 인식했다(몇 가지 기본적인 수학의 정의[I.3 §6.1] 참조). 분류한 결과 클라인이 예

상했던 대로 모든 기하학 중에서 사영기하가 가장 기본적이며 다른 기하학 예를 들어 아핀 기하, 쌍곡 기하, 유클리드 기하는 일정 정도 그 아래에 포함돼 있었다. 또한 이런 구성법으로부터 비유클리드 기하학[II.2 §§6-10]에 모순이 있을 경우 동시에 유클리드 기하학에도 모순을 가져옴이 명백했다.

클라인은 그의 연구 중 함수론에 대한 연구를 최고의 성취라고 여겼다. 클라인은 경력을 쌓아가면서 플뤼커와 클렙슈의 순수한 기하학적 관점에서 점차 멀어져, 해석함수를 주어진 영역 사이의 등각사상에 의해 주어지는 것으로 여겼던 리만[VI.49]의 더 넓은 세계관을 포괄했다. 「대수적 함수와 그 적분에 대한 리만 이론(*Riemanns Theorie der algebraischen Funktionen und ihrer Integrale*)」(1882)에서 클라인은 리만의 아이디어와 바이어슈트라스의 엄밀한 거듭제곱 급수 방법을 융합하여 함수론을 기하학적으로 다루었다.

능력의 정점에 있던 1882년에 클라인은 건강이 악화된다. 그는 푸앵카레[VI.61]를 따라 잡아 경쟁적으로 삼각함수나 타원함수[V.31] 등의 주기함수를 일반화한 보형함수의 이론을 발전시키는 과정에서 유명한 '경계 원(Grenzkreis)' 정리를 증명한 후 녹초가 되어 다시는 그렇게 높은 수준에서 그만큼 격렬하게 연구할 수 없었다.

건강이 악화되면서 클라인의 관심은 점차 교육학으로 옮겨 갔다. 그는 수학 교육을 현대화하기 위해 노력하던 중 뛰어난 조직화 능력을 개발했고, 강의록을 준비하는 것부터 24권짜리 『수리 과학과 그 응용에 대한 백과사전(*Encyklopädie der mathematischen Wissenschaften*)』(1896~1935)의 공동편집

에 이르기까지 지대한 영향을 미칠 중요한 편집 계획에 착수했다. 그는 거의 50년 동안《수학연보》의 편집자였고, 1890년 독일 수학회의 발기인 중 한 명이었다. 또한 공학자들이 수학을 더 잘 이해할 수 있도록 증진함은 물론, 과학과 공학에서 수학의 응용을 확립하는 데 활발한 역할을 수행했다.

클라인의 다른 성취로는 대수 방정식의 이론에 대한 중요한 결과(정20면체를 고려하다가 얻은 일반적인 5차방정식의 완전한 이론)(1884)가 있고, 역학에서는 아르놀트 조머펠트(Arnold Sommerfeld)와 함께 자이로스코프의 이론(1897~1910)을 개발했다. 또한 군론을 상대성 이론에 적용하는 것과 관련된 아이디어를 가지고 연구하다가 로렌츠 군[IV.13 §1]에 대한 이론(1910)과 중력에 대한 논문(1918)을 썼다. 클라인은 미국과 영국을 포함하여 폭넓게 여행한 국제적인 인물로, 제1회 세계수학자대회에서도 중요한 역할을 맡았다. 그의 많은 외국인 제자 중에는 미국 출신도 몇 명 포함돼 있는데, 예를 들어, 맥심 보처(Maxime Bôcher), 윌리엄 포그 오스굿(William Fogg Osgood), 그레이스 치좀 영(Grace Chisholm Young)과 메리 윈스턴(Mary Winston) 등 많은 여학생이 포함돼 있다.

클라인의 업적으로 인해 괴팅겐은 독일 과학계의 중추는 물론 세계 수학계의 중심으로 자리 잡았다. 클라인은 수학 명제가 사실인지 '볼' 수 있는 능력과, 자세한 계산이나 검증을 할 필요를 느끼지 않고도(제자들이나 다른 이들에게 남겨 두었다) 수학 분야를 아우르는 데 뛰어난 능력을 보유했다. 클라인은 수학의 통일성을 강하게 믿었다.

더 읽을거리

Frei, G. 1984. Felix Klein(1849-1925), a biographical sketch. In *Jahrbuch Überblicke Mathematik*, pp. 229-54. Mannheim: Bibliographisches Institut.

Klein, F. 1921-23. *Gesammelte mathematische Abhandlungen*, three volumes. Berlin: Springer. (Reprinted, 1973. Volume 3 contains lists of Klein's publications, lectures, and dissertations directed by him.)

———. 1979. *Development of Mathematics in the 19th Century*, translated by M. Ackerman. Brookline, MA: MathSci Press.

뤼디거 티엘리(Rüdiger Thiele)

VI.58 페르디난드 게오르크 프로베니우스

출생: 독일 베를린, 1849년
사망: 독일 베를린, 1917년
해석학, 선형대수, 정수론, 군론, 지표 이론

베를린에서 학업을 마친 후 프로베니우스(자신의 이름을 감추고, 주로 프로베니우스라는 성으로 논문을 썼다)는 괴팅겐에서 한 학기 동안 수학과 물리학을 배운 뒤 베를린으로 돌아가 크로네커[VI.48], 쿠머[VI.40], 바이어슈트라스[VI.44] 등의 가르침을 받았다. 1870년 바이어슈트라스를 지도 교수로 하여 일변수 해석함수의 무한급수 표현에 대해 (라틴어로) 박사 학위 논문을 썼다. 4년 동안 베를린에서 교사로 지내다가 베를린 대학에서 조교수로 임용되었다. 2년이 채 못 지난 1875년 취리히 연방 공과대

학에서 정교수 요청을 받아 1892년까지 지내다가, 크로네커[VI.48]의 후계자로 베를린 대학으로 되돌아갔다. 1916년에 은퇴하고 이듬해 사망했다.

그의 초창기 논문은 해석학과 미분방정식론을 다루었다. 나중에는 주로 세타함수, 대수, 정수론에 대해 썼다. 그의 가장 잘 알려진 업적은 군론과 정수론에 걸쳐 있는 결과이다. 어떤 대수적 수체의 원소를 계수로 갖는 다항식이 있을 때, 이를 어떤 소아이디얼을 법으로 축소했을 때 생기는 기약 인자들의 차수가 얼마인지 질문할 수 있다. 특히 법으로 축소할 때 주어진 기약 인자의 차수들을 패턴으로 갖는 소아이디얼들의 집합의 '밀도'(적절히 정의할 수 있다)가 어느 정도인지 질문할 수 있다. 크로네커의 아이디어를 따라 가던 프로베니우스는 갈루아 군[V.21]이 대칭군[III.68]일 경우, 이 밀도는 군의 원소 중에서 주어진 패턴과 같은 사이클 구조를 갖는 것들의 비율임을 증명했다. 프로베니우스는 갈루아 군이 어떤 군이든 사실일 거라고 예상했다. 체 $\mathbb{F}_q$의 유한 확대체의 갈루아 군의 자연스러운 생성원 $a \mapsto a^q$을 이 과정에 도구로 사용해서 '프로베니우스 자기동형사상'이라는 이름이 나왔다. 이 예상은 1925년 체보타료프(N. G. Chebotaryov)가 증명하여 지금은 체보타료프 밀도 정리 혹은 프로베니우스-체보타료프 밀도 정리라 부른다.

또 다른 유명하고 중요한 업적으로는 행렬과 선형 변환에 대한 이론이 있는데, 이 분야에서 프로베니우스는 최소다항식 및 초등인자(elementary divisior)와 같은 불변량들을 도입했다.

프로베니우스는 유한군론에 대한 연구로 가장 잘 알려져 있다. 오토 휠더(Otto Hölder)나 윌리엄 번사이드[VI.60]처럼 프로베니우스도 한동안 유한 단순군[V.7]을 찾는 데 집중했다. 하지만 그의 최고의 업적은 군 지표[IV.9] 이론을 발명한 것이다. 이는 1896년 군 행렬식을 연구하던 도중 뜻밖에 나왔다. 군 행렬식이란 유한군 G가 있을 때, G의 원소 g마다 독립 변수 x_g를 대응한 후, G의 원소로 행과 열을 나열하고 (a, b) 요소를 $x_{ab^{-1}}$로 채운 정사각행렬의 행렬식을 말한다. 데데킨트[VI.50]와의 서신에 자극을 받은 프로베니우스의 관심사는 군 행렬식을 이 변수들의 다항식으로 인수분해하는 방법을 찾는 것이었다. 이 문제로부터 이 군과 관련된 연립 선형방정식의 해로부터 각 켤레류마다 하나씩 나오는 어떤 복소수 집합을 발견하는 데 이르고, 이를 '군 지표(Gruppencharactere)'라 불렀다. 요즘에는 다른 방식으로 정의한다. 즉, 군 G의 복소 표현(복소수체 $\mathbb{C}$ 위의 $n \times n$ 가역 행렬군을 $\mathrm{GL}_n(\mathbb{C})$라 할 때, 군준동형사상 $\rho : G \to \mathrm{GL}_n(\mathbb{C})$를 말한다) ρ에 대응하는 지표 χ는 각 $g \in G$에 대해 $\chi(g) = \mathrm{trace}\,\rho(g)$로 주어지는 사상 $G \to \mathbb{C}$를 말한다. 프로베니우스는 직교 관계식을 증명할 수 있었고, 자신의 지표와 군의 행렬 표현의 연관 관계를 인식했으며, 대칭군, 교대군, 마티외 군에 대해 지표표를 계산했고, 유도 지표(induced character)의 성질을 이용하여 추이적 치환군이 항등원 이외에는 두 점 이상의 부동점을 갖지 않으면 정칙인 정규 부분군(즉, 군에서 부동점을 갖지 않는 원소와 항등원으로 이루어진 부분군)이 존재함을 증명했다. 오늘날까지 이 정리를 순수 군론만으로 증명하는 방법은 발견되지 않았다. 이런 군에 대한 그의 기여를 기려 지금은 이를 프로베니우스 군이라 부른다. 유한군에 대해 프로베니우스(그리고 고전적 행렬군에 대해서는 제자, 친구, 동료였던 이사이 슈어(Issai Schur))가 개발한 지표 이론과 표현론을 통해, 한 세대 후 물리학과 화학에서 군론의 중요한 응용이 발견되었다.

더 읽을거리

Begehr, H., ed. 1998. *Mathematik in Berlin: Geschichte und Dokumentation*, two volumes. Aachen: Shaker.

Curtis, C. W. 1999. *Pioneers of Representation Theory: Frobenius, Burnside, Schur, and Brauer*. Providence, RI: American Mathematical Society.

Serre, J.-P., ed. 1968. F. G. *Frobenius: Gesammelte Abhandlungen*, three volumes. Berlin: Springer.

피터 노이만(Peter M. Neumann)

VI.59 소피아 (소냐) 코발레프스카야

출생: 러시아 모스크바, 1850년
사망: 스웨덴 스톡홀름, 1891년
편미분방정식, 아벨 적분

코발레프스카야는 어렸을 때부터 수학에 재능을 보였으나, 19세기 중반의 러시아에서 살았던 여자였으므로 대학에 입학할 수는 없었다. 당시에는 동반자 없이 해외로 나갈 수 없었기 때문에 결혼을 한 뒤, 1869년 하이델베르크로 떠나 뒤 부아-레몽(Du Bois-Reymond)에게서 수학을 배웠고, 이듬해 베를린으로 이주하여 바이어슈트라스[VI.44]와 함께 공부했다. 베를린 대학은 여자에게 폐쇄적이었으나 바이어슈트라스는 그녀의 개인교사가 되는 데 동의했다. 바이어슈트라스의 지도하에 편미분방정식, 아벨 적분, 토성의 고리에 대한 학위논문을 완성하고, 1874년 수학에서 최초로 박사 학위를 받은 여성이 되었다. 편미분방정식에 대한 논문은 특별히 주목을 끌었는데, 편미분방정식의 해석적 해의 존재성을 수립하는 데 중요한 도구로서 지금은 코시-코발레프스카야 정리[IV.12 §§2.2, 2.4]라고 부르는 것을 다루고 있다.

바로 그해 코발레프스카야는 러시아로 되돌아갔으나 적당한 자리를 찾지 못하여 얼마 동안 수학을 할 수 없었다. 그녀는 1880년 체비쇼프[VI.45]의 초청으로 상트페테르부르크에서 열린 학회에서 아벨 적분에 대한 논문을 발표하여 열광적인 호응을 얻고 1881년 베를린으로 다시 돌아간다. 바이어슈트라스와 자주 만났고, 프랑스 물리학자 가브리엘 라메(Gabriel Lamé)의 업적을 연구하다 이끌렸던 주제인 결정체 매질 속에서 빛의 전파에 대한 연구와, 고정점 주변으로의 고체의 회전에 대한 연구에 몰두했다. 그해 후반 파리로 이주해 그곳에서 수학을 연구했다.

1883년 미타그-레플러(Mittag-Leffler)의 옹호하에 코발레프스카야는 스톡홀름 대학에 객원 강사로 임용됐다. 또한 《수학 동향(*Acta Mathematica*)》의 편집자가 되어 과학 잡지에 편집진으로 가담한 최초의 여성이 되었다. 《동향》을 대변하여 코발레프스카야는 파리, 베를린, 러시아로부터 온 수학자들을 중재했고, 러시아 수학계와 서방 유럽 수학계 사이에 중요한 연결 고리를 제공했다. 회전 문제에 대한 연구를 계속하여 1885년 돌파구를 열어서, 3년 뒤 프랑스 과학 아카데미로부터 영예의 '보르댕 상 (Prix Bordin)'을 받았다. 코발레프스카야의 연구에 앞서 이 문제가 완전히 풀린 것은 두 가지 경우뿐이 었고 둘 다 대칭적인 경우였다. 첫 번째 경우는 오일 러[VI.19]가 푼 것으로 움직이는 물체의 중력 중심 이 고정점과 일치하는 경우였고, 두 번째 경우는 라 그랑주[VI.22]가 푼 것으로 중력 중심이 고정점과 같 은 축 위에 있는 경우였다. 코발레프스카야는 이 문 제가 완전히 풀리는 비대칭적이면서 나머지 두 경 우보다 더 복잡한 세 번째 경우가 있음을 발견했다 (또 다른 경우가 더는 존재하지 않음이 나중에 증명 됐다). 그녀가 얻은 결과는 아벨 적분 문제를 당시 발달 중이었던 세타함수(타원함수[V.31]를 구성할 수 있는 가장 간단한 함수) 이론에 응용하여 해결했 다는 점에서 참신했다.

코발레프스카야는 1889년 스톡홀름 대학에서 수 학과 정교수가 되어, 그 자리에 오른 세계 최초의 여 성이 되었다. 그 직후 체비쇼프에 의해 러시아 과학 아카데미의 연락 회원 후보로 선정되고, 뒤이어 회 원이 됨으로써 다시 한번 성별의 장벽을 무너트렸 다.

더 읽을거리

Cooke, R. 1984. *The Mathematics of Sonya Kovalevskaya*. New York: Springer.

Koblitz, A. H. 1983. *A Convergence of Lives. Sofia Kovalevskaia: Scientist, Writer, Revolutionary*. Boston, MA: Birkhäuser.

VI.60 윌리엄 번사이드

출생: 잉글랜드 런던, 1852년
사망: 잉글랜드 웨스트 위컴, 1927년
군론, 지표 이론, 표현론

번사이드의 수학 능력은 학창 시절 때부터 드러났 다. 그러다 케임브리지 대학에 입학했고, 수학 트라 이퍼스(졸업 시험)를 봐서 1875년 차석으로 졸업했 다. 10년 동안 케임브리지 펨브로크 칼리지의 선임 연구원으로 지냈고, 학생 조정선수들과 수학자들을 코치했다. 1885년 세 편의 짧은 논문을 출간하고 그 리니치 왕립해군대학의 교수로 임용됐다. 1886년 에 결혼을 하고 다음해 35세의 나이에 생산적인 수 학자로서의 경력을 시작했다. 응용수학(통계역학 과 유체동역학), 기하학, 함수론에서의 기여로 1893 년 왕립 학회의 선임연구원이 된다. 그는 평생 동 안 이 분야에서의 연구를 지속했고, 제1차 세계 대 전 중에는 관심 분야에 확률론을 더하기는 하지만, 1893년 군론으로 방향을 전환했고 이 분야에서의 발견들로 기억되고 있다.

번사이드는 유한군 이론의 모든 면을 다뤘다. 번 사이드는 유한 단순군을 찾는 문제에 관심이 많았 는데, 홀수 합성수를 위수로 갖는 단순군은 없다는 유명한 예상을 내놓았고(유한 단순군의 분류[V.7] 를 보라), 1962년 월터 파이트(Walter Feit)와 존 톰슨 (John Thompson)이 마침내 증명한다. 프로베니우스 [VI.58]가 1896년에 만든 지표 이론이 순수 군론의 정리를 증명하는 도구로 발달하게 돕고, 이를 이용 하여 1904년 극적인 결과인 소위 $p^{\alpha}q^{\beta}$ 정리, 즉 기 껏해야 두 개의 소수만을 약수로 갖는 위수의 군은 가해군임을 증명한다. 사실상, 모든 원소가 유한 위수를 가지며 유한개의 원소로 생성되는 군은 유한 군이냐는 질문을 하여, 20세기 대부분 동안 커다란 연구 분야였던 번사이드 문제를 출범시켰다(기하적/조합적 군론[IV.10 §5.1] 참조).

그보다 앞서 케일리[VI.46]와 영국 성공회 목회자 커크먼(T. P. Kirkman)이 군에 대한 저술을 남겼으나, 필립 홀(Philip Hall)이 1928년 경력을 시작하기 전까지 군론을 연구한 영국 수학자는 번사이드뿐이었다. 번사이드는 "더 연구할수록 더 흥미로워지는 순수수학 분야에 영국 수학자들의 흥미를 유발하겠다"는 희망을 품고 영향력 있는 책 『유한 위수의 군론(*Theory of Groups of Finite Order*)』(1897)을 썼다. 하지만 그가 사망한 지 몇 년이 지나도록 모국에서의 영향은 미미했다. 1911년의 초판을 대폭 개정한 재판이 발행됐는데(1955년 중판), 특히 1896년 지표 이론 발명 이후 15년이 넘는 동안 프로베니우스, 번사이드, 슈어 등이 발달시킨 유한군론에 대한 지표 이론 및 응용에 대한 장(章)을 덧붙였다.

더 읽을거리

Curtis, C. W. 1999. *Pioneers of Representation Theory: Frobenius, Burnside, Schur, and Brauer*. Providence, RI: American Mathematical Society.

Neumann, P. M., A. J. S. Mann, and J. C. Tompson. 2004. *The Collected Papers of William Burnside*, two volumes. Oxford: Oxford University Press.

피터 노이만

VI.61 쥘 앙리 푸앵카레

출생: 프랑스 낭시, 1854년
사망: 프랑스 파리, 1912년
함수론, 기하학, 위상수학, 천체 역학, 수리물리, 과학의 기초론

에콜 폴리테크닉와 파리의 국립광업학교에서 교육을 받은 푸앵카레는 1879년 캉 대학에서 교직 경력을 시작했다. 1881년 파리 대학에 임용되었고, 그곳에서 1866년부터 1912년 사망할 때까지 성공적인 시간을 보냈다. 내성적인 성격 탓에 대학원생들의 인기를 끌진 못했지만, 그의 수업은 특히 수리물리에서의 수많은 논문에 토대를 제공했다.

푸앵카레는 1880년대 초 복소함수론, 군론, 비유클리드 기하학, 선형 상미분방정식론의 아이디어를 융합하여 중요한 보형함수의 무리를 찾아내면서 국제적인 저명인사가 되었다. 수학자 라차루스 푹스(Lazarus Fuchs)를 기려 푹스 함수라는 이름을 붙였는데, 이는 원판 위에서 정의되며 모종의 이산 변환군 하에서 불변인 함수를 말한다. 머지않아, 이와 관련 있지만 더 복잡한 클라인 함수(극한 원을 갖지 않는 보형함수)를 찾아냈다. 보형함수에 대한 푸앵카레의 이론은 비유클리드 기하학을 최초로 중요하게 응용한 사례이다. 이로부터 쌍곡평면의 원판 모형을 발견했고, 훗날 균일화 정리[V.34]를 고취시켰다.

같은 시기 동안 푸앵카레는 미분방정식의 정성적인 이론에서 선구적인 연구를 시작했는데, 부분적으로는 역학에서의 근본 문제, 특히 태양계의 안정성에 대한 문제에 대한 관심이 그의 동기였다. 푸앵카레의 아이디어가 새롭고 중요한 것은 방정식의 해를 함수가 아니라 곡선들로 생각했다는 점으

쥘 앙리 푸앵카레

로, 이는 다시 말해 대수적이라기보다는 기하학적으로 생각한 것인데, 이때를 기점으로 거듭제곱 급수 방법이 지배하던 전 세대의 연구로부터 탈피할 수 있었다. 1880년대 중반부터 자신의 기하학 이론을 천체 역학의 문제에 적용하기 시작했다. 3체 문제[V.33]에 대한 소논문(1890)은 찬사를 받은 논문 『천체 역학에 대한 새로운 방법들(*Les Méthodes Nouvelles de la Mécanique Céleste*)』(1892~1899)에 대한 기본을 제공하는 데다, 동역학계에서 최초로 **카오스적 행동**[IV.14 §5]을 수학적으로 기술한 것으로 유명하다. 안정성은 회전하는 유체 덩어리의 형태에 대한 연구에서도 중심 사안이었다. 이 연구에서 평형 상태에 있는 서양배 모양의 형태가 있음을 새롭게 발견했는데, 쌍성계나 다른 천체의 진화와 관련하여 우주론에서 중요하게 응용되었기 때문에 비상한 관심을 끌었다.

푹스 함수와 미분방정식의 정성적 이론에 대한 푸앵카레의 연구로부터 **다양체**[I.3 §6.9]의 위상

(topology, 당시에는 **위치 해석학**(analysis situs)이라 불렀다)이 중요하다는 것을 인식하게 됐다. 그리하여 1890년대에는 다양체의 위상을 자체 주제로 한 연구에 착수하여, 사실상 강력하고 독립적인 대수적 위상수학[IV.6] 분야를 창조했다. 1892년부터 1904년까지 출간한 일련의 소논문에서 베티(Betti) 수, 기본군[IV.6 §2], 호몰로지[IV.6 §4], 비틀림(torsion)을 포함하여 새로운 아이디어와 개념을 상당수 도입했는데, 마지막 논문에는 오늘날 **푸앵카레 추측**[IV.7 §2.4]이라 부르는 가설이 들어 있다.

푸앵카레가 수리물리학에서 거둔 성과에는 물리 문제에 대한 깊은 관심이 저변에 깔려 있다. 퍼텐셜 이론에 대한 연구는 경곗값 문제에 대한 카를 노이만(Carl Neumann)의 연구와 적분방정식에 대한 프레드홀름[VI.66]의 연구 사이에 다리를 놓았다. 푸앵카레는 **디리클레 문제**[IV.12 §1]에 대한 연구에서 '싹쓸이 방법(méthode de balayage)'이라 부르는 기교를 도입했고(1890), 디리클레 문제 자체가 **고윳값과 고유함수**[I.3 §4.3]의 수열을 줄 것이라는 아이디어를 갖고 있었다(1898). 다변수 함수에 대한 이론을 발전시키는 도중에 푸앵카레는 복소함수론에서 새로운 결과들을 발견하기에 이른다. 대학 강의에서 나온 『전기와 광학(*Électricité et Optique*)』(1890, 1901년에 개정)에서는 맥스웰(Maxwell), 헬름홀츠, 헤르츠의 전자기 이론을 권위 있게 설명했다. 1905년 로렌츠의 새로운 전자 이론에 대한 응답으로, 아인슈타인(Einstein)의 **특수 상대성 이론**[IV.13 §1]을 거의 예견하는 데까지 갔으며, 이로 인해 우선권 문제로 후대 작가들 사이에 논란이 일어났다. 1911년에는 양자 이론에 대한 최초의 솔베이 학회에 참석하고,

영향력 있는 소논문을 출간한다(1912).

경력이 쌓여가면서 푸앵카레는 수리 철학과 과학 철학에도 관심을 보였다. 푸앵카레의 생각은 네 권의 수필집 『과학과 가설(*La Science et l'Hypothèse*)』 (1902), 『과학의 가치(*La Valeur de la Science*)』(1905), 『과학과 방법(*Science et Méthode*)』(1908), 『최근 생각(*Dernières Pensées*)』(1913)을 통해 널리 알려졌다. 기하학을 하는 철학자로서 푸앵카레는 물리적 공간에 기하학의 어떤 모형이 가장 들어맞느냐는 것은 객관적 질문이 아니며 어느 모형이 가장 편리하냐가 중요하다는 (관습주의로 알려진) 시각의 지지자였다. 이와는 대조적으로 산술에 대한 입장은 직관주의였다. 수학 기초 문제에 대한 질문에서는 대개 비판적이었다. 집합론의 목적에는 동의했지만, 자신이 인지하기에 직관에 반하는 결과는 공격했다 (수학 기초의 위기[II.7 §2.2] 참조).

푸앵카레의 선지자적인 기하학 스타일은 종종 서로 다른 수학 분야를 연결시키곤 하는 새롭고 뛰어난 아이디어를 이끌어냈지만, 세부 사항이 부족하여 연구를 따라가기 힘들었다. 그의 방식은 때로는 정밀하지 못한 접근법이라는 비난을 샀고, 대수에 뿌리를 두고 엄밀하게 연구를 하는 힐베르트[VI.63]나 다른 독일 수학자들의 연구와는 뚜렷한 대조를 이룬다.

더 읽을거리

Barrow-Green, J. E. 1997. *Poincaré and the Three Body Problem*. Providence, RI: American Mathematical Society.

Poincaré, J. H. 1915-56. *Collected Works: Oeuvres de Henri Poincaré*, eleven volumes. Paris: Gauthier Villars.

VI.62 주세페 페아노

출생: 이탈리아 스피네타, 1858년
사망: 이탈리아 토리노, 1932년
해석학, 수리논리, 수학의 기초

무엇보다도 자신(그리고 데데킨트[VI.50])의 자연수의 공리계로 잘 알려져 있는 페아노는 해석학, 논리학, 수학의 공리화에 중요한 기여를 했다. 그는 스피네타(이탈리아 피에몽테)에서 소작농의 아들로 태어났고, 1876년부터 토리노 대학에서 공부를 했으며, 1880년에 박사 학위를 받았다. 1895년에 정교수가 되었고, 1932년 사망할 때까지 토리노에서 생활했다.

1880년대 페아노는 해석학 연구를 하던 중 자신의 가장 중요한 성과로 간주되는 것을 성취했다. 연속적으로 공간을 채우는 페아노 곡선(1890), 조르당[VI.52]과 독립적으로 개발한 (측도 이론[III.55]보다 앞선) 용량(content)이라는 개념,[*] 1계 미분방정식의 해의 존재성에 대한 정리들(1886, 1890)이 특히 주목할 만하다. 1884년에 출판한 교재 『미분과 적분의 원리(*Calcolo Differenziale e Principii di Calcolo Integrale*)』는 그의 교사였던 안젤로 제노키(Angelo

---

[*] 조르당-페아노 측도 혹은 조르당-페아노 용량이라 부른다-옮긴이

Genocchi)의 수업 일부를 기초로 한 것이고, 엄밀하고 비평적인 스타일로 주목할 만하며 19세기 최고의 논문 중 하나로 손꼽힌다.

1889년부터 1908년까지 페아노는 기호 논리학, 공리화, 백과사전 『수학의 형식화(*Formulaire de Mathématiques*)』(1895~1908, 전5권)의 발간에만 헌신한다. 수리논리의 기호들을 써서 증명은 전혀 없이 수학의 결과들을 야심차게 모아 촘촘하게 제시했다. 당대에 전혀 표준이 아닌 방식이었지만, 페아노가 논리로부터 기대한 것이 무엇이었는지를 보여준다. 논리는 언어의 정확함과 간결함을 주어야 하며, 더 엄밀한 수준일 필요는 없었다(대조적으로 프레게[VI.56]에게는 중요했다). 1891년 동료 몇 명과 《수학 잡지(*Rivista di Matematica*)》를 창간하고, 중요한 추종자 집단을 모았다.

페아노는 다가가기 쉬운 사람이었고, 학생들과 어울리는 방식은 토리노에서 '물의를 빚는' 것으로 여겨졌다. 정치에서는 사회주의자였고, 인생과 문화에 대한 모든 문제에서 관대한 보편주의자였다. 1890년대 후반 보편적인 대화 언어로 '무굴절 라틴어(Latino sine flexione)'를 공들여 만드는 데 부쩍 관심을 보였으며, 『형식화(*Formulario*)』(1905~1908)의 최종판을 이 언어로 출간한다.

페아노는 헤르만 그라스만(Hermann Grassmann), 에른스트 슈뢰더(Ernst Schröder), 리하르트 데데킨트 등 독일 수학자들의 연구를 면밀히 따랐다. 예를 들어 1884년 교재에서 데데킨트 절단을 이용해 실수를 정의했고, 1888년에는 『H. 그라스만의 광연론에 대응하는 기하학적 계산(*Calcolo Geometrico Secondo l'Ausdehnungslehre di H. Grassmann*)』을 출

간했다. 1889년에는 자연수 집합에 대한 유명한 **페아노 공리계[III.67]**가 첫 모습을 (라틴어로) 드러냈고, 1898년 『형식화』 제2권에서 더 다듬었다. 이는 해석학의 산술화가 사실상 완료된 시점에 수학의 기초에서의 가장 중대한 간극을 메우려는 목적을 띠었다. 프레게, 찰스 퍼스(Charles S. Peirce), 데데킨트 등 다른 수학자들이 그 무렵 비슷한 연구물을 출간한 것도 우연은 아니다. 페아노의 시도는 퍼스의 것보다 더 완결적이며, 프레게나 데데킨트의 것보다 더 쉽고 친숙한 용어로 표현돼 있었기 때문에 인기가 높았다.

자연수에 대한 페아노의 연구는 그의 다양한 수학적 기여의 전환기에 있었는데, 자연스럽게 해석학에서의 기존의 연구와 훗날의 논리적 기초에 대한 연구를 연결 짓고 있으며, 『형식화』 계획에 꼭 필요한 전제조건이었다. 사실 『산술의 원리(*Arithmetices Principia*)』는 그라스만의 『산술 지도(*Lehrbuch der Arithmetik*)』(1861)를 논리 언어로 단순화하고, 정제하고, 번역한 것으로 여길 수 있다(부제로 '새로운 방법'이 달려 있다). 그라스만은 수학적 귀납법에 의한 증명과 재귀적 정의에 강조를 두면서 엄격한 연역적 구조를 상술하려고 분투했다. 하지만 그라스만은 흥미롭게도 페아노와는 달리 귀납법의 공리를 공준으로 채택하지 않았고, 페아노가 귀납법을 자연수를 구성하는 성질로서 중심 무대로 들여와 기본 가정들을 훨씬 더 명쾌하게 제시할 수 있었다.

더 읽을거리

Borga, M., P. Freguglia, and D. Palladino. 1985. *I Contributi Fondazionali della Scuola di Peano*. Milan: Franco Angeli.

Ferreirós, J. 2005. Richard Dedekind (1888) and Giuseppe Peano(1889), booklets on the foundations of arithmetic. In *Landmark Writings in Western Mathematics 1640-1940*, edited by I. Grattan-Guinness, pp. 613-26. Amsterdam: Elsevier.

Peano, G. 1973. *Selected Works of Giuseppe Peano*, with a biographical sketch and bibliography by H. C. Kennedy. Toronto: University of Toronto Press.

호세 페레이로스(José Ferreirós)

VI.63 다비트 힐베르트

출생: 독일 쾨니히스베르크, 1862년
사망: 독일 괴팅겐, 1943년
불변식론, 정수론, 기하학, 세계수학자대회, 공리화법

헤르만 바일[VI.80]은 자신의 스승 힐베르트의 스타일을 이렇게 묘사했다. "마치 화창하게 탁 트인 풍경 속으로 재빠르게 걷고 있는 것과 비슷했다. 자유롭게 주변을 둘러보니 경계선과 연결된 길들이 나를 가리키고 있고, 언덕을 오르기 위해 각오를 다져야만 했다. 그러자 곧게 뻗은 길이…" 수학자로서의 힐베르트의 경력은 여러가지 주제가 균형을 이루고 있다. 힐베르트는 명료함, 엄밀함, 단순함, 깊이를 원했다. 인간의 결점을 넘어서는 아름다움 때문에 수학을 사랑했지만, 수학을 사회적 협동이라

보았다. 그의 터닝 포인트는 쾨니히스베르크의 대학에서 민코프스키[VI.64]와 아돌프 후르비츠(Adolf Hurwitz)와의 교류 속에서 찾아 왔다.

힐베르트는 이렇게 썼다. "시대의 수학에서의 진짜 문제에 몰두하는 끝나지 않은 걸음 위에서, 우리는 새로 이해하게 된 것과 우리의 생각과 과학적 계획을 교환했으며 평생 동안의 우정을 맺었다." 훗날 클라인[VI.57]과 함께 괴팅겐의 교수가 되었고, 전 세계의 수학자들을 끌어 모아 그 작은 도시를 (히틀러가 무너뜨리기 전까지) 수학의 교차로로 변모시켰다.

신임 사강사였을 때 학생들을 가르치면서 공부를 하겠다고 결심하고, 절대 같은 강의를 다시 하지 않기로 다짐했다. 후르비츠와 함께 수학의 '조직적 탐구'에 착수하기로 결심하고, 일생 동안 이런 패턴을 따랐다. 힐베르트의 이력은 쉽게 (i)대수와 대수적 불변식(1885~1893) (ii)대수적 정수론(1893~1898) (iii)기하학(1898~1902) (iv)해석학(1902~1912) (v)수리물리(1910~1922) (vi)수학의 기초(1918~1930) 이렇게 여섯 시기로 나눌 수 있다. 놀랍게도 이들 사이에는 겹치는 게 거의 없다. 힐베르트가 어떤 주제를 끝내면 정말로 끝낸 것이었다.

1988년에 파울 고르단의 이름을 딴 고르단의 문제를 한 번의 대담한 수로 풀어내면서부터 힐베르트의 최초의 돌파구가 열렸다. 변수가 적어도 두 개인 다항방정식이 있을 때, 좌표계를 바꿔 다항식을 바꾸면 다항식에 대한 어떤 것은 변하고 어떤 것은 변하지 않는다. 예를 들어 다음 실계수 다항방정식을 생각하자.

다비트 힐베르트

은 "이건 수학이 아니다. 이건 신학이다(Das ist nicht Mathematik, Das ist Theologie)"라고 말했다. 하지만 이 결과는 너무 강력해서 대수적 불변식 이론을 사망케 했다고 전해진다.

1893년 힐베르트와 민코프스키는 독일 수학회로부터 정수론에 대한 보고서를 써달라는 요청을 받는다. 힐베르트는 대수적 정수론[IV.1]을 선택했고, 19세기의 결과들을 대수적 수체[III.63]의 연구로 변모시켰다. 힐베르트가 찾아낸 깊은 체계적 구조는 후에 '유체론의 장엄한 성당'으로 불리게 되었다 ([V.28]에 설명돼 있다).

1899년에 처음 출판되었고 몇 차례에 걸쳐 개정되었던 힐베르트의 고전 『기하학의 기초(*Foundations of Geometry*)』는 실수의 산술로부터 시작한다. 힐베르트는 이 체계가 무모순임을, 즉 서로 모순인 추론들을 이끌어낼 가능성이 없다고 가정했다. 그런 뒤 해석기하학을 이용하여 유클리드 기하학[II.2 §3]의 모형을 만들었다. "직선이란 실수의 쌍 중에서 직선의 방정식을 만족하는 것, 원이란…"과 같은 식이었다. 이런 '직선'과 '점'에 대해 유클리드의 공리는 모두 참인 진술, 즉 이러한 실수 집합들에 대해 참인 진술이었다. 따라서 유클리드 기하학은 모든 실수 집합에 대한 참인 진술의 일부로 귀결되었고, 따라서 실수 산술이 무모순이면 유클리드 기하학도 무모순이다. 다음으로 힐베르트는 다양한 비유클리드 기하학의 모형을 유클리드 기하학의 용어로 구성하고, 가능한 공리 중 어떤 것들이 어떤 공리군으로부터 유도되며, 어떤 것들이 독립이지만 여전히 무모순인지를 뛰어난 창의력으로 깊이 있게 탐구했다.

$$ax^2 + bxy + cy^2 + d = 0.$$

좌표계를 회전하면 이 방정식은 극적으로 변하지만 그래프는 변하지 않으며, 판별식 $b^2 - 4ac$도 변하지 않는다. 이 판별식이 불변식의 하나다. 더 복잡한 종류의 다항식들과 좌표 변환들이 개입하는 일반적인 경우에는 불변식이 많이 있을 수 있다. 수학자들은 임의의 종류의 다항식과 임의의 좌표 변환들을 주더라도 근본적으로 다른 불변식은 유한개일 거라고 의심했다. 정말 그럴까? 많은 수학자가 부지런하게 개별적인 예들을 계산했다. 그러는 대신 힐베르트는 간접적인 추론을 했다. 특정한 종류의 다항식과 변환에 대해 유한한 기저가 없다면 어떻게 될까? 힐베르트는 항상 모순을 유도할 수 있음을 보였다. 따라서 그런 기저가 있어야만 한다고 결론지었다. 아무런 기저도 제시하지 않았기 때문에 이 결과는 처음에는 불신을 동반한 환영을 받았다. 고르단 힐베르트는 1900년 파리에서 열린 제2회 세계수학자대회에 연사로 초청받아 다음 세기를 위한 23개 문제를 제안하는 연설을 했다. 이 문제들은 현재 '힐베르트의 문제'로 알려져 있는데, 어떤 면에서는 이 문제들로 인해 그 이후 수학자들이 힐베르트나 다른 이들과 함께 대화를 하는 가상의 괴팅겐 대학이 세워진 셈이다.

다음으로 힐베르트는 해석학으로 방향을 바꾼다. 바이어슈트라스[VI.44]가 변분 문제는 항상 최댓값과 최솟값을 가진다는 주장에 버금가는 디리클레 원리에 대한 반례를 발견한다. 힐베르트는 조금 완화했지만 여전히 강력한 형태로 원리를 증명하여, 이 원리를 가정한 수많은 연구 결과들을 '건져'냈다. 하지만 이 시기 더 큰 주제는 적분방정식과, 지금은 힐베르트 공간[III.37]이라 부르는 것이었다. 뉴턴의 운동방정식은 미분방정식이고, 물리학의 방정식을 그런 식으로 쓰는 것은 자연스럽다. 하지만 많은 경우 미분보다는 적분으로 쓰여 있는 방정식 문제를 풀기가 더 쉬웠다. 1902년과 1912년 사이 힐베르트는 이 방향에서 다양한 문제를 공격했다. 힐베르트는 해를 힐베르트 공간의 원소로 보았고, 무한차원 벡터 공간과 유사한 스펙트럼 해석을 했다. 그렇게 하여 무정형이었던 함수의 바다는 기하학적 구조를 얻게 되었다.

1910년에 수리물리로 전환하여 약간의 성공을 거두었다. 하지만 물리학에서는 다양한 혁명이 진행 중이었고 아직은 수학적으로 명료화될 준비가 안 돼 있었다.

1900년 자신의 문제들을 제기할 당시 힐베르트는 당시 말한 대로 수학에서, 특히 집합론에 모순이 있다는 것을 알고 있었다. 힐베르트의 두 번째 문제는 첫 번째로는 산술, 두 번째로는 집합론이 무모순이라는 증명을 요청한 것이었다. 논쟁이 확대되면서 몇몇 수학자들은 자신들이 유효한 추론이라고 여겼던 것들로부터 후퇴했다. 힐베르트는 이런 것을 원치 않았다. 1918년까지 힐베르트는 수학을 형식적으로 공리화하고 이것에 모순이 없음을 증명론적, 조합론적 방법으로 보이려는 계획에 점차 초점을 맞춰 갔다. 괴델[VI.92]은 1930년 자신의 불완전성 정리를 증명하여, 적어도 애초에 힐베르트가 착상했던 모습으로의 계획은 결코 성공할 수 없음을 보였다. 힐베르트는 이 점에서는 틀렸지만, 설사 틀렸더라도 수학을 형식적 기초 위에 세우려는 꿈은 20세기의 가장 중요한 연구를 자극했다. 그리고 수학자들은 물러서지 않았다.

더 읽을거리

Reid, C. 1986. *Hilbert-Courant*. New York: Springer.

Weyl, H. 1944. David Hilbert and his mathematical work. *Bulletin of the American Mathematical Society* 50:612-54.

벤자민 얀델(Benjamin H. Yandell)

VI.64 헤르만 민코프스키

출생: 러시아 알렉소타스(현 리투아니아 카우나스), 1864년
사망: 독일 괴팅겐, 1909년
정수론, 기하학, 상대성 이론

1883년 파리 과학 아카데미는 18세 학생이었던 헤르만 민코프스키에게 (수리과학에서 권위가 높은) 대상을 수여했다. 그가 대상을 받은 문제는 정수를 다섯 개의 정수의 제곱의 합으로 표현하는 방법의 개수에 대한 문제였다. 독일어로 쓴 140쪽짜리 논문에서 민코프스키는 이 문제의 해를 특별한 경우로 포함하는 이차 형식[III.73]에 대한 일반적인 이론을 개발했다. 2년 후 쾨니히스베르크에서 박사 학위를 받았고, 1887년에는 변수가 n개인 이차 형식에 대한 추가 연구로 본(Bonn) 대학에서 교수임용 자격시험에 합격했다.

그는 쾨니히스베르크에서 학생으로 공부하며 아돌프 후르비츠, 힐베르트[VI.63]와 가까운 친구가 됐다. 또한 1894년 후르비츠가 취리히로 옮긴 후, 민코프스키는 본에서 모교로 돌아가고, 곧이어 힐베르트가 괴팅겐으로 떠난 후 힐베르트를 승계한다. 1896년에는 취리히로 옮겨 후르비츠의 동료가 된다. 1902년에는 힐베르트가 민코프스키를 위해 괴팅겐대학 수학과에 또 다른 자리를 마련하려고 협상을 한다. 그곳에서 민코프스키는 1909년 초반 맹장 파열로 때아니게 사망할 때까지 힐베르트의 동료이자 절친한 친구로 지냈다.

민코프스키의 후기 연구는 정수론 문제의 해를 구하는 데 기발한 기하학적 직관을 사용한다는 것으로 특징지을 수 있다. 0이 아닌 정숫값을 갖는 n개의 변수를 갖는 양의 정부호(positive definite) 이차 형식이 표현하는 최소의 양수에 관련한 에르미트[VI.47]의 정리가 출발점이었다. $n = 2$인 경우에는 타원, $n = 3$인 경우에는 타원체와 같이 기하학적인 대상으로 이차 형식을 해석하고, 이 변수들의 정숫값을 정칙 격자점의 좌표로 해석하여, 부피의 개념을 채택함으로써 자명하지 않은 수론적 결과를 얻을 수 있었다. 이 연구는 1896년 『수의 기하학(The Geometry of Numbers)』이라는 제목의 책으로 출판했다. 타원체를 이용한 기하학적 논증이 볼록성만을 사용했다는 것을 깨달은 민코프스키는 볼록 점 집합이라는 일반적인 개념을 도입하여 자신의 이론을 더 일반화한다. 민코프스키에 따르면 볼록체란 임의의 내점 두 개를 잇는 직선이 그 집합 내에 완전히 놓이는 집합을 말한다. 이 개념 덕분에 민코프스키는 삼각형의 합동과 관련한 유클리드 기하의 공리 대신 삼각형의 두 변의 합이 항상 나머지 변의 합보다 더 크다는 조금 더 약한 공리로 바꾼 기하학을 연구하게 된다(요즘에는 삼각 부등식이라 부르는데, 거리 공간에서 핵심 개념이다). 이런 민코프스키 기하학에 관련한 정리들도 바로 수론에서 자명하지 않은 결과를 만들어냈다. 이에 대한 추가 결과는 연분수[III.22] 이론에서 얻을 수 있었다. 1907년 민코프스키는 『디오판토스 근사: 수론 개론(Diophantische Approximationen: Eine Einführung in die Zahlentheorie)』이라는 제목으로 정수론에 대한 개론 강의를 책으로 출판했다.

민코프스키는 항상 물리학에 깊은 흥미를 보였다. 1906년에는 클라인[VI.57] 등이 편집한 권위 있는 『응용을 포함한 수리 과학 백과사전(Encyklopädie der mathematischen Wissenschaften mit

Einschluss ihre Anwendungen)』에 모세관 현상에 대한 글을 썼다. 괴팅겐에서 힐베르트와 민코프스키는 합동 세미나를 열어, 푸앵카레[VI.61], 아인슈타인 등의 전기 역학에 대한 최신 연구를 공부했다. 머지않아 민코프스키는 맥스웰 방정식의 로렌츠 변환군 불변성으로부터 특수 상대성 이론이 따름정리로 나옴을 깨달았다(**일반 상대성 이론과 아인슈타인 방정식[IV.13 §1]** 참조). 그는 맥스웰-로렌츠 전기 역학을 공간과 시간 좌표 사이에 형식적 차이를 두지 않고 수학적 형태로 기하학적으로 재해석했다. 이는 사망하기 몇 주 전 독일 과학자 및 물리학회의 쾰른 모임에서의 유명한 개막 연설에 표현돼 있다. "지금 이 시간부터 공간 자체와 시간 자체는 완전히 어둠 속으로 잠길 것이며, 다만 둘 사이의 모종의 결합만이 자치권을 가질 것입니다." 민코프스키의 4차원 특수 상대성의 로렌츠-공변 형식화는 훗날 아인슈타인의 일반 상대성 이론의 선행 조건이었다.

더 읽을거리

Hilbert, D. 1910. Hermann Minkowski. *Mathematische Annalen* 68 : 445-71.

Walter, S. 1999. Minkowski, mathematicians, and the mathematical theory of relativity. In *The Expanding Worlds of General Relativity*, edited by H. Goenner et al., pp. 45-86. Boston : Birkhäuser.

틸만 자우어(Tilman Sauer)

VI.65 자크 아다마르

출생: 프랑스 베르사유, 1865년
사망: 프랑스 파리, 1963년
함수론, 변분법, 정수론, 편미분방정식, 유체동역학

파리 고등사범학교의 졸업생인 아다마르는 1893년 보르도 대학에서 자리를 잡았다. 1897년 파리로 되돌아가 1937년 은퇴할 때까지 콜레주 드 프랑스와 에콜 폴리테크니크, 릴 대 과학기술 대학원에서 학생들을 가르쳤다. 전 세계의 수학자들이 자신의 최근 연구 결과를 설명하러 오는, 아다마르가 주최한 프랑스 대학의 세미나는 영향력이 상당했고, 1, 2차 세계 대전 사이에 프랑스 수학의 활력에 필수적인 부분이었다.

아다마르의 첫 번째 중요한 논문은 복소변수 **복소해석적 함수**[I.3 §5.6] 이론, 특히 테일러 급수의 해석적 연속과 관련돼 있는데, 1892년의 학위 논문에서 급수의 계수로부터 특이점의 성질을 어떻게 이끌어낼 수 있는지 연구했다. 특히 현재 코시-아다마르 공식이라 불리는 결과인, 테일러 급수 $\sum a_n z^n$의 수렴 반경이 $R = (\lim_{n \to \infty} \sup |a_n|^{1/n})^{-1}$로 주어짐을 보였다(1821년 코시[VI.29]가 이 공식을 출판했으나 독립적으로 발견한 아다마르가 최초로 완벽하게 증명했다). 수렴 반경이 함수의 자연스러운 경계를 주는 조건을 알려주는 유명한 '아다마르 간극(gap) 정리'를 포함한 추가 결과들이 따랐다. 단행본『테일러 급수와 해석적 연속(*La Série de Taylor et son Prolongement Analytique*)』(1901)은 특히나 영향력 있는 책으로 입증됐다. 1912년 아다마르는 무한 번 미분가능한 함수에 대해 준-해석성 문제를 제시했다.

1892년에는 전해석적 함수(entire function)에 대한 소논문으로 수상까지 하는데, 이 논문에서는 학위 논문의 결과를 이용하여 전해석함수의 테일러 급수의 계수와 근 사이의 관계를 수립하고, 이를 전해석함수의 종수를 계산하는 데 적용했다. 아다마르는 학위 논문의 결과와 이 연구를 리만 제타함수[IV.2 §3]에 적용하여, 1896년 가장 유명한 결과인 소수정리[V.26]를 증명했다(드 라 발레 푸생[VI.67]도 독립적으로 증명했지만, 더 복잡했다).

1890년대 아다마르의 또 다른 중요한 성취로는 적분방정식의 **프레드홀름 이론**[IV.15 §1]에서 핵심적인 결과로 쓰이는 **행렬식**[III.15]에 대한 잘 알려진 부등식(1893)과, 해석함수의 연구에서 볼록성의 중요성을 설명하고, 보간 이론에서 중요한 역할을 하는 '세 원의 정리(1896)'가 있다.

1896년 아다마르는 곡면 위에서의 측지선의 행동에 대한 연구로 **보르댕 상**을 받았다. (측지선을 연구하는 것은 동역학계에서 운동 궤적을 나타내는 데 이용되기 때문이다.) 이는 해석학 이외의 분야에서의 최초의 중요한 연구이다. 양의 곡률을 갖는 곡면 위에서의 측지선에 대한 논문(1897)과 음의 곡률을 갖는 곡면 위에서의 측지선에 대한 논문(1898)은 **푸앵카레**[VI.61]로부터 물려받은 정성적 분석을 특징으로 하고 있다. 앞의 논문은 고전적인 미분기하의 결과에 의존하고 있는 반면, 뒤의 논문은 위상수학적 고려가 주를 이룬다.

변분법[III.94]에 대한 흥미로부터 자극을 받은 아다마르는 볼테라(Volterra)의 범함수(functional) 미적분의 아이디어를 발전시켰다. 1903년에는 함수 공간 위에서 선형 범함수들을 최초로 묘사한 사람이

됐다. 주어진 구간 위에서의 연속함수의 공간을 고려하면서 모든 범함수는 구간들의 열의 극한임을 보였는데, 현재 리스[VI.74]가 1909년에 공식화한 **리스 표현 정리**[III.18]가 나오는 데 선구적 역할을 한 것으로 인식된다. 아다마르의 영향력 있는 『변분법 강의(Leçons sur le Calcul de Variations)』(1910)는 현대적 함수 해석학의 아이디어를 찾을 수 있는 최초의 책이다.

응용수학에서는 주로 파동의 전파, 특히 고속 흐름에 관심을 두었다. 1900년에 편미분방정식 이론 연구에 착수했고, 1903년 『파동의 전파 및 유체 동역학 강의(Leçons sur la Propagation des Ondes et les Équations de l'Hydrodynamique)』를 출간했고, 후속편인 『선형 편미분방정식에서의 코시 문제 강의(Lectures on Cauchy's Problem in Linear Partial Differential Equations)』(1922)도 출간했다. 뒤의 논문에는 **타당한 문제**[IV.12 §2.4](즉, 해가 존재해야 하고 유일해야 하지만, 초기 조건에 따라 연속적으로 변하는 문제)에 대한 기본적인 생각이 자세하게 담겨 있다. 이 아이디어의 기원은 측지선[I.3 §6.10]에 대한 1898년 논문에서 찾을 수 있다.

아다마르의 책 『수학 분야에서의 발명의 심리학(The Psychology of Invention in the Mathematical Field)』(1945)은 무의식이 수학적 발견에서 어떤 역할을 하는지 다루고 있어 유명하다.

더 읽을거리

Hadamard, J. 1968. *Collected Works: Oeuvres de Jacques Hadamrd*, four volumes. Paris: CNRS.

Maz'ya, V., and T. Shaposhnikova. 1998. *Jacques Hadamard. A Universal Mathematician*. Providence, RI: American Mathematical Society/London Mathematical Society.

VI.66 이바르 프레드홀름

출생: 스웨덴 스톡홀름, 1866년
사망: 스웨덴 스톡홀름, 1927년
스톡홀름 대학 역학 및 수리물리학 교수(1906-27)

1900년과 1903년의 논문에서 프레드홀름은 연속인 '핵(kernel)' K와 미지함수 $\varphi(x)$에 대해 그의 이름을 따서 지어진 적분방정식

$$\varphi(x) + \int_a^b K(x, y)\,\varphi(y)\,\mathrm{d}y = \psi(x)$$

를 무한 선형 연립 방정식과의 유추와 일반화된 행렬식을 이용하여 풀었다. 해와 이와 관련한 몇 가지 아이디어('프레드홀름 대안들')는 힐베르트[VI.63]의 적분방정식 이론을 자극했고(1904~1906), 함수 해석학의 출발점이 되었다. (자세한 내용은 **작용소 대수[IV.15 §1]**를 보라.) 이 방정식은 수리물리학의 문제, 예를 들어 퍼텐셜 이론이나 진동 이론이라는 맥락에서 나오는 방정식이다. 프레드홀름은 자신을 기본적으로는 수리물리학자라 여겼다. 그의 동료 미타그-레플러는 그가 노벨 물리학상을 받게 하려고 애썼으나 무위에 그쳤다.

VI.67 샤를-장 드 라 발레 푸생

출생: 벨기에 루뱅, 1866년
사망: 벨기에 브뤼셀, 1962년
해석적 정수론, 해석학

드 라 발레 푸생은 루뱅 가톨릭 대학에서 공학(1890)과 수학(1891)으로 졸업하고, 그곳에서 1891년부터 1951년까지 해석학을 가르쳤다. 강의를 기반으로 유명한 『무한소 해석학 강의(*Cours d'Analyse Infinitésimale*)』를 출판했고, 1903년부터 1959년까지 수차례에 걸쳐 개정판이 나왔다. 파리, 스트라스부르크, 토론토, 오슬로로부터 명예 박사학위를 받는 등 유럽과 미국에서 가장 유명한 학교들의 구성원으로 있었고, 국제수학회(지금은 국제수학연맹)의 초대 회장(1920)이었다. 1930년에는 남작 작위를 받았다.

드 라 발레 푸생의 중요한 업적은 정수 중에서 소수의 분포에 대한 점근적 개수에 관한 정리(1896)로, 1793년경 가우스[VI.26]가 최초로 예상했던 소수정리[V.26]를 증명한 것이다. (같은 해 아다마르[VI.65] 역시 복소함수론을 써서 독자적으로 증명했다.) 직후 드 라 발레 푸생은 자신의 증명에서 오차항을 훨씬 줄여(1899) 등차수열 내의 소수의 개수에 대해서까지 확장한다.

르베그[VI.72]가 1902년 르베그 적분[III.55]을 처음 내 놓자, 그는 즉시 중요성을 포착하고 독창적인 접근법을 이용하여 『해석학 강의』(1908) 2판에 이에 대해 설명했다. 이에 덧붙여 집합의 특성함수의 개념을 도입했고(1915), 머지않아 유계변동(bounded variation) 연속함수에 의해 생성되는 측도에 대한 분해정리를 증명했다(1916).

근삿값과 급수의 합의 이론에서 특히 중요한 것은 주기함수를 삼각다항식으로 근사시키는 그의 합성곱(convolution) 적분이다(1908). 이 분야에서의 드 발레 푸생의 또 다른 결과 중 중요한 것에는 연속함수를 다항식으로 최적 근사할 때 오차에 대한 하계를 준 것과(1910), 푸리에 급수를 합하는 방법과 수렴 판정법을 준 것이 있다(1918).

1911년에 드 라 발레 푸생은 벨기에 아카데미상의 문제를 출제하였고 주어진 함수를 다항식들로 근사할 때 최적 근사의 차수에 대한 잭슨(Jackson)과 베른슈타인(Bernstein)의 정리들에 이르게 된다. 초과결정 선형 연립방정식에 대한 체비쇼프 다항식의 존재성과 유일성 정리(1911)는 선형 계획법[III.84]에서 중요한 단계였고, 드 라 발레 푸생 보간 공식(1908)은 샘플링 이론에서 중요하며, 새로운 종류의 준-해석적 함수를 푸리에 계수의 감소율로 특징 지은 것(1915)도 주목할 만한 발달이었다.

드 라 발레 푸생이 이룬 업적으로는 선형 미분방정식의 비진동 해를 연구하는 데 중요한 결과인 여러 점 경곗값 문제(1929)에 대한 유일성 조건의 결정법과, 다중 연결 영역에서의 등각 표현에 관한 여러 가지 문제를 푼 것(1930~1931)이 있다. 퍼텐셜 이론에서는 수용력(capacity)의 개념을 임의의 유계 집합으로 확장하여, 집합 함수의 유계 열에 대한 추출 정리를 증명했고, 디리클레 문제[IV.12 §1]를 푸는 푸앵카레[VI.61]의 '싹쓸이 방법(méthode de balayage)'에 측도론을 도입하여 현대의 추상적인 퍼텐셜 이론으로 가는 길을 마련했다.

더 읽을거리

Butzer, P., J. Mawhin, and P. Vetro, eds. 2000-4. *Charles-Jean de la Vallée Poussin. Collected Works — Oeuvres Scientifiques*, four volumes. Bruxellens/Palermo: Académie Royale de Belgique/Circolo Matematico di Palermo.

장 마윈(Jean Mawhin)

VI.68 펠릭스 하우스도르프
출생: 독일 브레슬라우(현 폴란드 브로츨라프), 1868년
사망: 독일 본, 1942년
집합론, 위상수학

하우스도르프는 1887년에서 1891년 사이에 라이프치히, 프라이부르크, 베를린에서 수학을 공부하고, 하인리히 브룬스(Heinrich Bruns)의 지도하에 라이프치히에서 응용수학 연구를 시작했다. 교수임용 자격시험 합격 후(1895) 처음에는 라이프치히에서 가르쳤고, 후에는 본(1910~1913, 1921~1935)과 그라이프스발트(1913~1921)에서 가르쳤다. 하우스도르프는 집합론과 일반 위상수학에 대한 연구로 잘 알려져 있는데, 대표작이라 하면 『집합론 기초(*Grundzüge der Mengenlehre*)』일 것이다. 이 책은 1914년에 출간되었다가, 1927년과 1935년에 2판과 3판이 나왔다. 2판에서 너무 지나치게 내용이 개정되었기 때문에, 사실상 2판은 새 책으로 간주해야 한다.

초창기 연구에서는 주로 천문학, 특히 대기 중에

서 빛의 굴절과 흡수에 관련한 응용수학에 집중했다. 지적인 호기심을 넓혀 라이프치히에서 예술가 및 시인들로 이루어진 니체(Nietzsche) 모임에 가입했다. 폴 몽그레(Paul Mongré)라는 가명으로 두 편의 긴 철학 수필을 쓰는데, 그중 「우주적 선택에서의 혼돈(*Das Chaos in kosmischer Auslese*)」(1898)이 더 유명하다. 1904년까지 정기적으로 당대의 유명한 독일 지성 비평지에 문화 비평 수필을 기고했고, 그렇게 자주는 아니었으나 1912년까지도 꾸준히 기고했다. 또한 시와 풍자극도 출판하기도 했다.

세기가 바뀌면서 하우스도르프는 다시 집합론으로 돌아가 라이프치히 대학에서 1901년 여름학기에 최초로 이 주제에 대한 강의를 했다. '칸토어주의(집합론)'로 전환한 후 순서 구조와 이 구조의 분류에 대해 깊고 혁신적인 연구를 시작했다. 집합론에 대한 초기 연구 결과로 기수 지수에 대한 **하우스도르프 점화 공식**과, 서수 구조에 대한 몇 가지 연구(예를 들어 공종도(cofinality))가 있다. 하우스도르프는 집합론의 공리적 기초에 대한 연구를 활발히 하지는 않았지만, 초한수에 대한 중요한 통찰력으로, 특히 지금은 약하게 도달 불가능한 기수로 알려진 것을 규정짓는 방법과, **초른의 보조정리**[III.1]의 한 형태지만 이보다 먼저 나왔고 의도와 형식 자체가 달랐던 **최대 사슬 원리**로 기여했다.

하우스도르프는 수학의 고전적 영역을 일반화하고, 집합론의 틀 안에서 공리적 원리들 위에 세우는 것을 지향하여 독자적으로 공리적 방법론에 기여했다. 수학 내부에서 집합론을 이용하겠다는 하우스도르프의 움직임은 21세기의 의미에서의 **현대 수학**으로의 전환에 중대한 영향을 미쳤다. 이는 특히 **부르바키**[VI.96] 집단의 현저한 특징이 됐다. 근방 체계에 대한 공리로 일반적인 위상을 공리화한 그의 첫 출판물 『집합론 기초』(1914)와 **일반 위상공간**[III.90]이나 더 특화된 위상 공간의 성질에 대한 연구가 가장 잘 알려진 그의 업적이다. 1923년의 강의 때 제시했던 **확률론의 공리화**(최근까지 출간되지 않았다)로 해당 영역에서의 **콜모고로프**[VI.88]의 연구보다 약 10년가량 앞선다는 사실은 다소 덜 알려져 있다. 또한 해석학과 대수에도 중요한 기여를 했는데 대수에서는 베이커(Baker)-캠벨(Campbell)-하우스도르프 공식을 통해 **리 이론**[III.48]에 기여했고, 해석학에서는 발산하는 급수를 더하는 방법을 개발하였고, 리스-피셔(Fischer) 이론을 일반화했다.

집합론을 이용하는 중심 목표는 함수론과 같은 해석학 분야에 적용하기 위해서였다. 이런 면에서 가장 중요하고, 광범위하게 영향력 있는 그의 기여로는 프랙탈 꼴의 집합과 같은 좀 더 일반적인 집합에 차원의 개념을 도입한 **하우스도르프 차원**[III.17]이 있다.

하우스도르프는 집합론의 해석학적 질문이 수학 기초의 문제와 깊은 연관이 있음을 깨달았다. 1916년 그는(알렉산드로프(P. Alexandroff)도 독립적으로) 실수 집합 내의 임의의 비가산 **보렐 집합**[III.55]이 연속체와 같은 기수를 가진다는 것을 보였다. 이는 연속체를 명확히 하기 위해 칸토어가 제안한 전략에서 중대한 발전이었다. 비록 이런 전략이 **연속체가설**[IV.22 §5]에 대한 괴델과 코헨의 결정적 결과에 최종적으로 기여하지는 못했지만, 집합론과 해석학 사이의 경계 지대에서의 확장된 연구 영역의 발전으로 이어져, 지금은 **서술적 집합론**[IV.22 §9]에서 다루고 있다. 『집합론 기초』의 2판(1927)은 이 분야를 주제로 다룬 최초의 단행본이다.

나치 정권의 통치가 시작되면서, 하우스도르프와 다른 유대계 출신 수학자들의 연구 조건과 일상생활은 갈수록 악화됐다. 1942년 1월에 그와 아내 샤를로테(Charlotte)와 처제에게 집을 떠나 지역 수용소로 가라는 명령이 내려지자, 그들은 더 이상의 박해로 고통 받는 대신 자살을 선택한다.

더 읽을거리

Brieskorn, E. 1996. *Felix Hausdorff zum Gedächtnis. Aspekte seines Werkes.* Braunschweig: Vieweg.

Hausdorff, F. 2001. *Gesammelte Werke einschließlich der unter dem Pseudonym Paul Mongré erschienenen philosophischen und literarischen Schriften,* edited by E. Brieskorn, F. Hirzebruch, W. Purkert, R. Remmert, and E. Scholz. Berlin: Springer.

Hausdorff's voluminous unpublished work (his "Nachlass") can be found online at www.aic.uni-wuppertal.de/fb7/hausdorff/findbuch.asp.

에르하르트 숄츠(Erhard Scholz)

VI.69 엘리 조제프 카르탕

출생: 프랑스 돌로미외, 1869년
사망: 프랑스 파리, 1951년
리 대수, 미분기하, 미분방정식

카르탕은 당대의 선도적인 수학자 중 한 명으로 특히 리 대수[III.48 §§2, 3] 이론과 기하학에 대한 연구로 당대 수학계에 영향력을 미쳤다. 카르탕은 제1차 세계 대전 직후의 암울한 시대에, 프랑스에서 가장 저명한 수학자 중 한 명이었다. 그는 **부르바키** [VI.96] 집단에 상당한 영향을 미쳤는데, 카르탕의 아들이자 역시 뛰어난 수학자였던 앙리는 이 집단의 창립 회원 일곱 명 중 한 명이었다. 카르탕은 몽펠리에와 리옹에서 강사직을 맡았다가 1903년에 낭시에서 교수가 되었다. 1909년 소르본 대학에서 강사직을 구해 옮겼다가, 1912년 교수가 되었고 그곳에서 은퇴했다.

1894년의 학위논문에서 빌헬름 킬링(Wilhelm Killing)의 초기 연구를 정제하고 수정하고, 이론 자체에 내재하는 깊은 일반적 추상 구조를 강조하며 복소수체 위에서 단순 리 대수를 분류했다. 몇 년 후이 아이디어로 돌아와, 대응하는 리 군[III.48 §1]의 연구에 리 대수의 결과를 끌어 왔다(리 군은 물리학에서 대칭을 고려할 때 중요한 영향을 미친다).

카르탕은 일생의 상당 부분을 기하학 연구에 투자했다. 1870년대와 1890년대 클라인[VI.57]은 기하학을 분석하여 유클리드, 비유클리드, 사영, 아핀 기하 등의 중요한 분야를 통합하여 사영기하의 특수한 경우로 다룰 수 있음을 보였다. 카르탕은 이에 흥미를 가졌는데, 클라인에게 생기를 불어 넣은 군론적 아이디어를 미분기하학적 설정, 특히 아인슈타인의 상대성 이론[IV.13]의 수학적 설정인 다양한 곡률[III.78]을 갖는 공간에 적용할 수 있었다. 이 주제에서 서로 다른 관찰자들의 관찰은 좌표 변환에 의해 관계돼 있고, 중력장의 변화는 계량(metric)의 변화, 따라서 바탕이 되는 시공간 다양체의 곡률의 변화로 표현된다. 1920년대 카르탕은 이런 설정을 오늘날 올 다발[IV.6 §5]이라 부르는 것까지 확장하여, 가능한 종류의 좌표 변환과 이들이 속할 수 있는 리 군에 집중하면 클라인의 접근법을 취할 수 있음을 보였다.

공간의 각 점에 다수의 관측이 가능한 문제가 많이 있다. 예를 들어, 지표면의 각 점에서의 날씨 문제가 있다. 카르탕의 표현으로는, 지표면은 바탕 다양체[I.3 §6.9]이며 각 점에서의 가능한 관측값들은 그 점에서의 올이라 부르는 다른 다양체를 형성한다. 가능한 올과 바탕 다양체의 모든 점으로 이루어진 쌍을 대략적으로 올 다발이라고 할 수 있는데, 정확한 개념은 현대 미분기하학 분야 전체를 통틀어 기본적인 것으로 입증됐다. 예를 들어 벡터와 같은 대상이 다양체 내의 곡선을 따라 움직일 때 변환되는 방식을 다루는 **접속**이라 부르는 것을 연구하는 자연스러운 설정임이 입증됐다. 비록 바탕 다양체의 기하학의 곡률과 같은 측면은 바탕 다양체가 전혀 대칭성을 갖지 않는 방식으로 점에서 점으로 옮아가는 것을 허용하지만, 올들이 공통의 대칭군을 갖도록 허락하여 기하 문제의 대칭성을 포착하는 것이 카르탕의 기본 아이디어였다.

카르탕은 자신의 기하학적 접근법을 미분방정식에도 적용했다. 미분방정식은 리[VI.53]가 초창기에 리 대수 이론을 만드는 동기가 됐던 관심대상이었다. 그는 연립 미분방정식에 대한 중대한 연구를 했고, 이로부터 외(exterior) 미분형식이라 부르는 것의 역할을 강조했다. 익숙한 예로는 곡선을 따르는 선소(길이 요소)를 나타내는 1형식[III.16]을 포함해, 곡면의 면적소(넓이 요소)를 나타내는 2형식 등이 있

다. 1형식에 대해 할 수 있는 중요한 일은 적분이다. 1형식을 적분하는 것은 곡선을 따르는 길이를 묘사해 준다. 카르탕은 임의의 1형식을 포함하는 연립방정식을 연구하여, 1형식의 대수 및 더 일반적으로 임의의 k에 대해 k형식의 대수가 이들이 정의돼 있는 다양체의 기하학의 특징을 포착하는 방법을 발견하는 데 이른다. 이로부터 전 세대의 선도적인 프랑스 기하학자였던 가스통 다르부(Gaston Darboux)가 추구했던 곡선과 곡면의 기하학의 연구 방법을 재정립하고, 자신의 '이동하는 좌표계'가 또다시 미분기하학에서의 올 다발과 대칭성 연구와 관련돼 있음을 선언하는 데까지 도달하게 된다. 이 연구와 올 다발에 대한 연구는 오늘날까지 미분다양체의 연구에서 중요한 아이디어의 원천으로 남아 있다.

더 읽을거리

Chern, S.-S. and C. Chevalley. 1984. Élie Cartan and his mathematical work. In *Oeuvres Complétes de Élie Cartan, volume* III.2 (1877-1910). Paris: CNRS.

Hawkins, T. 2000. *Emergence of the Theory of Lie Groups: An Essay in the History of Mathematics, 1869-1926.* New York: Springer.

제러미 그레이

VI.70 에밀 보렐

출생: 프랑스 생 아프리크, 1871년
사망: 프랑스 파리, 1956년
릴 대 수학과 교수(1893-96), 파리 고등사범학교(1896-1909),
파리 소르본 대학 함수론 석좌 교수(1909-41)(그를 위해 특별히 만든 자리였다), 푸앵카레 연구소 초대 임원(1926)

보렐의 1894년 학위논문은 고전적인 복소함수론 내의 문제로부터 출발했다. 칸토어[VI.54]의 집합론에 기초한 새로운 측도[III.55] 이론과 함께, 특히 '덮개 정리'(나중에 하이네-보렐 정리로 이름이 잘못 붙었다)를 통해 특이점으로 이루어진 어떤 무한집합을 무시하는 것에 합리적 근거를 제시했다. 이들을 '측도 0'이라고 불렀고, 이로부터 고려 중인 함수의 정칙 영역을 확장했다. 무한히 많은 집합의 조작에 기초한 보렐의 측도론은 영향력 있는 『함수론 강의(*Leçons sur la Théorie des Fonctions*)』(1898)에서부터 널리 알려지게 됐고, 르베그[VI.72]가 해석학의 중요한 도구로 발전시켰다. 또한 이는 콜모고로프[VI.88]에 의한 확률론의 공리화에 중요한 선행 연구였다.

VI.71 버트런드 아서 윌리엄 러셀

출생: 웨일스 트렐레크, 1872년
사망: 웨일스 플라스 펜린, 1970년
수리논리와 집합론, 수리철학

1890년대 초반에 러셀이 케임브리지 대학에서 받은 교육은 수학과 관련된 그의 길고 다양한 삶에 영감을 주었다. 그는 졸업시험을 1부(수학)와 2부(철학)로 나누어 치렀고, 이 두 가지 교육을 통합하여 일반적인 수리철학, 특히 수학의 인식론적 기초를 찾고자 했는데, 그가 택한 첫 번째 대상은 기하학이었다(1897). 하지만 몇 년이 지난 후, 특히 1896년 이후에 지속된 칸토어[VI.54]의 집합론의 중요성을 인식한 후 철학적 입장을 바꾸고, 1900년에 토리노에서 페아노[VI.62] 주변의 수학자들 사이에 합류한다. 수학에서의 공리화와 엄밀성의 수준을 높이려는 소망에서 페아노의 추종자들은 집합론의 술부와 명제들의 '수리 논리'를 포함하여 가능한 한 이론을 형식화했지만, 수학적 개념과 논리적 개념은 계속 분리하였다. 이들의 체계를 익히고 이에 관계 논리를 더한 후 러셀은 1901년 이 두 개념의 분리가 불필요하며 모든 개념은 논리 속에 놓여 있다고 판단한다. 이러한 철학적 입장은 '논리주의'로 알려지게 됐고, 러셀은 『수학의 원리들(*The Principles of Mathematics*)』(1903)에서 대체로 기호를 동원하지 않고 설명했다. 이 책의 부록에서 논리주의를 예견했던(하지만 산술과 일부 해석학을 위해서만 옹호했던) 프레게[VI.56]의 연구를 알렸는데, 러셀은 자신만의 입장을 정립한 후 프레게를 자세히 읽었고 계속하여 페아노의 영향하에 있었다.

이제 그가 해야할 일은 페아노식의 섬세함으로 논리주의를 자세하게 설명하는 벅찬 작업이었는데, 1901년에 집합론은 역설에 취약하여 피하거나 해결해야 한다는 것을 발견하면서 작업은 훨씬 더 힘들어졌다. 케임브리지 시절 튜터였던 화이트헤드(A. N. Whitehead)가 그의 노력에 동참했고, 마침내 1910년부터 1913년 사이에 세 권으로 구성된 『수학 원리(*Principia Mathematica*)』가 출간됐다. 기본적인 논리와 집합론 뒤에, 실수의 산술과 초한수의 산술이 자세하게 파헤쳐져 있다. 기하학을 다루는 제4권은 화이트헤드가 쓸 예정이었는데, 1920년경 이를 포기한다.

그는 개체들의 집합, 개체들의 집합의 집합 등과 같이 개체의 계층을 부여하는 '유형 이론(type theory)'으로 역설을 해결했다. 집합 혹은 개체는 바로 위 계층의 구성원일 수밖에 없고, 집합은 자신에 속할 수 없다는 것으로, 관계와 술부에 상당한 제한이 가해졌다. 이로 인해 역설은 피했지만, 괜찮은 수학의 상당수를 배제해 버리기도 했다. 왜냐하면 다른 종류의 수들은 다른 유형에 속해 있으므로, 이들을 모아 예를 들어 $34 + \frac{7}{18}$과 같은 것은 정의조차 할 수 없을 정도로 산술 연산을 할 수 없었다. 저자들은 '축소(환원) 공리'를 제안하여 이런 정의를 가능하게 했지만, 이는 솔직히 임시방편의 억지였다.

러셀의 이론의 다양한 면 중에서 **선택 공리**[III.1]의 한 형태로 '곱셈적 공리'라 불렀던 것이 있는데, 에른스트 체르멜로가 발견하기 바로 전인 1904년에 발견한 것이다. 어느 정도 논리적 상태가 불분명한 공리였기 때문에, 논리주의 내에서 흥미로운 역할을 했다.

『수학원리』의 논리와 논리주의에 대한 논의가 있었지만, 철학자들에게는 너무 수학적이고, 수학자들에게는 너무 철학적인 경향이 있었다. 하지만 이 계획은 러셀 자신을 포함한 몇몇 철학 사조에 영향을 미쳤고, 높은 수준의 공리화의 예로서 1931년 괴델의 **불완전성 정리**[V.15]를 포함한 수학의 기초 연구에서 한 가지 모형으로 쓰였지만, 이 정리로 인해 러셀이 마음에 품고 있던 논리주의는 달성할 수 없다는 것이 증명되었다.

더 읽을거리

Grattan-Guinness, I. 2000. *The Search for Mathematical Roots*. Princeton, NJ: Princeton, University Press.

Russell, B. 1983-. *Collected Papers*, thirty volumes. London: Routledge.

아이버 그래턴-기네스

VI.72 앙리 르베그

출생: 프랑스 보베, 1875년
사망: 프랑스 파리, 1941년
적분 이론, 측도, 푸리에 해석에의 응용, 위상에서의 차원, 변분법

르베그는 파리의 고등사범학교에서 공부했고 (1894~1897) 그곳에서 약간 손위인 **보렐**[VI.70]과 르네-루이 베르(René-Louis Baire)의 영향을 받았다. 낭시에서 교사로 지내면서 중대한 학위논문 「적분, 길이, 넓이(*Intégrale, longueure, aire*)」(1902)를 완성한다. 렌, 푸아티에, 파리 소르본 대학에서 자리를 잡았고, 전쟁 관련 연구를 한 후 소르본 대학의 교수가 되었으며(1919), 마침내 프랑스 대학의 교수가 되었다(1921). 1년 후 프랑스 과학 아카데미에 선출되었다.

르베그의 가장 중요한 업적은 **리만**[VI.49]의 적분 개념을 일반화한 것이다. 이것은 부분적으로 적분가능함수에 더 넓은 범위의 실변수 함수를 포함할 필요에 대한 대응이기도 했고, 무한급수(특히 푸리에 급수)에서 적분과 극한의 교환가능성과 같은 개념들에 안전한 기초를 세우기 위함이었다. 유계 도

함수를 갖지만 적분가능하지 않은 비토 볼테라의 유명한 예(1881)를 암시하며, 르베그는 학위논문에 이렇게 썼다.

리만이 정의한 종류의 적분은 미적분의 기본 문제인, 주어진 도함수를 갖는 함수를 찾으라는 문제에 대한 해답을 항상 주지는 못한다. 따라서 가능한 한 넓은 범위의 함수에 대해 적분을 미분의 역연산으로 만들어 주는 적분의 정의를 찾는 것이 당연해 보인다.

르베그는 전통적으로 정의역을 분할했던 방법 대신 함수의 치역을 분할하고, 주어진 y좌표(세로 좌표)에 속하는 x좌표(인자)들의 집합을 더하여 적분을 정의한다. 동료였던 폴 몽텔(Paul Montel)에 따르면, 르베그는 자신의 방법을 빚을 갚는 것에 비유했다.

주머니에 모아둔 어떤 금액만큼을 갚아야 한다. 지폐와 동전을 주머니에서 꺼내는 순서대로 채권자들에게 갚다 보면 총액에 도달하게 된다. 이것이 리만적분이다. 하지만 다른 방식으로도 해 볼 수 있다. 내 돈을 모두 꺼낸 후 지폐와 동전을 액면가가 같은 것끼리 모은 후 빚쟁이들에게 한 명씩 몇 무더기씩 지불한다. 이게 내 적분법이다.

리만이 이용한 좀 더 직관적이고 자연스러운 합과 비교하여 르베그 적분은 좀 더 이론적인 성격을 띤다는 것이 이 비유로부터 드러난다. 이 때문에 리만의 의미로 적분이 가능하지 않은 더 복잡한 함수라도, 르베그의 의미로는 '합할 수' 있게 되었다.

합을 계산하기 위해 르베그는 자신의 **보렐 측도** [III.55] 개념에 자신의 새로운 적분의 기반을 두어야 했고(1898), 따라서 **칸토어**[VI.54]의 무한집합론을 상당히 가져다 써야 했다. 집합을 덮고 측도를 재기 위해 무한히 많은 구간을 이용해야 했고, 따라서 선형 연속체(즉, 실수)에서 그때까지 고려됐던 것보다 훨씬 덜 직관적인 집합도 측도를 잴 수 있었다. '측도 0인 집합'의 개념과 그런 집합 '밖에서'는 유효한 성질을 고려하는 것, 즉 '거의 모든 곳에서'의 개념이 중요한 역할을 했다. 이 덕분에 "유계함수가 리만적분 가능할 필요충분조건은 이 함수의 불연속점의 집합이 측도 0을 갖는 것이다"와 같은 중요한 결과들을 포함하는 능률적인 이론이 될 수 있었다.

르베그는 보렐의 측도론을 완성하여 **조르당** [VI.52]의 초창기 이론을 진정으로 일반화했다. 자신의 적분 이론을 위해 조르당으로부터 유계변동함수라는 중요한 개념도 빌렸다. 르베그는 '측도 0인 집합'의 임의의 부분집합에 측도를 부여하면서, 르베그 측도가능하지 않은 집합은 있는지와 같은 더 넓은 이론적 질문을 열었다. 후자의 질문은 1905년 이탈리아의 주세페 비탈리(Giuseppe Vitali)가 **선택 공리**[III.1]의 도움으로 긍정적으로 증명했는데, 한편 1970년 로버트 솔로베이(Robert Solovay)는 수리논리의 방법을 써서 선택 공리가 없으면 그런 존재성은 증명할 수 없음을 증명했다(**집합론**[IV.22 § 5.2] 참조). 르베그 자신은 선택공리와 같은 집합론적 원리를 무제한으로 사용하는 것에 대해 회의적이었다. 르베그는 수학적 대상의 '존재성'에 대해 제한적인 관점을 지녔는데, '정의 가능성'을 자신의 경험주의 수리철학의 시금석으로 삼았다.

르베그의 적분(그렇게 깊지는 않았지만 이런 아이디어는 영국 수학자 영(W. H. Young)의 연구와도 유사하다)은 조화해석학과 함수해석학의 발달을 세련되게 자극하는 효과를 낳았다(예를 들어, 리스[VI.74]의 L^p 공간(1909)). n차원 공간에서 정의된 함수로 일반화하는 것은 르베그 자신이 제안했는데(1910) 더 일반적인 적분론, 예를 들어 라돈(Radon)의 이론에 기여했다(1913).

르베그 적분의 중요성이 널리 인정받기까지는 수십 년이 걸렸지만, 응용에서의 중요성, 특히 자연과 확률론에서의 불연속적이고 통계적 현상의 분석에서의 응용은 무시될 수 없는 것이었다.

더 읽을거리

Hawkins, T. 1970. *Lebesgue's Theory of Integration: Its Origins and Development*. Madison, WI: University of Wisconsin Press.

Lebesgue, H. 1972–73. *Oeuvres Scientifiques en Cinq Volumes*. Geneva: Université de Genéve.

라인하르트 지그문트 슐체(Reinhard Siegmund-Schultze)

VI.73 고드프리 해럴드 하디

출생: 잉글랜드 크랜리, 1877년
사망: 영국 케임브리지, 1947년
정수론, 해석학

하디는 20세기에 브리튼 섬에서 가장 영향력 있는 수학자였다. 1919년부터 1931년까지 옥스퍼드에서 새빌 기하학 석좌교수였던 때를 제외하면 성인으로서의 삶은 케임브리지에서 보냈고, 1931년부터 1942년 은퇴할 때까지 새들러리언 순수수학 석좌교수로 있었다. 1910년 왕립 학회의 선임 연구원이 되었고, 1920년에는 왕립 메달을 받았으며 1940년에는 실베스터 메달을 받았다. 그는 왕립 학회의 최고의 명예인 코플리 메달이 수여되기로 했던 날 사망했다.

20세기 초에 브리튼 섬의 해석학 수준은 다소 낮았다. 하디는 이 상황을 개선하기 위해 많은 일을 했다. 연구를 통해서뿐만 아니라, 1908년 『순수수학 강좌(*A Course of Pure Mathematics*)』를 출간하기도 했다. 하디가 '식인종들에게 전하는 선교의 말'로서 쓴 이 책은 영국 연방에서 수세대의 수학자들에게 지대한 영향을 미쳤다. 불행히도 하디의 순수수학, 특히 해석학에 대한 사랑 때문에 몇 십 년 동안 응용수학과 대수적 주제의 성장은 다소 막혀 있었다.

1911년 거의 100여 편의 논문을 같이 쓰게 될 리틀우드[VI.79]와의 긴 공동연구를 시작하는데, 대체로 이 동업관계는 수학 역사상 가장 생산적인 관계라고 여겨진다. 둘은 급수의 수렴성과 합의 계산가능성, 부등식, (웨어링의 문제와 골드바흐의 예상을 포함한) 가법 정수론[V.27], 디오판토스 근사를 함께 연구했다.

하디는 리만 가설[IV.2 §3]에 대해 최초의 중요한 연구를 한 사람 중 한 명이다. 1914년 제타함수 $\zeta(s) = \zeta(\sigma + it)$가 임계선 $\sigma = \frac{1}{2}$ 위에서 무한개의 근을 가짐을 증명했다(리틀우드[VI.79] 참조). 훗날 리틀우드와 함께 이 결과를 깊게 확장하여 증명했다.

1914년부터 1919년까지는 대체로, 독학한 인도의 천재 스리니바사 라마누잔[VI.82]과 공동연구를 했다. 함께 쓴 다섯 편의 논문 가운데 가장 유명한 것은 n을 분할하는 방법의 수 $p(n)$에 대한 것이다. 이 함수는 빠르게 증가하는 함수로 $p(5) = 7$에 불과하지만

$$p(200) = 3972999029388$$

에 달한다. $p(n)$의 생성함수[IV.18 §§2.4, 3], 즉

$$f(z) = 1 + \sum_{n=1}^{\infty} p(n) z^n$$

는 $1/((1-z)(1-z^2)(1-z^3)\cdots)$과 같으므로,

$$p(n) = \frac{1}{2\pi i} \int_\Gamma \frac{f(z)}{z^{n+1}} dz$$

이다. (여기에서 Γ는 원점이 중심이고 반지름이 1보다 조금 작은 원이다.) 1918년 하디와 라마누잔은 $p(n)$에 대해 빠르게 수렴하는 근사공식을 줄 뿐만 아니라, 충분히 큰 n에 대해 합에서 처음 몇 항의 합과 가장 가까운 정수를 택하면 $p(n)$을 정확히 계산할 수 있다는 것을 보였다. 특히 $p(200)$은 처음 다섯 항만 계산하여 얻을 수 있다.

하디와 라마누잔은 $p(n)$에 대한 점근공식을 '원 방법'의 도움으로 얻는데, 훗날 하디와 리틀우드는 이 방법을 해석적 정수론에서 가장 강력한 도구의 하나로 발전시켰다. 위와 같이 주어진 경로 적분을 평가하기 위해 하디와 리틀우드는 적분 영역인 원을 황당한 방식으로 쪼개는 것이 바람직하다는 것을 발견한다.

하디-라마누잔의 또 다른 결과 중에는 '전형적인' 수 n의 서로 다른 소인수의 개수 $\omega(n)$에 대한 결과

가 있다. 둘은 '전형적인' 수 n은 어떤 정밀한 의미에서 대강 $\log \log n$개의 서로 다른 소인수를 가짐을 증명했다. 1940년 에르되시(Erdős)와 캐츠(Kac)는 $\omega(n)$과 같은 가법 정수론 함수는 가우스의 오차 법칙[III.71 §5]을 따른다는 것을 보여 이 결과를 더 예리하게 확장한다. 이로부터 확률론적 정수론이라는 중요한 분야가 탄생한다.

하디의 이름은 하디 공간, 하디 부등식, 하디-리틀우드 극대 정리[IV.11 §3] 등을 포함하는 여러 가지 개념과 결과에 결부돼 있다. $0 < p \leq \infty$에 대해 하디 공간 H^p는 여러 가지 의미로 유계인 단위원판에서 해석적인 함수들로 이루어지는데, 특히 H^∞는 유계 해석함수로 구성돼 있다. 하디와 리틀우드는 함수에 원판의 경계에서의 "방사 극한"을 관련짓는 극대 정리로부터 H^p의 기본 성질을 연역한다. H^p 공간의 이론은 해석학뿐만 아니라 확률론과 제어이론에서도 수많은 응용을 찾을 수 있다.

하디와 리틀우드는 온갖 종류의 부등식을 사랑했다. 이 주제를 가지고 조지 포여(George Pólya)와 함께 쓴 책은 1934년에 출간되는 순간 고전이 되어 강한(hard) 해석학의 발달에 큰 영향을 주었다.

하디는 엄혹할 정도로 자신의 수학에 자부심을 가졌지만, 1908년에 출간된 논문에서는 우성과 열성 형질의 비율에 대한 멘델의 법칙의 확장판을 만들어낸다. 훗날 하디-바인베르크(Weinberg) 법칙이라 알려지게 되는 이 법칙은 "우성 형질은 전 개체로 퍼지는 경향을 보여야 한다. 또는 열성 형질은 사라지는 경향을 보여야 한다"는 생각을 논박한다. 이후의 논문에서는 "바람직하지 못한" 형질을 가진 사람들이 후세를 낳는 것을 금지하는 것은 소용이 없

다는 것을 단순한 수학적 논증으로 보임으로써 우생학에 심각한 충격을 준다.

수리철학에 대한 관심 면에서 하디는 러셀[VI.71]의 추종자였으며 정치적 견해도 공유했다. 1910년에는 주저하는 대학평의회를 통해 수학 우등 졸업 시험에서 등수가 갖는 장점을 강제로 폐지하는 위원회의 총무였고, 몇 년 후에는 영국 연방에서 수학에 해가 된다고 여겼던 수학 우등 졸업 시험 자체를 폐지(개편이 아니라!)하기 위해 힘들여 싸웠다. 1차 세계 대전 후, 하디는 국제적인 수학계의 상처를 치유하기 위한 영국의 노력을 이끌었고, 1930년대 초 유럽 대륙에 나치의 박해가 도래했을 때 피난해 온 수학자들이 미국, 브리튼, 영연방에 직장을 찾도록 도와주는 광범위한 망의 중심적인 인물로 활동했다. 또한 그는 런던 수학회의 큰 지지자였는데, 거의 20여 년 동안 총무의 한 명으로 일했을 뿐만 아니라, 두 차례 회장으로 재임했다.

하디는 전투적인 무신론자여서 짐짓 하느님은 개인적인 원수라고 말하는 걸 좋아했다. 훌륭한 좌담가였고, 따분한 자들, 가짜 시인들, 케임브리지 대학의 선임 연구원들 등과 함께 다양한 두뇌 게임을 즐겼다. 공으로 하는 경기, 특히 크리켓, 야구, 나무공 굴리기(자기 대학의 굽은 나무로 만든 공을 썼다), 진짜 테니스(잔디 코트 테니스의 반대)를 좋아했는데, 사람을 칭찬할 때는 뛰어난 크리켓 선수에 자주 비유하곤 했다.

그는 젊은 수학자들이 연구 경력을 쌓고 서로 협력하게 하는 데 비범한 재주를 지녔다. 수학에만 통달한 것이 아니라, 영어 산문의 대가였다. 활발하고 매력적이었으며, 우연히 만나는 사람에게도 오래 지속되는 인상을 남겼다. 시적인 책 『어느 수학자를 위한 변명(A Mathematician's Apology)』은 말년으로 접어드는 시기에 쓴 것으로, 수학계에 보기 드문 통찰력을 던져 주었다.

더 읽을거리

Hardy, G. H. 1992. *A Mathematician's Apology*, with a foreword by C. P. Snow. Cambridge : Cambridge University Press. (Reprint of the 1967 edition.)

Hardy, G. H., J. E. Littlewood, and G. Pólya. 1988. *Inequalities*. Cambridge : Cambridge University Press. (Reprint of the 1952 edition.)

벨라 볼로바시(Béla Bollobás)

VI.74 프리제시 (프레데리히) 리스

출생: 헝가리 제르, 1880년
사망: 헝가리 부다페스트, 1956년
함수 해석학, 집합론, 측도론

부다페스트 대학과 유럽 등지에서 교육을 받은 리스는 1911년 헝가리의 콜로즈바르 대학에 임용되었다. 1920년에 세게드 대학이 되는 이곳에서 그는 두 차례 총장으로 일했고, 1946년에 부다페스트로 돌아갔다. 리스의 연구 업적의 대부분은 집합론과 측도론에서의 기교로 해석학과 함수해석학을 풍부하게 한 데 있다.

리스의 가장 유명한 결과 중 하나는 푸리에 급수

[III.27]에 대한 파세발(Parseval) 정리를 일반화한 것의 역이다. 유한 구간 위에서 주어진 정규직교 함수열과 실수열 $a_1, a_2, \cdots$에 대해, 이 함수들을 이용하여 푸리에 꼴의 급수로 전개하면 계수가 a_r인 함수 f가 존재할 필요충분조건은 $\sum_r a_r^2$이 수렴하는 것이다. 더욱이 이 경우에 f 자체도 제곱적분가능하다. 이 정리는 1907년 독일 수학자 에른스트 피셔(Ernst Fischer)와 동시에 증명했기 때문에, 두 사람의 이름을 모두 붙였다.

2년 후, 리스는 자신의 이름을 딴 '표현 정리(representation theorem)'를 증명한다. 유한 구간 I 위의 연속함수 F를 실수 위로 보내는 연속인 선형사상은 I 위에서 어떤 유계변동(bounded variation)인 함수에 대하여 F의 스틸체스(Stieltjes) 적분으로 표현할 수 있다는 정리이다. 이 정리는 응용과 일반화에서 비옥한 원천이 되었다.

리스는 당시 힐베르트[VI.63]가 개발했던 주제인 적분방정식에 관련한 연구의 일부이면서, 부분적으로는 모리스 프레셰(Maurice Fréchet)가 제시한 함수해석학을 연구하다 이 두 가지 정리를 발견했다. 힐베르트의 연구로부터는 당시 별로 연구하지 않던 무한 행렬을 생각하게 됐는데, 리스는 이에 대한 최초의 단행본『미지수가 무한개인 연립방정식(Les Systèmes d'Équations Linéaires à une Infinité d'Inconnues)』(1913)을 썼다. 또한 $p > 1$일 때 L^p 공간, 즉 어떤 지정된 구간 위에서 f^p가 가측이고 적분가능한 함수 f로 이루어진 공간과($1/p + 1/q = 1$일 때), 이의 쌍대 공간 L^q의 이론도 연구했다. 또한 자신과 피셔의 정리를 지금은 힐베르트 공간[III.37]으로 알려진 자기 쌍대 공간, 즉 $p = 2$인 경우에 적용

했다. 훗날 바나흐 공간[III.62]으로 알려진 완비 공간의 기초를 일부 놓았고, 함수해석학을 에르고딕 이론에 적용했다. 이 분야에서 연구한 것을 제자 쇠케프널비-너지(Szökefnalvy-Nagy)와 같이 쓴 책『함수해석학 강의(Leçons d'Analyse Fonctionnelle)』(1952)에서 종합한다.

이 연구들은 기본적으로는 다양한 다른 수학자들이 이미 제시한 이론에 중요한 기여를 한 것으로 구성돼 있다. 리스는 버금조화함수(subharmonic function)에서 획기적인 연구를 이뤄낸다. 주어진 함수를 어떤 영역으로 확장할 때 허용되는 함수를 조화함수 대신 버금조화함수('국소적으로 조화함수보다 작거나 같은 함수')까지 허용하여 디리클레 문제[IV.12 §1]를 변형한다. 이 함수들을 퍼텐셜 이론에 일부 응용했다.

리스는 집합론의 몇 가지 기초적인 면, 특히 순서의 유형과, 일반화된 하이네-보렐 덮개 정리를 연구했다. 또한 가능한 한 측도 이론[III.55]을 피하면서, 측도 0인 집합과 계단 함수를 기본 개념으로 써서 구성적인 방식으로 르베그 적분[III.55]을 다시 표현했다.

더 읽을거리

Riesz, F. 1960. *Oeuvres Complétes*, edited by Á. Császár, two volumes. Budapest: Akademiai Kiado.

아이버 그래턴-기네스

VI.75 라위트전 에흐베르튀스 얀 브라우어르

출생: 네덜란드 오베르스히, 1881년
사망: 네덜란드 블라리큄, 1966년
리 군, 위상수학, 기하학, 직관주의 수학, 수리철학

브라우어르는 16세에 암스테르담 대학에 입학했고, 지도 교사는 코르테버흐(D. J. Korteweg)였다. 젊은 브라우어르는 상당량의 철학뿐만 아니라 현대 수학을 독학했다. 대학원생일 때 4차원 공간의 회전의 분해에 대한 몇 편의 독창적인 논문을 출간했다. 또한 신비주의에 대한 얇은 단행본을 출판하여, 훗날 그의 철학에서 현저해지는 몇 가지 아이디어를 제시했다. 1907년의 학위논문에서 **힐베르트[VI.63]**의 다섯 번째 문제(리 군[III.48 §1]의 공리에서 미분가능성 조건을 제거하라는 문제)의 특수한 경우를 해결하고, 최초로 자신의 '구성주의 수학' 구상을 제시한다.

그의 수학의 기본은 **수학의 원관념**(ur-intuition)으로, 연속체와 자연수는 직관으로부터 동시에 태어났다는 것이다. (증명을 포함하여) 수학적 대상은 정신적 산물이다. 수학의 기본적인 부분의 발달을 스케치한 후, 브라우어르는 인간 정신의 한계를 초월한다며 동시대 수학자들을 비평하기 시작했다. 특히 인간의 인지를 넘어서는 집합을 도입했다며 **칸토어[VI.54]**를 비판했고, 공리적 방법과 형식주의 때문에 힐베르트를 비판한다. 또한 힐베르트의 무모순성 계획을 비평하며 "무모순성은 존재성을 함의한다"며 부정한다.

그는 1908년의 논문 「신뢰할 수 없는 논리적 원리들(*The unreliability of the logical principles*)」에서 배중률을 신뢰할 수 없다고 분명하게 거부했다(또한 "모든 수학 문제는 반드시 풀 수 있다"는 힐베르트의 신조도 거부했다). 1909년부터 1913년까지 브라우어르는 위상수학을 연구했다. 리 군에 대한 연구도 계속했고, (칸토어-쉰플리스의 스타일인) 위상수학에 견고한 기초가 필요하다는 것에 주목했다. 논문 「위치 해석학(*Zur Analysis Situs*)」(1910)에서는 많은 개념과 예(곡선, 분해 불가능한 연속체, 한 개의 공통 경계를 갖는 세 영역 등)를 제시했다. 이는 집합론적 위상수학으로 개정하는 시작이었다. 동시에 두 가지 연구를 시작했는데, 하나는 곡면으로부터 자신으로 가는 위상동형사에 대한 연구로, 이를 통해 공 위에서의 **고정점 정리[V.11]**와 **평면 평행이동 정리**(유클리드 평면의 위상동형사상 중 부동점이 없는 것의 규명)를 수립했다. 다른 하나는 공 위에서의 벡터 분포에 대한 것으로, 이로부터 특이점의 존재를 증명했다. 이 분야에서 가장 잘 알려진 정리는 '털 달린 공 정리'(털로 뒤덮인 공을 아무리 빗질해도 항상 가마가 남는다)이다. 1910년 브라우어르는 조르당의 곡선 정리를 직접적이고 위상수학적으로 증명하는데, 현재까지도 가장 우아한 증명 중 하나로 남아 있다. 브라우어르의 소위 신-위상수학은 '차원 불변성' 정리(1910)로 시작한다. 그런 후 다양체[I.3 §6.9]의 위상에 대한 기초를 놓는데, 연속 사상에 대한 브라우어르 차수(degree)가 주요 도구였다. 기본적인 논문은 「다양체의 사상에 대해(*Über Abbildungen von Mannigfaltigkeiten*)」(1911)로, 신-위상수학의 도구, 예를 들어 단체 근사법(simplicial approximation), 사상의 차수(mapping degree), **호모토피[IV.6 §§2, 3]**, 그리고 그가 직접 이름 붙인 용어인 특이도(singularity index)와 새로운 개념들의 기본 성질이 거의 대부분 들어 있다.

브라우어르의 새로운 위상수학적 통찰력과 기교로 인해 브라우어르 부동점 정리, 영역 불변성 정리(invariance-of-domain theorem), 고차원 조르당 정리, 차원의 정의 및 올바름(soundness) 증명($\mathbb{R}^n$의 차원이 n이라는 것) 등 극적인 결과들이 풍부하게 나온다. 또한 자신의 영역 불변성 정리를 보형함수와 균등화 이론에 적용하여, 클라인-푸앵카레의 연속성 방법이 옳다는 것을 증명했다(1912).

제1차 세계 대전이 벌어지는 동안 브라우어르는 수학의 기초론으로 돌아갔다. 그는 정신적으로 만든 대상과 개념에 근거하여 구성주의 수학의 잠재성을 최대한 끌어내어 자신의 **직관주의 수학**[II.7 § 3.1]을 원숙하게 하겠다고 구상했다. 핵심 개념은 (무한한) 선택 수열(즉, 예를 들어 자연수와 같은 수학적 대상에서 (수학자들이) 다소간 마음대로 골라내어 결정한 수열)과 정렬 순서, 직관주의 논리였다. '브라우어르의 우주'에서도 강력한 결과들을 얻을 수 있다. 예를 들어 자연수에 선택 수열을 대응하는 함수가 연속임(즉, (무한) 입력 중에서 유한 부분만으로 출력이 결정됨)을 말해 주는 '연속성 원리'와, 초한 귀납법의 원리들 중에서 특히 '바 귀납법(bar induction)'이라는 참신한 것을 얻을 수 있다. 이런 원리들의 도움을 받아 브라우어르는 (i)닫힌 구간에서 정의된 모든 실함수는 균등연속이며 (ii)연속체가 분해 불가능함(쪼갤 수 없음)을 보였다. 이 때문에 강한 의미에서 ('각 실수는 0이거나 0이 아니다'와 같은 식의) 배중률의 원리를 반박할 수 있었다. 브라우어르의 우주에서는 중간값 정리나 볼차노-바이어슈트라스 정리와 같은 많은 고전적 정리가 성립하지 않는다.

브라우어르의 수학 우주에는 논리적인 '배중률의 원리'가 부족한 대신 강력한 구성적 원리를 자유로이 쓸 수 있어, 전통적인 수학 우주에 비길 만한 힘을 가진 대안으로 바꿀 수 있다.

브라우어르의 기초론 계획은 그와 힐베르트 사이에 다툼('직관주의 대 형식주의')을 불러일으켰다. 1928년에는 아인슈타인이 "개구리들과 생쥐들의 전쟁"이라고 유명하게 묘사한 사건이 일어났을 때는 사태가 곪아터질 지경까지 갔다. 힐베르트는 브라우어르를 (14년이나 일했던)《수학연보》의 편집진에서 쫓아내는 데 성공했다.

브라우어르는 관습에 얽매이지 않고 예술, 문학, 정치, 철학, 신비주의 등 넓은 범위에 흥미를 보였으며, 견고한 국제주의자이기도 했다.

그는 1912년부터 1951년까지 암스테르담 대학에서 교수로 지냈다.

더 읽을거리

Brouwer, L. E. J. 1975-76. *Collected Works*, two volumes. Amsterdam: North-Holland.

van Dalen, D. 1999-2005. *Mystic, Geometer and Intuitionist. The Life of L. E. J. Brouwer*, two volumes. Oxford: Oxford University Press.

더크 판 달렌(Dirk van Dalen)

VI.76 에미 뇌터

출생: 독일 에를랑겐, 1882년
사망: 미국 펜실베이니아 브린모어, 1935년
대수, 수리물리, 위상수학

─────────────

뇌터는 고전적인 대수에서 개가를 이루면서 경력을 시작했는데, 훗날엔 물리학의 뇌터의 보존 정리[IV.12 §4.1]로 변모했다. 그녀는 현대 추상 대수의 주창자가 되었고, 수학 전반에 대수를 퍼뜨린 선도자가 되었다.

부친인 막스 뇌터와 가족의 친구였던 파울 고르단은 에를랑겐의 수학자들로, 여성 교육에 호의적이었다. 고르단은 대수에서 불변식을 영웅적으로 계산했다. 2차다항식 $Ax^2 + Bx + C$는 근본적으로 오직 하나의 불변식만 갖는데, 근의 공식에서 쓰이는 판별식 $\sqrt{B^2 - 4AC}$가 불변식이다. 고르단의 학생이던 뇌터는 변수가 세 개이고 차수가 4인 다항식에서 331개의 서로 독립인 불변식을 찾아내고, 나머지는 이들에 종속임을 증명했다. 인상적인 결과였지만 훗날 드러나듯 획기적인 것은 아니었다.

힐베르트[VI.63]는 1915년 일반 상대성 이론에서 나온 미분방정식에 대한 불변식을 대수로 축소하여 연구하기 위해 뇌터를 괴팅겐으로 데려 왔다. 그 해 뇌터는 물리계의 보존되는 양은 대칭성에 대응한다는 것을 보여주는 보존 법칙을 발견한다. 예를 들어, 어떤 계가 시간에 대해 불변인 법칙을 가지고 있어 시간의 이동이 그 계의 대칭이면, 에너지는 그 계에서 보존된다(파인만, 1965, 제4장). 이러한 정리는 뉴턴 물리와 특히 양자역학에서 기본이 되었고, 일반 상대성 이론은 특별한 경우에만 보존 법칙이 성립함도 보였다.

뇌터는 일반적인 추상 대수를 창조하는 것을 평생의 업으로 삼았다. 실수나 복소수, 이들이 사용되는 다항식의 고전적인 대수 대신, 환의 공리[III.81]나 군의 공리[I.3 §2.1]와 같은 추상적인 규칙을 만족하는 임의의 계를 연구하려고 했다. (구면과 같은) 공간 위에서 정의된 대수적 함수의 환이나, 주어진 공간의 모든 대칭을 모은 군이 구체적인 예에 해당한다. 뇌터는 현재 표준이 된 추상대수 형식의 상당 부분을 구축했다. 뇌터의 아이디어는 대수기하[IV.4]에도 채택되어, 모든 추상적인 환은 스킴[IV.5 §3]이라 부르는 대응되는 공간 위의 함수들의 환으로 나타난다.

뇌터는 계 내의 원소의 연산, 예를 들어 덧셈과 곱셈과 같은 것으로부터 주의를 돌려 전체 계를 서로 관련짓는 방법에 집중했다. 예를 들어 두 개의 환 R, R'은 R에서 R'으로 가는 환 준동형사상[I.3 §4.1]에 의해 관련짓는다. 그녀는 주변의 모든 대수를 준동형사상과 동형사상 정리들로 체계화했다. 뇌터의 목표는 원소들 사이의 방정식을 대체하여 아이디얼[III.81 §2]과 이들에 대응하는 준동형사상을 기본도구로 삼아 정리를 진술하고 증명하는 것이었다. (이런 접근법은 1950년대 그로텐디크(Grothendieck) 스타일의 호몰로지 대수가 대두되면서 결실을 맺는다.)

위상수학자들은 두 위상공간[III.90] 사이의 연속함수를 들여다보아 위상공간을 연구했다. 뇌터는 자신의 대수적 방법이 어떻게 적용되는가를 보았고, 1920년대의 젊은 위상수학자들에게 대수적 위상수학에서 사용할 것을 설득했다. 각 위상공간 S에는 호몰로지군[IV.6 §4] $H_n S$가 대응되고, S로부터

S'으로 가는 연속함수는 $H_n S$로부터 $H_n S'$으로 가는 군 준동형사상을 유도한다는 성질을 갖는다. 위상수학의 정리는 추상대수로부터 나온다. 준동형사상과 연속함수 사이의 이런 관계는 범주론[III.8]을 고취시켰다.

1930년대는 환에 작용하는 근본적으로 단순화된 추상적 군론을 통해, 갈루아 이론[V.21]의 대수 연구를 추구했다. 그 응용은 유체론[V.28]부터 시작하여 결국 군 코호몰로지나 산술기하학[IV.5]에 이용되는 다른 대수적 위상수학적 방법으로 발전하는 등 상당히 불가사의했다.

그녀는 1933년 나치에 의해 독일에서 추방된 후, 창조적 능력이 절정에 이르렀던 시기에 미국에서 수술 후 사망했다.

더 읽을거리

Brewer, J., and M. Smith, eds. 1981. *Emmy Noether: A Tribute to Her Life and Work.* New York : Marcel Dekker.

Feynman, R. 1965. *The Character of Physical Law.* Cambridge, MA : MIT Press.

콜린 맥라티(Colin McLarty)

VI.77 바츨라프 시에르핀스키

출생: 폴란드 바르샤바, 1882년
사망: 폴란드 바르샤바, 1969년
정수론, 집합론, 실함수, 위상수학

시에르핀스키는 바르샤바의 러시아 대학에서 게오르기 보로노이(Georgii Voronoi)의 지도를 받으며 수학을 공부했다. 그는 첫 번째 논문(1906)에서 원 $x^2 + y^2 \leq N$ 내의 격자점의 수와 원의 넓이의 차에 대한 가우스[VI.26]의 추정값을 개선하여 $O(N^{1/3})$임을 보였다.

1910년 르부프 대학의 조교수가 되면서부터 그의 관심사는 집합론으로 향했다. 1912년 집합론에 대한 책을 썼는데, 이것은 당시 이 주제에 대해 출간된 다섯 번째이었다. 집합론에 대한 최초의 중요한 결과는 1차 세계 대전 당시 러시아에 머물던 때 얻은 것으로, 1915~1916년에 프랙탈의 최초의 예 두 가지를 출판했다. 하나가 시에르핀스키 개스킷(gasket)이고, 다른 하나가 시에르핀스키 카펫(carpet)이다. 시에르핀스키 카펫은 정사각형 $[0, 1]^2$ 내에서 삼진법으로 전개했을 때 x, y 모두 어느 자리에도 1이 없는 점 (x, y)를 모은 집합이다. 이것은 시에르핀스키의 보편 곡선으로도 알려져 있는데, 내점을 갖지 않는 평면 연속체(연속체란 콤팩트 연결 집합을 말한다)의 연속사상에 의한 상을 모두 포함하기 때문이다.

1917년 수슬린(Suslin)은 보렐 집합[III.55]의 상(예를 들어 평면으로부터 직선으로의 상)이 보렐 집합이 아닐 수도 있다는 것을 보였다. 1918년 시에르핀스키는 루신(Lusin)과 함께 모든 해석 집합(analytic set, 보렐 집합의 상을 말함)은 $\aleph_1$개의 보렐 집합의 교집합임을 증명했다(여기서 $\aleph_1$은 가장 작은 비가산 기수). 같은 해 선택 공리[III.1] 및 집합론과 해석학에서 이의 중요성에 대한 중요한 연구를 출간하고, 어떤 연속체도 가산개의 서로소이며 공집합이 아닌 닫힌 집합으로 쪼갤 수 없다는 것을 증명한다.

1919년 시에르핀스키는 바르샤바의 신-폴란드 대학의 정교수가 됐고, 1920년에는 야니셰프스키(Janiszewski) 및 마주르키에비츠(Mazurkiewicz)와 공동으로 집합론, 위상수학, 응용수학으로 특화된 최초의 수학 잡지 《수학 기초(Fundamenta Mathematicae)》를 창간한다. 1951년까지 편집자로 지냈다. 1권에 게재된 결과 중에는 $\mathbb{R}^n$의 가산 부분집합 중에서 고립점을 갖지 않는 것은 유리수 집합과 위상동형이라는 증명과, 마주르키에비츠와 함께 공동으로 얻은 결과인 $\mathbb{R}^n$ 내의 가산 콤팩트 집합의 완전한 분류 정리와, $\mathbb{R}^n$의 부분집합이 어떤 구간의 연속상일 필요충분조건을 찾은 것이 있다.

그는 1924년에 연속체가설[IV.22 §5]($\aleph_1 = 2^{\aleph_0}$)을 이용하여, 시에르핀스키 집합으로 알려진 실수들의 비가산 집합[III.11]을 만들었는데, 이 집합은 모든 비가산 부분집합들이 가측(measurable)이 아니라는 성질을 갖는다. 또한, 그는 측도 0인 집합[III.55]을 제1종 집합(set of first category)로 보내는, 실직선에서 실직선으로 가는 일대일 함수를 만들었는데, 모든 제1종 집합은 이 함수의 상으로 얻을 수 있다. 앞의 결과는 비가측 집합의 구체적인 예가 없으므로 상당히 역설적이며, 뒤의 결과로부터 에르되시에서 기인한 다음과 같은 쌍대성이 나온다. P가 측도 0, 제1종, 순수 집합론의 용어만을 포함하는 임의의 명제라 하자. P로부터 용어 '측도 0인 집합'과 '제1종 집합'을 바꿔서 얻는 명제를 P*라 하자. 그러면 연속체가설을 가정할 때 P와 P*는 동등하다.

시에르핀스키는 1934년 연속체가설만 다룬 단행본 『연속체가설(Hypothèse du Continu)』을 썼다. 타르스키[VI.87]와 함께 $\mathfrak{m}$보다 작은 기수의 곱으로는 얻을 수 없는 기수 $\mathfrak{m}$을 의미하는 강하게 도달 불가능한 기수[IV.22 §6]라는 개념을 도입한다(1930). 또한 램지 이론(Ramsey theory)도 연구하여, 램지 이론을 무한대로 확장하는 데 제한을 준다. 정확히 말해, 램지는 자연수의 쌍을 유한개의 색으로 칠할 경우 단색 무한 부분집합(즉 그 원소의 모든 쌍이 같은 색을 갖는 부분집합)이 존재함을 증명했는데, 시에르핀스키는 이와 대조적으로 크기가 $\aleph_1$인 어떤 바탕 집합을 크기가 $\aleph_1$인 단색 부분집합이 없도록 2색으로 칠할 수 있음을 증명한다. 또한 (1947년 기수를 이용하지 않고 표현한) 일반화한 연속체가설로부터 선택 공리를 이끌어냈다.

노년에는 정수론으로 되돌아갔고 1958~1969년에는 잡지 《산술 동향(Acta Arithmetica)》의 편집자로 활동했다.

더 읽을거리

Sierpinski, W. 1974-76. *Oeuvres Choisies*. Warsaw: Polish Scientific.

안드레 쉰젤(Andrzej Schinzel)

VI.78 조지 버코프

출생: 미국 미시건 주 오버시엘, 1884년
사망: 미국 매사추세츠 주 케임브리지, 1944년
차분방정식, 미분방정식, 동역학계, 에르고딕 이론, 상대성 이론

1924년 세계수학자대회에서 러시아 수학자 크릴로프(A. N. Krylov)는 버코프를 "미국의 **푸앵카레**[VI.61]"라고 묘사했다. 이는 버코프가 대단히 기뻐할 만한 적절한 묘사였는데, 그가 푸앵카레의 연구(특히 천체역학에 대한 위대한 논문)에서 깊은 영향을 받았기 때문이다.

버코프는 무어(E. H. Moore)와 오스카 볼차(Oscar Bolza)의 지도로 시카고에서 공부를 시작했고, 그후 오스굿(Osgood)과 막심 보처(Maxime Bôcher)의 지도로 하버드에서 공부했다. 시카고로 돌아가 1907년에 점근 전개, 경곗값 문제, 스텀-리우빌 이론에 대한 논문으로 학위를 취득했다. 1909년엔 위스콘신에서 밴 블렉(E. B. Van Vleck) 아래에서 2년 동안 있다가, 프린스턴으로 가서 오즈월드 베블런(Oswald Veblen)과 긴밀히 교류했다. 1912년에는 하버드로 옮겨 교수직으로 계속 머무르다 1944년 급사했다. 미국 수학의 발달을 위해 꿋꿋이 힘쓴 버코프는 마스턴 모스(Marston Morse)와 마셜 스톤(Marshall Stone)을 포함한 박사 45명의 지도교수였고, 과학계 내에서 여러 저명한 직위에 올랐다. 고국에서나 해외 공히 당대의 선도적인 미국 수학자로 잘 알려져 있었다.

버코프가 유명해지게 된 계기는 선형 차분방정식에 대한 소논문(1911) 때문이었는데, 그는 일생 동안 간헐적으로 이 주제에 대해 계속해서 논문을 냈다. 이 연구와 관련하여 선형 미분방정식의 이론에 대한 몇 편의 논문이 있고, 미분방정식으로 정의되는 복소함수에 관련한 일반화된 리만 문제에 대한 논문(1913)이 한 편 있다. (최근까지 후자의 논문에 힐베르트의 21번째 문제인 힐베르트-리만 문제의 해답이 들어있다고 믿어 왔으나, 1989년 볼리브루크(Bolibruch)가 이런 믿음이 오해였음을 입증했다.)

일생 동안 버코프가 해석학에서 깊게 관심을 둔 분야는 **동역학계**[IV.14]였고 이 분야에서 최대의 성공을 누렸다. 그가 가장 중요하게 여긴 목표는 가장 일반적인 동역학계를 완전한 정성적 특징을 유도해낼 수 있는 정규 형식으로 환원하는 방법을 얻는 것이었다. 푸앵카레와 마찬가지로 주기 운동에 대한 연구가 버코프의 연구의 중심이었고, 안정성에 관련한 질문들뿐만 아니라 3체문제[V.33]에 대해 광범위한 저술도 했다. 그는 자유도가 2인 동역학계에 대한 1917년의 소논문으로 1923년에 보처 상을 수상하는데, 이에 대해 그는 이루고 싶었던 그 어떤 성과들만큼이나 좋은 것이라고 언급했다. 또 하나의 유명한 업적은 푸앵카레의 위상수학적 '마지막 기하학 정리'를 증명한 것으로, 출간 즉시 국제적인 찬사를 받았다(1913). (이 정리는 고리에서 경계 원들을 반대방향으로 보내는 일대일 넓이보존 변환은 적어도 두 개의 부동점을 가져야 한다는 것을 말하는데, 이를 증명하면 제한된 3체문제에서 주기를 갖는 궤도가 존재한다는 것이 따름정리로 나오기 때문에 중요하다.) 또한 동역학 이론에서 '반복 운동(1912)'과 '계량 추이성(1928)' 등을 포함한 몇 가지 새로운 개념을 도입했고, 동역학계에서 기호의 이용을 증진시켰다. 이 덕분에 1930년대 말 마스턴 모스와 구스타프 헤들런드(Gustav Hedlund)가 기호 동

역학(아다마르[VI.65]가 발명한(1898) 동역학계의 분야로 기호의 무한 수열로 이루어진 공간을 다룬다)을 형식적으로 발달시키는 데 좋은 영향을 미친다. 버코프가 쓴 책 『동역학계(*Dynamical Systems*)』 (1927)는 미분방정식으로 정의되는 계의 질적 이론을 다룬 최초의 저술이다. 그는 위상수학적 아이디어로 넘쳐나는 이 책에서 초기 연구 결과의 상당수를 연결지어 설명했다.

버코프의 동역학 연구와 밀접한 관련이 있는 것은 에르고딕 이론[V.9]에 대한 연구이다. 버나드 쿠프먼(Bernard Koopman)과 폰 노이만[VI.91]의 정리들에 자극을 받은 버코프는 1931년 푸앵카레의 위상수학적 접근법과 르베그의 측도론을 조합한 증명을 통해, 통계 역학과 측도 이론[III.55] 모두에 기본적인 결과인 자신만의 에르고딕 정리를 제시한다. (간략히 말해 버코프의 에르고딕 이론은 불변인 부피 적분을 갖는 미분방정식으로 주어지는 임의의 동역학계에 대해, 측도 0인 집합만 제외한 임의의 동점이 미리 지정한 영역 v에 포함되는 '시간 확률' p가 확고하게 존재한다는 것이다. 다른 말로 하면, t 가 총 경과 시간이고 t^*가 그 점이 영역 v 내에 있었던 시간일 때, $t^*/t = p$라는 뜻이다.)

버코프는 물리적 이론을 창조하면서 물리적 직관보다 수학적 대칭성과 단순성을 옹호했다. 상대론에 대한 책(이 주제에 대해 영어로 쓴 최초의 책이다) 『상대론과 현대 물리학(*Relativity and Modern Physics*)』(1923) 및 『근원, 자연, 상대성의 영향(*The Origin, Nature, and Influence of Relativity*)』(1925)은 개성 있고 독창적이었으며 널리 읽혔다. 사망할 당시에는 1943년에 처음 제안했던(완벽한 유체로 간

주했던) 물질, 전기학, 중력에 대한 새로운 이론의 개발에 매진했는데, 아인슈타인의 이론과는 달리 평평한 시공간을 기반으로 했다.

버코프는 변분법[III.94]과 채색문제를 포함해 다른 여러 분야에서도 논문을 냈고, 기초 기하 교재를 랄프 비틀리(Ralph Beatley)와 공저하기도 했다(1929). 함수 공간에서의 부동점에 대한 켈로그 (O. D. Kellogg)와의 공저 논문(1922)은 훗날 르레(Leray)와 샤우더(Schauder)의 연구에 자극제가 되었다.

버코프는 일생 동안 예술에 흥미를 보였으며 음악이나 예술 형식의 근본을 분석하는 문제에 매료되었다. 일생의 후반기에는 미학에 대한 수학의 응용에 대해 광범위하게 강의도 했으며, 저서 『미의 측정(*Aesthetic Measure*)』(1933)은 대중적 성공을 거두었다.

더 읽을거리

Aubin, D. 2005. George David Birkhoff. Dynamical systems. In *Landmark Writings in Western Mathematics 1640-1940*, edited by I. Grattan-Guinness, pp. 871-81. Amsterdam : Elsevier.

VI.79 존 에덴서 리틀우드

출생: 잉글랜드 로체스터, 1885년
사망: 잉글랜드 케임브리지, 1977년
해석학, 정수론, 미분방정식

리틀우드는 아벨 및 타우버(Tauber) 이론, 리만 제타 함수[IV.2 §3], 웨어링의 문제, 골드바흐 추측[V.27],

조화해석학, 확률론적 해석학, 비선형 미분방정식 등 다양한 분야의 해석학 및 해석적 정수론에 여러 중요한 기여를 했다. 그는 리만 가설[IV.2 §3]처럼 구체적인 문제를 좋아했고, 당대에 문제를 가장 잘 풀었던 사람이라고 해도 과언이 아닐 정도로 문제 해결력이 뛰어났다. 대부분의 연구는 하디[VI.73]와의 공동연구였는데, 하디-리틀우드 동반자 관계는 3 반 세기 동안 영국의 수학 현장을 지배했다. 맨체스터에서 지낸 3년을 제외하면 성인 시절을 모두 케임브리지의 트리니티 칼리지에서 보냈다. 1928년부터 1950년 은퇴할 때까지, 케임브리지의 수학 분야 라우스 볼 석좌교수(Rouse Ball Chair)에 오른 것은 그가 최초이다.

그의 첫 번째 중요한 결과는 1911년에 실수 급수 $\sum a_n$이 합 A로 수렴하면 $x \to 1$일 때 $\sum a_n x^n$도 A로 수렴한다는 아벨[VI.33]의 고전적인 정리의 심오한 역을 출판한 것이었다. 일반적으로 역은 참이 아니지만 타우버는 $na_n \to 0$인 경우에는 참임을 증명했다. 리틀우드는 na_n이 유계인 경우로 조건을 약화시켜 이 결과를 확장한다. 이 결과는 타우버 형의 정리라고 부르는 해석학 분야로 확장되어 나아갔다.

함수론에서는 일대일 해석함수, 최소 절댓값, 버금조화함수에 대해 우아하고, 중요하며, 혁신적인 연구를 했다. 특히, $f(z) = z + a_2 z^2 + a_3 z^3 + \cdots$이 열린 원판 $\Delta = \{z : |z| < 1\}$에서 일대일인 복소 해석함수[I.3 §5.6]일 때 모든 n에 대해 $|a_n| \leqslant n$이라고 비버바흐(Bieberbach)가 1915년에 추측한 예상을 연구했다. 1923년 리틀우드는 모든 n에 대해 $|a_n| < en$임을 증명했다. 수많은 사람의 개선이 더해져서 상수 e는 점차 1에 대단히 가까운 값으로 줄어들었는데, 1984년 드 브랑제(de Branges)가 완벽하게 증명했다.

리틀우드는 일생 동안 제타함수에 관심이 있었다. 제타함수는 반평면 $\mathrm{Re}(s) > 1$ 위에서 절대수렴하는 급수

$$\zeta(s) = \zeta(\sigma + \mathrm{i}t) = \frac{1}{1^s} + \frac{1}{2^s} + \frac{1}{3^s} + \cdots$$

이고, 해석적 연속을 통해 전체 복소평면으로 확장한 함수이다. 사실 리틀우드의 지도교수가 그에게 제안한 두 번째 문제가 '임계대(critical strip)' $0 < \sigma < 1$ 내의 $\zeta(s)$의 근이 '임계선' $\sigma = \frac{1}{2}$ 위에 존재하느냐는 리만 가설이었다. 만약 사실이라면 이 유명한 추측은 소수의 분포에 대한 많은 심오한 결과를 내놓는다. 제타함수에 대해 연구는 대부분 하디와 공동연구로 $\zeta(s)$의 해석적 성질과 관련한 것들이다.

하디와의 연구와 더불어, 그는 또한 제타함수를 이용하여 소수정리[V.26]에서의 오차항에 대한 놀라운 정리를 증명한다. 소수 정리 자체는 아다마르[VI.65]와 드 라 발레 푸생[VI.67]이 1896년에 독자적으로 증명했다. 이 기본적인 결과는 x보다 작은 소수의 개수 $\pi(x)$는 '로그적분' $\mathrm{li}(x) = \int_0^x (1/\log t)\, \mathrm{d}t$에 접근한다는 것이다. 모든 x에 대해 $\pi(x) < \mathrm{li}(x)$라는 수치적 증거가 많았는데, 특히 1914년까지는 $2 \leqslant x \leqslant 10^7$일 때 항상 이 부등식이 성립하는 것이 알려져 있었다. 그럼에도 리틀우드는 $\mathrm{li}(x) - \pi(x)$의 부호는 무한히 교대한다는 것을 증명한다. 흥미롭게도 $\pi(x) > \mathrm{li}(x)$인 x 값에 대한 구체적인 상계는 얻지 못했는데, 최초의 상계는 1955년 스큐스(Skewes)가 제시한 다음과 같은 수이다.

$$10^{10^{10^{10^{1000}}}}.$$

하디와 리틀우드는 $\zeta(s)$에 대한 중요한 점근 공식을 증명하여, 어떤 면에서는 $\zeta(s)$가 임계선 위에서 '작다'는 것을 보이는 데 이용하는데, 이 사실은 당시로서는 돌파구였다. 또한 리틀우드는 직사각형 $0 < \sigma < 1, 0 < t \leq T$ 안에서 $\zeta(s)$의 영점의 수를 연구하기도 했다.

1770년 『대수론』에서 웨어링[VI.21]은 경험적 증거에 기반을 두어 모든 자연수는 0이 아닌 세제곱수 아홉 개의 합이며, 네제곱수 열아홉 개의 합이라는 등, 자연수 k마다 모든 자연수를 $g(k)$개의 k제곱수의 합으로 쓸 수 있는 최소의 정수 $g(k)$가 존재한다고 주장한다. 1909년 힐베르트[VI.63]는 복잡한 대수 항등식을 이용하여 $g(k)$가 실제로 존재함을 증명하지만, 그가 얻은 $g(k)$의 하계는 다소 약했다. 1920년대, 『정수의 분할(Partitio Numerorum)』이라는 획기적인 일련의 논문에서 하디와 리틀우드는 $g(k)$를 결정하는 웨어링의 문제뿐만 아니라, 다른 많은 문제도 공격하는 데 이용할 수 있는 해석적 방법을 도입한다. 하디와 리틀우드의 '원 방법'의 기원은 분할 함수에 대한 하디와 라마누잔의 연구이지만, 그들이 극복해야 했던 기술적 어려움은 초기 연구보다 훨씬 컸다. 예를 들어 이 방법을 이용해 충분히 큰 수를 19개의 네제곱의 합으로 쓸 수 있음을 보였다. (1986년 발라수브라마니안(Balasubramanian), 드레스(Dress), 데셜리외(Deshouillers)가 $g(4)$가 정말로 19임을 증명했다.) 더 중요한 것은 n을 기껏해야 s개의 양의 k제곱수의 합으로 표현하는 방법의 수에 대한 점근 추정치도 준 것이다.

원 방법은 2보다 큰 모든 짝수는 소수 두 개의 합이라는 골드바흐의 추측을 공격하는 가능한 길도 제공하며, $p \leq n$이고 $p + 2$도 소수인 것의 개수는 점근적으로 어떤 상수 $c > 0$에 대해

$$c \int_2^n (1/\log t)^2 \, dt$$

라는 쌍둥이 소수 추측을 강화한 형태에 대해 강력한 발견적 증거도 준다. 하디와 리틀우드의 소위 k겹 추측은 위 예상을 훨씬 확장하여 '소수의 별자리'를 향한 것이다.

조화해석학에 대한 리틀우드의 놀라운 연구의 대부분은 1930년대 초에 페일리(R. E. A. C. Paley)와 공동으로 연구한 것이다. 리틀우드-페일리 이론[VII.3 §7]의 출발점은 삼각 다항식에 관련한 어떤 부등식이다. 대략적으로 말해, 리틀우드와 페일리는 함수의 크기를, 푸리에 계수[III.27]를 다양한 구간에 사영한 것과 관련지은 것이다. 원래의 1차원 리틀우드-페일리 이론은 고차원, 임의의 구간, 심지어는 2차원 콤팩트 다양체 위의 텐서로까지 확장되었는데, 웨이블릿[VII.3], 바나흐 공간[III.62]에서 함숫값을 갖는 함수들의 L^p 공간에 작용하는 반군(semigroup), 대략적인 아인슈타인 계량에 대한 공(null) 초곡면의 기하학 등 다양한 주제와 관련돼 있다.

리틀우드는 탁월한 응용수학자이기도 했다. 그는 1차 세계 대전 동안 탄도학을 연구했으며, 제2차 세계 대전 때는 동료 메리 카트라이트(Mary Cartwright)와 무선 통신의 개발을 위해 판 데르 폴(van der Pol) 진동기에 대해 연구했다. 카트라이트와 리틀우드는 미분방정식을 공략하기 위해 위상수학적 방법과 해석적 방법을 최초로 조합했고, 훗날 '카오

스'로 알려지는 현상을 많이 발견했다. 그들은 실제 공학적 문제에서 기원한 방정식에서도 카오스가 발생할 수 있다는 것을 증명했다.

1910년부터 67년 후 사망할 때까지, 리틀우드는 케임브리지 트리니티 칼리지의 널찍한 방에서 계속 살았다. 리틀우드는 뛰어난 재담가였다. 거의 매일 저녁 동료 교수들이나 방문 수학자들과 함께 클라레를 마시며 사교실에 있는 모습을 발견할 수 있었다. 그가 이룬 어마어마한 결과에도 불구하고 리틀우드는 수십 년 간 심각한 우울증을 겪었으며, 1957년에서야 치료되었다. 그는 수학자는 적어도 1년에 21일은 수학을 하지 않는 휴가를 가져야 한다는 믿음을 실천했다. 또한 그는 열렬하고 능숙한 암반 등반가였으며, 알파인 스키광이었다. 그리고 활동적인 음악가는 아니었으나, 거의 매일 멈추지 않고 바흐, 베토벤, 모차르트를 들었다.

그는 1943년에 왕립 학회의 실베스터 메달을 수상했는데, 선정 이유는 다음과 같았다. "하디의 평가에 따르면 리틀우드는 자신이 아는 어떤 수학자보다 뛰어났다고 한다. 그는 정말로 깊이 있고 만만치 않은 문제에 달려들어 박살낼 수 있는 사람이었다. 그런 통찰력, 기교, 힘을 겸비할 수 있는 사람은 그 외에는 없다."

더 읽을거리

Littlewood, J. E. 1986. *Littlewood's Miscellany*, edited and with a foreword by B. Bollobás. Cambridge: Cambridge University Press.

벨라 볼로바시

VI.80 헤르만 바일

출생: 독일 엘름스호른, 1885년
사망: 스위스 취리히, 1955년
해석학, 기하학, 위상수학, 기초론, 수리물리

바일은 1904년부터 1908년까지 괴팅겐에서 힐베르트[VI.63], 클라인[VI.57], 민코프스키[VI.64]의 지도 아래 수학을 공부했다. 그는 괴팅겐 대학(1910~1913)과 취리히 연방 공과대학(1913~1930)에서 최초의 강사 자리를 잡았다. 1930년에는 힐베르트의 부름을 받아 괴팅겐으로 돌아와 그의 후계자가 되었다. 그리고 나치가 정권을 잡자 미국으로 이민을 떠나 프린스턴에 새로 세운 고등 연구소의 회원이 되었다(1933~1951).

바일은 실해석학 및 복소해석학, 기하학과 위상수학, 리 군[III.48 §1], 정수론, 수학 기초론, 수리물리, 철학 등에 기여했다. 각 분야마다 책을 적어도 한 권 이상은 냈고, 총 열세 권을 저술했다. 다른 기술적, 개념적 혁신과 더불어 이 책들은 모두 지속적인 영향을 미쳤는데, 대부분의 책이 뚜렷하고 즉각적인 효과를 낳았다.

초창기 연구는 특이 경계 조건을 갖는 적분 작용소 및 미분방정식을 다루는 것이었다. 명성은 『리만 곡면의 개념(*The Concept of a Riemann Surface*)』(1913)을 쓴 후에야 찾아 왔다. 이 책은 1910~1911년 겨울의 강의로부터 발전한 것으로, 리만[VI.49]의 기하학적 함수론에 대해 클라인이 직관적으로 다룬 것과 힐베르트가 디리클레 원리[IV.12 §3.5]를 정당화한 것에 기반을 두었다. 이 책에서 바일은 리만곡면[III.79]의 성질을 새롭게 표현하여, 20세기 기하학적 함수론에 대단한 영향을 미쳤다.

두 번째 책『연속체(*The Continuum*)』(1918)는 수학의 기초에 대한 바일의 관심이 시작됐다는 흔적이다. 바일은 수학의 공리적 기초에 대한 힐베르트의 '형식주의' 계획에 비판적이었으며, 실해석학의 엄격한 구성주의적 기초에 준-형식화된 접근법이 가능한지 탐구했다. 직후 바일은 브라우어르[VI.75]의 직관주의 계획으로 기울었으며, 1921년 유명한 글에서 힐베르트의 기초론적 관점을 훨씬 더 강력하게 공격했다. 1920년대 후반에는 기초론적 질문에 더 균형 잡힌 시각을 발달시켰다. 제2차 세계 대전 후에는 다시 1918년의 자신의 산술적 구성적 접근법을 조금 더 선호하게 되었다.

기초론적 문제에 대해 연구를 진행하면서 동시에 아인슈타인의 일반 상대성 이론을 이어 받아 세 번째 책인『공간-시간-물질(*Space-Time-Matter*)』을 썼다. 1918년에 초판을 출간한 후 1923년까지 다섯 차례 개정판이 잇달아 나온다. 이는 상대성 이론에 대한 최초의 단행본 중 가장 영향력 있는 것 중 하나였다. 이 책에서 미분기하학과 일반 상대성 이론에 대한 자신의 기여는 빙산의 일각만큼만 제시했다. 바일은 광범위한 개념적, 철학적 틀 안에서 연구를 계속했다. 이런 접근법으로 나온 결과물 중에는『공간의 문제 분석(*Analysis of the Problem of Space*)』(1923)이 있는데, 훗날 올 다발[IV.6 §5]의 기하학 용어로 분석될 아이디어와 게이지 장의 연구가 대강 들어 있다. 그는 이미 리만 기하학[I.3 §6.10]의 일반화와 중력과 전자기에 대한 기하학적 통일장 이론을 위해, 1918년에 게이지 장(그리고 계량의 점에 무관한 축척조절이라는 중요한 아이디어)을 도입했다.

바일은 1920년대 중반 무렵 준단순 리 군의 **표현론**[IV.9]에 대한 연구로 순수수학에 가장 큰 영향을 미친 기여를 한다. 리 대수[III.48 §2]의 표현론에 대한 **카르탕**[VI.69]의 통찰력과 후르비츠 및 슈어가 개발한 방법을 조합하고, 다양체의 위상에 대한 자신의 지식을 이용하여 기하학적이고, 대수적이고, 해석적인 방법을 혼합하여 리 군의 표현론의 일반적인 이론의 핵심을 발달시켰다. 이 연구를 확장하고 개선한 것이 훗날 프린스턴 시절의 이 주제에 대한 강의와 연구를 거둬들인 저서『고전군(*The Classical Groups*)』(1939)의 핵심을 이룬다.

이 모든 연구와 더불어 바일은 새롭게 등장한 양자역학을 활발하게 뒤쫓았다. 1927~1928년에는 취리히 연방 공과 대학교에서 이 주제에 대해 강의를 하였고, 이는 수리물리에 대한 다음 저서『군론과 양자 역학(*Group Theory and Quantum Mechanics*)』(1928)으로 발전한다. 바일은 양자 구조의 기호적 표현에서 군론 방법의 개념적 역할, 특히 특수 선형군과 **치환군**[III.68]의 표현론 사이의 흥미로운 상호작용을 강조했다. 전자기장에 대한 자신의 게이지 이론의 두 번째 단계는 따로 출간하는데, 여기서부터 전자기의 수정된 게이지 이론이 나온다. 이는 파울리(Pauli), 슈뢰딩거(Schrödinger), 폭(Fock) 등을 포함하는 선도적인 이론 물리학자들의 지지를 받는다. 그의 이론은 다음 세대의 물리학자들이 1950년대와 1960년대 게이지 장 이론을 개발하는 출발점이 되었다.

수학과 물리학에 대한 바일의 연구는 그의 철학적 세계관에 의해 모양을 갖췄으며, 출판물 다수에 과학적 활동에 대한 자신의 철학적 생각을 서술했다. 가장 영향력 있었던 책은 자신의 철학에 대한 안내서『수학과 자연과학의 철학(*Philosophy of Mathematics and Natural Science*)』인데, 원래는 1927년 독일어로 출판되었다가 1949년 영어로 번역되었다. 이 책은 과학 철학의 고전이 되었다.

더 읽을거리

Chandrasekharan, K., ed. 1986. *Hermann Weyl: 1885-1985. Centenary Lectures delivered by C. N. Yang, R. Penrose, and A. Borel at the Eidgenössische Technische Hochschule Zürich*. Berlin: Springer.

Deppert, W., K. Hübner, A. Oberschelp, and V. Weidemann, eds. 1988. *Exact Sciences and Their Philosophical Foundations*. Frankfurt: Peter Lang.

Hawkins, T. 2000. *Emergence of the Theory of Lie Groups. An Essay in the History of Mathematics 1869-1926*. Berlin: Springer.

Scholz, E., ed. 2001. *Hermann Weyl's Raum-Zeit-Materie and a General Introduction to His Scientific Work*. Basel: Birkhäuser.

Weyl, H. 1968. *Gesammelte Abhandlungen*, edited by K. Chandrasekharan, four volumes. Berlin: Springer.

에르하르트 숄츠(Erhard Scholz)

VI.81 토랄프 스콜렘

출생: 노르웨이 산스바에르, 1887년
사망: 노르웨이 오슬로, 1963년
수리논리

토랄프 스콜렘은 20세기의 주요 논리학자 중 한 명으로, 추상적인 집합론과 논리 사이의 황당한 관계에 대한 이해에 대해 외로운 목소리를 내곤 했다. 또한 디오판토스 방정식과 군론에 대해서도 연구했지만, 수리논리에 대한 기여가 가장 오래 남은 것으로 입증되었다. 베르겐과 오슬로에서 학생들을 가르쳤고, 한동안 노르웨이 수학회 회장 및 노르웨이 수학회지의 편집자였으며, 1954년에는 노르웨이 국왕으로부터 성 올라프 왕실 기사단의 1급 기사로 봉해지기도 했다.

1915년 스콜렘은 폴란드 수학자 레오폴트 뢰벤하임(Leopold Löwenheim)이 얻은 결과를 확장했다. 그의 결과(1920년에 출판되었고 뢰벤하임-스콜렘 정리로 알려져 있다)는 1급 술어 계산만으로 정의된 수학 이론에 모형[IV.23 §1]이 있으면, 가산 모형을 갖는다는 사실이다. 여기서 모형이란 그 이론의 공리를 따르는 수학적 대상의 집합을 가리킨다. 실수는 그런 이론(예를 들어 체르멜로-프렝켈 집합론 [IV.22 §3]이나 다른 집합론의 공리계)으로 정의할 수 있으므로, 이로부터 소위 스콜렘의 역설, 즉 실수는 가산이 아니라는 것은 칸토어[VI.54]의 시대부터 알려진 사실임에도 불구하고, 가산 모형을 갖는 이론 내에서 정의될 수 있다는 역설이 나온다. 이 역설을 어떻게 해소할 것인가?

해답은 '가산'이 무슨 뜻인지를 아주 조심히 헤아려야 한다는 것이다. 집합론의 이 이상한 가산 모형

안에서는 실수 집합이 가산임을 보일 수 있지만, 모형에 대해서는 실수 집합이 가산이 아닐 수 있다. 다른 말로 하면, 실수를 실제로 세는 함수(즉, 실수와 자연수 사이의 실제 일대일대응)는 그 모형에 속하지 않을 수도 있다는 것이다. 모형이 너무 '작을' 수 있기 때문에 함수가 몇 개 빠지는 것이다. 스콜렘의 역설은 모형 '밖에서' 보는 관점과 모형 '안에서' 보는 관점 사이에 차이가 있음을 두드러지게 보여 준다.

스콜렘의 연구 중에서 몇 가지 중요한 면은 뢰벤하임-스콜렘 정리와 스콜렘 역설에서 볼 수 있다. 스콜렘은 수학적 이론은 거의 항상 여러 가지 다른 모형을 가질 수 있음을 깨달은 첫 번째 수학자이다. 스콜렘은 공리 체계가 있고, 그 설정 안에서 정리를 증명할 수 있지만, 이런 규칙을 따르는 대상이 무엇이냐는 것은 일반적으로 경우에 따라 다르다고 논증했다. 이로부터 스콜렘은 공리적 이론 위에 수학을 세우려는 시도는 (물론 공리적 기초 위에 세워진 수학이 압도적인 성공을 거두고 있지만) 성공할 가능성이 없다는 과격한 결론을 이끌어냈다.

인자들이 부분집합이 아니라 원소 위에서만 변할 수 있는 1차 이론에 대한 스콜렘의 고집은 동시대인들이 받아들이기에 어려운 것이었다. 하지만 이러한 관점 및 그에 따르는 크나큰 명료함은 오늘날 압도적으로 지배적인 것이다. 스콜렘은 수학의 기초를 연구하는 데 이용할 수 있는 논리는 오직 1차 논리[IV.22 §3.2]밖에 없고, 2차 이론은 집합을 언급하는 공리를 허용하는데, 그의 관점에서 볼 때 집합의 본성은 해명해야 할 주제이기 때문에 2차 이론을 기초론에서는 허용할 수 없다고 강력히 주장했다. 또

한 개개 대상에 대해 얘기할 수는 있지만, 특정한 종류의 모든 대상에 대해 얘기하는 것은 지나치게 비형식적이어서 문제가 있다고 느꼈다. 사실, 한 세대 이전의 수학자들은 어떤 종류의 모든 집합에 대해 얘기하는 것은 정말 문제를 일으킨다는, 예를 들어 모든 집합의 집합은 자기 자신의 원소가 아니라는 러셀의 역설(자기 자신의 원소이면 자기 자신의 원소가 아니고, 자기 자신의 원소가 아니면 자기 자신의 원소)처럼 순진한 집합론으로 인한 역설에 마주쳤다.

스콜렘의 연구는 무한의 개념에 대한 불신과 유한적 추론에 대한 애호로 특징지을 수도 있다. 스콜렘은 계산가능 함수라 부르는 것을 무한에 관련한 역설을 피하는 방식으로 다루는 **원시적 반복법[II.4 §3.2.1]** 이론의 초창기 옹호자였다.

더 읽을거리

Fenstadt, J. E., ed. 1970. *Thoralf Skolem: Selected Works in Logic*. Oslo: Universitetsforlaget.

제러미 그레이

VI.82 스리니바사 라마누잔

출생: 인도 에로드, 1887년
사망: 인도 마드라스(현 첸나이), 1920년
분할, 모듈러 형식, 가짜 세타 함수

인도의 천재 수학자 라마누잔은 독학으로 공부하여 20세기 정수론에서 많은 돌파구를 열어 수학에 기념비적인 기여를 했다. 타원함수[V.31], 초기하급수,

연분수[III.22] 이론뿐만 아니라 해석적 정수론도 연구했다. 라마누잔의 연구 대부분은 그의 친구이자 후원자 겸 동료였던 하디[VI.73]와 함께 수행한 것이다.

하디와 라마누잔은 n의 자연수 분할의 수 $p(n)$에 대한 정확한 공식을 준 놀라운 논문에서 강력한 '원 방법'을 찾아냈다. 라마누잔은 지금은 로저스 (Rogers)-라마누잔 항등식이라 부르는 두 가지 항등식을 독자적으로 발견했다.

$$1 + \sum_{n=1}^{\infty} \frac{q^{n^2}}{(1-q)(1-q^2)\cdots(1-q^n)}$$
$$= \prod_{n=0}^{\infty} \frac{1}{(1-q^{5n+1})(1-q^{5n+4})},$$

$$1 + \sum_{n=1}^{\infty} \frac{q^{n^2+n}}{(1-q)(1-q^2)\cdots(1-q^n)}$$
$$= \prod_{n=0}^{\infty} \frac{1}{(1-q^{5n+2})(1-q^{5n+3})}.$$

이들은 리 이론[III.48]부터 통계 물리까지 응용된다. 이 항등식이 중요한 것은 $p(n)$의 생성함수[IV.18 §§ 2.4, 3]가

$$\prod_{n=1}^{\infty} \frac{1}{1-q^n}$$

로 주어진다는 것과 관련돼 있기 때문이다. 예를 들어 두 번째 항등식은, n을 모든 부분이 2, 3 mod 5가 되도록 분할하는 방법의 수는, 모두 1보다 크고 어느 두 부분도 연속하는 정수가 아니게 다른 수로 분할하는 방법의 수와 같다는 것을 말해준다.

라마누잔은 $p(n)$에 대한 연구에서 많은 약수, 배수 성질을 발견하고 증명했다. 예를 들어 5는 항상 $p(5n+4)$의 약수이며, 7은 항상 $p(7n+6)$의 약수

이다. 배수 성질에 대한 이러한 예상은 모듈러 형식 [III.59]에서 광범위한 방법의 발달에 자극제가 되었고, 마지막 예상은 1969년에 마침내 올리버 앳킨 (Oliver Atkin)이 해결했다.

$p(n)$과 관련한 라마누잔의 연구는 모두 $q = e^{2\pi i w}$일 때 다음 모듈러 형식과 관련돼 있다.

$$\eta(w) = q^{1/24} \prod_{n=1}^{\infty} (1-q^n).$$

이 모듈러 형식과 관련돼 있는 것은 $q^{1/24}/\eta(w)$가 $p(n)$의 생성함수이기 때문이다. 라마누잔은 특히 $\eta(w)$의 24제곱을 써서

$$\sum_{n=1}^{\infty} \tau(n)q^n = q \prod_{n=1}^{\infty} (1-q^n)^{24}$$

와 같이 정의하는 산술 함수 $\tau(n)$에 흥미를 느꼈다. 라마누잔은 모든 소수 p에 대해 $|\tau(p)| < 2p^{11/2}$임을 예상했다. 페터슨(H. Petersson), 랭킨(R. Rankin)은 이 문제를 연구하다가 모듈러 형식에 대해 깊고 광범위한 연구를 하게 됐다. 결국 이 예상은 들리뉴(P. Deligne)가 증명했고, 이 업적을 인정받아 1978년에 필즈상(Fields medal)을 수상했다.

라마누잔의 생애에 대해 살펴보면, 그의 업적은 한층 더 놀랍게 느껴진다. 어린 시절 그는 수학적으로 조숙했다. 고등학교 때는 수학으로 상도 받았다. 고등학교 성적에 근거하여 1904년 쿰바코남의 국립대학에서 장학금을 받는다. 그 무렵 라마누잔은 카(G. S. Carr)가 쓴 『순수수학의 기본 결과들의 개요(*A Synopsis of Elementary Results in Pure and Applied Mathematics*)』를 접하게 된다. 다소 별난 이 책은 기본적으로 케임브리지에서 유명한 수학 졸업 시험을 치르기 위해 준비하는 학생들을 위해 공

식과 정리들을 종합한 책이다. 라마누잔은 이 책에 매료되어 수학에 집착하게 됐다. 대학 시절에는 다른 과목은 무시하고 오직 수학에 관심을 집중시켰다. 그 결과 몇 과목에선 낙제를 해서 받아오던 장학금을 놓치게 된다. 1913년경 마드라스 항만 신탁의 일개 직원이었던 라마누잔은 잊혀질 운명처럼 보였다. 친구들은 그에게 그의 수학적 발견을 영국 수학자들에게 편지를 보내 알리라고 북돋아 주었다. 그렇게 라마누잔은 하디에게 편지를 썼고, 하디는 라마누잔이 진정으로 비범한 수학자임을 알아차렸다.

하디는 라마누잔이 영국으로 여행할 수 있도록 주선했고, 1914년부터 1918년까지 둘은 위에서 설명한 획기적인 연구물을 생산해냈다.

1918년 라마누잔은 질병에 걸리고 결핵 판정을 받았다. 1년 동안 영국에서 요양을 하고 1919년 병세가 조금 호전되어 인도로 돌아갈 수 있었다. 불행히도 귀국한 후 건강이 악화되었고 1920년에 사망했다. 인도에 있던 마지막 1년 간 현재 **라마누잔의 잃어 버린 노트**(Ramanujan's lost notebook)라고 알려진 것들을 썼고, 여기에서 고전적인 세타함수보다 훨씬 일반적이지만 비슷한 함수의 부류인 가짜 세타함수의 이론의 기초를 놓았다.

더 읽을거리

Berndt, B. 1985-98. *Ramanujan's Notebooks*. New York: Springer.

Kanigel, R. 1991. *The Man Who Knew Infinity*. New York: Scribners.

조지 앤드류(George Andrews)

VI.83 리하르트 쿠랑

출생: (당시 독일, 지금은 폴란드) 실레지아 루블리니츠, 1888년
사망: 미국 뉴욕, 1972년
수리물리, 편미분방정식, 최소곡면, 압축가능한 흐름, 충격파

길고도 사연 많은 쿠랑의 일생은 수학 연구, 수학의 응용, 많은 후세대 수학자의 교육, 수학에 대한 뛰어난 책의 저자, 큰 연구소의 창립자이자 관리자로서의 대성공 등으로 가득하다. 독일 출신으로 미국으로 간 난민이면서도 이런 일들을 성취할 수 있었다는 것은 그의 과학적 안목뿐만 아니라 인격을 보여주는 증거이다.

루블리니츠에서 태어난 쿠랑은 혼자 개인교습에 기대어 살며 브레슬라우에서 고등학교 과정을 마쳤다. 브레슬라우에서 손위 친구였던 헬링거(Hellinger)와 토플리츠(Toeplitz)는 당시 수학의 메카였던 괴팅겐으로 진학했고, 쿠랑도 당연히 이들을 따라 괴팅겐으로 갔다. 그는 그곳에서 **힐베르트**[VI.63]의 조수가 되고 해럴드 보어(Harald Bohr)와 친분을 맺었으며, 훗날 해럴드의 동생 닐스(Niels)와도 친분을 맺는다.

힐베르트의 지도를 따라 쿠랑은 등각사상을 구성하기 위해 (에너지를 최소화하는) **디리클레 원리**[IV.12 §3.5]의 용법에 대한 학위논문을 썼다. 쿠랑은 추가 연구에서도 여러 차례 디리클레 원리를 이용했다.

제1차 세계 대전 동안 쿠랑은 육군 장교로 징집되었고, 서부 전선에서 싸우다 심한 부상을 입었다. 학계로 돌아온 후 자신의 에너지를 수학에 쏟아 진동하는 막에서의 최소 진동수에 대한 등주부등식과, 수리물리에서 작용소의 고윳값의 분포를 연구하는

데 대단히 유용한 자기 수반 작용소[III.50 §3.2]의 고윳값[I.3 §4.3]에 대한 쿠랑 최대-최소 원리 등 놀라운 결과들을 몇 가지 증명한다.

1920년 쿠랑은 괴팅겐 대학에서 클라인[VI.57]을 계승할 교수로 거론되었다. 클라인과 힐베르트는 쿠랑이 수학과 과학의 관계에 대한 그들의 시각을 공유하고 있으며, 연구와 교육 사이에서 균형을 취할 것이며, 자신이 맡은 일을 결실을 맺을 때까지 밀어붙일 행정적인 에너지와 지혜를 갖추었다고 판단해 그의 임용을 강행 통과시켰다.

쿠랑은 출판인 페르디난트 스프링거(Ferdinand Springer)와 가까운 친구가 된다. 이 관계로부터 애칭으로 '노란 악당'이라 알려진 유명한 단행본 총서 '기본 원리(Grundlehren)'가 결실을 맺게 된다. 이 총서의 세 번째 권은 해석함수론에 대한 리만[VI.49]의 기하학적 관점과, 타원함수[V.31]에 대한 후르비츠의 강의를 조합한 쿠랑의 해설서이다. 1924년 쿠랑-힐베르트의 첫 번째 책 『수리물리(*Mathematical Physics*)』가 나온다. 이 책은 미리 예지한 듯 슈뢰딩거의 양자역학에 필요한 수학의 대부분이 들어 있다. 쿠랑의 연구는 시들해지지 않았다. 1928년 학생이었던 프리드리히스(Friedrichs) 및 레비(Lévy)와 공동으로 수리물리의 차분방정식에 대한 기본 논문을 출간했다.

쿠랑의 지도력 아래 제1차 세계 대전으로 인해 국제적인 분위기가 사라졌던 괴팅겐이 다시 한번 물리뿐만 아니라 수학에서 중요한 중심지가 되었는데, 괴팅겐을 방문한 사람들의 명단을 보면 수학계의 인명사전처럼 보이기도 한다. 이는 히틀러가 정권을 쥐면서 완전히 산산조각난다. 유태인 교수였

던 쿠랑은 가장 먼저 인정사정없이 축출되었고, 도망가거나 종말을 맞이해야 했다. 쿠랑은 수학과 대학원을 세워 달라는 뉴욕 대학의 초청을 받아서, 가족과 함께 뉴욕에 피난처를 찾을 수 있었다. 뭔가를 세울 기반도 전혀 없었지만, 이전에 쿠랑의 가르침을 받았던 프레드릭스와 쿠랑의 과학적 이상에 공감했던 미국인 제임스 스토커(James Stoker)의 도움을 받아 이 일에 성공한다. 쿠랑은 뉴욕에 재능의 저수지를 건립하여 맥스 쉬프먼(Max Shiffman)을, 나중에는 해럴드 그래드(Harold Grad), 조 켈러(Joe Keller), 마틴 크루스칼(Martin Kruskal), 캐틀린 모라베츠(Cathleen Morawetz), 루이스 니렌버그(Louis Nirenberg) 및 이 글의 필자(피터 랙스, Peter D. Lax)를 포함하여 많은 학생들을 끌어 모았다.

1936년 그의 창의성이 절정을 맞은 1935년에 쿠랑은 디리클레 원리를 이용하여 최소곡면[III.94 §3.1]에 대한 몇 가지 기본적인 결과를 얻었다. 1937년에는 힐베르트와의 공저 제2권을 마무리한다. 1940년에는 허브 로빈스(Herb Robbins)와 공저한 대단히 성공적인 대중서 『수학이란 무엇인가?(*What Is Mathematics?*)』를 발행했다. 1942년 과학 연구에 대한 연방의 재정 지원이 가능해지자, 쿠랑의 연구진은 초음파 흐름과 충격파에 대한 야심찬 연구에 착수한다.

전쟁이 끝나고도 연방의 지원은 끝나지 않았다. 이 때문에 쿠랑은 연구의 규모와 뉴욕 대학에서의 대학원 교육을 대폭 확장할 수 있었다. 이 연구에서 상당히 지적인 수준에서 유체 역학, 통계 역학, 탄성 이론, 기상학, 편미분방정식의 수치해 등과 같은 응용수학과 이론적인 수학을 결합했다. 그전까지 미

국 대학에서 그런 시도는 없었다. 쿠랑이 세운 연구소는 결국 그의 이름을 따서 지어졌는데, 오늘날까지도 세계의 다른 연구소들의 모델 역할을 하고 있다.

쿠랑은 나치를 증오했으나, 독일인들을 모두 비난하지는 않았다. 종전 후 쿠랑은 독일 수학의 재건을 도왔고, 재능 있는 젊은 독일 수학자와 물리학자를 미국으로 초대하는 산파 역할을 했다.

쿠랑은 훗날 각 분야의 지도자가 된 젊은 시절의 친구들뿐만 아니라, 수학에 대한 비전과, 가능성이 희박하게 보이는 일과 싸우는 것도 마다하지 않는 그의 용맹한 정신을 존경한 정부 및 기관의 과학 담당자들로부터도 많은 도움을 받았다.

더 읽을거리

Reid, C. 1976. *Courant in Göttingen and New York: The Story of an Improbable Mathematician*. New York: Springer.

피터 랙스(Peter D. Lax)

VI.84 스테판 바나흐

출생: 폴란드 크라쿠프, 1892년
사망: 폴란드 크라쿠프, 1945년
함수 해석학, 실해석학, 측도론, 직교열, 집합론, 위상수학

바나흐는 카타르지나(Katarzyna) 바나흐와 스테판 그레첵(Greczek)의 아들이었다. 부모는 결혼하지 않았고 어머니는 아들을 부양하기에는 너무 가난했기 때문에, 크라쿠프에서 주로 양어머니 프란치슈카 플로바(Franciszka Plowa) 손에서 자랐다.

1910년 고등학교를 졸업한 바나흐는 크라쿠프 공과대학에 입학한다. 2년 후 제1차 세계 대전이 발발하여 바나흐는 공부를 중단하고 크라쿠프로 되돌아갔다가, 1916년 어느 여름날 밤 '르베그 적분'이라는 말을 엿들은 휴고 슈타인하우스(Hugo Steinhaus)에게 '발견되어' 르부프로 가게 된다. 슈타인하우스는 이 사건을 자신의 "최대의 수학적 발견"으로 여겼다. 또한 슈타인하우스를 통해 바나흐는 미래의 부인이 될 루치아 브라우스(Łucja Braus)를 만나 1920년에 결혼한다.

같은 해 바나흐가 아직 공부를 끝내지도 않았지만 안토니 롬니키(Antoni Łomnicki) 교수가 그를 르부프 공대의 조수로 고용한다. 이때부터 바나흐의 과학계 경력은 일약 비상하기 시작했다.

1920년 6월 바나흐는 르부프의 얀 카지미에슈 대학에서 학위논문 「추상 집합에서의 연산과 적분 방정식에의 응용(*On operations on abstract sets and their application to integral equations*)」으로 학위를 얻었다. 학위논문은 폴란드어로 썼는데, 1922년에 프랑스어로도 출간된다. 이 논문에서 바나흐는 오늘날 바나흐 공간[III.62](1928년 프레셰가 제안한 이름이다)이라 부르는 완비 노름(norm)을 갖는 선형 공간의 개념을 도입한다. 이 이론은 구체적인 공간과 적분방정식에 대해 리스[VI.74], 볼테라, 프레드홀름[VI.66], 레비(Lévy), 힐베르트[VI.63]가 기여한 것들을 하나의 일반적인 이론으로 종합한 것이다. 바나흐의 학위논문은 함수 해석학의 탄생으로 볼 수 있는데, 이 분야에서 바나흐 공간이 중심 대상의 하나이기 때문이다.

1922년 4월 17일 르부프의 얀 카지미에슈 대학은 바나흐에게 교수 자격(대학에서 가르칠 수 있는 학위)을 수여하며 수학과 강사로 임용한다. 1922년 7월 22일 카지미에슈 대학의 교수가 되고 1927년에는 정교수가 되었다. 바나흐는 훌륭한 연구 결과를 냈으며, 함수 해석학과 측도 이론[III.55]에서 권위자가 되었다. 1924~1925학년도에 바나흐는 연구 안식년 차 파리로 갔다가, 그곳에서 르베그[VI.72]를 만나 평생동안 친구로 지냈다.

르부프에서 바나흐와 슈타인하우스 주변의 재능 있는 젊은 수학자들이 곧 수학 학파를 이루게 되고, 1929년 잡지 《수학연구(Studia Mathematica)》를 창간했다. 이 학파의 구성원으로는 메이저(S. Mazur), 울람(S. Ulam), 올리츠(W. Orlicz), 샤우더(J. P. Schauder), 아우에르바흐(H. Auerbach), 캐츠(M. Kac), 캐츠마르츠(S. Kaczmarz), 루지위츠(S. Ruziewicz), 니클리보츠(W. Nikliborc) 등이 있다. 바나흐는 슈타인하우스, 삭스(Saks), 쿠라토프스키(Kuratowski) 등과도 공동연구를 했다. 나중에 나치 정권이 폴란드를 점령했을 때 이들 중 많은 수가 나치 정권에 의해 살해되었다.

1932년 자신이 발기인 중 한 명이었던 수학 단행본의 새 시리즈의 일부로 유명한 책 『선형 작용소 이론(Theory of Linear Operations)』이 프랑스어로 출간됐다(폴란드판은 한 해 전에 출판되었다). 이는 함수 해석학을 독립된 학과목으로 다룬 최초의 단행본이었고, 바나흐와 여러 사람의 10년이 넘는 치열한 활동의 최고봉이었다.

바나흐와 주변 수학자들은 '스코틀랜드 카페(Café Szkocka)'에서 수학에 대해 논하는 것을 즐겼다. 수학을 하는 이런 색다른 방식 때문에 르부프의 분위기는 독특했고, 많은 수가 진짜 협동하여 수학을 하는 드문 경우였다. 투로비츠(Turowicz)와 울람은 이렇게 말했다.[*]

바나흐는 대부분의 날을 카페에서 보내길 좋아했다. 소음과 음악을 좋아했다. 그 때문에 집중하거나 생각하는 게 방해되지는 않았다. 이 시간에 바나흐보다 오래 버티거나, 더 많이 마시는 것은 어려웠다. 즉석에서 문제가 제기되고 논의되었는데, 몇 시간씩 생각한 후에도 뾰족한 해답을 얻지 못할 때가 종종 있었다. 다음 날 바나흐가 완결한 증명의 개요를 써 놓은 작은 종이 몇 장을 들고 나타나는 일이 많았다.

1935년 어느 날 바나흐는 미해결 문제들을 공책 한 권에 모으자는 제안을 했는데, 이 공책이 훗날 유명한 '스코틀랜드 책'이 된다. 1935~1941년에 다양한 해석학 분야의 190개가 넘는 문제가 이 공책에서 제안되었고, 1957년 울람이 이 모음집을 영어로 출판한다. 주석을 덧붙인 버전은 1981년 버크하우저 출판사가 몰딘(R. D. Mauldin)의 편집으로 『스코틀랜드 책, 스코틀랜드 카페의 수학(The Scottish Book, Mathematics from the Scottish Café)』이라는 제목으로 출판한다.

바나흐는 『역학(Mechanics)』(1929년과 1930년 한 권씩 발행, 1951년에 영어로 번역), 『미분과 적분(Differential and Integral Calculus)』(1929년과

---

[*] 칼루자(R. Kaluza), 1996, 『스테판 바나흐의 삶(The Life of Stefan Banach)』, pp.62-74에서 인용

1930년 한 권씩 발행, 폴란드어로 여러 차례 개정됨), 『실함수론 개론(*Introduction to the Theory of Real Functions*)』(전쟁 전에 쓴 책으로 제1권만 남아 있다) 및 열 권의 산술, 기하, 대수에 대한 교재(스토제크(Stożek), 시에르핀스키[VI.77]와의 공저)의 저자이기도 하다(1930~1936년에 출판했으며, 1944~1947년에 재간됐다).

함수 해석학에서 바나흐의 중요한 발견에는 세 가지 중요한 단계가 있다. 첫째, 함수를 점이나 벡터처럼 다루고, 함수의 집합을 함수 공간으로 다루며, 함수에 대한 작용을 작용소로 보는 추상적인 선형 공간을 생각했다. 둘째, 수학적 대상에 어떤 (추상적일 수도 있는) 의미에서 그 대상의 길이, 크기 혹은 규모를 묘사하는 '노름' $\|\cdot\|$을 정의했다. 추상적인 두 원소 x와 y 사이의 거리는 자연스럽게 $d(x, y) = \|x - y\|$로 주었다. 세 번째 중요한 단계는 이 공간에 '완비성'의 개념을 도입하는 것이었다. 이런 일반적인 공간(바나흐 공간)에서 균등 유계 원리, 열린 사상 정리, 닫힌 그래프 정리와 같은 몇 가지 기본 정리를 증명할 수 있었다. 이런 결과들은 대략적으로 말해 바나흐 공간 속 어떠한 곳에서도 나쁜(병적인) 행동을 할 수 없다. 즉, 공간의 어떤 부분에서는 선형 사상이나 다른 대상이 잘 행동한다는 것을 말해준다.

바나흐 공간, 바나흐 대수, 바나흐 격자, 바나흐 다양체, 바나흐 측도, 한(Hahn)-바나흐 정리, 바나흐 부동점 정리, 바나흐-메이저 게임, 동형 공간 사이의 바나흐-메이저 거리, 바나흐 극한, 바나흐-삭스 성질, 바나흐-알라오글루(Alaoglu) 정리, 바나흐-타르스키 역설[V.3] 등 그의 이름이 붙은 것들로부터 그가 수학계에 미친 영향력의 정도를 가늠할 수 있

다. 바나흐는 쌍대 공간[III.19], 쌍대 작용소, 약 수렴, 약-스타(weak-star) 수렴의 일반적인 개념을 도입했고 이런 개념들을 선형 작용소 방정식에 이용했다.

1936년 바나흐는 오슬로에서 열린 세계수학자 대회에서 한 시간짜리 기조연설을 하면서, 전체 르부프 학파의 연구를 설명한다. 1937년 노버트 위너(Nobert Wiener)는 그를 미국으로 데려가기 위해 설득하려 했다. 1939년 바나흐는 폴란드 수학회의 회장으로 선출되고, 폴란드 지식 아카데미의 대상을 수상한다. 바나흐는 전쟁 기간 동안 르부프에서 지냈다. 1940~1941년과 1944~1945년 동안 개명된 이반 프랑코 주립 대학의 과학 학부 총장이 된다. 1941~1944년 기간 동안 르부프를 독일군이 점령한다. 이 기간 동안 바나흐는 거의 죽을 뻔했다가, '쉰들러(Schindler)' 같은 공장주로 티푸스 백신의 개발자였던 루돌프 바이겔(Rudolf Weigel)의 세균학 연구소에 이(lice) 먹이꾼으로 고용된 덕에 구출된다. 종전 후, 야길로니아 대학의 학장직을 수락한다. 1945년 8월 31일 르부프에서 나이 53세에 폐암으로 사망했다.

바나흐가 쓴 출판물의 전체 목록은 58개 항목에 이르고, 바나흐의 『전집(*Collected Works*)』(전2권으로, 1967년과 1979년 두 번에 걸쳐 출간된다)에 모두 수록돼 있다. 바나흐는 "수학은 인간 정신의 가장 아름답고 가장 강력한 창조물이다. 수학은 인류만큼이나 오래 됐다"고 말했다. 바나흐는 폴란드의 국가적 영웅, 위대한 과학자, 양차 세계 대전 사이 독립국 폴란드의 과학적 삶의 위대한 개화기에서의 중요 인물로 여겨지고 있다.

더 읽을거리

Banahc, S. 1967, 1996. *Oeuvres*, two volumes. Warsaw: PWN.

Kaluza, R. 1996. *The Life of Stefan Banach*. Basel: Birkhäuser.

레크 말리그랜다(Lech Maligranda)

VI.85 노버트 위너

출생: 미국 미주리 주 컬럼비아, 1894년
사망: 스웨덴 스톡홀름, 1964년
확률 과정, 전기공학과 생리학에의 응용, 조화해석학, 인공두뇌학

하버드 대학에서 조사이어 로이스(Josiah Royce)의 지도하에서 공부하던 위너는 1913년 겨우 열여덟 살의 나이에 논리학으로 박사학위를 받았다. 그 후 케임브리지에서 러셀[VI.71], 하디[VI.73]와 함께 공부했고, 괴팅겐에서 힐베르트[VI.63]와 함께 했다. 제2차 세계 대전 동안 군을 위해 탄도학 연구를 한 후, 설립된 지 얼마 되지 않은 매사추세츠 주 케임브리지의 매사추세츠 공과대학(MIT)에서 수학과 전임강사로 임용되었고, 그곳에서 모든 경력을 보냈다.

위너는 여러 면에서 관행을 따르지 않았다. 과학적, 수학적으로도 물론 그랬고, 사회적, 문화적, 정치적, 철학적으로도 그랬다. 위너는 조숙한 아이였고, 가정에서 (유명한 언어학자이자 하버드 대학의 교수였던) 아버지에게 교육을 받았고, 여전히 반유대주의로 시달리는 사회에서 유대인 출신이었기 때문에 비관행주의는 거의 피할 수 없었다. 조지 버코프[VI.78]의 아들 개럿(Garrett) 버코프는 1977년 이렇게 말했다.

위너는 그 시대에 순수수학과 응용수학 모두에서 뛰어났던 몇 안 되는 미국인으로 유명하다. 이 중 얼마가 그의 다양하고 범세계적인 초기 배경 때문인지, 그리고 얼마가 그의 비수학자들과의 끊임없는 접촉 때문이었는지 (중략) 단언하기 어렵다.

미국 수학이 대체로 자급자족을 하며, 학문간 접근을 대체로 무시하는 단계에 있었을 때, 위너는 유럽 수학으로 손을 뻗었고, 버니바 부시(Vannevar Bush)와 같은 공학자들과도 협력했다.

이런 태도는 순수수학 내에서 연구 주제를 선택하는 데도 영향을 주어, 자기가 좋아하는 것은 뭐든지 연구했다. 1938년의 강연에서, 조지 버코프는 전형적인 미국인의 접근법인 '진지한 업무로서의 수학'과 비교하며, 타우버 정리에 대한 위너의 연구를 '자유로운 발명에 재능을 행사한' 예로 들었다.

위너는 순수수학과 응용수학을 연결하는 데 있어서, 응용수학의 오래된 문제(예를 들어 고전 역학과 전기공학)를 취하고 그것들을 새롭고 엄밀하게 다듬고 수학적 도구로 취하는 보통의 방식을 따르지 않았다. 오히려 반대였다. 위너는 새롭고 논란이 많은 순수수학의 결과(예를 들어, 르베그 적분[III.55], 복소 영역에서의 푸리에 변환, 확률과정[IV.24])를 이용했고, 이들을 최신의 물리적, 기술적, 생물학적 문제 여러 가지와 연관 지었다. 위너가 공격한 문제들로는 브라운 운동[IV.24], 양자 역학, 무선 천문학,

대공 화기 제어, 전파탐지기의 잡음 제거, 신경계, 오토마타 이론 등이 있다.

아주 다른 영역 사이에 연관을 지은 많은 해석학적 결과 중에서 한 가지만 예를 들겠다. 1931년경 위너는 다음과 같은 (르베그) 적분방정식을 독일의 수리 천체물리학자 에베르하르트 호프(Eberhard Hopf)와 논의했다.

$$f(t) = \int_0^\infty W(t - \tau) f(\tau) \, d\tau.$$

그는 새롭고 대단히 중요한 인수분해 기술의 도움으로 미지함수 $f(t)$를 발견해냈는데, 이것은 관련된 함수의 **푸리에 변환**[III.27]의 해석학적 행동에 의존하고, 항성들의 복사 평형 상태와 관련이 있었다. t를 시간으로 해석하면, 이런 종류의 방정식은 영향을 주는 '과거'로부터 미지의 '미래'로의 전이, 즉 인과성을 나타내는 것으로 볼 수 있다. 10년 후 위너-호프 방정식은 위너의 예측 및 여과(filtering) 이론과도 연관된다.

이렇게 이질적인 응용 분야에 대한 논의는 인과성, 정보(위너는 클로드 섀넌(Claude Shannon)과 함께 현대적 개념의 정보이론의 창시자로 여겨진다), 제어, 되먹임 및 광범위한 '인공두뇌학' 이론과 같은 철학적인 관련 개념을 불러일으킬 수밖에 없었다. 인공두뇌학(cybernetics, 문자 그대로 해석하면 '조종 기술')은 그리스 고전에서의 (플라톤) 초창기 논의나, 제임스 와트(James Watt)의 원심조속기(centrifugal governor), 앙페르(Ampère)의 철학적 글과 소급하여 관련된다. 위너의 넓은 세계관으로 인해 아주 다양한 분야의 사람들을 동료로 두고 공동 연구를 했다. 수학으로는 페일리, 물리로는 호프, 기

술로는 줄리언 비글로(Julian Bigelow)와 부시, 생리학으로는 아투로 로젠블루스(Arturo Rosenblueth)가 있다. 하지만 이런 세계관 때문에 비판 및 철학적, 정치적 오해에 취약했다. 수학자 한스 프로이덴탈(Hans Freudenthal)은 위너가 1948년에 쓴 미증유의 저서 『인공두뇌학 또는 동물과 기계에서의 제어와 통신(*Cybernetics or the Control and Communication in the Animal and the Machine*)』을 신랄하게 비난하며, 비록 "위너에게 대중적 명성의 상당부분을 가져다" 주었으며 "수학적 독자라면 단점들보다는 아이디어의 풍부함에 더 매혹될 것이다"라고 인정하면서도 "보고할 것이 거의 없다는 걸 보여 드러냈고" 또한 "수학이 진정으로 무엇을 의미하는지 잘못된 관념을 퍼뜨리는 데 기여했다"고 주장했다.

나치의 위협 아래 위너는 유럽으로부터의 난민들이 미국에 정착하도록 도왔지만, 1차 세계 대전 후 독일 과학을 거부하는 운동과 같은 실수를 2차 세계 대전이 끝난 후 반복하지 않도록 주의했다. 위너는 군비 경쟁과, 전후 세계에서의 기술 발달의 오용에 반대하고 경고했다. 1941년 관료주의와 현실안주를 이유로 국립과학원(NSA)에서 사직하지만, 1964년 여행 도중 사망하기 바로 직전에 존슨 대통령이 수여한 국가 과학 메달은 수락한다.

더 읽을거리

Masani, P. R. 1990. *Norbert Wiener 1894-1964*. Basel: Birkhäuser.

라인하르트 지그문트 슐체

VI.86 에밀 아틴

출생: 오스트리아 빈, 1898년
사망: 독일 함부르크, 1962년
정수론, 대수, 꼬임 이론

18세기말 빈에서 예술품 거래상 아버지와 오페라 가수 어머니 사이에서 태어난 아틴은 구 합스부르크 제국의 풍요로운 문화적 분위기에 일생 동안 영향을 받았다. 대수학자 리처드 브라우어르(Richard Brauer)가 묘사한 대로 아틴은 수학자였으며 예술가였다. 1916년 빈 대학에서의 첫 학기 이후 아틴은 오스트리아 군에 징집되어 1차 세계 대전이 끝날 때까지 복무한다. 1919년 라이프치히 대학에 입학하여 구스타프 헤르글로츠(Gustav Herglotz)의 지도하에 불과 2년 만에 학위를 받았다.

1921~1922년을 수학적으로 활기에 찬 괴팅겐 대학에서 보냈고, 그 후에 설립된 지 얼마 안 된 함부르크 대학으로 옮긴다. 1926년에 정교수 직위에 올랐다. 함부르크에 재직할 동안 막스 초른과 한스 자센하우스(Hans Zassenhaus)를 포함하여 열한 명의 박사 학생을 배출했다. 함부르크에서의 세월은 그의 일생 동안 가장 생산적인 때였다.

그가 가장 선호한 분야인 유체론[V.28]에 대한 아틴의 연구는 가장 일반적인 상호율을 증명하라는 힐베르트 9번 문제를 해결했다. 그의 목표는 가우스의 이차 상호법칙과 고차 상호율을 일반화하는 것이었다. 유체론에 대한 다카키 테이지(高木貞治)의 기본적인 결과는 아틴이 학생이던 때 나왔다. 아틴은 다카키의 이론과, 체보타료프(N. G. Chebotaryov)의 1922년 (프로베니우스[VI.58]가 1880년에 예상했던) 조밀성 정리의 증명, 그리고 자신의 독자적인 L-함수 이론[III.47]을 이용하여, 1927년 일반적인 상호율을 증명한다. 아틴의 정리는 상호율에 대한 고전적인 질문의 최종 형태를 제공했을 뿐만 아니라, 유체론에서 중심적인 결과를 이뤘다. 아틴의 결과와 도구 모두, 특히 아틴의 L-함수는 중요한 것으로 입증됐다. 아틴은 자신의 L-함수에 대한 예상을 제기했는데, 이는 현재까지도 미해결이다. 비가환 유체론에서의 질문 역시 미해결로 남아 있다.

1926~1927년에 아틴과 오토 슈라이어(Otto Schreier)는 형식적 실수체, 즉 −1이 제곱 두 개의 합으로 표현될 수 없는 성질을 갖는 체(예를 들어 실수체)의 이론을 개발한다. 그는 이 연구를 기반으로 유리함수에 관련된 힐베르트의 17번째 문제를 풀 수 있게 된다.

1928년에 아틴은 대수에서 베더부른(Wedderburn)의 이론('초복소수')을 사슬 조건을 갖는 비가환 환으로 확장했다. 실제로 그러한 환의 종류를 그의 이름을 따서 '아틴 환'이라 부른다.

그는 1929년에 그의 제자였던 나탈리 재스니(Natalie Jasny)와 결혼한다. 나탈리가 유태인 출신이었다는 점과 자신의 개인적 정의감이 겹쳐져 1937년 독일을 떠났다. 미국으로 이민을 떠나 노트르담 대학에서 1년 간 지내다가 인디애나 대학에 종신직을 얻어 그곳으로 떠났다. 노트르담 대학에서의 강의로부터 다른 연구 성향을 통합하려는 바람과 단순화에 대한 추구를 반영한 영향력 있는 책『갈루아 이론(Galois Theory)』(1942)이 나왔다.

인디애나 대학에서 아틴은 펜실베이니아 대학의 조지 웨이플스(George Whaples)와 공동연구를 시작하여 클로드 슈발레(Claude Chevalley)가 도입한

이델레(idèle)의 개념과 밀접히 연관된 개념인 매김 (valuation) 벡터의 개념을 도입한다. 이 연구로 아틴 의 수학 연구는 새로운 활력을 얻는 듯했고, 저술 활 동에서의 약간의 부침 이후 다시 정기적으로 출간 을 시작한다.

1946년 아틴은 프린스턴 대학으로 옮긴다. 그곳 에서 아틴은 존 테이트(John Tate)와 서지 랭(Serge Lang)을 포함하여 총 31명의 박사 지도 학생 중 18 명을 지도한다. 또한 꼬임[III.4] 이론에서의 연구 로 돌아간다. 1950년에 《미국 과학자(American Scientist)》에 게재한 꼬임 이론의 소개에서는 능숙 한 해설가로서의 아틴의 솜씨가 드러난다.

더 읽을거리

Brauer, R. 1967. Emil Artin. *Bulletin of the American Mathematical Society* 73:27-43.

델라 펜스터(Della Fenster)

VI.87 알프레드 타르스키

출생: 폴란드 바르샤바, 1901년
사망: 미국 캘리포니아 주 버클리, 1983년
기호 논리학, 메타수학, 집합론, 의미론, 모형 이론, 논리 대수, 보 편 대수, 공리적 기하학

타르스키는 독립 시기 동안 꽃핀 폴란드의 르네상 스 시대에 자라났다. 폴란드 르네상스는 수학과 철 학에 있어 경이로운 시기였다. 바르샤바 대학에서 타르스키를 가르쳤던 이들 중에는 논리학의 스타니

스와프 레시니에프스키(Stanisław Leśniewski)와 얀 우카시에비츠(Jan Łukasiewicz), 집합론의 시에르핀 스키[VI.77], 위상수학의 스테판 마주르키에비츠와 카시미에시 쿠라토프스키가 포함돼 있다. 그의 학 위논문은 수학의 기초에 대한 레시니에프스키의 기 이한 체계에서의 핵심 문제를 푸는 것이었지만, 그 후에는 집합론 및 좀 더 주류 수리논리에 초점을 맞 췄다. 거의 직후에 그는 바나흐[VI.84]와 공동으로 **바나흐-타르스키 역설[V.3]**(즉, 꽉 찬 공을 유한개의 조각으로 분해한 후 재조립하여 원래 것과 반지름 이 같은 공을 두 개 얻을 수 있다는 역설)이라는 극 적인 연구 결과를 얻는다.

유대계 이름은 직업상 불이익을 초래했기 때문 에, 지도교수들의 권유로 1924년 박사학위를 받기 직전 원래 성(姓)이었던 테이텔바움(Teitelbaum)을 타르스키로 바꾼다. 이는 타르스키가 폴란드 국가 주의에 강한 동질감을 느꼈다는 것과, 동화가 유대 인 문제의 합리적인 해결책이라는 그의 신념과도 일치한다.

1930년 타르스키는 가장 중요한 결과 하나를 매 듭지었다. 그것은 1차 논리(논리와 모형[IV.23 §4] 참 조) 내에서 공리화된 실수 대수 및 유클리드 기하 의 형식 체계의 완전성과 결정가능성에 대한 것이 었다. 이후 몇 년 간 타르스키는 메타수학과 형식 언 어의 의미론의 기본적인 개념 발달에 집중했다. 최 대한 제한된 수단으로 메타수학의 무모순성 계획 을 수행할 것을 요청했던 힐베르트[VI.63]와는 대조 적으로 타르스키는 집합론의 방법을 포함하여 모든 수학적 방법을 쓰는 데 열려 있었다. 그의 중요한 개 념적 기여는 그가 T-스킴이라 이름 붙인 참신한 기

준을 마련했던 형식 언어에 대한 진리 이론을 (그러한 언어에 대한 적절한 진리의 정의를 위해) 제공하고, 이것이 언어 자체 내에서는 정의될 수 없지만 메타언어 내에서는 집합론적 정의와 어떻게 부합하는지를 보인 것이었다.

그는 탁월한 폴란드 논리학자로 널리 인정받았지만, 자신이 태어난 고국에서는 한 번도 자리를 얻지 못했다. 자리가 부족했던 이유도 있고, 성을 바꿨음에도 반유대주의가 작용한 결과이기도 했다. 박사 학위를 받자마자 바르샤바 대학에서 강사로 일했고, 후에 비상근 교수로 승진했다. 두 자리 모두 생활에 필요한 최저임금조차 주지 않았으므로, 생계를 마련하기 위해 1930년대 내내 김나지움(고등학교)에서 학생들을 가르치기도 했다. 그는 교수직을 갖지 못했기 때문에, 최초의 지도 학생이었던 안드레이 모스토프스키(Andrzej Mostowski)의 공식 지도 교수로 거명될 수 없었고, 쿠라토프스키가 그 역할을 대신 맡았다.

타르스키는 빈 학파의 아류였던 통일과학(Unity of Science) 하버드 모임에 초대 받은 덕에 1939년 9월 1일 나치의 폴란드 침공 2주 전에 미국으로 가게 됐다. 그는 유대인 출신이었기 때문에 이로 인해 목숨은 건졌으나 가족과는 떨어지게 됐다. (아내와 가까운 친척은 전쟁 중에도 살아 남았으나, 나머지 가족 대부분은 홀로코스트 때 죽었다.) 몇 개월 후 그는 미국에서 영구적인 비할당 비자를 발급받았으나, 1939~1942년에는 임시직만 가능했다. 그리고 마침내 UC 버클리 수학과에서 강사직을 얻는 데 성공한다. 타르스키의 출중함은 명백했기 때문에 곧 인정을 받았고 1946년 정교수 자리까지 빠르게 승진했다. 타르스키는 그 후 10년 간 사람을 휘어 잡는 수업과 그 분야에서의 추가 임용에 대한 열성적인 운동을 통해, 논리학과 수학 기초론 프로그램을 만들었고 이로 인해 버클리는 곧 온 세계 논리학자들의 메카가 되었다.

1939년이 돼서야 타르스키는 대수학과 기하학에 대해 자신의 결정 과정을 출판하겠다고 결심했다.* 파리의 출판사에서 단행본으로 엮어 나올 예정이었으나 1940년 독일이 프랑스를 침공하면서 무산되었다. 마침내 1948년 상세한 설명을 넣은 개정판이 맥킨지(J. C. C. McKinsey)의 도움으로 랜드(RAND, 연구 및 개발) 연구소 보고서의 하나로 나왔다. 일반에게 알려진 것은 몇 년 후 캘리포니아 대학 출판부를 통해서였다. 타르스키 학파가 이끈 이 연구는 모형 이론을 대수학에 적용하는 모범이 되었고, 이 주제는 오늘날까지 수리논리에서 가장 중요한 분야의 하나로 계속되고 있다. 종전 후 버클리에서 타르스키는 여러 가지 다른 길인 대수적 논리학, 집합론의 공리론, 수학 문제에서 큰 기수[IV.22 §6] 가정의 중요성, 기하학의 공리론 등에서 상당한 발전을 이뤘다. 무엇보다도 타르스키의 연구가 중요한 것은 논리 분야에서 엄밀하고 적절한 개념적 발달에 끊임없는 주의를 결합해 집합론적 방법을 제한 없이 사용할 수 있는 길을 열었다는 점이다.

더 읽을거리

Feferman, A. B., and S. Feferman. 2004. *Alfred Tarski*.

---

* 실 폐체(real closed field)의 1차 언어로 쓰인 문장이 참인지를 결정하는 잘 정의된 알고리즘—옮긴이

Life and Logic. New York : Cambridge University Press.

Givant, S. 1999. Unifying threads in Alfred Tarski's work. *Mathematics Intelligencer* 13(3) : 16-32.

Tarski, A. 1986. *Collected Papers*, four volumes. Basel : Birkhäuser.

아니타 버드먼 페퍼먼 & 솔로몬 페퍼먼

(Anita Burdman Feferman and Solomon Feferman)

VI.88 안드레이 니콜라예비치 콜모고르프

출생: 러시아 탐보프, 1903년
사망: 러시아 모스크바, 1987년
해석학, 확률론, 통계학, 알고리즘, 난류

콜모고로프는 20세기의 위대한 수학자이다. 그의 연구는 뛰어난 깊이와 힘을 갖고 있고, 폭이 넓어 차별화된다. 콜모고로프는 여러 가지 다른 분야에 중요한 기여를 했다. 그는 확률론에 대한 연구로 가장 유명하며, 지금까지도 가장 위대한 확률론자로 널리 인정받고 있다.

어머니 마리야 야코블레나 콜모고로바(Mariya Yakovlena Kolmogorova)는 콜모고로프를 출산하던 도중 사망했고, 러시아 혁명 후 농업부에서 일했던 농학자 아버지 니콜라이 마트베예비치 카타예프(Nikolai Matveevich Kataev)는 1919년 내전 당시 데니킨(Denikin)의 공세 때 사망했다. 이모인 베라(Vera)의 손에서 자란 콜모고로프는 이모를 어머니로 여겼고, 그녀는 입양한 아들의 성공을 살아서 보았다.

볼가 강 야로슬라블 근처 투노시나에서 어린 시절을 보낸 콜모고로프는 1920년에 모스크바 대학 수학과의 학생이 되었다. 그를 지도한 교수로는 알렉산드로프, 루신, 우리손(Urysohn), 스테파노프(Stepanov) 등이 있다. 콜모고로프의 최초의 연구는 푸리에 급수[III.27]가 거의 모든 곳(almost everwhere)에서 발산하는 (르베그 적분가능) 함수의 예를 찾은 것으로, 그가 겨우 19세였던 1923년에 출간됐다. (이는 푸리에 급수가 함수로 수렴하기에 충분하도록 함수에 정칙 조건을 주던 고전적 정리들과 대조적이다.) 콜로고로프는 이 예상치 못했던 유명한 결과로 명성을 날렸고, 1925년에 '거의 모든 곳'을 '모든 곳'으로 더 강화하면서 그의 명성은 더욱 높아졌다.

1925년 루신의 밑에서 공부하며 대학원을 수료했다. 또한 1925년에 알렉상드르 야코블레비치 힌친(Alexander Yakovlevich Khinchin)과의 공동연구로 확률론에서의 최초의 연구물인 '세 급수 정리'에 대해 출간했다. 이 고전적 결과는 독립인 항을 갖는 확률적인 급수가 수렴할 필요충분조건을 확률적이지 않은 급수 세 개의 수렴성을 통해 얻을 수 있다는 것이었다. 이 논문에는 독립적인 합의 최댓값에 대한 콜모고로프 부등식도 포함돼 있다. 1929년 박사학위 논문을 쓸 때까지 수학의 기초에 대한 평생의 관심을 보여주는 해석학, 확률론, 직관주의 논리에 대해 열여덟 편의 논문을 썼다. 1931년에 모스크바 대학의 교수가 되었다.

1931년에는 확률론에서의 해석적 방법에 대한

유명한 논문을 출간했다. 이 논문은 상태 공간이 연속적이든 이산적(이 경우에는 마르코프(Markov) 연쇄라 부른다)이든 연속 시간에서의 마르코프 과정을 다룬다. 채프먼(Chapman)-콜모고르프 방정식과 콜모고로프의 전방 및 후방 미분방정식은 이 논문으로부터 기원한다. 바슐리에(Bachelier)의 초창기 연구를 발전시켜 확산 또한 다루고 있다.

현대 확률론의 전체 주제를 견고한 기반 위에 놓은 것은 신기원을 이룬 단행본『확률론의 기초 (*Grundbegriffe der Wahrscheinlichkeitsrechnung*)』 (1933)에서였다. 이전까지 확률론은 엄밀한 수학적 기반이 부족했고, 어떤 저자들은 기반을 놓을 수 없다고까지 믿었다. 하지만 자신의 적분 이론과 관련하여 1902년에 르베그[VI.72]가 관련된 수학 이론인 **측도 이론**[III.55]을 도입했다. 측도 이론은 길이, 넓이, 부피의 수학에 견고한 기초를 제공하기도 했다. 1930년대까지 이 주제는 원래 근원이던 유클리드 공간으로부터 탈출한다. 콜모고로프는 확률을 단순히 총질량이 1인 측도로, 사건을 가측 집합으로, **확률변수**[III.71 §4]를 가측 함수 등으로 보았다. 결정적인 기교상의 혁신은 조건을 다루는 데 있었는데, 당시 최신이던 라돈-니코딤 정리(Radon-Nikodym theorem)에 이용했다(여기서 조건부 기댓값은 라돈-니코딤 도함수가 된다).『기초』에는 두 가지 핵심 결과가 더 들어 있다. **확률과정**[IV.24]을 정의하는 데 기본인 다니엘(Daniell)-콜모고로프 정리가 첫 번째이고, 콜모고로프의 **강한 큰 수의 법칙**[III.71 §4]이 두 번째이다. 공정한 동전을 반복해서 던졌을 때, 앞면이 나오는 빈도는 기대 빈도인 절반으로 수렴한다는 것이다. 이런 직관으로부터 정확한 수학

적 의미를 부여하려면 제한이 조금 필요하다. 콜모고로프 이전에는 이러한 수렴성이 확률 1로 ('거의 확실하게') 일어난다는 것이 필요조건이었다. 콜모고로프는 이 결과를 동전던지기에서 임의의 무작위 실험의 반복 시행인 경우까지 확장했다. 측도론의 기술적 의미에서 기댓값(보통 평균이라 부른다)이 존재할 필요가 있다. 그러면 표본에서의 평균값 **표본 평균**은 기댓값 **전체 평균**으로 수렴할 확률이 1이다.

1930년대와 1940년대에 확률론에 대한 추가 연구가 뒤따랐다. 콜모고로프는 극한 정리, 무한 가분성, 유리한 유전자의 증가 파동을 지배하는 콜모고로프-페트로프스키(Petrovskii)-피스쿠노프 (Piscunov) 방정식, 정상적 확률 과정의 선형 예측 등에 대해 연구했다. 이런 응용은 병기 제어 문제에 대한 전시 응용이 동기가 되어 '콜모고로프-위너 필터'로 이어진다.

마지막에 언급한 연구는 자연스럽게 콜모고로프를, 그의 '2/3 제곱' 법칙을 포함한 난류에 대한 1941년의 혁신적 연구로 이끌었다. 난류를 이해하는 문제가 유체 역학에서 중요한 문제가 되면서 이 연구는 후에 대단히 중요해졌다.

태양계의 안정성과 이와 관련한 **동역학계**[IV.14]에 대한 질문이 동기가 되어, 1954년 역학과 불변 원환면에 대한 연구를 출간하는데, 이 연구는 'KAM 이론'(콜모고로프, 아르놀트(Arnold), 모저 (Moser)의 첫 글자를 땄다)의 주제로 발달하게 된다.

콜모고로프의 확률론 공리화는 확률론과 역학을 엄밀한 기반 위에 놓으라는 힐베르트의 여섯 번째 문제의 부분적 해답으로 간주할 수 있다. 1956년과

1957년 콜모고로프는 또 다른 힐베르트 문제인 13번째 문제를 해결한다. 콜모고로프의 해답으로부터 다변수 함수는 기본적인 연산을 통해 더 적은 개수의 함수들로부터 만들 수 있다는 놀라운 구조 정리가 나온다. 그는 임의의 개수의 실변수 연속함수는 (덧셈과 함수의 합성 연산을 이용하여) 오직 세 개의 실변수를 갖는 유한개의 함수의 조합으로 만들 수 있다는 것을 보였다. 콜모고로프는 이 연구를 기교적으로 가장 어려웠던 성취라고 여겼다.

1960년대에 콜모고로프는 수학, 확률론, 정보이론 [VII.6], 알고리즘 이론에서의 기초론적 문제로 이목을 돌린다. 콜모고로프는 현재 '콜모고로프 복잡도'라 부르는 개념을 도입한다. 그는 확률론에 대한 자신의 초창기 연구와는 사뭇 다르게 무작위성에 대해 새로운 접근법을 사용했다. 여기서 무작위 수열은 최대 복잡도를 갖는 수열과 동일시된다. 그 뒤의 연구는 일생 동안의 관심이었던 교육, 특히 재능 있는 아이들을 위한 특수학교에서의 교육에 대한 연구가 주를 이뤘다.

콜모고로프의 『선집(Selected Works)』은 『수학과 역학(Mathematics and Mechanics)』, 『확률과 통계학 (Probability and Statistics)』, 『정보이론과 알고리즘 (Information Theory and Algorithms)』 세 권으로 구성돼 있다. 콜모고로프는 소비에트 연방과 외부 모두에서 널리 존경을 받았다. 결혼은 했으나 자녀는 없었다.

더 읽을거리

Kendall, D. G. 1990. Obituary, Andrei Nikolaevich Kolmogorov (1903-1987). *Bulletin of the London Mathematical Society* 22(1):31-100.

Shiryayev, A. N., ed. 2006. *Selected Works of A. N. Kolmogorov*. New York: Springer.

Shiryayev, A. N., and others. 2000. *Kolmogorov in Perspective*. History of Mathematics, volume 20. London: London Mathematical Society.

니콜라 빙험(Nicholas Bingham)

VI.89 알론조 처치

출생: 미국 워싱턴 DC, 1903년
사망: 미국 오하이오 주 허드슨, 1995년
논리학

처치는 그의 대부분의 경력을 프린스턴에서 보냈다. 프린스턴을 비롯해, 하버드, 괴팅겐, 암스테르담에서 공부했고, 끝내 프린스턴으로 돌아와 1929년 조교수직을 맡았다. 1961년에 철학과 수학 교수가 되었고, 1967년에 은퇴할 때까지 교수직을 맡았다. 그 후 UCLA로 옮겨 철학과 켄트 교수 및 수학과 교수로 지내다가 1990년 (두 번째로) 은퇴했다.

프린스턴은 1930년대 논리학의 중심지가 되었다. 30년대 초반에 폰 노이만[VI.91]이 방문했고, 괴델[VI.92]은 1933년과 1935년, 두 차례의 방문 끝에 1940년에 영구적으로 옮겨 왔다. 또한 1936년 9월부터 튜링[VI.94]이 대학원생으로 2년을 보냈고, 그는 처치와 함께 프린스턴에서 박사학위를 받았다.

1936년에 처치는 두 개의 연구 결과로 논리학 이론에 심오한 기여를 한다. 첫 번째는 「초등수론에서의 미해결 문제(*An unsolvable problem in elementary number theory*)」라는 제목의 논문으로, 반복적 함수[II.4 §3.2.1]의 정확한 개념과 효과적인 계산가능성의 모호하고 직관적인 개념을 구체화하자는 제안이 담겨 있으며, 현재 처치의 학위논문으로 알려져 있다. 반복적 함수의 정의가 알고 보니 튜링의 계산가능 함수의 정의와 동등하다는 것이 알려졌다. 1936년 말에 튜링은 이와 유사한 아이디어를 가지고 처치와는 전혀 다른 방식으로 연구하여, 유명한 논문 「계산가능한 수에 대해(*On computable numbers*)」를 발표하는데, 이 논문에는 자연스럽게 계산 가능하다고 간주되는 모든 함수는 튜링머신[IV.20 §1.1]으로도 계산할 수 있다는 결과가 들어 있었다. 따라서 처치의 논문을 이따금 처치-튜링 학위논문이라고도 부른다.

처치의 두 번째 기여는 지금은 처치의 정리로 알려진 것이다. 《기호 논리학 잡지(*The Journal of Symbolic Logic*)》 창간호에 게재한 짧은 논문에서 처치는 산술에서의 문장이 참인지 거짓인지를 판별하는 알고리즘은 없다는 것을 보인다. 따라서 결정 문제(Entscheidungsproblem)에 대한 일반적인 해가 존재하지 않으며, 이와 동치인 1차 논리 역시 결정 불가능하다(정지 문제의 해결불가능성[V.20] 참조). 이 결과 역시 처치-튜링 정리로도 알려져 있는데, 튜링이 독자적으로 (위에 언급한 논문에서) 똑같은 결과를 증명했기 때문이다. 이 결과를 수립한 후에 처치와 튜링 모두 괴델의 불완전성 정리[V.15]에서 큰 영향을 받는다.

VI.90 윌리엄 밸런스 더글라스 호지

출생: 스코틀랜드 에든버러, 1903년
사망: 잉글랜드 케임브리지, 1975년
대수기하, 미분기하, 위상수학

호지는 바일[VI.80]이 "20세기 수학에서의 획기적 사건 중 하나"라고 묘사한 조화적분(혹은 형식)에 대한 이론으로 유명하다. 그는 에든버러에서 어린 시절을 보낸 스코틀랜드인이었으나, 생의 대부분인 1936년부터 1970년까지 천문학과 기하학의 로운딘 좌 교수(구식 직함)로 지냈던 케임브리지에서 보냈다.

호지의 연구는 대수기하, 미분기하, 복소해석학 분야에 걸쳐 있다. 리만 곡면[III.79](혹은 대수곡선) 이론과, 고차원 대수다양체[IV.4 §7]의 위상에 대한 레프셰츠(Lefschetz)의 연구의 자연스러운 결과물로 볼 수도 있다. 대수기하를 현대 해석학적 토대 위에 올려 놓고, 1950년대와 1960년대 전후 기간의 놀라운 돌파구에 대한 기반을 준비한 것이었다. 또한 훗날 이론물리와 조화를 잘 이뤄, 제임스 클러크 맥스웰의 영향을 떠올리게 한다.

리만 곡면(복소 차원이 1) 이론에서 복소 구조와 실 거리는 매우 밀접히 관계돼 있고, 이 둘의 관계는 코시-리만 방정식[I.3 §5.6]과 라플라스 작용소[I.3 §5.4]의 연결고리까지 뿌리를 거슬러 올라갈 수 있다. 고차원에서는 이 밀접한 연결고리가 사라지고 리만 계량[I.3 §6.10]은 복소해석학과 이질적으로 보이지만, 실해석학은 여전히 유익한 역할을 할 수 있다는 것을 인식한 것이 호지의 위대한 통찰이다.

맥스웰이 개발한 전자기 이론의 형식화를 따라 (임의의 리만 다양체 위에) 미분형식[III.16]에 대한 일반화된 라플라스 작용소를 도입하고, r형식('조화' 형식) 위에서의 이 작용소의 영공간이 r차원 코호몰로지[IV.6 §4] H^r과 자연스럽게 동형이라는 핵심 정리를 증명했다. 다른 말로 하면, 조화형식은 주기에 의해 유일하게 구체화할 수 있고, 모든 주기 집합이 이렇게 일어날 수 있다는 뜻이다.

복소다양체인 경우 계량이 복소 구조와 적당히 어울리면(캘러 조건[III.88 §3]이라 부르는데, 사영공간 내의 대수다양체는 항상 만족한다), 이 결과를 개선할 수 있다. H^r을 $p + q = r$인 부분공간 $H^{p,q}$로 분해할 수 있고, $p = r$ 또는 $q = r$인 극단적인 경우에는 각각 복소해석 형식과 반-복소해석 형식이 대응한다.

이런 호지 분해는 풍부한 구조를 갖고 있고, 많은 응용을 갖는다. 가장 놀라운 것은 호지의 부호 정리로 (짝수 차원의 대수다양체에 대해) 절반 차원의 사이클의 교차(intersection) 행렬의 부호를 $H^{p,q}$의 차원들을 이용하여 표현할 수 있다는 사실이다. 또 성공적인 것은 복소 n차원 다양체 위에서 부분 대수다양체로부터 발생하는 차수가 $2n - 2$인 호몰로지류(homology class)를 특징 짓는다는 것이다. 유사한 특징짓기가 모든 차원에 대해서도 통할 것이라고 예상했고, 이에 대한 쉬운 경우를 증명했다. 어려운 경우에 대한 증명은 뒤따르는 모든 시도를 무산시켰고, 이제는 클레이 연구소의 백만 달러 밀레니엄 문제의 하나가 됐다.

호지 이론의 영향은 엄청났다. 첫째, 대수기하에서 많은 고전적 결과를 현대적 뼈대로 통합해 넣었고, 앙리 카르탕, 세르(Serre) 등에 의해 현대적인 층(sheaf) 이론이 발달하는 발사대 역할을 했다. 둘째, 대역적 미분기하학에서 최초의 심오한 결과였고, 지금은 '대역 해석학'으로 알려진 것에 대한 포석을 놓았다. 셋째, 이론물리로부터 일어나거나 연관된 이후의 발달에 기초를 제공했다. 여기에는 타원작용소에 대한 아티야-싱어 지표 정리[V.2]와, 4차원 다양체(미분위상[IV.7 §2.5] 참조)의 도날슨(Donaldson) 이론에 핵심 역할을 하는 호지 이론의 비선형 유사물인 양(Yang)-밀스(Mills) 방정식과 제이베르그(Seiberg)-위튼(Witten) 방정식이 있다. 근래에는 위튼과 여타 수학자들이 어떻게 양자장론[IV.17 §2.1.4]에서 적절한 무한차원 호지 이론이 나올 수 있는지를 보여 주었다.

더 읽을거리

Griffiths, P., and J. Harris. 1978. *Principles of Algebraic Geometry*. New York: Wiley.

마이클 아티아 경(Sir Michael Atiyah)

VI.91 존 폰 노이만

출생: 헝가리 부다페스트, 1903년
사망: 미국 워싱턴 DC, 1957년
공리적 집합론, 양자 물리, 측도론, 에르고드 이론, 작용소 이론, 대수기하, 게임이론, 컴퓨터 공학, 컴퓨터 과학

노이만 야노시 러요시(Neumann János Lajos)는 오스트리아 제국에서 헝가리 출신 유대인 신분으로 자랐다. 그의 정치적 세계관은 1차 세계 대전 이후 5개월 간 오스트리아를 지배했던 공산주의자 벨러 쿤(Béla Kun) 정권의 통치시기 때 강한 영향을 받았다

(비록 그의 부친이 1913년에 획득한 귀족 칭호 마르기타이(margittai)를 보유하자고 강하게 주장했고, 훗날 이를 독일어 '폰(von)'으로 번역했지만). 이로 인해 그의 자유주의적이고 민주적 정치 신조가 형성됐다. 어린 시절 그는 영재였으며, 다양한 언어를 배웠고 일찍부터 수학에 대한 열정을 드러냈다.

1920년대 초반 폰 노이만은 베를린과 취리히에서 수학, 물리학, 화학을 배웠고, 비록 강의에는 한 번도 출석하지 않았지만 부다페스트에도 수학을 공부하기 위해 입학했다. 또한 취리히 공과 대학에서 화학 공학 수료증을 받았고, 그 직후(1926년) 부다페스트 대학에서 수학으로 박사가 되었다(학위 논문의 제목은 「일반적 집합론의 공리적 연역(*The axiomatic deduction of general set theory*)」이었다). 그처럼 넓은 범위에 흥미를 가진 뛰어난 젊은이에게 공학은 존경할 만한 직업으로 여겨지기는 했으나, 수학과 형식 논리의 이론적 도전은 폰 노이만을 더욱 학구적인 환경인 독일로 가게 했고, 그곳에서 즉각 힐베르트[VI.63]의 주목을 받았다. 학문적으로 말하자면 괴팅겐에서 힐베르트와 머무르는 것이 분별 있는 선택이었겠지만(록펠러(Rockefeller) 장학금으로 1926~1927년 사이 6개월만 괴팅겐에 머무른다) 폰 노이만은 베를린의 고동치는 분위기를 더 좋아했다.

그 뒤 몇 년 동안 집합론의 공리적 기초, 측도 이론[III.55], 양자 역학의 수학적 기초에 대한 논문을 썼다. 또한 게임이론에 대한 최초의 논문 「전략게임에 대한 이론(*Zur Theorie der Gesellschaftsspiele*)」을 1928년 《수학연보》에 게재하여, 2인 유한 제로섬(zero-sum) 게임은 항상 최적의 혼합 전략이 있다는

최소최대 정리를 증명한다.

1927년 베를린 대학 이학부에서 필기 논문과, 집합론 및 수학의 기초에 대한 강연으로 수학 교수 자격을 부여 받았고, 이 대학 역사상 최연소 사강사가 되었다. 이 시점에서 이름을 독일식 이름 요한 폰 노이만으로 바꾼다. 베를린에서뿐만 아니라 함부르크에서도 강의 과정을 열었는데(1929~1930), 1933년 나치 정권이 권력을 잡으면서 베를린에서의 강사직을 그만둔다. 원래 프린스턴 대학에서 1930년에 부여했던 방문교수 자격으로 당시 그곳에 가 있던 상태였다가, 새로 세운 고등연구소에서 종신직으로 전환됐다. 다시 한번 이름을 존 폰 노이만으로 바꾸고, 1937년 미국 시민권을 취득했다.

폰 노이만은 프린스턴에서 평화로운 상아탑을 찾았다. 폰 노이만의 상당수의 중요한 수학 연구가 1930년대 중반인 이 시기부터 나오기 시작한다. 매년 대략 여섯 편의 논문을 게재했으며(사망할 때까지 이 비율을 유지했다), 책도 여러 권 저술했다. 연구소의 분위기 덕에 연구 영역을 넓힐 수 있었는데, 특히 에르고딕 이론[V.9], 하르(Haar) 측도, 힐베르트 공간[III.37] 위에서의 어떤 작용소 공간(지금은 폰 노이만 대수[IV.15 §2]라 부른다), '연속 기하'를 흡수했다.

폰 노이만은 정치적으로 지나치게 민감했기 때문에 2차 세계 대전의 발발 원인이었던 유럽의 위기를 무시할 수 없었다. 1930년대 중반에 초음속 난류 흐름을 연구하기 시작하여, 1937년에는 충격파에 대한 전문가 자격으로 탄도학 연구실에 초청받았다. 훗날 폰 노이만은 해군과 공군의 고문으로 활동한다. 로스앨러모스 과학자들의 초기 그룹에는 속하

지 않았으나 1943년 맨해튼 계획의 고문이 되었고, 여기서 충격파에 대한 수학적 취급이 중요해져, 우라늄 연쇄반응을 일으키는 폭발물의 배치인 '내파렌즈'에까지 이르게 된다.

전쟁 관련 연구와 병행하여 경제학에서의 자신의 흥미를 추구하여, 부분적으로는 1928년《수학연보》에 게재했던 논문에 바탕을 두고 오스카 모르겐슈테른(Oskar Morgenstern)과의 공동작업으로 세상을 뒤흔든 책『게임이론과 경제적 행동(The Theory of Games and Economic Behavior)』을 1944년에 내놓는다.

1940년대 폰 노이만은 자신의 대단히 색다른 두 가지 사고 분야, 즉 다른 방식으로는 풀리지 않는 문제의 해답의 근삿값 및 수학 기초론에서의 달인이었기 때문에 계산에 집중하기 시작했다. 프린스턴에서 튜링[VI.94]을 조수로 데려오기 위해 애썼으며, 계산 가능한 수에 대한 튜링의 중대한 논문(1936)의 중요성을 분명하게 인지하고 있었다. 튜링은 사고 실험의 형태로 추상적인 기계에 대해 논의했지만, 폰 노이만은 실제로 컴퓨터를 만드는 데서 발생하는 문제, 예를 들어, 전자 하드웨어의 사용과 관련된 문제 같은 것들도 고려하고 있었다. 수학자로서의 훈련 덕에 계산 기계의 핵심에 집중할 수 있었고, 무어(Moore) 학파의 에니악(ENIAC, Electronic Numerical Integrator And Computer) 같은 바로크풍 디자인을 피할 수 있었다. 1945년 폰 노이만은 '전자 이산 변수 컴퓨터(Electronic Discrete Variable Computer)'에 대한 핵심 요소를 정의했다. 초기 전자식 컴퓨터에 대한 작업으로부터 모은 아이디어를 요약하고 집약한 '에드박(EDVAC)'에 대한 보고서의

초안'은 그 후 수십 년 동안 컴퓨터 아키텍처의 지침이 되었다. 폰 노이만은 이 논문을 수학적 결과와 동일한 중요성을 갖는 것이라고 여기지 않았지만, 오늘날에는 현대 컴퓨터의 출생증명서처럼 간주되고 있다.

폰 노이만은 기본적인 하드웨어를 만드는 것보다 컴퓨터 프로그래밍(그는 '코딩'이라 불렀다)이 더 어렵다는 것을 재빨리 직감했다. 그는 사실상 프로그래밍을 형식 논리의 새로운 분야로 간주했다. 1947년 폰 노이만은 헤르만 골드스타인(Herman Goldstine)과 3부작 보고서「전자식 계산 도구에 대한 문제의 계획과 코딩(Planning and coding of problems for an electronic computing instrument)」을 공동집필하여 참신하고 까다로운 소프트웨어 제작 기술에 대한 많은 통찰을 한데 모았다.

폰 노이만의 생각은 계산하는 기계라는 한계 너머까지 갔으며, 인간의 뇌와 세포자동자(cellular automata)와 자기 재생산적 시스템에 대한 생각(지금은 '인공지능'과 '인공생명'이라 부르는 분야의 선구자격인 질문)으로까지 발을 들여 놓게 된다. 이런 질문들에 대한 생각의 결과는 일련의 강의로 이어지고, 강의록『컴퓨터와 뇌(The Computer and the Brain)』(1958)와 책『자기 재생산 자동자 이론(Theory of Self-Reproducing Automata』(1966)이 사후에 출간됐다.

1954년에 폰 노이만은 US 원자력 에너지 위원회 5인으로 선출되었고, 1956년에 아이젠하워(Eisenhower) 대통령으로부터 대통령 자유 메달을 수여받았다.

더 읽을거리

Aspray, W. 1990. *John von Neumann and the Origins of Modern Computing*. Cambridge, MA : MIT Press.

울프강 코이(Wolfgang Coy)

VI.92 **쿠르트 괴델**

출생: 모라비아(현 체코 공화국) 브르노, 1906년
사망: 미국 뉴저지 주 프린스턴, 1978년
논리학, 상대성 이론

모라비아 브르노에서 태어난 괴델은 빈 대학에서 그의 경력 중 가장 중요한 연구를 했다. 1940년 미국으로 이민을 가 프린스턴 고등 연구소에 임용되었다.

20세기 최고의 수리논리학자로 여겨지는 괴델은 다음 세 가지 중요한 결과, 즉 의미론적 1차 논리의 완전성[IV.23 §2], 구문론적 형식수론의 불완전성[V.15], 집합론의 체르멜로-프렝켈 공리계[IV.22 §3.1]에 대해 선택 공리[III.1]와 일반화된 **연속체가설**[IV.22 §5]의 무모순성을 증명하여 명성을 얻었다.

괴델의 완전성 정리(1930)는 다음과 같은 종류의 문제와 관련돼 있다. 예를 들어 군론에서 모든 군에 대해 참인 어떤 문장이 정말로 군론의 공리로 증명 가능하다는 것을 어떻게 알 수 있을까? 괴델은 어떤 1차 이론(원소에 대해서는 한정사가 허용되지만, 부분집합에 대해서는 허용하지 않는 것)이든 모든 모형에 대해 참인 문장은 실제로 증명가능하다는 것을 보였다. 완전성 정리와 동치인 형태로는 서로 무모순인(즉, 이들로부터 모순이 유도될 수 없는)

임의의 문장 집합은 이 문장들이 모두 성립하는 구조, 즉 모형을 갖는다는 것이다.

괴델의 불완전성 정리(1931)는 논리학과 수리철학에 충격파를 일으켰다. 힐베르트[VI.63]는 고정된 공리 집합으로부터 그 안의 모든 문장(예를 들어, 수론)을 유도할 수 있는 공리계 계획을 시작했다. 원리적으로 그런 계획이 가능하다고 일반적으로 믿었으나, 불완전성 정리가 그런 희망을 무너뜨렸다.

괴델의 아이디어는 사실상 "S는 증명 불가능하다"는 문장 S를 만드는 것이었다. 잠깐 생각해 보면 그런 문장은 참인 동시에 증명 불가능하다. 이런 문장을 수론의 언어 내에 짜 넣을 수 있었다는 것이 괴델의 놀라운 성취이다. 괴델의 증명은 수론의 페아노 공리계[III.67]와 같은 공리계에도 적용되고, 이를 합리적으로 확장한 것(예를 들어 집합론의 체르멜로-프렝켈 공리계)에도 일반적으로 적용된다.

괴델의 두 번째 불완전성 정리는 힐베르트의 계획에 또 한 번 결정타를 가했다. 무모순인 공리계(예를 들어 페아노 공리계) T가 존재한다고 하자. 이것이 무모순임을 증명할 수 있을까? 괴델은 T가 무모순이면, "T가 무모순이다"라는 문장은 (수론의 문장으로 부호화했을 때) T로부터 증명할 수 없다는 것을 보였다. 따라서 "T가 무모순이다"라는 문장은 참이면서도 증명불가능한 문장이다. 이번에도 T가 페아노 공리계의 집합이거나, 이의 합리적인 확장(간략히 말해, 증명가능성이나 이와 비슷한 산술 문장을 부호화할 수 있는 임의의 확장)일 때에도 적용된다. 구호로 말하자면 "이론은 자신의 무모순성을 증명할 수 없다".

선택 공리는 에른스트 체르멜로가 모든 집합은

정렬할 수 있다는 것을 증명할 때 사용하면서 대단한 논란이 되어, 힐베르트가 1900년 세계수학자대회에서 제기한 문제 가운데 연속체가설의 증명과 함께 첫 번째 목록에 넣었던 문제이다. 1938년 괴델은 선택 공리와 일반화된 연속체가설은 체르멜로-프렝켈 집합론의 어떤 모형에서든 성립하는 다른 원리(구성가능성 공리)의 결과임을 보였다. 따라서 둘 다 체르멜로-프렝켈 공리계로부터 반증가능하지 않으며 이 공리계와 무모순이다. 훨씬 나중인 1963년에 폴 코헨(Paul Cohen)은 두 문장 모두 이 공리계로부터 증명가능하지 않으므로 독립이기도 하다는 것을 증명했다.

또한 괴델은 논리학과는 별도로 상대론도 연구하여, 아인슈타인의 장 방정식[IV.13]의 모형 중에 과거로 거슬러 갈 수 있는 시간이 존재함을 보였다.

더 읽을거리

Dawson Jr., J. W. 1997. *Logical Dilemmas: The Life and Work of Kurt Gödel*. Natick, MA: A. K. Peters.

존 도슨 주니어(John W. Dawson Jr.)

VI.93 앙드레 베유

출생: 프랑스 파리, 1906년
사망: 미국 뉴저지 주 프린스턴, 1998년
대수기하, 정수론

앙드레 베유는 20세기에 가장 영향력 있는 수학자 중 한 명이었다. 놀랄 만큼 넓은 범위의 수학 이론에 독창적으로 기여하기도 했고, 자신이 주요 창시자 중 한 명이었던 부르바키[VI.96] 집단을 통해서, 그리고 자체 연구를 통해 수학을 하는 방식과 스타일에서 남긴 족적까지도 후대에 영향을 미쳤다.

그는 여동생 시몬 베유(철학자이며, 정치적 활동가이자 종교 사상가였다)와 함께 훌륭한 교육을 받으며 자랐다. 둘 다 훌륭한 학생이었고, 대단히 폭넓은 분야의 책을 읽었고, 언어(산스크리트어를 포함)에 열렬한 관심을 가졌다. 앙드레 베유는 곧 수학을 전공했고, 시몬 베유는 철학을 전공했다. 베유는 고등사범학교(ENS)를 열아홉 살도 되기 전에 졸업하고(그해 수학 교수자격 시험(agrégation)에서 1등이었다), 이탈리아와 독일로 여행을 떠났다. 스물두 살의 나이에 파리에서 박사학위를 취득했고, 2년 동안 인도의 알리가르에서 교수직을 맡았다. 마르세이유에서의 짧은 근무 후 스트라스부르크 대학에서 (앙리 카르탕과 함께) 1933년부터 1939년까지 '조교수(Maître de Conférences)'직을 수행했다. 카르탕과의 교육에 대해 논의 도중 부르바키 계획의 아이디어가 나왔고, 아이디어는 ENS의 다른 동료들을 포함한 파리 모임으로 진행됐다.

베유의 연구 업적은 1928년 파리 학위논문에서 시작한다. 이 논문에서 타원곡선[III.21] 위의 유리점의 군이 유한생성 가환군이라는 모델의 정리[V.29]를 일반화하여(1922), K가 수체[III.63]일 경우, 야코비 다양체의 K-유리점의 군으로 확장한다. 이후 12년 동안 베유는 여러 가지 방향으로 가지를 치는데 모두 1930년대의 중요한 연구 주제들과 관련돼 있다. 예를 들면 다변수 해석함수의 다항함수 근사, 콤팩트 리 군[III.48 §1] 내의 극대 원환면의 켤레

(conjugation), 콤팩트 가환 위상군 위에서의 적분론, 균등 위상공간[III.90]의 정의 같은 것이다. 하지만 그는 원래 산술로부터 나온 문제에 유독 관심을 보였다. 자신의 학위논문과 정수점에 대한 지겔(Siegel)의 유한 정리를 더욱 고려하다가, 리만 곡면 위에서의 (비트(E. Witt)의 유사한 연구와 나란하게) 리만-로흐 정리[V.31]의 대담한 '벡터 다발' 버전과, 타원함수[V.31]의 p진 유사물도 (학생이었던 엘리자베스 러츠(Elisabeth Lutz)와 함께) 얻었다.

1940년부터 시작하여 베유는 당시 산술적 대수에서 최대의 도전이었던 일에 적극적으로 몰두했다. 헬무트 하세(Helmut Hasse)가 1932년 유한개의 원소를 갖는 체 위에서 정의된 종수가 1인 곡선(타원곡선)에 대해 리만 가설[IV.2 §3]의 유사물을 증명해냈다. 종수가 1보다 큰 대수적 곡선으로 일반화하는 것이 문제였다. 1936년 막스 듀링(Max Deuring)이 이 문제를 공격하는 데 중요한 새로운 요소로서 대수적 대응관계를 제안하지만, 2차 세계 대전이 발발하기 전까지는 미해결이었다. 루앙에서의 감옥 생활 중 쓴 베유의 최초의 시도는 대단히 수수했고, 튜링이 1936년에 관찰했던 내용이 조금 더 많을 뿐이었다. 하지만 미국에 거주하는 동안 다양한 방향으로 몇 년 동안 탐구한 결과, 베유는 마침내 모든 비특이곡선에 대해 리만 가설의 유사물을 최초로 증명한 사람이 됐다. 이전에 썼던 『대수기하의 기초(*Foundations of Algebraic Geometry*)』(1946)에서 대수기하를 임의의 바탕체 위에서 완전히 고쳐 쓴 것에 의존하여 증명했다. 또한 베유는 곡선으로부터 유한체 위에서 정의된 임의의 차원의 대수다양체로 리만 가설을 일반화하고, 관련된 제타함수의 주요 불변량에 대해 새로운 위상수학적 해석을 덧붙였다. 이들을 모두 합쳐 베유 추측[V.35]이라 부르는데, 1970년대 및 그 후 어느 정도까지 대수기하가 더욱 발달하는 데 아주 중요한 자극제로 작용했다.

1930년대와 1940년대 여러 수학자가 대수기하를 고쳐 쓰려고 시도했다. 베유의 『기초』에는 놀랍고 새로운 통찰(예를 들어 교차 중복도의 참신한 정의)이 들어 있긴 했지만, 기본적인 개념(일반적인 점, 특화)은 판 데르 바에르던(van der Waerden)에 의존하고 있었으며, 1938년 이후 오스카 자리스키(Oscar Zariski)가 너무나 성공적으로 개발한 대수기하의 (다른) 고쳐 쓰기와 결합하여 수학계에 영향력을 미쳤다. 따라서 단지 『기초』의 '수학적 내용'뿐 아니라 상당히 특징적인 문제 때문에, 그로텐디크의 스킴 언어로 대체되기 전까지 20여 년 동안 대수기하를 연구하는 새로운 방식을 만들어냈던 것이었다.

이후의 연구에서는 중대한 논문과 저서가 많이 있지만 특히 이차 형식에 대한 지겔의 연구를 '아델(adele)'의 용어로 다시 쓴 것과, 유리수 위의 타원 곡선은 모듈러여야 한다는 타니야마(Taniyama)와 시무라(Shimura)의 철학에 중대하게 기여했다(이를 증명한 것이 와일즈의 1995년 페르마의 마지막 정리[V.10]의 증명의 근간이다).

1947년 베유는 마침내 유명 대학인 시카고 대학에서 교수직을 얻었고(그가 1939년에 프랑스의 징집을 회피한 것을 미국인 동료들은 매우 비판했다), 1958년에 고등연구소의 종신회원 자격으로 프린스턴으로 옮겼다.

종전 후 베유는 여러 수학 연구의 최전선에서 끊임없이 활동하며, 당시 다소 허황된 많은 주제에 통찰력 있게 기여했다. 몇 가지만 언급하면, 유체론[V.28]에서의 배유 군, 해석적 수론에서의 구체적인 공식들, 미분기하학의 다양한 측면, 특히 캘러 다양체[III.88 §3], 함수 방정식으로 디리클레 급수를 결정하는 문제가 있다. 이 모든 주제들이 없었다면 오늘날의 수학은 지금 모습과는 달랐을 만큼 중요한 연구들을 지향하고 있다.

말년에는 수학사에 대한 책 『수론: 역사적 접근(*Number Theory, an Approach through History*)』과 글을 쓰는 작업에 학식과 역사적 감각을 바쳤다. 또한, 1945년까지의 부분적인 자서전 『어느 수학자의 견습 기간(*Souvenirs d'Apprentissage*)』도 출판했는데 이 책으로부터 그의 문학적 수준이 상당했음을 알 수 있다.

더 읽을거리

Weil, A. 1976. *Elliptic Functions According to Eisenstein and Kronecker*. Ergebnisse der Mathematik und ihrer Grenzgebiete, volume 88. Berlin: Springer.

———. 1980. *Oeuvres Scientifiques/Collected Papers*, second edn. Berlin: Springer.

———. 1984. *Number Theory. An Approach through History. From Hammurapi to Legendre*. Boston, MA: Birkhäuser.

———. 1991. *Souvenirs d'Apprentissage*. Basel: Birkhäuser 1991. (English translation: 1992, *The Apprenticeship of a Mathematician*. Basel: Birkhäuser.)

노버트 샤파처 & 비르기트 페트리

VI.94 앨런 튜링

출생: 영국 런던, 1912년
사망: 잉글랜드 윔슬로우, 1954년
논리, 계산, 암호, 수리 생물학

케임브리지 킹스 칼리지의 선임연구원이던 앨런 튜링은 1936년에 수리논리에 중요한 기여를 한다. 지금은 튜링머신[IV.20 §1.1]이라 부르는 것을 이용하여 '계산가능성'을 정의한 것이다. 이보다 앞서 처치[VI.89]가 제시했던 효과적인 계산성의 정의와 수학적으로 동등하지만, 튜링의 개념이 전적으로 독창적인 철학적 분석을 보여주어 더욱 호소력 있었다. 결국 처치와 괴델[VI.92]의 지지를 이끌어냈는데, 실제로 1931년의 불완전성 정리[V.15]는 튜링의 연구를 기초로 했다. 튜링은 자신의 정의를 이용하여 1차 논리는 결정 불가능함을 증명했고, 이로 인해 힐베르트[VI.63]의 형식화 계획에 최종적인 사망 선고를 내리게 된다(더 자세한 것은 논리학과 모형 이론[IV.23 §2] 참조).

어떤 문제를 푸는 방법이 존재하느냐는 질문의 정확한 의미를 준다는 점에서 계산가능성은 현재 수학에서 기본이 된다. 예를 들어, 디오판토스 방정식의 일반적인 해법에 대한 힐베르트의 10번째 문제[V.20]는 튜링의 아이디어와 관련된 방법을 써서 1970년에 완전히 해결되었다. 튜링은 수리논리에서 자신의 정의를 확장하고, 대수에서의 응용을 개척했다. 하지만 자신의 아이디어를 (대수에서의 결정가능성 문제에서) 수학적으로 이용했을 뿐만 아니라, 철학, 과학, 공학에 넓게 미치는 영향도 탐구했다는 점은 수학자로서 보기 드문 점이었다.

튜링이 돌파구를 연 한 가지 요인은 그가 정신과

물질에 대한 문제에 매혹돼 있었다는 점이다. 정신의 상태와 작동에 대한 튜링의 분석은 그 후 인지 과학의 출발점이 되었다. 튜링은 인공 지능의 가능성을 옹호하여 이 분야의 횃불이 되었다. 1950년의 유명한 '튜링 테스트'는 이 분야에서의 광범위한 연구 제안서의 일부였다.

1936년의 연구 중에서 더 즉시 적용할 수 있던 면은 그 기계에 대한 묘사를 지시사항표를 읽음으로써 단 한 대의 '보편적인' 기계가 어떤 튜링머신의 작업이든 할 수 있다는 관찰이었다. 이는 프로그램 자체가 자료 구조인 현대 디지털 컴퓨터의 근본적인 원리이다. 1945년 튜링은 최초의 전자 컴퓨터와 그의 프로그래밍을 계획하는 데 이런 통찰을 이용했다. 비록 폰 노이만[VI.91]이 선취했지만, 계산이 기본적으로 논리의 응용이어야 한다는 튜링의 통찰을 폰 노이만이 이용한 것이라고 주장할 수 있다. 따라서 튜링은 현대 컴퓨터 과학의 기초를 놓은 것이다.

튜링은 1938년과 1945년 사이에 독일 해군의 신호를 해독하는 특별 책임자로 영국 암호계의 중요한 과학적 인물이었기 때문에, 이론과 실행 사이의 다리를 놓을 수 있었다. 에니그마 암호에 대한 뛰어난 논리적 해결책, 그리고 베이즈 정보 이론(Bayesian information theory)에서 주요한 기여를 했다. 영국의 암호 해독에 이용된 발달된 전자 장비에 대한 경험 덕에 실용적인 계산에서도 선구자가 될 수 있었다.

종전 후에는 컴퓨터 공학에서 큰 성공을 거두지 못했고, 컴퓨터 발달 과정에 영향을 주려는 시도는 점차 줄어 들었다. 대신 1949년 이후 맨체스터 대학에서 생물의 성장에 적용되는 비선형 편미분방정식의 이론에 집중했다. 1936년의 연구와 마찬가지로 완전히 새로운 분야를 열었다. 또한 리만 제타함수[IV.2 §3]에 대한 중요한 연구도 포함하고 있어, 튜링의 광범위한 수학적 범위를 설명해 준다. 생물학 이론과 물리학에서의 새로운 아이디어를 연구하느라 바쁜 시기를 보내던 중에 갑자기 사망했다.

가장 순수한 수학과 가장 실용적인 수학이 튜링의 짧았던 생에 결합돼 있다. 다른 대비점으로도 튜링을 특징지을 수 있다. 비록 컴퓨터를 기반으로 하는 인공 지능이라는 주제에 대한 연구를 촉진시켰지만, 튜링의 생각이나 삶에 기계적인 것은 전혀 없었다. 재치 있고 극적인 '튜링 테스트'로 인해 수학적 아이디어의 대중화라는 점에서 길이 남을 인물이 되었다. 전쟁 관련 연구의 극도의 비밀성, 이에 뒤따른 동성애자로서 받은 핍박을 각색하여 삶을 극화한 작품이 대중적인 인기를 끌기도 했다.

더 읽을거리

Hodges, A. 1983. *Alan Turing: The Enigma*. New York: Simon & Schuster.

Turing, A. M. 1992-2001. *The Collected Works of A. M. Turing*. Amsterdam: Elsevier.

앤드류 호지스(Andrew Hodges)

VI.95 에이브러햄 로빈슨

출생: 발덴부르크(실레시아, 현 폴란드 바우브지흐), 1918년
사망: 미국 코네티컷 주 뉴헤이븐, 1974년
응용수학, 논리, 모형 이론, 비표준 해석학

로빈슨은 사립 랍비 학교에서 교육을 받은 후 1933년까지 브레슬라우의 유대인 고등학교를 다니다가 가족과 함께 팔레스타인으로 이주했다. 그곳에서 고등학교를 마치고, 헤브루 대학에서 아브라함 프렝켈 아래에서 수학을 계속 공부했다. 1940년의 봄은 소르본에서 보냈으나, 독일이 프랑스를 침공하자 로빈슨은 영국으로 향했다. 그곳에서 '자유 프랑스 정부'에서 일하면서 난민으로 전쟁 기간을 보냈다. 로빈슨의 수학적 재능은 곧 인정받아 판버러 소재 왕립 항공기 연구소로 배속되어, 초음속 델타 윙 설계 및 독일 V-2 로켓의 작동법을 알아내기 위해 재조립하는 일을 하게 된다. 종전 후 로빈슨은 헤브루 대학에서 물리 및 철학 부전공, 수학 주전공으로 이학 석사 학위를 받는다. 몇 년 후 런던의 버크벡 칼리지에서 수학으로 박사학위를 마친다. 「대수의 메타수학에 대해(On the metamathematics of algebra)」가 학위논문이었고 1951년 출간되었다.

그동안 로빈슨은 1946년 10월 이후 크랜필드에 건립된 왕립 항공 대학에서 학생들을 가르쳤다. 1950년 항공학부에서 부학장으로 승진하지만, 이듬해 토론토 대학 응용수학과의 조교수 직책을 수락했다. 토론토에 있는 동안 저술한 논문의 대부분은 응용수학에 관한 것으로, 초음속 날개 설계에 대한 것과 크랜필드에서 지도 학생이었던 라우만(J. A. Laurmann)과 공동 저술한 책『날개 이론(Wing Theory)』이 포함돼 있다.

표수가 0인 대수적 폐체의 연구를 시작으로 점차 수리논리로 관심이 변해 가면서 토론토에서의 세월(1951~1957)은 로빈슨의 경력의 전환기가 된다. 1955년에는 수리논리학과 모형 이론[IV.23]에 대한 초창기 연구를 상당부분 요약한 책『아이디얼의 메타수학 이론(Théorie Métamathématique des Ideaux)』을 프랑스어로 출판했다. 가장 간단한 경우 수리 논리를 이용하여 수학적 구조(예를 들어 군, 체, 혹은 집합론 자체)를 분석하는 모형론에 선구적인 기여를 한다. 주어진 공리계에서 모형이란 그 공리들을 만족하는 구조를 말한다. 실수 위의 양부호 유리 함수는 유리함수의 제곱의 합으로 표현할 수 있다는 힐베르트의 7번 문제를 모형론으로 증명한 것이 초창기 인상적인 결과 중 하나인데, 이는 1955년에 《수학연보》에 게재되었다. 이는 곧이어 또 다른 책『완전 이론(Complete Theories)』(1956)으로 이어져, 모형 이론적 대수에 대한 초기 학위 논문에서 탐구했던 아이디어를 더 확장했다. 이 책에서 로빈슨은 모형의 완전성, 모형의 완전화, '소(prime) 모형 테스트'와 같은 중요한 개념을 소개하고, 실수 닫힌 체[IV.23 §5]의 완전성과, 모형 완전 이론의 모형 완전화의 유일성도 증명했다.

1957년 가을 로빈슨은 헤브루 대학으로 돌아가 지도교수 아브라함 프렝켈이 아인슈타인 수학 연구소에서 맡고 있던 직책을 승계했다. 헤브루 대학에 있는 동안 로빈슨은 국소 미분 대수, 미분적으로 닫힌 체의 여러 면을 연구하고, 논리학에서는 산술의 비표준 모형을 다루는 스콜렘[VI.81]의 결과를 연구한다. 이로부터 정수 0, 1, 2, 3, …의 산술인 보통의 페아노 산술 모형[III.67]들을 제시하는데, 표준 모

형의 범위를 확장하여 더 큰 모형이면서도 표준 구조의 공리들을 만족하는 '수'인 '비표준' 원소를 포함한 모형도 포함하고 있다. 산술의 비표준 모형은 예를 들어 무한 정수도 포함할 수 있다. 하임 가이프먼(Haim Gaifman)이 간결히 표현한 대로 "비표준 모형은 원래 의도했던 모형과는 다르다고 인정할 수밖에 없는 형식 체계의 해석을 구성하는 모형이다".

로빈슨은 안식년 차 떠난 처치[VI.89]를 대신하여 1960~1961년을 미국 프린스턴에서 보낸다. 그곳에서 무한소의 엄밀한 도입을 가능케 하는 모형 이론을 사용했는데, 이는 그의 수학에서 가장 혁신적인 기여인 비표준 해석학을 만들어내는 데 영감을 주었다. 이는 보통의 실수의 표준 모형을 확장하여, 무한 및 무한소 원소를 모두 포함하는 비표준 모형이다. 1961년에 《네덜란드 왕립 과학 아카데미 프로시딩(*Proceedings of the Netherlands Royal Academy of Sciences*)》에 이 주제에 대한 논문을 최초로 게재하였다. 이 논문도 곧이어 책『모형론과 대수의 메타수학 개론(*Introduction to Model Theory and to the Metamathematics of Algebra*)』(1963)으로 나오며, 1951년의 이전 책을 철저히 개정하여 비표준 해석학에 대한 새로운 절을 담았다.

그동안 로빈슨은 예루살렘을 떠나 로스앤젤레스로 가서 UCLA에서 수학과 철학의 카르나프(Carnap) 석좌교수로 임용된다. 입문서인 『수와 아이디얼: 대수와 수론의 기본 개념 개론(*Numbers and Ideals: An Introduction to Some Basic Concepts of Algebra and Number Theory*)』(1965)을 쓴 데 이어, 결정판이 된 입문서 『비표준 해석학(*Nonstandard Analysis*)』(1966)을 쓴다. UCLA에 있는 동안(1962~

1967) 대학원생인 알렌 번슈타인(Allen Bernstein)과 함께 힐베르트 공간에서 다항식적으로 콤팩트인 작용소에 대한 불변 부분공간 정리의 증명을 출간했다. (콤팩트 작용소일 때는 1954년 아론사진(Aronszajn)과 스미스(Smith)가 1954년에 증명했고, 번스타인과 로빈슨은 작용소 T에 대해, T의 어떤 0이 아닌 다항식이 콤팩트인 경우를 증명했다.)

1967년에 로빈슨은 예일 대학으로 옮기고(1967~1974) 결국 1971년에 스털링(Sterling) 교수직이 주어졌다. 이 기간 동안 로빈슨이 이룬 가장 중요한 수학적 성취는 집합론에서의 폴 코헨의 강제[IV.22 §5.2]를 모형 이론으로 확장한 것이고, 비표준 해석학을 경제학과 양자 물리에 응용한 것이다. 또한 비표준 해석학을 응용하여 곡선 위의 정수점에 대한 칼 루드비히 지겔의 정리(1929)와, 쿠르트 말러(Kurt Mahler)가 정수해뿐만 아니라 유리수에 대해서 일반화한 것을 단순화한 뛰어난 결과를 얻었다(1934). 이 연구는 피터 로케트(Peter Roquette)와의 공동연구였는데, 비표준 정수점과 비표준 소인수를 고려하여 지겔-말러 정리를 확장했다. 1974년에 로빈슨은 췌장암으로 사망하였고, 그 후 1975년에 로케트는 이 연구를 《수론 잡지(*Journal of Number Theory*)》에 게재했다.

더 읽을거리

Dauben, J. W. 1995. *Abraham Robinson. The Creation of Nonstandard Analysis. A Personal and Mathematical Odyssey*. Princeton, NJ: Princeton University Press.

———. 2002. Abraham Robinson. 1918–1974. *Biographical Memoirs of the National Academy of Sciences* 82:1-44.

Davis, M., and R. Hersh. 1972. Nonstandard analysis. *Scientific American* 226:78-86.

Gaifman, H. 2003. Non-standard models in a broader perspective. In *Nonstandard Models of Arithmetic and Set Theory*, edited by A. Enayat and R. Kossak, pp. 1-22. Providence, RI: American Mathematical Society.

조셉 다우벤(Joseph W. Dauben)

VI.96 니콜라 부르바키

출생: 프랑스 파리, 1935년
사망: -
집합론, 대수, 위상수학, 수학의 기초, 해석학, 미분기하 및 대수기하, 적분 이론, 스펙트럼 이론, 리대수, 가환대수, 수학사

부르바키는 1935년에 앙리 카르탕, 장 디외도네(Jean Dieudonné), 앙드레 베유[VI.93] 등으로 구성된 프랑스 수학자 집단이 선택한 필명이다. 대부분 여러 세대의 프랑스 수학자들로 이루어진 집단이 일반적인 제목「수학 원론(Éléments de Mathématique)」아래 일련의 논문을 구상하고, 쓰고, 출간했다. 특이하게 단수인 'mathématique'를 사용하여 집단의 주요 특성 중 하나인 수학의 통일성에 대한 강력한 약속을 강조했다. '부르바키 세미나'와 더불어 이 기념비적인 작업은 순수수학을 통일되고, 공리적이고, 구조적인 관점으로 발전시켜 2차 세계 대전 이후 특히 프랑스의 교육과 연구에 강력한 영향을 미쳤다.

샤를 드니 소테르 부르바키(Charles Denis Sauter Bourbaki)는 1870~1871년 프로이센-프랑스 전쟁에서 싸웠던 프랑스 장군이었다. 1923년 고등사범학교에서 입학생들을 대상으로 만든 가짜 강연은 '부르바키 정리'로 끝난다고 돼 있었다. 1935년 그 강연에 청중으로 혹은 장난으로 참여했던 이들 다수를 포함한 일군의 수학자들이 자신들이 쓰려고 계획한 현대적 해석학 논문의 가상 저자의 이름으로 부르바키를 채택하기로 결정했다.

최초의 모임은 1934년 12월 10일 파리에서 열렸다. 카르탕, 디외도네, 베유를 비롯해 젊은 수학과 교수 클로드 슈발레, 장 델사르트(Jean Delsarte), 르네 드 포셀(René de Possel)도 참석했다. 프랑스에서 통용되는 해석학 교재(예를 들어 에두아르 구르사의 『해석학 강의(Cours d'Analyse)』)가 구식이라는 데 동의하고, 이를 대체하는 책을 협동하여 쓰기로 동의했다. 현대 독일 수학, 특히 힐베르트[VI.63]의 괴팅겐과의 교류와, 바르텔 판 데르 바에르던의 『현대 대수학(Moderne Algebra)』에 영향을 받아, 자신들의 큰 논문은 집합, 군, 체와 같은 기본적이고 일반적인 개념을 공리 형태로 요약하는 '추상적 꾸러미'부터 시작해야 한다고 생각했다. 이 직후 숄렘 망델브로이(Szolem Mandelbrojt)가 이 집단에 가입했다. 파울 뒤브레유(Paul Dubreil)와 장 르레는 예비 모임 몇 차례만 참여했다가 나중에 샤를 에르스만(Charles Ehresmann)과 물리학자 장 쿨롱(Jean Coulomb)으로 대체됐다.

1935년 부르바키 집단은 최초의 '의회'(연례 여름 모임을 훗날 이렇게 불렀다)를 오베르뉴의 베상-샹

데스에서 열고, 필명 'N. 부르바키'를 채택하기로 결정했다(니콜라라는 이름은 훗날 채택한다). 작업 과정을 합의하면서 계획한 논문의 일반적인 윤곽을 작성했다. 집단 구성원들은 몇 가지 의례적인 규칙들을 따라 공동으로 일했다. 새로운 공저자들을 선임했으며, 가입 사실은 비밀로 지켰고, 개인적 공헌은 따로 공헌자를 밝히지 않기로 했다. 매년 세 번 혹은 네 번의 작업 기간을 갖는 동안, 한 명이 미리 준비한 원고를 한 줄 한 줄 읽고, 논의하고, 신랄하게 비평했다. 최종본이 만장일치로 채택될 때까지 여러 명의 저자들에게 10편까지의 초안 및 몇 년 간의 작업이 필요한 경우가 보통이었다.

집합론에 대한 결과를 다룬 최초의 소책자는 1939년에 나왔으나 발행은 1940년도에 했다. 2차 세계 대전 동안 작업 조건이 까다로웠음에도 불구하고, 곧바로 1940년대에 주로 일반 위상과 대수를 다룬 여러 편의 소책자를 출간했다. 오늘날 『수학 원론』은 여러 권의 책 『집합론(Theory of Sets)』, 『대수학(Algebra)』, 『일반위상수학(General Topology)』, 『실변수함수(Real Variable Functions)』, 『위상적 벡터공간(Topological Vector Spaces)』, 『적분(Integration)』, 『가환대수학(Commutative Algebra)』, 『미분다양체와 해석다양체(Differential and Analytic Manifolds)』, 『리 군과 리 대수(Lie Groups and Lie Algebra)』, 『스펙트럼 이론(Spectral Theories)』, 『수학사 원론(Elements of the History of Mathematics)』으로 구성돼 있다. 그 중 많은 수가 세월이 지나는 동안 광범위하게 개정되었으며, 영어와 러시아어를 포함한 여러 언어로 번역되었다.

처음 여섯 권은 '해석학의 기본 구조(The funda-mental structures of analysis)'라는 제목으로 촘촘하게 짜인 연작 해설서를 이룬다. 이 책이 처음 나왔을 때 다뤘던 주제들의 논리적 구성은 충격적이었다. 공리적 방법론을 체계적으로 이용했고, 전체적인 스타일, 기호, 용어의 통일성을 보장하기 위해 대단한 노력을 기울였다. 수학을 맨 처음부터, 일반적인 것으로부터 특수한 것으로 진행하며, 현대 수학의 대부분을 통합 조망한다는 것이 그들의 공언된 야망이었다.

집단이 공식적으로 알려지면서 여러 세대의 수학자들이 '부르바키 공동 저자 협회'로 뽑혔다. 2차 세계 대전 후 특히 사무엘 에일렌베르크(Samuel Eilenberg), 로랑 슈워츠(Laurent Schwartz), 로제르 고드망(Roger Godement), 장-루이 코줄(Jean-Louis Koszul), 장-피에르 세르가 논문의 저술에 참여했다. 나중에 아르망 보렐(Armand Borel), 존 테이트(John Tate), 프랑수아 브루하(François Bruhat), 서지 랭(Serge Lang), 알렉상드르 그로텐디크도 가담한다. 지금은 출판 횟수가 점차 줄고 있지만 21세기의 첫 10년이 지난 지금도 활동하고 있다.

참여한 공저자의 수와 출판한 저술의 광범위함에도 불구하고, 수학에 대한 부르바키의 비전은 놀랍게도 일관성이 있었으며 지금도 그렇다. 이 집단이 훗날 힘차게 발달시키게 될 수학의 구조적 인상에 큰 영향을 미칠 중요한 수학적 선택은 1930년대 말에 이루어졌다. 그 후 몇 십 년 간, 많은 수학자들도 자신들의 연구 영역에 견고한 공리적 기반을 재구축하는 것이 현재의 걸림돌을 극복하는 데 도움이 될 거라고 확신했다. 예를 들어 확률론, 모형론, 대수기하, 위상수학, 가환대수, 리 군, 리 대수에서 이를 느낄 수 있다.

2차 세계 대전 후 집단과 개인 구성원에 대한 악명이 점차 늘어나면서, 부르바키의 공적인 이미지는 단순히 논문 이상의 것을 망라하게 됐다. 수학 연구의 수준에서 부르바키 세미나는 1948년 파리에서 확립되어 그 후 매년 세 번씩 모이는 일류 전문매장으로 인식된다. 부르바키 회원들은 보통 다른 사람의 연구를 요약할 발표자를 선정했고, 그들이 발표한 것의 출간을 감시했다. 선정된 주제는 확률론이나 응용수학과 같은 것들을 등한시하고 대수기하나 미분기하와 같은 특정한 수학 영역을 강조했다.

특히 1940년 후반 부르바키의 이름으로 출간된 두 편의 글을 통해 오래된 분류 계획을 피해, 기본적 구조(때로는 '어머니 구조'라 불렸는데, 인간의 깊은 정신 구조에 더 가까울 것이라고 보았다)가 수학의 유기적 통일성을 강조할 수 있도록 수학을 완벽히 재구성할 것을 논증한 이래 수리철학에 대한 부르바키의 시각은 언제나 명쾌하다. 부르바키의 공적인 이미지는 예술가나 철학자뿐만 아니라 인문과학에서 구조주의자들이 공감했으며, 비록 부르바키의 실제 구성원들은 거의 가담하는 일이 드물었지만 유치원부터 대학에 이르기까지 수학 교육의 급진적 개혁가들이 자신들의 근거로 삼았다.

1960년대 후반부터 두 가지 측면에서 부르바키를 비판하는 자들의 소리가 점차 커졌다. 그들은 수학의 논리적 기초에 대한 부르바키식 접근법을 문제 삼았고, 이 집단의 백과사전식 목표의 허점을 찾아냈다. 손더스 매클레인(Saunders Mac Lane)과 사무엘 에일렌베르크가 개발한 범주론[III.8]이 부르바키의 구조보다 훨씬 유익한 기초적 뼈대를 제공

하는 것으로 밝혀졌다. 또한 확률론과, 기하학, 조금 덜 심하지만 해석학과 논리 등 수학의 많은 분야가 이 논문들에서는 부재할 것임은 명백해졌고, 부르바키주의 수학의 커다란 구조에서 이들의 자리는 불분명해졌다. 새로운 세대의 수학자들에게 응용에 대한 부르바키의 엘리트주의적 무관심은 특히나 위험하다.

부르바키가 수학에 미친 영향은 심오하다. 지나친 점은 있지만, 부르바키의 통합되고 구조적이고 엄밀한 수학에 대한 이미지는 지금도 우리를 따라다닌다. 하지만 바로 이런 특징들이 부르바키가 수학 연구의 숨통을 조인다는 느낌을 주는 원인이 된다. 요즘은 이런 반발이 다소 누그러진 듯 보이나, 새로운 부르바키는 전혀 보이지 않고 있다.

더 읽을거리

Beaulieu, L. 1994. Questions and answers about Bourbaki's early work(1934-1944). In *The Intersection of History and Mathematics*, edited by S. Chikara et al., pp. 241-52. Basel : Birkhäuser.

Corry, L. 1996. *Modern Algebra and the Rise of Mathematical Structures*. Basel : Birkhäuser.

Mac Lane, S. 196. Structures in mathematics. *Philosophia Mathematica* 4 : 174-86.

다비드 오뱅(David Aubin)

옮 긴 이 _ 권 혜 승

PART VII

수학의 영향

The Influence of Mathematics

VII.1 수학과 화학

야첵 클리노프스키, 앨런 맥카이
Jacek Klinowski and Alan L. Mackay

1 서론

아르키메데스[VI.3], 그리고 합금에서 금과 은의 비율에 대한 (비트루비우스(Vitrubius)가 묘사한) 그의 실험적 조사 이래로, 수학은 화학 문제의 해결을 위해 이용돼 왔다. 칼 슐레머(Carl Schorlemmer)는 (그 당시 펜실베니아에서 석유 발견 때문에 중요했던) 메탄계 탄화수소를 연구했고 연속적 탄소 원자들이 추가됨에 따라 어떻게 그 성질이 변해가는지를 보였다. 맨체스터에 있는 그의 친한 친구, 프리드리히 엥겔스(Friedrich Engels)는 이에 영감을 얻어 '수량에서 성질로'의 변형을 그의 철학적 견해로 소개했고, 그 당시 변증법적 유물론의 주문이 되었다. 비슷한 화학적 관찰로부터 1857년에 케일리[VI.46]는 '뿌리가 정해진 수형도(rooted tree)'와 가지 달린 분자들을 세는 수학을 개발했고, 그것이 그래프이론 [III.34]의 첫 등장이었다. 나중에 조지 포여(George Pólya)는 이런 분자들의 개수 세기를 더 향상시킨 그의 기본 계산 정리를 발전시켰다. 더 최근에는 DNA의 역학이나 운동학 같은 화학의 문제들이 매듭 이론[III.44]에 중요한 영향을 미쳤다.

그러나 화학이 양에 관한 현대 과학이 된 것은 겨우 150년 밖에 되지 않았다. 그 이전까지 그것은 먼 꿈과도 같았다. 1700년경 뉴턴[IV.14]이 미적분학을 발전시키고 있을 무렵 그는 자신의 시간 대부분을 연금술 연구에 할애했다. 그는 행성과 혜성, 달과 바다의 움직임을 확립하고서, 왜 똑같은 원리를 기반으로 세상의 나머지 구조를 결정할 수 없는지 설명했다.

나는 물체의 입자들이 아직까지 알려지지 않은 원인에 의해 서로를 끌어당겨 규칙적인 모양으로 결합하거나 혹은 서로를 밀어내어 멀어지게 하는 어떤 힘들에 그것들 모두가 의존하고 있다고 의심한다. 지금까지 철학자들은 이 미지의 힘의 본성을 찾기 위한 헛된 노력을 해 왔다. 그러나 나는 바탕에 깔린 원리들이 철학의 이런 방법 혹은 어떤 더 진실된 방법에 빛을 밝혀 주기를 바란다.

그런 힘들의 본성은 200년이 지난 후에야 비로소 이해되었다. 그리고 실제로 화학적 결합의 원인이 되는 입자인 전자는 1897년에서야 발견되었다. 이것이 바로 아이디어의 주된 흐름이 수학 이론으로부터 화학에서의 응용이 된 이유이다.

화학의 기본 방정식들 중 어떤 것들은 엄격한 수학적 추론이 아니라 실험에 기반했음에도 대단히 간결하고 우아하게 풍부한 정보를 제공한다(토머스(Thomas)(2003)). 예를 들어 볼츠만(Boltzmann)의 통계 열역학의 기본 방정식을 생각해 보자. 이는 엔트로피 S를 가능한 입자 배열 방법의 개수인 Ω와 연결시킨다. 즉 $S = k \log \Omega$이다. 여기서 k는 볼츠만 상수로 알려져 있다. 또한 수소 스펙트럼의 가시영역에서 스펙트럼 선들의 파장 λ에 대해 발머(Balmer)가 이끌어낸 표현도 있다.

$$\frac{1}{\lambda} = R\left(\frac{1}{n_1^2} - \frac{1}{n_2^2}\right).$$

여기서 n_1, n_2는 정수로 $n_1 < n_2$이고 R은 리드버그

(Rydberg) 상수라 알려져 있다. 세 번째 예인 브래그(Bragg) 방정식은 단일파장 엑스레이의 파장 λ와 결정 격자에서 면들 사이의 거리 d, 결정면들과 엑스레이 방향 사이의 각도 θ를 연관지어, 작은 정수 n에 대해 $n\lambda = 2d \sin \theta$라고 말한다. 마지막으로 '상규칙(phase rule)' $P + F = C + 2$가 있다. 이는 화학계에서 상의 수 P, 자유도의 수 F, 성분들의 수 C를 연결시킨다. 이는 볼록 다면체에서 꼭짓점, 면, 변의 개수 사이의 관계와 같고, 계의 기하학적 표현에서 나온다.

오늘날 컴퓨터는 이론 화학에서 주된 도구가 되었다. 컴퓨터는 미분방정식을 수치적으로 풀어낼 뿐만 아니라, 종종 정확한 대수적 식을 제공할 수도 있고, 때로는 너무 복잡해서 상세히 쓸 수 없는 해를 제공하기도 한다. 계산은 **구조**, **과정**, **모형화**, 그리고 **탐색** 분야에서 알고리즘의 발전을 요구했다. 컴퓨터의 발전(특히 비선형 문제를 다루는 능력과 결과를 시각적으로 보여주는 능력에 있어서 말이다)과 함께 수학은 혁신적으로 변화되어 왔다. 이는 근본적인 향상을 가져왔고 그중 어떤 것들은 화학에 영향을 미쳤다.

일반적으로 화학 문제에서 수학적 방법은 이산적 방법과 연속적 방법으로 나눌 수 있으며, 한편으로 물질의 근본적인 이산적 원자의 속성을 반영하고, 다른 한편으로 많은 원자들의 연속적인 확률적 움직임을 반영한다. 예를 들어 분자의 수를 세는 것은 이산적인 문제인 반면, 온도나 다른 열역학적 매개변수 같은 전체적인 측도와 관련된 문제는 연속적일 것이다. 이런 방법들은 수학의 다른 분야들을 필요로 한다. 정수는 이산적 문제에 더 중요하고 실수는 연속적 문제에 더 중요하다.

이제 우리의 관점에서 볼 때 수학이 가장 현저하게 기여한 화학 문제 몇 가지를 개략적으로 소개하겠다.

2 구조

2.1 결정 구조의 설명

결정 구조(crystal structure)는 어떻게 원자들이 배열되어 거시적인 물체를 구성하는지에 관한 연구이다. 이 주제에 관한 초기 아이디어는 순수하게 결정의 대칭성과 형태학(morphology)(즉 그것들이 형성하는 경향이 있는 모양들)에 기반했고, 19세기 동안 물질의 원자 구성에 관한 명확한 정보 없이 발전했다. 3차원 공간에 주기적으로 대상을 배열하는 서로 다른 방식들을 체계화한 230개의 공간군(space group)이 1885년과 1891년 사이에 페도로프(Fedorov), 쇤플리스(Schoenflies), 발로우(Barlow)에 의해 독립적으로 발견되었다. 그들은 1848년 아우구스트 브라베(Auguste Bravais)에 의해 발견되어 브라베 격자(Bravais lattice)라고 이름 붙여진 14개 격자들의 어떤 집합과 형태학적 고려로부터 발전한 32개의 소위 결정학적 점군(crystallographic point group)의 체계적 조합으로부터 나온다.

1912년 막스 폰 라우에(Max von Laue)가 X선의 회절을 보이고 브래그(Bragg) 부자가 실질적인 X선 분석을 개발한 이후에 수십만 개의 무기물과 유기물들의 결정 구조가 결정되었다. 하지만 이런 분석은 푸리에 변환[III.27]을 계산하기 위해 필요한 시간 때문에 오랫동안 지연되었다. 이런 어려움은 1965

년에 쿨리(Cooley)와 터키(Tukey)가 고속 푸리에 변환[III.26](널리 응용되는 알고리즘이자 수학과 컴퓨터 과학에서 가장 자주 인용되는 것 중 하나)을 발견하여 이제는 옛일이 되었다.

2차원과 3차원 공간 구조의 기본적 기하학은 수학자들이 N차원에서 유사한 문제들을 찾게끔 했다. 이런 연구 중 일부는 준결정(quasicrystal)을 설명하는 데 응용되었다. 준결정은 원자들의 배열로, 결정과 같이 상당한 수준의 구조를 보여주지만 결정의 주기적 양상이 부족하다(즉 평행이동적 대칭성을 가지고 있지 않다). 가장 눈에 띄는 예는 6차원 기하학을 이용하는 다음의 예이다. 6차원에서 정규 입방 격자 L을 택하고, 원점을 제외하고는 L의 점을 하나도 포함하지 않는 $\mathbb{R}^6$의 3D 부분공간을 V라 하자. 이제 V에서 어떤 거리 d보다 더 가까운 L의 모든 점을 V에 정사영시키자. 그 결과는 국소적 규칙성을 대단히 많이 보여주지만 대역적 규칙성은 보여주지 않는 점들의 3D 구조이다. 이 구조는 준결정의 매우 좋은 모형을 준다.

최근까지 3차원 결정은 항상 주기적이고 따라서 오직 2중, 3중, 4중, 6중 대칭축을 보여주는 것이 가능한 것으로 생각되어 왔다. 정오각형은 평면을 덮을 수 없기 때문에 5중 대칭축은 제외되었다. 그러나 1982년에 X선 회절과 전자 회절이 빠르게 냉각되는 어떤 합금에서 5중 회절 대칭이 존재함이 보여졌다. 조심스러운 전자현미경법은 관찰된 구조와 '표준적' 결정의 꼬임(대칭적 군생)을 구분하는 데 필요했다. 이 발견, 즉 '길게 늘어진 방향의 순서는 있지만 평행이동적 대칭성은 없는' 준결정 합금 상태의 발견은 결정학에서 개념적인 전환을 가져왔다.

'준격자'의 초기 개념은 준결정을 묘사하기 위한 하나의 가능한 수학적 형식화처럼 보였다. 준격자는 같은 방향으로 두 개의 같은 단위로 잴 수 없는 주기를 가지고, 이 주기들의 비는 소위 말하는 피소트 수(Pisot number)와 살렘 수(Salem number)에 의해 주어진다. 피소트 수 θ는 차수가 m인 정수 계수를 갖는 다항식의 한 근으로, 만약 $\theta_2, \cdots, \theta_m$이 다른 근들이라면 $i = 2, \cdots, m$에 대해 $|\theta_i| < 1$이다. 1보다 크고 차수가 2 혹은 3인 실수인 이차 대수적 정수[IV.1 §11]는 그 크기(norm)가 ± 1과 같다면 피소트 수이다. 황금비는 차수가 2이고 크기가 -1이기 때문에 피소트 수의 예이다. 살렘 수는 피소트 수와 비슷한 방법으로 정의하는데, 부등식을 등식으로 바꾸어 정의한다.

리 대수[III.48 §2] 논거들 또한 준결정을 설명하기 위해 쓰여 왔다. 이는 많은 이론적 N차원 기하학을 자극했다. 준결정이 발견되기 전, 로저 펜로즈(Roger Penrose)는 두 가지 다른 종류의 마름모꼴 타일을 이용하여 주기성 없이 평면을 덮는 방법을 보였고, 상응하는 규칙을 두 종류의 사방육면체 타일을 가지고 3D 공간에 대해 발전시켰다. 원자들이 사방육면체 칸들에 놓여져 있는 이런 3D 구조의 푸리에 변환은 3D 준결정의 관찰된 회절 패턴을 설명한다. 펜로즈의 2D 패턴은 10각형 준결정에 대응되는 반면, 3D 준결정은 2D 패턴이 겹겹이 쌓여 있는 층들로 구성되었고 이는 실험적으로 관찰되었다.

고전 결정학은 최근에 이루어진 전자 현미경법의 발전에 자극을 받아 준결정을 포함하도록 확장되었다. 이제는 앞서 언급했던 십각형 준결정의 원자 배열을 포함하여 원자 배열을 직접 관찰하는 것이 가능해져서, 여러 회절파들의 상이 실험 과정 중 없어지므로 수학적으로 회복시켜야 하는 회절 패턴으로부터 추론해낼 필요가 없다. 계산적/실험적 이미지 프로세싱 전체는 하나의 결과로 잘 맞아떨어졌다.

또다른 모형은 반복되는 단일한 단위를 가지고 2D 준결정을 묘사하지만, 그 단위는 복합체로 똑같은 십각형들로 만들어진 패턴이다. 주기적 결정 안에서 단위 세포와는 달리 이런 준단위 세포들은 서로 겹쳐지는 것이 가능하지만 겹쳐지는 곳에서 이를 구성하는 십각형들은 서로 잘 맞아떨어져야 한다. 이 개념적인 고안은 두 종류의 단위 세포를 이용하는 것에 대한 대안이다. 이것은 어떤 긴 순서 없이 국소적으로 순서 매겨진 원자 덩어리의 지배적인 물리적 상태를 강조한다. 이런 모형의 예측은 전자 현미경과 X선 회절에 의해 얻어진 결과들은 물론 관찰된 2D 십각형 준결정의 구성과 일치한다. 그럼에도 불구하고 준결정의 발전으로부터 많은 흥미로운 수학이 생겨났지만 대부분은 물리적으로 관련되어 있지 않다. 구조들은 펜로즈 타일링 수학에서라기보다, 국소적으로 순서짓는 힘과 대역적으로 순서짓는 힘들 간의 경쟁에서 나온다.

준결정을 받아들이는 것은 고전적 결정학이 더 일반적인 순서의 개념들을 수용할 필요가 있다는 것을 보여주었다. 단지 원자들의 순서 지워진 집단뿐 아니라 집단의 순서 매겨진 집단과 연관된 **분류 체계**의 개념을 분명하게 소개했다. 국소적 순서는 정규 격자의 반복에 의해 결정된다. 준결정은 완전한 규칙에서부터 **정보**라는 개념과 밀접하게 관련된 더 일반적인 구조로 나아가는 첫 단계를 보여준다.

정보는 분명하게 식별할 수 있는 둘 이상의 **준안정적** 상태를 갖는 장치에 저장될 수 있다. 이는 각 상태가 국소적 평형점이라는 뜻이고 한 상태에서 다른 상태로 넘어가기 위해서는 그 장치가 국소적 에너지 분기점을 넘어가는 데 충분한 에너지를 공급하거나 제거해야 한다. 예를 들어 스위치를 켜거나 끌 수 있다. 그것은 각 상태에서 안정적이고, 그 상태를 바꾸는 것은 일정한 양의 에너지를 필요로 한다. 더 일반적인 예를 들자면 이진 수열로 암호화된 정보는 자기적 구역들의 수열로 판독 입력, 출력 그리고 저장될 수 있는데, 여기서 각각은 북극 혹은 남극으로 자기화된다.

완벽한 결정은 선택할 수 있는 준안정적 상태를 가지지 않으므로 정보를 저장하기 위해 사용할 수 없다. 하지만 예를 들어 실리콘 탄화물 조각은 촘촘히 쌓인 층들의 열로 이루어져 있고 이들 각각은 거의 동등한 두 위치 중 어디에나 있을 수 있다. 따라서 실리콘 탄화물 조각의 구조를 설명하기 위해서는 층들이 쌓여 있는 위치의 순서에 대한 지식을 알아야 한다. 이는 이진 수열로 나타낼 수 있다. 적어도 원자들이 표면에 놓여 있다면 거의 마음대로 그것들을 어떤 구조로 배열하는 것이 가능하므로, 화학에서 정보의 처리가 중요해졌다.

결정에서 원자 배열을 결정하는 데 있어서 수학은 **위상 문제**의 해결에 핵심적이었다. 위상 문제는 수십 년간 구조 화학과 분자 생물학에 진전을 가져왔다. X선의 회절 패턴은 사진판에 점들의 배열로 기록되며 회절을 일으킨 분자의 원자 배열에 의존한다. 문제는 회절 패턴은 빛 파장의 강도만을 기록한다는 것이다. 그러나 분자 구조를 거꾸로 알

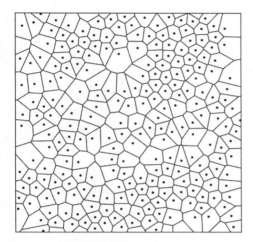

그림 1 2D 공간의 보로노이 분할

아내기 위해서 그 위상(즉 서로 관련된 파장의 정상과 골의 위치)을 아는 것도 필요하다. 고전적 역 문제에서 이 결과는 제롬 칼(Jerome Karle), 이자벨라 칼(Isabella Karle), 허버트 하우프트만(Herbert A. Hauptman)에 의해 해결되었다.

보로노이 다이어그램(Voronoi diagram)은 원자 사이트를 나타내는 점들로 구성되고, 각 점은 어떤 구역에 포함된다(수리생물학[VII.2 §5]도 보라). 주어진 사이트를 둘러싼 구역은 어떤 다른 사이트보다 그 사이트에 더 가까운 점들로 구성된다(그림 1). 보로노이 다이어그램의 기하학적 쌍대인 사이트를 점으로 갖는 삼각형들의 시스템을 **델라우니 삼각화**(Delaunay triangulation)라 부른다. (델라우니 삼각화의 또 다른 정의는 사이트들의 삼각화 중 각 삼각형의 외접원에 다른 사이트들이 포함되지 않는다는 추가적 성질을 갖는 것이다.) 이런 분할은 많은 N차원 화학 구조를 폴리토프(polytope)들의 배열로 나타내는 잘 정의된 방법을 준다. 주기적 경계를 갖는 결정들은 경계에서 끝나는 확장된 구조를 갖는 결

정보다 다루기 더 쉽다. 결정의 보로노이 분할은 네트워크로서 설명하는 것을 가능하게 한다. 하지만 구조를 이해하는 데 많은 진전이 있었음에도 불구하고 단지 그 분자의 원소들의 구성으로부터 미리 결정 구조를 추측하는 것은 아직도 불가능하다.

2.2 계산 화학

1926년에 물질을 양자역학적으로 설명하는 **슈뢰딩거 방정식**[III.83]이 제기되자, 곧 이를 풀어내려는 시도가 시작되었다. 매우 단순한 시스템에 대해서 기계적 계산기로 계산한 결과는 분광기 실험 결과와 일치했다. 1950년대에는 전자 컴퓨터를 일반적 과학에서 사용할 수 있게 되었고, **계산 화학**(computational chemistry)이라는 새로운 분야가 발전하였는데, 그 목표는 슈뢰딩거 방정식의 수치적 해를 이용하여 원자의 위치, 결합 거리, 원자의 전자 배치 등등에 관한 양적인 정보를 얻는 것이었다. 1960년대에 이뤄낸 발전으로는 전자 궤도를 나타내는 적절한 함수의 도출, 서로 다른 전자들의 움직임이 서로에게 어떻게 영향을 미치는가 하는 문제에 대한 근사적 해의 계산, 원자 핵의 위치에 대한 분자 에너지의 미분을 위한 공식의 제공 등이 있다. 1970년대 초반에는 강력한 소프트웨어 패키지가 사용 가능해졌다. 더 최근의 연구는 점점 더 큰 분자를 다룰 수 있는 방법을 발전시키는 것을 목표로 한다.

밀도 범함수 이론(density functional theory, DFT) (Parr and Yang, 1989)은 최근에 활발하게 연구되고 있는 양자역학적 계산의 주요 분야로, 재료의 거시적 성질에 관심을 갖는 이론이다. 이는 금속, 반도

체, 절연체뿐 아니라 단백질이나 탄소 나노튜브 같은 복잡한 물질의 성질을 설명하는 데도 성공적으로 활용됐다. 전자 구조 연구에서 전통적인 방법들(예를 들어 분자 궤도들의 집합에 전자를 한 번에 두 개씩 할당하는 하트리-폭 이론 분자 오비탈 방법(Hartree-Fock theory molecular orbital method))은 매우 복잡한 다전자 파동 함수와 연관된다. DFT의 주된 목표는 $3N$ 변수에 의존하는 다전자 파동 함수를 단지 3개의 변수에 의존하는 다른 기본적인 양인 전자밀도로 대체하여 계산 속도를 매우 빠르게 높이는 것이다.

　양자역학, 물리학, 체, 곡면, 포텐셜, 파장에 관한 편미분방정식은 때로는 해석적으로 풀 수 있고, 설사 그럴 수 없을지라도 이제는 거의 항상 수치적 방법으로 풀 수 있다. 이 모든 것은 대응되는 순수 수학에 의존한다. (편미분방정식을 수치적으로 푸는 방법에 대해서는 수치해석학[IV.21 §5]을 보라.)

2.3 화학적 위상수학

이성질체(isomer)는 같은 원소로 만들어졌지만 다른 물리적, 화학적 성질들을 갖는 화학 합성물이다. 이는 다양한 이유로 인해 생길 수 있다. **구조 이성질체**에서 원자와 작용기는 다른 방식으로 함께 연결되어 있다. 이 부류는 탄화수소 사슬이 다양한 가지를 가진 **사슬 이성질체**와 사슬에서 작용기의 위치가 다른 **위치 이성질체**를 포함한다. **입체 이성질체**에서는 결합 구조는 같지만 원자와 작용기가 공간에 놓인 기하학적 위치가 다르다(그림 2(b)). 이 부류는 다른 이성질체가 서로의 거울에 비친 상인 **광학 이성질체**를 포함한다(그림 2(c)). 구조 이성질체가 서로 다른

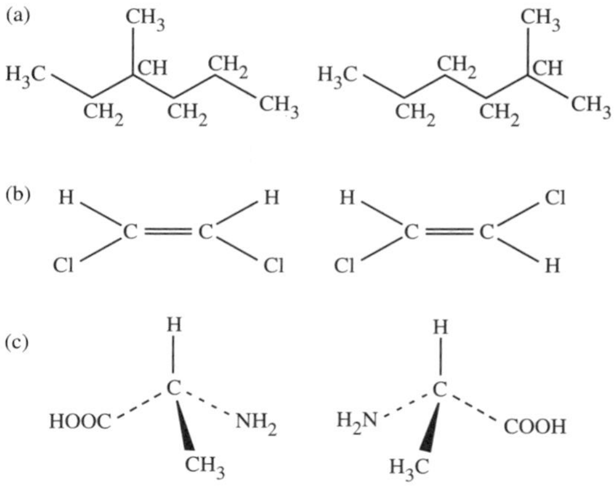

그림 2　(a) 위치 이성질체 (b) 입체 이성질체 (c) 광학 이성질체

화학적 성질을 갖는 반면 입체 이성질체는 대부분의 화학 반응에서 똑같이 행동한다. 또한 카테난과 DNA 같은 위상 이성질체도 있다.

　화학 위상수학의 중요한 주제는 주어진 분자에 얼마나 많은 이성질체가 있는지를 결정하는 것이다. 이를 위해 우선 분자를 원자를 나타내는 점과 화학 결합을 나타내는 선으로 이루어진 **분자 그래프**와 연관시킨다. 입체 이성질체의 개수를 계산하기 위해 이 그래프의 대칭성을 센다. 하지만 우선 그래프의 어떤 대칭성이 화학적으로 의미가 있는 공간상의 변환에 대응되는지 결정하기 위해 분자의 대칭성(Cotton, 1990)을 고려해야 한다. 케일리는 **구조 이성질체**, 즉 조합상 가능한 가지친 분자들의 수를 세는 문제를 제기했다. 이를 위해 원소들의 집합이 주어질 때 얼마나 많은 다른 분자 그래프가 있는지 세어 보아야 한다. 이때 두 그래프가 서로 **동형**(isomorphic)이면 같은 것으로 간주한다. 동형 유형의 수를 세는 것은 내재적 그래프 대칭성을 세는 군론을 이용한다. 포여가 1937년에 주목할 만한 셈 정

리[IV.18 §6]를 출판한 이후 생성함수[IV.18 §§2.4, 3]와 치환군[III.68]을 이용한 그의 연구는, 유기화학에서 이성질체의 수 세기 문제에서 중요한 자리를 차지했다. 정리는 특정한 성질을 가지는 구성이 얼마나 많은지에 관한 일반적 문제를 해결한다. 그것은 화학 합성물의 개수와 그래프이론에서 뻗어나간 수형도의 개수를 세는 문제들에 응용된다. 개수 세기 그래프이론이라 불리는 그래프이론의 새로운 분야는 포여의 아이디어에 기초한다. (계수적/대수적 조합론[IV.18]을 보라.)

모든 가능한 이성질체가 자연에서 나타나는 것은 아니지만, 주목할 만한 위상을 가진 분자들이 인위적으로 합성됐다. 그중에는 큐베인(cubane) C_8H_8이 있는데, 이는 8개의 탄소 원자들이 상자의 각 모퉁이에 놓이고 각각이 하나의 수소 원자와 연결되어 구성된다. 도데카헤드레인(dodecahedrane) $C_{20}H_{20}$은 그 이름이 알려주듯이 정12면체 모양을 갖는다. 분자의 세 잎 매듭(molecular trefoil knot)과, 5개의 서로 맞물린 고리로 이루어진 스스로를 닮은 복합체 올림피아데인(olympiadane)도 있다. (사슬을 뜻하는 라틴어 카테나(catena)에서 온) 카테난(catenane)은 원자가 전자를 공유하는 결합을 깨지 않고서는 분리할 수 없는 두 개 이상의 맞물린 고리들을 포함한다. (바퀴를 뜻하는 라틴어 로타(rota)와 축을 뜻하는 라틴어 액시스(axis)에서 온) 로택산(rotaxane)은 막대기 하나에 부피가 큰 두 개의 마개가 달린 덤벨 모양으로, 큰 고리 모양의 성분들이 주위를 둘러싸고 있다. 덤벨의 마개는 고리 모양 성분들이 막대기를 빠져나가는 것을 막아준다. 심지어 뫼비우스의 띠[IV.7 §2.3] 모양의 분자도 최근에 합성됐다.

합성 중합체나 생체 중합체(예를 들면 DNA나 단백질) 같은 고분자(macromolecule)는 매우 크고 상당히 유연하다. 중합체 분자가 어느 정도까지 다른 분자들과 꼬이고 매듭 지어지고 연결되는지는 반응, 점성, 결정 형태와 같은 물리적/화학적 성질에 있어 결정적이다. 짧은 사슬의 위상적 꼬임은 몬테 카를로 시뮬레이션을 이용하여 모형화할 수 있고, 그 결과는 이제 형광 현미경을 가지고 확인할 수 있다.

생명의 핵심 요소인 DNA는 복잡하고 흥미진진한 위상을 가지고 있고, 이는 그 생물학적 기능과 밀접하게 연관되어 있다. 슈퍼코일 DNA(즉 일련의 단백질들로 둘러싸인 DNA)의 중요한 기하학적 묘사는 매듭 이론에서 오는 연결 수(linking number), 꼬임 수(twisting number), 뒤틀림 수(writhing number)의 개념과 연관된다. DNA 매듭은 세포 내에서 자연적으로 생성되는데, 복제를 방해하고 전사를 줄이고 DNA의 안정성을 감소시킬 수 있다. '리솔베이스 효소'는 이런 매듭을 감지하여 제거하지만 이 과정의 메커니즘은 알려지지 않았다. 그러나 매듭과 엉킴이라는 위상 개념을 이용하여 반응 위치에 대해 이해할 수 있고, 따라서 그 메커니즘을 추론해 볼 수 있다(수리생물학[VII.2 §5]도 보라).

2.4 풀러린

흑연과 다이아몬드는 매우 오랫동안 탄소 원소의 두 가지 결정체로 알려져 있었다. 하지만 풀러린(fullerene)은 주로 그을음과 지질학 퇴적물에서 자연적으로 존재하는데, 1980년대 중반이 되어서야 발견되었다. 가장 흔한 것은 거의 공 모양의 탄소 분자 C_{60}으로(그림 3), 거대한 돔을 디자인한 건축가의

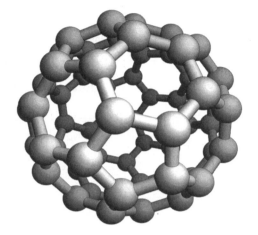

그림 3 플러린 C_{60}의 구조

이름을 따서 '벅민스터풀러린(buckminsterfullerene)'
으로도 알려져 있다. 풀러린 C_{24}, C_{28}, C_{32}, C_{36}, C_{50},
C_{70}, C_{76}, C_{84} 등도 존재한다. 위상수학은 이런 구조
의 가능한 유형에 대한 통찰을 제공한다. 반면 군론
과 그래프이론은 분자의 대칭성을 설명하고 그 진
동 모드를 해석할 수 있게 해 준다.

모든 풀러린에서 각 탄소 원자는 정확히 세 개의
이웃한 탄소 원자들과 연결되어 있고 그 결과 생기
는 분자는 5개 혹은 6개의 탄소 원자들의 고리로 만
들어진 '우리(cage)'이다. 오일러[VI.19]의 위상 관계
식 $\sum_n (6 - n)f_n = 12$(여기서 f_n은 다면체에서 n각
형 면의 개수이고, 다면체의 모든 면들에 대해 합을
취한다)로부터, 우선 $f_5 = 12$임을 알 수 있다. n은 5
또는 6만을 그 값으로 가질 수 있기 때문이다. 둘째
로 f_6는 1보다 큰 아무 값이나 가질 수 있다.

1994년에 테로네즈(Terrones)와 맥카이는 흑연에
서 나오면서 풀러린과 연관된, 삼중 주기적 **최소 곡
면**[III.94 § 3.1]의 위상을 가지는 새로운 종류의 순
서 매겨진 구조의 존재를 예측했다. 이런 새로운 구

조는 매우 실질적인 이점을 가지며, 8개로 이루어진
탄소 원자들의 고리를 6개로 이루어진 고리들의 판
에 끼워 넣는 방식으로 만들어졌다. 이는 **가우스 곡
률**[III.78]이 양수인 풀러린과 달리 곡률이 음수인 안
장 모양의 곡면을 만들어낸다. 따라서 그들을 수학
적으로 모형화하기 위해 비유클리드 2D 공간을 $\mathbb{R}^3$
에 삽입하는 것을 생각해야만 한다. 이는 비유클리
드 기하학의 특정한 측면에 새로운 흥미를 유발시
켰다.

2.5 분광학

분광학은 전자기 방사(빛, 라디오 전파, X선 등)와
물질의 상호작용을 연구하는 학문이다. 전자기 스
펙트럼의 가운데 부분(적외선, 가시광선, 자외선 파
장과 라디오 주파수 영역을 생성하는 부분)은 화학
에서 특별히 흥미롭다. 전기적으로 충전된 핵과 전
자로 이루어진 분자는 빛의 진동하는 전자기장과
상호작용할 수도 있고 충분한 에너지를 흡수하여
어떤 이산적인 진동 에너지 수준에서 다른 수준으
로 올라갈 수도 있다. 이런 전환은 분자의 적외선 스
펙트럼에 나타난다. **라만 스펙트럼**(Raman spectrum)
은 분자들에 의한 빛의 비탄성 산란(즉 빛의 일부가
들어오는 광자의 주파수와 다른 주파수를 가지고
산란될 때)을 모니터한다. 가시광선과 적외선은 분
자에서 전자를 재분배할 수 있다. 이것이 **전기 분광
학**(electronic spectroscopy)이다.

군론은 화학 합성물의 스펙트럼을 분석하는 데
핵심적인 역할을 한다(Cotton 1990, Hollas 2003). 임
의의 주어진 분자에 대해서 그것에 적용될 수 있는
대칭 작용들은 **군**[I.3.§ 2.1]을 형성하고 행렬에 의해

표현될 수 있다. 이는 분자에서 '분광학적으로 활발한' 사건을 확인할 수 있게 해 준다. 예를 들어 적외선 스펙트럼에서 단지 3개의 밴드가 관찰되고 십각형의 라만 스펙트럼에서 8개의 밴드가 관찰된다. 이는 분자의 이십면체 대칭성의 결과이고 군론을 고려할 때 예상되는 것이다. 또한 적외선(그리고 라만) 활동 모드 사이에 어떤 동시성도 없다. 비슷하게 군론은 C_{60} 분자의 높은 대칭성 때문에 비록 그것이 174개의 진동 모드를 가지고 있지만 적외선 스펙트럼에 단지 4개의 선이 있고 라만 스펙트럼에 10개의 선이 있다는 것을 올바르게 예측했다.

2.6 구부러진 곡면

구조 화학은 지난 20년간 급격히 변화되었다. 우선, 우리가 본 것처럼, '완벽한 결정'이라는 확고한 개념이 완화되어 준결정이나 텍스처 같은 구조를 포함하게 되었다. 둘째로, 고전 기하학에서 3D 미분기하학으로의 진전이 있었다. 이는 주로 매우 다양한 구조들을 기술하기 위해 구부러진 곡면을 사용했기 때문이다(Hyde et al. 1997).

　철사틀을 비눗물에 담그면 얇은 막이 형성된다. 표면 장력은 표면적과 비례하는 막의 에너지를 최소화한다. 그 결과 막은 철사틀 모양에 따라 가장 작은 넓이를 가지고, 모든 점에서 막의 **평균 곡률**(mean curvature)은 0이 되어야 한다. 최소곡면의 대칭성이 앞서 언급한 230개의 공간 군 중 하나에 의해 주어진다면 그 곡면은 3개의 서로 독립인 방향을 따라 주기적이다. 이런 삼중 주기 최소곡면(triply periodic minimal surface, TPMS)이 매우 흥미로운 이유는 실리케이트, 이중연속 혼합물, 유방성 콜로이드, 세

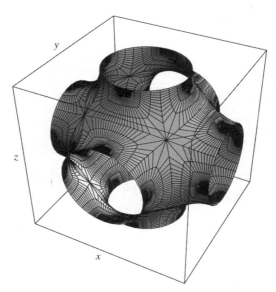

그림 4 P 삼중 주기 최소곡면의 한 개의 단위 세포. 곡면은 서로 통과하는 두 미로로 공간을 나눈다.

제 막, 지방질 이겹층, 고분자 경계면, 생물학적 조직 같은 다양한 실제 구조에서 나타나기 때문이다 (TPMS의 한 예가 그림 4에 그려져 있다). 그러므로 TPMS는 서로 관련 없어 보이는 많은 구조의 간결한 묘사를 제공한다. TPMS의 확장은 심지어 '막(brane)' 이론으로 우주론에도 응용된다.

　1866년 바이어슈트라스[VI.44]는 최소곡면을 일반적으로 알아보는 데 적합한 복소해석학의 방법을 발견했다. 간단한 함수 두 개의 합성으로 주어지는, 최소곡면에서 복소평면으로 가는 변환을 고려하자. 첫째 함수는 가우스 사상(Gauss map) ν로 이에 의한 곡면의 점 P의 상은 P에서 곡면의 법벡터와 P를 중심에 둔 단위 구면의 교점인 P′이다. 둘째 함수는 구면의 점 P′의 복소 평면 $\mathbb{C}$로의 극사영 σ로 그 결과를 P″이라 하자. 합성 함수 $\sigma\nu$는 공형적으로 (conformally) 곡면 상의 임의의 비배꼽점의 근방을

ℂ의 단순연결된 영역으로 보낸다(배꼽점(umbilic point)은 두 주곡률(principal curvature)이 같은 점이다). 이 합성함수의 역함수를 에네퍼-바이어슈트라스 표현(Enneper-Weierstrass representation)이라 부른다.

원점이 (x_0, y_0, z_0)인 계에서 임의의 자명하지 않은 최소곡면의 데카르트 좌표 (x, y, z)는 세 적분의 집합에 의해 결정된다.

$$x = x_0 + \operatorname{Re} \int_{\omega_0}^{\omega} (1 - \tau^2) R(\tau) \mathrm{d}\tau,$$
$$y = y_0 + \operatorname{Re} \int_{\omega_0}^{\omega} i(1 + \tau^2) R(\tau) \mathrm{d}\tau,$$
$$z = z_0 + \operatorname{Re} \int_{\omega_0}^{\omega} 2\tau R(\tau) \mathrm{d}\tau.$$

여기서 $R(\tau)$는 바이어슈트라스 함수이다. 이는 복소변수 τ의 함수로 고립점을 제외한 ℂ의 단순연결된 영역에서 복소해석적[I.3 §5.6]이다.

최소곡면 상의 임의의 (비배꼽) 점의 데카르트 좌표는 이런 식으로 복소평면에서 어떤 고정점 ω_0에서부터 변수인 점 ω까지 계산되는 어떤 선적분의 실수부로 표현된다. 적분인자가 복소해석적[I.3 §5.6]인 영역 내에서 적분이 이루어지고, 따라서 코시의 정리에 의해 적분값은 ω_0에서 ω까지의 적분 경로에는 무관하다. 이런 식으로 하나의 특정한 최소곡면이 그 바이어슈트라스 함수에 의해 완전히 정의된다.

많은 TPMS에 대한 바이어슈트라스 함수는 알려져 있지 않은 반면, 어떤 최소곡면 위에 놓여 있는 점들의 좌표는 다음 형태의 함수와 연관되어 있다.

$$R(\tau) = \frac{1}{\sqrt{\tau^8 + 2\mu\tau^6 + \lambda\tau^4 + 2\mu\tau^2 + 1}}.$$

여기서 μ, τ는 곡면을 매개화하기에 충분하다. 주어진 유형의 곡면에 대해 이 함수를 만들어내는 방법이 개발되었고, 위 식으로부터 다른 종류의 최소곡면들을 생성한다. 예를 들어 $\mu = 0$, $\lambda = -14$를 택하면 ('다이아몬드'에 대한) D 곡면이라 알려진 곡면을 얻는다.

최소곡면을 현실에 응용하는 것은 이제까지 수적이라기보다 서술적이었다. 어떤 TPMS의 매개변수에 관한 구체적인 해석학적 식이 최근에 발견되었지만 안정성과 역학적 힘에 관한 문제들은 아직 해결되지 않았다. 곡률 개념을 이용하여 구조를 묘사하는 것은 수학적으로 매력적이긴 하나, 아직 그것은 화학에 분명한 영향을 미치진 못하고 있다.

2.7 결정 구조의 개수 세기

원자의 모든 가능한 네트워크를 체계적인 방법으로 세는 것은 과학적으로도 실질적으로도 매우 중요한 문제이다. 예를 들어 4-연결된 네트워크(즉 각 원자가 정확히 4개의 이웃과 연결되어 있는 네트워크)는 결정성 원소, 수화물, 공유 결합 결정, 규산염, 그리고 많은 합성 화합물에서 발견된다. 특별히 흥미로운 것은 새로운 나노다공성 구성(nanoporous architecture)을 발견하고 생성하는 데 체계적인 개수 세기를 이용할 수 있는 가능성이다.

나노다공성 물질은 그 안에 작은 구멍이 있어서 어떤 물질은 그 구멍을 빠져나가지만 다른 것들은 빠져나가지 못하는 물질이다. 세포막과 제올라이트(zeolite)라 불리는 '분자 체'처럼, 다수가 자연적으로 나오지만 다른 많은 것들은 합성되었다. 이제까지 152개의 공인된 제올라이트 구조 유형이 발견되었고, 매년 새로운 유형이 그 목록에 추가되고 있다. 제올라이트는 과학과 기술에 많은 중요한 응용력을 가지고 있어 촉매 작용, 화학적 분리, 물 연수화, 농업, 냉장, 광전자 공학 같이 다양한 분야에 응용된다. 불행히도 개수 세기 문제는 어려움이 많은데, 4-연결된 3D 네트워크의 수는 무한히 많고 그것을 유도하는 데 어떤 체계적인 방법이 없기 때문이다. 이제까지 알려진 결과들은 실험적 방법으로 얻어졌다.

개수 세기는 3D 그물과 다면체에 대한 웰스(Wells)의 연구(1984)에서 시작되었다. 많은 가능한 새로운 구조들이 모형 만들기나 컴퓨터 검색 알고리즘에 의해 발견되었다. 이 분야에서 새로운 연구는 조합론적 타일 붙이기 이론의 최근 진전에 기반하며 컴퓨터에 친숙한 순수 수학자 제1세대에 의해 발전되었다. 타일 붙이기 연구는 900개 이상의 네트워크를 유니노달, 바이노달, 트리노달이라 불리는 비등가점들의 1, 2, 3종류를 가지고 분류했다.

그러나 수학적으로 생성된 네트워크 중 일부만이 화학적으로 가능하므로(다수가 비현실적인 결합 거리와 결합 각도를 요구하는 '제약이 있는' 구조이다), 수학이 유용하려면 가장 그럴듯한 구조를 알아내기 위해 효과적으로 걸러내는 과정이 필요하다. 그러므로 계산 화학의 방법들이 다양한 가상 구조의 구조 에너지를 최소하하는 데 사용되었는데, 그 구조들은 마치 실리콘 이산화물로부터 만들어진 것처럼 다뤄졌다. 단위 세포 매개변수, 구조 에너지와 밀도, 흡수 가능한 부피, X선 회절 패턴이 모두 계산되었다. 총 887개의 구조가 그 구조 에너지와 가능한 부피에 따라 성공적으로 최적화되고 순위 매겨져서 화학적으로 그럴듯한 가상 구조의 부분 집합을 주었다. 그중 상당수가 이후에 합성되었다.

이런 계산의 결과는 제올라이트와 다른 규산염, 알루미노포스페이트(AIPO), 이산화물, 질화물, 칼코겐 화합물, 할로겐화물, 탄소 네트워크들의 구조와 연관되고 심지어 다면체 모양 비눗방울과도 연관된다.

2.8 대역적 최적화 알고리즘

거의 모든 물리학 분야의 다양한 문제들은 대역적 최적화, 즉 임의의 개수의 독립 변수를 가지는 함수의 대역적 최솟값(혹은 최댓값)을 결정하는 문제이다(Wales, 2004). 이런 문제들은 또한 기술, 디자인, 경제학, 전화통신, 운송, 재정 계획, 여행 일정, 마이크로프로세서 회로 디자인에서도 나타난다. 화학, 생물학에서 대역적 최적화는 원자 클러스터의 구조, 단백질 구조, 분자 결합(작은 분자들이 효소나 DNA 같은 생체 고분자들의 활동 영역에서 맞아 들어가거나 붙는 것)과 연관되어 일어난다. 최소화하려는 양은 거의 항상 그 계의 에너지이다.

대역적 최적화는 매우 울퉁불퉁한 지형에서 가장 깊숙한 지점을 찾으려 하는 것과 같다. 실질적으로 관심 있는 대부분의 경우는 국소적 최솟값, 혹은 지형에서 구멍들이 도처에 존재하기 때문에 매우 어렵다. 그리고 그 개수는 문제의 크기에 따라 지수적으로 증가하는 경향이 있다. 전통적 최소화 기법들은 시간이 많이 걸리고 근처의 구멍을 발견하면 거기에 머무르는 경향이 있다. 즉, 처음 만나는 국소적 최솟값이 무엇이건 그리로 수렴한다. 유전 알고리즘(genetic algorithm, GA)은 다윈의 진화론에 의해 야기된 방법으로 1960년대에 소개되었다. 이 알고리즘은 인구라 불리는 ('염색체'에 의해 대표되는) 해들의 집합을 가지고 시작하며, 한 세대에서 해를 가져와서 새로운 세대를 만들어내는 데 이용한다. 이는 새로운 세대가 구세대보다 더 낫다고 기대하는 방식으로 진행된다. 새로운 해('자손')를 생성하기 위해 택해지는 해는 그 '적합성'에 따라 선택된다. 더 적합할수록 재생산될 가능성이 더 크다. 이는 어떤 조건이 만족될 때까지 반복된다. (예를 들어, 특정한 수의 세대 이후에, 혹은 해가 어느 정도 향상된 다음에 멈출 수 있다.)

1983년에 소개된 모의 담금질 기법(simulated annealing, SA)은 주조한 금속이 식으면서 최소 에너지 구조로 얼어가는 강화 과정과 더 일반적인 시스템에서 최솟값을 찾는 과정 사이의 유사성을 이용한다. 그 과정은 최저 에너지 상태로 접근하는 단열 방법으로 생각할 수 있다. 알고리즘은 에너지를 감소시키는 변화뿐만 아니라 증가시키는 변화도 받아들이는 임의적 탐색을 사용한다. 에너지는 **목적 함수** f에 의해 표현되고, 에너지를 증가시키는 변화는 확률 $p = \exp(-\delta f / T)$로 수용된다. 여기서 δf는 f에서 증가량이고 T는 목적 함수의 속성과 관계 없는 시스템 '온도'이다. SA는 '담금질 스케줄'의 선택, 초기 온도, 각 온도에서 반복 횟수, 그리고 냉각이 진행됨에 따라 각 단계에서 온도 감소와 관련이 있다.

타부(Taboo 혹은 Tabu) 탐색은 1989년 글로버(Glover)에 의해 처음 제안되었으며, 일반적 목적의 확률적 대역적 최적화 방법이다. 이것은 매우 큰 조합론적 최적화 문제를 위해 사용되고, 많은 국소적 최솟값을 갖는 연속적 값을 가지는 다변수 함수로 확장되었다. 타부 탐색은 어떤 초기 해에서 시작하여 더 좋은 해를 찾으려 노력하는 '국소적 탐색'의 변형을 이용한다. 이것이 새로운 해가 되고 그 과정을 여기서부터 다시 시작한다. 과정은 현재의 해가 더 이상 향상되지 않을 때까지 단계적으로 계속된다. 알고리즘은 국소적 최솟값에 빠지는 것을 피해 최적화된 최종 해를 준다. '웅덩이 도약(basin hopping)'이라 알려진 대역적 최적화의 최신 방법은 성공적으로 다양한 원자나 분자 다발, 펩타이드, 고분자, 유리를 형성하는 고체들에 적용되었다. 그 알고리즘은 국소적 최솟값인 상대적 에너지에 영향을 주지 않는 에너지 지형의 변형에 기초한다. 타부 탐색과 결합하여, 웅덩이 도약은 원자 다발에 관해 이제까지 출판된 최고의 결과를 능가하는 효율성에서 중요한 향상을 보여준다.

2.9 단백질 구조

단백질은 아미노산의 선형 사슬로 아미드($-NH_2$)와 카복시($-COOH$) 작용군을 모두 포함하는 분자이다. 단백질이 그 3D 구조를 채택하는 방법을 이해하는 것은 주된 과학적 도전이다(Wales, 2004). 이 문제는 또한 알츠하이머 병이나 '광우'병과 같이 '단백질이 접히는 질병'과 맞서기 위해 분자 단계에서 전략을 발전시키는 데 결정적이다. 단백질 접힘을 해결하는 전략은 안핀센(Anfinsen), 하버(Haber), 셀라(Sela), 화이트(White)가 1961년에 알아낸 사실에 의존하는데, 이는 접힌 단백질의 구조가 시스템의 자유 에너지를 최소화하는 구조에 대응된다는 것이다. 사실 단백질의 자유 에너지는 시스템 내의 다양한 상호작용에 의존하고, 각각은 전자 확률론과 물리 화학의 원리를 이용하여 수학적으로 모형화할 수 있다. 결과적으로 단백질의 자유 에너지는 구성 원자들의 위치에 관한 함수로 표현할 수 있다. 그럼 단백질의 3D 배열은 자유 에너지의 가능한 최솟값을 주는 원자 위치의 집합들과 대응되고, 문제는 단백질의 퍼텐셜 에너지 곡면의 대역적 최솟값을 찾는 것으로 바뀐다. 문제는 어떤 단백질은 특정한 구조에 도달할 수 있도록 해 주는 다른 분자들인 '부모'가 필요하기 때문에 더 복잡하다.

2.10 레너드-존스 클러스터

레너드-존스 클러스터(Lennard-Jones cluster)는 원자들의 각 쌍이 고전적인 레너드-존스 퍼텐셜 에너지 함수에 의해 주어진 결합된 퍼텐셜 에너지를 가지는 원자들의 촘촘히 쌓인 배열이다. 레너드-존스 클러스터 문제는 최소 퍼텐셜 에너지를 갖는 원자 클러스터 구성(그림 5)을 결정하는 문제이다. n이 클러스터의 원자의 개수일 때 우리는 합

$$\sum_{i=1}^{n-1} \sum_{j=i+1}^{n} (r_{ij}^{-12} - 2r_{ij}^{-6})$$

을 최소화하는 점 $p_1, p_2, \cdots, p_n$을 찾으려 한다. 클러스터의 원자들은 $p_1, p_2, \cdots, p_n$에 놓여 있고, r_{ij}는 p_i와 p_j 사이의 유클리드 거리를 나타낸다고 하자. 이 문제는 최적화 방법에서나 컴퓨터 기술에서나 여전히 어려운 문제이다. 1987년 노드비(Northby)의 체계적인 조사는 $13 \leq n \leq 147$의 범위에서 가장 낮은 레너드-존스 퍼텐셜 함숫값 대부분을 산출한 중요한 획기적인 사건이었고, 그후 이 결과는 약 10% 정도 향상되었다. 확률 대역적 최적화 알고리즘을 이용해 현재 $n = 148, 149, 150, 192, 200, 201, 300,$

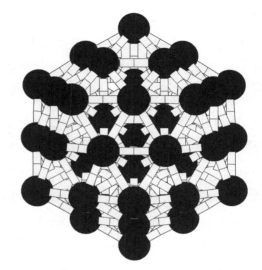

그림 5 55-원자 레너드-존스 클러스터. (케임브리지 대학교 Dr. D.J. Wales 제공)

309일 때의 결과가 보고되었다.

2.11 무작위 구조

절단면의 현미경 검사로부터 3D 구조를 추론해내는 입체해석학(stereology)은 원래 통계적 수학의 중요한 분야의 발전을 요구했고, 마일즈(R. E. Miles)와 콜먼(R. Coleman)이 그 선도적 역할을 했다. 입체해석학은 기하학적 양들의 추정에 관심이 있다. 기하학적인 모양은 부피나 길이처럼 양에 대해 배우는 대상들을 조사하는 데 쓰인다. 무작위 표본조사는 모든 입체해석학의 추정에서 기본 단계이다. 임의의 추정을 위한 무작위성의 정도는 다양하다.

공간적 제약이 있는 무작위성이 연관되면 명백하게 단순한 문제에서조차 어려움이 드러나기도 했다. 예를 들어 고토(Gotoh)와 핀니(Finney)는 같은 크기의 딱딱한 공을 무작위로 빽빽하게 채울 때 기대되는 밀도를 0.6357이라 추정했다. 이 명백

하게 단순한 문제도 우리가 아는 한 이제까지 개선되지 않았다. 문제는 매우 조심스럽게 정의되어야 한다. 왜냐하면 공의 '무작위 채우기'가 무얼 뜻하는지 전혀 분명하지 않기 때문이다. 이는 컴퓨터 모의실험을 이용해 분자들의 상호작용에 관한 다른 문제들을 조사할 때 더 그러하다. 분자 동역학(molecular dynamics)이라 불리는 이 분야는 라흐만(A. Rahman)에 의해 시작되었는데, 컴퓨터가 발전해 감에 따라 1960년대부터 꾸준히 발전해 왔다. 분자 동역학의 문제의 예로는 액체 물 모형화가 있다. 이는 여전히 어렵지만, 현재 사용 가능한 굉장한 계산 기술은 대단한 진전을 가능하게 했다.

3 과정

1951년 벨루소프는 벨루소프-자보틴스키 반응(Belousov-Zhabotinski reaction)을 발견했는데, 여기서 분명한 등방성 매질에서 시간에 의존하는 공간적 패턴이 나타난다. 이 반응의 메커니즘은 1972년에 밝혀졌고, 이는 비선형 화학 동역학이라는 완전히 새로운 연구 분야를 개척했다. 진동 현상은 또한 막 수송(membrane transport)에서도 관찰되었다. 윈프리(Winfree)와 프리고진(Prigogine)은 어떻게 공간과 시간에서 패턴이 나타날 수 있는지를 보였고, 이 패턴들 중 일부는 실질적 예에도 잘 들어맞았다.

세포 오토마타(cellular automata)의 발전은 스타니슬라브 울람(Stanislaw Ulam), 린덴마이어 계(Lindenmeyer system), 콘웨이(Conway)의 '생명 게임(game of life)'과 함께 시작되었고 오늘날까지 계속되고 있다. 울프람(Wolfram)은 그의 방대한 책

(2002)에서 확실히 단순한 규칙으로부터 나올 수 있는 복잡성을 보였고, 레이터(Reiter)는 최근에 눈송이 성장을 모의실험하는 데 세포 오토마타를 이용해 1611년에 케플러(Kepler)가 제기한 문제를 해결하기 시작했다. 안드레아스 드레스(Andreas Dress)가 이끄는 비엘레펠드에 있는 일군의 수학자들은 구조 형성 과정을 연구하고 있다. 그들은 실제 화학을 모형화함으로써 가능한 메커니즘을 보이는 데 특별히 진전을 보였다.

4 탐색

4.1 화학 정보학

화학에서 근본적 발전은 화학 합성물과 그 구조의 다차원 데이터베이스를 조사하는 데 컴퓨터를 사용하는 것이었다. 이런 데이터베이스들은 그 전신인 (이미 거대한) 고전적 그멜린(Gmelin)과 베일스테인(Beilstein) 데이터베이스와 비교해 보면 현재 매우 방대하다. 탐색 과정은 근본적 수학적 분석을 요구한다. 케임브리지 구조 데이터베이스(www.ccdc.cam.ac.uk/products/csd/)를 개발하는 데 있어 케나드(Kennard)와 베르날(Bernal)의 선구적인 연구에서 볼 수 있듯이 말이다.

3D 분자 구조나 결정 배열을 기호들의 선형 수열로 부호화하는 데 가장 좋은 방법은 무엇인가? 그 부호화에서 구조를 효율적으로 복원할 수 있고, 또한 부호화된 구조의 거대한 목록 속에서 효율적으로 탐색할 수 있다면 좋을 것이다. 여기서 나오는 문제들은 오랫동안 지속되어 왔고, 수학과 화학 모두에 대한 식견을 필요로 한다.

4.2 역 문제

화학에서 많은 수학적 난제는 역 문제이다. 종종 선형 연립방정식을 풀어야 한다. 미지수만큼 많은 방정식이 있고 방정식들이 서로 독립적이라면, 이는 정사각행렬의 역행렬을 찾아 해결할 수 있다. 그러나 연립방정식이 특이하거나 과잉이라면, 혹은 미지수보다 더 적은 또는 더 많은 방정식이 있다면, 대응되는 행렬은 특이 행렬이거나 직사각형 행렬이고 보통의 역행렬이 없다. 그럼에도 불구하고 **일반화된 역행렬**을 정의하는 것은 가능하고, 이는 선형 문제의 좋은 모델을 준다. (이것이 특이값 분해에서 나오는 소위 말하는 **무어-펜로즈 역**(Moore-Penrose inverse) 혹은 **유사 역**(peudo-inverse)이다.) 이는 항상 존재하고 모든 사용 가능한 정보를 이용한다. 2D 정사영으로부터 3D 구조를 재구성하는 문제와 관련된다. 연산은 완전히 서술되었고 이제 매스매티카를 사용할 수 있다.

일반화된 역은 준결정의 여분 축도 다룰 수 있게 했지만 흥미로운 문제들은 보통 비선형이다. 다른 역 문제들로 다음과 같은 문제들이 있다.

(i) 결정으로부터 X선이나 전자의 관측된 분산 패턴을 나오게 만드는 원자의 배열 찾기

(ii) 현미경 검사나 단층 X선 사진 촬영에서 나온 2D 정사영을 3D 이미지로 재구성하기

(iii) 가능한 원자 간 거리가(그리고 아마도 결합각과 비틀림 각이) 주어졌을 때 분자의 기하적 배열 재구성하기

(iv) 성분 아미노산의 배열이 주어졌을 때 단백질 분자가 활성 영역을 주기 위해 접혀 있는 방식 알아내기

(v) 어떤 분자가 자연 상태에 존재하는 것을 알고 있을 때 합성을 통해 이를 만들어내는 과정 알아내기

(vi) 막이나 식물 혹은 다른 생물학적 대상이 일정한 형태를 취한다는 것을 알 때 그 생성 규칙의 순서를 알아내기

이런 종류의 질문 중 어떤 것은 유일한 해답을 가지지 않는다. 예를 들면 북의 모양을 그 진동 스펙트럼으로부터 결정할 수 있는가에 관한 고전적 문제(북의 모양을 들을 수 있나?)에 대한 대답은 "아니오"였다. 서로 다른 모양을 가진 진동하는 두 개의 막이 같은 스펙트럼을 가질 수 있다. 결정 구조 역시 이런 애매한 경우일지 모른다고 생각되었다. 라이너스 폴링(Linus Pauling)은 호모메트릭(homometric)인(즉 같은 회절 패턴을 갖는) 두 개의 다른 결정 구조가 있을지 모른다고 제안했지만, 분명한 예는 찾지 못했다.

5 결론

이 글에 나온 예들이 보여주는 것처럼 수학과 화학은 공생 관계에 있다. 한 분야에서의 발전은 종종 다른 분야의 진보를 가져온다. 여기서 언급했던 여러 문제를 포함하여 많은 흥미로운 문제들이 여전히 풀리지 않은 채 우리를 기다리고 있다.

더 읽을거리

Cotton, F. A. 1990. *Chemical Applications of Group Theory*. New York : Wiley Interscience.

Hollas, J. M. 2003. *Modern Spectroscopy*. New York : John Wiley.

Hyde, S., S. Andersson, K. Larsson, Z. Blum, T. Landh, S. Lidin, and B. W. Ninham. 1997. *The Language of Shape. The Role of Curvature in Condensed Matter: Physics, Chemistry and Biology*. Amsterdam : Elsevier.

Parr, R. G., and W. Yang. 1989. *Density-Functional Theory of Atoms and Molecules*. Oxford : Oxford University Press.

Thomas, J. M. 2003. Poetic suggestion in Chemical science. *Nova Acta Leopoldina NF* 88 : 109-39.

Wales, D. J. 2004. *Energy Landscapes*. Cambridge : Cambridge University Press.

Wells, A. F. 1984. *Structural Inorganic Chemistry*. Oxford : Oxford University Press.

Wolfram, S. 2002. *A New Kind of Science*. Champaign, IL : Wolfram Media.

VII.2 수리생물학
마이클 리드 *Michael C. Reed*

1 소개

수리생물학은 매우 폭넓고 다양한 분야이다. 분자에서부터 지구 생태계에 이르는 대상을 연구하고 상미분방정식, 편미분방정식, 확률론, 수치해석학, 제어 이론, 그래프이론, 조합론, 기하학, 컴퓨터 과학, 통계학 등 수많은 수학의 세부 분야에서 수학적 방법들이 나온다. 이 짧은 분량의 글로는 생물학에서 자연스럽게 나오는 새로운 수학적 질문들의 다양성과 그 범위를 선택적인 예들을 통해 보여주는 것이 최선일 것이다.

2 세포는 어떻게 작동하는가?

가장 단순한 관점에서 보면, 세포는 입력값을 가지고 많은 중간 생성물과 출력값을 생산하는 거대한 생화학적 공장이다. 예를 들어 하나의 세포가 분할될 때, 그 DNA는 복사되어야 하고 이는 수많은 아데닌, 시토신, 구아닌, 타민 분자들의 생화학적 합성을 요구한다. 생화학적 반응은 보통 반응을 촉진시키지만 없어지지는 않는 단백질 효소에 의해 촉진된다. 예를 들어 화학물질 A가 효소 E의 도움을 받아 화학물질 B로 전환되는 반응을 생각하자. $a(t)$, $b(t)$가 각각 시각 t에서 A, B의 농도라고 하면, 전형적으로 다음과 같은 형태를 취하는 $b(t)$에 관한 미분방정식을 적을 수 있다.

$$b'(t) = f(a, b, E) + \cdots - \cdots.$$

여기서 f는 생산 속도로 대개 a, b, E에 의존한다. 물론 B는 다른 반응에 의해서 생성될 수도 있고(그럼 추가적으로 더해지는 항 $+\cdots$이 생길 것이다), 또 다른 반응에서 그 자신이 배양기로 쓰일지도 모른다(그럼 추가적으로 빼지는 항 $-\cdots$이 생길 것이다). 따라서 특정한 세포 기능이나 생화학적 경로가 주어지면, 우리는 그저 화학물질 농도에 대한 적절한 일련의 관련된 비선형 상미분방정식을 적고 손으로 혹은 계산 기기를 통해 그것을 풀 수 있다. 하지만 이 직접적인 방법은 종종 성공적이지 못하다. 우선, 많은 매개변수(그리고 변수)들이 이런 방정식에 존재하고 실제로 살아 있는 세포 내에서 이들을 측정하는 것은 어렵다. 둘째, 다른 세포들은 서로 다르게 행동하고 다른 기능을 가질 수도 있으므로 매개변수들이 다르기를 기대할 것이다. 셋째, 세포들은 살아 있고 자신이 하는 일을 바꾼다. 따라서 그 매개변수들 자신이 시간에 대한 함수일 수도 있다. 그러나 가장 큰 어려움은 연구 중인 특정한 경로가 실제로 외따로 존재하는 것이 아니라는 것이다. 오히려 훨씬 더 큰 시스템 안에 내재되어 있다. 우리 모형 시스템이 이처럼 더 큰 상황 속에 놓여 있을 때 계속해서 같은 방식으로 행동할지 어떻게 알 수 있단 말인가? 우리는 일반적인 '복잡계'가 아니라 중요한 생물학적 문제에서 나오는 특정한 종류의 복잡계를 위해 이런 질문에 대답하는 동역학계의 새로운 정리들이 필요하다.

세포는 그 환경(즉 입력값)이 계속 바뀐다 해도 많은 기본적인 작업을 계속 수행한다. 이런 현상의 간단한 예로 **생체 항상성**(homeostasis)이 있는데, 이것은 '상황(context)'의 문제를 보여줄 것이다. 위의 화학 반응이 세포 분할에 필요한 타민을 만드는 과정 중 한 단계라 가정하자. 세포가 암세포라면 이 경로를 차단하고 싶어 할 것이고, 이렇게 하기 위한 논리적인 방법은 세포에 E와 결합하는 화합물 X를 주입함으로써 반응이 일어나게 하는 자유 효소의 양을 줄이는 방법일 것이다. 두 가지 생체 항상성 메커니즘이 즉시 역할을 한다. 첫째, 전형적인 반응은 그 생산물에 의해 억제된다. 즉, b가 증가하면서 f가 감소한다. 이는 생물학적으로 그럴듯한데, 분명히 B가 너무 많이 생산되지 않을 것이기 때문이다. 따라서 자유로운 E의 양이 줄어들고 속도 f가 줄어들 때, b의 결과적인 감소는 다시 속도를 높인다. 둘째, 속도 f가 보통보다 느리다면 A가 그만큼 빨리 사용되지 않기 때문에 통상적으로 밀도 a는 올라가고, 또한 a가 증가하면 f가 증가하기 때문에 또한 속도 f가 다시 올라가게 만든다. A, B가 포함되어 있는 네트워크가 주어질 때, 세포에 일정한 양의 X를 주입하면 f가 얼마나 떨어질지를 계산해 볼 수 있다. 사실, 우리 네트워크 내에 있지도 않은 또 다른 생체 항상성 메커니즘 때문에 f는 우리가 계산한 것보다 조금 떨어질지도 모른다. 효소 E는 유전자의 지시에 따라 세포 내에서 생산되는 단백질이다. 때때로 자유로운 E의 밀도는 E 자신의 생산을 위해 부호화된 메신저 RNA를 억제한다는 것이 밝혀졌다. 그러면 우리가 X를 도입하여 자유로운 E를 감소시킨다면, 반응 저해가 사라져서 세포는 자동적으로 E의 생산 속도를 증가시키고, 따라서 자유로운 E의 양이 늘어나고 반응 속도 f도 올라갈 것이다.

이는 세포 생화학을 연구하는 데 근본적인 어려움, 실제로 많은 생물 조직 연구에서 당면하는 어려움을 보여준다. 이런 조직은 매우 크고 매우 복잡하다. 이를 이해하기 위해, 특별한 매우 단순한 하부조직에 집중하는 것은 당연하다. 그러나 항상 하부조직은 그 자체의 행동방식과 생물학적 기능을 이해하는 데 꼭 필요한(단순화를 위해 제거했던) 변수들을 포함할지 모르는 더 거대한 상황 속에 존재한다는 것을 알고 있어야 한다.

세포들이 주목할 만한 생체 항상성을 보여주긴 하지만, 그것들은 또한 놀라운 변화를 겪기도 한다. 예를 들어 세포 분열은 DNA 해체, 두 새로운 상보적 가닥들의 합성, 새로운 두 DNA의 분리, 두 자세포 생산을 위한 모세포의 잘림을 요구한다. 어떻게 하나의 세포가 이 모두를 수행하는가? 효모 세포의 경우는 비교적 단순하여, 생화학적 경로에서의 움직임은 부분적으로 존 타이슨(John Tyson)의 수학적 연구 덕분에 꽤 잘 이해되었다. 그러나 간략한 논의를 통해 분명히 하겠지만, 생화학은 세포 분열을 위해서만 존재하는 것이 아니다. 중요한 추가적 요소는 움직임이다. 성분들은 항상 세포를 통과해 어떤 특정한 장소에서 다른 장소로 옮겨 다닌다. (따라서 그것들의 움직임은 그저 확산이 아니다.) 그리고 사실 세포 자체가 이동한다. 어떻게 이것이 일어나는가? 대답은 성분들이 화학적 결합 에너지를 동역학적 힘으로 바꾸는 분자 모터라 불리는 특별한 분자에 의해 전송된다는 것이다. 확률적으로 결합이 생기고 쪼개지기 때문에(즉 어떤 무작위성이 연관되기 때문에), 분자 모터의 연구는 자연스럽게 **확률적 상미분방정식과 편미분방정식[IV.24]**으로 나아간다. 폴(Fall) 등이 쓴 책(2002)은 세포 생물학에 관한 좋은 입문서이다.

3 유전체학

다음의 단순한 질문에서 시작하는 것은 인간 유전체 배열과 연관된 수학을 이해하는 데 유용할 것이다. 어떤 선분을 더 짧은 선분들로 잘라 그 조각들을 가지고 있다고 가정하자. 우리에게 조각들이 원래 선분에서 나오는 순서를 말해주었다면, 우리는 그것들을 다시 붙여서 선분을 재구성할 수 있다. 일반적으로 가능한 순서는 많기 때문에 우리는 조각들을 이런 종류의 추가적인 정보 없이는 재구성할 수 없다. 이제 우리가 선분을 두 가지 다른 방식으로 잘랐다고 가정하자. 선분 조각을 실수들의 구간 I로 생각하고, 첫 번째 방법으로 자른 조각들을 A_1, A_2, $\cdots$, A_r이라 하고, 두 번째 방법으로 자른 조각들을 B_1, B_2, $\cdots$, B_s라 하자. 즉 집합 A_i들이 구간 I의 부분구간 분할을 구성하고 집합 B_j들은 또 다른 분할을 구성한다. 쉽게 생각하기 위해, I 자신의 두 끝점을 제외하고는 A_i들은 B_j들과 끝점을 공유하지 않는다고 가정하자.

I에서 조각 A_i, B_j들이 어떤 순서로 나오는지 전혀 모른다고 가정하자. 사실 우리가 아는 사실이라고는 어떤 A_i가 어떤 B_j와 겹치는가뿐이다. 즉 어떤 교집합 $A_i \cap B_j$가 공집합인가를 알 뿐이다. 이 정보를 조각 A_i들의 원래 순서를 알아내는 데 사용하여 구간 I(혹은 그것의 반사)를 재구성할 수 있을까? 대답은 때로는 "예"이고 때로는 "아니오"이다. 대답이 "예"라면 우리는 재구성을 위한 효과적인 알고리즘을 알고 싶을 것이고, "아니오"라면 주어진 정보와 일치하는 얼마나 많은 다른 재구성이 존재하는지 알고 싶을 것이다. 소위 말하는 이러한 **제약 함수 문제(restriction mapping problem)**는 실제로는 그래프이

론[III.34] 문제이다. 그래프의 점은 집합 A_i, B_j에 대응되고, $A_i \cap B_j \neq \emptyset$이라면 A_i, B_j 사이에 선(edge)이 있다.

두 번째 문제는 우리가 각 집합 A_i, B_j의 길이와 교집합 $A_i \cap B_j$의 길이 전부의 집합을 알고 있다면 A_i(혹은 B_j)의 원래 순서를 알 수 있는가라는 것이다. 여기서 중요한 것은 어떤 길이가 어떤 교집합의 길이에 대응되는지는 모른다는 것이다. 이를 이중 소화 문제(double digest problem)라 부른다. 다시 한 번 언제 유일한 해가 존재하는지, 둘 이상이 있다면 가능한 재구성 개수에 대해 상한이 존재하는지 알고 싶을 것이다.

인간 DNA는 우리의 목적을 위해, 4개의 알파벳 A, G, C, T로 이루어진 길이가 약 3×10^9인 단어라 할 수 있다. 즉 각 원소가 A, G, C, T인 길이 3×10^9인 수열이다. 세포에서 이 단어는 글자마다 A는 오직 T와 C는 오직 G와 결합할 수 있다는 규칙에 의해 결정된 '상보적(complementary)' 단어와 글자마다 결합된다. (예를 들어, 단어가 ATTGATCCTG라면 상보적 단어는 TAACTAGGAC이다.) 이 간략한 논의에서 상보적 단어는 무시하기로 한다.

DNA는 매우 길기 때문에(직선상에 죽 늘어 놓는다면 약 2미터일 것이다) 실험적으로 다루기가 매우 힘들지만 약 500개의 글자로 이루어진 짧은 선분에서 글자들의 수열은 젤 크로마토그래피라 불리는 과정에 의해 결정될 수 있다. 특정한 매우 짧은 수열이 나타날 때마다 DNA를 잘라내는 효소들이 있다. 따라서 우리가 DNA 세포를 이런 효소 중 하나를 가지고 소화시키고 다른 복사본을 다른 효소를 가지고 소화시킨다면, 처음 소화에서 나온 파편 중 어떤 것이 두 번째 소화에서 나온 파편들과 서로 겹치는지 결정한 후 제약 함수 문제에서 나오는 기술들을 이용하여 원래 DNA 세포를 재구성하기를 기대할 수 있다. 구간 I는 전체 DNA 단어에 대응되고, 집합 A_i들은 파편에 해당한다. 이는 파편들을 순서 매기고 비교하는 것을 수반하는데, 그 자체적인 어려움이 있다. 하지만 파편들의 길이를 결정하는 것은 그리 어렵지 않다. 따라서 또 다른 가능성은 첫 번째 효소를 가지고 소화시킨 다음에 길이를 측정하고, 두 번째 효소를 가지고 소화시킨 다음에 길이를 측정하고, 마지막으로 둘 다를 가지고 소화시킨 후 길이를 측정하는 것이다. 이렇게 하여 얻어지는 문제는 본질적으로 이중 소화 문제이다.

DNA 단어를 완벽하게 재구성하기 위해 단어의 많은 복사본을 택하고, 효소들을 가지고 소화시키고, 함께 단어에 나올 가능성이 많은 파편들을 임의로 충분하게 선택한다. 충분한 양을 얻기 위해 각 파편들을 복제하고, 젤 크로마토그래피에 의해 순서 매긴다. 두 과정 모두 오차가 있을 수 있으므로, 글자들에 대해 알려진 오차의 정도를 갖는 아주 많은 순서 매겨진 파편들을 남겨 놓는다. 이들은 서로 겹치는지 알아보기 위해 비교할 때 필요하다. 즉 한 파편의 끝 부분의 수열이 다른 파편의 시작 부분의 수열과 같은(혹은 매우 유사한지) 알아보기 위해서 말이다. 이 배열 문제는 연관된 가능성들이 많기 때문에 그 자체로도 어렵다. 따라서 결국 주어진 파편들이 추정하기 어려운 가능성을 가지고 서로 겹친다고 말할 수 있을 뿐인 매우 방대한 제약 함수 문제를 가지고 있다. 더 큰 어려움은 DNA는 단어의 다른 부분에서 반복되는 큰 블록을 가지는 경향이 있다는 점이다. 이런 복잡성 때문에 문제는 앞서 설명한 제약 함수 문제보다 훨씬 더 어렵다. 그래프이론, 조합론, 확률론, 통계학, 그리고 알고리즘 디자인 모두가 유전체 배열에서 핵심적 역할을 함은 분명하다.

수열 정렬은 다른 문제에서도 중요하다. 계통 발생학(아래를 보라)에서는 두 유전자 혹은 유전체가 얼마나 유사한지 알려주는 방법을 원할 것이다. 단백질을 연구할 때, 가장 유사한 아미노산 수열을 가진 알려진 단백질에 대한 데이터베이스를 찾아봄으로써 종종 단백질의 3차원 구조를 예측할 수 있다. 이런 문제들이 얼마나 복잡한지 알아보기 위해, 4개의 알파벳으로부터 나오는 1000개로 이루어진 수열 $\{a_i\}_{i=1}^{1000}$을 생각해 보자. 이 수열이 다른 수열 $\{b_i\}_{i=1}^{1000}$과 얼마나 유사한지 알고 싶다. 쉽게 생각해서 그저 a_i와 b_i를 비교하여

$$d(\{a_i\}, \{b_i\}) = \sum \delta(a_i, b_i)$$

과 같은 거리[III.56]를 정의할 수 있다. 하지만 DNA 수열은 전형적으로 대체뿐 아니라 삽입과 삭제에 의해 진화한다. 따라서 수열 ACACAC…가 그 첫번째 C를 잃어 버리고 AACAC…가 된다면, 두 수열은 매우 유사하고 단순하게 연관되어 있음에도 거리상 매우 멀리 떨어져 있게 될 것이다. 이런 어려움을 피하는 방법은 수열이 삭제 장소나 삽입과 반대되는 장소를 나타내는 다섯 번째 기호 -를 포함하도록 허용하는 것이다. 이런 식으로 (그 길이가 다를 수도 있는) 두 수열이 주어질 때, 우리는 가능한 최단 거리를 가지도록 어떻게 기호 -를 삽입하여 확장시킬 수 있는지 알아내기를 원한다. 생각해 보면, 문제를 풀기 위해 직접 찾아내는 방법을 쓰는 것은, 가장 빠른 컴퓨터를 사용한다 할지라도 현명한 방법이 아니란 걸 알 수 있다. 가능한 확장 방법이 너무 많아서 찾는 데 시간이 너무 오래 걸릴 것이기 때문이다. 워터먼(Waterman, 1995)과 페브즈너(Pevzner, 2000)가 이 절에서 이야기한 내용을 훌륭하게 소개했다.

4 상호연관성과 인과관계

분자 생물학에서 핵심적 내용은 DNA→RNA→단백질이다. 즉 정보는 DNA에 저장되고, RNA에 의해 핵 바깥으로 운반되고, 그 RNA는 §2에서 이야기한 대사 과정을 통해 세포의 역할을 수행하는 단백질을 만드는 세포 속에서 사용된다. 그런 식으로 DNA는 세포의 삶을 지시한다. 생물학의 많은 것들처럼 실제 상황은 훨씬 더 복잡하다. 유전자는 특정한 단백질 제조의 유전 정보를 지정하는 DNA의 조각인데 어떤 때는 켜지고 어떤 때는 꺼진다. 보통 그들은 부분적으로 켜져 있다. 즉 그들이 유전 정보를 지정하는 단백질은 중간 정도 속도로 만들어진다. 이 속도는 작은 분자들이나 특정한 단백질의 유전자, 혹은 유전자가 유전정보를 지정하는 RNA에 결합함(혹은 결합의 부족)에 의해 통제된다. 이렇게 유전자는 다른 유전자를 억제하는(혹은 자극하는) 단백질을 생산할 수 있다. 이를 가리켜 유전자 네트워크라 부른다.

어떤 면에서 이는 내내 분명했다. 세포가 하는 일을 바꿈으로써 그 환경에 반응할 수 있다면, 환경을 감지하고 DNA가 세포의 단백질 함유량을 바꾸도록 신호를 보낼 수 있어야 한다. 이렇게 DNA의 순

서를 알아내고 특정한 생화학 반응을 이해하는 것
은 세포를 이해하는 데 중요한 첫 단계인 반면, 어렵
고 흥미로운 다음 단계는 유전자와 생화학 반응의
네트워크를 이해하는 것이다. 특정한 세포의 작용을
수행하고 통제하는 것이 바로 단백질이 세포를 통
제하고 세포가 단백질을 통제하는 이 네트워크이
다. 수학은 한 세포가 어느 정도로 켜지는지를 나타
내는 화학 성분의 밀도와 변수에 관한 상미분방정
식일 것이다. 핵 내부와 외부로의 이동이 일어나기
때문에 편미분방정식이 수반될 것이다. 그리고 마
지막으로, 어떤 종류의 분자는 매우 적은 수로 나타
나기 때문에 밀도(단위 부피당 분자수)는 화학 결합
이나 분해에 관한 계산을 위해 유용한 근삿값이 아
닐지 모른다. 이는 확률적 사건이다.

두 가지 종류의 통계적 데이터가 이런 유전자 네
트워크의 성분에 대한 힌트를 줄 수 있다. 첫째, (키,
효소 밀도, 암 발생률과 같은) 특정한 표현형에 특정
한 유전자형을 상호 연관시킨 인구 연구가 많이 있
다. 둘째, **마이크로어레이(microarray)**라 알려진 방법
을 통해 세포 그룹에서 많은 다른 메신저 RNA의 상
대적 양을 측정할 수 있다. RNA의 양은 특별한 유
전자가 얼마나 많이 켜져 있는지 말해준다. 따라서
마이크로어레이는 어떤 유전자가 동시에 혹은 어
쩌면 순서대로 켜짐을 알려줄 수 있는 상호연관성
을 발견하게 해 준다. 물론 상호연관성은 인과관계
가 아니고, 일관된 순차적 관계가 반드시 인과관계
일 필요도 없다. (한때 사회학자들은 분명 축구 때문
에 겨울이 온다고 말했다.) 진정한 생물학의 진보는
앞서 논의한 유전자 네트워크의 이해를 요구한다.
그것이 세포의 일생에서 유전자형이 끝까지 따르는

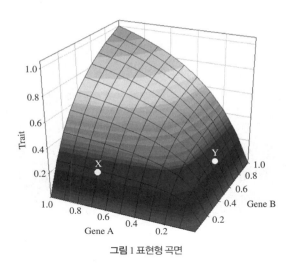

그림 1 표현형 곡면

메커니즘이다.

니하우트(Nijhout)의 책(2002)에는 인구 상호연관
성과 메커니즘 간의 관계가 잘 설명돼 있는데, 여기
서 다음의 간단한 예를 살펴보자. 대부분의 표현형
특성은 많은 유전자에 의존하지만, 우리는 단지 두
유전자에만 의존하는 특성을 고려한다고 가정하자.
그림 1은 한 개체 내에서 그 특성이 각각의 유전자
가 얼마나 많이 켜져 있는지에 어떻게 의존하는지
를 보여주는 곡면을 표시한 것이다. 세 변수는 모두
0부터 1까지의 범위에 놓여 있다. 그 구성원들이 그
래프 상의 점 X 근처에 놓이게 되는 유전적 구성을
가지고 있는 인구 집단에 대해 연구한다고 가정하
자. 우리가 인구에 대한 통계적 분석을 하고 있다면,
유전자 B는 그 특성과 통계적으로 매우 상호관계가
깊지만 유전자 A는 그렇지 않다는 것을 발견할 것
이다. 반면 그 인구 집단에서 개개인들이 모두 곡면
의 점 Y 근처에 있다면, 유전자 A는 그 특성과 통계
적으로 매우 상호관계가 깊지만 유전자 B는 그렇지
않다는 것을 인구 집단 연구에서 발견할 것이다. 특

정한 생화학적 메커니즘에 대한 더 자세한 예는 니하우트의 논문에서 다루어지고 있다. 마이크로어레이 데이터에 관해 비슷한 예를 줄 수 있다. 이는 인구 연구나 마이크로어레이 데이터가 중요하지 않다는 뜻은 아니다. 실제로, 매우 복잡한 생물학 조직을 연구할 때 통계적 정보는 궁극적으로 생물학을 이해할 수 있게 해 주는 메커니즘을 어디서 찾아야 하는지 알려줄 수 있다.

5 고분자의 기하학과 위상수학

고분자를 연구할 때 나오는 자연스러운 기하학적, 위상수학적 질문들을 보여주기 위해, 간략하게 분자 동역학, 단백질-단백질 상호작용과 DNA 꼬임에 대해 이야기해 보겠다. 유전자는 아미노산 수열로 이루어진 커다란 분자인 단백질의 생산에 관한 유전정보를 지정한다. 20개의 아미노산이 있는데 각각은 기본쌍 세 개에 의해 부호화되고, 전형적 단백질은 500개의 아미노산을 가질 수 있다. 아미노산들 간의 상호작용은 단백질이 복잡한 3차원 상의 모양으로 접히게 만든다. 그 모양에 있어 노출된 그룹, 구석, 갈라진 틈이 작은 분자나 다른 단백질과의 가능한 화학적 상호작용을 지배하기 때문에, 이런 3차원 구조는 단백질의 기능에 결정적이다. 단백질의 3차원 구조는 X선 결정학과 자명하지 않은 역 산란 계산에 의해 대략적으로 결정될 수 있다. 정 문제(forward problem)(즉 아미노산 수열이 주어졌을 때, 단백질의 3차원 구조 예측하기)는 존재하는 단백질을 이해하기 위해서뿐만 아니라 특정한 임무를 수행하는 새로운 단백질의 약리학적 디자인을 위해서

도 중요하다. 이렇게 지난 20년간 분자 동역학이라 불리는 큰 분야가 일어났고, 이 분야에서 고전 역학적 방법이 사용되었다.

N개의 원자를 포함하는 단백질이 있다고 가정하자. x_i가 i번째 원자의 (세 개의 실수 좌표로 정해지는) 위치를 나타내고, x가 이 모든 좌표들로 이루어지는($\mathbb{R}^{3N}$에 속하는) 벡터를 나타낸다고 하자. 원자들의 각 쌍에 대해 그 짝끼리의 상호작용에 기인한 퍼텐셜 에너지 $E_{i,j}(x_i, x_j)$에 대한 좋은 근삿값을 적으려고 한다. 이는 예를 들면 정전기적 상호작용일 수도 있고, 고전전 양자역학 공식인 판 데르 발스의 상호작용일 수도 있다. 총 퍼텐셜 에너지는 $E(x) \equiv \sum E_{i,j}(x_i, x_j)$이고 뉴턴의 운동 방정식은

$$\dot{v} = -\nabla E(x), \qquad \dot{x} = v$$

의 꼴을 취한다. 여기서 v는 속도 벡터이다. 어떤 초기 조건을 가지고 시작하여 분자 동역학을 따르는 이 방정식을 풀고자 시도할 수 있다. 이는 매우 고차원의 문제임에 주의하자. 전형적인 아미노산은 20개의 원자를 가지고 있으므로 당장 60개의 좌표가 있고, 500개의 아미노산으로 이루어진 단백질을 보고 있다면, x는 3000개의 좌표를 가지는 벡터일 것이다. 그 대신, 단백질이 최소의 퍼텐셜 에너지를 가지는 모양으로 접힐 것이라 가정할 수 있다. 이 모양을 찾는 것은 뉴턴의 방법[II.4 §2.3]에 의해 $\nabla E(x)$의 해를 찾고, 그런 다음 어떤 해가 최소 에너지를 갖는지 알아보기 위해 조사하는 것을 의미한다. 다시 이는 거대한 계산 작업이다.

분자 동역학 계산은 미미한 성공을 거두었을 뿐이고 비교적 작은 분자와 단백질의 모양만을 예측

했음은 놀랍지 않다. 수치적 문제들이 중요하고 에너지 항의 선택은 다소 이론적이다. 많은 생물학적 문제가 그렇듯이 상황이 더 중요하게 작용한다. 단백질이 접히는 방법은 그것이 놓여 있는 용액의 성질에 의존한다. 많은 단백질은 몇 가지 선호하는 외형을 가지고 있고 작은 분자들이나 다른 단백질과의 상호작용에 따라 어떤 모양에서 다른 모양으로 바뀐다. 마침내 최근에 단백질이 그 선형 구조에서 3차원 모양으로 스스로 접히는 것이 아니라 샤페론 (Chaperone)이라 불리는 다른 단백질의 도움을 받아 인도된다는 것이 알려졌다. 자연스럽게 큰 분자들의 동역학에 좋은 근사를 위한 기저를 그럴듯하게 구성할 수 있는, 점(원자)보다 더 큰 수량화할 수 있는 기하학적인 단위가 있는지 의문이 든다.

단백질과 작은 분자 또는 다른 단백질과의 상호작용을 연구하는 일군의 연구자들이 이 방향으로 연구를 시작했다. 이런 상호작용은 세포 생화학, 세포 운송 과정, 세포 신호 보내기의 근간을 이루고, 따라서 그 진전은 어떻게 세포가 작동하는지 이해하는 데 필수적이다. 서로 결합된 두 개의 커다란 단백질이 있다고 가정하자. 가장 먼저 하고 싶은 것은 결합 영역의 기하학을 묘사하는 것이다. 이는 다음과 같은 방식으로 가능하다. 한 단백질의 점 x에 있는 원자 하나를 고려하자. 점 y에 또 다른 원자가 있다면 $\mathbb{R}^3$를 각각 x에 더 가까운 점들과 y에 더 가까운 점들로 이루어진 두 개의 열린 반공간으로 나누는 평면이 있다. 이제 y가 모든 다른 원자들의 위치를 취하면서 나오는 이런 모든 열린 반공간들의 교집합을 R_x라 하자. **보로노이 곡면**(Voronoi surface)이라 불리는, 경계들의 합집합 $\bigcup_x \partial(R_x)$는 삼각형과

평면 조각으로 이뤄져 있고 이 평면 상의 각 점은 적어도 두 원자의 위치로부터 같은 거리를 갖는다는 성질을 가진다. 두 단백질 간의 결합 영역을 모형화하기 위해 우리는 같은 단백질에 속한 두 원자로부터 같은 거리에 있는 보로노이 곡면의 모든 조각들을 없애고 다른 단백질에 속한 두 원자로부터 같은 거리에 있는 것들만 가진다. 이 곡면은 무한히 나아가고, 어떤 단백질에도 '가깝지' 않은 부분들을 잘라낸다. 결과는 두 단백질 간의 상호작용 경계면의 합리적인 근사인 다면체의 면들로 이루어진 경계를 가지는 곡면이다. (이는 아주 정확한 묘사는 아니다. 실제 구성에서는 포함된 원자들에 의존하는 방식으로 '거리'에 가중치가 주어진다.) 이제 20개의 아미노산을 나타내는 색깔을 고르고 가장 가까운 원자가 들어 있는 아미노산의 색깔을 가지고 각 다면체 조각들의 각 면을 색칠하자. 이는 곡면의 각 면을 특정한 아미노산이 그 면에 가까움을 나타내는 커다란 색칠된 조각들로 나눈다. 경계면의 두 면의 색은 당연히 다를 것이고, 조각들의 위치는 한 단백질의 어떤 아미노산이 다른 단백질의 어떤 아미노산과 상호작용하는지에 관한 정보를 준다. 특히, 한 단백질의 하나의 아미노산은 다른 단백질의 여러 아미노산과 상호작용한다. 이는 특정한 단백질-단백질 상호작용의 속성을 분류하기 위해 기하학을 이용할 수 있는 방법을 준다.

마지막으로 DNA 응축에 대한 질문들을 다루겠다. 기본적 문제는 알기 쉽다. 앞서 말한 것처럼, 인간 DNA 이중 나선은 한 줄로 늘어 놓으면 길이가 약 2미터 정도이다. 전형적인 세포는 지름이 1밀리미터의 백분의 일 정도이고 그 크기의 약 삼분의 일

정도의 지름을 가진다. 그 DNA 전부가 핵 안에 들어 있어야 한다. 이게 어떻게 가능할까?

적어도 첫 단계들은 잘 알려져 있다. DNA 이중나선은 히스톤(histone)이라 불리는 단백질 주위에 감겨 있고, 각각 약 200개의 염기쌍들로 이루어져 있는, DNA의 짧은 선분에 의해 연결된 DNA에 감겨 있는 이런 히스톤의 수열인 염색질을 만든다. 그리고 염색질 자체가 감겨 있고 밀집되어 있다. 기하학적인 세부 사항들은 완벽하게 알려져 있지 않다. 세포의 생명은 응축을 푸는 것을 요구하기 때문에 응축과 이를 만드는 메커니즘을 이해하는 것은 중요하다! 세포가 분할될 때, 전체 DNA 나선이 나뉘어져 분리된 두 가닥을 형성하는데, 이 원형 위에 DNA의 새로운 두 복사본이 만들어진다. 분명히 이는 한꺼번에 이루어질 수 없지만 히스톤에서 DNA의 국소적 분리, 부분적 결합풀기, 합성, 그런 다음 국소적 재응축 등이 수반되어야 한다.

하나의 단백질이 어떤 유전자로부터 합성될 때 일어나는 일련의 사건들을 이해하는 것도 똑같이 어려운 문제이다. 전사 인자들이 핵으로 전파되고 유전자의 규제 영역에서 (약 10개의 기본 쌍으로 이루어진) DNA의 특정한 짧은 조각에 결합된다. 물론, 그것들은 같은 조각을 만날 때마다 임의로 결합할 것이다. 전형적으로 한 유전자의 전사가 시작되기 위해서 RNA 폴리메라제와 함께 규제 영역에서 서로 다른 여러 전사 인자들의 결합이 필요하다. 그 과정은 전사될 수 있도록 히스톤으로부터 유전자 코딩 영역을 풀어내고, 그 결과물인 RNA를 핵 바깥으로 운송하고, DNA를 재응축하는 것을 수반한다. 이런 과정들을 완전히 이해하기 위해 편미

분방정식, 기하학, 조합론, 확률론, 그리고 위상수학 문제를 풀어야 할 것이다. 드위트 섬너스(DeWitt Sumners)는 DNA(연결, 꼬임, 매듭, 슈퍼코일링) 연구에서 수학계가 위상학 문제에 주목하도록 만든 수학자이다. 쉬릭(Schlick)의 책(2002)은 분자 동역학과 생물학적 고분자에 대한 일반적 수학적 문제들에 관한 좋은 참고문헌이다.

6 생리학

처음으로 인간의 생리 시스템을 공부하다 보면, 이는 거의 기적처럼 느껴진다. 수많은 일이 동시에 이루어진다. 그것은 매우 안정적이지만 상황이 보장되면 빠른 전환이 가능하다. 많은 세포들로 이루어져 있고 활발하게 협동하여 전체적인 일들이 진행되도록 한다. 복잡하고 피드백에 의해 조절되고 서로 통합되는 것이 이런 시스템 대부분의 특성이다. 수학적 생리학의 목적은 그것이 어떻게 작동하는지 이해하는 것이다. 생물학적 유체 역학에서 나오는 문제들을 통해 이런 부분 몇 가지를 보여주겠다.

심장은 지름이 2.5cm 정도 되는 큰 혈관(대동맥)과 지름이 6×10^{-4} cm 정도인 작은 혈관(모세혈관)들로 구성된 순환계를 통과하도록 피를 펌프질한다. 혈관은 유연할 뿐만 아니라, 많은 혈관은 근육에 의해 둘러싸여 있고 수축하여 혈액에 국소적 힘을 미칠 수 있다. 힘을 생성하는 주된 메커니즘(심장)은 거의 주기적이지만 그 주기는 바뀔 수 있다. 혈액 자체가 매우 복잡한 액체이다. 그 부피의 약 40%는 세포로 이루어져 있다. 적혈구는 대부분의 산소와 이산화탄소를 운반한다. 백혈구는 면역 시스템

세포로 박테리아를 잡는다. 혈소판은 혈액 응고 과정을 담당한다. 이들 세포 중 일부는 그 지름이 가장 작은 모세혈관보다 더 커서, 어떻게 혈관을 통과하는가 하는 좋은 질문을 불러일으킨다. 이는 대부분의 고전 유체 역학의 단순화된 가정에서 매우 멀리 떨어져 있음을 알 수 있다.

여기서 순환계에 관한 질문을 하나 예로 들어 보자. 상당수의 사람들에게 좌심방과 좌심실 사이 판막인 승모판에 결함이 생기게 된다. 승모판을 인공 판으로 대체하는 것은 흔히 있는 일이고 이는 중요한 문제를 야기한다. 어떻게 인공판을 디자인해야 좌심방 내의 혈류가 가능한 한 최소한의 정체 지점들을 가질 것인가? 왜냐하면 이런 지점에서 혈전이 생기는 경향이 있기 때문이다. 찰스 페스킨(Charles Peskin)은 이 문제에 대해 선구자적인 연구를 진행했다. 여기 또 다른 질문이 있다. 백혈구는 혈액 가운데가 아니라 혈관벽을 따라 굴러다니는 경향이 있다. 왜 그럴까? 그렇게 하는 것이 좋기 때문인데, 백혈구는 그 역할상 혈관 바깥의 염증을 알아채서 염증을 감지하면 멈춰서 혈관벽을 통과해 염증 부위에 도달해야 한다. 또 다른 순환계 유체 역학 질문은 §10에서 논의하겠다.

순환계는 많은 다른 기관과 연결되어 있다. 심장은 그 자신의 심장 박동 조절 세포를 가지고 있지만 수축 횟수는 자율 신경계에 의해 규제된다. 압력 반사(baroreceptor reflex)를 통해 교감 신경계는 혈관을 조여서 우리가 서 있을 때 혈압이 갑작스럽게 떨어지는 것을 막는다. 전체적 평균 혈압은 간과 연관된 복잡한 통제 피드백 메커니즘에 의해 조절된다. 이 모든 것들이 그 부분이 항상 소멸하고 다시 교체되는 살아 있는 조직에 의해 수행되고 있다는 것은 기억해 둘 만하다. 예를 들어 심장 근육 세포 간에 매우 낮은 저항을 가지고 전류를 전달하는 갭 접합점은 약 하루 정도의 반감기를 가진다.

마지막 예로 폐를 생각해 보자. 폐는 산소와 이산화탄소가 순환하는 혈액 속에서 교환되는 허파꽈리(alveoli)라 불리는 약 60억 개의 공기 주머니에서 23개의 단계 뒤에 끝나는 프랙탈 가지 구조를 갖는다. 공기 흐름의 레이놀즈 수(Reynolds number)는 목구멍 근처의 큰 혈관과 허파꽈리 근처의 아주 작은 혈관 사이에 약 천 배 정도의 차이를 보인다. 미숙아는 허파꽈리 내면의 표면장력을 감소시키는 표면 활성제가 부족하기 때문에 종종 호흡 곤란을 일으킨다. 높은 표면 장력은 허파꽈리를 쇠약해지게 만들고, 이는 숨쉬기를 어렵게 만든다. 표면 활성제의 작은 에어로졸 방울이 포함된 공기 중에서 아기를 숨쉬게 하고 싶을 때, 가능한 한 많은 표면 활성제가 허파꽈리까지 가게 하기 위해 얼마나 작은 방울을 분무해야 할까?

생리학의 수학은 대개 상미분방정식과 편미분방정식으로 이루어져 있다. 그러나 새로운 특징이 있는데, 이런 많은 방정식이 시간 지연을 가진다는 점이다. 예를 들어, 호흡 속도는 혈액 내의 이산화탄소 양을 감지하는 뇌 중앙에 의해 조절된다. 혈액이 폐로부터 심장 왼쪽으로 그리고 거기에서 뇌 중앙으로 가는 데 거의 15초가 걸린다. 이 시간은 심장이 허약한 환자들에게는 더 오래 걸리기도 하고, 종종 이런 환자들은 매우 빠른 호흡과 매우 약한 호흡 혹은 무호흡 상태가 반복되어 나타나는 체인 스토크스(Cheyne-Stokes) 호흡을 보인다. 시간 지연이 더 길어짐에 따라 제어 장치에서 이런 진동은 잘 알려진다. 종종 편미분방정식이 수반되므로, 지연이 있는 상미분방정식의 표준적 이론을 넘어서 잘 작동하는 새로운 수학적 결과가 필요하고 이는 1950년대에 처음으로 벨먼(Bellman)에 의해 시작되었다. 생리학에 대한 수학의 응용에 관한 훌륭한 참고 문헌으로는 키너(Keener)와 스네이드(Sneyd)의 책 (1998)이 있다.

7 신경생물학의 문제는 무엇인가?

대강 대답하자면 이론이 충분하지 않다는 것이다. 이는 이상한 말처럼 들리는데, 신경생물학은 호지킨(Hodgkin)-헉슬리(Huxley) 방정식의 기원으로, 이는 생물학에 있어 수학의 승리라고 종종 인용되기 때문이다. 호지킨과 헉슬리는 여러 실험을 묘사했고 그것들을 설명할 수 있는 이론적 근거를 제공했다. 그들은 물리학자와 화학자(예를 들면 월터 네른스트(Walter Nernst), 막스 플랑크(Max Planck), 케네스 콜(Kenneth Cole))의 연구에 기반하여 어떤 이온 전도도와 신경세포의 축색돌기에서 전기적 막전위 $v(x, t)$ 간의 관계식을 발견하고 수학적 모형을 공식화했다.

$$\frac{\partial v}{\partial t} = \alpha \frac{\partial^2 v}{\partial x^2} + g(v, y_1, y_2, y_3),$$

$$\frac{\partial y_i}{\partial t} = f_i(v, y_i), \qquad i = 1, 2, 3.$$

여기서 y_i는 다양한 이온들의 막전도도와 관련이 있다. 방정식은 실제 신경세포에서 활동전위의 관측된 양상에 상응하는 방식으로 그 모양을 유지하면서 일정한 속도로 이동하는 박동을 해로 갖는다.

이 발견에서 분명하고 함축적인 아이디어들이 단일 신경세포 생리학의 상당 부분의 기초를 이룬다. 물론, 호지킨과 헉슬리는 생물학자이므로 수학자들은 이에 대해 매우 자랑스러워하진 않는다. 호지킨-헉슬리 방정식은 파동의 이동과 반응 확산 방정식에 대한 패턴 생성에 대해 수학자들이 흥미를 갖고 연구를 하게끔 하는 촉매 역할을 했다.

그러나 그저 하나의 신경세포의 수준에서 모든 것이 설명될 수는 없다. 어떤 물체를 집어 들기 위해 우아하게 뻗어가는 손을 쳐다 보라. 머리가 움직일 때 자동적으로 눈을 움직여 시선을 고정시키는 소위 안구 전정 반사(ocular-vestibular reflex)를 생각해 보라. 어떤 페이지의 전형적인 검은 표시들을 보고 있고 그것들이 당신의 머릿속에서 무언가를 의미한다는 사실을 고려하자. 이들은 조직에 속해 있고, 조직은 크다. 중앙 신경 조직에 약 10^{11}개의 신경세포가 있고 평균적으로 각각은 다른 신경세포들과 약 1,000개의 연결을 갖는다. 이런 조직은 부분(신경세포)을 조사하는 것에 의해서만 이해될 수 없고, 당연한 이유 때문에 실험은 제한적이다. 따라서 실험적 신경생물학은 실험 물리학처럼 심도 있고 상상력이 풍부한 이론가들의 참여가 필요하다.

실험가들과 끊임없이 상호작용하는 이론가들이 많지 않은 것은 어느 정도는 역사적인 불의의 사고이다. 그로스버그는 (상당히 단순한) 모형 신경세포들의 그룹이 올바른 방법으로 연결되어 있다면 어떻게 패턴 인식이나 의사 결정 같은 다양한 임무를 수행할 수 있는지, 혹은 어떻게 특정한 '심리학적' 특성을 보여줄 수 있는지 질문했다(Grossberg, 1982). 그는 또한 어떻게 이런 네트워크를 훈련할 수 있는지 질문했다. 거의 비슷한 시기에 올바른 방식으로 연결된 신경세포 같은 원소들의 네트워크가 **여행하는 외판원 문제[VII.5 §2]**처럼 거대하고 어려운 문제의 좋은 해를 자동적으로 계산할 수 있다는 것이 밝혀졌다. 이런 그리고 다른 요소들은 소프트웨어 공학과 인공지능에 대한 지대한 관심을 포함해서, '신경 네트워크'를 연구하는 많은 연구자들을 끌어들였다. 이들 대부분은 컴퓨터 과학자와 물리학자여서 그들이 생물학보다 장치의 디자인에 더 집중하는 것은 자연스러웠다. 물론 실험적 신경생물학자들은 이를 알아차리게 되었고, 이론가들과 함께 일하는 것에 흥미를 잃었다.

이 간략한 역사는 물론 심하게 단순화시킨 것이다. 본질적으로 신경 과학에 대한 이론가들인 수학자(그리고 물리학자와 컴퓨터 과학자)들이 있다. 그들 중 어떤 이는 무엇이 시스템에서 나타나는 행동 양상인지를 알아내기 위해 가상의 네트워크, 전형적으로 매우 작은 네트워크나 강한 동질성을 갖는 네트워크에 관해 연구한다. 다른 이들은 실제 생리학상의 신경 네트워크의 모형화에 관해 연구하는데, 종종 생물학자들과 함께 일한다. 보통 모형은 개개 신경세포들의 발화율에 관한 상미분방정식이나 적분방정식을 수반하는 평균장 모형으로 구성된다. 이 수학자들은 신경생물학에 진정한 기여를 했다.

그러나 훨씬 더 많은 것이 필요하고, 왜 그런지 알기 위해선, 그저 이런 문제들이 정말 얼마나 어려운 문제인지 생각해 보면 도움이 된다. 우선 (예쁜 꼬마선충(C. elegans) 같은 특별한 경우를 제외하고는) 같은 종의 다른 구성원 내에 중앙 신경계의 세포들 사이에 일대일대응 관계가 없다. 둘째, 같은 동물 안의

신경세포들은 해부학이나 생리학적으로 상당히 다르다. 셋째, 특정한 네트워크의 세세한 부분은 동물의 일생사에 의존하는 것이 당연하다. 넷째, 대부분의 신경세포는 같은 입력값을 갖는 반복되는 시도 하에서 다른 출력값을 준다는 점에서 별로 믿을 만하지 않은 장치이다. 마지막으로, 신경계의 중요한 특징 중 하나는 유연하고, 적응력이 강하고, 항상 변한다는 점이다. 결국, 당신이 여기 쓰인 것 중 어떤 것을 기억한다면, 그럼 당신 두뇌는 시작할 당시와는 다르다. 하나의 신경세포의 단계와 심리학적 단계 사이에 아마도 스무 단계 정도의 네트워크가 있고, 각 네트워크는 다른 단계에 있는 네트워크에 영향을 미치고 통제된다. 이 모든 것들이 어떻게 작동하는지 분류하고 분석하고 이해할 수 있게 해 줄 수학적 대상들은 아직 발견되지 않았다.

8 집단 생물학과 생태학

단순한 예를 가지고 시작하자. 나무들이 같은 간격으로 심어진 큰 과수원을 상상하고 그중 나무 한 그루가 병들었다고 가정하자. 그 병은 가장 가까이 있는 이웃 나무에게만 전염될 수 있고, 전염확률은 p이다. 나무들이 병에 걸릴 기대 확률 $E(p)$는 얼마일까? 직관적으로, p가 작다면 $E(p)$는 작아야 하고, p가 크다면 $E(p)$는 100%에 가까워야 한다. 사실 p가 특정한 임계 확률 p_c 근처의 작은 변화 영역을 지나감에 따라 $E(p)$는 매우 빠르게 작은 값에서 큰 값으로 변해감을 증명할 수 있다. 나무 사이의 거리 d가 증가하면 p가 감소할 것을 기대할 것이다. 농부는 $E(p)$가 작아지게 하기 위해 p가 임계 확률보다 작

아지도록 d를 선택해야 한다. 여기서 생태학 문제에서 전형적인 쟁점을 보게 된다. 대규모적 양상(나무 전염병 유행인지 아닌지)은 소규모적 양상(나무 간의 거리)에 어떻게 의존하는가? 그리고 물론 이 예는 생물학적 상황을 이해하기 위해 수학이 필요하다는 것을 보여준다. 확률적 모형에서 급격한 대역적 변화의 다른 예들을 알고 싶다면 **임계 현상의 확률적 모형[IV.25]**을 보라.

이제 우리의 시야를 넓혀 숲을 고려한다고 가정하자. 즉 미국 동해안의 숲을 본다고 하자. 어떻게 그 숲이 그 자리에 있게 되었는지 알고 싶다. 대부분 나무들이 깔끔하게 줄지어 심어져 있지 않아서 이미 다루기가 까다롭다. 하지만 두 가지 다른 정말 새로운 특징이 있다. 첫째, 한 가지 종이 아니라 많은 종의 나무가 있고, 각각의 종은 모양, 종자 확산, 필요 광선 등에 대해 다른 특성을 가진다. 그 종은 서로 다르지만 같은 공간에서 살고 있기 때문에 그 특성들은 서로에게 영향을 미친다. 둘째, 종들 그리고 각 종들 간의 상호작용은 물리적 환경에 의해 영향을 받는다. 장시간에 걸쳐 변화하는 평균 온도 같은 물리적 매개변수들이 있고, 매우 단시간에 변화하는 (종자 확산을 위한) 풍속 같은 다른 변수들이 있다. 숲의 어떤 성질들은 이런 변숫값 자체만큼이나 그 변동에 따라 달라질 수도 있다. 마지막으로, 허리케인이나 오랜 가뭄과 같은 재앙에 대한 생태계의 반응을 고려해야만 할 것이다.

수리생물학의 다른 문제에서 보았던 것과 비슷한 어려움들이 있다. 대규모로 일어나는 양상을 이해하고 싶을 것이다. 이를 위해 소규모로 나타나는 양상을 대규모와 연관시키는 수학적 모형을 만들 수 있다. 그러나 소규모에서는 생물학적인 세부 사항이 압도적이다. 이 소소한 것들 중 어떤 것을 모형에 포함해야 하나? 물론 이에 대한 간단한 대답은 없는데, 사실 바로 이것이 우리가 알고 싶어 하는 것의 핵심이다. 갈피를 잡을 수 없이 다양한 국소적 성질들이나 변수들 중 어떤 것이 대규모 양상에 나타나고, 또 어떤 메커니즘에 의해서 나타나는가? 게다가 어떤 종류의 모형이 가장 좋은지도 확실하지 않다. 각 개개인과 그 상호작용을 모형화해야 하는가, 아니면 인구 밀도를 이용해야 하는가? 결정론적 모형을 이용해야 하는가, 아니면 확률적 모형을 이용해야 하는가? 이 또한 어려운 질문이고, 연구하고 있는 시스템과 제기된 질문에 따라 답은 달라진다. 이런 다른 모형 선택에 관한 좋은 논의는 듀렛(Durret)과 레빈(Levin)의 책(1994)에서 찾아볼 수 있다.

다시 단순한 모형에 주목하자. 즉 집단 내 질병의 전파를 위해 SIRS 모형이라 불리는 모형을 살펴보자. 결정적인 매개변수는 **전염 접촉수** σ로 이는 감염된 개인이 감염 가능한 인구 중 새로운 감염자를 만드는 평균적 수를 나타낸다. 심각한 질병에 대해서는 예방주사를 통해 개인을 감염 가능 부류에서 감염 불가능 부류로 이동시킴으로써 σ의 값을 1보다 작게(그래서 유행병이 되지 않도록) 만들고 싶을 것이다. 예방주사는 비용이 비싸서 많은 사람들이 접종을 받게 하기 어렵기 때문에 σ를 1보다 작게 만들기 위해 얼마나 많은 예방주사가 필요한지 아는 것은 중요한 공중 보건 문제이다. 조금만 생각해 보면 이 문제가 얼마나 어려운 문제인지 알 수 있다. 무엇보다도 인구는 고루 섞여 있지 않아서, SIRS 모형에서 하는 것처럼 공간적 분리를 무시할 수 없을

지 모른다. 더 중요하게 σ는 개인의 사회적 행동양상과 (학교에 다니는 어린 아이가 있는 사람은 누구나 확언할 것처럼) 그가 속한 집단 내 더 작은 그룹에 의존한다. 따라서 여기서 정말 새로운 문제를 알게 된다. 만약 생태학적 문제가 동물들과 연관된다면 동물들의 사회적 행동 양상이 생물학에 영향을 미칠 것이다.

사실, 문제는 훨씬 더 심각하다. 그룹, 종, 특정 생물형군 안에서 개개인이 서로 다르고 자연선택이 이 차이에 대해서 작용한다. 따라서 생태계가 어떻게 오늘날과 같은 위치를 차지하게 되었는지를 이해하기 위해, 이 개개인의 다양성을 고려해야 한다. 사회적 행동 양상은 또한 세대에서 세대로, 생물학적으로 그리고 문화적으로 전수되고, 따라서 이 또한 진화한다. 예를 들어 식물의 생물학과 동물의 사회학이 분명하게 공진화하여 둘 모두에게 이익이 되는 많은 식물과 동물군의 예가 있다. 이타주의 같은 특정한 인간 행동 양상의 진화를 연구하는 데 게임 이론 모형이 사용되기도 했다. 따라서 생태학적 문제들은 종종 처음에는 단순한 듯 보이지만 생물학과 그 진화가 물리적 환경과 동물의 사회적 행동 양상 모두와 복잡한 방식으로 연결되어 있기 때문에 종종 매우 심도 있는 문제이다. 이런 질문들에 관한 좋은 소개글을 레빈(Levin) 등이 쓴 책(1997)에서 찾아볼 수 있다.

9 계통발생학과 그래프이론

다윈 이래로 생물학에서 심도있게 진행되고 있는 문제는 우리를 현재 우리의 상태가 되게 만든 종들

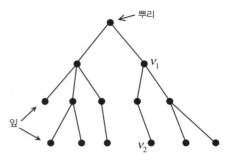

그림 2 뿌리 있는 수형도

의 진화에 관한 역사를 결정하는 것이었다. 이런 질문들을 생각할 때, 점들 V가 (과거의 혹은 현재의) 종들이고 종 v_1에서 v_2로 가는 선이 v_2가 v_1에서부터 직접 진화했음을 나타내는 유향 그래프[III.34]를 그리는 것은 자연스럽다. 사실 다윈 스스로 그런 그래프를 그렸다. 수학적 문제들을 설명하기 위해 단순한 특별한 경우를 고려할 것이다. 사이클(cycle)이 없는 연결된 그래프를 수형도(tree)라 부른다. 특정한 점 ρ를 구분하고 이를 뿌리(root)라 부른다면, 수형도는 뿌리 있는 수형도(rooted tree)라 부른다. 차수가 1인(즉, 단지 하나의 연결된 선만 갖는) 수형도의 점들을 잎이라 부른다. 우리는 ρ가 잎이 아니라고 가정할 것이다. 사이클이 없기 때문에 이 수형도에 ρ에서 각 점 v로 가는 경로가 정확히 하나 있음을 기억하자. ρ에서 v_2으로 가는 경로가 v_1을 포함하면 $v_1 \leq v_2$라 말한다(그림 2를 보라). 문제는 주어진 잎들(현재 종)의 집합 X와 주어진 뿌리 점 ρ(가설상의 조상 종)를 갖는 어떤 수형도가 실험적인 정보와 진화의 메커니즘에 대한 이론적인 가정과 일치하는가를 결정하는 것이다. 이런 수형도를 뿌리 있는 계통발생학 X-수형도라 부른다. 항상 추가적인 중간 단계의 종을 추가할 수 있고, 따라서 대개의 경우 계통

발생학 수형도는 가능한 한 단순하다고 추가적으로 제한한다.

　어떤 특징, 예를 들면 이(teeth)의 개수에 관심이 있다고 가정하자. 우리는 이것을 이용하여 현재 종의 집합 X에서 음수가 아닌 정수들로 가는 함수 f를 정의할 수 있다. X의 종 x가 주어질 때 x의 구성원의 이의 개수를 $f(x)$라 하자. 일반적으로 **지표**(character)는 X에서 특정한 **표수**(characteristic)(유전자를 가지는지 아닌지, 척추의 개수, 특정한 효소의 존재 여부 등)의 가능한 값들의 집합 C로 가는 함수이다. 이런 지표들은 생물학자들이 현존하는 종에서 측정하는 것이다. 진화의 역사에 대해 무언가 이야기하기 위해 X로부터 계통발생적 수형도에서 모든 점들의 더 큰 집합 V로 가도록 f의 정의를 확장하고 싶을 것이다. 이를 위해, 종이 진화함에 따라 어떻게 지표들이 변할 수 있는지에 대한 규칙들을 분명하게 해야 한다. f가 모든 $c \in C$에 대해 V의 부분집합 $\tilde{f}^{-1}(c)$가 수형도의 연결된 부분 그래프가 되는 방식으로 V에서 C로 가는 함수 $\tilde{f}$로 확장될 수 있다면 지표는 **볼록**(convex)하다고 말한다. 즉 지푯값 c를 갖는 임의의 두 종 x, y 간에 그 사이의 모든 종은 같은 값 c를 가지도록 x로부터 진화 역사에서 거슬러 올라갔다가 다시 y로 내려가는 경로가 있어야 한다. 이는 본질적으로 새로운 값이 일어난 다음 다시 되돌아가는 것을 금지하고 두 값이 (나무의 다른 부분에서) 따로 분리되어 진화하는 것을 금지한다. 물론, 우리는 현존하는 종과 많은 지표를 가지고 있다. 우리가 모르는 것은 계통발생적 수형도, 즉 중간 단계의 종의 모임과 현존하는 종들을 일반적 조상과 연결하는 그들 간의 관계이다. 지표들의 모임은 그들이 모두 볼록한 계통발생적 수형도가 존재하면 **호환적**(compatible)이라고 한다. 언제 이런 경우가 되는지 결정하고 그런 수형도(혹은 그런 최소 수형도)를 만들어내는 알고리즘을 알아내는 것을 **완벽 계통발생 문제**(perfect phylogeny problem)라고 부른다. 이 문제는 이진수 값을 가지는 지표들의 모임으로 이해되지만, 일반적이지는 않다.

　또 다른 문제는 다음과 같다. 사실 더 긴 혹은 짧은 진화 단계로 나타낼 수 있을 때 모든 선들을 같은 것으로 취급해 왔다. 우리가 각 변에 가능한 수들을 지정하는 함수 w를 가진다고 가정하자. 그러면 그 수형도의 임의의 두 점 사이에 유일한 가장 짧은 경로가 존재하기 때문에 w는 $V \times V$에, 특히 X에 거리 함수 d_w를 이끌어낸다. 이제 현존하는 종들이 서로 얼마나 멀리 떨어져 있는지 말해주는 $X \times X$에 거리 함수 δ가 주어졌다고 하자. 질문은 모든 $x, y \in X$에 대해 $\delta(x, y) = d_w(x, y)$인 계통발생적 수형도와 가중치 함수 w가 존재하는가이다. 그렇다면 그 수형도와 가중치를 만드는 알고리즘을 알고 싶을 것이다. 그렇지 않다면, 근사적으로 그 관계를 만족하는 수형도들의 모임을 만들어내고 싶을 것이다.

　마지막으로 V의 부분적 순서가 마르코프 조건에 대한 기저를 형성하는 수형도의 마르코프 과정(Markov process)이라는 신흥 분야가 있다는 걸 지적하겠다. 수형도의 기하학을 그 과정에 연관시키는 멋진 수학적 질문들이 있을 뿐 아니라 계통발생학을 위해 중요한 문제들도 있다. 뿌리에서만 정의된 지표를 가지고 시작한 다음 (다를 수도 있는) 마르코프 과정들에 의해 수형도를 따라 '진화해' 내려가는 것을 허용한다고 가정하자. 그러면 잎에 대한 지표의 분포가 주어졌을 때, 언제 수형도를 재구성할 수 있는가? 이런 질문은 대수기하학의 문제들을 만들어냈다.

계통발생학은 우리 과거를 결정하기 위해서뿐만 아니라 우리의 현재와 미래를 통제하기 위해서도 유용하다. 피치(Fitch) 등이 쓴 책(1997)을 보라. 여기서 독감 A 바이러스의 계통발생적 재구성을 발견할 수 있다. 이 분야에 대한 뛰어난 최근 대학원 교재로 셈플(Semple)과 스틸(Steel)의 책(2003)이 있다.

10 의학에서의 수학

생물학적 조직에 대한 이해가 향상되면 적어도 간접적으로 의학 치료가 향상됨은 분명하다. 하지만 수학이 의학에 직접적 영향을 미치는 경우도 많다. 두 가지 간단한 예를 보이겠다.

찰스 테일러(Charles Taylor)는 스탠퍼드 대학의 생의학 엔지니어로 심장혈관 계통의 유체 역학에 대해 연구한다. 그는 의학적 의사결정 과정의 일환으로 유체의 빠른 자극을 이용하기 원한다. 다리가 약한 어떤 환자의 자기공명이미지(MRI)에서 허벅지 상에 동맥 수축이 있음이 발견되었다. 대개는 수술팀이 만나서, 다른 혈관으로부터 수축 부위 아래 지점으로 피가 흐르게 하거나 환자 몸의 다른 부분으로부터 제거한 혈관을 가지고 수축 부위 주변으로 혈액 우회시키기를 포함하여 다양한 가능성을 고려할 것이다. 상당히 많은 선택 가능성 중, 수술팀은 그들의 지식과 경험을 바탕으로 선택할 것이다. 접목 이후의 혈류의 특징은 기능 회복뿐만 아니라 나쁜 혈전이 생길 가능성을 막기 위해서도 중요하다. 중대한 난제는 치료가 성공적인 환자들을 거의 다시 만날 수 없기 때문에 수술 후 실제 혈류의 특징들을 알지 못한다는 점이다. 테일러는 각각 제안된 접목에 대하여 (MRI를 통해 알게 되는) 환자의 실제 혈관 구조에 기초한 즉각적 유체 역학적 자극을 가지고 수술팀과 의견을 나누기 원한다. 그리고 그는 각 환자에 대해 그의 자극이 실제 수술 후의 혈류를 얼마나 잘 예측했는지 확인할 수 있기를 원한다.

데이비드 에디(David Eddy)는 30년간 건강 정책에 대해 연구해 온 응용 수학자이다. 그는 자신의 박사 학위 논문에서 나온 『암 검진: 이론, 해석 그리고 디자인(*Screening for Cancer: Theory, Analysis and Design*)』(1980)을 출판했을 때 처음 주목받았다. 이 책 때문에 미국 암 학회는 자궁 경부암 검사의 권장 주기를 1년에 한 번에서 3년에 한 번으로 변경했다. 왜냐하면 에디의 모델링이 그렇게 바꿔도 미국 여성의 평균 수명에 미치는 영향은 거의 없을 것임을 보였기 때문이다. 국내 총생산(GDP)의 15%를 건강 관리에 사용하는 경제에서 절감되는 돈의 양을 간단한 계산으로 측정한다. 그의 경력 내내 에디는 진단을 위한 테스트의 무비판적인 사용과 의사에 의한 결과의 잘못된 사용, 종종 조건부 확률에 대한 기본적 사실에 무지한 정책 책임자들을 모두 비판했다. 그는 특정한 건강 정책 가이드라인이 양적인 분석 대신 책상머리에서의 추측에 기반했기 때문에 비판했다. 한 가지 고전적 경우에 대해 그는 직장암에 관한 학회에서 의사들에게 다음과 같은 질문을 했다. "50세 이상의 모든 미국인이 매년 두 개의 가장 흔한 진단 테스트인 대변 혈전 검사와 직장 내시경을 받는다면 직장암에 의한 사망률이 얼마나 감소할지 계산하라." 대답은 2%에서 95%까지 범위에서 대략 고르게 분포했다. 더 놀라운 사실은 의사들조차도 자기들이 이토록 완전히 서로 다르게 생각하리라는 것을 몰랐다는 사실이다. 그는 수학적 모형을 이용해 새로운 그리고 현재 수술, 의학적 치료, 약품의 비용과 이익을 분석하고, 현재 건강 정책 위기에 대한 논쟁에 부지런히 참가했다. 그는 시종일관 GDP의 상당 부분이, 무엇이 효과적인지에 대한 수학적 분석이 거의 이루어지지 않은 채 기기, 약품, 절차에 쓰인다는 점을 지적했다.

수학과 의학간의 상호 관계에 대해 더 알고 싶다면 수학과 의학통계학[VII.11]을 보라.

11 결론

수학과 수학자들은 생물학의 많은 분야에서 중요한 역할을 했고 이 짧은 글에서 모두 다루기에는 지면이 부족하다. 빠진 것들 중 가장 분명한 것 몇 가지만 예를 들자면, 면역학, 방사선학, 발달 생물학, 의학기기와 합성 생체 접합물질의 디자인 등이 있다. 그럼에도 불구하고 이 글에 나온 예들과 그 간략한 소개를 통해 수리생물학에 대해 몇 가지 결론을 이끌어낼 수 있다. 수학을 통해 설명할 필요가 있는 생물학 문제의 범위는 매우 폭넓고 수학의 많은 다른 분야로부터 나온 테크닉들이 중요하다. 수리 생물학에서 연구하고자 하는 간단 명료한 수학적 문제를 뽑아내기는 쉽지 않다. 왜냐하면 생물학적 계는 전형적으로 무엇을 계로 간주하고 무엇을 부분으로 간주해야 하는지 결정하기 어려운 복잡한 상황 속에서 작동하기 때문이다. 마지막으로 생물학은 수

학자들에게 새롭고 흥미로운 난제들의 원천으로, 생물학 자체를 완전히 이해하기 위해 생물학의 혁명적 변화에 수학자들의 참여가 필요하다.

더 읽을거리

Durrett, R., and S. Levin. 1994. The importance of being discrete (and spatial). *Theoretical Population Biology* 46: 363-94.

Eddy, D. M. 1980. *Screening for Cancer: Theory, Analysis and Design.* Englewood Cliffs, NJ: Prentice-Hall.

Fall, C., E. Marland, J. Wagner, and J. Tyson. 2002. *Computational Cell Biology.* New York: Springer.

Fitch, W. M., R. M. Bush, C. A. Bender, and N. J. Cox. 1997. Long term trends in the evolution of H(3) HA1 human influenza type A. *Proceedings of the National Academy of Sciences of the United States of America* 94: 7712-18.

Grossberg, S. 1982. *Studies of Mind and Brain: Neural Principles of Learning, Perception, Development, Cognition, and Motor Control.* Boston, MA: Kluwer.

Keener, J., and J. Sneyd. 1998. *Mathematical Physiology.* New York: Springer.

Levin, S., B. Grenfell, A. Hastings, and A. Perelson. 1997. Mathematical and computational challenges in population biology and ecosystems science. *Science* 275: 334-43.

Nijhout, H. F. 2002. The nature of robustness in development. Bioessays 24(6): 553-63.

Pevzner, P. A. 2000. *Computational Molecular Biology: An Algorithmic Approach*. Cambridge, MA: MIT Press.

Schlick, T. 2002. *Molecular Modeling and Simulation*. New York: Springer.

Semple, C., and M. Steel. 2003. *Phylogenetics*. Oxford: Oxford University Press.

Waterman, M. S. 1995. *Introduction to Computational Biology: Maps, Sequences, and Genomes*. London: Chapman and Hall.

VII.3 웨이블릿과 응용
잉그리드 도브시 *Ingrid Daubechies*

1 서론

함수를 이해하는 가장 좋은 방법 중 하나는 잘 선택된 '기본' 함수들의 집합에 관해 함수를 전개하는 것이다. 아마도 **삼각함수**[III.92]가 가장 잘 알려진 예일 것이다. 웨이블릿은 여러 목적을 위해 매우 좋은 기본 요소가 되는 함수들의 모임이다. 이들은 1980년대에 수학, 물리학, 전기공학, 컴퓨터 과학에서 더 오래된 아이디어들의 조합으로부터 나왔고 그 이래로 폭넓은 분야에서 응용되어 왔다. 이미지 압축에 관한 다음 예는 웨이블릿의 몇 가지 중요한 성질들을 보여준다.

2 이미지 압축하기

컴퓨터에 이미지를 직접 저장하는 데는 많은 메모리가 필요하다. 메모리는 제한된 자원이므로, 우리는 이미지를 저장하는 더 효과적인 방법을 찾기를, 혹은 이미지를 **압축하는** 방법을 찾기를 간절히 원한다. 이렇게 하는 주된 방법 중 하나는 이미지를 함수로 표현하고 그 함수를 어떤 종류의 기본 함수들의 선형 결합으로 나타내는 것이다. 전형적으로 그 전개에서 계수들 대부분은 작을 것이고, 기본 함수들을 잘 찾았다면 원래 함수를 가시적으로 알아차릴 수 있는 방법으로 바꾸지 않고도 이런 작은 계수들을 모두 0으로 바꿀 수 있을 것이다.

디지털 이미지는 전형적으로 수많은 **픽셀**(pixel, 사진 요소(picture element)의 줄임말. 그림 1 참조)들의 모임에 의해 주어진다.

그림 1에 나오는 보트 이미지는 256×384픽셀로 이루어져 있고 각 픽셀은 완벽한 검은색부터 완벽한 하얀색까지의 범위에서 나오는 256개의 가능한 회색값 중 하나를 갖는다. (비슷한 아이디어가 컬러 이미지에도 적용되지만, 이 설명을 위해서 단지 하나의 색만 고려하는 것이 더 간단하다.) 0부터 255까지의 수를 적기 위해서는 이진수로 8자릿수가 필요하다. 256×384 = 98,304픽셀 각각에 대한 회색 레벨을 등록하기 위해 나오는 8비트 필요량은 따라서 오직 이 하나의 이미지를 위해 총 786,432비트의 메모리를 필요로 한다.

이때 필요한 메모리의 양은 대폭 줄일 수 있다. 이미지의 서로 다른 영역에서 36×36픽셀의 두 정사각형을 그림 2에 나타냈다. 그 확대판(그림 1에서 보여진 것의 확대판)에서 분명히 볼 수 있듯이, 정사각형 A는 정사각형 B에 비해 확연히 구분되는 특징이 더 적고, 따라서 더 적은 비트를 가지고 나타낼

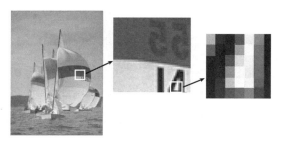

그림 1 연속적으로 확대된 디지털 이미지

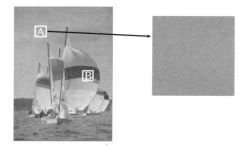

그림 2 하늘에서 36×36 사각형의 확대

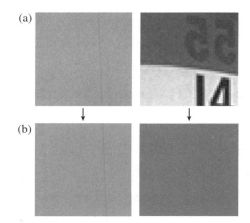

그림 3 (a)사각형 A(왼쪽)와 B(오른쪽)의 확대. (b)각각에 대한 평균 회색값

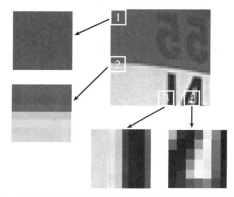

그림 4 부분 사각형 1은 일정한 회색 레벨을 가지는 반면, 부분 사각형 2와 3은 그렇지 않다. 하지만 그것들은 수평하게(2) 혹은 수직하게(3) (거의) 일정한 회색 레벨을 가지는 두 영역으로 나뉘어질 수 있다. 부분 사각형 4는 더 잘게 나누어야 '단순한' 영역들로 만들 수 있다.

수 있어야 한다. 정사각형 B는 더 많은 특징을 가지지만, 그 또한 많은 비슷한 픽셀로 이루어진 (더 작은) 정사각형들을 포함한다. 다시 한번 이를 사용하여 이 영역을 각 픽셀에 8비트를 지정하여 쉽게 추정한 36×36×8비트보다 더 적은 비트를 가지고 나타낼 수 있다.

이런 논의는 이미지 표현에서 변화를 통해 필요한 메모리의 양을 줄일 수 있음을 보여준다. 이미지를 모두 한결같이 작은 픽셀들의 거대한 집합체가 아니라 다른 크기의 영역들의 결합체로 보아야 한다. 각각은 거의 일정한 회색값을 갖고, 그러면 각각의 그런 영역은 그 크기(혹은 스케일)에 의해, 이미지에서 그것이 나타나는 부분에 의해, 평균적 회색값이 우리에게 말해주는 8비트 수에 의해 표현될 수 있다. 그 이미지의 임의의 부분영역이 주어질 때, 평균 회색값과 비교하여 그것이 이미 이런 단순한 유형인지를 확인하는 것은 쉽다. 정사각형 A에 대해, 평균을 취하는 것은 실질적으로 차이가 없지만, 정사각형 B에 대해 평균 회색값은 이미지의 이 부분을 특징짓는 데 충분하지 않다(그림 3 참조).

정사각형 B를 더 작은 정사각형들로 나누면, 그 중 어떤 것(예를 들면 사각형 B의 왼쪽 윗부분이나 왼쪽 아래부분)은 거의 일정한 회색 레벨을 가진다. 다른 것들은 작은 사각형 2와 3처럼 하나의 일정한 회색 레벨은 아니지만 여전히 몇 개의 비트로 쉽게

특징지을 수 있는 단순한 회색 레벨 소구조를 가질
지 모른다(그림 4 참조).

이미지 압축을 위해 이 분할을 이용하려면, 자동
적인 방법으로 그것을 쉽게 실시할 수 있어야 한다.
다음과 같이 이를 수행할 수 있다.

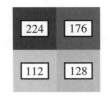

그림 5 한 사각형의 4분면의 평균 회색값

- 우선, (편의상 사각형이라 가정한) 전체 이미지
  의 평균 회색값을 결정한다.
- 이 일정한 회색값을 갖는 정사각형과 원래 이미
  지를 비교한다. 그것이 충분히 비슷하면 끝났다.
  (하지만 매우 재미없는 이미지일 것이다.)
- 단일한 평균적 회색값보다 더 많은 특징이 필요
  하다면, 이미지를 크기가 같은 4개의 사각형으
  로 분할한다.
- 이 각각의 부분 사각형에 대해 그 평균 회색값을
  결정하고 부분 사각형 자체와 비교해 본다.
- 평균 회색값에 의해 충분히 특징 지어지지 않는
  부분 사각형에 대해 크기가 같은 네 개의 더 작은
  부분 사각형으로 다시 한번 분할한다(각각은 이
  제 원래 이미지의 16분의 1 크기를 가질 것이다).
- 기타 등등.

어떤 부분 사각형은 (예를 들면 그림 4의 부분 사각
형 4에서처럼) 픽셀 수준까지 내려가 나눌 필요가
있을지도 모른다. 하지만 대부분의 경우 훨씬 일찍
분할을 멈출 수 있다. 이 방법은 자동적으로 실시하
기 매우 쉽고, 이미 본 것 같은 이미지를 더 적은 비
트를 이용하여 묘사할 수 있지만, 여전히 약간 비경
제적이다. 예를 들어 원래 이미지의 평균 회색 레
벨이 160이고 그 다음으로 각 4분면의 회색 레벨이

224, 176, 112, 128이라고 결정한다면, 우리는 수 하
나를 너무 여러 번 계산했다. 크기가 같은 4개의 부
분 이미지의 회색 레벨의 평균은 자동적으로 전체
이미지의 회색 레벨이고, 따라서 5개의 수 모두를
저장할 필요가 없다. 한 사각형의 평균 회색 레벨 이
외에 그 4개의 사분면의 평균 회색값을 표현하는 추
가적 정보만 저장하면 되고 이는 다음을 묘사하는
세 개의 수에 의해 주어진다.

- 사각형의 왼쪽 절반이 오른쪽보다 얼마나 더 어
  두운지(혹은 밝은지)
- 사각형의 위쪽 절반이 아래쪽보다 얼마나 더 어
  두운지(혹은 밝은지)
- 왼쪽 아래부터 오른쪽 위로 가는 대각선에 놓인
  부분이 나머지 부분보다 얼마나 더 어두운지(혹
  은 밝은지)

그림 5에 보여진 것처럼 평균값이 224, 176, 112,
128인 4개의 부분 사각형으로 나뉘어지는 사각형
을 예로 생각해 보자. 전체 사각형의 평균 회색값
은 쉽게 160임을 확인할 수 있다. 이제 세 개의 계산
을 더 해 보자. 첫째, 위쪽 절반과 아래쪽 절반의 평
균 회색값을 계산하면 각각 200과 120이고, 그 차는
80이다. 그런 다음 왼쪽 절반과 오른쪽 절반에 대해

똑같이 계산하면 그 차는 168 − 152 = 16이다. 마지막으로 네 사각형을 대각선 방향으로 나누면 왼쪽 아래와 오른쪽 위에 있는 사각형의 평균은 144이고 다른 두 사각형의 평균은 176, 그 차는 −32이다.

이 네 수로부터 4개의 원래 평균을 다시 찾아낼 수 있다. 예를 들어 오른쪽 위 부분 사각형의 평균은 160 + [80 − 16 + (−32)]/2 = 176으로 주어진다.

따라서 위에서 설명한 것처럼 점점 더 작은 사각형에 대해 그저 평균을 구하기보다는 이 과정을 반복하는 것이 필요하다. 이제 전체 분할 절차를 가능한 한 효과적으로 만드는 질문으로 돌아가자.

'꼭대기'(가장 큰 사각형)로부터 '바닥'(2×2 부분 사각형에 대한 '차'의 세가지 유형)까지 256×256 정사각형의 완전한 분할은 많은 수들(사실 간결하게 하기 전에 정확히 256×256개)의 계산을 수반하고 이 중 일부는 그 자체가 원래 픽셀값들 다수의 조합이다. 예를 들어 전체 256×256 정사각형의 회색 스케일 평균을 구하기 위해 0과 255 사이의 값을 취하는 256×256 = 65,536개의 수를 더한 다음 그 결과를 65,536으로 나누어야 한다. 또 다른 예로 왼쪽 절반과 오른쪽 절반의 평균 간의 차를 구하기 위해 256×128 = 32,768개의 왼쪽 절반에 대한 회색 스케일 수를 더한 다음 이 합 A에서 다른 32,768개의 수의 합 B를 빼야 한다. 한편, 전체 사각형들에 대한 픽셀 회색값들의 합은 단순히 $A + B$로, 각각이 8비트인 65,536개의 수들 대신 두 33비트 수들의 합이다. 이는 A, B가 전체 사각형들에 대한 평균 이전에 계산된다면 계산상의 복잡성을 상당히 줄일 수 있게 해 준다. 그러므로 이제까지 설명한 아이디어들을 계산상 최적이 되도록 구현하려면 위에서 스케

치한 것들과 다른 경로를 따라 진행되어야 한다.

실제로 훨씬 나은 절차는 스케일의 다른 쪽 끝에서부터 시작하는 것이다. 전체 이미지를 가지고 시작하여 그것을 계속해서 분할하는 대신, 픽셀 수준에서 시작하여 위로 올라간다. 이미지가 총 $2^J \times 2^J$개의 픽셀을 가지고 있다면, $2^{J-1} \times 2^{J-1}$개의 '슈퍼픽셀'로 이루어져 있다고 볼 수 있고, 그 각각이 2×2픽셀의 작은 사각형이다. 각 2×2 사각형에 대해 회색값 4개의 평균을 계산할 수 있고(이것이 슈퍼픽셀의 회색값이다), 위에서 나타낸 세 가지 유형의 차도 계산할 수 있다. 더구나 이런 계산은 모두 매우 간단하다.

다음 단계는 2×2 사각형들 각각에 대한 3개의 차 값을 저장하고 그 평균들, 즉 $2^{J-1} \times 2^{J-1}$개의 슈퍼픽셀의 회색값을 새로운 사각형으로 조직화하는 것이다. 이 사각형은 다음으로 $2^{J-2} \times 2^{J-2}$개의 슈퍼-슈퍼픽셀로 나뉘어질 수 있고 그 각각은 2×2 슈퍼 픽셀들의(따라서 4×4 '표준' 픽셀들을 나타내는) 작은 사각형이다. 이런 식으로 계속된다. 마지막에 줌 아웃의 J단계 이후에 단지 하나의 슈퍼-J-픽셀만 남는다. 그 회색값은 전체 이미지의 평균이다. 이 픽셀 레벨업 과정에서 계산된 **마지막 세 개의 차**는 위에서 내려가기 과정에서 훨씬 더 많은 계산을 통해 구할 수 있었던 **처음** 계산된 최대 레벨의 차에 정확히 대응된다.

픽셀 레벨업을 통해 과정을 진행하면 개별적 평균이나 차 구하기 계산은 두 개보다 많은 수를 사용하지 않는다. 이런 기본 계산의 총 개수는 전체 변환을 위해서 단지 $8(2^{2J} − 1)/3$개이다. 앞서 논의한 256×256개의 사각형의 경우 $J = 8$이므로 총 개수

는 174,752이고, 이는 위에서 내려가기 과정에서 그저 한 단계를 위해 필요한 계산 횟수 정도이다.

이 모든 것이 어떻게 압축에 이용될 수 있을까? 그 과정 각 단계에서 차를 나타내는 세 종류의 수가 다른 단계에 다른 위치에 대응되어 축적된다. 축적된 차의 총 개수는 $3(1 + 2^2 + \cdots + 2^{2(J-1)}) = 2^{2J} - 1$이다. 전체 사각형의 회색값과 함께 이는 우리가 원래 $2^J \times 2^J$픽셀에 대한 회색값과 정확히 같은 개수를 가지고 끝남을 의미한다. 그러나 이 차의 값 가운데 다수는 (앞서 보인 것처럼) 매우 작을 것이고 그저 생략하거나 0이라 놓을 수 있다. 그리고 이미지가 나머지로부터 재구성된다면, 사진 상에 눈에 띄는 질적 손실은 없을 것이다. 우리가 이런 매우 작은 차를 0이라 놓으면, 모든 차를 (어떤 미리 정해놓은 순서로) 늘어 놓은 목록은 훨씬 더 짧아질 수 있다. Z개의 0으로 이루어진 긴 열을 만날 때마다 '여기 Z개의 0 삽입'이라는 문장으로 대체할 수 있고, 이는('여기 0 삽입'을 위한) 미리 정해진 기호와 Z를 위해 필요한 비트의 수, 즉 $\log_2 Z$만을 필요로 한다. 이 방법은 원한다면 큰 이미지를 저장하기 위해 필요한 데이터를 상당히 압축할 수 있게 해 준다. (하지만 실제로 이미지 압축은 훨씬 많은 문제들을 수반하는데, 아래에서 간략하게 이에 대해 알아볼 것이다.)

위에서 설명한 매우 단순한 이미지 분할은 웨이블릿 분할의 기초적 예이다. 간직된 데이터는

- 매우 성긴 근사와
- j가 0(가장 성긴 단계)부터 $J - 1$(첫번째 슈퍼 픽셀 단계)까지 변해가면서 연속적으로 더 미세한

j단계에서 세부사항들을 주는 추가적 층들

로 이루어진다. 더 나아가, 각 단계 j에서 세부층들은 많은 조각들로 이루어지는데 그 각각은 분명한 국한(어떤 슈퍼j-픽셀과 관련되어 있는지를 나타내는)을 가지고, 모든 조각들은 '크기' 2^j를 가진다. (즉, 픽셀 폭에서 대응되는 슈퍼j-픽셀의 크기는 2^j이다.) 특별히 빌딩 블록들은 세부 단계에서 매우 작고 그 단계가 점점 성겨지면서 점차적으로 커진다.

3 함수의 웨이블릿 변환

이미지 압축 예에서 우리는 2차원 이미지를 다루기 때문에 각 레벨마다 세 가지 유형의 차(수평, 수직, 대각선 방향)를 살펴보아야 했다. 1차원 신호에 대해서는 한 가지 유형의 차로 충분하다. $\mathbb{R}$에서 $\mathbb{R}$로 가는 주어진 함수 f에 대해 이미지의 예와 전적으로 유사한 f의 웨이블릿 변환을 쓸 수 있다. 단순화를 위해, x가 구간 $[0, 1]$에 속할 때를 제외하고 $f(x) = 0$인 함수 f를 생각하자.

이제 계단 함수(step function), 즉 단지 유한한 개수의 장소에서만 값이 변하는 함수에 의한 f의 계속적인 근사 함수를 고려하자. 좀 더 정확하게 양의 정수 j에 대해, 구간 $[0, 1]$을 2^j개의 소구간으로 등분하고 $k2^{-j}$에서 $(k + 1)2^{-j}$까지의 구간을 $I_{j, k}$라 놓자. (따라서 k는 0부터 $2^j - 1$까지 움직인다.) 그런 다음 구간 $I_{j, k}$에서 f의 평균값을 함숫값으로 갖는 함수 $P_j(f)$를 정의하자. 이는 그림 6에서 볼 수 있는데, 함수 f에 대한 그래프와 함께 계단 함수 $P_3(f)$를 보여

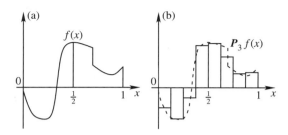

그림 6 (a)함수 f의 그래프와 (b) $l = 0, 1, \cdots, 7$일 때 $l/8$과 $(l+1)/8$ 사이의 모든 구간에서 상수이고 이들 각 구간에서 정확히 f의 평균과 같은 f의 근사 함수 $P_3(f)$의 그래프.

준다. j가 증가함에 따라 구간 $I_{j,k}$의 폭이 감소하고 $P_j(f)$는 f에 더 가까워진다. (더 정확한 수학적 용어로는 $p < \infty$이고 f가 함수 공간[III.29] L_p에 속하면 $P_j(f)$는 L_p에서 f로 수렴한다.)

f의 각 근사 함수 $P_j(f)$를 다음의 더 세분화된 단계의 근사 함수인 $P_{j+1}(f)$로부터 쉽게 계산할 수 있다. $P_{j+1}(f)$가 두 구간 $I_{j+1, 2k}$와 $I_{j+1, 2k+1}$에서 취하는 값들의 평균이 $P_j(f)$가 구간 $I_{j,k}$가 취하는 값을 준다.

물론 $P_{j+1}(f)$에서 $P_j(f)$로 움직일 때 f에 대한 정보 중 일부를 잃어 버린다. 모든 구간 $I_{j,k}$에서 $P_{j+1}(f)$와 $P_j(f)$ 사이의 차이는 $I_{j+1, l}$에서 상숫값을 갖는 계단 함수로 각 쌍 $(I_{j+1, 2k}, I_{j+1, 2k+1})$에서 정확히 반대편 값을 취한다. $[0, 1]$의 모든 값에서 두 근사 함수의 차 $P_{j+1}(f) - P_j(f)$는 그런 위-아래(혹은 아래-위) 계단 함수의 병치로 이루어지고, 따라서 적절한 계수를 가진 똑같은 위-아래 함수의 평행이동의 합으로 쓸 수 있다.

$$P_{j+1}(f)(x) - P_j(f)(x) = \sum_{k=0}^{2^j - 1} a_{j,k} U_j(x - 2^{-j}k).$$

여기서

$$U_j(x) = \begin{cases} 1 & 0 < x < 2^{-(j+1)} \\ -1 & 2^{-(j+1)} < x < 2^{-(j+1)} \\ 0 & \text{그 외} \end{cases}$$

더구나 다른 레벨에서 '차 함수' U_j는 모두 0과 $\frac{1}{2}$ 사이에서는 1을 함숫값으로, $\frac{1}{2}$과 1 사이에서는 -1을 함숫값으로 갖는 단일한 함수 H의 스케일이 다른 복사본이다. 실제로 $U_j(x) = H(2^j x)$이다. 따라서 각 차 $P_{j+1}(f)(x) - P_j(f)(x)$는 k가 0에서 $2^j - 1$ 사이에 놓여 있을 때 함수들 $H(2^j x - k)$의 선형 결합이다. 계속되는 j에 대해 그런 차를 많이 더하면 $P_J(f)(x) - P_0(f)(x)$가 0부터 $J - 1$까지 범위의 j와 0부터 $2^j - 1$까지 범위의 k에 대해 함수들 $H(2^j x - k)$의 선형 결합임을 알 수 있다. 점점 더 큰 J를 고르면 $P_J(f)$는 f에 점점 더 가까워진다. $f - P_0(f)$ (즉 f와 그 평균 간의 차)를 이제 모든 0 이상의 정수 범위에 있는 j에 대한 함수들 $H(2^j x - k)$의 (무한개로 이루어질 수도 있는) 선형 결합으로 볼 수 있음도 알게 된다.

이 분해는 이 글의 서두에서 이미지에 대해 했던 것과 매우 비슷하지만, 2차원이 아니라 1차원에서 이루어졌고 더 추상적인 방법으로 표현되었다. 기본적인 요소는 f에서 평균을 뺀 것을 계속해서 점점 더 작은 스케일의 층들의 합으로 분해하는 것과, 세부적으로 추가된 각 층은 모두 스케일과 비례하는 폭을 가지는 간단한 '차 분포'의 합으로 이루어져 있다는 것이다. 더구나 이 분해는 20세기 초(비록 웨이블릿 상황하에서는 아니지만) 처음으로 이를 정의한 알프레드 하르(Alfred Haar)의 이름을 따서 종종 하르 웨이블릿(Haar Wavelet)이라 불리는 단일 함수 $H(x)$의 평행이동과 팽창을 이용하여 실현된다.

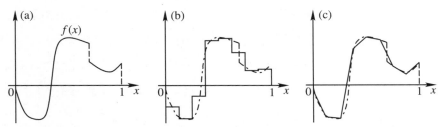

그림 7 (a)원래 함수 (b), (c)각 구간 $[k2^{-3}, (k+1)2^{-3}]$에서 다항 함수와 같은 함수에 의한 f의 근사 함수. (b)는 조각적 상수 함수에 의한 f의 최상의 근사 함수를 나타낸 것이고, (c)는 연속인 조각적 선형 함수에 의한 최상의 근사 함수를 나타낸 것이다.

함수들 $H(2^j x - k)$는 함수들의 **직교** 집합을 구성하는데, 이는 내적

$$\int H(2^j x - k) H(2^{j'} x - k') \, dx$$

가 $j = j'$, $k = k'$일 때를 제외하고는 0이라는 뜻이다. $H_{j,k}(x) = 2^{j/2} H(2^j x - k)$라고 정의하면 또한 $\int [H_{j,k}(x)]^2 \, dx = 1$을 얻는다. 이것의 결과로서 함수 f의 j번째 층 $P_{j+1}(f)(x) - P_j(f)(x)$를 선형 결합

$$\sum_k w_{j,k}(f) H_{j,k}(x)$$

로 쓸 때 나타나는 **웨이블릿 계수** $w_{j,k}$가 공식

$$w_{j,k}(f) = \int f(x) H_{j,k}(x) \, dx$$

에 의해 주어진다.

하르 웨이블릿은 상황을 설명하기 위한 좋은 수단이긴 하나, 이미지 압축을 포함한 대부분의 응용에서 최상의 선택은 아니다. 기본적으로 이는 그림 7(b)에서 알 수 있듯이 함수를 단순히 (1차원 상의) 구간 위에서의 혹은 (2차원 상의) 사각형 위에서의 평균을 가지고 대체하면 상당히 낮은 수준의 근사가 나오기 때문이다.

근사에서 스케일이 점점 더 세밀해짐에 따라(즉 $P_j(f)$의 j가 증가함에 따라), f와 $P_j(f)$ 간의 차는 더 작아진다. 하지만 조각마다(piecewise) 상수인 근사 함수를 사용하면, 이는 거의 모든 스케일에서 결국에는 '제대로 만들기 위해' 보정을 요구한다. 원래 이미지가 거의 상숫값을 갖는 넓은 부분들로 이루어진 경우가 아니라면, '정말' 좋은 성질 없이는 함수가 일관된 지속적인 기울기를 가지는 범위에서조차도 많은 작은 스케일의 하르 웨이블릿이 필요할 것이다.

이런 질문을 다루기 위한 올바른 방법은 근사 스킴(approximation scheme) 방법이다. 근사 스킴은 종종 보통 번호 매겨지는 자연스러운 순서를 가진 '빌딩 블록'들의 모임을 제공하는 것이라 정의할 수 있다. 근사 스킴의 질을 측정하는 흔한 방법은 V_N을 처음 N 빌딩 블록들의 모든 선형 결합들의 공간으로 정의한 다음, (다른 거리를 사용할 수도 있지만) L_2-거리에 의해 측정한 거리를 가지고 f에 가장 가까운 V_N의 함수를 $A_N f$라 놓는 것이다. 그런 다음 N이 무한대로 감에 따라 거리 $\|f - A_N f\|_2 = [\int |f(x) - A_N f(x)|^2 \, dx]^{1/2}$가 어떻게 감소하는지 조사한다. $\mathcal{F}$의 모든 함수 f에 대해 $\|f - A_N f\|_2 \leqslant CN^{-L}$이 성립하면, 함수 근사 스킴은 함수들의 모임 $\mathcal{F}$에 대해 L차라고 말한다. 여기서 C는 전형적으로 f에 의존하지만 N과는 독립적이어야 한다. 매끄러운

함수들의 근사 스킴의 차수는 다항함수들의 근사 스킴의 성과와 밀접하게 연관되어 있다. (왜냐하면 매끄러운 함수들은 그 테일러 전개에 의해 주어지는 다항함수들에 의해 별 문제 없이 대체될 수 있기 때문이다.) 특히 여기서 고려하는 근사 스킴의 유형들은 차수가 최대 $L-1$인 다항함수를 완벽하게 재생산한다면 차수 L을 가질 수 있다. 다시 말하면, p가 최대 $L-1$차 다항함수이고 $N \geqslant N_0$이면 $A_N p = p$가 되는 N_0가 존재해야 한다.

하르 스킴의 경우, 0과 1 사이에서만 0과 다른 함수 f에 적용하면 빌딩 블록들은 $j = 0, 1, 2, \cdots$에 대한 집합 $\{H_{j,k}; k = 0, \cdots, 2^j - 1\}$과 함께 $[0, 1]$에서 함숫값 1을, 구간 바깥에서는 0을 취하는 함수 φ로 이루어져 있다. $P_j^{\text{Haar}}(f)$는 처음 $1 + 2^0 + 2^1 + \cdots + 2^{j-1} = 2^j$개의 빌딩 블록들 $\varphi, H_{0,0}, H_{1,0}, H_{1,1}, H_{2,0}, \cdots, H_{j-1,2^{j-1}-1}$의 선형 결합으로 쓸 수 있다는 것을 위에서 보았다. 하르 웨이블릿은 서로 직교하므로, 이는 또한 f에 가장 가까운 이 기저 함수들의 선형 결합이어서 $P_j^{\text{Haar}}(f) = A_{2^j}^{\text{Haar}}$이다. 그림 7은 ($j = 3$일 때) $A_{2^j}^{\text{Haar}} f$와 $A_{2^j}^{\text{PL}} f$를 둘다 보여주는데 후자는 $k = 0, 1, \cdots, 2^j - 1$에 대해 $k2^{-j}$에서 꺾인 점을 가지는 연속인 조각적 선형 함수에 의한 f의 최상의 근사이다. 하르 웨이블릿을 이용하여 함수 f를 근사시키려 할 때, 얻을 수 있는 최상의 감소는 비록 f가 매끄러운 함수일지라도 $N = 2^j$에 대해 $\|f - P_j^{\text{Haar}}(f)\|_2 \leqslant C2^{-j}$ 혹은 $\|f - A_N^{\text{Haar}} f\|_2 \leqslant CN^{-1}$ 꼴이다. 이는 하르 웨이블릿에 의한 근사가 1차 근사 스킴이라는 뜻이다. 연속인 조각적 선형 함수에 의한 근사는 2차 스킴이다. 매끄러운 함수 f에 대해 $N = 2^j$일 때 $\|f - A_N^{\text{PL}} f\|_2 \leqslant CN^{-2}$이다. 두 스킴의 차이는 또한 그들이 완벽하게 '재생산'하는 다항함수의 최대 차수 d에서도 알 수 있다. 분명 두 스킴은 상수 함수들($d = 0$)을 재생산할 수 있다. 조각적 선형 구조는 또한 선형 함수들($d = 1$)을 재생산할 수 있다. 반면 하르 스킴은 그럴 수 없다.

이제 구간 $[0, 1]$에서 정의된 임의의 연속적으로 미분가능한 함수 f를 택하자. 전형적으로 $\|f - P_j^{\text{Haar}}(f)\|_2$는 약 $C2^{-j}$와 같다. 차수 2인 근사 스킴에 대해 그 똑같은 차는 약 $C'2^{-2j}$일 것이다. 따라서 $P_j^{\text{Haar}}(f)$와 같은 정확도를 얻기 위해 조각적 선형 스킴은 j레벨 대신 $j/2$레벨만을 요구한다. 더 높은 차수 L에 대해 얻는 것이 훨씬 더 크다. 정사영 P_j가 이같이 더 높은 차수의 근사 스킴을 가져온다면, 함수 f가 적절한 정도로 매끄럽기만 하다면 그리 크지 않은 j값에 대해서라도 차 $P_{j+1}(f)(x) - P_j(f)(x)$는 너무 작아서 상관없을 것이다. 이런 j값에 대해서 차는 함수가 그만큼 매끄럽지 않은 점 근처에서만 중요할 것이고, 따라서 단지 그런 곳에서만 매우 미세한 스케일에서 '차 계수'로부터의 기여가 필요할 것이다.

이는 하르 스킴과 비슷하지만 더 높은 차수의 근사 스킴과 연관된 계속적인 $P_j(f)$에 대응되는 더 좋은 '일반화된 평균과 차'를 가진 스킴을 개발하게 하는 강력한 동기가 된다. 이것은 가능했는데, 아래에서 간략히 다시 돌아볼 1980년대의 흥미진진한 시기에 이루어졌다. 이를 만들어내는 데 전형적으로 적절한 선형 결합에 매번 세 개 이상의 더 세밀한 스케일의 원소를 결합하여 일반화된 평균과 차가 계산되었다. 대응되는 함수 분해는 웨이블릿 ψ로부터 나온 웨이블릿 $\psi_{j,k}(x)$의 (무한히 많을 수도 있는) 선형 결합으로서 함수를 표현했다. H의 경우에서처럼, $\psi_{j,k}(x)$는 $2^{j/2}\psi(2^j x - k)$로 정의한다. 이런 식으로 함수 $\psi_{j,k}$는 다시 한번 단일 함수의 정규화된 평행이동과 팽창이다. 이는 우리가 체계적으로 스케일 $j+1$에서 j로 가면서 똑같은 평균을 구하는 연산과 레벨 $j+1$과 j 간의 차를 계산하는 똑같은 차이를 구하는 연산을 이용하기 때문이다. 임의의 두 개의 연속적인 레벨 간의 전환을 위해 똑같은 평균과 차 연산을 반드시 이용해야만 하는, 따라서 모든 $\psi_{j,k}$가 단일 함수의 평행이동과 팽창에 의해 생성되어야만 하는 절대적인 이유는 없다. 그러나 이것은 변환을 이행하기에 매우 편리한 방법이고, 이를 통해 수학적 분석을 간단하게 만들 수 있다.

$H_{j,k}$처럼 $\psi_{j,k}$가 $L^2(\mathbb{R})$ 공간의 **정규직교 기저**를 형성해야 한다고 덧붙여 요구할 수 있다. 기저라 함은 모든 함수가 $\psi_{j,k}$들의 (무한히 많을 수도 있는) 선형 결합으로 쓰여질 수 있다는 뜻이고, **정규직교**라 함은 $\psi_{j,k}$가 서로 같지 않은 경우에는 **직교**하고, 같은 경우에는 두 함수의 내적이 1이라는 뜻이다.

이미 언급했듯이, 웨이블릿 ψ의 정사영 P_j는 차수가 L보다 작은 다항 함수 전부를 완벽하게 재생산할 수 있을 때만 L차 근사 스킴에 대응될 것이다. 함수들 $\psi_{j,k}$가 서로 직교한다면, $j' > j$일 때 $\int \psi_{j',k}(x) P_j(f)(x)\,dx = 0$이다. 따라서 $\psi_{j,k}$는 충분히 큰 j와 차수가 L보다 작은 모든 다항 함수 p에 대해 $\int \psi_{j,k}(x) p(x)\,dx = 0$일 때만 차수 L의 근사 스킴과 연결하여 생각할 수 있다. 크기 변화와 평행이동에 의해 이는 $l = 0, 1, \cdots, L-1$에 대해 $\int x^l \psi(x)\,dx = 0$이라는 요구조건을 이끌어낸다. 이 요구조건이 충족될 때, ψ가 L개의 소멸순간을 가진다고 말한다.

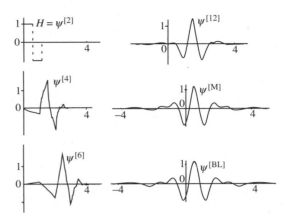

그림 8 $\psi_{j,k}(x) = 2^{j/2}\psi(2^j x - k), j, k \in \mathbb{Z}$가 $L^2(\mathbb{R})$의 정규직교기저를 형성하는 ψ의 6가지 다른 종류들. 하르 웨이블릿은 $\psi^{[2n]}$들의 모임의 첫 번째 예로 볼 수 있다. 또한 $n = 2, 3, 6$일 때의 웨이블릿이 여기 그려져 있다. 각 $\psi^{[2n]}$는 n개의 소멸 순간을 가지고 폭이 $2n-1$인 구간에서 지지된다(즉, 그 바깥에서 0과 같다). 나머지 두 웨이블릿은 어떤 구간에서 지지되지 않는다. 하지만 마이어 웨이블릿 $\psi^{[M]}$의 푸리에 변환은 $[-8\pi/3, -2\pi/3] \cup [2\pi/3, 8\pi/3]$에서 지지된다. $\psi^{[M]}$의 모든 순간들은 소멸한다. 배틀-르메르 웨이블릿 $\psi^{[BL]}$은 두 번 미분가능하고 조각적 3차 다항함수이고 지수적으로 감소한다. 그것은 4개의 소멸 순간을 가진다.

그림 8은 정규 직교 웨이블릿 기저를 이루면서 다양한 상황에 사용되는 ψ에 대한 몇 가지 종류의 그래프를 보여준다.

$\psi^{[2n]}$ 유형의 웨이블릿에 대해, 그러므로 특별히 그림 8에 나오는 $\psi^{[4]}$, $\psi^{[6]}$, $\psi^{[12]}$에 대해, 하르 웨이블릿과 유사한 알고리즘을 분해를 수행하는 데 사용할 수 있다. 레벨 j에서 평균 혹은 차 계수를 얻기 위해 $P_{j+1,k}$에서 나온 두 수를 결합하는 것 대신에 이 웨이블릿 분해는 각각 4, 6, 12개의 더 세밀한 레벨 수의 가중치가 적용된 결합을 요구한다는 것만 제외하면 말이다. (더 일반적으로 $2n$개의 더 세밀한 레벨 수가 $\psi^{[2n]}$을 위해 사용된다.)

마이어(Meyer) 웨이블릿 $\psi^{[M]}$과 배틀(Battle)-르메르(Lemarié) 웨이블릿 $\psi^{[BL]}$은 유한한 구간에 집중되어 있지 않기 때문에, 이들 웨이블릿의 웨이블릿 전개에는 다른 알고리즘이 사용된다.

이외에도 많은 유용한 정규직교 웨이블릿 기저들이 존재한다. 어느 것을 선택하는가는 어디에 응용하는 데 관심이 있는지에 달려 있다. 예를 들어, 응용하고자 하는 함수 집합이 갑작스런 전환이나 뾰족한 부분이 있는 매끄러운 조각들을 가지고 있다면, 고차 근사 스킴에 대응되는 매끄러운 ψ를 고르는 것이 좋다. 이는 성긴 스케일의 기저 함수들을 가지고 매끄러운 조각들을 효과적으로 묘사하고, 뾰족점과 갑작스런 전환을 다루기 위해 세밀한 스케일을 남겨둘 수 있게 해 준다. 그렇다면 왜 항상 매우 높은 근사 차수를 갖는 웨이블릿 기저를 사용하지 않는가? 이것은 대부분의 응용이 웨이블릿 변환을 위해 수치적 계산을 요구하기 때문이다. 근사 스킴의 차수가 더 높아질수록 웨이블릿은 더 퍼져 있게 되고 더 많은 항들이 각각의 일반화된 평균/차에 사용되어야 한다. 이는 수치적 계산을 느리게 만든다. 게다가 웨이블릿이 더 넓을수록, 따라서 그로부터 나온 모든 더 세밀한 스케일의 웨이블릿이 더 넓을수록, 더 자주 불연속점이나 급작스러운 전환이 이런 웨이블릿과 겹쳐질 것이다. 이는 더 많은 세밀한 스케일의 웨이블릿 계수들에 그런 전환의 영향을 더 널리 퍼뜨리는 경향이 있다. 그러므로 근사 차수와 웨이블릿의 폭 간에 좋은 균형점을 알아내야 하고, 최상의 균형점은 문제마다 다르다.

정규직교라는 제한이 완화된 웨이블릿 기저들도 있다. 이 경우 대개 $j = j'$, $k = k'$이 아니라면 $\int_{-\infty}^{\infty} \psi_{j,k}(x)\, \tilde{\psi}_{j',k'}(x)\, \mathrm{d}x = 0$이 성립하는 두 개의 다른 '이중' 웨이블릿 ψ, $\tilde{\psi}$을 이용한다. $\psi_{j,k}$의 선형 결합을 가지고 함수 f를 근사시키는 스킴의 근사 차수는 $\tilde{\psi}$의 소멸 순간의 개수에 의해 결정된다. 그런 웨이블릿 기저는 이차직교(biorthogonal) 기저라 불린다. 기저 웨이블릿 ψ, $\tilde{\psi}$가 둘다 대칭적이고 어떤 구간에 집중되어 있을 수 있다는 이점이 있다. 이는 하르 웨이블릿을 제외한 정규직교 웨이블릿 기저에 대해서는 불가능하다.

대칭 조건은 이미지 분해에 중요한데, 여기서 대칭적 함수 ψ를 이용한 1차원 기저들로부터 나온 2차원 웨이블릿 기저들을 보통 더 선호한다. 어떻게 끌어내는지 다시 돌아가보자. 웨이블릿 계수들을 제거하거나 반올림하여 이미지를 압축할 때, 원래 이미지 I와 그 압축된 버전 I^{comp} 사이의 차이는 작은 계수들을 가지는 이런 2차원 웨이블릿들의 결합이다. 그런 작은 편차가 대칭적이라면 인간의 시각기관이 더 많이 묵인한다는 것이 관찰되었다. 그러므로 대칭적 웨이블릿의 사용은 편차가 인지 가능성이나 허용가능성의 한계를 넘기 전에는 약간은 더 큰 오차를 허용하고, 이는 더 높은 압축 비율을 가질 수 있게 한다.

웨이블릿 기저라는 개념을 일반화하는 또 다른 방법은 둘 이상의 최초 웨이블릿을 허용하는 것이다. 다중웨이블릿(multiwavelet)이라 알려진 이런 시스템은 1차원에서도 유용할 수 있다.

웨이블릿 기저들을 $\mathbb{R}$ 전체 대신 구간 $[a, b]$에서 정의된 함수들을 위해 고려할 때, 특별하게 만들어진 웨이블릿들을 그 구간의 양끝 근처에서 사용하는 구간 웨이블릿(interval wavelet)들의 기저를 주는 방식으로 전형적으로 구성을 변경한다. 때로는 구간을 더 작게 분할하기 위해 위에서 고려한 체계적인 이등분보다 덜 일정한 방법을 선택하는 것이 유용하다. 이 경우, **비균등** 간격 웨이블릿 기저 (irregularly spaced wavelet basis)를 주도록 구성을 변경할 수 있다.

분해의 목적이 정보를 압축하는 것이라면, 이 글 초반에서 봤던 이미지 예에서 그랬듯이, 가능한 한 효과적인 분해를 이용하는 것이 가장 좋다. 패턴 인식 같은 다른 응용을 위해서 웨이블릿의 **과잉** 집합, 즉 '너무 많은' 웨이블릿을 포함하는 웨이블릿들의 집합을 이용하는 것이 종종 더 좋다. 집합의 웨이블릿 중 몇 개를 빼더라도 여전히 $L^2(\mathbb{R})$의 모든 함수들을 나타낼 수 있을 정도로 말이다. 연속 웨이블릿 **집합**과 웨이블릿 프레임은 그런 과잉 웨이블릿 표현에 주로 쓰이는 두 가지 종류이다.

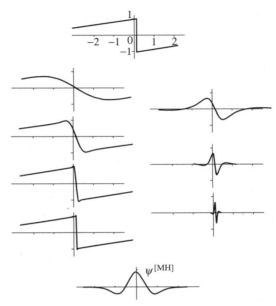

그림 9 단 하나의 불연속점을 가지는 함수(맨 위)는 멕시코 모자 웨이블릿 $\psi_{j,l}{}^{[\mathrm{MH}]}$의 유한개의 선형 결합에 의해 근사된다. $\psi^{[\mathrm{MH}]}$의 그래프는 그림 맨 아래 있다. 더 미세한 스케일을 더하면 정확성이 증가된다. 왼쪽: $j = 1, 3, 5, 7$에 대한 계속적 근사. 오른쪽: 스케일에서 하나의 j에서 다음 것으로 넘어가는 데 필요한 웨이블릿으로부터의 총 기여. (이 예에서 j는 $\frac{1}{2}$단계씩 증가한다.) 스케일이 더 미세할수록 더 많은 추가적 세부사항들이 불연속점 근처에 집중된다.

4 웨이블릿과 함수 성질들

웨이블릿 전개는 이미지의 많은 영역들이 매우 세밀한 수준의 특징을 가지지 않기 때문에 이미지 압축을 위해 유용하다. 1차원의 경우로 돌아가면, 그림 6(a)에서 보여진 함수처럼 모든 점에서는 아니지만 대부분의 점에서 제법 매끄러운 함수에 대해서도 마찬가지이다. 그런 함수를 매끄러운 점 x_0 근처에서 확대하여 보면, 거의 직선처럼 보일 것이고 따라서 우리의 웨이블릿이 선형 함수를 잘 나타낸다면 함수의 그 부분을 효과적으로 나타낼 수 있을 것이다.

여기서 하르 기저가 아닌 다른 웨이블릿 기저가 강력한 힘을 보여준다. 그림 8에 그려진 웨이블릿 $\psi^{[4]}$, $\psi^{[6]}$, $\psi^{[12]}$, $\psi^{[\mathrm{M}]}$, $\psi^{[\mathrm{BL}]}$은 모두 2차 이상의 근사 구조를 정의한다. 따라서 모든 j, k에 대해

$\int x\, \psi_{j,k}(x)\, \mathrm{d}x = 0$이다. 이는 또한 수치적 실행 스킴에서 볼 수 있다. f의 웨이블릿 계수를 계산하기 위해 상응하는 일반화된 차이를 구하면 그래프가 평평한 경우뿐 아니라 그래프가 직선이지만 기울어진 경우에도 0이라는 결과를 주는데, 이는 하르 기저를 이용한 단순한 차이 구하기에서는 사실이 아니다. 결과적으로, 매끄러운 함수 f의 웨이블릿 전개가 미리 지정된 정확성에 도달하는 데 필요한 계수의 개수는 하르 웨이블릿보다 더 정교한 웨이블릿을 이용할 때 훨씬 더 적어진다.

유한개의 불연속점을 제외하고서 두 번 미분가능한 함수 f에 대해, 예를 들어 세 개의 소멸 순간을 갖는 기저 웨이블릿을 가지고, f에 대해 매우 정확한

근사함수를 쓰는 데 전형적으로 미세한 스케일에서 단지 몇 개의 웨이블릿만이 필요할 것이다. 게다가 그것들은 오직 불연속점 근처에서만 필요할 것이다. 이런 성질은 모든 웨이블릿 전개에서 특징적이다. 그 기저가 정규직교 기저이건, 직교하지 않는 기저이건, 혹은 과잉 기저이건 간에 말이다.

그림 9는 과잉 전개의 한 가지 유형에 대해 이를 보여준다. 소위 말하는 **멕시코 모자 웨이블릿(Mexican hat wavelet)**을 이용하는데 이는

$$\psi(x) = (2\sqrt{2}/\sqrt{3})\,\pi^{-1/4}(1 - 4x^2)\,e^{-2x^2}$$

으로 주어진다. 이 웨이블릿의 이름은 그 그래프 모양에서 따 왔는데, 멕시코 모자의 단면처럼 보인다 (그림을 보라).

웨이블릿 ψ가 충분히 많은 소멸 순간을 가지는 경우, 함수 f가 더 매끄러울수록(즉, 더 많이 미분 가능할수록) 웨이블릿 계수는 j가 증가함에 따라 더 빨리 감소한다. 그 역도 참이다. j가 증가함에 따라 웨이블릿 계수 $w_{j,k}(f)$가 어떻게 감소하는가로부터 함수가 x_0에서 얼마나 매끄러운지 알아낼 수 있다. 여기서 우리 관심사를 '관련된' 쌍 (j, k)로 국한시키자. 다시 말하면, $\psi_{j,k}$가 x_0 근처에서 국한된 순서쌍만 생각하자. (좀 더 정확한 용어로, 이 역 명제는 ψ의 소멸 순간들의 개수보다 확실히 적은 모든 정수가 아닌 수 α에 대해 소위 말하는 **립쉬츠 공간**(Lipschitz space) C^α을 정확하게 특징짓는 것으로서 다시 공식화할 수 있다.)

웨이블릿 계수들을 함수에 관한 많은 다른 유용한, 대역적인 혹은 국소적인 성질들을 특징짓는 데 사용할 수 있다. 이 때문에 웨이블릿은 단지 L^2-공

간이나 립쉬츠 공간뿐 아니라 많은 다른 함수 공간들, 예를 들면 $1 < p < \infty$에 대한 L^p-공간, **소볼레프 공간**[III.29 §2.4], 다양한 베소프(Besov) 공간들에 대해 좋은 기저가 된다. 웨이블릿의 다용성은 부분적으로 20세기 동안 발전해 온 조화해석학의 강력한 기법과의 연관성 덕분이다.

우리는 웨이블릿 기저들이 다른 차수의 근사 스킴들과 연관됨을 어느 정도 자세히 알아보았다. 이제까지는 함수 f에 상관없이 $A_N f$가 항상 같은 N개의 빌딩 블록들의 선형 결합인 근사 스킴을 고려했다. 이는 $A_N f$ 꼴의 모든 함수들의 집합이 처음 N개의 기저 함수들의 선형 결합 V_N에 속하기 때문에 선형 근사라고 불린다. 위에서 언급한 함수 공간 중 어떤 것은 N이 증가함에 따라 $\|f - A_N f\|_2$가 감소한다는 조건에 의해 특징 지어진다. 여기서 A_N은 적절한 웨이블릿 기저를 가지고 정의된다.

그러나 우리가 관심을 가지는 것이 압축일 때, 우리는 진정 다른 종류의 근사를 실행하고 있다. 함수 f와 원하는 정확도가 주어질 때, 그 정확도 내에서 f를 가능한 한 적은 기저 함수들의 선형 결합으로 근사시키고 싶다. 하지만 처음 몇 레벨로부터 그런 함수를 선택하려고 하는 것은 아니다. 다시 말해 우리는 더 이상 기저 함수의 순서에 관심이 없고, 어떤 레벨 (j, k)를 다른 레벨보다 선호하지 않는다.

이를 공식화하고 싶다면, 근사 함수 $\mathcal{A}_N f$는 최대 N개의 기저 함수들로 만들어진 f에 가장 가까운 선형 근사라고 정의할 수 있다. 선형 근사와 비슷하게, 그 다음으로 집합 $\mathcal{V}_N$을 N개의 기저 함수들의 가능한 모든 선형 결합들의 집합이라 정의할 수 있다. 그러나 집합 $\mathcal{V}_N$은 더 이상 선형 공간이 아니다.

$\mathcal{V}_N$의 임의의 두 원소는 전형적으로 두 개의 다른 집합에서 나온 N개의 기저 함수들의 결합이므로, 그 둘의 합이 $\mathcal{V}_N$에 속할 이유가 없다(비록 그것이 $\mathcal{V}_{2N}$에 속할 것이지만 말이다). 이 때문에 $\mathcal{A}_N f$를 f의 **비선형** 근사라 부른다.

더 나아가 어떤 함수 공간 거리 $\|\cdot\|$에 대해 N이 증가함에 따라 $\|f - \mathcal{A}_N f\|$가 감소한다는 조건을 넣어서 함수들의 집합을 정의할 수 있다. 이는 물론 어떤 기저에서부터 시작해도 가능하다. 웨이블릿 기저는 결과로 나오는 함수 공간이 예를 들면 베소프 공간처럼 표준적 함수 공간이 된다는 점에서 (삼각 함수들 같은) 다른 많은 기저들과 차별화된다. 우리는 많은 곳에서 매끄럽지만 고립점들에서 불연속일 수도 있는 함수들에 대해 여러 번 언급했고, 그것들이 상당히 적은 수의 웨이블릿들의 선형 결합에 의해 잘 근사될 수 있다고 주장했다. 그런 함수들은 특정한 베소프 공간의 원소인 특별한 경우이고, 성긴 웨이블릿 전개에 의한 그것들의 좋은 근사 성질은 웨이블릿을 이용한 비선형 근사 스킴에 의한 베소프 공간의 특성화의 결과로 볼 수 있다.*

5 2차원 이상에서의 웨이블릿

1차원에서 만든 것을 더 높은 차원으로 확장하는 방법은 많다. 다차원 웨이블릿 기저를 만드는 한 가지 쉬운 방법은 여러 개의 1차원 웨이블릿 기저를 결합하는 것이다. 앞서 살펴본 이미지 분해가 이런 결합

*웨이블릿 족의 다른 유형들뿐 아니라 많은 일반화를 인터넷상에서 찾아볼 수 있다. www.wavelet.org.

의 한 예이다. 그것은 두 개의 1차원 하르 분해를 결합한다. 우리는 앞서 2×2 슈퍼픽셀이 다음과 같이 분해될 수 있음을 보았다. 우선, 그것을 대응되는 픽셀의 회색 레벨을 나타내는 두 수로 이루어진 두 행에 배열된 것으로 생각하자. 그런 다음, 각 행에 대해 두 수를 그 평균과 차로 대체하여 새로운 2×2 배열을 얻자. 마지막으로, 같은 과정을 새로운 배열의 열에 시행하자. 이는 4개의 수를 만들어내는데, 아래 항목이 다음의 결과들이다.

- 수평적으로 그리고 수직적으로 평균 구하기
- 수평적으로 평균 구하고 수직적으로 차이 구하기
- 수평적으로 차이 구하고 수직적으로 평균 구하기
- 수직적으로 그리고 수평적으로 차이 구하기

첫 번째 것은 슈퍼픽셀에 대한 평균 회색 레벨로, 다음 스케일로 올라간 분해에서 다음 단계를 위한 입력값으로 필요하다. 다른 셋은 이미 앞에서 보았던 세 가지 유형의 '차'에 대응된다. 각각 2^J개의 픽셀을 포함하는 2^K개의 행으로 이루어진 사각형 이미지를 가지고 시작한다면, 네 가지 유형 각각에 대해 $2^{K-1} \times 2^{J-1}$개의 수들을 얻는다. 각 모임은 자연스럽게 (각 방향으로) 원래 크기의 절반만 한 사각형에 배열된다. 왼쪽 위에 슈퍼픽셀에 대한 회색값을, 나머지 세 사각형에 다른 세 종류의 차이(혹은 웨이블릿 계수)를 가지고 사각형을 채우는 것이 이미지 프로세싱 문헌에서 일반적이다. (그림 10에 나온 레벨 1 분해를 보라.) 수평적 차이 구하기와 수직적 평

그림 10 보트 이미지의 웨이블릿 분해와 웨이블릿 계수들의 회색스케일 연출. 평균 구하기와 차 구하기 1레벨 이후와 함께 2레벨, 3레벨 이후의 분해를 보여준다. 수들이 음수일 수 있는(즉 두 방향으로 평균이 아닌) 웨이블릿 계수들에 대응되는 사각형에서, 보통 0을 위해 회색값 128을, 양수와 음숫값을 위해 더 어두운/더 밝은 회색값을 사용한다. 웨이블릿 사각형들은 대부분 회색값 128로, 웨이블릿 계수 대부분이 무시할 정도로 작다는 걸 보여준다.

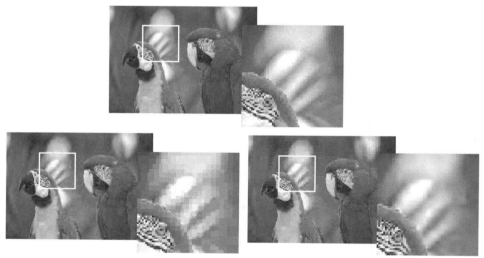

그림 11 위: 원래 이미지와 확대된 부분. 아래: 웨이블릿 기저를 가지고 이미지를 전개하고, 95%의 가장 작은 웨이블릿 계수들을 없앤 후 얻은 근사. 왼쪽: 하르 웨이블릿 변환. 오른쪽: 소위 말하는 9-7 이중직교 웨이블릿 기저를 이용한 웨이블릿 변환.

균 구하기에서 나온 사각형은 전형적으로 원래 이미지가 (위의 예에서 보트 돛대 같은) 수직적 모서리를 가지는 부분에서 큰 계수를 가진다. 비슷하게, 수평적 평균/수직적 차 사각형은 원래 이미지가 (돛의 줄무늬 같은) 수평적 모서리에 대해 큰 계수를 가지고, 수평 차/수직 차 사각형은 대각선 방향 특징을 가려낸다. '차 항'의 다른 세 유형은 (1차원의 경우 단지 하나 대신에) 여기 세 가지 기저 웨이블릿을 가

지고 있음을 나타낸다.

한 스케일 위로 가는 다음 단계를 위해, 시나리오는 슈퍼픽셀 회색값들을 포함하는 사각형들(수평적으로 그리고 수직적으로 평균 구하기의 결과들)에 대해 반복된다. 다른 세 사각형은 바꾸지 않고 그대로 남겨둔다. 그림 10은 비록 여기서 사용된 웨이블릿 기저가 하르 기저가 아니라 JPEG 2000 이미지 압축 표준에서 채용된 대칭적 이중 직교 웨이블릿

이지만, 원래 보트 이미지에 대해 이 과정의 결과를 보여준다. 그 결과는 원래 이미지를 성분 웨이블릿 들로 분해한 것이다. 이 중 대다수가 회색이라는 사실은 이 정보 중 많은 부분을 이미지의 질에 영향을 미치지 않고서 버릴 수 있음을 보여준다.

그림 11은 소멸 순간의 개수가 웨이블릿 기저가 함수의 성질을 특징 짓기 위해서 사용될 때뿐만 아니라, 이미지 분석에 있어서도 중요함을 보여준다. 그것은 두 가지 다른 방식으로 분해된 이미지를 보여준다. 하나는 하르 웨이블릿을 가지고, 또 다른 하나는 JPEG 2000 표준 이중직교 웨이블릿 기저를 가지고 말이다. 두 경우 모두 웨이블릿 계수 중 가장 큰 5%를 제외하고 나머지는 모두 0이라 놓고, 그에 대응되는 이미지의 재구성을 보고 있다. 둘 다 완벽하지 않다. 하지만 JPEG 2000 표준에서 사용된 웨이블릿은 네 개의 소멸 순간을 가지고, 따라서 하르 기저보다 이미지가 매끄럽게 변하는 부분에서 훨씬 더 좋은 근사를 준다. 하지만 하르 전개에서 얻은 재구성은 '더 블록처럼 보이고' 덜 매력적이다.

6 사실 광고: 실제 이미지 압축에 더 가까이

이미지 압축은 이 글에서 여러 번 논의되었고, 그것이 실제로 웨이블릿이 사용되는 상황이다. 하지만 실제적으로 이미지 압축에는 가장 큰 웨이블릿 계수들 이외에 나머지는 전부 버리고, 그 결과 잘라낸 계수들을 택하고, 길게 죽 늘여 쓰인 많은 0들의 각각의 줄을 그 길이로 대체한다는 단순한 아이디어보다 훨씬 더 많은 것이 있다. 이 짧은 절에서 우리는 위에서 이야기한 웨이블릿의 수학적 이론과 이

미지를 압축하고 싶은 공학자가 실제 상황에서 하는 일 사이의 큰 간극을 간략하게 살펴보도록 하겠다.

우선, 압축 애플리케이션은 '비트 한계(bit budget)'를 정하고, 저장되는 모든 정보는 비트 한계 내에 알맞아야 한다. 고려 중인 이미지들의 종류에 대한 통계적 추정과 정보론의 명제들이 다른 개수의 비트들을 다른 유형의 계수에 할당하는 데 사용된다. 이 비트 할당은 그저 계수들을 그대로 두거나 없애는 것보다 훨씬 더 점차적이고 미묘하다. 그렇더라도, 많은 계수들은 그에 할당된 비트를 가지지 못할 것이고, 이는 실제로 그런 계수들이 전부 없어지는 것을 뜻한다.

어떤 계수들은 없어지므로, 남은 계수들 각각이 올바른 주소, 즉 그 (j, k_1, k_2) 레벨을 갖도록 잘 살펴야 한다. 이는 이미지를(좀 더 정확히 말하자면 그 근사를) 재구성하기 위해 저장된 정보의 '압축을 푸는' 데 핵심적이다. 이를 수행하기 위한 좋은 전략이 없다면, 주소에 관한 정보를 부호화하는 데 필요한 계산 리소스들이 비선형 웨이블릿 근사에 의해 얻는 것 대부분을 상쇄시켜 버린다는 걸 쉽게 알 수 있다. 모든 실질적인 웨이블릿에 기반한 이미지 압축 스킴은 이 문제를 해결하는 어떤 종류의 현명한 방법을 사용한다. 한 구현법은 어떤 종의 웨이블릿 계수가 어떤 스케일 j에서 무시할 만큼 작은 이미지 상의 위치에서는, 더 세밀한 스케일의 같은 종의 웨이블릿 계수 역시 종종 작다는 관찰 결과를 이용한다. (앞서 주어진 보트 이미지 분해에서 이를 확인해 보라.) 각각의 이런 위치에서 이 방법은 더 세밀한 스케일 계수들의 전체 트리(스케일 $j + 1$에 대해 4,

스케일 $j + 2$에 대해 16 등)를 자동으로 0이라 놓는다. 이 가정이 현재 가진 이미지의 실제 분해로부터 얻어지는 웨이블릿 계수들에 의해 지원받지 못하는 그런 곳에서, 그렇다면 잉여 비트들은 그 가정에 보정이 있어야 한다는 정보를 저장하는 데 쓰여져야 한다. 실제로 '영-트리'에 의해 얻어진 비트들은 이런 간혹 나오는 보정을 위해 필요한 비트들보다 훨씬 더 많다.

어디에 응용되는가에 따라, 많은 다른 요소들이 작용할 수 있다. 예를 들어, 압축 알고리즘이 매우 제한된 전력 공급만을 가지는 인공위성 상의 기구에서 진행되어야 한다면, 변환에 관련된 계산 자체가 최대한 경제적인 것 또한 중요하다.

이런 종류의 (중요한!) 고려에 대해 더 많이 알고 싶은 독자는 공학 문헌에서 논의된 것들을 찾을 수 있다. 물론 어떤 독자는 고상한 수학적 수준에 머물러 있는 데 만족할 수도 있겠지만, 웨이블릿 변환을 통한 이미지 압축에 대해 이전 절에서 간략히 그려진 것보다 더 많은 것이 숨겨져 있음을 여기서 경고한다.

7 웨이블릿 발전에 대한 여러가지 영향의 간단한 개요

현재 '웨이블릿 이론'이라 불리는 것 대부분은 1980년대와 1990년대 초반에 발전했다. 그것은 조화해석학(수학), 컴퓨터 비전과 컴퓨터 그래픽(컴퓨터 과학), 신호 분석과 신호 압축(전기 공학), 간섭성 상태(이론 물리학), 지진학(지질학)을 포함한 많은 분야에서 존재하는 연구와 통찰 위에 이루어졌다. 서

로 다른 이 요소들은 일시에 모인 것이 아니라 종종 우연한 상황의 결과로 많은 다른 도움을 받으면서 점차적으로 모였다.

조화해석학에서 웨이블릿 이론의 뿌리는 1930년대 리틀우드[VI.79]와 페일리(Paley)의 연구로 거슬러 올라간다. 푸리에 해석학에서 중요한 한 가지 일반적 원칙은 함수의 매끈함이 그 푸리에 변환[III.27]에 반영된다는 것이다. 함수가 매끈할수록 그 변환은 더 빨리 감소한다. 리틀우드와 페일리는 국소적 매끈함의 특징을 규정하는 질문을 제기했다. 예를 들어 구간 [0, 1)에서 오직 한 점에서만 불연속이고 그 외의 나머지 점에서는 매끈한 주기가 1인(그래서 불연속성이 그 점을 정수만큼 평행이동시킨 모든 곳에서 반복되는) 주기 함수를 고려하자. 매끈함이 푸리에 변환에 반영되는가?

만약 그 질문을 당연한 방식으로 이해한다면, 대답은 "아니오"이다. 불연속성은 푸리에 계수가 천천히 감소하게 만든다. 함수의 나머지 부분이 아무리 매끈하더라도 말이다. 실제로, 가능한 제일 좋은 감소는 $|\hat{f}_n| \leq C[1 + |n|]^{-1}$ 꼴이다. 불연속점이 없다면, f가 k번 미분가능할 때 감소는 적어도 $C_k[1 + |n|]^{-k}$만큼 좋다.

그러나 국소적 매끈함과 푸리에 계수는 더 미묘하게 연관되어 있다. f가 주기 함수라 하고, 그 n번째 푸리에 계수 $\hat{f}_n$을 $a_n e^{i\theta_n}$이라 쓰자. 여기서 a_n은 $\hat{f}_n$의 절댓값이고, $e^{i\theta_n}$은 그 위상이다. 푸리에 계수의 감소를 조사할 때, 우리는 그저 a_n만 보고 위상에 대해서는 모두 잊는다. 이는 그것이 위상에서 임의의 변화에 의해 영향을 받지 않는 것이 아니더라도 어떤 현상도 알아차릴 수 없음을 뜻한다. 만약 f가

불연속점을 갖는다면 우리는 분명 위상을 바꿈으로써 그것을 움직일 수 있다. 이 위상은 특이점이 어디에 있는지뿐만 아니라 그 심각성을 결정하는 데에도 중요한 역할을 함이 드러났다. x_0에서 특이점이 그저 불연속이 아니라 $|f(x)| \sim |x - x_0|^{-\beta}$ 유형의 발산이라면, 절댓값 $|a_n|$을 바꾸지 않고서 그저 위상만 변화시켜서 β의 값을 바꿀 수 있다. 이런 식으로 푸리에 급수에서 위상을 바꾸는 것은 위험한 일이다. 이는 다루는 함수의 성질을 급격히 변화시킬 수 있다.

리틀우드와 페일리는 푸리에 계수들의 위상의 변화 중 **일부**는 더 무해하다는 걸 보였다. 특별히, 맨 처음 푸리에 계수에 대한 위상 변화를 선택하고, 다음 두 계수 모두에 대한 또 다른 위상 변화, 다음 네 개에 대한 다른 변화, 다음 여덟 개에 대한 변화 등등을 선택하는 식으로 위상 변화가 계속 길이를 두 배씩 늘려 나가는 푸리에 계수들의 '블록' 위에서 상수이면, f의 국소적 매끈함(혹은 매끈함의 부재) 성질이 유지된다. (주기 함수의 푸리에 급수와는 반대로) 비슷한 명제가 $\mathbb{R}$ 상의 함수의 푸리에 변환에 대해서도 성립한다. 이는 스케일링이 세부적인 국소적 해석을 다루는 데 체계적으로 이용되고, 지나고 나서 보니 마치 웨이블릿 분해에 대한 많은 강력한 성질들이 성립하도록 이미 만들어진 것처럼 보이는 매우 강력한 정리들이 증명된, 조화해석학 전 영역의 최초의 결과였다. 리틀우드-페일리 이론과 웨이블릿 분해 간의 관계를 보는 가장 간단한 방법은 **섀넌 웨이블릿** $\psi^{[\mathrm{Sh}]}$을 생각해 보는 것이다. $\hat{\psi}^{[\mathrm{Sh}]}$는 웨이블릿 $\psi^{[\mathrm{Sh}]}$의 푸리에 변환을 나타내고, $\hat{\psi}^{[\mathrm{Sh}]}(\xi)$는 $\pi \leq |\xi| < 2\pi$일 때 1이고 그 외에는 0이라 정의

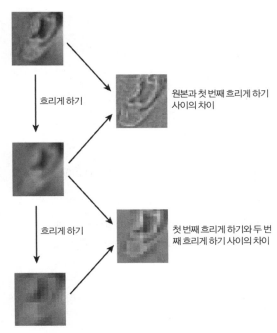

흐리게 하기

원본과 첫 번째 흐리게 하기 사이의 차이

흐리게 하기

첫 번째 흐리게 하기와 두 번째 흐리게 하기 사이의 차이

그림 12 계속된 흐리게 하기 사이의 차이는 다른 스케일에서 세부사항을 준다.

된다. 대응되는 함수 $\psi^{[\mathrm{Sh}]}_{j,k}(x) = 2^{j/2} \psi^{[\mathrm{Sh}]}(2^j x - k)$는 $L^2(\mathbb{R})$의 정규직교 기저를 구성하고, 각각의 f와 j에 대해 내적들 $(\int_{-\infty}^{\infty} f(x) \psi^{[\mathrm{Sh}]}_{j,k}(x) \, \mathrm{d}x)_{k \in \mathbb{Z}}$는 $\hat{f}(\xi)$가 집합 $2^{j-1} \leq \pi^{-1}|\xi| < 2^j$에 어떻게 제한되는지 말해 준다. 다시 말해서, 그것은 f의 j번째 리틀우드-페일리 블록을 준다.

스케일링도 컴퓨터 비전에서 중요한 역할을 한다. 여기서 이미지를 '이해'하는 기본적 방식 한 가지는 (적어도 1970년대 초반으로 거슬러 올라가는데) '성김(coarseness)' 정도에 따라 분류된 근사를 얻도록, 매번 더 많은 세부사항을 지워서 그것을 점점 더 흐리게 하는 것이다(그림 12 참조). 다른 스케일에서 세부사항들은 계속적인 성기게 함 사이의 차이를 고려하여 알아낼 수 있다. 웨이블릿 변환과의 관계가 분명하다!

전기 공학자들이 관심을 가지는 신호의 중요한 부류는 대역 제한된 신호(bandlimited signal)들의 부류이다. 이 부류는 대개 오직 변수 하나에 관한 함수 f로, 그 푸리에 변환 $\hat{f}$이 어떤 구간 바깥에서 사라지는 것들이다. 다시 말해서 f를 만들어내는 주파수들은 어떤 '제한된 대역'에서부터 나온다. 구간이 $[-\Omega, \Omega]$라면 f는 대역 제한(bandlimit) Ω를 가진다고 말한다. 그런 함수들은 종종 샘플(sample)이라 불리는, π/Ω의 정수배에서의 함숫값들에 의해 완전히 규정된다. 신호 f에서 대부분의 조작은 직접 행해지지 않고 이 샘플들의 수열에 대한 연산에 의해 행해진다. 예를 들어 f를 '저주파 절반'에 제한시키고 싶다고 하자. 이를 위해, $|\xi| \leq \Omega/2$라면 $\hat{g}(\xi) = \hat{f}(\xi)$이고, 다른 곳에서는 0이라는 조건을 가지고 함수 g를 정의할 것이다. 마찬가지로, 우리는 $|\xi| \leq \Omega/2$라면 $\hat{L}(\xi) = 1$이고 다른 곳에서는 0일 때 $\hat{g}(\xi) = \hat{f}(\xi)\hat{L}(\xi)$라고 말할 수 있다. 다음 단계로 L_n이 $L(n\pi/\Omega)$라 놓으면, $g(k\pi/\Omega) = \sum_{n \in \mathbb{Z}} L_n f((k-n)\pi/\Omega)$임을 알 수 있다. 이를 더 깔끔하게 나타내기 위해, $a_n = f(n\pi/\Omega)$, $\tilde{b}_n = g(n\pi/\Omega)$라고 하면, $\tilde{b}_k = \sum_{n \in \mathbb{Z}} L_n a_{k-n}$이다. 한편 g는 분명 대역 제한 $\Omega/2$를 가지고 있어서 g를 특징 짓기 위해서 $2\pi/\Omega$의 정수배에서 샘플들의 수열만 알면 충분하다. 다시 말해서 그저 수 $b_k = \tilde{b}_{2k}$만 알면 된다. f에서 g로의 전환은 따라서 $b_k = \sum_{n \in \mathbb{Z}} L_n a_{2k-n}$에 의해 주어진다. 적절한 전기 공학 용어로, 필터링(어떤 함수에 $\hat{f}$를 곱하거나, 수열 $(f(n\pi/\Omega))_{n \in \mathbb{Z}}$를 필터 계수들의 수열과 함께 합성곱하기)과 다운샘플링(downsampling)(둘 중 오직 한 샘플만 남겨두기. 이들이 더 좁게 대역 제한된 g를 규정하는 데 필요한 유일한 샘플이

므로)에 의해 f에 대한 임계 샘플 수열(즉, 그 대역 제한에 정확히 대응되는 샘플 비율)에서부터 g에 대한 임계 샘플 수열로 갔다. f의 고주파 절반인 h는 $|\xi| > \Omega/2$로 $\hat{f}(\xi)$를 제한시킨 것의 푸리에 역변환에 의해 얻을 수 있다. g처럼 함수 h도 $2\pi/\Omega$의 배수에서의 값에 의해 완전히 규정되고, h 또한 필터링과 다운샘플링에 의해 f로부터 얻을 수 있다. 따라서 f를 이렇게 저주파와 고주파로 절반해서 분리하는 것, 즉 부분대역(subband)은 어떤 구간에서 지지된 정규직교 웨이블릿 기저에 대한 웨이블릿 변환의 수행할 때 나오는 일반화된 평균과 차 구하기와 정확히 동치인 공식들에 의해 주어진다. 부분대역 필터링과 임계 다운샘플링은 웨이블릿이 나오기 전 전기 공학 문헌에서 발전되어 왔지만, 대부분 여러 단계로 이어지지 않았다.

양자 물리학의 주된 중요한 개념 중 하나는 어떤 힐베르트 공간[III.37]에서 리 군[III.48 §1]의 유니터리 표현[IV.15 §1.4]이다. 다시 말해서 리 군 G와 힐베르트 공간 H가 주어질 때, G의 원소 g를 H의 유니터리 변환으로 해석한다. H의 원소들은 상태(state)라 불리고, 어떤 리 군에 대해 v가 고정된 상태라면, 벡터들의 집합 $\{gv; g \in G\}$는 결맞는(coherent) 상태들의 집합이라 불린다. 결맞는 상태는 1920년대 슈뢰딩거의 연구로 거슬러 올라간다. 그 이름은 1950년대로 거슬러 올라가는데, 당시 양자 광학에서 사용되었다. '결맞는'이란 단어는 그들이 묘사하는 빛의 결맞음에서 나왔다. 이 집합은 양자 물리학에 나오는 훨씬 더 광범위한 상황에서 흥미롭다는 것이 밝혀졌고, 광학의 원래 배경 바깥에서도 그 이름이 그대로 고착되었다. 많은 응용에서 결맞는 상태의 전

체 모임을 사용하는 것이 아니라 특정한 종류의 G 의 이산적 부분집합에 대응되는 결맞는 상태만을 사용하는 것이 도움이 된다. 사실 웨이블릿은 그런 결맞는 상태의 부분적 모임이다. 하나의 기본 웨이블릿을 가지고 시작하여 그것을 (팽창과 평행이동에 의해) 나머지 웨이블릿들로 변형시키는 변환들이 그런 변환들의 이산적 반군을 형성한다.

웨이블릿이 이 모든 분야에서 나온 아이디어들을 종합했다는 사실에도 불구하고, 그 발견은 전혀 다른 영역에서 유래했다. 1970년대 후반, 지구 물리학자 몰렛(J. Morlet)은 정유회사에서 일하고 있었다. 진동기록으로부터 특별한 유형의 신호를 추출하기 위한 당시 기술에 불만이었던 그는 평행이동과 스케일링을 결합한 임시적 변환을 생각해냈다. 오늘날, 이것은 과잉 웨이블릿 변환이라 불릴 것이다. 몰렛이 친숙했던 지진학에 나오는 다른 변환들은 지진의 자취를 $W_{m,n}(t) = w(t - n\tau)\cos(m\omega t)$ 꼴의 특별한 함수들과 비교하는 것을 수반한다. 여기서 w 는 유한 구간 내에서 0에서 1까지 부드럽게 일어났다가 부드럽게 다시 0으로 감소하는 매끈한 함수이다. 함수 w의 여러 가지 다른 예들이 여러 다른 과학자들에 의해 제안되었고 실제로 사용된다. 왜냐하면 함수 $W_{m,n}$은 작은 물결처럼 보이기 때문에(진동하지만 w 때문에 좋은 시작과 끝을 가진다), 그 특정한 w를 제안한 사람 X의 이름을 따라서 전형적으로 'X의 웨이블릿'이라 불린다. 몰렛의 새로운 임시 집합에서 참고 함수는 그가 지진의 자취 조각들과 비교하기 위해 사용했는데, 점점 더 진동하는 삼각함수들과 곱하는 대신 스케일링에 의해 함수 w로부터 만들어졌다는 점에서 달랐다. 이 때문에 그것들은

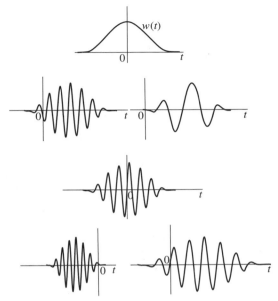

그림 13 위: 지구물리학자에 의해 실제로 사용되는 창 함수 w의 한 예. 그 바로 밑에 $w(t - n\tau)e^{imt}$의 두 예. 즉, 두 '전통적인' 지구 물리학 웨이블릿. 아래: 몰렛에 의해 사용된 웨이블릿과 그 바로 아래 두 평행이동과 팽창. 이들은 '전통적인' 것들과 달리 일정한 모양을 가진다.

항상 같은 모양을 가졌고, 몰렛은 그것들을 X(혹은 Y나 Z 등등)의 웨이블릿과 구분하기 위해서 '일정한 모양의 웨이블릿'이라 불렀다(그림 13 참조).

몰렛은 이 새로운 변환을 가지고 일하는 것을 스스로 터득했고 그것이 수치적으로 유용함을 알게 되었다. 하지만 배경이 되는 이론이 없었기 때문에 그는 자신의 직관을 다른 이들에게 설명하는 데 어려움을 겪고 있었다. 이전 학교 동기가 그를 이론 물리학자인 그로스만(A. Grossmann)에게 이끌었다. 그는 결맞는 상태와 관련성을 만들어냈고, 몰렛과 다른 협력자들과 함께 1980년 초반에 변환에 대한 이론을 발전시키기 시작했다. 지구물리학 분야 바깥에서는 '일정한 모양의'라는 구절을 사용할 필요가 없었고, 이는 신속히 없어졌는데 몇 년 후 웨이블

릿 이론의 좀 더 완숙한 형태가 그들 분야에 다시 등장했을 때 지구물리학자들은 이 때문에 화가 났다.

몇 년 후 1985년에 조화해석학 전문가인 마이어(Y. Meyer)는 대학교 복사기 앞에 줄을 서 있다가 이 연구에 대해 들었고 그것이 그 자신과 다른 조화해석학자들이 오랫동안 친숙했던 스케일링 기법을 흥미롭게 다루는 다른 방법을 보여줌을 인식했다. 그 당시 초기 함수 ψ의 매끈함과 좋은 감소 성질을 결합한 웨이블릿 기저는 알려져 있지 않았다. 실제로, 웨이블릿 전개에 관한 논문에서 그런 정규직교 웨이블릿 기저는 존재할 수 없다고 암묵적으로 가정하고 있는 듯했다. 마이어는 이를 증명하고자 했으나 실패했다. 하지만 그 실패는 모든 사람에게 놀랍지만 기쁘기도 한 최상의 방식으로 이루어졌는데, 왜냐하면 최초의 매끈한 웨이블릿 기저라는 반례를 찾아냈기 때문이다. 나중에 이것이 진짜 최초가 아니라고 밝혀진 것만 빼면 말이다. 사실 이미 몇 년 전에 또 다른 조화해석학자 스트롬베르그(O. Stromberg)가 다른 예를 만들어 냈지만, 이는 그 당시 주목받지 못했다.

마이어의 증명은 독창적이었다. 그의 증명은 어떤 기적 같아 보이는 상쇄 때문에 가능했는데, 이는 수학적 이해의 관점에서 보자면 항상 불만족스러운 것이다. 조각마다 다항함수인 르메르(이제는 르메르(Lemarié)-리우셋(Rieusset))와 배틀(Battle)에 의한 정규 직교 웨이블릿 기저의 서로 독립적인 구성에서 비슷한 기적이 그 역할을 했다. (그들은 (르메르의 경우 조화해석학, 배틀의 경우 양자장론이라는) 완전히 다른 출발점에서 시작해 같은 결과에 도달했다.)

몇 달 뒤, 그 당시 미국에서 컴퓨터 비전 분야 박사 과정 중인 멀랫(Mallat)이 이 웨이블릿 기저에 대해 알게 되었다. 그는 휴가 중에 마이어의 대학원 학생 중 한 명인 이전 동기와 해변에서 이야기를 나누었다. 멀랫은 자신의 박사과정 연구로 돌아온 후 컴퓨터 비전에서 주된 패러다임과의 가능한 연관성에 대해 계속 생각했다. 마이어가 1986년 가을 지명 강연을 위해 미국에 온다는 것을 알고서, 그를 만나러 갔고 자신의 통찰에 대해 설명했다. 그들은 며칠 간 열정적으로 연구하여, 컴퓨터 비전 프레임워크에서 영감을 얻어 마이어의 구성에 대한 다른 접근 방법인 **다중해상도 분석(multiresolution analysis)**을 강구해냈다. 이 새로운 세팅에서 모든 기적은 계속적인 더 정교한 근사라는 원칙을 구현하면서 단순하고, 전적으로 자연스러운 구성 규칙의 당연한 결과로 자리잡았다. 다중해상도 분석은 많은 웨이블릿 기저와 과잉 집합의 구성을 뒷받침하는 기본적 원칙으로 남아 있다.

그 시점까지 만들어진 매끈한 웨이블릿 기저 중 어떤 것도 구간 내에서 지지(supported inside an interval)되지 않았고, 따라서 (전기공학에서 이름 붙여지고 발전되었음을 그 창조자가 알지 못한 채 부분대역 필터링 프레임워크를 이용하고 있었던) 변환을 행하는 알고리즘은 원칙적으로, 시행 불가능한 무한 필터를 요구했다. 실제로 이는 수학적 이론에서 나온 무한 필터를 잘라내야 함을 의미했다. 어떻게 유한 필터로 다중해상도 분석을 구성할 것인지 분명하지 않았다. 무한 필터를 잘라내는 것은 전체적인 아름다운 체계에 결점처럼 보였고, 나는 이러한 상황이 달갑지 않았다. 그래서 나는 그로스만

(Grossmann)으로부터 웨이블릿에 대해, 학회 동안 저녁식사 후 마이어가 냅킨에 끄적거린 설명을 통해 다중해상도 분석에 대해 배웠다. 나는 1987년 초에 유한 필터를 사용하는 프로그램을 고집하기로 결정했다. 전체 다중해상도 분석(그리고 웨이블릿의 그 대응되는 정규직교 기저)이 적절하지만 유한한 필터들로부터 다시 만들어질 수 있는지 궁금했다. 이 프로그램을 잘 완성해냈고, 그 결과로 ψ가 매끈하고 구간에서 지지되는 정규직교 웨이블릿 기저를 처음으로 만들어냈다.

이후 얼마 지나지 않아 전기공학적 방법과의 연관성이 발견되었다. 특별히 쉬운 알고리즘들이 컴퓨터 그래픽 응용을 위해 만들어졌다. 더 흥미로운 구성과 일반화, 이를테면 이중직교 웨이블릿 기저들, 웨이블릿 패킷, 다중웨이블릿, 비균등 간격 웨이블릿, 1차원 구성에서부터 나온 것이 아닌 복잡한 다차원 웨이블릿 기저 등이 뒤따랐다.

이 기간은 격동적이고 짜릿한 기간이었다. 그 이론의 발전은 모든 다른 영향들로부터 수혜를 입었고 그 반대로 웨이블릿과 관련된 다른 분야들을 풍요롭게 했다. 이론이 무르익어감에 따라 웨이블릿은 수학자, 과학자, 공학자 모두가 함께 사용하는 수학적 도구로 추가되어 받아들여졌다. 그것은 또한 웨이블릿이 최적이 아닌 일들에 더 잘 맞는 다른 방법들의 발전도 자극했다.

더 읽을거리

Aboufadel, E., and S. Schlicker. 1999. *Discovering Wavelets*. New York: Wiley Interscience.

Blatter, C. 1999. *Wavelets: A Primer*. Wellesley, MA: AK Peters.

Cipra, B. A. 1993. Wavelet applications come to the fore. *SIAM News* 26(7): 10-11, 15.

Frazier, M. W. 1999. *An Introduction to Wavelets through Linear Algebra*. New York: Springer.

Hubbard, B. B. 1995. *The World According to Wavelets: The Story of a Mathematical Technique in the Making*. Wellesley, MA: AK Peters.

Meyer, Y., and R. Ryan. 1993. *Wavelets: Algorithms and Applications*. Philadelphia, PA: Society for Industrial and Applied Mathematics(SIAM).

Mulcahy, C. 1996. Plotting & scheming with wavelets. *Mathematics Magazine* 69(5): 323-43.

VII.4 네트워크 교통량의 수학

프랭크 켈리 *Frank Kelly*

1 서론

누구나 정체된 도로에 익숙하고, 아마 인터넷과 같은 다른 네트워크에서의 정체에도 익숙할 것이다. 따라서 어떻게 그리고 왜 네트워크에서 정체가 생기는지를 전반적으로 이해하는 것은 분명 중요하다. 그러나 네트워크를 통과하는 교통 흐름의 패턴은 여러 사용자 간의 미묘하고 복잡한 상호작용의 결과이다. 예를 들면 일반적으로 도로 네트워크에서 각 운전자가 가장 편리한 경로를 선택하려고 한다고 예상할 것이고, 이 선택은 운전자가 다양한 길

에서 맞닥뜨릴 거라 예상하는 지연에 따라 달라질
것이다. 그러나 이런 지연은 반대로 다른 사람들이
어떤 경로를 선택하는지에 따라 달라질 것이다. 이
공통적인 상호 의존은 새로운 도로의 건설이나 정
해진 장소에 통행료 도입과 같은 시스템에서 변화
가 주는 효과를 예측하기 어렵게 만든다.

전화 네트워크나 인터넷 같은 다른 대규모 시스
템에서도 관련된 문제들이 일어난다. 이런 시스템
의 주된 실질적 관심사는 통제를 **분산**시킬 수 있는
정도이다. 웹 브라우징을 할 때 웹 페이지가 네트워
크를 지나 당신에게 전달되는 속도는 어떤 거대한
중앙 컴퓨터에 의해서가 아니라, 당신 컴퓨터와 웹
페이지를 주관하는 웹 서버에서 진행되는 소프트웨
어 프로토콜에 의해 통제된다. 흐름 통제에 대한 이
런 분산된 방법은 인터넷이 소규모 연구 네트워크
에서 현재의 수억 개의 호스트들의 상호연결로 진
화해 감에 따라 매우 성공적이었다. 그러나 과부하
의 징후가 나타나기 시작하고 있다. 새로운 프로토
콜 개발에서 어려운 문제는 네트워크가 전체적으로
계속 팽창하고 진화한다면 분산된 흐름 통제의 정
확히 어떤 측면이 중요한가를 이해하는 것이다.

이 글에서 우리는 이런 문제들을 다루는 데 쓰여
온 수학적 모형 몇 가지를 소개할 것이다. 모형들은
시스템의 여러가지 다른 측면들을 보여줄 수 있을
것이다. 그래프이론[III.34]과 행렬[I.3 §4.2]의 언어가
네트워크 간의 연결 패턴을 설명하는 데 필요하다
는 걸 보게 될 것이다. 미적분학은 정체가 어떻게 교
통량에 의존하는지 설명하는 데 필요하다. 그리고
최적화 개념은 이기적인 운전자가 가장 짧은 경로
를 선택하는 방법, 혹은 통신 네트워크에서 분산된

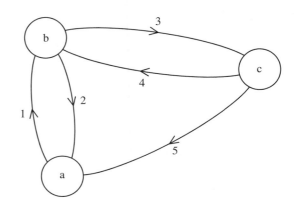

$$A = \begin{array}{c} \\ 1 \\ 2 \\ 3 \\ 4 \\ 5 \end{array} \begin{array}{cccccccc} ab & ac & ba & bc & ca1 & ca2 & cb1 & cb2 \\ \left(\begin{array}{cccccccc} 1 & 1 & 0 & 0 & 0 & 0 & 0 & 1 \\ 0 & 0 & 1 & 0 & 0 & 1 & 0 & 0 \\ 0 & 1 & 0 & 1 & 0 & 0 & 0 & 0 \\ 0 & 0 & 0 & 0 & 0 & 1 & 1 & 0 \\ 0 & 0 & 0 & 0 & 1 & 0 & 0 & 1 \end{array}\right) \end{array}$$

$$H = \begin{array}{c} \\ ab \\ ac \\ ba \\ bc \\ ca \\ cb \end{array} \begin{array}{cccccccc} ab & ac & ba & bc & ca1 & ca2 & cb1 & cb2 \\ \left(\begin{array}{cccccccc} 1 & 0 & 0 & 0 & 0 & 0 & 0 & 0 \\ 0 & 1 & 0 & 0 & 0 & 0 & 0 & 0 \\ 0 & 0 & 1 & 0 & 0 & 0 & 0 & 0 \\ 0 & 0 & 0 & 1 & 0 & 0 & 0 & 0 \\ 0 & 0 & 0 & 0 & 1 & 1 & 0 & 0 \\ 0 & 0 & 0 & 0 & 0 & 0 & 1 & 1 \end{array}\right) \end{array}$$

그림 1 단순 네트워크와 그 링크 경로 근접 행렬 A. 행렬 H는 어떤
경로가 어떤 출발점-도착점 쌍을 주는지 나타낸다.

통제가 전체적으로 시스템이 잘 작동할 수 있도록
하는 방법을 모형화하는 데 필요하다.

2 네트워크 구조

그림 1은 다섯 개의 방향성 있는 링크에 의해 연결
되어 있는 세 개의 노드를 보여준다. 노드는 마을이
나 도시 안의 위치를 나타내고, 링크는 다른 노드 간
의 도로 수용력을 나타낸다고 상상할 수 있다. 노드
c에서 노드 a까지 운전자가 선택할 수 있는 두 개의

경로가 있다. 첫째 경로는 ca1이라 부를 것이며, 이 것은 링크 5를 이용하는 직통 경로이다. 둘째 경로 는 ca2로, 점 b를 경유하여 링크 4와 2를 이용하는 경로이다.

J를 직통 링크들의 집합, R을 가능한 경로들의 집 합이라고 하자. 링크와 경로 간의 관계를 설명하는 한 가지 방법은 다음과 같이 정의되는 표 혹은 **행렬** 을 이용하는 방법이다. 링크 j가 경로 r 상에 있으면 $A_{jr} = 1$이라 하고, 그렇지 않으면 $A_{jr} = 0$이라 놓자. 이는 **링크-경로 근접 행렬**(link-route incidence matrix) 이라 불리는 행렬 $A = (A_{jr}, j \in J, r \in R)$을 정의한 다. 행렬의 각 열은 경로 r 중 하나에 대응하고, 각 행 은 네트워크의 링크 j 중 하나에 대응한다. 경로 r에 대한 열은 0과 1로 이루어져 있다. 1은 어떤 링크가 경로 r 상에 있는지 말해준다. 행에 대해 보면, 링크 j에 대한 행에서 1은 어떤 경로가 그 링크를 지나가 는지 말해준다. 이런 식으로 예를 들면 그림 1의 근 접 행렬은 노드 c, a 사이에 두 경로 ca1, ca2 각각에 대한 열을 가진다. 이 열들은 경로 ca 1이 링크 5를 이용하고 경로 ca2가 링크 4와 2를 이용한다는 정보 를 부호화한다. 근접 행렬은 경로에 나오는 링크들 의 순서에 관해서는 알려주지 않는다는 사실을 기 억하자. 또한 보여진 근접 행렬은 이론적으로 가능 한 경로를 모두 포함하지 않지만, 우리가 원한다면 가능하다. 그리고 우리는 매우 작은 네트워크를 나 타냈지만, 네트워크에 나올 수 있는 노드와 링크의 개수, 혹은 각 운전자가 택할 수 있는 경로 선택의 개수에는 제한이 없다. 그저 근접 행렬이 더 커질 뿐 이다.

네트워크에서 관심을 가지는 양 중 하나가 특정

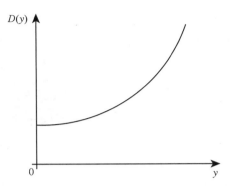

그림 2 링크를 지나는 전체 흐름 y의 함수로 표현된 링크를 따라 지 나가는 데 걸리는 시간 $D(y)$. 흐름이 증가하면 정체 효과는 추가적인 지연을 야기한다.

한 경로나 링크를 지나는 교통량의 양이다. x_r을 경 로 r 상의 **흐름**이라고 하자. 이는 시간당 그 경로를 지나가는 자동차의 수로 정의된다. 네트워크의 모 든 경로를 지나가는 흐름을 수열 $x = (x_r, r \in R)$ 로 열거할 수 있고 이 수열을 벡터처럼 생각할 수 있 다. 이 벡터로부터 우리는 한 링크를 통과하는 전체 흐름을 계산할 수 있다. 예를 들어 그림 1의 링크 5 를 지나는 전체 흐름은 경로 ca1과 cb2를 지나는 흐 름들의 합으로, 이들이 링크 5를 지나는 경로들이기 때문이다. 일반적으로 경로 r이 링크 j를 지날 때 A_{jr} = 1이고 그렇지 않을 때 $A_{jr} = 0$이기 때문에, 링크 j 를 지나는 전체 흐름은 그것을 이용하는 모든 경로 로부터 나오고

$$y_j = \sum_{r \in R} A_{jr} x_r, \quad j \in J$$

이다. 다시 한번 수들 $(y_j, j \in J)$가 벡터를 이룬다고 생각할 수 있다. 그러면 위 식은 행렬의 형태로 간결 하게 나타낼 수 있다.

$$y = Ax.$$

우리는 한 링크에서 정체 수준이 그 링크를 지나는 전체 흐름에 달려 있다고 생각하고, 이것이 링크를 지나가는 데 걸리는 시간에 영향을 준다고 생각한다. 이 시간을 **지연**이라 부를 것이다. 그림 2는 지연이 흐름의 양에 의해 결정되는 전형적인 방식을 보여준다. 흐름 y가 작은 값일 때 지연 $D(y)$는 그저텅 빈 도로를 지나가는 데 걸리는 시간이다. y가 더 큰 값을 가지면 지연 $D(y)$는 커지는데, 이는 정체 효과 때문에 훨씬 더 많이 커질 가능성이 있다.*

링크 j를 통과하는 흐름이 y_j일 때 지연을 $D_j(y_j)$라 하자. 이 지연의 속성은 링크 j의 길이나 폭 같은 특징에 달려 있을 것이다. 따라서 우리는 다양한 링크에 대한 함수가 다를 수도 있다는 것을 나타내기 위해 함수 D_j에 아래첨자 j를 이용해야 한다.

2.1 경로 선택

네트워크상의 두 노드가 주어질 때 일반적으로 그둘을 이을 수 있는 가능한 경로들이 다양할 것이다. 예를 들어 그림 1에서 근접 행렬 A는 노드 c와 a 사이에 두 개의 경로가 있음을 보여준다는 걸 보았다. 순서쌍 ca는 **출발점-도착점 쌍(source-destination pair)**의 한 예이다. 출발점 c에서 시작하여 노드 a로

가는 흐름은 이 출발점-도착점 쌍을 주는 두 경로인 ca1이나 ca2를 이용할 수 있다. 이제 이번에는 출발점-도착점 쌍과 경로 간의 관계를 보여주기 위해 다른 행렬이 필요하다. 전형적인 출발점-도착점 쌍을 나타내기 위해 s를 사용하고, 모든 출발점-도착점 쌍의 집합을 S라 놓자. 그러면 각 출발점-도착점 쌍 s와 각 경로 r에 대해, s가 경로 r에 의해 나올 수 있다면 $H_{sr} = 1$, 그렇지 않다면 $H_{sr} = 0$이라 놓자. 이는 행렬 $H = (H_{sr}, s \in S, r \in R)$을 정의한다. 그림 1은 한 예를 보여준다. ca라 이름 붙인 행은 출발점-도착점 쌍 $s = $ ca를 만드는 두 경로 $r = $ ca1, ca2에 대해 1을 갖는다. H의 각 열은 하나의 경로에 대응되고 1을 하나만 포함한다. 이는 그 경로에 의해 만들어지는 출발점-도착점 쌍을 나타낸다. 각 경로 r에 대해 r에 의해 만들어지는 출발점-도착점 쌍을 $s(r)$이라 놓자. 예를 들어 그림1에서 $s($ac$) = $ac이고 $s($ca1$) = $ca이다.

벡터 $x = (x_r, r \in R)$로부터 출발점에서 도착점으로 가는 전체 흐름을 계산할 수 있다. 예를 들어 그림 1에서 노드 c에서 노드 a로 가는 흐름은 경로 ca1과 ca2를 지나는 흐름들의 합인데, 행렬 H로부터 이들이 출발점-도착점 쌍 ca를 만드는 경로들임을 알기 때문에 그렇다. 더 일반적으로, f_s가 출발점-도착점 쌍 s를 만드는 모든 경로들에 대해 더해진 교통의 전체 흐름이라면,

$$f_s = \sum_{r \in R} H_{sr} x_r, \qquad s \in S$$

이다. 이렇게 출발점-도착점 흐름의 벡터 $f = (f_s, s \in S)$는 행렬의 형태로 간단하게 $f = Hx$라 나타낼 수 있다.

---

* 그림 2에 나온 그래프는 단일한 값을 가진다. 흐름의 함수로서 지연을 나타내는 곡선이 자기 위로 접히는 것도 가능하다. 따라서 그래프에서 보여진 것보다 더 높은 지연이 거기 보여진 최대 흐름보다 더 작은 흐름에 대응된다. 당신은 그래프의 이 부분에 있지만 그렇지 않다면 사고가 없는 고속도로 위에 있다. 교통 관리 목표 중 하나가 그래프의 이 부분으로부터 흐름과 지연을 멀리 유지하는 것인데, 이에 대해서는 더 이상 고려하지 않을 것이다. 우리는 그래프를 증가하는 매끈한 그래프라 가정할 것이고, 이는 나중에 미적분의 사용을 더 용이하게 만든다. 공식화하자면, 그림 2에 그려져 있는 그래프처럼, $D(y)$는 연속적으로 미분가능하고 변수 y에 대한 증가함수라 가정할 것이다.

3 워드롭 균형

우리는 이제 핵심적 문제에 접근할 수 있다. 다양한 출발점과 도착점 간의 교통흐름이 네트워크의 링크들 상에 어떻게 퍼져 있는가? 각 운전자는 항상 가장 빠른 경로를 사용하려고 할 것이지만 이는 다른 경로를 더 빠르게 혹은 더 느리게 만들 수 있고 다른 운전자가 경로를 바꾸게 만든다. 다른 대안을 찾을 수 없을 때에만 더 빠른 경로가 운전자로 하여금 경로를 바꾸게 만들지 않을 것이다. 이는 수학적으로 무슨 뜻인가?

우선 어떤 운전자가 경로 r을 지나갈 때 걸리는 시간을 계산해 보자. 행렬 A의 r이라 이름 붙인 열은 어떤 링크 j가 경로 r 상에 있는지 말해준다. 우리가 이들 링크 각각에서 생기는 지연을 더한다면, 우리는 경로 r을 지나가는 데 걸리는 시간을 다음과 같이 표현할 수 있다.

$$\sum_{j \in J} D_j(y_j) A_{jr}.$$

사실 경로 r을 이용하는 운전자는 같은 출발점-도착점 쌍 $s(r)$을 만드는 다른 경로를 아무거나 이용할 수 있었다. 따라서 운전자가 경로 r에 만족하기 위해서는 같은 출발점-도착점 쌍 $s(r)$을 만드는 모든 다른 경로 r'에 대해

$$\sum_{j \in J} D_j(y_j) A_{jr} \leqslant \sum_{j \in J} D_j(y_j) A_{jr'}$$

이 성립해야 한다.

$y = Ax$일 때, 같은 출발점-도착점 쌍을 만드는 임의의 두 경로 r, r'에 대해

$$x_r > 0 \Rightarrow \sum_{j \in J} D_j(y_j) A_{jr} \leqslant \sum_{j \in J} D_j(y_j) A_{jr'}$$

을 만족하는 0 이상의 수들의 벡터 $x = (x_r, r \in R)$을 워드롭 균형(Wardrop, 1952)이라 정의하자. 부등식은 워드롭 균형을 정의하는 특징을 나타낸다. 즉 어떤 경로 r이 활발하게 이용된다면, 그 출발점-도착점 쌍 $s(r)$을 만드는 모든 경로에 대해 지연을 최소화한다.

워드롭 균형이 존재하는가? 네트워크 내의 다양한 경로에 대해 위의 부등식 모두를 동시에 만족하는 벡터 x를 찾는 것이 가능한지는 전혀 분명하지 않다. 이 질문에 대답하기 위해, 다르게 보이는 질문을 하나 던지겠다. 다음 최적화 문제에 대한 답은 무엇일까?

$Hx = f, Ax = y$라는 조건을 만족하는 $x \geqslant 0, y$에 대해

$$\sum_{j \in J} \int_0^{y_j} D_j(u)\, du$$

를 최소화하라.

이 최적화 문제가 왜 해 (x, y)를 가지는지, 그리고 만약 (x, y)가 해라면 왜 벡터 x가 워드롭 균형이 되는지를 간략히 살펴보자.

이 최적화 문제는 상당히 자연스러운 측면이 있다. 분명한 제약조건은 각 경로를 따르는 흐름은 0 이상이라는 것이고 따라서 $x \geqslant 0$라고 주장한다. 조건 $Hx = f, Ax = y$는 그저 우리가 앞서 보았던 계산 규칙들을 다시 강조하는 것이다. 출발점-도착점 흐름 f와 링크 흐름 y를 각각 행렬 H와 A를 이용해 경로 흐름 x로부터 계산하게 하는 규칙들 말이다. 우리는 다양한 경로 상에 분포된 출발점-도착점 흐름

f를 고정된 것으로 생각한다. f의 선택이 주어질 때, 우리가 할 일은 경로 흐름 x와 그로부터 나오는 경로 흐름 y를 찾는 것이다. 최적화 문제의 해에서 x가 0 이상이므로 y도 0 이상일 것이다.

이 정도는 꽤 자연스럽다. 하지만 최소화해야 하는 함수는 좀 이상해 보인다. 이 함수가 중요한 이유는 적분

$$\int_0^{y_j} D_j(u)\,du$$

의 y_j에 대한 변화율이 미적분학의 기본정리[I.3 §5.5]에 의해 $D_j(y_j)$이고 우리가 최소화하려는 함수가 모든 링크들에 대한 이런 적분의 합이라는 사실 때문이다. 워드롭 균형점과 이 최적화 문제 사이의 관계는 이 관찰의 직접적 결과임을 보게 될 것이다.

이 최적화 문제의 해를 찾기 위해 우리는 라그랑주 승수법[III.64]을 이용할 것이다. 다음과 같이 함수를 정의하자.

$$L(x, y\,;\,\lambda, \mu)$$
$$= \sum_{j \in J} \int_0^{y_j} D_j(u)\,du + \lambda \cdot (f - Hx) - \mu \cdot (y - Ax).$$

여기서 $\lambda = (\lambda_s, s \in S)$, $\mu = (\mu_j, j \in J)$는 라그랑주 승수들의 벡터로 나중에 고정시킬 것이다. 라그랑주 승수를 올바르게 선택하면 x, y에 대한 함수 L의 최소화를 통해 원래 문제의 해를 찾을 수 있다는 것이 아이디어이다. 이것이 가능한 이유는 라그랑주 승수를 올바르게 선택하면 제약조건 $Hx = f$, $Ax = y$가 L의 최소화와 부합되기 때문이다.

함수 L을 최소화하기 위해서는 미분을 할 필요가 있다. 첫째

$$\frac{\partial L}{\partial y_j} = D_j(y_j) - \mu_j$$

이고, 둘째

$$\frac{\partial L}{\partial x_r} = -\lambda_{s(r)} + \sum_{j \in J} \mu_j A_{jr}$$

이다. 행렬 H의 형태는 x_r에 대한 미분이 λ의 정확히 하나의 성분, 이름하여 $\lambda_{s(r)}$을 골라 내게 하고, 행렬 A의 형태는 미분이 경로 r 상의 링크에 대응하는 μ의 그런 성분만 골라내게 한다는 사실을 주목하자. 이 도함수들로부터 우리는 모든 $x \geq 0$과 모든 y에 대해, L의 최솟값이 다음과 같을 때 나온다고 결론지을 수 있다.

$$\mu_j = D_j(y_j),$$
$$\lambda_{s(r)} = \sum_{j \in J} \mu_j A_{jr} \qquad x_r > 0$$
$$\leq \sum_{j \in J} \mu_j A_{jr} \qquad x_r = 0$$

$\lambda_{s(r)}$에 대한 등식 조건은 곧장 나온다. 만약 $x_r > 0$이라면, x_r에서 위나 아래로 조금 변하는 것이 함수 $L(x, y\,;\,\lambda, \mu)$를 감소시키지 않을 것이고, 따라서 우리는 x_r에 대한 편미분이 0이 되어야 한다고 결론짓는다. 그러나 $x_r = 0$이라면 우리는 x_r을 위쪽으로만 변하게 할 수 있고, 따라서 x_r에 대한 편도함수가 음수가 아니라는 것만 이끌어낼 수 있으며, 이로부터 $\lambda_{s(r)}$에 대한 부등식 조건이 나온다.

함수 L을 최소화하는 것은 제약 조건 $Hx = f$, $Ax = y$의 위반을 허용하는 셈이다. 하지만 대가를 치러야 한다. 이제 합 $\sum_{j \in J} A_{jr} x_r$이 f_s 아래로 떨어지면 가격 λ_s를 매기고, $\sum_{j \in J} A_{jr} x_r$이 y_j보다 크면 가격 μ_j를 매긴다. 볼록 최적화에 관한 일반적 결과로부

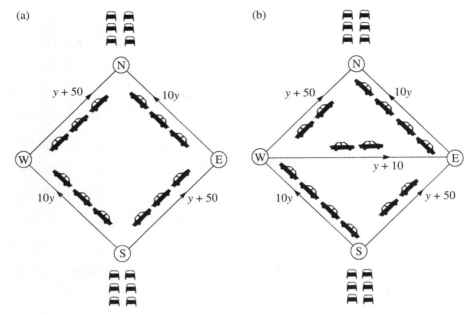

그림 3 브라에스의 역설. 링크의 추가는 모든 사람들의 운전 시간을 더 늘어나게 만든다. (브라에스(1968)와 코헨(1988))

터, (x, y)가 $L(x, y; \lambda, \mu)$를 최소화하고 제약조건 $Hx = f, Ax = y$를 만족시키면서 원래의 최적화 문제의 해가 되는 라그랑주 승수 (λ, μ)와 벡터 (x, y)가 존재한다고 알려져 있다.

라그랑주 승수에 대한 우리 해는 그것들이 단순하게 해석됨을 보여준다. μ_j는 링크 j에서 지연이고 λ_s는 노드 쌍 s를 지나는 모든 경로에 대한 지연의 최솟값이다. 승수에 대해 확립된 다양한 조건들은 이렇게 **목적 함수**(objective function)라 알려진 함수 L의 최적값이 워드롭 균형점에 정확히 대응됨을 보여준다.

따라서 네트워크 내의 교통량이 운전자의 이기적 선택에 부합하도록 스스로 분산된다면, 평형 흐름 (x, y)는 최적화 문제의 해가 될 것이다. 이 결과는 원래 베크만 등(Beckmann et al. 1956)에 나왔는

데, 도로 교통 네트워크에서 얻어지는 평형 패턴에 대한 놀라운 통찰을 제공한다. 다수의 이기적 운전자 개개인의 결정으로부터 결과한 교통 패턴은 마치 중앙 정보부가 어떤(오히려 이상한) 목적 함수를 최적화하기 위해 흐름을 지시하고 있는 것처럼 행동한다.

그 결과는 네트워크 내의 평균 지연이 최소일 것임을 뜻하지 않는다. 브라에스의 역설(Braess, 1968)은 이 놀라운 사실을 보여주는데, 이것이 우리가 다음으로 설명할 것이다.

4 브라에스의 역설

그림 3(a)에 그려진 네트워크를 생각하자. 자동차가 노드 W 혹은 E를 경유해 노드 S에서 N으로 간다.

전체 흐름은 6이고, 링크 지연 $D_j(y)$는 그림의 링크 옆에 주어져 있다. 그림이 사람들이 남쪽에 있는 어떤 도시의 중앙에서 북쪽에 있는 집으로 퇴근하는 퇴근 시간을 보여준다고 상상할 수 있다. 사람들은 경험적으로 동쪽이나 서쪽 경로를 따른 정체가 어느 정도일지 안다. 보여진 교통량의 분산이 워드롭 균형이다. 어떤 운전자가 경로를 바꿔도 이점이 없다. 왜냐하면 가능한 두 경로에서 똑같은 지연 시간, 즉 $(10 \times 3) + (3 + 50) = 83$ 단위시간이 나타나기 때문이다. 이제 그림 3(b)에 보여진 것처럼 노드 W와 E 사이에 새로운 링크가 추가되었다고 가정하자. 교통량이 새로운 링크에 몰린다. 왜냐하면 우선 그것은 남쪽에서 북쪽으로 더 짧은 여행 시간을 제공하기 때문이다. 결국, 모두 새로운 링크에 대해 알게 되고 교통 패턴이 안정된 후에 새로운 워드롭 균형이 형성될 것이고, 이는 3(b)에 보여준다. 새로운 균형에서 새 경로가 사용되고 각각은 같은 지연 시간, 즉 $(10 \times 4) + (2 + 50) = (10 \times 4) + (2 + 10) + (10 \times 4) = 92$가 나타난다. 이런 식으로 그림 3(a)에서 각 차는 83 단위 시간의 지연을 보이는 반면, 그림 3(b)에서 각 차는 92 단위시간의 지연을 보인다. 새로운 링크를 추가하자 모든 사람들의 지연 시간이 늘어났다!

이런 분명한 역설에 대한 설명은 다음과 같다. 워드롭 균형에서 모든 운전자는 다른 사람들의 선택이 주어졌을 때, 그 자신의 출발점과 도착점 사이의 가능한 경로들 중 지연 시간을 최소화하는 경로를 이용하고 있다. 하지만 이 평형이 다른 흐름 패턴에 의해 얻어질 수 있는 경로와 비교했을 때 특별히 지연 시간이 짧은 내재적 이유는 없다. 만약 모든 운전

자가 자신의 이기적 선택을 버리도록 용기를 북돋을 수 있다면, 모두에게 이익이 될 가능성이 상당히 크다. 그리고 위의 예에서, 두 번째 네트워크에서 모든 운전자가 처음 네크워크로 효과적으로 다시 전환하면서 새로운 링크를 피하기로 합의할 수 있다면, 그러면 모두의 지연 시간이 줄어들 것이다.

그 점을 더 알아보기 위해, 흐름 y_j와 지연 $D_j(y_j)$의 곱이 단위시간당 링크 j에서 초래하는 지연을 링크 j를 이용하는 모든 자동차에 대해 더해 놓은 것임에 유의하자. 전체 네트워크 상에서 더해진, 단위시간당 총 지연을 최소화하는 흐름 패턴을 찾아 보자. 그럼 다음 문제를 고려해 보자.

$Hx = f$, $Ax = y$라는 조건을 만족하는
$x \geq 0$, y에 대해

$$\sum_{j \in J} y_j D_j(y_j)$$

를 최소하라.

이 문제는 앞서 나온 최적화 문제와 같은 형태이지만, 최소화하려는 함수는 이제 단위시간당 총 네트워크 지연을 측정한다. (첫 번째 최적화 문제에서 최소화하고자 하는 함수는 처음 보기에 오히려 임의적인 듯했고, 결국 그 가능한 동기가 워드롭 균형에 의해 그 최솟값이 주어진다는 것임을 기억하자.) 다시 한번 함수

$$L(x, y; \lambda, \mu)$$
$$= \sum_{j \in J} y_j D_j(y_j) + \lambda \cdot (f - Hx) - \mu \cdot (y - Ax)$$

를 정의하자. 또다시

$$\frac{\partial L}{\partial x_r} = -\lambda_{s(r)} + \sum_{j \in J} \mu_j A_{jr}$$

이지만, 이제

$$\frac{\partial L}{\partial y_j} = D_j(y_j) + y_j D_j'(y_j) - \mu_j$$

가 성립한다. 따라서 $x \geq 0$, y에 대한 L의 최솟값은 다음과 같을 때 나온다.

$$u_j = D_j(y_j) + y_j D_j'(y_j),$$

$$\lambda_{s(r)} = \sum_{j \in J} \mu_j A_{jr} \qquad x_r > 0일 \ 때,$$

$$\leq \sum_{j \in J} \mu_j A_{jr} \qquad x_r = 0일 \ 때.$$

라그랑주 승수는 이제 더 복잡하게 해석된다. 지연 $D_j(y_j)$에 덧붙여 링크 j의 사용자들은 교통량에 의존하는 통행료

$$T_j(y_j) = y_j D_j'(y_j)$$

를 초래한다. 그러면 μ_j는 통행료와 지연의 합으로 정의되는 링크 j를 사용하기 위한 **일반화된 비용**이고 λ_s는 노드 쌍 s를 사용하는 모든 경로 상에서 일반화된 비용의 최솟값이다. 사용자가 통행료와 지연의 합을 최소화하기 위한 경로를 선택한다면, 네트워크에서 총 지연을 최소화하는 흐름 패턴을 만들 것이다. 일반화된 비용 μ_j는 $(\partial / \partial y_j)(y_j D(y_j))$이고 이는 흐름 y_j가 증가함에 따라 링크 j에서 총 지연의 증가 속도이다. 따라서 이제 가정은 어떤 의미에서 운전자들은 자기 자신의 지연을 최소화하는 것보다 오히려 전체 지연에 기여하는 바를 최소화하려고 애쓴다는 것이다.

운전자가 자기 자신의 지연을 최소화하려고 시도

한다면, 결과적인 평형 흐름은 네트워크에 대해 정의된 어떤 목적 함수를 최소화할 것임을 보았다. 그러나 목적 함수는 분명 전체 네트워크 지연이 아니고, 따라서 수용량이 네트워크에 추가될 때 상황이 더 나아지리라는 보장이 없다. 우리는 또한 적절한 통행료를 징수하면, 운전자들의 이기적 행동 양상이 총 지연을 최소화하는 흐름의 평형 패턴을 가져올 수 있다는 것도 보았다. 정부와 교통 계획자들에게 주된 난제는 이러한, 그리고 이보다 더 미묘한 모형들로부터 얻은 통찰을 더 효율적인 도로 네트워크 개발과 이용을 권장하는 데 어떻게 사용할지를 이해하는 것이다.

5 인터넷에서 흐름 관리

인터넷상에서 파일을 요구할 때, 그 파일을 가지고 있는 컴퓨터는 그것을 데이터의 작은 패킷들로 쪼갠 다음 인터넷의 **전송 제어 프로토콜** 혹은 TCP(transmission control protocol)에 의해 네트워크를 통해 전송한다. 패킷이 네트워크에 들어가는 속도는 TCP에 의해 통제되는데, 이는 데이터의 출발점과 도착점인 두 컴퓨터 상의 소프트웨어로서 이행된다. 일반적 방법은 다음과 같다(Jacobson 1988). 네트워크 내의 링크에 과적이 생기면, 하나 혹은 그 이상의 패킷이 사라진다. 패킷의 손실은 정체의 신호로 받아들여지고, 도착점은 이를 출발점에 알려주고 출발점은 속도를 늦춘다. 그런 다음 TCP는 다시 정체 신호를 받을 때까지 그 전송 속도를 점차적으로 증가시킨다. 이 증가와 감소의 순환은 소스 컴퓨터가 사용 가능한 용량을 발견하고 사용할 수 있

게, 그리고 패킷들의 다른 흐름들 사이에 그것을 공유하게 해 준다.

TCP는 인터넷이 소규모 연구 네트워크에서 오늘날 수억 개의 끝점과 링크의 상호연결로 진화되어 가면서 놀라울 만치 성공적이었다. 이 자체가 놀라운 관찰 결과이다. 많지만 확실하지 않은 개수의 흐름 하나하나가 그 흐름의 정체 경험만을 알 수 있는 피드백 루프에 의해 제어된다. 한 흐름은 얼마나 많은 다른 흐름들이 그 경로 상의 링크를 공유하고 있는지, 혹은 심지어 얼마나 많은 링크들이 경로 상에 있는지조차 알지 못한다. 링크는 그 용량이 크기의 여러 차수만큼 다양하고, 다른 링크들을 공유하는 흐름의 수도 마찬가지이다. 그저 끝점에서만 정체가 제어되는, 그토록 빠르게 커져가는 이질적인 네트워크에서 너무도 많은 것들이 이루어진다는 것은 놀랍다. 어떻게 이 알고리즘이 아주 잘 작동하는 것일까?

최근 이론가들은, 마치 도로 네트워크에서 운전자의 분산된 선택이 최적화 문제의 해답을 주는 것처럼, 프로토콜을 최적화 문제를 해결하는 분산된 평행 알고리즘으로 해석함으로써 TCP의 성공에 빛을 비추었다. 그 대략적인 이야기를 살펴볼 텐데, 좀 더 자세하게 TCP에 대해 설명하면서 시작하겠다.[*]

인터넷을 통해 TCP에 의해 전달된 패킷들은 그 순서를 나타내는 **수열 번호**를 포함하고, 그 순서대로 도착점에 도착해야 한다. 도착점에서 패킷을 받

으면 그것을 확인한다. 확인증은 도착점에서 다시 출발점으로 보내지는 짧은 패킷이다. 만약 패킷이 전달 과정에서 손실되었다면, 출발점은 확인증에 포함된 수열 번호로부터 이를 알 수 있다. 출발점은 보내진 각 패킷의 복사본을 제대로 전달되었음이 확인될 때까지 가지고 있다. 이런 복사본들은 슬라이딩 윈도우(sliding window)라 불리는 것을 형성하고 전달과정에서 손실된 패킷을 출발점에서 다시 보내도록 한다.

한편, 소스 컴퓨터에 저장된 **혼잡 윈도우**(congestion window)라고 알려지고 cwnd라고 쓰는 수치적 변수가 있다. 혼잡 윈도우는 다음과 같은 의미에서 슬라이딩 윈도우의 크기를 조절한다. 슬라이딩 윈도우의 크기가 cwnd보다 작으면 컴퓨터는 패킷을 보내서 그것을 증가시키고, cwnd보다 크거나 같다면 제대로 갔다는 확인증이 돌아오기를 기다리는데, 이는 슬라이딩 윈도우의 크기를 줄이는 효과를 가지며, 뒤에서 보겠지만 cwnd 또한 증가시키는 효과를 가진다. 이런 식으로, 슬라이딩 윈도우의 크기는 혼잡 윈도우에 의해 주어진 타겟 크기의 조절 속에서 움직이면서 계속해서 변한다.

혼잡 윈도우 그 자체는 고정된 수가 아니다. 오히려, 항상 업데이트되고 있고, 이것이 어떻게 진행되는지에 대한 정확한 규칙이 TCP의 수용량 공유에 있어 결정적이다. 현재 사용되는 규칙들은 다음과 같다. 제대로 갔다는 확인증이 돌아올 때마다 cwnd는 $cwnd^{-1}$만큼 증가하고, 손실된 패킷이 감지될 때마다 cwnd는 절반이 된다.[**] 이런 식으로, 출발점 컴

---

[*] TCP에 대한 우리의 자세한 설명조차도 단순화시킨 것으로, 단지 프로토콜의 정체 피하기 부분만 다루고 타임아웃이나 단일한 왕복 시간 내에 들어온 다중 정체 표시 신호에 대한 반응에 관한 이야기는 생략한다.

[**] 이 증감 규칙은 오히려 신비해 보일지 모른다. 실제로 최근에야

퓨터가 손실된 패킷을 감지하면, 정체가 있었음을 인식하고 잠시 물러선다. 하지만 모든 패킷이 전달되고 있다면, 패킷을 보내는 속도를 약간 올리는 것을 다시 허용한다.

p가 패킷이 손실될 확률이라면, $1 - p$의 확률로 혼잡 윈도우가 cwnd^{-1}만큼 증가할 것이고, p의 확률로 $\frac{1}{2}\text{cwnd}$만큼 감소할 것이다. 따라서 업데이트 단계당 혼잡 윈도우 cwnd에서 변화 기댓값은

$$\text{cwnd}^{-1}(1 - p) - \tfrac{1}{2}\text{cwnd}\,p$$

이다. 변화 기댓값은 작은 cwnd값에 대해서는 양수이지만, cwnd가 충분히 크면 음수가 될 것이다. 그러므로 그 식이 0이 될 때, 즉

$$\text{cwnd} = \sqrt{\frac{2(1 - p)}{p}}$$

일 때 cwnd에 대한 균형이 나타나기를 기대할 수 있다.

이제 이 계산을 네트워크로 어떻게 확장할 수 있는지 보자. 그림 1에서 보여진 네트워크처럼, 네트워크가 유향 링크들로 연결된 노드들의 집합으로 구성되어 있다고 하자. 앞에서처럼, J는 유향 링크들의 집합, R은 경로들의 집합, $A = (A_{jr}, j \in J, r \in R)$은 링크-경로 근접 행렬이라 하자. 이 네트워크에서 어떤 요구가 컴퓨터에 도달할 때, 컴퓨터는 결과로 나올 패킷들의 흐름을 위해 혼잡 윈도우를 준비할 것이다. 이런 혼잡 윈도우는 다양할 것이므

로, 이름을 붙일 필요가 있고 흐름을 위해 이용되는 경로를 가지고 이름을 붙이는 것이 편리하다. (이런 흐름들이 정확히 어떤 경로를 따라가는지는 복잡하고 중요한 질문이지만, 여기서는 다루지 않을 것이다.) 따라서 사용된 각 경로 r에 대해, cwnd_r을 그 경로에 대한 혼잡 윈도우라 하자. T_r은 경로 r에 대한 **왕복 시간**이라 하자. 즉 패킷을 보내고 그 확인증을 받는 동안의 시간 말이다.[*] 마지막으로 변수 x_r을 cwnd_r / T_r이라 정의하자.

이제 임의의 주어진 시간에 슬라이딩 윈도우는 이미 보내졌지만 확인되지 않은 패킷들로 이루어져 있다. 그러므로 한 패킷이 막 확인되었고 그 왕복에 걸린 시간이 T_r이라면, 슬라이딩 윈도우는 마지막 T_r 시간 단위 동안 보내진 모든 패킷들로 이루어진다. 소스 컴퓨터는 그런 패킷의 수가 약 cwnd_r이기를 목표로 삼고 있기 때문에, 우리는 x_r이 패킷이 경로 r을 지나 전달되는 속도라고 해석할 수 있다. 이런 식으로 수 x_r은 앞서 논의했던 교통 흐름 벡터와 매우 유사한 흐름 벡터를 형성한다.

그런 다음 우리가 했던 것처럼, y_j는 링크 j를 통과하는 총 흐름으로 링크 j를 통과하여 지나는 모든 경로 r에 대해 x_r을 더하여 얻어지도록 벡터 $y = Ax$를 정의한다. p_j를 링크 j에서 손실된 혹은 '떨어뜨린' 패킷의 비율이라 하자. 우리는 p_j가 링크 j를

비로소 그 거시적인 결과가 많이 이해되기 시작했다. 10년 이상 규칙들이 잘 작동했지만, 이제 노화의 징조가 보이기 시작하고 있고, 최근의 많은 연구는 그것들을 바꾸면 어떤 결과가 나올 것인지에 대한 완전한 이해를 시도하고 있다.

---

[*] 왕복 시간은, 전달 지연이라 불리는 한 패킷이 경로를 따라 지나가는 데 걸리는 시간을 노드에서 프로세싱 시간과 대기 행렬 지연을 가지고 절충한다. 프로세싱 시간과 대기 행렬 지연은 컴퓨터 속도가 빨라지면서 감소하는 경향이 있지만, 빛의 유한한 속도가 전파 지연에 본질적인 하한을 제공한다. 한 경로에 대한 왕복 시간은 상수로 가정하겠다. 따라서 한 링크에서 정체는 추가적 패킷 지연이라기보다 오히려 패킷 손실이라 느껴지게 만든다고 가정한다.

통과하는 총 흐름 y_j와 다음과 같이 연관되어 있기를 기대한다. y_j가 링크 j의 수용량 C_j보다 작으면 p_j는 0일 것이다. 링크가 꽉 차지 않았다면 링크 j에서 떨어뜨린 패킷은 없을 것이다. 그리고 $p_j > 0$이라면 $y_j = C_j$이다. 패킷을 떨어뜨렸다면 링크는 꽉 차 있다. 링크에서 떨어뜨린 패킷의 비율이 작다고 가정하면, 패킷이 경로 r에서 손실될 가능성은 대략 다음과 같다.

$$p_r = \sum_{j \in J} p_j A_{jr}.$$

(정확한 공식은 $(1 - p_r) = \prod_{j \in J}(1 - p_j)^{A_{jr}}$일 것이지만, p_j가 작을 때, 그 곱을 무시할 수 있다.) $x_r = \mathsf{cwnd}_r/T_r$이기 때문에, 앞서 계산했던 cwnd는 이제

$$x_r = \frac{1}{T_r}\sqrt{\frac{2(1 - p_r)}{p_r}}$$

을 준다.

마지막 두 식들이 만족되면서 각 $j \in J$에 대해 p_j가 0이거나 $y_j = C_j$이 되도록 일관된 방식으로 속도 $x = (x_r, r \in R)$와 저하 확률 $p = (p_j, j \in J)$를 선택하는 것이 가능한가? 놀라운 사실은 그런 선택이 정확히 다음 최적화 문제의 해에 대응된다는 점이다(Kelly 2001; Low et al. 2002).

$Ax \leq C$라는 조건을 만족하는 $x \geq 0$에 대해

$$\sum_{r \in R} \frac{\sqrt{2}}{T_r} \arctan\left(\frac{x_r T_r}{\sqrt{2}}\right)$$

을 최대화하라.

이 최적화 문제의 어떤 측면은 우리가 기대하는

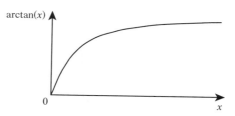

그림 4 arctan 함수. 인터넷의 TCP는 암묵적으로 네트워크에 존재하는 모든 연결에 대한 효용의 합을 극대화한다. 이 함수는 단일한 연결에 대한 효용 함수의 모양을 보여준다. 수평축은 연결 속도에 비례하고, 수직축은 그 속도의 유용성에 비례한다. 두 축 모두 연결의 왕복 시간을 가지고 그려졌다.

바와 같다. 부등식 $Ax \leq C$는 단순히 각 링크 $j \in J$에 대해 링크 j를 통과하는 흐름들을 더하고 그 합이 링크 j의 수용량 C_j를 넘지 않기를 요구한다. 그러나 전과 마찬가지로, 최적화하고자 하는 함수는 확실히 이상하다. 그림 4에 그려진 arctan 함수는 삼각함수 tan의 역함수로

$$\arctan(x) = \int_0^x \frac{1}{1 + u^2}\,\mathrm{d}u$$

이라 정의할 수도 있다. 이 형태로부터 x에 대한 도함수가 $1/(1 + x^2)$임을 안다.

최적화 문제와 평형 속도와 저하 확률 간의 관계식을 대강 살펴보자. 함수

$$L(x, z\,;\mu)$$
$$= \sum_{r \in R} \frac{\sqrt{2}}{T_r}\arctan\left(\frac{x_r T_r}{\sqrt{2}}\right) + \mu \cdot (C - Ax - z)$$

를 정의하자. 여기서 $\mu = (\mu_j, j \in J)$는 라그랑주 승수들의 벡터이고, $z = C - Ax$는 슬랙 변수의 벡터로 네트워크의 각 링크 $j \in J$에서 여분 수용량을 측정한다. 이제, arctan 함수의 도함수를 이용하면

$$\frac{\partial L}{\partial x_r} = (1 + \tfrac{1}{2}x_r^2 T_r^2)^{-1} - \sum_{j \in J}\mu_j A_{jr},$$
$$\frac{\partial L}{\partial z_j} = -\mu_j$$

이다. $x, z \geq 0$에 대해 L의 최댓값을 찾아 보자. 이 최댓값은 $\mu_j = p_j$라고 일치시킬 때, 정확히 우리가 찾고 있던 속도와 저하 확률의 집합 $(x_r, r \in R)$, $(p_j, j \in J)$임이 밝혀졌다. 예를 들어 x_r에 대한 편미분을 0이라 놓으면 x_r에 대해 원하는 식을 준다.

정리하면, 각 링크 $j \in J$에 대해, 최적화 문제로부터 나오는 라그랑주 승수 μ_j가 정확히 그 링크에서 손실된 패킷의 비율 p_j로, 앞서 나왔던 라그랑주 승수가 정확히 도로 교통 네트워크의 링크에서 지연이었던 것과 마찬가지이다. 그리고 많은 경쟁 중인 TCP의 상호작용에 의해 도달된 평형은, 각각은 출발점과 도착점 컴퓨터에서만 제공되는데, 전체 네트워크에 대한 목적 함수를 효과적으로 최대화한다. 목적 함수는 놀랍게 해석된다. 그것은 마치 출발점-도착점 쌍에 대한 흐름의 속도 x_r의 유용성이 효용 함수

$$\frac{\sqrt{2}}{T_r} \arctan\left(\frac{x_r T_r}{\sqrt{2}}\right)$$

에 의해 주어지고, 링크들의 제한된 수용량으로부터 나오는 제약조건들을 만족시키면서 네트워크가 모든 출발점-도착점 쌍을 지나면서 이 효용 함수들의 합을 최대화하려고 노력하고 있는 것 같다.

그림 4에 그려진 arctan 함수는 위로 볼록하다. 따라서 둘 이상의 연결이 과적된 링크를 공유하면 얻어진 속도들은 거의 비슷할 것이다. 왜냐하면 그렇지 않다면 최대 속도를 조금 감소시키고 최소 속도를 조금 증가시켜서 총 효용을 증가시킬 수 있을 것이기 때문이다. 결과적으로, TCP는 리소스를 거의 동등하게 공유하는 경향이 있다. 이는 전통적인 전화 네트워크 시스템에서 리소스-제어 메커니즘과 매우 다른데, 전통적인 시스템은 네크워크가 과적이 되면 이미 통화 중인 전화가 과적에 의해 영향을 받지 않게 하기 위해 일부 전화를 차단한다.

6 결론

대규모 시스템의 양상은 물리학에서 나오는 많은 예들과 함께 수학자들에게 100년이 넘는 시간 동안 큰 관심사였다. 예를 들어 기체의 움직임을 각 분자의 위치와 속도에 관해 미시적인 수준에서 설명할 수 있다. 이 세부적 수준에서 분자의 속도는 분자가 다른 분자나 용기벽에 부딪혀 돌아다니므로 랜덤 과정처럼 보인다. 그러나 시스템의 이 세부적인 미시적 묘사는 온도나 압력 같은 양에 의해 가장 잘 묘사되는 거시적 양태와 잘 맞아떨어진다. 비슷하게, 전기장 네트워크에서 전자의 움직임은 랜덤 워크를 가지고 설명할 수 있지만 미시적 수준에서 이 단순한 설명은 거시적 수준에서 상당히 미묘한 움직임을 가져온다. 켈빈(Kelvin)은 저항기의 네트워크에서 퍼텐셜 함수의 패턴이 정확히 주어진 전류 레벨에 대해 열 전도를 최소화하는 패턴임을 보였다. 전자의 국소적 무작위적 행동 양상은 전체 네트워크가 오히려 복잡한 최적화 문제를 해결하게 한다.

지난 50년간 대규모 설계 시스템을 종종 비슷한 방식으로 가장 잘 이해할 수 있음을 인식하기 시작했다. 이렇게 각 운전자가 가장 편리한 경로를 찾는 것을 가지고 교통 흐름을 미시적으로 설명하는 것은 함수의 최솟값을 가지고 설명되는 거시적 움직임과 잘 맞아떨어진다. 인터넷을 통해 어떻게 패킷들이 전달되는지를 제어하는 단순한 국소적 규칙들

이 전체 네트워크를 통한 총 사용의 최대화에 대응
된다.

한 가지 생각해 볼 만한 차이는 물리적 시스템을
지배하는 미시적 규칙들이 고정된 반면, 운송이나
통신 네트워크 같이 설계된 시스템에 대해서는 우
리가 바람직하다고 판단한 거시적 결과를 얻기 위
해 미시적 규칙들을 선택할 수 있을지도 모른다는
점이다.

edited by B. Engquist and W. Schmid, pp. 685-702.
Berlin: Springer.

Low, S. H., F. Paganini, and J. C. Doyle. 2002. Internet
congestion control. *IEEE Control Systems Magazine*
22: 28-43.

Wardrop, J. G. 1952. Some theoretical aspects of road
traffic research. *Proceedings of the Institute of Civil
Engineers* 1: 325-78.

더 읽을거리

Beckmann, M., C. B. McGuire, and C. B. Winsten.
1956. *Studies in the Economics of Transportation.*
Cowles Commission Monograph. New Haven, CT:
Yale University Press.

Braess, D. 1968. Über ein Paradoxon aus der
Verkehrsplanung. *Unternehmenforschung* 12:258-
68.

Cohen, J. E. 1988. The counterintuitive in conflict and
cooperation. *American Scientist* 76:576-84.

Department for Transport. 2004. Feasibility study of
road pricing in the UK. Available from www.dft.gov.
uk.

Jacobson, V. 1988. Congestion avoidance and control.
Computer Communication Review 18(4):314-29.

Kelly, F. P. 1991. Network routing. *Philosophical
Transactions of the Royal Society of London* A
337:343-67.

———. 2001. Mathematical modeling of the Internet.
In *Mathematics Unlimited—2001 and Beyond,*

VII.5 알고리즘 디자인의 수학
존 클라인버그 *Jon Kleinberg*

1 알고리즘 디자인의 목표

컴퓨터 과학이 1960년대와 1970년대에 대학에서 하나의 주제로 자리잡기 시작할 때, 더 공고히 확립되어 있던 분야의 연구자들은 이를 매우 의아하게 생각했다. 실제로 처음에는 왜 컴퓨터 과학을 또다른 학문적 분야로 보아야 하는지 분명하지 않았다. 세상에는 새로운 기술들이 많이 있지만, 일반적으로 각각 주위에 분리된 분야를 만들지는 않는다. 오히려 그것들을 이미 존재하는 과학과 공학 분야의 부산물로 바라보는 경향이 있다. 이에 있어 컴퓨터 과학의 특별성은 무엇인가?

돌이켜 생각해 보면, 그런 논쟁은 중요한 문제를 강조하고 있었다. 컴퓨터 과학은 기술의 특정한 한 부분으로서의 컴퓨터에 대한 것이라기보다, 컴퓨터 그 자체의 더 일반적 현상에 대한 것, 정보를 보여주고 조작하는 과정의 디자인에 대한 것이다. 이런 과정은 그 고유의 내재적인 법칙을 따른다는 것이 알려졌고, 이는 컴퓨터에 의해서만이 아니라 사람, 조직, 자연에서 나오는 시스템들에 의해서도 행해진다. 이런 계산 과정을 알고리즘이라 부를 것이다. 이 글에서 우리 논의의 목적을 위해, 알고리즘은 문제를 해결하기 위해서 양식화한 언어로 표현된, 단계별로 주어진 지시들이라고 간단히 생각할 수 있다.

알고리즘을 이렇게 생각하는 것은 충분히 일반적이어서 컴퓨터가 데이터를 처리하는 방법과 사람이 손으로 계산을 수행하는 방법을 모두 포함한다. 예를 들어, 우리가 어린아이일 때 배운 수들의 덧셈과 곱셈에 관한 규칙들은 알고리즘이다. 항공사가 비행 일정을 짜기 위해 사용하는 규칙들도 알고리즘에 해당한다. 구글과 같은 검색 엔진에서 웹페이지 순위를 매기기 위해 사용하는 규칙들도 알고리즘에 해당한다. 또한 인간 두뇌가 시각적으로 물체들을 인식하는 데 사용하는 규칙도 일종의 알고리즘에 해당한다. 비록 현재로서는 이 알고리즘이 어떻게 생겼고 어떻게 우리 신경계의 하드웨어에서 이를 시행하는지 이해하려면 멀었지만 말이다.

여기서 공통된 주제는 특정한 계산 기기나 컴퓨터 프로그래밍 언어에 의지하지 않고서, 대신 그것들을 수학의 언어로 표현함으로써 이 모든 알고리즘에 대해 생각할 수 있다는 것이다. 사실, 지금 우리가 생각하는 것 같은 알고리즘이라는 개념은 1930년대 수학적 논리학자들의 연구에 의해 대부분 공식화되었고, 알고리즘적 추론은 지난 수천 년간 수학적 활동에서 암묵적으로 진행되어 왔다. (예를 들어 방정식 풀이 방법은 항상 강력한 알고리즘적 성향을 가진다. 고대 그리스의 기하학적 작도 문제들 또한 내재적으로 알고리즘적이었다.) 오늘날, 알고리즘의 수학적 분석은 컴퓨터 과학에서 핵심적 위치를 차지한다. 그것이 진행되는 특정한 기기에 상관없이 알고리즘에 대한 추론은 일반적 디자인 원칙과 계산에 있어 근본적인 제약에 관한 통찰을 가능하게 한다.

동시에, 컴퓨터 과학 연구는 두 가지 서로 다른 관점에 집중하려고 분투하고 있다. 알고리즘을 수학적으로 공식화하는 더 추상적인 관점과 대중이 그 분야와 일반적으로 연관시키는 더 응용적인 관점, 즉 인터넷 검색 엔진, 전자 은행 시스템, 의학 이미

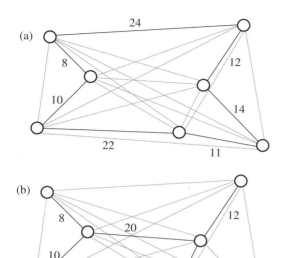

그림 1 같은 점들의 집합에서 (a)여행하는 외판원 문제와 (b)최소 생성 트리 문제의 예의 해. 진한 선은 각 최적해에 의해 연결된 도시들의 쌍을 나타내고, 옅은 선은 연결되지 않은 모든 쌍들을 나타낸다.

2 두 가지 대표적인 문제

효율성에 관해 더 구체적으로 논의하기 위해서, 그리고 이와 같은 문제에 대해 어떻게 생각할 수 있는지 보여주기 위해서, 우선 두 가지 대표적인 문제들에 대해 논의할 것이다(모두 알고리즘 연구에서 근본적인 문제이다). 이들은 그 공식화는 비슷하지만 계산상의 어려움에 있어서 매우 다르다.

첫 번째 문제는 여행하는 외판원 문제(traveling salesman problem, TSP)로 다음과 같이 정의된다. 외판원이 n개의 도시가 그려져 있는 지도를 들여다보고 있다고 상상해 보자. (그는 현재 그중 한 도시에 있다.) 지도는 각 도시 간의 거리를 알려주고, 외판원은 n개의 도시를 모두 방문하고 다시 원래 시작했던 도시로 돌아오는 가능한 한 가장 짧은 거리의 여행을 계획하고 싶다. 다시 말해서, 두 도시 간의 모든 거리들의 집합을 입력값으로 하면서 총 거리를 최소화하는 여행을 만드는 알고리즘을 찾고 있다. 그림 1(a)는 TSP의 입력값의 한 예에 대한 최적의 해를 보여준다. 원은 도시를 나타내고 (길이에 따라 이름 붙여진) 진한 선은 외판원이 여행 동안 연속적으로 방문하는 도시를 연결하고, 옅은 선들은 연속적으로 방문하지 않는 모든 다른 도시 사이를 연결한다.

두 번째 문제는 최소 생성 트리 문제(minimum spanning tree problem, MSTP)이다. 여기서 우리는 다른 목표를 염두에 두고서 n개의 도시가 있는 똑같은 지도를 가지고 있는 건설회사를 상상해 볼 것이다. 지도 상의 도시의 특정한 쌍들을 연결하는 도로들을 건설하는데, 이 도로들이 건설되고 나면 n개의 도시 각각이 각각의 다른 도시들과 연결되는

지 소프트웨어, 컴퓨터 기술로부터 기대하게 된 많은 다른 새로운 것들과 같은 응용을 발전시키고자 하는 관점 말이다. 이 두 관점 간의 팽팽한 긴장 상태는 그 분야의 수학적 공식화가 계속적으로 실질적 응용과 비교하여 테스트되고 있다는 걸 뜻한다. 그것은 수학적 개념들이 널리 이용되는 응용에 영향을 미치는 새로운 길들을 제공한다. 그리고 때로는 새로운 수학적 문제들이 이런 응용들로부터 나오게 만든다.

이 짧은 글의 목표는 컴퓨팅에 관한 수학적 형식과 이를 자극하는 응용 사이의 균형을 보여주는 것이다. 이를 위해 가장 단순한 정의에 관한 질문 하나를 제시하면서 시작하겠다. **효율적 계산**이라는 개념을 공식으로 어떻게 나타내야 하는가?

경로가 생기게 하려 한다. (여기서 핵심은 각 도로가 한 도시에서 다른 도시로 곧장 이어져야 한다는 점이다.) 목표는 그러한 도로 네트워크를 가능한 한 가장 저렴하게, 다시 말해서 도로 건설을 위한 총 재료가 가능한 한 가장 적게 들도록 건설하고 싶다는 점이다. 그림 1(b)는 (a)에서 사용된 것과 같은 도시들에 대해 정의된 MSTP의 예에 대하여 최적의 해를 보여준다.

이 두 문제는 실질적으로 폭넓게 응용된다. TSP는 주어진 물체들의 집합을 '좋은' 순서로 순서 매기는 것에 관한 기본적 문제로, 인쇄된 회로판에 구멍을 뚫는 로봇 팔의 움직임을 설계하는 것(여기서 '도시'는 구멍을 뚫어야 하는 위치이다)으로부터 크로모좀에 유전자 감별표를 선형 수열로 순서대로 늘어 놓는 것에 이르는 문제들을 다루는 데 쓰인다(감별표는 도시를 구성하고 가까움의 확률적 측정치로부터 나온 거리를 구성한다). MSTP는 효율적인 통신 네트워크를 디자인하는 데 있어 기본적인 문제이다. 이는 위에서 주어진 동기를 따르는데, 광섬유 케이블이 '도로'의 역할을 한다. MSTP 또한 데이터를 자연스럽게 무리지어 모으는 문제에서 중요한 역할을 한다. 예를 들어 그림 1(b)의 왼쪽에 있는 점들이 어떻게 그림 오른쪽에 있는 점들과 비교적 긴 선을 가지고 연결되는지 살펴보라. 무리짓기에 적용할 때, 왼쪽에 있는 점들과 오른쪽에 있는 점들이 자연스러운 무리를 형성한다는 증거로 이를 채택할 수 있다.

TSP를 해결하기 위한 알고리즘을 알아내는 것은 어렵지 않다. 우선 (미리 고정된, 시작하는 도시를 제외하고) 도시들을 순서대로 늘어 놓는 모든 가능한 방법들을 열거한다. 각 순서는 여행(외판원은 이 순서대로 도시들을 방문하고 다시 시작한 도시로 돌아올 수 있다)을 정의하고 각 순서에 대해, 이 순서대로 도시들을 따라가면서 각 도시에서 다음 도시까지의 거리를 더하여 여행의 총 거리를 계산할 수 있다. 모든 가능한 순서에 대해 이 계산을 하면서 총 거리가 가장 작은 순서를 계속 기억하면, 그 과정의 마지막에 기억된 여행이 최적해가 된다.

이 알고리즘은 문제를 해결하긴 하지만, 매우 비효율적이다. 시작점을 제외하고 $n-1$개의 도시가 있고, 이들의 모든 가능한 수열들이 여행을 정의하므로, $(n-1)(n-2)(n-3)\cdots(3)(2)(1) = (n-1)!$개의 가능한 여행을 고려해야만 한다. $n = 30$개의 도시에 대해서조차도 이는 천문학적으로 큰 수이고, 오늘날 우리가 가지고 있는 가장 빠른 컴퓨터를 사용하더라도 이 알고리즘을 다 돌리는 데는 지구의 수명보다도 더 긴 시간이 필요하다. 어려움은 우리가 방금 설명한 알고리즘이 **억지로 찾아내는 방법**이라는 점이다. TSP에서 가능한 해들의 '검색 공간'은 너무 크고, 알고리즘은 가능한 모든 해를 고려하면서 이 전체 공간 속을 지나면서 힘겹게 길을 뚫고 나아가는 것이나 마찬가지이다.

대부분의 문제들에 대해 단순하게 억지로 찾아내는 상당히 비효율적인 알고리즘이 있다. 이 억지 방법을 눈에 띄게 향상시키는 방법을 찾을 때 일은 흥미진진해진다.

MSTP는 어떻게 그렇게 향상시킬 수 있는지에 대한 좋은 예를 제공한다. 주어진 도시들에 대해 가능한 도로 네트워크를 전부 고려하는 대신, MSTP에 대해 다음의 근시안적인 '탐욕스러운' 방법을 시도

한다고 가정하자. 거리가 증가하는 순서로 도시들의 쌍을 모두 정리한 다음, 이 순서대로 순서쌍들에 대해 작업해 나가자. 우리가 두 도시 A, B의 순서쌍에 도달했을 때, 이미 건설한 도로들 중에 A에서 B로 가는 길이 이미 있는지 확인한다. 만약 이미 있다면, A에서 B로 곧장 가는 길을 만드는 것은 불필요할 것이다. 우리 목표는 확실하게 각 순서쌍이 어떤 도로들의 수열에 의해 연결되게 하는 것일 따름이고, 이 경우에는 A, B가 이미 연결되어 있다. 그러나 이미 건설해 놓은 것을 이용해서 A에서 B로 가는 방법이 없다면, A에서 B로 직접 가는 길을 건설한다. (이 논리의 예로서, 그림 1(a)의 길이 14인 잠재적 도로는 이 MSTP 알고리즘에 의해 건설되지 않을 것이다. 그림 1(b)에서 볼 수 있는 것처럼, 이 직접적 경로가 고려되는 시점에 그 끝점들은 이미 길이 7과 11인 두 개의 더 짧은 도로들의 수열로 연결되어 있다.)

그 결과 얻어지는 도로 네트워크가 가능한 최소의 비용을 가지는지는 전혀 분명하지 않다. 하지만 실제로 이는 사실이다. 다시 말하면, 우리는 본질적으로, '모든 입력값에 대해, 방금 설명한 알고리즘이 최적의 해를 제공한다'고 말하는 정리를 증명할 수 있다. 이 정리의 성과는 이제 억지로 찾아내는 방법보다 훨씬 더 효율적인 알고리즘에 의해 최적 도로 네트워크를 계산하는 방법을 가지고 있다는 것이다. 단순히 도시들의 순서쌍을 그 거리를 가지고 분류한 다음 이 분류된 목록을 한번 죽 살펴보면서 어떤 도로를 건설해야 하는지 결정하기만 하면 된다.

이 이야기는 우리에게 TSP와 MSTP의 본질에 대한 상당한 통찰을 제공했다. 실제 컴퓨터 프로그램을 가지고 실험하는 대신, 오히려 알고리즘을 말로 설명했고 수학적 정리로서 서술되고 증명될 수 있는 성과에 대해 주장했다. 그러나 일반적으로 계산의 효율성에 대해 이야기하고 싶다면 이 예들로부터 무엇을 이끌어낼 수 있을까?

3 계산의 효율성

가장 흥미로운 계산상의 문제는 다음과 같은 특성을 TSP와 MSTP와 공유하고 있는 것이다. 즉 크기가 n인 입력값은 암묵적으로 그 크기가 n에 대해 지수적으로 커지는 가능한 해들의 탐색 공간을 정의한다. 이 지수 성장 속도를 다음과 같이 이해할 수 있다. 우리가 입력값의 크기를 단순히 하나 더 늘리면, 전체 공간을 조사하는 데 필요한 시간은 곱셈 인자만큼 증가한다. 우리는 합리적으로 늘어나는 알고리즘을 선호할 것이다. 입력값 자체가 곱셈 인자만큼 증가할 때 그 실행 시간도 그저 곱셈 인자만큼만 증가해야 한다. 입력값 크기의 다항 함수에 의해 제한되는(다시 말해, n의 어떤 고정된 차수에 비례하는) 실행 시간이 이 성질을 보여준다. 예를 들어 어떤 알고리즘이 크기가 n인 입력값에 대해 최대 n^2단계를 요구한다면, 입력값이 두 배만큼 커질 때 최대 $(2n)^2 = 4n^2$단계를 요구한다.

부분적으로 이 같은 주장 때문에, 1960년대 컴퓨터 과학자들은 효율성에 대한 실질적 정의로 **다항함수 시간**을 채택했다. 어떤 알고리즘에서 크기가 n인 입력값에 대해 필요한 단계의 수가 n의 고정된 차수처럼 증가하면 효율적이라고 생각되었다. 다항함수 시간이라는 구체적인 개념을 효율성이라는 모호한 개념의 대용물로 이용하는 것은 실제 알고리즘의 발전을 이끌어 나가는 데 얼마나 유용한지에 근거하여 결국 성공하거나 실패하게 될 종류의 모형화 결정이다. 그리고 이런 면에서, 다항함수 시간은 실제로 놀라운 힘을 갖는 정의임이 밝혀졌다. 다항함수 시간 알고리즘을 만들어낼 수 있는 문제들은 보통 매우 다루기 쉽다고 판명된 반면, 다항함수 시간 알고리즘이 없는 문제들은 입력값이 그리 크지 않은 경우에도 심각한 어려움을 갖는 경향이 있다.

효율성을 구체적으로 수학적으로 공식화하는 것은 더 많은 이점을 제공한다. 즉, 어떤 문제가 효율적인 알고리즘을 가지고 해결될 수 없다는 추측을 정확한 방식으로 진술할 수 있게 해 준다. 효율적으로 해결할 수 없는 문제의 한 자연스러운 후보는 TSP이다. 몇 십 년에 걸쳐 TSP에 대한 효율적인 알고리즘을 찾기 위한 시도가 이루어졌지만 모두 실패했고, 이제 '모든 TSP의 예에 대해 최적의 해를 찾을 수 있는 다항함수 시간 알고리즘이 없다'고 말하는 정리를 증명할 수 있기를 바란다. NP-완전성 [VI.20 §4]이라 알려진 이론은 이런 질문들에 관해 생각하는 통일된 틀을 제공한다. (TSP 를 포함하여) 말 그대로 수천 개의 자연스럽게 나오는 문제들을 포함하는 많은 종류의 계산 문제는, 다항함수 시간 해결가능성에 관하여 동치이다. 모든 문제에 대한 효율적인 알고리즘이 존재할 필요충분조건은 하나의 문제에 대한 효율적인 알고리즘이 존재하는 것이다. 이런 문제들이 효율적인 알고리즘을 가지고 있는지 아닌지 결정하는 것은 중요한 미해결 문제이다. 그렇지 않을 거라고 깊이 자리 잡은 느낌은 P 대 NP 추측이 되었고, 수학에서 가장 중요한 문제들의 목록에 등장하기 시작했다.

직관적인 개념을 수학적으로 정확하게 만들고자 하는 어떤 시도와 마찬가지로, 실제로 효용성의 정의로서의 다항함수 시간은 그 경계 부근에서 무너지기 시작한다. 실행 시간에서 다항함수 유계를 증명할 수 있지만, 실제로는 대책 없이 비효율적인 알고리즘들이 있다. 반대로, 어떤 걷잡을 수 없는 괴상한 예에 대해서는 지수 실행시간이 필요하지만 실생활에서 만나는 거의 대부분의 입력값에 대해서는 빨리 실행되는 (선형 계획법에 대한 표준 단체 방법 [III.84]과 같이) 잘 알려진 알고리즘들도 있다. 그리고 대용량의 데이터를 가지고 작업하는 계산 애플리케이션에 대해, 다항 함수 진행 시간을 가지는 알고리즘은 충분히 효율적이지 않을지도 모른다. 입력값이 1조 바이트 길이라면(예를 들어 웹 화면을 다룰 때 쉽게 나타날 수 있는 것처럼), 그 작업 시간이 그 입력값의 제곱에 따라 달라지는 알고리즘조차도 실제로는 사용할 수 없을 것이다. 그런 응용에 대해서는 일반적으로 그 입력값 크기에 대해 선형적으로 늘어나는 알고리즘이 필요하다(혹은 더 강력하게 한두 개의 통로를 통해서 입력 내내 '스트리밍'되면서 작동하여, 진행 중에 문제를 해결하는 알고리즘이 필요하다). 그런 스트리밍 알고리즘 이론은 활발한 연구 주제로 정보학, 푸리에 해석학, 그리고 다른 분야에서 나온 기술을 이용한다. 이 어떤 것도 다항함수 시간이 알고리즘 디자인과의 관련성을 잃어가고 있음을 뜻하지는 않는다(그것은 여전히 효율성에 대한 표준 기준이다). 하지만 새로운 컴퓨팅 애플리케이션은 현재 정의의 한계를 밀어붙이는 경향이 있고, 그 과정에서 새로운 수학 문제들이 생겨난다.

4 계산상 다루기 힘든 문제에 관한 알고리즘

이전 절에서 어떻게 학자들이 TSP를 포함한 많은 자연적인 문제를 동일시하는지에 대해 이야기했는데, 그들은 TSP에 대한 효과적인 알고리즘이 존재하지 않는다고 강하게 믿고 있다. 이는 이런 문제들을 최적의 방법으로 해결하는 데 있어 어려움을 설명하는 반면, 자연스러운 질문을 던지게 한다. 실제 상황에서 정말로 그런 문제를 맞닥뜨렸을 때 무얼 해야 할까?

이처럼 계산상 다루기 힘든 문제들에 접근하기 위한 몇 가지 서로 다른 전략이 있다. 이 중 하나는 근사(approximation)이다. 즉, TSP와 같이 많은 가능성들 중에서 최적의 해를 선택하는 것과 관련된 문제들을 위해, 거의 최적의 해만큼이나 좋은 해를 만들어내는 걸 보장하는 효과적인 알고리즘을 공식화하려고 노력할 수 있다. 이러한 근사 알고리즘 디자인은 활발히 연구되고 있는 분야이다. TSP를 고려하면서 이런 과정의 기본적 예를 하나 살펴볼 수 있다. 거리가 표시된 지도에 의해 구체적으로 주어진 TSP의 예가 하나 있고, 최단 여행 거리보다 최대 두 배의 길이를 갖는 여행 경로를 만들어내는 임무를 맡았다고 하자. 우선, 이 목표는 조금 곤란해 보인다. 최적의 여행 경로(혹은 그 길이)를 계산하는 방법을 모르는데, 어떻게 우리가 만들어낸 해가 충분히 짧은지 장담할 수 있단 말인가? 그러나 TSP와 MSTP 간의 흥미로운 연관성, 같은 도시들에 대한 각 문제의 최적해들 사이의 관계를 이용하면 가능

하다는 것이 밝혀졌다.

주어진 도시들의 집합에 대해, 도로 네트워크로 구성된 MSTP의 최적해를 고려하자. 이는 우리가 효율적으로 계산할 수 있는 것임을 기억하자. 이제 이 도시들 간의 짧은 여행 경로를 알아내는 데 관심이 있는 외판원은 도시들을 방문하기 위해 이 최적의 도로 네트워크를 다음과 같이 이용할 수 있다. 어떤 도시에서 시작하여 막다른 길, 즉 그 도시를 빠져나가는 새로운 길이 없는 도시에 도달할 때까지 길을 따라간다. 그렇게 그가 아직 택하지 않은 길이 있는 교차점에 도달할 때까지 갔던 길을 되밟아 돌아가서, 이 새 길을 따라 진행해 나간다. 예를 들어, 그림 1(b)의 왼쪽 위 구석에서 시작하면, 외판원은 길이 8짜리 길을 따라갈 것이고 그런 다음 길이 10이나 20짜리 길 중 하나를 선택할 것이다. 그가 10짜리 길을 선택한다면, 막다른 길에 도달한 후 그는 이 교차점으로 다시 돌아와 길이 20짜리 길을 따라서 여행을 계속할 것이다. 이런 방식으로 만들어진 여행은 각 길을 두 번씩(각 방향으로 한번씩) 지나가고, 우리가 m을 MSTP 최적해에서 모든 길의 길이의 합이라 놓으면, 우리는 길이가 $2m$인 여행을 하나 알아낸 셈이다.

가능한 최상의 여행의 길이 t와 이것을 어떻게 비교하는가? 우선 $t \geq m$임을 보이자. 이것이 참인 이유는 MSTP의 모든 가능한 해들의 공간에서 한 가지 가능성이 총 길이가 t가 되도록 외판원이 최적의 TSP 여행에서 연속적으로 방문하는 도시들 간의 길을 만드는 것이기 때문이다. 다른 한편, m은 가능한 최단 거리의 도로 네트워크의 총 길이이고 따라서 t는 m보다 더 작을 수 없다. 따라서 TSP의 최적해는

적어도 길이 m을 갖는다고 결론 내린다. 그러나 우리는 막 길이가 2m인 여행을 하나 발견하는 알고리즘을 보였으므로, 우리가 원했던 것처럼 적어도 가능한 가장 짧은 경로보다 최대 2배만큼 긴 여행을 알아내는 효과적인 방법을 하나 가진 셈이다.

실제로 계산하기 어려운 문제의 많은 예들을 해결하려 애쓰는 사람들은 거의 최적해를 주는, 경험적으로 관찰된 알고리즘을 종종 이용한다. 비록 그런 방식이 확실하다고 증명되지 않은 경우에도 말이다. **국소 검색(local-search)** 알고리즘은 이런 널리 쓰이는 어떤 종류의 방식을 형성한다. 국소 검색 알고리즘은 초기해를 가지고 시작하여, 그 질을 향상시킬 수 있는 방법을 찾아 그 구조에 어떤 '국소적' 변화를 가져옴으로써 반복적으로 그것을 변경한다. TSP의 경우, 국소 검색 알고리즘은 현재의 여행을 향상시키는 단순한 변경을 추구한다. 예를 들어 연이어 방문한 도시들의 집합을 들여다보고 순서를 바꾸어 방문하면 여행 길이를 줄일 수 있는지 살펴볼 수 있다. 연구자들은 국소 검색 알고리즘과 자연에서 나타나는 현상들 간의 연관성을 이끌어냈다. 예를 들어 큰 분자는 공간상에서 최소 에너지 구조를 알아내려고 애쓰면서 그 스스로를 비트는 것처럼, 우리는 국소 검색 알고리즘에서 TSP 여행이 그 길이를 줄이려고 애쓰면서 스스로 변형을 가하는 것이라 상상할 수 있다. 이 유사성이 얼마나 깊은지를 결정하는 것은 흥미로운 연구 주제이다.

5 수학과 알고리즘 디자인: 상호 간의 영향

수학의 많은 분야들이 알고리즘 디자인 양상이란

측면에 기여했고, 새로운 알고리즘 문제에 대한 분석에 의해 생겨난 이슈들은 많은 경우에 새로운 수학적 질문들을 제기했다.

조합론과 그래프이론은 컴퓨터 과학의 성장에 의해, 알고리즘에 관한 질문이 이들 분야의 연구의 주된 흐름과 완전히 뒤엉켜 버리는 정도까지 질적으로 전환되었다. 확률에서 나온 기법들 또한 컴퓨터 과학의 많은 분야에 기초가 되었다. 확률론적 알고리즘은 그것들이 진행되는 동안 임의 선택을 하는 능력으로부터 힘을 이끌어내고, 알고리즘에 들어가는 입력값의 확률적 모형은 실제 상황에서 나오는 문제의 예를 더 현실적으로 바라볼 수 있게 해 준다. 이런 형태의 분석 방식은 이산 확률에서 새로운 질문을 꾸준히 공급한다.

계산적 관점은 종종 수학의 '특성 표시' 문제에 대해 생각할 때 유용하다. 예를 들어 소수를 특징 짓는 일반적 이슈는 분명한 알고리즘적 요소를 가진다. 입력값으로 수 n이 주어질 때, 그것이 소수인지를 얼마나 효과적으로 결정할 수 있나? ($\sqrt{n}$까지의 모든 수로 n을 나눠 보는 방법보다 지수적으로 더 좋은 알고리즘들이 존재한다. **계산적 정수론[IV.3 § 2]**을 보라.) 매듭 없는 닫힌 곡선의 특성표시 같이 **매듭 이론[III.44]**에서 나오는 문제들은 비슷한 알고리즘적 측면을 가진다. (선분들의 연결된 사슬처럼 보이는) 3차원 상의 끈의 원형 고리가 주어졌을 때, 복잡한 방식으로 자기 주변을 감싸고 있다고 가정하자. 얼마나 효과적으로 그것이 정말로 매듭지어졌는지 아니면 그것을 이리저리 움직여서 완전히 풀어낼 수 있는지 결정할 수 있을까? 많은 유사한 수학적 상황 속에서 이런 종류의 질문을 던질 수 있다.

좀 더 일반적으로 그 질문을 제기한 수학자의 원래의 의도 중 일부를 잃어 버릴지 모르겠으나, 이 알고리즘에 관한 이슈는 문제로서 지극히 구체적임은 분명하다.

알고리즘에 대한 아이디어와 수학의 모든 다른 분야들과의 접점을 열거하려고 시도하기보다는, 특별한 응용을 위한 알고리즘 디자인과 관련된 두 가지 사례 연구와, 각 경우 수학적 아이디어가 나오는 방식을 논의하며 이 글을 끝맺겠다.

6 웹 검색과 고유벡터

1990년대를 지나면서 월드와이드웹(World Wide Web)이 대중화되어 감에 따라, 컴퓨터 과학 연구자들은 어려운 문제를 극복하고자 노력했다. 웹은 방대한 양의 유용한 정보를 포함하지만, 웹의 무정부적 구조는 사용자가 아무 도움 없이 자신이 찾고자 하는 특정한 정보를 찾는 데 어려움을 느끼게 한다. 따라서 웹 역사 초기에 사람들은 웹에서 정보에 색인을 달아서, 사용자의 요구에 응답하여 관련된 웹페이지를 제공하는 **검색 엔진**을 발전시키기 시작했다. 그러나 웹상의 한 주제와 관련된 수천, 수만 페이지 중에서, 검색 엔진이 사용자에게 과연 어떤 것을 제공해야 하는가? 이는 순위 매기기(ranking)의 문제, 즉 주어진 주제에 대한 '최상의' 자료를 어떻게 결정하는가 하는 문제이다. TSP 같은 구체적인 문제들과 대비된다. 거기서 목표(최단 거리의 여행)는 의심의 여지가 없고, 어려움은 그저 최적의 해를 효과적으로 계산하는 데 있다. 검색 엔진에서 순위 매기기 문제의 경우는, 반대로 목표를 공식화하는 것

이 도전과제의 큰 부분이다. 어떤 주제에 대해 '최상의' 페이지는 무얼 뜻하는가? 다시 말하면, 웹페이지에 순위를 매기는 알고리즘은 실제로는 웹페이지의 질에 대한 **정의**뿐만 아니라 이 정의를 수치화하는 방법을 제공한다.

최초의 검색 엔진은 순전히 그것이 포함하는 내용에 근거하여 각 웹페이지를 순위 매겼다. 이런 방식은 웹의 하이퍼링크들에 내재된 질적 평가를 고려하지 않았기 때문에 웹이 성장하면서 무너지기 시작했다. 웹 브라우징을 하다 보면, 우리는 종종 양질의 자료들이 다른 페이지들로부터 받은 링크들을 통해 '보증되었기' 때문에 그것들을 발견한다. 이런 통찰은 링크 분석을 이용해서 순위를 결정하는 2세대 검색 엔진을 가져왔다.

그런 가장 간단한 분석 방법은 그저 어떤 페이지에 연결된 링크의 수를 세는 것이다. 예를 들어 '신문' 찾기에 대하여, 그 용어를 포함하는 다른 페이지들로부터 들어오는 링크들의 수를 가지고 페이지를 순위매길 수 있다. 실질적으로, '신문'이라는 단어를 포함하는 페이지들이 결과에 대해 한 표를 행사하도록 하면서 말이다. 그런 방안은 일반적으로 상위 몇 개의 항목에 대해서는 잘 작동할 것이다. 《뉴욕 타임즈》와 《파이넨셜 타임즈》와 같은 유명한 신문 사이트를 목록의 첫머리에 놓으면서 말이다. 하지만 이를 벗어나면, 매우 상위에 링크되어 있지만 검색 내용과는 전혀 상관 없는 수많은 사이트를 선호하면서 이 방법은 금새 무너질 것이다.

링크 내의 잠재적 정보를 훨씬 더 효과적으로 이용할 수 있다. 이 단순한 투표 방식에 의해 높은 순위에 있는 많은 사이트들에 링크된 페이지들을 고

려해 보자. 이 페이지들이 흥미 있는 신문이 어디 있는지에 대해 잘 알고 있는 사람들에 의해 만들어졌다고 기대하는 것은 자연스러운 생각이다. 따라서 투표를 다시 한번 시행할 수 있고, 이번에는 높게 순위 매겨진 사이트 다수를 선택하는 이들 페이지에 더 많은 투표권을 준다. 재투표는 그 주제에 대해 더 박식한 웹페이지 저자들이 선호하는 어떤 덜 알려진 신문의 순위를 높일지도 모른다. 이 재투표의 결과에 따라, 투표자에 대한 가중치 부여를 한층 더 선명하게 만들 수 있다. 이 '반복적인 향상 원칙'은 더 정제된 평가 방식을 제공하기 위해 페이지 질 평가에 포함된 정보를 이용한다. 이 정제를 반복적으로 행한다면, 안정적인 해로 수렴할까?

사실 이 정제 수열은 주 **고유벡터**[I.3 §4.3]를 계산하는 알고리즘으로 볼 수 있다. 이는 그 과정의 수렴성을 가져오고 또한 최종 결과를 규정한다. 이 연관성을 확립하기 위해, 어떤 기호를 소개하겠다. 각 웹페이지에 두 값을 지정한다. 주제에 관한 주된 출처로서의 질을 측정하는 **권위 가중치**(authority weight)와 최상급 내용을 위한 투표자로서의 힘을 측정하는 **허브 가중치**(hub weight)이다. 웹페이지들은 이 측도 중 하나에서 높은 점수를 기록하지만 다른 하나에서는 그렇지 않을 수 있다(유명한 신문이 동시에 다른 신문들에 대한 좋은 안내자가 된다고 기대할 수 없다). 하지만 한 페이지가 둘 모두에게 좋은 점수를 받는 것을 막는 것은 없다. 이제 첫 번째 투표는 다음처럼 이해할 수 있다. 그 페이지에 연결된 모든 페이지의 허브 가중치를 더한 것을 가지고 각 페이지의 권위 가중치를 업데이트한다. (높은 점수의 투표자로부터 링크를 받는 것은 더 좋은 권위를 갖게 한다.) 그런 다음 모든 투표자의 가중치를 다시 재서, 각 페이지의 허브 가중치를 그 페이지에 연결된 페이지의 권위 가중치를 더하는 것에 의해 업데이트한다. (수준 높은 내용으로의 링크는 더 나은 허브가 되게 한다.)

고유벡터는 여기에서 어떻게 등장하는가? 우리가 고려 중인 각 페이지에 대해 한 열과 한 행을 가지는 행렬 M을 정의한다고 가정하자. (i, j) 원소는 페이지 i가 페이지 j에 연결되어 있으면 1과 같고 그렇지 않으면 0과 같다. 권위 가중치를 벡터 a에 기록한다. 여기서 좌표 a_i는 페이지 i의 권위 가중치이다. 허브 가중치는 비슷하게 벡터 h라 쓸 수 있다. 행렬 벡터 곱셈 정의를 이용하여, 이제 권위 가중치에 대해 허브 가중치를 업데이트하는 것은 단순히 h와 Ma가 같다고 놓는 거라는 걸 확인할 수 있다. 마찬가지로, a와 $M^\mathsf{T}h$를 같게 놓는 것은 권위 가중치를 업데이트한다. (여기서 M^T는 행렬 M의 전치행렬을 나타낸다.) 벡터 a_0, h_0로부터 시작하여 각각 이런 업데이트를 n번 수행하면 $a = (M^\mathsf{T}(M(M^\mathsf{T}(M \cdots (M^\mathsf{T}(Ma_0)\cdots)))) = (M^\mathsf{T}M)^n a_0$를 얻는다. 이것이 $M^\mathsf{T}M$의 점점 더 큰 거듭제곱을 어떤 고정된 시작 벡터에 반복적으로 곱해 나감으로써 $M^\mathsf{T}M$의 주 고유벡터를 계산하는 거듭제곱 반복 방법이다. 여기서 이 고유벡터는 우리 업데이트가 수렴해가고 있는 권위 가중치의 안정적 집합이다. 완전히 대칭적인 추론에 의해, 허브 가중치도 MM^T의 주 고유벡터로 수렴해 간다.

페이지랭크(PageRank)는 관련된 링크에 기반한 측도 중 하나로, 이 또한 반복적인 정제에 기반한 다른 방식에 의해 정의된다. 투표자와 투표 받은 자를 구분하는 대신, 각 페이지에 **가중치**를 지정하는 단일한 종류의 질 측도를 두는 것이다. 페이지 가중치의 현재 집합을 각 페이지가 그것이 연결된 페이지들 사이에 고르게 가중치를 분산시키도록 하여 업데이트한다. 다시 말하면 수준 높은 페이지로부터 링크를 받으면 그 자신의 질이 높아진다. 이 또한 M^T에서 각 열의 원소를 대응되는 페이지로부터 나가는 링크들의 수로 나누어서 얻어지는 행렬에 의한 곱으로 쓸 수 있다. 반복되는 업데이트는 다시 한 번 고유벡터로 수렴한다. (여기 추가적 결점이 있다. 이 경우 반복되는 업데이트는 모든 가중치가 나가는 링크가 없는, 따라서 그 가중치를 전해줄 곳이 없는 '막다른' 페이지에 빠지게 하는 경향이 있다. 따라서 애플리케이션에 사용되는 페이지랭크 측도를 얻기 위해, 반복될 때마다 각 페이지의 가중치에 소량 $\varepsilon > 0$을 더한다. 이는 약간 변형된 행렬을 사용하는 것과 동치이다.)

페이지랭크는 구글 검색 엔진의 주된 요소 중 하나이다. 허브와 권위는 Ask의 검색 엔진 Teoma를 포함한 많은 다른 웹 검색 수단의 기초를 형성한다. 실제로 현재 검색 엔진은 (구글과 Ask를 포함하여) 종종 각각의 특성을 결합한 이런 기본적 측도들의 매우 정제된 버전을 이용한다. 연관성과 질 측도가 대규모 고유벡터 계산과 어떻게 연관되어 있는가를 이해하는 것은 왕성한 연구 주제로 남아 있다.

7 분산된 알고리즘

이런 식으로 이제까지 하나의 컴퓨터에서 작동하는 알고리즘에 대해 알아보았다. 마지막 주제로 여러 개의 통신하는 컴퓨터 상에 **분산되어** 있는 컴퓨터의 조작을 다루는 컴퓨터 과학의 한 넓은 분야를 간략하게 다루겠다. 여기서 효율성의 문제는 통신 과정 중에 조직성과 일관성을 유지하는 데 대한 고려 때문에 더 복잡해진다.

이 문제를 보여주는 간단한 예로 현금자동지급기(ATM) 네트워크를 생각해 보자. 당신이 ATM에서 돈을 x만큼 인출할 때, 당신은 두 가지 일을 해야 한다. (1)당신 계좌에서 x를 인출한다는 것을 중앙 은행 컴퓨터에 알려야 하고 (2)실제 현찰로 정확한 금액의 돈을 인출해야 한다. 이제 단계 (1)과 (2) 사이에 ATM 기계가 고장나서 돈을 인출하지 못했다고 가정하자. 당신은 어쨌든 은행이 당신 계좌에서 x를 인출하지 않기를 원할 것이다. 혹은 ATM이 단계 (1)과 (2)를 모두 실행했지만 은행에 전해진 그 메시지를 잃어 버렸다고 하자. 은행은 어쨌든 당신 계좌에서 결국 x가 인출되기를 원할 것이다. 분산된 컴퓨터 사용 분야는 그런 어려움이 생길 때 제대로 작동하는 알고리즘을 디자인하는 것에 관심이 있다.

분산된 시스템이 작동함에 따라, 어떤 과정들은 오래 지연될 수도 있고, 그중 어떤 것은 중간 컴퓨터 조작 중에 실패할 수도 있고, 그들 간의 메시지 중 일부를 잃어 버릴 수도 있다. 이는 분산된 시스템에 대한 추론에서 심각한 도전이 된다. 이런 실패의 패턴은 각 과정이 컴퓨터 조작을 약간 다르게 바라보게 만들기 때문이다. 어떤 과정 P가 보기에는 시스템의 두 가지 작동이 '구별 불가능한' 실패의 다른 패턴을 갖는 경우가 가능하다. 다시 말하면, 단순히 작동에서의 차이는 P가 받아들였던 통신에는 전혀 영향을 미치지 않기 때문에 P는 각각을 같게 볼 것이다. 이는 두 작동이 달랐다는 것을 알아차리는 것에 따라 P의 마지막 출력값이 달라지기를 기대한다면 문제를 야기할 수 있다.

1990년대에 이런 시스템에 대한 연구의 주된 진전이 이루어졌는데, 그 당시 대수적 위상수학에서 나온 기법과 연관 지어졌다. 우리가 말하는 것 모두가 과정의 개수와 상관 없이 일반화될 수 있지만, 단순화시켜서 세 과정이 있는 시스템을 생각하자. 우리는 그 시스템의 모든 가능한 작동의 집합을 고려한다. 각 작동은 각각의 과정이 가지는 세 가지 시각의 집합을 정의한다. 이제 하나의 작동과 연관된 시각들을 삼각형의 세 꼭짓점이라 상상하고, 이 삼각형들을 다음 규칙에 따라 함께 붙인다. 어떤 과정 P가 구별할 수 없는 임의의 두 작동에 대응되는 두 삼각형을 P와 연관된 꼭짓점에서 같이 붙인다. 이는 잠재적으로 매우 복잡한 기하학적 대상을 주는데, 이런 식으로 삼각형들을 모두 붙여서 만들어진다. 우리는 이 대상을 알고리즘과 연관된 **복합체**(complex)라 부른다. (만약 세 개보다 많은 과정이 있었다면, 더 높은 차원의 대상을 가질 것이다.) 이것이 전혀 분명하지 않은 반면, 연구자들은 분산된 알고리즘의 정확함은 그것이 정의하는 복합체의 위상적 성질과 밀접히 연결될 수 있음을 보일 수 있었다.

이는 수학적 아이디어들이 알고리즘의 연구에서 예상치 못하게 등장할 수 있는 방식을 보여주는 또 다른 강력한 예로, 이는 컴퓨터 조작의 분산 모형의 극한에 관한 새로운 통찰을 가져다 주었다. 대수적 위상수학에서 나오는 고전적 결과를 가지고 알고리즘 분석과 복합체를 결합하여 어떤 경우 이 분야에서 까다로운 미해결 문제들을 해결했는데, 어떤 일들은 분산된 시스템에서 해결하는 것이 불가능함을 보였다.

더 읽을거리

알고리즘 디자인은 컴퓨터 과학에서 대학 교과과정의 표준적 주제로, 코멘(Cormen) 등이 쓴 책(2001)과 클라인버그(Kleinberg)와 타르도스(Tardos)가 쓴 책(2005)을 포함하여 여러 교과서의 주제이다. 어떻게 효율성을 공식화할 것인가에 대한 초기 컴퓨터 과학자들의 견해는 시프서(Sipser)의 책(1992)에 나온다. TSP와 MSTP는 조합론 최적화 분야에서 기본이다. 라울러(Lawler) 등에 의해 편집된 책(1985)은 TSP의 렌즈를 통해 이 분야를 정리했다. 계산상 다루기 힘든 문제들에 대한 근사 알고리즘과 국소 검색 알고리즘은 호흐바움(Hochbaum)에 의해 편집된 책(1996)과 아츠(Aarts)와 렌스트라(Lenstra)에 의해 편집된 책(1997)에서 각각 찾아볼 수 있다. 웹 검색과 링크 분석의 역할은 차크라바르티(Chakrabarti)의 책(2002)에서 다뤄지고, 청(Chung)(1997)에서 설명된 것처럼, 웹 응용 외에도 고유벡터와 네트워크 구조는 다른 많은 방식으로 흥미롭게 연관되어 있다. 분산된 알고리즘은 린치(Lynch)의 책(1996)에서 다뤄지고, 라즈바움(Rajsbaum)(2004)은 분산된 알고리즘을 분석하는 데 위상적 연구방법을 개관했다.

Aarts, E., and J. K. Lenstra, eds. 1997. *Local Search in Combinatorial Optimization*. New York: John

Wiley.

Chakrabarti, S. 2002. *Mining the Web*. San Mateo, CA: Morgan Kaufman.

Chung, F. R. K. 1997. *Spectral Graph Theory*. Providence, RI: American Mathematical Society.

Cormen, T., C. Leiserson, R. Rivest, and C. Stein. 2001. *Introduction to Algorithms*. Cambridge, MA: MIT Press.

Hochbaum, D. S., ed. 1996. *Approximation Algorithms for NP-hard Problems*. Boston, MA: PWS Publishing.

Kleinberg, J., and E. Tardos. 2005. *Algorithm Design*. Boston, MA: Addison-Wesley.

Lawler, E. L., J. K. Lenstra, A. H. G. Rinnooy Kan, and D. B. Shmoys, eds. 1985. *The Traveling Salesman Problem: A Guided Tour of Combinatorial Optimization*. New York: John Wiley.

Lynch, N. 1996. *Distributed Algorithms*. San Mateo, CA: Morgan Kaufman.

Rajsbaum, S. 2004. Distributed computing column 15. *ACM SIGACT News* 35:3.

Sipser, M. 1992. The history and status of the P versus NP question. In *Proceedings of the 24th ACM Symposium on Theory of Computing*. New York: Association for Computing Machinery.

VII.6 정보의 신뢰할 수 있는 전송

마두 수단 *Madhu Sudan*

1 소개

20세기 중반에 등장한 '디지털 정보'라는 개념은 전보의 출현과 그 당시 원칙적으로 이론적 분야였던 컴퓨터 과학의 시작에 부응한 결과였다. 물론 신호를 주고받는 데 전기를 사용하는 것은 훨씬 더 오래된 일이지만, 초기 사용은 음악이나 목소리 등과 같은 '연속적인' 특성을 가진 신호들과 관련되었다. 새로운 시대는 더 '이산적인' 메시지, 즉 어떤 유한한 알파벳으로부터 채택된 문자들의 유한수열로 나타낼 수 있는 영어 문장 같은 메시지의 전달(혹은 전달의 필요성)로 특징 지어진다. '디지털 정보'라는 문구는 이런 종류의 메시지에 적용되게 되었다.

디지털 정보는 공학자들과 수학자들에게 그런 메시지들을 주고 받는 일과 관련된 여러 새로운 도전 과제를 던져 주었다. 이런 도전 과제의 근본적 원인은 '노이즈'이다. 모든 통신 매체는 노이즈가 있고, 어떤 신호도 완벽하게 정확히 전달되지 못한다. 연속적인 신호의 경우 착신자(전형적으로 우리 눈과 귀)는 그런 오류들을 조정하고 무시하는 법을 배울 수 있다. 예를 들어, 매우 오래된 음악 연주 음반을 재생시켰을 때, 보통 잡음이 있겠지만 음질이 매우 나쁘지 않다면 이를 무시하는 것이 가능하다. 그러나 디지털 정보의 경우 오류는 더 재앙 같은 효과를 줄 수 있다. 이를 살펴보기 위해, 우리가 영어 문장을 주고받는 통신 매체는 전달하는 글자 중 하나를 바꾸는 실수를 종종 한다고 가정하자. 그런 시나리오에서 메시지

WE ARE NOT READY

는 쉽게 메시지

WE ARE NOW READY

로 바뀔 수 있다. 그렇게 만드는 것은 단지 통신 매체 일부분에서 하나의 오류일 따름이지만, 메시지의 의도가 완전히 바뀐다. 디지털 정보는 본질적으로 오류를 용납하지 않아야 하고, 그 당시 수학자와 공학자들은 전달 과정은 신뢰할 수 없을지라도 통신을 신뢰할 수 있게 만드는 방법을 발명하는 일을 담당했다.

여기 이를 가능하게 하는 한 가지 방법이 있다. 임의의 메시지를 통신하기 위해, 발신자는 모든 글자를 말하자면 5번씩 반복한다. 예를 들어, 메시지

WE ARE NOT READY

를 보내기 위해, 발신자는

WWWWWEEEEE   AAAAA⋯

처럼 말한다. 그럼 수신자가 다섯 개의 연속적인 글자들의 각 블록이 같은 글자를 반복하는지 확인해 보면, (너무 많지 않은 한) 오류를 알아차릴 수 있다. 이 경우 그렇지 않다면, 전송과정에 오류가 발생했음이 분명하다. 5개의 연속적인 부호에서 오류가 생기는 것이 가능하지 않다면(혹은 실제로 별로 그럴 것 같지 않더라도), 따라서 결과로 나오는 방법 또한 전달의 진행 방법보다 더 믿을 만하다. 마지막으로 더 적은 오류가 가능하다면 그저 단순하게 오류가 언제 생겼는지 말할 뿐 아니라, 수신자가 실제 메시지를 결정할 수 있을 수 있다. 예를 들어 5개의 임의의 블록에 최대 기호 2개가 잘못될 수 있다면, 5개의 각 블록 안에서 가장 많이 등장하는 글자가 원래 메시지의 글자여야 한다. 예를 들어

WWWMWEFEEE   AAAAA⋯

와 같은 수열은 수신자에 의해

WE A⋯

로 번역될 것이다. 오류 2개를 고칠 수 있기 위해 각 기호를 5번씩 반복하는 것은 통신 채널을 이용하는 그리 효과적인 방법 같아 보이지 않는다. 실제로, 이 글의 나머지 부분에서 보게 될 것처럼, 긴 메시지를 전달할 때 적용할 훨씬 더 좋은 방법이 있다. 그러나 이 문제를 이해하기 위해서는 통신 과정, 오류의 모형, 성능 측정을 더 주의 깊게 정의할 필요가 있다. 지금부터 이에 대해 논의해 보도록 하자.

2 모형

2.1 채널과 오류

정보 전달의 문제의 주된 주제는 '통신 채널' 또는 간단히 **채널**이다. 채널은 **입력값**(통신하려는 원래 신호)과 **출력값**(전달된 후의 신호)을 갖는다. 입력값은 어떤 유한한 집합으로부터 나온 원소들의 수열로 구성된다. 영어의 예와 유사하게, 이 원소들을 **글자**(letter)라 부르고 대체적으로 Σ라 표시하는 유한한 집합을 **알파벳**이라 부른다. 채널은 입력값을 수신자에게 전달하려고 애쓰지만, 그러는 동안 어떤 오류를 만들 수도 있다. 알파벳과 오류를 일으키는

과정이 채널을 특징 짓는 것이다.

알파벳 Σ는 상황마다 다양하다. 위에서 설명한 예에서 알파벳은 영어 글자 {A, B, …, Z}와 어쩌면 구두점 기호들로 이뤄져 있다. 대부분의 통신 상황에서, 알파벳은 비트(bit)라 알려진 '글자' 0과 1로만 이루어진 '이진 알파벳'이다. 반면, 디지털 정보의 저장과 관련된 응용(CD나 DVD 등)에서 알파벳은 256개의 원소('바이트(byte)'라는 알파벳)를 포함한다.

알파벳을 지정하는 것은 쉽지만, 오류가 생기는 방법에 대한 좋은 수학적 모형을 정의하고 싶다면, 더 많은 주의가 필요하다. 극단적인 경우로 해밍 (Hamming)(1950)이 제안한 최악의 상황 모형이 있다. 여기서 채널이 만들 수 있는 오류의 수에 대한 어떤 제한이 있지만, 그 제한 내에서 가능한 한 가장 많이 손상된 오류를 선택한다. 더 경미한 부류의 오류는 섀넌(Shannon)(1948)이 제공한 것으로 그는 오류가 확률적 과정에 의해 모형화될 수 있다고 주장했다.

그 저변에 놓인 많은 개념들을 보여주기 위해 우리는 하나의 확률적 모형에 초점을 맞출 것이다. 이 모형에서 채널의 오류에 $0 \leq p \leq 1$인 실수 매개변수 p를 지정한다. 각 채널의 사용에서 확률 p를 가지고 오류가 나온다. 정확히 말해, 발신자가 원소 $\sigma \in \Sigma$를 전송하면, 확률 $1 - p$를 가지고 그 원소의 출력값이 σ이지만 확률 p로 무작위로 균일하게 고른 Σ의 다른 원소 σ'이 된다. 게다가 이는 이 모형에서 매우 중요한데 오류는 **독립적**이라 가정한다. 즉, 채널은 전송하는 각 글자에 대해 어떻게 이전 기호들에 대해 행동했는지에 대한 기억 없이 이 과정을

반복한다. 이 글 나머지 부분에서 이 모형을 매개변수 p를 가진 Σ-대칭 채널(혹은 Σ-SC(p))라 부르겠다. 특히나 중요한 특별한 경우는 이진 대칭 채널로 Σ가 이진 알파벳 {0, 1}일 때 Σ-대칭 채널이다. 그럼 입력 비트가 0이면 대응되는 출력 비트는 확률 $1 - p$로 0이고 확률 p로 1이다.

이 오류 모형은 (Σ가 이진 알파벳 {0, 1}이 아니라면 부자연스럽기도 하고) 너무 심하게 단순화되어 보일지 모르지만, 사실은 통신을 신뢰할 만하게 만들고자 노력할 때 일어나는 대부분의 수학적 어려움의 본질을 잘 보여준다. 더구나 이 상황에서 통신을 신뢰할 만하게 만든다고 밝혀진 많은 해가 다른 상황으로 일반화되었다. 따라서 이 단순한 모형은 실질적으로도 그리고 통신에 대한 이론적 연구에도 매우 유용하다.

2.2 부호화와 복호화

송신자가 오류가 생기는 채널을 통해 어떤 수열을 전송하고 싶어 한다고 가정하자. 이 오류를 보완하는 한 가지 방법은 수열 그 자체가 아니라 여분의 정보를 포함한 수열의 변형된 버전을 채널을 통해 전송하는 것이다. 우리가 선택한 변형 과정을 메시지의 **부호화**(encoding)라고 부른다. 이미 부호화 방법을 하나 보았다. 즉 수열에서 각 항을 여러 번 반복하는 방법 말이다. 그러나 이는 결코 유일한 방법이 아니고, 따라서 부호화를 논의하기 위해 다음의 일반적 틀을 이용한다. 만약 송신자가 Σ의 k개의 원소로 이루어진 수열로 구성된 메시지를 가지고 있다면, 이런 저런 방법으로 메시지를 $n > k$인 어떤 n에 대해 Σ의 n개의 원소로 이루어진 새로운 수열

로 확장시킨다. 공식적으로, 송신자는 **부호화 함수** $E:\Sigma^k \to \Sigma^n$를 메시지에 적용한다. (Σ^k은 Σ의 글자들로 이루어진 길이 k인 수열들의 집합을, Σ^n는 길이 n인 수열들의 집합을 나타낸다.) 이런 식으로, 메시지 $m = (m_1, m_2, \cdots, m_k)$를 수신자에게 전달하기 위해, 송신자는 채널을 통해 m의 k개 부호들이 아니라 $E(m)$의 n개 부호들을 전송한다.

오류가 생길 수 있고 그 후에 수신자는 수열 $r = (r_1, r_2, \cdots, r_n)$을 받는다. 그 목표는 이제 수열 r을 다시 k개 문자 수열로 '압축'하여 (적어도 너무 많은 오류가 생기지 않았다면) 오류를 제거하고 원래 메시지 m을 얻는 것이다. 어떻게 길이 n인 수열을 다시 길이 k인 수열로 전환시키는지 말해주는 **복호화 함수** $D : \Sigma^n \to \Sigma^k$를 적용하여 이를 수행한다.

함수 E, D의 가능한 쌍들은 통신 체계의 디자이너에게 사용 가능한 선택권을 보여준다. 그들의 선택은 그 체계의 성능을 결정한다. 이제 어떻게 이 성능을 측정하는지 알아보자.

2.3 목표

비공식적으로 우리가 설정한 목표는 세 가지이다. 먼저 통신을 가능한 한 신뢰할 만하게 만들고 싶다. 그리고 동시에 채널을 최대한 활용하고 싶다. 마지막으로, 효율적인 컴퓨터 조작을 통해 앞선 두 목표를 이루고 있다. 이런 목표들을 앞서 설명한 $\Sigma\text{-SC}(p)$ 모형의 경우 아래에서 더 주의 깊게 설명하겠다.

우선 신뢰성을 고려하자. 메시지 m을 가지고 시작하여, 그것을 $E(m)$으로 부호화하고 채널을 통해 보낸다면, 어떤 무작위적 오류들이 도입되고 난 후

에 출력값은 문자열 y일 것이다. 수신자는 y의 코드를 원래대로 되돌려서 새로운 메시지 $D(y)$를 만들어낸다. 각 메시지 m에 대해, **복호화 오류**의 특정한 확률이 있다. 즉 $D(y)$가 실제로 원래 메시지 m과 같지 않을 확률 말이다. 통신의 신뢰성은 이 확률의 최댓값에 의해 측정된다. 이것이 작으면 원래 메시지가 무엇이었건, 복호화 오류가 거의 없을 것이라는 걸 알고 통신을 신뢰할 만한 것으로 간주한다.

다음으로, 채널의 활용에 대해 살펴보자. 이는 부호화 **비율**, 즉 양 k/n에 의해 측정된다. 다시 말하면, 원래 메시지의 길이와 부호화된 메시지의 길이 간의 비율이다. 이 비가 작을수록 채널을 더 비효율적으로 이용하고 있다.

마지막으로, 실제 상황을 고려하면 우리가 재빠르게 부호화하고 복호화할 수 있어야 한다. 신뢰할 만하고 효율적인 부호화와 복호화 함수가 있더라도, 만약 그걸 컴퓨터로 계산하는 데 아주 많은 시간이 걸린다면 잘 사용되지 않을 것이다. 알고리즘 디자인에서 표준적 관례를 따라, 우리는 알고리즘이 **다항함수 시간** 내에 작동한다면 실행 가능한 것으로 간주한다. 즉, 그 작동 시간을 그 입력값과 출력값의 길이에 대한 다항함수에 의해 위로 제한할 수 있다면 말이다.

위의 아이디어를 보여주기 위해, 알파벳의 모든 글자를 다섯 번씩 반복하는 '반복 부호화'를 분석해보자. 단순화를 위해, 알파벳 Σ로 $\{0, 1\}$을 택하고, 확률 p는 고정시키자. 메시지 길이 k가 ∞로 가면서 모형의 변화 양상을 고려하자. 부호화 함수는 길이 k인 수열을 길이 $5k$인 수열로 바꾸므로 $\frac{1}{5}$의 비율을 갖는다. 5-전송의 임의의 특정한 블록에 대해, 3개

이상의 오류를 포함할 확률은

$$p' = \binom{5}{3}p^3(1-p)^2 + \binom{5}{4}p^4(1-p) + \binom{5}{5}p^5$$

이다. 그 블록이 복호화 오류를 일으키지 않을 확률은 $1 - p'$이고 따라서 복호화 오류가 없을 확률은 $(1 - p')^k$이고 복호화 오류가 있을 확률은 $1 - (1 - p')^k$이다. 우리가 $p > 0$를 고정하고 $k \to \infty$라 놓으면, $(1 - p')^k$은 (지수적으로 빠르게) 0으로 다가간다. 따라서 복호화 오류의 확률은 1로 다가간다. 이런 식으로 이 부호화/복호화 쌍은 전혀 신뢰할 만하지 않고, 그 비율 또한 좋지 않다. 결점을 보완할 만한 유일한 특징은 사실 계산하기 아주 쉽다는 점이다. (그 계산상의 효율성은 k에 대해 선형인 계산 회수에 의해 제한된다는 것을 쉽게 알 수 있다.)

반복 부호를 살릴 한 가지 방법은 모든 부호를 $c \log k$번 반복하는 것이다. 제법 큰 상수 c에 대해, 복호화 오류의 확률은 0으로 가지만, 이제 부호의 비율 또한 0으로 간다. 섀넌의 연구 이전에는 이런 종류의 절충이 불가피하다고 믿었다. 모든 부호화/복호화 방법은 사라질 만큼 작은 비율을 갖거나 아니면 실수를 만들 확률이 1로 다가간다. 이 글 뒷부분에서 보겠지만, 사실 우리의 세 가지 목표를 모두 다 만족시키는 부호화 방법을 정의하는 것이 가능하다. 양수 비율로 작동하고, (확률적 모형이든 최악의 경우 모형이든지 간에) 시간에 대한 양수 비율을 나타내는 오류를 바로잡을 수 있고, 효율적인 부호화와 복호화 알고리즘을 사용한다. 이 놀라운 결과에 대한 통찰 대부분은 파급효과가 큰 섀넌의 논문(1948) 덕분이다. 그 논문에서 비록 컴퓨터로 조작하는 데 효율적이지는 않을지라도, 처음 두 가지 목표를 만족시키는 부호화와 복호화 함수의 첫 번째 예를 제공했다.

섀넌의 부호화와 복호화 함수는 실용적이지는 않았지만, 지금 되돌아보면 채널에 대해 이론적으로 깊이 이해하기 위해 효율적 계산 가능성이라는 목표를 무시한 것은 지극히 유익한 일이었음을 알 수 있다. 일반적 경험의 법칙이 적용되는 것 같다. 계산 상으로도 효율적인 함수들을 가지고 최고의 부호화와 복호화 함수의 성과에 거의 필적할 만하게 할 수 있다. 이는 효율성의 목표를 다른 두 목표와 분리하여 고려하는 것을 정당화해 준다.

3 좋은 부호화와 복호화 함수의 존재

이 절에서 우리는 매우 좋은 비율과 신뢰성을 가지는 부호화와 복호화 함수가 존재함을 보여주는 결과를 논의하겠다. 섀넌에 의해 처음 증명된 이 결과들을 설명하기 위해, 본질적으로 섀넌의 연구와 일치하는 해밍의 연구에서 소개된 두 연관된 개념을 고려하는 것이 유용할 것이다.

이 개념들을 이해하기 위해, 하나의 부호화 함수 E를 다른 것보다 더 좋게 혹은 더 나쁘게 만드는 것이 무엇인지 설명하는 것부터 시작하자. 복호화(decoding) 함수가 하는 일은 그것이 문자열 y를 받을 때 원래 메시지 m이 무엇이었는지를 알아내는 것이다. 이는 부호화된 메시지 $E(m)$이 무엇이었는지를 알아내는 것과 동치이다. 어떠한 두 메시지도 같은 방식으로 부호화되지 않기 때문이다. 가능한 부호화된 메시지는 부호단어(codeword)라고 불린다. 즉 부호단어는 어떤 메시지 $m \in \Sigma^k$에 대해

$E(m)$으로서 나오는 길이 n짜리 문자열이다.

우리가 걱정하는 것은 오류가 생겨난 이후 두 부호단어를 혼동할 가능성이고, 이는 부호단어들의 집합에만 의존하지, 어떤 부호단어가 어떤 원래 메시지에 대응되는지에 의존하지 않는다. 그러므로 처음엔 이상한 정의처럼 보이는 것을 채택한다. **오류 정정 부호**(error-correcting code)는 알파벳 Σ에서 길이 n인 문자열들의 임의의 집합(즉 Σ^n의 임의의 부분집합)이다. 오류 정정 부호에서 문자열들은 여전히 부호단어라 불린다. 이 정의는 메시지를 부호화하는 실제 과정을 완전히 무시한다. 하지만 계산의 효율성을 무시하는 반면 비율과 복호화 오류에 집중할 수 있게 해 준다. 부호화 함수 E가 주어진다면, 대응되는 오류 정정 부호는 단순히 E의 모든 부호단어들의 집합이다. 수학적으로 이는 함수 E의 상일 뿐이다.

무엇이 오류 정정 부호를 좋게 혹은 나쁘게 만드는가? 이 질문에 대답하기 위해, 알파벳이 $\{0, 1\}$이고 부호가 정확히 d개의 자리에서 다른 두 문자열 $x = (x_1, x_2, \cdots, x_n)$, $y = (y_1, y_2, \cdots, y_n)$을 포함한다면 무슨 일이 일어나는지 살펴보자. 만약 부호들이 확률 p를 가지고 일어난다면, x가 y로 전환될 가능성은 $p^d(1-p)^{n-d}$이다. $p < \frac{1}{2}$이라 가정하면, 이 확률은 d가 증가하면 더 작아지므로, d가 작을수록 문자열 x와 y를 혼동하기 더 쉬워진다. 그러므로 단지 몇 자리에서만 다른 너무 많은 문자열의 쌍들이 부호 내에 있어서는 안 된다. 비슷한 주장이 더 큰 알파벳에 대해서도 적용된다.

위의 생각은 이 상황에서 매우 자연스러운 정의를 이끌어낸다. 알파벳 Σ와 Σ^n에 속하는 두 문자열 $x = (x_1, x_2, \cdots, x_n)$, $y = (y_1, y_2, \cdots, y_n)$이 주어질 때, x와 y 사이의 **해밍 거리**(Hamming distance)는 $x_i \neq y_i$인 좌표 i의 개수로 정의한다. 예를 들어 $\Sigma = \{a, b, c, d\}$이고 $n = 1$이라 하자. 문자열 $abccad$와 $abdcab$는 3번째와 6번째 자리에서 다르고 나머지 자리에서는 똑같다. 따라서 해밍 거리는 2이다. 우리 목표는 연관된 부호가 부호단어 쌍들 간의 전형적 해밍 거리를 최대화하는 부호화 함수 E를 찾아내는 것이다.

이에 대한 섀넌의 해결책은 **확률론적 방법**[IV.19 § 3]의 아주 단순한 응용이다. 그는 부호화 함수를 무작위로 선택했다. 즉, 모든 메시지 m에 대해, 부호화 $E(m)$은 집합 Σ^n으로부터 모든 선택이 동일한 가능성을 가지도록 완전히 무작위로 선택된다. 게다가 모든 메시지 m에 대해, 이는 모든 다른 메시지 m'의 부호화와도 무관하다. 그런 선택이 거의 항상 부호단어 간의 거리를 평균적으로 크게 만드는 부호를 이끌어냄을 보이는 것은 기초 확률론에서 좋은 연습문제이다. 사실, 부호단어 간의 최소 거리조차도 거의 항상 크다. 하지만 우리는 이걸 보이지 않겠다. 대신 이 무작위적 선택이 비율과 신뢰성의 관점에서 '거의 최적의' 부호화 함수를 이끌어낼 가능성이 크다는 것을 보이겠다.

우선, 복호화 함수가 무엇이어야 하는지 생각해 보자. 계산에 관한 요구를 제외하면, 무엇이 '최적의' 복호화 알고리즘인지 말하는 건 어렵지 않다. 수열 z를 수신한다면, 결과적으로 이 수열을 만들어내기에 가장 그럴듯한 메시지 m을 골라야 한다. $p < 1 - 1/|\Sigma|$인 Σ-SC(p) 모형에 대해, 이는 해밍 거리를 측정했을 때 부호화 $E(m)$이 z에 가장 가까운 메

시지 m일 것임은 쉽게 보여질 것이다. (최소 거리가 $E(m)$과 $E(m')$에 의해 얻어진다면, 둘 중 아무거나 선택할 수 있다.) 여기서 p에 대한 조건이 중요하다. 수열 $E(m)$이 채널을 통과하여 지나갈 때, $|\Sigma|$개의 다른 가능성들 중에서 임의의 주어진 항에 대응하는 가장 그럴듯한 출력값은 입력값과 같다. 이 조건 없이, z가 $E(m)$에 가까우리라 기대할 어떤 이유도 없을 것이다. 우리는 오로지 오류 확률 p와 알파벳의 크기에만 의존하는 수 C가 있어서 C보다 작은 비율을 가지는 무작위의 부호화 함수에 대해 이 복호화 함수가 원래 메시지를 회복해낼 확률이 높다고 주장할 것이다. 덧붙여 말하면, 섀넌은 또한 같은 상수 C에 대해 C보다 큰 비율로 통신하려는 어떤 시도도 지수적으로 1에 가까워지는 확률로 오류를 발생시킬 것임을 보였다. 이 결과 때문에 상수 C는 채널의 **섀넌 수용량(Shannon capacity)**이라 알려져 있다.

다시 한번, 단순화를 위해 이진 알파벳 $\{0, 1\}$의 경우만 살펴보겠다. 이 경우 $\{0, 1\}^k$에서 $\{0, 1\}^n$로 가는 무작위 함수 E를 선택한다. 그리고 적절한 상황하에서 결과로 얻는 부호는 거의 확실하게 매우 신뢰할 만하리라는 걸 보이고 싶다. 이를 위해, 하나의 메시지 m에 초점을 맞추고, 두 가지 기본적 아이디어에 의존할 것이다.

첫 번째 아이디어는 큰 수의 법칙[III.71 §4]의 정확한 형태이다. 오류 확률이 p라면 부호단어 $E(m)$에서 나오는 오류의 기댓값은 pn이고, 따라서 n이 크다면 오류의 실제 수는 거의 확실히 이에 매우 가까울 거라고 기대한다. 마치 우리가 공정한 동전을 만번 던져 앞면이 나온 횟수가 오천 번에 가깝지 않았

을 때 놀라는 것과 마찬가지이다. 이를 공식으로 표현한 결과가 다음과 같다.

주장. 어떤 상수 $c > 0$가 있어서 오류의 수가 $(p + \epsilon)n$을 넘을 확률은 최대 $2^{-c\epsilon^2 n}$이다.

오류의 수가 $(p - \epsilon)n$보다 작을 확률에 대해서도 마찬가지로 말할 수 있지만, 이 결과를 사용하지 않겠다.

n이 클 때, $2^{-c\epsilon^2 n}$은 굉장히 작아서 오류의 수가 최대 $(p + \epsilon)n$개임은 거의 확실하다. 오류의 수는 채널의 출력값 y와 전송된 부호단어 $E(m)$ 사이의 해밍 거리와 같다. 그러므로 y로부터 해밍 거리가 가장 작은 부호단어를 선택하는 복호화 함수는, $E(m')$과 y의 거리가 $(p + \epsilon)n$보다 더 가까운 메시지 m'이 없다면, 거의 확실하게 $E(m)$을 선택할 것이다.

이것이 거의 확실하게 일어날 거라고 말해 주는 두 번째 아이디어는 해밍 공은 작다는 점이다. z가 $\{0, 1\}^n$ 안의 수열이라 하자. 그러면 z를 중심으로 하고 **반지름**이 r인 해밍 공은 z로부터 해밍 거리가 최대 r인 수열 w들의 집합이다. 이 집합은 얼마나 큰가? z로부터 해밍 거리가 정확히 d인 수열 w를 구체화하기 위해, w와 z가 다른 d개의 위치의 집합을 구체화하면 충분하다. 이 집합을 선택하는 방법은 $\binom{n}{d}$개 있으므로 거리가 최대 r인 수열들의 수는

$$\binom{n}{0} + \binom{n}{1} + \binom{n}{2} + \cdots + \binom{n}{r}$$

이다. 만약 $r = \alpha n$이고 $\alpha < \frac{1}{2}$이면, 이 수는 아무리 커도 어떤 상수에 $\binom{n}{r}$을 곱한 값이다. 왜냐하면 각

항이 적어도

$$\frac{n-r}{r} = \frac{1-\alpha}{\alpha}$$

에 그전 항을 곱한 값이기 때문이다. 그러나

$$\binom{n}{r} = \frac{n!}{r!\,(n-r)!}$$

이다. 이제 **스털링 공식**[III.31]을 이용하거나 더 느슨한 근사식인 $n! \approx (n/e)^n$을 이용하면, 이것이 대략 $(1/\alpha(1-\alpha))^n$임을 알게 되고 이는

$$H(\alpha) = -\alpha \log_2 \alpha - (1-\alpha) \log_2 (1-\alpha)$$

라 할 때, $\binom{n}{r}$은 $2^{H(\alpha)n}$로 근사된다. (α와 $1-\alpha$가 1보다 작으므로 음수인 로그값을 가지고, 따라서 $H(\alpha)$는 양수이다.) 함수 H를 **엔트로피 함수**(entropy function)라 부른다. 이는 구간 $[0, \frac{1}{2}]$에서 연속이고 순증가하는 함수로 $H(0) = 0$, $H(\frac{1}{2}) = 1$이다. 따라서 $\alpha < \frac{1}{2}$이면 $H(\alpha) < 1$이고, 따라서 $2^{H(\alpha)n}$은 2^n보다 지수적으로 더 작다. 이것이 반지름이 αn인 해밍 공이 작다고 말할 때 뜻하는 바이다.

α가 $p + \epsilon < \frac{1}{2}$이라고 하자. 그러면 임의로 선택된 수열 $E(m')$이 y가 중심이고 반지름이 $(p+\epsilon)n$인 해밍 공 안에 놓여 있을 확률은 최대

$$2^{H(p+2\epsilon)n}2^{-n}$$

이다. (2ϵ은 위에서 공의 크기를 측정할 때 나오는 약간의 부정확성에 대한 절충이다.) m'에 대해 $2^k - 1$가지의 가능성이 있기 때문에 $E(m')$이 그 공에 들어가 있는 것을 발견할 확률은 최대

$$2^k 2^{H(p+2\epsilon)n}2^{-n}$$

이다. 그러므로 만약 $k \leqslant n(1 - H(p+2\epsilon) - \epsilon)$이라면, 이 확률은 최대 $2^{-\epsilon n}$이고 이는 지수적으로 작다.

ϵ을 우리가 원하는 만큼 작게 선택할 수 있기 때문에, 복호화 오류에 대해 여전히 지수적으로 작은 확률을 유지하면서도 k/n을 우리가 원하는 만큼 $1 - H(p)$에 가깝게 만들 수 있다. 사실은 $1 - H(p)$라는 양이 앞서 언급한 상수 C, 즉 이진 대칭 채널의 섀넌 수용량이다. 그러므로 $p < \frac{1}{2}$이라면 이진 대칭 채널의 수용량은 항상 양수이다.

섀넌 정리와 증명은 위의 예가 보여준 것보다 훨씬 더 일반적이다. 다양한 종류의 채널에 대해 그리고 폭넓은 종류의 (확률적) 오류의 모형들에 대해, 그의 이론은 채널의 수용량을 정확히 집어내고, 신뢰할 만한 통신이 가능한 필요충분조건이, 채널의 비율이 그 수용량보다 작다는 것임을 보인다. 섀넌의 증명은 실제 공학에서 확률적 방법이 사용된 놀라운 예이다. 하지만 부호화와 복호화 알고리즘은 상당히 비실용적이다. 증명은 부호화 함수를 찾는 방법에 대해서는 어떤 단서도 제공하지 않는다. 물론 모든 부호화 함수 $E: \{0,1\}^k \to \{0,1\}^n$를 생각해서 그것이 좋은지를 확인해 볼 수는 있지만 말이다. 그러나 그런 함수를 찾는다 할지라도, 간결하게 나타낼 수 없을지 모르고, 그런 경우 부호화하는 사람과 복호화하는 사람은 이 부호화 함수를 지수만큼이나 긴 표로서 그 메모리에 저장해야 한다. 마지막으로 복호화 알고리즘은 가장 가까운 부호단어를 억지로 찾아내는 방법처럼 보인다. 이는 실질적으로 사용할 수 있는 섀넌 정리의 계산상 효율적인 형태를 얻어내는 데 있어 가장 큰 걸림돌처럼 보이는 문제이다. 우리는 이 정리를 통해 통신 채널의 한계

와 잠재적 효용성에 대한 중요한 성찰을 얻었다. 이를 유념하여, 더 실용적인 부호화와 복호화 절차를 고안해내고자 할 때 추구해야 할 올바른 목표를 정할 수 있다. 다음 절에서는 0에서 멀리 떨어진 고정된 비율을 얻는 것, 오류의 상수비를 허용하는 것, 그리고 효율적인 알고리즘을 가지고 이 둘을 성립시키는 것이 가능함을 보일 것이다.

4 효율적인 부호화와 복호화

이제 효율적으로 계산할 수 있는 부호화와 복호화 함수를 디자인하는 일로 돌아가자. 현재, 그런 함수를 만드는 데 있어 적어도 두 가지 매우 다른 방법이 존재한다. 여기서는 유한체 상에서의 대수에 기반한 방법에 대해 살펴볼 것이다. 또 다른 방법은 익스팬더[III.24]의 생성에 기반하는데, 이에 대해서는 여기서 논의하지 않을 것이다.

4.1 대수를 이용한 큰 알파벳에 대한 부호들

이 절에서는 부호화 함수 $E : \Sigma^k \to \Sigma^n$을 얻는 간단한 방법을 설명할 것이다. 여기서 Σ는 적어도 n개의 원소를 갖는 유한체[I.3 §2.2]이다. (q가 어떤 소수 p와 양의 정수 t에 대해 p^t 꼴의 수이면, q개의 원소를 갖는 유한체가 존재함을 기억하자.) 이 부호는 리드(Reed)와 솔로몬(Solomon)(1960)에 의해 소개되었고, 그 이후 리드-솔로몬 부호라 불리고 있다.

리드-솔로몬 부호는 n개의 서로 다른 체의 원소 $\alpha_1, \cdots, \alpha_n \in \Sigma$들로 이루어진 수열에 의해 결정된다. 메시지 $m = (m_0, m_1, \cdots, m_{k-1}) \in \Sigma^k$이 주어질 때, 그 메시지와 다항함수 $M(x) = m_0 + m_1 x + \cdots +$

$m_{k-1} x^{k-1}$를 연관시킨다. m의 부호화는 단순히 수열 $E(m) = M(\alpha_1), M(\alpha_2), \cdots, M(\alpha_n)$이다. 다시 말하면, 수열 m을 부호화하기 위해, 수열의 항들을 차수가 $k - 1$인 다항함수의 k개의 계수처럼 다루어 그 다항함수가 $\alpha_1, \cdots, \alpha_n$에서 취하는 값을 적는다.

이 부호의 오류 정정 수용량에 대해 설명하기 전에, 그것이 매우 간결하게 표현되었음을 지적하겠다. 그것을 규정하기 위해 필요한 것은 체 Σ와 n개의 원소들 $\alpha_1, \cdots, \alpha_n$의 수열이 전부이다. $M(\alpha)$를 계산하기 위해 필요한 덧셈과 곱셈의 개수가 어떤 상수 C에 대해 많아야 Ck개임은 쉽게 보일 수 있다. (예를 들어, $3\alpha^3 - \alpha^2 + 5\alpha + 4$를 계산하려면, 우선 3을 가지고 시작하여, α를 곱하고 1을 빼고 α를 곱하고 5를 더하고 α를 곱하고 4를 더한다.) 그러므로 전체 부호화 계산에 필요한 체 연산의 개수는 적절한 (다른) 상수 C에 대해 Cnk에 의해 제한된다. (사실, 부호화 문제에 대해 최대 $Cn(\log n)^2$개의 단계를 취하는 더 복잡하고 효율적인 알고리즘들이 알려져 있다.)

이제 부호의 오류 정정 성질을 고려하자. 임의의 두 메시지 m_1, m_2의 부호화가 적어도 $n - (k - 1)$의 해밍 거리를 가짐을 보이면서 시작하겠다. 이를 확인하기 위해 $M_1(x), M_2(x)$가 m_1, m_2와 연관된 다항함수라 하자. 그럼 두 함수의 차 $p(x) = M_1(x) - M_2(x)$는 최대 $k - 1$차 다항함수로, 영 함수는 아니며(M_1, M_2가 서로 다르므로), 최대 $k - 1$개의 근을 갖는다. 이는 $M_1(\alpha) = M_2(\alpha)$인 α의 값이 최대 $k - 1$개 있음을 말해준다. 따라서 두 수열

$$E(m_1) = (M_1(\alpha_1), M_1(\alpha_2), \cdots, M_1(\alpha_n)),$$

$$E(m_2) = (M_2(\alpha_1), M_2(\alpha_2), \cdots, M_2(\alpha_n))$$

사이의 해밍 거리는 적어도 $n - k + 1$이다.

따라서 z가 임의의 수열이라면, $E(m_1)$, $E(m_2)$ 중 적어도 하나와의 해밍 거리가 $\frac{1}{2}(n - k)$보다 커야 한다. (그렇지 않다면 $E(m_1)$과 $E(m_2)$ 사이의 거리는 최대 $n - k$여야 하기 때문이다.) 그러므로 만약 전달 과정에서 발생한 오류의 수가 최대 $\frac{1}{2}(n - k)$라면, 원래 메시지 m은 수신된 수열 z에 의해 유일하게 결정된다. m이 무엇이었는지 알아내는 효율적인 알고리즘이 있음은 훨씬 더 불확실하다. 하지만 놀랍게도 이제부터 설명할 (n에 대한) 다항함수 시간 알고리즘을 가지고 m을 계산하는 것이 가능하다.

복호화 알고리즘은 무엇을 해야 하는가? 수 α_1, $\cdots$, α_n과 수신된 수열 z_1, $\cdots$, z_n이 주어지고, 최대 $\frac{1}{2}(n - k)$개를 제외한 모든 i의 값에 대해 $M(\alpha_i) = z_i$가 되는 차수가 $k - 1$ 이하인 다항함수 M을 찾아내야 한다. 그런 다항함수가 존재한다면, 우리가 방금 보았던 것처럼 그 함수는 유일하고, (오류의 개수가 최대 $\frac{1}{2}(n - k)$개라면) 그 계수들은 원래 메시지 m을 줄 것이다.

만약 오류가 없었다면, 우리가 할 일은 훨씬 더 간단할 것이다. k개의 함숫값들로부터 나온 k개의 방정식을 동시에 풀어서 차수가 $k - 1$인 다항함수의 계수를 결정할 수 있다. 그러나 우리가 사용하는 값들 중 어떤 것이 잘못되었다면, 완전히 다른 다항함수를 얻을 것이고 따라서 이 방법은 우리가 실제로 맞닥뜨린 문제에 이용하기 쉽지 않다.

이 어려움을 극복하기 위해, M이 존재하고 수열 $M(\alpha_1), \cdots, M(\alpha_n)$에서 도입된 오류가 $i_1, \cdots, i_s$에서 나타난다고 상상하자. 여기서 $s \leq \frac{1}{2}(n - k)$이다. 그러면 다항함수 $B(x) = (x - \alpha_{i_1}) \cdots (x - \alpha_{i_s})$는 최고 $\frac{1}{2}(n - k)$인 차수를 가지고, 어떤 j에 대해 x가 α_{i_j}일 때에만 0이 된다. $A(x)$가 $M(x)B(x)$와 같다고 놓자. 그럼 $A(x)$는 차수가 최대 $k - 1 + \frac{1}{2}(n - k) = \frac{1}{2}(n + k - 2)$인 다항함수이고, 모든 i에 대해 $A(\alpha_1) = z_i B(\alpha_i)$이다. ($i$에서 오류가 없다면, $z_i = M(\alpha_i)$이므로 이는 분명하고, i에서 오류가 있다면 양변이 모두 0이다.)

역으로, 우리가 모든 i에 대해 $A(\alpha_i) = z_i B(\alpha_i)$인 차수가 최대 $\frac{1}{2}(n + k - 2)$인 다항함수 $A(x)$와 차수가 최대 $k - 1$인 $B(x)$를 찾아 냈다고 가정하자. 그럼 $R(x) = A(x) - M(x)B(x)$는 차수가 최대 $\frac{1}{2}(n + k - 2)$인 다항함수이고 $M(\alpha_i) = z_i$일 때마다 $R(\alpha_i) = 0$이다. 최대 $\frac{1}{2}(n - k)$개의 오류가 있으므로, 이는 적어도 $n - \frac{1}{2}(n - k) = \frac{1}{2}(n + k)$개의 i값에 대해 일어난다. 그러므로 R의 근의 개수는 그 차수보다 크고 이로부터 R은 항등적으로 0이고, 따라서 모든 x에 대해 $A(x) = M(x)B(x)$이다. 이로부터 우리는 M을 결정할 수 있다. $A(x), B(x)$가 0이 아닌 k개의 x값이 주어질 때 $M(x) = A(x)/B(x)$의 k개의 값을 결정할 수 있고 따라서 M을 결정할 수 있다.

이제 필요한 성질들을 가지는 다항함수 $A(x)$, $B(x)$를 실제로 (효율적으로) 찾을 수 있음을 보여 주는 것이 남았다. 사실 n개의 제약조건 $A(\alpha_i) = z_i B(\alpha_i)$는 A, B의 미지의 계수에 대한 n개의 선형 제약조건이다. B는 $\frac{1}{2}(n - k) + 1$개의 계수를, A는 $\frac{1}{2}(n + k)$개의 계수를 가지기 때문에 미지수의 총 개수는 $n + 1$이다. 연립방정식은 동차이고(즉, 모든 미지수를 0이라 놓으면 해를 얻는다) 미지수의 개수가 제약조건의 수보다 많으므로, 자명하지 않은 해가 존재해야 한다. 다시 말해 $A(x)$, $B(x)$가 둘 다 영 함수가 아닌 해가 존재한다. 더구나 그런 해를 가우스 소거법을 이용해 찾을 수 있고, 이는 많아야 Cn^3개의 단계를 취한다.

정리하면, 우리는 서로 다른 낮은 차수의 두 다항함수가 너무 많은 값에 대해 같을 수 없다는 사실을 이용하여 코드를 만든다. 그런 다음 복호화를 위해 낮은 차수의 다항함수의 견고한 대수적 구조를 사용한다. 이런 작업을 가능하게 하는 주된 수단은 선형 대수로, 특별히 연립방정식의 풀이이다.

4.2 좋은 부호를 사용하여 알파벳의 크기 줄이기

앞 절에서 설명한 아이디어들은 어떻게 효율적인 부호화와 복호화 알고리즘을 가진 부호를 만드는지 보여준다. 하지만 상당히 많은 알파벳을 사용한다. 여기서 우리는 이 결과들을 이진 부호를 만드는 데 이용할 것이다.

우선 알파벳으로 만들어진 많은 부호들을 이진 알파벳 $\{0, 1\}$로 만들어진 부호들로 전환하는 매우 자명한 방법을 생각해 보자. 편의를 위해, 우리가 어떤 정수 l에 대해 크기가 2^l인 알파벳 Σ로 만들어진 리드-솔로몬 부호를 가지고 있다고 가정하자. 그러면 Σ의 원소들을 길이 l인 이진 문자열과 연결시킬 수 있다. 그런 경우 Σ^k에서 Σ^n으로 가는 리드-솔로몬 부호화 함수를 $\{0, 1\}^{lk}$에서 $\{0, 1\}^{ln}$로 가는 함수로 생각할 수 있다. (예를 들어, Σ^k의 원소는 k개의 대상으로 이루어진 수열이고, 그 대상 각각은 길이가 l인 이진 수열이다. 그것들을 다 같이 모아 놓으면 길

이가 kl인 하나의 이진 수열을 만든다.) 다른 두 메시지의 부호화는 적어도 $n - k + 1$개의 Σ의 원소에 대해 다르기 때문에, 그것들은 적어도 $n - k + 1$비트에서도 달라야 한다.

이는 이진 알파벳 상에서 상당히 그럴듯한 부호를 준다. 그러나 $n - k + 1$은 ln의 어떤 고정된 분수만큼 크지 않다. 비율 $(n - k + 1)/ln$은 $1/l$보다 작고, Σ의 크기인 2^l이 적어도 n이어야 하므로, 이 분수는 최대 $1/\log_2 n$이고, 이 비율은 n이 ∞로 가면 0으로 다가간다는 것을 알 수 있다. 그러나 이는 뒤에서 설명하겠지만 간단하게 해결할 수 있다.

단순한 이진 방식에 있어서 문제는 Σ의 서로 다른 두 원소를 단지 한 비트에서만 다른 이진 수열로 표현할 수 있다는 것이다. 그러나 길이가 l인 이진 수열 사이의 해밍 거리는 보통 훨씬 더 크다. 대개 어떤 양의 상수 c에 대해 cl로 주어진다. Σ의 원소를 어떤 길이 L인 이진 수열로 표현하는 데 사용된 임의의 두 수열 간의 해밍 거리가 적어도 cL이 되도록 할 수 있다고 가정하자. 이는 우리의 위의 주장을 더 개선시킬 수 있게 해 준다. 두 메시지의 부호화가 적어도 $n - k + 1$개의 Σ의 원소에서 다르다면 그저 $n - k + 1$개 비트가 아니라 적어도 $cL(n - k + 1)$개의 비트에서 달라야 하고, 이는 Ln의 양의 분수이다.

우리가 요구하고 있는 것은 길이 l인 이진 수열을 길이 L인 수열로 부호화할 때, 어떤 두 부호단어도 서로에게서 cL보다 더 가깝지 않도록 부호화하는 것이다. 그러나 앞 절에서 살펴봤듯이 L, c가 적절한 조건을 만족하면 그런 부호화가 존재한다. 예를 들어 $L \leq 10l$, $c \geq \frac{1}{10}$인 경우에 그런 부호화 함수

를 찾을 수 있다.

그럼 이를 어떻게 이용하나? 길이 lk인 이진 수열 m을 가지고 시작한다. 위에서처럼, 이를 알파벳 Σ에서 길이 k인 수열과 연관짓는다. 그런 다음 이 수열을 리드-솔로몬 부호를 이용해 부호화해서 알파벳 Σ에서 길이 n인 수열을 얻는다. 다음으로 이 수열의 각 항을 길이 l인 이진 수열로 전환한다. 그리고 마지막으로 이 n개의 이진 수열 각각을 좋은 부호화 함수를 이용해 길이 L인 수열로 부호화하여, 그 결과로 길이 Ln인 이진 수열을 얻는다. 그러고 나서 이 수열은 채널을 통해 전달하면 오류가 생길 수도 있다. 수신자가 받은 수열을 길이 L인 n개의 블록으로 쪼개고, 각 블록에서부터 어떤 길이 l짜리 이진 수열이 나오는지 알아내도록 각 블록을 복호화한다. 그리고 그 이진 수열을 Σ의 한 원소로 전환한다. 이는 Σ의 n개의 원소로 이루어진 수열을 만든다. 그러면 리드-솔로몬 복호화 알고리즘을 이용하여 이 수열을 복호화해서 Σ의 k개 원소로 이루어진 수열을 만들어낸다. 마지막으로 이는 길이 lk인 이진 수열로 전환될 수 있다.

우리는 길이 l인 이진 수열을 길이 L인 수열로 전환하고 다시 돌아가는 부호화와 복호화 절차의 효율성에 대해서는 아무 말도 하지 않고, 단지 그것이 존재한다고만 말했다. 효율성을 우선순위에 놓는다고 가정했기 때문에 이는 오히려 이상할지도 모른다. 지금 우리가 처음에 해결하고자 애썼던 정확히 똑같은 문제에 맞닥뜨린 게 아닌가? 다행히도 그렇진 않은데, 비록 이 부호화와 복호화 절차가 지수적으로 긴 시간을 필요로 할지도 모르지만, 그들은 L의 함수로서 지수적으로 긴 시간이 걸리는 것이고

L은 n보다 훨씬 더 작기 때문이다. 실제로 L은 $\log n$에 비례하고, 따라서 2^L은 n의 다항함수에 의해 위로 유계이다. 이는 유용한 원칙이다. 매우 짧은 문자열에만 적용한다면, 지수적으로 복잡한 절차를 감당할 수 있다.

이런 식으로 부호를 명확하게 규정하지는 못했을지라도, 다항함수 시간 내에 작동하면서 오류들의 상수 비율을 바로잡는 부호화와 복호화 알고리즘이 있음을 보였다. 우리가 아직 논의하지 않은 복호화 오류의 확률에 대한 질문을 던지면서 이 절을 마치고자 한다. 위에서 설명한 부호화 함수(그리고 복호화 함수)를 만들어내는 기법은 부호화와 복호화가 여전히 다항함수 시간 안에 시행되지만, 이제 복호화 오류 확률이 매개변수 p를 가지는 이진 대칭 채널에서 지수적으로 작아지도록, 그리고 그 비율이 이론적 최댓값인 섀넌 수용량에 임의로 가까워지도록 위의 부호를 향상시키는 데도 사용할 수 있다. (아이디어는 임의의 내부 부호를 가지고 비율이 1에 가까운 리드-솔로몬 부호를 만들고, 그런 다음 임의의 오류를 가지고 내부 복호화 단계 대부분이 올바르게 복호화된다는 것을 보이는 것이다. 그런 다음 외부 복호화 단계를 '거의 올바른 복호화'를 '완전히 올바른 복호화'로 전환하는 데 사용한다.)

5 통신과 저장에 미치는 영향

오류 정정 부호의 수학적 이론은 정보의 저장과 통신에 대한 기술에 깊은 영향을 미쳤다. 아래에 몇 가지를 소개하겠다.

아마도 디지털 매체에 정보를 저장하는 것은 오

류 정정 부호에 대한 가장 큰 성공담일 것이다. 가장 잘 알려진 형태의 저장 매체들, 그리고 특별히 오디오, 데이터 CD, DVD에 대한 표준은 리드-솔로몬 부호에 기반한 오류 정정 부호를 제시한다. 특별히, $\mathbb{F}_{256}^{223}$에서 $\mathbb{F}_{256}^{255}$로 가는 부호에 기반한다. 여기서 $\mathbb{F}_{256}$은 256개의 원소를 가진 유한체이다. 오디오 CD에서는 사소한 흠집으로부터 보호하는 데 부호들을 사용한다. 비록 더 심각한 흠집은 귀에 들릴 정도의 오류를 만들지만 말이다. 데이터 CD에서 오류 정정은 (더 많은 여분을 가지고) 더 강력해서, 심각한 흠집도 데이터 손실을 가져오지 않는다. 모든 경우(CD와 DVD) 이런 장치의 판독기는 매체에서 정보를 읽을 때 복호화를 위한 빠른 알고리즘을 사용한다. 전형적으로 이런 알고리즘은 앞 절의 아이디어에 기반하지만 더 빨리 실행된다. (특히 벌캄프(E. Berlekamp)가 고안한 알고리즘이 널리 쓰인다.) 실제로, 여러 CD 판독기는 더 빠른 복호화 알고리즘 덕분에 판독 속도가 더 빠르다. 비슷하게 (CD와 비교할 때) DVD의 증가된 저장 용량은 부분적으로 더 나은 오류 정정 부호 덕분이다. 실제로 오류 정정 기술은 음악을 디지털로 저장하는 오디오 CD가 음악을 연속적인 형태로 저장하는 전통적인 방법을 제치고 우위를 점하게 하는 데 결정적 역할을 했다. 이런 식으로 부호화 이론에서 수학적 진전은 그 기술에 큰 영향을 미치는 역할을 했다.

비슷하게, 오류 정정 부호는 통신에 지대한 영향을 미쳤다. 1960년대 후반 이래로 오류 정정 부호(그리고 복호화)는 인공위성에서 지구에 있는 기지까지 통신을 하는 데 사용되었다. 최근 오류 정정 부호는 또한 휴대전화 통신과 모뎀에서 사용되고 있다. 이 글을 쓰고 있는 지금 가장 널리 쓰이는 부호는 여전히 리드-솔로몬 부호이다. 비록 이 상황은 '터보 부호'라 불리는 새로운 종류의 부호가 발견된 이래 매우 빠르게 변하고 있지만 말이다. 이 새로운 종류의 부호는 임의의 오류에 대해 (리드-솔로몬 부호에 기반한 방법이 제공하는 것보다 더 많은) 상당한 복원력을 제공하는 듯하고, 단순하고 빠른 알고리즘을 사용한다. 사용된 부호가 작은 블록 길이를 가지고 있는 경우에도 말이다. 이 부호와 대응되는 복호화 알고리즘은 그래프이론[III.34]으로부터 나온 통찰의 도움을 받아 만들어진 부호에 대한 관심을 다시 부활시켰다. 터보 코드의 많은 좋은 성질들은 단지 경험적으로만 관찰되었다. 즉 코드가 실제로 아주 잘 작동하는 것 같지만, 정말 잘 작동하는지 아직 엄밀하게 증명되지 않았다. 그럼에도 불구하고, 관찰된 사실들이 너무나 설득력 있게 다가와 새로운 통신 표준은 이 코드를 채택하기 시작하고 있다.

마지막으로, 사용되고 있는 많은 부호들이 수학 문헌에 나온 연구에 기반하고 있긴 하지만, 이것을 그 부호들이 좀 더 추가적인 디자인 없이 즉각 적절하게 사용될 수 있다는 뜻으로 받아들여서는 안 된다. 예를 들어 마리너 우주선은 리드 뮬러 부호를 사용한 것이 아니라 블록들 간의 합성을 허용하도록 디자인된 변형을 사용했다. 비슷하게, 저장 매체에 사용된 리드-솔로몬 부호는 디스크 상에 조심스럽게 퍼져 있어서, 실제 기기가 큰 알파벳 상의 부호의 모형과 매우 유사하게 보이도록 만든다. 디스크 위의 흠집에 의한 오류는 디스크의 작은 국소적인 부분에서 많은 양의 비트를 망치는 경향이 있다. 한 블록에서 나온 모든 데이터가 그런 근방에 놓여 있다면 그 블록 전체가 손상될 것이다. 따라서 255바이트로 이루어진 각각의 정보 블록은 디스크 전체에 퍼져 있다. 반면, 바이트 그 자체는 $\mathbb{F}_{256}$의 원소인데, 8개의 비트들로 매우 가까이 쓰여져 있다. 따라서 이 8개 중 하나의 비트를 망친 흠집은 근처의 다른 비트들을 망칠 가능성이 많다. 하지만 이는 8개의 비트의 전체 모임을 하나의 원소로 보는 모형의 관점에서는 괜찮다. 일반적으로, 오류 정정 이론을 적용하는 올바른 방법을 알아내는 것이 가장 큰 문제이고, 많은 성공담은 조심스러운 디자인의 선택이 없었더라면 불가능했을 것이다.

수학과 공학은 이 분야에서 계속해서 서로에게 도움이 되고 있다. 리드-솔로몬 부호를 복호화하기 위한 새로운 알고리즘 같은 수학적 성공은, 어떻게 새로운 알고리즘을 작동시킬 기술을 채택할 것인가 하는 도전을 불러온다. 굉장히 잘 작동하는 터보 부호의 발견과 같은 공학적 성공은 수학자들이 이 성공을 설명할 수 있는 정식 모형을 알아내고 분석하도록 자극한다. 그리고 이런 모형과 분석이 나온다면, 그것은 터보 부호의 성과를 뛰어넘는 새로운 부호의 발견을 가져올지도 모르고 새로운 표준을 제공할 것이다.

6 참고문헌

섀넌(Shannon, 1948)과 해밍(Hamming, 1950)의 중요한 연구는 신뢰할 만한 통신과 정보 저장에 관한 이론에 큰 역할을 했고, 이 글의 많은 부분에 대한 기반을 형성했다. §4.1의 리드-솔로몬 부호는 리드와 솔로몬(Reed and Solomon, 1960)으로부터 나왔다. 그들의 복호화 알고리즘은 피터슨(Peterson, 1960)의 연구에서 유래했다. 비록 여기 주어진 알고리즘은 매우 단순화된 것이긴 하지만 말이다. 부호를 만드는 기술은 포니(Forney, 1966) 덕분이다.

해가 지나면서, 부호화 이론은 매우 다양한 결과들을 축적했다. 이 중 어떤 것은 더 빠른 알고리즘을 가진 더 나은 부호의 구성을 가져왔다. 다른 것은 부호가 얼마나 잘 작동하는지에 대한 이론적 상한을 제공했다. 이론은 다양한 종류의 수학적 방법들을 이용하고, 이 중 많은 것들은 이 글에서 설명한 것들보다 훨씬 고등의 수학이다. 그중 가장 주목할 만한 것은 대수기하학과 그래프이론인데, 이것들은 매우 좋은 부호를 구성하는 데 사용되고 있으며, 서로 직교하는 다항함수 이론은 비율이나 신뢰성 같은 부호의 매개변수들에 대한 제한을 증명하는 데 사용된다. 이 방대한 분야의 핵심적 내용은 대부분 플레스(Pless)와 허프만(Huffman)의 책(1998)에 나와 있다.

더 읽을거리

Hamming, R. W. 1950. Error detecting and error correcting codes. *Bell System Technical Journal* 29:147-60.

Forney Jr., G. D. 1966. *Concatenated Codes*. Cambridge, MA: MIT Press.

Peterson, W. W. 1960. Encoding and error-correction procedures for Bose-Chaudhuri codes. *IEEE Transactions on Information Theory* 6:459-70.

Pless, V. S., and W. C. Huffman, eds. 1998. *Handbook of Coding Theory*, two volumes. Amsterdam : North-Holland.

Reed, I. S., and G. Solomon. 1960. Polynomial codes over certain finite fields. *SIAM Journal of Applied Mathematics* 8 : 300-4.

Shannon, C. E. 1948. A mathematical theory of communication. *Bell System Technical Journal* 27 : 379-423, 623-56.

VII.7 수학과 암호학

클리포드 콕스 *Clifford Cocks*

1 소개와 역사

암호학은 통신의 의미와 내용을 감추는 과학이다. 그 목표는 적이 암호화된 상태의 메시지를 보았을 때 그것으로부터 뜻을 알아내거나 유용한 정보를 끌어낼 수 없게 하는 것이다. 반면, 그 메시지를 받기로 되어 있는 사람은 그 참뜻을 해독해낼 수 있어야 한다. 대부분의 역사 동안, 암호학은 오직 몇몇(예를 들어 군사적, 외교적 통신이 필요한 정부)에 의해서만 심각하게 시행되어 온 기술이었다. 정보를 받기로 되어 있지 않은 대상에게 정보가 공개된다면 치명적인 결과를 초래하기 때문에, 메시지를 암호화하는 데 드는 비용과 불편함을 감수할 만한 사람들을 위해서 시행되어 왔다. 그런데 최근에 변화가 일어났다. 정보 혁명 결과 중 하나는 즉각적이고 안전한 통신이 이를 요구하는 모두를 위해 필요하다는 점이다. 다행스럽게 수학이 구제를 위해 나섰고, 이런 요구를 충족시키는 이론과 알고리즘의 발전을 제공했다. 또한 '전자 서명'이라는 완전히 새로운 가능성도 제공했다(이에 대해서는 나중에 논의할 것이다).

　암호학에서 가장 오래된 그리고 가장 기본적인 방법 중 하나는 단순 대체(simple substitution)이다. 암호화하려는 메시지가 영어 문서 중 한 부분이라고 가정하자. 그걸 보내기 전에 송신자와 수신자는 그들이 비밀로 간직한 26개의 알파벳 문자의 치환에 대해서도 동의한다. 그럼 암호화된 메시지는

ZPLKKWL MFUPP UFL XA EUXMFLP

처럼 보일 수 있다. 매우 짧은 메시지에 대해 이런 방법은 그런대로 안전하다. 영어에서 흔히 쓰이는 패턴들과 글자 패턴을 맞추어 보면서, 위의 예가 의미하는 바를 알아내는 것이 가능하긴 하지만 이 방법은 상당히 어렵다! 하지만 더 긴 메시지에 대해서는 단순히 각 글자가 나오는 빈도를 세고 이를 원래 언어에서 글자들이 나오는 빈도와 비교해 보면 거의 항상 그 의미를 쉽사리 되찾아내기 충분할 만큼 숨겨진 치환을 알아낼 수 있다.

20세기 기계적 암호화 기기들의 출현과 함께 암호학은 비약적으로 발전했다. 그중에서 가장 유명한 예는 아마 2차 세계 대전 중 사용된 독일의 에니그마(Enigma)일 것이다. 에니그마에 관한 흥미진진한 이야기와 블레츨리 파크의 암호 해독가들의 역할에 대한 이야기는, 암호학을 다룬 사이먼 싱(Simon Singh)의 탁월한 책에서 찾을 수 있다(Singh, 1999). 에니그마의 작동 원리가 단순한 대체 방법의 발전이라는 것은 흥미롭다. 입력 메시지의 각 글자는 정확히 단순 대체에 의해 암호화되지만, 각 글자 이후 대체를 통제하는 치환이 변한다는 추가적 규칙이 있다. 복잡한 전기 기계적 기기가 결정적 방식으로 대체 과정을 통제한다. 수신자가 원래와 정확히 같은 방식으로 또 다른 기기를 만들 수 있을 때에만 메시지를 해독할 수 있다. 이를 위해 필요한 정보를 키(key)라고 부른다. 또한 적절한 사람들에게만 키가 알려져 있도록 하는 것을 키 관리(key management)라고 한다. (나중에 이야기할) 공개 키 암호학이 등장하기 전까지, 키 관리는 통신이 안전하기를 원하는 모든 이들에게 불편이자 대가였다.

그림 1 선형 피드백 시프트 레지스터

2 스트림 암호기와 선형 피드백 시프트 레지스터

컴퓨터의 출현 이래로 정보는 이진 데이터, 즉 0과 1들의 스트림으로 전송되게 되었다. 그런 데이터에 대해 선형 피드백 시프트 레지스터(linear feedback shift register, LFSR)라 불리는, 기기에 기반한 조금 다른 암호화 방법이 있다(그림 1 참조). 첫 단계는 결정적 방법으로 무작위적으로 보이는 0과 1들로 이루어진 수열을 형성하는 것으로서 점화식을 이용하는데, 그 단순한 예는 다음과 같다.

$$x_t = x_{t-3} + x_{t-4}.$$

여기서 덧셈은 mod 2이고, 따라서 x_t는 x_{t-3}, x_{t-4} 중 1의 개수가 홀수이면 1이고, 그렇지 않으면 0이다. 또한 우리는 수열의 처음 네 항의 값을 결정해야 하므로, 1000부터 시작하자. 그럼 수열은 다음과 같이 계속된다.

$$1001101011110001001101011111\cdots$$

더 일반적으로, 피드백 위치(feedback position)라 불리는 어떤 양의 정수들 $a_1, a_2, \cdots, a_r$을 결정하고 (위의 예에서는 수 3과 4이다), 점화식

$$x_t = x_{t-a_1} + x_{t-a_2} + \cdots + x_{t-a_r}$$

을 이용하여 수열을 정의한다. 여기서도 역시 덧셈

은 mod 2이다.

이 방식으로 만들어진 수열은 보통 상당히 무작위적으로 보이지만, 길이 a_r인 이진 수열의 개수는 유한하므로 결국 되풀이되어야 한다. 우리 예에서 수열은 주기 15로 주기적임을 알 수 있는데, 길이 4인 이진 수열이 16개 있기 때문에 이는 실제로 가능한 가장 긴 주기이다. 그리고 잠시 생각해 보면 수열 0000은 나올 수 없음을(그렇지 않으면 그때까지 나오는 수열 전체가 완전히 0으로만 이루어져 있어야 함을) 알 수 있다.

일반적으로, 수열의 길이는 두 원소로 이루어진 체[I.3 §2.2] $\mathbb{F}_2$ 상의 다항 함수

$$P(x) = 1 + x^{a_1} + x^{a_2} + \cdots + x^{a_r}$$

의 성질에 의존한다. $a_r = 4$인 경우 금방 본 것처럼, 가능한 수열의 최대 길이는 $2^{a_r} - 1$이고, 이 길이를 얻기 위해서 다항함수 $P(x)$는 $\mathbb{F}_2$ 상에서 기약이어야 한다. 즉, 더 작은 다항함수로 인수분해되어서는 안 된다. 예를 들어 다항함수 $1 + x^4 + x^5$은 기약이 아니다. 왜냐하면 $(1 + x + x^3)(1 + x + x^2)$은

$$1 + x + x + x^2 + x^2 + x^3 + x^3 + x^4 + x^5$$

으로 전개되고, 체 $\mathbb{F}_2$ 상에서 $1 + 1 = 0$이므로 이 함수는 $1 + x^4 + x^5$과 같기 때문이다.

기약성은 수열이 최대 길이를 갖기 위한 필요조건이지만 충분조건은 아니다. 이를 위해 우리는 두 번째 조건, 즉 다항식이 원시다항식임이 필요하다. 이것이 무슨 뜻인지 알아보기 위해, 다항함수 $x^3 + x + 1$을 가져와 처음 몇 개의 양의 정수 m에 대해 x^m를 $x^3 + x + 1$로 나눌 때 나머지를 계산해 보자(모

든 계수는 $\mathbb{F}_2$에 속한다). m이 1부터 7까지 변할 때, 우리는 다항식 $x, x^2, x + 1, x^2 + x, x^2 + x + 1, x^2 + 1, 1$을 얻는다. 예를 들어

$$x^6 = (x^3 + x + 1)(x^3 + x + 1) + x^2 + 1$$

이므로, x^6을 $x^3 + x + 1$로 나누었을 때 나머지는 $x^2 + 1$이다.

여기서 다항식 1을 처음 얻는 때는 $m = 7$일 때이고 $7 = 2^3 - 1$이다. 이는 다항식 $x^3 + x + 1$이 원시다항식임을 보여준다. 일반적으로 차수 d인 다항식 $p(x)$를 가지고 x^m을 나눌 때 처음으로 나머지가 1이 되는 순간이 $m = 2^d - 1$이라면 $p(x)$는 원시다항식이다.

어떤 다항식이 기약인지 그리고 원시다항식인지를 결정하기 위한 계산상 효과적인 판정법들이 있다. 원시다항식을 LFSR의 기저로 사용할 때 장점은 그것이 생성하는 수열에서 길이 a_r인 부분 수열은 길이 a_r인 모든 0이 아닌 수열이 정확히 한번씩 나올 때까지 되풀이되지 않는다는 점이다.

이 모두가 어떻게 암호학에 응용되는가? 간단한 아이디어는 LFSR에 의해 생성되는 비트들의 스트림을 택하고 그것을 항별로 암호화하고 있는 메시지에 더한다는 것이다. 예를 들어 LFSR이 1001101로 시작한 수열을 생성했고 메시지가 0000111이라면 암호화된 메시지는 1001010으로 시작할 것이다. 그런 메시지를 해독하기 위해 단순히 다음 절차를 반복하면 된다. 두 수열 1001101과 1001010을 더하면 원래 메시지 0000111을 준다. 이것이 가능하려면, 수신자는 같은 수열 1001101을 생성할 수 있기 위해 LFSR의 자세한 정보를 알고 있어야 할 것이

다. 따라서 피드백 위치(이 경우 3과 4)를 비밀 키로
이용하는 걸 고려할 수 있다.

위 과정은 실제로 이용할 만큼 충분히 좋지 않다.
왜냐하면 그것이 형성하는 비트들의 스트림으로부
터 피드백 규칙을 다시 찾아낼 수 있는 효과적인 알
고리즘(벌캄프(Berlekamp)와 메시(Massey)(1969)가
만든)이 있기 때문이다. LFSR에 의해 만들어진 비
트들의 수열을 더 많이 뒤섞으려면, a_r개의 비트로
이루어진 연속적인 수열들의 어떤 미리 결정된 비
선형 함수를 이용하는 것이 더 좋다. 그럴 때조차도,
그런 과정은 주의 깊게 디자인하면 매우 빨리 많은
데이터에 적용될 수 있을 만큼 충분히 간단하다.

3 블록 암호화와 컴퓨터 시대

3.1 데이터 암호화 표준

컴퓨터가 이용되기 시작했을 때, 블록 암호화라는
완전히 다른 암호화 수단이 실용화되었다. 이 최초
의 예는 (1977년 처음 출판된) 데이터 암호화 표준
(Data Encryption Standard, DES)이었다. DES는 1976
년 미국 국립표준국(NBS)(현재 국립표준기술원
(NIST))이 표준으로 채택했다. 이는 56비트 길이의
키를 이용해 한번에 64비트의 블록을 암호화한다.
이는 페이스텔 암호(Feistel cipher)라 불리는 특별한
구조를 가진다(그림 2 참조).

이 구조는 다음과 같다. 64비트 블록이 주어졌을
때, 우선 그것을 32비트짜리 두 부분으로 나누어 L
과 R이라 부른다. 그런 다음, 미리 정해진 어떤 규칙
에 따라 56비트 키의 부분집합을 택하고, 이 부분집
합을 이용하여 32비트 수열을 32비트 수열로 보내

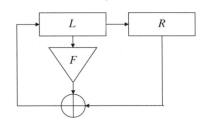

그림 2 페이스텔 라운드 구조

는 비선형 함수 F를 또한 미리 정해진 어떤 규칙에
따라 정의한다. 그런 다음 순서쌍 $[L, R]$을 순서쌍
$[R \oplus F(L), L]$로 대체한다. (여기서 $R \oplus F(L)$은 한
번에 한 비트씩 R과 $F(L)$의 mod-2 합을 계산한 결
과를 나타낸다.)

그런 다음, 매번 다른 비선형 함수 F를 선택하여
(하지만 항상 56비트 키로부터 미리 정해진 방식으
로 그것을 유도하여), 여러 번 그 과정을 반복한다.
DES에 의해 완성된 암호는 입력값과 출력값 비트
들의 어떤 치환과 함께, 16번의 그런 라운드로 이루
어져 있다.

페이스텔 구조를 이용하는 한 가지 이유는 56비
트 키를 알고 있는 한 암호화 과정을 되돌리는 것이
상당히 쉽다는 점이다. 변환

$$[L, R] \rightarrow [R \oplus F(L), L]$$

을 실행하는 한 순환이 주어졌을 때, 이를 변환

$$[L, R] \rightarrow [R, L \oplus F(R)]$$

을 이용하여 되돌릴 수 있다. 이는 우리가 F의 역함
수를 찾을 필요가 없고, 따라서 F가 상당히 복잡할
지라도 그 방법이 쉽게 수행될 수 있다는 굉장한 장
점을 가진다.

DES의 '이용 모드(modes of use)'라 불리는 것이 여러 개 개발되었다. 데이터의 각 64비트 블록을 차례대로 암호화하는 알고리즘의 단순한 이용은 ECB(eletronic codebook), 전자 코드북 모드라 불린다. 이 모드의 단점은 만약 데이터에서 정확한 64비트 반복이 있다면 이는 암호에서 정확한 64비트 반복을 가져온다는 것이다.

또 다른 모드로는 CBC(cipher block chaining), 즉 암호 블록 연쇄 모드가 있다. 여기서 데이터의 각 블록은 위와 같이 암호화되기 전에 이전 블록에 mod 2로 더해진다. OFB(output feedback), 즉 출력 피드백 모드에서 데이터 블록은 이전 블록의 DES 암호화에 더해진다. CBC 모드와 OFB 모드에서 복호 방법을 알아보는 것은 쉬운 연습문제이고, 실제로 이 둘이 DES를 이용하는 가장 흔한 모드이다.

3.2 고급 암호화 표준

미국 국립표준기술원은 최근에 DES 대체를 위한 공모를 실시했고, 고급 암호화 표준(Advanced Encryption Standard, AES)이라 부르기로 했다. 이는 128비트 블록 암호로 다양한 키 길이가 가능해야 했다. 많은 디자인이 제출됐고 대중의 검증을 받았다. 당선작은 라인달(Rijndael)로, 이를 디자인한 존 데먼(Joan Daemen)과 빈센트 라이먼(Vincent Rijmen)의 이름을 따서 명명되었다.

라인달의 디자인은 주목할 만하며 우아하고 흥미로운 수학적 구조를 이용한다(Daeman and Rijmen 2002). 각 블록의 128비트는 16바이트로 인식되고(1바이트는 8비트로 이루어진다), 4×4 정사각형에 배열된다. 각 바이트는 그런 다음 256개 원소로 이

루어진 체 $\mathbb{F}_{256}$의 원소로 생각된다. 암호화는 10번 이상의 라운드로 이루어져 있다. (정확한 횟수는 키 길이에 따라 정해진다.) 그리고 각 라운드마다 데이터와 키를 섞는다.

한 라운드는 전형적으로 다음과 같은 여러 단계들로 이뤄져 있다. 우선, 각 바이트는 유한체 $\mathbb{F}_{256}$의 원소로 생각하여, 0만 변함없이 그대로 두고 나머지는 그 체에서 역원으로 바꾼다. 각 바이트는 그런 다음 체 $\mathbb{F}_2$ 상의 8차원 벡터 공간의 원소로 간주하고, 가역 선형 변환을 적용한다. 4×4 정사각형의 각 행을 이제 각 행에 대하여 다른 수만큼의 바이트들에 의해 순환시킨다. 그 다음으로, 사각형의 각 행의 값들을 $\mathbb{F}_{256}$ 상의 3차다항식의 계수로 택하고 이를 고정된 다항식에 곱한 다음 mod $x^4 + 1$로 축소시킨다. 최종적으로 라운드를 위한 키는 암호화 키로부터 선형적으로 나오는데, 128비트에 mod 2로 더해진다.

이 단계들 모두가 되돌릴 수 있고 따라서 복호화가 곧장 가능함을 알 수 있다. AES가 DES로부터 가장 널리 쓰이는 블록 암호기로서의 역할을 넘겨받을 것 같다.

4 일회성 키

위에서 설명한 다양한 암호화 방법은 암호화된 데이터를 보호하는 어떤 비밀을 계산을 통해 다시 알아내기가 어렵다는 점에 의존한다. 이 성질에 의존하지 않는 고전적인 암호화 방법이 하나 있다. 이것이 '일회성 키'이다. 암호화된 메시지가 비트들의 수열로 암호화(예를 들어, 각 문자를 8비트로 나타내

는 표준 ASCII 암호화)되었다고 상상하자. 미리 송신자와 수신자가 적어도 메시지만큼 긴 무작위의 키 비트 $r_1, \cdots, r_n$의 수열을 공유하고 있다고 가정하자. 메시지 비트는 $p_1, \cdots, p_n$이라고 가정하자.

그럼 $x_i = p_i + r_i$일 때 암호화된 메시지는 $x_1, x_2, \cdots, x_n$이다. 여기서, 보통 때처럼 각 비트에서 덧셈은 mod 2 덧셈이다. 비트 r_i가 완전히 임의로 선택된 것이라면, 수열 x_i를 알아도 메시지 수열 p_i에 대한 정보를 전혀 알 수 없다. 이 시스템을 일회성 키라고 부른다. 키가 단지 한 번만 이용되는 한, 이 방법은 매우 안전하다. 하지만 많을지도 모르는 키 성분을 송신자와 수신자가 공유하면서 안전하게 유지해야 하기 때문에, 매우 특수한 상황을 제외하고 이 방법을 이용하는 것은 실질적이지 않다.

5 공개 키 암호

우리가 이제까지 봤던 암호화 방법의 모든 예들은 다음과 같은 구조를 가졌다. 두 교신자가 암호화를 위한 알고리즘이나 방법에 대해 동의한다. 방법의 선택(예를 들어, 단순한 대체, AES, 혹은 일회성 키)은 시스템의 안전성을 손상시키지 않으면서 공개될 수 있다. 두 교신자는 또한 선택된 암호화 방법이 요구하는 형태로 비밀 키에 동의한다. 이 키는 보안이 유지되고 어떤 적에게도 알려져서는 안 된다. 교신자는 알고리즘과 비밀 키를 이용하여 메시지를 암호화하고 해독한다.

이는 중요한 문제를 제시한다. 어떻게 교신자들이 안전하게 비밀 키를 공유할 수 있는가? 그들이 나중에 암호화된 메시지를 보내는 데 사용하게 될 바로 그 시스템 상에서 이를 교환한다면 안전하지 않을 것이다. 소위 말하는 공개 키 방법이 발견되기 전까지, 이 문제 때문에 암호화의 사용은 키를 안심하고 배포하기 위해 필요한 실질적 보안과 별도의 통신 채널을 감당할 수 있는 그런 조직들에 한정되었다.

다음의 직관에 반하는 놀라운 성질이 공개 키 암호의 기초를 형성한다. 두 독립체가 다음과 같은 방식으로 정보를 교신하는 것이 가능하다. 그들은 서로 공유하는 비밀 정보가 전혀 없이 시작한다. 적은 그들 간의 모든 교신에 접근 가능하다. 마지막에 두 독립체는 적이 결정할 수 없는 비밀 지식을 공유한다.

이런 가능성이 얼마나 유용할 것인지는 쉽게 알 수 있다. 예를 들어 인터넷 구매를 생각해 보자. 누군가 사고 싶은 상품을 알아내면, 다음 단계는 신용카드의 구체적 내용 같은 개인적 정보를 판매자에게 보내는 것이다. 공개 키 암호를 이용하면 안전한 방식으로 이를 즉각 실시하는 것이 가능하다.

어떻게 공개 키 암호가 가능할 수 있을까? 한 해결 방법의 틀을 제임스 엘리스(James Ellis)가 1969년에 처음 제안했고,[*] 최초의 공개 복호화는 디피(Diffie)와 헬만(Hellman)(1976)에 의해 알려졌다. 핵심적 아이디어는 그 역함수를 찾을 수 있게 도와주는 '역 키'를 가지고 있지 않다면 역함수를 찾기 어려운 함수를 이용하는 것이다.

좀 더 공식적으로 말하면, **일방향함수**(one-way function) H는 어떤 집합 X에서 자기 자신으로 가는

---

[*] www.cesg.gov.uk/site/publications/media/possnse.pdf에서 찾을 수 있는 『*The possibility of secure nono-secret digital encryption*』을 보라.

함수인데, 어떤 $x \in X$에 대해 그 함숫값 $y = H(x)$를 들었을 때 계산을 통해 x를 결정하기가 힘들다는 성질을 가진다. 역 키는 비밀값 z로 함수 H를 만드는 데 사용되는데, z를 안다면 $H(x)$로부터 계산을 통해 x를 찾아내는 것은 **쉬워진다**는 성질을 가진다.

이를 이용하여 비밀 키 교환 문제를 다음과 같이 해결할 수 있다. 밥이 어떤 데이터를 안전하게 앨리스에게 보내고 싶다고 가정하자. (나중에 뒤따르는 교신을 위한 키로 사용할 수 있는 공유된 비밀은 특별히 유용할 것이다.) 앨리스가 일방향함수 H를 역 키 z를 가지고 생성하면서 시작한다. 그런 다음 함수 H를 밥에게 전달한다. 하지만 역 키는 그녀의 개인적 비밀로 남겨두고 누구에게도 알려주지 않는다(밥에게조차 알려주지 않는다). 밥은 그가 보내고 싶은 데이터 x를 취하여 $H(x)$를 계산하고, 계산 결과를 앨리스에게 돌려준다. 앨리스는 역 키 z를 가지고 있으므로, 함수 H를 되돌릴 수 있고 따라서 x를 되찾을 수 있다.

이제 상대방이 앨리스와 밥 사이의 모든 교신을 알아냈다고 가정하자. 그럼 상대방은 함수 H와 그 값 $H(x)$를 알 것이다. 하지만 앨리스는 역 키 z를 전달하지 않았으므로 상대방은 H의 역함수를 찾는 계산상 처리하기 어려운 문제에 직면한다. 그러므로 밥은 성공적으로 비밀 x를 상대방이 그것이 무엇인지 알아낼 수 없도록 앨리스에게 전달했다. (계산상 처리하기 어려운 것이 무엇인지에 대한 더 정확한 아이디어와 일방향함수에 대한 더 깊이 있는 논의는 **계산 복잡도**[IV.20]를, 특히 §7을 참조하라.)

일방향함수 H는 자물쇠, 역 키는 자물쇠를 여는 열쇠라고 상상하면 도움이 될 수 있다. 이때 앨리스가 밥에게 암호화된 메시지를 받고 싶다면, 열쇠는 남겨둔 채 자물쇠를 보낸다. 밥은 메시지를 상자에 넣고 자물쇠로 잠근 다음(암호화한 다음) 그걸 돌려보낸다. 오직 앨리스만이 자물쇠의 열쇠를 가지고 있고, 메시지를 열(해독할) 수 있다.

5.1 RSA

그런 기반을 가지고 있는 것은 매우 좋다. 하지만 분명한 질문이 남겨져 있다. 어떻게 역 키를 가진 일방향함수를 만들어낼 수 있나? 다음 방법은 리베스트(Rivest), 샤미르(Shamir), 에이들먼(Adleman)(1978)이 발표했다. 그것은 큰 소수들을 찾고 그것들을 곱하여 합성수를 만드는 것은 비교적 쉽지만, 합성수가 주어졌을 때 그 소수 인수 두 개를 결정하기는 훨씬 더 어렵다는 사실에 기반한다.

그들의 방법에 의해 일방향함수를 만들기 위해, 앨리스는 우선 두 개의 큰 소수 P와 Q를 찾아낸다. 그런 다음 정수 $N = PQ$를 계산하고 그것을 밥에게 보내는데, **암호화 지수**(encryption exponent)라 불리는 또 다른 정수 e와 함께 보낸다. 값 N과 e는 **공개 매개변수**라 불리는데, 상대방이 이 값들이 무엇인지 알아도 상관없기 때문이다.

그러면 밥은 그가 앨리스에게 보내고 싶은 비밀 값 x를 mod N 수로 표현한다. 그 다음 $H(x)$를 계산하는데, 이는 x^e mod N으로 정의된다. 즉 x^e를 N으로 나누었을 때 나머지이다. 밥은 앨리스에게 $H(x)$를 보낸다.

밥의 메시지를 받고서 앨리스는 x^e mod N으로부터 x를 다시 알아내야 한다. 우선 식

$$de \equiv 1 \quad \mathrm{mod}\ (P-1)(Q-1)$$

을 만족하는 수 d를 계산하면 이것이 가능하다. 이를 효과적으로 하기 위해, 앨리스는 유클리드 알고리즘[III.22]을 이용할 수 있다. 그러나 그녀가 P와 Q의 값을 몰랐다면 이는 가능하지 않았을 것임을 명심하라. 사실, d의 올바른 값을 계산하는 능력은 N을 인수분해하는 능력과 동치임을 보일 수 있다. d의 값은 앨리스의 개인적 키(혹은 위의 용어로 '역 키')이다. 이는 암호화 함수 H를 풀 수 있는 비밀이다.

이는 $H(x)^d \bmod N$은 x와 같음을 보일 수 있기 때문이다. 실제로, 수 $(P-1)(Q-1)$의 중요성은 그것이 N보다 작은 정수들 중 N과 서로소인 것들의 개수 $\phi(N)$과 같다는 것이다. 오일러의 정리[III.58]는 x가 N과 서로소이면 $x^{\phi(N)} \equiv 1 \bmod N$이라고 말한다. 그러므로 $x^{m\phi(N)} \equiv 1 \bmod N$ 또한 성립하고, 따라서 de가 우리가 가정하고 있는 것처럼 $m\phi(N)+1$ 꼴이라면, $H(x)^d \equiv x^{de} \equiv x \bmod N$이다. 다시 말하면, x의 e거듭제곱 $\bmod N$으로 올리고 그것의 d거듭제곱 $\bmod N$으로 올리면 다시 x로 돌아간다. (중요한 점은 수들을 거듭제곱 $\bmod N$까지 올리는 것은 '되풀이되는 제곱' 방법에 의해 계산하기 쉽다는 점이다. 이는 계산적 정수론[IV.3 §2]에 설명되어 있다.)

적이 RSA 암호화 시스템을 무찌르기 위한 유일한 방법이 N의 인수분해임이 증명되지는 않았지만, 아직 다른 일반적 공격 방법2이 발견되지 않았다. 이는 더 나은 인수분해 방법을 찾는 데 관심을 불러일으켰다. RSA 알고리즘이 발견된 이래 여러 새로운 지수대체 방법들(타원곡선 분해(렌스트

라(Lenstra, 1987), 다중 다항함수 이차 체(실버만(Silverman, 1987), 수체 체(number field sieve)(렌스트라와 렌스트라, 1993)이 발견되었다. 그들 중 몇몇에 관한 논의는 계산적 정수론[IV.3 §3]을 참조하라.

5.1.1 이행 세부사항

RSA 시스템의 안전성은 인수분해가 어려울 만큼 충분히 큰 소수 P와 Q에 의존한다. 그러나 두 수가 더 클수록 암호화 과정은 더 느려진다. 따라서 안전성과 암호화 속도 간의 상호절충이 필요하다. 종종 나오는 전형적 선택은 각각 512비트인 소수들을 이용하는 것이다.

복호화 방법이 작동하기 위해, 암호화 지수 e는 $(P-1)$이나 $(Q-1)$과 공통인수를 가져서는 안 된다. 이 가정은 우리가 오일러 정리를 적용할 때 필요하고, 이것이 성립하지 않으면 암호화 함수는 가역이 아니다. 17이나 $2^{16}+1$ 같은 값들이 종종 실제로 쓰인다. 왜냐하면 e를 작게 만드는 것이 암호화된 값 $x^e \bmod N$을 계산하는 데 필요한 계산량을 감소시키기 때문이다. (이 두 개의 e값은 또한 되풀이되는 거듭제곱에 의한 계산에도 적합하다.)

5.2 디피-헬만

공유된 비밀을 만드는 또 다른 방법을 휫필드 디피(Whitfield Diffie)와 마틴 헬만(Martin Hellman)이 발표했다. 그들의 프로토콜에서 앨리스와 밥은 함께 공유하는 비밀을 만드는데, 이것은 그 이후에 AES와 같은 전통적인 암호 시스템 중 하나를 위한 키로 사용될 수 있다. 이를 위해, 앨리스와 밥은 큰 소수 P와 원시 원소(primitive element) g modulo P에 대해

합의한다. g modulo P는 $g^{P-1} \equiv 1 \bmod P$이지만 모든 $m < P-1$에 대해 $g^m \not\equiv 1 \bmod P$인 수 g를 뜻한다.

앨리스는 그런 다음 1과 $P-1$ 사이에서 임의로 선택한 수를 가지고 자기만의 개인적 키 a를 생성하고, $g_a = g^a \bmod P$를 계산하여 이를 밥에게 보낸다.

밥은 비슷하게 1과 $P-1$ 사이에서 임의로 자기만의 개인적 키 b를 생성하고 $g_b = g^b \bmod P$를 계산하여 앨리스에게 보낸다.

앨리스와 밥은 이제 공유 비밀 $g^{ab} \bmod P$를 만들 수 있다. 앨리스는 이를 $g_b^a \bmod P$로, 밥은 이를 $g_a^b \bmod P$로 계산한다. 이들 항은 모두 되풀이되는 제곱을 가지고 a와 b에 대한 로그 시간 내에 계산될 수 있다.

그러나 상대방은 오직 $g^a \bmod P$와 $g^b \bmod P$만 볼 것이고, 또 g와 P를 알 것이다. 어떻게 이로부터 $g^{ab} \bmod P$를 결정할 수 있을까? 한 가지 방법은 소위 말하는 **이산 로그 문제**를 푸는 것이다. 이는 P, g와 $g^a \bmod P$를 알 때 a를 계산하는 문제이다. 큰 P에 대해, 이는 계산상 다루기 어려운 문제인 듯하다. 상대방이 이산 로그를 계산하는 것보다 $g^{ab} \bmod P$를 계산하는 더 빠른 방법이 있는지 확실하게 알지 못하지만(이것을 **디피-헬만 문제**라 부른다), 현재는 더 좋은 방법이 알려져 있지 않다.

일반적으로 어떻게 원시 원소를 찾아내는지는 분명하지 않지만, 대개 그런 것처럼, $P-1$의 인수분해가 알려져 있는 것이 확실하도록 소수 P를 만들었다면 훨씬 쉽다. 예를 들어 P가 소수 Q에 대해 $2Q+1$ 꼴이라면(그런 수들은 **소피 저메인 소수**(Sophie Germain prime)라고 불린다), 임의의 a에 대해 a와

$-a$ 중 정확히 하나가 그 Q거듭제곱이 $-1 \bmod P$와 동등하다는 성질을 가짐을 보일 수 있다. 그리고 이 수가 원시 원소이다. 실제로, 그런 소수를 시행착오의 과정을 통해 찾을 수 있다. 예를 들어 수 Q를 무작위로 선택하고 임의로 선택한 소수성 검정(primality test)을 이용하여 Q와 $2Q+1$이 소수인지 알아볼 수 있다. 모두가 믿는 것처럼 그런 쌍이 '기대되는' 빈도를 가지고 나타난다고 가정하고, 임의의 주어진 시도에서 하나를 찾을 확률이 충분히 크다는 점이 이 방법을 시도할 만하게 만든다.

5.3 다른 군들

디피-헬만 프로토콜은 **군론**[I.3 §2.1]의 언어로 표현할 수 있다. 우리가 군 G와 어떤 원소 $g \in G$를 가지고 있다고 가정하자. 우리는 그 군이 가환이기를 요구할 것이고 '+'를 군의 연산을 나타내는 데 사용할 것이다. (이제까지의 예에서, 고려한 군들은 어떤 정수 N과 서로소인 원소들로 이루어진 곱에 관한 군이었고, 따라서 더하기 기호를 사용하기 위해 우리는 '로그' 관점을 택했다.)

프로토콜을 수행하기 위해 앨리스는 어떤 개인적 정수 a를 계산하고 밥에게 ag를 계산하여 보낸다. 앨리스는 G의 a개 원소들의 이 합을 a의 로그 차수의 시간 내에 연속적인 두 배하기나 더하기를 가지고 계산할 수 있다(앞서 고려한 곱셈 군에서, '두 배하기'는 제곱하기, '더하기'는 곱하기, 'a 곱하기'는 a 거듭제곱하기이다.)

비슷하게, 밥은 개인적 정수 b를 계산하고 bg를 계산하여 앨리스에게 보낸다.

앨리스와 밥 둘 다 공유하는 값 abg를 계산할 수

있다. 상대방은 오직 G, g, ag, bg만 알 것이다.

질문은 "어떤 군이 실제 암호화 시스템에서 쓰일 수 있을까?"이다. 결정적 성질은 G에서 이산 로그 문제가 어려워야 한다는 것이다. 다시 말해서 G, g, ag가 주어졌을 때 a를 결정하는 것이 어려운 문제여야 한다는 것이다.

암호학적 목적을 위해 흥미를 일으켰던 군의 한 가지 유형은 **타원곡선**[III.21] 상의 점들에 의해 생성되는 덧셈군이다. 타원곡선은

$$y^2 = x^3 + ax + b$$

꼴의 방정식을 가진다. 이 곡선을 실수 상에서 그려보는 것은 재미있는 연습문제이다. 모양은 곡선

$$y = x^3 + ax + b$$

가 x축을 얼마나 많이 지나가는지에 달려 있다.

이 곡선의 점들에 (종종 **군 법칙**이라 불리는) '덧셈 규칙'을 다음과 같이 정의하는 것이 가능하다. 곡선 상의 두 점 A, B가 주어졌을 때, 두 점을 잇는 직선은 곡선과 세 번째 점 C에서 만나야 한다. 이는 직선은 삼차곡선과 정확히 세 곳에서 만나야 하기 때문이다. C의 x축에 대칭된 점을 A + B라고 정의하자(그림 3 참조).

이 정의로부터 A + B = B + A임은 분명하다. 오히려 더 놀라운 것은 결합법칙이 성립한다는 것이다. 즉, 임의의 세 점 A, B, C에 대해 (A + B) + C = A + (B + C)가 성립한다. 이것이 사실인 데에는 심오한 이유가 있지만, 물론 그저 대수적으로 증명할 수도 있다.

이를 암호학에 사용하기 위해서 유한체 상에서

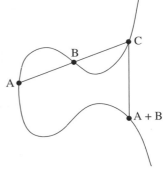

그림 3 타원곡선 위의 점들의 덧셈

정의된 타원곡선 위의 점들의 집합으로부터 군을 만든다. 두 점의 합에 대한 눈에 보이는 이미지는 더 이상 유효하지 않지만 대수적 정의는 여전히 성립하므로, 덧셈은 여전히 결합 법칙을 따른다. 곡선 위의 점들의 집합에 군에서 0의 역할을 하는 한 점을 더할 필요가 있다. 이는 곡선 위의 '무한대에서의 점'이다.

최고의 안전성을 추구하려면 군의 원소의 개수가 소수인 $\mathbb{F}_p$ 상에서 정의된 곡선을 찾는 것이 제일 좋다는 것이 밝혀졌다. 사실 (타원곡선 이론의 심도 있는 결과에 의해) $\mathbb{F}_p$ 상에서 정의된 곡선 위의 점들의 개수가 $p + 1 - 2\sqrt{p}$와 $p + 1 + 2\sqrt{p}$ 사이에 있을 것임이 보장된다(**베유 추측**[V.35] 참조).

이 군이 사용된 이유는 일반적 곡선에 대해 이산 로그 문제가 정말 어려워 보이기 때문이다. 군이 n개의 원소를 가지고 군의 원소 g와 ag가 주어진다면, a를 결정하기 위해 필요한 단계의 수는 현재까지 알려진 가장 좋은 알고리즘에 의해 대략 $\sqrt{n}$개이다. n개의 원소를 가지는 임의의 군에서 이 문제를 대략 $\sqrt{n}$개의 계산 단계를 통해 풀 수 있게 하는 소위 말하는 생일 공략법이 있기 때문에, 이는 타원곡

선 군에 대한 문제는 최대한으로 어렵다는 것을 뜻한다. 그러므로 당신이 요구하는 안전성의 수준이 어느 정도건 간에 공개 키는 가능한 한 짧다. 이는 프로토콜이 가능한 최소 시간 내에 실행되도록 하기 위해 보낼 수 있는 비트들의 수에 제한이 있을 때 중요하다.

6 전자 서명

데이터의 안전한 전송만큼이나 공개 키 암호학이 제공하는 또 다른 매우 유용한 가능성이 있다. 바로 **전자 서명**(digital signature)이라는 개념이다. 전자 서명은 작성자가 메시지 끝에 메시지의 확실성을 보장하기 위해 덧붙이는 기호의 문자열이다. 다시 말해서 이는 입증된 작성자가 메시지를 썼고 수정되지 않았음을 증명한다. 필요한 체계가 갖추어지면, 이는 많은 법적인 일들이 온라인상에서 이루어질 수 있는 가능성을 연다.

공개 키 방법이 전자 서명을 생성하는 데 쓰일 수 있는 여러 방법들이 있다. 아마도 가장 간단한 것은 RSA 시스템에 기반한 것이다. 앨리스가 서류에 서명하고 싶다고 하자. 암호화를 위해 했던 것처럼, 두 큰 소수 P, Q를 만들어 공개적 $\mod N = PQ$와 공개적 지수 e를 계산한다. 또한 개인적 키(모든 x에 대해 $x^{de} \equiv x \mod N$이라는 성질을 갖는 복호화 지수 d)를 만든다. 같은 매개변수를 암호화와 전자 서명의 생성 둘 다를 위해 사용할 것이다.

앨리스는 그녀가 서명한 메시지를 받는 사람이 N, e의 값을 안다고 가정할 수 있다. 실제로 그녀는 이 값들 자체에 서명하고 서명한 메시지의 잠재적

수신자가 인정할 믿을 만한 권위자나 기관에 의해 공증받을 수도 있다.

이 시스템의 또 다른 요소는 일방향 **해시함수**라 불리는 대상인데, 오히려 길지도 모르는 서명된 메시지를 그 입력값으로 취하고, 1과 $N - 1$ 사이의 수를 출력값으로 취한다. 해시함수가 가져야 하는 중요한 성질은 1과 N 사이의 임의의 값 y에 대해 그 값으로 해시된 메시지 x를 만들기가 계산상 어렵다는 것이다. 이는 각 y에 대해 y로 가는 정확히 하나의 x가 있다고 더 이상 가정하지 않는다는 점만 제외하면 일방향함수와 유사하다. 그러나 해시함수는 이상적으로 또한 **충돌이 없어야** 하는데, 이는 같은 값으로 해시된 메시지 쌍들이 많이 있더라도 그 어떤 것도 찾기 쉽지 않아야 한다는 뜻이다. 그런 해시함수는 조심스럽게 디자인되어야 하지만, 몇몇 인정된 표준 해시함수들이 있다(그중 둘이 MD5, SHA-1이라 불린다). x가 서명된 메시지라 가정하고, X가 x의 해시함수에 의한 출력값이라 하자. 앨리스가 메시지에 덧붙인 전자 서명은 $Y = X^d \mod N$이다.

앨리스의 공개 키를 가진 사람은 누구나 단계를 따라 서명을 확인할 수 있음을 관찰하자. 우선 메시지 x의 해시값 X를 계산한다. 이는 해시함수가 공개되었기 때문에 가능하다. 그 다음, $Z = Y^e \mod N$을 계산하는데, 이는 매개변수 N, e 또한 공개되었기 때문에 가능하다. 마지막으로 X가 Z와 같다는 걸 확인하자. 그런 서명을 가짜로 만들기 위해서 $Y^e \equiv X \mod N$이라는 성질을 갖는 Y를 찾아야 한다. 즉 어떻게 X^d를 계산하는지 알아야 하는데, 이는 이미 d를 알고 있지 않다면 계산상 다루기 어렵다.

또한 인수분해(RSA 유형)라기보다 이산 로그

(디피–헬만 유형)에 기반한 공개 키를 이용하여 전자서명을 만드는 것 또한 가능하다. 미국 표준국은 그런 제안으로서 전자서명표준(Digital Signature Standard, 1994)을 발표했다.

7 현재 진행 중인 몇몇 연구 주제들

암호학은 연구를 위한 활발하고 흥미진진한 분야로 남아 있다(분명히 발견되어야 할 결과와 아이디어가 더 많다). 현재 활동에 대한 좋은 개요를 위해 Crypto, Eurocrypt, Asia-crypt(이들은 Springer sereies Lecture Notes in Computer Science에서 출판된다) 같은 주요 학회의 최근 논문집(proceedings)을 살펴보아야 한다. 메네제스(Menezes), 반 오르쇼트(Van Oorschott), 반스톤(Vanstone)의 암호학을 다룬 총괄적 책(1996)을 읽는 것은 현재 이론을 빠르게 따라잡는 좋은 방법이다. 이 마지막 절에서 주제가 움직여 가고 있는 몇 가지 방향을 간략히 소개하겠다.

7.1 새로운 공개 키 방법

연구 중인 중요한 분야 중 하나가 새로운 공개 키와 서명 방법 찾기이다. 최근 몇몇 재미 있는 새로운 아이디어가 타원곡선에서 짝짓기를 이용하는 데에서 나왔다(보네(Boneh)와 프랭클린(Franklin)(2001)). 이는 곡선 위의 점들의 순서쌍에서 그 곡선이 정의된 유한체나 확장체로 가는 함수 w이다.

짝짓기 w는 $w(A + B, C) = w(A, C)w(B, C)$이고 $w(A, B + C) = w(A, B)w(A, C)$라는 의미로 겹선형(bilinear)이다. 여기서 덧셈은 곡선 위의 점들에 정의된 군 연산이고 곱셈은 체에서 이루어진다.

그런 함수를 이용할 수 있는 한 가지 방법은 '신원-기반 암호시스템'을 만드는 것이다. 여기서 사용자의 신원은 공개 키로 사용되고, 이는 공개 키를 저장하고 전파하기 위한 목록이나 다른 공개 키 기반의 필요성을 없애 버린다.

그런 시스템에서 중앙 권한자가 곡선, 짝짓기 함수 w, 신원들을 곡선 위의 점들로 보내는 해시함수를 결정한다. 이 모든 것이 공개적으로 이루어지지만, 비밀 매개변수인 정수 x 또한 존재한다.

해시함수가 앨리스의 신원을 곡선 위의 점 A로 보낸다고 가정하자. 권한자는 앨리스의 개인적 키 xA를 계산하고 그녀가 등록할 때 그녀의 신원에 대해 적절한 확인을 거친 후 이를 발급한다. 비슷하게, 밥은 개인적 키 xB를 받을 텐데, B는 그의 신원에 대응하는 곡선 위의 점이다.

앨리스와 밥은 이제 어떤 최초의 키 교환 없이 공용 키 $w(xA, B) = w(A, xB)$를 이용하여 교신할 수 있다. 중요한 점은 다른 공개 키 시스템과 달리 공개 키를 공유하지 않아도 교신이 가능하다는 것이다.

7.2 통신 프로토콜

활발하게 연구되고 있는 두 번째 분야는 제안된 프로토콜에 관한 것으로, 특별히 국제 표준이 될 것 같은 것들이다. 공개 키 방법을 실제 통신에서 사용하고자 할 때, 통신하는 두 당사자들이 보내진 각 비트를 똑같은 것으로 이해할 수 있도록 전송될 비트들의 수열이 명확히 정의될 필요가 있다. 예를 들어, n 비트 수가 전송될 때, 비트들은 중요성이 증가하는 순서로 전송되는가? 아니면 감소하는 순서로 전송되는가? 규칙이나 프로토콜은 종종 공공 표준으로 기록되고, 시스템에 어떤 약점도 도입하지 않는 것이 중요하다.

코퍼스미스(Coppersmith)는 이 방식에서 발생할 수 있는 약점의 종류 중 한 사례를 획기적인 논문(1997)을 통해 발표했다. 낮은 지수 RSA 시스템(예를 들어 암호화 지수가 17과 같은 시스템)에서 약점은 암호화하려는 수의 너무 많은 비트들이 공개적으로 알려진 값들로 정해질 때 나타난다. 종종 그런 것처럼, 이것은 큰 공개 키 모듈러스(modulus)가 훨씬 더 짧은 통신 키를 전송하는 데 쓰이는 시스템이라면 당연히 실행하고 싶은 것이다. 코퍼스미스의 발견의 결과로 그런 체들은 오늘날 대개 암호화되기 전에 예측 불가능하게 변하는 비트들을 가지고 덧대어진다.

7.3 정보의 관리

공개 키 방법을 이용하여 어떻게 정보가 알려지고, 공유되고, 혹은 만들어지는지를 매우 정확하게 관리할 수 있다. 이 분야의 연구는 대개 다양한 상황에서 다양한 종류의 통제를 할 수 있는 우아하고 효과적인 방법을 찾는 데 초점을 맞춘다. 간단한 예로, N명의 사람들 사이에 공유된 비밀을 만들고 싶을 때, 임의의 K명의 사람이 그들 몫을 합한다면 그 비밀을 재구성할 수 있지만 K보다 적은 사람들의 협동으로는 비밀에 대한 어떤 정보도 얻을 수 없도록 하는 경우를 고려해 보자(여기서 $K < N$이다).

이런 종류의 관리의 또 다른 예는 두 참가자가 RSA 모듈러스(두 소수의 곱)를 만들 수 있게 할 때, 둘 중 누구도 모듈러스를 만드는 데 사용된 소수를 알 수 없도록 하는 프로토콜이다. 이 모듈러스 하에

서 암호화된 메시지를 복호하기 위해 두 참가자들은 협동해야 한다. 누구도 이를 혼자서는 할 수 없다(콕스(Cocks)(1997)).

더 놀라운 세 번째 예는 앨리스와 밥이 동전던지기를 반복해서 시행하는데, 이를 전화상으로 하게 하는 프로토콜이다. 분명히, 앨리스가 동전을 던지고 밥이 '앞' 혹은 '뒤'를 고르는 건 만족스럽지 않을 것이다. 어떻게 밥이 앨리스가 실제로 동전의 어떤 면이 나왔는가에 대해 진실을 말하고 있는지 알 수 있단 말인가? 이 문제에 대한 간단한 해결책이 있음이 밝혀졌다. 앨리스와 밥은 큰 수열을 무작위로 고른다. 그런 다음 앨리스는 자기 수열에 1이나 0을 덧붙이고 밥도 자기 수열에 똑같이 한다. 앨리스가 덧붙인 비트는 동전던지기의 결과를 나타내고, 밥의 것은 그의 추측을 나타낸다. 그런 다음 (추가적 비트들이 덧붙여진) 그들 수열의 일방향 해시를 보낸다. 이 시점에 일방향 해시의 성질 때문에, 둘 다 상대편의 수열이 무엇인지 전혀 모른다. 따라서 예를 들어 앨리스가 자기 해시수열을 먼저 보인다면 밥은 이 정보를 정확히 추측할 가능성을 높이는 데 사용할 수 없다. 앨리스와 밥은 그런 다음 밥의 추측이 맞았는지 알아보기 위해 해시되지 않은 수열을 교환한다. 서로를 신뢰하지 않는다면, 그것이 정말 올바른 답을 주는지 확인하기 위해 상대방의 수열을 해시할 수 있다. 올바른 답을 주는 다른 수열을 찾기 힘들기 때문에 그들은 각자 상대방이 속이지 않았다고 확신할 수 있다. 이런 유형의 더 복잡한 프로토콜도 만들어졌다. 이런 식으로 서로 떨어져 포커 게임도 할 수 있다.

더 읽을거리

Boneh, D., and M. Franklin. 2001. Identity-based encryption from the Weil pairing. In *Advances in Cryptology-CRYPTO 2001*. Lecture Notes in Computer Science, volume 2139, pp.213-29. New York: Springer.

Cocks, C. 1997. *Split Knowledge Generation of RSA Parameters. Cryptography and Coding*. Lecture Notes in Computer Science, volume 1355, pp. 89-95. New York: Springer.

Coppersmith, D. 1997. Small solutions to polynomial equations, and low exponent RSA vulnerabilities. *Journal of Cryptology* 10(4):233-60.

Daeman, J., and V. Rijmen. 2002. *The Design of Rijndael*. AES—The Advanced Encryption Standard Series. New York: Springer.

Data Encryption Standard. 1999. Federal Information Processing Standards Publications, number 46-3.

Diffie, W., and M. Hellman. 1976. New directions in cryptography. *IEEE Transactions on Information Theory* 22(6): 644-54.

Digital Signature Standard. 1994. Federal Information Processing Standards Publications, number 186.

Lenstra, A., and H. Lenstra Jr. 1993. *The Development of the Number Field Sieve*. Lecture Notes in Mathematics, volume 1554. New York: Springer.

Lenstra Jr., H. 1987. Factoring integers with elliptic curves. *Annals of Mathematics* 126:649-73.

Massey, J. 1969. Shift-register synthesis and BCH decoding. *IEEE Transactions on Information Theory* 15:122-27.

Menezes, A., P. van Oorschott, and S. Vanstone. 1996. *Applied Cryptography*. Boca Raton, FL: CRC Press.

Rivest, R., A. Shamir, and L. Adleman. 1978. A method for obtaining digital signatures and public-key cryptosystems. *Communications of the Association for Computing Machinery* 21(2):120-26.

Silverman, R. 1987. The multiple polynomial quadratic sieve. *Mathematics of Computation* 48:329-39.

Singh, S. 1999. *The Code Book*. London: Fourth Estate.

VII.8 수학과 경제학적 추론

파샤 다스굽타 *Partha Dasgupta*

---

1 두 소녀

1.1 베키의 세상

10살 난 베키는 부모님, 오빠 샘과 함께 미국 중서부의 교외 지역에서 산다. 베키의 아버지는 소규모 사업체 전문인 법률회사에서 일한다. 회사의 수익에 따라 그의 연봉은 약간씩 변하지만 145,000달러 아래로 내려가는 경우는 거의 없다. 베키의 부모님은 대학 시절에 만났다. 몇 년 동안 그녀의 어머니는 출판 일을 했지만 샘이 태어나자 가족을 돌보는 데 집중하기로 결정했다. 이제 베키와 샘이 학교에 다니고 있으니 지역 교육에 대한 자원봉사를 한다. 가족은 2층집에 산다. 방이 네 개이고 위층에 욕실 두 개,

아래층에 화장실 하나, 커다란 식당, 현대적 부엌, 지하에 가족실이 있다. 뒤쪽에 작은 마당이 있고 가족들은 이곳에서 여가 활동을 한다.

베키 부모님은 집에 대한 대출이 조금 있긴 하지만 주식과 채권을 가지고 있고, 전국적 은행의 지점에 예금을 가지고 있다. 베키의 아버지와 그가 다니는 회사가 함께 퇴직 연금을 붓고 있다. 또한 매달 베키와 샘의 대학 등록금을 위해 은행에 적금을 붓고 있다. 가족의 자산과 그들의 삶은 안정적이다. 베키 부모님은 종종 연방세가 높아서 돈에 대해 주의를 기울여야 한다고 말하곤 하고, 그렇게 하고 있다. 그럼에도 불구하고 그들은 차를 두 대 가지고 있고, 아이들은 매년 여름 캠프에 가고 가족들은 캠프가 끝나면 다함께 휴가를 떠난다. 베키 부모님은 또한 베키의 세대는 자신들보다 훨씬 더 풍족할 것이라고 말한다. 베키는 환경보호를 위해 매일 학교에 자전거를 타고 가겠다고 주장한다. 그녀의 꿈은 의사가 되는 것이다.

1.2 데스타의 세상

약 10살쯤 된 데스타는 부모님과 다섯 형제 자매들과 함께 아열대인 이티오피아 남서부의 마을에서 산다. 가족은 방 두 칸짜리 초가지붕 흙집에서 산다. 데스타 아버지는 정부에서 받은 반 헥타르의 땅에 옥수수와 테프*를 기른다. 데스타의 어머니는 남편의 농사일을 도우며 가족의 가축인 소 한 마리, 염소 한 마리, 닭 몇 마리를 돌본다. 생산된 테프 중 일부는 현금을 얻기 위해 팔지만 옥수수는 대부분 가

족의 기본 식품으로 소비한다. 데스타의 어머니는 그들 집 옆의 작은 밭에서 일하며 양배추, 양파, 엔셋(일년생 뿌리 식물로 이 또한 기본 식품으로 쓰인다)을 키운다. 가족 수입을 위해서, 옥수수로 만든 토속 음료수를 만든다. 그녀는 또한 요리, 청소, 아이들 돌보기를 책임지고 있어서, 대개 하루 중 14시간을 일을 하며 보낸다. 14시간은 긴 시간이지만, 그녀 혼자서 그 일을 다 하는 것은 불가능할 것이다. (모든 음식 재료들은 날 것이어서 요리하는 데만도 5시간 이상이 걸린다.) 그래서 데스타와 언니는 어머니를 도와 집안일을 거들고 어린 동생들을 돌본다. 남동생이 지역 학교에 다니고 있지만 데스타나 언니는 학교에 다닌 적이 없다. 그녀의 부모님은 읽고 쓸 줄은 모르지만 수를 셀 줄은 안다.

데스타의 집에는 전기도 수도도 없다. 그들이 사는 지역 근방에서는 물의 공급처와 소를 키우기 위한 땅, 숲은 마을 공동 재산이다. 데스타 마을 사람들은 그것들을 공유한다. 하지만 마을 사람들은 외지인이 그것들을 사용하는 것을 허락하지 않는다. 매일 데스타의 어머니와 딸들은 마을 공유지에서 물을 기르고, 땔감을 모으고 딸기와 향신료를 딴다. 데스타 어머니는 해가 갈수록 매일 필요한 것들을 모으는 데 점점 더 많은 시간과 노력이 필요하다는 걸 알게 되곤 한다.

근처에 신용이나 보험을 제공하는 재정 기관은 없다. 장례는 비용이 많이 드는 일이기 때문에 데스타 아버지는 오래 전에 그가 매달 붓는 지역 보험 조직(이디르)에 가입했다. 데스타 아버지가 그들이 지금 가지고 있는 소를 살 때, 집에 모아 놓은 현금을 전부 다 쏟아 부었지만 그가 갚을 능력이 생기면 나

---

* 북아프리카의 볏과 곡초—옮긴이

중에 갚겠다고 약속하고서 친척들에게 빌린 돈을 더 보태야 했다. 그 대신, 친척들은 필요할 때 그에게 돈을 빌리러 오고 그는 가능하면 빌려준다. 데스타 아버지는 그나 그와 가까운 사람들이 행하는 이런 상호 의존적 패턴이 그들 문화의 일부분이라고 말한다. 또한 그는 나중에 자신과 데스타 어머니가 늙었을 때 자신들을 돌볼 사람이 아들들이기 때문에, 그들이 자신의 주된 자산이라고 말한다.

경제 통계학자들은 이티오피아와 미국 간의 삶의 비용에서 차이를 조정하면, 데스타의 가족 수입은 일년에 약 5,000불이고, 그중 1,000불은 지역 공유지에서 가져오는 생산물에서 기인한다고 추정한다. 그러나 해마다 강수량이 다르기 때문에, 데스타 가족의 수입은 변동이 심하다. 흉년에는 집에 저장한 곡식이 다음해 수확 훨씬 전에 다 없어져 버린다. 그럼 음식이 거의 없어서 그들 모두 더 약해지는데 특히 어린 아이들은 더욱 그렇다. 수확을 한 다음에야 그들은 다시 몸무게가 늘고 힘을 얻는다. 주기적인 굶주림과 질병으로 데스타와 그녀의 형제자매들은 발육이 다소 저하되었다. 시간이 지나면서 데스타의 부모님은 두 아이를 어릴 때 잃었는데 그중 한 번은 말라리아 때문이었고 한 번은 설사 때문이었다. 또한 여러 번의 유산도 겪었다.

데스타는 18살이 되면 (아마도 그녀의 아버지 같은 농부와) 결혼할 것이고 그럼 이웃 마을에 있는 남편의 땅에서 살 것이라는 걸 안다. 그녀는 자기 삶이 그녀의 어머니의 삶과 비슷할 것이라고 예상한다.

2 경제학자의 임무

사람들이 만들어 갈 수 있는 삶이 전세계적으로 굉장히 다른 것은 보편적인 일이다. 여행의 시대에 이는 흔히 볼 수 있는 일이기도 하다. 베티와 데스타가 현격히 다른 미래를 마주하고 있음을 우리는 예측하게 되었고, 또한 아마도 받아들인 것이다. 그럼에도 불구하고 두 여자 아이가 내재적으로는 매우 유사하다고 상상하는 것은 무모하지 않을 것이다. 그들 모두 먹고 놀고 이야기하는 것을 좋아하고, 가족과 친밀하다. 예쁜 옷 입기를 좋아하고 둘 다 실망하고, 화를 내고, 행복해 할 줄도 안다. 그들의 부모 또한 비슷하다. 그들 세상의 방식에 대해 알고 있고, 또한 자기 가족들을 돌보고, 수입을 만들고 가족 구성원들 간에 자원을 할당할 때 생기는 문제들에 대처하는 현명한 방법들을 알아낸다. (시간이 지나며 일어나는 예상치 못한 우발적 사건들을 고려하면서 말이다.) 따라서 삶의 매우 다른 조건들 아래 놓인 원인을 탐구하기 위한 확실한 한 가지 방법은 가족이 당면한 제약들이 매우 다르다는 것을 아는 것에서부터 시작하는 것일 것이다. 어떤 의미에서 데스타 가족은 베키 가족보다 무엇이 될 수 있고 무엇을 할 수 있는지에 많은 제약이 있다.

경제학은 주로 어떻게 사람들의 삶이 현재 그러한 모습이 되었는지에 영향을 미친 과정들을 알아내려고 애쓴다. 대상은 가정, 마을, 지역, 주, 나라, 전세계일 수도 있다. 남은 부분에서는, 이 학문이 될 수 있고 할 수 있는 것에 큰 제약을 가진 사람들의 장래가능성을 향상시키기 위해 바로 그런 과정들에 영향을 미치는 방식을 규명하려 시도할 것이다. 오늘날 대학원에서 가르치고 실습하는 경제학의 스타일을 뜻하는 **현대 경제학**은 밑에서부터 위로 활동한다. 개인으로부터 집안, 마을, 지역, 주, 나라를 통해 전 세계까지 말이다. 다양한 수준에서 수백만의 개개인적 결정이 모든 사람들이 직면한 결과를 만들어낸다. 이론과 증거가 모두 우리에게 말해주듯이, 우리 모두가 한 일에서 나오는 의도하지 않은 결과들이 엄청나게 많이 있다. 그러나 피드백도 있는데, 그 결과들이 계속되어 결과적으로 사람들이 할 수 있고 하기로 선택하는 것을 형성한다. 예를 들어 베키 가족이 차를 운전하고 전기를 사용할 때, 혹은 데스타 가족이 비료를 만들고 요리를 위해 나무에 불을 피울 때, 의심의 여지 없이 그들이 기여한 바는 무시할 만하지만, 그런 작은 기여 수백만 개가 모이면 상당한 양이 되고, 모든 곳에 있는 사람들이 다른 방식으로 경험할 것 같은 결과를 가져온다.

베티와 데스타의 삶을 이해하기 위해, 우리는 우선 그들이 재화와 서비스를 그 이상의 재화와 서비스로 전환하는 데 있어 당면한(현재와 미래에, 다양한 우발적 사건들 아래에서) 장래가능성을 알아야 할 필요가 있다. 둘째, 그들 선택의 성격과 그들 모두가 당면한 장래가능성을 만들어내게 하는, 베키나 데스타 같은 수백만 가족이 하는 선택이 따라가는 경로를 알아낼 필요가 있다. 셋째, 그리고 가족들이 그들의 현재 상황을 이어받게 되는 경로를 알아낼 필요가 있다.

이 중 마지막은 경제학 역사에 관한 것이다. 연구할 수 있는 역사를 연구하는 데 있어, 우리는 대담하게 멀리 바라보아야 한다(약 1700년 전 비옥한 초승달 지대(대략 아나톨리아 지역)에 농경이 자리잡히게 된 시기부터). 그리고 왜 베키의 세상을 만드

는 데 점차적으로 기여했던 많은 혁신과 관습이 데스타가 사는 세상 쪽에 도달하지 않거나 일어나지 않았는지를 설명하려 노력해야 한다. (다이아몬드(Diamond, 1997)는 이런 질문들을 조사했다.) 우리가 더 예리한 설명을 원한다면, 이를테면 지난 600년을 연구하여 어떻게 1400년경 경제적으로 전도 유망했던 유라시아의 여러 지역 대신 별로 그럴 것 같지 않던 북유럽이 번영하여 데스타의 세상은 그냥 지나쳐 버리면서 베키의 세상을 만들어내는 걸 도왔는지 질문할 수 있다. (란데스(Landes, 1998)는 그 질문에 대해 조사했고, 포겔(Fogel, 2004)은 지난 300년간 유럽이 영원한 기아에서 벗어나게 된 경로를 조사했다.) 현대 경제학이 주로 처음 두 가지 질문에 대해 관심을 가지기 때문에 이 글도 거기에 초점을 맞춘다. 그러나 오늘날 경제 역사가들이 그들의 질문에 대답하기 위해 사용하는 방법은 현대적 삶을 연구하기 위해 내가 아래에 설명하는 방법과 다르지 않다. 그 방법은 개인적인 그리고 다수의 선택을 **최대화 활동(maximization exercises)**의 관점에서 연구하는 것과 관련된다. 그런 다음 그 이론의 예측을 실제 양상과 관련된 데이터 연구에 의해 시험한다. 국가의 경제 정책의 윤리적 토대조차도 주어진 제약조건하에서 사회적 복지의 최대화라는 최대화 연습과 연관된다. (경제학 추론의 이런 방법을 체계화한 논문이 사무엘슨(Samuelson)(1947)이었다.)

3　가정경제 최대화 문제

베티와 데스타의 가정경제는 모두 미시 경제이다. 각각은 그 구성원이 무엇을 할 수 있는 능력이 있는

지에 대한 제약 조건을 가지고 있다는 걸 알고, 누가 무엇을 언제하는지에 대한 특정한 약속에 동의한다. 두 가족의 부모가 모두 그들 가족의 복지를 유념하고 있고 그것을 보호하고 더 향상시키고자 최선을 다하려고 한다고 생각한다.[*] 물론, 베키와 데스타의 부모 모두 무엇이 가족을 구성하는지에 대해 내가 여기서 허용하는 것보다 더 넓은 개념을 가지고 있다. 친척들과의 끈을 유지하는 것은 그들 삶의 중요한 한 측면일 것이다. 이 문제에 대해서는 나중에 다시 논의하도록 한다. 또한 베키와 데스타의 부모가 미래 그들의 손자들의 복지에도 관심이 있다고 상상한다. 그러나 그들이 했던 것처럼 그들 아이들이 자기 아이들을 돌볼 것임을 알기 때문에, 그들의 아이들을 위해 최선을 다하는 것이 그들의 손자, 증손자 등등 후손을 위해 최선이라고 결론짓는 것은 옳다.

개인적 행복은 다양한 구성 요소로 이루어져 있다. 건강, 인간관계, 사회적 위치, 일에 대한 만족도가 최소한의 네 가지이다. 경제학자들과 심리학자들은 행복을 수치적 측도를 가지고 나타내는 방법들을 만들어냈다. 어떤 사람의 행복이 상황 Y보다 상황 Z에서 더 크다고 말하는 것은 행복 측도가 수치적으로 Y보다 Z에서 더 크다고 말하는 것이다. 한 가족의 행복은 그 구성원의 행복의 합체이다. 재화와 서비스가 행복의 결정요소(몇 가지 중요한 예들로 음식, 거주지, 옷, 의료가 있다) 중에 있으므로 베

키와 데스타의 부모 모두가 당면한 문제는 가능한 재화와 서비스의 할당량 중에서 그들 가족을 위해 최선인 것들을 결정해야 하는 것이다. 그러나 두 가족의 부모 모두 지금 당장에 대해서만이 아니라 미래에 대해서도 고려해야 한다. 더구나 미래는 불확실하다. 그래서 부모들은 자기 가족들이 소비해야 하는 재화와 서비스가 어떤 것인지 생각할 때, 재화와 서비스 자체만 생각하는 것이 아니라, 그것들(오늘 음식, 내일 음식 등등)을 언제 소비할지, 그리고 다양한 뜻밖의 일이 일어날 경우 어떤 일(내일 비가 많이 올 경우 모레 음식 등등)이 생길 것인지도 고려한다. 알게 모르게, 두 가족 부모 모두 그들의 경험과 지식을 확률적 결정으로 바꾼다. 그들이 돌발적 상황에 부여한 어떤 확률들은 의심할 여지없이 매우 주관적이지만, 날씨에 관한 예측 같은 다른 것들은 오랜 경험에서부터 나온다.

이어지는 절에서는 베키와 데스타의 부모가 돌발 사태를 거치며 재화와 서비스를 배분하는 방법에 대해 공부할 것이다. 그러나 여기서 우리는 상황을 단순하게 놓고 **정적**이고 **결정적인** 모형을 고려할 것이다. 즉 우리는 사람들이 영원한 세상에 살고 있고 결정을 내리기 위해 필요한 모든 정보에 대해 완벽하게 확신한다고 가정할 것이다.

어떤 가족이 N명으로 이뤄져 있고 그들을 1, 2, …, N이라 번호 매긴다고 가정하자. 우리가 어떻게 가족 구성원 i의 행복을 적절히 모형화 할 수 있는지에 대해 생각해 보자. 이미 언급한 것처럼 행복은 어떤 방식으로 i에 의해 소비되고 공급되는 재화와 서비스에 의존하는 실수로 나타난다. 전통적인 방법은 **재화**와 **서비스**를 소비되는 것과 공급되는 것으로

---

[*] 맥앨로이(McElroy)와 호르니(Horney)가 1981년에 제안한 것처럼 현실적인 대안은 집안의 결정은 다양한 당사자 간의 협상에 의해 내려진다고 가정하는 것일 것이다. (다스굽타(Dasgupta)(1993) 11장을 보라.) 질적으로 여기서 최적화된 가정경제를 가정한다고 잃을 것은 거의 없다.

나누고, 전자의 양을 나타내는 데 양수를 쓰고 후자를 위해 음수를 쓰는 것이다. 이제 통틀어 M개의 생필품이 있다고 상상하자. i에 의해 소비 혹은 공급되는 j번째 생필품의 양을 $Y_i(j)$로 나타내자. 관행을 따르면 j가 i에 의해 소비되면(예를 들면 음식을 먹거나 옷을 입는다면) $Y_i(j) > 0$이고 j가 i에 의해 공급되면(예를 들면 노동) $Y_i(j) < 0$이다. 이제 벡터 $Y_i = (Y_i(1), Y_i(2), \cdots, Y_i(M))$을 생각하자. 이는 i에 의해 소비되거나 공급된 모든 재화와 서비스의 양들을 나타낸다. Y_i는 M차원 유클리드 공간 $\mathbb{R}^M$의 점이다. 이제 $U_i(Y_i)$가 i의 행복을 나타낸다고 하자. 소비하는 재화와 서비스가 i의 행복을 증가시키는 반면, 공급하는 재화와 서비스는 i의 행복을 감소시킨다고 가정하자. i에 의해 공급되는 재화는 음수로 측정되기 때문에 우리는 그 성분들 Y_i 중 어떤 것이 증가하면 $U_i(Y_i)$도 증가한다고 당연히 가정할 수 있다.

다음 단계는 모형을 전체 가족에게 적용되도록 일반화하는 것이다. 가족 구성원의 개인적 행복은 다함께 모아져서 그것들이 N차원 벡터 $(U_1(Y_1), \cdots, U_N(Y_N))$을 만들어낸다. 가족의 행복은 어떤 방식으로 이 벡터에 의존한다. 즉, 가족의 행복은 어떤 함수 W에 대해 $W(U_1(Y_1), \cdots, U_N(Y_N))$이라고 말한다. (실용주의 철학자들은 W가 단순히 U_i들의 합이라 주장했다.) 우리는 또한 자연스럽게 W가 각 U_i에 대한 증가함수라고 가정한다. (W가 U_i들의 합이라면 확실히 그렇다.)

수열 $(Y_1, \cdots, Y_N)$을 Y로 나타내자. Y는 NM차원 유클리드 공간 $\mathbb{R}^{NM}$의 점이다. 그것은 또한 각 가족 구성원에 의해 소비 혹은 공급되는 생필품 양의 표를 만들어 얻는 행렬로 생각할 수 있다. 이제 $\mathbb{R}^{NM}$

의 모든 Y가 실제로 나타날 수는 없음은 분명하다. 결국 (말하자면 전 세계에서) 어떤 주어진 생필품의 총량은 유한하니까 말이다. 따라서 우리는 Y가 어떤 집합 J에 속한다고 가정하고, 그 집합을 Y의 **잠재적으로 실현 가능한** 모든 값들의 집합으로 생각한다. J 내에서 우리는 Y의 '실제로 가능한' 값들로 이루어진 더 작은 집합 F를 구분한다. 이는 그 가족이 원칙적으로 선택할 수 있는 Y의 값들의 집합이다. 그것은 벌 수 있는 수입의 최댓값처럼 그 가족이 마주한 제약들 때문에 J보다 더 작다. F는 가족의 **실현 가능한 집합***이다. 가족이 마주한 결정은 행복 $W(U_1(Y_1), \cdots, U_N(Y_N))$을 최대화하도록 실현 가능한 집합 F로부터 Y를 선택하는 것이다. 이를 **가정경제 최대화 문제**(household maximization problem)라고 한다.

집합 J, F가 둘다 $\mathbb{R}^{NM}$의 닫힌 유계인 부분집합이고, 행복함수 W는 연속이라고 가정하는 것이 그럴듯하고 수학적으로 편리하다. 모든 연속함수는 닫힌 유계인 집합에서 최댓값을 가지므로, 가정경제 최대화 문제는 해를 가진다. 덧붙여 만약 W가 미분가능하다면, 비선형 프로그래밍 이론을 이용하여 가정의 선택이 만족시켜야 하는 최적의 조건을 알아낼 수 있다. F가 볼록 집합이고, W가 Y에 대한 오목 함수이면, 이 조건들은 모두 필요충분조건이다. F와 연관된 라그랑주 승수[III.64]는 관념적 가격(notional prices)으로 해석할 수 있다. 그것들은 제약조건이 약간 약화된 가정경제에 그 가치를 반영한다.

---

* 이제 왜 그저 F만 보는 게 아니라 J와 F를 구분할 필요가 있는지 알 것이다.

선택에 대해 연구하는 현대 경제학자들의 방법의 힘을 시험해 보는 연습문제를 하나 풀어 보자. 우선 W가 개개인의 행복 U_i에 대해 **대칭적이고 오목한** 함수라 가정하자. (W가 U_i의 합이라면 그런 경우인 것처럼 말이다.) 대칭이라는 가정은 두 개인이 그들의 행복을 서로 바꾸어도 W가 바뀌지 않는다는 뜻이다. 그리고 오목이라는 것은 대강 이야기하자면 다른 것들이 같을 때 U_i 하나가 증가해도 W의 증가율이 올라가지 않는다는 뜻이다. 덧붙여 가정 구성원들이 다 똑같다고 가정하자. 즉 모든 함수 U_i가 단일한 함수 U와 같다고 놓자. 또한 U는 Y_i에 대한 순오목 함수라 가정하자. 즉 행복의 증가율은 소비가 증가함에 따라 감소한다는 걸 의미한다. 마지막으로 실현 가능한 집합 F는 공집합이 아닌 볼록 대칭 집합이라고 가정하자. (대칭성은 어떤 Y가 실현 가능하고 벡터 Z는 가정의 두 개인의 소비를 서로 교환하는 것을 제외하고 Y와 같다면, Z 또한 실현 가능하다는 뜻이다.) 이런 가정들로부터 가정의 구성원은 똑같이 취급될 것이라는 걸 보일 수 있다. 즉 W는 그들 모두가 같은 양의 재화와 서비스를 받을 때 최대화된다.

그러나 소비가 낮은 수준일 때, 함수 U가 오목하다는 가정은 그럴듯하지 않다. 왜 그런지 알아보기 위해, 전형적으로 영향 균형상 어떤 사람의 하루 에너지 섭취량의 60~75%는 기초 신진대사로 가고 나머지 25~40%가 자유 재량적 활동(일과 여가)에 쓰임을 알아야 한다. 60~75%는 일종의 고정 비용 같은 것이다. 길게 보아 사람이 무엇을 하든 상관 없이 최소한 그만큼이 필요하다. 그런 고정 비용의 영향을 밝혀내는 가장 간단한 방법은 F가 볼록(예를

들면 가족 구성원들에게 고정된 양의 음식을 할당한다면 그런 경우인데)이라고 하고, 그러나 U는 음식을 적게 섭취할 때 순볼록 함수이고, 그 이후로 순오목 함수이라고 계속해서 가정하는 것이다. 그런 세상에서 부자집은 공평한 취급이란 호화로움을 감당할 수 있어서 음식을 똑같이 나누도록 선택하겠지만, 가난한 가정은 음식을 그 구성원 간에 서로 다르게 할당해야 행복이 최대화됨을 보이는 것은 어렵지 않다. 아주 틀에 박힌 예를 택하여, 기초 신진대사를 위한 에너지 요구량이 1,500kcal이고 4인 가족이 최대 5,000kcal를 소비할 수 있다고 가정하자. 그럼 공평한 분배는 누구도 어떤 일을 하기 위한 충분한 에너지를 얻지 못함을 뜻하고, 따라서 음식을 불공평하게 나누는 것이 더 낫다. 반면 그 가정이 6,000kcal 이상을 얻을 수 있다면 미래에 대한 위험 부담 없이 음식을 공평하게 나눌 수 있다.

이런 발견의 경험적 상관관계가 있다. 음식이 매우 부족할 때, 데스타의 가족 중 더 어리고 더 약한 구성원은, 그들 나이에 따라 할당량이 차이가 나도록 정해진 후에도, 다른 사람들보다 음식을 더 조금 받는다. 좋은 시기에는 데스타의 부모도 평등주의자가 될 여유가 있지만 말이다. 베키의 가정은 항상 충분한 음식의 여유가 있다. 따라서 그녀의 부모는 매일 음식을 공평하게 분배한다.

4 사회적 균형

베키의 세상에서 가정의 거래는 대부분 시장에서 이루어진다. 교환 조건은 정해진 시장 가격이다. 사회적 생산의 수학적 구성을 개발하는 데 있어서 계

속해서 단순화를 위해 정적이고 결정론적 세상을 상상해 보자. $P(\geq 0)$를 시장 가격들의 벡터라 하고 $M(\geq 0)$을 가정의 재화와 서비스 자산의 벡터라고 하자. (즉, 각 생필품 j에 대해 $P(j)$는 j의 가격이고 $M(j)$는 가정이 이미 가지고 있는 j의 양이다.) 소비된 재화는 양의 부호를, 공급된 재화는 음의 부호를 가진다는 관례를 기억하며, $X = \sum Y_i$라 정의하자. (따라서 $X(j) = \sum Y_i(j)$는 가정에서 소비한 생필품 j의 총량이다.) 그러면 $P \cdot X$는 가정에서 소비한 재화의 총 가격에서 공급된 재화의 총 가격을 뺀 것이고, $P \cdot M$은 가정 자산의 총 가치이다. 실현 가능한 집합 F는 '예산' 제약조건 $P \cdot (X - M) \leq 0$을 만족시키는 가정의 선택 Y의 집합이다.

베키네 가정이 시장에 공급하는 자산으로부터 얻는 수입은 시장 가격에 의해 결정된다(베키 아버지의 월급, 은행 예금 이자율, 소유 지분에서 오는 수입). 반대로 그 가격은 재화와 서비스의 가정 재산의 크기와 분포, 그리고 가정의 요구와 선호도에 의존한다. 그것은 결국 그들이 받은 권리를 사용하는 사기업과 정부 같은 기관들의 능력과 의지에도 의존한다. 이 기능적 관계는 베키 아버지의 변호사로서의 능력(경제학자들이 '인적 자본'이라 이름 붙인 그 자체로서 자산)이 미국에서는 훨씬 가치 있다 할지라도, 데스타의 마을에서는 그리 가치 있지 않을 수 있음을 설명해 준다. 실제로 변호사가 미국에서 계속해서 가치 있는 직업이라는 확고한 믿음 때문에 베키 아버지는 변호사가 되었다.

데스타네 가정은 시장에서 작용하긴 하지만(아버지가 테프를 팔거나 어머니가 직접 만든 술을 팔 때) 자연과 많은 상호작용이 직접적으로 이루어진다. 지역 공동체에서, 농장에서, 마을의 다른 사람들과 비시장적 관계 속에서 말이다. 그러므로 데스타 가족이 마주한 F는 베키의 세상을 보여주기 위해 만들었던 이상적인 모형에서처럼, 단순하게 선형인 예산 부등식에 의해 정의되지 않을 뿐 아니라, 흙의 생산성이나 강수량 같은 자연이 만드는 제약조건들, 접근가능한 자산들, 그리고 비시장적 관계를 통한 마을내 다른 사람들과의 거래와 관련된 계약사항과 조건들, 그리고 나중에 이야기할 한 가지 문제도 반영한다. 자연에 의해 주어지는 제약조건들은 베키 가족도 느끼지만, 시장 가격을 통해서 느끼게 된다. 데스타의 가족은 반대로 그들의 들판에서 나는 수확이 줄어드는 것으로부터 직접적으로 체감한다.

데스타네 가정 자산은 가족의 집, 가축, 농기구, 반 헥타르의 땅을 포함한다. 데스타네 가족 구성원이 농사를 짓고, 가축을 돌보고, 지역 공동체에서 자원을 모으는 데 축적한 기술들은 그들의 인적 자산의 일부분이다. 그 기술들은 세계 시장에 그리 많은 걸 가져다 주지 않지만, 가족의 실현 가능한 집합 F를 형성하고 가족의 행복에 필수적이다. 데스타 부모는 그 기술들을 그들의 부모, 조부모에게서 배웠고, 이와 마찬가지로 데스타와 그녀의 형제 자매들은 그들의 부모, 조부모로부터 그것을 배웠다. 데스타 가족은 또한 지역 공동체의 일부분을 소유한다고 말할 수 있다. 요컨대 그녀 가정은 마을의 다른 사람들과 그 소유권을 공유한다. 지역 공동체의 사용에 대해 이웃들과 합의하고 지키기로 동의하는 데 있어서 어려움은, 탄소 배출 장소로서 대기권에 대한 세계 공동체의 경우에 비하면 덜 심하다. 이는 공동체가 지역 공동체라면 필요한 협상에 훨씬 더 적은 사람들이 관련되기 때문만이 아니라, 사용자들 간의 의견과 이해 사이에 더 큰 동질성이 있기 때문이다. 또한 지역 공동체의 사용에 대한 동의가 잘 이루어지는지를 당사자들이 관찰할 수 있다는 것도 도움이 된다. (데스타의 세계에서 보험 결정에 대한 아래의 논의를 보라.)

이런 식으로 개개인에게 사용 가능한 선택들은 다른 사람들의 선택에 의해 영향을 받는다. 이는 피드백을 낳는다. 시장 경제에서 피드백은 대부분 가격에 반영된다. 비시장 경제에서 피드백은 가정들이 서로 협상할 수 있는 사항들을 통해 반영된다.

이 상황을 수학적으로 모형화해 보자. H개 가정의 경제를 상상하면서 시작하자. 설명하기 쉽도록, 가정의 행복은 재화와 서비스의 총체적 소비를 가지고 직접적으로 표현할 수 있는데, 이 소비가 개별 구성원 사이에서 어떻게 분배되는지와는 상관 없다고 가정할 것이다. X_h가 (보통의 부호 관행을 따라) h 가정의 소비 벡터를 나타내고, J_h는 잠재적으로 실현 가능한 벡터 X_h의 집합을, $W_h(X_h)$는 h의 행복을 나타낸다고 하자.

h의 소비 벡터들로 이루어진 잠재적으로 실현 가능한 집합 J_h 안에, 실제로 실현 가능한 집합 F_h가 놓여 있다. 피드백을 모형화하기 위해 F_h가 다른 가정들의 소비에 의존함을 구체적으로 나타낼 것이다. 즉, 그것은 수열 $(X_1, \cdots, X_{h-1}, X_{h+1}, \cdots, X_H)$의 함수이다. 공간을 아끼기 위해, h를 제외한 모든 가정의 소비 벡터로 이루어진 이 수열을 X_{-h}라 놓을 것이다. 형식적으로 F_h는 X_{-h} 꼴의 대상들을 J_h의 부분집합들로 보내는 (종종 '대응'이라 불리는)

함수이다. 가정 h의 경제적 문제는 실현 가능한 집합 $F_h(X_{-h})$에서 그 행복 $W_h(X_h)$를 최대화하는 방식으로 소비 X_h를 선택하는 것이다. 최적의 선택은 X_{-h}와 그 대응 $F_h(X_{-h})$에 대한 h의 믿음에 달려 있다.

그동안 모든 다른 가정들은 비슷한 계산을 하고 있다. 어떻게 피드백들을 풀 수 있을까? 한 가지 방법은 피드백에 대한 그들의 믿음을 드러내길 요구하는 것일 것이다. 불행히도 경제학자들은 그 방법을 피한다. 그들의 또 다른 조사에 따르면 경제학자들은 **균형 믿음**, 즉 스스로 확신하는 믿음을 연구한다. 아이디어는 사람들이 피드백에 대한 그들의 믿음에 기반하여 취한 선택이 정확히 바로 그런 피드백들을 일으키는 사건들의 상태를 밝히는 것이다. 사건의 그런 상태를 **사회적 균형**(social equilibrium)이라고 부른다. 공식적으로 모든 h에 대해 그 실현 가능한 집합 $F_h(X^*_{-h})$에서 X_h의 모든 선택들 중에서 가정 h의 선택 X^*_h가 행복 $W_h(X_h)$를 최대화한다면 가정 선택의 수열 $(X^*_1, \cdots, X^*_H)$을 사회적 균형이라 부른다.

이것에는 당연한 질문이 뒤따른다. 사회적 균형은 존재하는가? 1950년 내쉬(Nash), 그리고 1952년 데브루(Debreu)가 쓴 고전적 논문에서 상당히 일반적인 조건들의 집합하에서 항상 균형이 존재한다는 것을 보였다. 여기 데브루가 밝힌 조건들의 집합이 있다. 각 행복함수 W_h가 연속이고 준-오목(J_h 안의 임의의 잠재적으로 실현 가능한 선택 X'_h에 대해 $W_h(X_h)$가 $W_h(X'_h)$ 이상인 J_h의 원소 X_h들의 집합이 볼록임을 의미한다)이라고 가정한다. 또한 각 가정 h에 대해 실현 가능한 집합 F_h(이는 J_h의 부분집합임을 기억하자)는 공집합이 아닌 **빽빽한 볼록 집합**이고 다른 가정에 의한 선택 X_{-h}에 연속적으로 의존한다. 위의 가정하에서 사회적 균형이 항상 존재함은 **카쿠타니 고정점 정리[V.11 §2]**를 비교적 직접적으로 이용하여 증명한다. 이 자체가 브라우어의 고정점 정리를 일반화한 것이다. 사회적 균형의 존재성에 대한 (실현 가능한 집합 $F_h(X_{-h})$이 볼록 집합이 아닌 것을 허용하는) 또 다른 충분 조건은 최근에 알려졌다.

베키의 세상에서 사회적 균형은 **시장 균형(market equilibrium)**이라 불린다. 시장 균형은 가격 벡터 $P^*(\geqslant 0)$와 각 가정 h에 대한 소비 벡터 X_h^*로, 이때 X_h^*는 예산 제약조건 $P^* \cdot (X_h - M_h) \leqslant 0$을 만족시키면서 $W_h(X_h)$를 최대화하고 가정들의 재화와 소비재에 대한 요구들은 실현 가능하다(즉 $\sum (X_h - M_h) \leqslant 0$). 1954년 애로우(Arrow)와 데브루는 시장 균형이 (우리가 여기서 정의했던 의미에서) 사회적 균형임을 보였다. 데브루(Debreu, 1959)는 시장 균형을 다룬 가장 확실한 책이다. 이 책에서 데브루는 에릭 린달(Erik Lindahl)과 케네스 애로우(Kenneth J. Arrow)를 따라 재화와 서비스를 그 실체적 특징에 관해서뿐만 아니라 그것들이 나타나는 시기와 상황에 대해서도 구분했다. 뒤에서 베키와 데스타의 세상의 저축과 보험 결정에 대해 연구해 볼 텐데, 이러한 방식으로 생필품 공간을 확장할 것이다.

사회적 균형이 그냥 또는 전체적으로 좋다고 자동으로 가정할 수는 없다. 더구나 대부분의 인위적 예를 제외하고 사회적 균형은 유일하지 않다. 이는 균형에 대한 연구가 본질적으로 어떤 균형이 나타나기를 기대해야 하는지에 대한 질문을 열어둔 채

남겨 놓음을 뜻한다. 이 문제를 알아보기 위해, 경제학자들은 비균형 양상을 연구하고 결과로 나오는 역동적 과정의 안정성 성질을 분석한다. 기본 아이디어는 사람들이 세상이 돌아가는 방식에 대한 믿음을 형성하는 방법에 대해 가설을 세우고, 그러한 깨달음의 결과를 추적하고, 데이터에 맞춰 보며 그것을 확인하는 것이다. 안정적인 환경하에서 사회적 균형으로 수렴하는 깨달음의 과정만을 고려하는 데 연구를 제한시키는 것은 그럴듯하다. 그렇다면 초기 믿음이 장기적으로 어떤 균형에 도달할 것인지를 좌우할 것이다. (예를 들어 에반스(Evans)와 혼카포저(Honkapohja)(2000)를 보라.) 비균형에 관한 연구는 이 글을 매우 길게 만들 것이므로, 우리는 여기서 사회적 균형에 대한 공부를 마저 하겠다.

5 공공 정책

경제학자들은 그들이 사적 재화와 공적 재화라 부르는 것들을 구별한다. 많은 재화들에 대해 소비는 경쟁적이다. 재화(예를 들면 음식)의 공급이 주어질 때 당신이 조금 더 많이 소비한다면 다른 사람들은 그만큼 적게 소비하게 된다. 이는 사적 재화들이다. 경제를 통해 소비를 결정하는 방법은 모든 개별적 가정에서 소비한 양을 다 더하는 것이다. 이것이 우리가 이전 절에서 사회적 균형의 개념에 도달했을 때 논의했던 것이다. 그러나 모든 재화가 그런 것은 아니다. 예를 들어 당신에게 제공되는 국가 안보의 정도는 당신 나라의 모든 가정에 제공되는 것과 같다. 공정한 사회에서 법도 그와 같은 성질을 가지고 국가도 마찬가지이다. 소비는 경쟁적이지 **않을** 뿐

아니라, 어느 누구도 그 경제에서 사용 가능한 전체 양을 이용하는 것을 막지 못한다. 공적 재화는 다른 종류의 재화이다. 어떤 공공재의 양을 수 G로 모형화하고 각 가정 h에서 소비한 양을 G_h로 모형화한다. 전 세계적으로 사용되는 공공재의 예로 지구 대기가 있다. 전 세계가 함께 그것의 혜택을 누린다.

공공재의 공급이 사적인 개개인에게 남겨지면 문제가 발생한다. 예를 들어 어떤 도시의 사람들 모두가 더 깨끗하고 더 건강한 환경으로부터 혜택을 받을지라도, 개개인은 더 깨끗한 환경을 위해 대가를 지불하는 순간이 오면 다른 사람들에게 무임승차하고 싶은 강한 욕구를 느낀다. 사뮤엘슨은 1954년에 이런 상황이 죄수의 딜레마와 유사함을 보였다. 각 당사자는 다른 사람들이 택하는 전략이 무엇인지에 상관 없이 자신에게 최선인 전략을 가진다. 비록 모두에게 더 좋은 또 다른 전략이 각 당사자당 하나씩 있지만 말이다. 그런 상황에서 대개 전체적으로 더 나은 결과를 가져오는 방식으로 행동하는 것이 사적인 개개인을 위하는 것이 되게 하기 위해 세금이나 장려금 같은 공적 방법이 필요하다. 다시 말해, 딜레마가 시장이 아니라 정치에 의해 효과적으로 해결되기를 기대할 수 있다. 정부는 세금과 장려금, 권리양도를 부과할 책임이 있고 공공재를 공급하는 데 관여해야 한다고 정치 이론에서 널리 받아들여진다. 정부는 또한 도로, 항만, 전기망 같은 사회기반시설을 공급하는 자연스러운 기관으로, 개개인의 수입과 비교할 때 거대한 투자를 하는 것이 요구된다. 이제 정부의 경제적 임무를 연구할 수 있도록 우리의 이전 모형을 공공재와 사회기반시설을 포함하여 확장시킬 것이다.

사회적 행복이 가정 행복의 수치적 총합이라 가정하자. 따라서 V가 사회적 행복이라면 그것을 $V(W_1, \cdots, W_H)$라 쓴다. W_h가 증가하면 V가 증가한다고 가정하는 것은 자연스럽다. (그런 함수 V의 한 예가 실용주의 철학에 의해 제안된 함수인 $W_1 + \cdots + W_H$이다.) 정부는 다양한 공공재와 사회기반시설을 얼마나 공급할 것인지 선택한다. 이 수들은 우리가 각각 G, I라 부를 두 벡터에 의해 모형화할 수 있다. 정부는 또한 (예를 들면, 건강 보험을 제공하고 소득세를 부과하여) 각 가정 h에 재화와 서비스를 얼마나 이전할 것인지 T_h를 선택한다. 수열 $(T_1, \cdots, T_H)$를 T라 쓰자. 벡터 G, I의 특별한 선택이 정부에 의해 실제로 실현 가능한지 아닌지는 T에 달려 있을 것이고, 우리는 주어진 선택 T가 주어질 때 벡터들 (G, I)의 실현 가능한 순서쌍의 집합을 K_T라 정의한다.

재화들의 새로운 집합을 소개했기 때문에, 그 정의역을 확장하여 가정의 행복함수를 수정해야 할 것이다. 이 추가적 의존성을 표현하는 자명한 기호는 가정 h의 행복을 $W_h(X_h, G, I, T_h)$라 쓰는 것이다. 더구나 h의 실현 가능한 집합 F_h는 이제 또한 G, I, T_h에 의존한다. 따라서 우리는 실현 가능한 가정의 선택들의 집합을 $F_h(G, I, T_h, X_{-h})$라 쓴다.

최적의 공공정책을 결정하기 위한 시도로, 다음의 단계 게임을 상상하자. 정부가 먼저 움직여, T를 선택하고 그 다음 K_T로부터 G와 I를 선택한다. 가정이 두 번째로 움직여, 정부의 결정에 반응한다. 사회적 균형 $X^* = (X_1^*, \cdots, X_H^*)$을 얻었고 그 평형은 유일하다고 상상하자. (평형점이 여러 개라면, 정부는 공공의 신호에 의지하여 그중에서 선택할 수 있다고 가정한다.) 분명히, 이 평형 $X*$는 G, I, T의 함수이다. 지적이고 호의적인 정부는 이를 예상하고 결과되는 사회적 행복 $V(W(X_1^*), \cdots, W(X_H^*))$가 최대화되는 방식으로 K_T로부터 T, G, I를 선택할 것이다.

우리가 막 만들어낸 공공 정책 문제는 이중 최적화를 수반하는데, 이는 기술적으로 매우 어렵다. 예를 들어 상상할 수 있는 가장 간단한 모형 경제에서조차 $F_h(G, I, T_h, X_{-h})$가 볼록이 아닌 경우가 생긴다. 이는 사회적 균형이 1984년에 멀리스(Mirrlees)가 보인 것처럼 G, I, T에 연속적으로 의존함을 보장할 수 없다는 뜻이다. 이는 반대로 표준적 기법이 정부의 최적화 문제에 대해서는 적당하지 않음을 의미한다. 사실 물론 '이중 최적화'도 엄청나게 단순화시킨 것이다. 정부가 선택하고, 사람들이 거래하고 생산하고 소비하면서 반응하고, 정부가 다시 선택하고, 사람들이 다시 한번 반응하고, …와 같이 수를 두고 맞수를 두는 끝없는 과정이 계속된다. 최적의 공공 정책을 알아내는 것은 심각한 계산상의 어려움을 수반한다.

6 신뢰의 문제: 법과 규범

앞의 예들은 서로 거래하고 싶은 사람들이 마주한 본질적 문제가 신뢰의 문제임을 보여준다. 예를 들어 집단 내의 신뢰도가 집합 F_h와 K_T를 만든다. 집단들이 서로를 믿지 못한다면, 쌍방에 이익이 될 수도 있는 거래는 일어나지 않을 것이다. 그러나 어떤 사람이 다른 사람과의 동의하에 그가 약속한 것을 이행하리라 믿을 만한 어떤 근거가 있는가? 약속을 믿을 만하게 만들 수 있다면 그런 근거가 존재할 수 있다. 어떤 사회에서나 이런 종류의 신뢰성을 만드는 메커니즘이 다른 방식들로 만들어졌다. 하지만 모든 메커니즘은 공통적으로, 합당한 이유 없이 동의안 이행에 실패한 개인은 벌을 받는다는 성질을 가진다.

어떻게 그 공통적 특성은 작동하는가?

베키의 세상에서 거래를 지배하는 규칙은 법에 의해 구현된다. 베티 가족이 이용하는 식료품 가게는 정교한 법적 구조(공공의 이익)에 의해 지지된다. 예를 들어 베키 아버지의 회사는 법인이다. 그의 퇴직 연금을 모으고 베키와 샘의 교육을 위해 저축하는 등등을 위해 그가 거래하는 금융 기관이 그런 것처럼 말이다. 가족 중 어떤 이가 시장에 갈 때조차도, (현금이나 카드에 의해 지불된) 구매는 법과 연관되고, 이는 쌍방(현금이 위조지폐이거나 카드가 무효처리 되는 경우와 제품이 검사 결과 표준 이하인 경우에 가게 주인)에 대한 보호를 제공한다. 법은 국가의 강제적인 힘의 의해 집행된다. 거래는 **외적 집행자**에 의해 뒷받침된 법적 계약을 수반한다. 베키 가족과 가게 주인은 정부가 계약을 강제할(즉 관심사인 공공의 이익을 계속 제공할) 능력과 의지가 있다고 확신하기 때문에 기꺼이 거래를 한다.

확신의 근거는 무엇인가? 무엇보다도, 현대 사회는 국가가 있고 국가가 있음을 보여주었다. 왜 베키 가족은 정부가 정직한 방식으로 그 일을 수행해 나간다고 믿어야 할까? 가능한 대답은 베키의 나라의 정부가 그들의 **명성**에 대해 걱정한다는 것이다. 민주주의에서 자유롭고 캐묻기 좋아하는 언론은 정부의 무능함과 부정행위가 다음 선거를 통해 그 정부의 지배가 끝나도록 한다는 믿음에 대해 자각하도록 도와준다. 어떻게 그 주장이 다른 이들의 능력과 의도에 대해 서로 맞물리는 믿음의 체계를 수반하는지 알아야 한다. 베키의 나라에서 수백만 가정은 정부 지도자가 계약을 효과적으로 강제하지 않으면 정권에서 쫓겨날 것임을 인지하고 있기 때문에, 정부가 계약을 강제한다는 것을 (대체로) 신뢰한다. 그들의 입장에서 계약의 각 당사자는 상대편이 약속을 어기는 것을 삼가할 거라고 (다시 한번, 대체로) 신뢰한다. 왜냐하면 각자 정부가 계약을 강제할 것이라는 믿음을 상대편이 인식하고 있음을 알고 있기 때문이다. 기타 등등. 신뢰는 계약을 어긴 사람에 대한 처벌(벌금, 감옥 수감, 면직 혹은 무엇이건)의 위협에 의해 유지된다. 다시 한번, 우리는 평형 믿음의 상태에 있다. 그 자신의 덫에 의해 함께 유지되는 상호 간의 신뢰는 사람들이 상호 이익이 되는 거래를 찾고 그에 참가하도록 북돋운다. 위 주장을 지지하는 공식적 주장은 사회적 규범이 동의안을 강제하기 위한 메커니즘을 포함함을 보여주는 것과 매우 유사하므로, 우리의 논의는 사람들의 삶에서의 사회적 규범의 위치로 돌아간다.

데스타의 나라에도 계약에 대한 법이 존재하지만, 그녀의 가족은 가장 가까운 법원이 마을에서 멀기 때문에 그곳에 의지할 수 없다. 더구나 변호사가 가까운 거리에 있지도 않다. 교통비가 매우 비싸기 때문에, 경제적 삶은 공식적 법 체계 바깥에서 생성된다. 짧게 말해, 결정적인 공공의 이익과 기반 구조는 이용할 수 없거나, 좋게 말하자면 매우 부족하다. 그러나 어떤 외부적 강제자가 없을지라도, 데스타 부모는 다른 이들과 거래를 한다. (그녀 마을에서 보험과 다르지 않은) 신용은 "네가 할 수 있을 때 나한테 갚는다고 약속했으니까 내가 너한테 빌려줄 것이다"라고 말하는 것과 관련이 있다. 장례식을 위한 저축에는 "이디르의 조항과 조건을 지키기로 동의한다"라는 의미가 담겨 있는 식이다. 기타 등등. 그러나 왜 당사자들이 동의안이 깨지지 않을 거라고 확신해야 하는가?

그런 확신은 동의안이 **상호적으로** 강제되었을 때 정당화될 수 있다. 기본 아이디어는 이러하다. 동의안을 어긴 사람에게 강력한 처벌이 가해질 것이라는 공통체 구성원들에 의한 신뢰할 만한 위협이 그들이 그것을 어기는 일을 막을 수 있다. 문제는 그 위협을 신뢰할 만하게 만드는 방법이다. 데스타의 세계에서 신뢰성은 행실의 사회적 규범에 의하여 성취된다.

사회적 규범은 공동체의 구성원들이 따르는 행실의 규칙을 의미한다. 행실의 규칙(혹은 경제 용어로 '전략')은 "네가 Y를 하면 내가 X를 하겠다" "Q가 일어나면 내가 P를 하겠다" 등등과 같이 말한다. 행실의 규칙이 사회적 규범이 되기 위해서, 모든 다른 이들이 그 규칙에 따라 행동한다면 그에 따라 행동하는 모든 이들에게 이익이 되어야 한다. 사회적 규범은 행실의 평형 규칙이다. 이제 어떻게 사회적 규범이 작동하고 어떻게 이에 기반한 거래가 시장에 기반한 거래와 비교되는지 알아 볼 것이다. 이를 위해 보험을 상품으로 연구할 것이다.

7 보험

위험에 대비하여 스스로 보험에 드는 것은 그 위험을 줄이는 방식으로 행동하는 것이다. (공식적으로,

0을 평균으로 갖는 확률변수 $\tilde{Z}$가 있어서 $\tilde{X}$가 $\tilde{Y} +$ $\tilde{Z}$와 같은 분포를 가질 때, **확률변수**[III.71 §4] $\tilde{X}$는 확률 변수 $\tilde{Y}$보다 더 위험하다고 말한다. 이 경우, $\tilde{X}$와 $\tilde{Y}$는 같은 평균을 갖지만 $\tilde{X}$가 더 '퍼져' 있다.) 비용이 너무 많이 들지 않는 한, 위험을 싫어하는 가정은 보험을 구입하여 위험을 줄이고 싶어할 것이다. 사실 위험을 줄이는 것은 일반적인 요구일 듯하다. 이 개념을 공식화하기 위해, 데스타의 마을처럼 외딴 마을을 생각하자. 단순화를 위해 H개의 가정이 있다고 하자. 가정 h의 음식 소비가 (하나의 실수로 표현된) X_h라면, 그 행복은 $W(X_h)$라 말하자. 우리는 $W'(X_h) > 0$이고(즉, 음식이 더 많으면 더 많은 행복을 가져온다), $W''(X_h) < 0$(우리가 이미 더 많은 음식을 가지고 있으면 그보다 더 많은 음식에서 얻는 혜택은 더 적어진다)인라고 가정할 것이다. 아래에서 W의 두 번째 성질, 그 순오목성이 위험을 싫어함을 의미하고, 또 위험을 싫어하기 때문에 나옴을 아래에서 확실히 보일 것이다. 그러나 기본적인 이유는 단순하다. W가 순오목하면, 운이 나쁠 때 잃는 것보다 운이 좋은 때 얻는 것이 더 적다.

단순화를 위해, 가정 h에 의한 음식 생산은 날씨와 같은 위험 요소에 따라 달라지는데, 노력과 상관없다고 가정하자. 생산량은 불확실하기 때문에, 확률변수 $\tilde{X}_h$로 나타내고, 양수라 가정한 기대값 μ를 가진다고 하자. 기댓값들을 $\mathbb{E}$라 나타낼 것이다.

가정 h가 전적으로 자급자족한다면, 그 기대 행복은 단순히 $\mathbb{E}(W(\tilde{X}_h))$이다. 그러나 W의 순오목성은 $W(\mu) > \mathbb{E}(W(\tilde{X}_h))$를 가져온다. 이를 말로 하면, 평균적 생산 수준에서 h의 행복은 생산이 임의적이라면 h의 행복의 기댓값보다 더 크다. 이는 h

가 확실한 수준의 소비를 그 평균이 확실한 수준과 같은 위험한 소비보다 더 선호할 것임을 뜻한다. 간략히 말해 h는 위험을 싫어한다. 수 $\bar{\mu}$를 $W(\bar{\mu}) = \mathbb{E}(W(\tilde{X}_h))$에 의해 정의하자. 따라서 $\bar{\mu}$는 기대 행복을 주는 생산 수준이다. 이는 μ보다 작을 것이고, 따라서 $\mu - \bar{\mu}$는 자급자족적인 가정이 감수하는 위험의 비용을 측정한다. W의 '곡률'이 더 클수록, $\tilde{X}_h$와 결합된 위험의 비용은 더 크다. (사실, 곡률의 유용한 척도가 $-XW''(X)/W'(X)$이다. 잠시동안의 선택에 대해 이야기할 때 이 척도를 이용할 것이다.) 가정들이 그들의 위험을 합침으로써 어떻게 이익을 얻을 수 있는지 보기 위해, $\tilde{X}_h = \mu + \tilde{\varepsilon}_h$라 쓰자. 여기서 $\tilde{\varepsilon}_h$는 평균이 0이고 분산이 σ^2이고 유한한 받침을 갖는 확률변수이다. 단순화를 위해 확률변수들 $\tilde{\varepsilon}_h$가 동일하다고 가정하자(즉, h에 의존하지 않는다). 이들 분포 중 임의의 두 분포 간의 상관 계수를 ρ라 하자. $\rho < 1$인 한, 그들이 생산량을 서로 나누어 가지는 데 동의하면 위험을 줄일 수 있다는 것이 밝혀졌다. 그들이 다른 가정의 생산량을 관찰할 수 있다고 가정하자. 확률변수 $\tilde{X}_h$가 동일할 때, 분명한 보험 계획안은 모든 생산량을 똑같이 나누어 갖는 것이다. 이런 계획 하에서 h의 불확실한 음식 소비는 $\tilde{X}_1, \cdots, \tilde{X}_H$의 평균이 되고, $\mathbb{E}(W(\sum \tilde{X}_{h'}/H)) > \mathbb{E}(W(\tilde{X}_h))$이므로 자급자족보다 향상된 것이다. 문제는 강제적 메커니즘 없이 공유에 대한 동의가 지켜지지 않을 것이라는 점이다. 왜냐하면 일단 모든 가정이 얼마나 많은 음식을 생산했는지를 각 가정이 알고 나면, 가장 운이 나쁜 가정을 제외한 나머지 가정은 모두 약속을 어기고 싶어 할 것이기 때문이다. 왜 그런지 보기 위해 우선 가장 운이 좋은 가정은 그들의 생산량이 평균을 넘기 때문에 거부할 것임을 안다. 하지만 이는 그 다음으로 운이 좋은 가정이 줄어든 평균보다 자신의 생산량이 더 많기 때문에 거부할 것이고 계속해서 가장 운이 나쁜 가정까지 내려가며 반복될 것임을 뜻한다. 어떤 강제적 메커니즘이 없다면 이렇게 되리라는 걸 미리 알고 있는 한, 가정들은 처음부터 이 계획안에 참여하지 않을 것이다. 유일한 사회적 균형은 순수한 자급자족이고 위험 합치기는 없다.

막 설명한 보험 게임을 스테이지 게임이라 부르자. 순수한 자급자족이 스테이지 게임을 위한 유일한 사회적 균형일지라도, 이제 게임이 계속 반복되면 상황이 바뀐다는 걸 볼 것이다. 이를 모형화하기 위해, 시간을 문자 t로 나타내고, 음이 아닌 정수라고 가정하자. (예를 들면 게임은 매년 행해질 수 있고, 0이 올해를 나타낸다.) 마을 주민들이 각 시간 주기 동안 같은 집합의 위험을 마주하고, 매년 위험은 다른 해의 위험과 독립적이고라 가정하자. 또한 매 주기마다, 일단 음식 생산량을 알게 되면, 가정들이 다른 가정과 독립적으로 자신의 생산을 똑같이 나누기로 한 동의를 지속할 것인지 거부할 것인지를 결정한다고 가정하자.

미래의 행복도 가정에겐 소중하지만 대개 현재 행복보다는 덜 중요할 것이다. 이를 모형화하기 위해 양의 매개변수 δ를 도입한다. 이는 가정이 얼마나 그 미래 행복을 할인하는지를 측정한다. $t = 0$에서 계산할 때, 가정은 시각 t에서 그 행복을 $(1 + \delta)^t$라는 인수로 나눈다고 가정한다. 즉, 중요성은 각 시간 주기에 어떤 고정된 비율에 의해 감소한다. 이제 δ가 충분히 작을 때(즉 가정이 그들 미래 행복에 대

해 충분히 염려할 때) 가정이 그들의 총 생산량을 똑같이 나누기로 한 동의를 따르는 사회적 균형이 있다는 것을 보일 것이다.

시각 t에 가정 h가 사용할 수 있는 음식의 불확실한 양을 $\tilde{Y}_h(t)$라 하자. 모든 가정이 동의했다면, $\tilde{Y}_h(t)$는 $\mu + (\sum \tilde{\varepsilon}_{h'})/H$일 것이고, 그런 동의가 없다면 $\mu + \tilde{\varepsilon}_h$일 것이다. 시각 $t = 0$에 가정 h의 현재와 미래의 총 기대 행복은

$$\sum_0^\infty \mathbb{E}(W(\tilde{Y}_h(t)))/(1 + \delta)^t$$

이다. (이를 계산하기 위해 각 $t \geqslant 0$에 대해 시각 t에서 h의 기대 행복을 택하여 $(1 + \delta)^t$로 나눈다. 그런 다음 이 값들을 모두 더한다.)

이제 h가 채택할 수 있는 다음의 간단한 전략을 고려하자. 보험 계획안에 참여하면서 시작되고 어떤 가정도 동의안을 어기지 않는 한 이 계획에 계속 동참한다. 그러나 어떤 가정이 동의안을 처음 위반한 다음날부터 계획안에서 빠진다. 게임이론가들은 그 엄격한 특성 때문에 이를 '무자비 전략(grim strategy)'이라 혹은 단순히 **무자비**라 명명했다. 어떻게 무자비 전략이 매번 생산량 총합을 똑같이 나누기로 한 원래 동의안을 지지할 수 있는지 알아보자. (반복된 게임에 대한 일반적 설명과 동의안을 유지할 수 있는 다양한 사회적 규범을 위해, 푸덴버그(Fudenberg)와 매스킨(Maskin) (1986)을 보라.)

가정 h가 모든 다른 가정이 무자비 전략을 선택했다고 믿고 있다고 가정하자. 그럼 h는 어떤 다른 가정도 맨 처음으로 이탈하지 않을 것임을 안다. 그럼 h는 무엇을 해야 하나? δ가 충분히 작다면, h는 무자비 전략을 쓰는 것보다 더 잘할 수 없다. 같은 추

론이 다른 모든 가정에도 작용될 것이므로, 충분히 작은 δ값에 대해서 무자비 전략은 반복되는 게임에서 평형 전략이라고 결론지어야 한다. 그러나 모든 가정이 무자비 전략을 쓴다면, 어떤 가정도 결코 이탈하지 않을 것이다. 이런 이유로 무자비 전략은 협동을 유지하는 사회적 규범으로 작동할 수 있다. 어떻게 증명이 진행되는지 살펴보자.

기본 아이디어는 단순하다. 모든 다른 가정이 무자비 전략을 쓰고 있다고 가정할 때, 가정 h는 그 자신의 생산량이 모든 가정의 평균 생산량을 넘는다면 이탈에 의해 한 기간 동안 이익을 즐길 것이다. 하지만 h는 어떤 기간에 이탈하면, 모든 다른 가정도 이후의 모든 기간에 이탈할 것이다. (그들이 무자비 전략을 쓰고 있다고 가정했음을 기억하라.) 그러므로 이후의 모든 기간에 h 자체의 최고의 선택 또한 이탈일 것이고, 이는 h에 의한 단 한번의 이탈의 결과는 순수한 자급자족이라고 예측할 수 있음을 뜻한다. 따라서 가정 h가 그 생산량이 모든 가정의 평균 생산량보다 많을 때 즐길 수 있는 한 기간 동안의 이익에 반하는 것은 협동을 깨는 것 때문에 그 이후에 고통받을 손실이다. δ가 충분히 작다면 그 손실은 한 기간 동안의 이익보다 많다. 따라서 δ가 충분히 작다면, 가정 h는 이탈하지 않겠지만 무자비 전략을 채택할 것이다. 무자비 전략이 균형 전략이고 매 주기에 가정들 사이의 공평한 공유가 사회적 균형임이 나온다.

위의 주장을 공식화하기 위해, h의 이탈시 이익이 가장 큰 상황을 고려하자. A와 B가 임의의 가정의 가능한 최소 생산량과 최대 생산량이라 하자. 그럼 h가 B를 생산하고 모든 다른 가정은 A를 생산한다

면 가정 h가 $t = 0$일 때 이탈로부터 얻을 가능한 최대 이익이 일어난다. 이 경우 평균 생산량은 $(B + (H - 1)A)/H$이기 때문에, h가 이탈로부터 즐길 한 기간 동안의 이익은

$$W(B) - W\left(\frac{B + (H-1)A}{H}\right)$$

이다. 그러나 h는 이탈하면 다음에 올 각 기간에 (즉 $t = 1$부터 계속해서) 기대 손실이

$$\mathbb{E}(W(\Sigma \tilde{X}_{h'}/H)) - \mathbb{E}(W(\tilde{X}_h))$$

라는 걸 안다. 표기를 간단하게 하기 위해

$$\mathbb{E}(W(\Sigma \tilde{X}_{h'}/H)) - \mathbb{E}(W(\tilde{X}_h))$$

를 L이라 쓰자. 그럼 가정 h는 $t = 0$에서의 이탈로부터 그것이 고통받을 총 기대 손실이

$$L\sum_{1}^{\infty} (1 + \delta)^{-t}$$

임을 계산할 수 있다. 이 미래 손실이 현재 이탈로부터 얻는 이익을 넘는다면 가정 h는 이탈을 원하지 않을 것이다. 다시 말하면, h는

$$\frac{L}{\delta} > W(B) - W\left(\frac{B + (H-1)A}{H}\right)$$

혹은

$$\delta < L \left/ \left(W(B) - W\left(\frac{B + (H-1)A}{H}\right) \right) \right. \quad (1)$$

이라면 이탈을 원하지 않을 것이다. 그러나 h가 이탈로부터 얻는 한 기간 동안의 이익이 가능한 최댓값일 때 이탈에서 이익을 보지 못한다면, 당연히 어떤 다른 경우에도 이탈을 원하지 않을 것이다. 우리는 부등식 (1)이 성립한다면, 무자비 전략이 균형 전

략이고 매 기간마다 가정들 간의 균등 분배가 결과로 얻는 사회적 균형이라고 결론 내린다. 앞서 언급했던 것처럼 이는 δ가 충분히 작을 때 일어날 것임에 주목하자.

보통 '사회'라는 용어는 상호간 이익이 되는 균형을 적절히 발견한 집단을 지칭하기 위해 사용한다. 그러나 반복되는 게임의 또 다른 사회적 균형이 각 가정 자체임에 주목하자. 모두가 다른 사람들이 모두 처음부터 동의안을 어길 거라고 믿었다면, 모든 사람들이 처음부터 동의안을 어길 것이다. 비협동은 각 가정이 동의안 파기라는 전략을 선택하는 것을 수반할 것이다. 협동의 실패는 단순히 그 어떤 것도 아닌 불행한 자들이 모인 결과일 수 있다. 만약

$$\delta > L \left/ \left(W(B) - W\left(\frac{B + (H-1)A}{H} \right) \right) \right. \quad (2)$$

라면 비협동이 반복되는 게임의 유일한 사회적 균형임을 보이는 것 또한 쉽다.

이제 우리는 어떻게 공동체가 협동에서 비협동으로 옮겨갈 수 있는지 이해하기 위한 수단을 하나 가지고 있다. 예를 들어 정치적 불안정성(극단적으로, 내전)은 가정이 그들 마을에서 강제로 소개될 것에 대해 점점 걱정스럽게 만들 수 있다. 이는 δ의 증가로 나타난다. 유사하게, 가정들이 정부가 이제 그 권위를 강화하기 위해 공공 기관들을 파괴하는 데 전념하는 것을 두려워 한다면 δ가 증가할 것이다. 그러나 (1)과 (2)로부터 δ가 충분히 증가한다면, 협동은 중단된다. 그러므로 모형은 최근 몇 십 년간 사하라 주변 아프리카의 분쟁 지역에서 왜 지역적 차원의 협동이 거절되는지에 대한 설명을 제공한다. 사회적 규범은 사람들이 협동했을 때 얻을 미래 이익에 가치를 부여할 이유를 가질 때에만 작동한다.

위의 분석에서 우리는 각 기간에 가정의 위험이 양수의 상관관계를 가지는 가능성을 허용했다. 게다가 어떤 마을의 가정의 수는 전형적으로 많지 않다. 이것들이 데스타 가정이 그들이 당면한 위험에 대비한 전적인 보험과 같은 것을 무엇도 얻을 수 없는 두 가지 이유이다. 베키 부모는 반대로 전국에 걸친(보험회사가 다국적이라면 전세계적으로) 수십만 가정의 위험을 모으는 보험 시장의 정성 들여 만든 집합에 접근할 수 있다. 이는 데스타 부모가 할 수 있는 것보다 더 개인적 위험을 줄일 수 있도록 도와준다. 왜냐하면 첫째, 공간적으로 멀리 떨어진 위험들은 상관관계가 없을 가능성이 더 크고, 둘째, 베키의 부모는 더 많은 가정들과 위험을 합칠 수 있기 때문이다. 충분한 가정과 충분한 위험의 독립성을 가지고, 큰 수의 법칙[III.71 §4]은 실질적으로 그 가정들 간의 동등한 분배는 각 가정에 평균 μ를 제공할 것임을 보장한다. 이는 정부의 강력한 힘이 그 외부적 강제자에 의해 뒷받침되는 시장의 이점이다. 경쟁 시장에서 사람들이 제삼자, 즉 이 경우에는 보험 회사를 통해 서로 모르는 사람들과 사업을 할 수 있게 하면서 보험 계약은 이용 가능하다.

데스타의 부모가 당면한 위험 가운데 적은 강우량 같은 것들은 사실 그들 마을의 모든 가정에 대해 비슷할 것이다. 따라서 그들이 마을에서 얻을 수 있는 보험은 매우 제한적이기 때문에, 그들은 경작을 다양화하는 등의 추가적 위험 경감 전략을 채택한다. 데스타의 부모는 메이즈, 테프, 그리고 엔셋(하위 작물)을 심는다. 비록 한 해에 메이즈는 실패하더라도 엔셋은 괜찮을 거라는 희망을 가지고 말이다.

데스타 마을의 지역 자원 기반은 공동소유이므로 아마도 위험을 합치는 상호적 바람과 상관이 있을 것이다. 삼림지역은 공간상 비균질한 생태계이다. 한 해에 일군의 식물은 열매를 맺고, 또 다른 해에는 다른 군이 열매를 맺는다. 삼림지역이 사적인 구획으로 나뉘어져 있다면 각 가정은 공동 소유하에 있을 때보다 더 큰 위험에 직면할 것이다. 공동 소유에 기인한 개개 가정의 위험 경감은 적을지 모르지만 평균 수입이 매우 낮기 때문에, 공동 소유에서 오는 가정의 이익은 크다. (가난한 나라에서 지역 공유지 관리에 관한 더 자세한 설명은 다스굽타(Dasgupta)(1993)를 참조하라.)

8 거래의 범위와 노동의 분산

베키의 세상에서 지불은 미국 달러를 가지고 이뤄진다. 모든 구성원을 전적으로 믿을 수 있다고 알려진 세상에서는 돈이 필요하지 않을 것이고, 사람들은 계산의 비용을 초래하지 않을 것이며, 거래는 비용이 들지 않을 것이다. 그런 세상에서는 단순한 차용증, 특정한 재화와 서비스 형태의 약속된 상환이면 충분할 것이다. 하지만 우리는 그런 세상에서 살고 있지 않다. 베키의 세상에서 빚은 빌리는 사람이 특정한 금액의 달러를 받았고, 빌려준 사람에게 합의한 일정에 따라 달러를 다시 갚겠다고 약속함을 명시하는 계약이다. 계약서에 서명할 때 관계 당사자들은 재화와 서비스에 대한 달러의 미래 가치에 대한 어떤 믿음을 마음속에 품는다. 그 믿음은 부분적으로 미국 정부가 달러의 가치를 유지하리라는 그들의 확신에 기반한다. 물론 믿음은 많은 다른 것

들에도 기반한다. 하지만 중요한 점은 오직 돈의 가치가 사람들이 그것이 유지될 거라고 믿기 때문에 유지된다는 점에 있다. (이에 대한 고전적 참고문헌이 새뮤얼슨(Samuelson)(1958)이다.) 비슷하게, 어떤 이유에서건 사람들이 그 가치가 유지되지 않을 것이라는 두려움을 가졌다면 그것은 유지되지 않을 것이다. 1922~1923년에 독일에서 일어났던 통화 붕괴는 확신을 잃는 것이 어떻게 스스로 목적을 달성할 수 있는지를 보여준다. 뱅크런은 그 특징을 공유하고, 주식 시장 거품과 붕괴 또한 그렇다. 이를 공식화하면, 각각이 스스로 목적을 달성하는 믿음들의 집합에 의해 지탱되는 여러 사회적 균형들이 있다.

돈을 이용하면 익명으로 거래가 이루어질 수 있다. 베키는 종종 동네 쇼핑몰의 백화점 점원을 알지 못하고, 그들도 베키를 모른다. 베키의 부모가 은행에서 대출을 받을 때 이용 가능한 돈은 그들이 모르는 입금자로부터 나온다. 말 그대로 매일 수백만 건의 거래가 서로 한 번도 만난 적 없고 미래에도 만나지 않을 사람들 사이에서 이루어진다. 신뢰를 만드는 문제는 베키 세상에서 교환 수단, 즉 돈에 대한 확신을 만드는 것으로 해결된다. 돈의 가치는 정부에 의해 유지된다. 앞서 보았던 것처럼 정부는 신망을 잃고 자리에서 쫓겨나지 않기를 바라기 때문에 그것을 유지할 동기가 있다.

사회기반시설의 부재 속에서 시장은 데스타의 마을로 파고들 수 없다. 반대로 베키의 교외 마을은 거대한 세계 경제 속에 들어가 있다. 베키의 아버지는 그의 수입을 슈퍼마켓에서 식료품을 사고 수돗물과 요리와 난방에 필요한 열을 구매하는 데 쓸 수 있음

을 확신하기 때문에 변호사로서 특화할 수 있다. 특화는 사람들이 그들 각각이 행동을 다양화하도록 요구받는다면 할 수 있는 것보다 총체적으로 더 많은 것을 생산할 수 있게 해 준다. 애덤 스미스의 유명한 말에 따르면 노동의 분화는 시장의 크기에 따라 제한된다. 앞서 우리는 데스타의 가정은 특화할 수 없지만 날것의 상태로부터 거의 대부분의 생필품을 생산함을 지적했다. 그러나 사회적 규범에 의해 지지되는 다른 가정과의 많은 거래는 필연적으로 개인화되고 따라서 제한적이다. 경제적 활동의 기반으로서 법과 사회적 규범 간의 차이가 있는 세상이 있다.

9 대출, 저축, 재생산

보험을 가지고 있지 않다면 소비는 다양한 돌발상황에 상당 부분 의존할 것이다. 보험 구입은 이런 의존성을 제거하는 데 도움이 된다. 돌발상황에 대한 의존성을 제거하려는 인간의 욕망은 시간이 지나면서 소비를 고르게 하려는 흔한 욕망과 연관이 있음을 곧 볼 것이다. 둘 다 행복함수 W의 순오목성의 반영이다. 일생동안 수입의 흐름은 고르지 않은 경향이 있고, 따라서 사람들은 주택담보대출과 연금처럼 그들의 소비를 시간에 걸쳐 전달할 수 있게 하는 메커니즘을 찾는다. 예를 들어 베키 부모는 집을 살 당시 충분한 돈이 없었기 때문에 주택담보 대출을 받았다. 그 결과 생기는 빚은 미래의 소비를 줄였지만 그들이 집을 살 당시 집을 살 수 있게 해 주었고 그것에 의해 현재 소비가 늘어나게 해 주었다. 베키의 부모는 또 연금 펀드를 붓는데, 이는 현재 소비

를 은퇴 이후 미래로 전달한다. 현재 소비를 위한 대출은 미래 소비를 현재로 옮겨온다. 저축은 그 반대가 되게 한다. 자본 자산은 생산적이기 때문에 잘 이용한다면 이익을 얻을 수 있다. 이것이 베키 세상에서 대출을 하면 이자를 지불해야 하는 이유 중 하나이다. 반면 저축과 투자는 이익을 가져온다.

베키 부모는 또한 아이들 교육에 상당한 투자를 한다. 하지만 이것을 되돌려 받을 거라고 기대하지 않는다. 베키의 세상에서 자산은 부모에서 자녀로 전달된다. 자녀는 부모의 행복의 직접적 원천이다. 자녀는 투자 대상으로 생각되지 않는다.

베키의 부모가 자산을 시간을 두고 정치적으로 전달하고자 할 때 당면하는 문제를 공식화하는 간단한 방법은 그들을 왕조의 일부처럼 바라보는 것이다. 이는 그들의 소비와 저축에 대한 결정을 할 때 그들 자신의 행복과 베키와 샘의 행복뿐 아니라 그들의 잠재적 손주, 증손주 등등 자손들까지도 분명하게 기록하는 것이다.

문제를 분석하기 위해, 시간이 연속적 변수라 가정하면 분명히 제일 깔끔하다. (0보다 크거나 같은) 시각 t에서 $K(t)$를 가정의 부, $X(t)$를 그들이 소비하는 것들의 시장 가격에 기반한 어떤 총합인 소비 비율이라 놓자. 실제로 가정은 그 소비를 시간과 돌발상황을 거치면서 고르게 만들고 싶을 것이다. 그러나 시간에 집중하기 위해 우리는 결정론적 모형을 고려할 것이다. 투자에 대한 회수의 시장 비율을 양의 상수 r이라 가정하자. 이는 시각 t에 가정의 부가 $K(t)$라면, 그 부로부터 얻는 수입이 $rK(t)$라는 뜻이다. 그러면 시간이 지나며 왕조의 소비 방법을 나타내는 동역학 방정식은

$$dK(t)/dt = rK(t) - X(t) \qquad (3)$$

이다. 식의 우변은 시각 t에 왕조의 투자 수입(r 곱하기 시각 t에서 그 부)과 소비의 차이이다. 이 양은 저축되고 투자되고, 따라서 t에서 왕조의 부의 증가율을 준다. 현재는 $t = 0$이고 $K(0)$은 베키의 부모님이 과거로부터 물려받은 부이다. 앞서, 가정은 돌발상황을 거치면서 그 기대 행복을 최대화하도록 소비를 할당한다고 가정했다. 대응되는 시간을 거쳐 할당된 소비량은

$$\int_0^\infty W(X(t))e^{-\delta t}dt \qquad (4)$$

이다. 앞선 논의에서처럼 여기서 W는 조건 $W'(X) > 0$, $W''(X) < 0$을 만족한다고 가정한다. 매개변수 δ는 다시 한번 미래 행복이 할인되는 비율을 측정한다(근시안적으로 왕조의 멸망 가능성 등등). 이것과 이전 δ 간의 차이는 이제 우리가 이산적 모형이라기보다 연속적 모형을 고려하고 있다는 것이다. 하지만 감소는 여전히 지수적이라 가정한다. 베티의 세상에서 투자 회수율은 높다. 즉 투자는 매우 생산적이다. 따라서 $r > \delta$라 가정하는 것이 경험적 상식이 된다. 곧 이 조건이 베키의 부모가 부를 축적하고 그것을 베키와 샘에게 물려주고, 또 베키와 샘이 부를 축적하고 이를 물려주는 과정이 계속되게 하는 동기를 제공함을 볼 것이다. 편의를 위해, $-XW''(X)/W'(X)$인 W의 '곡률'이 매개변수 $\alpha > 1$과 같다고 가정하자.* 앞서 본 것처럼, W의 순오목성은 소비를 감소시켜서 잃는 것보다, 같은 양만큼 소비를 증가시켜 얻는 것이 더 적다는 걸 뜻한다. 이 효과의 힘을 α로 측정한다. 그 값이 클수록 가능한

한 고르게 만드는 것이 좋다.

$t = 0$에서 베키 부모의 문제는 $K(t)$, $X(t)$가 음수여서는 안 된다는 조건과 함께 조건 (3) 하에서 그들의 부(즉, $X(t)$)를 소비하는 속도를 적절히 선택하여 (4)의 양을 최대화하는 것이다.** 이는 **변분법[III.94]**에서의 문제이다. 그러나 이는 수평선이 무한이고 무한에서 경계 조건이 없기 때문에 약간 일반적이지 않은 형태이다. 후자의 이유는 베키의 부모가 이상적으로 왕조가 장기간에 걸쳐 목표로 해야 하는 자산의 수준을 결정하고 싶어 할 것이기 때문이다. 그들은 이를 미리 구체화하는 게 적절하다고 생각하지 않는다. 최적화 문제에 대한 해가 존재한다고 잠시 가정한다면, 그 해는 **오일러-라그랑주 방정식**

$$\alpha(dX(t)/dt) = (r - \delta)X(t), \quad t \geq 0 \qquad (5)$$

을 만족해야 한다. 이 식은 쉽게 풀 수 있고,

$$X(t) = X(0)e^{(r-\delta)t/\alpha} \qquad (6)$$

이 된다. 그러나 이 문제에 대해 $X(0)$을 자유롭게

---

* 이는 W가 $B - AX^{-(\alpha-1)}$ 꼴임을 뜻한다. 여기서 (양수인) A와 (어떤 부호도 가질 수 있는) B는 W 자신에 도착하는 W의 곡률을 적분할 때 나오는 임의의 두 상수이다. 곧 A와 B를 위해 채택된 값들은 베키의 부모가 하고자 하는 결정과는 전혀 관계가 없을 것임을 볼 것이다. 즉, 베키 부모의 최선의 결정은 A, B에 독립적이다. 위의 형태는 가정 소비에 관한 데이터로부터 $W(X)$를 추정하기 위해 단 하나의 매개변수 α를 추정해야 하므로 특별히 응용 작업에 유용하다. 미국 저축 양상에 대한 경험적 연구는 α가 2에서 4의 범위에 있음을 밝혀냈다.

** 이 문제는 램지(Ramsey)의 고전적 논문(1928)에서 시작되었다. 램지는 $\delta = 0$이라 주장하였고, (4)의 적분이 수렴하지 않는다는 사실에도 불구하고 최적 함수 $X(t)$가 존재함을 보여주는 독창적인 증명을 고안해냈다. 단순화를 위해 우리는 $\delta > 0$이라고 가정했다. $W(X)$가 위로 유계이고 ($X(t)$가 한없이 커지는 것이 가능함을 뜻하는) $r > 0$이므로, $X(t)$가 충분히 빨리 증가하는 것이 허용된다면, (4)가 수렴할 거라고 기대해야 한다.

선택할 수 있다. 쿠프먼스(Koopmans)는 1965년에 $t \to \infty$일 때 $W'(X(t))K(t)e^{-\delta t} \to 0$이라면 (6)의 $X(t)$가 최적임을 보였다. 고려 중인 모형에 대해 (6)에 주어진 함수 $X(t)$가 조건 (3)과 쿠프만스의 점근적 조건을 만족하는 $X(0)$의 값이 존재함이 밝혀졌고, 그런 $X(0)$의 값을 $X^*(0)$이라고 쓰겠다. 이는 $X^*(0)$ $e^{(r-\delta)t/\alpha}$이 유일한 최적값임을 보여준다. 소비는 $(r-\delta)/\alpha$퍼센트의 속도로 증가하고 왕조의 부는 커져가는 소비 수준을 가능하게 만들기 위해 계속해서 축적된다. 모든 다른 것들이 동등할 때, 투자 생산성 r이 더 클수록, 최적 소비 성장률은 더 높아진다. 반대로 α의 값이 더 클수록, 세대 간에 이를 고루 퍼뜨리고자 하는 바람이 더 크므로 소비 성장률은 더 낮아진다.

우리가 알아낸 것들을 가지고 간단한 계산을 해보자. 연간 시장 회수율이 4%(즉 연간 $r = 0.04$. 이 것은 미국에 대해 그럴듯한 수치이다)이고, δ는 작고 $\alpha = 2$라고 가정하자. 그러면 (6)으로부터 최적 소비는 연간 2%의 속도로 성장할 것이라 결론지을 수 있다. 매 35년마다(대강 매 세대마다) 두 배가 될 것이라는 뜻이다. 이 수치는 미국의 전후 성장 경험과 가깝다.

데스타 부모에 대한 계산은 매우 다르다. 왜냐하면 시간을 두고 점차적으로 소비를 전달하는 그들의 능력이 매우 제한적이기 때문이다. 예를 들어 수익을 얻을 수 있는 자본 시장에 대한 접근 방법이 없다. 분명 그들은 땅에 투자한다(잡초를 제거하고, 일정부분을 경작하지 않고 남겨두는 등등). 하지만 그것은 땅의 생산성 저하를 막기 위함이다. 더구나 각각의 수확을 가져오는 메이즈 농작물을 이용할 수

있는 유일한 방법은 그것을 저장하는 것이다. 데스타 가정이 어떻게 이상적으로 일년 주기 동안 수확을 소비하고 싶어 하겠는지 알아보자.

$K(0)$를 말하자면 킬로칼로리로 측정된 수확이라 하자. 쥐와 습기의 강력한 영향으로 인해 비축분의 가치는 떨어진다. $X(t)$가 계획된 소비율이고 γ가 메이즈 비축분의 감가상각률이라면, t에서 비축량은 다음 방정식을 만족한다.

$$dK(t)/dt = -X(t) - \gamma K(t). \qquad (7)$$

여기서 γ는 양수이고 $X(t)$, $K(t)$는 둘 다 음이 아니다. 데스타 부모가 1년 동안 그들의 행복을

$$\int_0^1 W(X(t))\,dt$$

라 생각한다고 상상하자. 베키 가정과 마찬가지로, $-XW''(X)/W'(X)$는 수 $\alpha > 1$과 같다고 하자. 데스타 부모의 최적화 문제는 (7)과 $K(1) \geqslant 0$이라는 조건 하에서 $\int_0^1 W(X(t))\,dt$를 최대화하는 것이다.

이는 변분법으로 직접 풀 수 있는 문제이다. 최적의 메이즈 소비는 시간이 지나며 γ/α의 속도로 감소한다. 이는 왜 데스타 가족이 다음 수확이 가까워짐에 따라 더 적게 소비하고 육체적으로 더 약해지는지 설명해준다. 그러나 데스타 부모는 인간의 신체가 더 생산적인 은행임을 알아차렸다. 그래서 가족들은 몸무게를 불리기 위해 각각의 수확 직후 몇 달 동안 상당한 양의 메이즈를 소비하지만, 메이즈 비축분이 전부 고갈되어 버리면 수확 전 몇 주 동안 그 저장분을 끌어낸다. 여러 해를 걸쳐 메이즈 소비는 톱날 패턴으로 나타날 것이다. (독자는 신체를 에너지 저장고로 받아들이는 모형을 만들고 싶을 수

있다. 자세한 이야기는 다스굽타(Dasgupta)(1993)를 참조하라.)

데스타와 그녀의 형제자매는 매일의 가정 생산에 기여하므로, 경제적으로 소중한 자산이다. 하지만 전통(그 자체가 사회적 균형!)적으로 딸들은 결혼하면 집을 떠나고 아들들은 가족 재산을 물려받고 부모가 늙었을 때 부모를 모셔야 하기 때문에, 그녀의 남자 형제들은 부모에게 더 많은 걸 되돌려 준다. 자본 시장과 국민연금의 부재 때문에, 남자 아이들이 투자의 핵심적 형태이다. 데스타 가정에서 자원의 전달은 베키 가정과 반대로 자식으로부터 부모에게 이루어질 것이다.

에티오피아의 5세 이하 아동의 사망률은 최근까지 30%를 웃돌았다. 따라서 부모들은 나이가 들었을 때 아들이 그들을 돌봐줄 안정적 가능성을 위해 대가족을 목표로 해야 했다. 그러나 사람들은 다른 이들의 선택에 영향을 받기 때문에, 다산이 전적으로 사적인 문제는 아니다. 이는 상황이 바뀌고 있을 때조차 가정이 타성적 양상을 띠게 하고, 이것이 최근 몇 십년간 에티오피아에서 5세 이하 아동의 사망률이 낮아졌음에도 불구하고 데스타의 부모가 다섯 명의 자식을 가진 이유이다.[*] 높은 인구 성장률은 지역 생태계에 추가적 압박이 되었고, 이는 지속 가능

한 방식으로 관리되어 오던 지역 공동체가 더 이상 그렇지 못함을 의미한다. 지역 공동체에서 일상적으로 필요한 것을 모으는 데 걸리는 매일매일의 시간과 노력이 최근 들어 더 늘어났다는 데스타 어머니의 불평이 이를 반영한다.

10 비슷한 사람들 사이에서 경제적 삶의 차이

이 글에서 베키와 데스타의 경험을 어떻게 본질적으로 매우 비슷한 사람들이 그렇게 다른 삶을 살 수 있는지 보여주기 위해 이용했다. (더 자세한 설명을 위해, 다스굽타(2004)를 참조하라). 데스타의 삶은 가난한 삶이다. 그녀의 세상에서 사람들은 음식을 안정적으로 먹지 못하고, 많은 자산도 없고, 발육이 저해되고 쇠약해지며, 오래 살지 못하고(에티오피아의 출생 시 기대수명은 5년 이하이다), 읽거나 쓸 줄 모르고, 지위가 향상되지 않으며 흉년이나 가정 경제의 재난에 대비하여 자신들을 잘 보호할 수 없고, 그들 자신의 삶을 통제하지 못하고 건강하지 못한 환경에서 산다. 빈곤은 서로를 더 증강시켜서 노동, 아이디어, 물질적 자본의 생산성, 땅이나 천연자원의 생산성이 모두 매우 낮고 낮은 상태가 유지된다. 투자에 대한 회수율은 0이고, (메이즈 저장의 경우처럼) 아마도 마이너스일지도 모른다. 데스타의 삶은 언제나 문제들로 가득하다.

베키는 그러한 빈곤으로부터 고통받지 않는다 (예를 들어, 미국에서 출생 시 기대수명은 거의 80년이다). 그녀는 사회가 도전이라 부르는 것에 직면한다. 그녀의 세상에서 노동, 아이디어, 물질적 자본의 생산성과 땅이나 천연자원의 생산성은 모두 매

---

[*] 다산 양태를 설명하는 상호의존적 선호의 이용에 대해 다스굽타(1993)를 참조하라. 사회적 균형에 관한 절의 기호로, 가정 h의 행복이 $W_h(X_h, X_{-h})$ 형태를 가지고 여기서 X_h의 성분 중 하나가 가정의 출생 수이고, 마을의 다른 가정들 내의 다산률이 높을수록 h가 원하는 아이들의 수가 더 많다고 가정한다. 상호 의존적 선호에 기반한 이론은 고출산율에서 저출산율로의 전환을 분기점으로 해석한다. 출산율은 에디오피아에서도 감소하리라 예상된다. 상호 의존적 선호는 현재 경제학자에 의해 많이 연구되고 있다 (Dulauf and Young, 2001을 보라).

우 높고 계속 높아지고 있다. 각 도전에 대한 성공은 다음 도전에 대한 성공 가능성을 더 높인다.

그러나 베키와 데스타 삶의 굉장한 차이에도 불구하고, 그들을 바라보는 통일된 방법이 있고, 수학이 그것을 분석하는 본질적 언어임을 보았다. 삶의 본질들을 그저 수학으로 환원시킬 수 없다고 주장하고 싶을 것이다. 하지만 사실 수학은 경제적 추론에서 본질적이다. 왜냐하면 경제학은 수량화할 수 있는 인간의 필수적 관심사들을 다루기 때문이다.

감사의 글. 데스타의 삶을 묘사하는 데 동료 프라밀라 크리쉬난(Pramila Krishnan)의 도움을 많이 받았다.

더 읽을거리

Dasgupta, P. 1993. *An Inquiry into Well-Being and Destitution.* Oxford: Clarendon Press.

———. 2004. World poverty: causes and pathways. In *Annual World Bank Conference on Development Economics 2003: Accelerating Development*, edited by F. Bourguignon and B. Pleskovic, pp. 159-96. New York: World Bank and Oxford University Press.

Debreu, G. 1959. *Theory of Value.* New York: John Wiley.

Diamond, J. 1997. *Guns, Germs and Steel: A Short History of Everybody for the Last 13,000 Years.* London: Chatto & Windus.

Durlauf, S. N., and H. Peyton Young, eds. 2001. *Social Dynamics.* Cambridge, MA: MIT Press.

Evans, G., and S. Honkapohja. 2001. *Learning and Expectations in Macroeconomics.* Princeton, NJ: Princeton University Press.

Fogel, R. W. 2004. *The Escape from Hunger and Premature Death, 1700-2100: Europe, America, and the Third World.* Cambridge: Cambridge University Press.

Fudenberg, D., and E. Maskin. 1986. The folk theorem in repeated games with discounting or with incomplete information. *Econometrica* 54(3): 533-54.

Landes, D. 1998. *The Wealth and Poverty of Nations.* New York: W. W. Norton.

Ramsey, F. P. 1928. A mathematical theory of saving. *Economic Journal* 38: 543-49.

Samuelson, P. A. 1947. *Foundations of Economic Analysis.* Cambridge, MA: Harvard University Press.

———. 1958. An exact consumption loan model with or without the social contrivance of money. *Journal of Political Economy* 66: 1002-11.

VII.9 돈의 수학

마크 조쉬 *Mark Joshi*

1 소개

지난 20년간 금융에서 수학의 쓰임은 폭발적으로 확장돼 왔다. 수학은 주로 **시장 효율성**(market efficiency)과 **무차익거래**(no arbitrage)라는 경제학의 두 가지 원칙의 응용을 통해 금융에서 성공을 거두었다.

시장 효율성은 금융 시장이 모든 자산에 정확한 가격을 매긴다는 아이디어이다. 시장이 이미 모든 가능한 정보를 고려했기 때문에 어떤 주식이 '좋은 구매'일 수 있다는 건 말이 안 된다. 대신 두 자산을 구분하기 위해 우리가 적용할 수 있는 유일한 방법은 그것들의 **위험 특성**이 다르다는 점이다. 예를 들어 기술주는 성장률이 높을지 모르지만 또한 많은 돈을 잃을 가능성도 높다. 반면 영국이나 미국 정부의 채권은 성장률은 훨씬 더 낮을지 모르지만 돈을 잃을 확률은 매우 낮다. 사실 후자의 경우 손실 가능성이 너무 낮아서 이 방법은 대개 위험이 없는 것으로 고려된다.

두 번째 근본 원리인 무차익거래는 단순히 위험을 감수하지 않고 돈을 버는 것은 불가능하다고 말한다. 이것은 종종 '공짜 점심 없음' 원칙이라 불린다. 여기서 '돈을 버는 것'은 위험이 없는 정부 채권에 투자하여 벌 수 있는 돈보다 더 **많은** 돈을 버는 것을 뜻하는 것으로 정의한다. 무차익거래 원리의 간단한 응용은 달러를 엔화로 바꾸고 난 다음 엔화를 유로로 그런 다음 유로를 다시 달러로 바꿀 때, 거래 수수료를 고려하지 않는다면 처음 시작했던 것과 같은 금액의 달러를 가지고 끝난다는 것이다. 이는 세 가지 외환(FX) 환율 간의 단순한 관계인

$$FX_{\$,\epsilon} = FX_{\$,¥}FX_{¥,\epsilon} \qquad (1)$$

를 강요한다. 물론 이 관계에 간혹 이례적인 일이나 예외가 생길 수 있지만, 거래자들은 이를 알아챌 것이다. 이에 따른 차익거래 기회의 이용은 그 기회가 사라질 때까지 빠르게 환율을 움직일 것이다.

금융에서 쓰이는 수학은 다음과 같이 대략 네 가지 주요 분야로 나뉜다.

파생상품 가격 결정(Derivatives pricing). 이는 증권 가격 결정(즉, 금융 상품)을 위해 수학을 사용하는 것으로, 그 값은 전적으로 또 다른 자산의 반응에 달려 있다. 그런 증권의 가장 단순한 예는 콜옵션이다. 이는 의무가 아닌 권리로 어떤 특정한 미래의 날짜에 사전 동의된 가격 K에 주식을 사기로 하는 것이다. 사전 동의된 가격을 스트라이크라고 부른다. 파생상품의 가격 결정은 무차익거래의 원리에 매우 의존한다.

위험 분석과 감소(Risk analysis and reduction). 어떤 금융기관이든 보유 자산과 차입 자산이 있다. 불리한 시장 움직임으로부터 얼마나 많은 돈을 잃을 수 있는지 조심스럽게 관리하고 소유자가 바라는 위험 범위 내에 머물면서 필요한 만큼 이 위험을 줄일 필요가 있다.

포트폴리오 최적화(Portfolio optimization). 투자자는 시장에서 자신이 얼마만큼의 위험을 감수할 의향이 있고 얼마나 많은 수익을 얻고 싶은지, 그리고 무엇보다도 어디에서 이 둘 사이를 절충할 것인지에 대

한 생각을 가지고 있을 것이다. 그러므로 어떤 주어진 위험 수준에서 수익을 최대화하도록 주식에 투자하는 방법에 대한 이론이 있다. 이 이론은 시장 효율성의 원칙에 상당히 의존한다.

통계적 차익거래(Statistical arbitrage). 심하게 말하자면, 이는 주식 시장에서 혹은 실제로 임의의 다른 시장에서 가격의 변동을 예측하는 데 수학을 이용하는 것이다. 통계적 차익거래는 시장 효율성의 개념을 비웃는다. 그 목표는 돈을 벌기 위해 시장에서 비효율성을 찾아내는 것이다.

이 네 분야 중에서 최근 가장 많이 성장해 왔던 분야가 파생상품 가격 결정으로, 고등 수학이 가장 강력하게 응용된 분야이다.

2 파생상품 가격 결정

2.1 블랙과 숄즈

금융 수학의 토대 중 많은 것이 바슐리에(Bachelier)의 박사 논문(1900)에서 비롯됐다. 브라운 운동 [IV.24]에 대한 그의 수학적 연구는 아인슈타인의 연구보다 앞선다. (그의 1905년 논문이 포함된 아인슈타인(1985)을 참조하라.) 그러나 그의 연구는 오랜 동안 잊혀져 있었고, 블랙(Black)과 숄즈(Scholes)(1973)는 파생상품 가격 결정에 있어 위대한 진전을 이루었다. 그들은 어떤 그럴듯한 가정하에서 무차익거래 원칙을 사용하여 콜옵션에 대한 유일한 가격을 보장하는 것이 가능하다는 것을 보였다. 이제 파생상품 가격 결정은 경제학 문제가 아니라 수학 문제가 되었다.

블랙과 숄즈의 결과는 차익거래가 증권의 정적인 홀딩으로부터만 오는 것이 아니라 그 가격 변동에 따르는 역동적 방식으로 계속해서 거래하는 것으로부터도 얻어질 수 있다는 아이디어를 포함하는 무차익거래 원칙의 확장에서부터 나왔다. 파생상품 가격 결정을 떠받치는 원칙이 바로 이 **동적 무차익거래 원칙**이다.

그 원칙을 적절히 공식화하기 위해, 우리는 확률론의 언어를 사용해야 한다.

차익거래(arbitrage)는 자산의 집합인 **포트폴리오**에서 거래 전략으로 다음과 같다.

(i) 애초에 포트폴리오는 0의 값을 갖는다.

(ii) 포트폴리오가 미래에 음숫값을 가질 확률은 0이다.

(iii) 포트폴리오가 미래에 양숫값을 가질 확률은 0보다 크다.

수익이 확실하기를 요구하지는 않음을 주목하자. 우리는 그저 위험을 감수하지 않고 돈을 버는 것이 가능함을 요구한다. (돈을 번다는 개념이 정부 채권과 비교해서였음을 기억하자. 포트폴리오의 '가치'에 대해서도 마찬가지이다. 그 가격이 정부 채권의 가격보다 더 높아졌다면 미래에 양수인 것으로 생각할 것이다.)

주식 가격은 무작위적으로 변동하는 것으로 나타난다. 그러나 종종 일반적 상승이나 하락 경향을 가진다. 그것들을 추가적인 '표류항(drift term)'을 가진 브라운 운동을 가지고 모형화하는 것은 자연스럽다. 이것이 블랙과 숄즈가 한 것인데, 표류를 갖는 브라운 운동 W_t를 따른다고 가정한 것이 주식 가격 $S = S_t$의 **로**그라는 것만 제외하면 말이다. 이는 자연스러운 가정인데, 가격에서 변화가 덧셈보다는 곱셈처럼 움직이기 때문이다. (예를 들어 인플레이션을 퍼센트 증가를 가지고 측정한다.) 그들은 또한 일정한 속도로 성장하는 위험이 없는 채권 B_t의 존재를 가정했다. 이 가정을 더 공식적으로 나타내면 다음과 같다.

$$\log S = \log S_0 + \mu t + \sigma W_t, \qquad (2)$$

$$B_t = B_0 e^{rt}. \qquad (3)$$

$\log S$의 기댓값은 $\log S_0 + \mu t$ 이고, 따라서 표류(drift)라 불리는 속도 μ를 가지고 변화함에 주목하자. 항 σ는 **변동성(volatility)**이라 알려져 있다. 변동성이 더 높을수록 브라운 운동 W_t의 영향이 더 크고, S의 움직임은 더 예측하기 힘들다. (투자자는 큰 μ와 작은 σ를 원할 것이다. 하지만 시장 효율성은 그런 주식이 오히려 드물다는 걸 확실하게 한다.) 거래 비용이 없다거나, 주식 거래가 그 가격에 영향을 미치지 않는다거나, 연속적인 거래가 가능하다거나 하는 추가적 가정하에서 동적 차익거래가 없다면, 시각 T에 만기인 콜옵션의 시각 t에서 가격 $C(S, t)$가

$$BS(S, t, r, \sigma, T) = S\Phi(d_1) - Ke^{-r(T-t)}\Phi(d_2) \quad (4)$$

와 같다는 것을 블랙과 숄즈는 보였다. 여기서 d_1, d_2는 다음과 같고,

$$d_1 = \frac{\log(S/K) + (r + \sigma^2/2)(T-t)}{\sigma\sqrt{T-t}} \qquad (5)$$

$$d_2 = \frac{\log(S/K) + (r - \sigma^2/2)(T-t)}{\sigma\sqrt{T-t}} \qquad (6)$$

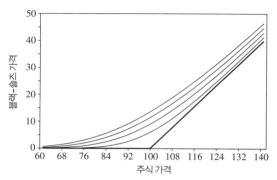

그림 1 다양한 만기에 대한 100에 체결된 콜옵션의 블랙 숄즈 가격. 그 가치는 영의 만기를 나타내는 최저선을 가지고, 만기가 감소함에 따라 감소한다.

$\Phi(x)$는 표준 정규분포 확률변수가 x보다 작은 값을 가질 확률을 나타낸다. x가 ∞로 다가가면, $\Phi(x)$는 1로 다가가고, x가 $-\infty$로 다가가면, $\Phi(x)$는 0으로 다가간다. 만약 t가 T로 다가가면, $S_T > K$일 때(이 경우 $\log(S_T/K) > 0$이고) d_1과 d_2는 ∞로 다가가고, $S_T < K$일 때 $-\infty$로 다가간다. 따라서 가격 $C(S, t)$는 $\max(S_T - K, 0)$으로 수렴하는데, 이는 예상하는 바처럼 만기 시 콜옵션의 가치이다. 이를 그림 1에 나타내었다.

공식 그 자체 너머에는 이 결과에 대한 여러 흥미로운 측면들이 있다. 첫 번째이자 가장 중요한 결과는 가격이 유일하다는 것이다. 자연스럽고 해롭지 않은 가정들과 더불어 위험 없는 수익은 불가능하다는 가정만을 이용하여, 옵션에 대한 오직 한 가지 가능한 가격이 있음을 알아냈다. 이는 매우 강력한 결론이다. 옵션이 다른 가격에 거래된다면 나쁜 거래이기만 한 건 아니다. 콜옵션을 블랙-숄즈 가격보다 더 낮은 가격에 사서 더 높은 가격에 판다면, 위험 없는 수익을 얻을 수 있다.

두 번째 사실은 오히려 역설적으로 보일지 모르

는데, 표류 μ가 블랙-숄즈 공식 어디에도 나타나지 않는다는 것이다. 이는 주식의 미래 평균 가격의 기대되는 양상이 콜옵션의 가격에 영향을 미치지 않는다는 것이다. 옵션이 사용될 확률에 대한 우리의 믿음은 그 가격에 영향을 미치지 않는다. 대신, 중요한 것은 주식 가격의 변동성이다.

블랙과 숄즈는 그들 증명의 일부분으로 콜옵션 가격이 이제 블랙-숄즈 방정식 혹은 짧게 BS 방정식이라 알려진 어떤 편미분방정식(PDE)을 만족함을 보였다.

$$\frac{\partial C}{\partial t} + rS\frac{\partial C}{\partial S} + \frac{1}{2}\sigma^2 S^2 \frac{\partial^2 C}{\partial S^2} = rC. \qquad (7)$$

증명의 이 부분은 파생상품이 콜옵션임에 의존하지 않는다. 사실 그 가격이 경계 조건만 다른 BS 방정식을 만족하는 파생상품의 큰 부류가 있다. $\tau = T - t$, $X = \log S$라 놓아 변수를 바꾸면, BS 방정식은 쉽게 없앨 수 있는 추가적 1차항을 가지는 **열방정식**[I.3 §5.4]이 된다. 이는 옵션의 가치가 시간을 거슬러가는 열과 유사한 방식으로 변함을 뜻한다. 옵션의 만기로부터 멀어질수록 그것은 더 멀리 확산되어 퍼져나가고 시각 T에서 주식의 가치에 대해 불확실성이 점점 더 커진다.

2.2 복제

블랙-숄즈 증명과 현대의 파생상품 가격 결정 대부분의 저변에 깔린 기본적 아이디어는 **역동적 복제**(dynamic replication)이다. 우리가 어떤 시각들의 집합 $t_1 < t_2 < \cdots < t_n$에서 주식의 값에 따라 다른 금액을 지불하는 파생상품 Y를 가지고 있고 그 지불이 어떤 시각 $T \geq t_n$에 일어난다고 가정하자. 이는

지불 함수 $f(t_1, \cdots, t_n)$을 가지고 표현될 수 있다.

Y의 가치는 주식 가격에 따라 달라질 것이다. 게다가 우리가 꼭 맞는 수의 주식만 가지고 있다면, Y와 주식으로 이루어진 포트폴리오는 주식 가격의 변동에 즉각적 영향을 받지 않을 것이다. 즉, 그 가치는 주식 가격에 대한 변화율이 0일 것이다. Y의 가치는 시간과 주식 가격에 따라 변할 것이므로 이 주식 가격 변동에 대한 중립성을 유지하기 위해 계속해서 주식을 사고 팔아야 할 것이다. 우리가 콜옵션을 팔았다면, 주식 가격이 올라갈 때 사고 내려갈 때 팔아야 할 것이다. 따라서 이런 거래는 일정한 돈이 들 것이다.

블랙과 숄즈의 증명은 이 돈의 합이 항상 같고 계산할 수 있음을 보였다. 돈의 합은 그것을 주식과 위험 없는 채권에 투자함으로써, 주식 가격이 그 사이에 어떻게 되었건 상관 없이 Y의 지급과 정확히 같은 가치의 포트폴리오를 가지고 끝날 수 있는 만큼이다.

따라서 이 돈의 총합보다 더 높은 가격에 Y를 팔 수 있다면, 단순히 그들의 증명으로부터 나온 거래 전략을 따르면 항상 마지막엔 이익을 얻을 것이다. 비슷하게, 누가 Y를 더 낮은 가격에 살 수 있다면, 반대 전략을 따라 항상 마지막엔 이익을 얻을 것이다. 이 두 경우 모두 무차익거래의 원칙에 의해 금지되고, 유일한 가격이 보장된다.

어떤 파생상품의 지급도 복제될 수 있다는 성질을 가리켜 **시장 완전성**(market completeness)이라 부른다.

2.3 위험-중립적 가격 결정

블랙-숄즈 결과의 한 신기한 측면은 앞서 언급했듯이, 파생상품의 가격이 주식 가격의 표류에 의존하지 않는다는 것이다. 이는 **위험 중립적 가격 결정**이라 불리는 파생상품 가격 결정 이론에 관한 또 다른 방법을 이끌어낸다. 차익거래는 궁극적 비공정 게임으로 생각할 수 있다. 경기 참가자들은 돈을 벌 수만 있다. 반면 **마팅게일[IV.24 §4]**은 공정한 게임의 개념을 대표한다. 그것은 무작위 과정으로 그 미래 기댓값은 항상 현재의 값과 똑같다. 분명히 차익거래 포트폴리오는 마팅게일일 수 없다. 따라서 모든 것이 마팅게일이도록 준비할 수 있다면, 차익거래는 없을 것이고, 파생상품의 가격은 차익거래로부터 자유로워야 한다.

불행히도 위험이 없는 채권의 가격이 일정한 속도로 오르기 때문에 이는 불가능하다. 따라서 분명 마팅게일이 아니다. 하지만 우리는 **할인된** 가격에 대한 아이디어를 시행할 수 있다. 즉, 자산의 가격을 위험이 없는 채권의 가격으로 나눌 수 있다.

현실 세계에서 우리는 할인된 가격이 마팅게일이기를 기대하지 않는다. 결국, 그 평균 수익이 위험이 없는 채권보다 나을 게 없다면 왜 주식을 사겠는가? 그럼에도 불구하고, 사용하는 **확률 측도[III.71 §2]**를 변화시킴으로써, 마팅게일을 분석에 도입하는 기발한 방법이 있다.

차익거래의 정의를 돌이켜 보면, 그것이 어떤 사건이 0의 확률을 갖고 어떤 사건이 0이 아닌 확률을 갖는지에만 의존함을 알 것이다. 이런 식으로, 확률 측도는 오히려 불완전한 방식으로 사용된다. 특히, 측도가 영인 집합들이 동일한 다른 확률 측도를 사용한다면, 차익거래 포트폴리오들의 집합은 바뀌지 않을 것이다. 측도가 0인 집합들이 동일하다면, 두 측도를 **동치**라고 말한다.

기르사노프(Girsanov)의 정리는 브라운 운동의 표류를 바꾸면, 그로부터 나온 측도가 전에 가지고 있던 측도와 동치일 것이라고 말한다. 이는 항 μ를 바꿀 수 있다는 뜻이다. 선택하기 좋은 값은 $\mu = r - \frac{1}{2}\sigma^2$임이 밝혀졌다.

이 μ값을 가지고 임의의 t에 대해

$$\mathbb{E}(S/B_t) = S/B_0 \qquad (8)$$

이 성립한다. 또 시작점으로 임의의 시각을 택할 수 있으므로, S/B_t가 마팅게일이 된다. (표류에서 추가적인 $-\frac{1}{2}\sigma^2$항은 로그 공간으로 좌표 변환의 오목함으로부터 나온다.) 이는 주식이 평균적으로 채권보다 더 나은 수익을 가져오지 않는 방식으로 기댓값을 취했음을 뜻한다. 보통 우리가 말했던 것처럼, 투자자는 채권보다 위험한 주식에서 더 나은 수익을 요구한다고 기대할 것이다. (그런 보상을 요구하지 않는 투자자를 **위험 중립적**이라 부른다.) 그러나 우리는 기댓값을 다르게 측정하고 있기 때문에, 더 이상 그렇지 않은 동치인 모델을 만들어냈다.

이 모델로부터 차익거래 없는 가격을 찾아내는 방법을 찾을 수 있다. 우선, 모든 근본적 도구들, 예를 들면 주식과 채권의 할인된 가격 과정이 마팅게일인 측도를 고르자. 둘째, 파생상품의 할인된 가격 과정이 그 지급의 기댓값이라고 놓자. 이는 만드는 방법에 의해 그것들이 마팅게일이 되도록 한다.

모든 것이 이제 마팅게일이고 차익거래는 있을 수 없다. 물론 이는 그 가격이 유일한 차익거래가 불가능한 가격이라기보다, 그저 그 가격이 차익거래 불가능함을 보여준다. 그러나 해리슨(Harrison)과 크렙스(Kreps)(1979), 해리슨과 플리스카(Pliska)(1981)의 연구는 가격 시스템이 차익거래 불가능하다면, 그와 동치인 마팅게일 측도가 있어야 함을 보여준다. 따라서 가격 결정 문제는 동치인 마팅게일 측도들의 집합을 분류하는 것이 된다. 시장 완전성은 가격 결정 측도가 유일함에 대응된다.

위험 중립적 평가는 널리 쓰이는 기술이 되어 이제 가격 결정 문제를 실제 자산보다 오히려 자산에 대한 위험 중립적 동역학을 가정하고서 시작하는 것이 전형적이다.

이제 가격 결정에 대한 두 가지 기법, 즉 블랙-숄즈 복제 방법과 위험 중립적 기댓값 방법을 가지고 있다. 두 경우 모두 주식 가격의 실제 세계 표류 μ는 상관없다. 순수 수학에서 나온 이론인 파인만-카츠 정리(Feynman-Kac theorem)가 어떤 이계 선형 편미분방정식이 확산적 과정의 기댓값을 택하여 해결될 수 있다고 서술하여 두 방법을 함께 결합시켰음은 놀랍지 않다.

2.4 블랙-숄즈를 넘어서

몇 가지 이유 때문에, 위에서 개략적으로 말한 이론이 이야기의 끝은 아니다. 주식 가격의 로그가 표류가 있는 브라운 운동을 따르지 않는다는 상당한 증거가 있다. 시장 붕괴는 이와 관련된 특별한 증거이다. 예를 들어, 1987년 10월 주식 시장은 하루만에 30%가 떨어졌고, 재정 기관들은 복제 전략이 심각하게 실패했음을 깨달았다. 수학적으로, 붕괴는 주식 가격에서 점프에 대응하고, 브라운 운동은 모든

경로가 연속이라는 성질을 가진다. 따라서 블랙-숄즈 모형은 주식 가격 혁명의 중요한 특징을 담아내는 데 실패했다.

BS 모형은 모든 옵션이 같은 변동성을 가지고 거래되어야 한다고 제안한다는 사실에도 불구하고, 같은 주식에 대해서지만 다른 스트라이크 가격을 갖는 옵션들이 종종 다른 변동성을 가지고 거래된다는 것이 이 실패를 반영한다. 스트라이크 가격의 함수로서 변동성의 그래프가 블랙-숄즈 모형에 대한 거래자들의 불신을 나타내는 것처럼, 보통 스마일 모양을 띤다.

이 모형의 또 다른 문제는 이 모형이 변동성을 일정하다고 가정한다는 것이다. 실제 상황에서 시장 활동은 강도가 다양하고 주식 가격이 훨씬 더 변동적인 시기와 훨씬 덜 변동적인 다른 시기를 지나간다. 그러므로 변동성이 예측하기 어려움을 고려하여 모형이 수정되어야 하고, 옵션 유지 기간 동안 변동성의 예측은 그 가격 결정에서 중요한 부분이다. 그런 모형들은 확률적 변동성 모형이라 불린다.

소규모 주식 변동에 관한 데이터를 조사해 보면, 변동이 열 확산과 비슷하지 않음을 곧 알게 된다. 그것들은 브라운 운동보다는 작은 점프들의 연속처럼 보인다. 그러나 달력 상의 시간 대신 일어났던 거래 횟수에 기반하도록 시간을 다시 조정하면, 결과는 거의 일반적이 된다. 블랙-숄즈 모형을 일반화하는 한 가지 방법은 거래 시간을 나타내는 두 번째 과정을 도입하는 것이다. 그런 모형의 한 예가 **분산 감마 모형**(variance gamma model)이라 알려져 있다. 더 일반적으로 레비(Lévy) 과정의 이론이 주식과 다른 자산의 가격 움직임에 대한 더 광범위한 이론을 발전

시키는 데 응용되어 왔다.

블랙-숄즈 모형의 일반화 대부분은 시장 완전성 성질을 유지하지 않는다. 그러므로 옵션에 대해 그저 한 가격이 아니라 많은 가격을 가져온다.

2.5 이색 옵션들

많은 파생상품들이 그 지급을 결정하는 상당히 복잡한 규칙들을 가진다. 예를 들어 배리어 옵션(barrier option)은 주식 가격이 계약 기간 동안 어느 순간에도 일정한 수준 이하로 내려가지 않을 때에만 행사할 수 있고, 아시안 옵션(Asian option)은 만기시 가격이 아니라 어떤 특정한 날들에서의 주식 가격 평균에 의존하는 합을 지불한다. 혹은 파생상품이 한꺼번에 여러 자산에 의존할 수도 있다. 예를 들면 어떤 가격에 주식 한 묶음을 사거나 팔 권리처럼 말이다. 블랙-숄즈 모형에서 그런 파생상품들의 값을 PDE나 위험 중립적 기댓값으로 식으로 표현하는 것은 쉽다. 하지만 이 표현의 값을 계산하는 것은 그렇게 쉽지 않다. 따라서 그런 옵션의 가격을 결정하는 효율적인 방법을 발전시키고자 많은 연구가 진행되었다. 어떤 경우 해석적 표현을 발전시키는 것이 가능하다. 하지만 이것은 규칙이라기보다 예외적 경우라 할 수 있고, 이는 수치적 방법에 의존해야 함을 뜻한다.

PDE를 푸는 방법은 많이 있고, 파생상품 가격 결정 문제에 이를 응용할 수 있다. 하지만 금융 수학의 한 가지 어려움은 PDE가 매우 고차원적일 수 있다는 점이다. 예를 들어 100개의 자산에 의존하는 신용 상품을 계산하고자 한다면, PDE는 100차원일 수 있다. PDE를 이용하는 방법은 낮은 차원 문제에 대해서는 가장 효과적이고, 따라서 더 폭넓은 범위의 문제에 대해서도 효과적이도록 하기 위한 연구가 진행 중이다.

몬테 카를로 계산(Monte Carlo evaluation)은 차원의 영향을 덜 받는 방법 중 하나이다. 이 방법의 기본은 매우 간단하다. 직관적으로 그리고 (큰 수의 법칙에 따라) 수학적으로, 기댓값은 확률변수 X의 일련의 독립 표본들의 장기간의 평균이다. 이는 즉시 $\mathbb{E}(f(X))$를 추정하기 위한 수치적 방법을 가져다 준다. 단순히 X의 많은 독립 표본들 X_i을 택하여 각각에 대해 $f(X_i)$를 계산하고 그 평균을 계산한다. 중심극한 정리[III.71 §5]에 의해 N번 시행 후 오차는 그 분산이 $N^{-1/2}$ 곱하기 $f(X)$의 분산과 같은 정규 분포와 유사하게 분포되어 있다. 따라서 수렴 속도는 차원에 상관없다. 하지만 $f(X)$의 분산이 크다면, 여전히 수렴속도가 느릴 수도 있다. 그러므로 금융 수학자들은 고차원 적분을 계산할 때 분산을 줄이는 방법을 발전시키기 위해 많은 노력을 기울이고 있다.

2.6 바닐라 옵션 대 이색 옵션

일반적으로, 한 가지 자산을 사거나 파는 단순한 옵션은 바닐라 옵션(vanilla option)이라 알려져 있고 더 복잡한 파생상품은 이색 옵션(exotic option)이라 알려져 있다. 두 가지 가격 결정 간의 본질적 차이는 이색 옵션은 그 기본 주식을 가지고서만이 아니라 그 주식에 대한 바닐라 옵션에서의 적절한 거래를 통해 헤지(hedge)할 수 있다는 점이다. 전형적으로 파생상품의 가격은 주식 가격이나 이자율 같은 관찰 가능한 입력값뿐만 아니라, 주식 가격의 변동성이나 시장 붕괴 빈도 같이, 측정할 수 없고 단지 추정할 수만 있는 관찰 불가능한 변수들에 따라서도 달라진다.

이색 옵션들을 거래할 때에는 이런 관찰 불가능한 입력값들에 대한 의존도를 줄이기를 원한다. 이를 위한 표준적 방법은 그런 변수들에 따른 포트폴리오의 가격 변화 속도를 0이 되게 만드는 방식으로 바닐라 옵션을 거래하는 것이다. 그럼 그 가치에 대한 조금 어긋난 추정을 해도 포트폴리오 가치에 약간의 영향만 미칠 것이다.

이는 이색 옵션의 가격을 결정할 때, 기본 자산의 동역학만 정확하게 잡아내는 것뿐 아니라 그 자산에 대한 모든 바닐라 옵션들도 정확히 가격 매기고 싶어 한다는 뜻이다. 게다가 모형은 바닐라 옵션들의 가격이 주식 가격이 변할 때 어떻게 변하는지 예측할 것이다. 이 예측이 정확하기를 원한다.

BS 모형은 변동성을 상수라 놓는다. 그러나 변동성이 주식 가격에 따라 시간이 지남에 따라 변하도록 모형을 수정할 수 있다. 모형이 모든 바닐라 옵션들의 시장 가격과 잘 맞아떨어지도록 어떻게 변하는지 선택할 수 있다. 그런 모형들은 **국소적 변동 모형**(local volatility model) 혹은 **듀파이어 모형**(Dupire model)이라 알려져 있다. 국소적 변동 모형은 한동안 매우 유명했지만, 어떻게 바닐라 옵션들의 가격이 시간에 따라 변하는지에 대해 나쁜 모형을 주었기 때문에 덜 쓰이게 되었다.

§2.4에서 언급했던 모형들의 발전을 자극했던 힘은 계산상 따라갈 수 있고, 모든 바닐라 옵션들의 가격을 올바르게 결정하고 아래에 놓인 자산들과 바닐라 옵션 모두에 대한 현실적인 역학을 제공하는 모형을 만들고자 하는 바람에서 나왔다. 이 문제는 아직까지 완전히 해결되지 않았다. 실질적 동역학과 바닐라 옵션 시장의 완벽한 조화 사이에 타협이 있는 듯하다. 한 가지 절충안은 시장을 가능한 한 실질적 모형의 사용에 맞추고 그 다음 국소적 변동 모형을 나머지 오차를 제거하기 위해 첨가하는 것이다.

3 위험 관리

3.1 소개

금융에서 위험을 감수하지 않고 돈을 버는 것이 불가능하다고 받아들이고 나면, 위험을 측정하고 수치화하는 것이 중요해진다. 정확하게 우리가 가지고 있는 위험이 얼마인지를 측정하고 그 수준의 위험에서 안정적인지를 결정하고 싶다. 주어진 위험 수준에서 우리는 기대 수익을 최대화하기를 원한다. 새로운 거래를 고려할 때, 어떻게 그것이 우리의 위험 수준과 수익에 영향을 미치는지 알아 보고 싶을 것이다. 어떤 거래가 다른 위험을 상쇄시킨다면, 그 거래는 수익을 증가시키면서 위험을 감소시킬 수 있을지도 모른다. (반대 방향으로 움직이는 경향을 가지는 다른 위험에 의해 상쇄될 수 있는 위험을 **다양화할 수 있는**(diversifiable) 위험이라고 부른다.)

종종 그 가치가 처음엔 0이지만 매우 빠르게 변할 수 있는 파생상품들의 포트폴리오를 다룰 때, 위험 관리는 특별히 중요해진다. 그러므로 유지되는 계약의 가치에 대해 한계를 두는 것은 별 소용이 없고, 거래 규모에 기반한 관리는 종종 많은 파생상품 계약이 대개 서로 상쇄시킨다는 사실에 의해 복잡해진다. 통제하고 싶은 나머지 위험이 그것이다.

3.2 위험 가치

파생상품 거래에서 어떤 기관의 위험을 제한하는 한 방법은 특정 기간 동안 주어진 확률을 가지고 그것이 잃을 수 있는 금액에 제한을 두는 것이다. 예를 들어 열흘 동안 1% 수준, 혹은 하루 동안 5% 수준의 손실을 고려할 수 있다. 이 가치를 **위험 가치**(Value-at-Risk) 혹은 VAR이라 부른다.

VAR을 계산하기 위해 파생상품들의 포트폴리오의 가치가 어떤 기간 동안 어떻게 변할지에 대한 확률 모형을 만들어야 한다. 이는 어떻게 모든 기초 자산들이 움직일 수 있는지에 대한 모형을 요구한다. 이 모형이 주어지면, 주어진 기간 동안 가능한 수익과 손실의 분포를 만든다. 이 분포를 가지고 나면 단순히 원하는 백분위수를 읽어낸다.

VAR 계산을 위한 변동을 모형화하는 데 관련된 문제들은 파생상품 가격 결정을 위한 것들과 상당히 다르다. 전형적으로 VAR 계산은 오랜 시간을 다루는 옵션의 가격 결정과 달리, 하루나 열흘 같이 매우 짧은 시간 동안 행해진다. 또한, VAR의 전형적 경로에 관심이 없고, 대신 극단적 움직임에 초점을 둔다. 덧붙여 전체 포트폴리오의 VAR이 관심사이므로, 기초 자산의 **결합** 분포의 정확한 모형을 발전시켜야 한다. 하나의 기초 자산의 움직임은 다른 것의 가격 변화를 확대할 수 있거나 혹은 헤지처럼 굴 수 있다.

VAR을 계산하기 위한 확률적 모형을 발전시키는 두 가지 주된 방법이 있다. 첫 번째는 역사적 방법이다. 이 방법은 매일의 모든 변화를 어떤 기간 동안,

예를 들면 2년간 기록하는 것이다. 그런 다음 내일의 변화의 집합은 우리가 기록했던 변화의 집합들 중 하나와 같을 것이라 가정한다. 그 변화 각각에 같은 확률을 지정한다면, 우리는 수익과 손실 분포에 대한 하나의 근삿값을 얻고, 그로부터 원하는 백분위수를 읽어낼 수 있다. 모든 자산의 하루 동안의 변화를 동시에 이용하고 있기 때문에, 우리는 자동적으로 모든 자산 가격의 결합 분포에 대한 하나의 근삿값을 얻는다.

둘째 방법은 자산 가격 변동이 분포의 어떤 잘 알려진 부류에서 나왔다고 가정하는 것이다. 예를 들면 자산 가격 변동의 로그가 결합적으로 정규적이라 가정할 수 있다. 그런 다음 불안정성과 다양한 가격들 간의 연관성을 추정하는 역사적 데이터를 이용한다. 이 방법에서 주된 어려움은 제한된 양의 데이터가 주어졌을 때 상관 관계를 확실하게 추정하는 것이다.

4 포트폴리오 최적화

4.1 개요

펀드 매니저의 일은 위험을 최소화하면서 투자된 돈에 대한 수익을 최대화하는 것이다. 시장이 효율적이라 가정한다면 우리가 저평가되었다고 믿는 주식은 존재하지 않는다고 가정했으므로, 그런 주식을 고르려고 노력할 이유가 없다. 따라서 어떤 주식도 좋은 구매가 아닌 것과 마찬가지로, 어떤 주식도 나쁜 구매가 아니다. 어떤 경우건, 시장의 주식 절반 이상이 펀드에 의해 소유되고 따라서 펀드 매니저의 관리하에 소유된다. 따라서 평균적 펀드 매니저

가 시장보다 더 잘한다고 기대할 수 없다.

펀드 매니저가 할 게 별로 없는 것처럼 보일지 모르지만, 사실 두 가지 할 일이 남아 있다.

(i) 그들이 감수하는 위험의 양을 관리할 수 있다.

(ii) 주어진 위험 수준에서, 기대 수익을 최대화할 수 있다.

이 두 가지 일을 위해 더 긴 기간 동안 자산 가격의 결합 분포의 정확한 모형과 위험의 수량화할 수 있는 개념이 필요하다.

4.2 자본 자산 가격 결정 모형

포트폴리오 이론은 파생상품 가격 결정보다 더 오랫동안 현대적 형태를 하고 있었다. 한 분야로서 그것은 확률적 미적분학에 덜 의존하고 경제학에 더 의존한다. 간단히 핵심 아이디어를 살펴보겠다. 포트폴리오 수익 모형화를 위한 가장 잘 알려진 모형은 **자본 자산 가격 결정 모형**(capital asset pricing model, CAPM)으로, 1950년대에 샤페에 의해 도입되었고(Sharpe, 1964), 여전히 널리 쓰인다. 샤페의 모형은 마르코비츠(Markowitz, 1952)의 초기 연구를 기반으로 이루어졌다.

이 분야의 근본적 문제는 투자자가 주어진 위험 수준에서 수익을 최대화하기 위해서 자산, 일반적으로 주식의 어떤 포트폴리오를 가지고 있어야 하는지를 결정하는 것이다. 그 이론은 예를 들면 결합 상태 같은 주식 수익의 결합 분포에 관한 그리고/또는 예를 들면 투자자가 오직 수익의 평균과 분산에

관심을 가지는지와 같은 투자자의 위험 선호도에 대한 가정을 요구한다.

이런 가정하에 CAPM은 모든 투자자는 근본적으로, 어떤 양의 위험이 없는 자산과 함께 최대의 다양화를 가져오는 적절한 양으로 거래되는 모든 것을 포함하는 포트폴리오인 다양한 '시장 포트폴리오'를 가져야 한다는 결과를 가져온다. 그 상대적 양은 투자자의 위험 선호도에 의해 결정된다.

그 모형의 결과는 다양화할 수 있는 위험과 다양화할 수 없는 위험 간의 구분이다. 투자자는 더 높은 기대 수익을 통해 다양화할 수 없는, 혹은 체계적인 위험을 택하는 것을 절충하는 반면, 다양화할 수 있는 위험은 위험 프리미엄을 가져오지 않는다. 이는 다양화할 수 있는 위험을 다른 자산들을 적절하게 조합하여 가짐으로써 상쇄할 수 있기 때문이다. 따라서 위험 프리미엄을 가진다면, 투자자는 어떤 위험을 감수하지 않고서도 추가적 수익을 얻을 수 있다.

이 분야의 최근 연구 대부분은 수익의 결합 분포에 대한 더 정확한 모형을 찾으려 애쓰고, 그런 수익의 매개변수를 추정하는 기법들을 발견하려는 방향으로 진행되고 있다. 이와 관련된 문제가 '주식 프리미엄 퍼즐(equity premium puzzle)'인데, 이것은 주식 투자에서 나오는 초과 수익이 그럴듯한 위험 반감 수준에 대해 모형이 예측한 것보다 훨씬 더 높다는 것을 말해준다.

5 통계적 차익거래

통계적 차익 거래는 비밀에 싸여 빠르게 변하는 분야이기 때문에 간단하게만 언급하겠다. 이 분야의 근본적 아이디어는 시장이 이미 그에 따라 움직이지 않았던 자산 가격 변동으로부터 정보를 짜내는 것이다. 그러므로 시장 효율성 원칙과 모순되고, 이는 모든 가능한 정보가 이미 시장 가격에 암호화되어 있다고 말한다. 한 가지 설명은 시장을 효율적으로 만드는 것이 그런 차익거래를 하는 행위라는 것이다.

더 읽을거리

Bachelier, L. 1900. *La Théorie de la Spéculation*. Paris: Gauthier-Villars.

Black, F., M. Scholes. 1973. The valuation of options and corporate liabilities. *Journal of Political Economy* 81: 637-54.

Einstein, A. 1985. *Investigations on the Theory of the Brownian Movement*. New York: Dover.

Harrison, J. M., and D. M. Kreps. 1979. Martingales and arbitrage in multi-period securities markets. *Journal of Economic Theory* 20: 381-408.

Harrison, J. M., and S. R. Pliska. 1981. Martingales and stochastic integration in the theory of continuous trading. *Stochastic Processes and Applications* 11: 215-60.

Markowitz, H. 1952. Portfolio selection. *Journal of Finance* 7: 77-99.

Sharpe, W. 1964. Capital asset prices: a theory of market equilibrium under conditions of risk. *Journal of Finance* 19: 425-42.

VII.10 수리통계학

퍼시 디아코니스 *Persi Diaconis*

1 서론

당신이 무언가를 측정하고 싶다고 해 보자. 예를 들어 당신의 키나 비행기 속도 말이다. 반복해서 측정하여 x_1, x_2, $\cdots$, x_n을 얻고 이 값들을 결합하여 최종 추정값을 얻고 싶을 것이다. 이를 위한 자명한 방법은 **표본 평균** $(x_1 + x_2 + \cdots + x_n)/n$을 이용하는 방법이다. 그러나 현대 통계학자들은 중간값이나 **절단된 평균**(측정값 중 가장 큰 10%와 가장 작은 10%를 버리고 나서 나머지의 평균을 취하는 방법)처럼 많은 다른 추정값을 이용한다. 수리통계학은 언제 어떤 추정값이 다른 추정값보다 더 바람직한지를 결정하는 데 도움을 준다. 예를 들어 직관적으로 데이터의 절반을 무작위로 버리고 나머지의 평균을 취하는 것은 바보 같은 짓임에 분명하지만, 이를 확실하게 보여주는 기본틀을 짜는 것은 사실은 심각한 작업이다. 그 작업에서 얻은 한 가지 혜택이 종 모양의 곡선처럼 자연스러운(즉, **정규적으로 분포된**[III.71 § 5]) 확률분포[III.71]에서 데이터가 나온 경우에도, 평균이 비직관적인 '축소 추정량(shrinkage estimator)'보다 더 열등하다는 걸 밝힌 것이다.

왜 평균이 항상 가장 유용한 추정값을 주지 않을 수도 있는지에 대한 아이디어를 얻기 위해 다음 상황을 고려하자. 동전 100개의 편향성을 알아보고 싶다고 하자. 즉, n번째 수 θ_n이 n번째 동전을 던져 앞면이 나올 확률일 때, 100개의 수의 수열을 추정하고 싶다. 각 동전을 5번씩 던져 앞면이 나오는 횟수를 적는다고 가정하자. 수열 $(\theta_1, \cdots, \theta_{100})$에 대한

선수 번호	45번째 타석까지의 타율	나머지 시즌 동안의 타율	제임스-스타인 추정값	나머지 타석 수
1	0.400	0.346	0.293	367
2	0.378	0.298	0.289	426
3	0.356	0.276	0.284	521
4	0.333	0.221	0.279	276
5	0.311	0.273	0.275	418
6	0.311	0.270	0.275	467
7	0.289	0.263	0.270	586
8	0.267	0.210	0.265	138
9	0.244	0.269	0.261	510
10	0.244	0.230	0.261	200
11	0.222	0.264	0.256	277
12	0.222	0.256	0.256	270
13	0.222	0.304	0.256	434
14	0.222	0.264	0.256	538
15	0.222	0.226	0.256	186
16	0.200	0.285	0.251	558
17	0.178	0.319	0.247	405
18	0.156	0.200	0.242	70

표 1 1970년 18명의 메이저 리그 선수들의 타율

추정값은 얼마여야 하나? 평균을 이용한다면, θ_n에 대한 당신의 추측은 n번째 동전에서 앞면이 나오는 횟수를 5로 나눈 것일 것이다. 그러나 당신이 이렇게 한다면, 아마도 매우 이례적인 결과를 얻을 것이다. 예를 들어 모든 동전이 편향되지 않았다면, 임의의 주어진 동전에서 앞면이 5번 나올 확률은 1/32이고, 따라서 대략 3개의 동전이 1이란 편향성을 가진다고 추측할 것이다. 따라서 그 동전을 500번 던진다면 매번 앞면이 나온다고 추측할 것이다.

다른 많은 추정 방법들이 이 당연한 문제를 다루기 위해 제안되었다. 하지만 조심해야 한다. 한 동전에서 앞면이 5번 나온다면 θ_i는 진짜로 1과 같을 수도 있다. 다른 추정 방법이 실제로 우리를 진실로부

터 더 멀어지게 하지 않는다고 믿을 이유가 있는가?

여기 브래들리 에프론(Bradley Efron)의 연구에서 나온 두 번째 예가 있다. 이번에는 실제 현실의 어떤 상황을 고려한다. 표 1은 18명의 야구 선수의 타율을 보여준다. 첫째 열은 각 선수의 45번째 타석까지의 '안타'의 비율을 보여주고, 둘째 열은 시즌 후반 안타의 비율을 보여준다. 첫째 열만 주어졌을 때 둘째 열을 예측하는 일을 생각해 보자. 다시 한번 당연한 방법은 평균을 이용하는 것이다. 다시 말해서, 단순히 첫째 열을 둘째 열의 예측값으로 사용하는 것이다. 셋째 열은 축소 추정량에 의해 얻어진다. 좀더 정확하게, 처음 열에서 수 y를 택하고 그걸 $0.265 + 0.212(y - 0.265)$로 대체한다. 수 0.265는 첫째 열에서 나온 값들의 평균이다. 따라서 축소 추정량은 첫째 열의 모든 값들을 평균에 약 다섯 배 정도 더 가까운 값으로 대체하고 있다. (어떻게 수 0.212를 선택했는지는 나중에 설명할 것이다.) 표를 참고하면 셋째 열의 축소 추정량이 거의 모든 경우에, 그리고 확실히 평균적으로, 둘째 열에 대한 더 나은 예측값이라는 걸 알 수 있다. 실제로 제임스(James)-스타인(Stein) 추정량과 실제값 간의 차들의 제곱의 합을 보통 추정량과 실제값 간의 차들의 제곱의 합으로 나누면 0.29이다. 이는 3배 개선된 결과이다.

이런 개선의 저변에 아름다운 수학이 있다. 수학은 새로운 추정량이 항상 평균보다 더 낫다는 걸 분명히 감지한다. 우리는 수리통계학을 소개하기 위해 이 예의 기본틀, 아이디어, 확장을 설명할 것이다.

시작하기에 앞서, 확률과 통계를 구분하는 것이 유용할 것이다. 확률론에서는 (잠시 유한한 것으로 가정한) 집합 X와 수 $P(x)$들의 모임을 가지고 시작한다. 여기서 각각의 $x \in X$에 대해 $P(x)$가 하나씩 있고 이 값들을 다 더하면 1이다. 이 함수 $P(x)$는 **확률분포**라 불린다. 기본적 문제는 이것이다. 확률분포 $P(x)$와 부분집합 $A \subset X$가 주어질 때, A에 있는 x에 대한 $P(x)$의 합이라 정의된 $P(A)$를 계산하거나 근삿값을 구해야 한다. (확률론적 용어로, 각각의 x는 선택될 확률 $P(x)$를 가지고, $P(A)$는 x가 A에 속할 확률이다.) 이 단순한 공식은 놀라운 수학적 문제들을 감추고 있다. 예를 들어 X는 길이가 100인 더하기와 빼기 부호들로 이루어진 모든 수열들의 집합일 수 있다(예를 들어, $+ - - + + - - - - - \cdots$). 그리고 각 패턴은 공평하게 나올 것이고, 이 경우 모든 수열 x에 대해 $P(x) = 1/2^{100}$이다. 마지막으로 A는 모든 양의 정수 $k \leq 100$에 대해 처음 k개 자리에서 나오는 $+$ 부호의 개수가 $-$ 부호의 개수보다 더 많은 수열들의 집합일 수 있다. 이는 다음 확률 문제의 수학적 모형이다. 당신과 당신 친구가 공정한 동전을 100번 던질 때, 친구가 항상 이기는 상황이 될 확률은 얼마인가? 당신은 확률이 매우 낮다고 예측할 것이다. 하지만 이는 약 $\frac{1}{12}$이라는 것이 밝혀졌다. 비록 이를 증명하는 것은 자명한 연습문제가 전혀 아니지만 말이다. (기회 변동에 대한 우리의 변변치 못한 직관은 교통 체증으로 인한 운전자의 짜증을 설명하는 데 사용되었다. 통행요금소에서 두 줄 중 하나를 선택했다고 하자. 기다리는 동안 당신이 선 줄과 다른 줄 가운데 어느 쪽이 더 빨리 줄어드는지 살펴보자. 우리는 그것이 둘 다 균형을 이뤄야 한다고 느끼지만 위의 계산은 상당한 시간 동안 당신이 항상 뒤쳐져 있다는(그래서 짜증내고 있다는) 걸 보여준다.)

2 통계학의 기본 문제

통계학은 확률과 정반대이다. 통계학에서는 어떤 모수(parameter) θ에 의해 색인된 확률분포들 $P_\theta(x)$의 집합이 주어진다. 그저 하나의 x를 보고 집합의 어떤 원소(어떤 θ)가 x를 생성하는 데 사용되었는지 추측하는 것이 필요하다. 예를 들어 앞선 예와 같이 X가 길이가 100인 더하기와 빼기 부호들의 수열이라 하자. 하지만 이번에 수열의 모든 상들이 독립적으로 선택될 때, 더하기의 확률이 θ이고 빼기의 확률이 $1 - \theta$라면, $P_\theta(x)$를 수열 x를 얻을 확률이라 하자. 여기서 $0 \leq \theta \leq 1$이고, S가 수열 x에서 '+'가 나오는 횟수이고 $T = 100 - S$가 '−'가 나오는 횟수일 때 $P_\theta(x)$가 $\theta^S(1 - \theta)^T$임은 쉽게 보일 수 있다. 이는 다음 상황을 위한 수학적 모형이다. 앞면이 나올 확률이 θ인 편향된 동전을 가지고 있지만, 우리는 θ를 모른다. 동전을 100번 던져 얻는 결과에 근거하여 θ를 추정해야 한다.

일반적으로 각 $x \in X$에 대해 우리는 모수 θ를 추측하기를 원한다. 이를 $\hat{\theta}(x)$라 놓자. 즉, 우리는 관측 공간 X에서 정의되는 함수 $\hat{\theta}$를 만들어내고 싶다. 그런 함수를 **추정량**(estimator)이라 부른다. 위의 단순한 공식화는 많은 복잡성을 감추고 있는데, 관측 공간 X와 가능한 모수들의 공간 Θ는 모두 무한 집합, 혹은 심지어 무한 차원일 수도 있기 때문이다. 예를 들어 비모수통계학(nonparametric statistic)에서 Θ로 종종 X의 모든 확률분포들의 집합을 택한다. 통계학에서 모든 보통 문제들(실험 디자인, 가설 검

증, 예측, 그리고 다른 많은 것들)은 이 기본틀에 잘 들어맞는다. 우리는 추정에 대한 비유적 설명을 가지고 논의를 계속하겠다.

추정량을 계산하고 비교하기 위해 한 가지 요소가 더 필요하다. 올바른 답을 얻는다는 것이 무슨 뜻인지 알아야만 한다. 이는 손실함수(loss function) $L(\theta, \hat{\theta}(x))$라는 개념을 가지고 공식화된다. 이는 실용적인 관점에서 생각할 수 있다. 잘못된 추측은 재정적 결과를 불러오고, 손실함수는 θ가 모수의 참값이지만 통계학자의 추측이 $\hat{\theta}(x)$인 경우 얼마나 많은 대가를 치를 것인지를 측정한다. 가장 널리 사용되는 선택은 제곱 오차(squared error) $(\theta - \hat{\theta}(x))^2$이지만 $|\theta - \hat{\theta}(x)|$, $|\theta - \hat{\theta}(x)|/\theta$, 혹은 많은 다른 변형들도 사용된다. 위험함수(risk function) $R(\theta, \hat{\theta})$는 θ가 참모수이고 추정량 $\hat{\theta}$가 사용될 때의 기대 손실을 측정한다. 즉

$$R(\theta, \hat{\theta}) = \int L(\theta, \hat{\theta}(x)) P_\theta(dx)$$

이다. 여기서 우변은 x가 확률분포 P_θ에 따라 임의로 선택될 때 $L(\theta, \hat{\theta}(x))$의 평균값을 나타낸 것이다. 일반적으로 우리는 위험함수를 가능한 한 작게 만들 추정량을 선택할 것이다.

3 허용 가능성과 스타인의 역설

이제 우리는 기본적 요소들인 집합 $P_\theta(x)$와 손실함수 L을 가지고 있다. 추정량 $\hat{\theta}$는 더 나은 추정량 θ^*가 존재한다면, 즉 모든 θ에 대해

$$R(\theta, \theta^*) < R(\theta, \hat{\theta})$$

가 성립한다면, 허용 불가능(inadmissible)하다고 한다. 다시 말해서 θ의 참값이 무엇이건 간에 $\theta*$에 대한 기대 손실이 $\hat{\theta}$에 대한 기대 손실보다 작다.

주어진 우리의 가정(모형 P_θ와 손실함수 L) 하에서 허용 불가능한 추정량을 이용하는 것은 어처구니없어 보인다. 하지만 수리통계학의 위대한 성취 중 하나가 바로, 일반적 최소 제곱 추정량이 처음 보기에는 전혀 어처구니없어 보이지 않지만 자연적 문제에서는 허용 불가능하다는 찰스 스타인(Charles Stein)의 증명이다. 이제 그 이야기를 시작해 보자.

기본 측정 모형

$$X_i = \theta + \epsilon_i, \qquad 1 \leqslant i \leqslant n$$

을 고려하자. 여기서 X_i는 i번째 측정값이고 θ는 추정한 값이고, ϵ_i는 측정 오차이다. 고전적 가정은 측정 오차는 독립적이고 정규적으로 분포되어 있다는 것이다. 즉, 그것들은 종 모양, 혹은 가우스 곡선 $e^{-x^2/2}/\sqrt{2\pi}$, $-\infty < x < \infty$를 따라 분포되어 있다. 우리가 앞서 소개한 용어에 따르면 관측 공간 $\mathcal{X}$는 $\mathbb{R}^n$이고, 모수 공간 Θ는 $\mathbb{R}$이고, 관측값 $x = (x_1, x_2, \cdots, x_n)$은 확률 밀도

$$P_\theta(x) = \exp\left[-\tfrac{1}{2}\sum_1^n (x_i - \theta)^2\right]/(\sqrt{2\pi})^n$$

를 가진다. 보통 추정량은 평균값이다. 즉, $x = (x_1, \cdots, x_n)$이라면 $\hat{\theta}(x)$로 $(x_1 + \cdots + x_n)/n$을 취한다. 손실함수 $L(\theta, \hat{\theta}(x))$를 $(\theta - \hat{\theta}(x))^2$로 정의하면, 평균은 허용 가능한 추정량임이 오래 전부터 알려져 있었다. 이것은 다른 최적의 성질들도 많이 가진다(예를 들어, 이것은 최선의 선형 비편향 추정량이고, 그것

은 (이 글 끝 부분에서 정의할 성질인) 최소최댓값이다).

이제 우리가 두 모수 θ_1, θ_2를 추정하고 싶다고 가정하자. 이번에 우리는 두 개의 관측값 집합, $X_1, \cdots, X_n$과 $Y_1, \cdots, Y_m$을 가지고 있다. 여기서 $X_i = \theta_1 + \epsilon_i$이고 $Y_j = \theta_2 + \eta_j$이다. 오차 ϵ_i와 η_j는 위에서처럼 독립적이고 정규적으로 분포되어 있다. 손실함수 $L((\theta_1 \theta_2), (\hat{\theta}_1(x) \hat{\theta}_2(y))$는 이제

$$(\theta_1 - \hat{\theta}_1(x))^2 + (\theta_2 - \hat{\theta}_2(y))^2$$

으로 정의된다. 즉, 두 부분으로부터 나온 제곱 오차를 더한다. 다시 한번 X_i의 평균과 Y_j의 평균은 (θ_1, θ_2)에 대한 허용 가능한 추정량을 만든다.

똑같은 상황을 세 개의 모수 θ_1, θ_2, θ_3에 대해 고려해 보자. 다시 한번, $X_i = \theta_1 + \epsilon_i$, $Y_j = \theta_2 + \eta_j$, $Z_k = \theta_3 + \delta_k$는 독립적이고 오차항들은 정규적으로 분포되어 있다. 스타인의 놀라운 결과는 세 개(혹은 그 이상)의 모수들에 대해 추정량

$$\hat{\theta}_1(x) = (x_1 + \cdots + x_n)/n,$$
$$\hat{\theta}_2(y) = (y_1 + \cdots + y_m)/m,$$
$$\hat{\theta}_3(z) = (z_1 + \cdots + z_l)/l$$

이 허용 불가능하다는 것을 보여준다. 즉, 모든 경우에 더 좋은 다른 추정량이 있다는 것이다. 예를 들어 p가 모수의 개수라면(그리고 $p \geqslant 3$이라면) 제임스-스타인 추정량은

$$\hat{\theta}_{JS} = \left(1 - \frac{p-2}{\|\hat{\theta}\|}\right)_+ \hat{\theta}$$

으로 정의된다. 여기서 X_+라는 표기는 X와 0의 최댓값을 나타내고, θ는 모든 평균들의 벡터 $(\theta_1, \cdots, \theta_p)$를 나타내며 $\|\hat{\theta}\|$는 $(\theta_1^2 + \cdots + \theta_p^2)^{1/2}$을 위한 기

호이다.

제임스-스타인 추정량은 모든 θ에 대해 부등식 $R(\theta, \hat{\theta}_{JS}) < R(\theta, \hat{\theta})$를 만족시키고, 따라서 보통 추정량 $\hat{\theta}$는 정말로 허용 불가능하다. 제임스-스타인 추정량은 고전전 추정량을 0을 향해 줄어들게 한다. 줄어드는 양은 $\|\hat{\theta}\|^2$가 크면 작고, 0 근처의 $\|\hat{\theta}\|^2$에 대해 충분히 크다. 이제 우리가 설명했던 문제는 평행이동에 의해 불변이므로, 우리가 0을 향해 축소시켜 고전적 추정량을 향상시킬 수 있다면, 임의의 다른 점을 향해 축소시켜도 향상시킬 수 있어야 한다. 이는 처음에 매우 이상해 보이지만, 추정량에 대한 다음의 비공식적 묘사를 고려하면 현상을 어느 정도 간파할 수 있다. 이를 통해 우리는 θ에 대한 초기 추측값 θ_0을 만든다. (위에서 이 추측값은 0이었다.) 보통 추정량 $\hat{\theta}$가 $\|\hat{\theta}\|$가 작다는 의미로 추측값과 가깝다면, $\hat{\theta}$를 추측값 쪽으로 움직인다. 만약 $\hat{\theta}$가 추측값에서 멀리 떨어져 있다면, $\hat{\theta}$를 그대로 내버려 둔다. 이런 식으로 추정량이 고전적 추정량을 임의의 추측값 쪽으로 움직이게 할지라도, 추측값이 좋은 값이라고 믿을 만한 이유가 있을 때에만 그렇게 한다. 4개 이상의 모수가 있는 경우 데이터는 실제로 어떤 점 θ_0를 초기 추측값으로 사용해야 하는지를 제안하는 데 사용할 수 있다. 표 1의 예에서 18개의 모수들이 있고, 초기 추측값 θ_0는 모든 18개 좌표들이 평균 0.265와 같은 상수 벡터였다. 우리가 축소를 위해 사용했던 수 0.212는 $1 - 16/\|\theta - \theta_0\|$와 같다. (이 θ_0의 선택에 대해 $\|\theta - \theta_0\|$은 θ를 만드는 모수들의 표준편차이다.)

허용 불가능성을 증명하기 위해 사용되었던 수학은 조화 함수론과 정교한 미적분학의 우아한 결합

이다. 증명 그 자체가 많은 부수적 결과를 가져온다. 예를 들어, 확률론에서 '스타인 방법'이라 부르는 것을 이끌어냈다(이는 복소수 종속 문제에 대한 중심 극한 정리 같은 것들을 증명하는 방법이다). 수학은 비정규 오차 분포, 다양한 다른 손실함수들, 측정 모형과 완전히 다른 추정 문제들에 응용될 수 있기 때문에 '강력'하다.

결과는 실질적으로 많이 응용되었다. 이는 많은 모수들을 동시에 추정해야만 하는 문제들에 일상적으로 이용된다. 예를 들면 한꺼번에 다른 여러 생산물을 만들고 있는 경우 국가 연구소에서 불량품의 비율을 추정하거나, 미국의 50개 주 각각에 대한 인구 조사 누락분을 동시에 추정하는 것 등이 있다. 이 방법은 확실히 강력하여 응용에 매우 유용하다. 비록 제임스-스타인 추정량이 종 모양의 곡선을 위해 나왔을지라도, 특별한 가정이 없어도 그 가정들이 매우 대강만 성립하는 문제들에도 잘 적용되는 듯하다. 예를 들어 앞선 논의의 야구 선수들을 생각하자. 이 문제에 대한 개조와 변형이 많이 있다. 그중 유명한 것 두 개만 언급하자면 (오늘날 유전체학에서 널리 사용되는) 경험적 베이즈 추정과 (오늘날 교육 평가에서 널리 사용되는) 계층적 모형화를 꼽을 수 있다.

수학적 문제들을 완전히 해결하려면 한참 멀었다. 예를 들어 제임스-스타인 추정량은 그 자체가 허용 불가능하다. (일반적 측정 문제에서 임의의 허용 가능한 추정량이 관측값의 해석적 함수임을 보일 수 있다. 하지만 제임스-스타인 추정량은 미분 불가능한 함수 $x \mapsto x_+$를 포함하고 있기 때문에 분명히 해석적이지 않다.) 약간의 실질적 향상이 가능

하다고 알려져 있지만, 제임스-스타인 추정량보다 항상 더 좋은 허용 가능한 추정량을 찾는 것은 흥미로운 연구 과제이다.

현대 수리통계학의 또 다른 활발한 연구 분야는 어떤 통계적 문제가 스타인 역설을 가져오는지를 이해하는 것이다. 예를 들어 이 글 서두에서 우리는 100개의 동전의 편향성을 추정하는 데 있어서 보통의 최대-우도 추정법(maximum-likelihood estimator)이 약간 부적당하다고 말했지만, 그 추정법이 허용 가능함이 밝혀졌다! 사실 최대-우도 추정법은 유한한 상태 공간을 가지는 모든 문제에 대해서 허용 가능하다.

4 베이즈 통계

통계에서 베이즈 방법(Bayesian approach)은 집합 P_θ, 손실함수 L에 한 가지 요소를 더 첨가한다. 이는 **사전 확률분포**(prior probability) $\pi(\theta)$라 알려져 있는데, 모수 θ의 서로 다른 값들에 다른 가중치를 부여한다. 사전 분포를 생성하는 방법은 많이 있다. 예를 들어, 연구를 진행 중인 과학자가 θ에 대해 추측한 최적의 값을 정량화할 수 있고, 이전의 연구나 추정에서부터 이끌어낼 수 있다. 혹은 그냥 추정량을 만들어내는 것도 간편한 방법일 수도 있다. 일단 사전 분포 $\pi(\theta)$를 결정하고 나면, 관측값 x와 베이즈 정리가 결합하여 여기서 $\pi(\theta|x)$라 나타내는 θ에 대한 **사후분포**(posterior distribution)를 준다. 직관적으로 x가 관측값이라면, $\pi(\theta|x)$는 모수가 확률분포 π로부터 생성되었을 경우, θ가 얼마나 그 모수일 것 같은지를 측정한다. 사후 분포 $\pi(\theta|x)$에 대한 θ의 평균이

베이즈 추정량

$$\hat\theta_{\text{Bayes}}(x) = \int \theta\,\pi(\theta|x)$$

를 준다. 제곱 오차 손실함수에 대해 모든 베이즈 추정량은 허용 가능하고, 역으로, 모든 허용 가능한 추정량은 베이즈 추정량의 극한이다. (하지만 베이즈 추정량의 극한이 모두 허용 가능하지는 않다. 실제로 우리가 허용 불가능하다는 걸 보았던 평균은 베이즈 규칙의 한 극한이다.) 현재 논의의 핵심은 다음과 같다. 매우 다양한 측정 문제의 실질적 변형(회귀 분석이나 상관 행렬의 추정 같은 것들)에서, 사용 가능한 사전 지식을 결합시킨 알맞은 베이즈 추정량을 적는 것은 비교적 간단하다. 이 추정량은 제임스-스타인 추정량의 가까운 사촌들을 포함하지만, 더 일반적이어서 거의 아무 통계학 문제로도 일반적으로 확장될 수 있다.

베이즈 추정은 고차원 적분과 연관되기 때문에 계산하기 어려울 수 있다. 이 분야의 대단한 진보 중 하나는, 베이즈 추정량에 대한 유용한 근삿값을 계산하기 위하여 **마르코프 연쇄 몬테 카를로**(Markov chain Monte Carlo) 혹은 **깁스 표본 추출**(Gibbs samplers) 등의 다양한 이름으로 불리는 컴퓨터 시뮬레이션 알고리즘을 사용하는 것이다. 이들 모두(증명가능한 우월성, 쉬운 적응성, 계산의 편리성)는 통계학의 이 베이즈 버전을 실질적인 성공으로 이끌었다.

5 약간 더 많은 이론

수리통계학은 수학의 폭넓은 분야를 잘 활용한다.

상당히 난해한 해석학, 논리학, 조합론, 대수적 위상수학, 미분기하학 모두가 그 역할을 한다. 여기 군론의 한 가지 응용이 있다. 표본 공간 X, 확률분포 $P_\theta(x)$의 집합, 손실함수 $L(\theta, \hat{\theta}(x))$의 기본틀로 돌아가자. 예를 들면 파운드에서 그램으로, 혹은 센티미터에서 인치로 단위를 바꿀 때 어떻게 추정량이 변하는지 고려하는 것은 자연스럽다. 이것이 수학에 심각한 영향을 미칠 것인가? 아닐 거라고 기대하겠지만, 이 질문을 정확하게 고려하고 싶다면, X의 변환들의 군 G를 고려하는 것이 유용하다. 예를 들어 단위의 선형적 변화는 $x \mapsto ax + b$ 꼴의 변환으로 이루어진 **아핀 군(affine group)**에 대응된다. G의 각 원소 g에 대해 변환된 분포 $P_\theta(xg)$가 Θ의 어떤 다른 $\tilde{\theta}$에 의한 분포 $P_{\tilde{\theta}}(xg)$와 같다면, $P_{\tilde{\theta}}(x)$들의 모임은 G 하에서 **불변(invariant)**이라고 말한다. 예를 들어 정규분포

$$\frac{\exp\left[-\dfrac{(x-\theta_1)^2}{2\theta_2^2}\right]}{\sqrt{2\pi\theta_2^2}}, \quad -\infty < \theta_1 < \infty, \ 0 < \theta_2 < \infty$$

의 집합은 $ax + b$ 변환 하에서 불변이다. x를 $ax + b$로 바꾸면, 약간의 간단한 조작 후에 결과로 나오는 변형된 공식을 어떤 새로운 모수 ϕ_1, ϕ_2에 대해 $\exp[-(x-\phi_1)^2/2\phi_2^2]/\sqrt{2\pi\phi_2^2}$의 형태로 다시 쓸 수 있다. 추정량 $\hat{\theta}$가 $\hat{\theta}(xg) = \tilde{\hat{\theta}}(x)$를 만족시키면 **등변추정량(equirariant estimator)**이라 부른다. 이는 데이터를 하나의 단위에서 다른 단위로 바꾼다면 추정이 마땅히 그래야 하는 식으로 변환된다고 말하는 공식적인 방법이다. 예를 들어 당신의 데이터가 섭씨로 표현된 온도이고 화씨로 대답하고 싶다고 가정하자. 추정량이 동등하다면, 먼저 추정량을 적용하고 난 다음 해답을 화씨로 변경하거나, 우선 모든 데이터를 화씨로 변경한 후 추정량을 적용할 것이고, 둘 사이에 차이는 없을 것이다.

스타인 역설의 기반이 된 다변수 정규 문제(multi-variate normal problem)는 유클리드 운동(회전과 평행이동)의 p차원 군을 포함한 다양한 군에 대해 불변이다. 그러나 우리가 이미 이야기한 것처럼 원점의 선택에 의존하기 때문에, 제임스-스타인 추정량은 등변추정량이 아니다. 이는 꼭 나쁜 것만은 아니지만, 확실히 골치 아프게 여겨진다. 연구 중인 과학자에게 '가장 정확한' 추정량을 원하냐고 묻는다면, "물론이지"라고 대답할 것이다. 그들에게 등변이기를 고집하냐고 묻는다면 또한 "물론이지"라고 대답할 것이다. 스타인 역설을 표현하는 한 가지 방법은 두 가지 바람(정확성과 불변성)이 **양립할 수 없다(incompatible)**는 말이다. 이는 수학과 통계학이 의견을 달리하는 많은 부분 중 하나이다. 수학적으로 최적의 과정이 '합리적인지' 아닌지 결정하는 것은 중요하고 수식화하기 힘들다.

여기 군론을 이용하는 두 번째 예가 있다. 추정량 $\hat{\theta}$가 모든 θ에 대해 최대 위험을 최소화할 때, 이 추정량을 **최소최대(minimax)**라 부른다. 최소최대는 안전을 추구하는 방법이다. 최악의 경우에 최적의 행동 양상(즉, 가능한 가장 적은 위험)을 가진다. 자연적 문제에서 최소최대 추정량을 찾는 것은 진정 어려운 작업이다. 예를 들어 평균들의 벡터는 정상적 위치 문제에서 최소최대 추정량이다. 문제가 어떤 군 하에 불변이라면 일은 더 쉬워진다. 그러면 먼저 최상의 불변 추정량을 찾을 수 있다. 종종 불변성은 문제를 직접적 미적분학 문제로 바꿔준다. 이제 불

변 추정량들 중 최소최대인 어떤 추정량이 모든 추정량 가운데 최소최대인가 하는 질문이 나온다. 허트(Hurt)와 스타인의 유명한 정리는 관련된 군이 좋다면(예를 들면, 가환이거나 콤팩트이거나 순종(amenable)이라면) "그렇다"라고 말한다. 이 군이 좋지 않을 때 최상의 불변 추정량이 최소최대인가를 결정하는 문제는 수리통계학의 미해결 난제이다. 그리고 그것은 그저 수학적 호기심의 대상만이 아니다. 예를 들어 다음 문제는 매우 자연스럽고, 가역 행렬들의 군 하에서 불변이다. '다변수 정규분포로부터 표본이 주어졌을 때, 그 상관행렬을 추정하여라.' 이 경우 군은 좋지 않고 좋은 추정이 알려져 있지 않다.

6 결론

이 글의 핵심은 어떻게 수학이 통계학에 도입되고 통계학을 더 풍요롭게 하는가를 보여주는 것이다. 수학화하기 어려운 통계학의 부분들은 분명 존재한다. 데이터를 도표로 나타내는 것이 한 예이다. 더구나 현대 통계학 작업의 대부분은 컴퓨터를 통해 이루어진다. 더는 다루기 쉬운 확률분포들에 관심을 제한시킬 필요가 없다. 우리는 복잡하고 더 현실적인 모형들을 이용할 수 있다. 이는 통계적 컴퓨팅의 주제가 되었다. 그럼에도 불구하고, 가끔씩 컴퓨터가 무엇을 해야 하는지 생각하고 어떤 독창적인 절차가 다른 것보다 더 잘 작동하는지를 결정해야 한다. 바로 그럴 때 수학이 필요하다. 실제로 현대의 통계적 활동을 수학화하는 것은 어렵고 보람된 일로, 그중 가장 흥미로운 부분이 스타인 추정량이다.

이 노력은 우리에게 새로운 목표를 제시하고, 매일 매일의 성취를 측정할 수 있게 도와준다.

더 읽을거리

Berger, J. O. 1985. *Statistical Decision Theory and Bayesian Analysis*, 2nd edn. New York: Springer.

Lehmann, E. L., and G. Casella. 2003. *Theory of Point Estimation*. New York: Springer.

Lehmann, E. L., and J. P. Romano. 2005. *Testing Statistical Hypotheses*. New York: Springer.

Schervish, M. 1996. *Theory of Statistics*. New York: Springer.

VII.11 수학과 의학통계학

데이비드 스피어겔핼터 *David J. Spiegelhalter*

1 서론

수학은 여러 가지 방식으로 의학에 응용돼 왔다. 약물 동태학과 집단 내의 전염병 모형에 미분방정식이 이용되거나, 생물학적 신호의 푸리에 해석학[III.27]을 예로 들 수 있다. 여기서 우리는 의학통계학에 대해 살펴볼 것이다. 의학통계학은 개개인들에 대한 데이터를 모으고 그것을 바탕으로 질병의 진행과 치료에 대한 결론을 내리는 것을 말한다. 이 정의는 다소 제한적으로 보일지 모르지만, 치료법의 임의추출 임상실험, 스크리닝 프로그램 같은 개입의 평가, 다른 집단과 기관들의 건강 결과 비교하기, 개개인들의 그룹의 생존을 설명하고 비교하는 것, 자연적인 혹은 어떤 간섭에 의해 영향을 받았을 때 질병의 진행 양상을 모형화하는 것 모두를 포함한다. 이 절에서 우리는 질병은 왜 발생하고, 어떻게 퍼져나가는지에 대해 연구하는 **역학**(epidemiology)에 대해서는 논의하지 않는다. 비록 여기서 설명하는 공식적 아이디어의 대부분이 그 분야에서 응용될 수도 있지만 말이다.

간단한 역사적 소개를 한 이후에 우리는 의학통계학에서 나오는 통계적 모형화에 대한 다양한 방법들을 요약할 것이다. 그런 다음 어떻게 다른 '이론적' 견해들이 분석의 다른 방법들을 직접적으로 가져오는지를 보임으로써, 임파종 환자 표본의 생존에 관한 데이터를 이용하여 각 방법을 차례대로 보일 것이다. 글 전체에 걸쳐 우리는 개념적으로 다소 복잡해 보일 수 있는 주제에 대해 그 수학적 배경을 제시할 것이다.

2 역사적 조망

17세기 후반 확률론이 최초로 사용된 예 중 하나로, 연금에 대한 보험료를 결정하기 위해 사망률의 '생명표(life-table)'를 개발하는 데 사용된 것을 들 수 있다. 그리고 1824년 찰스 배비지(Charles Babbage)의 생명표에 대한 연구는 그가 '차분 기관(difference engine)'을 디자인하도록 자극했다. (비록 1859년에서야 비로소 슈츠(Scheutz)가 그 기관을 만들어 마침내 생명표를 계산했지만 말이다.) 그러나 의학 데이터의 통계적 분석은 19세기 말 프란시스 갈톤(Francis Galton)과 칼 피어슨(Carl Pearson)이 만든

'생물 측정(biometric)' 학파의 성장이 있기 전까지는 수학이라기보다 계산의 문제였다. 이 그룹은 인구수를 설명하기 위해 **확률분포**[III.71] 사용을 도입했다. 또한 인류학, 생물학, 우생학에서 상관과 회귀라는 개념 또한 소개했다. 한편, 농업과 유전학이 동기가 되어 피셔(Fisher)는 우도(likelihood)(아래를 보라)와 유의성 검정(significance testing) 이론에 대해 지대한 공헌을 했다. 전후 통계학은 산업에의 응용과 미국 주도 하의 수학적 엄밀성의 증가에 영향을 받아 발전했지만, 1970년대 즈음부터 의학적 연구, 특히나 임의추출 실험과 생존 분석에 관한 연구가 통계학의 주된 방법론적 견인차가 되었다.

1945년 이후 약 30년 동안 통계학적 추론을 견고한 구조적/공리적 기초 위에 놓으려는 많은 시도가 있었지만 어떤 동의도 이루어지지 않는다. 이는 우리가 아래에 설명할 통계학 '이론들'을 혼합하여 이용하는 널리 퍼져 있는 전반적인 전망이 생겨나게 했다. 다소 불편하게 느껴지는 공리적 기초의 부족은 많은 수학자들이 통계학 연구에 큰 매력을 못 느끼게 만들 수 있지만, 이 분야에 관련된 사람들에게는 큰 자극을 준다.

3 모형들

여기서 **모형**(model)이란 하나 이상의 불확실한 양들에 대한 확률분포의 수학적 묘사를 뜻한다. 그런 양은 예를 들면 특정한 약물 치료를 받는 환자의 검사 결과나 암 환자의 생존 가능 시간일 수 있다. 모형화를 크게 네 가지 방식으로 분류할 수 있다. 이 간략한 설명에는 사용되는 용어들은 뒤에 나올 절들에

서 적절하게 설명될 것이다.

(i) 관심 있는 확률분포에 대한 정확한 형태를 지정하지 않고 놔두는 비모수(nonparametric) 혹은 '무모형' 방법

(ii) 특정한 형태가 각 확률분포에 대해 가정되어 있는, 제한된 수의 미지의 모수에 의존하는 완전 모수 모형(full parametric model)

(iii) 모형의 일부분만이 모수 지정되어 있고 나머지는 지정되지 않은 채 남겨진 준모수(semi-parametric) 방법

(iv) 완전 모수 모형이 지정되어 있을 뿐 아니라 추가적인 '사전' 분포가 모수들을 위해 제공된 베이즈 방법

이것은 완전한 분류가 아니다. 예를 들어 어떤 분명한 '무모형' 과정이 어떤 모수에 대한 가정하에서 나온 과정과 일치한다고 밝혀질 수도 있다.

복잡하게 만드는 또 다른 요인은 통계학 분석의 가능한 목표들의 다중성이다.

• 정해진 집단에 어떤 약을 어떤 양만큼 줄 때 혈압의 평균 저하 같은 미지의 모수 **추정하기**

• 어떤 나라의 10년간 AIDS 발병 인구수와 같은 미래 양 **예측하기**

• 특정한 약이 특정 그룹의 환자들의 생존률을 향상시킬 것인가와 같은 가정 **검정하기**, 혹은 동등하게 그것이 효과가 없다는 '귀무 가설' 평가하기

• 의료 보장 시스템에서 특정한 치료를 제공할 것인가 같은 **결정하기**

이 목표들의 공통점은 어떤 결론이든 발생한 잘못의 가능성에 대한 적절한 형태의 평가가 이뤄져야 하고, 어떤 추정이나 예측도 불확실성을 결합하여 표현해야 한다는 것이다. '이차적' 성질에 대한 이런 관심이 데이터에서 결론을 이끌어내는 순전히 알고리즘적 방법과 확률론에 기반한 통계적 '추론'을 구분한다.

4 비모수 혹은 '무모형' 방법

이제 다양한 방법들을 보여 줄 예시들을 소개해 보겠다.

매튜스(Matthews)와 패어웰(Farewell)(1985)은 시애틀 프레드 허치슨 암 연구 센터의 64명의 환자들에 대한 데이터를 보고했다. 이 환자들은 비호지킨 임파종(non-Hodgkin's lymphoma)이 상당히 진행된 것으로 진단받았고, 각 환자에 대한 정보에는 진단 이후 추적 검사 시간을 비롯해 추적 검사가 사망으로 끝나는지, 임상적 징후가 나타나는지, 그들 병의 단계(단계 6인지 아닌지), 대형 복부 혹(10cm 이상)이 나타나는지가 포함되어 있다. 이런 정보는 매우 유용하다. 예를 들어 생존 기간의 일반적 분포를 알아보거나, 생존에 가장 큰 영향을 미치는 요소를 결정하거나, 혹은 새로운 환자에게 살 날이 5년 남았다고 말해 줌으로써 그들의 생존 가능성을 알려주고 싶을 수 있다. 이는 물론 확실한 결론을 내리기에는 너무 양이 적고 제한된 데이터 집합이다. 하지만 우리가 사용할 수 있는 여러 가지 수학적 수단들을 보여준다.

몇 가지 기술적인 용어를 소개할 필요가 있다. 데

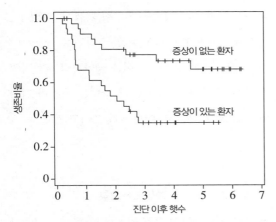

그림 1 진단시 임상적 증상이 있는 임파종 환자와 없는 환자에 대한 카플란-마이어 비모수 생존 곡선

이터를 수집하는 기간 이후 여전히 살아 있는 환자들이나 추적 검사 중 잃어 버린 환자들은 '중도절단(censored)' 생존 시간을 가진다고 말한다. 우리가 아는 것은 그들이 그들에 대한 데이터가 기록된 마지막 순간을 넘어 생존했다는 것이 전부이다. 또한 사망 시간을 '실패' 시간이라 부르는 경향이 있다. 왜냐하면 분석 형태가 사망에는 적용되지 않기 때문이다. (이 용어는 또한 이 분야와 **신뢰성 이론**(reliability theory) 간의 밀접한 관련을 반영한다.)

그런 생존 데이터에 대한 최초의 접근 방법은 앞서 언급했던 생명표 법을 이용하는 '보험 통계'였다. 생존 시간은 연(year)과 같은 시간 간격으로 그룹 지어지고, 한 사람이 주어진 구간의 시작 지점에 생존해 있을 때 그 시간 간격 내에 사망 가능성을 단순히 추정한다. 역사적으로 이 확률은 '생존력(force of mortality)'이라 알려졌지만, 현재는 대개 위험(hazard)이라고 불린다. 이 같은 단순한 방법은 많은 인구수를 설명할 때 적절할 것이다.

카플란(Kaplan)과 마이어(Meier)(1958)에 의해 비로소 이 절차는 그룹 지어진 생존 시간보다 정확한 생존 시간을 고려할 수 있게끔 정교해졌다. 총 3만 번 이상 인용된 그들의 논문은 과학 전 분야에서 가장 많이 인용된 논문 중 하나이다. 그림 1은 진단시 임상적 증상이 있는 환자($n = 31$)와 없는 환자($n = 33$) 그룹들의 소위 카플란-마이어 곡선이다.

이 곡선은 기초 **생존 함수**(survival function)의 추정값을 나타낸다. 시각 t에서의 값은 전형적인 환자가 그 시각까지 살아 있을 확률로 간주한다. 그런 곡선을 만들어내는 자명한 방법은 단순히 시각 t에서 그 값을 아직 살아 있는 초기 표본의 비율이라 놓는 것이다. 그러나 이는 중도절단 환자들 때문에 좋은 방법이 되지 못한다. 따라서 대신에, 어떤 환자가 시각 t에 사망하면, 시각 t 바로 전에 여전히 표본에 m명의 환자가 있었다면 곡선의 값에 $(m - 1)/m$을 곱한다. 그리고 어떤 환자가 중도절단된다면 값은 그대로 유지된다. (곡선 상의 막대 표시는 중도절단 생존 시간을 보여준다.) 시각 t 직전에 살아 있는 환자의 집합은 **위험 집합**(risk set)이라 부르고 시각 t에 위험은 $1/m$이라 추정한다. (우리는 두 사람이 동시에 죽지 않는다고 가정하고 있지만, 이 가정을 제외하고 적절하게 조정하는 것은 쉽다.)

실제 생존 곡선이 특정한 함수 형태를 가질 거라고 가정하진 않을지라도, 중도절단 메커니즘이 생존 시간에 독립적이라는 정성적인 가정을 할 필요가 있다. (예를 들어, 곧 사망할 듯한 사람들이 어떤 이유에서 연구로부터 우선적으로 배제되지 않는 것은 중요하다.) 또한 곡선의 오차 범위를 제공할 필요도 있다. 이는 1926년에 메이저 그린우드(Major Greenwood)에 의해 개발된 변수 공식에 기초

할 수 있다. ('메이저'는 타이틀이 아니라 이름으로, 그가 카운트 배시(Count Basie)와 듀크 엘링턴(Duke Ellington)과 공유한 몇 가지 특징 중 하나이다.)

'실제 기초 생존 곡선'은 누군가 직접 관측할 수 있는 것이 아니라 이론적으로 만들어진 것이다. 이는 많은 환자군에서 관측될 수 있는 생존 경험, 혹은 마찬가지로 그 환자군에서 임의로 고른 새로운 개인의 기대 생존이라 생각할 수 있다. 두 그룹의 환자들에 대해 이 곡선을 추정하는 것뿐만 아니라, 그들에 대한 가정을 검정해 보고 싶을 것이다. 전형적인 것은 두 그룹에 대해 실제 기초 생존 곡선이 정확하게 같다는 것이다. 전통적으로 그런 '귀무' 가설을 H_0라 표기하고, 그를 검정하는 전통적 방법은 H_0가 사실이라면 완전히 멀리 떨어진 두 카플란-마이어 곡선을 관찰하기가 얼마나 힘들 것 같은지 결정하는 것이다. 검정 통계(test statistic)라 알려진 요약 측도를 만들 수 있는데, 이는 관측된 곡선들이 매우 다르다면 크다. 예를 들어 한 가지 가능성은 증상이 있는 사람들($O = 20$) 중에서 관측된 사망자 수를 H_0가 사실이라면 예상되는 수($E = 11.9$)와 대비시키는 것이다. 귀무 가설 하에서 O와 E 사이에 그런 높은 차이를 관측할 가능성은 오직 0.2%임이 밝혀져서, 이 경우 귀무 가설은 상당히 의심스럽다.

추정값 주위에 구간을 설정하고 가정을 검정할 때 우리의 추정과 검정 통계를 위한 근사적 확률분포가 필요하다. 그러므로 수학적 관점에서, 중요한 이론은 20세기 초반에 대부분 발전한 확률변수들의 함수의 대표본 분포에 관심이 있다. 최적 가설 검정에 대한 이론들은 1930년대에 네이만(Neyman)과 피어슨(Pearson)에 의해 발전했다. 이론의 아이디어

는 잘못하여 귀무 가설을 거부할 확률이 5%나 1%처럼 어느 정도 받아들일 수 있는 범위보다 더 작다는 걸 확실하게 하면서, 차이를 알아차리는 검정의 '힘'을 최대화하는 것이다. 이 방법은 여전히 임의 추출 임상 시험을 디자인하는 데 쓰이고 있다.

5 완전 모수 모형

분명 우리는 사망이 오직 카플란-마이어 곡선에서 보여진 이전에 관측된 생존 시간에만 일어날 수 있다고 실제로 믿지 않는다. 따라서 실제 생존 함수를 위해 상당히 단순한 함수 형태를 조사하는 것은 그럴듯해 보인다. 즉, 우리는 생존 함수가 함수들의 어떤 자연스런 집합 안에 속한다고 가정하는데, 그 집합의 각 함수는 적은 수의 모수에 의해 완전히 매개화될 수 있다. 그 모수들을 한꺼번에 θ라고 나타낸다. 우리가 찾으려고(혹은 그럴듯한 정도의 확신을 가지고 추정하려고) 애쓰고 있는 것이 바로 이 θ이다. 그렇게 할 수 있다면 그 모형은 완전히 규정되고, 기존 자료에 기초하여 관측된 데이터를 넘어 어느 정도 추정할 수 있을지도 모른다. 우선 생존 함수와 위험을 연관시키고, 그런 다음 어떻게 단순한 예에서 관측된 데이터를 사용하여 θ를 추정할 수 있는지 보이겠다.

미지의 생존 시간이 확률 밀도 $p(t|\theta)$를 가진다고 가정하자. 기술적으로 자세히 들어가지 않겠지만, 이는 본질적으로 $p(t|\theta)dt$를 t부터 $t + dt$까지의 작은 구간 안에 사망할 확률이라 가정하는 것과 마찬가지이다. 그럼 생존 함수는 특정한 θ의 값이 주어질 때 t를 넘어 생존할 확률로, 우리는 이를 $S(t|\theta)$라

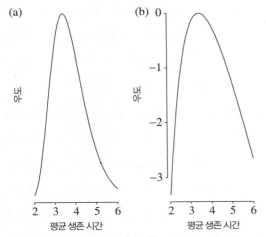

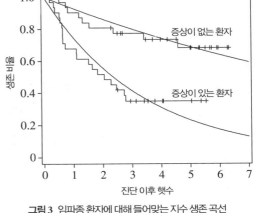

그림 2 임상적 증상을 나타내는 임파종 환자에 대한 평균 생존 시간 θ에 대한 우도와 로그-우도

그림 3 임파종 환자에 대해 들어맞는 지수 생존 곡선

나타낸다. 이를 계산하기 위해 t보다 큰 모든 시간에 대해 확률 밀도를 적분한다. 즉,

$$S(t \mid \theta) = \int_t^\infty p(x \mid \theta)\,\mathrm{d}x = 1 - \int_0^t p(x \mid \theta)\,\mathrm{d}x$$

이다. 이것과 **미적분학의 기본정리**[I.3 §5.5]로부터 $p(t \mid \theta) = -\mathrm{d}S(t \mid \theta)/\mathrm{d}t$이다. t부터 $t + \mathrm{d}t$까지의 작은 구간에서 위험함수 $h(t \mid \theta)\,\mathrm{d}t$는 시각 t에 살아 있다는 조건 하에서 사망 위험이다. 기본적 확률 법칙을 이용하면

$$h(t \mid \theta) = p(t \mid \theta)/S(t \mid \theta)$$

임을 알 수 있다.

예를 들어 시각 t를 넘어 생존할 확률이 $S(t \mid \theta) = e^{-t/\theta}$이 되도록, 평균 생존 시간이 θ인 지수 생존함수를 가정한다고 하자. 밀도는 $p(t \mid \theta) = e^{-t/\theta}/\theta$이다. 그러므로 위험함수는 상수 $h(t \mid \theta) = 1/\theta$이고, $1/\theta$는 단위 시간당 사망률을 나타낸다. 예를 들어 진단 후 평균 생존 시간 θ가 1000일이라면, 지수 모형

은 환자가 진단 후 얼마나 오랫동안 생존해 있는지에 상관 없이, 매일 상수 1/1000인 사망 위험을 의미할 것이다. 더 복잡합 모수 생존 함수는 증가하는, 감소하는, 혹은 다른 모양을 가지는 위험함수를 허용한다.

θ를 추정하는 문제에 대해서는 피셔의 우도 (likelihood)라는 개념이 필요하다. 이는 확률분포 $p(t \mid \theta)$를 택하지만 이를 t라기보다 θ의 함수로 생각하고, 따라서 관측된 t에 대해 데이터를 '지지하는' θ의 실현 가능한 값을 조사하도록 해 준다. 대략적인 아이디어는 θ의 값을 가정하고서 관측된 사건들의 확률(혹은 확률 밀도)을 모두 곱하는 것이다. 생존 분석에서 관측된 그리고 중도절단된 실패 시간은 이 곱에 서로 다른 기여를 한다. 즉, 관측된 시간 t는 $p(t \mid \theta)$를 제공하는 반면, 중도절단된 시간은 $S(t \mid \theta)$를 제공한다. 예를 들어 생존 함수가 지수 함수라 가정한다면, 관측된 실패 시간은 $p(t \mid \theta) = e^{-t/\theta}/\theta$를 주고, 중도절단된 시간은 $S(t \mid \theta) = e^{-t/\theta}$

을 준다. 따라서 이 경우 우도는 다음과 같다.

$$L(\theta) = \prod_{i \in \text{Obs}} \theta^{-1} e^{-t_i/\theta} \prod_{i \in \text{Cens}} e^{-t_i/\theta} = \theta^{-n_O} e^{-T/\theta}.$$

여기서 'Obs'와 'Cens'는 관측된 실패 시간의 집합과 중도절단된 실패 시간의 집합을 나타낸다. 그 크기를 각각 n_O, n_C라고 나타내고, 전체 추적 검사 시간 $\sum_i t_i$를 T라고 나타낸다. 증상을 가진 31명의 환자 그룹에 대해 $n_O = 20$, $T = 68.3$년이다. 그림 2는 우도와 그 로그값

$$LL(\theta) = -T/\theta - n_O \log \theta$$

를 보여준다.

오직 상대적 우도가 중요하기 때문에 우도의 세로축은 표시하지 않았다. 최대 우도 추정값(maximum-likelihood estimate, MLE) $\hat{\theta}$는 이 우도 혹은 그와 동치인 로그-우도를 최대화하는 모수값을 찾아낸다. $LL(\theta)$의 도함수를 구하여 0과 같게 놓으면 $\hat{\theta} = T/n_{\text{Obs}} = 3.4$년임을 알 수 있고, 이는 전체 추적 조사 시간을 실패 횟수로 나눈 것이다. MLE 근처 구간들은 우도 함수를 직접 조사하거나, 로그-우도의 최댓값 근처에서 이차 근사를 만들어 얻을 수 있다.

그림 3은 임파종 환자에 대해 들어맞는 지수 생존 곡선을 보여준다. 대략적으로 살펴보기 위해, 관측된 데이터의 개연성을 최대화하는 지수함수를 선택해서 꼭 들어맞는 곡선 형태를 가져왔다. 시각적으로 볼 때 웨이불(Weibull) 분포(신뢰성 이론에서 널리 쓰여지는 분포) 같은 더 유연한 곡선들을 살펴보면 더 잘 들어맞게 향상시킬 수 있을 것이다. 두 모형이 데이터에 얼마나 잘 들어맞는지 비교하기 위해 최대화된 우도를 비교할 수 있다.

피셔의 우도 개념은 의학통계학에서, 그리고 실제로 일반적인 통계학의 가장 최근 연구를 위한 토대가 되었다. 수학적 관점에서, MLE의 대표본 분포를 그 최댓값 주변에서 로그-우도의 이차 도함수와 관련시키는 광범위한 발전이 있었고, 이는 통계학 패키지의 결과물 대부분의 기초를 형성했다. 불행히도 다차원 모수를 다루는 이론으로 격상시키는 것이 반드시 쉽진 않다. 우선 우도가 더 복잡해지고 모수가 더 많아지기 때문에, 최대화의 기술적 문제들이 증가한다. 둘째, 우도 이론에서 거듭 발생하는 어려움으로 '장애 모수'의 어려움이 있는데, 그런 모형의 어떤 부분에 대해 특별히 흥미롭진 않지만 여전히 설명할 필요가 있다. 어떤 일반적 이론도 발전되지 않았고, 대신 특정 상황들에 맞추어 표준 우도가 꽤나 다양하게 조건부 우도, 준우도(quasilikelihood), 유사우도(pseudo-likelihood), 확장된 우도, 계층적 우도, 한계 우도, 프로파일 우도 등등으로 변형된다. 계속해서 한 가지 매우 유명한 발전인 편우도와 콕스 모형에 대해 살펴보도록 하자.

6 반모수 방법

암 치료에서 임상 실험은 생존 분석을 발전시키는데, 특히 다른 가능한 위험 요소들을 고려하면서 치료가 생존에 미치는 영향을 평가하기 위한 실험들에서 주된 원동력이었다. 현재 고려 중인 단순한 임파종 데이터 집합에는 세 가지 위험 요소가 있지만, 더 현실적인 예에는 더 많은 요소들이 있을 것이다. 다행히, 콕스(Cox, 1972)는 제한되었을지 모르는 데이터에 근거하여 모든 길을 다 가 보고 완전한 생존

함수를 결정하지 않고도, 가설을 검정하고 가능한 위험 요소들의 영향을 추정하는 것이 모두 가능함을 보였다.

콕스 회귀 모형(Cox regression model)은 다음 형태의 위험함수를 가정하는 데 기반한다.

$$h(t \mid \theta) = h_0(t) e^{\beta \cdot x}.$$

여기서 $h_0(t)$는 기저 위험함수(baseline hazard function)이고 β는 전형적으로 위험에 대한 위험 인자들의 벡터 x의 영향을 측정하는 회귀 계수들의 열벡터이다. ($\beta \cdot x$는 β와 x의 스칼라 곱을 나타낸다.) 기저 위험함수는 위험 인자 벡터 x가 0인 개인의 위험함수에 대응된다. 왜냐하면 그러면 $e^{\beta \cdot x} = 1$이기 때문이다. 더 일반적으로 우리는 인자 x_j에서 한 단위가 증가하면 위험은 인수 e^{β_j}만큼 곱해질 것임을 알고, 그 때문에 이는 '비례 위험'이라 알려져 있다. $h_0(t)$에 대한 모수적 형태를 명시하는 것이 가능하지만, 놀랍게도 우리가 기꺼이 상황을 특정한 실패 시간 직전에 고려한다면, 그 h_0의 형태를 명시하지 않고서 β의 항들을 추정하는 것이 가능함이 밝혀졌다. 다시 한번 우리는 위험 집합을 구성하고, 위험 집합에 속한 누군가가 실패한다는 것을 알고 있는 상황에서 특정한 환자의 실패의 가능성은 우도에서 한 기간을 제공한다. 이는 실패들 사이 시간에서 어떤 가능한 정보도 무시하기 때문에 '편'우도라 알려져 있다.

이 모형을 임파종 데이터에 적용할 때, 우리는 증상이 있는 환자에 대한 β의 추정값이 1.2라는 것을 안다. 그 지수 $e^{1.2} = 3.3$가 더 해석하기 쉬운데, 이는 증상을 보이는 것과 연관된 위험에서 비례적 증가이다. 우리는 이 추정값 근처에서 1.5~7.3의 오차의 한계를 추정할 수 있고, 따라서 모형에서 다른 요소들이 상수로 고정된 경우, 증상을 보이는 환자가 진단 이후 임의의 단계에서 사망할 위험은 증상을 나타내지 않는 환자의 위험보다 상당히 더 크다는 것을 확신할 수 있다.

이 모형으로부터 추정값 근처의 오차, 다른 중도절단 패턴, 속박 실패 시간, 기저 생존 추정하기 등을 다루는 많은 저술이 나왔다. 대표본 성질들은 그 방법이 일상적으로 사용된 후에야 엄밀하게 성립되었고, 확률적 셈 과정의 이론을 광범위하게 사용했다. 예를 들어 앤더슨 등(Anderson et al. 1992)을 참조하라. 이 강력한 수학적 도구들은 시간에 의존할지 모르는 중도절단과 다양한 위험 인자들을 허용하면서, 사건의 수열들의 일반적 분석을 다루기 위해 이론을 확장시키는 것을 가능하게 했다.

콕스의 1972년 논문은 20,000회 이상 인용되었고, 이 논문이 의학에 미치는 영향력은 그가 1990년에 케터링 상과 암 연구에 대한 금메달을 받았다는 사실로부터 가늠해 볼 수 있다.

7 베이즈 분석

베이즈 정리는 통계학의 기본적 결과이다. 이는 두 확률변수 t, θ에 대해

$$p(\theta \mid t) = p(t \mid \theta) p(\theta) / p(t)$$

라고 서술된다. 그 자체로 이것은 매우 단순한 사실이지만, θ가 모형의 모수를 나타낼 때, 이 정리의 사용은 통계학적 모형화의 다른 철학을 보여준다. 추

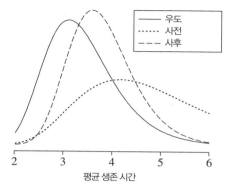

그림 4 증상을 나타낸 환자들의 평균 생존 시간에 대한 사전 분포, 우도 분포, 사후 분포. 사후 분포는 데이터에 나타난 증거만을 요약하는 우도와 더 긴 생존 시간을 제안했던 외부 증거를 요약하는 사전 분포 간의 형식적 절충이다.

론을 위해 베이즈 정리를 사용하는 데 있어 주된 단계는 모수를 확률분포를 가지는 **확률변수**[III.71 §4]로 생각하고, 그러므로 그에 대한 확률적 명제를 만드는 데 있다. 예를 들어 베이즈의 기본틀에서 평균 생존 시간이 3년 이상일 확률이 0.90이라 평가했다고 말함으로써 생존 곡선에 대한 불확실성을 표현할 수 있다. 이런 평가를 하기 위해, '사전' 분포 $p(\theta)$ (데이터를 보기 **전**에 θ의 다른 값들의 상대적 가능성을 표현하는 분포)를 우도 $p(t|\theta)$(데이터 t를 θ의 그 값과 함께 관측할 수 있는 가능성이 얼마일지)와 함께 결합할 수 있다. 그런 다음 베이즈 정리를 사용하여 '사후' 분포 $p(t|\theta)$(데이터를 본 **후**에 θ의 다른 값들의 상대적 가능성을 나타내는 분포)를 제공한다.

이런 식으로 베이즈 분석은 확률론의 단순한 응용처럼 보이고, 임의로 선택된 사전 분포에 대해 베이즈 분석은 정확히 그런 것이다. 그러나 어떻게 사전 분포를 선택하는가? 현재 연구 범위 외부의 증거를 이용하거나 당신의 개인적 판단을 이용할 수도

있다. 또한 다른 상황에 사용되는 '객관적' 사전 분포의 도구 모음을 만드는 시도에 관한 광범위한 문헌이 있다. 실제로 다른 이들에게 확신을 주는 방식으로 사전 분포를 상술할 필요가 있고, 여기서 미묘함이 발생한다.

단순한 예로 임파종에 대한 이전 연구들은 임상적 증상을 나타낸 환자들의 평균 생존 시간이 아마도 3년에서 6년 사이이고, 약 4년 정도가 가장 유력한 값이라고 제안했다고 가정하자. 그러면 미래의 환자에 대해 결론을 도출할 때 그런 증거를 무시하는 것이 아니라, 오히려 이를 현재 연구 중인 31명의 환자들로부터 나온 결과와 결합시키는 것이 합당해 보인다. 그림 4에서 주어진 형태를 가진 θ에 대한 사전 분포에 의해 이 외부 증거를 나타낼 수도 있다. (그림 2(a)로부터 택해진) 우도와 결합될 때 이는 보여진 사후 분포를 가져온다. 이를 계산하기 위해 사전 분포의 함수 형태를 **역-감마 분포**(inverse-Gamma distribution) 형태라 가정한다. 이는 지수적 우도를 다루는 수학을 특별히 쉽게 만들지만, 사후 분포를 도출하는 데 시뮬레이션 방법을 사용하고 있다면 그런 단순화는 필요하지 않다.

그림 4로부터 외부 증거가 더 높은 생존 기간의 가능성을 높였다는 것을 볼 수 있다. 3년 이상의 사후 분포를 통합하여, 평균 3년 이상 생존할 사후 확률이 0.90임을 발견했다.

비록 콕스 모형 같은 반모수 모형이 장애 모수들의 고차원적 함수에 의해 근사될 수 있을지라도, 베이즈 모형에서 우도는 완전 모수적이어야 하고, 그런 다음 사후 분포와 함께 적분하여 없애야 한다. 그런 적분을 계산하는 어려움은 여러 해 동안 베이즈

분석을 실제적으로 적용하는 걸 방해했다. 그러나 이제 마르코프 연쇄 몬테 카를로(MCMC) 방법 같은 시뮬레이션 방법의 발전으로 실질적인 베이즈 분석은 놀라울 만큼 성장했다. 베이즈 분석에서 수학적 연구는 주로 객관적 사전 및 사후 분포의 대표본 성질들의 이론과 거대한 다변수 문제와 필요한 고차원적 적분을 다루는 데 초점을 맞추고 있다.

8 논의

앞선 절들에서 우리는 일상적 의학 통계적 분석에서도 근간이 되는 얽혀 있는 개념적 문제들에 대한 아이디어에 대해 살펴보았다. 우리는 의학통계학에서 수학의 여러 가지 다른 역할들을 구분할 필요가 있다. 몇 가지 예들을 소개한다.

개별적 응용: 수학의 이용은 일반적으로 상당히 제한적이다. 상당히 다양한 모형들에 잘 맞아떨어질 수 있는 소프트웨어 패키지들을 광범위하게 이용하기 때문이다. 표준적이지 않은 문제에서 우도를 대수적/수치적으로 최대화하는 것, 혹은 수치적 적분을 위한 MCMC 알고리즘을 개발하는 것이 필요할 수 있다.

일반적 방법의 유도: 그럼 이들은 소프트웨어에서 충족될 수 있다. 이는 아마도 가장 널리 알려져 있는 수학적 연구일 것이다. 이를 위해 확률변수들의 함수에 대한 확률론의 광범위한 사용, 특히 대표본 명제들을 이용할 필요가 있을 것이다.

방법의 성질들의 증명: 이는 가장 복잡한 수학을 요구하는데, 추정값의 수렴성이나 다른 상황하에서 베

이즈 방법의 양태 같은 주제들을 다룬다.

의학에의 응용은 계속해서 통계적 분석의 새로운 방법을 발전시키는 원동력이다. 부분적으로 생물정보학, 이미징(imaging), 성능 감시(performance monitoring) 같은 분야에서 나오는 고차원적 데이터의 새로운 원천들 덕분이기도 하지만, 보건 정책 입안자들이 복잡한 모형을 점점 더 많이 이용하려 하기 때문이기도 하다. 이는 그런 모형들을 확인하고, 도전하고 더 향상시키기 위해 연구의 분석 방법과 디자인에 주의를 집중하는 결과를 낳는다.

그럼에도 불구하고 제한적인 수학적 방법들만이 의학통계학에서 사용되는 것처럼 보일지 모른다. 방법론적 연구에 관계된 사람들에게조차 그렇게 보인다. 이는 가장 일반적 통계적 방법의 기반이 되는 이론에 대한 지속적인 흥미진진한 논쟁, 그리고 분명 단순한 문제에 대한 다양한 접근 방법들에 의해 보상받는다. 이런 논쟁 대부분은 일상적 사용자에게는 숨겨져 있다. 통계학에서 수학적 이론의 적절한 역할에 대해서는, 데이비드 콕스의 왕립 통계학회 회장 연설(1981)을 인용하는 것이 가장 좋겠다.

래일리 경은 응용 수학을 "수학적 어려움을 추구하거나 회피하지 않으면서" 현실 세계의 양적 조사에 관여하는 것으로 정의했다. 이는 이상적으로 수학과 통계학 간에 성립되어야 하는 섬세한 관계를 매우 정확하게 묘사한다. 통계학에서 많은 우수한 연구는 최소한의 수학을 수반한다. 통계학에서 어떤 나쁜 연구는 분명한 수학적 내용 때문에 살아남는다. 그러나 그것은 반-수학적 태도와 적절히 사용된 강력한 수학에 대한 두려움이 널리 퍼져나가기 때문에 그 주제의 발

전에 해가 될 것이다.

더 읽을거리

Andersen, P. K., O. Borgan, R. Gill, and N. Keiding. 1992. *Statistical Models Based on Counting Processes*. New York: Springer.

Cox, D. R. 1972. Theory and general principle in statistics. *Journal of the Royal Statistical Society* A 144: 289-97.

———. 1981. Regression models and life-tables (with discussion). *Journal of the Royal Statistical Society* B 34: 187-220.

Kaplan, E. L., and P. Meier. 1958. Nonparametric estimation from incomplete observations. *Journal of the American Statistical Association* 53: 457-81.

Matthews, D. E., and V. T. Farewell. 1985. *Using and Understanding Medical Statistics*. Basel: Karger.

VII.12 수학적 해석학과 철학적 해석학

존 부르게스 *John P. Burgess*

1 철학에서의 해석학적 전통

철학적 문제는 특정 문제에 대한 반역 모의가 절대로 성공할 수 없다는 이유로 해결되는 성격의 문제가 아니다. 성공적인 모의는 절대 '반역'이라 불리지 않는 것처럼, 해결된 문제는 더 이상 '철학'이라 불리지 않기 때문이다. 한때 대학의 거의 모든 학문(최고 학위가 철학박사인 모든 학문)을 포함했던 철학은 이와 같은 성공들에 의해 축소되어 왔다. 가장 큰 축소는 17, 18세기 동안 일어났는데, 이때 자연 철학은 자연 과학이 되었다. 그 당시 철학자들은 새로운 과학의 도래에 커다란 관심을 보였는데, 과학적 방법의 문제에 대해서는 의견을 달리 했다. 철학은 권위, 전통, 계시, 혹은 믿음에 호소하지 않고 논리적인 주장과 경험의 증거라는 방법으로 그 자체를 제한함으로써, 예를 들면 신학과 구분된다고 항상 이해되어 왔다. 그러나 과학 혁명의 시기에 철학자들은 논리와 경험의 상대적인 중요성에 대해 의견을 달리 했다.

역사적으로 간략히 살펴보면, 철학자들은 그에 따라 합리주의자 혹은 논리파와 경험주의자 혹은 경험파로 나뉜다. 전자는 주로 유럽 대륙에서 나왔고 17세기에 우세했던 반면, 후자는 주로 영국에서 나왔고 18세기에 우위를 차지했다. 수학자 데카르트[VI.11]와 라이프니츠[VI.15]로 대표되는 합리주의자들은 기하학에서 그랬던 것처럼 이 세상에 적용되는 본질적인 결과를 얻는 순수 이성(자명한 공리들을 통한 논리적인 추론)의 분명한 능력에 깊은 인상을 받았고, 비슷한 방법을 다른 영역에도 적용하려고 했다. 스피노자는 심지어 유클리드[VI.2]의『원론』과 같은 형태로 그의『윤리학』을 집필했는데, 이는 철학에 대한 수학의 영향에 있어 역사적으로 최고봉에 해당한다. 미적분학에 대한 날카로운 비판가인 버클리를 포함한 경험주의자들은, 물리학에서는 합리주의자들이 바라는 것처럼 진행되지 않음을 인지했다. 물리학의 원리들은 자명한 것이 아니라, 체계적인 관찰과 통제된 실험으로부터 가설을 세우고 검정되어야 한다. 로크나 흄 같은 선도적인 경험주의자들을 당황시켰던 것은, 어떻게 순수 이성이 기하학에서 성공한 것처럼 임의의 분야에서 성공할 수 있는가 하는 것이었다. 이렇게 합리주의자들에게는 수학이 방법의 근원인 반면 경험주의자들에게 수학은 문제의 근원이었다.

칸트는 그 문제에 대한 영향력 있는 형식화를 이뤄냈는데, 그의 체계는 합리주의와 경험주의의 결합을 시도했다. 한편으로 칸트는 기하학과 산술학은 사후적이라기보다 선험적이라고 주장했는데, 이는 그것들이 경험에 의존한다기보다 경험 전에 알 수 있는 것임을 뜻했다. 반면 그것들은 분석적이라기보다 종합적인데, 이는 그것들이 개념들의 정의로부터 나오는 단순한 논리적 결과, 그 부정이 명사모순이 되는 명제 이상임을 의미한다. 수리 철학은 오늘날 과학 철학 내의 조그만 전문 분야이자 그 자체가 인식론 혹은 인지 이론 내의 조그만 전문 분야로, 칸트의 이론에서는 훨씬 더 중요한 역할을 했다. 그는 자신의 체계에 대해 쓴 요약문에서 "어떻게 순수 수학이 가능한가"라는 질문을 "어떻게 종합적 선험 지식이 가능한가"라는 질문의 첫째 경우로서 최고의 위치에 두었다. 칸트가 제안한 해답은 우리의 지식은 알게 된 것의 본성만큼이나 우리 자신들, 즉 인지자의 본성에 의해서 형성된다는 통찰에 근거했다. 칸트는 기하학의 대상인 공간과 그의 이론에 따르면 산술학의 궁극적 주제인 시간이 그 자체만으로 존재하는 것으로서가 아니라, 우리 감각의 본성이 주어졌을 때 우리가 인식하고 경험해야 하는 것으로서 특징 지어진다고 결론내렸다. 종합적 선험 지식은 궁극적으로 자기 지식, 즉 우리가 공급하는 형태의 지식이자 우리와 독립적인 실재가 내용을 공급하는 지식이다. 현상, 즉 우리가 그것을 경험하는 대로의 것들과 본체, 즉 우리가 의아해 하나 결코 알 수 없는 우리의 경험을 넘어선 것들 사이의 구분은 칸트의 전 체계, 즉 그의 형이상학뿐 아니라 윤리학에서 핵심적이었다.

이상의 내용이 큰 붓으로 빠르게 그려본 초기 현대 철학의 역사이다. 칸트 이후의 이야기는 더 이상 분명한 줄거리를 가지지 않는다. 체계 형성은 헤겔로 이어지는 또 다른 세대로 계속된다. 그러나 결국, 그리고 불가피하게 그의 체계는 스스로의 무게에 의해 붕괴되었고, 당연한 반응으로 철학자들은 사방으로 퍼져나갔다. 학계 바깥에서 놀라운 인물들이 간혹 철학과 문학의 경계에서 나타났고, 이 중 두각을 드러냈던 자가 니체이다. 그런 와중에 학문적 철학은 빅토리안 건축 양식처럼 여러 번의 부활을 경험했고, 이중 칸트 학도들이 가장 우세를 점했다. 그러나 신-칸트철학이 학계에서 융성할 때조차도 수학의 칸트 철학적 개념은 공격을 받았다. 첫째, 일관성 있는 비유클리드 기하학의 발전 자체가 기하학은 종합적이라는 칸트의 주장을 확고히 함에도 불구하고, 유클리드 기하학의 대안을 발전시킨 자들은 칸트가 주장한 것처럼 유클리드 기하학이 정말로 선험적인가에 대한 질문을 빠르게 제기했다. 가우스[VI.26]는 이미 기하학이 사후적이라고, 혹은 그가 말한 것에 따르면 역학과 같은 상태라고 결론내렸고, 리만[VI.49]은 기하학의 근간에 놓여 있는 가정을 조사하다 보면 물리학이라는 이웃한 과학의 영역으로 우리를 이끌어 갈 것이 틀림없다고 더 길게 주장했다. 둘째, 산술학이 선험적이라는 칸트의 주장을 의심하는 자는 별로 없는 반면, **고틀로프 프레게**[VI.56]와 (조금 나중에, 하지만 거의 독자적으로) **버트런드 러셀**[VI.71]의 연구에서 그것이 종합적이라는 주장은 도전을 받았다. 두 사람 모두 수에 대한 적절한 정의와 함께 논리학으로부터 산술학을 이끌어내려고 시도했다.

프레게의 연구는 부당하게도 오랫동안 잘 알려지지 않은 채 남아 있었다. 러셀 자신이 그것을 알게 된 이후 널리 알렸음에도 불구하고 말이다. 그 결과, 프레게는 현재 매우 영향력 있음에도 불구하고 그가 대표하는 철학의 전통에 대한 창시자라기보다는 선각자이고, 창시자는 오히려 러셀과 그의 동시대인이자 동료인 무어이다. 이 둘은 그들 스승의 철학에 반대하는 반항, 완전 이상주의라 불리는 19세기 후반의 탈선, 일종의 헤겔의 부활에서 시작되었다. 그러나 곧 그 반항은 그저 베이컨부터 밀에 이르는 영국 철학의 전통적 경험주의로의 회귀 이상을 목표로 하고 있음이 분명해졌다. 그러는 동안, 에드문트 후설(Edmund Husserl)은 20세기 철학에서 러셀-무어 전통에 대한 강력한 라이벌이 된 사조의 초기 형태를 발전시키고 있었다. 프레게처럼 후설은 산술학의 철학에 대한 연구와 프레게 스스로 알아차린 연구를 가지고 그의 경력을 시작했는데, 20세기 초반에 어느 누구도 후설과 프레게의 계승자들이 한 세대도 지나지 않아 서로 소통하지 않는 두 계파로 나뉠 것이라 예측하지 못했다.

발전 혹은 전통의 두 축은 이상한 이름이 붙여졌는데, 스타일에 관한 이름인 '해석파'가 한 쪽에, 지리적인 이름인 '대륙파'가 또 다른 쪽에 붙여졌다. 이 이상한 이름은 유럽 대륙에서 해석적 스타일의 주요 인물들(루드빅 비트겐슈타인(Ludwig Wittgenstein), 루돌프 카르나프(Rudolf Carnap), 그리고 다른 이들)이 일반적으로 독일 대학의 나치화라 알려진(그러나 후설의 괴짜 제자 마틴 하이데거(Martin Heidegger)는 '자아 확인'이라며 축하했던) 과정의 결과로 1930년대 영어권으로 도피해야만 했던 역사적 사실을 반영한다. 이 물리적 분리(하이데거와 그의 스승과의 결별, 과학에 대한 적대감, 호감이 안 가는 산문체 스타일, 혹은 증오에 찬 정치)로 인하여 20년 전에는 어느 누구도 예상하지 못했던 분열이 생겼다.

시간이 갈수록 그들 사이의 간극은 더 넓어졌고, 각 진영의 후대 저술가들은 자기 진영의 선대의 글만을 읽고 인용하는 경향을 보였다. 실제로 분열은 시간이 지나며 거꾸로 확산되었다. 왜냐하면 보르헤스(Borges)가 문학에서 위대한 작가는 그 고유의 선열을 만든다고 말한 반면, 철학에서는 별로 위대하지 않은 작가들도 그렇게 할 수 있고, 20세기의 두 전통은 서로 다른 19세기 인물들을 자신들의 선도자로 보게 되었고, 이런 식으로 (하이데거보다 오히려 헤겔을 최초의 확연히 구분되는 대륙 철학자라고 인정하면서) 그들 사이의 분리를 칸트의 사망 직후로까지 확장시켰기 때문이다. 두 전통에 속한 학생들의 도서 목록 사이의 간극은 너무나 커서 오늘날 한 전통에서 훈련받은 학생이 다른 전통의 연구를 시작하는 것은 전공을 바꾸는 것이나 다름없다.

'학파' 혹은 '운동'보다 '전통'이라는 단어를 심사숙고하여 사용한다. 왜냐하면 각 전통은 학파에 의한 분류를 거부하는 개인들뿐 아니라, 여러 운동을 포함하고 있기 때문이다. 해석적/대륙적 구분의 어떤 쪽에 그 쪽의 모든 철학자가 고수하는 원칙이나 방법이 있다고 가정하는 것은 심각한 실수이다. 특히 분석 철학을 논리적 실증주의나 사라진 지 반 세기도 더 된 비엔나 철학 운동과 혼동해서도 안 된다 (미국 학파와 혼동해서는 안 되고, 대륙 철학을 실존주의나 파리에서 거의 그만큼 오래 전에 유행이 지나버린 문학과 혼동해선 안 된다). 논리적 실증주의와 실존주의는 사실 각각 분석 철학과 대륙적 철학의 종류이고, 아마도 반 세기 정도 전에 가장 탁월한 종류였지만, 각각은 그 당시조차도 유일한 종류는 절대 아니었다. 20세기 철학에 대한 수학의 영향을 평가하기 위해서는 두 전통 간의 분리만큼이나 각 전통 내에서의 분리도 고려해야 한다.

후설의 초기 연구 이래로 대륙 쪽에서 수학과 철학 간에 비교적 접촉이 없었음은 사실일 것이다. '구조주의자'라는 꼬리표는 부르바키[VI.96]의 수학과 실존주의 붕괴 이후 프랑스에서 영향력을 가지게 된 다양한 인류학적이고 언어학적인 원칙 둘 다를 포함할 만큼 넓지만 말이다. 그러나 해석적 전통 내에서 많은 개인과 그룹에게 미친 사고의 수학적 방법의 직접적 영향은 무시할 만하다는 것 또한 사실

이다. 이런 식으로, 대륙적 전통 내에 구별할 수 있는 독일과 프랑스의 하부전통이 있는 것처럼, 해석적 전통 내에서도 (그 자신이 수학 교수였던) 프레게, (대학생 시절 철학으로 돌아서기 전에 수학에 집중했던) 러셀, 그리고 (대부분 이론 물리학자로 훈련받았던) 논리적 실증주의자들을 포함한, 좀 더 기술쪽으로 방향성을 가진 세부전통과, 무어, 비트겐슈타인, 소위 말하는 중세 옥스퍼드의 일반 언어 학파와 다른 이들을 포함한 비기술적인 혹은 반기술적인 세부 전통을 구분할 수 있다. (비트겐슈타인은 심지어 수학자들은 항상 나쁜 철학자를 만든다면서, 즉각적 타겟은 러셀이었지만 탈레스와 **피타고라스**[VI.1]까지 거슬러 올라가 많은 이들을 비난하는 무시무시한 판단을 주장하기까지 했다.) 그러나 두 전통 사이에서보다 각 전통 내 세부 학파 간에 오가는 대화가 훨씬 많았고 영향력이 컸다.

더 기술적인 분석 철학자들 사이에서조차 그 초창기 이후에 수학의 영향은 미미했지만, 대부분 수리 논리학, 계산가능성 이론, 확률과 통계학, 게임이론, (철학자-경제학자 아마르티아 센(Amartya Sen)의 연구에서처럼) 수학적 경제학 같은 분야에서 나왔고, 이들은 수학자들이 바라볼 때 순수 수학의 핵심에서 상당히 멀리 떨어져 있다. 따라서 (어쩌면 순수 수학이라기보다 이론적 컴퓨터 과학에서 나온 질문인 P 대 NP 문제를 제외하고) 밀레니엄 문제 중 어떤 것이 해결될지라도 그것이 가장 영향을 받기 쉬운 분석 철학자들에게조차 상당한 영향을 미칠 것이라고 상상하기는 힘들다. 이렇게 직접적 영향이 제한적이었던 것과는 대조적으로, 초기 인물들인 프레게와 러셀의 사고에 미친 효과로부터

나온 수학의 간접적 영향은 덜 기술적인 방향성을 가진 분석 철학자들 사이에서도 압도적이었다. 프레게와 러셀에게 영향을 미친 수학 분야들은 기하학과 대수학, 그리고 무엇보다도 수학의 세 번째 위대한 핵심 영역인, 철학적 의미에서가 아니라 수학적 의미에서 '해석학'으로 미적분학에서 시작된 분야였다. (프레게와 러셀은 수리 논리학에 영향을 받지 않았다. 오히려 그들이 수리 논리학을 만들었고, 수학적 해석학이 그 창조에 핵심적인 영향을 미쳤다.)

2 수학적 해석학과 프레게의 새로운 논리학

이제 프레게와 러셀 시대의 수학적 해석학의 상태에 대해 고려해 보자. 1800년 즈음의 상황을 빠르게 훑어보면서 시작해 보자. 결과가 풍부한 만큼, 그리고 응용이 강력한 만큼, 19세기 초반 수학은 자연수, 유리수, 실수, 복소수 체계, 그리고 1, 2, 3차원의 유클리드 공간과 사영공간이라는 몇 가지 구조만을 다루었다. 가우스, 해밀턴[VI.37]과 다른 이들의 연구가 최초의 비유클리드 공간과 최초의 비가환 대수를 소개하자 모든 것은 급격히 바뀌었고, 그 이후 계속해서 새로운 수학적 구조가 빠르게 확산되었다. 이 일반화 경향은 엄밀화 경향과 함께 나타났다. 새로운 것들의 확산으로 인해 수학자들이, 관습적으로 그래 왔던 것보다 더 엄격하게 엄밀성에 대한 오래된 이상에 집착하게 되었기 때문이다. 이에 따라서 수학에서 모든 새로운 결과는 이전의 결과에서, 그리고 궁극적으로 명확한 공리들의 목록으로부터 논리적으로 이끌려 나와야 했다. 엄밀성 없이,

더 전통적인 구조에 대한 익숙함에서 나오는 직관은 더 이상 그것이 적절하지 않은 새로운 상황으로 무의식적으로 쉽게 옮겨갈지 모르기 때문이다.

일반화와 엄밀화는 기하학과 대수학에서뿐만 아니라 수학적 해석학에서도 함께 진행되었다. 수학적 해석학에서 일반화는 두 방향으로 진행되었다. 18세기에 '함수'라는 개념은 입력값 혹은 '변수'인 하나 이상의 실수에 작용하여, $f(x) = \sin x + \cos x$ 또는 $f(x, y) = x^2 + y^2$ 같은 어떤 공식에 따라, 출력값 혹은 '함숫값'으로서 하나의 실수를 주는 연산이라고 생각한 반면, 19세기 수학자들은 명백한 공식이라는 요구사항을 없애면서 이를 일반화했다. 다른 한편, 코시와 리만, 그리고 다른 이들은 변수로서 실수뿐만 아니라 복소수, 즉 a와 b가 실수이고 i는 -1의 '상상의' 제곱근일 때 $a + bi$ 꼴의 수 또한 허용하면서 그 개념을 확장시켰다.

수학적 해석학에서 엄밀화 또한 두 단계로 진행되었다. 첫째, 모든 정리에 대해 그 결과가 적용되길 기대하는 함수들에 대해서 정확히 어떤 특별한 성질만 가정하는지 명확히 서술해야 했다. 왜냐하면 공식에 의해 정의될 수 있는 특별한 성질들(혹은 연속성이나 미분 가능성)은 더는 매우 일반적인 함수 개념의 일부분으로 들어가 있지 않기 때문이다. 더구나 관련된 성질들 자체가 명확히 정의되어야 했다. (이는 신입생 미적분학에 나오는 '연속성'과 '미분 가능성' 같은 개념에 대한 소위 말하는 바이어슈트라스[VI.44] 입실론-델타 정의를 이끌어냈다.) 왜냐하면 푸앵카레[VI.61]가 언급한 것처럼, 정의에서 엄밀성을 가지지 않고서 정리에서 엄밀성을 가질 수 없기 때문이다. 둘째, 함수가 적용되는 수들에 가

정된 성질 또한 명확해져야 하고 공리로서 분명하게 서술되어야 했다. (해밀턴에 의해) 복소수의 성질이 논리적 정의와 실수의 성질로부터의 추론에서 나왔고, 실수의 성질 또한 (데데킨트[VI.50]와 칸토어[VI.54]에 의해) 유리수의 성질에서 나왔고, 이 역시 0, 1, 2, ⋯와 같은 자연수 체계의 성질로부터 나왔다.

여기서 프레게는 한층 더 압박을 가하여 칸트가 할 수 없을 거라 말했던 것을 하고자 했고, 순수 논리로부터 자연수 자체의 성질들을 이끌어내고자 했다. 이 목적을 위해 그는 논리에 대하여 최고의 엄밀주의 수학자들보다도 스스로 더 명확히 인식할 필요가 있었다. 그는 논리적 정의와 추론의 규칙과 표준을 그저 암묵적으로 지키는 것이 아니라, 바로 그 규칙과 표준 자체를 명확하게 분석해야 했다. 정의와 추론에 대한 그런 자의식 강한 분석은 고대 이래로 전통적으로 수학이라기보다 철학에 속하는 주제였다. 프레게는 이 철학적 주제에서 혁명을 수행해야 했다. 즉, 그것을 수학에 한층 더 가깝게 가져올, 그리고 칸트가 그 창시자인 아리스토텔레스가 남겨 놓은 상태를 넘어서 한 발자국도 나아가지 못했다고 묘사한 분야에 진전을 가져올 혁명 말이다. (약간 과장되었지만 본질적으로는 맞는 말이다. 아리스토텔레스 이후 2000년 동안 앞으로 한 걸음 전진하면 뒤로 한 걸음 후퇴하는 일이 계속되었기 때문이다.) 프레게의 새로운 논리는 20세기 철학적 해석학을 위한 가장 중요한 일반적 도구가 되었고, 산술학의 토대에 대한 특별한 계획의 일부분으로서의 본래의 역할에서 벗어나 상당히 다양한 주제들에 적용되었다. 실제로 대개 철학적 해석학은 단순히 수학적 개념이라기보다 철학적 개념의 논리적 해석으로, 프레게의 폭넓은 새로운 논리, 혹은 그의 계승자들에 의해 도입된 그보다 더 폭넓은 확장의 도움을 받아 수행되었다. 프레게는 그가 행한 수리 철학에 특화된 응용이라기보다 새로운 논리의 일반적 도구의 창조에 의해서 분석철학의 대부가 되었다. 그리고 프레게의 논리의 새로움은 그가 강조했던 것처럼, 수학적 해석학의 새로운 발전에 직접적인 자극을 받았다.

프레게는 「함수와 개념」이란 제목의 논문에서, 함수의 개념의 확장을 다음과 같이 묘사했다(피터 기치와 막스 블랙의 번역문 인용).

자, 어떻게 '함수'라는 단어를 언급하는 기준이 과학의 진보에 의해 확장되어 왔는가? 우리는 이것이 일어났던 두 방향을 구별할 수 있다. 처음에 함수를 만들기 위해 제공한 수학적 연산의 체를 확장하였다. 덧셈, 곱셈, 지수, 그 역들 외에, 극한으로 가는 다양한 방법들이 도입되었다. 분명 자신이 그런 식으로 본질적으로 새로운 것을 받아들이고 있음을 항상 분명하게 알지 못한 채 말이다. 사람들은 여전히 더 나아갔고, 실제로 보통 언어를 버릴 수 밖에 없게 되었다. 왜냐하면, 예를 들어 유리수에서는 함숫값이 1이고 무리수에서는 0인 함수에 대해 이야기할 때, 해석학의 기호 언어가 실패했기 때문이다. (이는 디리클레[VI.36]의 유명한 예이다.) 둘째로, 함수의 가능한 입력값과 함숫값들의 체가 복소수를 허용함으로써 확장되었다. 이와 함께 '합', '곱' 같은 표현의 의미가 더 넓게 정의되어야 했다.

프레게가 말미에 "나는 두 방향 모두에서 한층 더 나아간다"라고 덧붙였다. 프레게가 아리스토텔레스의 논리보다 더 폭넓은 논리를 발전시켜야만 한다는 실마리를 제공했던 것이 수학자에 의한 함수의 개념 확장이기 때문이다.

프레게의 논리학이 보여준 진보를 감상하기 위해서는, 먼저 아리스토텔레스의 논리학을 조금 이해해야 한다. 그것을 몇 천 년 동안 이 분야에서 인류가 할 수 있었던 최선이라 생각한다면 상당히 보잘 것없는 성취가 되겠지만, 여러 다른 문제에도 노력을 쏟아 부었던 과정 속에서 나타난 한 개인의 업적으로서 생각한다면 그것은 뛰어난 것이 된다. 왜냐하면 아리스토텔레스는 무(nothing)로부터 논리의 과학을 만들었기 때문인데, 그의 목표는 전제로부터 결론을 추론하는 데 있어 유효한 추론과 유효하지 않은 추론을 구분하는 것이었다. 여기서 전제와 결론의 구성요소의 참거짓에 상관 없이, 단지 그 형태가 전제가 참일 때 결론이 참임을 보장하면, 추론은 유효하다. 마찬가지로 전제가 참인 같은 형태의 모든 추론에서 결론이 참이면, 추론은 유효하다. 따라서 루이스 캐롤의 예를 대입해 보면, "나는 내가 말한 것은 무엇이든 믿는다"로부터 "나는 내가 믿는 것은 무엇이든 말한다"를 추론해내는 것은 유효하지 않다. 왜냐하면 "나는 내가 먹는 것은 무엇이든 본다"에서 "나는 내가 보는 것은 무엇이든 먹는다"를 추론하는 것처럼, 가정이 참이고 결론이 거짓인 동등한 형태의 추론이 있기 때문이다.

아리스토텔레스 논리학의 영역은 그가 인정하는 잠재적 전제와 결론의 형태의 제한적인 범위 때문에 제한된다. 사실 그는 오직 다음 네 가지만을 인정

했다. 전칭 긍정 "모든 A는 B이다", 전칭 부정 "어떤 A도 B가 아니다", 특칭 긍정 "어떤 A는 B이다", 그리고 특칭 부정 "어떤 A는 B가 아니다" 혹은 "모든 A가 B는 아니다". 전제 "나는 내가 말하는 것은 무엇이든 믿는다"는 "내가 말하는 모든 것이 내가 믿는 것이다"라는 뜻이고, 따라서 전칭 긍정이다. 루이스 캐롤의 예에서 추론의 비유효성은 "모든 A가 B이다"에서부터 "모든 B가 A이다"를 추론하는 것의 비유효성을 보여준다. 두 전제 "모든 그리스인은 인간이다"와 "모든 인간은 죽는다"에서 결론 "모든 그리스인은 죽는다"를 추론하는 것의 유효성은 "모든 A가 B이다"와 "모든 B가 C이다"에서 "모든 A가 C이다"를 추론하는 것의 유효성의 전형적인 예가 된다. 이것은 전통적으로 '바바라(Barbara, 라틴어로 야만인을 뜻함)의 삼단논법'이라 불리며, 그 이름은 우리의 논의와는 관련이 없다. 아리스토텔레스의 논리학은 부분적으로 철학적 논쟁('대화')에서 연역법의 실행에 의해, 그리고 부분적으로 수학적 정리 증명('시연')에서 연역법의 실행에 의해 영감을 얻었고, 그는 『분석론 후서(Posterior Analytics)』에서 동시대 기하학자 에우독소스의 관행에 기반한 것으로 추정되는 연역적 과학에 대한 설명을 제공한다. 동시대 극작가 유리피데스가 『시학(Phoetics)』에서 비극을 관행에 기반하여 설명한 것과 같은 의미와 정도로 말이다. 그러나 사실 아리스토텔레스의 논리학은 수학자의 실제 논증의 분석을 위해서는 불충분하다. 왜냐하면 그는 관계를 수반하는 논증의 형태들에 대해 아무것도 제공하지 않았기 때문이다. 예를 들어, "모든 정사각형은 직사각형이다"에서 "정사각형을 그리는 사람은 누구나 직사각형을 그린

다"를 이끌어내는 유효한 논증을 적절히 분석할 수 없었는데, 왜냐하면 그는 결론을 적절한 형태로 나타낼 방법을 알지 못했기 때문이다.

반대로 당신이 최근에 나온 논리학 입문 교과서를 임의로 골라 펼친다면, 어떻게 기호를 가지고 관계들과 관련된 논증의 형식을 나타내는지에 대한 설명을 찾을 수 있을 것이다. 방금 본 예는 다음과 같이 교과서 형식으로 나타날 것이다.

$$\forall x \,(정사각형(x) \rightarrow 직사각형(x))$$
$$\therefore \quad \forall y \,(\exists x \,(정사각형(x) \,\&\, 그린다(y, x)) \rightarrow$$
$$\exists x \,(직사각형(x) \,\&\, 그린다(y, x))).$$

이는 다음과 같이 설명할 수 있다. 모든 x에 대해, x가 정사각형이면 x는 직사각형이다. 그러므로 모든 y에 대해, x가 정사각형이고 y가 x를 그리는 그런 x가 있다면, x는 직사각형이고 y가 x를 그리는 그런 x가 있다. (이런 식으로 '$\rightarrow$'는 '만약 …라면, 그럼 …이다(if …, then …)'를 뜻하고, '$\forall$'은 '모든(for every)'을 의미하고 '$\exists$'은 '이 있다(there is)'를 의미한다.) 논리 해석학의 스타일은 프레게가 발명했다.

여기에 내재된 바는 '생각(concept)'을 함수의 특별한 종류로서 개념화하는 것이다. 함수는 (함수의 수학적 개념을 한 방향으로 일반화하여) 어떤 종류의 수학적 설명에 의해 주어질 필요가 없고, 또 (수학적 개념을 또 다른 방향으로 일반화하여) 변수가 어떤 종류의 수일 필요가 없다. 프레게에게 생각이란 그 변수 혹은 변수들이 임의의 대상일 수 있고 그 값은 참과 거짓인 함수이다. 그러므로 소크라테스는 (적어도 그에게 완벽한 지혜가 부족하다는 것을 인식했다는 정도까지) 지혜롭기 때문에 소크라테스라는 변수에 적용된 지혜롭다는 개념은 참인 반면, 소크라테스는 불사가 아니라 독약을 마시고 죽었기 때문에 소크라테스에 적용된 불사라는 개념은 거짓이다. 프레게는 둘 이상의 변수를 가지는 함수를 허용하는 수학적 해석학자를 따랐기 때문에 관계들을 다룰 수 있었다. 소크라테스가 플라톤을 가르쳤기 때문에, 소크라테스와 플라톤에게 순서대로 적용된 '가르쳤다'는 참이다. 반면 플라톤이 소크라테스를 가르치지 않았기 때문에, 그 순서대로 플라톤과 소크라테스에게 적용하면 거짓이 나온다. 아리스토텔레스의 단순한 '모든 A는 B이다'는 프레게에게 더 복잡한 '모든 대상 x에 대해 A(x)이면 B(x)이다'가 된다. 그런 추가적 복잡성이란 대가를 치르고서, 관계를 나타내는 명제를 논리적으로 분석할 수 있었던 반면, 아리스토텔레스는 그러지 못했다.

아리스토텔레스는 인간이라는 개념을 분석하기 위해 '언어 사용'이라는 면에서, 동물과 이성적이라는 개념을 사용했다. ('필요충분조건(if and only if)'를 '$\leftrightarrow$'라 나타내는) 오늘날 교과서 기호를 이용하면, 이는

$$사람(x) \leftrightarrow 동물(x) \,\&\, 이성적(x)$$

이다.

그러나 아리스토텔레스는 관계에 대한 이론이 없었으므로 어머니(혹은 아버지)라는 개념을 여자(혹은 남자)와 부모를 가지고 분석할 수 없었다. 프레게에게 어머니는 다음과 같이 분석된다.

$$어머니(x) \leftrightarrow 여자(x) \,\&\, \exists y \,부모(x, y).$$

어머니는 누군가의 부모인 여자이고, 아버지에 대

해서도 비슷하게 말할 수 있다. 프레게는 심지어 조상이라는 개념을 부모라는 개념을 가지고 분석할 수 있었다. 비록 이 분석은 지금의 개략적인 범위를 넘어서는 것이지만 말이다. 이후에 철학적 해석학은 프레게에 의한 아리스토텔레스의 논리적 해석학의 확장 없이는 생각할 수 없게 되었다. 그리고 프레게는 그의 논리적 해석학의 확장이 18세기의 선대로부터 물려받은 함수라는 개념을 19세기 수학적 해석학자들이 확장시킨 것의 직접적 연장이라는 점을 제대로 간파했다.

3 수학적 해석학과 러셀의 기술 이론

프레게처럼 러셀은 수학에서 문제의 원천과 방법의 원천 모두를 찾아냈다. 수리 철학에서 나온 문제들을 특화하여 조사하기 위해 그는 기술 이론(theory of description)이라는 도구와 더 일반적인 방법인 문맥상 정의(contextual definition)의 방법을 만들어냈고, 그의 계승자들이 이를 받아들여 문제가 되는 다른 많은 분야에 응용했다. 사실 이 아이디어를 수리 철학 바깥 분야에 적용한 것은 비단 러셀의 계승자들만은 아니었다. 왜냐하면 러셀 자신도 이 주제를 다룬 그의 첫 논문에서 바로 그렇게 했기 때문이다. 따라서 기술 이론이 수학에 대한 토대와 철학의 공부 과정에서 유래되었는지는, 1905년에 출판되어 오늘날까지 분석 철학 학생들의 강의 계획서에 주요 항목으로 지정되는 책이면서 여전히 널리 읽히는 러셀의 『지칭에 관하여(On denoting)』에서 분명하게 나타나지 않는다. 오히려 이는 러셀의 자서전적 글에 언급되어 20세기 철학 역사학자들에게 알려진 사실이다. 기술 이론이 예증하는 문맥상 정의의 방법이 19세기 해석학의 엄밀화에 의해 어느 정도까지 자극받았는지는 아마도 그런 전문가들에게조차도 충분히 평가되지 않은 것 같다.

러셀이 『지칭에 관하여』에서 언급한 주된 퍼즐은 '프랑스 왕은 존재하지 않는다'와 같은 소위 말하는 존재 부정(negative existential)의 퍼즐이다. 피상적 문법 형식에서 이 문장은 '영국 여왕은 동의하지 않는다'와 유사하고, 그런 정도로 (이 경우 사람인) 대상을 골라낸 다음 그에게(혹은 이 경우 그런 것처럼 그녀에게) 어떤 성질을 부여하는 것과 관련 있어 보인다. 따라서 누가 혹은 무엇이 존재하지 않는다고 말하기 위해서, 어떤 의미로 존재하지 않는다는 성질이 부여될 수 있는 그런 사람 혹은 그런 것이 존재한다고 가정해야 하는 것처럼 보인다. 러셀은 알렉시우스 마이농(Alexius Meinong)(후설의 스승인 프란츠 브렌타노(Franz Brentano)의 제자)을 그런 견해에 헌신한 철학자로 인용한다. 왜냐하면 마이농은 황금산과 둥그런 정사각형으로 예시된 '존재와 비존재 너머의 대상'에 대한 이론을 가졌기 때문이다. 그러나 스콧 소아메스(Scott Soames)가 그의 『20세기 철학적 해석학 제1권: 해석학의 여명(Philosophical Analysis in the Twentieth Century volume I: The Dawn of Analysis)』에서 드러낸 것처럼, 러셀 스스로 자신과 무어의 절대 이상주의에 대항한 합동 반항 초기에 잠시 비슷한 견해를 가졌다. 러셀은 기술 이론의 발전을 통해서 마이농적 '대상'에 대한 헌신 같은 것으로부터 자유로워질 수 있었다.

그 이론에 따르면, 황금 산 하나가 존재한다(a Golden Mountain exists)고 말하는 것은 황금인 동시에 산인 어떤 것이 있다고 말하는 것이다. 즉 $\exists x$(황금(x) & 산(x))이다. 황금 산이 존재한다(the Golden Mountain exists)고 말하는 것은 황금인 동시에 산인 것이 하나 있고 그와 같은 것은 더 존재하지 않는다고 말하는 것이다.

$$\exists x\,(황금(x)\,\&\,산(x))$$
$$\&\,\sim \exists y\,(황금(y)\,\&\,산(y)\,\&\,y \neq x))$$

(여기서 '$\sim$'는 '그런 경우가 아니다'를 나타낸다.) 이는 어떤 것이 황금이면서 산인 것이 있을 필요충분조건이 그것이 저것과 똑같다는 것이라 말하는 것, 즉

$$\exists x\,\forall y\,(황금(y)\,\&\,산(y)\,\leftrightarrow\,y = x)$$

와 논리적으로 동치이다. 황금 산이 존재하지 않는다고 말하는 것은 단순하게 이를 부정하는 것이다.

$$\sim \exists x\,\forall y\,(황금(y)\,\&\,산(y)\,\leftrightarrow\,y = x).$$

프랑스 왕이 대머리라고 말하는 것은 비슷하게, 어떤 것이 프랑스 왕일 필요충분조건이 그것이 저것과 똑같고 저것이 대머리인 그런 것이 존재한다고 말하는 것과 동치이다.

$$\exists x(\forall y\,(프랑스\;왕(y)\,\leftrightarrow\,y = x)\,\&\,대머리(x)).$$

지금은 러셀 이론의 세세한 부분들에 대해 알아볼 자리가 아니지만, 그의 주된 요점은 이 몇몇 예를 통해 분명해진다. 새로운 논리를 이용하여 논리적 형식을 적절히 분석할 때, '황금 산'이나 '프랑스의 현재 왕'이라는 문구는 사라진다. 그와 함께 황금 산이나 프랑스 왕 같은 어떤 대상이 존재함을 부정할 때조차도 황금산이나 프랑스 왕의 '대상'으로서 인식되는 현상도 사라진다. 앞선 예들은 두 가지 작은 교훈을 보여준다. 첫째, 명제의 논리적 형식은 그 문법적 형식과 상당히 다를 수 있고, 이 차이의 인식이 철학적 문제의 해결 여부의 열쇠일 수 있다. 둘째, 한 단어나 문구의 올바른 논리적 해석은 그 자체로 취해진 단어나 문구가 무엇을 의미하는가가 아니라, 그 단어나 문구를 포함하는 전체 문장이 무엇을 의미하는가에 대한 설명과 연관될 것이다. 그런 설명이 문맥상 정의가 의미하는 바이다. 혼자 있는 채로 그 단어나 문구의 분석을 제공하는 게 아니라 그것이 나오는 문맥에 대한 분석을 제공하는 정의 말이다.

러셀의 문법적 형식과 논리적 형식 사이의 차이, 그리고 전자가 체계적으로 오도될 수 있다는 그의 주장은, 논리적 형식을 나타내기 위해 특별한 기호를 이용할 필요가 없다고 생각했고 또 그의 기술 이론에서 구분의 특정한 응용의 세부적 부분들에 반대했던 옥스퍼드 일반언어 학파 같은 비기술적인 지향의 철학자들에게도 지대한 영향을 미쳤음이 드러났다. 그러나 러셀의 문맥상 정의에 대한 개념은 바이어슈트라스와 19세기 해석학의 엄밀화에 대한 다른 주도자들의 연구에서 이미 암묵적으로 드러난 것이고, 학부시절 수학 시간에 러셀에 대한 내용으로 배운 익숙한 것이다. 따라서 철학적 해석학자들의 반기술적 일반언어 학파조차도 수학적 해석학으로부터 한 발 떨어져(그리고 말하자면, 자신들도 모르게) 영향을 받고 있었다.

맥락상 정의는 엄밀주의자가 미적분학에서 무한소와 무한의 개념을 둘러싼 미스터리를 없애기 위해 사용했던 도구였다. 라이프니츠의 계승자들은

예를 들면 함수 $f(x)$의 도함수를 $df(x)/dx$라고 썼는데, 여기서 dx는 변수에서 '무한소' 변화를, $df(x)$는 변수가 x에서 $x + dx$까지 변할 때 그 함숫값에서 대응되는 '무한소' 변화 $f(x + dx) - f(x)$를 나타내기 위한 것이었다. (라이프니츠는 이는 모두 그저 비유적 표현이라 주장했지만 그의 계승자들은 이를 곧이곧대로 받아들인 듯하다.) 이 무한소는 어떤 상황에서는 0이 아닌 것으로 취급할 수 있지만(특히 0으로 나눌 수 없는 반면, 이를 가지고 나눌 수는 있다), 다른 상황에서는 0인 것처럼 취급하여 무시할 수 있다. 그런 식으로 함수 $f(x) = x^2$의 도함수는 다음과 같이 계산되었다.

$$\frac{df(x)}{dx} = \frac{f(x + dx) - f(x)}{dx} = \frac{(x + dx)^2 - x^2}{dx}$$
$$= \frac{2x\,dx + (dx)^2}{dx} = 2x + dx = 2x.$$

여기서 마지막에서 두 번째 단계까지는 dx를 0이 아닌 것으로 취급하고 마지막 단계에서 0으로 취급했다(버클리 같은 비평가들을 불같이 화나게 만든 종류의 과정이다). 19세기의 엄밀화 과정에서 무한소는 사라졌다. $df(x)$나 dx의 의미에 대해 따로 떼어내어 직접적으로 설명하는 것이 아니라, 오히려 전체로 생각하여 그런 표현을 포함한 문맥상 의미에 대한 설명이 제공되었다. 무한소 $df(x)$와 dx의 분수로서 $df(x)/dx$라는 분명한 형태를, 그 진정한 형태가 함수 $f(x)$에 미분 연산 d/dx를 적용하는 것을 나타내는 $(d/dx)f(x)$라고 설명하면서 없애 버렸다.

비슷하게 $\lim_{x \to 0} 1/x = \infty$ 혹은 'x가 0으로 감에 따라 $1/x$의 극한은 무한대이다'와 같은 표현은 '∞'나 '무한대'에 대한 개별적인 어떤 설명도 요구하지 않고 하나로 통틀어 설명했다. 지금은 신입생 미적분학 책 어디에나 나오는 세부적 내용들 때문에 지체할 필요가 없다. 역사적으로 중요한 것은 러셀의 기술 이론에서 사용된 문맥상 정의의 개념이 수학과 학생이었던 그에게 익숙했을 아이디어였다는 점이다. 이를 인정한다고 해도, 말할 필요도 없이 수학적 해석학의 원래 내용에서 그런 아이디어를 추출해내고 이를 철학적 퍼즐을 해결하는 데 이용하는 것과 관련하여 분명 비범한 재능이 있었음을 부인하지는 않는다. 바이어슈트라스의 아이디어에서 러셀의 아이디어의 보석들을 확인하는 것은 러셀이 러셀 이전의 프레게처럼 철학적 문제와 관계가 있는 어떤 종류의 비범함을 가져왔는지를 더욱 정확히 보여주는 것이다. 이는 바로 수학적 지식에서 정보를 제공받은 철학적 비범함이다.

4 철학적 해석학과 분석 철학

새로운 수단을 획득한 사람은 누구나, 망치를 든 사람에겐 모든 것이 못처럼 보인다는 속담처럼 행동할 위험성이 조금 있다. 프레게와 러셀의 새로운 방법을 적용하던 초기에, 몇몇 수학자들이 그 방법들을 가지고 이룰 수 있는 작업에 대해 너무나도 열정적인 태도를 보였음은 부인할 수 없다. 러셀 스스로, 일단 충분히 풍부하고 강력한 논리를 가지면 수학을 순수 논리로 환원시킬 수 있다고 자족하고서, 계속해서 수학을 제외한 모든 과학은 즉각적인 감각에 의한 인상(그들이 '감각 데이터'라 부른)에 관한 명제들의 논리적 복합체로 환원될 수 있다고 결론

내렸다. 논리적 긍정주의자도 비슷한 결론에 도달했고, 헤겔주의자나 절대적 이상주의 형이상학자들의 주장으로부터, 그런 환원을 허용하지 않는 명제는 모두 '가짜 명제', 혹은 그저 난센스로서 금지시킬 준비가 되었다.

어떻게 과학이 (오늘날 과학에서 나오는 쿼크와 블랙홀 같은) 직접 관찰할 수 없는 이론적 요소에 관한 부분들조차도 감각 데이터에 대한 명제들로, 혹은 적어도 (미터 읽기 같은) 매일 관찰할 수 있는 대상에 대한 명제들로 논리적으로 환원될 수 있는지 알아내려는 의식적 노력은 실패했다. 따라서 긍정주의자들은 그들의 프로그램이 성공할 수 없고, (그들은 현대 과학의 많은 부분을 그저 가짜 명제로 일축하고 싶지 않았기 때문에) 그들의 의미 있음에 대한 기준이 너무 엄격하다고 인정해야만 했다. 그러나 소아메스가 강조한 것처럼, 바로 이 실패에 대한 인정이 일종의 성공이었다. 왜냐하면 긍정주의자들 이전엔 어떤 철학 학파가 자신들의 목표를 충분히 명확하게 서술하여 그 목표를 성취할 수 없다는 걸 알 수 있는 경우는 있다 해도 거의 드물었기 때문이다. 프레게와 러셀에 의해 제공된 새로운 논리적 역량은 긍정주의자들이 그들이 증명할 수 있는 것보다 더 많은 것에 대해 가설을 세우도록 유혹함과 동시에 가설의 증명이 불가능함을 그들에게 분명하게 보여줬다.

새로운 수단의 범위와 한계는 경험을 통해 점차적으로 더욱 잘 이해되었다. 러셀의 기술 이론은 그의 학생인 램지(F.P. Ramsey)에 의해 '철학적 해석학의 패러다임'으로 격상되었고, 이는 실제로 그러하다. 그러나 러셀이 철학적 문제를 철학적 해석학에 의해 완전히 해결한, 부정적 존재에 관한 이슈를 위해 사용했던 것 같이 응용하는 것은 거의 불가능하다는 것을 알게 되었다. 해석학은 일반적으로 그저 예비 과정, 즉 진짜 문제가 무엇인지 더 분명하게 만드는 과정일 뿐이지, 모든 분명한 문제들을 그저 가짜 문제들로 드러내는 만병통치약이 아니다.

분석 철학이 발전함에 따라, 열정은 헌신으로 대체되었다. 프레게와 러셀의 방법의 한계를 인식하게 되자, 위대한 개척자들의 근본적 동기였던 명확성이라는 목표를 버리는 것이 아니라, 오히려 그것에 더 확고히 고착하게 만들었다. 특별한 논리적 상징주의에서 표현된 것은 말할 것도 없이 단 하나의 명백한 분석을 맞닥뜨리지 않고서, 해석적 전통의 철학에 대한 많은 논문을 읽을 수 있을 때, (영어권 대학의 어떤 인문학과에서는 대륙파 철학자들의 것은 전혀 발견할 수 없다고 말하면서) 이 전통에서 쓴 글을 대륙 철학자들의 글과 즉각 구분짓는 명확한 산문체 스타일을 여전히 거의 모든 곳에서 발견할 수 있다. 이 명확성은 (확실히 최초의 진정한 현대 철학자이자 수학자–철학자인 데카르트에게서 이미 발견되지만 그의 많은 계승자들에게서는 사라졌는데) 분석 철학의 개척자들이 수학으로부터 그 철학적 상속자들에게 전해준 궁극적 영향이자 유산이다.

더 읽을거리

이 주제에 대해 더 읽어보기를 원하는 이들에게 스콧 소아메스(Scott Soames)의 『20세기 철학적 해석학(*Philosophical Analysis in the Twentieth Century*)』

(Princeton, NJ : Princeton University Press, 2003)을 추천한다. 두 권으로 구성된 이 책에는 주요하고 보조적인 참고문헌 목록이 각 부의 말미에 잘 정리돼 있다.

VII.13 수학과 음악

캐서린 놀란 *Catherine Nolan*

1 소개와 역사적 조망

음악은 사람의 마음이 수를 세고 있음을 알지 못한 채 수를 세고 있음을 경험하는 즐거움이다.

라이프니츠[VI.15]의 이 흥미로운 언급은 1712년 동료 수학자 크리스티앙 골드바흐[VI.17]에게 보낸 편지의 내용으로, 처음에는 매우 달라 보이는 수학과 음악이라는 두 주제(하나는 과학이고 또 다른 것은 예술) 사이의 깊은 연관성을 암시한다. 라이프니츠는 아마도 피타고라스[VI.1] 시대까지 거슬러 올라가는 두 분야의 두드러진 역사적, 지적 연관성을 생각하고 있었을 것이다. 그 당시 음악이라는 주제는 수학적 과학에서 지식의 정교한 분류 체계의 일부분이었다. 이 체계는 중세에 4과라고 알려져 있었고 산술학, 음악(조화학), 기하학, 천문학이라는 4개의 학문분야로 구성되었다. 피타고라스 학파의 세계관에서 이 주제들은 모두 여러 방식으로 단순한 비들과 관계되어 있었기 때문에 서로 얽혀 있었다. 음악은 일반적 조화를 청각적으로 표현한 것일 따름으로, 수들, 기하학적인 양들 혹은 천체의 운동 간의 관계에 의해 마찬가지로 표현되었다. 음정의 조화로운 협화음은 처음 4개의 자연수들의 단순한 비 1:1(동일음), 2:1(옥타브), 3:2(완전5도 화음), 4:3(완전4도 화음)으로부터 나왔고, 고대 악기인 일현금*에서 진동하는 줄의 길이의 비에 의해 경험적으로 보여졌다. 17세기 과학혁명과 함께 시작된 음정의 조율과 평균율에 관한 이론들은 로그나 소수 전개 같은 더 수준 높은 수학적 아이디어들을 요구했다.

작곡은 역사 내내 수학적 방법들에서 영감을 얻었다. 비록 수학적으로 영감을 받은 작곡 기법들은 주로 20세기, 그리고 이제 21세기 음악과 연관이 있지만 말이다. 수학자 마랭 메르센(Marin Mersenne)이 쓴 「보편적 조화(*Harmonie universelle*)」(1636~1637)는 음악에 관한 기념비적인 논문으로, 멜로디를 다룬 부분에서 놀라운 초기 예가 등장한다. 메르센은 멜로디에서 음표의 분포와 구성에 (오늘날의 관점에서) 단순한 조합론적 기법을 응용했다. 예를 들어, 그는 1부터 22까지의 각각의 n에 대해 n개 음표들(세 옥타브의 범위를 정하는 22개의 음표들)의 다른 배열이나 치환의 수를 계산했다. 대답은 물론 $n!$이다. 하지만 이를 나타내려는 열정적인 마음에, 「보편적 조화」의 12페이지 전부를 단조 6음 음계(A, B, C, D, E, F)의 모든 치환 720(6!)개를 음악 보표에 표시하는 데 할애했다. 그는 계속해서 더

---

* 일현금은 예술적인 목적이 아니라 보여줄 목적으로 디자인된 악기였다. 이는 고정된 두 다리 사이에 묶인 하나의 줄로 이루어져 있었다. 고정된 다리 사이에 움직일 수 있는 다리가 소리를 만들기 위해 줄을 퉁길 때 줄의 길이를 조정하는 데 쓰였고, 그렇게 소리의 높낮이를 바꾸었다.

큰 수로부터 선택된 어떤 특정 개수의 음표들의 멜로디의 수를 결정하거나, 하나 이상의 음표들의 특정 개수만큼의 반복을 포함하는 음표들의 유한한 집합의 배열의 수를 결정하는 것 같은 더 복잡한 문제들을 탐구했다. 그가 음악적 기호뿐 아니라 문자들의 조합을 가지고 알아낸 것들 중 일부를 나타냄으로써, 음악은 본질적으로 순전히 조합론적인 문제들로부터 부수적으로 따라나옴을 보여주었다. 그런 연습들은 실질적인 혹은 심미적 가치가 거의 없어 보이지만, 적어도 제한된 자원만을 가지고 원칙적으로 대단한 음악적 다양성을 보여주었다.

박식한 메르센은 수학자일 뿐 아니라 작곡자이자 연주자였다. 비교적 새로운 수학적 기법을 작곡에 적용하려는 그의 열정은 많은 음악 이론가들이 공유하고 연주자들과 비전문적 음악 애호가들도 좀더 가볍게 공유한 수학과 음악 간의 추상적 관계에 대한 관심의 수준을 보여주었다. 음악의 패턴들, 특히 음의 높낮이와 리듬은 수학적으로 잘 설명할 수 있었고, 그중 일부는 대수적 논리로 다룰 수 있었다. 특히 12개의 똑같은 평균율의 음표 체계는 자연스럽게 **모듈러 연산**[III.58]을 이용하여 모형화되었고, 이는 조합론 명제들과 함께 20세기 음악 이론에 사용되었다. 이 글에서는 소리 자체의 구체적인 표현에서부터 작곡가가 작업 중인 작품에서의 표현을 통해, 그리고 마지막으로 추상적 음악 이론에서 설명하는 힘까지 아울러 수학과 음악의 연관성을 정리하겠다.

음계	C	D	E	F	G	A	B	C
음정 (비)	$\frac{9}{8}$	$\frac{10}{9}$	$\frac{16}{15}$	$\frac{9}{8}$	$\frac{10}{9}$	$\frac{9}{8}$	$\frac{16}{15}$	

그림 1 순정률로 조율된 장조 음계에서의 연속적 음정들

2 조율과 평균율

수학과 음악 간의 가장 분명한 관계는 음악적 소리의 과학인 음향학에서, 특히 음의 높낮이 쌍들 간의 음정 분석에서 나타난다. 르네상스 시기 대위법 음악의 발전과 함께, 1부터 4까지의 정수들의 단순한 비에 기초한 협화음에 대한 피타고라스 학파의 정의는 결국 음악 연주와 충돌을 일으켰다. 피타고라스 조율의 음향학적 순완전협화음은 중세의 병행 오르가눔(parallel organum)*에 잘 맞아떨어졌지만, 15, 16세기에는 소위 말하는 **불완전 협화음**(imperfect consonance), 즉 장3도 및 단3도와 그것들의 옥타브 전위, 그리고 장6도와 단6도가 점점 더 많이 사용되었다. 피타고라스 조율에서, 음정들은 완전5도의 연속에 의해 나오고 따라서 대응되는 진동수 비는 3/2의 지수였다. 전통적인 서양 음악에서 연속적인 12개의 완전5도, C-G-D-A-E-B-F#-C#-G#-D#-A#-E#-B#은 7옥타브와 같다(C = B#)고 가정했지만, $(\frac{3}{2})^{12}$가 2^7과 같지 않기 때문에, 피타고라스 조율에서 이는 맞지 않는다. 실제로 피타고라스 완전5도의 연속은 결코 정수 개수의 옥

---

* 오로가눔은 음악적 대위법의 초기 형태로, 존재하는 정선율 멜로디(cantus firmus)에 성부(혹은 여러 성부) 첨가를 수반한다. 원래의 형태에서, 첨가된 성부는 완전 4도나 5도 간격으로 정선율 멜로디와 평행하게 진행되었다.

타브를 가져오지 않을 것이다. 공교롭게도, 12개의 피타고라스 완전5도는 7옥타브보다 약간 더 큰 음정 차를 준다. 차이는 **피타고라스 코머**(Pythagorean comma)라고 알려진 작은 음정 차로, $(\frac{3}{2})^{12}/2^7$의 비에 해당하고 약 1.013643이다.

피타고라스 조율은 원래 연속적인 단일 음조로 만들어졌다. 그와 관련된 문제는 음조들을 동시에 들을 때 발생하기 시작한다. 동시에 들리는 피타고라스 5도는 그 단순한 3:2의 비율로 즐겁게 들리는 반면, 피타고라스 3도와 6도는 서양 사람들 귀에 거슬리는 훨씬 더 복잡한 비를 가진다. 이들은 **순정률**(just intonation)의 단순한 비로 대체되었는데, 이는 상당히 작은 정수들의 비이다. 이 비는 자연적 배음렬의 비를 반영하기 때문에, '자연스럽다'고 생각되었다.[*] 피타고라스 장3도는 비교적 복잡한 비인 $(\frac{3}{2})^4/2^2$ 혹은 $\frac{81}{64}$를 가지는데, 훨씬 더 단순한 비 5:4를 갖는 순정률의 약간 더 작은 장3도에 의해 대체되었다. 이 두 음정 간의 차이는 **신토닉 코머**(syntonic comma)라고 알려져 있는데, 비 81:80 혹은 1.0125에 대응된다. 비슷하게 피타고라스 단3도는 비 32:27을 가지는데, 비 6:5를 가지는 순정률의 단3도보다 약간 더 작다. 이 차이 역시 신토닉 코머이다. 피타고라스 장 6도와 단 6도, 3도들의 옥타브 전위 또한 그 상대편과 신토닉 코머만큼 다르다.

순정률에서 C장조 음계를 만들고 싶다면 다음과 같이 할 수 있다. C를 가지고 시작하여 다른 음 각각

을 그 주파수와 C의 주파수의 비로 정의한다. 버금딸림음과 딸림음, 즉 F와 G는 각각 4:3과 3:2의 비를 가진다. 이들 세 음으로부터 비 4:5:6인 장3화음을 만들 수 있다. 따라서 예를 들어 E는 C로 시작하는 장3화음에 속하며 5:4의 비를 갖는다. 비슷하게 A는 F와 5:4의 비를 가지므로 C와 5:3의 비를 갖는다. 이런 종류의 계산에 의해, 마지막에는 그림 1에 보여진 음계가 된다. 여기서 이제 분수들은 연속적인 음들 간의 주파수의 비를 나타낸다. 음정 D와 E 사이의 더 작은 온음(10:9)은 윗으뜸3화음 D-F-A에 대한 조음 문제를 만든다. E와 A에서 단3화음(중음과 하중음)이 10:12:15의 비를 만드는 반면, D에서 단3화음은 선율을 벗어난다. 사실 피타고라스 단3도인 그것의 3도 D-F가 그런 것처럼, 그것의 5도 D-A는 신토닉 코머 플랫이다.

음차 크기의 (늘이거나 줄이는) 조율은 음계의 장3도나 완전5도 사이에 신토닉 코머를 집어 넣어서, 한 음정의 순수성을 보존하기 위해 다른 음정의 순수성을 희생함으로써 순정률에서 나오는 문제들의 실질적 해결책을 제공했다. 이는 중전음률로 알려지게 되었다. 16, 17세기에 중전음률의 다양한 체계는 건반 악기들의 조율을 위해 전면에 놓여졌다. 그 중 가장 흔한 것이 4분 코머 중전음률이었다. 이 체계에서 장3도가 순정비 5:4를 가지도록 완전5도는 신코닉 코머의 4분의 1에 의해 낮춰진다.

중전음률에 대해 끊임없는 계속되는 문제는 밀접하게 연관된 음조들로의 변주는 즐겁게 들리는 반면 더 멀리 떨어진 음조들로의 변주는 선율을 벗어나게 들린다는 점이다. 같은 평균율 체계에서 신토닉 코머는 그 옥타브의 모든 12개 중간

---

[*] 배음렬의 부분음은 기본 음조 주파수의 배수이고, 처음 6개 부분음은 장3화음의 음정을 생성한다. 예를 들어 배음 기본 음조 C의 배음렬의 처음 6개 부분음은 C (1:1), C (2:1), G (3:1), C (4:1), E (5:1), G (6:1)이다.

음계들 사이에 고르게 분포되어 있는데, 변주를 위한 키에서 제한을 제거했기 때문에 점차적으로 받아들여졌다. 순정 음계와 평균율 음계 간의 차이는 작고 대부분의 청취자에게 쉽게 받아들여진다. 평균율 반음의 비는 $\sqrt[12]{2}$ 혹은 1.05946이다. 이에 비해, 순정 반음은 16:15의 비를 가지고 1.06666⋯이다. 평균율 완전5도, 7반음의 비는 $\sqrt[12]{2^7}$ 혹은 $\sqrt[12]{128}$ 로 1.498307⋯이고, 반면 순완전5도는 3:2의 비로 물론 1.5이다. 평균율에서는 A음과 같은 표준음으로부터 시작한다. 이는 보통 440Hz의 주파수를 가진다.[*] 모든 다른 음들은 $440(\sqrt[12]{2})^n$ 꼴의 주파수를 가지는데, 여기서 n은 다루고 있는 음과 표준음 A 사이의 반음의 개수이다. 평균율에서, C#과 D♭와 같은 이명동음(enharmonic note)은 음향학적으로 동일하다. 즉, 같은 주파수를 공유한다. 평균율은 훨씬 더 폭넓은 변주와 반음계의 조화로운 표현법을 가지고 18세기 이래로 작곡된 음악 양식에 잘 부합했다.

센트(cent)라는 단위는 엘리스(A. J. Ellis)에 의해 평균율 반음의 100분의 1을 가지고 나뉘어진 두 음 사이의 비로 정의되었고, 음을 측정하고 비교하는 데 가장 흔히 사용되는 단위가 되었다.[**] 이에 따라 한 옥타브는 1200센트로 구성된다. 두 주파수 a와 b에 대해 대응되는 음 사이의 센트로 나타낸 거리는

그림 2 바흐 『평균율 클라비어곡집』 제2권 푸가 9번의 주제부와 축소

그림 3 바흐 『평균율 클라비어곡집』 제2권 푸가 2번의 주제부와 확대

공식 $n = 1200 \log_2(a/b)$에 의해 주어진다. ($a = 2b$라 두고 정말로 $n = 1200$이라는 결과가 나오는지 확인해 보라.)

20세기에 몇몇 작곡자들이 한 옥타브를 12개보다 더 잘게 등분하는 것에 기반한 미분음 체계를 제안하고 인식하였지만, 널리 쓰이지는 않았다. 그러나 옥타브를 동등하게 나누는 아이디어는 기본이 되었다. 그것은 사용된 음정들이 자연스럽게 정수에 의해 모형화됨을 뜻한다. 한 옥타브 떨어진 두 음정을 '같은' 것으로 생각한다면, 이는 좋은 음악적 감각을 만드는데, 그런 식으로 모든 음정을 12개의 동치류[I.2 §2.3]로 나누고 있다. 이들을 위한 자연스러운 모형은 법 12에 대한 산술이다. 나중에 알게 되겠지만, 12를 법으로 하는 정수군의 대칭성은 음악적으로 매우 중요하다.

3 수학과 작곡

음향학에서 수와 음악의 결합은 과학적 발견의 결과였다. 수와 음악은 또한 작곡에서 발명과 창의성을 통해 결합되었다. 음악의 템포 구성의 기본적 형

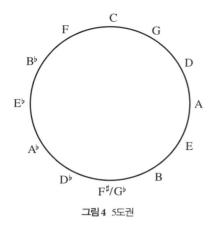

그림 4 5도권

그림 5 바흐, 『평균율 클라비어곡집』 제1권 푸가 23번의
주제부와 전위

태는 단순한 비례 관계를 반영한다. 서양 음악 기보법에서 기본적 음가들은 온음표(𝅝), 2분 음표(𝅗𝅥), 4분 음표(♩), 8분 음표(♪) 등등이다. 이들은 (모두 2의 거듭제곱인) 서로 단순한 곱이나 분수로 연관되어 있고, 이 관계는 같은 수의 비트를 가지는 마디로 음악적 시간의 길이 구성에 반영된다. 마디나 박자는 $\frac{2}{4}$, $\frac{3}{4}$, $\frac{4}{4}$ (c)와 같이 비트(이때에는 ♩)가 전형적으로 둘로 세분되는 **홑박자**(simple meter), 혹은 $\frac{6}{8}$, $\frac{9}{8}$, $\frac{12}{8}$ 처럼 비트(이때에는 ♩.)가 셋으로 세분되는 **겹박자**(compound meter)처럼 시간 표시로 나타난다.

작곡에서, 특히 대위법에서 사용되는 흔한 방법은 멜로디 테마나 **주제부**를 원래 속도의 절반이나 곱절로 재등장시키는 것으로, 각각 **리듬 확대**(rhythmic augmentation) 혹은 **리듬 축소**(rhythmic

diminution)라 알려진 기법이다. 그림 2와 3은 바흐의 『평균율 클라비어곡집(*Well-Tempered Clavier*)』 제2권에 수록된 두 푸가의 주제부를 보여준다. 9번 E장조의 주제부는 축소되어 나타나고, 2번 C단조의 주제부는 확대되어 나타난다. (축소 혹은 확대되는 주제부의 마지막 음은 따라 나오는 음악과 잘 연결되도록 원래 것과 비례적으로 연관되지 않을 수 있다.)

기하학적 관계 또한 다른 종류의 음악적 원천이 되었다. 5도권(circle of fifths)은 음악 이론에서 잘 알려진 구성으로, 애초에 다른 장음계와 단음계 간의 관계를 보여주기 위해 고안되었다. 그림 4에 보이는 것처럼, 12음이 원 주위에 완전5도의 연속으로 배열되어 있다. 이 원에서 임의의 7개 연속 음은 어떤 장음계의 음표들일 것이고, 이는 조표의 패턴 중 어떤 것들을 이해하기 쉽게 만들어 준다. 예를 들어 C장조 음계는 F부터 B까지 (시계방향의) 모든 음계로 구성된다. C장조를 G단조로 바꾸기 위해, 음표 F를 잃어 버리지만 F#을 얻으면서 수열을 하나씩 올린다. 이런 식으로 계속해서 우리는 C장조는 어떤 샤프나 플랫도 없는 음조이고, G장조는 샤프 하나, D단조는 샤프 둘, A장조는 샤프 셋 등임을 알 수 있다. 비슷하게 C부터 반시계 방향으로 움직여서, F장조는 플랫 하나, B♭장조는 플랫 둘, E♭장조는 플랫 셋 등을 가진다. 수학적 관점에서 우리는 동형사상 $x \mapsto 7x$를 이용하여 12를 법으로 한 정수들의 덧셈군과 동일시한 반음계를 전환시켰고, 이는 어떤 음악적 현상들을 훨씬 더 분명하게 보여 준다.

반사적 대칭성은 작곡에서 오랜 역사를 가지는

그림 6 바흐의 「음악의 헌정」 역행 카논 도입부와 종결부

또 다른 기하학적 개념이다. 음악가들은 종종 멜로디 라인을 시공간적 용어로 설명한다. 즉, 더 높은 주파수의 음을 '업'으로, 더 낮은 주파수의 음을 '다운'이라 지칭한다. 이는 멜로디 라인을 올라가고 내려가는 것으로 생각하게 해 준다. 수평축에서 반사는 업과 다운을 서로 바꾼다. 이에 대한 음악적 대응은 **멜로디 전위**(melodic inversion)라 알려져 있다. 각 음정의 올라가고 내려가는 방향을 거꾸로 하고, 그 결과는 멜로디의 뒤집한 형태이다. 그림 5는 바흐의 『평균율 클라비어곡집』 제1권에 나오는 푸가 23번 B장조의 주제부를 보여준다. 기하학적 반사를 악보에서 분명하게 볼 수 있지만, 더 중요하게 전위는 소리에서 분명하게 들을 수 있다.

전통적 서양 음악 기보법은 2차원적 구조를 보여준다. 수직적 차원은 낮은 음부터 높은 음까지 음의 상대적 주파수를 표현하고, 수평적 차원은 왼쪽에서 오른쪽으로 순서에 따른 시간을 표현한다. 또 다른 작곡 기법으로 **역행**(retrograde) 기법이 있는데, 이것은 멜로디를 거꾸로 연주하는 기법으로 리듬의 확대 및 축소나 멜로디 전위 기법보다 훨씬 드물게 사용된다. 멜로디를 동시에 역방향으로 그리고 순방향으로 연주하는 기법은 **역행** 카논(cancrizans

cannon)이라 알려져 있다. 아마도 역행 카논의 가장 잘 알려진 예는 바흐의 곡에서 나오는데, 「음악의 헌정(*Musical Offering*)」의 첫째 카논이나 「골드베르크 변주곡(*Goldberg Variations*)」의 첫째, 둘째 카논 등이 있다. 그림 6은 바흐의 「음악의 헌정」으로부터 역행 카논의 시작 마디와 끝 마디를 보여준다. 위 보표의 처음 몇 마디의 멜로디는 아래 보표의 곡 끝에 역순으로 반복되고, 마찬가지로 아래 보표의 처음 몇 마디는 위 보표 마지막에 역순으로 반복된다. 조셉 하이든의 「바이올린과 피아노를 위한 소나타 4번」에서 「미뉴에트 알 로베스시오」는 비슷한 기법에 관한 잘 알려진 또 다른 예이다. 여기서 곡의 첫 절반은 두 번째 절반에서 거꾸로 연주된다.

우리는 멜로디 역행과 전위 기법을 2차원적 음악 공간의 반사로 생각할 수 있다. 그러나 음악 시간의 조작과 관련된 더 큰 제약 때문에 역행은 훨씬 더 난해하다. 위에서 언급한 바흐나 하이든이 작곡한 곡은 멜로디 역행이 하모니 진행과 더불어 그럴듯하게 잘 진행되도록 만들어진, 작곡가의 위대한 창의성을 보여주는 곡이다. 윗으뜸음부터 딸림음까지 움직여가는 것 같은 어떤 흔한 코드 진행은 거꾸로는 잘 작동하지 않으므로, 역행 카논을 작곡하려는

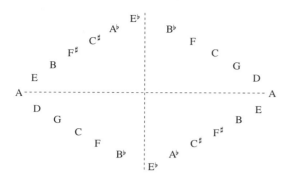

그림 7 벨라 바르토크의 「현악기, 타악기, 첼리스타를 위한 음악」 1악장에서 푸가 도입부의 계획. (허가를 얻어 모리스(1994, p.61)에서 가져옴)

작곡자는 이를 피해야만 한다. 비슷하게, 많은 흔한 멜로디 패턴은 거꾸로 했을 때 좋게 들리지 않는다. 이런 어려움 때문에 조성 음악(즉, 장조와 단조에 기반한 음악)에서 역행 기법은 드물게 사용된다. 20세기 초반에 음조를 버리자 주된 제약이 사라졌고, 역행을 가지고 작곡하는 것을 더 쉽게 만들었다. 예를 들어 역행과 전위는 뒤에서 살펴보겠지만 음렬 음악에서 중요한 역할을 했다. 그러나 그런 음악의 작곡자들은 조성 음악의 전통적인 제약(예를 들어, 장3화음 혹은 단 3화음을 피하고 특정한 부분을 위해 중요하다고 여겨지는 다른 음정을 가져오기)을 다른 것들로 대신했다.

작곡자들이 하모니 구성의 새로운 방법을 실험하던 20세기 초에, 무조음악 혁명은 작곡에서 새로운 유형의 대칭관계를 탐험하게 했다. 작곡가들은 온음계(2-2-2-2-2-2)나 8음계(1-2-1-2-1-2-1-2)와 같이 (반음들로 측정된) 음정 패턴을 반복하는 것에 기반한 음계들이 구현하는 대칭적 구조나 새로운 화성법에 매료되었다. 8음계는 재즈 연주가들 사이에서 감음계(diminished scale)라 알려져 있는데, 이

고르 스트라빈스키(Igor Strabinsky), 올리비에 메시앙(Olivier Messiaen), 벨라 바르토크(Béla Bartók) 같이 서로 다른 국적을 가진 다양한 작곡가들 사이에서 특히 널리 인기를 얻었다. 온음계와 8음계의 새로운 점은 장음계나 단음계가 공유하지 않는 성질인 자명하지 않은 **전환적 대칭성**을 가진다는 점이다. 온음계는 그것을 온음에 의해 조옮김하면 변하지 않고, 8음계는 단3도에 의해 조옮김하면 변하지 않는다. 이런 식으로 오직 두 개의 다른 온음계 전환과 3개의 다른 8음계 전환이 있다. 이 때문에 두 음계 모두 분명하게 정의된 음조 중심을 가지지 않는다. 이것이 바로 두 음계가 20세기 초 작곡자들에게 큰 인기를 얻었던 주된 이유이다.

반사적 대칭성 또한 20세기 작곡자들에 의해 사용되었는데, 작곡 디자인의 형식적 면에서 도움이 되었다. 흥미로운 예로 바르토크의 「현악기, 타악기, 첼리스타를 위한 음악」(1936) 1악장을 들 수 있는데, 이는 바로크 푸가의 전통적 원칙들을 확장하고 대칭적 디자인을 결합한다. 그림 7은 도입부가 A로 시작하는 푸가 주선율 도입부의 구조를 보여준다. 전통적 푸가에서 주선율은 으뜸음으로 나타내고, 딸림음에 의한 표현이 따라나오고, 그런 다음 다시 으뜸음에 의한 표현이 따라나온다(그리고 세 성조 이상을 가지고 푸가를 위한 으뜸음과 딸림음 도입부의 교대 패턴이 계속된다.) 바르토크의 푸가에서 주선율 첫 번째 표현은 A로 시작하고 E가 그 다음이다. 그러나 세 번째에서 A로 돌아가는 대신 다음 도입부는 A에서부터 반대 방향으로 교대로 나오는 5도의 패턴을 따른다. 즉, 수열 A-E-B-F# 등이 수열 A-D-G-C 등과 교대로 나타난다. 이 패턴을 그림 7

그림 8 쇤베르크의「피아노를 위한 모음곡」(1923)

에 나타냈다. 서로 맞물린 사이클은 각각 시계방향과 반시계방향으로 5도원을 완성한다. 그림의 각 문자는 그 음정으로 시작하는 푸가 도입부의 표현을 나타내고, 5도화음들의 서로 맞물린 사이클 각각은 그 중간에 E♭(시작점 A에서 6반음)에 도착해서 모든 12음정들이 패턴의 첫 번째 절반에 한 번씩 나오고 두 번째 절반에 다시 한 번씩 나온다. 패턴의 중간은 곡의 극적인 절정에 해당하고, 그 이후 5도화음들의 서로 맞물린 사이클들의 패턴은 A에서 시작한 주선율로 돌아가는 곡의 종결까지 전위 형태로 주선율와 함께 계속된다.

아르놀트 쇤베르크(Arnold Schoenberg)의 12음계 작곡 기법은 1920년대 초반에 시작되었는데, 음악에서 장조나 단조에서 가지고 있는 것 같은 7음계의 부분집합의 치환이 아니라 모든 12음계의 치환에 기반한다. 12음계 음악(그리고 더 일반적으로 무조음악)에서는, 12음계를 똑같은 중요성을 가진다고 가정한다. 특히 장조나 단조에서 으뜸음처럼 특별한 위치를 차지하는 단음이 없다. 12음계 곡의 기본요소는 음렬(tone row)로 반음계의 12음의 어떤 치환

에 의해 주어진 수열이다. (그러나 이 음들은 임의의 옥타브에서 표현될 수 있다.) 일단 음렬이 선택되면, 네 가지 유형의 변환, 즉 조옮김, 전위, 역행, 역행전위에 의해 조작될 수 있다. 음악의 조옮김은 수학에서 평행이동에 해당한다. 조옮김 열의 연속적인 음계들 사이의 음정들은 원래 열의 대응되는 음계 간의 음정과 같으므로, 전체 열은 위나 아래로 옮겨진다.* 전위는 우리가 이미 논의한 것처럼 반사에 해당된다. 음렬의 음정들은 '수평'축에 대해 반사된다. 역행은 시간에 대한 반사에 해당된다. 음렬은 반대로 나타난다. (그러나 조옮김과 함께 결합되면 그럴 수도 있는데, 그럼 활주 반사로 설명하는 게 더 좋다.) 역행 전위는 하나는 수직이고 하나는 수평인 두 반사의 합성이다. 그러므로 이는 반바퀴 회전에 해당된다.

그림 8은 1923년에 발표된「피아노를 위한 모음

---

* 조옮김을 평행이동으로 설명하는 것은 조옮김되었을 때 음높이는 다를지라도 이어지는 음정들이 같기 때문에 멜로디는 '같게' 들린다는 사실로 정당화된다. 한 원에 12음계를 배열하면 이 평행이동을 회전으로 생각할 수도 있다.

곡」25번에서 쇤베르크가 만든 음렬에 적용된 음렬 변환을 보여준다. 그는 음렬의 형식들을 (프라임(원래 열과 그 조옮김)을 위한) P, (역행을 위한) R, (전위를 위한) I, (역행 전위를 위한) RI로 이름 붙였다. 음렬에서 왼쪽과 오른쪽에 붙여 놓은 정수 4와 10은 P와 I 음렬 형식이 C로부터 얼마나 많은 반음만큼 떨어져 있는지를 말해주면서 시작하는 음정을 가리킨다. 따라서 4는 E를(C 위로 4반음), 10은 B♭(C 위로 10반음)을 가리킨다. P와 I 형식의 역행인 R과 RI는 그림의 오른쪽에 이름을 표기했다. 첫 음정 E에 대한 I4에서 P4의 전위(반사)와 P10에서 6반음에 의한 P4의 조옮김, 또한 첫 음 B♭에 대한 P10의 전위를 보는 것은 쉽다.

이런 추상적인 관계들을 이해하여 우리가 어떤 종류의 통찰을 얻는지, 그리고 쇤베르크 같은 작곡자들에게 왜 그것들이 그토록 매력적이었는지 궁금할 것이다. 쇤베르크의 모음곡에서 그림 8에 보여진 8음렬 형식은 실제로 작곡의 모든 5악장에서 쓰인 유일한 형식이다. 이는 48(= 12 × 4)개의 가능한 열 형식들이 있기 때문에 매우 선택적이었음을 나타낸다. 그러나 이 스스로 부여한 제한은 그것만 가지고는 이 음악의 흥미나 매력을 설명하기에 불충분하다. 기술적으로 봤을 때 부가적 측면은 열 그 자체와 작업 과정에서 나타난 전환의 방식이 음정들 간의 어떤 관계들을 불러오기 위해 주의 깊게 선택되었다는 점이다. 예를 들어 「모음곡」에서 사용된 모든 음렬 형식은 E음에서 시작하여 B♭로 끝나고, 이 음들은 종종 곡에서 조음되어 전통적인 으뜸음 중심의 부재로 인해 생성된 공허함을 채우기 위한 고정 함수로 채택된다. 비슷하게, 4개 음렬 형식 각

각에서는 세 번째와 네 번째 자리의 음정은 양 순서에서 항상 G와 D♭이고, 비슷하게 이들은 「모음곡」의 움직임에서 다양한 방식으로 조음되어서 인식할 수 있게 된다. 금방 언급한 음정의 두 쌍, E-B♭, G-D♭은 같은 음정, 즉 (한 옥타브의 반, 또한 3온음을 생성하므로 3음정으로도 알려진) 6반음을 공유하면서 서로 연관되어 있다. 위대한 작곡자의 손에서 12음계 음렬은 음의 임의적 모임이 아니라, 인식하고 감상하는 걸 배울 수 있는 흥미로운 구조적 효과를 만들어내기 위해 주의 깊게 구성된 확장된 작곡을 위한 토대이다.

음의 높낮이와 함께 다른 음악적 매개변수들의 치환과 연속적 변환(예를 들어 리듬, 템포, 역동성, 조음)은 올리비에 메시앙, 피에르 불레즈(Pierre Boulez), 카를하인즈 슈토크하우젠(Karlheinz Stockhausen)으로 대표되는 새로운 세대의 전후 유럽 작곡가에 의해 개척되었다. 그러나 음의 높낮이의 음렬화와 비교해 볼 때, 이런 변수들의 음렬화는 어떤 분명한 전환에 알맞은 것은 아니다. 왜냐하면 음악적 공간의 12음에 비해 그것은 이산적 단위들로 구조화하는 게 더 어렵기 때문이다.

쇤베르크와 대부분의 작곡가들의 음악에서 우리가 보았던 것들 같은 수학적 개념을 볼 수 있지만, 그들이 어떤 수학적 훈련도 거의 받은 적이 없다는 것을 인식하는 것이 중요하다.* 그럼에도 우리가 이

---

* 분명, 어떤 작곡가들은 상당한 수학적 훈련을 받았고, 이는 그들의 작품에 반영된다. 예를 들면 이안니스 크세나키스(Iannis Xenakis)는 공학자로 훈련받았고, 건축가 르 코르뷔지에(Le Corbusier)와 직업적인 접촉을 가졌다. 크세나키스는 르 코르뷔지에의 모듈러 체와 인체에 기반한 형태와 비례에 대한 접근법에 관한 공부를 통해 음악과 건축 사이에 유사점을 찾았다. 크세나키스

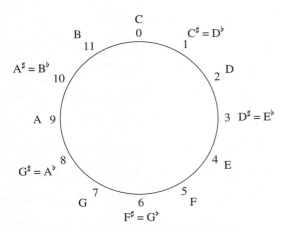

그림 9 12음의 원형 모형(음의 높낮이 클래스들)

야기한 기초적인 수학적 패턴과 그들의 음악과의 관계는 다른 종류들의 음악의 여러 분야에서 강력히 나타나기 때문에 음악에 있어 수학의 중요성을 부인할 수는 없다.

몇 가지 예를 더 살펴보고 이 절을 끝내겠다. 음가 간의 단순한 관계 같은 비례 관계는 모차르트, 하이든, 또 다른 이들의 음악에서 형식적 분리의 길이 사이의 관계에서 더욱 대규모로 다시 등장한다. 그들은 종종 4박 소절의 기본 구성 단위를 이용하고, 더 큰 단위를 만들기 위해 그것들을 쌍으로, 그리고 쌍의 쌍으로 이용한다. 바흐의 작품에서 보여진 멜로디 조작 기법은 쇤베르크의 12음계 기법에서 새로이 변한 모습으로 나타나는데, 팔레스트리나 같은 바흐 이전 작곡자들의 대위법 작품에서도 발견할 수 있다. 그리고 바흐, 모짜르트, 베토벤, 드뷔쉬, 베르크 등을 포함한 작곡가들은 그들 작곡에 피보나

의 작곡은 그 큰 자연의 소리와 복잡한 알고리즘적 과정에 의해 특징 지어진다.

치 수열과 황금비에 기반한 상징적 수나 비율 같은 수비적 요소를 결합시켰다.

4 수학과 음악 이론

20세기 후반에 쇤베르크와 그의 추종자들의 아이디어는 북미 음악이론에서 확장되고 발전되었다. 미국의 저명한 작곡가이자 이론가인 밀턴 배빗(Milton Babbitt)은 정식 수학, 특히나 군론을 음악의 이론적 연구에 소개한 것으로 널리 인정받았다. 그는 쇤베르크의 12음계 체계를 (쇤베르크의 12음렬들이 그저 하나의 예가 되는) 원소들 간의 관계와 변환과 함께 기본적 음악적 원소들의 유한 집합이 가지는 임의의 체계로 일반화했다(Babbitt, 1960, 1992를 보라). 음렬을 변환하는 방법은 48가지가 있는데, 배빗은 이 변환들이 군(사실은 정십이면체군 D_{12}와 원소 2개짜리 순환군 C_2와의 곱)을 만든다고 지적했다. (이 곱에서 D_{12}는 십이면체의 대칭군이고, C_2는 시간 반전을 허용한다.) 변환들의 4개의 집합(P, I, R, RI(이전 절을 보라))은 회전을 빼면 동치인 변환을 동일시함으로써, 이 군에서 클라인 군 $C_2 \times C_2$로 가는 준동형사상을 정의한다.

음들을 12를 법으로 한 정수들의 군 $\mathbb{Z}_{12}$의 원소들과 동일시하고, 다양한 음악적 연산을 이 군에서 변환을 가지고 모형화하면, 쇤베르크, 베르크, 웨번의 무조음악 같은 하모니의 더 전통적인 분석이 쉽지 않은 어떤 종류의 음악들을 분석하기 훨씬 쉬워진다(Forte 1973, Morris 1987, Straus 2005를 보라). 이를 그림 9에 나타냈다. 이미 언급한 것처럼, 5나 7을 곱하는 것은 $\mathbb{Z}_{12}$의 동형사상이고, (음의 이름 대

신 12를 법으로 한 정수를 사용할 때) 그림 4에 보여 진 5도권을 준다. 이 수학적 사실은 많은 음악적 결과를 가진다. 그중 하나가 반음계 화음과 재즈에서 5도를 반음들에 의해 대체하고 또 그 반대로 대체하는 것이 흔하다는 점이다.

무조 집합론(atonal set theory)이라 알려진 음악이론의 한 분야는 음들의 $2^{12} = 4096$개의 모든 가능한 조합을 살펴보고, 두 개의 조합 중 하나가 다른 하나로부터 두 개의 단순한 변환을 통해 이끌려 나올 수 있다면 두 조합을 동치라고 정의함으로써, 동치인 조합은 같은 음정을 가질 것이라는 아이디어를 가지고 음높이를 매우 일반적으로 이해하려는 시도이다. 고려 중인 변환은 조옮김(transposition)과 전위(inversion)이다. n반음에 의한 위로의 조옮김(n은 12를 법으로 한 정수로 생각한다)을 T_n이라 놓는다. I라는 표기는 음 C에 대한 반사를 위해 사용하고, 따라서 일반적 전위는 어떤 n에 대해 $T_n I$의 형태를 취한다. (이 상황에서 전위는 음악적 공간에서 반사를 지시하고, 조성 음악에서 화성 전위와 혼동해서는 안 된다.) 이 용어로, 익숙한 예를 이용하여 장3화음과 단3화음은 전위에 의해 서로 연관된다. 왜냐하면 그 연속적인 음정들이 서로의 반사이기 때문이다. (가장 낮은 음에서부터 셀 때, 장3화음에서 4 다음 3 반음과 단3화음에서 3 다음 4반음). 결과적으로 모든 장3화음과 단3화음은 같은 동치류에 속한다. 예를 들어 E장조 3화음 $\{4, 8, 11\}$은 ($\{4, 8, 11\} \equiv \{0 + 4, 4 + 4, 7 + 4\}$ mod 12이므로) 조옮김 T_4에 의해 C장조 3화음 $\{0, 4, 7\}$과 연관되어 있고, G단조 3화음 $\{7, 10, 2\}$는 ($\{7, 10, 2\} \equiv 4 - 9, 4 - 6, 4 - 2\}$이므로) D장조 3화음 $\{2, 6, 9\}$와 $T_4 I$에 의해 전위로 연관

되어 있다. 장3화음과 단3화음의 모임 같은 동치류는 보통 24개 집합으로 구성될 것이다. 그러나 그것이 (연속된 음 3-3-3-3이 있는) 감7화음처럼 내부적 대칭성을 가진다면, 그 모임 안의 집합의 수는 항상 24의 인수이긴 하지만, 더 작아질 것이다.

같은 동치류 내의 음의 집합들은 같은 수와 형태의 음을 공유하므로, 어떤 음향적 특성을 공유한다. 그러나 조옮김된 코드들은 정말로 그것들이 들리는 방식에서 분명한 '같음'을 가지기 때문에 동등한 것으로 생각하는 것은 충분히 그럴듯해 보이는 반면, 전위적 동치류의 개념에 대해서는 논쟁이 있어 왔다. 예를 들어 장3화음과 단3화음이 분명하게 똑같이 들리지 않고 매우 다른 음악적 역할을 가지고 있는데 서로 동등하다고 주장하는 것은 그럴듯한가? 물론, 우리는 우리 마음대로 동치류 관계를 정의할 자유가 있다. 따라서 진짜 질문은 이게 무슨 소용이 있는가라는 것이다. 그리고 어떤 상황에서는 그렇다. 조성 음악과 광범위한 연관성을 가지지 않는 음들의 집합과 함께 동치류의 이런 형태를 인식하는 것은 장3화음과 단3화음을 가지고 인식하는 것보다 더 쉽다. 예를 들어, 3음 C, F, B는 3음 F#, G, C#과 같은 음정을 공유한다(한 반음, 한 완전4도나 5도, 그리고 한 3온음). 그리고 이는 실제로 그것들이 '같음'을 알아차릴 수 있는 형태를 제공한다. ($\{11, 0, 5\} \equiv \{6 - 7, 6 - 6, 6 - 1\}$ mod 12이므로 집합 $\{11, 0, 5\}$는 $\{1, 6, 7\}$과 $T_6 I$에 의해 전위적으로 연관된다.)

군론에 의해 자극받은 음악 이론의 또 다른 중요한 연구가 있다. 가장 영향력 있는 예는 데이비드 르윈(David Lewin)의 『일반적 음악적 음정과 변환』(1987)으로 수학적 추론과 음악적 직관을 연결하는

형식적 이론을 발전시켰다. 르윈은 간격의 개념을 음의 높이, 지속기간, 타임 포인트들의 쌍 사이이건 혹은 음악 작품에서 정황적으로 정의된 사건들 간 이건 임의의 측정 가능한 거리를 뜻하도록 일반화했다. 그는 일반화된 간격 체계(generalized interval system, GIS)라 불리는 모형을 개발했는데, 이는 음악적 대상들(예를 들면, 음높이, 리듬 지속 기간, 시간 기간, 혹은 타임 포인트)의 집합, (체계 내의 대상들의 순서쌍 사이의 거리, 범위, 혹은 움직임을 나타내는) 간격들의 (수학적 의미로) 군과 그 체계 내의 대상들의 모든 가능한 순서쌍에서 간격들의 군으로 가는 함수로 구성된다. 그는 또한 음악적 과정을 모형화하는 데 **변환 네트워크**라는 개념을 통해 그래프 이론[III.34]을 사용한다. 네트워크에서 점들은 멜로디 라인이나 화음의 기음 같은 기본적 음악적 원소들이다. 이 원소들은 전조(혹은 일반화된 음정에 의한 이동)나 12음 이론에서 나온 음렬 변환 같은 어떤 변환과 함께 나타난다. 두 점은 하나를 다른 것으로 바꾸는 허용되는 변환이 있다면 모서리에 의해 만난다. 강조점은 이런 식으로 기본적 원소들에서 그들을 연결하는 관계로 옮겨간다. 변환 네트워크는 음악 작품 분석에서 추상적이고 종종 연대기적이 아닌 관계들에 눈에 보이는 형태를 제공하면서 음악적 과정을 바라보는 역동적 방법을 제공한다.

일반화와 추상화 수준은 르윈의 논문을 수학적으로 훈련되지 않은 음악 이론가들이 이해하기엔 난해한 것으로 만들지만, 상당히 단순한 학부생 수준의 대수 이상을 요구하지는 않는다. 따라서 약간의 훈련을 받고 마음을 굳게 먹은 독자라면 충분히 읽을 만한 글이다. 그런 독자들에게 표현의 형식이 음악이론과 분석에서 변환적 방식을 적절히 이해하는 데 필수적임은 분명해졌다. 이런 형식에도 불구하고 르윈은 계속해서 음악 자체와의 접촉을 유지하고, 그의 수학적 도구들이 어떻게 다른 상황에서 활용될 수 있는지 살펴본다. 결과적으로 독자들은 수학적 엄밀성 없이는 불가능했을 통찰이라는 보상을 받게 된다. 수학자들은 비교적 기본적인 요소들을 발견할 뿐일지라도, '고전적 수학의 아이디어를 음악적 상황에 적용할 때, 그 아이디어에 대한 새로운, 그리고 때로는 예상하지 못한 해석을 제공하는 저자의 방법에 매혹되어' 관심이 생길지 모른다(Vuza 1988, p.285).

5 결론

이 글을 시작할 때 언급한 라이프니츠의 흥미로운 인용문은 음악에서 불멸의 수학적 존재를 강조한다. 두 분야 모두 근본적 방식으로, 패턴과 변환의 더 역동적 개념뿐 아니라 순서와 논리의 개념에 의존한다. 음악은 한 때 수학의 하위 분야였지만, 이젠 항상 수학으로부터 영감을 이끌어내는 예술로서 그 고유의 정체성을 획득했다. 수학적 개념들은 작곡가와 이론가들에게 음악을 만들어내는 수단과 그에 대한 분석적 통찰을 표현하기 위한 언어를 모두 제공한다.

더 읽을거리

Babbitt, M. 1960. Twelve-tone invariants as compositional determinants. *Musical Quarterly*

46:246-59.

————. 1992. The function of set structure in the twelve-tone system. Ph.D. dissertation, Princeton University.

Backus, J. 1977. *The Acoustical Foundations of Music*, 2nd edn. New York: W. W. Norton.

Forte, A. 1973. *The Structure of Atonal Music*. New Haven, CT: Yale University Press.

Hofstadter, D. R. 1979. *Gödel, Escher, Bach: An Eternal Golden Braid*. New York: Basic Books.

Lewin, D. 1987. *Generalized Musical Intervals and Transformations*. New Haven, CT: Yale University Press.

Morris, R. 1987. *Composition with Pitch-Classes: A Theory of Compositional Design*. New Haven, CT: Yale University Press.

————. 1994. Conflict and anomaly in Bartók and Webern. In *Musical Transformation and Musical Intuition: Essays in Honor of David Lewin*, edited by R. Atlas and M. Cherlin, pp. 59-79. Roxbury, MA: Ovenbird.

Nolan, C. 2002. Music theory and mathematics. In *The Cambridge History of Western Music Theory*, edited by T. Christensen, pp. 272-304. Cambridge: Cambridge University Press.

Rasch, R. 2002. Tuning and temperament. In *The Cambridge History of Western Music Theory*, edited by T. Christensen, pp. 193-222. Cambridge: Cambirdge University Press.

Rothstein, E. 1995. *Emblems of Mind: The Inner Life of Music and Mathematics*. New York: Times books/Random House.

Straus, J. N. 2005. *Introduction to Post-Tonal Theory*, 3rd edn. Upper Saddle River, NJ: Prentice Hall.

Vuza, D. T. 1988. Some mathematical aspects of David Lewin's book *Generalized Musical Intervals and Transformations. Perspectives of New Music* 26(1):258-87.

VII.14 수학과 미술

플로렌스 파사넬리 *Florence Fasanelli*

1 서론

이 글은 20세기 프랑스, 영국, 미국의 수학의 역사와 미술의 역사 사이의 관계에 초점을 맞춘다. 수학이 예술가에게 미치는 영향과 예술가와 수학자들 간의 직접적 상호작용은 널리 연구되어 왔다. 이 연구들은 수학에 대한 지식이 음악가와 작가뿐 아니라 많은 미술가에게도 지대한 영향을 미쳤음을 보여준다. 특히 19세기에 당시 혁명적이었던 수학적 아이디어들은 점차 널리 받아들여져서 오늘날의 현대 미술에 지대한 공헌을 했다. 19세기 말 20세기 초에 예술가들은 4차원과 비유클리드 기하학[II.2 §§6-10]에 대한 이해를 회화와 조각으로 표현했다. 그들은 유클리드[VI.2]로부터 나온 수학에 굳건히 기반한 그들의 이전 훈련과 전통을 배제했다. 그들의 새로운 아이디어들은 수학의 진전을 반영했고, 새로운 사조를 형성한 많은 미술가들은 또한 이런 새로운 수학적 발전을 해석하는 데 참여했다.

수학과 미술의 연관성은 풍부하고 복잡하며 유익하다. 이는 새로운 수학(과 과학)의 영향 아래 발전한 몇몇 예술적 스타일과 철학에서, 그리고 예술적 요구를 충족시키는 수학의 생성에서 분명하게 나타난다. 몇 가지 예를 들자면 이탈리아 수학자 피에로 델라 프란체스카(Piero della Francesca, 1412~1492)의 (자주 연구되는 기하학을 포함하는) 회화가 있다. 그는 크레모나의 자코포가 번역한 아르키메데스 코덱스 A의 라틴어 번역의 필사본을 만들었고, 그 스스로 통찰력 있는 수학적 이론들을 저술했다. 한스 홀바인(Hans Holbein, 1497~1543)의 『대사들(Ambassadors)』(1533)은 어떻게 예술가가 수학적 관점에 대한 왜곡된 변형을 이용하여 눈속임을 할 수 있는지 보여준다. 아그테메시아 젠딜레스치(1593~1652)는 홀로페르네스의 『목을 베는 유디스(Judith Beheading Holofernes)』(1612~1613)의 최초 버전을 피가 포물선 모양으로 퍼져 나가도록 두 번째 버전(1620)에서 공들여 수정했는데, 이는 그녀의 친구인 과학자이자 궁정 수학자이며 아마추어 화가였던 갈릴레오 갈릴레이(1564~1642)가 아직 출판되지 않은 투사 운동 법칙에 관한 책에 그려 놓은 그림과 일치시키기 위함이었다. 네덜란드 초상화 화가 요하네스 베르미어(1632~1675)는 다양한 작품에서 어둠 상자를 이용했고, 요한 허멜(1769~1852)은 베를린에서 거대한 화강암 그릇 만들기에 대한 그림들에서 개스파르드 몽지(Gaspard Monge, 1746~1818)의 『기하학 묘사(Géométrie Descriptive)』(1799)를 이용했다. 나

움 가보(1890~1977)*와 그의 형 앙투안 페브스너(1886~1962)의 조각은 그들이 젊은 시절 학교에서 배운 입체 기하학을 따른다. 에셔(Maurits Cornelis Escher, 1898~1972)에 의한 수학적으로 이해 가능하지만 물리적으로 그럴 듯하지 않은 풍경들도 있다.

이 글은 원근법 발전의 간략한 역사를 논의하며 시작하겠다. 원근법에 반대하는 반항을 이해하기 위해선, 현대미술에 결정적인 영향을 미쳤던 원근법을 이해할 필요가 있기 때문이다. 그런 다음 비유클리드 기하학과 n차원 기하학의 발전을 따라 19세기 기하학이 어떻게 변해가는지 짧게 요약하겠다. 그리고 나서 미술가들의 예술적인 반응을 유발한 수학을 계속 염두에 두면서, 20세기 초 프랑스에서 시작되어 다른 나라의 대표적 예술가들의 작품에서 계속 나타나는 예술가들의 활동에 대해 알아보겠다.

2 원근법의 발전

15세기에 화가들은 여전히 주로 신성한 대상의 모습을 그리기 위해 고용되었지만, 점차 관심은 그림을 실제 세상의 모습과 일치시키는 데 집중됐다. 어떤 선구자도 없이 화가들은 선형 원근법에 대한 그들 고유의 공리들을 고안해야 했다. 16세기 초, 수학적 원근법에 대한 이들의 초기 아이디어는 시각적 표현을 포함한 책들을 통해 퍼져나갔다. 그전까지

---

* 가보는 나움 니미아 페브스너로 태어났지만 화가인 그의 형과 자신을 구별하기 위해 이름을 바꿨다.

그림 1 뒤러의 원근법 기계를 이용하는 미술가. ©영국 미술관 재단

단지 글이나 말로 알려졌던 수학이 시각적 형태를 취하면서, 조판되어 복사되고 전 유럽으로 퍼져나 갔다.

원근법에 대한 최초의 기록은 레온 배티스타 알베르티(1404~1472)와 피에로 델라 프란체스카가 저술한 반면, 플로렌스의 건축가이자 엔지니어로 원근법의 수학적 이론을 처음으로 고려한 인물인 필리포 브루넬레스키(1377~1446)의 아이디어는 그의 위인전 작가 안토니오 마네티(1423~1497)에 의해 표현되었다. 예술가들과 수학자들은 공간과 거리를 가장 잘 표현할 수 있는 방법을 찾는 한편, 원근법의 규칙들을 발전시켜 나갔다. 수학자들 가운데 페데리코 코만디노(1509~1575)는 유클리드, 아르키메데스[VI.3], 아폴로니우스[VI.4] 같은 그리스 수학자들의 저술의 라틴어본으로 유명한데, 예술가보다는 오히려 수학자들을 위해서 원근법에 대해 저술한 최초의 인물이다. 그의 제자였던 귀도 발디 델 몬테(1545~1607)는 1600년에 영향력 있는 책『Perspectivae libri sex』를 출판했는데, 그는 그림의 평면과 평행하지 않은 평행선들은 하나의 소실점으로 수렴할 것임을 보였다.

위대한 예술가들, 특히 레오나르도 다 빈치(1452

~1519)와 알브레히트 뒤러(1471~1528)는 수학을 시각적 형태로 표현하고 있었다. 수학자 루카 파치올리(1445~1517)의『신성비례(De Divina Proportione)』(1509)에는 레오나르도의 탁월한 나무조각 다면체가 실려 있다. (그것들 중 처음 출판된 마름모육팔면체(rhombicuboctahedron)의 그림이 있다.) 뒤러의『측량의 가르침(Unterweysung der Messung)』(1525)는 다면체의 모형에 대한 망조직들의 최초의 그림을 포함한다. 뒤러는 자신의 원근법에 대한 새로운 지식의 비밀을 독일에서 이탈리아로 여행하던 중에 배웠고, 이에 자극받아 모든 요소들이 단일점 원근법을 따르는 그림을 그리는 방법에 관한 유명한 삽화를 그렸다(그림 1 참조).

17세기 제라르 데자르그(Girard Desargues)(1591~1661)는 실용적 주제에 대해 글을 쓴 프랑스 엔지니어이자 건축가로, 르네상스 예술가들에 의해 시작된 원근법에 관한 연구를 계속했다. 그 과정에서 그는 기하학을 하는 새로운 '비그리스적' 방법을 발명했고,『원뿔과 평면이 만나는 경우를 다루려는 시도에서 나온 초안(Brouillon Project d'une Atteninte aux Evenemens des Rencontres du Cone avec un Plan)』(1639)에 출판했다. 이 에세이에서 그는 원뿔 곡선 이론을 사영 기법을 이용하여 통일시키려고 시도했다. 이 새로운 **사영기하학[I.3 §6.7]**은 한 예술가가 회화면의 외부로부터 한 점을 이용하지 않고 원근적 이미지를 만들 수 있다는 그의 이전 인식에 기반했다. 그러나『초안』의 원래 50개의 인쇄본 중에 현재 오직 하나만 현존하고, '원근법 정리'를 포함한 그의 연구는 다른 수학자들의 출판물을 통해 알려지게 되었다. 아브라함 보세(Abraham Bosse)

(1602~1676)는 판화 기법을 가르치는 유명한 아틀리에를 운영하던 데자르그의 친구로, 원근법 이론에 대한 것을 포함하여 데자르그의 연구 대부분의 출판을 책임지고 있었다. 그러나 데자르그의 혁신적인 아이디어에 대한 보세의 홍보는 예술계에 논쟁을 야기했고 전문가로서의 그의 명성은 심각하게 손상되었다. 그러나 20세기 판화가 중요한 예술 형태로 되살아나자, 보세의 스튜디오를 모방한 것이 파리에 만들어졌다.

18세기 초, 수학자이자 아마추어 화가 브룩 테일러[VI.16]는 『선 원근법(*Linear Perspective: Or a New Method of Representing Justly All Manner of Objects as They Appear to the Eye in All Situations*)』(1715)을 출판했다. 이는 소실점을 일반적으로 다룬 원근법에 관한 최초의 책이다. 테일러가 표지에 쓴 것처럼, 그 책은 "화가, 건축가 등이 판단해야 하고 그들에 의해 디자인을 조정할 필요가 있는 책이었다". 테일러는 '선 원근법'이라는 문구를 발명했고 오늘날 원근법의 주요 정리라고 묘사되는 것의 중요성을 강조했다. 그림의 평면과 평행하지 않은 임의의 방향이 주어질 때, 그 방향에 있는 모든 선들을 표시한다면 지나가야 하는 '소실점'이 있다.

고대로부터 유클리드 『원론』의 공리들은 2차원과 3차원 도형들의 이해를 위한 기초를 제공했다. 그리고 그것들은 15세기 원근법의 연구에 대한 토대를 제공했다. 그러나 19세기에는 유클리드의 다섯 번째 공리('평행선 공리')를 받아들일 것인지의 여부에 대한 오랜 논쟁이 기하학 개념의 급격한 변화를 야기한 방법에 의해 해결되었다. 여러 수학자들(주목할 만하게 1829년 로바체프스키[VI.31], 1832년 보여이[VI.34], 1854년 리만[VI.49])이 제5공리가 더이상 성립하지 않아도 일관성 있는 '비유클리드 기하학'이 가능함을 보였다.

수학자이자 해설자인 푸앵카레[VI.61]는 프랑스를 비롯한 여러 곳에서 널리 읽힌 그의 책 『과학과 가설(*La Science et l'Hypothese*)』(1902)과 『마지막 에세이(*Dernieres Pensees*)』(1913)에서 이 새로운 아이디어들에 대한 유명한 해설을 제공했다. 매우 영향력 있는 프랑스 예술가 마르셀 뒤샹(Marcel Duchamp)(1887~1968)은 푸앵카레의 연구에 자극을 받아 공간과 측정이라는 개념에 새로운 의미를 부여했다. 뒤샹은 잘 알려진 바와 같이 푸앵카레의 에세이 「수학적 크기와 실험(*Mathematical magnitude and experiment*)」과 「왜 공간은 삼차원인가?(*Why space has three dimensions?*)」에 대해 토론하고, 이를 이용하여 완전히 새로운 종류의 예술 작품들을 창조해냈다. (예술사가 린다 달림플 헨더슨은 뒤샹의 아이디어를 연구했는데, 그의 4차원과 비유클리드 기하학에 관한 이해를 분석하기 위해 뒤샹의 방대한 노트들을 이용했다.)

3 4차원 기하학

큐비즘(cubism)이라 알려진 현대적 운동은 4차원이라는 아이디어에 많은 영향을 받았다. 큐비스트들이 비유클리드 기하학과 함께 아이디어를 알게 된 방식 중 하나는 유명한 과학 소설을 읽는 것이었다. 프랑스 작가 알프레드 자리(Alfred Jarry, 1873~1907)는 스페인 화가 파블로 피카소(1881~1973)의 절친한 친구로 『포스트롤 박사의 업적과

사상(*Gestes et Opinions du Docteur Faustroll*)』(1911)에서 고차원 기하학의 새로움에 매혹되어 영국 수학자 케일리[VI.46]의 연구에 대해 적었다. 1843년, 케일리는 「*n*차원 해석기하학에 관한 장들(*Chapters in the analytic geometry of n dimensions*)」을 《캠브리지 수학 잡지》에 출판했다. 이 연구는 1년 전 독일에서 출판되었던 헤르만 그라스만(Hermann Grassmann, 1809~1877)의 『선형 연장 이론(*Die Lineale Ausdehnungslehre*)』과 함께 수학자들뿐만 아니라 일반 대중들의 흥미도 유발했고, 4차원 이상의 공간에서 기본적인 개념들이 다시 정의되고 일반화되어야 함을 인식시켰다.

1880년에 워싱턴 얼빙 스트링햄(Washington Irving Stringham)(1847~1909)은 《미국 수학 잡지》에 게재한 또 다른 영향력 있는 논문 「*n*차원 공간에서의 정규 도형(*Regular figures in n-dimensional space*)」에서 다면체에 대한 오일러 공식[I.4 §2.2]을 '다포체(polyhedroid)'라 불리는 새로운 대상으로 확장했는데, 여기서 다면체들이 서로 맞닿는 면들이 되어 초공간을 경계 짓는다. 이 논문에는 스트링햄에 의해 만들어진 4차원 도형들의 그림이 실려 있는데, 4차원 기하학에 대한 중요한 수학 교과서 다수에서 이후 20년 동안 인용되었다. 스트링햄의 도형들은 20세기 처음 10년 동안 여러 예술가를 자극했다. 알베르 글레이즈(Albert Gleizes, 1881~1953)의 「플록스를 든 여인(*Woman with Phlox*)」(1910)에는 스트링햄의 '20포체(ikosatetrahedroid)'와 비슷한 꽃들이 등장했고, 르 포코니에(Henri Victor Gabriel Le Fauconnier)(1881~1946)의 「충만(*Abundance*)」(1910~1911)에는 스트링햄의 '120포

체(hekatonikosihedroid)'가 등장한다.

예술 형태는 예술가들이 주변 세계에 대한 새로운 반응 방식을 모색하면서 변해 갔다. 이는 특별히 큐비즘에 해당되는 사실이었는데, 큐비즘 화가는 대상을 한 번에 여러 관점에서 표현하였다. 큐비즘 화가의 그림이 무얼 뜻하는지 알기 위해, 그림 표면을 가로질러 펼쳐져 있는 다른 관점의 '측면'들의 나열로부터 하나의 (이해하기 어려운) 대상을 만들어내도록 초대된다.

*n*차원 기하학은 시각적 예술뿐 아니라 키플링(Rudyard Kipling)과 웰스(H. G. Wells)의 작품을 포함한 문학과 바레스(Edgard Varese)의 「하이퍼프리즘(*Hyperprism*)」(1923) 같은 음악에도 영향을 주었다. 어떤 수학자들은 새로운 수학을 웃음을 줄 목적으로 사용했다. 두 가지 예로 찰스 도슨의 『거울 속으로(*Through the Looking Glass*)』(1872)와 에드윈 애보트(Edwin Abbott)의 『플랫랜드(*Flatland: A Romance of Many Dimensions*)』(1884)가 있다. 특히 후자는 프랑스 예술가들이 읽었고, 주프레(Esprit Pascal Jouffret, 1837~1907)가 쓴 책들처럼 그들이 읽은 다른 수학책들에서 인용되었다.

4 유클리드에 대항한 공식적 저항

20세기 초반 푸앵카레의 '네 번째 차원'에 대한 소개와 비유클리드 기하학에 관한 지식이 제대로 이해되면서 글레이즈(Gleizes)와 메칭거(Jean Metzinger)(1883~1956)를 포함한 일군의 예술가들은 구체적으로 3차원 유클리드 공간의 기하학으로부터 자신들을 해방시키려고 분명하게 시도했다. 「큐비즘에

서(*Du Cubisme*)」라 지칭한 에세이에서 그들은 "만약 화가의 공간을 특별한 기하학에 묶어두기 원한다면, 비유클리드 학자들을 참조해야 한다. 어느 정도 리만 정리를 공부해야 하겠다"고 언급했다. 여기서 그들은 형태라는 개념을 유클리드 기하학에서 보다 덜 엄격한 리만 기하학[I.3 §6.10]에 대해 언급하는 것처럼 보인다. 그들은 계속해서 말하길, "하나의 대상은 하나의 절대적인 형태를 가지지 않는다, 그것은 여러 모양을 가지고 의미 있는 범위 내에서 평면들만큼이나 많은 형태를 가진다." 이 부분은 『과학과 가설』에 나온 푸앵카레의 「비유클리드 기하학(*Les géométries non euclidiennes*)을 참조하고 있는 것 같다. 1913년 메칭거의 「(잃어 버린) 그림 병사(*Nature morte*)(*4me dimension*)」의 제목은 2차원 표면에 3차원과 4차원을 표현하려는 그의 관심을 잘 나타낸다. 리만 기하학과 4차원이 이 화가들이 이룩하려고 노력한 것의 배후에 있지만, 그들은 이 둘을 모두 '비유클리드'라 불렀다.

1918년 1차 세계 대전으로 인한 파괴에 분노한 장 아르프(Jean (Hans) Arp, 1886~1986), 프란시스 피카비아(Francis Picabia, 1879~1953)를 포함한 12명의 예술가들은 다다 선언(Dada Manifesto)에 서명했다. 여기서 그들은 "모든 대상, 감정, 애매함, 유령 평행선들의 정확한 충돌은 싸움을 위한 무기이다"라는 그들의 믿음을 명시적으로 서술했다. 1930년대까지 점점 더 많은 예술가들이 수학에 대한 그들의 지식을 급격한 방식으로 조각과 회화의 모습을 바꾸는 데 사용하고 있었다.

5 중심에 있는 파리

19세기 마지막 10년부터 1차 세계 대전이 일어나기 전까지 예술가들은 수학뿐만 아니라 과학과 기술의 예외적인 발전과 발견에 깊은 영향을 받았다. 예를 들어, 영화(1880년대), 라디오(1890년대), 비행기, 자동차, 엑스레이(1895), 전자의 발견(1897) 모두가 예술가들의 작품에 영향을 주었다. 선구자적인 화가 칸딘스키(1866~1944)는 예술가로서 그가 경험하고 있었던 장애물이 과학에서 새로운 것들을 배웠을 때 사라졌다고 썼다. 낡은 세상이 무너졌고 그는 다시 그림을 그릴 수 있었다.

어떻게 20세기 초 활동 중인 예술가들이 과학적, 수학적 사고에 대한 지식을 얻게 되었는지는 분명하지 않지만, 어찌되었건 많은 예술가들이 일반 대중을 위해 쓰여진 수학에 관한 글들에 익숙했음은 확실하다. 또한 그들이 수학을 깊이 있게 탐험하는 것을 도와준 튜터가 적어도 한 명 있었다. 1911년 파리에서 수학자이자 보험 회계사로 활동한 마우리스 프랑세(Maurice Princet, 1875~1971)는 수학자 에스프리 파스칼 조프렛(Esprit Pascal Jouffret)의 『4차원 기하학의 기본적 개론과 *n*차원 기하학의 소개(*Traité Élémentaire de Géométrie à Quatre Dimensions et Introduction à la Géométrie à n Dimensions*)』(1903)를 이용하여, 4차원 기하학에 대해 비공식적인 강의를 하였다. 조프렛의 개론은 『플랫랜드』를 참조했는데, 종이에 4차원을 나타내는 방법, 4차원 공간에 스트링햄에 의한 다포체의 다이어그램을 나타내는 방법, 그리고 푸앵카레의 아이디어와 이론들의 분명한 설명을 포함한다. 두 번째 책 『4차원 기하학의 혼합(*Mélanges de Géométrie à*

Quatre Dimensions)』(1906)에서 비슷한 점들을 강조했다.

프랑세의 청중은 (종종 섹시옹 도르(Section d'Or)라 불리었던) 퓌토 큐비스트 그룹이었다. 이 그룹의 중심 인물들은 삼형제 레이몽 뒤샹 비용 (1876~1918), 뒤샹, 자크 비용(가스통 에밀 뒤샹으로 태어났다)(1875~1963)이었다. 이 화가들과 프랑세의 접촉은, 그들 결혼식에서 신랑 들러리를 섰던 파블로 피카소와 보헤미안적 삶을 공유했고 나중에 앙드레 드랭(Andre Derain, 1880~1954)과 결혼한 앨리스 게리(Alice Gery, 1884~1975)와 프랑세가 이혼한 후에도 계속되었다. 게리는 프랑세를 화가들에게 소개했다. 왕성한 독서가였던 그녀는 피카소에 의한 초기 입체파 그림인「책 읽는 여인」(1910)의 모델이었을지도 모른다.

파리에서 프랑세와 뒤샹은 함께 독학으로 푸앵카레와 리만을 공부했고, 이미 보았던 것처럼 이들은 뒤샹 작품의 중요한 두 가지 원천이었다. 뒤샹은 유명한 그림「심지어 그녀의 독신자들에 의해 발가벗겨진 신부(큰 유리)(*The Bride Stripped Bare by her Bachelors, Even(The Large Glass)*』(1915~1923)를 그린 지 10년 뒤에 자신의 노트에 4차원과 비유클리드 기하학에 대해 늘어가는 관심과 이해에 대해 기록했다. 뒤샹은 어떻게 4차원 도형의 3차원 정사영을 일종의 '그림자'로 생각할 수 있는지를 설명한 조프렛의 책을 언급하면서, 친구들에게 자신의 그림의 신부는 4차원적 대상의 3차원 정사영을 2차원적 형태로 기록한 것이라고 했다. 또한 그가 아주 흥미롭게 생각한, 전자들이 존재하는 것을 알지만 직접 관찰할 수는 없다는 사실도 언급하면서, 그의 그림은 직접 표현되지 않는 요소들을 포함한다고 주장했다. 이 노트들과 수학에 대한 사색을 포함한 다른 노트들이『부정형으로(*À l'Infinitif*)』(1966)에 게재되었다. 지금까지는 15세기 르네상스 원근법과 유클리드적 기반에 대한 의존이 지배적이던 분야에서 일하면서, 뒤샹과 다른 예술가들은 많은 수학자들이 더는 스스로 유클리드적 제약을 따를 필요가 없다고 느낀다는 것을 알고 흥분에 휩싸였고, 예술은 극적으로 변하였다.

상당히 놀랍게도 리만과 푸앵카레는 대상이 예술로 나타남을 발견하는 뒤샹의 유명한 '레디메이드'에 최초의 영감을 주기도 했다. 예술가 론다 쉬어러(Rhonda Shearer)가 1997년 뉴욕 과학 학회 회보에 설명한 것처럼 뒤샹은 푸앵카레가『과학과 방법』에서 창조적 과정에 대해 설명한 것을 그대로 받아들였다. 푸앵카레는 소위 말하는 푹스 함수(Fuchsian function)의 우연한 발견에 대해 썼다. 그 함수가 존재하지 않는다는 것을 증명하려고 애쓰면서 보낸 여러 날 동안의 '성과 없는' 의식적인 연구 뒤에, 그는 자신의 습관을 바꾸어 어느 날 저녁 밤 늦게 커피를 마셨다. 다음날 아침, '알찬' 아이디어가 그의 의식적인 마음에 떠올랐다. 이로부터 그는 'tout fait(레디메이드)' 아이디어를 선택했고, 놀랍게도 그가 전에 그 존재성을 의심했던 수학적 함수의 존재성을 증명하는 방법을 하나 알게 되었다. 뒤샹은 1915년 '레디메이드'(그리고 'tour fait')라는 용어를 사용했다. 그가 선택하고, 이름 붙이고 서명한 예들은 뒤집어 놓은 소변기인「샘(*Fountain*)」(1917)이나 병 건조기인「병 건조기(*Bottle Rack*)」(1914) 같은 보통의 제조품으로, 최초의 레디메이드라 생각된다.

그림 2 가보의「머리 2번」(코르틴 강, 1916)(확대 버전 1964). 나움 가보의 작품. ⓒ니나 윌리엄스

6 구성주의

1920년 러시아에서 예술가 나움 가보와 안토인 페브스너는 그들 작품을 다시 생각하기 위해 수학에 의존했다고 썼다. 그들은 다음과 같이 썼다. "우주가 사람을 구성하고, 엔지니어가 다리를 만들고, 수학자가 궤도에 대한 공식을 만드는 것처럼, 우리는 우리 작품을 구성한다." 가보는 공학에서 공부했던 체적 측정 시스템을 이용하기 시작하여,「머리 2번」(그림 2 참조)과 같은 조각들을 창조하였다. 체적 측정이란 주제는 적어도 1579년까지 거슬러 올라가는데, 존 디(John Dee)의 유명한 유클리드의 빌링슬리 편집판의「수학적 서문(Mathematicall Praeface)」의 'Groundplat'에 게재되어 있다. 이는 입체의 성질들의 측정에 관한 것으로 19세기와 20세기 대학에서 널리 가르쳤다. 실제로 어떤 유럽 나라에서는 오늘날에도 여전히 가르치고 있다. 가보와 페브스너는 그들 조각을 평평한 조각들을 가져와 구성했고, 따라서 덩어리보다 공간이 조각의 요소가 되었다.

그림 3 가보의 두 상자: 파내기와 구성. 미국 국회 도서관 이미지 제공

밀도는 더 이상 중요하지 않았고, 그 결과 (예술가의 작품이 입체로 남아 있게 되는 고체 덩어리로부터 재료를 파서 없어지게 되는) 고전적 조각에서 사용되었던 추출 기술은 더는 필요 없어졌다. 조각은 공상적이 되었고, 표면은 덜 중요하고 그렇게 남겨졌다. 적어도 **구성주의**(constructivism)라 알려지게 된 전통 내에서는 말이다.

이 전통은 가보와 페브스너가 쓰고 서명한 러시아의『사실주의 선언(Realistic Manifesto)』(1920)에서 처음 공식화되었다. 거기서 그들은 "대상의 물질적 형성은 그 심미적 조합에 의해 대체된다. 대상은 전체로서 (…) 자동차 같은 산업적으로 주문된 제품처럼 다루어져야 한다"고 주장했다. 가보는 구성주의를 독일의 바우하우스로, 그 다음 1930년대 프랑스와 영국으로 가져왔다. 거기서 그는 영국 예술가 바바라 헵워스(1903~1975)와 그녀의 남편 벤 니콜슨(1894~1982)과 함께 작업했다. 가보와 니콜슨은 (레슬리 마틴과 함께)『써클: 구성주의 예술의 국제 서베이』(1937)를 편집했는데, 여기에는 그들 자신의 글과 함께 헵워스, 피에트 몬드리안(Piet Mondrian, 1872~1944), 비평가 허버트 리드(Herbert Read, 1893~1968) 등의 글도 게재되었다. 써클에서 가보는 17년 된 사실주의 선언을 다시 언급하며, 어떻게 (그림 3의 사진에 나타난) 두 상자가 같은 물체를 다

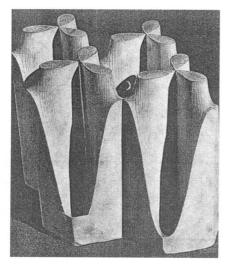

그림 4　맨 레이의 「타원함수의 매(*Allure de la Fonction Elliptique*)」, 1936. 국립 미술관의 이미지 제공

그림 6　무어의 「끈이 있는 형상 1번(Stringed Figure No. 1)」(떡갈나무 받침 위에 벗나무와 끈, 1937). 스미소니언 협회, 허쉬혼 미술관 및 조각 공원의 이미지 제공(리 스탤스워드 촬영)

그림 5　올리비에의 「두 쌍곡 포물면의 교차(*Intersection of Two Hyperbolic Paraboloids*)」(1830). 유니온 칼리지 영구 소장품(Schenectady, NY)의 이미지 제공

르게 표현한 파내기와 구성의 차이를 보여줄 수 있는지 독자에게 안내함으로써 구성주의가 무엇을 의미하는지를 분명하게 보여주었다(그림 3 참조). 상자들은 만들어 내는 방법이 다르고 관심사도 다르다. 구성주의는 수학적으로 이해한 공간이 조각의 요소가 되는 예술적 상황을 만든다. 가보가 쓴 것처럼, "오른쪽 상자를 만들어낸 체적 측정적인 방법은

기본적으로 조각 공간 표현의 구성적 원칙을 보여준다".

이 예술가들은 미술관과 카탈로그에서 수학적 모형을 공부했다. 이 모형들은 수학자들이 곡면에 대해 가르치기 위해 디자인한 것으로 철사, 카드보드, 금속, 석고로 만들어졌다. 같은 예술가들이 또한 초현실주의자 맨 레이(Man Ray)에 의해 만들어진, 파리의 앙리 푸앵카레 연구소에서 또 다른 초현실주의 예술가 막스 에른스트에 의해 구성된 모형 위의 곡면 선들의 철사와 평행줄들을 보여주는 사진들을 공부하였다. 레이는 이 모형들을 빛과 그림자의 인상주의적 패턴을 가지고 나타냈다(그림 4 참조). 그는 원래 모형을 만든 사람은 수학적 방정식 자체에 내재된 우아함을 시각적으로 보여주고자 했음을 알고 있었지만, 모형의 '우아함'(심미적 설득력 있음)에 관심이 있었다. 헵워스와 가보 같은 다른 미술가들 또한 그들 작품에 영감을 제공한 것은 수학 그 자

체가 아니라 수학적 모형의 아름다움이라고 서술하였다. 헵워스는 옥스퍼드에 전시되어 있는 수학적 모형들을 "수학적 방정식으로부터 나온 조각 작품"이라 생각하면서 연구했다. 그것들은 그녀가 자신의 작품에 줄을 첨가하도록 자극했다. 그러나 그녀는 자신의 영감은 줄에 의해 나타난 수학이 아니라 그것들의 힘, "나와 바다, 바람, 언덕 사이에서 느꼈던 긴장"이었다고 썼다.

유명한 조각가 헨리 무어(Henry Moore, 1898~1986)는 가보와 헵워스의 절친한 친구였는데, 무어 또한 그의 작품에 미친 수학적 모형들의 영향에 대해 썼다. 그는 테오도르 올리비에의 줄로 연결된 형태(그림 5 참조)를 보았고 스스로 수학적 모형을 많이 만들어 본 후 1938년 그의 조각에 줄을 도입하였다. 이후 그것을 자기 작품 중 가장 추상적인 것이었다고 생각했다. 그가 말하길 그는 "남부 켄싱턴의 과학관에 갔고 어떤 수학적 모형들에 의해 매우 자극 받았다. (⋯) 파리의 라그랑주에 의해 만들어진 (⋯) 한 쪽 끝에서 다른 쪽 끝까지 색실들이 연결되어 그 사이 모양이 어떤지 보여주는 기하학적 형태들을 가진 쌍곡면과 궁륭 (⋯) 나는 그것들의 조각으로서의 가능성을 보았고, 몇몇을 조각하였다". 무어는 돌출부를 연결하는 끈의 사용이 실제로 입체조각과 그 조각 주변의 공간 사이의 경계를 생성함을 알아차렸다(그림 6 참조). 끈의 경계는 포착된 공간을 보는 것을 가능하게 만들었다. 무어와 가보는 수학적 모형들을 다른 방식으로 사용했다. 무어가 후에 말한 것처럼, 가보는 "이 끈 아이디어를 그의 구성물이 항상 공간 자체가 되도록 발전시킨 반면, 나는 입체와 끈들 사이의 대비를 좋아했다(⋯) 나는

그림 7 빌의「끝없는 꼬임(*Eindeloze Kronkel*) (동, 1953~1956). 블루프톤 대학, 매리 앤 술리반 이미지 제공.

외부 모양을 그 자체로 조각(내부/외부 형태들)으로 만들고 있었으나, 각 부분이 다른 것과 연결되어서야 비로소 완성되는 것이었다."

7 다른 나라, 다른 시간, 다른 예술가

7.1 스위스와 막스 빌

1930년 대 중반 스위스 디자이너이자 예술가인 막스 빌(Max Bill, 1908~1994)은 단일면 곡면에 자극 받았다. 1865년에 독일 수학자이자 천문학자인 아우구스트 페르디난드 뫼비우스[IV.30]가 출판했다는 것을 모른 채 말이다. 빌은 계단 벽에 걸 조각을 디자인할 필요가 있었을 때, 휘어지는 소재로 길고 가느다란 직사각형을 매단 다음 끝부분을 적절히 붙여서 자신의 뫼비우스 띠[IV.7 §2.3]를 독립적으로 발명했다(1935).

자신의 조각과 수학계의 선구자 간의 연관성에 대해 몇 년 후에 알게 되고서, 기하학적 형태의 단순성을 좋아하는 빌은 위상 문제와 단일면 곡면에 기반한 조각들을 만들어 달라는 주문을 연이어 받았

다(그림 7 참조). 현대 미술의 수학적 접근 방식에 관해 쓴 1955년의 에세이에서, 그는 수학은 모든 현상을 의미있게 배치함으로써 세상을 이해하는 핵심적 방법이라고 썼다. 빌에게 있어, 수학적 관계에 형태가 주어졌을 때, 그것들은 "예를 들면 파리의 푸앵카레 박물관에 서있는 것들처럼, 공간-모형들로부터 나온 것 같은 부인할 수 없는 심미적 매력을 발산한다".

7.2 네덜란드와 에셔

20세기 후반부터 수학과 예술 사이의 관계에 대한 관심이 들끓었다. 특히 1992년에 전 세계의 예술가와 수학자들이 그들 분야 사이의 연관에 관한 오래된 그리고 새로운 아이디어를 탐구하기 위해 매년 합동 학회를 열기 시작한 이래로 말이다. 서구 사회에서 이 융합적 연구가 널리 퍼진 것은 네덜란드 판화가 혹은 그 스스로 알려지길 원하는 것처럼 '장인'인 마우리츠 코르넬리스 에셔(Maurits Cornelis Escher, 1898~1972)가 만든 흔치 않은 그림과 판화에 기인한 면이 적지 않다. 에셔는 테셀레이션과 3차원에서는 만들 수 없지만 2차원에서는 그려낼 수 있는 '불가능한' 대상에 매우 관심이 많았다. 그의 작품이 20세기 미술의 핵심적 부분으로 간주되지는 않지만, 그는 수학자에 의해 그리고 또한 일반 대중에 의해 높게 평가되었다. 그의 가장 잘 알려진 작품들 중에 펜로즈 삼각형과 뫼비우스 띠에 기반한 그림들이 있다.

그는 조지 포여(Georg Polya, 1887~1985), 로저 펜로즈(Roger Penrose, 1931~) 헤롤드 스콧 맥도널드 '도널드' 콕세터(Harold Scott MacDonanld "Donald" Coxeter, 1907~2003)등의 수학자로부터 알게 되고 배운 것에 영감을 받았다. 에셔는 1954년 세계수학자대회의 암스테르담 모임을 위한 조직회가 스테델릭 미술관에서 그의 작품 전시회를 거행했을 때 전 세계 수학계에 소개되었다. 펜로즈가 이 전시회에서 에셔의 1953년 판화 「상대성(Relativity)」을 보고 난 후에, 그와 그의 아버지인 유전학자 라이오넬 펜로즈(1898~1972)는 이로부터 불가능한 도형들을 만들어내는 데 영감을 얻어, 펜로즈 트라이바와 펜로즈 계단을 1958년 《영국 심리학 잡지》에 게재했다(펜로즈 부자는 에셔에게 이 기사의 발췌 인쇄물을 보냈다). 에셔는 그 후에 이를 두 개의 잘 알려진 동판화에 사용하였다. 이 중 「폭포(Waterfall)」(1961)에서는 물이 폭포 아래에서부터 폭포 위로 역류하는 모양으로 흐르고, 「상승과 하강(Ascending and Descending」(1960)은 (당신이 그걸 따라 돌아가는 방향에 따라) 계속해서 올라가거나 내려가지만 같은 층으로 되돌아오는 불가능한 계단을 가진 건물이 특징적이다. 콕세터의 전공 분야는 유클리드 평면과 쌍곡 평면의 대칭성이었지만, 또한 수학적 관점에서 예술가들의 작품을 분석하는 데서도 즐거움을 얻었다. 에셔는 그들이 만났던 세계수학자대회 직후 그와 연락하기 시작했고, 1972년 에셔가 사망할 때까지 계속해서 그와 연락을 주고받았다. 1957년에 콕세터는 그의 캐나다 왕립 학회의 회장 연설 「결정의 대칭성과 그 일반화」에서 평면 대칭성을 보이기 위해 에셔의 그림 두 점을 사용하고자 요청했다(이렇게 에셔의 작품은 수학자들 사이에서 퍼져나갔다). 1958년에 콕세터는 에셔에게 자신의 연설문 복사본을 포함한 편지를 보냈다. 답장에는 다음과 같은 요청이 담겨 있었다. "중심들이 그 극한에 도달할 때까지 바깥에서부터 점차 다가가는 다음 원들을 어떻게 만들었는지 당신이 내게 간단하게 설명해 줄 수 있겠는가?" 도움이 되기를 바라며 보낸 콕세터의 답장은 에셔에게 작지만 유용한 정보 하나를 주었다. 장문의 편지의 나머지 부분은 미술가가 이해할 수 없는 것이었지만 말이다. 그러나 그림으로부터 그리고 그의 날카로운 기하학적 직관으로부터 에셔는 그가 필요로 했던 원들을 만들어 낼 수 있었고, 1958년까지 그는 작품에 3개의 주요 기하학인 유클리드, 구면, 쌍곡면 기하학을 사용했던 최초의 그래픽 예술가였다. 콕세터는 수학적으로 훈련되지 않은 예술가가 1958년 목판화 「원 극한 III(Circle Limit III)」에서처럼 그런 정확한 '등거리 곡선들'을 만들어낼 수 있었음에 놀랐다. 에셔는 항상 수학을 거의 모른다고 주장했지만, 그의 많은 판화들은 수학을 이용한 직접적 결과였다. 수학자 도리스 스캐트슈네이더는 에셔의 작품 대부분은 스스로 '콕세터하기'라고 지칭한 그의 관심과 수학자들과의 상호작용으로부터 나온 수학적 질문에 대한 추구에 의존했기 때문에 그는 진정한 '숨은 수학자'였다고 말했다. 그러나 그는 스스로 해결책을 찾고 이해하기를 더 좋아한다고 썼다.

에셔는 그의 예술적, 수학적 유산 이외에도 결정학자들에게도 중요한 영향을 미쳤는데, 그들은 그의 대칭적 그림들을 분석을 위해 사용했다. 결정학자 캐롤린 맥길라브리는 에셔가 색 대칭을 깊이 연구하기 시작했고, 결정학자들이 이 연구 분야에 관심을 가지기 전인 1941~1942년에 분류 체계를 만들었고 이는 매우 활발해졌다고 지적했다. 세계 결정학 연합은 그 후 에셔에게 1965년 처음 출판된 맥길라브리의 『에셔의 주기적 그림의 대칭적 측면들(Symmetry Aspects of M.C. Escher's Periodic Drawings)』에 삽화를 그려달라고 의뢰했다. 그 목적은 '학생들이 반복되는 디자인과 색깔 아래 놓인 법칙들'에 관심을 가지게 하려는 것이었다.

7.3 스페인과 달리

앞서 본 것처럼, 어떤 예술가들은 그들 자신의 수학에 관한 지식에 영향을 받았고, 다른 예술가들은 수학적 사고에 관한 감상에 의해 간접적으로 영향을 받았다. 그리고 수학적 모형의 매력에 이끌려 영향을 받은 사람들도 있다. 또 다른 종류의 연관은 초현실주의 예술가인 살바도르 달리(1904~89)와 수학자이자 그래픽 예술가 토마스 밴코프(Thomas Bancoff, 1938~)와의 관계의 예에서 보여진다. 밴코프는 3차원과 4차원 미분기하학에서의 연구로 유명한 브라운 대학의 수학 교수이다. 1960년대 후반 이래로, 그는 컴퓨터 그래픽의 발전과도 연관되었다. 달리의 1954년 초입방체에 못 박힌 예수의 그림은 1975년 밴코프의 선구적 연구에 대한 글에서 다시 제작되었는데, 이는 3차원을 넘어선 기하학을 보여주는 컴퓨터 애니메이션을 이용해 제작되었다. 이를 계기로 이후 10년간 벤코프와 달리는 여러 차례 만남을 가져 초입방체와 기하학과 예술의 다른 국면들을 논의했다. 한 가지 공동 계획은 오직 한 위치에서만 진짜처럼 보이는 거대한 말 조각상을 디자인하는 것이었다. 달리는 결국 그 머리를 보는 사람의 앞쪽에 그리고 엉덩이는 달 어딘가에 놓는 식으로 말을 보여주었다(분명 완전한 상상의 계획).

그림 8 퍼거슨의 「보이지 않는 악수 II(*Invisible Handshake II*)」 음수의 가우스 곡률을 갖는 세 개의 구멍이 뚫린 원환. 예술가의 사진 제공.

그림 9 로빈의 「*Lobofour*」(캔버스에 아크릴 물감, 1982), 예술가의 콜렉션.

달리는 레오나르도부터 시작된 전통적 기법에 따라 왜상 화법을 이용한 작품을 만들었다. 그는 과학자들과 수학자들과의 상호 작용을 평가하면서, 나중에 "과학자들은 내게 모든 것을 주었다. 심지어 영혼의 불멸성까지 말이다"라고 말했다. 달리는 또한 프랑스 수학자 르네 톰(Rene Thom, 1923~2002)을 만나 혼돈 이론에 관해 이야기했는데, 바로 그것이 1983년 결국 그의 마지막 그림 시리즈가 된 것에 표현하고자 했던 것이었다.

7.4 다른 최근의 발전: 미국과 헬러먼 퍼거슨

이제까지 수학이 예술에 어떻게 영향을 미쳤는지를 보았다. 종종 예술가들이 실제로 수학을 만들어내기도 하는데, 예를 들면 조심스럽게 선택한 수학적 방정식을 이용하여 조각을 만들어냈다. 저명한 미국 조각가이자 수학자 헬러먼 퍼거슨(Helaman Ferguson 1943~)은 수학과 그의 예술 속의 수학에

대한 설명을 위해 그의 시간을 똑같이 나누었다. 수학자로서 그는 계산 기계를 위한 알고리즘과 과학적 시각화를 위한 알고리즘들을 디자인했다. 1979년 그는 세 개 이상의 실수 혹은 복소수 사이의 정수 관계를 발견하는 방법을 찾아냈다(이는 나중에 20세기 최고의 알고리즘 10개 중 하나로 이름 붙여졌다). 예술가로서 그는 돌을 조각했다. 그는 1994년에 수학자 알프레드 그래이(1939~1998)에게 (구멍이 있는 최소곡면을 묘사하는 방정식을 발견한 대학원생의 이름을 딴) 코스타 표면을 조각할 수 있도록 방정식을 개발해 줄 것을 부탁했다(그림 8 참조). 그래이는 바이어슈트라스 제타 함수를 이용해 방정식을 만들었고, 이를 매스매티카에 이용하여 퍼거슨은 돌로 조각을 만들 수 있었다. 퍼거슨은 자신의 예술을 최근 두 세기에 걸쳐 발전해 왔던 응용 수학으로부터 나오는 것으로 여긴다.

비눗방울에 대한 물리적 관찰에서 시작하라(플라톤), 최소곡면을 묘사하는 미분방정식 모형을 서술하라(오일러-라그랑주), 곡률을 가지고 최소곡면을 기하학적으로 정의하라(가우스), 자명하지 않은 위상을

가진 최소곡면을 발견하라(코스타), 곡면의 컴퓨터 이미지를 그려라(호프만-호프만), 대칭을 인식하고 곡면이 스스로 교차하지 않음을 증명하라(호프만-믹스), 곡면을 위한 빠른 매개변수 방정식을 발견하라(그래이), 마지막으로 충분히 커서 만질 수 있고 그 위에 올라갈 수 있는 '비누막'의 고체 형태인 조각을 가지고 자연으로 돌아가라.

7.5 미국과 토니 로빈

n차원 기하학의 발전은 많은 유럽 및 미국 예술가들에게 지대한 영향을 미쳤고, 이런 경향은 20세기 후반까지 계속되었다. 1970년대에 수학자와 예술가들이 이끈 컴퓨터 그래픽의 발전은 이에 대한 관심을 증폭시켰다. 미국 작가 토니 로빈(Tony Robbin, 1943~)의 작품에서 그 예를 발견할 수 있는데, 그는 차원의 개념을 그림과 판화, 조각에서 탐험했다(그림 9 참조). 1979년 말 로빈은 수학과 학생이기도 했는데, 밴코프의 평행 프로세서 컴퓨터를 연구하고 있었고 처음으로 4차원 상자를 시각화할 수 있었다. 이 사건은 그의 예술을 급격하게 변화시켰고, 그가 공간의 4차원을 보여주는 2차원적 연구를 발전시키는 데 영향을 주었다. 로빈은 자신의 책『4체: 컴퓨터, 예술 그리고 4차원(Fourfield: Compu-ters, Art & the 4th Dimension)』(1992)에 "4차원이 우리 직관의 일부분이 될 때, 우리의 이해가 깊어질 것이다"라고 썼다. 로빈의 구성, 그림, 판화 중 어떤 것은 독립적인 평면들 속의 도형들을 보여준다. 즉, 3차원에서 전부 다 보여질 수 없는 겹쳐진 공간들 속에 말이다. 관객이 두 구조를 같은 시간에 같은 장소에서 (4차원 공간으로부터 투영된 것처럼) 서로에 대해

회전하면서 보고 싶어 한다면, (렌즈알 하나는 빨갛고 하나는 파란) 3D 안경을 끼고 빨강과 파랑 불에 비치는 로빈의 벽에 걸린 조각 중 하나를 보는 것이 4차원 입체의 완전한 입체적인 효과를 만들 것이다. 디지털 판화에서 4차원을 암시하는 것은 로빈의 선과 다각형들로, 2차원 그림은 고차원적 대상의 그림자이다.

7.6 헤이터와 아뜰리에 17

1927년 영국 초현실주의자이자 판화가 스탠리 윌리엄 헤이터(Stanley William Hayter, 1901~1988)는 거의 사라진 음각 프린팅이란 기술을 되살리기로 결정했고 파리에 실험적 스튜디오 '아뜰리에 17'을 설립했다. 이어서 1940년부터 1950년 파리로 돌아가지 전까지 뉴욕에 또 다른 스튜디오를 열었다. 헤이터는 그의 스튜디오를 이용했던 예술가들 다수가 백 년 전에 판화가 번성했을 때 존재했던 '르네상스 그림의 고전적 창을 통해 보는 것과 다른 공간'을 가지고 일하고 있었다는 것을 알았다. 아뜰리에 17의 설립은 판화를 독립적 예술 형태로 부활시키는 데 중심적 역할을 했고, 헤이터가 (19세기 이래로 진화해 오고 있었던) 판화 만들기에 대한 실험적 기술에서 수학의 중요성을 감지했음은 매우 분명하다. "인간의 (물리학과 수학에서) 공간에 대한 점점 증대하는 인지와 힘은 공간과 시간을 시각적으로 보여주는 새롭고 이단적인 방법에 반영되었다." 따라서 "오직 과학자들에 의해서만 도해적으로 표현되어 왔던 물질과 공간의 많은 성질들이 시각적이고 정서적인 형태로 표현되었다". 20세기 판화가들은 그림 평면 위에 평면들을 정의하는 투명한 거미줄

들의 배열을 이용할 수 있었다. 특히 조각하고 있는 판에 공간들을 도려냄으로써(판의 바닥까지 쑥 들어가 구멍을 뚫기도 하면서) 그림의 평면 앞에 영상을 만들 수도 있었다. 예술가들이 이 기술을 훨씬 이전에 이용했을 수도 있지만, 음각의 묘사적 양상이 사진에 의해 도전받았던 19세기 후반에서야 중요해졌다. 따라서 3차원을 창조하는 데 파내기를 사용했다. 헤이터는 또한 『판화에 대하여(*About Prints*)』(1962)에서 어떻게 아브라함 보세의 17세기 아뜰리에가 조직되었고 20세기에 파리에서 재건설되었는지를 설명했다.

2차 세계 대전 당시 수학에 대한 헤이터의 관심은 더 실질적인 면에서 나타났다. 예술가들과 예술 후원자 롤랜드 펜로즈 등의 협조를 받아 위장 부대를 만들었는데, 1941년 《예술 뉴스(*Art News*)》에 실린 다음과 같은 장치를 만들었다.

임의의 날짜, 임의의 시간에 임의의 주어진 위도에서 태양의 각도와 그림자의 길이를 모방해낼 수 있는 장치. 회전판들, 주의 눈금이 새겨진 디스크들, 계절적 감소의 승인 등등의 이 복합체는 그가 정말 즐거움을 느낀 작동하는 수학의 종류였다.

8 결론

20세기에는 서양 예술과 수학 간에 복잡하고 풍요로운 관련이 존재했다. 가보, 무어, 빌, 달리, 뒤샹은 수학으로부터 영향을 받은 유명한 예술가들이고, 푸앵카레, 밴코프, 펜로즈, 콕세터는 그들에게 영향을 미친 수학자들이다. 다른 방향에서 20세기 수학자들은 15, 16세기 그들 선조들처럼, 종종 그들 수학의 의미를 탐험하고 보여주기 위해, 혹은 그저 더 잘 표현하여 설명하기 위해서 예술로 향했다. 그들은 또한 그들의 창조적 과정을 예술가들의 창조적 과정에 비유했다. 프랑스 수학자 앙드레 베유[VI.93]는 그의 여동생인 작가 시몬느 베유(1909~1943)에게 1940년 군대 감옥에서 쓴 편지에 "내가 균일한 공간을 발명했을 때(나는 발명했다고 말하지 발견했다고 하지 않는다), 저항하는 재료를 가지고 일한다는 인상을 받기보다, 전문 조각가가 눈사람을 만들면서 놀 때 느꼈을 법한 인상을 받았다"고 썼다.

더 읽을거리

Andersen, K. 2007. *The Geometry of an Art: The History of the Mathematical Theory of Perspective from Alberti to Monge*. New York: Springer.

Field, J. V. 2005. *Piero della Francesca: A Mathematician's Art*. Oxford: Oxford University Press.

Gould, S. J., and R. R. Shearer. 1999. Boats and deckchairs. *Natural History Magazine* 10:32-44.

Hammer, M., and C. Lodder. 2000. *Constructing Modernity: The Art and Career of Naum Gabo*. New Haven, CT: Yale University Press.

Henderson, L. 1983. *The Fourth Dimension and Non-Euclidean Geometry in Modern Art*. Princeton, NJ: Princeton University Press.

Henderson, L. 1998. *Duchamp in Context: Science and Technology in the Large Glass and Related Works*. Princeton, NJ: Princeton University Press.

Jouffret, E. 1903. *Traité Elémentaire de Géométrie à Quatre Dimensions et Introduction à la Géométrie à n Dimensions*. Paris: Gauthier-Villars. (A digital reproduction of this work is available at www.mathematik.uni-bielefeld.de/~rehmann/DML/dml_links_title_T.html.)

Robbin, T. 2006. *Shadows of Reality: The Fourth Dimension in Relativity, Cubism, and Modern Thought*. New Haven, CT: Yale University Press.

Schattschneider, D. 2006. Coxeter and the artists: two-way inspiration. In *The Coxeter Legacy: Reflections and Projections*, edited by C. Davis and E. Ellers, pp. 255-80. Providence, RI: American Mathematical Society/Fields Institute.

옮 긴 이 _ 정 경 훈

PART VIII 마지막 관점

Final Perspectives

VIII.1 문제 해결의 기술
가디너 *A. Gardiner*

문제가 있는 곳에 인생이 있다.

지노비에프(Zinoviev)(1980)

'문제'는 뭔가 원치 않는 면이 있고 풀리지 않은 긴장이 남아 있다는 부정적인 의미를 지닌 단어이다. 인생과 수학의 요소가 '문제'라는 지노비에프의 경구는 그런 의미에서 중요하다. 좋은 문제는 정신을 집중시킨다. 도전하고, 좌절하게 하며, 야망과 치욕을 배양하며, 아는 것의 한계를 드러내 보이고, 좀 더 강력한 아이디어의 원천이 잠재된 곳을 돋보이게 한다. 이와는 대조적으로 '해결'이라는 단어는 긴장의 **해소**를 암시한다. 두 단어를 결합한 '문제 해결'이라는 표현은 소박한 사람들에게는 어떤 '마법의 공식'이나 절차의 도움으로 이처럼 달갑지 않은 긴장을 없앨 수 있다고 생각하게끔 부추긴다.

진실을 말하자. 누구도 그런 절차가 (중략) 왜 먹히는지 전혀 모른다. 그러니 '절차'라 부르는 것은 이미 위험한 가정을 하는 것이다.

지안-카를로 로타(Gian-Carlo Rota)(1986)

'문제'란 이해하고, 설명하고, 해결하려 시도하는 것이지만 ,이미 익숙한 '꼴'로 분류하려는 최초의 시도를 교묘히 피해간 것이다. 그런 '문제'에 직면했을 때 마음이 심란해지는 건 당연한 일이다. 결국에는 생각보다 훨씬 익숙한 것으로 판명날 수도 있지만, 문제를 해결하려는 이로서는 이정표나, 눈에 띄는

길조차 거의 보이지 않는 땅에 버려진 것과 같다. 포여(Pólya)나 그의 몇몇 추종자들은 보편적인 '문제 해결 메타 지도'를 고안하려고 노력해 왔다. 하지만 여러 세대의 대학원생들에게 너무나도 익숙한 그런 고통스러운 몰입을 대체할 쉬운 대안이란 현실적으로 없다.

문제에 직면했을 때 거창한 일반적인 원리들이 도움을 줄 수는 있다. 하지만 그것이 줄 수 있는 도움엔 한계가 있다. 예를 들어 데카르트[VI.11]가 『방법서설』에서 제시한 네 가지 일반적 원리를 생각해 보자.

첫째, 내가 명백히 알지 못하는 것을 절대로 참이라고 가정하지 말아야 한다. 둘째, 조사 중인 어려운 문제를 충분한 해답을 얻을 수 있을 만큼 가능한 한 많이 쪼갠다. 셋째, 가장 간단하고 알기 쉬운 대상부터 시작하여 (중략) 한 걸음씩 더 복잡한 지식으로 나아가는 순서로 생각을 수행한다. 마지막으로 (중략) 헤아린 것을 완벽하게 하기 위해 (중략) 빠뜨린 것이 하나도 없도록 확실히 해야 한다.

데카르트의 규칙들은 숙고할 가치가 있다. 하지만 그가 오늘날 우리가 알고 있는 해석기하학을 거의 맨손으로 창조해냈을 때, 이런 네 가지 규칙을 체계적으로 적용하여 얻었다고 수긍하기는 어렵다! 창의적인 과정을 벗어나 구체적으로 연구하며 수없이 손으로 풀어본 경험으로부터 걸러낸(그 문제에만 특수하게 맞는) '노하우'가 오히려 일반적인 원리보다 훨씬 더 중요할 수 있다. 그렇다면 정말 도움이 될 만한 말은 할 수 없는 걸까? 솔깃하게 들리게

끔 자세히 '문제 해결 기술'을 묘사하는 것은 무책임한 서술이기 쉽다. 하지만 침묵은 오해를 부른다. 두 방안 모두 만족스럽진 않지만, 학생들, 교사들, 수학자 지망생들은 거의 항상 이 두 가지 답변과 마주할 것이다! 학교에서 '문제 해결'을 가르치려고 시도할 경우, 종종 수학이 일종의 '주관적인 패턴 탐구'라는 오해를 불러일으키곤 한다. 대학 수준에서는 이런 왜곡을 바로잡기는커녕, 진지한 수학 문제를 **어떻게** 푸느냐는 지극히 개인적인 문제에 대해서 조심스레 공적 침묵을 지킨다. 그러므로 수학에 뜻이 있는 독자들에게 우리의 주제를 전하는 글은 사전준비가 거의 없이 시작해야만 하고, 천천히 나아갈 수밖에 없다. 그래서 한 가지 경고와 함께 이 글을 시작하겠다. 문제 해결이라는 주제는 충분히 탐구할 가치가 있지만, 간접적으로만 나아가야 한다. 따라서 결론은 종종 암시 수준에 그칠 것이다. 그 과정에서 다수의 원전에서 발췌한 내용들과 마주치게 될 텐데, 이 주제를 좀 더 자세히 추구하고 싶은 이들은 이 책을 입문서로 간주해도 좋다. 다만 어떤 공예에 대한 진정한 식견을 얻는 유일한 길은 **그 공예를 직접 연습해 봐야** 한다는 것임을 절대 잊지 말아야 한다. 수학이 '과학의 여왕'일지는 몰라도, 수학을 **하는** 기술은 여전히 **공예**이며, 고통스러운 입문 과정을 거쳐 내려 온 수공예 전통인 것이다. 다양한 수준의 많은 문제들(보통은 상대적으로 초등적인 것들)이 참고문헌에 나열돼 있다. 여기서 하나의 예를 살펴보자.

문제. 모든 자연수 n, k에 대해 $k \pmod{2^n}$와 합동인 삼각수가 있음을 증명하라.

다음 내용으로 넘어가기 전에 이 문제를 탐구해 볼 것을 권한다. 탐구 과정에서 몇몇 명백한 단계들을 거쳐나갈 것이다. 처음에는 당황스럽다가, 예비/조직화 단계를 거치고, 결국 해를 완결 짓거나 광범위한 수학 문헌 어딘가에서 이 도전 문제의 해답을 찾으려고 시도할 수도 있다.

수학이란 상당 부분 탐구되지 않은 '정신적인 우주'로, 최초에는 탐구하고 도표를 만들다가, 이어 식민지로 삼고, 정례적으로 왕래하다가, 효율적인 관리를 하게 된다는 점은 여러 면에서 이전 세기 지질 탐험가들의 현실 세계에서의 모험과 대응한다. 구(舊)세계 해안선의 안전함을 박차고 나가, 뭔가 새로운 것을 상상하고 탐구하는 것은 지적인 용기를 필요로 한다.

수학의 신대륙을 찾아낸다거나, 이미 알려진 세계 사이에 심오하고도 예기치 못했던 다리를 찾아내는 '시스템 구축가'들은 이런 수학 탐험가들 중에서도 가장 탁월한 이들에 속한다. 이들도 처음에는 특정한 문제를 분석하다가 과거에는 깨닫지 못했던 구조의 단초를 찾아냈을 수도 있다. 하지만 시스템 구축가는 '대규모의 수학'의 배경이 되는 구조들 사이의 관계를 더 식별하고, 명확히 하려 노력하며 큰 그림으로 초점을 옮긴다. 이러한 모험은 보통 보잘것없는 것으로 끝날 수도 있다. 수학적인 엘도라도에 가까이 다가갈 수도 있지만, 그걸 증명할 황금이 부족할 수도 있는 것이다. 이런 탐험가 중에서 몇은 훗날 선지자 혹은 발견자로 추앙받을 수도 있지만, 그러한 선별은 다소 기준이 모호한 일이다. 영예를 차지한 사람이 사실은 그 특정한 약속의 땅을 처음 발견한 사람이 아닐 수도 있고, 자신의 발에 채였던 곳의 의미를 깨닫지 못하거나, 그것이 알려진 수학 세계 사이에 어떤 연결고리가 될 것인지 미처 알지 못했을 수도 있다. 혹은 과거 다른 이들이 시도했던 것에 의존해서 성공을 거뒀을 수도 있고, 그의 수학이 오늘날 상상하는 것과 달리 당대의 사람들에게 깊은 인상을 남기지 못했을 수도 있다.

시스템 구축가들의 모든 성공은, 상당히 다른 수학 방식으로 연구하다가 나온 '소규모의 수학'에 대한 자세한 지식에 뿌리를 두고 있다. 예를 들어 대부분은 집 근처의 **익숙한** 수학적 해안가만 탐험하다가, 육감을 이용해 의심스러워 보이는 바위를 들췄는데 완전히 예상 밖으로 얽히고설킨 미시세계가 문 바로 앞에 있다는 걸 발견하는 해변 수색자들의 방식과도 같다. 위대한 탐험가들은 집을 떠나 점점 더 먼 범위까지 떠나지만, 뒤에 성가신 결함이나 미해결 문제를 남겨 두어 우리의 이해에 심각한 공백이 있음을 보여준다. 이 결함을 훗날의 해변 수색자가 설명하여 새로운 종합으로 가는 길을 열 수도 있다.

시스템 구축가들과 해변 수색자들의 정신적 스타일은 대단히 상이한데, 이들의 기여는 서로에게 보완적으로 나타난다. 수학적 우주의 진화라는 그림에서, 소규모의 통찰력과 대규모의 통찰력은 어떻게든 서로 맞물려야 한다. 이런 이유로 해변 수색자들의 우연한 발견이 미래에 예기치 못한 방식으로 큰 규모의 수학적 우주를 이해하는 데 기여할 수도 있다.

이렇게 상이한 스타일이 있음을 염두에 두면 지금부터 소개하려는 의견을 좀 더 구체적으로 이해할 수 있을 것이다. 첫 번째로 수학적 활동의 세 가

지 수준에 대한 알랭 콘(Alain Conne)의 견해부터 살펴보자.

첫 번째 수준은 주어진 알고리즘을 빠르고 믿을 만하게 적용할 수 있느냐는 계산 능력으로 규정지을 수 있다. (중략) 두 번째 수준은 특정한 문제의 맥락에서 실제 계산 방법을 적용하고, 비평할 때 시작된다. (중략) 수학에서 그렇게 어려지는 않은 문제나, 새로운 아이디어가 필요치 않은 문제를 풀 수 있을 때가 이때다. (중략) 세 번째 수준은 정신이(아니, 의식적 생각이) 다른 일에 팔려 있을 때, (중략) 무의식적으로 (중략) 현안 문제가 풀리는 것이다. 이 (세 번째) 수준에서는 주어진 문제를 푸는 것만이 중요한 게 아니라, 기존에 존재하는 축적물로도 직접적으로 접근하지 못했던 수학 분야를 발견할 수도 있다.

알랭 콘(1995)

콘이 언급한 첫 번째 수준은 상대적으로 표준적인 방식으로 주어진 절차를 이용하여 거침없이, 정확하게, 자신감 있게 푸는지, 즉 **튼튼한 기교**를 개발했는지에 초점을 맞춘다. 이 수준의 연구에 대해 더는 말하지 않겠지만, 중요하다는 것만큼은 강조한다! '문제 해결의 기술'에 대한 논의는 튼튼한 기교를 적절히 갖추었다는 것을 전제로 할 때에만 의미가 있다.

두 번째 수준은 수학자들이 매일 종사하는 진지한 수학을 대부분(물론 전체는 아니다) 포함하고 있다. 이 수준에서 생기는 진짜 문제들은 (i)수학자가 되고 싶어 하는 젊은이들을 긴장시키게끔 고안된 도전 문제(수학자를 지망하는 사람들이 고등학교

기하학, 퍼즐 책, 문제 풀이 잡지, 올림피아드 등에서 알려진 방법들을 선택하고, 변형하며, 예기치 못한 방식으로 조합하게끔 고안한 것들)부터 (ii)알려진 방법들을 적당한 상상력을 발휘해 선택하고, 변형하며, 조합하여 공략하면 대개는 풀리는 진짜 연구 문제에 이르기까지 다양하다.

삼각수에 대해 우리가 낸 문제를 기호로 바꿔, 임의로 주어진 $n \geq 1$에 대해 합동식 $m(m - 1)/2 \equiv k \pmod{2^n}$ 혹은 $m(m - 1) \equiv 2k \pmod{2^{n+1}}$를 모든 $k \geq 1$에 대해 풀어야 한다고 해석하는 것이 첫 번째 수준에 포함된다. 작은 n값에 대해서는 무슨 일이 생기는지 이해하려고 조직적으로 시도하는 것과, 이 문제를 풀 수 있는 간단한 예상을 진술하는 데까지 이른 후, 예상에 필요한 증명을 고안하는 것이 두 번째 수준에 포함된다.

다음 발췌문에 비춰 콘의 세 번째 단계를 '불가해하다'고 말하고 싶은 유혹이 든다.

인간의 노고가 들어가는 다른 분야와 마찬가지로 과학에는 두 종류의 천재, 즉 '보통' 천재와 '마법사' 천재가 있다. 보통 천재란 여러분이나 내가 지금보다 몇 배만 더 나았더라면 될 수 있었을 친구를 말한다. 이들의 정신이 작동하는 방식에는 신비로운 것이 없다. 그들이 한 작업을 이해하고 나면, 우리도 할 수 있었을 거라는 느낌이 든다. 마법사 천재의 경우는 다르다. 이들은 (중략) 우리가 사는 곳의 직교 여집합(orthogonal complement) 속에 살며 그들의 정신이 작동하는 방식은 어느 모로 보더라도 이해하기 어렵다. 설사 그들이 한 작업을 이해했더라도, 어떤 방식으로 이뤄낸 것인지에 대해서는 아무것도 알지 못한다. 설

령 그들에게 제자가 있더라도 그들의 방식을 모방할 수 없기 때문에 마법사 천재의 정신이 작동하는 수수께끼 같은 방식에 대처한다는 것은 끔찍한 좌절임에 틀림없다.

캐츠(Kac)(1985)

하지만 이 수준의 활동은 너무 특이해서 보통의 필멸자(必滅者)들과는 상관없는 것이라고 예상하게 된다. 사실 '문제 해결의 기술'에 대해 우리가 가진 가장 가치 있는 통찰력은 정확히 푸앵카레[VI.61]와 같은 '마법사' 급의 연구자들의 개인적 증언들로부터 나온 것이다. 이는 콘의 세 번째 수준에 있는 최고의 수학자들의 경험과, 보통의 학생이나 수학자가 그들의 '능력 밖에서' 더 평범한 문제들을 공략하는 것 사이에는 명백한 유사성이 있음을 보여준다. 즉, 그런 경우 자신만의 방식으로 더듬거리다가 '기존의 지식으로는 곧바로 접근할 수 없는' 지역에서 작업을 해야만 한다. 삼각수에 대한 문제라면 '이항계수의 합동식'을 결코 학습한 적이 없는 사람이 $\binom{m}{2}$ $\pmod{2^n}$에 대한 소박한 증명을 어떻게든 살짝 더 기괴한 $\binom{m}{3}$ $\pmod{2^n}$에 적용해 보고는, 그런 소박한 접근법은 $\binom{m}{4}$ $\pmod{2^n}$에는 적용되지 않으며 뭔가 더 일반적인 것이 어둠 속에 잠복해 있음을 깨닫는 경우에 그런 일이 생길 수 있다.

따라서 우리가 '문제'라고 말할 때는 **적어도 콘의 두 번째 수준에서 진지한 수학적 도전을 요하는 것을** 가리키기로 하고, 콘의 두 번째나 세 번째 수준에서의 활동으로 해석해야만 한다. 따라서 수학 문제 해결 기술에 대한 어떤 분석도 이 두 가지 높은 수준의 경험을 어느 정도 반영해야만 한다. 이와는 대조적

으로, '문제 해결법'을 교실로 들여 오려는 대부분의 시도의 기반이 되는 교육적 가정은, 보통 이 황당한 과정을 콘의 첫 번째 수준에 입각한 규칙 묶음으로 귀착시키려고 노력한다!

문제란 단지 어렵기만 한 연습문제 그 이상을 뜻한다. '문제'가 문제일 수 없는 때가 언제인지에 대해 생각해 보자. 한 가지 명백한 답은 '너무' 쉬울 때이다! 하지만 많은 학생과 교사들은 너무 어려워 보이기 때문에, 익숙하지 않고 살짝 혼란스러운 문제를 거부하려 든다. 새로울 게 없는 연습문제로만 공부해야 하는 수학으로 제한된 상황에서라면 이해할 만한 반응이다.

우리들 대부분은 해결할 수 있는 한도 내의 맥락 속에서의 표준적인 문제를 푸는 표준 기교의 집합을 수학이라고 배웠다(콘의 첫 번째 수준). 운동선수나 음악가처럼 수학하는 학생들도 기술을 발달시킬 필요가 있다. 하지만 운동선수들이 '경쟁'하려고 훈련하며, 음악가들이 '음악을 작곡하기' 위해 연습하듯, 수학자들도 도전적인 문제를 공략하기 위해서 '수학을 하는' 기술이 필요하다. 초보자에게 새로 인쇄된 음악 악보는 처음에는 혼란스러운 검정 콩나물의 나열처럼 다가온다. 하지만 악절 하나하나씩 분석하며 악보를 연구해 나가면 점차 자체적인 모습이 천천히 갖춰지고, 기존에는 간과했던 내적 연결성이 드러난다. 익숙하지 않은 수학 문제를 풀 때도 이와 거의 마찬가지이다. 처음 보면 문제조차 이해하지 못할 수도 있다. 하지만 문제가 뭔지 이해하려고 씨름할수록, 안개는 점점 걷혀 간다.

쥐 두 마리가 우유통에 빠졌다. 한동안 헤엄치던 한

마리가 가망 없는 운명을 깨닫고 익사한다. 남은 한 마리는 집요했고, 마침내 우유가 버터처럼 굳으면서 빠져 나올 수 있었다.

전쟁 초기에 카트라이트(Cartwright) 양과 나는 판 데르 폴(van der Pol) 방정식에 흥미를 느꼈다. (중략) 우리는 하등의 '결과'도 예상하지 못한 채 (중략) 계속 진행해 나갔다. 갑자기 극적이고 아름다운 구조를 지닌 해답의 전체 풍경이 우리를 빤히 쳐다보고 있었다.

리틀우드(Littlewood)(1986)

1923년 하디[VI.73]와 리틀우드[VI.79]는 소수(prime number)들 사이에서 길이가 k인 등차수열의 개수에 대한 예상을 만들었다. 이 예상의 한 가지 따름정리는 소수들은 임의로 긴 등차수열을 포함한다는 것이었다. 그런 주장을 마주쳤을 때 자연스럽게 소수들로만 이루어진 등차수열을 찾기 시작할 것이다! 하지만 찾다 보면 알려진 한계에 금방 도달하게 된다. 처음 세 개의 홀수 소수 3, 5, 7은 길이(항의 개수)가 3인 아주 익숙한 등차수열이지만, 더 긴 등차수열은 놀랍도록 찾기가 힘들다. (2004년까지 서로 다른 소수로 이루어진 등차수열의 길이에 대한 기록은 23으로, 소수 자체는 물론 공차도 천문학적이다.) 절대적인 증거 부족에도 불구하고, 2004년 벤 그린(Ben Green)과 테렌스 타오(Terence Tao)는 소수 집합이 정말로 임의로 긴 등차수열을 포함해야 함을 증명했다. 알려진 결과(이 경우에는 세메레디(Szermeredi)의 심오한 결과)를 자세히 재평가하고, 수평적인 생각과(소수를 정수 집합이 아니라 자연스럽지만 더 드문드문한 '거의 소수'인 수들의 집합에 집어 넣었다), 그런 아이디어로부터 결단력과 창의력을 발휘하여 결과를 도출해내는 방식은 멋진 증명의 한 예이다.

시간 제약이 있는 문제들(바로우(Bareau)(1989), 가디너(1997), 로바스(Lovasz)(1979))이나 구조화된 연구(가디너(1987), 링겔(Ringel)(1974))를 통해 앞선 발췌문에서 언급한 '안개'가 갑자기 걷히는 리틀우드의 경험의 진수를, 상대적으로 초보자에 속하는 독자들이 이해하기 적합한 형태로 포착해 보여주는 일은 아직도 큰 도전이다. 그린과 타오가 증명을 발표한 해에 영국 수학올림피아드에서는 다음과 같은 문제가 출제됐다. 독자들도 문제를 풀어보길 권한다.

문제. 서로 다른 일곱 개의 소수로 이루어진 등차수열 내에서 최대인 소수의 값 중 가장 작은 값은 얼마인가?

이 도전문제는 정수론 개론 강의에 활기를 불어넣을 수도 있고, 최근 발달 과정과 자연스러운 연관을 보여줄 수도 있다. 초보자들은 이 문제에 어떤 식으로 접근해야 할지 전혀 알 수 없겠지만, 기본 아이디어는 초등적이어서 어떤 의미에서는 '알려져야' 하며, 광범위한 계산을 빠르고 지적으로 수행하는 것의 가치를 알고 있다면 길이가 4, 5, 6, 7, 8인 자연스러운 등차수열을 만드는 데도 이용할 수 있다.

위대한 발견은 위대한 문제를 해결한다. 하지만 모든 문제의 풀이에는 한 톨의 발견은 있다. 당신의 문제는 수수할 수도 있지만, 당신의 호기심을 자극하고 창의력을 발휘하게 하는 문제라면, 당신만의 방법으로 풀

경우 긴장감을 경험하고, 발견하는 황홀함을 느낄 수 있을 것이다. 모든 걸 흡수하는 나이에 그런 경험을 하면 정신적 연구에 취미를 붙일 수 있고, 정신에 흔적을 남기고, 일생 동안 각인된다.

포여(2004)의 초판 서문에서

이 부분에 대해서 포여(pólya)는 오히려 너무 과묵했다. '알려진' 것과 진정으로 '독창적인' 것 사이에 뚜렷한 차이가 있다기보다는, 콘의 첫 번째 수준의 수학적 활동과 두 번째나 세 번째 수준의 활동 사이에 중요한 차이가 있는 것이다. 이런 차이를 알기 쉽게 보려면 당연히 누군가는 해답을 아는 문제를 통해야만 하므로, 괜찮은 '적당한 문제'를 (굳이 해명할 필요 없이) 모으고 이용해야 한다. 울람(Ulam)은 이를 좀 더 직접적으로 기록했다.

나는 아버지로부터 체스를 배웠다. (중략) 특히 한 개의 나이트로 적의 기물 두 개를 동시에 위협할 수 있다는 점에서 나이트의 움직임이 나를 매혹시켰다. 비록 단순한 전략이었지만, 나는 이를 멋지다고 여겼고 그 이후 이 게임을 사랑해 왔다.

똑같은 과정을 수학적 재능에도 적용할 수 있을까? 우연히 어떤 아이가 수에 대해 만족스러운 경험을 한다면, 좀 더 실험해 보고 경험을 한층 쌓아 자신의 기억을 늘릴 것이다.

울람(1991)

아이들용 OX게임(틱택토, 3목 게임)에서 **동시에** 3목을 두 개 완성할 수 있도록 위협을 하여, 상대가 잘 해야 하나밖에 못 막는 '외통수'를 발견하면 (보

다 덜 심각하고 다소 짧게 지속되겠지만) 아이들도 기쁨을 느낀다. 두 방향을 한꺼번에 지향하는 양날 전략에서 오는 이런 기쁨은 (i)일상 언어나, 유머, 시 등에서 농담이나 **중의적 표현**을 쓸 때 (ii)음악에서 주제를 황당하게 변용했음을 인식하고 신체가 바로 반응할 때 (iii)수학에서 예기치 못한 일대일대응을 기반으로 한 개수 세기 방법을 마주치거나, 본질적으로 두 얼굴을 지닌 '귀류법'을 마주해 대뇌가 더욱 감탄할 때 나오는 기쁨과 여러 공통점이 있다. 숨어 있는 모호함과 중의성을 즐기는 것은 **유사성**이 모든 연령대의 수학자들을 이끌고 기쁨을 주는 (잘 이해되지는 않지만) 명백한 방식과 연관돼 있다.

바나흐(Banach)는 이런 말을 했다. "좋은 수학자는 정리와 이론들 사이의 유사성을 본다. 최고의 수학자들은 유사성 사이의 유사성을 본다."

울람(1991)

쾨슬러(Koestler)는 생각을 자극하는 책『창의적 활동(*The Act of Creation*)』(1976)에서 '내재된 긴장을 품은 중의적 뜻'을 구별하고 캐내는 것으로부터 과학적이고 문학적인 '창의성'이 흘러나오는 일이 많다는 것을 보여준다. (쾨슬러는 이를 **이연연상**(bisociation)이라 불렀다.) 즉 "일관성 있지만 으레 모순되는 두 기준 좌표계 안에서 상황이나 아이디어 L을 인지하는 것은 (중략) 사건 L은 말하자면 서로 다른 두 개의 파장을 동시에 떨게 만든다". 그의 연구는 **폰 노이만**[VI.91]이 했다는 농담들을 포함해, 희극적 혹은 비극적 유머에 대한 인간의 이런 반응을 정확히 분석하는 것에서부터 시작한다!

울람의 무해해 보이는 질문(첫 번째 인용문)은 아이들에게 '수에 대한 만족스러운 경험'을 제공하고, 수학의 다른 본질적인 면을 식별하여 아이들에게 학교나 대학 수준에서 기억에 남는 경험을 선사하라고 우리에게 요구한다. 특히 '문제 해결 기술' 같은 것이 있다면, 우리는 수학 공부의 시작점에 있는 자들이나 아직은 수학에 헌신하지 못하는 이들에게 어떻게 전통적인 초등 수학적 수단으로 정확하고 효과적으로 전달할 수 있는지 배워야 한다.

포여의 얇은 책『어떻게 문제를 풀 것인가』가 이에 대한 해답을 제공한다는 주장을 종종 듣게 되는데, 이는 잘못된 주장이다. 포여는 수학자들 사이에 '발견술(heuristics)'에 대한 논쟁을 촉발하려고 시도한 선구자였다. 이 논쟁은 사실 시작된 적도 없었으며, 그럼에도 이론적 틀을 만들려는 포여의 낮은 수준의 첫 번째 시도는 무비판적으로 받아들여졌다.

『어떻게 문제를 풀 것인가』에서 다룬 구체적 문제에 대한 사안은 대부분 합리적이지만, '학생들이 문제를 풀도록 돕는 방법'에 대한 일반적 결론은 설득력이 약하다. 그 결과 이 책에서 일반적 이론화에 대한 상당부분은 극도로 주의하며 읽어야 한다. 예를 들어 "교사가 학급 앞에서 문제를 풀 경우, 자신의 아이디어를 조금은 극화해야 하고, 학생들을 도울 때 사용하는 것과 동일한 질문을 자신에게도 해야 한다"는 포여의 주장은 정곡을 찌른다. 하지만 포여가 "그런 안내 덕분에 학생들은 결국 (중략) 특정한 수학적 사실에 대한 습득보다 더 중요한 뭔가를 얻는다"고 자신 있게 결론 내릴 때 우리는 그의 주장을 다시 한번 살펴봐야 한다. 적절한 상황에서라면 가끔 옳은 주장일 수도 있지만, 학생들에게 미치는 영향에 대한 진술로서는 일반적으로 옳지 않은 주장이다.

'문제 해결'이라고 부르는 완전히 새로운 수학 분야를 학교 수학 과정에 도입하는 것을 정당화하기 위해서 유사한 주장들이 이용돼 왔는데(NCTM(1980)과 www.pisa.oecd.org를 보라), 이런 주장들은 수학 활동 자체가 의존하고 있는 '특정한 수학적 사실'에 숙달한다는 것을 대가로 성장해 왔다.

좋은 문제로 차린 정기적인 식단을 학교 수학에 포함해야만 하며, 교육자들은 기교와 주제 내부의 논리적 구조는 물론, 다층적 문제와 주의 깊게 구조화된 연구에 숨은 수학을 벗겨내려고 애쓰는 경험까지 전달할 의무가 있다는 포여와 다른 수학자들의 주장은 옳았다. 다행히도 이 더 넓은 주제를 설명하기 위해 포여가 쓴 네 권의 책이 출판되었다 (포여(1981, 1990) 각 두 권씩). 이 책들에서는 수학에 더 초점을 맞추고, 화려한 수사는 자제하고 있다.

> 증명을 배우고, **추측하는 법도 배우자**. (중략) 추측하는 법을 배울 수 있는 절대적인 방법이 있다고는 믿지 않는다. 그런 방법이 설사 있다고 하더라도 나는 알지 못하므로, 뒷 페이지에서 알려 주겠다고 거짓말하지는 않겠다. (중략) 그럴듯한 추론이란 실용 기술이며 배워야 하는 것으로, 다른 실용 기술과 마찬가지로 연습과 모방을 통해 배우는 것이다.
>
> 포여(1990), 제1권

진지한 수학 교육자, 대학생, 수학 강사들은 이 책을 반드시 읽어야 한다. 하지만 포여와 다른 이들은 문제 해결법을 정규 학교 수학 과정 '내에서' 어떻게 개발할 수 있는지 보여주는 데는 실패했다. 그 대신 '학생들이 문제를 더 잘 해결하는 데 도움이 될' 일반적인 규칙들을 제시하는 데 집중했다. (i)초등 수학의 어떤 면으로(피상적인 의미에서 더 '재밌기' 때문이 아닌 좀 더 '의미를 품은' 것이라는 면에서) 젊은 지성들을 사로잡을 것인지와 (ii)그런 것들을 어떻게 **가르쳐서** 초등적인 수준에서 이 깊은 의미를 전달할 것인가 하는 것을 명확히 할 필요가 있다. 자세한 분석을 할 자리는 아니지만, 그런 분석이 전통적으로 중요한 주제와 논제의 입지를 **강화**하고, 내재적인 풍부함을 발휘하게 북돋을 수 있을 것인가는 의심이 가는 부분이다. 이러한 목표가 의존하는 기본적인 기교의 숙달 없이는 이런 풍부함을 거의 이해조차 할 수 없다는 것을 인식하지 못하는 것 같기 때문이다. 대조적으로, 학교 수학을 **풍부하게** 하려는 의도라고 선언한 최근의 '개혁'은 꾸준하게도 진지한 초등수학에 대한 강조는 물론 그것에 들이는 시간까지 매번 **줄여** 버렸다.

좋은 문제들로 학교 수학을 풍부하게 만들고 싶어 하는 이들은, 교육적으로 대규모의 변화가 단행될 때 어김없이 영향을 미치는 왜곡 현상이 있고, 이런 왜곡하에서 선한 의도의 '개혁'이란 불안정하기 마련이라는 것을 인식하지 못한다(교사들에게 직업적 능력, 민감성, 독립성, 책임감을 배양해야 하는데, 좋은 가르침을 사실상 가로막는 방식으로 평가하는 동떨어진 '결과물'이라는 세분화된 목록을 통한 중앙 통제로 대체되곤 한다).

소규모 실험조차 의도치 않은 부작용을 낳을 수 있다! 학교 수준에서 문제 해결 기술을 가르치려 했던 과격한 시도 중 알려지지 않은 예를 하나 살펴보

자. 아인젠슈타인(Eisenstein)이 중학교 시절 자신이 받았던 교육에 대해 쓴 글(1833~1837)을 읽어 보자.

> 학생들은 각자 정리들을 계속해서 증명해야 했다. 강의는 전혀 하지 않았다. 남들에게 자신의 해답을 말하는 것은 누구에게도 허용되지 않았고, 각 학생들은 정리를 제대로 증명하고 논리를 이해하면 다음으로 증명할 정리를 받아 들였다. (중략) 내 동료들이 열한 번째나 열두 번째에서 아직도 씨름하고 있을 때, 나는 이미 백 번째를 증명하고 있었다. (중략) 이 방법은 (중략) 아마도 적용할 수 없을 것이다. (중략) 전체 주제에 대한 윤곽은 좋은 강의로만 이룰 수 있는 것인데 우리는 얻지 못했다. (중략) 사실, 많은 뛰어난 지성들이 협력하여 발견한 것은 최고의 수학 천재라도 혼자 발견할 수는 없다. (중략) 학생들에게 이런 방법이 실용적인 경우가 있다면, 쉽게 이해할 수 있는 지식, 특히 새로운 식견이나 아이디어가 필요 없는 기하학 정리들과 같은 작은 분야를 다루는 경우뿐이다.
>
> 아이젠슈타인(1975)

아이젠슈타인은 놀라운 수학자였다. 그럼에도 정통하길 갈망했던 수학 세계의 문턱에 서 있던 미숙한 스무 살의 나이에 그는 벌써 이런 접근법의 한계를 자기와 같은 학생들에게서도 볼 수 있었던 것이다.

문제 해결에 흥미를 기르는 문제들이란 단순함, 리듬감, 자연스러움, 우아함, 놀라움과 같은 특징적인 모습을 짜 넣은 것이고, 해결은 보통 양면을 지니기 쉽다. 하지만 이런 문제들의 가장 주요한 특징은, 문제 자체는 주 대상자들이 풀 수 있는 난이도지만 문제에 대한 서술은 이 문제에 어떻게 접근해야 하는지에 대한 직접적인 힌트를 담고 있지 않다는 것이다. 사실 좋은 문제는 해결하려는 사람들에게 불안할 만큼 긴 시간 동안 좌절을 안겨줄 수도 있다.

> 수학자로 입문하는 암묵적인 의식은 미해결 문제로 인해 잠을 못 이룬 첫밤에 치루어진다.
>
> 레즈닉(Reznick)(1994)

창의적인 문제 해결에서 수면과 불면의 역할은 (비록 잘 이해되지는 않지만) 남겨진 기록에서 그 근거를 찾을 수 있다. 곧 다뤄 볼 아다마르[VI.65]의 '네 가지 국면' 중에서 최초의 무력함과 답답한 좌절의 경험이 때로는 황금빛 성공으로 변하는 과정을 요약한 '부화' 국면은 종종 이러한 모습을 반영한다.

이런 성공은 기계적인 것도 아니며, 순전히 우연에 의한 결과도 아니다. 좋은 문제를 풀 때(좋은 퍼즐을 풀 때도) 고심할 필요를 덜어주는 마법 같은 문제 해결 방법이란 없다. 때로는 열매를 맺지 못할 수도 있지만, 고심하는 과정은 중요한 부분이다. 따라서 성공적인 결과에는 일반적으로 이에 앞선 힘든 연구가 어느 정도 있었음을 예상할 수 있다. 가우스[VI.26]에게 그의 발견들을 어떤 방식으로 얻었는지 물었을 때 그는 이렇게 답했다고 한다. "Durch planmassiges Tattonieren", 즉 조직적으로 끈질기게 더듬고 다녔다!

어떤 문제를 푸는 방법을 발견한 후에는 어떻게 풀기 시작했어야 할지가 '당연'한 것처럼 보일 수도 있다. 하지만 사실은 풀고 나서 돌이켜보았기 때문에 당연하다고 느껴지는 경우가 대부분이다. 처음에는 익숙하지 않은 문제를 둘러싸고 있던 안개가 끈질김 때문에 어떻게 마법처럼 증발하게 만들 수 있는지는 경험으로부터 배운다. 처음에는 보이지 않던 것이 나중에는 너무나도 명확하게 드러나서 그것을 왜 놓쳤는지 거의 이해하지 못하게 되는 것이다.

익숙하지 않은 수학 문제를 마주친 수학자는, 그의 나이가 어떻든 가망 없어 보일 만큼 작은 열쇠 뭉치와 함께 다소 극악하게 어려운 중국 퍼즐 상자를 열려고 하는 사람과 비슷하다. 처음 보기에는 상자 표면이 단 하나의 틈도 없이 완전히 매끈해 보인다. 이게 중국 퍼즐 상자인지 모르고, 정말로 열 수 있다는 것을 확신하지 못하면 아마도 곧 포기해 버릴 것이다. 열 수 있다는 것을 알면(혹은 **믿으면**) 계속해서 찾아보는 것도 마다하지 않을 수 있고, 결국 여기저기에 약간의 금이 간 흔적을 분별하기 시작한다. 조각을 어떻게 움직일 수 있는지 혹은 어떤 '열쇠'로 퍼즐의 첫 번째 층을 열 수 있는지 여전히 모를 수도 있다. 하지만 가장 가능성이 높아 보이는 틈에 가장 적절해 보이는 열쇠를 몇 개 꽂다 보면 결국 딱 맞는 것을 만나게 되고 조각들은 움직이기 시작한다. 물론 다 된 것은 아니지만, 분위기는 바뀌었고 올바른 길로 가고 있다는 느낌이 드는 것이다.

앞에서 보았듯이 예기치 못한 통찰력으로 문제를 파악하면서 최초의 혼란을 비켜나가는 경험은 초보자에게만 한정된 것은 아니다. 수학의 본질 자체와 인간이 수학을 하는 방식에서 이런 경험은 빠질 수 없다. 익숙하지 않은 문제일 경우 해답을 얻으려면 끈질김, 부지런함, 많은 시간이 필요할 수도 있다. 따라서 너무 쉽게 포기해서는 안 되며, 문제를 푼 후 다른 방식으로 풀었으면 어땠을지 되돌아 볼 준비가 항상 돼 있어야 한다.

창의적인 과학에서는 포기하지 않는 게 가장 중요하다. 낙관주의자라면 비관주의자보다 더 '노력할' 자세가 돼 있을 것이다. 체스와 같은 게임에서도 마찬가지다. 정말로 뛰어난 체스 선수라면 자신이 상대보다 더 좋은 입장이라고 (때로는 잘못) 믿는 경향이 있다. 당연히 이런 믿음은 게임을 계속하도록 도와주며, 자신에 대한 의심이 야기했을 피로감도 늘지 않는다. 육체적이고 정신적인 끈기는 체스는 물론 창의적인 과학 연구에서도 대단히 중요하다.

울람(1991)

예상 결과에 대해 어느 정도 낙관하거나, 포기를 거부하는 순수한 '괴팍함'을 길러 왔다면(리틀우드의 얘기 속에서 살아남은 쥐처럼), 끈기를 유지하기가 더 쉬운 건 물론이다. 하지만 이에 따르는 위험도 있다.

내 타고난 낙관주의를 제어하고, 세부사항까지 검증하는 방법을 메이저(Mazur)로부터 무의식 중에 배웠다. 회의적인 마음가짐으로 중간 단계를 천천히 진행하며, 정신이 휩쓸리지 않도록 하는 것을 배웠다.

울람(1991)

1900년 파리에서 열린 세계수학자대회에서 **힐베르트**[VI.63]는 20세기 수학의 발달에 중요하다고 판단한 23개의 중요한 연구 문제를 제시했다. 이 문제들은 대단히 어려워 보였다. 하지만 힐베르트는 이 문제들을 동료 수학자들 앞에 내놓으면서, 이 문제들이 어려워 보인다는 점을 풀기 주저하는 변명으로 이용해서는 안 된다고 강조할 필요를 느꼈다.

이 문제들이 아무리 접근 불가능해 보일지라도, 그 앞에서 우리가 무기력하게 서 있는 것처럼 보일지라도, 그럼에도 우리는 순수한 논리적인 절차를 유한번 시행하면 해답이 나온다는 굳은 신념을 지녀야 합니다. (중략) 모든 수학 문제를 풀 수 있다는 이러한 신념은 연구자들에겐 강력한 유인책입니다. 우리는 내면에서 끊임없는 소리를 듣습니다. 여기 문제가 있다. 해답을 찾아라. 순수한 이성만으로 찾아낼 수 있다. 수학에 있어서 **알지 못할 것**(ignorabimus)이란 없기 때문에.

19세기를 거치며 과학자들은 자연에 대해 더 많이 발견할수록, **아는 것은 너무나도 적으며 '모든 진실'**을 발견하길 희망할 수 없다는 것을 깨닫게 되었다. 생리학자 에밀 뒤 부아-레몽(Emil du Bois-Reymond)은 'Ignoramus et ignorabimus'(알지 못하는 무지와, 알지 못할 무지)라는 구절을 통해 이런 깨달음을 집약했다. 새로운 세기가 밝아올 때 힐베르트는 가능한 한 명확하게 수학은 다르다고 주장해야 함의 중요성을 감지했다. 힐베르트는 수학에서는 '순수한 논리적인 절차를 유한번 시행하면 해답이 나온다는 굳은 신념'으로 문제를 공략할 수 있다고 말했다. 힐베르트의 주장에 밑줄이라도 그은 듯, 한 가지 문제는 (비록 가장 유명한 리만 가설[IV.2 §3]은 미해결이지만) 그가 문제를 제시한 후 얼마 지나지 않아 풀렸다.

힐베르트는 수학 **연구**에 대해 얘기한 것이지만, 이런 원리는 교과서, 올림피아드, 대학 과정에서 나온 문제를 공략할 때 훨씬 더 강력하게 적용된다. 익숙하지 않고 명백히 어려워 보이는 수학 문제를 만나면, 어떻게 나아가야 할지 선택의 여지가 거의 없다. '열쇠 뭉치', 즉 이미 아는 (설령 제한돼 있더라도) 수학적 기교를 이용하여 문제를 공략하든지, 시도를 미루든지 해야 한다. 물론 계속 공부하면서 새로운 비결을 배우는 것과, 예전 기교를 다듬는 것도 중요하다. 또한 마주친 문제가 **너무 어렵고**, 문제를 푸는 과정에서 아직 배우지 못한 기교나 비결이 필요할 수도 있고, 해답은 우리 능력을 넘어선다고 지레짐작하려는 유혹도 물론 늘 있다. 때로는 그게 사실임에 틀림없기 때문에, 이런 패배주의적 견해는 더욱 그럴듯하다! 엄밀히 말하면 모든 문제를 풀 수 있다는 가정이 불합리하다는 것을 수학자들도 잘 알고 있다(논리적으로 정당화할 수 없다는 것도 그렇고, 일반적으로 잘못된 가정이라는 점도 명백하다. 현재는 말 그대로 본질적으로 풀 수 없는 문제가 있다는 것도 안다). 그럼에도 불구하고 이런 가정은 **연구를 할 때 매우 귀중한 가정**이다. 따라서 결코 그런 의심 때문에 모든 문제는 기본적으로 이미 아는 **기법을 이용하여(충분히 창의적으로 전개하여)** 풀 수 있다는 기본 가정을 해치게 돼서는 안 된다. 모든 문제를 풀 수 있다는 가정은 완전히 비논리적이긴 하지만 실제로 자주 정당한 것으로 드러나기 때문에, 어려운 문제를 풀기 위해 노력하는 과정 중 무력감이 들 때마다 이 가정은 심리적으로 대단히 소중한 강력한 확신으로 변한다.

자신의 문제가 20세기 수학에서 중요한 역할을

할 거라는 힐베르트의 판단은 놀랄 만큼 기민했다. 하지만 현재의 우리에게 가장 흥미로운 것은 "처음에는 이 문제들이 아무리 접근 불가능해 보일지라도, 그 앞에서 우리가 아무리 무기력하게 서 있는 것처럼 보일지라도, 우리는 순수한 논리적인 절차를 유한번 시행하면 해답이 나온다는 굳은 신념을 지녀야 한다"는 그의 구호다. "여기 문제가 있다. 해답을 찾아라. 순수한 이성만으로 찾아낼 수 있다." 대부분의 출간된 수학에서 그렇듯이 힐베르트는 어떻게 나아가야 할지에 대한 정신적 지침을 주지 않았다. 힐베르트의 도전을 받아들인 사람들은 혼자서 발견하길 각오해야 했다.

다른 사회활동들과 마찬가지로 수학에도 '앞'과 '뒤'가 있다. 대중들을 위해 이미 끝이 난 결과들을 전시하는 곳이 앞인 반면, 선뜻 남들에게 보여줄 수 없는 환경에서 진짜 작업이 이뤄지는 곳이 뒤다. 순진한 현실주의자라면 앞은 단순한 가면으로 여기고, 진지한 '문제 해결'은 '저 뒤에서' 이뤄진다고 주장하며 이런 구분을 인위적인 것이라고 선언할 수도 있다.

문 앞에서 문을 두드리고 있는 가까운 미래에 적절한 진실의 말을 하기 위해선 우리 자신과 우리의 후손들을 다시 훈련시켜야 한다. 수학에서 연습은 특히나 고통스럽다. 우리 분야에서의 황홀한 발견은 모래 위에서 발자국을 지우듯 조직적으로 수학의 진짜 삶인 일련의 사고의 흐름을 숨겨 놓는다. (중략) 하지만 그 날이 올 때까지는 신부나, 정신과 의사나, 아내에게 부끄러운 고백을 속삭일 때처럼 수학의 진실들은 찰나처럼 나타났다 사라질 것이다.

'약혼자(The Betrothed)'의 열아홉 번째 장에서 만초니(Manzoni)는 기민한 밀라노 외교관과의 대화 중 다음처럼 한 번의 진실된 순간을 묘사한다. "오페라 공연의 막간에 커튼이 너무 빨리 올라가 버려서, 옷을 반쯤만 입은 소프라노가 테너에게 소리치는 것을 관객들이 엿보게 되는 것과 마찬가지이다."

지안-카를로 로타(1986)

하지만 '옷을 반쯤만 입은 소프라노가 테너에게 소리치는 것'과 수학적으로 동등한 것을 어쩔 수 없이 목격하는 것을 전망해 본다면, 로타가 말하는 미래를 맞이하기 전에 주저하게 될 것 같다.

앞-뒤라는 비유는 사회학자 어빙 고프먼(Erving Goffman)에게서 기인했다. 레스토랑은 이 비유에 대한 전형적인 예이다. 우리는 레스토랑을 예의범절이며, 식사며, 언어 등이 '옷을 차려 입은' 모습으로 '앞에 나와 있는' 것들로 생각하지만, 우리가 앞에서 보는 모든 것은 빡빡한 마감기한에 맞춰 매우 색다른 조건하에서 힘든 일이 이뤄지는 부엌의 원초적인 열기, 증기와 기름, 다툼과 악담과 같은 '뒤에 있는' 모습에 전적으로 의지하고 있다.

현대 세계에서 수학이 성공한 것은 앞과 뒤의 두 세상을 고의적이고 조직적으로 분리했다는 사실에 힘입은 바가 크다. 수학이라는 부엌에서의 역학을 논의하는 약속된 방식이 없다는 점은 흥미로워 보일지도 모른다. 하지만 전문가들이 객관적인 결과 및 그 결과들을 정당화하고 제시하는 방식과, (그런 수학적 결과를 불러낸) 흥미롭기는 하지만 수수께끼 같은(게다가 결국은 무관한!) 주관적인 연금술을 구별하는 법을 배웠던 것에 크게 힘입어 수학이 이렇게 성장해 온 것이다. 이런 형식적 구분 덕택에 개인적 취향과 스타일을 초월하여 누구든 이해하고, 점검하고, 개선할 수 있는 보편적으로 소통 가능한 형식이 채택된 것이다. 수학 문제 해결에 깔린 정신적, 신체적, 감정적 역학에 더 주목하려는 어떤 움직임이든 이런 구분이 필요함을 이해해야 하며, '객관적인' 수학이라는 형식적인 세계를 존중해야 한다.

수학이라는 부엌에서의 인간의 역학에 대해 흥미로운 통찰이 수학 문헌 곳곳에 흩어져 있다. 그런 통찰 중의 하나는 수학자가 다르면 스타일도 대단히 다르다는 것이다. 다만 이런 차이의 대부분은 거의 논의되지 않을 뿐이다. 한 가지 예는 기억력의 역할을 어떻게 인지하는지에 대한 차이이다. 어떤 수학자들은 기억력을 높이 평가한다.

내가 보기에는 최소한 수학자들과 물리학자들에게 좋은 기억력은 재능의 상당 부분을 차지한다. 우리가 재능 혹은 천재성이라고 부르는 것은 상당 부분 과거, 현재, 미래의 유사성을 찾는 데 자신의 기억을 적절히 활용하는 능력에 크게 의존하며, 바나흐가 말했던 대로 이는 새로운 아이디어를 개발하는 데 필수적이다.

울람(1991)

어떤 이들은 자신이 흥미 있어 하는 분야 내에서는 무엇이든 기억하는 뛰어난 기억력을 발휘하지만, 그 영역 밖의 정보는 쉽게 찾을 수 있는 형태로 저장하는 데 상당한 어려움을 겪는다. 또한 수학자를 희망하는 많은 이들은, 수학이 대부분의 다른 분야보다 상당히 적은 기억력을 요구하기 때문에 이 주제에 끌린 것이다. 중요한 점은 얼마나 **많이** 기억하느냐가 아니라, 어떤 기억을 무의식적 기억으로 만들고, 이런저런 정보를 **어떻게** 접근하기 쉽게 저장하느냐일 것이다. 자신의 일에 중심이 되는 것을 즉각 쓸 수 있도록 정신 속에서 체계화하려고 진지한 노력을 기울이는 건 분명 가치가 있다. 곧 살펴보겠지만 유용할 가능성이 있는 아이디어, 정보, 예제를 모아들여, 우리의 정신이 유익할 수 있는 우연한 연관을 찾을 위치에 놓이도록 하는 것이 중요하다. 하지만 당면한 문제에 필요할 수도 있어 보이는 모든 것을 조직적으로 배우는 것이 현명한 방법인 것만은 아니다. 조금 덜 아는 것이 때로는 우리의 정신으로 하여금 적은 것에 의지하여 헤쳐 나가게끔 하여 더 독창적이거나 창의적일 수도 있는 것이다.

아다마르의 네 가지 단계

당대인들에 대한 리틀우드(1986)의 통찰력 있는 수많은 관찰은 속도나 일하는 습관과 같은 차이를 강조하고 있다. 이와 유사한 통찰력들을 수학자들의 생생한 전기에서도 찾아볼 수 있다. 그중 리틀우드의 언급은 특히나 귀중하다.

상당히 망설여지지만, 연구와 이에 필요한 전략에 대해 실용적인 조언을 해 보기로 한다. 우선 연구 이전의 교육 과정을 배우는 것과 (물론 필수 불가결하지만) 연구 작업은 '급'이 다르다. 전자는 결합력이 거의 없는 기계적 암기이기 쉽다. 반면 연구에 한 달 동안 몰입한 이후라면, 혀가 입의 내부를 아는 것과 마찬가지로 우리의 정신이 그 문제를 알게 된다. 표현하기 힘든 아이디어라 간략하게 잘 설명하기는 힘들지만 여러분은 '모호하게 생각하기'라는 기술을 습득해야 한다. (중략) 잠재의식에게 모든 기회를 주는 것이 중요하다는 걸 강조해야겠다. 일하는 날 사이에 풀어진 기간이 있어야 하는데, 산책이 유익하다고 말하고 싶다.

리틀우드(1986)

한때 푸앵카레는 수학적 사고에는 딱 두 가지 기본 스타일만 있다고 생각했다.

한 종류는 무엇보다도 논리에 완전히 사로잡힌 이들이다. (중략) 다른 종류는 직관의 안내를 받아 빠르게 첫 방을 날리지만, 때로는 불확실하게 정복하는 이들이다. (중략) 첫 번째 종류의 사람을 '해석학자'라 부르고, 다른 종류의 사람을 '기하학자'라 부른다.

푸앵카레(1904)

'논리적'이라는 꼬리표를 '해석학자'와 동일시하고, '직관적'이라는 꼬리표를 '기하학자'와 동일시하면서도 그는 에르미트[VI.47]가 한 반례, '직관적인 해석학자'에 속한다는 것을 알고 있었다. 수학적 스타일의 범위가 더 복잡하다는 건 분명하다(아다마르(1945) 7장 참조). 일반적인 문제 해결 기술에 대한 어떠한 분석이든 두꺼운 붓으로 선을 그어 분류해야 한다는 것이 한 가지 결론이다. 이런 경고에도 불구하고, 수학적 창의성에 대한 아다마르의 '네 가지 단계' 모형은 널리 받아들여졌으므로, 자신의 연구가 어떠한 단계를 따르고 있는지 살펴보는 게 도움이 된다.

창의성에서 네 가지 단계(준비, 부화, 깨달음, 검증 혹은 세부 완성 단계)를 구분하는 게 유용하다. (중략) 준비 단계는 대체로 의식적이며 어쨌든 의식의 '명령'을 따른다. 비본질적인 것들을 벗겨내어 근본적인 문제를 명백히 보이게 해야 하고, 관련된 모든 지식을 조사하고, 유사할 가능성이 있는 것들을 숙고한다. 다른 일을 하는 사이에 마음속에 끊임없이 담아 두어야 한다. (중략) 부화 단계는 기다리는 동안 잠재의식이 하는 일로 몇 년이 걸릴 수도 있다. 깨달음 단계는 찰나의 순간에 일어날 수도 있는데, 창의적 아이디어가 발현하여 의식 속으로 들어오는 때이다. 이런 일은 거의 틀림없이 정신이 느슨해진 상태에 있고 보통의 일로 가벼운 일에 종사하고 있을 때 일어난다. (중략) 깨달음 단계가 있다는 것은 잠재의식과 의식 사이에 수수께끼 같은 관계가 있음을 수반한다. 그렇지 않다면 그런 발현이 일어날 수 없었을 것이다. 적당한 순간에 종을 울린 것은 어느 쪽일까?

리틀우드(1986)

포여의 『어떻게 문제를 풀 것인가』는 문제를 푸는 네 단계 '처방전(이해하기, 계획하기, 행동하기, 되돌아보기)'을 제시하는데, 설득력이 크지 않음에도 학교 수준에서는 널리 쓰이고 있다. 아다마르의 네 가지 단계는 창의적 과정에 대해 생각하고 얘기하는 유용한 뼈대를 제공하며, 상대적으로 상투적인 단계(더 쉽게 영향을 끼칠 수 있는 단계이다)과 손에 잘 안 잡히는 단계를 구분하기도 한다. 방법과 원리들의 조합을 요구하는 단계인 '의식적인 준비' 단계가 아마 가장 일상적인 단계일 것이다. 리틀우드는 또 한 번 건전한 충고를 한다. 자신의 충고가 모든 이의 취향에 맞지는 않을 수도 있음을 인식했지만, 가능한 한 효과적으로 습관을 식별하고 배양하기 위해 다양한 연구 패턴을 시도함으로써 누구나 혜택을 받을 수 있다고 주장했다.

대부분의 사람은 완전한 집중으로 접어드는 데 30분가량 소요된다. (중략) 일을 도중에 중단할 경우에 다시 처음부터 일을 시작해야 하는 경우라면, 하루 일의 마무리를 향한 충동은 당연히 당면한 일을 마무리 짓는 것일 것이다. 하지만 일의 도중에서 끝을 내려고 시도하라. 글을 쓰는 직업이라면 문장 가운데서 멈춰라. 전날 작업했던 마지막 부분을 다시 훑어보는 것이 몸을 푸는 보통의 처방이므로, 이런 요령을 쓰면 더 개선할 수 있다. (중략) 내가 정말로 열심히 일할 때는 새벽 5시 30분쯤에 일어나 열심히 일을 준비한다. 만약 일이 잘 풀리지 않을 경우엔 누가 부를 때까지 다시 잠에 든다.

리틀우드(1986)

다소 분명치 않은 단계에서, 이런 준비를 통해 우리의 정신이 다른 접근법과 아이디어들의 조합을 시도할 수 있도록 관련된 배경 정보를 포화 상태 수준에 이르게 하고, 당면한 문제의 명확한 이해에 도달할 수 있다. 이제 **부화** 단계에 도달했다.

그 수효가 실질적으로 무한하기 때문에, 우리는 모든 사실을 알 수 없다. (중략) 사실들의 선택이 곧 방법이다.

푸앵카레(1908)

나는 준비 단계의 첫 번째 장애물을 극복한 후에, 뒤이어 또 다른 벽과 맞닥뜨리는 것을 종종 보았다. 문제를 정면으로 공격하려고 하는 것은 피해야 할 중요한 오류이다. 부화 단계 동안에는 간접적으로, 비스듬히 진행해야 한다. (중략) 잠재의식이 일을 대신할 수 있도록 생각을 자유롭게 해야 할 필요가 있다.

알랭 콘(1995)

순수하게 '정신적인' 활동이라 여기는 것에서 기질, 평소 성격, '호르몬에 의한' 요소는 분명 대단히 중요한 역할을 한다. '잠재의식이 빚어내면'(혹은 숙고하면) 때로는 강제적이고 체계적인 생각보다 더 나은 결과를 낸다. (중략) 우리가 독창성이라 부르는 것도 (중략) 어느 정도는 거의 반사적으로 시도들을 정리하는 (중략) 모든 수단을 탐구하는 방법론으로 이루어져 있다.

내가 수학 정리를 기억할 때는, 즐겁거나 어려웠던 현저한 지점, 말하자면 표시한 지점만을 기억하는 것 같다. 쉬운 것은 쉽게 지나쳐 버리는데 이런 것은 쉽게 논리적으로 재구성할 수 있기 때문이다. 반면 뭔가 새롭거나 독창적인 것이 하고 싶어지면, 삼단논법 연결은 문제가 되지 않는다. 어렸을 때 시에서 운율의 역할이란, 시인이 운율에 맞는 단어를 찾을 필요 때문에 뻔하지 않은 것들을 찾으려는 충동을 유발하는 거라고 느꼈다. 이 때문에 기발한 관련성이 나올 수밖에 없고, 판에 박힌 일상적인 생각으로부터 탈피할 수밖에 없는 것이다. 역설적으로 운율이 독창성의 자율 기제가 된 것이다. (중략) 사람들이 영감이나 깨달음이라고 생각하는 것의 상당수가 사실은 사람들이 전혀 의식하지 못하는 뇌의 통로를 통해 잠재의식이 작업하고 결합한 결과이다.

울람(1991)

발명을 하기 위해서는 두 가지가 필요하다. 하나는 조합하는 것이고, 다른 하나는 조합이 건네준 것들의 덩어리 속에서 자신이 원하고 자신에게 중요한 것들을 선택하고 인지하는 것이다. 우리가 천재성이라 부르는 것들은 전자의 결과라기보다는, 자신 앞에 놓여 있는 것의 가치를 이해하고 선택하기 위해 후자에 대한 준비가 된 결과인 경우가 많다.

폴 발레리(Paul Veléry)
(아다마르의 저서에서 인용(1945))

중첩된 결론에 이르렀다. 발명이란 선택한다는 것이며, 이런 선택은 필연적으로 과학적 미감(美感)에 좌우된다는 것이다.

아다마르(1945)

수학의 즐거움(과 고통), 마법(과 마조히즘)의 일부는 부화에서 깨달음으로 가는 다음 단계가 수수께끼처럼 좀처럼 손에 잡히지 않는다는 점에서 발생한다. **깨달음**은 언제든 일어날 수 있다. 대부분의 경우(특히 상대적으로 직접적인 것을 알아 챌 경우)이는 '공식적인 연구' 중에 일어난다. 하지만 깨달아야 할 구석이 특히 어둡거나 익숙하지 않은 경우 또는 필요한 상상력의 도약이 큰 경우엔 꼭 그렇지만은 않다. 그런 경우는 준비 국면과 부화 국면을 힘들게 접목시킨 후, 좀 더 앞을 명확히 보기 위해 우리의 정신이 '물러날' 필요가 있어서인 것 같다. 즉, 콘이 "정면으로 공격하려고 하는 것은 피해야" 한다고

경고하며 암시했듯이, 힘든 작업은 긴장 완화와 결합해야 하는 것이다. 푸앵카레가 학회 도중 관광을 가려고 버스에 타려고 했다가 푹스 함수와 쌍곡기하 사이의 관계를 깨달았다고 회상한 것은 자주 인용되는 예다! 아래의 발췌문 중 처음 세 개는 우리가 **잠을 못 이룰 때** 혹은 **막 깨어나려고 할 때** 정신이 이런 중간 단계의 상태에 도달할 수 있음을 보여 준다. 네 번째 발췌문은 격렬한 **등산**에 관한 이야기이다. 깨달음의 순간은 깨달은 이들이 정식으로 연구할 때 일어나지 않았다는 것이 이들의 공통점이다.

가우스는 자신이 수학에 대해 생각하는 것처럼, 다른 사람들도 가능한 한 오랫동안 깊게 명상한다면, 그들도 자신처럼 수학적 발견을 할 수 있을 거라고 습관처럼 말하곤 했다. 해답을 찾지 못한 연구가 있어 며칠 동안 명상을 하다가, 잠 못 이룬 하룻밤이 지나자 마침내 명료해진 경우가 종종 있다고 그는 말했다.

더닝턴(Dunnington)(1955)

갑작스럽게 깨어났을 때 해답이 갑작스럽고 즉각적으로 떠오른다는 것, 이 현상은 분명하며, 절대적으로 확실하다고 보증할 수도 있다. 외부 소음 때문에 느닷없이 깨어나 조금의 회상의 순간조차 없었음에도 오랫동안 찾던 해답이 떠올랐다. (중략) 더군다나 그 해답은 내가 기존에 따라가 봤던 어떤 길과도 상당히 다른 방향에서 나왔다.

아다마르(1945)

처음에 오랫동안 진행된 의식적인 기존의 연구에 갑작스럽게 명백한 신호가 울리며 갑작스러운 깨달음

이 나타나는 경험은 대단히 인상적이다. (중략) 나에게는 수학적 발명에서 이러한 잠재의식의 역할은 명백해 보인다. (중략)

2주일 동안 나는 이후로 푹스 함수(Fuchs function)라고 부르게 될 것과 유사한 함수는 있을 수 없다는 것을 증명하려고 시도했다. 당시 나는 대단히 무지했었다. 매일 탁자 앞에 앉아 한두 시간씩 수많은 조합을 시도했지만 아무런 결론에도 이르지 못했다. 어느날 밤 나는 평소 습관과는 다르게 블랙커피를 마셨고 잠을 이룰 수가 없었다. 많은 아이디어가 계속 머리 속에서 파도 치며 서로가 서로를 밀어낸다고 느꼈다. 그러다가 그중 둘이 말하자면 연합하더니 안정적인 조합을 이뤘다. 아침이 됐을 때, 나는 초기하 급수로부터 유도할 수 있는 푹스 함수 종류가 존재함을 증명했다. 결과만 검증하면 됐는데, 겨우 몇 시간밖에 걸리지 않았다.

푸앵카레(1908)

두 달 동안 사실임에 틀림없다고 확신하고 있던 결과를 증명하려고 씨름해 왔다. 그때 (중략) 등산에 완전히 몰두하며 스위스의 산을 오르다가 아주 이상한 방책이 갑자기 떠올랐다. 통하긴 했지만 하도 이상한 방책이라서 그 결과로 얻은 증명을 온전히 납득할 수 없었다. (중략) 내 잠재의식이 이렇게 말한다는 느낌이었다. "넌 **절대로** 못할 것 같구나, 망할 놈아. 이렇게 해 봐."

리틀우드(1986)

뒤따르는 만족감은 수학적 경험이 제한된 사람들에게도 잘 알려져 있다.

깨달음이 내리칠 때 피할 수 없는 희열(숨막힘!)뿐만 아니라, 안개가 갑자기 걷히며 사라지는 걸 보며 갑자기 안도감을 느끼는 경험을 한다는 것도 특징이다.

알랭 콘(1995)

하지만 몇 달 동안의 힘든 연구 후, 이런 도취감은 때로는 기만이었을 수도 있다.

수학에서는 크고 넓은 붓만을 사용해서 문제를 마무리하려 해선 안 된다. 언젠가는 모든 세밀한 부분을 채워야만 한다.

울람(1991)

검증 혹은 세부 완성 국면은 일상적인 것처럼 보이기 쉽다. 하지만 판에 박힌 경우는 드물고, 예기치 못한 황당함이 드러나서 예상했던 접근법을 재고할 수밖에 없는 경우도 많이 일어난다. 예측하지 못한 어려움이 해결되지 않고 남을 수도 있고, 내키진 않지만 어쩔 수 없이 전체 과정을 처음부터 다시 해야 할 수도 있다. 이를 '실패'라고 생각하고 싶은 유혹도 든다. 하지만 수학이란 단순하게 문제를 푸는 기계가 아니라 삶의 방식이다. 1808년 가우스가 **보여이[VI.34]**에게 보낸 편지에서 관찰할 수 있듯이, 실패와 성공은 각자 다른 방식으로 우리를 칠판 앞으로 되돌아가게 한다.

지식이 아니라 배우는 행위가, 소유가 아니라 거기까지 이르게 된 과정이 최고의 기쁨을 선사한다. 내가 어떤 주제를 명확히 하고 규명했을 때, 나는 다시 암흑으로 들어가기 위해 그 주제로부터 고개를 돌린다.

절대 만족을 모르는 사람은 너무나도 이상하다. 어떤 구조를 완성했다면 그 안에서 편안하게 거주하는 것이 아니라 다른 것을 시작한다. 왕국이 거의 정복되지도 않았는데 다른 곳으로 자기의 팔을 뻗는 세상의 정복자도 그렇게 느꼈을 거라고 상상한다.

더 읽을거리

Barbeau, E. 1989. *Polynomials*. New York: Springer.

Changeux, J.-P., and A. Connes. 1995. *Conversations on Mind, Matter, and Mathematics*. Princeton, NJ: Princeton University Press.

Dixon, J. D. 1973. *Problems in Group Theory*. New York: Dover.

Dunnington, G. W. 1955. *Carl Friedrich Gauss: Titan of Science*. New York: Hafner. (Reprinted with additional material by J. J. Gray, 2004. Washington, DC: The Mathematical Association of America.)

Eisenstein, G. F. 1975. *Mathematische Werke*. New York: Chelsea. (영역본은 http://www-ub.massey. ac.nz/~wwiims/research/letters/volume6/에서 구할 수 있다.)

Engel, A. 1991. *Problem-Solving Strategies*. Problem Books in Mathematics. New York: Springer.

Gardiner, A. 1987. *Discovering Mathematics: The Art of Investigation*. Oxford: Oxford University Press.

————. 1997. *The Mathematical Olympiad Handbook: An Introduction to Problem Solving*. Oxford: Oxford University Press.

Hadamard, J. 1945. *The Psychology of Invention in the Mathematical Field*. Princeton, NJ: Princeton University Press. (Reprinted 1996.) (정계섭 옮김,『수학 분야에서의 발명의 심리학』(범양사, 1990))

Hilbert, D. 1902. Mathematical problems. *Bulletin of the American Mathematical Society* 8: 437–79.

Kac, M. 1985. *Enigmas of Chance: An Autobiography*. Berkeley, CA: University of California Press.

Kac, M., G.-C. Rota, and J. T. Schwartz. 1986. *Discrete Thoughts: Essays on Mathematics, Science, and Philosophy*. Boston, MA: Birkhäuser.

Koestler, A. 1976. *The Act of Creation*. London: Hutchinson.

Littlewood, J. E. 1986. *A Mathematician's Miscellany*. Cambridge: Cambridge University Press.

Lovasz, L. 1979. *Combinatorial Problems and Exercises*. Amsterdam: North-Holland.

NCTM. 1980. *Problem Solving in School Mathematics*. Reston, VA: National Council of Teachers of Mathematics.

Newman, D. 1982. *A Problem Seminar*. New York: Springer.

Poincaré, H. 1904. *La Valeur de la Science*. Paris: E. Flammarion. (In *The Value of Science: Essential Writings of Henri Poincaré*(2001), and translated by G. B. Halsted. NewYork: The Modern Library.) (김형보 옮김,『과학의 가치』(단대출판사, 1983))

————. 1908. *Science et Méthode*. Paris: E. Flammarion. (In *The Value of Science: Essential Writings of Henri Poincaré*(2001), and translated by F. Maitland. New York: The Modern Library.)

Pólya, G. 1981. *Mathematical Discovery*, two volumes combined. New York : John Wiley.

———. 1990. *Mathematics and Plausible Reasoning*, two volumes. Princeton, NJ : Princeton University Press. (이만근 외 옮김, 『수학과 개연 추론』(교우사, 2003))

———. 2004. *How to Solve It*. Princeton, NJ : Princeton University Press. (우정호 옮김, 『어떻게 문제를 풀 것인가: 수학적 사고방법』(교우사, 2002))

Pólya, G, and G. Szego. 1972. *Problems and Theorems in Analysis*, two volumes. New York : Springer.

Reznick, B. 1994. Some thoughts on writing for the Putnam. In *Mathematical Thinking and Problem Solving*, edited by A. H. Schoenfeld. Mahwah, NJ : Lawrence Erlbaum.

Ringel, G. 1974. *Map Color Theorem*. New York : Springer.

Roberts, J. 1977. *Elementary Number Theory: A Problem Oriented Approach*. Cambridge, MA : MIT Press.

Ulam, S. 1991. *Adventures of a Mathematician*. Berkeley, CA : University of California Press.

Yaglom, A. M., and I. M. Yaglom. 1987. *Challenging Mathematical Problems with Elementary Solutions*, two volumes. New York : Dover.

Zeitz, P. 1999. *The Art and Craft of Problem Solving*. New York : John Wiley.

Zinoviev, A. A. 1980. *The Radiant Future*. New York : Random House.

VIII.2 "왜 수학인가"라고 묻는다면

마이클 해리스 *Michael Harris*

종교가 철학의 보호를 필요로 한다는 생각은 아주 잘못된 관점처럼 보인다.

로렌초 발라(Lorenzo Valla)
『자유 의지에 대한 대화』

1 형이상학적 부담

1978년 헬싱키에서 열린 세계수학자대회에서 앙드레 베유[VI.93]는 「수학의 역사: 왜, 그리고 어떻게?」라는 제목의 강연을 다음과 같은 말로 끝마쳤다.

따라서 제 원래 질문이었던 '왜 수학사인가'가 마침내 '왜 수학인가'라는 질문으로 귀결됐으며, 다행히도 저는 그에 대해 대답할 필요를 느끼지 않습니다.

1978년 헬싱키, 세계수학자대회
(pp. 227-236, 인용문은 p. 236)

베유의 연설과 뒤따르던 박수 소리를 들으며, 마지막 질문을 쉽게 회피할 수 없는 상황은 어떤 상황일까 궁금해 했던 기억이 있다. 예를 들어 1991년 미 하원 과학 우주 기술 위원회에서 미국 수학회(AMS)에게 '수리 과학의 주요한 목적은 무엇입니까?'라는 아주 유사한 질문에 대해 답을 요구했다. 베유는 청중들이 누군지 잘 알고 있었고, 연구 자금을 배정하는 정부 기관에 대답해야 했던 열두 명의 수학자로 구성된 위원회 역시 마찬가지였다.

수리 과학의 가장 중요한 장기적 목표는 과학과 기술에 기본적인 도구를 제공하는 것, 수학 교육의 개선, 새로운 수학의 발견, 기술 전달의 촉진, 효율적인 계산의 지원입니다.*

롤랑 바르트(Roland Barthes)는 "의미가 있어야 상품이 팔린다"고 썼지만(1967), 미국 수학회 (AMS)는 야코비[VI.35]가 1830년 7월 2일 르장드르[VI.24]에게 보낸 편지에 담겨 있는 푸리에[VI.25]의 태도를 채택했다.

(중략) 그는 공공의 실익과 자연 현상의 설명이 수학의 주요한 목적이라는 의견을 갖고 있었다. 하지만 그와 같은 철학자라면 인간 정신의 명예가 과학의 유일한 존재 이유임을 알아야 했다.

AMS는 세 번째 목적에 '명예'가 들어갈 여지를 마련한 것 같아 보이는데, 뒤에 공들여 붙인 목표 때문에 독자들은 순수수학의 '예기치 않은' 응용에 시선이 간다.

『수학자를 위한 변명』에서 "실질적인 모든 기준으로 판단할 때, 내 수학 인생의 가치는 전무하다"는 유명한 주장을 한 하디[VI.73]처럼 순수수학자 중에서 실용적인 응용에 무관심한 사람은 거의 없다. 하지만 정부 위원회가 아니라 서로에게 이야기하는 자리였을 경우, 대부분의 순수수학자들은 (1991년 AMS를 대표했던 이들을 포함하여) '가장 중요한 장

기간의 목표'로 상당히 다른 목록을 고를 것이다.

왜 수학이냐는 문제에서 수학자들은 오랫동안 철학의 보호를 기대할 수 있었다. 플라톤(Plato)이 형이상학적 기반 위에서 수학에 내재적 가치에 지위를 부여한 이후 이는 상식이 되었다.** 지식의 원천으로서의 수학의 지위는 이미 2세기에 잘 수립돼 있었는데, 프톨레마이오스(Ptolemy)는 이렇게 썼다.

냉정하게 공격한다면, 훈련하는 자에게 확실하고 확고한 지식을 주는 것은 수학뿐이다. 증명은 논쟁의 여지가 없는 산술과 기하학을 수단으로 나오기 때문이다.***

괴델의 불완전성 정리[V.15]가 발표된 후 정점에 달한 20세기 초반의 수학 기초의 위기[II.7]는 대체로 수학의 확실성을 인간의 허약함에 의존하지 않고 안전하게 담보하려는 소망이 동기였다. 러셀[VI.71]이『80번째 생일의 회고』에서 썼듯

사람들이 종교적 신념을 원하듯 나는 확실성을 원했다. 다른 어떤 곳보다도 수학에서 확실함을 발견할 수

---

*《미국수학회보(*Notices of the American Mathematical Society*)》39권(1992) pp. 101-110「(미 하원 과학 우주 기술 위원회를 위해 준비한) 수리 과학의 예비 사정」에서 인용

** 본 수필은 주로 형이상학적 확실성에 대한 것이다. 데카르트(Descartes)는『철학원리』206항에서 "확실성은 (중략) 하나님이 지고의 선이시고 모든 진리의 원천이시라는 형이상학적 바탕 위에 세워진 것으로, 그가 주신 거짓과 진리를 구별하는 능력은 우리가 이를 정확히 이용하고, 따라서 명확히 지각하는 한 오류를 저지를 수 없다"고 썼고, '수학의 증명'을 이런 확실성을 지닌 첫 번째 예로 꼽았다. 플라톤은『국가』(7장, 522-31)에서 수학을 "영원히 존재하는 것에 대한 지식"의 원천으로 보았다. 이언 해킹(Ian Hacking)은 확실성과 이의 동류들이 수학의 명백한 축복(의 일부)이라는 것이 너무 강렬해서 몇몇 철학자들의 연구가 온통 "오염됐다"고 논증했다(2000).
*** 로이드(Lloyd)(2002)에 프톨레마이오스의『수학집성(*Syntaxis*)』의 제1권 제1장 16.17-21이 인용돼 있다.

있을 거라고 생각했다. (중략) 수학이 영원하고 정확한 진실에 대한 믿음의 주요한 원천임을 나는 믿는다.

허시(Hersh)(1997)에서 재인용

마빈 민스키(Marvin Minsky)가 이와는 다른 맥락에서 "우리의 지식과 목적 사이에 밀접한 관련이 없이, 논리는 지성이 아니라 광기로 이끌었다"고 쓴 대로 논리학에 확실성을 다지려던 러셀의 희망은 대체로 지난 일이지만(1985/1986),* 러셀의 말은 여전히 메아리처럼 반복된다. 장-피에르 세르(Jean-Pierre Serre)가 아벨상(Abel prize)의 최초 수상자로 지명됐을 때, 수학만이 '전적으로 믿을 만하고 검증 가능한' 진실의 생산자라는 취지로 그가 한 말이 2003년 5월 23일자 《리베라시옹(*Liberation*)》에 인용됐다. 그리고 랜던 클레이 3세(Landon T. Clay III)는 밀레니엄 문제의 기금 700만 달러를 조성했음을 발표하면서 자신의 재산 상당수를 순수수학을 지원하는 데 바치기로 한 결정과 "종교적 확실성의 하향세 (중략) 여전히 인간의 행동에서 강한 동기를 유발하는 힘인 증명에 대한 추구"를 연결시켰다.**

정신은 (야코비라면 아마 가졌을) 명예를 지켰지만, 고위 권력에 고용 계약서를 쓴 대가였다. 방금 인용한 것과 같은 언급에서 은연중에 드러났겠지만, 나는 형이상학적 확실성이나 여타 철학자들의

규범적 관심의 방어용으로 순수수학자들을 전면에 내세우는 이런 거래는, 수학의 유일한 가치를 내세우지 못하는 불필요한 부담이라는 의견을 표하고 싶다. 게다가 순수수학이 마주하고 있는 진정한 실존적 위험으로부터 지켜주지도 못한다(예산 삭감은 가장 명백한 표현일 뿐이다). 일관된 확실성이 부족하다고 수학이 붕괴할 것 같지는 않지만, 가치에 대한 설명이 부족하면 붕괴할 수도 있는 것이다.

2 포스트모더니즘 대 수학

포스트모더니즘의 위험에 대해 수학자들은 별로 걱정하지 않아도 좋다. 이 용어가 구체적으로 뭔가를 적시하고 있는지 분명치 않음에도 이 주제를 다룬 수천 쪽의 글이 쓰여져 있다. 그럼에도 이 주제에 대해서 나도 몇 쪽 덧붙이려 하는데, 확실성뿐만 아니라 모든 형태의 합리성에 의문을 제기한다고 생각되는 급진적 상대주의의 줄임말로 이 용어가 사용되기에 이르렀기 때문이다.*** 그 때문에 러셀의 의미에서의 확실성에는 회의적임에도 불구하고, 합리적 활동으로서의 수학의 근거와 가치를 방어하기 위해 '포스트모더니즘'이라 부르는 것에 적대감을 표하는 수학자들을 볼 수 있다.

건축학에 적용할 경우 포스트모더니즘은 꽤 정확한 추세를 짚어낸다. 이는 시대정신을 정의하는 트렌드로써, 시간보다는 공간에, 의미의 통합과 전체

---

* 수학을 집합론으로 귀결하려는 시도에 대한 비평과 관련한 르네 통(René Thom)의 언급과 비교하라. "불(Bool)의 논리 규칙에 따라 일상 언어로 구성한 모든 어구(phrase)마다 의미를 부여하려는 논리학자의 시도는 이 우주를 환영에 사로잡힌 헛소리로 재구성하려는 것이다." (티모쉬코(Tymoczko)에서 인용(1998))

** 프랑수아 티세레(Francois Tisseyre)가 2000년 5월 24일 파리 밀레니엄 회의를 맞아 인터뷰한 기사. 클레이 수학 재단에서 너그러이 제공했다.

*** 예를 들어, 레이코프(Lakoff)와 누네즈(Núñez)는 "수학이 순전히 역사적으로나 문화적으로나 불확실하며, 근본적으로 주관적이라고 주장하는 포스트모더니즘의 과격한 형태"에 대해 쓰고 있다고 했다(2000). 이런 관점을 지지하는 예는 제시하지 않았다.

성보다는 다중 관점과 파편화에, 혁신보다는 모방 (샘플링*)에, 그리고 비슷한 선상에서 많은 것들에 강조점을 둔다는 점에서 모더니즘과 구별되는 '후기 자본주의의 문화적 논리'로 불려 왔다. 철학 사조로서는 가장 전형적으로 (다소 남용하여) 미셸 푸코(Michel Foucault), 자크 데리다(Jacques Derrida), 질 들뢰즈(Gilles Deleuze), 롤랑 바르트, 장-프랑수아 리오타르(Jean-François Lyotard)를 위시해 일반적으로 1960년대와 1970년대의 '프랑스 이론'과 관련돼 있다. 포스트모더니즘의 산문들은 다방면에 걸쳐 있고, 반어적이며, 자기지시적이며, 직선적 서사에 적대적이다. 포스트휴머니즘으로 알려진 변종은 인류와 기계 사이의 개념적이고 물적 경계가 사라짐을 축하한다.

우리는 모두 광고 구호들의 영향을 받아 공적 담론의 영락을 경험했다는 점에서는 포스트모더니스트들이며, 그런 점에서 자신도 모르게 "인간 정신의 명예"라는 야코비의 호소를 그런 장르가 선도했다고 읽어 버린다. 심지어 수학자들은 자신들이 최초의 포스트모더니스트들이었다고 주장할 수도 있다. 어느 예술비평가가 "걷잡을 수 없는 신호들을 수반하는 게임에 의지하여 정체 중이라는 뜻"이라고 정의 내린 것과, "(수학이란) 단순한 규칙들을 따라 종이 위에 의미 없는 표시를 하는 게임"이라는 힐베르트[VI.63]의 말을 비교해 보라.** 그럼에도 불구하고

(혹은 바로 그 이유 때문에) 수학은 형이상학적이든 아니든 포스트모더니즘에 확실성이 차지할 자리만 없다면 가볍게 무시할 수 있다.*** 따라서 포스트모더니스트로 간주되는 저자들이 과학이나 수학과 골치 아픈 싸움을 해 왔다는 사실은 놀라울 게 없다.

전형적으로 논쟁적인 포스트모더니스트는 과학을 이런 식으로 설명한다.

과학과 철학은 거창하기만 한 자신들의 형이상학적 주장들을 폐기해야만 하고, 자신들도 그저 그런 서사(내러티브)들의 집단임을 좀 더 겸손하게 바라봐야 할 것이다.

테리 이글턴(Terry Eagleton)의 포스트모더니즘 희화화, 하비(Harvey)(1989)에서 인용

적어도 수학자들에게 있어서 이런 종류의 상대주의는 원조인 프랑스보다는 영어권 포스트모더니즘과 더 관계가 있다. 수학이 공리로부터 정리로 발달하고, 더 작은 것에서 더 큰 일반화와 추상화로 진행하는 것을 프랑스 포스트모더니스트들이 의심스럽게 여겼던 일종의 '거대서사'의 중요한 예를 이룬다고 생각했을지도 모르며, 계몽주의 사상이 수학적 설명에 대해 유보한 특별한 역할도 있으니 특히나 끌리는 목표라고 생각했을지도 모르지만, 이는

---

* "그의 (중략) 예술가적 기교는 다른 사람들의 예술을 섞어서 나온 것이기 때문에 (중략) DJ는 포스트모더니즘 예술가의 전형이다." (http://www.jahsonic.com/postmodernism.html)
** 오토 카르닉(Otto Karnik), 『끌기와 밀기』, Kai KeinRespekt, p.48, 현대 미술연구소의 전시회 카탈로그(브리지 하우스 출판사, 보스턴 MA, 2004)에서 인용. 힐베르트의 인용문은 쉽게 찾을 수 있으

나, 출처가 불분명하다. 그렇다고 덜 중요하다는 것은 아니다. 블라디미르 타시치(Vladimir Tasić)의 『수학과 포스트모던주의 사상의 뿌리』는 포스트모더니즘이 수학의 후손이라는 추측을 확장한 것이다. 필자가 《미국수학회보》 50(2003), 790-99에 쓴 비평을 보라.
*** 예를 들어 "데리다의 사상은 서양철학이 대부분 궁극적인 형이상학적 확실성이나 의미의 근원을 모색해온 것에 대한 비판을 토대로 삼고 있다." (브리태니커 온라인 백과사전에서 인용)

옳지 않은 것으로 보인다. 가장 저명한 프랑스 포스트모더니즘 철학자들은 다른 면에서는 형이상학적으로 회의적이었음에도 수학의 형이상학적 주장 자체를 두고 다투지는 않았고, 인문 과학과의 관련성에 대한 질문을 하긴 했다. 데리다의 경우 특히 **라이프니츠**[VI.15]를 고찰하며 "(수학은) 항상 과학성의 모범적인 본보기였으나"(『그라마톨로지』 p.27)라고 했고, 푸코는 다음과 같이 주장했다.

수학은 형식적인 엄밀함과 실증성을 얻으려는 노력에 있어 최고의 과학 담론의 본보기로 복무해 온 것은 분명하다. 그러나 과학의 실제 발달에 대해 질문하는 역사가에게 있어서 (중략) 그것은 일반화할 수 없는 예였다.[*]

『지식의 고고학』(pp. 188~189)

포스트모더니즘의 정본으로 여겨지는 프랑스 저서들 중 적어도 한 권은 과학과 수학의 확실성 문제를 직접적으로 다루었다. 괴델의 정리 3부작, 양자역학에서의 불확정성, 프랙탈[**]을 인용하면서 리오타르는 현대 수학에서 다음과 같은 것을 보았다.

인간 규모의 행동을 정확히 측정하고 예측하는 것이 가능한지에 대해 의문을 제기하는 흐름이 있다. (중략) 포스트모던 과학은 (중략) 알려진 것이 아니라, 알려지지 않은 것을 생산해낸다.

리오타르(1979)

여러 저자들이 괴델의 정리나 불확정성 원리(그리고 카오스 이론)를 수학과 입자 물리에서의 (또는 비선형 미분방정식) 형식 체계에 대한 진술이라 설명하고, 따라서 형이상학과는 아무런 관계가 없음을 독자들에게 상기시켜 왔다.[***] 논쟁들은 때로는 설득력도 있지만 전적으로 요점을 벗어난 것이며, 러셀처럼 확실성을 찾는 이들에게는 위안이 되지 못한다. 형이상학적 확실성은, 그게 무엇인지는 모르겠으나 수학 증명만큼이나 이들에게 구속력이 없다. 형식 체계 내에서는 그 형식 체계가 무모순임을 증명할 수 없다는 괴델의 정리는 수학적 수단만으로는 형이상학적 확실성이 보장될 수 없다는 의미로 받아들여질 수는 있다.[****] 하지만 세르가 수학의 기

---

[*] 1998년 뉴욕 타임스가 해체주의에 대해 물었을 때 데리다의 반응은 "물리학자나 수학자에게 난해함에 대해 물어 보시오"였다. 2004년 10월 10일, 뉴욕 타임스의 「난해한 이론가 자크 데리다 74세로 사망」을 보라. 다른 곳의 불명확함을 합리화하려고 가장 난해한 수학의 근거 없는 가치에 호소하는 일은 흔하다. 그런 논증을 (전직 수학자였던) 작곡가 밀턴 바비트(Milton Babbitt)의 글 「듣기만 하면 누가 상관하나?」에서 처음 읽었다(High Fidelity, 1958년 2월). '음악이든 무엇이든 이해할 수 없는 것 때문에 비전문가들이 지루해 하고, 당혹해 할 이유가 무엇인가?' 이런 종류의 얘기에서는 미학적 근거로 순수수학을 정당화하는 것이 뒤집혀 버리고 만다. 그래서 내가 제목에 붙인 질문에 대한 (동료들 사이에서는 단연코 가장 인기 있지만) 미학적인 대답을 각주에서만 언급하는 것이다.

[**] 문헌 비평의 다음 세대에서도 상투적이다. 괴델 대신 혼돈 이론

을 강조한 예로 캐서린 헤일즈(N. Katherine Hayles)가 편집한 『혼돈과 질서』(University of Chicago Press, 1991)를 보라.

[***] 자크 부브레스(Jacques Bouveresse)의 『유추의 놀라움과 당혹스러움』(Raisons d'Agir, 1999)의 상당 부분이 이를 상기시키는 데 온전히 바치고 있다.

[****] 예상대로 간극을 메우기 위해 종교가 개입한다. http://www.asa3.org/ASA/topics/Astronomy-Cosmology/PSCF9-89Hedman.html#16을 보라. 존 배로우(John D. Barrow)는 괴델의 정리가 물리학에 미칠 영향을 심각하게 생각하는 반면, 그렇다고 과학으로서의 객관적 타당성을 제한하지는 않는다고 부인한다. 예를 들어 『수학과 문화 2002』(엠머(M. Emmer)(편), Springer(2002), pp. 13-24)에서 「답이 없는 질문」을 보라.

준으로 수학적 진실이 전적으로 믿을 만하게 검증 가능하다고 《리베라시옹》에서 언급한 말이 동어반복 이상을 의미하는 것은 분명하다. 여기에서 '이상(somthing more)'이 무엇인지 집어내고, 수학의 '정수'라 부를 만한 것을 찾아내기 위해서 수리 철학은 한참 전의 패전지를 계속 들르는 것이다.

리오타르는 자신의 논지를 매끈하게 입증하지는 못했지만, 진화는 대단히 우연한 일이라고 강조한 스티븐 제이 굴드(Stephen Jay Gould)에서부터 복잡성 이론, 의식을 '발현' 현상으로 연구하는 경향 등 최근 과학의 많은 부분에서 '포스트모던한' 감각을 느낄 수 있다. 환원주의 및 연관된 상의하달식 '거대서사'가 틀렸기 때문이 아니라, 상관없고 쓸모가 없기 때문에 거부한다는 것이 이런 발달들의 공통점이다. 이런 종류의 과학을 신-쿤주의(new Kuhnian) 패러다임이라 부르는 건 너무 나간 것이지만(어떤 경우든 이 개념은 지나치게 단순화했다고 널리 비판 받고 있다), 과학의 분석 철학을 고취했던 원리와는 뚜렷이 다른 것이다. 수학자들의 경우, 수학에도 포스트모던한 면이 있다는 의견(예를 들어, 위르겐 요스트(Jurgen Jost)는 『포스트모던 해석학』이라는 제목의 책을 썼고, '포스트모던 대수'를 연구한다고 주장하는 전문가도 있다)도 있지만, 이런 신호들이 진지한 수준에서 감지되고 있지는 않다. 사실, 모더니즘과 포스트모더니즘 사이에 선을 긋는 것이 타당한가에 대한 확신도 강하게 들지 않는다. 수학을 게임으로 정의한 힐베르트의 말은 데리다가 한 말과 비슷하기는 하지만, 만약 힐베르트의 수학의 기초 프로그램("우리는 알아야만 하며, 알게 될 것이다")이 모더니즘의 정점을 이룬 예가 아니라면, 뭐

가 그렇단 말일까? 한편으로 티모쉬코 선집(1998)에서 모든 형태의 토대주의를 버린 것은 수리 철학 내에서 '거대서사'에 대한 거부이며, 실제로 광고문은 선집을 '포스트모던'하다고 부른다.*

3 사회학이 고지를 노리다

베유가 괴델의 형이상학적 위협을 깎아내리려고 "수학이 무모순이므로 신은 존재한다. 그것을 증명할 수 없기 때문에 악마도 존재한다"는 농담을 건넬 때, 부르바키(Bourbaki) 집단에 속한 동료 디외도네(Dieudonné)는 반격을 시도했다.

> 지금까지 관찰해 온 자연법칙들이 모두 성립했다는 이유만으로 물리학자들과 생물학자들이 자연법칙은 영원하다고 믿듯이 (중략) 현재 활동적인 연구자의 대부분인 (잘못 불리는) '형식주의자들'은 80년이 넘도록 아무 모순도 나타나지 않았으므로 앞으로도 집합론에는 모순이 없을 거라고 확신한다.**

이것은 귀납적(경험적), 사회적인 논증 혹은 실용주의적 논증이다. 실제로 포스트모더니즘 내에 이러한 경향들이 있어 왔는데, 프랑스 철학보다는 영국

---

* 티모쉬코 선집의 반토대주의는 괴델의 정리로부터 많은 영감을 받았다.
** 베유의 농담은 구글 검색 결과 최소한 85개의 사이트에서 인용되지만, 1차 자료는 안 나와 있다. 디외도네의 언급은 당연히 『인간 정신의 명예를 위해(Pour l'Honneur de l'Esprit Humain)』 pp. 244-245(Hachette, 1987)에 나온다. '수학의 자기 교정 능력'에 대한 보렐의 발언은 야페(A. Jaffe)와 퀸(F. Quinn)의 「이론적인 수학: 수학과 이론 물리의 문화적 종합을 향해」에 대한 논의 중에 한 말로 실용주의의 보다 겸손한 형태의 표현이다. 《미국수학회 단신(Bulletin of the American Mathematical Society)》 29, (1993): 1-13.

과학사회학에서 더 전형적으로 나타났다.

수학적 절차의 강렬한 힘은 그것의 초월성에서 비롯되는 것이 아니라, 한 무리의 사람들로부터 받아들여지고 이용됐기 때문이다. 이런 절차들은 그게 옳다거나 이상적인 것에 대응하기 때문에 이용되는 것이 아니다. 그렇게 받아들여졌기 때문에 옳다고 간주되는 것이다.

데이비드 블루어(David Bloor),

『비트겐슈타인: 지식의 사회학적 이론』

(Macmillan, London, 1983)

데이비드 블루어가 창립한 **과학지식 사회학(SSK, The Sociology of Scientific Knowledge)** 운동은 분석적 전통에 있어 전후 과학 철학에 굳게 뿌리를 두고 있다. '언어 놀이', '삶의 형식'과 같은 용어로 더 일반적으로 수학 및 지식에 대한 후기 비트겐슈타인의 논의와 규칙을 따르는 학습은 사회적 요인을 강조한다. 따라서 SSK는 열렬한 비트겐슈타인주의이다. 물론 비트겐슈타인의 연구는 비체계적으로 악명이 높고, 다양한 해석의 여지가 있다. '내겐 의심을 할 근거가 결여돼 있다!'고 쓴 비트겐슈타인을 회의론자로 보는 것은 옳지 않다고 본다. 비트겐슈타인이 명시적으로 이목을 끌었던 사회적 요인 너머에 특히 수학 내에서 우리의 언어와 철학이 제대로 표현하지 못하는 '무엇('논리적 당위성의 견고함')인가'가 더' 있음을 감지했다.*

철학이 실패한 곳에서 사회학은 성공할 수 있을까? "사회학이 수학적 지식의 심장부를 건드릴 수 있을까"라고 질문을 던진 블루어(1976)의 호전적

인 '자연주의자'적 반응은 형이상학을 깎아 내리려는 의도라기보다는 형이상학적 고지를 점령하려는 사회학의 시도이다. 반면에 클로드 로젠탈(Claude Rosental)(2003)의 섬세한 민족지학적 연구가 논리학자들 간의 다툼을 해소하기 위해, 수학과 논리에서의 훈련이 자신의 계획을 수행해 나가는 데 '심각한 결함'이 있을 수도 있다는 의견을 피력할 때, 수학과 사회학 간의 동류감은 어긋나고 만다. 후자와 같은 고전적인 선언은 브뤼노 라튀르(Bruno Latour)와 스티브 울가(Stephen Woolgar)에게서 기인한다.

우리는 사전 인식이 (중략) 과학자들의 연구를 이해하는 데 필요한 선행조건이라 여기지 않는다. 이는 원시적인 마법사의 지식 앞에서 인류학자들이 경배하길 거절하는 것과 비슷하다. 우리가 아는 한, 과학자들의 연구가 외부인의 것들보다 더 합리적이라는 것을 뒷받침하는 선험적인 이유는 없다.

라튀르와 울가, 『실험실 생활』 pp. 29-30

(Princeton University Press, Princeton, NJ, 1986)

하지만 수학자들이 설명하는 수학적 경험을 진지하게 주목해 왔으며 생각해 볼 수도 있다. 그 와중에 베유는 묻지 않았던 질문을 던지는 사회학자들을 상상해 볼 수 있다. 예를 들어, 베티나 하인츠(Bettina Heinz)는 과학의 구성주의 사회학의 관점으로 수학을 연구할 목적으로 본에 위치한 막스-플랑크(Max-Planck) 연구소에서 진행한 현장 연구에서 '그들처럼 살며' '그들의 문화에 지나치게 동일시될까봐' 걱

* 비트겐슈타인에서 인용(1969, 4단락과 1958, 437단락)

정한다. 하지만 그녀의 주제는 어떻게 수학자들이 의견 합일에 도달하는지 판단하는 매우 실제적인 사회학적 주제였고, 수학 연구자를 '원시적인 마법사'로 취급하는 것과는 거리가 먼 방법론이었다. 그녀는 수학자들의 인식론적 관점에 공감하며 그에 대해 매우 자세하게 기록했다. 방법론의 한계에도 불구하고 하인츠는 우리가 다시 논의할 주제인 '진짜 수학'을 설명하는 데 더 관심이 있었다는 인상을 주는 반면, 블루어와 로젠탈은 철학자들의 형이상학적 선입관을 거스르는 증거들을 결집하는 데 몰두하고 있다.

비트겐슈타인뿐만 아니라, 검증주의에 대한 포퍼(Popper)의 공격, 쿤의 과학혁명 이론, 라카토스(Lakatos)의 『증명과 반박』에서 지식의 내용에 대한 변증법적 접근, 러셀의 관점에 따른 확실성 또한 괴델의 정리의 공격을 받고 대체로 폐품이 되었다.* 설명을 위해 고안한 형이상학적 확실성이라는 개념은 사회학적, 철학적, 정신적 필요 때문에 남아 있다. 따라서 내가 포스트모더니스트로 묘사한 경향이 있는 이들은 한편으로는 자신들의 대상이 이제는 광고 슬로건에 지나지 않으며 수학자들이 진짜 관심사와는 별로 관련이 없다는 것을 모르는 양, 확실성

에 관련한 회의주의를 계속 표하는 경향을 보이고 있고, 다른 한편으로는 분석 철학을 좀 더 유연한 개념으로 대체하려 하고 있는 것이다. 예를 들어 '보증(warrant)'이라는 용어는 필립 키처(Philip Kit-cher)가 선험적이기보다는 경험적인 바탕에서 수학에 대한 일관된 설명을 시도하기 위해 사용했다. 키처는 동시대 수학자들에 대한 프레게[VI.56]의 분노를 상기하며 "프레게가 수학적 지식에서 완전한 명료함과 확실성의 가능성을 강조할 때, 그는 수학연구자들과는 거의 무관한 수학의 그림을 발전시키고 있었다"고 관찰했다(1984). 하지만 키처와 SSK는 옳고 정당화된 믿음을 지식이라고 할 때, '수학 지식은 어떻게 얻어졌는가'라는 문제에 여전히 집착하고 있다(1984).

하인츠(2000)를 읽으면, 지금의 수학자들도 프레게의 시대처럼 이런 문제들을 시대에 뒤떨어졌거나 요점에서 빗나간 문제라고 널리 여기고 있음을 알 수 있다. 블루어와 배리 반스(Barry Barnes)가 제기한 SSK의 '강력한 프로그램'에서 가장 논란의 대상이 되는 면은 '대칭의 논제', 즉 과학적 주장이 어떻게 지식으로 받아들여지는지 조사할 때는 참인지 거짓인지는 고려하지 않아야 한다는 주장이다. 하인츠는 현장조사 결과 이런 주장이 '진실에 대한 합의 이론의 일종'으로 수학자들 사이에서 수학 증명을 수용하는 만연한 견해와 양립한다고 암시하고 있다(하인츠(2000)).

'어떻게 수학 증명이 지식으로 받아들여지는지'에 대한 놀라운 예가 지금 이 줄을 쓰는 순간에도 펼쳐지고 있다. 푸앵카레 예상[V.25]을 증명했다고 선언한 그리고리 페렐만의 주장의 참거짓 여부를 밝

---

* 라카토스는 유작 『최근 수리 철학에서의 경험주의의 르네상스』에서 수학자들과 소수의 철학자들의 인용문을 많이 제시하고 있는데, 그중에는 1924년 수학은 결국 불확실하다고 인정한 러셀의 말도 들어 있다. 당연히 대부분의 인용문이 직접 혹은 간접적으로 괴델의 정리와 관련돼 있다. 이 글은 티모쉬코(1998)에서 재인쇄됐다. 해킹(2000)은 "교조주의나 이론만이 사람들로 하여금 수학이 전체적으로 독특한 확실성을 갖고 있다고 말하게 한다"라고 썼다. 하지만 예를 들어 마르쿠스 지아퀸토(Marcus Giaquinto)의 낙관주의적인 『확실성을 찾아서: 수학의 기초에 대한 철학적 설명』(Oxford University Press, Oxford, 2004)에서처럼 여전히 확실성은 살아 있다.

히기 위해 전문 센터의 연구원 몇 명이 희망을 품고 전례없이 엄밀하게 페렐만의 주장을 검증하고 있다. 클레이 수학 연구소가 제공하는 백만 달러의 상금은 절대 정신적인 것이 아니며,[*] 상금 수여 원칙(www.claymath.org/millennium/Rules_etc)은 하인츠의 피조사자가 자연스럽게 표현했던 것과 아주 유사한 의미에서 수학계의 오류 가능성을 상정하고 있다. 그럼에도 내가 아는 한 완전히 사회학의 관심 밖에서, 그리고 철학의 어떠한 안내도 없이 검증이 진행되고 있다. 하지만 이 경우는 예외적이다. 로젠탈의 의미에서의 '지식 검증'은 상대적으로 수학자들에게 그다지 중요하지 않다. 페렐만의 논문을 가까이에서 읽는 이들은 아마도 자신들이 하는 일이 그의 증명을 (사회나, 후한 기부자나, 철학자들이나, 사회학자들을 위해) 지식으로 '검증'하려 한다기보다는 그의 증명을 이해하려고 한다고 생각할 것이다.[**]

4 진실과 지식

'진짜 수리 철학'을 개발하려는 노력을 피력하며 데이비드 코필드(David Corfield)는 "지금까지 수리 철학이라는 이름으로 진행된 활동의 대부분은 당대의 왜곡된 그림에 지나치게 굴복한 1880~1930년 사이의 '기초' 문제에 대한 균형을 잃은 흥미를 제외하면 수학자들 사이에선 죽었다고 생각되는 것들이다"라고 선언했다.[***] 코필드는 전통적인 선험주의자들의 걱정인 "어떻게 수학적 진실에 대해 얘기할 것인가? 수학적 용어와 문장은 가리키는가? 그렇다면, 가리키는 대상은 무엇이며 어떻게 접근할 것인가?"(코필드, 2003)와, 애스프레이(Aspray)와 키처가 수리 철학에서의 '이단적 전통'의 전형성으로 여긴 질문 목록인 "어떻게 수학 지식은 성장하는가? 수학적 진보란 무엇인가? 어떤 수학적 아이디어나 이론이 다른 것들보다 낫다고 여기는 근거는? 수학적 설명이란 무엇인가?"를 비교했다.

이단자들은 티모쉬코의 선집에 잘 표현된 대로 확실성으로부터 멀어지는 반가운 한 걸음을 뗐다. 그럼에도 내가 언급했던 철학자들과 철학적 사고를 지닌 사회학자들은(코필드만 부분적으로 예외인데, 아래에서 더 살펴보겠다) 여전히 수학자들이 철학이나 사회학에 호의를 베푸는 양, 이런 묘기가 어떻게 가능한지 보여주려고 '진실과 지식'을 만들어낸다는 것처럼 쓰고 있다.[****] 아니면 그저 묘기가 가능하다는 것을 보여주기 위해서 그런다는 것이다.[*****] 반

---

[*] 이 글은 2004년 후반에 썼다. 증명은 이제 옳은 것으로 인정됐다. 2006년 페렐만은 필즈 상(Fields medal) 수상을 거절했다. 클레이 수학 연구소의 상금 역시 거절했다.

[**] "논리에서 검증된 지식의 생산이 어떻게 사회학적 연구와 분석을 이룰 수 있는지 보인 바, 광대한 연구 분야가 모습을 갖춘다."(로젠탈, 2003) 수학자들이 표현하는 우선순위를 분별하고 설명했더라면 훨씬 더 풍부한 연구 분야를 이룰 거라고 믿는다.

[***] 인용문은 코필드의 『진짜 수리 철학을 향해』(2003)에서 나온 것이다. 이를 "20세기 수리 철학의 가장 현저한 단 하나의 특징은 거의 대부분이 진부하다는 것"이라는 이언 해킹(2000)의 언급과 비교하라. 해킹의 수리 철학에 대해서는 『수학은 무엇을 했는가?』를 보라.

대단히 외딴 수학 분야의 경향도 놀랄 만큼 잘 알고 있는 코필드에게 '진짜 수학'은 '진짜 맥주'에서의 '진짜'다. 이런 종류의 현실주의를 향해 회의론을 펴는 건 자멸적이라는 데 당연히 동의한다.

[****] 하지만 해킹의 "(어떤 추론 스타일을 이용하여 도입한) 어떤 문장의 진실성은 바로 그 스타일을 이용한 추론을 이용하여 찾아낸 것이다"를 보라(2002).

[*****] 티모쉬코(1988)의 많은 저자들은 철학적 통찰력으로 수학의 (진

면 우리 수학자들은 인식론에서 흥미로워 하는 포괄적인 객체들에 동화되지 않고도, 우리가 수학을 창조하고 있다는 걸 상당히 확신하고 있다. 이것이 베유가 '왜 수학인지'에 대해서는 아무런 설명도 필요하지 않다고 말한 이유이다.

"진실과 지식이라는 분야에서 자신을 재판관으로 설정하는 자는 신들의 웃음에 의해 난파될 것이다"라고 아인슈타인(Einstein)은 썼다. 수학자들은 폭소보다는 실망하는 경향이 있고, 일반적으로 그렇게 여겨지는 것이 너무나도 터무니없어서 서툴게 대응하는 경향이 있다.* 비록 수학의 본성에 대한 철학적 추측에서 오류를 찾아내는 이들은 추측성 대안을 제시하겠다는 의무를 은연중에 느끼는 것 같지만, 나의 경험에 의하면 수학 훈련은 그런 의무를 이행하기엔 부적합한 활동이다. 조롱받을까봐 두려운 것보다도 이 때문에 내 자신의 추측성 수리 철학을 용감히 내놓지 않는 것이다. "기하학과 대수학의 사고 과정에 익숙한 이들은" "물리학자들 사이의 공통적인 직관 같은 것을 발달시키는 것이" 어려운데,

(들리뉴(Deligne)의 『양자장과 끈: 수학자들을 위한 강의』 제1권 2쪽에서 맥퍼슨(R. MacPherson)의 말을 인용) 수학자들과 형이상학자 사이에 다리를 놓는 일은 사실상 불가능하기 때문이다. 물론 겉보기에는 비슷한 점들이 있다. '정수(essence)'와 같은 형이상학적 추상화는 '집합'과 같은 수학적 추상화처럼 그 자체로는 아무것도 적시하고 있지 않으며, 이 용어들을 핵심적으로 다루는 전문 서적들을 대표하는 고전과 관련이 있다. '정수'가 적시하는 '무(無)'는 '집합'이 적시하는 '무'와는 다르며 전자가 더 생산적이라고 주장하고 싶다. 하지만 그런 주장을 하기 위해서는 내가 쓸 수 있는 수단인 수학적인 추론의 형태를 취해야 하므로, 이는 잘해 봐야 악순환에만 이를 것이다.** 좀 더 직설적으로 말해, 세르가 《리베라시옹》 대담에서 언급했던 것들과 유사한 이유를 들어, 나는 수학이 제공하는 해답의 종류보다 덜 확실한 대답에는 만족할 수 없다고 말하고 싶다. 수학자들은 베유의 질문에 대해 실용적으로 대답하는 것을 패배를 인정하는 것으로 생각한다. 그럼에도 나는 수학적 확실성과 실용적 확실성을 구별할 (형이상학적으로 확실한) 바탕이 부족하다는 것을 알고 있다!

추측에서 발을 빼는 또 하나의, 아마도 더 큰 이유는 철학은 자신들의 학문이 수천 년 동안 이어져 온 대화이기 때문에 새로운 사상이 나타나면, 그것을 이해하기 위해서는 이전의 것들을 모두 배워야 한

짜) 연구를 들여다보지만, '진실과 지식'은 끊임없이 기어 다닌다. 1994년 프랑스에 도착한 나는 21세기 프랑스 수리 철학자들의 걱정은 완전히 다르다는 걸 발견하고 깜짝 놀랐다. 후설(Husserl)에 따르면, 프랑스인들은 대개 개별 수학 주제의 현상적 경험에 집중하고 있었다. 수리 철학에서 프랑스어권과 영어권 전통이 서로 이해불가능하다고 말하는 건 아주 조금 과장한 것에 불과하다. 다행히도, 프랑스어로 쓰나 영어로 쓰나 수학에서는 서로의 연구를 인용하는 데 아무 문제가 없다.

* 세르가 《리베라시옹》에서 "완벽하고 싶지 않다면, 수학을 하지 말라(Si vous ne voulez pas que les choses soient parfaites, ne faites pas de maths)"고 언급했던 것처럼. 하인츠의 책은 이런 합의에 이르게 한 명백히 보편적인 경향의 근원을 찾기 위한 질문인데, 증명이라는 제도에서 찾아낸다. 로젠탈은 명백히 이런 보편적인 합의에 실패한 (대단히 이례적인) 예를 다룬다. 아인슈타인의 인용은 클라인(Kline)에 있다(1980).

** (포스트모던주의가 아닌) 프랑스 철학자 알랭 바디우(Alain Badiou)는 "진실이란 항상 자신을 적절히 파괴할 가능성이 있어야 한다"며 괴델의 정리를 예로 들며 말했다. (www.egs.edu/faculty/badiou/badiou-truth-process-2002.html).

다는 느낌을 주는 반면, 수학은 원칙적으로 적은 개수의 공리로부터 순수한 추론만으로 유도할 수 있어야 한다고 생각되기 때문이다. 달리 말하면 철학적 명제는 그것의 맥락과 근원에 연관돼 있지만, 수학적 명제는 자유롭게 떠다닌다. 수학을 둘러싼 형이상학적 확실성의 아우라를 구성하는 요소인 이런 원칙(배리 메이저(Barry Mazur)는 "인류의 가장 긴 대화 중 하나"라고 말했다)은 사실 수학자들이 실제로 연구하는 수학과는 그다지 닮은 점이 없다. 그렇지만 나는 철학적 전통과의 개인적인 '대화'가 철저히 신뢰할 수 없다는 걸 뼈아프게 잘 알고 있으며, 선택한 각주들은 기본적으로 우연히 마주친 문헌에서 모은 것들 중에서 마구 뒤적이다가(혹은 마구잡이로 서핑하거나 섞다가) 건진 것들이다.

그럼에도 내가 철학에 대해 글을 쓴다면, 그 이유는 1995년에 과학자들로 이뤄진 청중 앞에서 페르마의 마지막 정리[V.10] 증명에 대한 와일즈(Wiles)의 강연 도중 나에게 던져진 질문일 것이다. 1993년 10월호 《사이언티픽 아메리칸》에는 증명의 죽음이라는 제목의 기사가 게재됐다. 이 글에서는 미래에는 수학의 연역적인 증명이 대부분 컴퓨터의 도움을 받은 증명과 확률론적 논증으로 대체될 것이라는 논지를 펼치며, 와일즈의 증명을 "훌륭한 시대착오"라고 묘사한 라슬로 바바이(Lazlo Babai)와 그의 동료들의 말을 인용했다. (존 호건(John Horgan), 《사이언티픽 아메리칸》 1993년 10월호 pp.92-102),* 같

은 달 《미국수학회보》(40: 978-81)는 도론 제일버거(Doron Zeilberger)의 선언문 「대가를 치르는 증명」을 출간했다. 제일버거는 이 글을 통해 엄밀한 증명을 요구했던 시대에서, "등식이나 여타 정리들에 컴퓨터 이용 시간과 바라는 확실성의 정도에 비례하여 가격표를 붙인 **부분적으로 엄밀한 수학의 시대**"로 전환될 것이며 , 다시 "가격표를 추적하는 작업을 포기하고 (중략) 엄밀하지 못한 수학으로 탈바꿈"하는 시대로 빠르게 전환될 거라고 예견했다.

나는 이러한 예견을 배유의 질문에 대해 답을 하라는 요청이라고 생각했다. 강연에서 나는 수학의 기본 단위는 정리보다는 개념이며, 증명의 목적은 단순히 정리를 확인하는 게 아니라 개념을 밝히기 위한 것이고, 따라서 연역적 증명을 확률적 혹은 기계적 증명으로 대체하는 것은 신발을 만드는 신기술의 도입과 비교돼서는 안 되며, 이는 신발을 구매 영수증 혹은 신발 공장의 현금 수익으로 대체하려는 시도에 가깝다고 주장했다. 질문을 던진 청중은 이렇게 물었다. "나는 확실성에 대해 이야기하는 것인가?" 물론 아니다. 내가 설명하려 애쓴 바대로 그런 방안은 철학적 신뢰를 잃었다. 또한 다른 규범적 처방전들도 철학자들의 비웃음을 받으며 쉽게 먹잇감으로 전락해 버릴 것이다. 한편, 나는 연역적인 증명뿐만 아니라 확률론적 혹은 기계에 의한 증명이 AMS 위원회의 목록을 이루는 다섯 가지 목표에 부합하지 않는 실용적인 이유를 모르며, 패러다임의

---

* 한스 모라벡(Hans Moravec), 레이 커즈와일(Ray Kurzweil) 등이 개진한 팝 포스트휴머니스트의 각본에 따르면, 21세기 중반에는 컴퓨터가 정리를 만들고 증명하는 것(무슨 영문인지 항상 이게 판단기준이다)을 포함하여 인간의 모든 능력을 취득한다. 그 뒤 제일버거의 예상이 무색하게 인간과 컴퓨터 사이의 차이가 다소 급

격히 없어진다는 것이다.

더 최근에는 훨씬 황당하게, 마게시(Maggesi)와 심슨(Simpson)이 자동 정리 증명에 대한 예상을 논의한 글을 인터넷에 게시했다. (날짜 불명)

변화가 일어났을 때 합의를 이끌어내는 데 효과적이지 않을 거라는 사회학적 이유도 모른다. 그렇다면 나는 무엇에 대한 이야기를 하고 있는 것인가?

이 글의 지금 시점에서 위와 같은 질문은 사실상 선전 문구 구호로 대답하라는 요청이다. 예를 들어

'믿을 만하고 입증 가능하도록' 쓰는 연습은 일반적인 비판적 사고를 길러준다.

이것은 증명을 가르치기 위한 인기 있는 주장이다. 아마도 사실이겠지만, 어떻게 이런 주장을 입증할 수 있을까? '인류의 가장 긴 대화 중 하나'의 소재로서 기여한 '개념들'은 그 단어들 자체에서 비롯되는 인식만으로도 이해할 수 있다고 주장하고픈 유혹이 강하게 든다. 대화보다 더 '긴급한' 것은 어떤 것도 없다는 점에 주목하라. 하지만 그 점은 앞서 성립되어 온 서사를 따르길 거절함으로써 힘을 발휘하는 메이저의 책의 정신에 비추어 볼 때 무성의하다. 어떠한 경우에서든 이런 논증은 자체로는 충분해 보이지 않는다. 비슷한 논증으로 종교적 신념을 옹호하도록 만들 수도 있을 테니까 말이다.

5 '이데아, 더 정확히는 꿈'

배유의 (비)질문에 대답하는 위험을 무릅쓰기보다는, 코필드를 본받아 순수수학의 가치를 가장 잘 설명하는 방법으로 수학자들이 쓰고 말하는 것들을 경청하는 것을 제안하는 바이다. 공식적으로 또는 비공식적으로 수학자들이 자신들의 가치 판단에 대해 설명하려 할 때 보통 사용하던 평범한 단어가 제대로 설명되지 않는, 그래서 예상치 못한 힘을 발휘하는 때가 자주 있는데, 이런 단어들의 모임(집합)이 배유의 질문에 답을 준다.

바일[VI.80]은 『리만 곡면의 이데아(*The Idea of a Riemann Surface*)』*라는 도발적인 제목의 책을 썼고, 서문에서 플라톤을 인용했다. 앞서 언급한 청중에 대한 나의 대답에서 중심 단어로 사용했던 '개념(concept)'은 이 글에서 언급한 대부분의 철학자들을 포함한 다수의 철학자들이 '이데아(Idea)'를 사용하는 용법과 비슷하다. '정사각형', 혹은 리만 다양체[I.3 §6.10]가 이런 의미의 '이데아' 혹은 개념일 것인데, 이 경우 수학자들은 일반적으로 '개념'이라는 단어를 사용하며, '아이디어(Idea)'라는 단어는 다른 무언가를 위해 남겨 둔다. 플라톤의 『메논(*Meno*)』에서, 소크라테스(Socrates)의 지도 아래 노예가 '외운' 정사각형의 면적을 두 배로 하는 것의 증명(대각선들을 그려서 생기는 삼각형들을 함께 합치는 것)은 사각형의 '이데아'에 속해 있는 것으로 보았다. 수학자에게는 대각선을 그리고 삼각형을 움직이는 '것이' 아이디어이다.

내가 1995년에 대답한 대로 '반짝이는 개념'과 '증명의 확증' 사이에 대조를 이루게 할 수 있다는 것은 수학자들에게는 자명한 이치이며, 심지어는 몇몇 철학자들에게도 그러하다. 심지어 1950년에 포퍼는 "계산기는 (중략) 독창적인 증명 및 흥미로운 정리들과 무디고 흥미롭지 못한 것을 구별하지 못한다"고 주장했다(하인츠(2000)에서 인용). 코필드는

---

* 바일은 독일어판 제목에 'Idee'라는 단어를 썼지만, 본문 어딘가에서는 'Begriff'(개념)이라는 단어를 썼다. 둘 다 영어로는 '개념(concept)'이라고 번역됐다.

"수학자들은 대개 다른 수학자의 증명으로부터 새로운 개념, 기교, 해석을 찾지" 단지 "명제의 옳고 그름이나 참, 거짓을 수립하지만은 않는다(p. 56)"고 정확히 묘사했다. 하지만 '수학적 개념화'라는 '극히 복잡한 주제'를 한 장에 걸쳐 다루면서도 개념(이나 '이데아')에 대해서는 그렇게 곰곰이 생각하지는 않으며, 나 또한 그러지 않을 것이다. 일반적인 용어로 수학적 개념의 실체에 대한 논쟁에 휘말리지 않고서(또한 철학자들의 웃음을 야기하지 않고서) 수학적 개념에 대해 말하는 건 거의 불가능하다. 수학에 대해 쓰는 사람들(수학자를 포함해서. 허시(1997) 참조)은 구체적으로 자신의 철학적 입장을 표명했든 하지 않았든, 대부분의 수학자를 플라톤주의자인 것처럼 주장하는 경향이 있는데, 이 점은 거슬리는 부분이다. 수학적 언명들의 구문론 내에 플라톤주의가 내재하고 있다고 주장할 수 있을 정도인데, 어쩌면 이것이 부르기뇽(Bourguignon, 2001)이 "대부분의 수학자는 자신들이 마치 **플라톤주의자**인 듯 행동하는 데 직업적 시간을 상당히 소모한다"고 인용한 베유의 주장의 뜻일 수도 있다.* 앞서 인용한 디외도네의 말에 비춰 봤을 때, 나는 대부분의 수학자를 실용주의자라고 추측한다.

반면, 수학자에게 중요한 '아이디어'가 무엇이든, 실제로 그것이 있다는 점에는 의심의 여지가 없다. 베유는 수학자는 (물론 수학적인) 아이디어가 두 개인 사람이라고 농담을 던졌다.** 그러더니 베유는 모든 사람들이 수학자가 되는 것이 아닌가 걱정했다. 푸앵카레[VI.61]는 수학적 발견에 있어 잠재의식의 역할에 대한 유명한 이야기('L'idée me vint')(1999)를 했는데, 이 이야기는 그가 버스에 발을 내디디려는 그 순간에 아이디어가 떠올랐다는 부분("아이디어가 내게로 왔다")에서 절정에 이른다.

핵심을 이야기하자면, "적어도 내게 있어서는 전자(electron)를 분무할 수 있으면 실재하는 것이다"라는 해킹의 말(1983)은 전자의 현실주의적 실체론에 대한 그의 헌신을 정당화하려는 말로 간주된다. 같은 이유로, 만약 당신이 아이디어를 누군가에게서 훔칠 수 있다면 그것은 실재하는 것이다. 모든 수학자들은 아이디어를 훔칠 수 있고 종종 도용할 수도 있다는 것을 알고 있다. 그에 뒤따르는 논쟁은 로젠탈이 연구한 지식에 대한 논쟁보다 훨씬 더 흥미진진하다.

수학의 삶에서 아이디어보다 구체적인 속성은 없다. 아이디어에는 '특질'이 있으며(가워스(Gowers)(2002), '테스트'해 볼 수 있고(싱어(Singer)(2003),*** '손에서 손으로 전해 줄' 수 있으며(코필드 5, 2003), 때로는 '실제 세상에서 기원한' 것들이거나(아르놀트(2002)의 서문에서 아티야(Atiyah)가 한 말), 계산 수준에서 '이론의 핵심 부분'(고드망(Godement)(2001))으로 승격된 것이다. 아이디어는 특정한 시점에서부터 존재성을 드러내기 시작한다. 예를 들어 클레이 밀레니엄 문제들을 풀기 위해서는 '새로운 아이디어'가 필요하다는 것이 일반적인 이해이

---

* 플라톤은 사물을 상당히 거꾸로 보았다. '[수학자들을 얘기하다가] 그들의 언어는 자신들도 어쩔 수 없겠지만, 자신들이 뭔가를 하고 있으며 자신들의 말은 모두 행동을 지향하고 있다는 듯이 말하는데, 대단히 터무니없다.(『국가』VII.527a, 강조는 필자).
** 나는 이 농담을 시무라(Shimura)에게 들었다고 주장하는 사람들

에게 전해 주었다. 그럴 것 같지만 나도 시무라로부터 직접 들었는지는 확실치 않다.
*** 2004년 아벨 상 수상자 대담에서 인용

다. 또한 아이디어는 셀 수도 있다. 한번은 세르가 유명한 추측의 증명을 소개하면서, 이 증명에는 진짜 아이디어가 두세 가지 들어 있다고 말했는데, 여기서 '진짜'라는 부사는 아낌없는 찬사를 나타낸 것이다. 아이디어의 개수가 모호하다는 것은 중요하지 않은데(세르가 센 것은 셋이었다), 이 셋 모두가 저자가 독창적으로 생각해낸 것이냐는 문제는 중요하다. 아이디어는 공개되는 것이다. 누군가 그것을 훔칠 수 있도록, 또는 세르가 강연을 통해 아이디어를 제시할 수 있게 하기 위해서 반드시 그래야만 한다. 푸앵카레의 아이디어는 "푹스(Fuchs) 함수를 정의하기 위해 내가 이용한 변환은 비유클리드 기하학에 이용됐던 것과 동일하다"는 한 문장이었는데, 『메논』에 등장하는 노예의 아이디어는 그가 모래 위에 쓴 한 줄이었다.

그로텐디크(Grothendieck)가 미출간 회고록 『파종과 추수(Récoltes et Semailles)』의 초반에서 언급한 '이데아, 더 정확히는 꿈'은 앨린 잭슨(Allyn Jackson)의 표현을 빌리자면, 그의 수학 연구의 "본질과 힘"이다(잭슨, 2004)). 아이디어는 전형적으로 '통찰력'의 징후이며, 통찰하는 능력을 일반적으로 '직관'이라고 부른다. 수학자들은 용어들을 모두 철학자로부터 빌려 왔지만 완전히 다른 목적으로 사용한다. 철학자들은 칸트(Kant)를 따라 직관(개념 없는 직관은 맹목)은 초월론적(선험적) 주체이거나, 이의 실체적인 자식이라 본다. 심지어는 이단자들도 인정한 대로 이런 의미에서의 직관은 확실성의 빈약한 대용품이다. 키처는 "직관은 (중략) 수학적 지식의 **전주곡**인 경우가 잦다"고 썼다. "그 자체로는 믿음을 보장하지 않는다"는 것이다. 푸앵카레는 'je ne sais quoi(뭐라 말할 수 없지만)' 증명을 결합하는 '창의력의 도구'인 직관을 '설명의 도구'로 '그 자체로 확실성을 줄 수 있는' 논리와 대비했다. 손더스 매클레인(Saunders MacLane)은 1세기 후쯤에 거의 똑같은 용어를 써서 의견을 표했다. 데이비드 루엘(David Ruelle)은 (시각적) 직관에 의존하는 것을 (외계 수학과 달리) 인간 수학 특유의 특징이라고 간주했다.[*]

어느 경우든 직관이 **개인적인** 영역에 속하며 철학이 온전히 집중할 가치가 있다고 간주하는 '정당화의 맥락'이 아닌 '발견의 맥락'으로 격하돼 버린다. 내가 염두에 두고 있는 맥락 속에서 수학자들이 '직관'을 언급했을 땐, 그것은 절대적으로 **공개적인 것**을 의미한다.[**] 몇 단락 앞에서 인용한 맥퍼슨의 말처럼 직관은 스승에게서 학생으로 전달되거나, 혹은 성공적인 강연을 통해 전달될 수 있고, 또는 세미나를 운영하거나 학회에 대한 책을 쓰며 집단적으로 발달될 수도 있다. '추론 스타일'과 어느 정도 공통점이 있지만, 규모가 더 작다. 그로텐디크는 직관에 가까운 뭔가를 주고받을 수 있는 세르의 능력을 인식적 은유를 통해 묘사했다.

중요한 것은 세르는 매번 하나의 명제 뒤의 풍부한 의미, 내게는 당연히 뜨겁지도 차갑지도 않게 느껴졌던 의미를 강하게 감지했다는 것이다. (또한 풍부하고,

---

[*] 키처(1984. p. 61), 푸앵카레(1970. pp. 36-37), 매클레인(15번 각주에서 인용한 야페와 퀸의 글에 대한 논의에 대한 기고문 『미국수학회 단신』(1994) pp. 178-207에서 인용), 루엘은 아르놀트(2000)의 「외계 세상으로부터 온 방문자와 나눈 수학에 대한 대화」라는 제목의 글에서 인용했다.
[**] 브라우어르[VI.75]와 연관된 규범적 프로그램인 직관주의에 대해서도 마찬가지지만, 나는 분명 이를 염두에 두고 있는 건 아니다.

유형(有形)의, 수수께끼와 같은 본질을 인지한 것을 '전달'할 수 있었다.) 이러한 인지력은 그 본질을 이해하는 동시에, 뚫고 들어가겠다는 **열망**이었다.

『파종과 추수』p. 556

메이저(2003)는 어려움을 해소시켜 줄 문학적이고 수사적인 전략들의 독특한 사용을 자세히 설명하면서 "상상력의 결실을 설명하고, 분류하려고 애쓰는 사람과, 상상력에 수반되는 내적 경험의 존재성에 헌신하는 이들이라 해도, 이를 묘사하는 것은 완전히 난해함을 인정한다"고 썼다. 이것만은 확실하다. 사람들을 수학자로 만드는 것은 상상력 혹은 이해의 내적 경험이고, 이 때문에 배우는 자신들의 청중이 자신의 침묵에 동의할 거라고 믿을 수 있었던 것이다. 하인츠는 이런 내적 경험을 묘사하려고 시도한 피조사자들의 말을 몇 가지 기록했다. "수학에서는 구체적인 대상이 앞에 놓여 있고, 그들과 상호작용하며, 이야기합니다. 그러면 때로는 그들이 대답해 줍니다." 심지어는 조각들을 맞추는 데 도움을 주는 '아이디어'에 대해서도 얘기한다. 하인츠는 "그러자 갑자기 그림이 보이는 겁니다"라는 말을 들었다고 말했다. 그럼에도 이 모든 생생한 관찰 자료는 「아름다움과 실험: 수학에서의 진실의 발견」이라는, 그녀의 끈질긴 인식론적 집착을 배반하는 제목으로 제시했다(하인츠, 2000).

메이저(2003)는 "수학적 진실이 사람에게서 사람으로 옮겨가는 구체적인 방법과, 그것이 어떤 과정을 통해 전달되는지는 진실 자체만큼이나 포착하기 힘들다"고 썼는데, 이는 세르에 대한 그로텐디크의 발언에 대한 언급이라고 볼 수도 있다. 메

이저가 저술한 책의 중심 관념은 '상상력'이다. 나는 비록 '아이디어'나 '직관'이라는 용어가 푸앵카레의 『과학의 가치』의 마지막 문장인 "하지만 이런 섬광이 모든 것이다"의 '기나긴 밤중의 섬광'을 얘기하는 방식을 가리킨다고 믿기는 하지만, 이 단어들을 그것의 내재적 중요성 때문에 고른 것은 아니다. 이 용어들이 내게 주는 인상은, 수학자들이 그들 간의 대화 속에서 이런 용어들을 아주 빈번히 사용하고(구체적인 정리들보다 이 용어들이 '모든 것'이라는 느낌일 정도), 수리 철학 서적들에서도 사실상 모든 페이지에서 이런 용어들이 발견되지만, 이에 대한 철학적 고려는 거의 이뤄지고 있지 않다는 것이다. 어쩌면 너무 진부하게 느껴져서 철학적으로 자명해 보이는지도 모른다. 혹은 동일한 단어들이 저마다 너무나 다른 목적으로 쓰여졌기 때문일 수도 있다. 코필드(2003)는 내가 '아이디어'('호프(Hopf)의 1942년 논문에서의 아이디어') 혹은 '이데아'('군의 이데아')라고 부르는 것과 같은 단어를 그 둘 사이 중간쯤에 있는 것(다양한 목적을 위해 군의 표현을 기약 표현으로 분해하는 '아이디어', p. 206)으로 지칭하여 사용했다. 다른 곳에서는, 예를 들어 '랭글랜즈(Langlands) 철학'(가분성에 대한 '크로네커(Kronecker)의 아이디어', p.202)처럼 수학자들이 보통 '철학'이라 부르는 것과 관계되어 불쑥 나오거나 완전히 상관없는 곳에서도 여러 번 나온다. 코필드는 라카토스의 '과학 연구 프로그램의 방법론'에서 변칙으로 보는 것을 해소하기 위해, '수학 이론을 옳은 주장을 하는 문장들의 집합으로 보는 것으로부터 어떤 중심적인 아이디어를 명료하고 정교하게 하는 것으로 관점을 바꿔 수학에 적용하자고 제안

했다(p.181). 코필드는 이런 관점의 이동을 표현하기 위해 제시한 네 가지 예 각각마다 '중심적인 아이디어에서 일종의 창의적인 모호함'을 보았지만, 내가 세어 보니 그가 포함시킨 아이디어는 두 가지 '철학'과 한 가지 '이데아'와 둘 다에 속하지 않는 한 가지를 포함하고 있었다.

가치 판단적인 다른 용어들도 중요하긴 마찬가지이다. 부르바키[VI.96]의 각성 때, 상당수의 철학자들(카바이에(Cavailles, 로트만(Lautman), 피아제(Piaget), 최근에는 타일즈(Tiles))이 수학에서의 '구조'가 무엇인지 이해하기 위해 진지하게 시도했다. 수학적 미학을 철학적으로 설명하고자 한 시도들을 많이 읽어 봤지만, 어떤 것도 그다지 큰 인상을 주지 않았다. 동적이거나 시공간적인 은유('공간 X가 Y 위에서 올(fiber)화 돼 있다' 등등)를 사실상 보편적으로 이용하며, 증명을 시간에 맞춰 펼치는 일련의 활동인 것처럼 제시하는 확고한 경향('이제 점 x에 임의로 가깝게 지나는 궤도를 고르자')은 철학자들로부터 거의 주목을 못 끌었다.* 이런 현상은 많은 수학자들이 흥미롭게도 현대의 시청각적 기술보다는 칠판을 선호하는 점과 연관 있을 수 있는데, 연출(전형적으로 포스트모던한 동시에 프리모던한 단어)로서의 수학적 대화라는 무시되어 왔던(또한 뜻밖의) 면모에도 이목이 끌린다.

코필드(2003)는 '직관'에 대해서는 그다지 많은 말을 하지 않았다. '아이디어'에 대해서는 무슨 뜻인

지는 모호하지만, 군과 준군의 상대적 장점에 대한 논쟁의 분석이라는 맥락에서 '자연스럽다'거나 '중요하다'는 그의 논의는 '진짜' 수학자들이 쓰는 용어의 사용에 충실하면서도 철학적인 면에서도 통찰력을 보인다. '포스트모던 대수'에 대해 논의하며 "도표는 그저 설명하기 위해 있는 것이 아니라, 결과를 엄밀하게 증명하고 계산하는 데 이용한다"라고 한 말도 신뢰할 만하다(p. 254). 그의 책의 많은 부분이 그럴듯한 추론에 대한 설명과 같은 '이단적' 질문과 관련돼 있다는 것은 사실이다. 하지만 코필드가 수학자를 좋아하며 그러한 이유가 타당하다는 데는 의문이 없다. 그의 책은 수리 철학의 대부분의 논제들과는 달리 분명 '대화'의 일부이다.

모리스 클라인(1980)은 괴델의 정리에 의해 수반된 '확실성의 실종'을 '지성의 비극'이라 불렀고, 실제로 '무한 집합이나 선택 공리를 포함하는 이론을 이용하여' 다리를 설계하는 데 '신중할' 것을 조언했다. '비극'이라는 단어는 부적절해 보이지만, 러셀에게 그랬듯 그 비애감(pathos)은 진짜이다. 비애감과 그의 쌍둥이인 확고한 낙관주의는 수리 철학 내에서 불가능해 보였던 거주지를 찾아냈다.

['논리의 한계를 넘은 추론을 이용하여 얻은 구조에 대한 인간의 지식'으로서의] 수학의 속임수가 연명할 수 있다면, 다시 한번 수학은 형식적인 감금으로부터 자유로워지고, 종말론적 포스트모던한 비전들과 맞서기 위해 자유로워진 이성의 심상의 원천으로 기여할 것이다.

메리 타일즈, 『수학과 이성의 심상』 p. 4

(Routledge, London, 1991)

---

* 누네즈의 글 「실수(real number)는 정말로 움직이나?」(허쉬, 2006)는 비록 그가 자신의 분석을 운동의 수학과 관련된 예로 한정하고 있긴 하지만, 수학자들이 운동의 은유법을 사용하는 문제에 대한 흥미로운 지적이다. 플라톤은 수학자들이 운동의 은유법을 쓰는 것을 대단히 못마땅해 했다.

이 말이 하원 위원회에게 영향을 미치든 못 미치든 나는 이런 목표가 호소력 있다고 생각한다. 하지만 이는 철학자들의 목표이지 수학자들의 목표는 아니다. 철학자들이 나에게도 관용을 베푼다면, 나도 철학자들에게 '관용의 원리'를 적용할 의향이 있다. 코필드는 이렇게 썼다(p. 39).

> 인간 수학자들은 아름답고, 명쾌하며, 이유를 밝히는 증명을 만드는 데 자부심을 갖고 있으며, 개념적으로 분명한 방식으로 결과를 고치는 데 상당한 노력을 투자한다. 철학자들은 수학의 이런 가치 판단들을 다룰 의무를 회피해서는 안 된다.

내가 보기에 철학자들에게는 '아이디어'나 '직관'(그리고 '개념적인')과 같은 용어를 설명할 임무도 있는 것 같다. '왜 철학인가?'라는 질문의 답은 그 지점에서부터 시작해야만 한다는 것도 당연하다.

후기

2004년 12월 우리 대학은 프랑스 및 각국의 여러 기관과 제휴하여 유네스코가 후원한 「왜 수학인가?(Pourquoi les mathématiques?)」라는 제목의 순회 전람회를 주최했다. 나는 지금 쓰고 있는 이 원고의 마감 기한일이 오기 전에, 왜 수학인지에 대한 답을 알아 보기 위해 전람회장에서 몇 시간을 보냈다. 다양한 (순수) 수학적 아이디어와 드문드문 실용적 응용을 섞은 전시회는 재기 넘치고 마음을 끌었지만, 아무리 봐도 "왜?"를 설명하지는 않았다. 마침 전람회의 조직위원이 동석해 있어 이에 대해 질문

했더니, 그녀는 프랑스어 제목은 번역의 문제에 대한 해답이었다고 설명해 주었다. 프랑스어로 번역되기 전의 영어 제목은 '수학 경험하기(Experiencing mathematics)'였다. 그녀는 이 말에 대한 적절한 프랑스어 번역이 없었고, 그래서 'Pourquoi les mathematiques?'를 최고의 대안으로 선택한 것이라고 힘주어 말했다.

어쩌면 이 글의 제목에 대한 문제에서도 반대 방향으로의 번역을 인정하는 것이 해답일지도 모른다. 가장 무자비한 자금 담당 기관이라도 아직은 "왜 경험인가?"에 대답을 요구할 정도로 포스트휴먼(posthuman)은 아닐 것이다.*

감사의 글. 캐서린 골드스타인(Catherine Goldstein)과 노버트 샤파세르(Nobert Schappacher)에게 감사를 전한다. 그들은 많은 인용서적들 중에서 로젠탈과 하인츠의 글을 어떻게 다루어야 하는지에 대한 방향을 제시해 주었고, 내 계획과 실행에 대해 활발하게 비평해 주었다. 또한 유네스코 전시회의 제목에 대해 설명해 준 미레유 샬레야-모렐(Mireille Chaleyat-Maurel)과, 인내와 준엄함으로 초고를 읽고 비평해 준 이언 해킹에게도 감사를 표한다. 데이비드 코필드는 몇 가지 사안을 명확하게 하는 데 도움을 주어 감사를 표한다. 특히 배리 메이저는 따뜻하게 많은 제언과 격려를 해 주었고, 글의 제목을 짓는 데 도움을 주었으며, 무엇보다도 자신의 『허수』

---

* 아니면, 바일이 말한 대로 "수학과 함께 우리는 인간 자체의 정수(essence)를 구성하는 제약조건과 자유의 교차점에 정확히 서 있습니다". 여기서 '정수'라는 단어에 주목하라. (만코수(Mancosu) (1998)를 보라). 이 인용문에 대해 데이비드 코필드에게 감사한다.

에서 파리잡이통에서 빠져 나오는 방법이 적어도
한 가지는 있음을 보여 주었다. 그에게 감사한다.

더 읽을거리

Arnold, V., et al. 2000. *Mathematics: Frontiers and Perspectives*. Providence, R1: American Mathematical Society.

Barthes, R. 1967. *Système de la Mode*. Paris: Éditions du Seuil.

Bloor, D. 1976. *Knowledge and Social Imagery*. Chicago, IL: University of Chicago Press. (김경만 옮김,『지식과 사회의 상』(한길사, 2000))

Bourguignon, J.-P. 2001. A basis for a new relationship between mathematics and society. In *Mathematics Unlimited—2001 and Beyond*, edited by B. Engquist and W. Schmid. New York: Springer.

Corfield, D. 2003. *Towards a Philosophy of Real Mathematics*. Oxford: Oxford University Press.

Godement, R. 2001. *Analyse Mathématique I*. New York: Springer.

Gowers, W. T. 2002. *Mathematics: A Very Short Introduction*. Oxford: Oxford University Press. (박기현 옮김,『아주 짧게 소개하는 수학』(교우사, 2013))

Hacking, I. 1983. *Representing and Intervening*. Cambridge: Cambridge University Press. (이상원 옮김,『표상하기와 개입하기: 자연과학철학의 입문적 주제들』(한울, 2005))

———. 2000. What mathematics has done to some and only some philosophers. *Proceedings of the British Academy* 103:83-138.

———. 2002. *Historical Ontology*. Cambridge, MA: Harvard University Press.

Harvey, D. 1989. *The Condition of Postmodernity*. Oxford: Basil Blackwell. (구동회, 박영민 옮김,『포스트모더니티의 조건』(한울, 1995, 2005))

Heintz, B. 2000. *Die Innenwelt der Mathematik*. New York: Springer.

Hersh, R. 1997. *What Is Mathematics, Really?* Oxford: Oxford University Press. (허민 옮김,『도대체 수학이란 무엇인가?』(경문사, 2003))

———, ed. 2006. *18 Unconventional Essays on the Nature of Mathematics*. New York: Springer.

Jackson, A. 2004. Commé appele du néant — as if summoned from the void: the life of Alexandre Grothendieck. *Notices of the American Mathematical Society* 51:1038.

Kitcher, P. 1984. *The Nature of Mathematical Knowledge*. Oxford: Oxford University Press.

Kline, M. 1980. *Mathematics: The Loss of Certainty*. Oxford: Oxford University Press. (심재관 옮김,『수학의 확실성: 불확실성 시대의 수학』(사이언스북스, 2007))

Lakoff, G., and R. E. Nuñez. 2000. *Where Mathematics Comes From*. New York: Basic Books.

Lloyd, G. E. R. 2002. *The Ambitions of Curiosity*, p. 137, note 13. Cambridge: Cambridge University Press.

Lyotard, J.-F. 1979. *La Condition Postmoderne*. Paris:

Minuit. (유정완, 이삼출, 민승기 옮김,『포스트모던의 조건』(민음사, 1995))

Maggesi, M., and C. Simpson. Undated. Information technology implications for mathematics, a view from the French Riviera. (http://math1.unice.fr/~carlos/preprints/itmath8.pdf)

Mancosu, P., ed. 1998. The current epistemological situation in mathematics. In *From Brouwer to Hilbert. The Debate on the Foundations of Mathematics in the 1920s*. Oxford: Oxford University Press.

Mazur, B. 2003. *Imagining Numbers (Particularly the Square Root of Minus Fifteen)*. New York: Farrar Straus Giroux. (박병철 옮김,『허수』(승산, 2008))

Minsky, M. 1985/1986. *The Society of Mind*. New York: Simon and Schuster.

Poincaré, H. 1970. *La Valeur de la Science*. Paris: Flammarion. (김형보 옮김,『과학의 가치』(단대출판사, 1983))

―――. 1999. *Science et méthode*. Paris: Éditions Kimé.

Rosental, C. 2003. *La Trame de l'Évidence*. Paris: Presses Universitaires de France.

Tymoczko, T., ed. 1998. *New Directions in the Philosophy of Mathematics*. Princeton, NJ: Princeton University Press. (First published in 1986.)

Wittgenstein, L. 1958. *Philosophical Investigations*, volume I. Oxford: Basil Blackwell. (이영철 옮김,『철학적 탐구』(책세상, 2006))

―――. 1969. *On Certainty*. Oxford: Basil Blackwell. (이영철 옮김,『확실성에 관하여』(책세상, 2006))

VIII.3 무소부재의 수학

쾨르너 *T. W. Körner*

1 서론

우리는 수학에 둘러싸여 살아간다. 문을 열거나 호두까개를 사용할 때 아르키메데스[VI.3]의 지레 법칙을 사용한다. 버스가 모퉁이를 돌아갈 때, 외부 힘이 작용하지 않는다면 물체는 직선 위를 변함없이 운동한다는 뉴턴[VI.14]의 법칙을 직접 경험한다. 신속히 가속하는 엘리베이터를 탈 때 일반 상대성 이론[IV.13]의 핵심에 놓인 중력과 가속 관성의 동등성을 직접 느낄 수 있다. 수돗물을 부엌 싱크대로 빨리 흘려 보내면, 어떤 편미분방정식[I.3 §5.4]의 얌전히 행동하는 두 해 사이의 카오스적 '도수현상'으로 인해 경계가 뚜렷한 얇고 평평한 동그라미를 볼 수 있다.

　수학과 물리학은 너무나도 맞물려 있어서, 우리가 보는 거의 모든 것은 수학과 관계되어 있다. 초등 미적분학의 도움으로, 우리는 배트를 떠난 야구공이 포물선 모양의 궤적을 그린다는 걸 안다. 이 계산은 공기 저항이 없다는 걸 가정하지만, 공기 저항을 고려하는 복잡한 계산도 가능하다. 두 점 사이에 걸려 있는 사슬이 이루는 곡선도 수학으로 설명할 수 있다. 이때는 변분법[III.94]이라는 기교를 사용한다. 사슬의 퍼텐셜 에너지를 최소화하는 곡선인데, 변분법을 사용해 계산할 수 있다. (현수선(catenary)이라 부른다. 사슬의 작은 섭동을 생각하자는 것이 대략적인 아이디어이다. 퍼텐셜 에너지가 최소이므로, 아무리 섭동해도 퍼텐셜 에너지를 줄일 수 없음을 알 수 있다. 이런 정보를 이용해 곡선을 결정하는 미분방정식을 이끌어낼 수 있다. 일반적으로, 이런 기교로부터 발생하는 미분방정식을 '오일러-라그 랑주 방정식(Euler-Lagrange equation)'이라 부른다.) 레이놀즈(Reynolds)가 1885년에 깨달은 대로, 우리 가 젖은 모래 위를 걸어갈 때 보이는 행동에도 흥미 로운 수학이 개입돼 있다. 우리가 밟은 곳 주변의 모 래는 마르는 게 보통이다. 이 이상한 현상을 눈치 채 지 못했다면, 다음에 해변에 갈 때 살펴보라. 이런 일이 벌어지는 것은 조류가 바다로 빠져 나갈 때, 상 당히 잘 다져진 모래알들을 남겨 놓는 경향 때문이 다. 모래를 밟으면 다져진 것들이 흐트러져, 밟은 자 리 근처의 모래가 덜 다져지게 된다. 따라서 물이 들 어갈 여유가 더 생기고 물을 아래로 끌어당기므로, 잠시 발 주변의 모래가 마르는 것이다.

수학적으로 분석할 수 있는 물리 현상의 예는 쉽 게 들 수 있다. 하지만 물리가 우주를 결정하며 수학 이 물리학의 언어라는 걸 받아들인다면, 이런 응용 이 있다는 것은 놀라운 일이 아니다. 그러므로 이 글 은 다른 분야, 특히 지질학, 설계, 생물학, 통신, 사회 학에서 나타나는 수학에 집중할 것이다.

2 기하학의 유용함

지표면 위를 여행하면, 어떤 시간대에서 다른 시간 대로 움직일 때 시계를 약간 조정할 필요가 있다. 하 지만 한 가지 예외가 있다. 국제 날짜변경선을 지나 면(물론 시계가 시간뿐만 아니라 날짜도 보여준다 고 가정할 때), 시계를 크게 조정을 해야 한다. 왜 이 런 종류의 불연속성이 필요한 걸까? 가령 리스본에 서는 지금 화요일 자정이라고 하고, 지구 주변을 서

쪽으로 도는 경로를 상상하자. 이 경로를 따라 가는 사람과 태양과의 관계를 반영하는 시간의 변화는 작을 텐데, 우리가 움직이는 경도를 따라 15도 움직 일 때마다 한 시간씩 뒤로 간다. 따라서 한 바퀴 돌 아 리스본으로 돌아오면 월요일 자정이 된다. (마음 속의 경로를 얘기하는 중이지, 실제로 여행하는 게 아님을 기억하라.) 뭔가가 분명 옳지 않다. 이런 이 론적인 문제의 실질적 결과를 처음 느낀 이들은 마 젤란의 최초의 세계일주 때 살아 남은 소수의 사람 들이었는데, 그들은 종교 의식을 엉뚱한 날에 했다 고 고해성사를 해야만 했다!

날짜변경선이 필요하다는 또 다른 논증이 있다. 서기 2000년이 정확히 언제 시작했는지 생각해 보 자. 물론 세상의 어떤 곳에서 얘기하느냐에 따라, 정 확하게는 경도가 어디냐에 따라 답이 다르겠지만, 어디가 됐든 답은 1월 1일이 시작하는 자정일 것이 다. 달리 말하면, 어떤 지점에서든 태양이 (대략적으 로) 세상 정반대편 위에 있을 때 시작된 것이다. 따 라서 주어진 시간에 최소한 지구 상의 어느 한 부분 에서는 2000년 새해의 시작을 축하 중이었을 것이 다. 따라서 어느 곳에서는 최초여야 했을 것이고, 그 말은 그 지역의 바로 동쪽 지역은 그 기회를 놓친 것 으로, 거의 24시간을 기다려야 한다는 뜻이다. 따라 서 이번에도 불연속성이 있어야만 한다는 것을 알 수 있다.

이런 현상은 어떤 연속 사상의 역사상은 연속이 아니라는 사실을 반영한다. 문제의 사상은 실수 w 를 단위원 위에 있는 점 $w \mapsto (\cos w, \sin w)$로 보낸 다. w에 2π를 더하면 $\cos w$와 $\sin w$의 값은 영향을 주지 않는다는 것에 유의하라. 이제 이 사상의 역을

구해 보자. 즉, 단위원 위의 각 점 (x, y)에 $\cos w = x$ 및 $\sin w = y$인 w를 골라야 한다는 뜻이다. 이 w는 0으로부터 (x, y)를 잇는 선과 수평선 사이의 각인데, 2π의 몇 배든 거기에 더할 수 있다는 극히 중요한 단서가 달려 있다. 따라서 적당한 배수를 연속적인 방식으로 선택할 수 있느냐는 문제가 된다. 각을 연속적으로 변하게 하면서 원 주위를 한 바퀴 돌면, 2π만큼 더했다는 걸 알게 되므로, 이번에도 답은 "아니오"이다.

이 사실은 주어진 성질을 갖는 연속함수가 존재하는지 존재하지 않는지 알고 싶을 때 찾는 수학 분야인 위상수학[IV.6]의 가장 간단한 정리 중 하나이다. 연속함수가 유용한 또 다른 상황은 (지리학자의 관점으로) 세계 지도를 만들 때이다. 지도는 평평한 종이 위에 그려야 더 편리하기 때문에, 먼저 알아 두어야 할 점은 공의 표면으로부터 평면으로 보내는 연속함수 중에서 공 위의 다른 점은 평면의 다른 점으로 보내는 것이 있는지에 대해 생각해 봐야 한다. 답은 "아니오"일 뿐만 아니라, **보르수크의 대척점 정리**가 알려주는 것은 평면 위의 동일한 점으로 가는 **대척점**(Borsuk's antipedal theorem)(북극과 남극처럼 정확히 반대쪽에 있는 두 점)의 쌍이 반드시 있어야만 한다는 것이다.

하지만 아마도 연속성에 대해서는 그다지 염려하지 않아도 좋을 것이다. 구면을 북극에서부터 남극까지 자른 후, 절단 부위를 열어 평면 위로 평평하게 펼치자. (이를 보기 위해 특별히 잘 늘어나는 고무로 만들어진 공이라고 상상하라.) 아니면 공을 반구 두 개로 자르고 각 반구를 따로 따로 그리자.

이제 다른 문제가 생긴다. 세계의 절반만을 그린다고 해도, 그것을 왜곡 없이 그린다는 건 불가능해 보인다. 이건 연속성에 의해 보존되는 것들보다 지표면의 더 섬세한 성질인 모양, 각, 넓이 등등에 더욱 관심을 둔다는 점에서 위상학적 문제가 아니라, 기하학적 문제이다. 구면의 **곡률**[III.78]은 양수이기 때문에 어떤 부분도 길이를 보존하는 방식으로는 평면 위로 사상될 수 없다. 그러므로 필연적으로 왜곡이 일어난다. 하지만 감수할 왜곡과 피하고 싶은 왜곡을 결정할 자유는 어느 정도 있다. 극점들을 제외한 구면으로부터 원기둥(잘라서 펼치면 평면에 꼭 맞는다)으로 보내는 **공형사상**(conformal map)이 있는 것으로 밝혀졌는데, 이것이 유명한 '메르카토르 투영법(Mercator projection)'이다. 공형사상이란 각을 보존하는 것이므로, 메르카토르 투영법은 북북서 방향으로 향하고 싶으면 정말로 그렇게 하면 된다는 점에서 특히 항해 목적에 유용하다. 메르카토르 투영법의 단점은 적도로부터 멀어질수록 나라가 점점 더 커져 보인다는 것이다(각을 보존한다는 성질이 말해주는 것은 근처만 들여다보면 항상 올바른 모양이라는 것이지만). 모양은 왜곡하지만 넓이는 보존해주는 다른 투영법도 있다. 이런 투영법들을 자세히 연구하기 위해서는 수학을 이용해야 하는데, 특히 미분방정식을 풀어야 한다.

몇 가지 간단한 기하학의 응용을 일상생활에서도 찾아볼 수 있다. 맨홀 뚜껑에 가장 적합한 모양이 무엇일지 한 번이라도 고민해 봤다면, 수학이 그에 대한 도움이 될 수 있다. 물론 '가장 적합하다는 것'이 무엇을 뜻하느냐에 달렸지만, 맨홀 뚜껑을 열어야 할 일이 자주 있는데 뚜껑이 맨홀 아래로 계속 떨어진다면 귀찮을 것이다. 이를 피할 수 있을까? 뚜껑이 사각형 모양이라면 어느 변의 길이든 대각선의 길이보다 작으므로 구멍 속으로 떨어질 수 있지만, 동그랗다면 모든 방향으로 폭이 같으므로 떨어지지 않는다.

그렇다고 동그란 맨홀 뚜껑만이 아래로 떨어지지 않는 모양이라는 걸까? 사실 그렇지 않다. 정삼각형의 세 꼭짓점을 그린 뒤, 꼭짓점의 쌍마다 나머지 점을 중심으로 하는 원호로 이어주면, **뢸로 삼각형**(Reuleaux triangle)이라 알려져 있는 일종의 '굽은 삼각형'을 얻는다. (구르는 것과 관련돼 있다는 잘못된 믿음에서 'Rouleaux'라고 철자를 틀리는 경우가 많다. 사실은 프란츠 뢸로(Franz Reuleaux)라는 19세기 독일 공학자의 이름을 따서 붙인 것이다.)

동전의 생김새에 의문이 든 적이 있는가? 동전은 대부분 둥근 모양이지만, 영국에서 사용하는 50펜스짜리는 변이 일곱 개인 약간 굽은 다각형이다. 조금만 생각하면 $n \geq 3$인 모든 홀수에 대해 변이 n개인 뢸로 다각형을 만들 수 있는데, 50펜스짜리는 실제로 뢸로 7각형이다. 어떻게 밀어 넣든 그 동전에만 딱 맞는 슬롯을 만들 수 있다는 뜻이므로 슬롯머신을 사용할 때 편리하다.

컨베이어 벨트에 가장 좋은 모양은 무엇일까? 기존의 방식으로 만들면 두 면 중 한 면만 노출되고, 반대쪽 면은 노출되지 않을 것이다. 노출된 면은 결국 닳겠지만, 반대쪽 면은 전혀 사용하지 않기 때문에 본래 상태로 남을 것이다. 하지만 어떤 수학자라도 알겠지만 모든 곡면이 면이 두 개인 것은 아니다. 가장 유명한 예가 단측 곡면인 **뫼비우스의 띠**[IV.7 § 2.3]로, 평평한 종이 띠의 한쪽 끝을 180°만큼 꼬아 다른 끝에 이어주면 얻을 수 있다. 컨베이어 벨트가

충분히 길어서 어느 부분에서 실용적으로 꼴 수 있다면, 두 면이 공평하게 닳을 것이므로(전체적으로는 한 면뿐이지만 국소적으로는 말이 된다), 벨트의 사용량을 두 배로 늘릴 수 있다. (한참 시간이 흐른 후 벨트를 뒤집는 게 더 쉽다고 생각할지 모르지만, 뫼비우스 띠 도안은 특허를 낼 만큼 심각하게 받아들여졌고, 비슷한 도안이 타자기 리본과 테이프 기록장치에도 이용됐다.)

3 비례성과 손대칭성

왜 북극 포유동물은 몸집이 클까? 그저 운이 좋아서 그렇게 진화한 걸까? 이것이 수학적 질문이 아닌 것처럼 들릴지 모르지만, 간단한 수학을 이용해 전혀 요행이 아님을 쉽게 납득시킬 수 있다. 북극은 춥기 때문에 북극에 사는 동물은 열을 필요로 한다. 그러므로 열을 잘 보존하는 동물이 번성하기가 더 쉽다. 어떤 물체가 열을 잃는 비율은 겉넓이에 비례하지만, 열을 만들어내는 비율은 부피에 비례한다. 따라서 동물의 크기를 모든 방향으로 두 배하면, 열을 내는 비율은 8배로 늘지만 오직 4배의 열만 잃는다. 이러한 이유로 큰 동물일수록 열을 보존하기가 더 쉬운 것이다.

하지만 이게 사실이라면, 왜 북극 동물들은 더 이상 커지지 않는 걸까? 이를 유사한 비례 논증으로 설명할 수 있다. 어떤 동물을 t배 키우면, 부피, 따라서 무게(동물은 주로 물로 구성돼 있으므로, 거의 밀도가 물과 비슷한 경향이 있다)는 t^3배로 늘 것이다. 동물은 뼈로 무게를 지탱해야 한다. 뼈를 부러뜨리는 데 드는 힘은 뼈의 절단면의 넓이에 거의 비례하

는데, 이 넓이는 t^2에 비례해서 올라간다. 따라서 t가 너무 크면 동물은 자신의 무게를 지탱할 수 없다. 물론 뼈의 상대 두께를 늘리는 방안도 있겠지만, t가 아주 크면 동물의 다리는 실용적인 해결책이 되기에는 너무 두꺼워진다.

유사한 종류의 비례 논법을 사용하여, 쥐를 천 피트 높이의 수직 갱도에서 떨어뜨렸을 때, "바닥에 도달한 쥐가 약간 충격을 받았지만 걸어갔다"는 홀데인(Haldane)의 말을 설명할 수 있다. 이 경우 공기 저항은 대략 겉넓이와 비슷한 반면, 중력은 질량, 따라서 부피에 비례한다. 그러므로 형체가 더 작을수록 최종 속도가 낮으므로, 추락에 개의치 않는 것이다.

두 개의 모양이 회전이나 평행이동 없이 서로의 반사된 모습일 수 있다는 단순한 사실의 과학적 파급효과는 크다. 예를 들어, 누군가의 손을 볼 때 몸의 어디에 붙어 있는지 보지 않고도 오른손인지 왼손인지 구별할 수 있다. (그 손과 자연스럽게 오른손으로 악수할 수 있으면, 그건 오른손이다.) 이런 현상은 '손대칭성(chirality)'이라 알려져 있는데, 어떤 모양이 손대칭이라는 것은 회전이나 평행이동으로 거울상을 얻을 수 없을 때를 말한다.

손대칭성의 개념은 과학 여러 부분에서 나타난다. 예를 들어 많은 기본 입자들은 왼손 형태와 오른손 형태를 가질 수 있다는 뜻에서 '스핀'이라 부르는 기본 성질을 갖고 있다. 약리학에서 많은 분자들이 손대칭이며 서로 다른 형태는 근본적으로 다른 성질을 갖는다는 것이 지금은 잘 알려져 있다. 비극적인 결과를 초래했던 예로 탈리도마이드라는 약이다. 그중 한 형태는 입덧에 효과가 있었던 반면에 다른 형태는 기형아 출산을 초래했다. 불행히도 1950년대 후반 수천 명의 임산부가 두 가지 형태가 반씩 섞인 약을 먹었다. 이보다는 덜 유해하지만 손대칭성이 중요한 예는 흔히 찾아볼 수 있다. 예를 들어, 많은 화학물질에 대해 거울상은 냄새나 맛이 다르다. (역설처럼 들리겠지만, 설명은 간단하다. 우리의 코와 입의 감지기 역시 손대칭성을 갖는 분자를 갖고 있기 때문이다.)

지금까지 우리는 강체 운동만을 고려했지만, 어떤 형태는 공간에서 연속 운동을 하더라도 자신의 거울상으로 변할 수 없다는 강한 의미에서 손대칭이다. 흥미로운 예로 '왼손잡이'용과 '오른손잡이'용이 있는(이 둘이 정말로 다르다는 것의 증명은 전혀 쉽지 않다) 세 잎 매듭[III.44]이 있고, 앞에서 언급한 뫼비우스 띠가 있다. 뫼비우스의 띠가 손대칭인 이유는 대충, 띠를 '코르크 따개 규칙'으로(즉, 코르크 따개를 코르크 속으로 밀어 넣을 때처럼) 꼴 수도 있고 반대로 꼴 수도 있기 때문이다. 이를 시각적으로 구현하려고 노력하면, 연속적인 변형을 할 때 꼬는 방향은 변하지 않는다는 것과, 코르크 따개 규칙을 따른 뫼비우스의 띠의 거울상이 코르크 따개 규칙을 거스른 뫼비우스의 띠라는 사실로부터 확신할 수 있을 것이다.

4 수치적 일치를 듣다

전설에 따르면 피타고라스(Pythagoras)는 쇠막대를 유독 흥겹게 망치질하는 대장장이 앞을 지나다, 조화로움의 법칙을 발견했다고 한다. 현대적 용어로 하면, 두 주파수의 비가 작은 정수(작을수록 더 좋

다) r과 s의 비 r/s일 때 (적어도 유럽 전통에서) 두 소리가 특히 잘 어울린다는 법칙이다. 그 결과 사람들은 구간 내에 가능한 한 유쾌한 간격을 갖는 음계를 고안하려고 애썼다.

불행히도, 이러한 시도에는 한계가 있다. 음악가들이 완전 5도라 부르는 3/2처럼 아주 간단한 비를 취하고, 이것의 거듭제곱 9/4, 27/8, 81/16 등을 취하면 점차 복잡해져 간다. 하지만 운 좋게도 2^{19}은 3^{12}과 상당히 가깝다. 정확히는 $2^{19} = 524,288$와 $3^{12} = 531,441$이므로 차이가 대략 1.4퍼센트이다. 따라서 $(3/2)^{12}$는 2^7과 가깝다. 주파수를 두 배로 늘린 음은 한 옥타브 위이므로, 완전 5도 12개로 7옥타브 간격에 가깝게 만들 수 있다는 뜻이다. 이로부터 5도가 거의 완전한 음계를 만들 수 있는 것이다.

근사를 하는 방법은 많다. 초창기에 선택한 음계에서는 어떤 5도는 완전하지만, 다른 것들은 완전하지 않음을 감수해야 했다. 최근 250년간 서양 음악이 채택한 현대적 타협안은 부정확함을 균등하게 배분하기로 한 것이다. 음계에서 연이은 음의 주파수의 비가 1대 α이면, 주파수 u로부터 시작할 때 얻는 주파수는 u, αu, $\alpha^2 u$ 등등일 것이다. 한 음계 내에 k개의 음을 원할 경우, α^k는 2여야 한다. (k단계 이후에는 한 옥타브 위에서 올라간다.) 이는 α의 거듭제곱 횟수가 k보다 작을 경우 무리수임을 뜻하며, 음계 내에서 옥타브가 아닌 간격은 조화롭지 않다! 하지만 $k = 12$일 때 3^{12}이 2^{19}과 가깝다는 사실로부터 $2^{7/12}$과 같은 α^7이 3/2과 가깝다는 결과가 나오고(정확히는 1.4983을 조금 넘는다), 따라서 모든 5도가 완전 5도에 가깝다.

조율법에 대해서는 수학과 음악[VII.13 §2]에서 더 자세히 다루고 있다.

5 정보

모든 정보는 0과 1의 수열로 표현할 수 있으며, 책, 그림, 소리로 전달되는 '정보의 양'은 그것을 표현하는 0과 1의 수에 비례한다. 방금 언급했던 밀접하게 연관된 두 가지 아이디어보다 한 세대의 추상적인 수학 이론이 다음 세대에서는 상식으로 통한다는 것을 더 잘 보여주는 것은 많지 않다.

섀넌(Shannon)의 유명한 정리(정보의 신뢰할 수 있는 전송[VII.6 §3]에 설명돼 있다)는 정보 전송률이 가용한 주파수의 범위에 따라 달라짐을 알려준다. 예를 들어 좁은 주파수 대역을 가진 구리선을 따라 전기적으로 신호를 보내는 것으로부터, 대단히 넓은 대역을 가진 빛에 의한 신호로 바꼈기 때문에 인터넷이 요구하는 다량의 정보 전송이 가능해진 것이다. 우리가 보는 광파는 넓은 범위의 주파수 대역에 속하는 반면, 우리가 듣는 음파의 주파수는 상당히 좁은 범위에 속한다. 그래서 컴퓨터가 1시간짜리 음악보다 1시간짜리 영화를 저장하는 데 더 많은 기억용량을 필요로 하는 것이다. 마찬가지로, 시각적 인지는 수동적인 과정처럼(특정 방향으로 눈을 향하면, 눈이 비디오카메라처럼 행동하고 우리는 그저 비디오를 보는 것처럼) 느낄 수 있지만, 빛은 상당히 많은 정보를 나르기 때문에 우리의 뇌가 처리하기 위해서는 다양한 종류의 기교를 동원해야만 한다. 우리가 본다고 생각하는 것은 사실 우리의 뇌가 교활하게 조작한 현실을 무대처럼 표현한 것이다. 그 때문에 착시가 있는 것이고, 착각을 일으키는

지 아는데도 계속 그렇게 보이는 것이다. 이와는 대조적으로 소리는 아주 적은 정보를 나르기 때문에, 우리의 뇌는 훨씬 더 직접적인 방식으로 처리할 수 있다(완전히 직접적이지는 않다. 청각적 착각도 있고, 우리의 뇌는 귀로 들어오는 모든 음파 중에서 실제로 관심 있는 정보를 골라낼 수 있도록 도와주는 요령을 갖고 있다).

정보를 전달할 때 전달 시스템에는 거의 항상 오류가 있어, 메시지가 완벽히 전달되지 못한다. 그러면 어떻게 메시지를 복구할까? 여기 아주 간단한 경우에 대해 보여주는 빅토리아 시대의 마술이 있다. 모든 x_i가 0 또는 1인 수열 중에서 $(x_1, x_2, \cdots, x_7)$이 모두 짝수인 $x_1 + x_3 + x_5 + x_7, x_2 + x_3 + x_6 + x_7, x_4 + x_5 + x_6 + x_7$을 다 적어 놓고 시작하자. $(0, 0, 1, 1, 0, 0, 1)$이 그런 수열의 예이다.

이런 수열을 벡터공간 $\mathbb{F}_2^7$(즉, 스칼라가 2를 법으로 하는 정수들의 체(field) $\mathbb{F}_2$의 원소인 7차원 벡터공간) 안의 벡터로 생각하면, 수열의 이런 세 가지 성질은 일차독립인 조건들이므로 문제의 수열들의 집합은 4차원 부분공간을 이룸을 즉시 확신할 수 있을 것이다. 따라서 그런 수열은 16개가 있다. 청중 한 명에게 그중 하나를 골라 한 자리를 바꿔달라고 요청해 보라. 마법사라면 어느 자리를 바꿨는지 즉시 알아챌 수 있을 것이다. 예를 들어서 위에서 예를 든 수열의 세 번째 자리를 바꿔서 $(y_1, \cdots, y_7) = (0, 0, 0, 1, 0, 0, 1)$이 생겼다고 하자.

$y_1 + y_3 + y_5 + y_7$과 $y_2 + y_3 + y_6 + y_7$은 홀수로 변하지만, $y_4 + y_5 + y_6 + y_7$은 여전히 짝수라는 데 주목하는 것이 첫 번째 단계이다(y_3이 바뀐 것이므로). 처음 두 집합 {1, 3, 5, 7}, {2, 3, 6, 7}에는 속하지

만 {4, 5, 6, 7}에는 속하지 않는 수는 3이다. 이로부터 바뀐 변수가 x_3임을 알 수 있다. 이런 종류의 논증이 항상 통하는 집합을 어떻게 선택한 걸까? 정수의 이진 표현을 이용하고 앞자리를 0으로 채우면 답이 더 명백해진다. 세 집합은 {001, 011, 101, 111}, {010, 011, 110, 111}, {100, 101, 110, 111}인데, i번째 집합의 수는 끝에서부터 i번째 수가 1임을 알 수 있다. 따라서 세 집단 중 어느 것이 변했는지 알 수 있다면, 수열에서 변경된 자리의 이진 표현을 안다. 그러므로 원래 수열을 재구성할 수 있다.

해밍(Hamming)이 재발견한 이런 기교는 오류 정정법의 조상으로(역시 정보의 신뢰할 수 있는 전송 [VII.6]에 설명돼 있다), CD나 DVD를 살짝 발로 밟아도 오류 없이 재생할 수 있게 해 준다.

정보 내용을 수학적으로 정확히 측정하는 방법이 있다는 사실은 유전학에서 상당히 중요한 점으로 다뤄진다. DNA가 담고 있는 정보의 양이 대단히 많기는 하지만, 우리의 신체를 완전히 묘사하는 데 필요한 정보량보다는 훨씬 작다는 설이 있다. 이로부터 실험적 증거로도 뒷받침되는 사실을 설명할 수 있다. DNA가 일반적인 지시를 담고 있지만, 예를 들어 지문이라든지, 모세관의 정확한 배열 같은 우리 신체의 자잘한 세부는 어느 정도 우연이라는 것이다. 예를 들어 여러분에게 이르게 된 수정란의 성장을 되풀이할 수 있다면 결과는 여러분과 비슷하겠지만, 약간의 환경의 차이로도 다른 지문과 다른 모세관 배열이 생길 수도 있다.

정보를 전달하는 것만으로는 충분하지 않고, 정보를 보호해야 하는 상황도 있다. 신용카드 번호를 인터넷으로 전송할 때는 엿보려는 사람이 그 번호

를 알아내기 아주 힘든 방법을 통해 보내고 싶을 것이다. 이에 대한 수학적 방법은 **암호학**[VII.7 §5]에서 논의한다.

조금 다르지만 이와 밀접하게 관련된 문제가 있다. 모두가 들을 수 있는 공개된 장소에서의 대화 중에 앨버트가 베르타와만 나누고 싶은 둘만의 비밀이 있다고 하자. 어떻게 해야 할까? 첫 단계는 둘만이 비밀리에 공유할 수 있는 정보를 어떤 것이든 생각하는 것이다. (이것과 특정 정보를 공유하는 것이 별반 차이가 없는 것으로 밝혀질 것이다.) 다음 절차를 따르면 된다. 우선 앨버트는 커다란 정수 n과 정수 u를 큰 소리로 말한다. 그런 다음 커다란 정수 a를 고르고 비밀로 간직한 뒤(어떻게 비밀을 공유할지 아직 모르기 때문에, 베르타에게도 비밀이어야 한다), $u^a \pmod{n}$을 크게 말한다. 이제 베르타 또한 정수 b를 골라 비밀로 간직하고, $u^b \pmod{n}$을 크게 말한다. 베르타가 $u^b \pmod{n}$을 말해 주었고 a를 알고 있으므로, 앨버트는 $u^{ab} = (u^b)^a \pmod{n}$을 계산할 수 있다. 마찬가지로, 베르타도 비밀로 간직한 수를 이용하여 $u^{ab} = (u^a)^b \pmod{n}$을 계산할 수 있다. 앨버트와 베르타는 이제 둘 다 $u^{ab} \pmod{n}$을 알 수 있다. 엿듣는 사람들이 아는 것은 u^a, u^b, n뿐이고, n이 클 경우 $u^a \pmod{n}$과 $u^b \pmod{n}$으로부터 $u^{ab} \pmod{n}$을 알 수 있는 방법은 시간이 너무 걸리는 실용적이지 못한 방법밖에 없으므로, $u^{ab} \pmod{n}$은 둘만이 공유한 비밀이다.

이번에는 앨버트가 베르타에게 신용카드 번호 N을 보내고 싶다고 하자. $1 \leqslant N \leqslant n$이라 가정하면, 앨버트는 $u^{ab} + N \pmod{n}$을 크게 말하면 된다. 베르타는 비밀의 수 u^{ab}을 빼면 N을 얻을 수 있다. (앨버트는 이런 식으로 비밀을 한 번만 보내야 한다. 그렇지 않으면 정보가 샌다. 예를 들어 또 다른 신용카드 번호 M을 똑같은 u^{ab}을 이용해 보내면, 엿듣던 사람은 $M - N$의 값을 알게 된다. 하지만 앨버트와 베르타가 M값을 공유할 때 새로운 n, u, a, b를 사용하면, 엿듣는 사람은 (M, N)쌍에 대해 사실상 아무것도 모르게 된다.)

왜 우리는 u^a과 u^b으로부터 u^{ab}을 계산하는 것이 '어렵다'고 믿는 걸까? 내일 누군가가 간단한 방법을 발견하면 어떻게 될까? 놀랍게도 이 문제가 **정말 어렵다**는 것을 완전히 확신할 수는 없지만, 이런 문제를 다루는 아주 정확한 방법들이 있다. 특히 대단히 그럴듯한 예측이 하나 있는데, 이 예측이 사실이라면 정말로 짧은 시간 내에 u^{ab}을 계산하는 것은 불가능하다는 것을 알 수 있다. 이런 문제는 **계산 복잡도**[IV.20]에서 상당히 자세하게 논의하고 있다.

6 사회에서의 수학

모든 집들이 정원을 꾸며 놓은 거리는 정원을 모두 주차장으로 바꿔 버린 거리보다 훨씬 보기 좋다. 어떤 사람들에겐 미적 가치가 편리성보다 더 중요하므로, 거리에서 집 앞 정원을 모두 주차장으로 바꾸면 전체 집값이 떨어질 수도 있다. 하지만 딱 한 집의 정원만 개조하면, 그 집은 거리의 모습을 크게 변화시키지 않으면서도 편의성을 증대시킬 수 있어서 그 집의 가격은 오를 것이고 다른 집들의 값은 약간 내려갈 것이다. 따라서 각 집주인들에겐 집 앞 정원을 개조하고 싶은 경제적 동기가 생기는데, 모두 그랬다간 모두가 경제적으로 손해를 보는 상황이 된다.

이 불행한 결과를 피하려면 집주인들끼리 협력해야 한다. 내쉬(Nash)는 공정함에 대한 간단한 가정으로부터 시작하여, 더는 거리를 망가뜨리려는 동기를 박탈할 수 있는 상호 변제 시스템(예를 들어, 정원을 개조하려는 사람은 벌금을 물려 나머지 집주인들이 나눈다)이 반드시 있다는 것을 보여줬다.

집 주인들이 협력을 거부한다면, 파기하면 어느 누구에게도 득이 되지 않는(보통은 훨씬 달갑지 않은) 합의에 이른다는 것도 보였다. 어떤 집주인도 바꾸고 싶어 하지 않지만, 둘 이상이 협력하면 바꾸고 싶은 마음이 생길 수도 있는 상황의 단순한 예를 다음 게임에서 볼 수 있다. 예를 들어 세 사람이 "예"나 "아니오" 중 하나를 쓴 봉투를 심판에게 건넨다고 하자. 두 사람이 같은 것을 쓰고 나머지 한 명이 다른 것을 쓰면, 두 명은 각자 400달러를 벌지만 남은 사람은 아무것도 못 번다고 가정하자. 하지만 세 명 모두 같은 것을 쓰면, 모두 300달러를 번다고 하자. 이들이 게임 전에 만나서 평균 이득을 최대화하기 위해 모두 "예"라고 쓰기로 합의했다고 하자. 한 명만 "아니오"라고 쓰면 아무것도 못 얻지만, 두 명이 바꾸기로 결심하면 그 둘은 더 많은 이득을 챙길 수 있다.

균형 상태가 아닐 수도 있는 합의에 참여한 각 당사자들이 본인들은 행동을 아주 조금씩 바꾸고, 다른 사람들은 행동을 **바꾸지 않으면** 자신의 상황이 개선되는(하지만 다른 참여자들도 행동을 **바꿀 것**이므로 전체적인 변화는 누구에게도 이롭지 않은) 합의로부터 내쉬의 교묘한 논증은 시작된다. 이로부터 합의에 합의를 대응하는 함수가 생긴다. 이 함수는 카쿠타니 고정점 정리[V.11 §2]의 조건을 만족함이 밝혀졌는데, 이로부터 어떤 개인도 바꾸고 싶어 하지 않는 합의가 존재한다는 것이 증명된다. (내쉬의 정리에 대한 추가 논의는 수학과 **경제학적 추론** VII.8], 특히 §4를 참조하라. 또 다른 상황으로는 개인과 집단의 사리사욕이 교통의 흐름(네트워크 **교통량의 수학**[VII.4 §4] 참조)과 항상 일치하지 않는 경우가 있다.)

사회적 문제에 수학적 사고를 응용하는 일이 항상 이렇게 만족스러운 결과만을 불러오는 것은 아니다. 예를 들어 n명의 후보자와 m명의 투표인이 있는 선거구가 있다고(혹은 더 일반적인 상황으로, 사회 구성원들이 여러 다양한 가능성 중에서 하나를 선택해야 한다고) 가정하자. 개별 투표인들의 선호도 순서대로 n명의 후보를 늘어 놓는 방법을 의미하는 '투표 체계'라는 용어가 있다. 케네스 애로우(Kenneth Arrow)는 일반적인 상황인 경우 좋은 투표 체계는 없다는 것을 보였다. 더 엄밀히 말해, 투표 체계가 갖춰야 한다고 바랄 만한 몇 가지 아주 합리적으로 들리는 성질을 가려낸 뒤에, 이 성질을 모두 갖는 투표 체계는 없다는 것을 증명했다. 그중 두 가지 성질의 예를 대입해 보자. 후보자의 최종 등수는 투표자 한 명의 등수로 결정돼서는 안 된다는 건 분명하다. 모든 투표자가 어떤 후보자 x를 다른 투표자 y보다 좋아하면, x가 y보다 더 높은 등수를 받아야 할 것이다. 다른 성질들을 나열하는 대신, 애로우의 정리의 맛을 어느 정도 보여주는 콩도르세(Condorcet)의 역설이라 알려진 더 간단한 예를 제시해 보겠다. (사실 애로우의 정리는 콩도르세의 역설의 후손으로 여길 수 있다.) 세 명의 투표자 A, B, C

가 다음과 같은 선호도를 보인다고 하자.

	A	B	C
가장 선호하는 후보	x	y	z
두 번째로 선호하는 후보	y	z	x
세 번째로 선호하는 후보	z	x	y

투표자의 다수가 y보다 x를 선호하며, 역시 다수가 z보다 y를 선호하고, 또 다수가 x보다 z를 선호한다. 따라서 선호 관계는 추이적 관계[I.2 §2.3]가 아니다. 이로 인한 결과 중 하나는 만일 투표자들에게 x, y, z 중에서 두 명에게만 1차 투표를 해 달라고 요청한 뒤, 1차 투표의 승자와 x, y, z 중 남은 한 명과 결선투표를 치르기로 하면, 남아 있던 후보가 항상 승리한다는 것이다.

확률론은 현대 사회에서 중요한 역할을 하는 또 하나의 수학 분야이다. 초창기 사회에서는 사람들은 죽을 때까지 일해야 먹고 살 수 있었다. 현대에는 일을 그만 두어도 모아 놓은 저축으로 생활할 수도 있다. 물론, 저축의 이자만으로 살 수도 있지만, 이는 저축해 놓은 많은 돈을 쓰지 않은 채 사망한다는 뜻이다. 이에 대한 대안으로, 남은 생이 몇 년인지 예상한 후 사망하기로 예측된 순간에 저축해둔 돈이 정확히 0에 도달하도록 돈을 쓸 수도 있다. 남은 생이 예상보다 길어진다면 이는 만족스런 대안이 아닐 것이다. 부유한 법인과 내기를 하는 것이 이에 대한 해결책이다. 그들에게 자산을 맡기고, 그 대신 사망할 때까지 매년 일정한 금액을 지불하라고 하는 것이다. 일찍 사망할 경우 법인은 내기에서 이긴 것이고, 늦게 사망할 경우 법인이 진 것이다. 그런 내기를 많이 취하고, 강한 큰 수의 법칙[III.71 §4]

과 같은 결과에 의지하면, 법인은 결국 이익을 본다는 것이 거의 확실하다. 사실상 오래 살 수 있다는 (재정적 관점에서의) 위험을 법인에게 어느 정도 전가한 값을 치른 셈이다.

초창기 수학자들이 돈을 버는 수단은 위에서 묘사한 것과 같은 상황에서 위험의 전가에 따르는 적절한 가격을 조언하는 보험 회계사가 되는 것이었다. 오늘날에는 온갖 종류의 위험(내년 커피 농사가 망할까? 유로가 달러에 비해 떨어질까?)을 사고 팔며 가격을 매겨야 한다. 위험 가격에 대한 일반적인 논의는 돈의 수학[VII.9]에서 논의된다.

7 결론

과거, 수학은 물리학과 공학에 극적인 영향을 미쳐 왔다. 생물학적, 사회학적인 현상들도 결국엔 수학적으로 설명할 수 있을 거라는 희망도 돌곤 했다. 훗날 그런 희망은 비현실적인 것이 됐다. 이런 영역에는 환원주의적 접근에 그리 쉽게 고분고분 따르지 않는 '의외의 현상'이 포함돼 있어서, '어려운 과학'에서 연구하는 현상보다 수학적으로 묘사하기가 진정으로 더 어렵다. 하지만 수학자들은 이제 그런 현상들을 파악하기 시작했다. 위에서 보인 단순한 예들만 해도, 전통적인 영역 밖의 많은 영역에 수학을 적용할 수 있었고, 그럼으로써 해당 영역에 대해 상당한 이해를 도울 수 있었다.

VIII.4 계산능력

엘레노어 롭슨 *Eleanor Robson*

1 서론

이 책의 대부분은 당연하게도 전문 수학의 이론, 연구와 관련 있다. 하지만 모든 인간은 수, 공간, 모양에 대한 감이 있으며, 그런 감을 이용하는 수단이 있다. 계산능력 대 수학의 관계는 문해(文解)능력 대 문학, 매일의 일상적인 응용 대 전문가와 엘리트의 혁신의 관계와 같다고 말할 수 있다. 하지만 문해능력이 오늘날 학문 연구에서 유행하는 주제인 반면, '계산능력'은 나의 보급판 워드프로세서가 인지조차 못하는 단어이다. 그렇지만 비전문가의 수학적 개념, 실행, 태도에 대해 흥미로운 연구들은 계속 진행돼 왔다. 이러한 연구들은 역사적 연구나, 민족지학(ethnography)에서부터 인지 분석, 발달 심리학까지 이르고, 현대 세계의 여러 지역뿐만 아니라 고대 이라크나, 신대륙발견 이전의 안데스 지역, 중세 유럽까지 다양한 시대 및 장소를 다루고 있다. 나는 연구가들이 계산능력과 재래 수학에서 널리 분석하는 다섯 가지 주제를 골라 개괄함으로써, 한쪽으로는 전문 수학자에게 다른 쪽으로는 문해능력 연구자들에게 계산능력이 학문 연구의 주제로 가치가 있음을 입증할 수 있기를 바란다.

수학은 종종 문화 밖에 존재하는 것으로 간주돼, 사회학이나 지식 인류학의 대상으로는 거의 여겨지지 않았다. 바꿔 말하면, 많은 사람이 수학을 **생각할** 수는 있지만, 수학에 **대해** 생각하지는 않는다는 의견을 지녔다는 것이다. 또한 문화 내에서 수학의 위치에 대한 연구가 있긴 하지만 단편적이다. 선진국에서는 수학적 사고가 사회학자들의 연구주제인 반면, 개발도상국에서는 인류학자들이 수학적 사고에 대해 연구한다. 수학사가들은 대부분 전문적 엘리트의 식자층의 수학을 주제로 삼는 반면, 심리학자들은 일반적으로 어른과 어린이들이 어떻게 계산능력을 습득하는지에 초점을 맞춘다.

하지만 곧 살펴볼 바와 같이 사회와 개인이 수학을 간주하는 방식은 많은 환경적인 요인들에 강하게 좌우된다. 교육적, 언어적, 시각적, 지적 문화 모두가 수학적 사고를 다른 방식으로 빚어낸다. 하지만 아무런 제한이 없다는 말은 아니다. 인간은 모두 사고방식에 영향을 주는 기본적인 해부학적 유사성을 지닌다. 예를 들어 우리는 수직축 하나에 대해 거의 대칭적이어서, 왼쪽과 오른쪽, 앞과 뒤라는 개념은 거의 틀림없이 선천적으로 주어졌다. 또한 모두 손가락과 마주보는 엄지가 있고, 즉석 파악 능력(즉, 개개의 수를 세지 않고도 작은 집합의 개수를 인지하는 능력)이 있다. 레비엘 네츠(Reviel Netz)가 논증한 대로, 이 때문에 인류만이 작은 물체들의 작은 집단을 다루는 데 능하며, 이로부터 회계 및 화폐 제도라는 복잡한 체계를 낳을 수 있었다. 네츠의 연구에 대한 논의는 잠시 뒤로 미루도록 하자.

이 글에 나오는 예들은 상당히 상이한 세계 문화군 세 곳에 대한 연구로부터 고른 것들이다. 고대 중동과 지중해 지역(이집트, 메소포타미아, 고대 그리스와 로마)은 다양한 방식으로 현대 세계 문화에 강력한 영향을 미쳤다. 라틴어 교육과 함께, 유클리드의 전통이 수 세기 동안 서양의 교육적 이상에 중심이었음은 분명한 사실이다. 고대 이집트와 메소포타미아의 언어와 글은 본질적으로 19세기에 재발견된 것이긴 하지만, 문화적 영향은 고전 문헌과 성서 교육에 스며들어 서양의 사고방식을 관통하며 깊은 저류(undercurrent)로 흘러왔다. 따라서 계산능력과 재래 수학에 대한 가장 오래된 증거에서 이질적인 것뿐만 아니라 익숙한 것을 발견해도 놀랍지 않다. 대조적으로 신대륙발견 이전의 아메리카 문화는 근대 구세계와의 접촉이 대단히 드물었던 탓에 현대성으로부터 고립돼 있었기 때문에 중요하다. 그들의 문화는 16세기와 17세기 유럽의 정복으로 인해 소멸되었다. 여러 구세계 사회와 구조적으로 비슷하긴 하지만, 수리적 활동 및 사고에 대한 제약과 다양성 모두에 유용한 의미를 준다. 마지막으로 이 글은 과거와 현재 사이 및 선진국과 개발도상국 사이의 전통적인 학문적 경계를 파괴하려는 시도의 일환으로, 현대의 북아메리카와 남아메리카에 대한 연구로부터 나온 것들도 포함했다. 인류가 어디서, 언제 살았든 간에 계산능력은 모든 인류 문화의 특질이므로, 연구 방법에 반영해야만 한다.

2 수를 세는 단어들과 사회적 가치

수사(number word)를 연구하는 이유는 보통 수학적 내용 때문이다. 예를 들어 영어에서 eighty는 분명 '8개의 10'에서 나온 말이지만 프랑스어에서는 '네 개의 20'을 뜻하는 quatre-vingts라는 단어를 쓴다는 점에서 20진법의 흔적을 볼 수 있다. 하지만 모든 언어에서 수사는, 특히 수를 헤아리는 단어들과 모임에 대한 단어들에는 사회적 가치가 가미돼 있다. 이는 고대 후기 신-피타고라스(Pythagoras)주의의 신비주의 수비학(numberology)과는 다소 다른 현상이

다. 예를 들어 니코마쿠스(Nichomachus)의 책 『산술의 신학(The Theology of Arithmetic)』(기원전 2세기의 저술이지만, 후대의 요약본으로만 알려져 있다)에는 처음 열 개의 정수가 우주의 근본적인 속성들을 나타낸다고 이해하여 비밀스러운(esoteric) 의미를 부여했다. 하지만 수사들의 사회적 가치는 그보다는 훨씬 평범한 경우가 보통이다. 예를 들어 영어에는 각각 특정 범위의 개체에 적용되며 특별한 사회적 함축을 지니는 '3인조(group of three)'를 뜻하는 다양한 단어가 있다. 'Threesome(세 명이 함께 하는 성행위)'은 일상 언어에서 'trinity(삼위일체)'의 동의어가 아니며, 음악 용어 'trio(삼중주)'는 'triad(3화음, 삼합회)'나 'triplet(세쌍둥이)'과 같은 지시 대상이 아니다. 이런 단어를 사용할 때 신비롭거나 비밀스러운 건 없다. 단지 의미론상의 내용에 덧붙여 어떤 종류의 대상을 집단으로 묶었는지 암묵적인 질적 정보도 전달하는데(성적으로 활발한 성인들, 신성한 존재들, 음악가들, 음표들 혹은 범죄자들, 아기들), 그에 대해 사회와 개인들은 가치 판단을 내리기 마련이다.

게리 어튼(Gary Urton)이 볼리비아 안데스 지역에서 케추아(Quechua)어*를 쓰는 거주민들을 민족지학적으로 연구하며 처음 인식한 대로 수들도 '사회생활'을 한다. 구조적으로 케추아어의 세는 법은 현대 유럽의 수체계처럼 정직한 십진법 체계이며 아라비아 숫자로 쓸 수 있다. 이 때문에 스페인어와 나란히 생존을 보장받을 수 있었지만, 학문적으로는 다소 간과된 것은 서양의 기준과 비교하여 특별히

---

* 잉카 문명권의 공통어-옮긴이

이국적인 것이 없었기 때문이었다. 하지만 어튼이 입증했듯이, 케추아어의 세는 법에는 눈에 띄는 사회적 면이 두 가지 있다. 하나는 가족 관계이며, 또 하나는 완전하게 한다 혹은 '교정'한다는 개념이다. 또한 무엇을 세도 좋은지, 누가 세는지에 대한 명백한 경계도 있다.

케추아어의 수사는 1부터 10까지와, 100, 1000을 가리키는 열두 개의 어휘소(素)로 구성돼 있는데, 영어 단어 thirteen이 '3과 10'을 뜻하고 thirty가 '3개의 10'을 의미하듯, 이 어휘들을 더하듯 혹은 곱하듯 조합하여 사용할 수 있다. 또한 영어와 마찬가지로 케추아어 수사는 독특한 어휘 집합을 갖는 경향이 있다. 예를 들어 kinsa는 '3'을 뜻할 뿐 다른 뜻이 없다. 하지만 영어에는 기수(cardinal number)에 대한 동의어(예를 들어 'twelve' 대신 dozen)가 꽤 드물지만, 케추아어에서는 통상적인 부분이다.

- iskaypaq chaupin, '둘들의 모임의 중간'으로 다섯 중에서 가운데 항목을 가리키는 데 씀
- iskay aysana, '쌍 손잡이' (기호 3이 손잡이 둘인 것처럼 닮아서)
- uquti, '항문' (기호 3이 인간의 엉덩이와 닮아 보여서)
- uj yunta ch'ullayuq, '한 쌍과 따로 놓인 1의 소유자' (2 + 1 = 3)

가족 관계는 서수(ordinal sequence), 특히 매일의 계산 도구로도 중요한 손가락의 이름에서 가장 명확히 보인다. 어튼은 500년이 넘은 과거의 것으로 입증된 대단히 비슷한 이름들을 여섯 쌍 모았다.

1994년 에볼리비아 인류학자 프리미티보 니나 라노스(Primitivo Nina Llanos)가 수집한 가장 최근 것은 다음과 같다.

- 엄지, mama riru, '엄마 손가락'
- 검지, juch'uy riru, '더 작은 손가락'
- 중지, chawpi riru, '가운데 손가락'
- 약지, sullk'a riru, '더 어린 손가락'
- 새끼, sullk'aq sullk'an riru, '더 어린 손가락의 어린 형제'

즉, 엄지손가락은 가장 어른이면서 다른 것들의 선조이며 새끼가락은 가장 어린 것으로 여겼는데, 손가락들 이름으로 입증된 여섯 가지 변종 모두 마찬가지다. 손 자체는 통합된 전체의 대칭적인 반쪽으로 간주하는데, 쌍으로 된 것들은 일반적으로 그렇게 간주한다. 케추아어에서 손 하나만(혹은 홀수 개만) 따로 있는 것은 자연스러운 상태가 아니다. 어튼이 설명한 대로

[하나]가 [둘]이 되고 싶어 하는 동기는 '외로움(ch'ulla)' 때문이다. '하나'는 불완전하고, 소외된 존재여서 '짝'(ch'ullantin)을 필요로 한다. 이런 원리와 동기를 부여하는 힘은 (중략) '하나'를 구성하는 단위가 쪼갤 수 있는 것(예를 들어, 손가락 하나)이든 쪼갤 수 없는 것(다섯 손가락이 있는 손 하나)이든 통용된다.

또한 더 일반적으로, 어튼은 케추아어에서 홀수들(ch'ulla)은 불완전한 반면 짝수들(ch'ullantin, '짝과 함께 모인 부분')은 정상적인 상태를 나타낸다는 것

을 보였다.

그런데 케추아 사회에서는 세는 데 전혀 명백한 어려움이 없는데도, 모든 것을 세는 게 허용되는 것은 아니다. 예를 들어 경제적으로 크게 의존하기 마련인 가축 떼의 수를 파악할 때는 수로 세지 않고 이름을 쓴다. 분리할 수 없는 집단의 구성원을 개별화하여 센다는 것은 결속과 다산성을 깨트린다고 생각하는 것이다. 가축을 **반드시** 세야만 하는 경우에는 여자만 셀 수 있다. 남자가 세는 것은 남자답지 못한 용납 불가능한 행위다.

현대 영어권 문화에서 수를 세는 데 제한을 두는 것은 뚜렷한 특성은 아니지만, 특정한 수에 대한 금기는 지금도 흔히 존재한다. 예를 들어 특히 북아메리카 호텔에서 또는 금요일에 13은 왜 그렇게 불운한 숫자로 여겨지며, 7은 행운으로 여겨지는 걸까? 기원전부터 기원전 2000년경까지 고대 바빌로니아(현재의 남부 이라크)에서는 7을 특히 초자연적이고 탈속적인 것으로 여겼다(일곱 개의 천체(해, 달, 다섯 개의 행성), **창조** 서사시를 담은 7권의 책, 달의 각 위상마다 7일 밤). 유익한 동시에 심술궂은 악마들은 일곱을 단위로 행동한다고 말했다.

바빌로니아는 이산적인 개체를 묶음으로 세고 기록하는 기본적인 진법 단위로 60을 사용했는데, 분해하면 10이 여섯 개다. 물론 숫자 7은 60과 서로소인 수 중 가장 작으므로, 서기 훈련생들이 풀도록 고안된 수학 문제에서 좋아하는 주제였다. 60과 서로소인 11, 13, 17, 19도 고대 바빌로니아 수학 문제나 수수께끼에서 현저하게 다루고 있다. 하지만 선택한 인자들은 까다로운 소수가 나눠 없어지거나 다른 식으로 제거되도록 선택되어, 산술적으로는 무

해한 답이 남는 경우가 대부분이다.

돌을 하나 발견했다. 무게를 재지 않았다. 무게의 $\frac{1}{7}$을 더했다. 전체의 $\frac{1}{11}$을 또 더했다. 무게를 달았다. 1미나였다. 원래 돌의 무게는 얼마인가? 원래 돌은 $\frac{2}{3}$미나 8세켈, $22\frac{1}{2}$그레인이다. (180그레인이 1세켈, 60세켈이 1미나, 대략 0.5 kg이다.)

수학적으로 까다로운 성질 때문에 7이 바로 우주적 악마 취급을 받게 됐다고 추정하는 일은 아마도 쓸데없는 일일 것이다. 현존하는 쐐기문자 원본 중에서 그런 연관 관계가 명시적으로 발견된 사례는 없다. 하지만 바빌로니아의 악마들이 인간 행동의 표준에 맞추는 데 실패했듯 어떤 정수는 60진법으로 정칙인 다수의 수치적 패턴에 순응하지 않는 것이며, 수학적인 용어로 이런 현상을 설명하는 개념적 도구는 아직 마련되지 않았다.

3 셈과 계산

특정한 수를 행운의 수나 불운의 수로, 외로운 수나 짝이 있는 수로 보는 것은 누구나 할 수 있는 반면, 수를 산술적으로 다루는 능력과 그 과정에서 즐거움을 느끼는 것은 보편적으로 모두가 가진 능력은 아니다. 여기에는 개인적 인지 능력과 사회적 제약이 모두 관여한다. 패트리샤 클라인 코헨(Patricia Cline Cohen)은 19세기 초반 미국에서 수치계산 능력이 급속도로 늘어난 것에는 두 가지 중요한 요인이 있다고 논증했다. 사람들이 갑자기 똑똑해진 것은 아니었다. 한편으로는, 18세기 후반 십진제 화폐

사용으로 인해 회계사들, 상인들, 사업주들은 마침내 한 개의 진법만으로 일할 수 있게 됐다. 동시에 새로운 교육 운동에서는 산술 법칙을 암기식으로 배우는 것과 특정 상황에 기계적으로 적용하는 것을 내버리고, 아이들이 펜과 종이를 사용하기 전에 손가락과 산가지를 이용하거나 머릿속으로 계산하도록 권장하는 귀납적인 지도를 옹호했다. 이런 식으로 수의 관계를 배우고 상거래에 응용하는 데 기초적인 구조적 장애물들이 제거됐다는 것이다.

현대의 십진 표기법은 기록하는 방안이면서 계산 체계이기 때문에, 여타 방법들도 비슷하게 효율적이라는 것을 잊기가 쉽다. 사실 대부분의 사회에서 대부분의 시간 동안, 숫자는 단순히 몸으로 혹은 다른 계산 도구들과 더불어 계산하여 나온 연산 결과를 기록하는 수단이었을 뿐이다. 손가락셈과 주판 사용은 십진 숫자들에 대한 지식과, 그 사용법에 대한 **알콰리즈미**[VI.5]의 논문과, 적을 수 있는 값싼 종이와 함께 9세기부터 바그다드로부터 외부로 퍼져나가기 시작한 후에도 중세 이슬람 세계와 기독교 유럽 도처에서 오랫동안 살아남았다. 손가락셈 등이 유지된 것은 압도적으로 우월한 신기술의 등장에 대한 반사적 반응은 아니었다. 오히려 휴대성, 이용 속도, 구식 방법에 대해 장기간 확립된 신뢰 및 기관의 강제력 등의 요인들을 고려한 결과이다.

사실, 주판 계산이 얼마나 오래된 것인지는 과잉 짐작하기조차 힘들다. 레비엘 네츠는 일대일이든 일대다의 관계든 세려고 하는 물체를 대신하는 작은 물체를 사용한다는, 도처의 문명에서 발생하는 인간 고유의 현상을 '계수 문화'라 부르고, 이의 진화론적 선행 요건을 두 가지로 분리했다. 하나는 신

체적인 것으로, 자갈이나 조개껍질처럼 작은 물체를 집을 줄 알고 다룰 줄 알아야 한다. 모든 영장류에게는 쥐는 힘이 있는 손가락과, 마주보는 엄지 때문에 이런 능력이 공통적으로 있다. 다른 하나는 인식적인 것으로, 즉지(subitizing) 능력이 있어야, 즉 하나씩 세지 않고도 대략 일곱 개까지의 작은 모둠의 규모를 인식할 수 있어야 한다. 다섯 번째와 여섯 번째 알이 나머지와 항상 색깔이 다른 러시아형의 열 알짜리 변종이든, 한 줄에 단위 알 네 개와 다섯 알 짜리가 한 개씩 달린 일본형이든, 줄에 매단 알 주판은 가장 명백하게 이를 이용해 먹는다.

하지만 네츠가 아주 힘주어 표현한 대로 "주판은 유물이 아니라, 정신의 상태이다". 수를 세는 용도로는 판판한 면과 작은 물건 더미만 있으면 된다. 이렇게 극단적으로 덧없기 때문에 주판 계수기로 인식할 수 있었던 드문 경우만 제외하면, 고고학 기록에서 주판 사용 기록을 찾아내기는 거의 불가능하다. 데니스 슈만트-베세라트(Denise Schmandt-Besserat)는 기원전 8000년대 신석기 중동에서 복잡한 계수 체계가 개발됐다고 주장했다. 그녀는 다양하고 단순한 기하학적 모양으로 조잡하게 빚었으며, 터키 동부에서 이란에 이르는 문자 이전 시대의 고고학적 환경에서 발견된 굽지 않은 작은 점토 조각들이 고대의 계수용 물표(token)였다고 보았다. 이 지역 최초의 숫자 표기는 기원전 3000년대 초반에서 남부 이라크 지역에서 나온 점토판에 표시된 것으로 그런 물체의 양식화된 압인 자국과 놀랍게 닮아 보이며, 압인 대신 점토판을 긁어 표시한 계수 대상물의 표식과는 눈으로 봐도 구별된다는 것은 사실이다. 이런 최초의 글로 표현된 기록은 토

지, 노동, 농작물과 같은 자산을 관리하는 사원 행정
관이 작성했고, 거의 예외 없이 수를 기록하는 것들
이었다는 것도 사실이다. 또한 기원전 4000년대 이
전부터 그러한 소형 점토 물표는 고고학적 맥락에
서 발견되어(예를 들어 단지 속에 봉하거나, 작은 점
토 꾸러미로 싸거나, 저장실의 구석에 조심스레 쌓
아 두었다), 주판 계수기로 사용했다는 것과 전혀 모
순되지 않는다. 하지만 이 체계가 수천 년 전부터 중
동 전역에서 보편적으로 표준화된 체계였다는 슈만
트-베세라트의 주장은 입증할 수 없다. 그것이 때로
는 놀이용 조각이었거나, 새총 알이었거나, 다른 수
많은 가능성에 해당하지 않음을 입증할 방법이 없
고, 어떤 구체적인 모양이 누구에게 무슨 의미가 있
었는지 판단할 방법은 분명히 없다.

사실, 심지어는 높은 수준의 정규 수학 교육을 받
은 사람들도 일상생활에서 수를 세고 측량할 때 빈
번히 임시방편을 쓰고 있다. 장 라베(Jean Lave)가
이끈 인류학자 및 심리학자 팀은 1980년대 캘리포
니아 체중 감시 계획의 신규 참여자들이 먹고 마시
게 허락된 음식량을 신중히 조절하는 걸 관찰했다.
대학에서 미적분을 수강했던 한 참여자에게는 코
티지 치즈 2/3컵이 필요한 요리법을 조절하여 그 양
의 3/4만 넣도록 요청했다. 라베는 이렇게 회상했다.
"계량컵에 치즈 전체의 2/3를 채운 뒤 그걸 도마에
쏟고, 동그랗게 두드려 편 뒤 그 위에 십자 표시를
내어 1/4쪽을 떠내 버리고 나머지로 조리했어요."
그녀는 이렇게 덧붙였다.

그러니까 '치즈 $\frac{2}{3}$컵에서 $\frac{3}{4}$을 취하라'는 것은 문제의
진술이었을 뿐만 아니라, 문제의 해법이며 푸는 절

차를 알려준 것이었다. 설정은 계산 과정의 일부였
고, 설정 내에서 규정된 문제의 진술 자체가 그냥 해
답이었다. 체중 감시 계획 참여자는 자신의 절차를
$\frac{3}{4} \times \frac{2}{3} = \frac{1}{2}$컵이라는 답을 내놓았을 종이와 연필 알
고리즘과 비교 확인조차 하지 않았다. 오히려 문제와
설정과 실행이 우연히 일치했던 것이 확인하는 수단
이었다.

달리 말하면, 응용할 수 있는 교양으로 학교에서 배
운 수학 절차를 무시하고, 주변에 있는 도구로 옳은
결과를 보여주기 때문에, 효과는 똑같은 원시적 절
차를 선호하는 상황이 생활 속에서 빈번히 일어난
다는 것이다. 계산능력에는 많은 형태가 있는데, 그
모두가 손으로 쓰는 것을 요구하지는 않는다.

4 측정과 제어

체중 감시 참여자는 정확도도 만족스럽고 바로 필
요한 재료 요구량도 충족하는 코티지 치즈 계량 체
계를 발명했다. 하지만 개인과 사회 집단으로서 우
리는 또한 표준화된 도량형의 정확성과 일관성과,
특정한 것만을 측정하고 세는 기관의 필요성을 받
아들인다. 시어도어 포터(Theodore Porter)가 20세기
에 인구 통계든 환경적 자료든 '숫자에 대한 신뢰'가
늘어난 것에 관해 탁월한 글을 썼다. 하지만 기관이
인가해서 잰 양에 대해서는 자주 이의가 제기되며,
정확히 밝히려고 하는 바로 그 현상을 빈번하게 바
꿔 버린다. 19세기 북아메리카에 대한 코헨(Cohen)
의 묘사가 좀 더 시의적절하겠다.

사람들이 [무엇]을 세고 측정했느냐는 것은 그들에게 중요한 것들일뿐만 아니라, 그들이 이해하고 때로는 제어하고 싶어 했던 것이 무엇인가를 드러낸다. 더 나아가서 사람들이 [어떻게] 세고 측정했느냐는 것은 조사하려는 주제의 저변에 깔린 가정과, 평범하고 오래된 편견에서부터 (중략) 사회와 지식 구조에 대한 견해에 이르기까지 어떤 가정들을 했는지 드러낸다. 때로는 세고 측정하는 행동 그 자체가 정량화하고 있던 대상에 대해 사람들이 생각하던 방식을 바꿔 버렸다. 계산능력이 변화의 요인일 수도 있는 것이다.

코헨과 포터는 19세기 초반 인구조사에서 제기된 문제들을 탐구했다. 포터는 프랑스 통계국이 대혁명 이후의 정확한 인구 자료를 얻는 과정에서 직면한 장애들을 묘사했다. 구체제(ancient regime)의 낡은 계급별 분류에 호소하지 않고, 국가 전체의 엄청나게 다양한 직업과 사회구조를 파악해야만 했다. 이를 위해 통계국은 지방 관서가 그야말로 당장은 이용할 수 없는 다량의 양적 자료를 돌려보내준 것에 의지했고, 대신 지방 총독들은 자신들 지역에 대한 질적 묘사를 요구했다. 포터가 쓴 대로, 1800년에 "프랑스는 아직 통계학적으로 축소할 수 있는 능력이 없었다". 코헨은 미국의 1840년 인구조사를 분석했는데, 남부 주보다 노예 폐지를 주장하는 북부 주의 흑인 인구 중 정신이상자 비율이 훨씬 더 높은 것처럼 나타났다. 노예 찬성론자들은 자유보다 노예제가 흑인들에게 훨씬 더 적합하다는 반박 불가능한 증거로 삼았고, 폐지론자들은 인구 조사 자체의 신뢰성에 의문을 표했다. 이 자료를 믿느냐 믿지 않느냐는 것은 대체로 기존의 정치적 신념이 무엇이냐에 달려 있다. 코헨이 보여준 대로 오류의 원인은 서투르게 고안된 기록지에 있었는데, '멍청한 백인'과 '멍청한 흑인' 칸이 쉽게 혼동될 수 있게 돼 있어서 백인들로만 구성된 가구의 많은 노쇠한 주민들이 잘못 기록하는 결과를 낳았던 것이다. 그러나 1840년대의 공적 논쟁은 방법론에 대한 것이 아니라, 조작이 있었느냐는 것이었다. 숫자 자체는 거짓말을 하지 않기 때문이었다.

2000년 전에 세라피나 쿠오모(Serafina Cuomo)는, 로마 토지 측량사 프론티누스(Frontinus)가 양적인 중재가 없으면 세상에 대해 사실상 알 수 없으며, 그런 계량의 신뢰성은 직업적인 전문성에 달려 있다는 의견을 밝혔음을 보여주었다.

측량 기술의 근거는 측량사의 경험에 달려 있다. 사실 계산가능한 선이 없으면 어떤 장소나 크기가 맞는지 표현하는 것은 사실상 불가능하다. 구불구불하고 평평하지 않은 땅 덩어리라면 어느 곳이든 부등변 모퉁이가 많은 경계로 둘러 싸여 있는데, 이 모퉁이의 수는 실은 똑같은데도 축소되거나 늘어날 수 있기 때문이다. 사실 최종적으로 구획지어지지 않은 땅 덩어리는 공간의 변동이 있고 따라서 몇 유게라(iugera)인지 확실히 정해지지 않는다.

프론티누스는 자연 세상은 문제투성이로 불규칙하므로 정량화된 직선들 속으로 바로잡아야만 하고, 제어하기 위해서는 가능하면 2400제곱피트(유게라)의 먹줄을 놓은 격자에 맞추어야 한다고 믿었다. 로마가 측량을 통해 토지 모양을 개조한 것은 지금도 오늘날 유럽, 중동, 북아프리카의 땅에서도 하늘에서도 볼 수 있다.

대조적으로 잉카에서는 시간, 공간, 사회, 신들을 연간 의식과 연계된 토지의 방사형 선을 통해 통제했다. 16세기 스페인이 이끈 기독교화 이전, 잉카 우주의 중심은 페루 안데스 산맥의 쿠스코 신성 도시였다. 잉카에서는 세계를 태양 신전(Temple of the Sun)으로부터 뻗어 나오는 비균등 네 구역, 즉 타완틴수유(tawantinsuyu)로 분할했다. 각 수유(suyu)마다 아홉에서 열네 개의 세케(ceque) 길이(전체 41개) 산맥을 통해 나 있고, 길마다 각각 평균 여덟 개의 와카(huacas) 신전이 있었다. 신성한 해에는 지역 주민들이 날마다 328개의 와카 중 한 곳에서 의식을 치러야 했다(한 해는 $27\frac{1}{3}$ 일짜리 12개월로 구성돼 있었다). 따라서 잉카 지대의 종교적 초점은 영토 주변으로, 매일 매일, 지역에서 지역으로, 사회 집단 전체를 동일한 달력, 제례, 우주로 묶으며 조직적으로 옮겨 다녔던 것이다.

당시 계산능력은 강력한 제도적인 도구였다. 측량, 정량화, 분류로 인해 무수히 많은 개개인들, 지역, 물건들을 잘 알려진 대상의 다룰 만한 범주로 바꿔 놓을 수 있었고, 결국 이렇게 제도적으로 강제된 구조들로 인해 강제된 자들의 자기 정체성을 빚어냈다. 제도적 계산능력은 위로부터 부과되었으므로, 설령 조사 대상에게는 아니더라도 조사원에 대해 지역 전체가 얼마나 지지하고 협조하는지에 달려 있었다. 18세기 미국의 인구조사 시도가 실패했던 것은 사람들이 네모 칸 속의 숫자로 축소되는 걸 거부했기 때문이 아니라, 수집한 자료로 가득 채웠던 이들에게 정량화의 가치를 평가할 기반 수단이 없었거나, 가치를 인식할 지적 세계관이 없었기 때문이다. 그에 반해서 잉카와 로마 세계는 전문적으로 수를 다루는 계층을 만들었고, 이들에게는 그런 세계관이 있었다.

5 계산능력과 성별

현대 영어 문화권에서, 학계 수학은 일반적으로 남성의 활동으로 여겨지고 있다. 여성은 성공하기 위해서는 아마도 자신의 여성성을 무시하거나 굽혀야만 했을 것이다. 하지만 이런 인식은 보편적인 것과는 거리가 멀다. 예를 들어 바브로 그레브홀름(Barbro Grevholm)과 길라 한나(Gila Hanna)가 수집한 연구에서는 1990년대 초반 학부 수학 전공자 중에서 여성의 비율이 쿠웨이트에서는 80퍼센트 정도, 포르투갈에서는 절반 이상이었음을 보여준다. 하지만 아래의 예가 설명하듯이 이런 것은 수학 자체의 내재적인 한쪽 성 특유의 성질이라기보다는, 특정 사회가 이상적 여성성과 남성성을 어떻게 구성했고, 어떤 것을 수학적 활동으로 여겼는지와 더 관련이 있다.

기원전 1000년 대의 대부분 동안 바빌로니아의 필경사들은 전문적인 계산능력은 신들로부터 온 것이 아니라 몇 명의 강력한 여신들로부터 온 천부적인 재능이라고 이해했다. 견습생들이 직업 훈련의 일환으로 암기했던 문학 작품에서 창조신들은 여신들에게 토지 측량 장비와 계산능력을 하사하여, 가정의 토지를 공정하게 관리하게끔 했다. 지금은 엔키와 세계 질서(Enki and the World Order)로 알려진 신화에서 위대한 신 엔키는 이렇게 선언한다.

나의 빛나는 누이, 성스러운 니사바(Nisaba)는

1로드의 척량하는 자를 받으려 한다

청금석 줄자가 누이의 팔로부터 매달려 있다.

모든 위대한 신성 능력을 선언하려 하다.

경계를 고치며 국경을 표시하려 한다.

그녀가 땅의 필경사가 되려 한다.

신들의 먹고 마심이 그녀의 손에 있게 되었다.

필경사들의 문학 작품들은 또한 니사바가 현실 세계의 제도적 계산능력의 후원자로, 필경사들과 왕들에게 측정 도구를 제공하여 결국 사회 정의를 지킬 수 있게 했다고 묘사하고 있다.

필경사들의 대화는 또 다른 학문적 문학 장르인데, 이 속에서 대화의 주인공들은 필경사들의 전문성의 이상이 무엇인지 논쟁을 벌인다. 그런 논쟁 중 하나에서 젊은 필경사 엔키-만슘(Enki-manshum)은 계측적 능숙함과 사회 정의를 직접적으로 관련시키고 있다.

내가 토지를 나누고자 나가면 나눌 수 있다.

내가 들판을 배분하러 가면 조각으로 배분할 수 있다.

그리하여 부당한 대우를 받은 자가 다투면

내가 그 마음을 진정시키며…

형제가 형제끼리 평화를 이루며, 그들의 마음이….

이는 단지 문학적 비유만은 아니다. 현실의 바빌로니아 왕들이 반포한 법전은 보통 상업적인 측량, 계량, 계수에 있어서의 공평함을 지키려고 하며, 계측 사기꾼을 처벌하기 위한 항목들이 있다는 주장을 담은 서문으로 시작하곤 했다. 정확한 전문 측량과 계산을 통해 토지 분쟁을 해결했음을 입증하는 수백 년의 법률 기록이 남아 있다. 기원전 19세기 시파르 시에서는 정의의 신 샤마시(Shamash)의 사원 안의 법정을 주재한 판사는 남자뿐만 아니라 (보통 같은 가족 출신의) 여성 필경사들과 측량사들 또한 고용했다. 또한 기원전 14세기 왕실 측량사들의 개인 인장은 일반적으로 전설적 영웅 길가메시(Gilgamesh)의 성스러운 어머니 닌-수문(Nin-sumun)에게 헌정되었다. 그들에게 있어 수리적 정의를 부여하는 수의 여신들은 자기들끼리의 이야깃거리가 아니라, 자신들 직종의 자기 정체성의 핵심이었다.

고대 바빌로니아에서는 계산능력과 계측학은 왕실의 남성성과 함께 신성한 여성성의 결합을 통해 제도적 권위와 힘을 얻었다. 이와는 대조적으로 많은 현대 사회에서는 여성이 수리적 사고와 활동을 수행할 경우 그들의 수학적 자격을 부인함으로 수학 분야에서 여성성을 추방했다. 게리 어튼은 볼리비아식 베 짜기가 (여성) 직조공들이 외우는 대단히 복잡한 대칭적 패턴에 근거한다는 것을 발견했던 민족지학적 연구로부터 출발하여 케추아어 명수법을 연구하게 되었다. 직조공들은 힘들이지 않고 실의 수를 셌다. 아기들을 보고, 음식을 준비하고, 다른 집안일에 참여하기 위해 일을 중단하고 떠났다 돌아온 후에도 한 치의 오차도 없이 이어서 했다. 그럼에도 그 분야의 남자들은 어튼에게 직조공들은 절대 '셀 줄 모른다'고 말했다. 베 짜기를 마친 뒤 시장에서 팔려고 할 때 속지 않았는지 확인하기 위해 대금을 반드시 다른 여자에게 점검케 했기 때문이었다.

어튼은 열두 살짜리 소녀 이렌느 플로레스 콘도리(Irene Flores Condori)로부터 베 짜기를 배웠다. 어튼은 이렇게 회상했다.

한번은 근엄한 노파가 (중략) 베를 짜서 여자가 되려는 거냐고 대놓고 물었다. 내가 아는 어떤 마을에서는 베를 짜는 일은 여자가 아니라 남자가 한다는 말로 답해줬다. (중략) 노파는 찌푸린 표정을 짓더니, 그게 사실이라면 그 마을에서는 여자들에게 남성의 성기가 달렸냐고 물었다!

베 짜는 일은 상당히 성 편향적인 활동이었다. 이 사건과 다른 몇몇 사건들이 겹치면서 어튼은 "내 행동을 어느 정도 참아줬던 것은 내가 외지인이었기 때문만이 아니라, 그 지역 남자들과 똑같은 규칙과 기대에 구속되지 않았기 때문"이라고 느끼게 됐다. 베 짜기는 배타적으로 여자들만의 일이었고 따라서 내재적인 수리적 특성을 사회가 보지 못한 것이다. 낯선 사람과의 돈 거래를 신뢰하길 꺼려한 건 남자들보다는 여자들이었기 때문에, 여자들은 간단한 셈도 못할 것이라 여겨졌다.

메리 해리스(Mary Harris)는 빅토리아 시대에 더 많은 서민들이 초등 교육을 받게 되면서 어떻게 강력한 성의 구분이 발달하게 됐는지를 보였다. 수학은 철저하게 남자들의 과목으로 간주됐고, 반면 바느질은 여성성의 전형으로 간주되었다. 하지만

모든 의복은 비율의 원리에 의존해 특정한 몸에 맞도록 뜨개질됐다. 칠판에서 민소매 패턴을 베끼는 일은 시각적으로 비례를 해석할 필요가 있고, 부드러운 곡선을 그릴 능력도 요한다. 초창기 검사관들이 기계로 바늘땀을 뜬 것과 구분할 수 없었던 섬세한 바늘땀이 가능했던 것은 육안으로 간격이 고른지 판단하고, 한 줄로 똑바로 유지하는 능력에서 기인한 것이다.

달리 말하면, 소녀들과 여성들이 어디서 베를 짰든, 뜨개질을 했든, 바느질을 했든 간에 몰리에르(Moliere)의 무슈 주르당(Monsieur Jourdain)이 평생을 '아무것도 모른 채' 무심히 말했듯, 때로는 대단히 창의적으로 부지불식간에 수리적 사고의 소질과 기량을 보인 것이다.

6 계산능력과 문해력, 학교와 슈퍼마켓

어쩌면 여성의 일이 전문적인 계산능력의 영역에 속한다고 생각되지 않은 것은 계산능력을 종종 문해능력의 일부로 여겼기 때문일 것이다(일단 뭔가로 여긴 경우). 레비엘 네츠(Reviel Netz)가 썼듯

대체로 숫자 기호가 아니라 언어 체계를 기록하기 위해서 발명된 도구들의 혜택을 입고, 아라비아 숫자의 경우 숫자가 글자보다 나중에 등장했다. 폭넓은 역사적 관점에서 이는 법칙이 아니라 예다. 문화를 통틀어, 특히 초기 문화에서 시각적 기호의 기록과 조작이 언어 기호의 기록과 조작보다 앞서며 두드러진다는 게 법칙이다.

네츠는 산가지와 주판을 염두에 두고 한 말이지만, 볼리비아의 직조공들의 예에서도 계산능력은 기호의 조작을 전혀 수반하지 않아도 된다는 걸 상기할

수 있다. 실, 라마, 아이디어 어느 것이든 셀 수 있고, 외부 도구의 개입 없이 계산을 수행할 수 있다. 손가락이나 다른 신체 부위를 이용한 예는 이 글에 반복해서 나왔다. 직조공들의 정신 활동의 상당 부분은 운율과 몸의 움직임에 체화돼서, 관련된 정신적, 신체적 과정을 말로는 표현할 수 없다. (그래서 어튼은 자신의 교사로 완전히 능숙한 성인 여성이 아니라 아직 공예를 배우던 소녀를 택했다.) 특히 개발도상국에서의 글을 통하지 않는 수리적 훈련과 개념들에 학계 관찰자들은 '민속수학'이라는 딱지를 붙였다. 하지만 '민속'이라는 접두사가 적절히 사용됐느냐와 계산능력과 수학 사이의 경계가 무엇이냐는 어려운 문제를 야기한다. 우리는 계산능력과 수학을 어떻게 구분하며, 민속수학은 이중 어디에 속하는 걸까?

우비라탄 담브로시오(Ubiratan D'Ambrosio)가 1970년대 중반 '민속수학'이라는 용어를 만들었을 때 이것은 '사회적, 경제적, 문화적 배경과 직접적으로 관련한' 수학 연구를 묘사하기 위한 것으로서, '수학의 역사와 문화 인류학의 경계에 놓여 있는' 주제였다. 하지만 많은 이들에게, 특히 수학 교육 내에서 이 단어는 (게으른 학계 관점을 따라 여성들만이 성별이 있는 걸로 간주하는 것과 마찬가지로) 마치 학문적으로 변방에 있는 것에는 민속성이 있다는 듯이 문화적으로 '다른' 수학의 연구를 뜻하게 되었다. 의미론적 수축은 '민족학적' 문화들이 완전히 수를 세지 못한다는 암시를 주며, 반면 과거와 현재의 주류 학계 수학을 사회학적, 인류학적, 민족지학적 연구에서 간과하게 만들어 이중으로 악영향을 끼친다. 또한 지적 창의성인 수학과 계산능력의 일상적

인 적용을 구분하지도 못한다.

도움이 안 되는 용어 '민속수학' 대신 유용한 대안들이 있다. 테레지나 누네스(Terezinha Nunes)와 동료들이 브라질의 아동기 계산능력에 대한 영향력 있는 연구에서, 공식적으로 배운 '학교 수학'과, 같은 아이들이 비공식적으로 만든 '거리 수학'을 구별했다. 1830년대 캘리포니아의 성인 계산능력에 대한 장 라베의 민족지학적 연구에서도 마찬가지로 '학교 산술'과 '슈퍼마켓 산술'을 대비한다. 그녀의 연구에 참여했던 이들은 보통 자신들을 산술적으로 무능하다고 표현했고, "슈퍼마켓에서의 자신들의 수학의 효율성을 깨닫지 못했고, 어떤 이들은 거기서 산술 계산을 이용했다는 것조차 몰랐다". 하지만 겉보기에는 비슷한 책상머리 '문장제 문제들'보다 슈퍼마켓 상황에서 훨씬 복잡한 수학 문제를 풀 필요가 종종 있다.

물건 사러 온 사람이 상품 진열대 앞에 서 있었다. 말을 하면서 한 번에 하나씩 사과를 봉지에 담았다. 봉지를 카트에 실을 때는 말을 마치고 있었다. "집에는 고작 [사과] 서너 개밖에 없어. 그런데 애는 넷이야. 그래서 앞으로 사흘간 적어도 한 명당 둘은 줘야겠지. 사다 채워 넣어야 할 것들이 있어. 냉장고에는 저장할 공간이 조금밖에 안 돼. 그러니 꽉 채울 수가 없어. (중략) 이제 서머타임 때는 집에 있을 거니까, 간식용으로 좋을 거야. 게다가 점심 때 집에 돌아왔을 때 가끔 사과 하나쯤은 먹고 싶거든."

가정의 사과 소비자들의 수, 소비 속도, 냉장고 저장 공간 등의 변수들을 명시적으로 고려하면서, 아마

도 암묵적으로는 사과 가격과 유통기한과 같은 변수도 고려하면서, 구매자는 사과를 아홉 개 골랐다. 아마도 다양한 종류의 사과 가격도 비교했을 것이고, 낱개와 미리 포장된 것 중 어느 쪽이 더 나은 구매인지도 고려했을 것이다. 라베와 연구자들은 자신들이 관찰한 전형적인 슈퍼마켓 활동과, 동일한 주제를 산술적으로 비슷한 능력의 필기시험 점수와 상관지어 봤다. 그들은 다음과 같은 사실을 발견했다. "슈퍼마켓에서의 계산의 빈도와 수학 시험, 다지선다형 시험, 통계의 점수 사이에는 단 하나의 의미 있는 상관관계도 없다. (중략) 슈퍼마켓과 모의 실험에서의 계산 빈도 및 성공과 학교 교육, 학업을 마친 후 지나간 햇수, 나이와는 아무런 통계적 상관관계가 없었다."

교육자들은 아마도 다소 맥이 풀리겠지만, 라베의 연구는 학교 수학에서의 훈련이 성인 생활에서의 수치적 능력에 거의 혹은 전혀 영향이 없음을 시사한다. (흥미롭게도 이런 발견은 앞서 살폈던 수학 교육에서의 개선과 19세기 초 북아메리카에서 앞서 계산능력의 수준 증가를 관련지었던 코헨의 역사적 논증과 충돌한다.) 더 엄밀히 말하면, 라베와 에티엔 벵거(Étienner Wenger)가 주장한 대로, 추상적이고, 맥락이 배제된 교실 수업보다는 학습과 관련된 사회적이고 직업적인 맥락에서 자리하고 있을 때, 유능한 전문가들과의 상호작용과 공동작업을 통해 가장 효율적으로 학습이 이루어진다. 학습자들은 필요한 구체적인 기교뿐만 아니라 믿음, 표준, 집단의 행동까지 심어준 '학습공동체'의 일원이 된다. 능력, 자신감, 사회적 수용을 얻으며 학습자들은 주변부에서 학습공동체의 중심으로 옮겨 가며,

적절한 때에 완전히 자격을 갖춘 전문가로서 받아들여지는 것이다. 우리는 이런 관점에서 전문적인 수리적 지식을 갖추게 되는 과정을 이해해야 할지도 모른다. 하지만 상황 학습이 그렇게 효율적이라면, 고대 중동과 지중해 지역 사회에서 실용적인 교육적인 수학이 발달했다는 사실은 지금껏 인식되지 않은 채 지나간 중요한 역사적 수수께끼일 것이다.

7 결론

이 글은 "계산능력과 수학의 관계는 문해능력과 문학의 관계다"라고 제언하며 시작했다. 하지만 여기 제시한 사례 연구들은 계산능력이 그보다는 훨씬 큰 인지적 범위를 가졌다는 것을 보여 준다. 시대를 통틀어 전세계적으로 수많은 개인과 사회가 문자 없이도 완벽히 잘 운영됐고 계속 번창했지만, 계수, 계측 혹은 어떤 형태로든 패턴 만들기가 없었다고 입증된 사례는 없다. 이런 관점에서 "계산능력과 수학의 관계는 언어와 문학의 관계다"라고 해야 더 정확한 표현이다. 사실 아기들과, 유아들과, 어린이들은 공식적인 학교 학습을 시작하기 훨씬 전부터 눈앞의 환경과의 참여를 통해 많은 기본적인 수학 기술을 배운다. 어떤 어린이들은 자라서 읽기와 쓰기가 상당히 발달했든 발달하지 않았든 남들보다 더 말을 잘 할 수 있듯이, 학교 수학에서의 능력과는 별개로 매일의 상황에서 계산능력이 더 나을 수도 떨어질 수도 있는 것이다.

계산능력과 수학 사이, 언어와 문학 사이의 관계에 대해 탐구는 고사하고 아직 형식화하지도 못한 깊고 중요한 문제가 많이 남아 있다. 이 분야는 아마

도 오늘날 학계에서 연구할 것이 가장 많은 분야 중 하나일 것이다. 이 글은 어디에나 존재하고, 인간의 존재에서 중심이었기 때문에 역설적으로 간과되었던 매혹적이고 복잡한 주제의 겉만을 건드렸을 뿐이다. 다가오는 몇 십 년 동안, 광범위한 학제 간 접근법으로 오늘날에는 추측만 할 뿐인 계산능력에 대해 분명 중요하고 놀라운 발견이 나올 것이다.

더 읽을거리

Ascher, M. 2002. *Mathematics Elsewhere: An Exploration of Ideas Across Cultures*. Princeton, NJ: Princeton University Press. (김이경 옮김, 『문화 속의 수학: 다양한 전통 문화 속의 수학을 찾아서』(경문사, 2004))

Bloor, D. 1976. *Knowledge and Social Imagery*. London: Routledge & Kegan Paul. (김경만 옮김, 『지식과 사회의 상』(한길사, 2002))

Cohen, P. C. 1999. *A Calculating People: The Spread of Numeracy in Early America*, 2nd edn. New York and London: Routledge.

Crump, T. 1990. *The Anthropology of Numbers*. Cambridge: Cambridge University Press.

Cuomo, S. 2000. Divide and rule: Frontinus and Roman land-surveying. *Studies in History and Philosophy of Science* 31:189-202.

D'Ambrosio, U. 1985. Ethnomathematics and its place in the history and pedagogy of mathematics. *For the Learning of Mathematics* 5:41-48.

Gerdes, P. 1998. *Women, Art and Geometry in Southern Africa*. Trenton, NJ: Africa World Press.

Glimp, D., and M. R. Warren, eds. 2004. *The Arts of Calculation: Quantifying Thought in Early Modern Europe*. Basingstoke: Palgrave Macmillan.

Grevholm, B., and G. Hanna. 1995. *Gender and Mathematics Education: An ICMI Study in Stiftsgården Åkersberg, Höör, Sweden, 1993*. Lund: Lund University Press.

Harris, M. 1997. *Common Threads: Women, Mathematics, and Work*. Stoke on Trent: Trentham Books.

Lave, J. 1988. *Cognition in Practice: Mind, Mathematics and Culture in Everyday Life*. Cambridge: Cambridge University Press.

Lave, J. and E. Wenger. 1991. *Situated Learning: Legitimate Peripheral Participation*. Cambridge: Cambridge University Press. (손민호 옮김, 『상황 학습: 합법적 주변 참여』(강현, 2010))

Netz, R. 2002. Counter culture: towards a history of Greek numeracy. *History of Science* 40:321-52.

Nunes, T., A. Dias, and D. Carraher. 1993. *Street Mathematics and School Mathematics*. Cambridge: Cambridge University Press. (박만구 외 옮김, 『거리 수학과 학교수학』(경문사, 2009))

Porter, T. 1995. *Trust in Numbers: The Pursuit of Objectivity in Science and Public Life*. Princeton, NJ: Princeton University Press.

Robson, E. 2008. Mathematics in Ancient Iraq: A Social History. Princeton, NJ: Princeton University Press.

Schmandt-Besserat, D. 1992. *From Counting to*

Cuneiform. Austin, TX: University of Texas Press.

Urton, G. 1997. *The Social Life of Numbers: A Quechua Ontology of Numbers and Philosophy of Arithmetic*. Austin, TX: University of Texas Press.

VIII.5 수학: 실험 과학

허버트 윌프 *Herbert S. Wilf*

1 수학자의 망원경

알버트 아인슈타인(Albert Einstein)은 "실험으로 이론을 검증할 수는 있으나, 실험으로부터 이론에 이르는 길은 없다"고 말했다. 하지만 이건 컴퓨터가 등장하기 전의 얘기다. 현재의 수학 연구에서는 위와 같은 종류의 길이 아주 명확하게 나 있다. 어떤 특별한 상황을 자세히 들여다본다면 어떨까라는 호기심으로 출발하여, 문제의 매개변수에서 작은 값들을 골랐을 때 상황의 구조를 드러내주는 컴퓨터 실험을 통해 계속되고, 인간의 영역으로 들어온다. 수학자는 컴퓨터 출력을 응시하다가 패턴을 관찰하고, 수식으로 써 보려고 시도한다. 결실이 슬슬 보이기 시작하면, 수학자는 사막의 모래 위에서 어른거리는 신기루가 아니라 그렇게 명백한 패턴이 정말로 있다는 것을 증명할 필요를 느낀다. 이것이 이 길의 마지막 단계이다.

순수수학자가 컴퓨터를 사용하는 방식은 이론 천문학자가 망원경을 이용하는 방식과 거의 비슷하다. '밖에 뭐가 있는지' 보여 준다는 것이 이 둘의 공통점이다. 컴퓨터도, 망원경도 보이는 것에 대해 이론적인 설명을 할 수는 없지만, 두 경우 다 사용하지 않았더라면 숨겨져 있었을 많은 예를 제공하여, 우리의 정신이 닿을 수 있는 거리를 늘려 주며, 이런 예들로부터 패턴의 존재성이나 보편적인 법칙을 인지하고, 설명할 가능성이 생긴다.

이 글에서 나는 이런 절차가 적용되는 예를 몇 가지 보여 주려고 한다. 적어도 내 눈에는 패턴이 인식되지 않았던 수많은 경우보다는, 어느 정도 성공으로 여기는 예들에 초점을 맞추는 것이 당연하다. 내 연구 분야는 주로 조합론과 이산수학이므로, 그 분야에 초점을 맞출 것이다. 실험적 방법이 다른 분야에서는 사용되지 않는다고 추론하는 것은 금물이다. 다만 내가 다른 분야에서의 응용에 대해서 글을 쓸 수 있을 만큼 그 분야들을 잘 알고 있지 못할 뿐이다.

짧은 글 하나로는 실험 수학의 풍부하게 다양하고, 넓고, 깊은 성취를 정당히 평가할 수 없다. 이에 대해서 더 알고 싶다면, 잡지《실험 수학(*Experimental Mathematics*)》과 보르웨인과 배일리(2003), 그리고 보르웨이 외(2004) 등의 책을 보기 바란다.

다음 절에서는 먼저 실험 수학의 무기고 안의 유용한 몇 가지 도구를 간단히 설명하고, 성공적이었던 몇 가지 방법(방법이라는 게 있다면)의 실례에 대해 논의할 것이다. 이 예들은 아래의 상당히 엄격한 제한조건에 맞춰 선정했다.

(i) 기획의 성공에 있어 컴퓨터를 이용한 탐구가 필수적이어야 하고

(ii) 노력의 결과로 순수수학에서 새로운 정리를

발견할 것

내 자신의 연구로부터 나온 예를 여러 개 포함시킨 것에 대해선 독자분들께서 사과를 드린다. 하지만 그것들이 나에게 가장 익숙했다.

2 도구상자 속의 몇 가지 도구

2.1 컴퓨터 대수 체계

컴퓨터 사용을 즐기는 수학자라면 두 개의 주요 컴퓨터 대수 체계(CAS)인 메이플(Maple)과 매스매티카(Mathematica)부터 시작하여, 이용 가능한 프로그램과 패키지가 엄청나게 많다는 것을 알고 있을 것이다. 이런 프로그램들은 작업 중인 수학자에게 큰 도움을 줄 수 있기 때문에 사실상 전문 설비의 하나로 간주해야 할 것이다. 이들은 대단히 사용자 편의적이고 유능한 프로그램들이다.

보통 사용자들은 대화형 모드로 CAS를 이용한다. 즉 한 줄짜리 명령어를 입력하면 프로그램이 반응하여 결과를 내놓고, 다시 한 줄을 입력하는 식이다. 이런 방식으로도 많은 목적에 충분히 부합할 수 있지만, 최선의 결과를 얻기 위해선 그런 패키지에 내장된 프로그래밍 언어를 습득해야 한다. 프로그래밍에 대한 약간의 지식만 있으면, 뭔가 좋은 결과가 나올 때까지 더 많은 경우를 찾아보라고 컴퓨터에게 요청할 수 있고, 그런 다음 결과를 받아 들고 다른 패키지를 사용하여 또 다른 것을 얻는 식의 일을 할 수 있다. 매스매티카나 메이플에 짧은 프로그램을 써 넣은 뒤, 컴퓨터가 흥미로운 현상을 찾기 위해 실행되도록 두고, 나는 주말 동안 어딘가로 떠나

있을 때가 많았다.

2.2 닐 슬로언의 정수 수열 데이터베이스

실험 쪽으로 기운 수학자들에게, 특히 조합론자들에게 CAS와 별도로 떼려야 뗄 수 없는 도구가 닐 슬로언(Neil Sloane)의 '온라인 정수 수열 백과사전(on-Line Encyclopedia of Integer Sequence)'이다.[*] 현재 거의 10만 개의 정수 수열이 포함돼 있고, 전면적인 검색 능력을 갖고 있다. 각 수열마다 수많은 정보가 딸려 있다.

만약 각 자연수 n마다 여러분이 세고 싶어 하는 대상의 집합이 결부돼 있다고 하자. 예를 들어, 주어진 성질을 갖는 크기 n인 집합의 수를 구하고 싶다거나, n이 얼마나 많은 소인수를 가지고 있는지 알고 싶을 수도 있다(그 수의 소인수 집합의 원소의 수를 구하는 것과 같다). 더 나아가 예를 들어 $n = 1, 2, 3, \cdots, 10$일 때는 답을 찾았지만, 일반적인 답에 대해 간단한 공식은 찾을 수 없었다고 가정하자.

구체적인 예를 들어 보자. 예를 들어 어떤 문제를 연구 중인데, $n = 1, 2, \cdots, 10$일 때의 답이 1, 1, 1, 1, 2, 3, 6, 11, 23, 47이었다고 하자. 다음 단계는 이 사이트를 찾아 인류가 그 수열을 이전에 만난 적이 있는지 찾아봐야 한다. 아무것도 얻지 못할 수도 있고, 희망하던 결과가 알려진 지 오래 됐다는 걸 발견할 수도 있고, 상당히 다른 맥락에서 나온 다른 수열과 수수께끼처럼 똑같다는 걸 발견할 수도 있다. 세 번째 경우의 예를 §3에서 논의할 것이다. 분명 뭔가 흥

---

[*] 웹 주소는 http://oeis.org이고, 지금은 20만 개가 넘는 수열이 들어 있다.

미로운 일이 생길 것이다. 만일 이런 시도를 해 본 적이 없다면, 위의 조그마한 예를 찾아보고, 무엇을 표현하는 수열인지 보라.

2.3 크라튼탈러의 패키지 'Rate'

초기하 수열의 형태를 추측할 때 대단히 유용한 매스매티카 패키지로 크리스티안 크라튼탈러(Christian Krattenthaler)가 작성한 것이 있다. 패키지의 이름 Rate(rot'-eh)는 독일어로 '추측'을 뜻하는 단어이다. 이것은 그의 웹사이트에서 내려받을 수 있다.

n에 대한 두 다항식의 몫, 예를 들어 $(3n^2 + 1)/(n^3 + 4)$와 같은 것을 n의 유리함수라 부른다는 것을 상기하면 초기하 수열이 무엇인지 설명할 수 있다. 수열 $\{t_n\}_{n \geq 0}$이 초기하 수열(hypergeometric sequence)이라는 것은 비 t_{n+1}/t_n이 첨자 n에 대한 유리함수라는 뜻이다. 예를 들어 $t_n = \binom{n}{7}$일 때, t_{n+1}/t_n을 계산하면 n에 대한 유리함수 $(n + 1)/(n - 6)$이다. 따라서 $\{t_n\}_{n \geq 0}$은 초기하 수열이다. 다음과 같은 예들

$$n!, \quad (7n + 3)!, \quad \binom{n}{7}t^n, \quad \frac{(3n + 4)!(2n - 3)!}{4^n n!^4}$$

도 초기하 수열임을 쉽게 보일 수 있다.

모르는 수열의 처음 몇 항을 입력하면, Rate는 그 값들을 갖는 초기하 수열을 찾아볼 것이다. 또한 초-초기하 수열(즉, 인접한 항의 비가 초기하 수열인 것)과, 초-초-초기하 수열도 찾아볼 것이다.

예를 들어

Rate[1, 1/4, 1/4, 9/16, 9/4, 225/16]

이라고 입력하면, 다음과 같은 (다소 이해하기 어려운) 답을 출력으로 내놓는다.

$$\{4^{1-i0}(-1 + i0)!^2\}.$$

여기서 $i0$은 Rate가 사용하는 변수이므로, 보통이라면 다음처럼 쓰는 것이다.

$$\frac{(n - 1)!^2}{4^{n-1}} \quad (n = 1, 2, 3, 4, 5, 6).$$

아까 입력한 수열과 완벽하게 맞는다. Rate는 §2.2에서 언급한 정수 수열 데이터베이스의 메인 페이지의 초탐색자(Superseeker)의 일부이다.

2.4 숫자의 식별

연구 도중 어떤 숫자를 만났다고 하고, 그걸 β라 부르기로 하자. 최대한 근접하게 계산을 했더니 1.218041583332573이었다고 하자. β가 이미 알려진 유명한 상수, 예를 들어 π, e, $\sqrt{2}$ 등등과 관련돼 있을 수도 있고 그렇지 않을 수도 있지만, 일단 어느 쪽인지 알고 싶다.

여기서 제기되는 일반적인 문제는 다음과 같다. 주어진 k개의 수 (기저) $\alpha_1, \cdots, \alpha_k$가 있고, 목표로 하는 수는 α다. 다음과 같은 일차결합

$$m\alpha + m_1\alpha_1 + m_2\alpha_2 + \cdots + m_k\alpha_k \qquad (1)$$

가 수치적으로 0에 극도로 가까운 정수 $m, m_1, \cdots, m_k$를 찾고 싶다.

그런 정수들을 찾을 수 있는 컴퓨터 프로그램이 있다면, 그걸로 수수께끼의 상수

$$\beta = 1.218041583332573$$

을 어떻게 식별할까? α_i를 대단히 잘 알려진 보편적인 상수들과 소수의 로그 목록에서 택하고, 그런 뒤

$\alpha = \log \beta$라고 둘 것이다. 예를 들어

$$\{\log \pi, 1, \log 2, \log 3\} \qquad (2)$$

을 기저로 이용할 수 있다. 그런 뒤,

$$m \log \beta + m_1 \log \pi + m_2 + m_3 \log 2 + m_4 \log 3 \quad (3)$$

이 극히 0에 가까운 정수 m, m_1, $\cdots$, m_4를 찾으면, 수수께끼의 숫자 β는 다음 숫자와 극히 가까울 것이다.

$$\beta = \pi^{-m_1/m} e^{-m_2/m} 2^{-m_3/m} 3^{-m_4/m}. \qquad (4)$$

이 시점에서 판단을 내릴 필요가 있다. 정수 m_i들이 다소 커 보이면, 추정한 평가 (4)가 의심스러울 것이다. 사실 어떤 임의의 α와 기저 $\{\alpha_i\}$에 대해서 일차결합 (1)이 기계의 정밀도 한계 내에서 **정확히** 0인 커다란 정수 $\{m_i\}$들을 항상 찾을 수 있다. '작은' 정수 m, m_i들만을 사용하여 이 값이 비정상적으로 0에 가까운 것을 찾는 것이 요령인데, 이건 판단하기에 달린 문제이다. 만일 찾아낸 관계식이 사실이라고 판단되면, 이제는 α에 대해 예상한 값이 옳다는 것을 증명하는 작은 작업만 남는데, 그 작업은 이 글의 범위를 넘어선다. 이 주제에 대한 멋진 조사 논문은 배일리(Bailey)와 플로퍼(Plouffe)(1997)를 참조하라.

실수 집합의 원소 중에서 (1)과 같은 일차종속성을 발견하는 데 사용하는 두 가지 주요 도구가 있다. 격자 기저 축소 알고리즘을 쓰는 포케이드(Forcade)(1979)의 PSLQ라는 알고리즘과, 렌스트라 등(1982)의 LLL 알고리즘이 있다. 실제 연구 중인 수학자들에게 희소식인 것은 이 도구들이 CAS에서 사용할 수 있는 도구라는 사실이다. 예를 들어 메이플에는 `IntegerRelations[LinearDependency]`라는 패키지가 있어서 사용자가 PSLQ와 LLL 알고리즘을 즉시 쓸 수 있다. 비슷하게 매스매티카에도 웹 상에 같은 기능을 수행하면서 웹에서 무료로 내려받을 수 있는 패키지가 있다.

이 방법의 응용 예에 대해서는 §7에서 논의할 것이다. 하지만 간단히 설명하기 위해 수수께끼의 숫자 $\beta = 1.218041583332573$을 인식할 수 있는지 시도해 보자. (2)에 준 기저 목록을 입력하고, $\log 1.218041583332573$을 인수로 하여 메이플의 `IntegerRelations[LinearDependency]` 패키지에 입력한다. 출력으로 정수 벡터$[2, -6, 0, 3, 4]$가 나와, 계산한 소수점 이하 마지막 자리까지 $\beta = \pi^3 \sqrt{2} / 36$이 일치함을 알게 된다.

2.5 편미분방정식 풀기

최근에 그레이엄 등(1989)이 제기한 어떤 연구 문제와 관련하여 발생한 편미분방정식(PDE)의 해를 구할 필요가 생겼다. 1차 선형 PDE였기 때문에, 원칙적으로는 **특성방정식 방법**[III.49 §2.1]이 해를 줄 것이다. 그 방법을 시도해 본 사람이라면 알겠지만, 관련된 상미분방정식의 해와 관련하여 기술적 문제로 인해 난관에 부딪힐 수가 있다.

하지만 PDE를 푸는 데 극도로 똑똑한 패키지를 이용할 수 있다. 나는 메이플 명령어 `pdsolve`로 조건 $u(0, y) = 1$이 있는 다음 방정식을 다루었다.

$$(1 - \alpha x - \alpha' y)\frac{\partial u(x, y)}{\partial x}$$
$$= y(\beta + \beta' y)\frac{\partial u(x, y)}{\partial y} + (\gamma + (\beta' + \gamma')y)u(x, y).$$

pdsolve는

$$u(x, y) = \frac{(1 - \alpha x)^{-\gamma/\alpha}}{(1 + (\beta'/\beta) y (1 - (1 - \alpha x)^{-\beta/\alpha}))^{1 + \gamma'/\beta'}}$$

가 답임을 찾아냈고, 덕분에 다른 가능한 방법으로 했을 때보다 훨씬 오류도 적고, 힘도 덜 들이며 어떤 조합론적 양에 대한 구체적인 공식을 찾아낼 수 있었다.

3 합리적으로 생각하기

다음 문제는 1997년 9/10월호 《퀀텀(Quantum)》에 게재된 문제이다(스탠 웨이건(Stan Wagon)이 '이 주의 문제'로 선정했다).

> 90316을 다음 꼴로 쓰는 방법은 몇 가지인가?
> $$a + 2b + 4c + 8d + 16e + 32f + \cdots.$$
> 단, 계수들은 0, 1, 2 중에서 어떤 것이든 가능하다.

보통의 조합론적 용어로, 이 문제는 정수 90316을 2의 거듭제곱의 합으로 쓸 때, 각 부분의 중복도가 기껏해야 2인 경우의 수를 묻는 것이다.

이런 제한조건하에서 n을 분할하는 수를 $b(n)$이라고 하자. $n = 5$일 때 두 개의 적절한 분할은 $5 = 4 + 1$과 $5 = 2 + 2 + 1$이므로 $b(5) = 2$이다. $b(n)$이 $b(0) = 1$과 $n = 0, 1, 2, \cdots$에 대해 점화식 $b(2n + 1) = b(n)$과 $b(2n + 2) = b(n) + b(n + 1)$을 만족하는 것을 보이는 건 어렵지 않다.

이제 특정한 $b(n)$값을 쉽게 계산할 수 있다. 점화식으로부터 직접 계산할 수 있는데, 계산 목적으로는 상당히 빠르다. 그렇지 않으면 수열 $\{b(n)\}_0^\infty$의

생성함수가 다음과 같음을 꽤 쉽게 보일 수도 있다(생성함수는 계수적/대수적 조합론[IV.18 §§2.4, 3]이나, 윌프(1994)에 논의돼 있다).

$$\sum_{n=0}^\infty b(n) x^n = \prod_{j=0}^\infty (1 + x^{2^j} + x^{2 \cdot 2^j}).$$

매스매티카나 메이플에 내장된 급수 전개 명령어를 이용하여 이 급수 내의 많은 항을 꽤 빨리 보여줄 수 있기 때문에, 그것들을 사용하면 수열을 써서 프로그래밍해야 하는 수고를 피할 수 있다. 《퀀텀》의 원래 문제로 돌아가 보자. 점화식에서 $b(90316) = 843$임을 계산하는 것은 간단한 문제이다. 하지만 이 수열 $\{b(n)\}$에 대해 조금 더 배워 보자. 이를 위해 우리는 망원경을 열고 최초의 95개 항, 즉 $\{b(n)\}_0^{94}$를 계산하여, 표 1에 써 두었다. 이제 "이 숫자들에서 무슨 패턴이 보이는가"라는, 수학자의 실험실에서 늘상 반복되는 질문에 맞닥뜨리게 된다.

한 가지 예로, n이 2의 거듭제곱보다 1이 작으면 $b(n) = 1$인 것처럼 보인다. 이런 퍼즐을 좋아하는 독자라면 여기서 잠깐 읽는 것을 멈추고(다음 문단을 훔쳐보지도 말고), 표 1을 들여다보며 어떤 흥미로운 패턴이 있는지 찾아보길 권한다. 이런 질문에는 $n = 94$까지 계산한 것은 $n = 1000$ 정도까지 계산한 것보다 그다지 도움이 안 될 수 있으므로, $b(n)$값을 점화식을 써서 훨씬 더 많이 계산하고, 유익한 패턴이 있는지 주의 깊게 조사해 볼 것을 권한다.

$n = 2^a$이면 $b(n)$이 $a + 1$인 것 같다는 것을 눈치 챘는가? 이건 어떤가? 2^a 이상 $2^{a+1} - 1$ 이하 구간의 n값에 대해, 가장 큰 $b(n)$값은 피보나치 수 F_{a+2}인 것 같다. 이 수열에는 대단히 흥미로운 일이 일어나고 있지만, 가장 중요한 점은 **인접한 $b(n)$값이 항상**

0	1	2	3	4	5	6	7	8	9	10	11	12	13	14	15	16	17	18
1	1	2	1	3	2	3	1	4	3	5	2	5	3	4	1	5	4	7

19	20	21	22	23	24	25	26	27	28	29	30	31	32	33	34	35	36	37
3	8	5	7	2	7	5	8	3	7	4	5	1	6	5	9	4	11	7

38	39	40	41	42	43	44	45	46	47	48	49	50	51	52	53	54	55	56
10	3	11	8	13	5	12	7	9	2	9	7	12	5	13	8	11	3	10

57	58	59	60	61	62	63	64	65	66	67	68	69	70	71	72	73	74	75
7	11	4	9	5	6	1	7	6	11	5	14	9	13	4	15	11	18	7

76	77	78	79	80	81	82	83	84	85	86	87	88	89	90	91	92	93	94
17	10	13	3	14	11	19	8	21	13	18	5	17	12	19	7	16	9	11

표 1 $b(n)$의 최초 95개의 값

서로소인 것 같다는 관찰을 이해할 수 있어야 한다는 것이다.[*]

이 수열이 당연히 가질 거라고 기대되는 덧셈 구조에 관련한 성질이 아니라, 자연수의 곱셈 구조와 관련된 성질을 갖는다는 건 완전히 예상 밖의 일이다. 정수를 분할하는 이론은 수의 덧셈 이론에 속한 것이고, 분할의 곱셈 관련 성질은 드문 데다 언제나 소중하기 때문이다.

일단 이런 서로소라는 성질이 관찰되면, 증명은 쉽다. $b(n)$, $b(n + 1)$이 서로소가 아닌 것 중 가장 작은 n을 m이라 하고, $p > 1$이 그 두 항의 약수라 하자. $m = 2k + 1$이 홀수면, 점화식으로부터 p가 $b(k)$와 $b(k + 1)$을 나누어야 하므로, 최소성에 모순이다.

반면 $m = 2k$가 짝수면 이번에도 점화식으로부터 같은 결과를 얻어 증명은 끝이 난다.

인접한 값끼리 서로소라는 점이 흥미로운 까닭은 무엇일까? 일단 모든 서로소인 자연수 쌍 (r, s)가 이 수열의 인접한 항들의 쌍으로 나오는지, 만일 그렇다면 그런 쌍이 딱 한 번씩만 나오는지에 대해 생각해 보자. 위에 제시한 표가 이 두 가지 가능성을 지지해 주는데, 좀 더 연구한 결과 둘 다 옳다는 것이 드러났다. 자세한 것은 칼킨(Calkin)과 윌프(2000)를 보라.

기약분수로 이루어진 수열 $\{b(n)/b(n + 1)\}_0^\infty$ 중에서 모든 양의 유리수는 반드시 딱 한 번씩만 나온다는 것이 핵심이다. 따라서 컴퓨터 화면을 응시하며 패턴을 발견하면, 그 결과로 분할 함수 $b(n)$으로부터 유리수를 세는 방법을 찾을 수 있다.

---

[*] 두 자연수가 서로소라는 것은 1 이외에는 공약수가 없다는 뜻이다.

교훈. 매일 컴퓨터 화면을 몇 시간씩 바라보면서 패턴을 찾는 일로 시간을 보내라.

4 예기치 못했던 인수분해

컴퓨터 대수 체계의 위대한 능력 중 하나는 인수분해에 아주 능하다는 것이다. 아주 큰 수나 아주 복잡한 식도 분해가 가능하다. 흥미로운 문제의 답이 아주 긴 수식으로 나올 경우, CAS에게 인수분해를 요청하는 것은 좋은 연습이다. 때로는 결과 때문에 놀라는 일을 겪을 것인데, 그런 얘기 하나를 살펴보자.

영 타블로(Young tableaux)에 대한 이론은 현대 조합론에서 중요한 부분을 이루고 있다. 영 타블로를 만들기 위해 자연수 n과, 이 수의 분할 $n = a_1 + a_2 + \cdots + a_k$를 고르자. 여기서는 예로 $n = 6$과 분할 $6 = 3 + 2 + 1$을 이용하겠다. 다음으로는 이 분할에 대해 첫 번째 행에 a_1개의 정사각형을, 두 번째 행에 a_2개의 정사각형을 그리는 방식을 계속해 나가며 체스판을 잘라낸 것처럼 왼쪽 줄에 맞춰 **페러즈 판(Ferrers board)**을 그리자. 우리의 예에서 페러즈 판은 그림 1과 같다.

도표를 만들기 위해 이 판의 n개의 칸에 숫자 1, 2, $\cdots$, n을 써 넣었는데, 각 행마다 왼쪽에서부터 오른쪽으로 갈수록 숫자가 증가하도록 하고, 각 열도 위에서부터 아래로 갈수록 증가하도록 한다. 그런 방법 하나를 그림 2에 나타냈다.

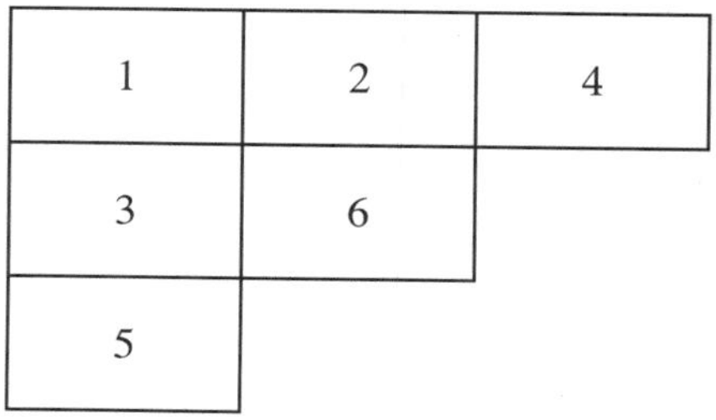

n의 각 치환마다, 모양이 같은 도표의 쌍을 대응하는 로빈슨(Robinson)-쉰스테드(Schensted)-크누스(Knuth) 대응(RSK 대응)이라 부르는 일대일대응이 있다는 것은 영 타블로의 중요한 성질 중 하나이

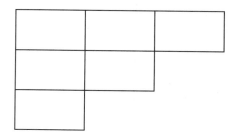

그림 1 페러즈 판

1	2	4
3	6	
5		

그림 2 영타블로

다. RSK 대응을 이용하면 주어진 치환의 값을 벡터로 갖는 수열에서 가장 긴 증가 부분수열의 길이를 찾을 수 있다. 길이는 치환으로부터 RSK 대응에 의해 사상되는 도표 쌍의 첫 번째 행의 길이와 같은 것으로 밝혀졌다. 알고리즘적으로 말하면 이 사실로부터 주어진 치환의 가장 긴 부분수열의 길이를 찾는 좋은 방법이 있다는 뜻이다.

이제 n개의 숫자의 치환 중에서 길이가 k보다 큰 증가 부분수열이 없는 치환의 수를 $u_k(n)$이라고 하자. 게셀(Gessel)(1990)의 환상적인 정리는 다음과 같다.

$$\sum_{n \geq 0} \frac{u_k(n)}{n!^2} x^{2n} = \det\left(I_{|i-j|}(2x)\right)_{i,j=1,\cdots,k}. \quad (5)$$

여기에서 $I_\nu(t)$는 아래의 변형된 베셀(Bessel) 함수를 말한다.

$$I_\nu(t) = \sum_{j=0}^{\infty} \frac{(\frac{1}{2}t)^{2j+\nu}}{j!(j+\nu)!}.$$

어쨌든, 나에게는 바로 위에서와 같은 무한급수 여러 개를 $k \times k$ 행렬에 집어넣고 행렬식을 전개한 뒤, x^{2n}의 계수를 찾아서 $n!^2$을 곱하면, n개의 숫자의 치환 중에서 길이가 k보다 큰 증가 부분수열이 없는 치환의 개수가 정확히 나온다는 것이 상당히 '환상적으로' 보인다.

행렬식 하나를 계산해 보자. 예를 들어 $k = 2$인 경우, 다음을 알 수 있다.

$$\det(I_{|i-j|}(2x))_{i,j=1,2} = I_0^2 - I_1^2.$$

물론 이 식은 $(I_0 + I_1)(I_0 - I_1)$로 분해된다. 여기서 I_ν의 인자(argument)는 모두 $2x$인데 여기서는 생략했다.

$k = 3$인 경우, 그런 인수분해는 없다. CAS에 $k = 4$일 때 행렬식이 무엇인지 물어보면, 이렇게 보여줄 것이다.

$$I_0^4 - 3I_0^2 I_1^2 + I_1^4 + 4I_0 I_1^2 I_2$$
$$- 2I_0^2 I_2^2 - 2I_1^2 I_2^2 + I_2^4 - 2I_1^3 I_3$$
$$+ 4I_0 I_1 I_2 I_3 - 2I_1 I_2^2 I_3 - I_0^2 I_3^2 + I_1^2 I_3^2.$$

여기서도 $I_\nu(2x)$를 간단히 I_ν로 줄여 썼다. 만일 CAS에 마지막 수식을 분해해 달라고 요청하면, (놀랍게도) 다음처럼 대답하는데,

$$(I_0^2 - I_0 I_1 - I_1^2 + 2I_1 I_2 - I_2^2 - I_0 I_3 + I_1 I_3)$$
$$\times (I_0^2 + I_0 I_1 - I_1^2 - 2I_1 I_2 - I_2^2 + I_0 I_3 + I_1 I_3)$$

바로 알아챘겠지만 $(A + B)(A - B)$ 꼴이다.

$k = 2$와 $k = 4$에 대해 실험을 통해 게셀의 $k \times k$

행렬식이 $(A + B)(A - B)$ 꼴로 자명하지 않게 분해된다는 것을 알게 됐다. 단, 여기에서 A, B는 베셀함수들을 변수로 가지며 차수가 $k/2$인 다항식이다. 형식적인 베셀 함수들로 이루어진 이렇게 덩치 큰 수식이 인수분해된다는 것을 그냥 무시할 수는 없다. 이에 대한 설명이 필요하다. 이런 분해가 모든 짝수 k에 대해 확장이 될까? 그렇다. 각 인수들이 뜻하는 바를 일반적으로 설명할 수 있을까? 있다.

나중에 밝혀졌지만, 여기서 요점은 게셀의 행렬식 (5)에서 행렬의 항은 오직 $|i-j|$에만 의존한다는 것이다(이와 같은 행렬을 **토플리츠(Toeplitz)** 행렬이라 부른다). 그런 행렬의 행렬식은 다음처럼 자연스럽게 인수분해할 수 있다. $a_0, a_1, \cdots$가 어떤 수열이고, $a_{-i} = a_i$라 하면 다음의 식을 얻는다.

$$\det(a_{i-j})_{i,j=1}^{2m}$$
$$= \det(a_{i-j} + a_{i+j-1})_{i,j=1}^{m} \det(a_{i-j} - a_{i+j-1})_{i,j=1}^{m}.$$

이 사실을 현재 상황에 적용하면, $k = 2, 4$였을 때의 이전 인수분해를 정확히 다시 만들어내며, 아래와 같이 모든 짝수로 일반화할 수 있다.

칸의 수가 n인 영 타블로 중에서 첫 번째 행의 길이가 기껏해야 k인 것의 수를 $y_k(n)$이라 하고,

$$U_k(x) = \sum_{n \geq 0} \frac{u_k(n)}{n!^2} x^{2n}, \quad Y_k(x) = \sum_{n \geq 0} \frac{y_k(n)}{n!} x^n$$

이라 하자. 이 두 개의 생성함수의 용어로 일반적인 인수분해 정리는 다음처럼 쓸 수 있다.

$$U_k(x) = Y_k(x) Y_k(-x) \quad (k = 2, 4, 6, \cdots).$$

이런 인수분해가 왜 유용할까? 우선은 이런 인수분해식의 양쪽에서 x의 거듭제곱의 지수가 같은 부분

을 비교하여 등식들을 얻을 수 있다(시도해 볼 것을 권한다). 칸의 수가 n인 영 타블로 중에서 첫 번째 행의 길이가 기껏해야 k인 것의 수와, 다른 한편에는 n개의 숫자로 이루어진 치환 중에서 증가 부분수열의 길이가 k보다 크지 않은 것의 수를 연관지어 주는 흥미롭고 구체적인 공식을 찾은 것이다. 이런 관계에 대한 직접적인 증명은 알려져 있지 않다. 이에 대해 더 자세한 내용과 추가 결과를 알고 싶은 독자는 윌프(1992)를 보라.

교훈. 인수분해를 찾아라!

5 슬로언 데이터베이스의 추가 사례

슬로언의 데이터베이스를 사용했을 뿐만 아니라, 슬로언 본인이 연구 논문의 저자 중 한 명으로 참여한 연구 사례를 살펴보자.

가치를 헤아릴 수 없는 웹 자원 사이트 매스월드(Mathworld)를 만든 에릭 웨이스타인(Eric Weisstein)은 고윳값이 모두 양의 실수인 0-1 행렬의 개수에 관심이 생겼다. $f(n)$을 모든 성분이 0이나 1로만 이루어져 있고, 고윳값이 모두 양수인 $n \times n$ 행렬의 개수라고 했을 때, 웨이스타인은 계산을 통해 $f(n)$값들을 찾아냈다.

$$1, \ 3, \ 25, \ 543, \ 29281 \quad (n = 1, 2, \cdots, 5).$$

그는 슬로언의 데이터베이스를 찾아 보다가 흥미롭게도 이 수열이 데이터베이스의 **A003024**라는 수열과 동일함을 발견했다. 이는 꼭짓점이 n개이며, 꼭짓점으로 이름을 붙인 사이클이 없는 방향 그래프의 개수를 세는 수열이었으므로, 웨이스타인의 추측이 도출될 수 있었다.

n개의 꼭짓점으로 이름을 붙인 사이클이 없는 방향 그래프의 개수는 0, 1로만 이루어진 $n \times n$ 행렬 중에서 고윳값이 모두 양수인 것의 개수와 같다.

이 추측은 맥카이(Mckay) 등이 쓴 책(2003)에서 증명됐다. 이 결과를 증명해 나가는 과정 중에 다소 놀라운 사실이 증명됐다.

정리 1. A가 0과 1로만 이루어진 행렬이고 양수 고윳값만을 가지면, 그 고윳값은 모두 1이다.

이를 증명하기 위해, $\{\lambda_i\}_{i=1}^{n}$을 A의 고윳값이라 하면

$$
\begin{aligned}
1 &\geqslant \frac{1}{n} \operatorname{trace}(A) \\
&= \frac{1}{n}(\lambda_1 + \lambda_2 + \cdots + \lambda_n) \\
&\geqslant (\lambda_1 \lambda_2 \cdots \lambda_n)^{1/n} \\
&= (\det A)^{1/n} \\
&\geqslant 1
\end{aligned}
$$

이다. 첫 번째 줄은 모든 i에 대해 $A_{i,i} \leqslant 1$이기 때문이고, 세 번째 줄은 산술 기하평균 부등식이며, 마지막 줄에서는 $\det A$가 양의 정수여야 한다는 사실을 이용했다. 산술평균과 기하평균이 같아야 하므로 모든 고윳값이 같아야 하고, 따라서 모든 λ_i가 1이다.

원래의 추측은 세려고 하는 두 집합 사이에 구체적인 전단사함수를 찾아 증명했다. 실제로 A가 0과

1로만 이루어져 있고, 양수 고윳값만 갖는 $n \times n$ 행렬이라 하자. 이때 모든 고윳값이 1이므로, A의 대각선도 모두 1이어야 하고, 따라서 $A - I$는 모두 0과 1로만 이루어진 행렬이며 대각선은 모두 0인 행렬이다. $A - I$를 어떤 방향그래프 G에 대응하는 인접행렬로 간주하자. 그러면 G는 사이클이 없는 그래프임이 밝혀지게 된다.

그 반대로, G가 조건을 만족하는 방향그래프라면, B를 인접행렬이라 하자. 필요하면 G의 꼭짓점의 번호를 바꿔 붙여서, 대각선이 0인 삼각행렬로 만들 수 있다. 그러면 $A = I + B$는 0, 1로 이루어진 행렬이면서 양수만을 고윳값으로 갖는다. 따라서 행과 열에 번호를 동시에 바꾸기 이전의 행렬일 때도 $I + B$에 대해 같은 성질이 성립해야 한다. 더 자세한 결과와 따름정리는 맥카이(McKay) 등이 쓴 책 (2003)을 보라.

교훈. 당신의 수열이 '온라인 정수 수열 백과사전'에 있는지 찾아보라!

6 21단 로켓

이번에는 다음과 같은 밀스-로빈스-럼지 행렬식 (Mills-Robbins-Rumsey matrix determinant)을 계산하는 문제를 앤드류스(Andrews)(1998)가 어떻게 성공적으로 공격했는지 살펴보자.

$$M_n(\mu) = \left(\binom{i + j + \mu}{2j - i} \right)_{0 \leq i, j \leq n-1}. \qquad (6)$$

이 문제는 **평면 분할** 연구와 관련한 1987년 밀스 등의 논문(1987)에서 발생했다. n의 평면 분할이란 합

이 n인 음이 아닌 정수로 이루어진 (무한) 배열 $n_{i,j}$ 중에서 각 행을 따라서 증가하지 않으며, 각 열을 따라 내려가면서도 증가하지 않을 때를 말한다.

$\det M_n(\mu)$를 깔끔하게 다음처럼 곱으로 표현할 수 있음이 밝혀졌다.

$$\det M_n(\mu) = 2^{-n} \prod_{k=0}^{n-1} \Delta_{2k}(2\mu). \qquad (7)$$

단, 여기에서

$$\Delta_{2j}(\mu) = \frac{(\mu + 2j + 2)_j (\frac{1}{2}\mu + 2j + \frac{3}{2})_{j-1}}{(j)_j (\frac{1}{2}\mu + j + \frac{3}{2})_{j-1}}$$

이며 $(x)_j$는 상승 팩토리얼(rising factorial) $x(x+1)\cdots(x+j-1)$이다.

앤드류스 증명의 전략은 개념상으로는 우아하고 실행은 어렵다. 대각선이 모두 1인 위삼각행렬 $E_n(\mu)$를 찾아서 다음 행렬

$$M_n(\mu) E_n(\mu) = L_n(\mu) \qquad (8)$$

은 위삼각행렬이며, 이 행렬의 대각선이

$$\{\tfrac{1}{2}\Delta_{2j}(2\mu)\}_{j=0}^{n-1}$$

이 되도록 하자는 것이다. 물론 그것이 가능하다면 $\det E_n(\mu) = 1$이고, 두 행렬의 곱의 행렬식은 각 행렬식의 곱이라는 사실과, 삼각행렬(대각선 위나 아래는 모두 0인 행렬)의 행렬식은 대각선의 원소를 곱한 것이라는 사실 때문에, (8)로부터 정리 (7)을 증명할 수 있을 것이다.

하지만 어떻게 그런 행렬 $E_n(\mu)$를 찾을 수 있을까? 컴퓨터의 안내에 따르면 찾을 수 있다. 더 엄밀히 말하면

(i) 다양한 작은 n값에 대해 $E_n(\mu)$를 찾아보고, 그 자료로부터 일반적인 (i, j)항에 대한 공식을 예상한다.

(ii) 예상한 행렬의 성분들이 옳다는 것을 증명한다. (사실 '우리는' 증명을 못하겠지만, 앤드류스는 했다.)

단계 (ii)에서는 범상치 않게도 21단계의 사건이 벌어지는데 앤드류스는 이를 성공적으로 수행했다. 그가 한 일은 각각 상당히 기교적인 초기하 항등식으로 이루어진 21개의 명제를 갖는 체계를 만든 것이다. 그 후, 앤드류스는 이 21개의 명제를 가지고 동시에 수학적 귀납법을 수행했다. 즉, 예를 들어 13번째 명제가 어떤 n값에 대해 참이면, 14번째 명제도 참이라는 것 등을 보이고, 모든 명제가 n값에 대해 참이면, $n + 1$값에 대해 첫 번째 명제가 참이라는 것을 보였다. 그가 어떤 것들을 했는지에 대한 핵심과 멋은 이 짧은 요약문으로는 전달할 수 없는데, 더 자세히 알고 싶은 독자는 앤드류스의 논문을 읽어 보길 권한다.

여기서는 위의 계획 중 (i)단계에 대해 몇 가지만 언급하고 넘어가도록 하자. 자, 이제 작은 n값에 대해 $E_n(\mu)$를 찾아보자. $E_n(\mu)$가 대각선이 1인 위삼각 행렬이라는 것은 $0 \leq i \leq j - 1$과 $1 \leq j \leq n - 1$에 대해

$$\sum_{k=0}^{j-1} (M_n)_{i,k} e_{k,j} = -(M_n)_{i,j}$$

임을 의미한다. 이를 $E_n(\mu)$의 대각선 위쪽 성분 $\binom{n}{2}$개를 변수로 갖는 $\binom{n}{2}$개의 연립방정식으로 간주하고, n이 작은 경우 CAS에게 찾아 달라고 부탁할 수

있다. 다음은 $E_4(\mu)$이다.

$$\begin{pmatrix} 1 & 0 & 0 & 0 \\ 0 & 1 & -\dfrac{1}{\mu + 2} & \dfrac{6(\mu + 5)}{(\mu + 2)(\mu + 3)(2\mu + 11)} \\ 0 & 0 & 1 & -\dfrac{6(\mu + 5)}{(\mu + 3)(2\mu + 11)} \\ 0 & 0 & 0 & 1 \end{pmatrix}.$$

이 시점에서는 모든 게 희소식 같다. 행렬의 성분들이 꽤 복잡한 건 사실이지만, μ의 다항식 모두가 깔끔해 보이는 정수 계수를 갖는 1차식으로 인수분해 된다는 것이 이 페이지를 뛰어 넘어 실험 수학자의 가슴을 따뜻하게 해 준다. 따라서 E 행렬의 일반적인 꼴을 예상할 수 있는 희망이 생긴다. 이 순조로운 상황이 $n = 5$인 경우에도 지속될까? 좀 더 계산해 보면 $E_5(\mu)$는 그림 3에서 나타난 것처럼 생겼다는 것을 알 수 있다. 이제는 일반적인 행렬 $E_n(\mu)$에 대해 뭔가 멋진 식이 있다는 '확신'이 든다. §2.3에서 설명했던 **Rate** 패키지를 사용하면 E 행렬의 성분들에 대한 일반적인 식을 찾아내는 다음 단계가 훨씬 쉬워질 것이다. $E_n(y)$의 (i, j) 성분은 최종 결과, $i > j$이면 0이고, 그렇지 않으면 다음과 같다.

$$\frac{(-1)^{j-i}(i)_{2(j-i)}(2\mu + 2j + i + 2)_{j-i}}{4^{j-i}(j-i)!\,(\mu + i + 1)_{j-i}(\mu + j + i + \frac{1}{2})_{j-i}}.$$

위의 꼴의 E 행렬을 예측한 후 앤드류스는 이 예측을 증명하는 작업에 직면했다. 즉, $M_n E_n(\mu)$가 하삼각행렬이며, 대각 원소가 앞서 말한 대로라는 것을 증명해야만 했다. 이 작업 도중에 21겹의 수학적 귀납법이 풀린 것이다. 밀스-로빈스-럼지 행렬식에 대한 또 다른 증명은 1996년의 논문에 있다. 이 증명은 위의 $E_n(\mu)$의 꼴에 대한 앤드류스의 발견으

$$\begin{pmatrix} 1 & 0 & 0 & 0 & 0 \\ 0 & 1 & -\dfrac{1}{\mu+2} & \dfrac{6(\mu+5)}{(\mu+2)(\mu+3)(2\mu+11)} & -\dfrac{30(\mu+6)}{(\mu+2)(\mu+3)(\mu+4)(2\mu+15)} \\ 0 & 0 & 1 & -\dfrac{6(\mu+5)}{(\mu+3)(2\mu+11)} & \dfrac{30(\mu+6)}{(\mu+3)(\mu+4)(2\mu+15)} \\ 0 & 0 & 0 & 1 & -\dfrac{6(2\mu+13)}{(\mu+4)(2\mu+15)} \\ 0 & 0 & 0 & 0 & 1 \end{pmatrix}$$

그림 3 위삼각행렬 $E_5(\mu)$

로부터 시작하여, 21개의 귀납법 대신 소위 WZ 방법(위 논문 참조)이라는 도구를 이용하여 행렬이 정말로 원하는 삼각화 (8)을 만족함을 증명했다.

교훈. 패배가 확실해 보일지라도, 결코 포기하지 말라.

7 π값 계산하기

1997년 바일리(Bailey)(1997) 등에 의해 π에 대한 놀라운 공식이 발견됐다. 이 공식을 쓰면 원하는 경우 최소의 공간과 시간만을 들여 π를 16진법으로 쓸 때 필요한 단 한 개의 자리만 계산할 수 있다. 예를 들어, π의 소수점 이하 10억 번째 자리를 그 앞의 10억 개의 자리를 계산할 필요없이, 앞의 10억 자리를 모두 계산해야 할 때 걸리는 시간보다 훨씬 빠르게 계산할 수 있다. 예를 들어 바일리 등은 π를 16진법으로 전개했을 때, 10^{10}부터 $10^{10} + 13$까지의 열네 자리가 921C73C6838FB2임을 찾아냈다. 공식은 다음과 같다.

$$\pi = \sum_{i=0}^{\infty} \frac{1}{16^i}\left(\frac{4}{8i+1} - \frac{2}{8i+4} - \frac{1}{8i+5} - \frac{1}{8i+6}\right). \tag{9}$$

우리의 논의에서는 일단

$$\pi = \sum_{i=0}^{\infty} \frac{1}{c^i} \sum_{k=1}^{b-1} \frac{a_k}{bi+k} \tag{10}$$

와 같은 꼴의 흥미로운 전개식이 있다고 판단했다면 구체적인 공식 (9)를 찾아낼 수도 있었다는 것을 설명하는 것으로 논의를 제한하자. 물론, 애초에 (10)과 같은 꼴의 형태를 어떻게 발견해냈느냐는 것은 질문으로 남겠지만 말이다.

§2.4에서 설명한 일차 종속성과 관련한 알고리즘을 이용하는 것이 전략이다. 더 정확히 말해서, π와 일곱 개의 수

$$\alpha_k = \sum_{i=0}^{\infty} \frac{1}{(8i+k)\,16^i} \quad (k = 1, \cdots, 7)$$

의 정수 계수 일차결합이 0인 것을 찾고 싶은 것이다. 식 (3)에서와 같이 일곱 개의 수 α_j를 계산하고, 예를 들어 메이플의 `IntegerRelations` 패키지를 써서 관계식

$$m\pi + m_1 \alpha_1 + m_2 \alpha_2 + \cdots + m_7 \alpha_7 = 0$$
$$(m, m_i \in Z)$$

를 찾는 것이다. 출력 벡터

$$(m, m_1, m_2, \cdots, m_7) = (1, -4, 0, 0, 2, 1, 1, 0)$$

로부터 항등식 (9)가 나온다. 독자들도 이 계산을 직접 한 뒤, 이 등식이 정말 옳다는 것을 증명해 보고, 16 대신 64의 거듭제곱을 이용하여 비슷한 것을 찾아보길 바란다. 행운을 빈다!

교훈. 서기 1997년에도 숫자 π에 대한 새로우면서도 흥미로운 이야기를 끌어낼 수 있다.

8 결론

컴퓨터가 수학자들의 작업 환경 속에 처음 등장했을 때, 컴퓨터에 대한 수학자들의 보편적인 반응은 그것으로는 무한히 많은 경우를 조사할 수 없기 때문에 제아무리 계산이 빠르다고 해도 정리를 증명하는 데는 쓸모가 없을 거라는 것이었다. 하지만 이런 약점에도 불구하고 컴퓨터는 정리를 증명하는 데 유용하다. 우리는 몇 가지 예를 통해 수학자가 어떻게 컴퓨터와 조화를 이뤄 수학 세계를 탐구할 수 있는지 살펴보았다. 이러한 탐구를 통해 컴퓨터가 없던 시대에는 상상할 수 없었던 것을 예상하고, 증명으로 가는 길을 발전시키며, 현상을 이해할 수 있다. 다가올 시기에는 순수수학자들 사이에서 이런 계산의 역할은 더욱 확장될 것이며, 유클리드[VI.2]의 공리나, 다른 수학 교육의 주된 요소들과 함께 학생들에게도 큰 영향을 미칠 것이다.

무지개의 보이지 않는 너머에는 컴퓨터의 역할이 훨씬 더 멀리까지 뻗어 있을지도 모른다. 어쩌면 언젠가는 가설과 바라는 결론을 입력하고 '엔터' 키를 누르면 증명이 인쇄돼 나올 수 있을 지도 모른다. 항등식을 증명하는 경우처럼 그런 일을 할 수 있는 수학 분야는 드물지만, 일반적으로 이 용감하고 새로운 세계로 가는 길은 기나긴 미개척·경로로 남아 있다.

더 읽을거리

Andrews, G. E. 1998. Pfaff's method. I. The Mills-Robbins-Rumsey determinant. *Discrete Mathematics* 193:43-60.

Bailey, D. H., and S. Plouffe. 1997. Recognizing numerical constants. In *Proceedings of the Organic Mathematics Workshop, 12-14 December 1995, Simon Fraser University*. Conference Proceedings of the Canadian Mathematical Society. volume 20. Ottawa: Canadian Mathematical Society.

Bailey, D. H., P. Borwein, and S. Plouffe. 1997. On the rapid computation of various polylogarithmic constants. *Mathematics of Computation* 66:903-13.

Borwein, J., and D. H. Bailey. 2003. *Mathematics by Experiment: Plausible Reasoning in the 21st Century*. Wellesley, MA: A. K. Peters.

Borwein, J., D. H. Bailey, and R. Girgensohn. 2004. *Experimentation in Mathematics: Computational Paths to Discovery*. Wellesley, MA: A. K. Peters.

Calkin, N., and H. S. Wilf. 2000. Recounting the rationals. *American Mathematical Monthly* 107:360-63.

Ferguson, H. R. P., and R. W. Forcade. 1979. Generalization of the Euclidean algorithm for real numbers to all dimensions higher than two. *Bulletin of the American Mathematical Society* 1:912-14.

Gessel, I. 1990. Symmetric functions and *P*-recursiveness. *Journal of Combinatorial Theory* A 53:257-85.

Graham, R. L., D. E. Knuth, and O. Patashnik. 1989. *Concrete Mathematics*. Reading, MA: Addison-Wesley.

Greene, C, and Wilf, H. S. 2007. Closed form summation of *C*-finite sequences. *Transactions of the American Mathematical Society* 359:1161-89.

Lenstra, A. K., H. W. Lenstra Jr., and L. Lovász. 1982. Factoring polynomials with rational coefficients. *Mathematische Annalen* 261(4):515-34.

McKay, B. D., F. E. Oggier, G. F. Royle, N. J. A. Sloane, I. M. Wanless, and H. S. Wilf. 2004. Acyclic digraphs and eigenvalues of (0,1)-matrices. *Journal of Integer Sequences* 7:04.3.3.

Mills, W. H., D. P. Robbins, and H. Rumsey Jr. 1987. Enumeration of a symmetry class of plane partitions. *Discrete Mathematics* 67:43-55.

Petkovšek, M., and H. S. Wilf. 1996. A high-tech proof of the Mills-Robbins-Rumsey determinant formula. *Electronic Journal of Combinatorics* 3:R 19.

Petkovšek, M., H. S. Wilf, and D. Zeilberger. 1996. *A=B*. Wellesley, MA: A. K. Peters.

Wilf, H. S. 1992. Ascending subsequences and the shapes of Young tableaux. *Journal of Combinatorial Theory* A 60:155-57.

———. 1994. generatingfunctionology, 2nd edn. New York: Academic Press. (저자의 웹 사이트에서 무료로 내려받을 수 있다.)

VIII.6 젊은 수학자를 위한 조언

젊은 수학자의 가장 중요한 덕목은 물론 열심히 수학을 공부하는 것이다. 하지만 다른 수학자들의 경험으로부터 배우는 것도 매우 가치 있는 일이다. 우리는 이 장의 다섯 저자들에게 수학자로서의 삶과 연구에서 얻은 경험에서 비롯된, 막 경력을 시작하는 시기에 받았더라면 좋았을 법한 조언을 해 달라고 요청했다. (이 원고의 제목은 피터 메다워 경(Sir Peter Medawar)의 유명한 책 『젊은 과학자를 위한 조언』에서 따왔다.) 결과물은 예상했던 대로 하나하나가 흥미로웠는데, 더 놀라운 사실은 이들 사이에 겹치는 부분이 거의 없었다는 것이다. 그럼 이제 젊은 수학자들을 독자로 염두에 두긴 했으나, 모든 연령대의 수학자들 역시 읽고 즐길 수 있는 다섯 개의 보석들을 살펴보자.

I. 마이클 아티야 경 (Sir Michael Atiyah)

경고

이 글은 대체로 개인적 경험에 근거한 사견이며, 내 개성과, 내가 연구했던 수학의 종류와, 내 연구 스타일을 반영하고 있다. 하지만 이런 특질은 수학자에 따라 대단히 다양하므로 여러분은 자신의 본능을 따라야 한다. 다른 이들로부터 배울 수는 있으나, 배운 것은 자신만의 방식으로 해석해야 한다. 독창성이란 어떤 면에서는 과거의 관행에서 벗어남으로써 찾아오는 것이다.

동기

연구하는 수학자는 창조적인 예술가처럼 어떤 주제에 열정적으로 흥미를 느끼고 온전히 연구에 헌신해야 한다. 강렬한 내적 동기가 없으면 성공할 수 없다. 하지만 수학을 즐긴다면, 어려운 문제를 푸는 데서 오는 만족감은 어마어마할 것이다.

연구를 시작한 첫 두 해는 가장 힘든 시기이다. 우선 배워야 할 것이 너무 많다. 작은 문제임에도 성공하지 못하고 고생하기도 하고, 흥미로운 것을 증명할 수나 있는지 자신의 능력에 회의를 느낄 수도 있다. 나도 연구 2년차에 그런 시기를 경험했고, 아마도 우리 세대의 가장 뛰어난 수학자 장 피에르 세르(Jean-Pierre Serre) 역시 이 단계에서는 포기를 고려한 적이 있다고 나에게 고백한 적이 있다.

오직 평범한 이들만이 자신의 능력을 완전히 자신한다. 당신이 더 뛰어난 사람일수록, 자기 자신에게 더 높은 기준을 세우며, 금방 도달할 수 있는 곳 너머를 볼 수 있다.

수학자가 되길 원하는 많은 이들은 다른 방면으로도 재능과 흥미를 가지고 있으며, 수학적 경력에 나설 것인지 다른 것을 추구할 것인지 사이에서 어려운 결정을 해야만 한다. 위대한 수학자 가우스(Gauss)는 수학과 문헌학 사이에서 하나를 포기해야만 했다고 알려져 있으며, 파스칼(Pascal)은 젊은 나이에 신학을 공부하기 위해 수학을 등진 바 있었다. 한편, 데카르트(Descartes)와 라이프니츠(Leibniz)는 철학자로도 유명하다. 프리먼 다이슨(Freeman Dyson)과 같은 이들은 수학에서 물리학으로 옮겼는가 하면, 하리시 찬드라(Harish Chandra), 라울 보트(Raoul Bott) 같은 이들은 물리학에서 수학으로 옮겼다. 여러분은 수학을 닫힌 세계로만 여겨서는 안 되며, 수학과 다른 분야들 사이의 상호작용은 개인이나 사회 모두를 위해 건강한 일이다.

심리

수학은 엄청난 정신적 집중을 요구하기 때문에, 일이 잘 진행되고 있을 때조차 심리적 압박이 상당할 수 있다. 여러분의 성격에 따라 이것은 큰 문제일 수도 있고, 사소한 문제일 수도 있다. 하지만 이런 긴장을 감소시킬 수 있는 조치를 취할 수 있다. 동료 학생들과의 교류(강의, 세미나, 회의 참석)는 시야를 넓혀 주며, 중대한 사회성을 제공해 준다. 지나친 고립과 자기성찰은 위험할 수 있고, 명백하게 헛되어 보이는 대화조차도 전혀 쓸모없는 것은 아니다.

동료 학생들이나 지도 교수와 함께 시작한 공동 연구는 많은 이점을 가지고 있고, 공동연구자들과의 장기간의 공동 연구는 수학적으로나 개인적 차원에서나 보람 있는 일이다. 언제나 결국엔 자신만의 힘들고 조용한 생각이 필요하긴 하지만, 평소에 친구들과 아이디어를 교환하고 논의함으로써 자신의 생각을 향상시키고 균형 잡힌 시각을 가질 수 있다.

문제 대 이론

수학자들은 때때로 '문제 푸는 사람' 혹은 '이론을 만드는 사람'으로 분류된다. 이런 구분을 두드러지게 하는 에르되시(Erdős)나 그로텐디크(Grothen-dieck)처럼 극단적인 경우가 있는 건 분명하지만, 대부분의 수학자는 둘 사이 어딘가에 위치하여 문제를 푸는 연구와 이론을 개발하는 연구를 병행한다. 사실 구체적이고 흥미로운 문제의 답을 이끌어내지 못하는 이론은 그다지 가치가 없다. 반대로 정말로 심오한 문제는, 그 해를 찾기 위해 이론의 발달을 자극하는 경향이 있다. (페르마(Fermat)의 마지막 정리가 고전적인 예이다.)

연구를 막 시작하는 학생들에게 이것이 시사하는 바는 무엇일까? 책과 논문을 읽어서 일반적인 개념과 기술(이론)을 흡수해야 한다 해도, 현실적으로 학생은 한두 개의 특정한 문제들에 초점을 맞춰야 한다. 그래야 계속 곱씹을 거리가 생기며, 그런 문제들을 통해 자신의 기질이 어떤지를 시험해 볼 수 있다. 상세하게 이해하고, 풀기 위해 씨름하는 확고한 문제들은 사용 가능한 이론들의 유용성과 강력함을 가늠해 볼 수 있는 귀중한 참고자료가 된다.

연구가 어느 정도 진행되었느냐에 따라 최종적인 박사학위 논문은 이론 대부분을 잘라 버리고 오직 핵심적인 문제만 다룰 수 있고, 혹은 특정한 문제가 자연스럽게 들어맞는 더 폭넓은 상황을 묘사할 수도 있다.

호기심의 역할

연구를 이끌어나가는 원동력은 호기심이다. 언제 특정한 결과가 참이 되는가? 이게 최선의 증명인가, 아니면 더 자연스럽고 우아한 증명이 있는가? 이 결과가 성립하는 가장 일반적인 맥락은 무엇인가?

논문을 읽는다거나 강의를 들을 때 이런 질문을 자신에게 계속 던진다면, 언젠가는 답의 실마리가 탐구 가능한 방법으로 드러날 것이다. 이런 일이 나에게 일어났을 때, 나는 항상 그게 어디로 이르는지 혹은 철저한 조사 후에도 여전히 남아 있는지 확인하기 위해, 아이디어를 쫓는 데 시간을 할애한다. 십중팔구는 막다른 골목으로 드러나지만, 가끔씩 하나의 가능성을 발견할 수도 있다. 처음에는 유망해 보였던 아이디어가 사실은 아무 성과를 못 보는 걸 알게 될 때는 힘이 들곤 한다. 그것을 깨닫는 시점에서 바로 손을 떼고 원점으로 돌아가야 한다. 이런 결정은 종종 딱 부러지는 것은 아니기 마련이어서 사실 나도 한참 전에 손을 뗐던 아이디어로 돌아가 또 다시 시도를 해보곤 한다.

공교롭게도 형편없는 강의나 세미나에서 좋은 아이디어가 예기치 않게 나타날 수도 있다. 결과는 아름답지만 증명이 지저분하고 복잡한 강연을 들을 때 종종 그런 일이 일어난다. 칠판 위의 지저분한 증명을 따라가는 대신, 더 우아한 증명을 만들어 보기 위해 강연 시간을 써 버리곤 한다. 아주 예외적인 경우를 제외하고 보통은 성공하지 못하지만, 그렇더라도 가치 있는 시간을 보낸 것이다. 나만의 방식으로 그 문제를 공들여 생각해 봤기 때문이다. 다른 사람의 논증을 수동적으로 따르는 것보다는 훨씬 낫다.

예제

만약 여러분들이 나와 비슷하게 더 넓은 시야와 강력한 이론들을 선호하는 사람이라면(나는 그로텐디크의 영향을 받았지만, 그처럼 되지는 않았다), 일반적인 결과를 간단한 예제들에 적용하여 시험해 보는 건 필수이다. 나는 오랜 기간 동안 다양한 분야로부터 모아들인 예제를 상당히 쌓아 놓았다. 이런 예제들은 구체적인 계산을 가능하게 하는데, 그것을 풀기 위해 가끔은 일반적인 이론을 이해하는 데 도움이 될 만한 정교한 공식들이 필요하다. 이런 예제들은 당신이 항상 발을 땅에 디딜 수 있도록 해

준다. 아주 흥미롭게도, 그로텐디크는 예제들을 멀리 했지만 다행히도 그에게는 가까이 지내는 세르가 있었고, 그가 이런 빈틈을 바로잡아 주었다. 예제와 이론 사이에는 명확한 구분선이 없다. 내가 좋아하는 꼬인 3차 곡선, 2차 곡면, 직선들을 3차원 공간 안에서 표현하는 클라인(Klein) 표현 같은 예는 다수가 고전적 사영기하를 처음 공부할 때 나온 것들이다. 이들 중 어느 것도 그것보다 더 구체적이거나 전형적인 예를 들 수 없는데, 그 이유는 모두 대수적으로나 기하학적인 관점에서 봤을 때 하나의 이론이 되는 거대한 종류의 예제 중 가장 첫 번째 경우를 묘사하거나 바로 그 자체이기 때문이다. 앞의 경우 유리 곡선(rational curve), 동차 공간(homogeneous space), 그라스만(Grassmannian)의 이론이 차례로 해당한다.

예제를 바라보는 또 다른 관점은 그들이 다른 방향으로 접근하는 선구자 역할을 한다는 것이다. 예제 하나가 많은 다른 방식으로 일반화될 수도 있고, 몇 가지 서로 다른 원리를 설명할 수 있다. 예를 들어, 고전적인 원뿔곡선은 유리 곡선, 2차 곡면, 그라스만 공간 모두에 포함된다.

하지만 무엇보다도 좋은 예제는 아름답다. 그것은 빛을 발하며 매우 설득력이 있다. 그것은 직관과 이해를 가져다 주고 신뢰의 기반을 제공해 주기도 한다.

증명

우리는 모두 '증명'이 수학의 가장 중요한 요소라고 배워 왔고, 주의 깊게 나열된 유클리드 기하학의 공리와 명제들은 르네상스 시대부터 시작해 현대까지

수학적 사고를 위한 필수적인 체제를 제공했다. 수학자들은 자연과학자들의 명확하지 않은 논리 전개와 다른 학문의 더욱 심하게 헝클어진 주장들과 비교해, 자신들이 가진 절대적인 확실성에 자부심을 가지고 있다.

괴델(Gödel) 이후로 이런 절대적인 확실성에 대한 믿음이 약해졌고, 컴퓨터를 사용한 끝없이 긴 증명이 수학자들에게 일종의 겸손을 불러일으킨 건 사실이다. 그럼에도 증명은 수학에서 가장 중요한 역할을 유지하고 있으며, 따라서 논증에 심각한 비약이 있다면 그 논문은 당연히 게재가 거부될 것이다.

그러나 수학 연구를 증명 생산 과정과 동일시하는 것은 잘못된 생각이다. 사실, 수학 연구에서 진정으로 창의적인 것은 증명 단계(stage) 이전에 있다고 말할 수 있다. 무대(stage)라는 은유를 계속 쓰자면, 여러분은 아이디어로 시작하여, 줄거리를 구상하고, 대사를 쓰며, 공연 지시도 해야 한다. 아이디어를 이행한 실제 공연을 '증명'이라고 볼 수 있다.

수학에서는 아이디어와 개념이 먼저 나오고, 그 뒤에 질문과 문제가 따라온다. 이 단계에서 해답에 대한 탐색이 시작되고, 방법이나 전략을 찾기 시작한다. 일단 문제가 잘 제기된 것을 확신하고 일에 딱 맞는 도구를 갖고 있다면, 그 후에 증명의 세부 사항을 열심히 생각하기 시작한다.

머지않아 어쩌면 반례들을 찾아서 문제가 제대로 표현되지 않았음을 깨달을 수도 있다. 최초의 직관적인 아이디어와 그것의 수학적 표현 사이에 간극이 있을 때도 있다. 숨겨진 가정을 빼먹었거나, 기술적인 세부 사항을 간과했거나, 지나치게 일반적인

걸 시도했을 것이다. 그것을 깨달았다면 원점으로 되돌아가서 문제의 표현을 정제해야 한다. 수학자들이 답을 얻을 수 있도록 문제를 조작한다고 말하는 건 불합리한 과장이긴 하나, 그런 말에는 한 톨의 진실이 분명히 있다. 수학은 예술이며, 좋은 수학에서 예술적인 것이란 흥미로우면서도 풀 만한 문제를 분별하고 공략하는 것이다.

증명은 창의적인 상상력과 날카로운 추론 사이의 긴 상호작용의 최종 결과이다. 증명이 없으면 계획은 불완전하게 남지만, 상상력의 투입이 없다면 애초에 시작조차 못했을 것이다. 이런 면에서 다른 분야의 창의적인 예술가, 예컨대 작가, 화가, 작곡가, 건축가의 작업과의 유사함을 찾을 수 있을 것이다. 상상이 먼저 오고, 그게 아이디어로 발전하여 잠정적으로 스케치가 나오고, 마침내 예술 작업을 확립하는 기술적 세부 절차가 길게 뒤따른다. 하지만 기교와 상상은 서로 교감해야 하고, 각자 자신의 규칙에 따라 서로를 바꿔나가야 한다.

전략

앞 절에서 나는 증명의 철학과 전체 창의적 과정에서의 역할에 대해 논의했다. 이제는 젊은 도제들에게 가장 현실적인 질문을 논의해 보자. 어떤 전략을 채택해야 하는가? 증명을 찾기 위해선 어떻게 해야 하는가?

이런 추상적인 질문은 별로 의미가 없다. 앞 절에서 설명한 대로 좋은 문제는 항상 선조가 있다. 어떤 배경이 있어서 생겼을 것이고, 뿌리를 가지고 있다. 진전이 있으려면 이 뿌리를 이해해야 한다. 이는 지도교수가 넘겨주는 문제보다는 항상 자신만의 문제

를 찾고, 자신만의 질문을 하는 것이 더 좋은 이유이다. 문제가 어디서 나온 것인지, 왜 그런 질문을 한 것인지 알면, 해답으로 반쯤은 다가간 것이다. 사실 올바른 질문을 하는 것이 문제를 푸는 것보다 더 어려운 경우가 종종 있다. 올바른 맥락을 찾는 것이 필수적인 첫 단계이다.

요컨대 그 문제의 역사에 대해 제대로 알고 있을 필요가 있다. 비슷한 문제에는 어떤 방법들이 시도되었으며, 이런 방법의 한계는 무엇이었는지 알아야 한다.

일단 문제를 완전히 흡수하고 나면, 그 문제에 대해 고찰하기 시작하는 것이 좋다. 문제를 움켜쥐기 위해선, 실제로 해보는 것을 대체할 만한 것은 없다. 특별한 경우들을 조사하고, 근본적인 어려움이 어디 있는지 파악해야 한다. 배경과 기존의 방법에 대해 더 알수록, 더 많은 기교와 요령을 써 볼 수 있다. 반대로 무지가 때로는 축복이 되기도 한다. 리틀우드(J. E. Littlewood)는 자신의 연구생들에게 교묘히 변형된 형태의 리만 가설(Riemann hypothesis)을 연구하게 하고 6개월 후에 그들이 무엇을 했는지 알려주었다고 한다. 학생이라면 그렇게 유명한 문제를 직접 공략할 자신감이 없었겠지만, 자신들이 다루는 문제의 명성을 모르는 상태라면 진전을 이룰 수도 있다고 주장했다! 이런 방침으로 리만 가설의 증명에 이르지는 못할 수도 있지만, 굴하지 않고 전투로 단련된 학생들을 만드는 데에는 분명히 도움이 될 것이다.

나의 접근법은 직접적인 맹공격은 피하고 간접적인 접근법을 취하는 것들이었다. 이는 자신의 문제에 뜻하지 않게 빛을 비춰줄 수도 있는 다른 분야의 아이디어 및 기교와 결합시키는 일을 포함한다. 이 전략이 성공한다면, 아름답고 단순한 증명을 얻을 수도 있고, 어떤 것들이 왜 진실인지 '설명'할 수도 있다. 사실 우리의 진정한 목적은 설명을 찾고, 이해를 추구하는 것이어야 한다고 믿는다. 증명은 단지 그 과정의 일부이며, 때로는 결과이기도 하다.

시야를 넓히는 일은 새로운 방법을 찾는 좋은 방편이다. 사람들과 얘기를 나누면 일반적인 교양이 늘어나고, 때로는 새로운 아이디어와 기교를 접하게 된다. 아주 드물게 사람들과의 대화를 통해 자신의 연구에 대한 생산적인 아이디어를 얻거나 새로운 방향을 찾을 수도 있다.

만약 새로운 주제를 배울 필요가 있다면, 문헌을 참고하라. 하지만 그보다 더 나은 것은 우호적인 전문가를 찾아서 '전문가의 입에서 나오는' 지시를 듣는 것이다. 그들의 말은 더 좋은 직관을 더 빨리 준다.

새로운 발전 상황에 기민하게 반응하고 미래를 내다보는 것만큼이나 과거를 잊지 않는 것도 중요하다. 이전 세대로부터 나온 많은 강력한 수학 결과들이 묻히고 잊히다가, 독립적으로 재발견되고서야 빛을 본다. 이런 결과들은 어느 정도는 용어나 스타일이 바뀌었기 때문에 찾기 쉽지 않지만, 금광이 될 수도 있다. 금광이 늘 그렇듯, 운이 좋아야 찾아낼 수 있고, 개척자에게는 보상이 돌아간다.

독립성

연구를 시작하는 단계에서, 지도교수와의 관계는 중요할 수 있으니, 주제, 개성, 실적을 염두에 두고 주의 깊게 선택하라. 이 세 부분 모두 뛰어난 지도교수는 거의 없다. 더구나 첫 해에 일이 잘 안 풀린다 거나 흥미가 심각하게 떨어졌다면, 지도교수를 바 꾸거나 대학을 바꾸는 것도 주저하지 말라. 지도교 수는 불쾌하게 여기지 않을 것이고, 어쩌면 안도할 지도 모른다.

때로는 큰 집단에 속해 있어서 다른 교수와 상호 작용을 해야 할 수도 있어, 사실상 지도교수가 둘 이 상일 수도 있다. 조언이 다르고 일하는 방식이 다르 다는 점에서 도움이 될 수 있다. 또한 그렇게 큰 집 단 내에서는 동료 학생으로부터도 많은 것을 배울 수 있기 때문에 대학원생이 많은 대학을 선택하는 편이 좋다.

일단 성공적으로 박사학위를 받고 나면, 새로운 국면에 접어든다. 지도교수와 지속적인 공동연구를 하며 여전히 같은 연구 집단에 남을 수 있더라도, 미 래의 발전을 위해서 다른 곳으로 1년 혹은 그 이상 동안 떠나는 것이 더 유익할 것이다. 그러면 새로운 영향을 받을 수 있고, 새로운 기회가 열릴 수도 있 다. 이때가 수학계에서 자신에게 꼭 맞는 자리를 따 낼 기회가 생기는 시기이다. 일반적으로, 박사학위 논문과 너무 밀접한 선상에 있는 건 별로 좋지 않다. 새로운 가지로 진출하여 자신의 독립성을 보여줘야 한다. 방향을 너무 급격하게 틀 필요는 없지만, 뭔가 명확히 새로운 것이 있어야 하며, 단순히 학위논문 의 연장선이어서는 안 된다.

스타일

박사 학위논문을 완성하는 동안 지도교수는 보통 발표하는 방식이나, 배열하는 데 도움을 준다. 하지 만 자신만의 스타일을 습득하는 것은 수학 발전에

상당히 중요한 부분이다. 어떤 종류의 수학이냐에 따라 필요성이 다를 수 있지만, 어느 분야에서나 공 통으로 해당하는 부분이 있다. 다음은 어떻게 하면 좋은 논문을 쓸 수 있는지에 대한 몇 가지 힌트이다.

(i) 쓰기 시작하기 전에 논문의 전체적인 논리 구 조를 철저히 생각하라.

(ii) 길고 복잡한 증명을 짧은 중간단계(도움정리 나 명제들)로 쪼개면, 읽는 이에게 도움이 된 다.

(iii) 명확하고 정연한 영어(혹은 선택한 언어)로 써라. 수학도 문학의 한 형태임을 기억해라.

(iv) 명확하고 이해하기 쉽게 쓰면서도 가능하면 간결하게 서술하라. 이런 균형감을 이루는 것 은 쉽지 않다.

(v) 즐겁게 읽었던 논문들을 식별하고, 그들의 스 타일을 흉내 내라.

(vi) 덩치 큰 논문을 완성했으면 되돌아가서 일반 적인 맥락뿐만 아니라 구조와 주요 결과를 명 확히 설명하는 서론을 써라. 불필요한 용어는 피하고, 좁은 분야의 전문가가 아닌 일반적인 수학계 독자들을 겨냥해라.

(vii) 초고를 동료들에게 시험적으로 보여 주고, 어떤 제안이나 비평이든 주의를 기울여라. 가 장 가까운 친구나 공동연구자가 글을 이해하 는 데 어려움을 겪는다면 실패한 것이니, 더 열심히 노력할 필요가 있다.

(viii) 만약 필사적으로 급하게 게재해야 할 논문 이 아니라면, 몇 주 동안 논문을 제쳐 두고 다 른 것을 연구하라. 그런 다음 새로운 마음으로

당신의 논문을 다시 읽어라. 이전과 아주 다르게 읽힐 것이고, 어디를 어떻게 개선해야 할지 보일 것이다.

(ix) 설사 완전히 새로운 각도라 해도, 그편이 더 명쾌하고 읽기 쉽다는 확신이 든다면, 고쳐 쓰는 걸 주저하지 마라. 잘 쓰인 논문은 '고전'이 되고 후세대 수학자들에게 널리 읽힐 것이다. 잘못 쓰인 논문은 무시되거나 꽤 중요한 논문인 경우라면 다른 사람들이 고쳐 쓰게 될 것이다.

II. 벨라 볼로바쉬(Béla Bollobás)

"이 세상에는 추한 수학이 영원히 설 자리는 없다"고 하디는 썼다. 나는 이 세상에 열정적이지 못하고 시무룩한 수학자가 설 자리 또한 없다고 믿는다. 수학에 무한한 열정을 가지고 있다면, 그리고 다른 여타 업무들로 온종일 일을 하고 돌아온 뒤에도 따로 시간을 마련해 수학을 하고 싶을 만큼 애정이 있는 자들만 수학을 하라. 시나 음악처럼 수학은 그냥 직업이 아니라 소명이다.

취향을 그 무엇보다도 우선순위에 두어야 한다. 기적적이게도 어떤 것이 좋은 수학인지에 대한 어느 정도의 공통 견해가 있다. 여러분은 중요하고도 오랫동안 마르지 않을 것 같은 분야를 연구해야 하며, 아름답고 중요한 문제들을 공부해야 한다. 좋은 분야라면 그냥 잘 알려진 극소수의 문제들뿐 아니라, 가치 있는 문제들이 많을 것이다. 사실 항상 너무 높은 곳을 목표 지점으로 삼는 것은 오랫동안 결실 없는 기간을 가져올 수 있다. 어떤 시기에는 이런 기간이 용인되겠지만, 경력을 막 시작하는 시기에는 피하는 것이 좋다.

수학적 활동에 균형을 잡기 위해 분투하라. 진짜 수학자에겐 연구가 으뜸이어야 하지만, 연구를 하는 동시에 충분히 읽고 잘 가르쳐야 한다. 설사 자신의 연구와 (거의) 아무런 관련이 없더라도 모든 수준의 수학에서 재미를 느껴라. 가르치는 것은 부담이 아니라 영감의 원천이어야 한다.

연구는 (논문을 완성하는 것과는 달리) 따분한 일이어서는 안 된다. 어려운 문제여서 생각하지 않을 수 없는 문제들을 골라라. 마치 부과된 일을 하는 것처럼 문제를 연구하는 것보다는 스스로 빠져 있는 문제를 하는 것이 좋기 때문이다. 경력의 아주 초기의 연구생이라면, 경험 많은 지도교수가 건네준 자신의 취향이 아닌 문제를 연구하기보다, 자신이 좋아하고 찾아낸 문제를 판단해 달라고 도움을 청해야 한다. 지도교수는 어떤 문제가 노력을 들일 가치가 있는지 없는지에 대해서는 상당히 잘 알겠지만, 당신의 능력과 취향은 아직 잘 모를 수도 있다. 경력의 후반부여서 더는 지도교수에게 의존하지 않는다면, 마음이 맞는 동료에게 얘기하는 편이 더 나을 수도 있다.

어느 때든 다음 두 종류의 연구할 문제들과 씨름해 보길 추천한다.

(i) '꿈': 풀고 싶은 문제지만, 풀 수 있을 거라고는 기대할 수 없는 큰 문제

(ii) 시간, 노력, 운만 충분하면 풀 수 있을지도 모르는 꽤 가치 있는 문제.

이에 덧붙여 앞의 경우보다 덜 중요하긴 하지만, 고

려해야 할 종류가 두 가지 더 있다.

(i) 때때로 당신이 추구하는 가치에는 못 미치지만 다소 빠르게 풀 자신이 있는 문제로, 거기에 들인 시간이 적절한 문제를 푸는 데 위협을 가하지 않을 정도의 문제

(ii) 심지어는 더 낮은 수준의 문제로 꼭 연구 문제가 아니더라도(어쩌면 몇 년 전에는 그랬을 수도 있지만) 푸는 게 재미있으면서도 시간을 들이기에 충분할 정도로 아름다운 문제. 이런 문제를 풀면 기쁨을 주고, 창의적인 능력이 연마될 것이다.

인내력과 끈기를 가져라. 어떤 문제를 생각할 때 가장 유용한 방법은 아마도 그 문제를 항상 머릿속에 품고 있는 것일 것이다. 이것은 뉴턴에게도 통했고, 많은 사람들에게도 통했다. 특히 중요한 문제를 풀 때는 시간을 넉넉히 할애하라. 그다지 기대는 걸지 않지만 큰 문제에 어느 정도의 시간을 쓰겠다고 자신에게 약속하고, 그 뒤에 얻은 것을 점검한 뒤 다음에 할 일을 결정해라. 당신의 접근법이 통할 여유를 줘야 하지만, 지나치게 거기에 매여 있어 다른 접근법을 놓쳐서는 안 된다. 정신적으로 민첩해 져라. 팔 에르되시(Paul Erdős)의 표현대로 자신의 뇌를 열어 두어라.

실수를 두려워하지 마라. 체스 기사에게 실수는 치명적이지만, 수학자에게는 예사로 일어나는 일이다. 어떤 문제를 한참 생각한 뒤에도 여러분 앞에 빈 종이만 놓여 있는 걸 두려워해야 한다. 어느 기간이 지나고 실패한 시도로 채워진 메모들이 휴지통에 가득 차 있다면, 당신은 아직 꽤 잘 하고 있는 거다. 재미없는 접근법은 피하되, 항상 기쁘게 연구하라. 특히, 가장 간단한 경우를 해 보는 것은 시간 낭비일 가능성이 희박하고, 아주 유용한 것으로 판명될 수도 있다.

어떤 문제에 상당한 시간을 들였다면, 자신이 이룬 진전은 과소평가하기 쉽고, 그 모두를 기억하는 자신의 기억력은 과대평가하기 쉽다. 아주 부분적인 결과라도 항상 메모해 두는 게 중요하다. 훗날 그 메모들이 많은 시간을 줄여줄 가능성이 크다.

운이 아주 좋아서 돌파구를 찾으면, 자연스럽게 그 계획에 식상함을 느끼고, 성공에 안주하려 할 수 있다. 이 유혹을 물리치고 이런 돌파구로 더 얻을 수 있는 다른 가능성이 있는지 살펴보라.

젊은 수학자로서 여러분의 최대 장점은 연구할 시간이 충분하다는 것이다. 깨닫지 못할 수도 있지만, 경력의 초기만큼 많은 시간을 가질 가능성은 거의 없다. 누구나 수학을 할 시간이 충분치 않다고 느끼지만, 시간이 지날수록 이런 느낌은 점점 더 극심해지며, 점점 더 그럴 만한 이유가 생긴다.

읽는 문제로 돌아가자. 젊은이들은 자신들이 읽은 책과 논문의 양에 관한 한 약점이 있기 때문에 이를 보완하려면 자신의 분야와 전체 수학 분야 모두를 가능한 한 많이 읽어야 한다. 자신의 연구 분야에서 최고의 사람들이 쓴 논문을 많이 읽어야만 한다. 이런 논문들은 주의 깊게 쓰여 있지 않은 경우가 종종 있지만, 아이디어나 결과의 질은 그 논문을 읽는 데 들인 노력을 충분히 보상해 줄 것이다. 어떤 것을 읽든 저자가 하려는 것이 무엇인지 예상하고, 더 나은 방법을 생각하라. 만일 저자가 내가 생각한 길을

가고 있다면 기쁜 일이며, 다른 길을 가기로 선택했다면 왜 그랬는지 즐겁게 알아볼 수도 있다. 결과와 증명이 아무리 단순해 보여도 자문해 보라. 그것을 이해하는 데 큰 도움이 될 것이다.

반면, 공략하려고 하는 미해결 문제에 대해 **전부** 읽는 것은 보통 좋지 않다. 일단 깊이 생각하고 아무 데도 못 갈 게 명백해 보이면, 그때 다른 사람들의 실패한 시도를 (읽어야 하며) 읽어보는 것이 좋다.

항상 놀랄 준비를 해 두고, 어떤 현상도 당연하게 받아들이지 말며, 읽은 것의 결과와 아이디어를 음미해라. 어떻게 하려는 건지 안다고 생각하기는 너무나 쉽다. 그저 증명을 읽어 보기만 하면 된다. 뛰어난 사람들은 새로운 생각들을 소화시키기 위해 상당한 시간을 들이곤 한다. 그들에게는 몇 가지 정리들을 알고 증명을 이해하는 걸로는 불충분하며, 그것들의 정수를 뼛속까지 느끼길 원하는 것이다.

경력이 쌓여갈수록, 항상 새로운 아이디어와 새로운 방향에 열린 마음을 가져라. 수학계의 전망은 늘 변하므로, 뒤처지고 싶지 않으면 여러분도 변해야 할 것이다. 매 순간 자신의 도구를 날카롭게 가다듬고 새로운 것들을 배워라.

무엇보다도 **수학을 즐기고 열성적**이어야 한다. 연구를 즐기고, 새로운 결과를 읽기를 고대하고, 수학에 대한 사랑을 남들에게도 나눠주고, 심지어는 여가 시간에도 우연히 알게 됐거나 동료로부터 들었던 아름답고 조그마한 문제들에 대해 생각하며 수학에 재미를 느껴라.

과학과 예술에서 모두가 따라야 할 충고를 요약할 때, 비트루비우스(Vitruvius)*가 2천 년도 넘는 과거에 쓴 글보다 더 나은 글은 찾지 못할 것이다.

Neque enim ingenium sine disciplina aut disciplina sine ingenio perfectum artificem potest efficere.

배움 없는 천재성이나 천재성 없는 배움 모두 완벽한 예술가를 만들지는 못할 것이다.

III. 알랭 콘(Alain Connes)

수학은 현대 과학의 뼈대이며, 우리가 살아가는 '현실'을 이해하기 위한 새로운 개념과 도구들을 제공하는 놀랄 만큼 효율적인 원천이다. 새로운 개념 자체는 인간의 사고라는 정화장치를 통해 긴 '증류' 과정을 거친 결과들이다.

젊은 수학자들을 위해 몇 가지 조언을 써 달라는 요청을 받았다. 수학자 개개인들과, 일반적인 수학자들을 관찰해 보니 우선 수학자는 모두 특별하다. 일반적으로 수학자들은 '페르미온(fermion)'처럼 행동하는 경향, 즉 유행하는 영역에서 연구하기를 지나치게 피하는 듯 행동하는 경향을 보였다. 반면 물리학자들은 훨씬 '보손(boson)'처럼 행동하는데, 그들은 다수의 집단으로 뭉치는 경향이 있고, (보통 수학자들은 경멸을 보이는 태도인) 자신들의 성취를 '부풀려 말하는' 것 같다.

처음 수학을 접했을 때에는 수학을 기하, 대수, 해석학, 정수론 등등(기하는 "공간"의 개념을 이해하려는 시도가 지배적이고, 대수는 기호를 조작하는 기술이 지배적이며, 해석학은 "무한"과 "연속체"에 대한 접근이 지배적이며, 기타 등등) 서로 다른 분야의 모임이라 여기고 싶은 유혹이 들곤 한다.

하지만 이는 수학계의 가장 중요한 특성, 즉 각자

---

* 기원전 1세기 경 로마의 기술자, 건축가, 수학자.

의 본질을 박탈하지 않고서는 위의 분야들을 다른 분야와 구분하는 것이 사실상 불가능하다는 점을 제대로 평가하지 못하는 것이다. 이런 면에서 수학이라는 덩어리는 전체로서만 살 수 있을 뿐 조각으로 나누면 죽어 버리는 생명체와 닮았다.

　수학자의 학문적 인생은 각자의 개인적인 정신 구조 속에서 '수학적 실재'라는 지형을 점차 벗겨내는 탐구하는 행위로 묘사될 수 있다.

　이런 과정은 보통 기존의 책에서 찾아볼 수 있는 이 세상을 설명하는 교조적인 묘사에 반기를 드는 행위로부터 시작하기 마련이다. 젊고 유망한 수학자들은 자신들이 나름대로 인지하는 수학 세계가 기존의 독단적 생각에 잘 들어맞지 않는 특성이 있다는 걸 깨닫기 시작한다. 이런 최초의 반기는 대개 무지에서 비롯한 것이지만, 그럼에도 이런 반기는 여전히 유익할 수 있다. 만약 이 직관이 실제 증명에 의해 뒷받침될 수 있을 경우에 그것은 권위에 대한 숭배로부터 자유롭게 하고 그것에 의지하도록 이끌기 때문이다. 일단 수학자가 독자적이고 '개인적인' 방식을 통해 수학이라는 세계의 조그만 부분이라도 진정으로 알게 되면, 처음에는 그것이 소수들만 이해하는 부분처럼 보이지만,[*] 탐험을 위한 여정은 제대로 시작된 것이다. 물론 '아리아드네(Ariadne)의 실'[**]을 끊지 않아야 한다는 건 필수적이다. 그래야 도중에 만나는 것이 무엇이든 항상 새로운 시각을 유지할 수 있으면서도, 길을 잃었다고 느껴졌을 때

는 실을 따라가 시작점으로 되돌아갈 수 있다.

　계속해서 움직이는 것도 중요하다. 그렇지 않으면 상대적으로 조그맣고 극도로 기교적인 전문 분야에 자신을 가둬둘 위험이 있으며, 그로 인해 수학 세계의 거대하고 당혹스러울 정도의 다양함에 대해 제한된 관점을 가질 우려가 있다.

　이런 관점의 핵심은 많은 수학자가 수학계의 서로 다른 부분에서 다른 관점으로 탐구하며 살아가지만, 경계나 연관관계에 대해서는 모두가 동의한다는 것이다. 우리 여정의 시작점이 어디든 충분히 걸어 나가다 보면 언젠가는 잘 알려진 도시, 예를 들어 타원함수나, 모듈러 형식이나, 제타 함수 같은 곳과 마주치기 마련이다. "모든 길은 로마로 통한다"는 말과 같이 수학 세상은 어디든 "연결돼 있다". 물론 수학의 모든 곳이 똑같이 생겼다는 말을 하려는 것은 아니므로, 그로텐디크가 자신이 처음 연구했던 해석학의 풍경과, 수학자로서의 남은 여생을 보냈던 대수기하의 풍경을 비교하며 한 말[***]을 읽어 보면 분명하게 드러날 것이다.

"Je me rappelle encore de cette impression saisissante (toute subjective certes), commesi je quittais des steppes arides et revchês, pour me retrouver soudain dans une sortede 'pays promis' aux richesses luxuriantes, se multipliant à l'infini partout où il plait àla main de se poser, pour cueillir ou pour fouiller."

　여전히 이 강렬한 인상을(물론 완전히 주관적인) 기

---

[*] 나의 경우 출발점은 다항식의 근의 위치 찾기였다. 다행히도 나는 상당히 이른 나이에 시애틀의 학회에 초대 받았는데, 그곳에서 훗날 연구하게 될 인자(factor)에 대한 뿌리를 접하게 됐다.
[**] 미궁에 들어간 테세우스가 길을 잃지 않도록 아리아드네가 매어 준 실-옮긴이

[***] '파종과 추수(Récoltes et Semailles)'. 그로텐디크의 자서전에 가까운 글-옮긴이

억한다. 나는 마치 메마르고 음침한 광활한 초원을 떠나, 갑자기 풍요롭고 비옥한 일종의 '약속된 땅' 위에 있는 것 같았다. 어느 곳에나 손을 뻗어 얻고 싶고, 탐구하고 싶은 것들이 무한히 펼쳐져 있었다.

대부분의 수학자들은 실용적인 태도를 택한다. 그들은 그런 세계가 존재하는지에 대해서는 고려할 마음이 전혀 없고, 자신들을 직관과 여러 합리적인 생각을 혼합하여 세계의 구조를 벗겨내면 되는 '수학 세계'의 탐구자라고 생각한다. 전자는 (프랑스 시인 폴 발레리(Paul Valery)가 강조했듯) "시적 열망"과 그다지 다르지 않은 반면, 후자는 치열한 집중의 기간이 필요하다.

각 세대는 이 세계에 대한 자신들만의 이해를 반영하는 심상을 만들어낸다. 그들은 숨어 있는 면을 탐구할 수 있도록 정신적 도구를 만들어, 감추어져 있던 지형으로 점점 더 깊이 침투해 들어간다.

이전 세대 수학자들이 개발해 온 심상 내에서는 서로 멀리 떨어져 있는 수학 세계 사이에서 예기치 않은 다리가 출현할 때면 상황이 정말로 흥미로워진다. 이런 일이 생기면, 갑자기 바람이 불어와 아름다운 풍경을 가리고 있던 안개를 날려 버리는 것 같은 느낌을 받는다. 나의 연구에서는 대체로 물리학과의 연관으로부터 이런 놀라움이 찾아왔다. 아다마르(Hadamard)가 지적했듯이, 물리학에서 자연스럽게 발생하는 수학적 개념들이 근본적인 것으로 밝혀지는 경우가 종종 있다. 그가 보기에는 그런 개념들은

수학자에게 자신이 고안한 도구에만 전념하도록 너

무나 자주 영향을 주는 짧은 한 순간의 새로움이 아니라, 사물들의 자연에서 나타나는 무한히 창조적인 새로움이다.

좀 더 '현실적인' 조언 몇 가지와 함께 글을 끝내려고 한다. 하지만 수학자 각각은 '특수한 경우'이므로, 이 조언을 심각하게 새겨들어서는 안 된다는 걸 주의하라.

산책. 대단히 복잡한 문제와 씨름할 때(계산을 수반한 경우 종종 그렇다), 오랫동안 산책을 나가는 것은 아주 건전한 운동이다. 종이나 연필을 가져가지 말고, 처음에 "이건 풀기에는 계산이 너무 복잡해"라고 들었던 애초의 생각은 지우고, 머릿속으로 계산을 수행하는 것이다. 설사 성공하지 못하더라도 이는 생생한 기억력 훈련이 되며, 당신의 기술을 가다듬어줄 것이다.

누워 있기. 수학자들은 어둠 속에서 소파에 누워 있을 때가 자신들이 가장 강렬하게 일하고 있는 때라는 걸 배우자에게 설명하는 데 어려움을 겪는다. 불행하게도 전자우편과 컴퓨터 화면의 침공 때문에 자신을 고립시키고 집중할 수 있는 기회가 점차 드물어지고 있다. 그럴수록 누워 있는 시간은 더욱 가치가 있다.

용감할 것. 새로운 수학의 발견으로 이르는 과정에는 몇 가지 단계가 있다. 검토 단계는 두렵기는 하지만 합리성과 집중만 필요할 뿐인 반면, 최초의 더 창의적인 단계는 이와는 완전히 성격이 다르다. 어

떤 면에서 이 단계에서는 자신의 무지로부터 보호를 받을 필요가 있다. 왜냐하면 그것은 다른 수많은 수학자들이 이미 증명에 실패한 문제를 쳐다보지도 못하게 하는 언제나 들 수 있는 수십억 가지 구실들로부터 당신을 지켜줄 것이기 때문이다.

좌절. 아주 초기 단계부터 포함하여 수학자가 된 이후로 연구하는 삶이 계속 지속되는 동안, 수학자들은 경쟁자들로부터 예비 논문을 받고서 마음이 찢어지는 느낌이 들 때가 있을 것이다. 나로서는 이런 좌절감을 더 열심히 일하자는 긍정적인 에너지로 바꿔보라는 것밖에는 제안해 줄 것이 없다. 하지만 절대 쉽지는 않은 일이다.

마지못한 인정. 한번은 내 동료가 "우리 수학자들은 친구 몇 명한테 마지못한 인정을 받기 위해 연구한다"고 말한 적이 있다. 연구 활동은 다소 외로운 면이 있기 때문에, 이렇든 저렇든 인정을 간절히 인정받기를 원하는 건 사실이지만, 솔직히 말해 그것에 기대를 걸지 말아야 한다. 사실 자신의 연구를 제대로 판단할 수 있는 사람은 자신뿐이다. 다른 누구도 어떤 일이 개입돼 있는지 알 수 있는 위치에 있지 않으며, 남의 의견에 지나치게 신경 쓰는 것은 시간낭비이다. 지금껏 어떠한 정리도 투표를 통해 증명되지 않았다. 파인만(Feynman)이 말했듯이 "왜 남들 생각에 신경을 쓰는가?"

IV. 두사 맥더프(Dusa McDuff)[*]

나는 대부분의 동료들과는 매우 다른 상황에서 성년기를 시작했다. 항상 독립적인 경력을 가지고 싶다는 생각을 했고, 가족과 학교로부터 수학을 공부하라는 격려를 많이 받기도 했다. 흔치 않게도 내가 다니던 여학교에는 유클리드(Euclid) 기하와 미적분의 아름다움을 알려주신 훌륭한 수학 선생님이 계셨다. 이에 비해 나는 과학 선생님들을 그다지 존경하지는 않았는데, 대학에 진학해서도 그다지 나을 것이 없었으므로 물리학이라고는 전혀 배우지 않았다.

이런 제한된 영역 안에서는 대단히 성공적이었던 경험이 있었기에, 나에겐 수학연구자가 되겠다는 강한 동기가 있었다. 어떤 면에서는 엄청난 자신감을 가졌던 반면, 다른 면에서는 점차 내가 대단히 부족하다고 느끼게 됐다. 적어도 직업적인 삶에 관한 한 여자들은 이류이며 따라서 무시할 수 있다는 메시지를 다소간 받아들였다는 것이 기본적인 문제 중 하나였다. 내게 동성 친구는 없었으며, (여자로서) 지루하고 무미건조하며 (남자로서) 진정 창의적이지는 않다고 생각하며 자신의 지적 능력을 제대로 평가하지 않았다. 이런 생각들을 반영하는 말들이 많이 있었다. 남자들이 세상 밖으로 나가는 동안 여자들은 계속 집에서 불을 때워야 한다든지, 여자들은 시를 쓰는 시인이 아니라 영감을 주는 뮤즈가 되어야 한다든지, 여자들은 수학자가 되기에 필요

---

[*] 영국의 여성 수학자이며, 심플렉틱 기하학(symplectic geometry)과 위상수학의 발전에 기여했다. 최초의 새터 상(Satter prize, 2년마다 뛰어난 여성 수학자에게 수여된다) 수상자이다. 1962년 필즈상을 받은 존 밀너(John Milnor)의 부인이기도 하다.

한 진정한 영혼을 갖고 있지 않다 등등. 최근 페미니스트 친구들 사이에 재미있는 편지가 돌았다. 이런저런 과학 분야에서의 흔히 발견할 수 있는 모순적인 편견들이 나열돼 있었는데, 이 편지의 메시지인즉 가장 가치 있는 것이 무엇이든 여자들은 그걸 할 능력이 없는 것으로 인식되고 있다는 것이었다.

얼마 뒤에 명백하게 나타난 또 다른 문제는 아주 적은 수학밖에 배우지 않았으면서도, 성공적으로 박사학위 논문을 써낼 수 있었다는 것이다. 학위논문은 폰 노이만(von Neumann) 대수에 대한 것이었는데, 그 특정한 주제는 내가 보기에 진정으로 의미 있는 것이 전혀 아니었다. 그 분야에서 어떠한 전망도 보이지 않았지만, 그럼에도 나는 그 분야 외에는 아는 것이 거의 없었다. 대학원에서 공부하던 마지막 해에 모스크바에 도착했을 때, 겔판트(Gel'fand) 교수가 다양체 위의 벡터장 리(Lie) 대수의 코호몰로지에 대한 논문을 읽으라며 하나 줬는데, 나는 코호몰로지가 무엇인지, 다양체는, 벡터장은, 또 리 대수는 무엇인지 전혀 모르고 있었다.

이런 무지함은 지나치게 특화된 교육 체계의 잘못도 일부 있지만, 내가 더 넓은 수학 세계와 접하지 못한 결과이기도 하다. 나는 사실상 두 개의 분리된 삶을 살아가면서, 여성이자 동시에 수학자로서 어떻게 공존할 수 있는지에 대한 문제를 해결했다. 모스크바에서 되돌아 온 후 나는 더욱 단절됐다. 함수해석학에서 위상수학으로 분야를 바꾸면서 거의 지도를 받지 못했고, 너무 질문을 많이 하면 무식해 보일까봐 지나치게 겁을 냈다. 또한 박사과정 후 연구자 신분일 때 아이를 가졌기 때문에, 현실적인 문제에 대처하는 것만으로도 너무 바빴다. 이 단계에서,

수학을 하는 과정을 이해하지 못한 채, 조악할망정 나만의 아이디어를 만들어 보고 질문으로 만들어내는 것의 중요한 역할을 깨닫지도 못한 채, 대개는 독서로만 수학을 배웠다. 또한 경력을 어떻게 쌓아야 하는지도 이해하지 못했다. 좋은 일은 그냥 일어나지 않는다. 장학금도 신청해야 하고, 직장도 구해야 하고, 흥미로운 학회가 있는지 주시해야만 한다. 이 모든 문제를 다루는 더 나은 방법들을 알려줄 지도교수가 있었더라면 분명 나에게 큰 도움이 됐을 것이다.

아마도 나에게 가장 필요했던 것은 좋은 질문을 어떻게 던지는지 배우는 것이었던 것 같다. 학생일 때 남이 제기한 질문에 대답할 수 있도록 충분히 배워두어야 할 뿐만 아니라, 뭔가 흥미로운 일로 이르게 될 질문을 구성하는 능력도 배워야 한다. 뭔가 새로운 걸 배울 때 나는 종종 누군가 이미 개발한 복잡한 이론을 이용하여 중간부터 시작하곤 했다. 하지만 가장 간단한 질문과 예들로부터 시작해야 기본 문제를 더 이해하기 쉽고, 따라서 새로운 접근법을 발견하기도 쉽기 때문에 더 멀리 볼 수 있다. 예를 들어 나는 항상 공을 심플렉틱 기하학적 방법으로 조작하는 방식에 제한을 부과하는 심플렉틱 기하의 그로모프(Gromov)의 압축불가 정리를 언제나 즐겨 사용한다. 이 기본적이고 기하학적인 결과는 웬일인지 나에게 큰 감명을 주었고, 탐구를 시작하는 굳건한 기반을 형성해 주었다.

오늘날 사람들은 수학이 공동노력의 결과물이라는 것을 더욱 잘 알고 있다. 가장 뛰어난 아이디어도 전체와의 관계에서 의미를 찾을 수 있다. 일단 맥락을 이해하고 나면, 보통은 혼자 연구하는 것이 대단

히 중요해지고 결실도 맺을 수 있다. 하지만 배우는 과정 중에는 다른 사람들과의 상호작용은 필수이다.

학회나 모임, 학과 프로그램, 또는 좀 덜 형식적인 세미나나 강연 등의 구조를 바꿈으로써 그런 의사소통을 촉진하려는 성공적인 시도가 많이 있어 왔다. 고령의 수학자가 졸거나 따분해 하는 대신, 그곳에 있는 모두를 대상으로 논의를 진행하며 분위기를 명쾌하게 바꾸는 질문들을 던졌을 때 세미나의 분위기는 놀랍도록 달라진다. 사람들은(젊은 사람이든 나이든 사람이든) 자신들의 무지나, 부족한 상상력이나, 다른 치명적인 약점이 드러날까 두려워하기 때문에 지레 겁을 먹고 침묵하는 일이 많다. 하지만 수학처럼 어렵고 아름다운 주제 앞에서는, 누구나 남들로부터 배울 것이 있다. 지금은 구체적인 이론에 대해서도 자세히 논의하고, 새로운 방향과 질문도 쉽게 제기할 수 있도록 조직된 훌륭한 소규모 학회나 워크숍들이 많이 있다.

수학이 내재적으로 여성용이 아니라는 생각은 거의 없어졌지만, 여성이면서 수학자라는 점을 어떻게 조화할 것인지는 여전히 중요한 문제이다. 우리 여성들이 수학의 세계에서 할 수 있는 역량만큼 완전히 참여하고 있다고는 생각하지 않지만, 여성의 수학적 활동은 충분히 활발하기 때문에 더는 예외라고 일축할 수는 없을 것이다. 주로 여성만을 위해 기획된 모임에서 나는 예상치 못한 보람을 얻곤 한다. 수학을 토론하는 여성들로 강의실이 꽉 찰 때는 분위기가 사뭇 다르다. 또한 점점 더 이해되어 가고 있는 추세이지만, 진짜 질문은 **어떠한** 젊은이든 창의적인 수학자이면서 동시에 만족스런 사생활을 영

위할 수 있는가이다. 일단 사람들이 진지하게 이 문제에 대해 연구하기 시작하면, 우리는 진정으로 더 발전할 수 있을 것이다.

V. 피터 사낙(Peter Sarnak)

나는 수년 동안 꽤 많은 박사 학생을 지도해 왔고, 아마도 그런 경험이 경험 있는 스승으로서 글을 쓸 자격을 부여할 것이다. 뛰어난 학생들에게 조언하는 일은 (나는 운이 좋은 편이어서 이들의 조언도 많이 받았다) 누군가에게 대충 어느 지역에 가서 땅을 파서 금을 찾아보라고 모호한 제안 몇 마디를 건네는 것과 비슷하다. 일단 그들이 자신들의 기량과 재주로 조언을 행동으로 옮기면, 그들은 금 대신 다이아몬드를 찾아내곤 했다. (물론 그런 후에는 "내가 그럴 거라고 했잖니"라고 말하고 싶은 유혹을 뿌리칠 수 없다.) 이런 경우와 대부분의 또 다른 경우에도 선배 멘토의 역할은 코치의 역할과 다소 비슷하다. 격려를 해 주면서, 지도 받는 이들이 반드시 흥미로운 문제를 연구하도록 도와주고, 사용할 수 있는 기본적인 도구가 무엇인지 알려 주는 것이다. 수년 동안 반복해 온 조언과 제안이 있는데, 이에 대해 이야기하는 것이 유용할 것 같다. 여기 그중 몇 가지의 목록이 있다.

(i) 어떤 분야를 배울 때는 해당분야에서 발표된 최근의 논문을 읽는 것과, 이전에 발표된 논문, 특히 그 주제의 대가가 쓴 것의 연구를 병행해야 한다. 어떤 주제의 최근의 설명은 지나치게 매끄러울 수 있다는 문제가 있다. 새로운 저자마다 어떤 이론에 대한 더 재기 넘치는 증명이나 논법을 발견하면, 논법

은 '가장 짧은 증명'을 담는 방향으로 진화하게 된다. 불행히도 새로운 학생들에게는 "대체 누가 이런 걸 생각한 거지?"라는 고민거리를 안겨주는 형식이기 쉽다. 원래 출처로 돌아가면 그 주제가 자연스럽게 진화하고 있으며 어떻게 지금의 현대적인 형태에 이르게 됐는지 이해할 수 있다. (고안자의 천재성에 감탄할 수밖에 없는 예상치 못하게 뛰어난 단계는 여전히 남아 있기 마련이지만, 생각보다는 훨씬 적다.) 예를 들어 나는 때때로 많은 현대식 논법을 담은 것들과 별도로 콤팩트 리(Lie) 군의 표현론과 지표 공식을 유도한 바일(Weyl)의 원래 논문을 읽는 걸 자주 추천하곤 한다. 마찬가지로 복소해석학을 알고 있는 상태에서, 여러 수학 분야에서 대단히 중요한 리만(Riemann) 곡면의 현대적 이론을 배우고 싶은 이들에겐 바일의 『리만 곡면의 개념(The Concept of a Riemmann Surface)』을 추천한다. 바일과 같은 뛰어난 수학자들의 논문집을 공부하는 것도 많은 도움이 된다. 정리들을 배우는 것과는 별도로, 그들의 정신이 어떻게 작동하는지 들여다볼 수 있다. 거의 항상 하나의 논문으로부터 다른 논문에 이르는 자연스러운 생각의 흐름이 있으며, 어떤 종류의 발달은 피할 수 없다는 걸 이해하게 된다. 이런 깨달음은 큰 영감을 줄 것이다.

(ii) 한편, 훌륭한 수학자가 만든 것이라 해도 정설과 '표준 가설'에 의문을 제기해야 한다. 표준 가설은 그가 이해하는 특별한 경우를 근거로 만든 것이다. 그것 이외에는 대개 특별한 경우가 암시하는 그림과 일반적인 그림이 그다지 다르지 않기를 바라는 희망 섞인 생각에 지나지 않는다. 일반적으로 참

일 거라고 믿어지는 결과를 증명하기 위해 나섰다가 아무런 진전이 없자, 심각하게 그것이 사실인지 의심을 품기 시작했던 경우를 몇 차례 알고 있다. 이렇게 말하긴 했지만, 특별히 그럴 만한 이유도 없으면서 리만 가설과 같은 특별한 예상이나, 그 예상의 증명 가능성에 누가 회의론을 던지면 나 역시 좀 짜증이 나기는 한다. 과학자로서 분명한 비평적 태도를 취해야 하는 반면(특히 우리 수학자들이 만든 인위적인 대상에 대한 것일수록), 우리의 수학적 우주에 대해서 그리고 무엇이 옳고 무엇을 증명할 수 있는지 확고한 믿음을 가지는 것 역시 심리적으로 중요하다.

(iii) '초등적'이라는 것과 '쉽다'는 것을 혼동하지 마라. 증명은 쉽지 않으면서도 초등적일 수 있다. 사실, 조금만 더 세련미를 더하면 증명과 배경 아이디어를 이해하기 쉽게 만들 수 있는 반면, 세련된 개념을 피해 초등적으로 다루려다 보니 하고자 하는 바를 숨겨버리는 증명도 많다. 마찬가지로 복잡함을 우수성이나 '주장의 살집(beef of an argument)'과 동일시하는 것을(이런 맥락에서 자주 사용하는 표현인데, 다수의 학생들이 이 표현에 관해서 나를 놀렸다) 경계해야 한다. 젊은 수학자들 사이에서는 호사스럽고 세련된 언어를 사용하는 것이 자신의 연구에 깊이를 준다고 생각하는 경향이 있다. 물론, 현대의 도구들은 제대로 이해하고 새로운 생각과 결합하면 정말로 강력한 힘을 발휘한다. 특정 분야(예를 들어 정수론)의 연구는 그런 도구를 배우는 데 많은 시간과 노력을 들이지 않으면 상당히 불리하다. 도구들을 배우지 않는 것은 끌 하나로 건물을 부수려

고 하는 것과 마찬가지이다. 아무리 끌을 사용하는 데 정통하다 하더라도, 불도저를 가진 자가 그에 비해 엄청나게 유리할 뿐만 아니라 그들은 여러분만큼 기술이 좋을 필요도 없는 것이다.

(iv) 수학 연구를 하는 것은 대체로 좌절스러운 일이므로, 좌절에 익숙해질 수 없다면 수학자는 여러분에게 맞지 않는 직업일 수도 있다. 수학자들은 대부분의 시간 동안 정체되기 마련인데, 혹시 그렇지 않은 사람이라면 예외적으로 재능이 있는 사람이거나, 사실은 시작하기도 전에 푸는 법을 알고 있었던 문제를 공격하고 있기 때문이다. 후자와 같은 사람의 연구 중에는 양질의 결과가 나올 수도 있지만, 대부분의 큰 돌파구는 수많은 잘못된 걸음과 진전이 거의 없는, 혹은 오히려 퇴보한 기나긴 시간을 동반하여 힘들게 얻은 것이다. 수학의 이런 면을 좀 덜 힘들게 해주는 방법들이 있다. 요즘은 많은 이들이 공동으로 연구하는데, 이런 연구방식은 하나의 문제에 서로 다른 전문성을 끌어들일 수 있다는 명백한 이점을 제외하고도, 좌절도 나누게 한다는 이점이 있다. 대부분의 사람들에게 이는 크게 긍정적으로 작용한다. (수학에서 돌파구를 열었을 때 기쁨과 공을 나누는 것은, 적어도 지금까지는 다른 과학 분야에서 그랬던 것처럼 큰 싸움으로 이어지지는 않았다.) 나는 어떤 순간이든 다양한 범위의 문제들을 가지고 있어야 한다고 학생들에게 자주 조언한다. 가장 해 볼 만한 것은 도전 문제도 풀었을 때 만족감을 줄 수 있는 정도로 어려워야 하고(그렇지 않다면 왜 푸는가?), 운이 좋으면 다른 사람들의 흥미를 불러일으킬 수도 있다. 그 후에는 가지고 있는 문제들의 범위를 더 도전적으로 넓혀가야 하고, 목록의 가장 어려운 문제는 핵심적인 미해결 난제여야 한다. 이 문제들을 다른 관점에서 바라보며, 시간을 두고 자주 공략해야 한다. 아주 어려운 문제도 문제를 풀 가능성에 자신을 꾸준히 노출시켜, 어쩌면 약간의 행운이 따를 수 있도록 하는 것은 중요하다.

(v) 매주 학과 강연회에 참석하여 주최자가 좋은 발표자를 초청했기를 기대하라. 다양한 수학 분야를 알고 있는 것이 중요하다. 흥미로운 문제들이라든지, 다른 분야에서 사람들이 이룬 진전을 아는 것과는 별도로, 발표자가 자신이 아는 것과 상당히 다른 얘기를 하는데도 여러분의 마음을 자극하는 아이디어가 떠오를 때가 있다. 또한 연구 중인 문제 중 하나에 적용할 수 있는 이론이나 기교를 배울 수도 있다. 오랜 기간 정체되었던 수많은 문제에 대해 최근에 이루어진 가장 경이로운 해법들은, 수학의 다른 분야에서 온 전혀 예상치 못한 아이디어들의 조합에서 나왔다.

VIII.7 수학 사건 연대기

애드리언 라이스 Adrain Rice

특정 수학 연구에 사람 이름이 부기되지 않은 경우 대응하는 날짜는 그 사람이 수학 활동을 하던 시기의 평균값을 어림한 것이다. 이 연대기에서 초기 연대들은 어림값이며, 기원전 1000년 이전 것은 '정말로' 어림값임을 주목하라. 1500년 이후 항목은 특별히 언급하지 않는 한 완성한 연대보다는 최초로 출판한 연대를 가리킨다.

기원전 18000년경. 자이르, 이상고 뼈(수를 셌다는 최초의 증거).

4000년경. 중동에서 점토 거래 징표.

3400~3200년경. 수메르(남부 이라크), 숫자 기호의 발달.

2050년경. 수메르 (남부 이라크), 최초의 60진법을 사용한 증거.

1850~1650년경. 구 바빌로니아 수학.

1650년경. 린드 파피루스(Rhind Papyrus)(1850년경의 파피루스 사본으로, 고대 이집트에서 나온 가장 크고 잘 보존된 수학 파피루스).

1400~1300년경. 중국, 십진 기수법, 상(商) 왕조 때의 갑골에서 발견됨.

580년경. 밀레투스의 탈레스(Thales)(기하학의 아버지).

530~450년경. 피타고라스학파(Pythagoreans)(정수론, 기하, 천문학, 음악).

450년경. 운동에 대한 제논(Zeno)의 역설.

370년경. 에우독소스(Eudoxus)(비례 이론, 천문학, 소진법).

350년경. 아리스토텔레스(Aristotle)(논리).

320년경. 에우데무스(Eudemus)의 『기하학사』(당시 기하학 지식에 대한 중요한 증거). 인도, 십진 표기법.

300년경. 유클리드(Euclid)의 『원론』.

250년경. 아르키메데스(Archimedes)(고체기하학, 구적법, 정역학, 유체동역학, 원주율의 근삿값).

230년경. 에라토스테네스(Eratosthenes)(지구 둘레의 측정, 소수를 찾는 알고리즘).

200년경. 아폴로니우스(Apollonius)의 『원뿔곡선론』(원뿔곡선에 대한 광범위하고 영향력 있는 저작).

150년경. 히파르쿠스(Hipparchus)(최초로 삼각비표 계산).

100년경. 『구장산술』(가장 중요한 고대 중국 수학 문서).

기원후 60년경. 알렉산드리아의 헤론(Heron)(광학, 측지학).

100년경. 메넬라우스(Menelaus)의 『구면』(구면 삼각법).

150년경. 프톨레마이오스(Ptolemy)의 『알마게스트』(수리 천문학에 대한 권위 있는 저서).

250년경. 디오판토스(Diophantus)의 『산술』(결정방정식과 부정방정식의 해법, 최초의 대수 기호).

300~400년경. 손자(孫子)(『손자산경』의 저자), 중국인의 나머지 정리.

320년경. 파푸스(Pappus)의 『수학집성』(당대 알려진 가장 중요한 수학을 요약하고 확장함).

370년경. 알렉산드리아의 테온(Theon)(프톨레마이오스의 『알마게스트』에 대한 비평, 유클리드 『원론』 개정 및 비평).

400년경. 알렉산드리아의 히파티아(Hipatia)(디오판토스, 아폴로니우스, 프톨레마이오스에 대한 비평).

450년경. 프로클루스(Proclus)(유클리드 제1권에 대한 비평, 에우데무스의 『기하학사』 요약).

500~510년경. 아리야바타(Ārayabhata)의 『아리야바티야』(원주율, $\sqrt{2}$, 여러 가지 각도의 사인값에 대한 근삿값을 포함한 인도의 천문학 논문).

510년경. 보이티우스(Boethius)가 그리스 저술을 라틴어로 번역함.

625년경. 왕효통(王孝通)(3차방정식의 수치적 해를 기하학적으로 표현).

628년. 브라마굽타(Brahmagupta)의 『브라마스푸타싯단타』(천문학 논문, 펠(Pell) 방정식이라 부르는 것을 최초로 다룸).

710년경. 가경자(可敬者) 베다(Venerable Bede)(달력 계산, 천문학, 조석(潮汐)).

830년경. 알콰리즈미(al-Khwārizmī)의 『대수』(방정식의 이론).

900년경. 아부 카밀(Abū Kāmil)(2차식의 무리수 해).

970~990년경. 제르베르 드 오리야크(Gerbert d' Aurillac)가 아라비아 숫자 계산법을 유럽에 도입.

980년경. 아부 알 와파(Abū al-Wafā')(현대적 삼각함수를 처음 계산한 사람으로 여겨짐. 최초로 구면 사인 법칙을 출간하고 이용함).

1000년경. 이븐 알하이삼(Ibn al-Haytham)(광학, 알하젠의 문제).

1100년경. 오마르 하이얌(Omar Khayyám)(3차방정식, 평행선 공준).

1100~1200년. 많은 아랍어 수학책이 라틴어로 번역됨.

1150년경. 바스카라(Bhāskara)의 『릴라바티』와 『비자가니타』 씨앗 계산(산스크리트 전통의 표준 산술 및 대수책, 후자에서는 펠 방정식을 자세히 다룸).

1202년. 피보나치(Fibonacci)의 『산반서』(인도 아라비아 숫자를 유럽에 도입).

1270년경. 양휘(楊輝)의 『상해구장산법(詳解九章算法)』('파스칼(Pascal)'의 삼각형'과 비슷한 도표가 들어 있는데, 양휘는 11세기 가헌(賈憲)이 한 것이라 씀).

1303년. 주세걸(朱世杰)의 『사원옥감(四元玉鑒)』(미지수가 네 개 이하인 연립방정식을 푸는 소거법).

1330년경. 운동학에 대한 머튼(Merton) 학파, 옥스퍼드.

1335년. 헤이테스버리(Heytesbury)가 중간-속도 정리를 발표함.

1350년경. 오렘(Oresme)이 초기 형태의 좌표 기하 발명하고, 중간 속도 정리를 증명하고, 최초로 분수 지수 사용함.

1415년경. 브루넬레스키(Brunelleschi)가 기하학적 원근법 설명함.

1464년경. 레기오몬타누스(Regiomontanus)의 『모든 종류의 삼각형에 관해』(1533년 출간됨. 평면 및 구면 삼각법에 대한 유럽 최초의 종합적인 연구).

1484년. 쉬케(Chuquet)의 『수의 과학에 있어서의 세 부분』(0과 음의 지수. "billion", "trillion" 등을 도입).

1489년. 최초로 "+"와 "−" 부호가 인쇄됨.

1494년. 파치올리(Pacioli)의 『산술총람』(당대 알려진 모든 수학을 요약하여 이후 주요 발전의 토대를 놓음).

1525년. 루돌프(Rudolff)의 『미지수』(대수 기호를 부분적으로 이용, 기호를 도입).

1525~1528년. 뒤러(Dürer)가 원근법, 비례, 기하학적 작도법에 대해 출판함.

1543년. 코페르니쿠스(Copernicus)의 『천구의 회전에 관하여』(행성 운동의 태양중심설 제안).

1545년. 카르다노(Cardano)의 『위대한 술법』(3차 및 4차방정식).

1557년. 레코드(Recorde)의 『기지의 숫돌』(등호 기호 "="를 도입).

1572년. 봄벨리(Bombelli)의 『대수』(복소수).

1585년. 스테빈(Stevin)의 『십분의 일』(소수(decimal fraction) 표기법의 대중화).

1591년. 비에트(Viète)의 『해석학 서설』(미지수에 문자 기호 사용).

1609년. 케플러(Kepler)의 『새 천문학』(케플러의 제1, 제2행성 운동 법칙).

1610년. 갈릴레오(Galileo)의 『별의 사자(使者)』(목성의 네 개의 위성을 포함하여 망원경으로 발견한 것들을 묘사).

1614년. 네이피어(Napier)의 『경이로운 로그 법칙의 기술』(최초의 로그표).

1619년. 케플러(Kepler)의 『우주의 조화』(제3운동법칙).

1621년. 바셰(Bachet)가 디오판토스의 『산술』을 번역 출판함.

1621년경. 오트레드(Oughtred)가 직선 미끄럼자를 발명함.

1624년. 브리그스(Briggs)의 『로그 산술』(밑을 10으로 하는 최초의 로그표가 인쇄된 책).

1631년. 해리엇(Harriot)의 『해석술 연습』(방정식의 이론).

1632년. 갈릴레오(Galileo)의 『두 개의 주요 체계에 대한 대화』(프톨레마이오스와 코페르니쿠스 이론의 비교).

1637년. 데카르트(Descartes)의 『기하학』(대수적 수단으로 기하학).

1638년. 갈릴레오의 『새로운 두 과학에 대한 논의』(물리 문제를 체계적 수학적으로 취급). 페르마(Fermat)가 바셰가 출판한 디오판토스의 『산술』을 연구하고, 마지막 정리를 예상함.

1642년. 파스칼이 덧셈하는 기계를 발명함.

1654년. 페르마와 파스칼, 확률에 대해 서신을 주고받음. 파스칼의 『산술 삼각형론』.

1656년. 월리스(Wallis)의 『무한 산술』(곡선 아래의 넓이, $4/\pi$의 곱셈 공식, 연분수를 체계적으로 연구)

1657년. 하위헌스(Huygens)의 『게임 계산법』(게임에서의 확률 연구).

1644~1672년. 뉴턴(Newton)의 미적분학의 초기 연구.

1678년. 후크(Hooke)의 『스프링에 대하여』(탄성 법칙).

1683년. 세키(関孝和, Seki)의 『解伏題之法』(행렬식을 써서 해를 판별).

1684년. 라이프니츠(Leibniz)의 미적분 최초 출간.

1687년. 뉴턴의 『프린키피아』(뉴턴의 중력과 운동 법칙, 고전 역학의 기초, 케플러의 법칙 유도).

1690년. 베르누이(Bernoulli) 가문의 미적분에 대한 초기 연구.

1696년. 로피탈(L'Hôpital)의 『무한소 해석』(최초의 미적분 교재). 야코프 베르누이, 요한 베르누이, 뉴턴, 라이프니츠, 로피탈이 최단 강하선 문제 해결 (변분법의 시작).

1704년. 뉴턴의 『구적법』(뉴턴의 미적분이 담긴 최초의 출판물 『광학』의 부록).

1706년. 존스(Jones)가 원의 둘레와 지름의 비에 'π'라는 기호를 도입함.

1713년. 야코프 베르누이의 『추측술』(확률론의 토대 연구).

1715년. 테일러(Taylor)의 『증분법』(테일러 정리)

1727~1777년. 오일러(Euler)가 지수함수에 대해 기호 "e"를 도입(1727). 함수에 대해 기호 "$f(x)$"를 도입(1734). 합에 대해 "Σ" 도입(1727), $\sqrt{-1}$에 대해 "i" 도입 (1777).

1734년. 버클리(Berkeley)의 『해석학자들』(무한소 사용에 대한 주요한 공격).

1735년. 오일러가 $\sum_{n=1}^{\infty}(1/n^2) = \pi^2/6$을 증명하여 바젤 문제를 풂.

1736년. 오일러가 쾨니히스베르크의 다리 문제를 풂.

1737년. 오일러의 『무한급수에 대한 다양한 관찰』 (오일러 곱 공식).

1738년. 다니엘 베르누이의 유체동역학(유체의 흐름과 압력을 연관 지음).

1742년. 골드바흐(Goldbach)의 추측(오일러에게 보낸 편지에 들어 있음). 매클로린(Maclaurin)의 『유율에 대한 논제』(버클리의 공격에 대해 뉴턴을 방어함).

1743년. 달랑베르(D'Alembert)의 『역학론』(달랑베르의 원리).

1744년. 오일러의 『곡선을 찾는 방법』(변분법).

1747년. 오일러가 이차상호법칙을 진술. 달랑베르가 진동하는 현의 운동을 지배하는 법칙으로 1차원 파동 방정식을 유도함.

1748년. 오일러의 『무한 해석 개론』(함수 개념과 공식 등을 소개).

1750~1752년. 오일러의 다면체 공식.

1757년. 오일러의 『유체의 운동에 대한 일반 원리』 (오일러 방정식, 현대적 유체 역학의 시작).

1763년. 베이즈(Bayes)의 『우연의 원리와 관련한 문제의 해법 소론』(베이즈의 정리).

1771년. 라그랑주(Lagrange)의 『방정식의 대수적 해법에 대한 숙고』(방정식의 이론에 대한 연구를 성문화했고, 군론의 조짐이 보임).

1788년. 라그랑주의 『해석역학』(역학에 대한 라그랑주 방정식 접근법).

1795년. 몽주(Monge)의 『기하학에 해석학의 응용』 (미분기하)과 『화법기하학』(사영기하의 탄생에 중요함).

1796년. 가우스(Gauss)가 정17각형을 작도함.

1797년. 라그랑주의 『해석함수론』(멱급수로 함수를 연구한 중요 저서).

1798년. 르장드르(Legendre)의 『수론에 대한 소고』 (정수론에 투자한 최초의 책).

1799년. 가우스가 대수학의 기본정리를 증명함.

1799~1825년. 라플라스(Laplace)의 『천체역학 논문집』(천체역학과 행성역학에 대한 권위 있는 저술).

1801년. 가우스의 『산술에 관한 연구』(법산, 이차 상호율의 최초의 완전한 증명, 수론에서의 주요 결과 및 개념 다수).

1805년. 르장드르의 최소제곱법.

1809년. 행성 운동에 대한 가우스의 연구.

1812년. 라플라스의 『확률 해석 이론』(확률 생성 함수와 중심 극한 정리 등 확률론에 새로운 개념을 많이 도입함).

1814년. 세르부아(Servois)가 '교환법칙'과 '분배법칙' 용어 도입함.

1815년. 치환에 대한 코시(Cauchy)의 연구.

1817년. 볼차노(Bolzano)가 초기 형태의 중간값 정리를 제시함.

1821년. 코시의 『해석학 개론』(엄밀한 해석학에 중대한 기여를 함).

1822년. 푸리에(Fourier)의 『열 해석 이론』(푸리에급수가 최초로 인쇄됨). 퐁슬레(Poncelet)의 『도형의 사영 성질에 대한 논문』(사영기하학의 재발견).

1823년. 나비에(Navier)가 현재 나비에-스토크스(Stokes) 방정식으로 알려진 방정식을 형식화함. 코시의 『무한소 미적분 개요』.

1825년. 코시의 적분 정리.

1826년. 《순수와 응용수학을 위한 잡지》(크렐레 잡지라고도 불림. 최초의 수학 저널로 현재까지도 중요함. 독일어로 출판). 아벨(Abel)이 5차방정식을 거듭제곱근에 의해 풀 수 없음을 증명함.

1827년. 암페어(Ampère)의 전기 역학 법칙. 가우스의 『일반 곡면론』(가우스 곡률. '놀라운 정리'). 옴(Ohm)의 전기 법칙.

1828년. 그린(Green)의 정리.

1829년. 디리클레(Dirichlet)의 푸리에 급수 수렴성.

스텀(Sturm)의 정리. 로바체프스키(Lobachevskii)의 비유클리드 기하. 야코비(Jacobi)의 『타원 함수론의 새로운 기초』(타원 함수에 대한 주요 연구).

1830~1832년. 갈루아(Galois)가 다항방정식의 거듭제곱근을 이용한 풀이 가능성을 조직적으로 다루어 군론을 시작.

1832년. 보여이(Bolyai)의 비유클리드 기하.

1836년. 《순수수학과 응용수학을 위한 잡지》(리우빌(Liouville) 잡지라 불림. 중요한 수학 저널로 현재까지도 발행. 프랑스어로 출판).

1836~1837년. 스텀과 리우빌의 스텀-리우빌 이론.

1837년. 등차수열에는 소수가 무한히 많다는 디리클레 정리. 푸아송(Poissson)의 『견해의 확률에 대한 연구』(푸아송 분포, '큰 수의 법칙'이라는 용어 사용).

1841년. 야코비 행렬식.

1843년. 해밀턴(Hamilton)이 사원수를 발견함.

1844년. 그라스만(Grassmann)의 『광연론』(다중선형대수). 케일리(Cayley)의 초창기 불변식 연구.

1846년. 체비쇼프(Chebyshev)가 약한 큰 수의 법칙을 증명함.

1851년. 리만(Riemann)의 『1변수 함수에 대한 일반적인 기초 이론』(코시-리만 방정식, 리만 곡면).

1854년. 케일리가 추상적으로 군을 정의함. 불(Boole)의 『사고의 법칙에 대한 연구』(대수적 논리학). 체비쇼프 다항식.

1856~1858년. 데데킨트(Dedekind)가 갈루아 이론에 대해 최초로 강의함.

1858년. 케일리의 『행렬 이론 소고』. 뫼비우스의 띠.

1859년. 리만 가설.

1863~1890년. 바이어슈트라스(Weirstrass)의 해석학 강의로 현대적인 '입실론-델타' 접근법이 대중화됨.

1864년. 리만-로흐(Roch) 정리.

1868년. 플뤼커(Plücker)의『공간 원소로서 직선을 사용하여 이룩한 새로운 기하 공간』(직선 기하). 벨트라미(Beltrami)의 비유클리드 기하. 2원 형식에 대한 고르단(Gordan)의 정리.

1869~1873년. 리(Lie)가 연속군에 대한 이론을 개발함.

1870년. 벤자민 피어스(Benjamin Peirce)의『선형 결합 대수』. 조르당(Jordan)의『치환과 대수 방정식에 대한 논문』(군론에 대한 논문).

1871년. 데데킨트가 현대적 개념의 체, 환, 모듈, 아이디얼을 도입함.

1872년. 클라인(Klein)의 에를랑겐 프로그램. 군론에서의 실로우(Sylow)의 정리. 데데킨트의『연속과 무리수』(절단을 이용하여 실수를 구성).

1873년. 맥스웰(Maxwell)의『전자기론』(전자기장의 이론과 빛의 전자기 이론, 맥스웰 방정식). 클리포드(Clifford)의 이중사원수. 에르미트(Hermite)가 e가 초월수임을 증명함.

1874년. 칸토어(Cantor)가 무한의 크기도 다르다는 것을 발견함.

1877~1878년. 레일리의『소리 이론』(소리에 대한 현대적인 이론의 기반 연구).

1878년. 칸토어가 연속체가설을 제시함.

1881~1884년. 깁스(Gibbs)의『벡터 해석』(벡터 미적분학의 기본 개념).

1882년. 린데만(Lindemann)이 π가 초월수임을 증명

1884년. 프레게(Frege)의『산술의 기본 법칙』(수학의 기초를 놓으려는 중요한 시도).

1887년. 조르당 곡선 정리.

1888년. 힐베르트(Hilbert)의 유한 기저 정리.

1889년. 자연수에 대한 페아노(Peano) 공준.

1890년. 푸앵카레(Poincaré)의 '3체 문제와 동역학 방정식'(동역학계의 혼돈 행동에 대한 최초의 수학적 묘사).

1890~1905년. 슈뢰더(Schröder)의『논리 대수에 대한 강의』(현대 격자 이론에서 중요한 '쌍대군'의 개념을 도입).

1895년. 푸앵카레의 '위치 기하학'(일반 위상에 대한 최초의 체계적인 연구, 대수적 위상수학의 기초).

1895~1897년. 칸토어의 '초한 집합론의 기초에 대한 기고'(초한 기수에 대한 체계적 연구).

1896년. 프로베니우스(Frobenius)가 표현론을 발견함. 아다마르(Hadamard)와 드 라 발레 푸생(de la Vallée-Poussin)이 소수 정리를 증명함. 힐베르트의『대수적 수론에 대한 보고』(현대 대수적 수론의 형태를 빚은 중요 연구).

1897년. 취리히에서 제1회 세계수학자대회 개최. 헨젤(Hensel)이 p 진 정수를 도입함.

1899년. 힐베르트의『기하학의 기초』(유클리드 기하의 엄밀한 현대적 공리화)

1900년. 파리에서 열린 제2회 세계수학자대회에서 힐베르트가 23개 문제를 제시함.

1901년. 리치(Ricci)와 레비-치비타(Levi-Cività)의『절대 미분과 응용법』(텐서 미적분).

1902년. 르베그(Lebesgue)의『적분, 길이, 넓이』(르베그 적분).

1903년. 러셀(Russell)의 역설.

1904년. 체르멜로(Zermelo)의 선택 공리.

1905년. 아인슈타인(Einstein)의 상대성 이론이 출간됨.

1910~1913년. 화이트헤드(Whitehead)와 러셀의 『수학 원리』(집합론적 모순을 피한 수학의 기초).

1914년. 하우스도르프(Hausdorff)의 『집합론의 기본 특징』(위상공간).

1915년. 아인슈타인이 일반 상대성 이론에 대한 완성본을 제출함.

1916년. 비버바흐(Bieberbach) 예상.

1917~1918년. 파투(Fatou)와 쥘리아(Julia) 집합(유리 함수의 반복).

1920년. 다카기(高木貞治, Takagi) 확장 정리(아벨 유체론의 주요 기초 결과).

1921년. 뇌터(Noether)의 '이데알과 환의 이론'(추상 환론의 발달로 가는 중요한 단계).

1923년. 위너(Wiener)가 브라운 운동에 대한 수학적 이론을 제공함.

1924년. 쿠랑(Courant)과 힐베르트의 『수리 물리에서의 방법』(당시 알려진 수리 물리의 방법론에 대한 중요한 요약).

1925년. 피셔(Fisher)의 『연구자를 위한 통계적 방법』(현대 통계학의 토대를 마련한 연구). 하이젠베르크(Heisenberg)의 행렬 역학(양자 역학을 최초로 형식화함). 바일(Weyl)의 지표 공식(콤팩트 리 군의 표현론에서 바탕이 되는 연구).

1926년. 슈뢰딩거(Schrödinger)의 파동역학(양자역학의 두 번째 형식화).

1927년. 피터(Peter)와 바일의 '닫힌 연속군의 기본 표현의 완비성'(현대 조화해석학의 탄생). 아틴(Artin)의 일반화된 상호율.

1930년. 램지(Ramsey)의 '형식 논리에 대한 어떤 문제'(램지의 정리). 판 데르 바에르던(van der Waerden)의 『현대 대수』(아틴과 뇌터의 접근법을 증진하여 현대 대수학을 혁신).

1931년. 괴델(Gödel)의 불완전성 정리.

1932년. 바나흐(Banach)의 『선형 작용소론』(함수 해석학에 대한 최초의 단행본).

1933년. 콜모고로프(Kolmogorov)의 확률에 대한 공리.

1935년. 부르바키(Bourbaki)의 탄생.

1937년. 튜링(Turing)의 논문 「계산가능한 수에 대하여」(튜링 기계 이론).

1938년. 괴델이 연속체가설과 선택 공리가 체르멜로-프렝켈(Fraenkel) 공리와 무모순임을 증명함.

1939년. 부르바키의 『수학 원론』의 제1권 출간.

1943년. 콜로서스(최초의 프로그래밍 가능한 전자 컴퓨터).

1944년. 폰 노이만(von Neumann)과 모르겐슈테른(Morgenstern)의 『게임과 경제적 행동 이론』(게임 이론의 기초).

1945년. 아일렌베르크(Eilenberg)와 매클레인(Mac Lane)이 카테고리 개념을 정의함. 아일렌베르크와 스틴로드(Steenrod)가 호몰로지 이론에 공리적 접근법을 도입함.

1947년. 단치히(Dantzig)가 단체(simplex) 알고리즘을 발견함.

1948년. 섀넌(Shannon)의 '통신에 대한 수학적 이론'(정보 이론의 토대).

1949년. 베유(Weil) 추측. 에르되시(Erdős)와 셀베르그(Selberg)가 소수 정리를 초등적으로 증명함.

1950년. 해밍(Hamming)의 '오류 검출 및 오류 정정 부호'(부호 이론의 시작).

1955년. 대수적 수를 유리수로 근사하는 로스(Roth)의 정리. 시무라(Shimura)-타니야마(Taniyama) 추측.

1959~1970년. 그로텐디크(Grothendieck)가 고등과학연구소(IHES)에 있는 동안 대수기하학을 혁신함.

1963년. 아티야(Atiyah)-싱어(Singer) 지표 정리. 코헨(Cohen)이 선택 공리가 ZF와 독립이며 연속체 가설이 ZFC와 독립임을 증명함.

1964년. 히로나카(Hironaka)의 특이점 해소 정리.

1965년. 버치-스위너톤 다이어 추측 출간. 칼레손 정리가 증명됨.

1966년. 로빈슨(Robinson)의 비표준해석학.

1966~1967년. 랭글랜즈(Langlands)가 예상을 발표하여 랭글랜즈 계획으로 발전(대수적 수론과 표현론의 모습을 심오하게 바꿈).

1967년. 가드너(Gardner), 그린(Greene), 크루스칼(Kruskal), 미우라(Miura)가 KdV의 해석학적 해를 제공함.

1970년. 마티야세비치(Matiyasevich)가 데이비스(Davis), 푸트남(Putnam), 로빈슨의 연구를 토대로 디오판토스 방정식을 푸는 알고리즘은 없음을 증명하여 힐베르트의 10번째 문제를 해결함.

1971~1972년. 쿡(Cook), 카프(Karp), 레빈(Levin)에 의해 NP-완비성의 개념이 발달됨.

1974년. 들리뉴(Deligne)가 베유 예상의 증명을 완성함.

1976년. 아펠(Appel)과 하켄(Haken)이 컴퓨터 프로그램을 이용하여 4색정리를 증명함.

1978년. 공개키 암호 RSA 알고리즘. 브룩스와 마텔스키가 최초로 망델브로 집합의 그림을 만들어냄.

1981년. 유한단순군의 분류정리 완성 선언(2008년 현재까지 결정판은 아직 완전히 나오지는 않았으나, 널리 인정하고 있음). 2000년대에 와서 증명의 빠진 부분이 있었으며, 그 부분을 채워서 완결됐다고 인정함.

1982년. 해밀턴(Hamilton)이 리치(Ricci) 흐름을 도입. 서스턴(Thurston)의 기하화 추측.

1983년. 팔팅스(Faltings)가 모델(Mordell) 추측을 증명함.

1984년. 드 브랑제(de Branges)가 비버바흐 추측을 증명함.

1985년. 마세르(Masser)와 외스테를레(Oesterlé)의 ABC 추측.

1989년. 아노소프(Anosov)와 볼리브루크(Bolibruch)가 리만-힐베르트 추측에 부정적인 해답을 제시함.

1994년. 정수의 인수분해에 대한 쇼어(Shore)의 양자 알고리즘. 페르마의 마지막 정리가 와일즈(Wiles)와, 타일러(Taylor)-와일즈 논문에 의해 증명됨.

2003년. 페렐만(Perelman)이 리치 흐름을 이용하여 푸앵카레 예상과 서스턴의 기하화 추측을 해결함.

찾아보기

Index

* [I]: 제1권, [II]: 제2권
* 굵은 글씨로 표시된 페이지에는 해당 개념의 정의나 그에 대한 자세한 논의가 정리돼 있어 특히 더 유용할 것이다.

584

594

598